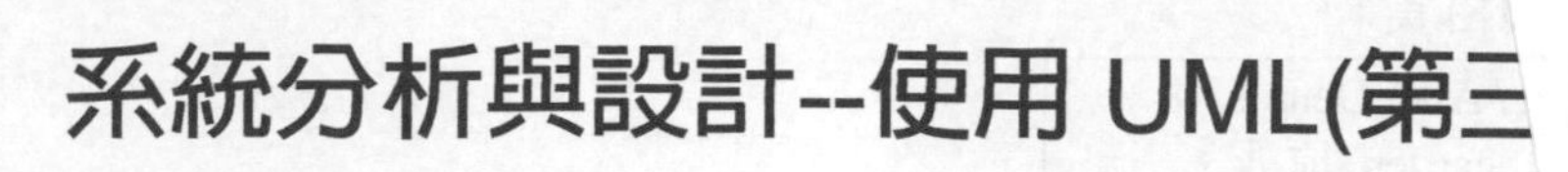

系統分析與設計--使用 UML(第三

Systems Analysis and Design with UML 3/E

ALAN DENNIS

BARBARA HALEY WIXOM　原著

DAVID TEGARDEN

林冠成・王裕華　編譯

WILEY

全華圖書股份有限公司　印行

國家圖書館出版品預行編目資料

系統分析與設計：使用 UML / Alan Dennis,
Barbara Haley Wixom, David Tegarden 原著；
林冠成, 王裕華 編譯. -- 二版. -- 新北市：
全華圖書, 2014.02
面； 公分
譯自：Systems Analysis and Design with UML, 3rd
ed.
ISBN：978-957-21-9330-3(平裝)
1. 系統分析 2. 物件導向 3. 軟體研發
132.121 103002061

系統分析與設計--使用 UML(第三版)(國際版)

Systems Analysis and Design with UML 3/E

原　　著 / Alan Dennis、Barbara Haley Wixom、David Tegarden
編　　譯 / 林冠成、王裕華
執行編輯 / 王詩蕙
發行人 / 陳本源
出版者 / 全華圖書股份有限公司
郵政帳號 / 0100836-1 號
印刷者 / 宏懋打字印刷股份有限公司
圖書編號 / 0606301
二版四刷 / 2019 年 01 月
定價 / 新台幣 620 元
ISBN / 978-957-21-9330-3
全華圖書 / www.chwa.com.tw
全華網路書店 Open Tech / www.opentech.com.tw
若您對書籍內容、排版印刷有任何問題，歡迎來信指導 book@chwa.com.tw

臺北總公司(北區營業處)
地址：23671 新北市土城區忠義路 21 號
電話：(02) 2262-5666
傳眞：(02) 6637-3695、6637-3696

中區營業處
地址：40256 臺中市南區樹義一巷 26 號
電話：(04) 2261-8485
傳眞：(04) 3600-9806

南區營業處
地址：80769 高雄市三民區應安街 12 號
電話：(07) 381-1377
傳眞：(07) 862-5562

目錄

第一章　認識系統分析與設計

第一部分 啓始

第二章 專案的確認與遴選

第三章 專案管理

第二部分　分析

第四章　需求分析

第五章　使用案例圖

第六章　類別圖

第七章　互動圖

第八章　系統設計

第九章　類別與方法的設計

第十章 資料庫設計

第十一章　使用者介面設計

第十二章　架構

第十三章　開發

第十四章　安裝

中英名詞對照

序言

本書目的

「系統分析與設計 (SAD)」是一門有趣而活躍的領域，分析師可以不斷學習新的技術與方法，以更有效迅速地開發系統。然而，無論所使用的方法或方法論爲何，所有分析師均須知道一組核心的技能。所有資訊系統的專案都要歷經規劃、分析、設計及實作等四個階段；所有專案都要求分析師蒐集需求、建立企業需要的模型，以及因應系統的構建而建立藍圖；所有專案都需要了解組織行爲的概念，像是變更管理與團隊建立。今日，開發現代化軟體的成本，主要爲開發人員本身而非電腦。因此，以物件導向方法開發資訊系統，在控制這些成本方面，的確有很好的前途。

今日，系統分析與設計最有趣的改變，就是邁向物件導向的技術，此乃將系統視爲同時俱有資料與程序而自成一體的物件的集合。這項改變因統一塑模語言 (UML) 的導入而加速進行。UML 提供一組物件導向術語與圖示法的共同語彙，內容豐富，足以塑造任何系統開發專案從分析到實作的模型。

本書讓學生把焦點放在進行 SAD，提供我們認爲現在及未來每位分析師必須知道的核心技能，從而捕捉該領域的動態面貌。本書建立在我們從事系統分析的專業經驗以及 SAD 教學的基礎上。

本書對於教導學生做專題的老師而言，非常有吸引力。每一章描述部分的流程、清楚解釋作法、舉出實例，然後提供習題供學生練習。如此一來，學生修完課後便擁有實質經驗，爲往後從事系統分析的工作奠定紮實的基礎。

本書特色

著重於SAD的進行

本書的目標在於使學生能夠進行 SAD——不止是閱讀而已，還要了解相關的議題，以便他們能夠實際分析及設計系統。本書介紹每個主要的技術、解釋其意義、解釋實施方法、提供範例，以及提供機會給學生練習（在他們進行眞正的專案工作之前）。閱讀完每章後，學生將能夠執行系統開發生命週期（SDLC）流程的步驟。

提供豐富的成功與失敗範例

本書包含一個前後貫穿的案例，主角是一家虛構的公司，稱爲 CD Selections 公司。每一章會顯示系統分析的概念如何應用於 CD Selections 公司的情況。不像其他書的案例，我們把這些例子的焦點放在規劃、管理及執行每章所描述的活動，而不是虛構人物的詳細對談上。如此，書中的案例就可以充當範本，供學生將來應用於他們自己的工作上。每一章也都包含「概念活用」，描述眞實世界的公司於執行每章所描述的活動後，是如何的成功與失敗。

聚焦於眞實世界

學生在「系統分析與設計」課程中所習得的技術，應該反映到他們最後實際在公司上班的工作上。我們提供系統分析的專業經驗作爲本書的基礎，儘可能讓本書看起來更爲「眞實（real）」。我們輔導過的公司機構包括 Arthur Andersen、IBM、美國國防部與澳洲軍方。我們也與業界的專業顧問團隊合作，一起發展本書，在書中的許多地方導入他們的故事、回應與建議。許多使用本書的學生，最後將能在未來的工作崗位上發揮技能，而我們深信，在了解工作的實務方面，他們將擁有很好的競爭優勢。

專案式教學

本書的主題採用與分析師面對典型專案之 SDLC 一致的順序來呈現。雖然書中內容是以線性來呈現的（因爲學生必須前後連貫學習概念），但是隨著本書的展讀，你將發現，我們很強調 SAD 的反覆、複雜本質。教材內容的呈現應該與課程目標契合，鼓勵學生做專案，在當學生需要應用時，剛好就呈現這方面的主題。

本版的新增內容

在這個版本中，我們已經擴大涵蓋的範圍，而且針對加強統一流程之內容做更好地組織，把更多的焦點放在非功能性需求上，更加強調物件導向分析與設計之開發上的反覆性和漸進性，增加了圖說和範例，搭配更豐富的說明文字以闡釋更難學習的概念，以及與 CD Selections 案例之內容做更好的一致化，並做些許的改變。然而，新增訂的內容中，有相當大的變化側重於與資訊系統開發息息相關以及所謂平的世界等方面的議題。全球性經濟對文化與管理議題帶來了更大的理解及測試需要。第三版以涵蓋這類型的內容來貫穿全書。主要的改變詳述如下：

1. 爲了使內容與統一流程的方法論有更佳的一致性，所有引用到 MOOSAD 方法論的內容都已被移除，物件導向系統分析與設計和 UML 2.0 的簡短回顧等內容，已移到第一章，而「物件導向系統的基本特徵」一節已放在 (選讀的) 附錄之中。最後一項改變來自授課老師的驅使，希望能彈性地依據學生的背景，於最適當的時間提供如是的內容。在某些例子，學生可能已經學過好幾個物件導向程式的課程，而在其他例子，學生可能從來沒有學過任何程式課程。無論哪種情況，在等到論及塑造功能模型或設計類別和方法之前，對該內容的了解並非十分需要。最後，我們將專案管理一章中的「演進型工作劃分結構與反覆性工作計畫」繫連到強化統一流程。這讓我們能夠好好地將物件導向系統開發之反覆性和漸進性開發特點，運用到專案管理內容。
2. 至於需求確立方面，我們引介了現今世界既有的觀念，有其他非功能性需求——如 Sarbanes - Oxley 法案、COBIT、ISO 9000 和 CMM——被加到分析師必須正視的非功能性需求的集合中。我們還引介了新的需求蒐集技術，例如，可拋式雛型，CRC 卡之角色扮演，和心靈/概念圖法。而且，我們將系統建議書的概念分開介紹，而不只是將之放在 CD Selections 公司的案例之內。此外，在談到與設計有關的幾章 (資料管理層設計、人機互動層設計、實體架構層設計)，更著重非功能性需求對設計的影響。
3. 而功能、結構與行爲模型這幾章的內容，已經更緊密地搭配在一起。這樣的說法用於反覆性和漸進性的開發尤其眞確。本文現在強調必須反覆地走過每個模型與模型共通之處，來逐步地建立系統。例如，使用案例描述內的常態事件流程與活動圖的活動、類別圖的操作、CRC 卡之行爲、循序與通訊圖的訊息，以及行爲狀態機的轉移等等有關。因此，更改任何其中一個都很有可能迫使其他部分配合著更動。此外，我們還推動使用 CRUD 分析於塑造行爲模型本身的技術，而不僅僅將之與通訊圖關聯在一起。
4. 設計的章節中，加入了一個重要新的小節，強調分析模型的查核與驗證。本節詳細說明如何查核與驗證在塑造功能、結構和行爲模型期間所開發的分析模型。此外，我們蓄意將一些疏忽或錯誤安插在一些早期塑造出來的模型中。這些錯誤將在新的章節中被發現和加以糾正。此外，爲了強化測試的內容，我們於架構章節中，加入使用案例測試來當作整合測試的方式。

5. 我們已將全球化的問題納入課文中。這些包括需求確立、外包，以及類別和方法之設計。至於架構章節，一些與文化方面有關的新內容已加到管理程式人員那一節。最後，在安裝和操作的章節中，新增了一大段有關文化議題與資訊技術。此新一節的內容，取材自 Geert Hofstede 的研究工作。
6. 額外的圖片與說明文字已被加到整個課文中。然而，特別著重於塑造結構模型、行為模型和類別和方法之設計等章。
7. 各章的 CD Selections 案例已更加緊密地結合在一起。各章都有一段與之關聯的案例。例如，案例介紹現在與第一章有關。案例已略微修改過，以確保案例本身更有凝聚力。此外，在某些情況下，CD Selections 已引進新的內容。我們已經將任何新的內容移到相對應的章節中。

本書的組織

本書依系統開發生命週期（SDLC）的各階段來編排。每一章均教導學生一些分析師在專案歷程中必須完成的特定工作，以及那些工作所產出的交付成果。當學生讀完本書時，那些任務將予以「核對」，而交付成果將予以完成。循此，學生將能使用路線圖提醒他們自己的進展，指出目前的工作已進行到 SDLC 的哪一個階段。

第一章介紹 SDLC、系統開發方法論、物件導向系統分析、統一流程、UML 2.0，並描述專案小組所需要的角色與技能。

第一部分包含橫跨傳統 SDLC 各階段。第二章討論專案的起始，重點放在專案確認、系統需求、可行性分析與專案遴選上。在第三章，學生可學得專案管理，其中強調工作計畫、人事編制、專案章程及風險評估，這些將用於專案的控管之上。在第四章，介紹學生各式各樣的分析技巧，協助企業流程自動化、企業流程改進與企業流程再造、各種用於決定系統之功能性與非功能性需求之需求蒐集技術、以及系統建議書。

第二部分著重於製作分析模型。第五章聚焦於架構功能模型，第六章強調架構出結構模型，以及第七章致力於製作行為模型。

第三部分涉及設計模型。在第八章，學生學習如何查核與驗證在塑造分析模型的過程所製作的分析模型，並透過分解、分割與層的做法、將分析模型進化到設計模型。學生們也學習如何製作一個替代矩陣，可以用來比較客製、套件和外包等不同的做法。第九章集中於如何透過各自的合約和方法規格，來設計個別的類別與方法。第十章介紹了設計永續性物件的有關議題。這些問題包括可用於物件永續性的不同儲存格式、如何將物件導向的設計對應到所選擇的儲存格式，以及如何設計一組資料存取和操作類別充當應用程式與物件永續性之間的轉譯類別。本章還著重於會影響資料管理層的非功能性需求。第十一章介紹了人機互動層的設計，讓學生學習如何使用使用情景、視窗導覽圖、故事板、視窗配置圖、HTML 雛型、實際使用案例、介面標準與使用者介面範本來設計使用者介面；採用啓發性評估、演練評估、互動評估以及可用性測試來評估使用者介面；並提及使用者介面配置、內容意識、美學、使用者經驗和一致性等非功能性要求。第十二章的重點是實體架構和基礎架構的設計，其中包括部署圖和軟硬體規格。本章，與前面的設計章節一樣，涵蓋了非功能性需求對實體架構層的影響。

第四部分提供有關建構、安裝和操作系統方面的內容。第十三章著重於系統的建置，讓學生學習如何建置系統、測試系統和製作系統說明文件。安裝和操作包括在第十四章，讓學生了解轉換計畫、變更管理計畫、支援計畫和專案評估。此外，這些章節處理的是在開發人員和使用者分布於世界各地之平的世界情況下，系統開發所面臨的問題。

補充教材 http://www.wiley.com/go/global/dennis

教師資源網站

- PowerPoint 投影片（中英文版）——教師可拿來修改，作爲課堂教學使用，或者學生可用來引導自己學習的活動。
- 教師手冊（英文版）提供：

  簡短的經驗題，

  簡短的眞實世界故事，

  每一章提供額外的迷你案例，

  每章章末問題與練習題的解答。

學生網站

- 相關的網路連結，包括生涯資源網站。
- 網路小考有助於課堂測驗的準備。

致謝

於第三版，我們感謝維吉尼亞理工的 ACIS 3515 的學生；Information Systems Development I 與 ACIS 3516:Information Systems Development II 課程，從再版到第三版給了很多的建議來推動大多數的更動。他們的回饋在本文和範例的改進過程中是無價的。

我們想要爲下列審閱人員於第三版提供的寶貴意見，表達感謝之意：Evans Adams, Fort Lewis College; Murugan Anandarajan, Drexel University; Rob Anson, Boise State University; Ravi Krovi, University of Akron; Leo Legorreta, California State University Sacramento; Diane Lending, James Madison University; Major Fernando Maymi,West Point University; J. Drew Procaccino, Rider University; Bill Watson, Indiana University–Purdue University Indianapolis; and Amy B.Woszczynski, Kennesaw State University。

我們也同時感謝下列第一版與第二版的審閱人員：Evans Adams, Fort Lewis College; Noushin Ashrafi, University of Massachusetts, Boston; Dirk Baldwin, University of Wisconsin-Parkside; Qing Cao, University of Missouri–Kansas City; Ahmad Ghafarian, North Georgia College & State University; Daniel V. Goulet, University of Wisconsin–Stevens Point; Harvey Hayashi, Loyalist College of Applied Arts and Technology; Jean-Piere Kuilboer, University of Massachusetts, Boston; Daniel Mittleman, DePaul University; Fred Niederman, Saint Louis University; H. Robert Pajkowski, DeVry Institute of Technology, Scarborough, Ontario; June S. Park, University of Iowa; Tom Pettay, DeVry Institute of Technology, Columbus, Ohio; Neil Ramiller, Portland State University; Eliot Rich, University at Albany, State University of New York; Carl Scott, University of Houston; Keng Siau, University of Nebraska–Lincoln; Jonathan Trower, Baylor University; Anna Wachholz, Sheridan College; Randy S.Weinberg, Carnegie Mellon University; Eli J.Weissman, DeVry Institute of Technology, Long Island City, NY; Heinz Roland Weistroffer, Virginia Commonwealth University; Amy Wilson, DeVry Institute of Technology,Decatur, GA; Vincent C.Yen,Wright State University;Murugan Anandarajon,Drexel University; Ron Anson, Boise State University; Noushin Ashrafi, University of Massachusetts Boston; Dirk Baldwin, University ofWisconsin; Robert Barker, University of Louisville; Terry Fox, Baylor University; Donald Golden, Cleveland State University; Cleotilde Gonzalez, Carnegie Melon University; Scott James, Saginaw Valley State University; Rajiv Kishore, State University of New York–Buffalo; Ravindra Krovi, University of Akron; Fernando Maymi, United States Military Academy at West Point; Fred Niederman, Saint Louis University; Graham Peace,West Virginia University; J. Drew Procaccino, Rider University; Marcus Rothenberger,University of Wisconsin–Milwaukee; June Verner,Drexel University; Heinz Roland Weistroffer,Virginia Commonwealth University; and Amy Woszczynski, Kennesaw State University。

CHAPTER 1

認識系統分析與設計

本章介紹系統開發生命週期 (SDLC)，這個模型四個基本開發階段 (計畫、分析、設計和實施)，適用於所有資訊系統的開發工程。其次，本章也說明各式各樣系統開發方法論的演進。第三，本章概述物件導向系統分析以及描述統一流程 (United Process) 和它的延伸。最後，本章將探討專案開發小組所需的成員與相關的技能作結尾。

學習目標

- 理解基本的系統開發生命週期和它的四個階段。
- 理解系統開發的方法論的演進。
- 熟悉統一流程和它的延伸。
- 認識專案小組中不同的角色。

本章大綱

導論

系統開發生命週期 (Systen development life cycle，SDLC) 是一種了解資訊系統 (information system，IS) 如何支援企業需要、設計系統、建置系統，以及交付使用者的過程。如果你上過程式課程或者本身已在寫程式，那麼這聽起來可能很簡單。但事實上，其實不然。根據 Standish Group 在 1996 年的調查報告發現，在全美所有的企業 IS 專案中，有 42%的專案還未完成就被放棄。美國審計部 (General Accounting Office，GAO) 在 1996 年也做過類似的研究，他們發現，在所有政府機構的 IS 專案中，有 53%的專案也遭到同樣命運。可惜的是，那些未放棄的系統，往往延遲交付，成本比預期還高，而且功能比原先規劃還少

我們大部分人總認爲這些問題只發生於「其他」人或「其他」組織，但其實上大多數公司都難以倖免。甚至微軟公司都有失敗和專案延宕的歷史 (例如，Windows 1.0、Windows 95)。[1]

雖然我們想要提昇本書成爲一顆「銀彈 (silver bullet)」，讓你免於 IS 開發專案的失敗，但我們不得不承認，這顆保證 IS 成功的銀彈並不存在。相對地，本書將提供一些基本觀念和許多實務技術，你可以用來提高相對的成功率。

SDLC 的關鍵人物是系統分析師，他分析企業情境，找出改善的空間，並且設計資訊系統以實作這些情境。系統分析師的職位是最有趣、最令人興奮而且最具挑戰性的工作。作爲一位系統分析師，你將與許多不同人物一起合作，學習他們處理事情的方法。明確地說，你將與其他系統分析師、程式設計師及其他人一起合作，共同完成一項任務。看到你設計及開發的系統有助於公司發展，自己也貢獻所學，你將很有成就感。

請務必記得，系統分析師的主要目標不是建立一個美好的系統，其主要目標乃是要爲組織創造價值。對大多數公司而言，這意謂著創造利潤 (政府單位與非營利組織則解讀不同)。很多失敗的系統之所以放棄，乃起因於分析師想要建置一個美好的系統，卻不明白該系統要如何配合組織目標、當前的企業流程以及其他資訊系統。資訊系統的投資好像其他投資一樣，比如買一台新機器。目標不在於獲取工具，因爲工具只不過是達到目的的手段而已，目標在於讓組織把工作做得更好，可賺得更多的利潤或有效地服務其他組織成員。

---

[1]想要了解更多有關的問題，請參閱 Capers Jones, *Patterns of Software System Failure and Success* (London:International Thompson Computer Press, 1996); Capers Jones, *Assessment and Control of Software Project Risks* (Englewood Cliffs, NJ:Yourdon Press, 1994); Julia King, "IS Reins in Runaway Projects," *Computerworld* (February 24, 1997)。

本書將介紹系統分析師所要具備的基本技能。這是一本實用書，裡面討論許多系統開發的範例；對於系統開發的每個環節，它不提供一般性的討論。定義上，系統分析師**做事情 (do things)**，而且挑戰現行組織的運作方式。為了善用本書，你應該活用範例中的想法和觀念，認真做好每章的「輪到你」練習，以後則靠自己進行系統開發專案 (理想上)。本書將引領你了解，交付一個成功資訊系統所要經過的步驟。同時，我們將以一個組織 (我們稱為 CD Selections 公司) 為例，說明如何在一個專案中應用這些步驟 (開發一個網路版的光碟銷售系統)。當你讀完本書，或許不會成為一位專家級的分析師，但是對於建置真正的系統，你已萬事俱備了。

在本章，我們首先介紹 IS 專案遵循的基本 SDLC。這個生命週期通用於所有專案，不過在生命週期中，每個階段的焦點與方法有所不同。在下一節，我們將討論三種不同的系統開發方法論：結構化設計、快速應用程式開發以及敏捷開發。

接下來的三節介紹物件導向系統分析與設計的基本特點，一個是物件導向系統開發方法論 (統一流程)，一個是物件導向系統開發圖面的符號 (統一塑模語言)。最後，我們要討論系統開發最具挑戰性的一面，即系統分析師所應該具備的技能深度和廣度。今天，大多數的組織都聘請由學有專精，而又有技能互補成員所組成的專案小組。本章最後將討論系統開發團隊成員所扮演的關鍵角色。

概念活用　1–A　昂貴的假專案啓始

政府的不動產部門與 IT 部門共同發起一項資料倉儲的計畫。IT 部門撰寫正式的計畫書，成本預估 80 萬美金，專案時程預估八個月，籌措資金則由業務部門 (business unit) 負責。IT 部門甚至在不知道專案是否被接受的情況下，繼續專案的進行。

這個專案實際上持續了兩年，因為需求蒐集花了九個月，而不是一個月半；原構想的用戶基礎 (user base) 從 200 人膨脹到 2,500 人；採購機器的批准流程，等上了一年。最後，在技術交付的三個星期之前，IT 部門主管取消了這項專案。這項失敗足足花了該部門與納稅人達 250 萬美金。

資料來源：Hugh J. Watson et al., “Data Warehousing Failure:Case Studies and Findings,” *The Journal of Data Warehousing* 4, (no. 1) (1999): 44–54。

問題：

1. 為什麼這個系統會失敗？
2. 為什麼公司會投資時間與金錢在專案上，然後又取消？
3. 如何避免這種情形發生？

系統開發生命週期

在許多方面，建置一個資訊系統好比蓋一棟房子。首先，房子 (或資訊系統) 萌發於一個基本的構想。接著，這個構想被轉換成一張草圖，然後展現給客戶看，而且不斷修改 (通常畫上好幾次，每次都比上一次改進)，直到客戶滿意爲止。第三，一套能展現房子細節 (例如，水龍頭的型態和電話插座的位置) 的設計藍圖。最後，房子依藍圖而建造，這段期間，客戶往往會要求做些許的變更。

SDLC 也有類似的四個基本階段：規劃、分析、設計與實作。不同專案可能強調 SDLC 的不同部分，或者以不同方法處理 SDLC 的各階段，但是所有專案都會有這四個階段要素。每個**階段 (phase)** 本身由一系列的**步驟 (step)** 所組成，這些步驟則與產出**交付成果 (deliverable**，用以了解專案之特定文件與檔案) 之**技術 (techniques)** 有關。

舉例來說，當學生申請大學入學時，他們一定要歷經幾個階段：資訊蒐集、申請與接受。每個階段都有步驟──資訊蒐集包括諸如找學校、請求資訊與閱讀招生簡章等步驟。學生然後使用一些能被運用於步驟 (例如，請求資訊) 的技術 (例如，上網搜尋) 以產出**交付成果** (例如，評估各大學的不同特色)。

在很多專案，SDLC 的階段與步驟從頭到尾都是依照一個邏輯的路徑前進。但是在其他專案，專案小組可能以連續式地、漸進式地、反覆式地或其他方式向前邁進。在這一節，我們將描述階段、行動以及一些用以完成較高層次之步驟的技術。並非所有的組織執行 SDLC 的方式都是一般無二的。等一下我們將會看到，整體的 SDLC 會有若干變異的情形。

現在，你必須了解 SDLC 的兩項重點。首先，你應該對於 IS 專案該歷經的階段與步驟，以及特定交付成果的產生技術有整體上的瞭解。其次，很重要的是，要瞭解 SDLC 屬於一種**漸進細緻化 (gradual refinement)** 的過程。分析階段所產出的交付成果，爲新系統勾勒出一個輪廓。這些交付成果充當設計階段的輸入，然後加以細緻化，產出一組更詳細描述系統將如何建置的交付成果。這些交付成果將進一步用於實作階段，產生眞實的系統。每個階段均細部修整 (refine) 與詳述 (elaborate) 先前做過的工作。

◆ 規劃

規劃階段 (planning phase) 是了解資訊系統**爲何**應該建置以及確定專案小組要如何建置系統的基本過程。它有兩個步驟：

1. 在**專案啓始 (project initiation)** 期間，你必須確認系統對於組織的企業價值：如何降低成本或增加營收？新系統的想法大多以**系統需求 (system request)** 的形式來自於非 IS 部門 (行銷部門、會計部門等)。系統需求簡述一項業務的需要，並且解釋系統如果支援該需要的話將如何創造企業價值。IS 部門與提出需求的人或部門 (稱爲**專案發起人**) 合作，進而從事**可行性分析 (feasibility analysis)**。可行性分析會檢視專案的三個層面：

- 技術可行性 (我們有能力建置嗎？)
- 經濟可行性 (可提供營業上的價值嗎？)
- 組織可行性 (如果我們建置完成後，會有人用它嗎？)

　該系統的需求和可行性分析提交給一個資訊系統**核准委員會 (approval committee)** (有時稱爲指導委員會)，委員會會決定專案是否應該進行。

2. 一旦專案被批准，便進入──專案管理 (project management)。在此期間，專案經理 (project manager) 建立一個工作計畫 (workplan)，訂定人事編制，以及讓技術就緒，以便在整個 SDLC 過程，協助專案小組管制與督導專案。專案管理的交付成果是一個專案計畫 (project plan)。

◆ 分析

分析階段 (analysis phase) 是回答**誰 (who)** 將使用系統、系統將**做什麼 (what)**、系統將使用於**何處 (where)** 以及**何時 (when)** 等等問題：在這個階段，專案小組訪查任何現在運作中的系統、辨識出有哪些改善的機會以及開發適用於新系統的概念。這個階段有三個步驟：

1. 一個**分析策略 (analysis strategy)** 被研擬出來，用以引導專案小組的工作。這種策略通常包括分析現行系統 (稱之爲 **as-is 系統**) 及其問題，以及檢視新系統 (稱之爲 **to-be 系統**) 的設計方法。
2. 下一個步驟是**需求蒐集 (requirements gathering)**，例如，透過訪談或問卷等。這項資訊的分析──再加上來自專案發起人和許多其他人的投入──將發展出一個新系統的開發概念。然後以這個系統概念作爲發展一套業務**分析模型 (analysis model)** 的基礎，於模型中說明了如果新系統被開發完成的話，業務將會如何運作。這組模型通常包括用以代表支援底層業務流程必要的流程與資料之模型。
3. 這些分析、系統概念與模型加以組合成一個稱之爲**系統建議書 (system proposal)** 的文件，並將呈給專案發起人與其他決策者 (例如，審查委員會的成員)，由他們決定專案是否繼續推動。

系統建議書是初始的交付成果其中描述了新系統應該滿足哪些業務需求。因爲它實在是設計新系統的第一個步驟，所以有些專家認爲這個階段使用「分析」一詞並不恰當；有些專家則提出一個較好的名稱──「分析與初始設計」。然而，大多數組織在這階段仍繼續使用**分析**一詞，因此，我們也從善如流。不過，有一件事要切記，來自分析階段的交付成果，不止是新系統的分析，而且也是其高層次的初始設計。

◆ 設計

設計階段 (design phase) 決定系統將**如何 (how)** 運作，舉凡硬體、軟體及網路基礎架構；使用者介面、表單及報表；以及特定程式、資料庫及所需的檔案，均是考慮的範圍。雖然大部分關於系統的策略決策已在分析階段的系統概念開發的時候決定了，但是設計階段的步驟才決定了系統將會如何運作。這個階段有四個步驟：

1. **設計策略 (design strategy)** 是首先被研擬出來的。它釐清系統是否由公司的程式人員自行開發，或是外包給其他公司 (通常是顧問公司)，或是公司購買現成的套裝軟體。
2. 這將引領出系統基本**架構設計**的開發，於此描述所要採用的硬體、軟體以及網路基礎架構。在大多數的情形，系統會新增或更動組織中既有的架構。**介面設計 (interface design)** 訂定使用者如何利用系統 (例如，功能表和螢幕按鈕等導覽方法) 以及系統所用到的表單及報表。
3. **資料庫與檔案規格**被研擬出來，這些規格明確地定義出什麼樣的資料該被儲存以及儲存在何處。
4. 分析小組研擬出**程式設計 (program design)**，定義所要撰寫的程式以及每支程式要做什麼工作。

這些交付成果 (架構設計、介面設計、資料庫與檔案規格以及程式設計) 即是**系統規格 (system specification)**，將交給程式小組負責實作。設計階段結束之際，可行性分析與專案建議書都會被重新檢視及修訂，專案發起人和審查委員會將作出是否終止專案或繼續下去的決定。

◆ 實作

SDLC 的最後一個階段是**實作階段 (implementation phase)**，在此期間，系統實際地被建置起來 (如果是套裝軟體的話，則是購買)。這個階段通常最引人注目，因爲對大多數系統而言，這是開發過程中時間最長且最昂貴的一環。這個階段有三個步驟：

1. **系統建構 (construction)** 是第一個步驟。系統被建置及測試以確保其功能一如所設計者。由於程式錯誤的代價可能很高，所以測試是實作階段最關鍵的步驟之一。大多數的組織，投注在測試上的時間與心思，甚於程式撰寫。
2. 系統被安裝。**安裝 (installation)** 就是關閉舊系統，啟動新系統的過程。它可能包括直接接手 (direct cutover) 方法 (新系統立刻取代舊系統)、平行轉換 (parallel conversion) 方法 (新舊系統同時運作一、兩個月，直到新系統顯然無誤為止)，或者階段性轉換 (phased conversion) 策略 (新系統先安裝在一個部門當作初步試驗，然後逐漸安裝到其他部門)。轉換的最重要層面之一是發展**訓練計畫 (training plan)**，教導使用者如何使用新系統，以及協助管理新系統所引起的變革。
3. 分析小組擬定系統的**支援計畫 (support plan)**。這個計畫通常包括一個正式或非正式的實作後審查，以及一種辨識出系統所需之主要與次要變更的系統性作法。

概念活用　1–B　緊追消費電子的腳步

消費電子是一個非常競爭的行業。今年一年可能還是個成功的故事，兩年後就成了個被遺忘的事情。快速的產品商品化使消費電子的市場非常競爭。將「搭配正確組件」的「正確產品」在「正確的時間」投入市場，是通信和消費電子產品公司持續面對的挑戰。

問題：

1. 消費電子公司應該使用哪些外部數據分析，以確定市場的需求和有效的市場競爭力？
2. 想要領先競爭者一步，需要有公司性的策略和資訊系統的支援。資訊系統和系統分析師對於建立一個積極的公司性的策略有何助益呢？

系統的開發方法

方法論 (methodology) 是實作 SDLC 的形式化方法 (也就是說，它是一連串的步驟和交付成果)。系統開發的方法論有許多種，根據其對各 SDLC 階段的先後順位與強調與否，而使得每個方法論都是獨一無二的。有些方法論是正式標準而為政府機關所採用，有些則是由顧問公司發展並賣給客戶。許多組織都有自己一套行之久遠的方法論，而且這些方法論正確地闡釋 SDLC 每個階段是如何於該公司被執行。

方法論有許多不同的分類方法。其一是觀察它們是否強調業務的程序或業務的資料。**程序為主 (process-centered)** 方法論強調──程序模型是系統概念的核心。例如，在圖 1-1 中，程序爲主的方法論首先專注於程序的定義 (例如，組合三明治的食材)。**資料為主 (data-centered)** 方法論則強調──資料模型是系統概念的核心。例如，在圖 1-1 中，資料爲主的方法論首先專注於定義儲存區域 (如冰箱) 的儲存內容以及如何組織這些內容。[2] 相較之下，**物件導向方法論**乃嘗試平衡程序與資料這兩者的重心而融爲一個模型。在圖 1-1 中，這些方法論首先專注於定義系統的主要元素 (如三明治、午餐)，然後觀察與每個元素有關的程序與資料。

於方法論的歸類上還有另一項重要因素是，SDLC 各階段的前後關係以及每個階段所耗費的時間與投注的工作量。[3] 在早期的電算年代，程式設計師不太了解正式且規劃良好之生命週期方法論的重要性。程式設計師很容易從簡單的規劃階段就直接跳到實作階段的建構步驟──換句話說，他們直接從一個模糊、思慮不周的系統需求跳到撰寫程式碼的階段。

這與你參加程式設計課程撰寫程式時，偶爾會採用的方式是相同的。這個方法或許對小程式有用，一個人設計就夠了，但是如果需求很複雜或不清楚時，你可能會錯過問題的重點，而必須放棄部分的程式再重來一遍 (以及撰寫的時間和心力)。這個方法也會使得團隊工作更加困難，因爲成員不曉得要完成什麼，以及如何配合才能完成最終的產品。

---

[2]古典的程序為主的方法是 Edward Yourdon, *Modern Structured Analysis* (Englewood Cliffs, NJ:Yourdon Press, 1989).一個資料為主的方法的例子是資訊工程，請參閱 James Martin, *Information Engineering*, vols. 1–3 (Englewood Cliffs, NJ:Prentice Hall, 1989).一種普遍被接受且平衡程序與資料的非物件導向方法之標準是 IDEF，請參閱 FIPS 183, *Integration Definition for Function Modeling,* Federal Information Processing Standards Publications, U.S. Department of Commerce, 1993。

[3]一本有關於系統開發方法比較的不錯參考資料是 Steve McConnell, Rapid Development (Redmond, WA:Microsoft Press, 1996)。

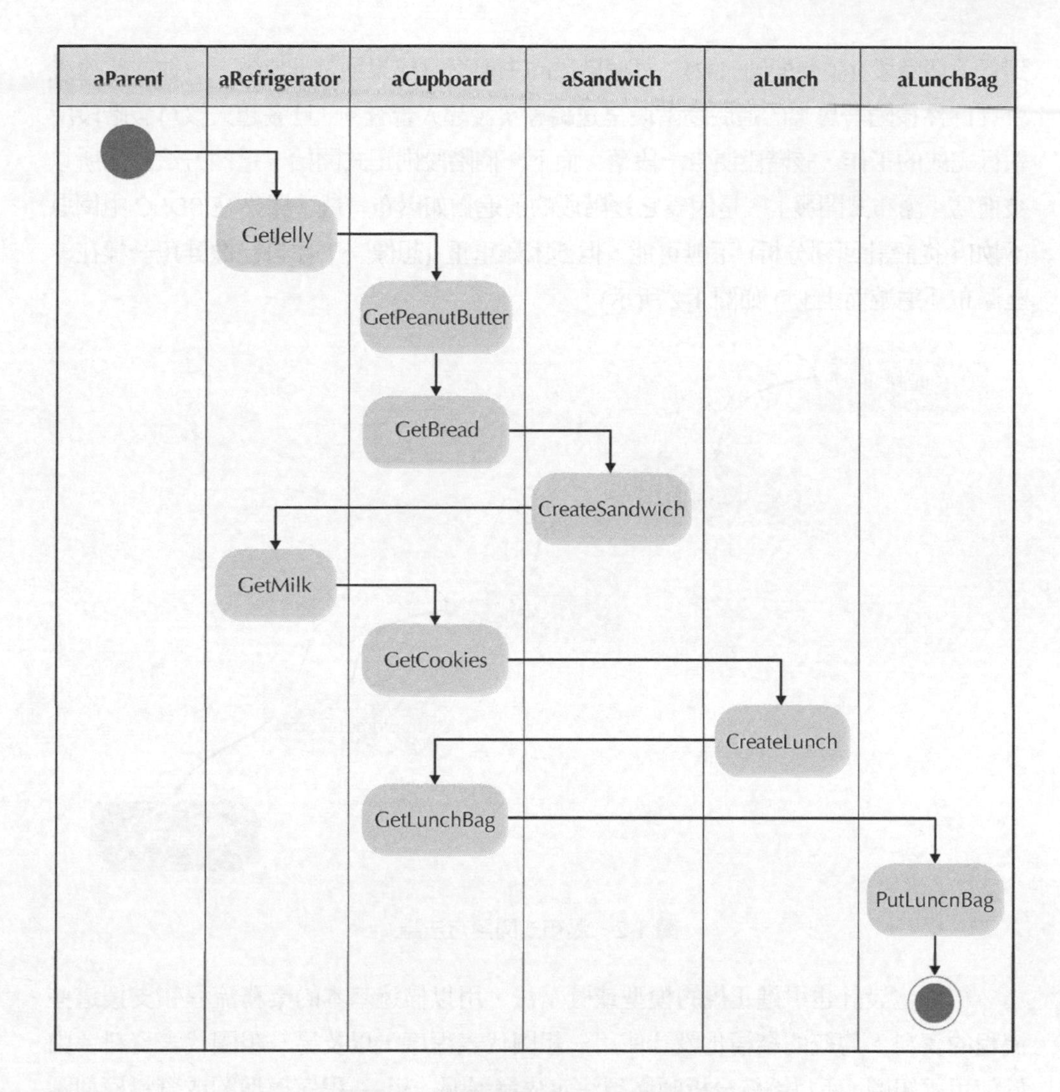

圖 1-1 一個簡單的準備午餐行為模型

◆ 結構化設計

第一類的系統開發方法論稱爲**結構化設計 (structured design)**。這些方法論在 1980 年代便成爲一種優勢，取代了先前特設化、毫無紀律的方法。結構化設計方法論採用一種按部就班的形式，讓 SDLC 以邏輯的順序從一個階段進入下一個階段。許多以程序爲主或以資料爲主的方法論，都遵循下列兩種結構化設計的方法：

瀑布式開發 最早的結構化設計方法論 (迄今仍在使用) 是**瀑布式開發 (waterfall development)**。在瀑布式開發爲本的方法論中，分析師與使用者依序從一個階段進

到下一個階段 (請參閱圖 1-2)。每個階段的主要交付成果通常非常冗長 (往往厚達幾百頁),然後隨著專案的進展逐階段呈送給專案發起人審查。一旦發起人核可該階段所執行完成的工作,該階段便告一段落,而下一個階段則正式開始。這個方法論之所以被稱爲「瀑布式開發」,是因爲它逐階段的前進猶如瀑布一般。雖然在 SDLC 中倒退(例如,從設計回到分析) 不無可能,但卻困難重重 (想像一下你自己像鮭魚一樣在一座瀑布「逆游而上」,如圖 1-2 所示)。

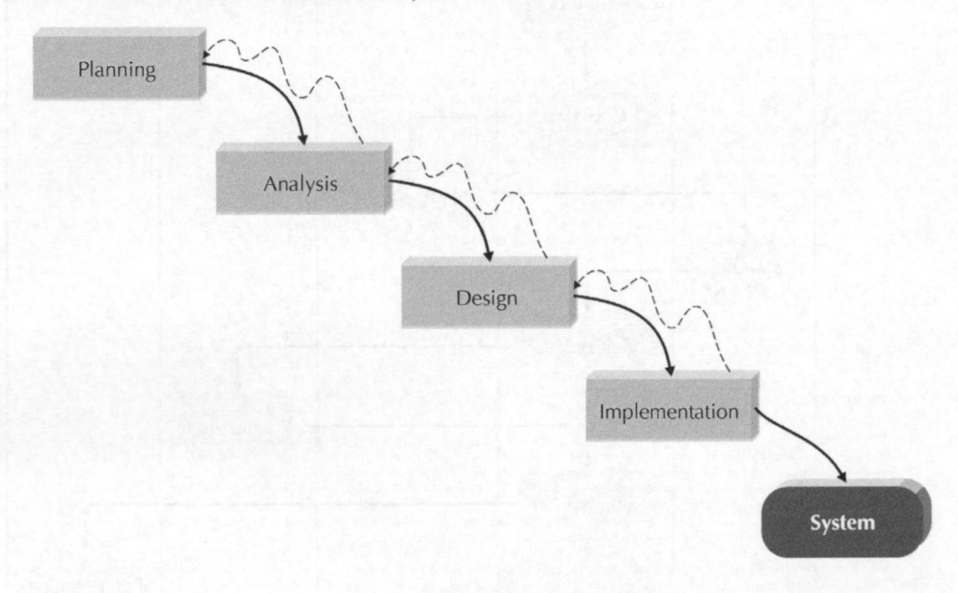

圖 1-2　瀑布式開發方法論

結構化設計也引進正規的模型或圖示法,用以描述基本的業務流程和支援這些流程的資料。傳統的結構化設計使用一組圖代表程序,以及另一組圖代表資料。由於使用兩組圖,所以系統分析師必須決定先發展哪一組──程序模型圖或資料模型圖──並當做系統的核心。程序或資料到底哪個先做,仍存有極大爭議,因爲兩者對系統均很重要。結果,根據瀑布模型的基本步驟且在不同時機使用不同塑模方法,便衍生了幾個不同的結構化設計方法論。那些強調程序模型圖爲系統核心的方法論,稱爲程序爲主方法論,而強調資料模型圖爲系統概念的核心之方法論,則稱爲資料爲主方法論。

瀑布式的結構化設計有兩個主要優點:遠在程式設計開始之前可以確認系統的需求;以及在專案進行期間,將需求的變更次數降到最低。兩個主要缺點是:設計一定要在程式設計開始之前完完全全地被明定;以及完成分析階段的系統建議書,以至於系統交付的期間往往很長 (通常數月或數年)。冗長的交付資料常常造成溝通不良,其結果常是重要的需求可能埋沒在成冊的文件中而被輕忽掉了。使用者很少會有所準備的去認識新系統。即使有的話，也是系統被引進許久後才發現。如果專案小組漏掉重要的需求，那麼代價高昂的後實作程式設計在所難免 (想像你自己在紙上設計一輛汽車；你怎麼可能記得當車門打開時有多少盞車內燈會點亮或指出引擎上的閥的正確數目？)。

系統也可能需要大量的重施工 (rework)，因爲企業環境在分析階段開始之後業已改變。當變更的確發生時，意謂著要回歸到起始階段，然後循序變動其後的每個階段。

平行式開發　平行式開發 **(parallel development)** 方法論嘗試解決分析階段與系統交付之間冗長的時間延遲問題。此方法並不依循先設計後實作的順序，而是對於整個系統進行一般性的設計，然後將專案細分爲一系列範疇分明的子專案 (subproject)，這些子專案之設計與實作可平行地進行。一旦子專案都完成，還有不同的部分的最後整合，然後系統被交付 (請參閱圖 1-3)。

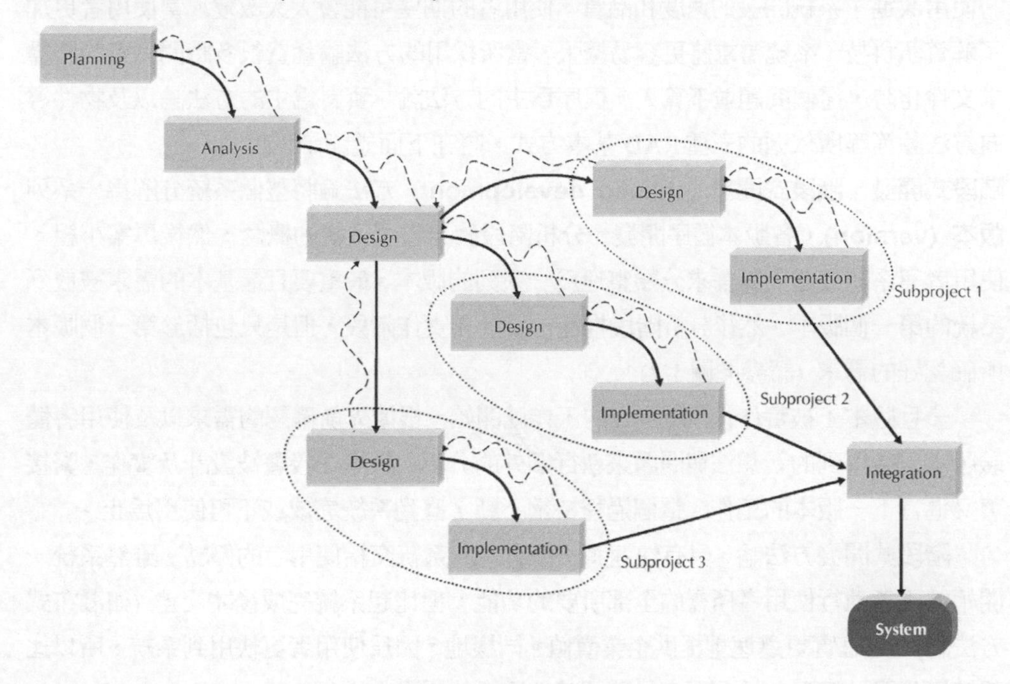

圖 1.3　平行式開發方法論

這個方法論的主要優點是，能夠減少系統交付的時程；因此，比較沒有機會因業務環境的改變而發生重施工的麻煩。不過，此方法仍然不免因文件所引起的難題。它也增加另一個新的問題：那些子專案有時並非完全獨立；一個子專案所進行的設計決策，可能會影響到另一個子專案，而且各子專案在最後還需要做一次大整合。

◆ 快速應用程式開發 (RAD)

第二類方法論包括**快速應用程式開發 (rapid application development，RAD)** 方法論。這些較新的方法論起源於 1990 年代。基於 RAD 的方法論嘗試解決結構化設計方法論的兩項弱點，其方法是藉由調整 SDLC 階段來快速開發系統的某項部分，並儘快交到使用者手中。如此，使用者更能了解系統，並提出修改建議，使系統更接近實際需要[4]。

大部分 RAD 方法論建議分析師，使用特殊技巧與電腦工具來加速分析、設計與實作等階段，如 CASE 工具、聯合應用程式開發 (JAD) 會議、第四代語言/視覺化程式語言(如 Visual Basic)，藉以簡化並加速程式設計；以及使用程式碼產生器自動依照設計規格產生程式。變更 SDLC 階段以及使用這些工具與技術來改進系統開發的速度與品質。然而，RAD 方法論有一個敏感的問題：使用者期望管理。因為工具和技術的使用改進了系統開發的速度和品質，使用者的期望可能會大大改變。當使用者更加了解資訊科技，系統需求將更容易擴張。當所採用的方法論耗費很多時間完整的將需求文件化時，這個問題並不算大。程序為主的方法論、資料為主的方法論以及物件導向方法論等等所依循的三種 RAD 基本方式，將在下面幾節予以說明。

階段式開發 **階段式開發 (phased development)** 方法論將整個系統分解為一系列**版本 (version)**，各版本循序開發。分析階段確認整個系統的概念，然後專案小組、使用者與系統發起人將需求分類整理為一系列的版本。最重要且最基本的需求被放到系統的第一個版本。然後分析階段推進至設計和實作階段，但是只包括於第一個版本所確認好的需求 (請參閱圖 1-4)。

一旦版本 1 被實作後，版本 2 的工作就開始。根據先前確認的需求以及使用者體驗版本 1 所得到的新想法與問題來執行額外的分析。版本 2 接著被設計及實作，緊接著又進行下一版本的工作。這個過程持續不斷，直到系統完成或不再使用為止。

階段式開發方法論，具有快速將一個有用的系統交給使用者的優點。雖然系統一開始並不能執行使用者所需的全部所要的功能，但比起系統完成後才交差 (如瀑布式方法論)，它確實更迅速地提供企業價值。同樣地，因為使用者更快用到系統，所以比起結構化設計情況，他們更容易確認其他重要的需求。

階段式開發的主要缺點是，使用者開始操作的系統本來就不完整。所以有必要確認最重要且最有用的功能，把它們放到第一個版本上，並且隨時管理使用者的期望。

---

[4]最好的 RAD 書籍之一是 Steve McConnell, *Rapid Development* (Redmond, WA:Microsoft Press, 1996)。

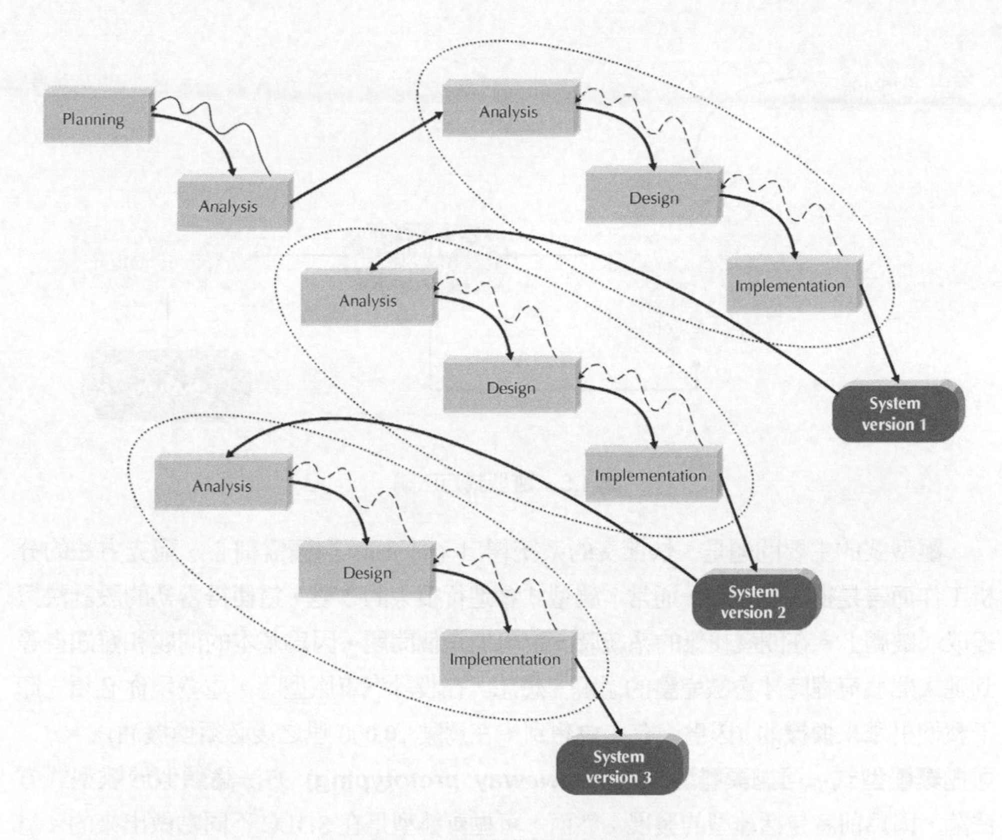

圖 1.4　階段式開發方法論

雛型式　**雛型式 (prototyping)** 方法論乃同時進行分析、設計與實作階段，而且這三個階段在一個循環 (cycle) 內重複進行，直到系統完成為止。藉由這些方法論，動手進行分析及設計的基礎工作，然後立刻著手於一個**系統的雛型**，即一個具有部分功能的「速成 (quick-and-dirty)」程式。第一個雛型通常是使用者會利用到的系統首要部分。這個雛型要拿給使用者和專案發起人看，由他們表示意見。然後參考這些意見，進行再分析、再設計及再實作，以產生第二個雛型，提供更多的功能。這個過程在一個循環內持續著，直到分析師、使用者及發起人同意雛型終於提供組織內要安裝及使用的足夠功能。雛型 (現在被稱為「系統」) 被安裝之後，執行細部修整的工作，直到它被接受為新系統 (請參閱圖 1-5)。

雛型式的主要優點是，它快速提供一個可以給使用者互動的系統，即使剛開始時並未在組織內廣泛使用。雛型式向使用者再度保證，專案小組正在處理系統 (進度沒有任何延遲)，而且有助於更快將眞正的需求細部修整。使用者因此不必只能試著了解寫在紙上的系統規格，而能夠與系統雛型互動，因此更加了解系統做得到與做不到的項目。

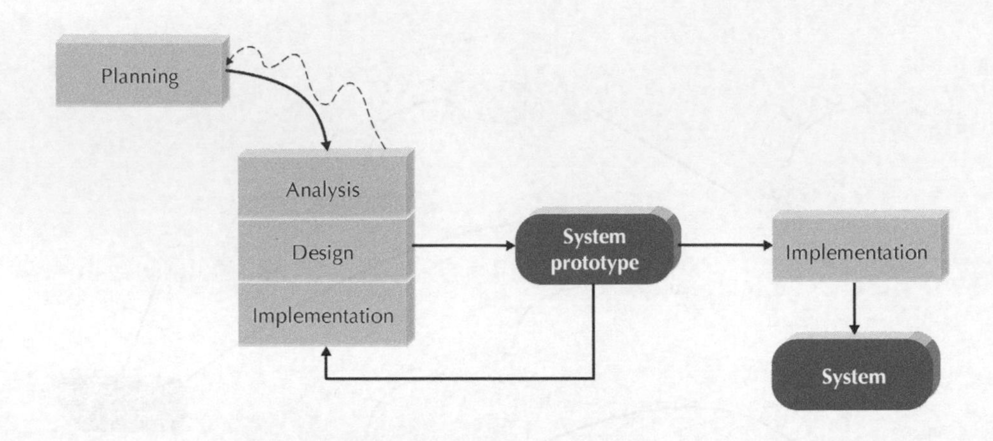

圖 1.5　雛型式方法論

雛型式的主要問題是，快節奏的系統釋出 (release) 對極需細心、講究方法的分析工作而言是很大的挑戰。通常，雛型式會進行很大的改變，這使得當初的設計決策變成「跛腳」。在開發複雜的系統時，這可能是個問題，因爲基本的問題和難題得等到進入開發流程時才會被完整的了解。想想，在設計汽車原型時，才發現你必須先卸下整個引擎來換機油 (因爲沒有人會想到，在駕駛 10,000 哩之後必須換機油)。

可抛棄雛型式　**可抛棄雛型式 (Throwaway prototyping)** 方法論類似於雛型式方法論，因爲前者包括雛型的發展；然而，可抛棄雛型是在 SDLC 不同點做出來的。這種雛型在目的上跟先前討論的非常不同，而且外表也非常不同 (請參閱圖 1-6)。

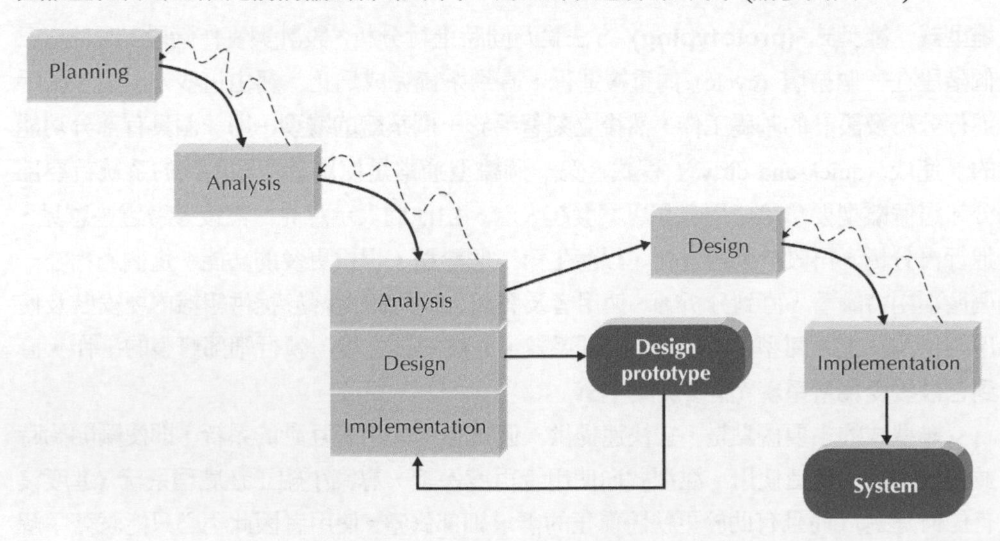

圖 1-6　可抛棄雛型式方法論

可拋棄雛型式有一個相當透徹的分析階段，用以蒐集資訊以及發展系統的概念。然而，使用者不可能完全地理解他們建議的功能，而且也可能存在挑戰性的技術問題極待解決。每個問題都是透過分析、設計與建立一個**雛型**來檢視。設計的雛型不是一個實際上運作的系統；而是代表系統某一部分且還需要額外細部修整的產品，而且它也只包含剛好夠用的細節，讓使用者可以體會正在考慮中的問題。舉例來說，假設使用者不很清楚訂單輸入系統如何操作。分析小組可能要建立一系列可利用 Web 瀏覽器觀看的網頁，以協助使用者能目睹這部分系統。在這情況下，一系列的模擬畫面似乎是一個系統，但是其實並沒做什麼事。或者，假設專案小組需要用 Java 開發一個複雜的繪圖程式。小組可利用樣本資料先撰寫一小部分的程式，確定它們可以成功地做出一支成熟程式該完成的事。

使用這種方法論所開發的系統，可能仰賴於分析與設計階段的數個設計雛型。每個雛型都用來確認重要的問題已經被了解而將系統的風險降到最低，然後再建立眞正的系統。一旦解決了這些問題，專案就邁向設計與實作階段。此時，設計雛型會被丟棄，這是這些方法與其他雛型式之間的重要差異。

可拋棄雛型式方法論平衡了縝密分析與設計階段的有利之處，兼具使用雛型來細部修整關鍵問題的優點。或許比起那些雛型式方法論來說，這個方法論要花費更長時間才能交付最後的系統 (因爲雛型不會變成最後的系統)，但是這種方法論通常會產生較穩定及較可靠的系統。

◆ 敏捷開發[5]

第三類的系統開發方法論現在正逐漸浮現：**敏捷開發 (agile development)**。這類方法論以程式設計爲中心，沒有很多成規，而且易於遵循。這類方法論排除了許多模型塑造與文件製作的工作負荷與時間，使得 SDLC 的進展更加順暢。不過，這類專案均強調簡單、反覆性的應用發展。敏捷開發方法論的例子包括極致程式設計法 (extreme programming)、並列爭球法 (Scrum) 與動態系統開發法 (Dynamic Systems Development，DSDM)。敏捷開發的方法，也就是接下來我們所要討論的，通常會搭配物件導向方法論使用。

---

[5] 兩個有關於敏捷開發與物件導向系統的不錯的資料來源是 S. W. Ambler, Agile Modeling:Effective Practices for Extreme Programming and The Unified Process (New York:Wiley, 2002), and R. C. Martin, Agile Software Development:Principles, Patterns, and Practices (Upper Saddle River, NJ:Prentice Hall, 2003)。

極致程式設計[6] **極致程式設計 (XP)** 建立在四個核心價值之上。即溝通、簡明、回饋與勇氣。這四個價值提供了一個鞏固的基礎，讓 XP 開發者可建立任何系統。首先，開發者必須連續提供回饋給最終用戶。第二，XP 要求開發者須遵循 KISS 原則。[7] 第三，開發者必須透過漸進的改變來長成系統，而且，不僅要接受改變，他們也要擁抱改變。第四，開發者必須抱持品質第一的理想。XP 也支援團隊成員發展自己的技能。

XP 用來建立成功系統的三個主要原則是：持續不斷的測試、開發人員雙人一組撰寫簡明的程式以及密切與末端使用者互動，以快速建置系統。表面上規劃流程之後，專案隨即循環地的進行分析、設計與實作等階段 (圖 1-7)。

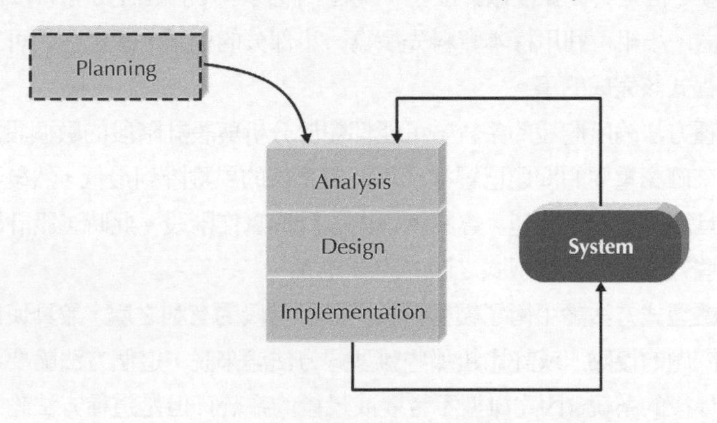

圖 1-7　極致程式設計方法論

測試與有效率的撰寫程式碼是 XP 的核心。事實上，程式碼每天都要進行測試，並且放到整合的測試環境。如果發現錯誤 (bug)，程式碼就被抽離直到它毫無錯誤爲止。XP 非常依賴重構 (refactoring)，這是一種對程式碼加以重組，使程式碼保持簡單的有紀律方法。

XP 專案開始於使用者的敘事 (user stories)，由他們描述系統要做什麼。然後，程式設計師撰寫簡單的小模組，測試是否符合他們的需要。使用者應該隨時能澄清出現的問題與議題。標準對於降低混淆非常重要，所以 XP 小組應使用一組共同的名稱、描述與程式寫作規範。XP 專案交付成果的速度，甚至要比 RAD 方法還快，而且很少陷入系統需求蒐集的泥沼中。

---

[6]進一步的資料，請參閱 K. Beck, *eXtreme Programming Explained:Embrace Change* (Reading, MA:Addison-Wesley, 2000), M. Lippert, S. Roock, and H. Wolf, *eXtreme Programming in Action:Practical Experiences from Real World Projects* (New York:Wiley, 2002), 或是 www.extremeprogramming.com。

[7]即 Keep It Simple, Stupid (持簡守愚)。

對於小型專案且幹勁十足、凝聚力強、穩定且富有經驗的小組，XP 應遊刃有餘。可是，如果專案稍大或大家不夠團結 (jelled)，[8] XP 開發專案是否成功，將令人懷疑。把外面合作廠商拉進現有的工作團隊，這個想法引人疑慮。[9] 把局外人與局內人放在一起，或許太樂觀了點。XP 非常需要紀律，否則專案將沒有焦點，變成一團混亂。再者，這個方法適合於小群的開發者，不超過 10 人，而且不鼓勵使用於大型的應用程式開發。此法欠缺分析與設計文件，只剩 XP 的程式碼文件，在這情況下，用 XP 維護大型系統，將是不可能的任務。況且重要的企業資訊系統開發，通常會存在許久，因此使用 XP 作爲企業系統開發方法論，前景堪慮。最後，這個方法論需要現場的使用者投入 (on-site user input)，這一點恐怕許多業務單位將無法接受。[10]

◆ 選擇適當的開發方法論

方法論有許多種，所以分析師面臨的第一個挑戰就是，到底應該選哪一種？這樣的抉擇並不簡單，因爲沒有哪一個方法論是最好的 (如果有的話，我們拿來套用就好了！)。許多組織都有標準與政策，用以引導方法論的選擇。你會發現，有的組織有「認可過的 (approved) 」方法論，有的組織有好幾個方法論的選項，而有的組織則連一個正規的辦法也沒有。

圖 1-8 列出幾個選擇方法論時的重要準則。其中未列出的重要準則是分析師的工作經驗。許多 RAD 方法論要求使用「新的」工具與技術，但這些新工具與技術的學習曲線很陡峭。通常，這些工具與技術會增加專案的複雜度，並且增加學習的額外時間。不過，一旦專案小組採納且熟練後，這些工具與技術將大幅提昇系統交付的速度。

釐清使用者需求　當系統的使用者需求不清楚時，想要口頭討論它們以及書面解釋它們都是難事。使用者通常應該與技術要有所互動，以便確實了解新系統能夠做什麼，以及如何達到他們的需要。當使用者需求不清楚時，最好選擇雛型式與可拋棄雛型式的 RAD 方法論，因爲這些方法論有助於使用者早期就與 SDLC 有所互動。

---

[8]所謂緊密的團隊 (jelled team)，就是異動率少、有高度共識、追求卓越，一致認為要把產品做的最好，並樂在工作的一群人。關於這樣團隊的相關資訊，請參閱 T. DeMarco and T. Lister. *Peopleware:Productive Projects and Teams* (New York:Dorset/House, 1987)。

[9]考慮到業務向海外轉包的趨勢，這是 XP 待克服的主要障礙。更多有關於海外轉包的資料，請參閱 P. Thibodeau, "ITAA Panel Debates Outsourcing Pros, Cons," *Computer-world Morning Update* (September 25, 2003), and S. W. Ambler, "Chicken Little Was Right," *Software Development* (October 2003)。

[10]許多對於以 XP 實用程序作為開發方式的觀察來自於與 Brian Henderson-Sellers 的對談。

	結構式方法論			RAD 方法論		敏捷方法論
系統開發的能力	瀑布式	平行式	階段式	雛型式	可拋棄雛型式	XP
釐清使用者需求	Poor	Poor	Good	Excellent	Excellent	Excellent
陌生的技術	Poor	Poor	Good	Poor	Excellent	Poor
複雜的系統	Good	Good	Good	Poor	Excellent	Poor
可靠的系統	Good	Good	Good	Poor	Excellent	Good
較短的開發時程	Poor	Good	Excellent	Excellent	Good	Excellent
時程可見度	Poor	Poor	Excellent	Excellent	Good	Good

圖 1-8　方法論的選取準則

嫻熟技術　當系統要使用分析師與程式設計師不熟悉的新技術時 (例如，第一個 Web 開發專案使用 Java)，早一點將新技術應用於方法論，將可增加成功的機率。如果不弄懂基礎技術就貿然從事系統設計的話，風險將增高，因爲那些工具可能無法做出想要的工作。可拋棄雛型式方法論，特別適合於技術的不熟悉情況，因爲這類方法論本來就鼓勵開發具有高風險的設計雛型。階段式開發方法論也很好，因爲這類方法論提供了在設計完成前，進行某種程度的技術學習機會。雖然有人認爲，可拋棄雛型式方法論也很適合，但是其成效還不至於此，因爲做出來的早期雛型通常只是點到爲止。通常，只有在幾次雛型化及數月之後，開發者才會發現新技術的弱點或問題。

系統複雜度　複雜的系統需要審慎的分析與設計。可拋棄雛型式方法論，特別適合於這樣的細部分析與設計，而雛型式方法論則不然。傳統的結構化設計方法，能夠處理複雜的系統，但無法在開發早期就把系統或雛型交到使用者手中，而且可能忽略一些關鍵的問題。雖然階段式開發方法論可以讓使用者早期接觸到系統，但我們觀察到，採用這類方法的專案小組較之採用其他方法論者不會費心於分析系統整體的問題領域。

系統可靠度　系統可靠度通常是系統開發的一項重要因素──畢竟，誰要一個不可靠的系統？然而，可靠度不過是眾多因素之一罷了。對許多應用軟體來說，可靠度確實很重要 (如醫療設備、飛彈控制系統)，但對其他應用軟體而言，它只是重要 (如遊戲軟體、網路影音動畫) 而已。當系統的可靠度被列爲最高優先時，可拋棄雛型式方法論是最佳選擇，因爲它結合了細部分析與設計階段，使得專案小組可以透過所設計的雛型來驗證各種不同的方法。當考慮到可靠度時，雛型方法論通常不是一個好的選擇，因爲它缺乏了可靠系統所需的細部分析與設計階段。

短促的開發時程　如果專案的開發時程較短，最適合使用 RAD 方法論。此乃該方法論原本即爲加速開發而產生的。當時程很短時，雛型式與階段式開發方法論將是極佳的選擇，因爲專案小組可根據指定的交付日期調整系統的功能，而且，萬一專案時程開始延誤了，還可從開發中的版本或雛型移除一些功能，然後加以調整。當時間很寶貴的時候，瀑布式開發是最糟的選擇，因爲這類方法不容許輕易變更時程。

時程可見度　系統開發的最大挑戰是，如何決定專案是否準時進行。這對於結構化設計方法論尤其如此，這是因爲設計與實作都發生於專案後期。RAD 方法論可以較早進行專案的許多關鍵設計決策，協助專案經理找出及解決風險因子 (risk factor)，並且檢驗使用者的期望。

輪到你　1-1　選擇一種方法論

假設你是羅阿諾克軟體顧問公司 (RSCC) 的分析師，這是一家大型的軟體顧問公司，全世界都有她的分公司。該公司想要建立一套新的知識管理系統，該系統可以根據世界各地各個顧問師的教育程度以及經手的顧問專案，辨認並追蹤他們的專長。假設這是個嶄新的想法，在 RSCC 或其他分公司都不曾提出過。RSCC 有個國際性的服務據點，但每個國家的服務據點可能採用不同的軟硬體。RSCC 管理階層希望這套系統一年內可上線。

問題

1　你會建議 RSCC 使用什麼類型的開發方法？爲什麼?

物件導向系統分析與設計 (OOSAD)

物件導向的開發資訊系統的方法，技術上而言，能使用任何傳統的方法論 (瀑布式開發、平行式開發、階段式開發、雛型式和可拋棄雛型式)。不過，物件導向的方法與階段式開發 RAD 方法論最貼近。傳統的結構式方法與物件導向的方法之間的主要差別在於，問題是如何地被分解。於傳統的方法中，問題的分解流程是以程序爲中心或者以資料爲中心。不過，程序和資料非常緊密關聯，以致於很難挑一個或者另一個作爲主要焦點。基於這個和現實世界不一致方法，新的**物件導向方法論**已經出現，它使用

RAD 爲主的 SDLC 階段的順序，但是試圖藉由將問題的分解聚焦於能同時納入資料和程序的物件上來平衡程序與資料兩者間的重心。這兩種方法都是開發資訊系統的有效途徑。在這本書裡，我們重心放在物件導向的方法。[11]

根據統一塑模語言 (UML) 的創造者，Grady Booch、Ivar Jacobson 以及 James Rumbaugh [12]，任何現代的物件導向方式來開發資訊系統必須是 (1) 使用案例導向、(2) 以架構爲中心，以及 (3) 反覆性與漸進性的。

◆ 使用案例導向

使用案例導向 (Use-case driven) 意思是**使用案例**是定義系統行爲的主要塑模工具。使用案例描述使用者如何與系統相互作用，以進行一些活動，例如訂貨、預約或尋找訊息。使用案例用來辨認並且用以與撰寫系統之程式設計師溝通系統的需求。

使用案例本來就很簡單，因爲它們一次只專注於一項活動。相反的，透過傳統的結構式和 RAD 方法論使用的程序模型圖顯得複雜許多，因爲這些方法要求系統分析師和使用者發展出整個系統的模型。對於傳統的方法論，每項業務活動都被分解爲次程序，這些次程序再依次分解成更小的次程序等等。這項分解工作會持續直到進一步的程序分解不具意義爲止，而且它的連鎖圖常需要跨越好幾十頁。相反，使用案例每次只專注於一項活動，因此發展模型簡單得多。[13]

◆ 以架構爲中心

任何現代的系統分析與設計方法應該是以架構爲中心。**架構為中心 (Architecture centric)** 方法意指逐步成形的系統規格之基礎軟體架構導向系統的規格、建設和文件編製。現代的物件導向系統分析與設計方法，應該支援至少三個獨立但彼此關聯的系統架構觀點：功能、靜態和動態。**功能**，或稱**外部觀點 (functional view)**，是從使用者的觀點來描述系統的行爲。**結構**，或稱**靜態觀點 (structural or static view)**，

---

[11]請參閱 Alan Dennis, Barbara Haley Wixom, and Roberta M. Roth, *Systems Analysis and Design:An Applied Approach, 3rd ed.* (New York:Wiley, 2006) for a description of the traditional approaches)。

[12] Grady Booch, Ivar Jacobson, and James Rumbaugh, *The Unified Modeling Language User Guide* (Reading, MA: Addison-Wesley, 1999)。

[13]對於那些對傳統的結構化分析和設計有經驗的讀者，這是一個使用 UML 進行物件導向分析和設計時最不尋常的特色。結構式的方法強調將整個業務程序分解為次程序和次次程序。物件導向方法強調每次僅專注於一個使用案例的活動，並分配單一使用案例到一組聲氣相通且協同合作的物件。因此，使用案例塑模的方式，似乎一開始會令人感到不安或反直覺，但是到最後，這樣的單一專注確實會使分析與設計工作更簡單。

則以屬性、方法、類別與關係來描述系統的結構。**動態觀點 (dynamic view)** 則根據物件間所傳遞的訊息，以及物件內的狀態改變，來描述系統的內部行爲。

◆ 反覆性與漸進性

現代的物件導向系統方法，乃強調**反覆的 (iterative)** 與**漸進的 (incremental)** 開發方法，也就是在整個專案的開發生命週期間，持續進行測試與細部調整工作。意指系統分析師一步一步的建立出三個架構觀點，來拓展其對使用者問題的理解程度。系統分析師則與使用者攜手建立一個研究中之系統的功能表示來達到這個效果。下一步，分析師試圖建立這個逐漸成形中之系統性的結構性表示。利用系統的結構表示，分析師將該系統的功能分配到逐漸成形之架構，以建立一個逐漸成形之系統的行爲表示。

當分析師與使用者正研擬三個逐漸成形之系統的架構觀點時，分析師會往返檢視各個觀點。也就是說，當分析師對結構和行爲的觀點有更好的了解時，分析師會發現被遺漏的需求或功能觀點中，被扭曲的事實。如此之下會導致修改的部分會挨次地回溯到結構和行爲觀點。這三個系統的架構觀點是相互關聯與相互依賴的 (請參閱圖 1-9)。每完成一個漸進和反覆性的工作後，更完整的使用者實際功能上的需求會浮現。

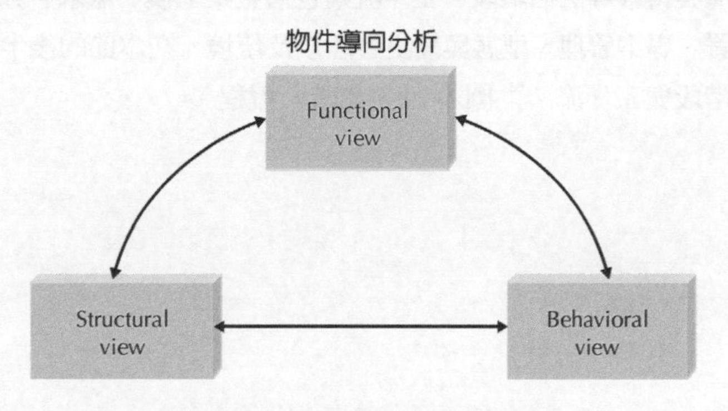

圖 1-9　反覆的與漸進的開發

◆ 物件導向系統分析與設計的優點

物件導向方法的概念讓分析師能夠分解一個複雜的系統，使之變成規模更小、更易於管理的模組，面對單個模組開發，並且很容易將模組拼湊在一起構成一個完整的資訊系統。這種模組化讓整個 SDLC 期間的系統開發更容易掌握，使專案小組成員之間更容易彼此分享，也更容易傳達給提供需求並確認系統符合需求之程度的使用者。透過模組化系統開發的方式，專案小組實際上是創造可以重複使用的作品，而可以放進系統的其他部分或是用來當做另一個專案的起點。最終，這可以節省時間，因爲新的專案不必完全從頭開始。

許多人辯稱「物件思考」是一個更實際的方式去思考現實世界。使用者通常並不是從程序與資料的角度來思考，相反的，他們將業務看作是一群同時包含這兩者的邏輯單元的集合──因此以物件的觀念來溝通，有助於改進使用者和分析師或開發人員之間的互動。

統一流程

統一流程是一種特定的方法論，它定義了何時與如何使用不同的 UML 技術，對應到物件導向的分析與設計工作上。主要的貢獻者是 Rational 公司的 Grady Booch、Ivar Jacobson 及 James Rumbaugh 等三位。UML 於開發資訊系統的結構與行爲方面，提供了結構方面的支援，而統一流程則提供行爲方面的支援。當然，統一流程也是使用案例導向，以架構爲中心，而且是具反覆性與漸進性。

統一流程是一種由階段及工作流交織而成的二維性系統開發流程。階段包括初始、詳述、建構與轉移等四個階段。工作流則包括企業塑模、需求、分析、設計、實作、測試、部署、專案管理、型態與變更管理以及環境。在本節的後半段，我們將描述統一流程的階段與工作流。[14] 圖 1-10 畫出統一流程。

[14]這一節是根據 Khawar Zaman Ahmed and Cary E. Umrysh, *Developing Enterprise Java Applications with J2EE and UML* (Boston, MA:Addison-Wesley, 2002); Jim Arlow and Ila Neustadt, *UML and 統一流程:Practical Object-Oriented 分析 & 設計* (Boston, MA:Addison-Wesley, 2002); Peter Eeles, Kelli Houston, Wojtek Kozacynski, *Building J2EE Applications with the Rational Unified Process,* (Boston, MA:Addison-Wesley, 2003); Ivar Jacobson, Grady Booch, and James Rumbaugh, *The Unified Software Development Process* (Reading, MA:Addison-Wesley, 1999); Phillipe Krutchten, *The Rational Unified 程序 :An Introduction, 2nd ed.* (Boston, MA:Addison-Wesley, 2000)。

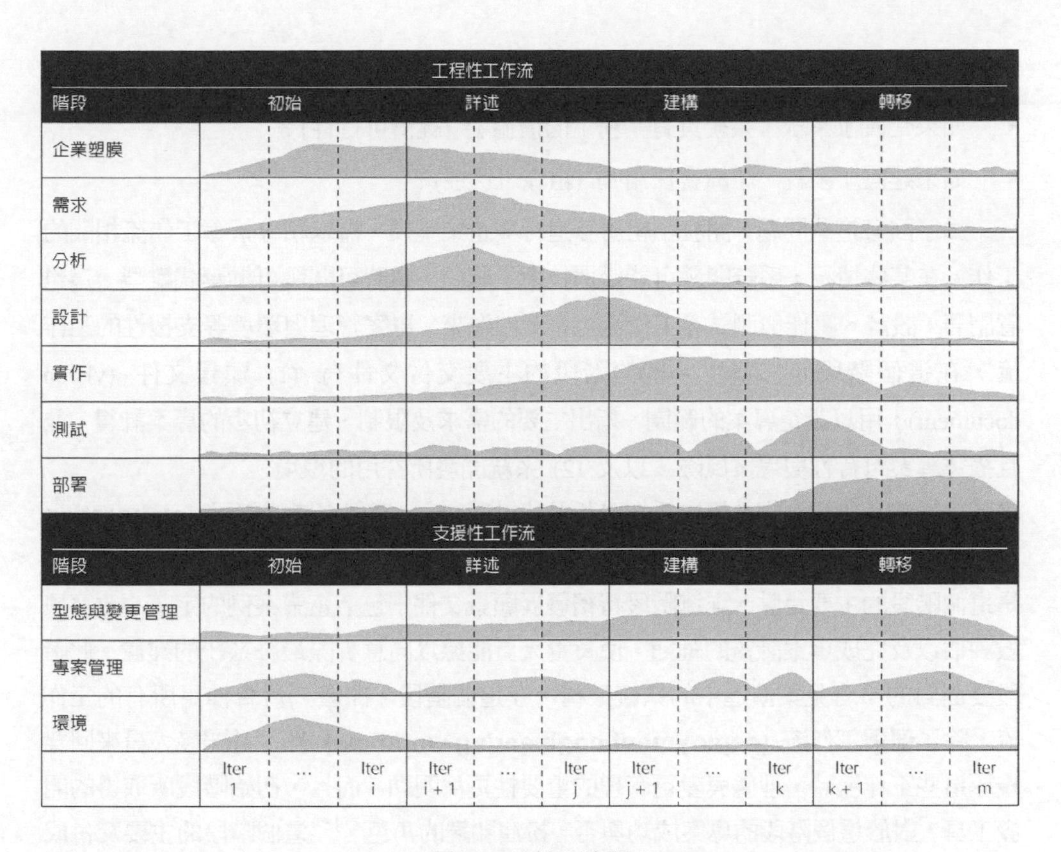

圖 1-10　統一流程

◆ 階段

統一流程的**階段**協助分析師以反覆性與漸進性的方式開發資訊系統。這些階段描述資訊系統會如何的隨著時間而演進成長。視演進中的系統目前開發到哪一個階段而定，活動的層次會隨著**工作流**而改變。圖 1-10 所畫出各工作流的曲線，約略估計了於該階段期間，活動發生的多寡程度。例如，在初始階段主要有企業塑模與需求等工作流，此時測試與部署等工作流，實際上是微不足道的。每個階段均包含若干次的反覆，且每次反覆均使用不同的工作流，為演進中的資訊系統建立一個漸進性的版本。當系統隨著各階段的腳步而逐漸成形時，它會改進而且變得愈來愈複雜。每個階段都有的目標、整個工作流上活動的焦點以及漸進性的交付成果。各階段說明如下：**初始**　在許多方面，**初始階段 (inception phase)** 非常類似於傳統 SDLC 方法的規劃階段。在這個階段，我們會對擬議的系統做出一個業務案例這包括應回答如下問題的可行性分析：

- 我們有技術能力建置系統嗎 (技術可行性)？
- 如果建置了系統，系統具有業務上的價值嗎 (經濟可行性)？
- 如果建置了系統，組織會使用嗎 (組織可行性)？

爲了回答這些問題，開發小組應該進行與企業塑模、需求和分析等工作流相關的工作。在某些情況，系統開發可能遭遇技術上瓶頸，這時可開發可拋棄式雛型。這也意謂著，設計、實作與測試等工作流也會牽涉進來。專案管理與環境等支援性的工作流，在這個階段非常重要。初始階段的主要交付文件有 (1) 願景文件 (vision document)，用以設定專案的範圍、指出主要的需求及限制、建立初步的專案計畫，並且描述專案可行性與專案風險，以及 (2) 系統開發所採用的環境。

詳述　通常我們想到物件導向系統分析及設計時，統一流程之**詳述階段 (elaboration phase)** 的活動是最爲重要的。**分析 (analysis)** 與**設計工作流 (design workflows)** 是這個階段的主要焦點。詳述階段持續發展願景文件，包括企業案例的定稿、改寫風險評估以及完成專案計畫的細節，使負責人員能據以同意實際最終系統的建置。此階段要面對的事有蒐集演進中的系統架構。在這個階段，開發人員會涉足所有的工作流，除了**部署工作流 (deployment engineering workflow)** 外。當開發人員來回穿梭於這些工作流時，型態與變更管理的重要性更爲明顯。而且，初始階段所取得的開發工具，對於這個階段的專案成功與否，扮演關鍵的角色。[15] 這個階段的主要交付成果有 (1) UML 結構與行為圖，以及 (2) 基準版本 (baseline version) 的可執行系統。基準版本充當所有後來反覆修改的基礎。在這個時間點提供一個紮實的基礎，開發人員便可逐步邁向建構與轉移階段。

建構　顧名思義，**建構階段**將焦點放在資訊系統的程式編寫上。因此，此一階段主要焦點是**實作工作流 (implementation workflow)**，不過，**需求工作流 (requirements workflow)**、分析與設計等工作流，也與這個階段相關。在這個階段，先前遺漏的需求將會被揭露出來，分析與設計模型將會定稿。通常，這個階段工作流會反覆執行好幾次，在最後一次的反覆時，部署工作流將全速執行。由於版本控制活動的關係，**型態與變更管理工作流**在這個階段變得極其重要。有時候，反覆的過程可能必須倒退些。沒有良好的版本控制，想要倒退回系統的先前版本 (漸進性實作) 幾乎是不可能的。這個階段的主要交付成果是實作好的系統，它應可供作 beta 測試與驗收測試之用。

---

[15] UML 有 14 種不同而相關的圖面技術，想要保持圖面的協調和同步不同版本的系統，通常超出一般系統開發人員的能力。這些工具通常包括專案管理和 CASE (電腦輔助軟體工程) 工具。我們將在第 3 章說明如何使用這些工具。

轉移　與建構階段一樣，**轉移階段 (transition phase)** 通常所強調的對象與傳統 SDLC 方法之實作階段有關。其主要焦點在於測試與部署工作流。實質上，企業塑模、需求與分析工作流應該於資訊系統稍早幾次的反覆過程中完成了。視測試工作流的結果而定，設計與實作工作流中的某些再設計與程式撰寫活動可能無法避免，但是在這個時間點，這類的活動應該降到最低。從管理的角度來看，專案管理、型態與變更管理，以及環境都會涉及。參與的活動有 beta 測試與驗收測試、設計與實作的微調、使用者訓練，以及釋出最終成品與上線。顯然，主要的交付成果為實際可運轉的資訊系統。其他交付成果包括使用手冊、使用者的支援計畫，以及未來資訊系統的升級計畫等。

◆ 工作流

工作流描述開發人員在資訊系統的演進過程中，所要執行的任務或活動。統一流程的工作流分成兩大類：工程性 (engineering) 與支援性 (supporting)。

工程性工作流　工程性工作流 (engineering workflow) 包括企業塑模、需求、分析、設計、實作、測試與部署等工作流。工程性工作流面對的是製作技術性成品的活動 (即資訊系統)。

企業塑模工作流　**企業塑模工作流 (business modeling workflow)** 在使用者的組織中揭露問題並發掘潛在的專案。這個工作流有助於管理階層理解專案的範圍 (scope)，使其能夠改進使用者之組織的效率與效用。企業塑模的主要目的，乃確保開發人員與使用者之組織都了解所欲開發的資訊系統，將會在何處及如何嵌入使用者組織的企業流程。這個工作流主要於初始階段的時候執行，用以確保所開發的資訊系統，能合理運用在企業工作上。參與這個工作流的活動，與傳統 SDLC 的規劃階段有密切的關係；不過，需求蒐集、使用案例與企業流程的塑模技術，也有助於了解企業業務的情境。

需求工作流　需求工作流包括篩選出功能性與非功能性需求兩者。需求通常都是蒐集自專案的利益相關人員，比如最終使用者、組織的經理人，甚至是客戶。擷取需求有許多不同的方法，包括面談、觀察、聯合開發、文件分析以及問卷調查。需求工作流在初始及詳述階段使用最多。所找出的需求，於研擬願景文件和使用案例非常有用。整個開發過程不時會出現額外的需求，事實上，只有在轉移階段，額外的需求──如果有的話──才會傾向於減少。

分析工作流　分析工作流主要為建立問題領域的分析模型。在統一流程中，分析師開始設計與問題領域有關的結構，使用 UML，分析師建立結構與行為圖，用以描述出問題領域的類別及它們間的互動。分析工作流的主要目的，乃要確保開發人員與使用者的組織都明白根本的問題與問題的領域，而不予以過度的分析。如果他們不小心的話，分析師可能會出現**分析癱瘓 (analysis paralysis)** 的情形，也就是專案停滯於分析工作而不前，系統無法眞正的被設計或實作出來。分析工作流的第二個目的，乃要找出有用的、可以再度使用的類別，以供建立類別庫之用。利用事先定義好的類別，分析師在建立結構與行爲圖的時候，便可以避免出現「另起爐灶」的無謂浪費。分析工作流主要與詳述階段相關，但就像需求工作流一樣，在整個開發過程中，額外的分析工作或許是難以避免的。

設計工作流　設計工作流將分析模型轉移到可用於實作系統的形式：**設計模型 (design model)**。雖然分析工作流著重於對問題領域的理解，而設計工作流則著重於發展一個可於特定環境執行的解決方案。基本上，設計工作流只是將側重於資訊系統環境之類別加入分析模型中，以強化對資訊系統的描述。因此，設計工作流乃強調使用者介面、資料庫設計、實體架構設計、問題領域類別的細部設計以及資訊系統最佳化等等活動。設計工作流與統一流程的詳述與建構階段有密切的關聯。

實作工作流　實作工作流的主要目的，乃根據設計模型建立一個可執行的解決方案(即程式設計)。這不僅包括撰寫新的類別而已，還要把其他類別庫內的可以再用的類別，一併納入現行的解決方案。誠如任何的程式設計活動，新類別本身以及新類別與可再用類別之間的互動，都必須予以測試。最後，當許多小組在進行系統實作的時候，實作人員也必須整合先前個別測試過的模組，以便製作出可執行版的系統。實作工作流主要與詳述及建構階段有關聯。

測試工作流　**測試工作流**的主要目的，乃是提升系統開發的品質。因此，測試已經超乎了實作工作流中單純的單元測試。在這種情況下，測試還包括所有實作系統所需之模組間的整合測試、使用者驗收測試，以及軟體的實際 alpha 測試。實務上而言，測試應該在系統開發的過程不斷進行；分析與設計模型的測試發生於詳述及建構階段，但是實作性的測試則主要在建構以及──某些程度上──轉移階段進行。基本上，在資訊系統開發期間每次反覆結束時，都應該進行某種測試。

部署工作流　部署工作流與統一流程的轉移階段最爲密切。部署工作流包括軟體包裝、散發、安裝以及 beta 測試等活動。當實際部署新系統到使用者的組織時，開發人員可能必須轉換現行資料，建立新軟體與舊軟體的介面，以及提供最終使用者使用新系統的訓練。

支援性工作流　支援性工作流包括專案管理、型態與變更管理，以及環境等工作流。支援性工作流著重於資訊系統開發的管理層面。

專案管理工作流　在技術上，統一流程的其他工作流在所有四個階段都是有作用的 (active)，但是只有專案管理工作流才是唯一真正跨階段 (cross-phase) 的工作流。開發流程支援漸進性與反覆性的開發，所以資訊系統通常隨時間而成長或演進。在每次反覆結束時，一個新的系統漸進版本便已就緒。由於統一流程的二維性的開發模型 (工作流與階段) 很複雜，所以專案管理工作流相當重要。這個工作流的活動包括風險的識別與管理、範圍管理、估計完成每個反覆與整個專案的時間，以及追蹤正進化中之系統之朝向最後版本的進度。

型態與變更管理　型態與變更管理工作流的主要目的，乃追蹤系統的演進狀態。總之，演進的資訊系統由一組工件所組成，包括圖面、原始碼與執行檔等。在開發過程期間，這些工件會被修改。爲發展這些工件所付出的工作量──也就是金錢──甚爲可觀。因此，那些工件本身應該視爲昂貴的資產，換言之，那些工件應該採行存取控制 (access control)，防止偷竊或破壞行爲的發生。再者，因爲這些工件可能定期更新或修改，所以也應建立一套良好的版本控制機制。最後，需要擷取大量的專案管理資訊 (如每次修改的作者、時間與處所)。型態與變更管理工作流，大部分與建構及轉移階段有關。

環境工作流　資訊系統的開發期間，開發小組必須使用不同的工具與程序。**環境工作流**乃解決這些需要。例如，一套使用 UML 支援物件導向資訊系統的 CASE 工具，便可能有其必要。其他必要的工具可能還包括程式環境、專案管理工具以及配置管理工具等。環境工作流涉及獲取和安裝這些工具。即使這個工作流在統一流程的各個階段都有用到，但是主要還是應該與初始階段相關。

◆ 統一流程的擴充

統一流程的範圍很廣且複雜，許多作者已指出若干關鍵性的弱點。首先，統一流程並不去解決人事、預算或契約管理等議題。這些活動被明確地排除在統一流程之外。其次，統一流程也不解決產品交付後的維護、操作或支援等議題。因此，這不是一個完整的軟體流程，它只不過是開發流程罷了。第三，統一流程不探討跨專案或專案間的問題。考慮到再用性對於物件導向系統開發的重要意義，以及很多組織的職員經常同一時間身兼好幾個不同的專案，不考慮跨專案間的問題會是一個重大的漏失。

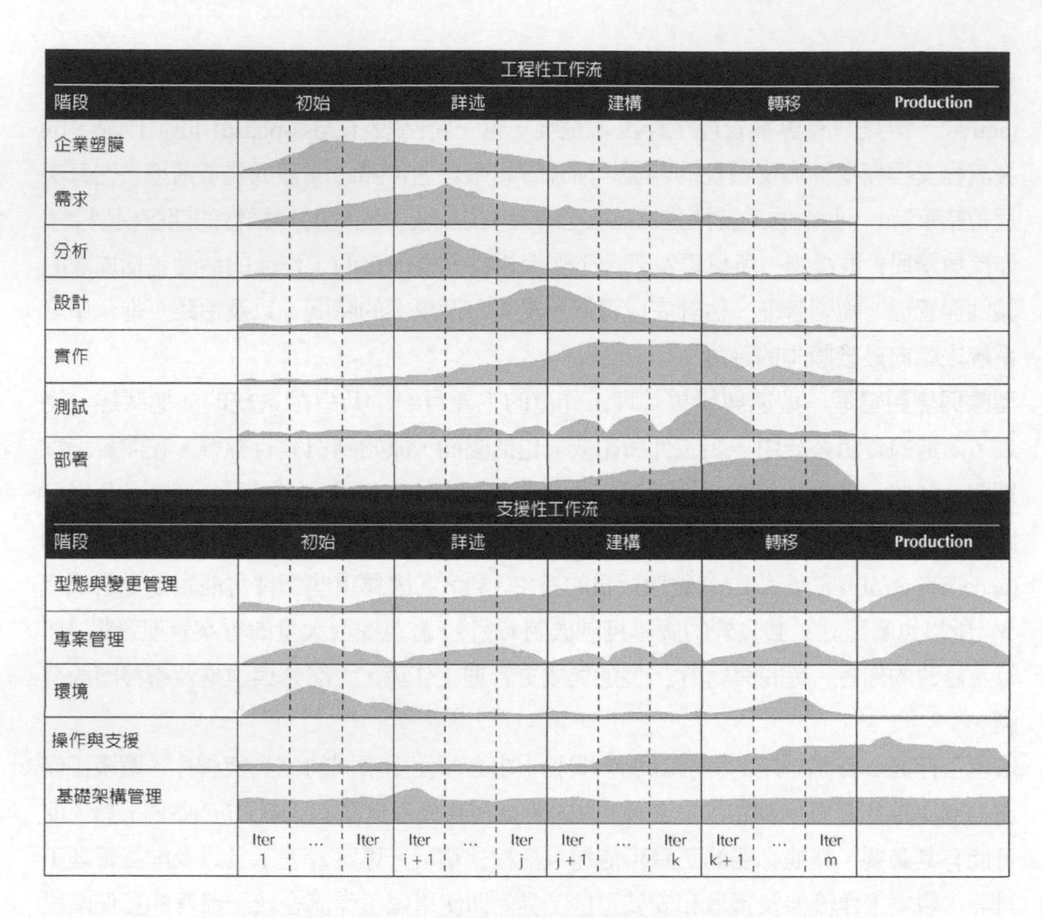

圖 1-11　強化的統一流程 (EUP)

為了解決漏失的情況，安布勒與康斯坦丁建議增加生產階段 (production phase) 與兩個工作流：操作與支援 (Operations and Support) 工作流，以及基礎架構管理 (Infrastructure Management) 工作流 (請參閱圖 1-11)。[16] 除了這些新的工作流之外，測試、部署與環境工作流還要修改，而且專案管理及型態與變更管理工作流，要擴充到生產階段。這些擴充建立在另一種物件導向軟體流程之上。即 OPEN 流程與物件導

---

[16] S. W. Ambler and L. L. Constantine, The Unified Process Inception Phase:Best Practices in Implementing the UP (Lawrence, KS:CMP Books, 2000); S. W. Ambler and L. L. Constantine, The Unified Process Elaboration Phase:Best Practices in Implementing the UP (Lawrence, KS:CMP Books, 2000); S. W. Ambler and L. L. Constantine, The Unified Process Construction Phase:Best Practices in Implementing the UP (Lawrence, KS:CMP Books, 2000); S. W. Ambler and L. L. Constantine, The Unified Process Transition and Production Phases:Best Practices in Implementing the UP (Lawrence, KS:CMP Books, 2002)。

向軟體流程 (Object-Oriented Software Process)。[17] 下面將描述這個新的階段、新的工作流以及現有工作流的修正與擴充。

生產階段　**生產階段**注重於軟體產品部署成功後的相關問題。如你所預料，本階段乃著重於軟體更新、維護及操作等問題。不像前面幾個階段，本階段沒有反覆性或漸進性的交付成果。如果必須開發新版本的軟體，開發人員就必須再一次執行前述四個階段。根據這個階段間所出現的活動，沒有與工程性工作流相關的。這個階段活躍的支援性工作流，包括了型態與變更管理工作流、專案管理工作流、操作與支援性工作流，以及基礎架構管理工作流。

操作與支援性工作流　**操作與支援工作流**一如你所想的，乃著重於如何支援目前版本的軟體與日常操作此軟體等方面的問題。活動包括了研擬軟體產品部署後的操作與支援計畫；建立教育訓練與使用文件；安置必要的備援程序、軟體性能的監看與最佳化；以及進行軟體的矯正式維護。這個工作流在建構階段變得很活躍，活躍的程度將隨著交付以至於生產階段而逐漸增強。當軟體的目前版本被新版本取代時，這個工作流便功德圓滿。許多開發人員都有錯覺，以為一旦軟體已經交付給使用者，他們的工作就算完成了。在大部分情況下，軟體產品的支援工作的成本比起原來的開發工作者要高，而且較為費時。所以，身為開發人員的你，工作可能才剛開始呢。

基礎架構管理工作流　**基礎架構管理工作流**的主要目的，乃支援基礎架構的開發，以發展物件導向系統。像程式庫、標準及企業模型的開發與修正等活動，都是非常的重要。當某個問題領域架構模型的開發與維護，超出單一專案的範圍且再用問題將浮現時，這個工作流是有其必要的。另一個非常重要的跨專案活動是改進軟體開發流程。由於這個工作流的活動通常會影響到許多專案，且統一流程只著重於一個特定專案而已，因此，統一流程通常不會考慮這些活動 (換言之，這些活動超出了統一流程的範圍與目的)。

現有工作流的修正與擴充　除了為了解決統一流程不足之工作流而增加者外，現有的工作流還必須加以修正且或延伸到生產階段。這些工作流包括測試、部署、環境、專案管理以及型態與變更管理等工作流。

---

[17] S. W. Ambler, Process Patterns—Building Large-Scale Systems Using Object Technology (Cambridge, UK:SIGS Books/Cambridge University Press, 1998); S. W. Ambler, More Process Patterns—Delivering Large-Scale Systems Using Object Technology (Cambridge, UK:SIGS Books/Cambridge University Press, 1999); I. Graham, B. Henderson-Sellers, and H. Younessi, The OPEN Process Specification (Harlow, UK:Addison-Wesley, 1997); B. Henderson-Sellers and B. Unhelkar, OPEN Modeling with UML (Harlow, UK:Addison-Wesley, 2000)。

測試工作流　想要開發高品質的資訊系統，每個交付成果都應該事先經過測試，其中包括初始階段所建立的文件在內。不然的話，品質不佳的系統會交付到客戶的手中。

部署工作流　現在大多數公司都有過去存留下來的系統 (legacy system)，而且這些系統都有使用資料庫，我們必須予以轉換，使其能夠與新系統互動。由於部署新系統牽涉範圍甚廣，轉換行動必須詳加規劃。因此，部署工作流的活動必須從初始階段開始，而不是等到統一流程所建議的建構階段進入尾聲才開始。

環境工作流　環境工作流必須加以修改使之納入那些與操作和生產環境有關的活動。實際執行的工作類似於初始階段中所做的，與設定開發環境有關的工作。在這種情況下，在轉移階段會需要從事額外的工作。

專案管理工作流　雖然專案管理工作流不包括專案的人事、客戶與業者間的合約管理以及專案的預算管理，但是這些活動對於任何軟體專案的成功，具有決定性的影響。對於此，我們建議擴充專案管理，使其包括這些活動。再者，這個工作流也應該額外地出現於生產階段，藉以解決像教育訓練、人事管理與客戶關係管理 (CRM) 等問題。

型態與變更管理　型態與變更管理工作流被擴充到新的生產階段。生產階段所進行的活動，包括辨認出操作系統待改進之處以及評估變更後的衝擊。一旦找出變更之處並了解衝擊影響之後，開發人員便能夠排定變更的時程，部署未來的版本。

圖 1-12 顯示了哪些章節有談論到強化後的統一流程的階段和工作流。由於海外外包和自動化資訊技術，在本書中[18]，我們的重點主要是強化後的統一流程的詳述階段和企業塑模、需求分析、設計、專案管理工作流。然而，如圖 1-12 所示，其他階段和工作流程都包括在內。在今天許多物件導向系統開發環境，都支援產生程式碼。因此，從企業角度來看，我們認爲，與這些活動相關的工作流程是最重要的。

---

[18]請參閱 Thomas L. Friedman, The World Is Flat:A Brief History of the Twenty-First Century, Updated and Expanded Edition (New York:Farrar, Straus, and Giroux, 2006) ; and Daniel H. Pink, A Whole New Mind:Why Right-Brainers Will Rule the Future (New York:Riverhead Books, 2006)。

EUP 階段	章次
初始	2–5
詳述	4–12
建構	9, 13
轉移	13, 14
生產	14
EUP 工程性工作流	**章次**
企業塑模	2,4–6
需求	4–6, 11
分析	5–7
設計	8–12
實作	10, 13
測試	8, 13
部署	14
EUP 支援性工作流	**章次**
專案管理	2, 3, 5, 14
型態與變更管理	2, 14
環境	3
操作與支援	14
基礎架構管理	3

圖 1-12　強化的統一流程與本書相關章次

輪到你　1-2　物件導向系統分析與設計方法論

重新查看圖 1-10、1-11 和 1-12。根據你對 UP 與 EUP 的了解，請建議另一套物件導向系統開發方法的步驟。請確認這些步驟能夠提供出一個可執行和可維護的系統。

統一塑模語言

在 1995 年以前，物件的觀念便很普遍，只不過不同的開發人員使用不同的方法來實作這個觀念。每個開發人員都有自己一套的方法論或符號 (如 Booch、Coad、Moses、OMT、OOSE 與 SOMA。)[19] 就在 1995 年，Rational 軟體公司集結了三位業界領袖，共同提出物件導向系統開發的單一方法。Grady Booch、Ivar Jacobson 與 James Rumbaugh 共創一套標準的圖示法，通稱爲**統一塑模語言 (Unified modeling Language，UML)**。UML 的目標就是要在物件導向方面提供共通的語彙與圖示法，讓系統開發的每個階段均可建立模型。1997 年 11 月，**物件管理組織 (Object Management Group，OMG)** 正式接受 UML 爲標準，提供給所有物件開發人員參考。過去幾年來，UML 經歷多次的微幅修改。目前這個版本的 UML 2.0，在 2003 年的春夏會議上，由 OMG 的所有成員一致通過。

UML 2.0 定義了一組 14 個製圖技巧用來塑模系統。圖分成兩大部分：一部分用於系統的結構塑模，另一部分用於行爲塑模。**結構圖 (structure diagrams)** 提供了一種方式來代表資訊系統中的資料和靜態關係。結構圖包括類別、物件、套件、部署、元件與合成結構圖等。**行為圖 (behavior diagrams)** 爲分析人員提供了一種方法，用來描述代表企業資訊系統之實體或物件間的動態關係。它們還允許於物件的整個生命週期間，塑模個別物件的動態行爲。行爲圖幫助分析師塑模演進中資訊系統的功能需求。行爲塑模的圖包括活動、循序、溝通、互動觀點、時序、行爲狀態機、協定狀態機與使用案例圖等。[20] 圖 1-13 提供這些圖的總覽。

---

[19]請參閱 Grady Booch, *Object-Oriented Analysis and Design with Applications,* 2nd ed. (Redwood City, CA:Benjamin/Cummings, 1994); Peter Coad and Edward Yourdon, *Object-Oriented Analysis,* 2nd ed. (Englewood Cliffs, NJ:Yourdon Press, 1991); Peter Coad and Edward Yourdon, *Object-Oriented Design* (Englewood Cliffs, NJ:Yourdon Press, 1991); Brian Henderson-Sellers and Julian Edwards, *Book Two of Object-Oriented Knowledge:The Working Object* (Sydney, Australia:Prentice Hall, 1994); James Rumbaugh, Michael Blaha, William Premerlani, Frederick Eddy, and William Lorensen, *Object-Oriented Modeling and Design* (Englewood Cliffs, NJ:Prentice Hall, 1991); Ivar Jacobson, Magnus Christerson, Patrik Jonsson, and Gunnar Overgaard, *Object-Oriented Software Engineering:A Use Case Approach* (Wokingham, England:Addison-Wesley, 1992); Ian Graham, *Migrating to Object Technology* (Wokingham, England:Addison-Wesley, 1994)。

[20]本節資料都是取材 *Unified Modeling Language:Superstructure Version 2.0, ptc/03-08-02* (www.uml.org)。額外而有用的參考資料包括 include Michael Jesse Chonoles and James A. Schardt,

圖稱	用途	主要階段
結構圖		
類別	說明系統中類別模型之間的關係。	分析、設計
物件	說明系統中物件模型之間的關係。當類別的眞正實例如何更有效地傳達模型。	分析、設計
套件	將其他 UML 元素組成一起，構成更高階的結構。	分析、設計、實作
部署	顯示系統的實體架構。也可用來顯示軟體元件如何部署到實體架構。	分析、設計、實作
元件	說明軟體元件間的實際關係。	分析、設計、實作
合成結構	說明類別的內部結構，即類別中各部分之間的關係。	分析、設計
行為圖		
活動	說明企業流程 (無關乎類別)、使用案例中的活動流程，或方法的細部設計。	分析、設計
循序	建立使用案例中物件行爲的模型。著重於活動的時序。	分析、設計
溝通	建立使用案例中物件行爲的模型。著重於活動的合作物件之間的溝通。	分析、設計
互動概觀	說明一個程序的控制流程。	分析、設計
時序	說明物件間所發生的互動以及其沿著時間軸所經歷的狀態改變。	分析、設計
行爲狀態機	檢視一個類別的行爲。	分析、設計
協定狀態機	說明類別不同介面間的依存關係。	分析、設計
使用案例	捕捉系統的企業需求，並說明系統與環境之間的互動關係	分析

圖 1-13　UML 2.0 圖面總覽

UML 2 for Dummies (Indianapolis, IN:Wiley, 2003); Hans-Erik Eriksson, Magnus Penker, Brian Lyons, and David Fado, *UML 2 Toolkit* (Indianapolis, IN:Wiley, 2004); and Kendall Scott, *Fast Track UML 2.0* (Berkeley, CA:Apress, 2004)。完整的圖面說明，請見 www.uml.org。

根據系統在開發過程的哪個階段而定，不同的圖各扮演著不同的角色。在某些情況，相同的繪圖技巧會沿用於整個開發過程。在這種情形下，圖在剛開始時較具概念性及抽象性。等到系統逐漸成形時，圖也就逐漸明朗，且包含更多細節，最後則開始程式碼撰寫及開發。換言之，從記錄需求到鋪陳設計都會用到圖。整體來說，一致的符號、圖解技術之間的整合，以及橫跨整個開發流程中圖的應用，確實使 UML 成爲分析師與開發人員心目中，一個強大而且具有彈性的語言。後面幾章，我們則會更詳細地討論一小部分的 UML，如何應用在物件導向系統分析及設計上。特別是，這些章描述活動、使用案例、類別、物件、順序、溝通以及套件圖和行爲狀態機。

專案小組的角色與技能

在 SDLC 期間，各種不同階段與步驟將逐漸明朗，專案小組更需要各式各樣的技能。系統分析師是走在最前端的**變更推動者 (change agent)**，他要確認組織改進的方法，建置一個資訊系統，以及訓練並推動他人使用該系統。領導一次成功的組織變革是一個人所能做的最困難任務之一。了解該改變什麼、如何改變它──以及說服他人接受改變──需要多方面的技能。這些技能包括六大類：技術性的、企業、分析性的、人際關係的、管理與倫理上的。

分析師必須擁有技術上的技能，以瞭解組織現有的技術環境、新系統使用的技術，以及兩者如何納爲一個整合的技術方案。了解 IT 如何應用於企業情境，並確保 IT 提供眞正的企業價值的技巧是必要的。不管在專案或組織的層次，分析師都是問題解決者，而且他們的分析技能還得定期接受考驗呢。

分析師常常需要面對面地跟使用者、企業經理人 (通常對技術較沒經驗) 與程式設計師 (通常比分析師有更好的技術專長) 有效地溝通。他們必須能夠向大或小組人員作簡報以及撰寫報告。他們不僅要有很強的人際溝通能力，而且還要管理同事以及管理不明情況的壓力與風險。

最後，分析師一定要公平、誠實，並且基於職業倫理對待其他專案成員、經理人與系統使用者。分析師經常要處理機密或敏感的資訊，若與其他人共享，則可能引起傷害 (例如，造成員工不和)；在眾人之中維持信心與信任是非常重要的。

除了這六大技能之外，分析師還需要許多與執行一個專案之角色有關的特定技能。在系統開發初期，大多數的組織會期待一個人──即分析師──擁有十八般武藝，可以督導一個系統開發專案。有些小型組織仍然會期待一個人做許多角色，但是因爲組織與技術現在已變得更爲複雜，所以很多大型的組織現在都成立專案小組，由若干成員所組成，彼此的角色則定義得相當清楚。不同的組織在區分職責上不盡相同，但是圖 1-14 提供了一組廣泛被採用的專案小組角色。大多數的 IS 專案小組還包括許多其他成員，像是實際撰寫程式的**程式設計師 (programmer)**、以及準備畫面和其他文件 (如使用手冊、系統手冊) 的**技術撰寫人 (technical writer)**。

角色	職責
企業分析師	分析系統的主要企業面向 確認系統將如何提供企業價值 設計新的企業流程和政策
系統分析師	確認技術如何改進企業流程 設計新的企業流程 設計資訊系統 確定系統遵照資訊系統的標準
基礎架構分析師	確定系統遵照基礎架構的標準 確認變更基礎架構以支援系統
變更管理分析師	發展並執行變更管理計畫 發展並執行使用者的訓練計畫
專案經理	管理分析師、程式設計師、技術撰寫人及其他專員所組成的團隊 發展並督導專案計畫 分配資源 充當專案的第一線連絡人

圖 1-14　專案小組的角色

◆ 企業分析師

企業分析師 (business analyst) 著重於圍繞系統的企業問題。這些問題包括確認系統將建立的企業價值、研擬如何改善企業流程的想法和建議，以及與系統分析師一起設計新的流程和政策。此人可能擁有企業經驗和某項專長 [例如，會計系統的企業分析師可能是一位 (美國的) CPA 或 (加拿大的) CA]。他或她代表專案發起人和系統最終使用者的利益。企業分析師在規劃與設計階段擔任協助的角色，但是在分析階段中則最爲積極。

◆ 系統分析師

系統分析師 (system analyst) 著重於圍繞系統的 IS 議題。此人發展資訊科技如何改進企業流程的想法與建議，利用企業分析師的幫忙制定新的企業流程，設計新的資訊系統，以及確定所有 IS 標準均被維護著。系統分析師或許在分析與設計、程式撰寫，甚至商業領域接受過很多的訓練和經驗。他或她代表 IS 部門的利益，高度參與整個專案，但是在實作階段時可能淡出。

◆ 基礎架構分析師

基礎架構分析師 (infrastructure analyst) 著重於系統如何與組織的技術架構 (如硬體、軟體、網路與資料庫) 互動的技術問題。其任務包括確定新的資訊系統符合組織的標準，以及確認該系統所支援的基礎架構變更。此人在網路、資料庫管理與不同軟硬體產品上接受過相當的訓練和經驗。他或她代表在新系統完成安裝後，最後將要操作及支援此系統之組織和 IS 部門的利益。基礎架構分析師全程參與整個專案，但在規劃與分析階段，角色的比重可能變得較輕。

◆ 變更管理分析師

變更管理分析師 (change management analyst) 著重於與系統安裝有關的人員與管理問題。此人的角色包括確定使用者可取得適當的文件說明和支援，提供新系統的使用訓練，以及研擬克服變更引起的阻力的策略。此人或許在一般的組織行為──特別是變更管理上──有過相當的訓練和經驗。他或她代表專案發起人和使用者的利益。變更管理分析師在實作期間工作最為積極，但是在分析與設計階段則開始奠定未來變更的基礎。

◆ 專案經理

專案經理負責確定專案能準時且在預算內完成，以及系統可產生專案發起人所想要的好處。專案經理的角色包括管理團隊成員、研擬專案計畫、分配資源，以及充當第一線聯絡人，負責回答外界有關專案的問題。此人或許在專案管理上有相當的經驗，而且先前可能已經做了好多年的系統分析師。他或她代表 IS 部門與專案發起人的利益。專案經理在專案的所有階段都保持高度的參與。

輪到你　**1-3　成為分析師**

假如你決定畢業後要成爲一位分析師。決定你最喜歡當哪一種分析師以及畢業之前你修過哪些課程？然後你應該決定尋找什麼樣的暑期工讀機會。

問題

1. 擬定一個簡短的計畫，描述你會如何準備把分析師當作生涯規劃。

應用概念於 CD Selections 公司

在本書中，引進許多新的物件導向概念設計與分析。當做一個讓這些新概念更貼題的方法，我們將這些概念應用於一家稱之爲 CD Selections 的虛擬公司。CD Selections 是一家位於加州的連鎖公司，有 50 家音樂門市，總公司設在洛杉磯。去年的營業額高達$5,000 萬，而且過去幾年，每年的成長率爲 3%到 5%之譜。不過，這家公司有意將業務拓展到加州以外的區域。Margaret Mooney——位行銷副總裁——最近對透過網站銷售 CD 的銷售量上升的現象，感到振奮且關心。她相信網際網路具有很大的潛力，但是她希望能用對方向。然而，如果沒有考慮到電子商務對實體店面的影響，以及對公司現有系統的影響，那麼貿然投入將弊多於利。CD Selections 目前擁有一個網站，提供關於公司及其門市的資訊 (例如地圖、營業時間、電話號碼等)。網頁是由一家網路顧問公司所開發，而且主機位在洛杉磯的一家有名的網路服務商 (ISP)。CD Selections 的 IT 部門後來與 ISP 合作，因而逐漸了解維護網站的網際網路的技術；不過，談到要在 Web 上從事商業行爲，他們還是有待學習。因此，Margaret 有興趣調查建立一個電子商務網站的可能性，此網站將與 CD Selections 目前所使用的系統一起工作。在稍後的章節中，我們會重新造訪 CD Selections，看看各章所介紹的概念會如何的影響 Margaret 和 CD Selections。

摘要

◆ 系統開發生命週期

所有系統的開發專案本質上遵循著相同的基本流程，稱爲系統開發生命週期 (SDLC)。SLDC 起始於規劃階段，於此階段專案小組確認系統的企業價值，從事可行性分析，以及規劃整個專案。第二個階段是分析階段，專案小組研擬一個分析策略、蒐集資訊以及建立一套分析模型。下一個階段——設計階段——專案小組進行實際的設計、架構設計、介面設計、資料庫與檔案規格以及程式設計。最後一個階段──實作──系統被建置、安裝及維護。

◆ 系統開發方法論的演進

系統開發方法論是實作 SDLC 的具象化方法。系統開發方法論已經演進了好幾十年。結構化設計方法論 (如瀑布式或平行式開發) 強調將一個問題加以分解，其方法著重於程序分解 (程序爲主的方法論) 或資料分解 (資料爲主的方法論)。此方法論產生一個紮實、思慮周密的系統，但是因爲使用者在還沒見到實際系統之前，就必須於設計過程的早期訂定需求，因而可能漏失了某些需求。RAD 方法論試圖加速開發的進度並讓使用者更容易的定出需求，其方法是先開發某部分系統，這可以藉由製作不同版本 (雛型式、可拋棄雛型式)，或利用 CASE 工具及第四代/視覺化程式語言。然而，RAD 方法論仍然傾向於以程序爲中心或以資料爲中心。敏捷開發方法論──如 XP──則大量削減與需求相關的定義及文件製作的工作和時間，用以流線化 SDLC。幾個可能影響方法論選擇的因素爲：使用者需求的明確性、基礎技術的熟練性、系統複雜度、所需要的系統可靠度、時間壓力以及是否需要於專案時程表上看到進度。

◆ 物件導向系統分析與設計

物件導向系統分析與設計 (OOSAD) 和基於 RAD 的階段式開發方法論最爲關係密切，後者每個階段所花費的時間都很短。OOSAD 的方法是使用案例導向、以架構爲中心、具有反覆性及漸進性的資訊系統開發方法。它提供了三種不同的觀點予演進中的系統：功能、靜態與動態。OOSAD 可以讓分析師使用一套公認的符號，將複雜的問題分解成較小且可管理的元件。同時，很多人也相信，使用者不用從資料或程序的角度來思考，相反地，可使用一群彼此合作的物件來思考。因此，OOSAD 讓分析師從使用者的環境──而不是一組個別的程序與資料──與使用者相互溝通。

物件導向系統分析與設計中最受歡迎的方法之一是統一流程。統一流程是一個二維性的系統開發流程，它使用一組階段與工作流來描述。階段包含起始、詳述、建構與轉移等階段。工作流可再分成兩類：工程性與支援性。工程性工作流包括企業塑模、需求、分析、設計、實作、測試與部署等等工作流，而支援性工作流則包括專案管理、型態與變更管理，以及環境工作流。視演進中的系統處於哪個階段而定，活動的層次將因工作流不同而有所不同。

◆ 統一塑模語言

統一塑模語言，或簡稱 UML，由一組標準的製圖法所組成，它提供足夠的圖面表達方法來模型化任何系統開發專案中的分析到實作等階段。現在，大部分的物件導向系統分析與設計方法都是使用 UML 來描繪演進的系統。UML 使用不同的圖面來展現系統的不同觀點。這些圖分成兩大類：結構與行為。結構圖包括類別、物件、套件、部署、元件與合成結構圖等。行為圖則包括活動、循序、溝通、互動、時序、行為狀態機、協定狀態機與使用案例圖等。

◆ 專案小組的角色與技能

專案小組需要各式各樣的技能。所有分析師均需要一般性的技能，如變更管理、職業倫理、溝通以及技術等。然而，除了這些技能之外，不同分析師需要不同的特定技能。企業分析師通常擁有業務技術，幫助他們了解關於系統的業務問題，而系統分析師也擁有分析、設計與程式設計的豐富經驗。基礎架構分析師著重於系統如何與組織的技術架構互動的技術問題，而變更管理分析師著重於圍繞系統安裝的人員與管理問題。除了分析師之外，專案小組還要包括一個專案經理、幾位程式設計師、技術文件撰寫人以及其他專家。

關鍵字彙

Agile development　敏捷開發

Analysis model　分析模型

Analysis paralysis　分析癱瘓

Analysis phase　分析階段

Analysis strategy　分析策略

Analysis workflow　分析工作流

Approval committee　核准委員會

Architecture centric　架構中心

Architecture design　架構設計

As-is system　現行系統

Behavior diagrams　行為圖

Behavioral view　行為觀點

Business analyst　企業分析師

Business modeling workflow　企業模型工作流

Change agent　變更推動者

Change management analyst　變更管理分析師

Configuration and change management workflow　型態與變更管理工作流

Construction　建構

Construction phase　建構階段

Database and file specification　資料庫和文件規格

Data-centered methodology　資料為主的方法論

Deliverable　交付成果

Deployment workflow　部署工作流

Design model　設計模型

Design phase　設計階段

Design prototype　設計雛型

Design strategy　設計策略

Design workflow　設計工作流

Dynamic view　動態觀點

Elaboration phase　詳述階段

Engineering workflow　工程性工作流

Environment workflow　環境工作流

External view　外部觀點

Extreme programming (XP)　極致程式設計 (XP)

Feasibility analysis　可行性分析

Functional view　功能觀點

Gradual refinement　漸進細緻化

Implementation phase　實作階段

Implementation workflow　實作工作流

Inception phase　初始階段

Incremental　漸增的

Infrastructure analyst　基礎架構分析師

Infrastructure management workflow　基礎架構工作流

Interface design　介面設計

Iterative　反覆的

Methodology　方法論

Object management group (OMG)　物件管理小組 (OMG)

Object-oriented methodologies　物件導向方法論

Operations and support workflow　操作與支援工作流

Parallel development　平行開發

Phased development　階段式開發

Phases　階段

Planning phase　規劃階段

Process-centered methodology　程序爲主的方法論

Production phase　生產階段

Program design　程式設計

Programmer　程式人員

Project management　專案管理

Project management workflow　專案管理工作流

Project manager　專案經理

Project plan　專案計畫

Project sponsor　專案發起人

Prototyping　雛型式

Rapid application development (RAD)　快速應用程式開發 (RAD)

Requirements gathering　需求蒐集

Requirements workflow　需求工作流

Static view　靜態觀點

Structural view　結構觀點

Structure diagrams　結構圖

Structured design　結構式設計

Support plan　支援計畫

Systems development life cycle (SDLC)　系統開發生命週期 (SDLC)

System proposal　系統建議書

System prototype　系統雛型

System request　系統需求

System specification　系統規格

Systems analyst　系統分析師

Technical writer　技術文件撰寫人

Testing workflow　測試工作流

Throwaway prototyping　可拋棄雛型式

Training plan　訓練計畫

Transition phase　轉移階段

Unified Modeling Language (UML)　統一塑模語言 (UML)

Use case　使用案例

Use-case driven　使用案例導向

Version　版本

Waterfall development　瀑布式開發

Workflows　工作流程

Workplan　工作計畫

問題

1. 請比較系統分析師、企業分析師及基礎架構分析師的角色。
2. 請比較階段、步驟、技術及交付成果。
3. 請說明 SDLC 的主要階段。
4. SDLC 的哪一個階段最重要？為什麼？
5. 就 SDLC 的內涵而言，**漸進細緻化**意思指的是什麼？
6. 選擇方法論的主要因素為何？
7. 請比較程序為主的方法論以及資料為主的方法論。
8. 請大致比較結構化設計方法論與 RAD 方法論。
9. 請說明雛型式的要素和問題。
10. 請說明可拋棄雛型式的要素和問題。
11. 請比較極致程式設計與可拋棄雛型式。
12. 請說明規劃階段的主要步驟。主要的交付成果為何？
13. 請說明分析階段的主要步驟。主要的交付成果為何？
14. 請說明設計階段的主要步驟。主要的交付成果為何？
15. 請說明實作階段的主要步驟。主要的交付成果為何？
16. 專案發起人與審查委員會的角色為何？
17. 請說明瀑布式開發的要素和問題。

18. 請說明階段式開發的要素和問題。
19. 請說明平行式開發的要素和問題。
20. 請說明以物件導向方式開發資訊系統的要素和問題。
21. 統一流程的階段與工作流？
22. 請比較統一流程的階段與瀑布式模型的階段。
23. 誰是物件管理組織？
24. 什麼是統一塑模語言？
25. OOSAD 方法的漸增性與反覆性的意思是什麼？
26. 為什麼對於 OOSAD 方法而言，以架構為中心是很重要的？
27. 什麼是使用案例？
28. 結構圖的主要目的是什麼?請舉出一些結構圖的例子。
29. 行為圖被使用在什麼地方？請舉出一些行為圖的例子。

練習題

A. 本章討論了幾種基本類型的方法論，彼此間都可以互相整合，進而構成新的混合型方法論。假如你要結合可拋棄雛型式和瀑布式開發的使用。此方法論看起來將會像什麼？試繪製一張圖 (類似於圖 1-2 到 1-7 所示)。這個新的方法論將如何與其他方法比較？

B. 假設你是一位專案經理，使用瀑布式開發方法從事一個大型且複雜的專案。你的經理剛好讀過《電腦世界 (Computerworld)》 的最新文章，聲稱用雛型式可取代這個方法，所以跑到你的辦公室，要求你改用那個方法。你會怎麼說？

C. 假設你是一位專案經理，使用瀑布式開發方法從事一個大型的複雜專案。你的經理剛好讀過《電腦世界 (Computerworld)》 的最新文章，聲稱用統一流程可取代這個方法，所以跑到你的辦公室，要求你改用那個方法。你會怎麼說？

D. 在網路上調查 IBM 的 Rational United Process (RUP)。RUP 是一個擴展統一流程面向的商業版本。編寫一個簡短的摘要，說明它與本章所說的統一流程有何關聯。(提示：一個好的入手網站是 www.306.ibm.com/software/awdtools/rup/)

E. 假設你是一位分析師，為一家小公司開發一種會計系統。你會使用統一流程開發系統，或一個你喜歡的傳統方法？為什麼？

F. 假設你是一位分析師，要發展一套新的資訊系統，在一個大的供應鏈裡，自動化每家門市的銷售交易與庫存管理。系統會安裝在每家門市，並與總公司的大電腦交換資料。你會使用統一流程來開發這個系統或一個你喜歡的傳統方法？爲什麼？

G. 假設你是一位開發一個新的行政資訊系統的分析師，該系統旨在從現有的企業資料庫中，提供關鍵的策略資訊予高級管理人員，以幫助其決策。你會使用哪一種方法論？爲什麼？

H. 假設你是一位分析師，爲一家小型公司發展一套會計系統。你會使用哪種方法論？爲什麼？

I. 在網路上調查統一塑模語言。寫一段簡短的新聞，其中描述 UML 當前的狀態。(提示：一個好的入手網站是 www.uml.org)

J. 在網路上調查物件管理組織 (OMG)。寫一份報告說明 OMG 的目的和它除了參與 UML 之外還參與了什麼。(提示：一個好的入手網站是 www.omg.org.)

K. 使用網路，找一套支援 UML 的 CASE 工具。納入一些 Rational Rose 和 Visual Paradigm 的例子。至少找出兩個以上。撰寫一篇簡短的報告，說明它們是如何的支援 UML 並提出建議，哪一個是你認爲專案團隊使用 UML 開發物件導向資訊系統時的最佳選擇。

L. 想想你心目中的理想分析員職位。寫一則僱請別人應徵這個職位的報紙廣告。這份工作該有什麼樣的需求？需要什麼樣的技能和經驗？應徵者如何能夠證明其擁有適當的技能和經驗？

M. 翻一翻報紙的分類廣告。哪一類的工作機會最需要分析師這個職位？比較一下那些廣告要求的技能與本章所寫的技能有何差異。

迷你案例

1. 喬・布朗，是羅諾克製造 (Roanoke Manufacturing) 公司的總裁，他要求傑克瓊斯——管理資訊系統的部門經理——調查在網路出售它們產品的可行性。目前，MIS 部門仍在使用 IBM 大型主機作爲其主要部署環境。作爲第一步，傑克聯繫他在 IBM 的朋友，看看他們是否有任何建議，就如何讓羅諾克製造可以於電子商業環下支援銷售，同時保持其大型機作爲其主要的系統。他的朋友解釋說，IBM 公司 (www.ibm.com) 現在支援 Java 和 Linux 的主機。此外，傑克知道 IBM 公司擁有 Rational (www.rational.com)，UML 和統一流程的創始者。因此，他們建議傑克研究使用物件導向系統為基礎來開發新系統。他們還建議，利用 Rational United Process (RUP)，Java 和虛擬的 Linux 主機於他目前大型主機，以此來支持朝向分散式電子商務系統，不但可以保護他目前在他的舊系統的投資，同時允許以更現代化的方式開發新系統。

雖然傑克的 IBM 的朋友們很有說服力，傑克仍然是對他的作業方式改從結構式系統方法換到這種新的物件導向的方法有所疑慮。假設你是傑克在 IBM 的朋友，你將如何說服他走向使用物件導向系統開發方法，如 RUP 與使用 Java 和 Linux 為基礎，來開發與部署新的系統於羅阿諾克製造公司目前主機之上。

2. 瑪麗亞・卡拉斯基列是梅日亞斯公司的物流經理，該公司是一家西班牙製造和銷售體育用品遍布整個歐洲的公司。梅日亞斯公司始於一個小型專業公司，但在過去 3 年間迅速增長。但是，它的資訊系統沒能跟上銷售成長的腳步。塞尼奧拉・卡拉斯基列要求 IS 部門發展物流系統，以使梅日亞斯經銷店的暢銷產品都有存量。由於 IS 部門面臨大量積壓的工作，她的要求被給未予優先考慮。該部門不理不睬的 6 個月之後，瑪麗亞決定自己的事情自己處裡。根據她朋友的建議，瑪麗亞購買了一個簡單的資料庫套裝軟體，並且創造了她自己的物流系統。

   雖然瑪麗亞的系統已經安裝了約 6 個星期，但它仍然不能正常工作，並且容易出錯。瑪麗亞的助手對此系統充滿不信任感，她偷偷地回到她原有使用紙張的舊有系統，因為它更為可靠。

   在某個晚上晚餐後，瑪麗亞對系統分析師朋友抱怨，「我不知道這個專案到底出了什麼差錯。對我而言這似乎很簡單。那些 IS 傢伙要我按照他們精心設置的步驟和任務，但我不認為所有的那些東西都能適用於一個以個人電腦為主的系統。我只是想我可以建立這個系統，略事調整罷了，而避開那些 IS 傢伙所推動的方法論所帶來的紛亂和麻煩。我的意思是那些方法論只適用於大型，昂貴的系統，對不對？」

   假設你是瑪麗亞的系統分析師朋友，你對她的抱怨該如何反應？

3. 馬庫斯・韋伯是 ICAN 互助保險有限公司的專案經理，現正檢討人手的安排以執行他的下一個重點專案，開發基於專家系統的核保人員輔助系統。這個新系統牽涉到一個核保人執行其銷售工作的全新方式。核保人輔助系統將被當成核保的主管，審查每項申請的關鍵因素，檢查核保人員所做之核保決定的一致性，並確保沒有漏失任何關鍵因素。新系統的目標是提高核保人員之決策品質，並提高核保人員的銷售率。預期新系統將大大改變核保人員工作的方式。

馬庫斯沮喪地發現，由於預算的限制，他必須從二名工作人員中選擇其中一名。巴里・菲爾墨於個人和組織行爲上已經有相當的經驗和訓練。巴里曾參與過其他幾個最終使用者必須對新的系統作出重大調整的專案，巴里似乎深諳預測問題以及平滑轉移至新工作環境的訣竅。馬庫斯曾希望巴里參與這個專案。

馬庫斯的另一個潛在的工作人員是金・丹維爾。在加入 ICAN 互助之前，金已經有相當的工作經驗，以及 ICAN 選用的這個專家系統方面的技術。馬庫斯指望金的協助使新的專家系統技術整合到 ICAN 的系統環境，並對團隊中其他開發人員提供在職培訓和分享經驗心得。

鑑於馬庫斯的預算將只允許他納入巴里或金爲專案團隊的成員，但不能兩人都入選，對於選擇人選你能提供他什麼意見？請論證你的答案。

PART ONE

規劃階段

第二章 ■
專案的確認與遴選

第三章 ■
專案管理

第四章 ■
需求分析

規劃階段是了解資訊系統建置的目的，以及決定專案小組將如何建置該系統的基本過程。所得到的交付成果將構成系統需求，然後在此階段結束時，提交專案發起人予審查委員會。他們將決定系統是否繼續進行。如果需求得到批准，詳細的工作計畫、編制計畫、風險評估以及專案章程將被建立。最後，確定具體的需求和製作系統建議書。本節所介紹的活動在系統開發的整個生命週期間，會不斷地被重新審視。

系統需求
可行性分析
工作計畫
人員編制計畫
風險評估
專案章程
需求定義
系統建議書

CHAPTER 2

專案的確認與遴選

本章描述專案的起始，此時，組織針對新系統擬定並評估原始的目標與期望。此過程的第一步驟是確認出能提供企業價值的專案，並製作系統需求，這些需求能提供擬議中的系統所要的基本資訊。接著，分析師執行可行性分析，決定系統的技術可行性、經濟可行性與組織可行性，如果一切順利，該系統便入選且開發專案工作隨即展開。

學習目標

- 了解資訊系統與企業需要相互連結的重要性。
- 能夠擬定系統需求。
- 了解如何評估技術可行性、經濟可行性與組織可行性。
- 能夠執行可行性分析。
- 了解某些組織如何遴選專案。

本章大綱

導論

任何新開發專案的第一步驟就是，讓某人──經理、職員、業務代表或系統分析師──看到一個企業改進的契機。新系統通常源起於某種企業需要或機會。新系統的許多觀念或現有系統的改進常源於新科技的應用，但是了解科技通常不如堅實地了解企業及其目標來得重要。

這聽起來有點老生常談，但不幸的是，許多專案都是在不清楚系統會如何改善企業的情況下就開始。資訊系統的領域充滿太多的專業名詞、時髦字眼與流行趨勢 [例如，客戶關係管理 (CRM)、行動計算、資料探勘等等]。這些創新可能很迷人，導致很多組織逕行投入專案，即使他們不曉得那些新科技會帶來何種價值，他們總是相信，那些科技本身或多或少很重要。根據 Standish Group 在 1996 年的調查報告發現，在全美所有的企業 IS 專案中，有 42%的專案還未完成就被放棄，美國審計部 (General Accounting Office, GAO) 在 1996 年也做過類似的研究，他們發現，在所有政府機構的 IS 專案中，有 53%的專案也遭到同樣命運。問題可回溯至 SDLC 的起始時，通常是人們無法確認出企業的價值，以及認識專案所伴隨而來的風險。

這並非意謂著技術人員不應該推薦新的系統專案。事實上，最理想的情況是，IT 人員 (如系統專家) 與業務人員 (如業務專家) 密切配合，找出支援企業所需要的科技方法。如此一來，組織就能運用可行的技術，同時專案也建立在眞正的企業目標之上，像是增加銷售、改進客戶服務以及降低營運開銷等。最後，資訊系統需要影響組織的底線 (以積極的方式！)。

一般而言，**專案**是一組活動，有起點也有終點，這些活動用來建立一個能帶來企業價值的系統。當組織內有人 (或部門) (稱**專案發起人**) 確認 IT 能帶來企業價值時，**專案起始 (project initiation)** 便展開。提議的專案是使用一種稱之爲**系統需求**的技術來簡要地描述出來，然後呈給**審查委員會**進一步考慮。審查委員會審核系統的需求，並根據所提供的資料作出是否深入研議這個提議的初步決定。如果是，下一步便進行可行性分析。

可行性分析在決定是否進行一個 IS 開發專案方面，扮演著重要的角色。它檢視系統開發的技術面、經濟面與組織面的正反意見，並且稍加描述組織如果投資此一系統的優點以及可能遇到的障礙。在大部分情形下，專案發起人與分析師 (或分析小組) 一起合作研擬出一套可行性分析予審查委員會。

可行性分析一旦完成後，它會隨同修訂過的系統需求提交審查委員會。接著委員會決定是否批准、放棄，或是擱置專案直到獲取補充資料。權衡風險與報酬，並做出組織層次的取捨 (trade-off) 來遴選理想的專案。

概念活用　2-A　訪談 Dominion Virginia Power 資訊長 Lyn McDermid

資訊長 (CIO) 在確認與遴選組織的專案時，必須擁有整體的觀點。如果我依照個別專案一個一個在管理的話，我將會陷入見樹不見林的迷思。基於此，我將專案分類的方式是根據我當 CIO 的三個角色，而專案的混搭方式會視當前的企業環境而調整

我的首要角色是維持企業的運轉。此意謂著，每天有人來上班時，他們都可以把事情做得有效率。我使用不同的服務層次、成本與生產力度量。如果企業正在整併中，那麼能夠保持企業運轉不輟的專案會有高優先權；如果企業本來就運轉得很順利且「生意如常」，那麼優先權將較低。

我的第二個角色是推動能創造企業價值的革新。我處理這方面的方法是，審視我們的營運路線，並自問哪一條營運路線創造了公司最大的價值。這就是我應該提供最大價值的地方。例如，如果我們已經有高度創新的行銷策略，那麼我就在那裡推動革新。如果有的部門已經運轉得很順利，那裡就不太需要推動革新。

我的第三個角色是具有策略性的，要往前看為 IT 與其他業務尋找能注入能量的新機會。這可能包括深入研究流程系統，如電表自動報讀或研究無線科技的可行性。

—Lyn McDermid。

專案的確認與遴選

當組織內有人體認到有**企業上的需要 (business need)** 而需要建立資訊系統時，專案便算被確認出來。這可能出現在 IT 或業務單位內，或由負責確認企業機會的指導委員會所提出，又或者由外面的顧問所建議。企業需要的例子包括支援一項新的行銷活動、開發新客戶，或者增加與供應商的互動。有時候，需要起源於組織內的某種「痛苦」，例如，市占率下降、客戶服務品質不佳，或者想要增加競爭力。有時候，提出新的企業計畫與策略，需要一個新系統才能發動。

企業需要也可能浮現於組織認為，唯有使用 IT 才能擁有的獨一且具競爭力的方法時。許多組織很留意**新興技術 (emerging technology)**，但這些技術還在發展中，不夠成熟到足以用於廣泛的業務。例如，公司如果在最早期即擁抱像 Internet、智慧卡 (smart card) 或香氛 (scent) 技術的話，就可能發展出很好的企業策略，善用這些科技的優勢並導入市場，成為**市場的先行者 (first mover)**。理想的話，他們會佔盡先行者的優勢且不斷創新而賺錢，遠遠將其他競爭者拋在後面。

專案發起人是個認知到強烈的企業需要有賴於資訊系統的人，而且急於看到系統的成功。他或她會全程參與 SDLC，確保專案從企業的觀點是往正確的方向推動。專案發起人充當系統的主要接觸點。通常，此人來自於業務單位，如行銷、會計或財務部門；不過，IT 部門的成員也可發起或一同發起一個專案。

系統的大小或範圍決定所需要之發起人的類型。小型的、部門型的系統可能只需要一位經理做發起人就行；但是大型的組織性計畫可能需要來自所有高階主管，甚至是 CEO 的支持。如果專案在本質上是純技術面的 (例如，改進現有的 IT 基礎架構；研究新興技術的可行性)，那麼來自 IT 部門的發起是適當的。當專案對於企業很重要，但技術上很複雜時，那麼來自業務部門與 IT 部門的聯合發起，可能是必要的。

企業的需要推動了系統的高層次的**企業需求 (business requirement)**。所謂需求，乃指系統將要做什麼，或者說，系統將含有哪些**功能 (functionality)**。這些需求必須從較高的層次予以闡釋，以便審查委員會與專案小組了解，業務單位想從最終的產品那兒得到什麼。企業需求是資訊系統必須納入的特色與能力，譬如線上收集客戶的訂單或是公司向供應商下單、以及完成銷售後供應商有能力取得庫存資訊。

專案發起人也應該認識系統所帶來的企業價值 (business value)，包括有形價值與無形價值。**有形價值**可以量化及衡量 (如，作業成本減少 2%) **無形價值**則來自直覺上的信念，也就是系統提供之重要但難以衡量的效益 (如，改善客戶服務、提高競爭優勢)。

一旦專案發起人找出某個能滿足重要的企業需要的專案，以及他或她能夠鑑別出系統的企業需求與價值時，就是專案該正式起始的時候了。在大部分的組織，專案起始於一個稱之爲系統需求的技術。

輪到你 2-1 認識有形價值與無形價值

Dominion Virginia Power 是全美十大電力公司之一。該公司每年把電傳送到維吉尼亞與南卡羅來納兩百萬以上的家庭與機構。1997 年，公司企圖革新一些核心程序與技術。目標是藉由發展一套新的工作流與地理資訊系統，加強客戶服務並降低作業成本。當專案完成時，服務工程師將能夠利用電腦化搜尋電極的位置，不用翻遍數以千張的地圖。此專案將有助於改進所有設施、記錄、地圖、排班及人力資源的管理。進一步地，也幫助了公司增加員工的生產力、改進客戶回應時間以及降低操作人員的成本。

資料來源：《電腦世界》(11 月 11 日，1997)。

問題：

1. Dominion Virginia Power 需做哪些事情才知道電極的位置？公司多久做這些事情一次？如果公司更快找到電極，誰得到好處？
2. 根據第一個問題的回答，描述公司採用新的資訊系統後，可得到的三個有形的效益。這些效益如何量化？
3. 根據第一個問題的回答，描述公司採用新的電腦系統後，可得到的三個無形的效益。這些效益如何量化？

◆ 系統需求

系統需求是一種文件，其上說明了企業爲什麼要建置系統的理由，以及預期系統能夠提供的價值。專案發起人通常塡寫這份表格，作爲組織內系統專案遴選正式程序的一部分。大部分的系統需求包含五個要素：專案發起人、企業需要、企業需求、企業價值與**特殊議題** (請參閱圖 2-1)。發起人指的是誰會是專案的主要連絡人，而企業需要則展現推動專案的理由。專案的企業需求指的是該系統需具備的企業功能，企業價值則說明組織預期能獲得的效益。特殊議題被納入文件，用來提醒其他專案評估時應該考慮到之事宜。例如，專案可能須在特定的期限前完成。專案小組必須注意到任何可能影響系統結果的特殊情形。圖 2-2 顯示一個系統需求的樣版。

完稿後的系統需求被提交審查委員會考慮。這個審查委員會可能是公司內定期討論資訊系統決策的指導委員會、掌控組織資源的高階主管或者掌管企業投資的決策單位。委員會審查系統需求，並根據所得到的資訊，做出到底要不要審愼地深入研議計畫書的初步決定。如果是，下一個步驟就是進行可行性分析。

◆ 可行性分析

一旦系統及其企業需求已定義，就要開始建立一個較詳細的企業案例，進而了解所提出的專案帶來的機會與限制。可行性分析引導組織去決定是否持續進行一個專案。可行性分析也要確認專案核准後必須面對的重大**風險**。如同系統需求一樣，每個組織對於可行性分析均有自己一套的程序與格式，但是大多包含三項技術：技術可行性、經濟可行性與組織可行性。這些技術的結果結合起來，變成一個**可行性研究**的交付成果，然後在「專案起始」結束後提交審查委員會 (圖 2-3)。

要素	說明	範例
專案發起人	發起專案並且權充專案的主要連絡人	財務部門的幾位成員 行銷副總裁 IT 經理 指導委員會 CIO CEO
企業需要	發起系統相關的企業理由	增加銷售 增加市占率 改進資訊存取 改進客戶服務 減少產品瑕疵 順利取得供應 流程
企業需求	系統將提供的企業功能	線上存取資訊 取得客戶資訊 含括產品檢索功能 產生管理報表 含括線上使用支援
企業價值	系統將為組織帶來的效益	增加 3%的銷售量 增加 1%的市占率 縮減 5 個 FTE*人數 減少供應成本，節省$200,000 成本 移除現有系統，節省$150,000 成本
特殊議題或限制	系統實作的相關議題，以及委員會進行專案決策的議題	政府規定期限為 5 月 30 日 耶誕假期需要系統 專案小組使用資料所需的安全控管問題

* = Full-time equivalent (等同於全職)

圖 2-1 系統需求表格的組成要素

系統需求——專案名稱	
專案發起人	專案發起人的名字
企業需要	簡短的描述企業需要
企業需求	描述企業需求
企業價值	系統將為組織帶來的效益
特殊議題或限制	任何與利益相關人有關的額外資訊

圖 2-2　系統需求樣版

概念活用　2-B　訪談美國 Sprint 公司的技術部門總裁 Don Hallacy

在 Sprint，網路的專案起源於兩個地方——IT 部門與業務部門。IT 方面的專案通常著重於架構與支援企業需要。業務單位的專案通常等到企業需要局部地被識認出來之後才開始，而一個業務小組會就如何提供一個能滿足客戶期望的解決方案與 IT 部門進行非正式的合作。

一旦方案想出來了，一個更正式的需求流程便開始，且一個分析團隊會開始深入研議及確認機會。這個團隊包括來自使用社群與 IT 的成員，他們特別從高層次的角度探討專案要做什麼、做出技術、訓練及開發成本等方面的評估，以及建立一個企業案例。企業案例包含附加經濟價值與專案的淨現值。

當然，並非所有專案都進行這麼嚴格的流程。專案愈大，分析團隊愈需要時間。保持彈性是非常重要的，但切勿讓該流程嚴重影響了組織。在每個預算年度的開始，作業上的改進與維護等方面的資本支出，須明確分配出來。此外，這筆錢也要用來補助可以產生立即價值的速成專案，但不必透過傳統的批准流程。

—Don Hallacy

雖然我們是在「專案起始」的情況討論可行性分析，但是大多數的專案小組都會在 SDLC 的各階段，修改其可行性研究，而且在專案的不同檢查點 (checkpoint) 再檢討其內涵。在任何檢查點上，如果專案的風險與限制超過了帶來的效益，那麼專案小組可以決定取消專案，或作出必要的改進。

◆ 技術可行性

可行性分析的第一個技術，乃評量專案的**技術可行性 (technical feasibility)**，也就是系統可以成功由 IT 部門設計、開發與安裝的程度。技術的可行性分析基本上是**技術的風險分析**，多半回答的是這個問題：「我們能建置它嗎？」。[1]

輪到你 2–2 擬定系統需求

考慮你所就讀的大學或學院，並選擇一個可以改進學生選課流程的想法。目前學生可以從任何地方選課嗎？要花多久時間？使用方法很簡單嗎？可以得到線上輔助嗎？

接下來，想一想技術如何能幫助你的想法。你需要全新的技術嗎？現行系統可以改變嗎？

問題：

1. 擬定一個系統需求並遞交學校的行政單位，解釋發起人、企業需要、企業需求以及專案潛在價值。同時，加上任何想到的限制或議題。

許多風險可能危及專案的前途。其中最重要的是，使用者**與**分析師欠缺對**應用程式功能或企業功能的熟悉度**。當分析師不熟悉企業功能的範圍時，更有可能誤解使用者或錯過改善的機會。當使用者本身不太熟悉應用程式時，風險將戲劇性地增加，例如，開發一個支援新的企業革新的系統 (例如，微軟開始的網路約會服務)。一般來說，新系統的開發比現有系統的擴充帶來更高的風險，這是因為現有的系統較容易了解。**技術的熟悉度**是另一個技術風險的重要來源。當系統要使用以前未曾**用於組織內**的技術時，問題發生的機率大增，而且由於要學習新技術，所以多少會延遲工作進度。當技術本身是全新時，風險將戲劇性地增加 (例如，新的 Java 開發工具)。

專案的規模 (Project size) 是重要的考慮，其衡量方式可能依據專案團隊的人數、專案完成的時間，或系統功能的數目。愈大型的專案，風險就愈高，不僅管理起來更複雜，甚至有些重要的系統需求可能被忽略或誤解。專案若與其他系統 (通常是大系統) 高度整合，也可能產生問題，因為要讓許多系統一起工作，複雜度將大幅增加。

---

[1]我們廣義地解釋並使用**建置**這個字眼。組織也可能購買現成的套裝軟體並加以安裝，以此為例，問題或許就是「我們能夠選擇適當的套裝軟體，然後成功安裝嗎？」

技術可行性：我們能建置它嗎？

- 熟悉應用程式：熟悉愈少，風險愈大。
- 熟悉技術：熟悉愈少，風險愈大。
- 專案規模：大型專案有更多的風險。
- 相容性：新系統與公司現有的技術愈難整合，風險愈大。

經濟可行性：我們應該建置它嗎？

- 開發成本。
- 每年作業成本。
- 每年效益 (成本控制與收入)。
- 無形的成本與效益。

組織可行性：如果我們建置它，他們會來嗎？

- 專案擁護者。
- 高階主管。
- 使用者。
- 其他利益相關者。
- 專案的策略上與企業的業務方向一致嗎？

圖 2-3　可行性分析的評量因素

概念活用　2-C　照顧爺爺奶奶

醫療服務在美國是一項很大的產業。而隨著嬰兒潮出生的人在 40 年代後期和 50 年代 (二戰以後) 開始退休，將有鉅大的長者保健需求。渴望有更好的技術，讓爺爺和奶奶能更長久地在自己家裡或公寓獨立生活──不使用療養院和協助生活中心等較昂貴的選項。某些技術包括生命跡象監測和報告；動作偵測器可以感測是否有人跌倒；偵測器會關閉可能已點燃的火爐；以及網路入口網站，使家庭成員可以檢視他們摯愛的親人。

問題：

1. 科技技術如何才能不斷地協助退休人員的健康？
2. 科技技術如何能夠幫助退休者遠離昂貴的療養院和看護中心？

最後，專案小組必須考慮新系統與公司現有技術的**相容性 (compatibility)**。系統很少單獨建置——組織通常同時已經有許多不同的系統。新的技術與應用，基於許多理由，必須能夠與現有環境整合。新系統仰賴現有系統的資料，它們產生的資料要導入其他應用程式，以及可能會使用到公司既有的通訊架構。一個新的 CRM 系統，舉例來說，如果不使用從組織現有的銷售系統、行銷應用程式以及客戶服務系統等處所找到的客戶資料的話，那麼這個系統將毫無價值。

評估專案的技術可行性並不是直截了當的事，因爲在許多情況下，有些基本條件的詮釋是需要的 (例如，在專案變得幾乎不可行之前，專案規模可以達到多大)。一種方法是將考慮中的專案與先前組織承做過的專案相比較。另一種方法是諮詢有經驗的 IT 專業人士組織或外面的 IT 顧問，往往他們將能夠從技術的角度判斷專案是否可行。

◆ 經濟可行性

可行性分析的第二個要素是**經濟可行性 (economic feasibility)** 的分析，用以確認財務成本與專案的效益，這個分析也稱爲**成本效益分析 (cost-benefit analysis)**。此分析嘗試回答這個問題：「我們**應該**建置這個系統嗎？」決定經濟可行性的方法是：認識與系統有關的成本與效益、賦予數值，然後計算專案的現金流量與投資報酬率 (ROI)。專案愈昂貴，分析就要愈嚴格及詳細。圖 2-4 列出成本效益的執行步驟；每個步驟在接下來幾節將加以討論。

確定成本和效益　發展經濟可行性的第一項工作就是，確認系統將有何種成本與效益，並且把它們列在試算表的最左欄。圖 2-5 列出可能包括的成本與效益例子。

成本與效益可分成四大類：(1) 開發成本、(2) 作業成本、(3) 有形效益以及 (4) 無形效益。**開發成本 (development cost)** 是指那些在系統建構期間引起的有形開銷，像是專案小組的薪資、軟硬體費用、顧問費、訓練及辦公室空間與設備。開發成本通常被視爲一次投注的成本 (one-time cost)。**作業成本 (operational cost)** 則是系統操作時所需的有形成本，像是操作人員的薪資、軟體授權費、設備升級以及通訊費用。作業成本通常被視爲持續成本 (ongoing cost)。

收入與成本控制便是那些**有形效益 (tangible benefit)**。組織利用系統來收集那些有形效益，或避免有形的開銷。收入通常包括增加銷售、減少人事與降低庫存。

1. 確認成本與效益	列出專案的有形成本與效益。包含一次投注成本與重複性成本。
2. 指定數值給成本與效益	與企業使用者和 IT 人員合作，建立每個成本與效益的數字。若可能的話，無形的成本與效益也要給數值。
3. 決定現金流	預測一段期間的成本與效益為何，通常 3 到 5 年。如果必要的話，使用成長率。
4. 決定淨現值	以今日標準來衡量，計算未來的成本與效益為何。你必須選擇一個成長率，以套用 NPV 公式。
5. 決定投資報酬率	使用 ROI 公式，計算組織將從投資中獲得多少錢。
6. 計算損益平衡點	尋找系統的效益大於成本的第一年。利用該年度的資料，套用損益平衡公式。這將有助於你了解需要等多久時間系統才可為組織帶來真正的價值。
7. 繪製損益平衡點	利用折線圖繪製年度的成本與效益。交叉點即為損益平衡點。

圖 2-4　經濟可行性的執行步驟

開發成本	作業成本
開發團隊薪俸	軟體升級
顧問費	軟體授權費
開發訓練	硬體維修
硬體和軟體	硬體升級
銷售商安裝	團隊薪俸
辦公場地與設備	通訊費用
數據轉換成本	使用者訓練
有形效益	**無形效益**
增加銷售	增加市占率
縮減人事	提高品牌識別度
降低庫存	更高品質的產品
降低 IT 成本	改善的客戶服務
更好的供應商價格	更好的供應商關係

圖 2-5　經濟可行性的成本與效益範例

當然，一個專案還可能因為獲得**無形效益**或造成**無形成本**而影響了組織的底線。無形成本和效益更難以納入經濟可行性，因為它們根據的是直覺和信念，而不是「確切的數字。」雖然如此，它們還是應該連同有形項目列出來。

指定數值給成本與效益　一旦確認出成本與效益的種類，就必須給定一些特定的金額。這似乎是不可能的。誰能量化還沒發生的成本與效益？那些預測又何以能切合實際？即使這項任務非常困難，但是你還是必須盡力而為，對於所有成本與效益提出合理的數字。唯有如此，審查委員會才能作出明智的決定，專案到底要不要繼續推動。

評估成本與效益的最好策略是，尋找最有經驗的人。例如，技術或專案本身的成本與效益由公司的 IT 部門或外面顧問提供，而企業使用者則提供與企業相關的數字(例如，銷售預測、訂單層級)。你也可以考慮過去的專案、產業報告與業者資訊等，縱使這些方法可能不太正確。最可能發生的是，所有評估都將隨著專案進行而不斷修正。

有時候對分析師來說，列出無形效益──像是改進的客戶服務等──不明定金額是可以接受；但是有時候，他們必須去估計無形效益的價值有多少。他們應該儘可能去量化無形的成本或效益。否則，這些效益是否已實現就無從得知。假設有一個系統預期要改進客戶服務。這是無形的，但是假設提供更佳的客戶服務時，客戶抱怨的電話會在 3 年內以每年 10%的速率減少；而且有$200,000 要花在電話費用及處理抱怨電話的接線人員身上。如此一來，我們就有一些有形的數字，可以用來設定目標並衡量最初的無形效益。

概念活用　2-D　Carlson 餐旅集團 (Carlson Hospitality) 的無形價值

我做過 Carlson 餐旅集團──一家國際餐旅服務業龍頭──的案例研究，它在 79 個國家擁有 1,300 家旅館、遊樂場、餐廳，並且還經營遊艇業。它名下的一個品牌，Radisson 酒店及度假村 (Radisson Hotels & Resorts)，進行了顧戶停留資訊及顧戶滿意度的調查。該公司能夠量化一位顧客終其一生中，有多少價值可歸因於其留宿經驗上的體會。因此，Radisson 知道企業的未來價值，有多少是繫於認知之居住體驗的品質。藉由這個模型，Radisson 能夠信心滿滿地證明 10%的頂級顧戶之滿意度提昇 10%，將有助於該品牌市占率提升一個百分點。對於 Radisson 品牌的市占率來說，每個百分點相當於$2,000 萬的額外收益。

—Barbara Wixom

問題：

1. 專案小組如何利用這項資訊，協助決定系統的經濟可行性？

效益 [a]	
增加銷售	500,000
改進客戶服務 [b]	70,000
減少庫存成本	68,000
總效益	**638,000**
開發成本	
兩個伺服器 (@$125,000)	250,000
印表機	100,000
軟體授權	34,825
伺服器軟體	10,945
開發人力	1,236,525
總開發成本	**1,632,295**
作業成本	
硬體	54,000
軟體	20,000
作業人力	111,788
總作業成本	**185,788**
總成本	**1,818,083**

[a] 一個重要但無形的效益是，能夠提供競爭對手現已提供的服務。

[b] 客戶服務的數據是根據處理客戶抱怨電話所減少的成本。

圖 2-6　指定數值給成本與效益

圖 2-6 顯示成本與效益以及指定的金額。注意，客戶服務的無形效益可以根據減少的客戶抱怨電話而量化。競爭對手目前提供的服務，你也提供同樣服務的話，其無形效益不用量化，但是要列出來，如此審查委員會在評量系統的經濟可行性時，才可以把整體效益考慮進去。

決定現金流　正式的成本效益分析通常橫跨數年的時間長度 (通常 3 到 5 年) 之間的成本與效益，以顯示期間現金的流動量 (圖 2-7)。當使用這種**現金流方法 (cash flow method)** 時，年度放在試算表的頂端，用來代表分析的期間，而數值則輸入到試算表表格內適當的儲存格。有時，固定的金額會被輸入到欄位。例如，圖 2-7 以相同的金額列出 5 年來客戶服務與庫存成本。通常金額會以一定的成長率增加，以反應通貨膨脹或業務的改進，如圖 2-7 的範例試算表所示，銷售數字以 6%的成長率增加。最後，總和被加入以決定整體利潤會是多少；總值越高，以其經濟可行性的角度來說，該解決方案是愈可行的。

決定淨現值與投資報酬率 現金流有一些問題，它不顯示組織投資後所獲得的回饋，也未曾考慮幣值 (也就是說，今天的一塊錢並不等於明天的一塊錢)。因此，某些專案小組必須在試算表納入一些額外的計算，提供給審查委員會一個更精準的專案價值的遠景。

	2008	2009	2010	2011	2012	Total
Increased sales	500,000	530,000	561,800	595,508	631,238	
Reduction in customer complaint calls	70,000	70,000	70,000	70,000	70,000	
Reduced inventory costs	68,000	68,000	68,000	68,000	68,000	
TOTAL BENEFITS:	638,000	668,000	699,800	733,508	769,238	
PV OF BENEFITS:	**619,417**	**629,654**	**640,416**	**651,712**	**663,552**	**3,204,752**
PV OF ALL BENEFITS:	**619,417**	**1,249,072**	**1,889,488**	**2,541,200**	**3,204,752**	
2 Servers @ $125,000	250,000	0	0	0	0	
Printer	100,000	0	0	0	0	
Software licenses	34,825	0	0	0	0	
Server software	10,945	0	0	0	0	
Development labor	1,236,525	0	0	0	0	
TOTAL DEVELOPMENT COSTS:	1,632,295	0	0	0	0	
Hardware	54,000	81,261	81,261	81,261	81,261	
Software	20,000	20,000	20,000	20,000	20,000	
Operational labor	111,788	116,260	120,910	125,746	130,776	
TOTAL OPERATIONAL COSTS:	185,788	217,521	222,171	227,007	232,037	
TOTAL COSTS:	1,818,083	217,521	222,171	227,007	232,037	
PV OF COSTS:	**1,765,129**	**205,034**	**203,318**	**201,693**	**200,157**	**2,575,331**
PV OF ALL COSTS:	**1,765,129**	**1,970,163**	**2,173,481**	**2,375,174**	**2,575,331**	
TOTAL PROJECT BENEFITS − COSTS:	**(1,180,083)**	**450,479**	**477,629**	**506,501**	**537,201**	
YEARLY NPV:	**(1,145,712)**	**424,620**	**437,098**	**450,019**	**463,395**	**629,421**
CUMULATIVE NPV:	**(1,145,712)**	**(721,091)**	**(283,993)**	**166,026**	**629,421**	
RETURN ON INVESTMENT:	**24.44%**	(629,421/2,575,331)				
BREAK-EVEN POINT:	**3.63 years**	[break-even occurs in year 4; (450,019 − 166,026)/450,019 = 0.63]				
INTANGIBLE BENEFITS:	This service is currently provided by competitors Improved customer satisfaction					

圖 2-7 成本效益分析

淨現值 (net present value，NPV) 用來比較未來現金流的現值，以及完成專案所需的投資金額。請考慮圖 2-8 的幣值，這張圖顯示出今日一塊錢的投資，經過不同的年期與不同的變動率時的未來價值。如果今天朋友向你借$1，沒有立刻還你，3 年後才還給你$1，你可能就虧了。如果有 10%的增值，以今天的利率來算，你其實只拿回$0.75。

NPV 有許多不同的計算方法，有些方法極爲複雜。圖 2-9 是基本的計算方法，可用於你的現金流分析，以取得重要的數值。在圖 2-7 中，首先計算成本與效益的現值(亦即，它們是以折扣後的值顯示出來)。然後，計算淨現值，並顯示彙總後之成本與效益的折扣率。

投資報酬率 (return on investment，ROI) 乃列於試算表上某個儲存格的計算，用以評估組織投入的資金可得到多少金額的回報。當效益遠超過成本時，便代表有很高的 ROI。ROI 的計算公式是總效益減去系統的成本，得到的數字再除以系統的總成本而得 (請參閱圖 2-9)。ROI 可以逐年計算，或者整個專案經過一段時間後再計算。ROI 的一個缺點是，它只考慮投資的最後時點，而非其間的現金流，所以它不應該被用來用作專案價值的唯一指標。圖 2-7 的試算表中顯示一個 ROI 數字。

年期	6%	10%	15%
1	0.943	0.909	0.870
2	0.890	0.826	0.756
3	0.840	0.751	0.572
4	0.792	0.683	0.497

本表格顯示今天的 1 元於不同利率下經過 1～4 年後的現值。

圖 2-8　一元的價值

計算	定義	公式
現值 (PV)	今日的投資相較於未來的等量，考慮通貨膨脹及時間	$\frac{\text{Amount}}{(1+\text{interest})^n}$ n = number of years in future
淨現值 (NPV)	效益的現值減掉成本的現值	PV Benefits－PV Costs
投資報酬率 (ROI)	從某一投資所獲得之收入或節省之成本	$\frac{\text{Total benefits} - \text{Total costs}}{\text{Total costs}}$
損益平衡點	專案之成本等於其所提供之價值的時間點	$\frac{\text{Yearly NPV}^* - \text{Cumulative NPV}}{\text{Yearly NPV}^*}$ *使用專案有正現金流的那一年的年度 NPV 將上述金額加到專案有正現金流之年度

圖 2-9　使用於成本效益分析的財務計算

計算損益平衡點　如果專案小組必須進行嚴格的成本效益分析，那麼必須註明專案達到損益平衡前的時間長度，或者專案的報酬何時可打平當初的投資。達到損益平衡的時間愈長，專案的風險愈大。觀察資金流的動向，並識別出效益大於成本的年度 (請參閱圖 2-7)，就可以計算出**損益平衡點 (break-even point)**。接著，年度的 NPV 與累計 NPV 的差值除以年度的 NPV，可算出損益平衡點發生的時間。請參閱圖 2-9 的損益平衡計算。

概念活用　2-E　FBI 專案鳴金收兵

美國聯邦調查局未能順利推出一個擴大而有助於調查人員調查罪犯和恐怖分子的電腦系統，爲政府 10 多年來一系列的昂貴技術失敗又添一例。專家把問題歸咎於差勁的的規劃、業界快速的發展，以及一些複雜專案的範圍過於龐大，其價格高達數十億美元，並涉及僱員人數上萬的美國政府機構。Paul Brubaker──前五角大廈副首席資訊官──說：「很少有成功的故事，」「失敗是很常見的，他們已習以爲常很長一段時間了。」美國聯邦調查局本月早些時候表示，它可能擱置訂製的$170 萬的「虛擬案件檔案」專案因爲它是不合宜且過時了。該系統的目的是協助調查人員、分析師和其他人，於世界各地都能共享資訊，而不使用紙張或費時的掃描文件。官員說，商業軟體可能達成某些聯邦調查局所需要的功能。調查局的混亂──這個問題由司法部和即將到來的國會聽證會進行調查──是美國政府自 1990 年雄心勃勃技術升級以來，又一樁被弄得鼻青臉腫的事例。

資料來源：www.securityfocus.com/news/10383。

問題：

有些系統 (如此者) 是非常複雜的。它們必須安全、它們必須是聯邦調查局、中央情報局和其他政府機構以及州和地方執法組的介面。這種複雜性可能需要數年的累積來建置──幾乎注定要失敗，因爲新技術在等待的期間不斷浮現。你會如何讓一個複雜的專案保持在軌道上？什麼樣的商業軟體，在這種情況下，可能適用 (如本案例所提及者)？

損益平衡點也可透過圖形畫出來，如圖 2-10 所示。成本與效益每年的現值累計金額畫在折線圖上，兩線的交叉點即爲損益平衡點。

傳統成本效益分析的替代方法　使用 NPV 與 ROI 進行傳統的成本效益分析，進而判斷 IT 專案的經濟可行性，此法是否妥當逐漸引起爭議。其中一個主要問題是，傳統的成本效益分析乃假設投資者要不現在就全部投資下去，要不就一分錢都不投資。然而，對大多數的 IT 投資而言，其決策絕不是機不可失，時不再來的問題。在大部分的情況，資訊系統早已存在。因此，取代或升級當前的資訊系統的決定常被延遲下來。有人提出不同的看法，試圖克服傳統成本效益分析的弱點。例如，經濟生產模式，基於活動的成本核算法和平衡評分卡已被建議。[2] 不過，本節將討論適用於物件導向系統所提出的主要替代方法即**選擇權定價模型 (option pricing model，OPM)**。[3]

此時，使用 OPM 於企業的 IT 投資決策的經濟可行性分析，仍有其侷限性。事實上，一個原爲用來交易資產 (股票) 而創造的工具，是否也一體適用於評價 IT 的投資機會，仍有些爭議。不過，初步的研究結果證實，使用 OPM 於 IT 投資評估是可以保證的。OPM 業經證明其用於評估 IT 投資的潛在價值是聲名在外的。很多時候，傳統 IT 投資的成本效益分析，可能評定爲不及格，但是，經過 OPM 的分析，卻可能認爲投資的確可行。

---

[2]關於範例，請參閱 Q. Hu, R. Plant, and D. Hertz, "Software Cost Estimation Using Economic Production Models," *Journal of MIS* 15, no. 1 (Summer 1998) :143–163; G. Ooi and C. Soh, "Developing an Activity-based Approach for System Development and Implementation," *ACM Data Base for Advances in Information Systems* 34, no. 3 (Summer 2003) :54–71, and K. Milis and R. Mercken, "The Use of the Balanced Scorecard for the Evaluation of Information and Communication Technology Projects," *International Journal of Project Management* 22 (2004) : 87–97。

[3]關於使用選擇權定價模型評估資訊系統的經濟可行性，請參閱 M. Benaroch and R. Kauffman, "A Case for Using Real Options Pricing Analysis to Evaluate Information Technology Project Investments," *Information Systems Research* 10, no. 1 (March 1999) : 70–86; M. Benaroch and R. Kauffman, "Justifying Electronic Banking Network Expansion Using Real Options Analysis," *MIS Quarterly* 24, no. 2 (June 2000) :197–225; Q. Dai, R. Kauffman, and S. March, "Analyzing Investments in Object-Oriented Middleware," *Ninth Workshop on Information Technologies and Systems* (December 1999) :45–50; A. Kambil, J. Henderson, and H. Mohsenzadeh, Strategic Management of Information Technology Investments:An Options Perspective, in R. D. Banker, R. J. Kauffman, and M. A. Mahmood (eds.)，*Strategic Information Technology Management:Perspectives on Organizational Growth and Competitive Advantage* (Idea Group, 1993) ; A. Taudes, "Software Growth Options," *Journal of Management Information Systems* 15, no. 1 (Summer 1998) :165–185; A. Taudes, M. Feurstein, and A. Mild, "Options Analysis of Software Platform Decisions:A Case Study," *MIS Quarterly* 24, no. 2 (June 2000) :pp. 227–243。

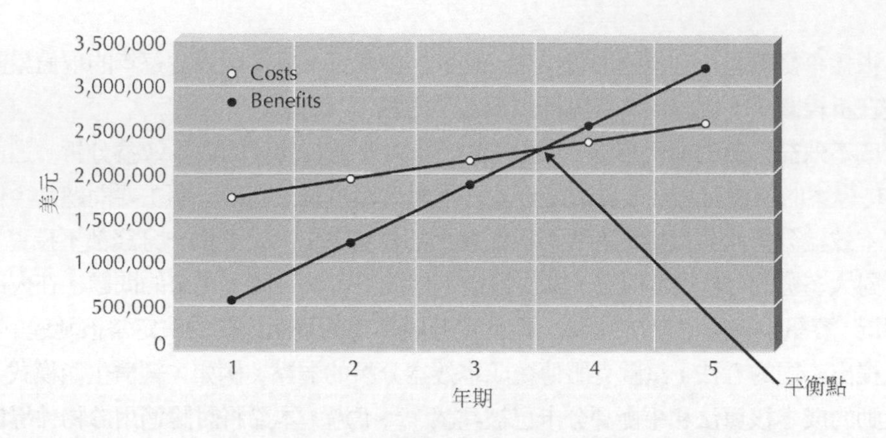

圖 2-10　損益平衡圖

對物件導向系統來說，類別並非僅爲當下的應用軟體所設計，也該留給未來的專案所用，因此，一個類別或一組類別的投資開發，可能惠及原系統開發以外的其他專案。再者，由於物件導向系統開發方法強調反覆性與漸進性的開發方式 (如在第二章所述的)，所以物件導向的專案可視爲一連串的小型專案。因此，你對於物件導向方法的投資，可能要看待成你對於財務交易中的買權的投資。所謂**買權 (call option)**，基本上就是買方有權於到期時依契約所定之規格、數量與價格向賣方「買進」標的物。不過，買權不具有買進標的物的義務。

把 IT 投資看待成買權，讓管理階層可以在未來某一時刻，決定未來對於系統的進一步投資是否合理。管理階層將有更大的彈性決定專案的經濟可行性，進而決定專案是否如期開發、放棄、擴大範圍、延緩未來開發，或是縮小當前開發的範圍。在很多方面，將 IT 投資視爲買權，讓管理階層可以延緩投資決策，直到有更多的資訊可供參考爲止。

一旦決定投資 (即運用買權)，就不能撤回該決定。不可撤回決定的這個觀念，乃是 OPM 的基本假設之一。這項假設非常適合於現代的物件導向系統開發方法，於此方法一旦反覆開發開始，在另一個投資決策制定之前，須先完成一次的漸進工作。

許多研究者依據 OPM 對於 IT 投資的適用性，也研究了許多不同的 OPM。[4] 不過，所有 OPM 都有一個共同特性：專案的直接效益與間接價值 (選擇值) 兩者必須使用 OPM 加以計算，以計算 IT 投資的經濟可行性。直接效益可利用傳統的 NPV 計算

---

[4]兩個用來評估 IT 投資的重要 OPM 是 binomial OPM 與 BlackScholes OPM。想要得到這些模型的更多資訊，請參閱 J. C. Hull, *Options, Futures, and Other Derivative Securities* (Englewood Cliffs, NJ:Prentice-Hall, 1993)。

而得，而選擇權的價值則可利用文獻裡其中一個 OPM 計算而得。如果選擇權的最小期望值一直爲零，那麼使用 OPM 的投資估計值，將與傳統方法所給定的值相同。然而，當選擇權的期望值 (未來的循環或專案) 超過零的話，OPM 所給的估計值將大於傳統方法。一個選擇權值的實際計算方式的複雜程度，已超過了本書的討論範圍。不過，由於 OPM 非常適用於物件導向系統開發方法，我們將有理由相信，在評估物件導向系統的 IT 投資方面，OPM 應該是一個很好的替代方案。

◆ 組織可行性

最後一個可行性分析技術是評估系統的**組織可行性 (organizational feasibility)**，也就是說，系統最後如何被使用者所接受，以及如何納入組織的日常運作。許多組織的因素會對專案產生衝擊，而且經驗老到的開發人員都知道，組織可行性可能是最難以評估的。基本上，組織可行性分析嘗試回答這個問題：「如果我們建置好了系統，他們會來使用嗎？」

評量專案之組織可行性的方法之一是，了解專案目標如何與企業的目標保持一致。**策略契合 (strategic alignment)** 指的是專案與企業策略的契合程度。契合程度愈好，從組織可行性的觀點來看，專案的風險愈低。例如，如果行銷部門決定以客戶爲主，那麼 CRM 專案所產生的整合式客戶資訊，將與行銷部門的目標有很高的策略性契合度。很多 IT 專案失敗的原因，都是因爲 IT 部門與業務單位或組織的策略沒有契合所致。

組織可行性的第二個評估方法是**利益相關人分析 (stakeholder analysis)**。[5] 一個利益相關人可以是任何會影響新系統 (或被影響) 的人、單位或組織。大體上，引進新系統時最重要的利益相關人是專案擁護者、系統使用者與組織的管理階層 (請參閱圖 2-11)，但是系統有時也會影響其他的利益相關人。例如，IT 部門可能是系統的利益相關人，因爲 IT 工作或角色可能在系統實作之後大大改變。微軟將 Internet Explorer 內建於 Windows 作業系統的專案，其利益相關人中，除了專案擁護者、使用者與管理階層外，還加入了美國司法部。

擁護者 (champion) 是一位非資訊部門的高層主管，通常但不必然是製作系統需求的專案發起人。擁護者所提供專案的支援有時間、資源 (如金錢)，並與組織內其他部門的決策者，就專案之重要性交換意見以爭取政策上的支持。擁護者最好有一位以上比較好，因爲擁護者如果離開組織的話，支援也可能跟著離開。

---

[5]一本關於利益相關人的優質書籍是 R. O. Mason and I. I. Mittroff, Challenging Strategic Planning Assumptions:Theory, Cases, and Techniques (New York:Wiley, 1981)。

	角色	可供改進的技術
擁護者	擁護者： • 起始專案 • 推動專案 • 分配時間給專案 • 提供資源	• 向那些直接受益於系統的主管，報告專案目標與效益 • 建立系統雛型以示範其潛在價值
組織管理階層	組織管理經理： • 知道專案事宜 • 編列專案預算 • 鼓勵使用者接受系統	• 向管理階層報告專案目標與效益 • 使用備忘錄與內部通訊推廣系統效益 • 鼓勵擁護者與同儕討論專案
系統使用者	使用者： • 做出影響專案的決定 • 執行專案實地操作的活動 • 最後使用或不使用系統，從而決定專案是否成功	• 安排使用者在專案小組上的正式角色 • 安排使用者特定的任務以準時完成 • 定期尋求使用者的回饋 (例如，每週開會)

圖 2-11　組織可行性的一些重要利益相關人

雖然擁護者提供平日的系統支援，但是**組織的管理階層 (organizational management)** 也必須支持專案。管理階層的支持，向該組織的其他員工傳達了該系統將會作出有價值的貢獻，並且會提供必要的資源等信念。理想上而言，管理階層應該鼓勵員工使用系統，並接受系統帶來的變革。

第三個重要的利益相關人群體是**系統使用者 (system users)**，他們最後將使用建置的系統。常見到的現象是，專案小組在初期經常與使用者見面，然後就消失不見直到系統建立後才會出現。在這個情形下，最終產品很少會滿足使用者的期望與需要，因爲需求改變了，使用者隨著專案的進行也變得聰明了。開發全程應該鼓勵使用者參與，確保最後的系統因爲有了使用者曾主動的參與系統開發的過程 (例如，執行任務、提供回饋與訂定決策)，而被欣然接納。

最後，可行性分析有助於組織作出更明智的資訊系統的投資，因爲分析會迫使專案小組考慮技術上、經濟上以及組織上的影響因素。藉由讓業務單位了解決策，以及知道他們本身是決策過程的領導者，IT 專業人員可免於遭到批評。記住，在專案小組作出關於系統的重要決策 (例如，設計開始之前) 期間，可行性研究會被修訂好幾次。這項分析可用來支持並解釋 SDLC 期間所做的關鍵決策。

輪到你　2-3　擬定一個可行性分析

請考慮你在「輪到你 2-2」中，爲改進你的大學或學院選課流程的想法。

問題：

1. 列出三項可能影響系統技術可行性的議題。
2. 列出三項可能影響系統經濟可行性的議題。
3. 列出三項可能影響系統組織可行性的議題。
4. 你如何知道更多關於這三種可行性的議題？

專案遴選

一旦可行性分析已完成，便要連同修訂好的系統需求，提交給審查委員會。委員會然後決定批准、否決或是擱置專案，直到有其他的資料可供參考。立足於專案的層面，委員會從企業的需要 (表現於系統需求) 以及系統建置的風險 (表現於可行性分析) 來考量專案的價值。

在批准專案前，委員會也會從組織的角度來考量專案，它必須銘記該公司中整個專案組合。這種管理專案的方式，稱爲**專案組合管理 (portfolio management)**。專案組合管理將考慮到組織內既存的不同專案——不論大或小、風險高或低、策略性或戰術性。(請參閱圖 2-12 有關專案不同的分類方法。)好的專案組合會有最合適的專案混合以符合組織的需要。委員會充當專案組合的管理人，目標在於最大化成本/效益上的表現，以及在他們的組合中其他重要因素。例如，組織可能想要將高風險的專案保持在所有專案組合的 20%以內。

規模	規模有多大？專案需要多少人？
成本	專案花費組織多少錢？
目的	專案的目的爲何？可加強技術架構嗎？可支援目前的企業策略嗎？可改進公司營運嗎？可表達創新嗎？
時間長度	多久時間才能完成專案？多久時間才能產生企業價值？
風險	專案成功或失敗的可能性多大？
範圍	系統影響組織的範圍有多大？一個部門？一個單位？整個公司？
投資報酬率	組織預期得到多少錢才可打平專案的成本？

圖 2-12　專案分類方法

審查委員會必須選擇性的分配資源，因爲組織的資源有限。這就牽涉到**取捨 (trade-off)** 問題，組織必須放棄某部分以換取其他部分，如此才可保持專案組合的平衡。如果有三個專案付出的薪水都很高，而且全部都是高風險，那麼只能遴選其中的一個。此外，有時候從專案的層面來看系統，也許很符合企業的目標，但是從組織的層面來看，則不是如此。因此，一個專案可能顯示一個很好的 ROI，並支援重要的企業需要，但卻不被青睞。這有許多理由──因爲沒有預算支應另一個系統、組織將進行某種變革 (如合併、開發全公司的 ERP 系統)、同類型的專案已在進行或者系統不符合公司現在或未來的策略。

輪到你 2-4 選或不選

對於審查委員會來說，其實很難遴選一個專案可符合眞正的企業需要、潛力很高的 ROI，以及正向的可行性分析。請回想一下你曾經服務過或知道的公司。試描述某項專案從專案層面而言很吸引人，但從組織層面而言卻不然的情形。

概念活用 2-F 訪談 Carl Wilson，Marriott 公司資訊長

在 Marriott 公司，我們沒有 IT 專案──但我們有 IT 所促成的企業計畫與策略。結果，傳統「IT 專案」出現的唯一時機就是，當我們要升級基礎架構以降低成本或改進功能時。在這種情況下，IT 部門必須製作企業案例，用於升級事宜，並證明其對公司的價值。

IT 參與組織內企業專案 (business project，BP) 的方法，可分兩個層面：首先，IT 的高階主管必須非常了解企業知識。其次，這些人要加入關鍵的企業委員會與論壇，由此讓他們了解實際的業務狀況，如尋求滿足客戶的方法。因爲 IT 在會議上有一個席次，我們能夠尋找支援企業策略的機會。我們也尋求讓 IT 能在商業計畫出現時，獲有或提供更好支援的方式。

因此，企業專案提出之後，IT 是其中的一部分。這些專案之後以相同於其他企業專案的方式予以評估，例如興建一個新的度假場地──就是檢視專案的投資報酬率以及其他的財務衡量。

從組織的層次來說，我把專案視爲「必須做」、「應該做」以及「做了會很好」。「必須做」指必須達到核心的企業策略，如客戶偏好。「應該做」則指協助業務成

長並提昇企業的功能。這些多多少少還沒經過檢驗，但卻可有益於驅動公司的成長。「做了會很好」則是比較具有實驗性，而且具有前瞻性。

組織的專案組合應該融入這三種類型的專案，但重點還是擺在「必須做」的專案上。

—*Carl Wilson*

概念活用　2-G　未受青睞的專案

Hygeia 旅遊健康公司 (Hygeia Travel Health) 是一家位於多倫多的健保公司，其客戶都是到美加地區參觀遊玩的外地保戶。公司專案的遴選過程相當直截了當。專案評選委員會由六位高階主管所組成，分成兩組。一組包括 CIO、營運主管及研發主管，這一組分析每個專案的成本。另一組則包括兩位行銷主管及一位業務開發主任，這一組分析專案的預期效益。兩組都是永久性的，而且爲了保持客觀，等到雙方都評完專案後，他們才加以討論。大家可以分享結果，譬如看看試算表或一起討論。然後，大家決定批准、否決或擱置專案。

去年，行銷部門提出購買理賠資料庫 (claims database) 的計畫，這個資料庫儲存了不同區域於不同狀況下之成本的詳細資訊。Hygeia 想要利用這項資訊估計病人在不同醫院時，該保險人應繳多少費用。例如，一位 45 歲的心臟病病人，在 A 醫院可能要付$5,000 的醫療費，但在 B 醫院可能只要$4,000 的費用。這項資訊讓 Hygeia 可以把收費較便宜的醫院推薦給客戶。以此區隔其他競爭對手。

效益小組使用相同的三個開會流程來討論，如果實作理賠資料庫可得到多少效益。小組成員與客戶交談，並根據該公司過去的經驗以及對未來企業趨勢做一個預測。結論是：效益小組預測可增加$210,000 的營業額，並且客戶鞏固率可提升 2%。整體而言，利潤增加 0.25%。

同時間，成本小組也提出更大的估計：每年要花費$250,000 購買資料庫，並且還要花費相當於$71,000 的時間成本，才可使資訊派上用場。全部加起來，第一年的財務損失是$111,000。

這個專案可能對行銷很有用，所引起的損失還可被忍受。然而，有些 Hygeia 的客戶也從事理賠資訊的業務，因此變成了潛在的競爭對手。這個情形，再加上財務損失，已經足以使公司拒絕該專案。

資料來源：Ben Worthen, “Two Teams are Better than One” CIO Magazine, (July 15, 2001)。

輪到你 2-5 專案遴選

在 1999 年 4 月，Capital Blue Cross 公司的一個健保計畫已實施了三年，但執行效果未如預期。保費與理賠支付的比值未達到過去的標準。為了修改產品特色或定價以達成績效，公司必須了解執行效果不彰的原因。利益相關人都加入了討論，他們需要進一步的分析資料，希望能夠了解產品缺點並提出好的建議。

聽完使用者小組的說明後，那些利益相關人提出三項選擇。一個是保留目前從報表擷取數據然後重新輸入到試算表的人工方式。

第二個選擇是撰寫一個程式，動態地從 Capital 公司的客戶資訊控制系統 (CICS) 發掘所需的資料。雖然這個系統是處理關於理賠的事情，但可利用程式取得最新的資料，以供分析之用。

第三個選擇是發展決策支援系統，讓使用者從理賠與客戶資料庫中進行關連式的查詢。每個方法都根據成本、效益、風險與無形價值加以評估。

資料來源：Richard Pastore, "Capital Blue Cross," *CIO Magazine* (February 15, 2000)。

問題：

1. 請問每個專案的三個成本、效益、風險及無形價值是什麼？
2. 根據你對問題 1 的回答，你會選擇哪個專案？

應用概念於 CD Selections 公司

到目前為止，我們已介紹過了如確認專案、建立系統需求、執行可行性分析與專案的遴選等概念。現在我們看看 CD Selections 公司如何執行這些工作。

◆ 專案確認與系統需求

在 CD Selections 公司，新的 IS 專案是由每月定期開會的專案指導委員會所審核及批准。委員會的代表包括 IT 部門以及其他業務主要單位。對 Margaret 來說，首要步驟就是準備一張系統需求表給委員會看。使用系統需求樣版 (如圖 2-2)，Margaret 準備了一份系統需求 (請參閱圖 2-13)。當然，發起人為 Margaret，而企業需求是「增加銷售額以及改進零售客戶的服務」。注意，這項需要並不著重於技術，如「升級我們的網頁」。而是著重於企業層面：銷售與客戶服務。

現在為止，企業需求是以非常高階的細節被描述。在這情況下，Margaret 對系統需求的願景包括能夠協助實體店面找到新的客戶。明確地說，客戶應該能夠在網際網路上找到產品、搜尋門市、將產品放到虛擬購物車上，以及預先訂購沒有庫存的產品。

企業價值描述需求會如何影響企業。Margaret 發現確認無形企業價值非常簡單、直接。網際網路是一個「熾手可熱的」領域，所以她希望能夠藉助網際網路，加強客戶的認同與滿意度。估計有形價值就較為困難。她預期網路訂單可增加門市的銷售量，但是到底會增加多少呢？

系統需求—網路訂單專案

專案發起人：Margaret Mooney，行銷副總裁

企業需要：此專案可以用來開發新客戶，以及提昇現有客戶的服務品質

企業需求：

透過 Web，客戶應該能夠搜尋產品，並找出有庫存的實體門市。他們應該能夠寄存項目或預訂無庫存或未進貨的項目。系統應該擁有下列功能：

- 搜尋 CD Selections 公司的產品清單
- 找出有產品庫存的零售門市
- 寄存產品在門市，然後排定時間取貨
- 對於無庫存或未進貨的產品下訂單
- 接收訂單確認以及何時進貨的訊息

企業價值：

我們希望，CD Selections 公司因無庫存或未進貨關係的損失能降低，以及開發網路的客戶層，進而提昇銷售。我們希望，改進的服務可以減少客戶抱怨，因為有 50%的客戶時常抱怨產品沒貨或未進貨。此外，CD Selections 公司也能夠從改進的客戶滿意度及品牌認同而獲益。

有形價值的保守估計為：

- 新客戶的銷售額$750,000
- 現有客戶的銷售額$1,875,000
- 每年客戶服務電話，減少$50,000

特殊議題或限制：

- 行銷部門視這個系統為策略性系統。這個網路系統將為當前的獲利模式加值，而且有助於未來的網路經營。例如，CD Selections 公司未來可能想要直接在網路上銷售產品。
- 系統應該在明年的假日購物季節上線。

圖 2-13　CD Selections 公司的系統需求

Margaret 決定請她的行銷團隊從事市場研究，以了解有多少的零售客戶因爲店面沒有他們要找的東西，所以才不購買。他們發現，店面因爲沒有庫存而損失了 5%的銷售額。這個數字給 Margaret 一個想法。有多少的銷售額可以從現有的客戶層中增加(例如，每家門市約$50,000)，但它卻未指出系統會產生出多少新客戶。

想要估計 CD Selections 公司應該從新的網路客戶層獲得多少營收並不容易。其中一個方法是，使用 CD Selections 公司對於預測新門市銷售的一些標準模型。零售門市平均每年的銷售額約$100 萬 (在開張後的一或二年)，但這得視都市人口、平均收入以及靠近大學等地理位置因素而定。Margaret 預估，增加新的網站幾乎等同於增加一家新門市。這意謂著，網站運作幾年後，大約可持續獲得$100 萬 (加減幾十萬美元) 的營業額。

現有客戶的銷售額 ($250 萬)，加上新客戶的銷售額 ($100 萬)，總計約$350 萬。Margaret 用 25%增減這個數字，分別做出樂觀與保守的估計。數值可能的範圍從$2,625,000 到$4,375,000 不等。Margaret 很保守，所以她決定把較低的數值作爲她的銷售預測。圖 2-13 就是她完成的系統需求。

◆ 可行性分析

一旦 Margaret 和她的行銷小組完成了系統需求，他們提交給指導委員會以供下一次會議討論。當指導委員會開會，他們把網路訂購專案放在專案清單的最頂端。資深系統分析師 Alec Adams 被指派協助 Margaret 進行一項可行性分析，因爲他非常熟稔 CD Selections 公司的銷售與配銷制度。他也是網路的熱愛者，經常爲公司網站提供寶貴意見。

Alec 與 Margaret 幾星期以來密切合作，進行可行性分析。圖 2-14 是這項可行性分析的總結；報告本身大約十頁長，還提供了額外的細節與說明。

如圖 2-14 所示，這個專案從技術觀點而言有些風險。CD Selections 公司這類科技應用的經驗很少，而且大部分網站新技術都是由 ISP 提供的。其中一個解決方案是，聘請一位電子商務的顧問與 IT 部門合作並提供諮詢。此外，新系統必須與公司的實體訂單系統交換資料。目前，各零售門市都傳送電子訂單，所以利用網路系統接單以及交換資訊，應該可行。

網路訂單可行性分析：綜合建議與結語

Margaret Mooney 與 Alec adams 針對 CD Selections 公司的網路訂單系統專案，擬定了下列的可行性分析。可行性分析的重點爲：

技術可行性

網路訂單系統在技術上可行，但有些風險。

CD Selections 公司對於網路訂單應用之熟悉度的風險：較高。

- 行銷部門沒有網路行銷與銷售的經驗。
- IT 部門非常熟悉公司現有的訂單系統，但沒有網路訂單系統的經驗。
- 市場上已有多家業者採用網路訂單應用。

CD Selections 公司對於技術之熟悉度的風險：中等。

- IT 部門依賴外面的顧問及 ISP 發展現有的網路環境。
- IT 部門從維護目前的網站而漸漸學會網路系統。
- 企業網路應用程式的開發工具與產品可在市場上找得到，但是 IT 部門沒有使用的經驗。
- 顧問隨時待命，以提供這方面的諮詢。

專案規模的風險：中等

- 專案小組將可能包括十人不到。
- 需要企業使用者的參與。
- 由於趕在耶誕假期之前，所以專案時限不能超過一年，而且應該更短一點。

與 CD Selection 公司現有技術架構的相容性佳。

- 目前的訂單系統是採用開放標準的主從式架構。應該可以與網路產生介面。
- 零售門市已經在採用及維護電子訂單。
- 零售門市與總公司已有 Internet 的基礎架構。
- ISP 應該能夠擴充他們的服務，納入新的訂單系統。

經濟可行性

成本效益分析已執行，請見附件的試算表，以獲得更多的細節。據保守估計，網路訂單系統將大大增加公司的利潤。

三年的 ROI：229%。

三年後的總效益：$350 萬 (針對現值作調整)。

損益平衡發生於：1.7 年之後。

無形的成本與效益：

- 改善客戶滿意度。
- 增加品牌認同。

組織可行性

從組織的觀點，這個專案風險低。系統的目標乃增加銷售，並與高階主管的銷售目標相契合。進入網路也符合行銷部門的目標，他們可以靈活地從事網路行銷與銷售。

此專案有一位擁護者，即行銷副總裁 Margaret Mooney。Margaret 非常能夠勝任，而且在必要時教育其他高級主管。現在，很多高級主管都清楚並支持這個提案。

系統使用者，也就是網路客戶，預期將會欣賞 CD Selections 公司網站所帶來的好處。而且，零售門市的管理階層應該願意接納此系統，因爲店面的銷售量將大爲提昇。

其他說明

- 行銷部門視這個系統爲策略性的系統。網路系統將爲目前企業模式帶來加值，而且可爲未來的網路事業鋪路。
- 我們應該考慮聘請一位網路行銷的專業顧問，以協助本專案。
- 我們必須聘請新人，從事技術上與業務上的運作。

範本可得自
www.wiley.com
/college/dennis

圖 2-14　CD Selections 公司的可行性分析

經濟可行性分析包括了 Margaret 對系統需求略事調整過的假設。圖 2-15 顯示可行性分析結論的摘要試算表。開發成本預計約$250,000。這是一個非常粗略的估計，因為 Alec 還必須對系統設計與程式撰寫所花費的時間做些假設。這些估計會隨著工作計畫被研擬出來，以及專案開始推動之後配合修改。[6] 傳統上，作業成本包括電腦操作的成本。在這種情況下，CD Selections 還必須包含業務人員的成本，因為他們構成了一個新的業務單位，每年總共產生$450,000 的成本。Margaret 與 Alec 決定採用一個保守的收入估計，即使他們認為還可再高估。這顯示了，縱然基本假設過於樂觀，專案仍有可能增加很大的企業價值。試算表做了 3 年的預測，並且 ROI 與損益平衡點都包括在內。

組織可行性示如圖 2-14。組織內被安插了一個強勢的擁護者用以支援專案。專案由公司的業務面或功能面而非 IT 部門所發起。而 Margaret 小心翼翼地周旋於管理階層，希望尋求他們的支持。

這個系統特別之處在於系統的最終用戶都是公司外面的客戶。Margaret 與 Alec 並未做過特別的市場研究，看看客戶對系統的反應，所以這隱藏了一個風險。

專案的另一個利益相關人是負責傳統門市營運的管理團隊以及門市經理。如果他們能夠提供附加的服務，那麼將很有幫助。Margaret 必須取信於這些人──網路銷售系統不會對未來銷售構成威脅。因此，Margaret 與 Alec 必須確認將該團隊與店經理納入系統開發工作，如此才可將該系統正確地放到企業流程中。

◆ 專案遴選

審查委員會開會並審查網路訂單系統專案，以及其他兩個專案──一個是需要製作公司內網站 (intranet)；另一個在門市提供資訊服務站 (kiosk)，供客戶尋找 CD 的資訊。不幸的是，預算只容許一個專案而已，所以，委員會仔細檢視所有三個專案的成本、期望效益、風險以及策略契合程度。目前，公司高層一直希望能夠增加門市的銷售量，而網路系統與資訊服務站剛好符合此一目標。由於這兩個專案風險都相同，但網路訂單專案預期會有更多的收益，所以，委員會決定資助網路訂單系統。

---

[6]你可能覺得有些薪資的資訊似乎很高。大部分公司使用「全成本」模型 (full-cost model) 估計薪資成本，在估計成本時，所有津貼 (如健保、退休金、薪資所得稅) 均包含在薪資之內。

	2008	2009	2010	Total
Increased sales from new customers	0	750,000	772,500	
Increased sales from existing customers	0	1,875,000	1,931,250	
Reduction in customer complaint calls	0	50,000	50,000	
TOTAL BENEFITS:	0	2,675,000	2,753,750	
PV of BENEFITS:	**0**	**2,521,444**	**2,520,071**	**5,041,515**
PV of ALL BENEFITS:	**0**	**2,521,444**	**5,041,515**	
Labor: Analysis and Design	42,000	0	0	
Labor: Implementation	120,000	0	0	
Consultant Fees	50,000	0	0	
Training	5,000	0	0	
Office Space and Equipment	2,000	0	0	
Software	10,000	0	0	
Hardware	25,000	0	0	
TOTAL DEVELOPMENT COSTS:	254,000	0	0	
Labor: Webmaster	85,000	87,550	90,177	
Labor: Network Technician	60,000	61,800	63,654	
Labor: Computer Operations	50,000	51,500	53,045	
Labor: Business Manager	60,000	61,800	63,654	
Labor: Assistant Manager	45,000	46,350	47,741	
Labor: 3 Staff	90,000	92,700	95,481	
Software Upgrades	1,000	1,000	1,000	
Software Licenses	3,000	1,000	1,000	
Hardware Upgrades	5,000	3,000	3,000	
User Training	2,000	1,000	1,000	
Communications Charges	20,000	20,000	20,000	
Marketing Expenses	25,000	25,000	25,000	
TOTAL OPERATIONAL COSTS:	446,000	452,700	464,751	
TOTAL COSTS:	700,000	452,700	464,751	
PV of COSTS:	**679,612**	**426,713**	**425,313**	**1,531,638**
PV of ALL COSTS:	**679,612**	**1,106,325**	**1,531,638**	
Total Project Benefits − Costs :	**(700,000)**	**2,222,300**	**2,288,999**	
Yearly NPV:	**(679,612)**	**2,094,731**	**2,094,758**	**3,509,878**
Cumulative NPV:	**(679,612)**	**1,415,119**	**3,509,878**	
Return on Investment:	**229.16%**	(3,509,878/1,531,638)		
Break-even Point:	**1.32 years**	(Break-even occurs in year 2; (2,094,731 − 1,415,119)/2,094,731 = 0.32)		
Intangible Benefits:	Greater brand recognition			
	Improved customer satisfaction			

圖 2-15 CD Selections 公司的經濟可行性分析

摘要

◆ 專案起始

專案起始乃指一個組織為一個新系統建立並評量起始的目標與期望。此流程的第一個步驟是確認系統的企業價值，其方法是擬訂系統需求，以提供所擬議之系統的基本資訊。下一個步驟是分析師從事可行性分析，以決定系統在技術上、經濟上與組織上的可行性，如果分析的結果合理、適當，系統便被批准，然後這個開發專案就此開始。

◆ 可行性分析

可行性分析接下來提供更詳細有關擬議之系統所伴生的風險，這項分析包括技術上、經濟上與組織上的可行性。技術可行性著重於系統是否**能夠**建置，方法是檢視使用者與分析師對於應用與技術的熟悉程度，以及專案規模加起來所產生的風險。經濟可行性探討系統是否**應該**建置。它包括開發成本、作業成本，有形效益以及無形成本與效益所形成的成本效益分析。最後，組織可行性評量系統如何被使用者所接受，並且如何納入組織的正常營運。專案的策略契合與利益相關人的分析，將有助於評估這方面的可行性。

◆ 專案遴選

可行性分析一旦完成，便要連同修訂的系統需求，提交給審查委員會。委員會將決定批准、否決或擱置這個專案。專案遴選過程應該使用專案組合管理方法，而將組織內所有的專案同時納入考量。在選出適當專案之前，審查委員會應衡量諸多因素並做出取捨的決定。

關鍵字彙

Approval committee　審查委員會
Business value　企業價值
Business need　企業需要
Business requirement　企業需求
Break-even point　損益平衡點
Cost–benefit analysis　成本效益分析
Cash flow method　現金流方法
Champion　擁護者
Compatibility　相容性
Call option　買權
Development costs　開發成本
Emerging Technology　新興技術
Economic feasibility　經濟可行性
Familiarity with the technology　技術的熟悉度
Feasibility study　可行性研究
First mover　先行者
Functionality　功能性
Familiarity with the functional area　功能層面的熟悉度
Feasibility analysis　可行性分析
Intangible benefits　無形效益
Intangible costs　無形成本
Intangible value　無形價值
Net present value (NPV)　淨現值 (NPV)
Operational costs　作業成本
Option pricing models (OPMs)　選擇權定價模型 (OPMs)
Organizational feasibility　組織可行性

Organizational management　組織管理階層

Project initiation　專案起始

Project sponsor　專案發起人

Portfolio management　專案組合管理

Project　專案

Project size　專案規模

Return on investment (ROI)　投資報酬率

(ROI)

Risks　風險

Special issues　特殊議題

Stakeholder　利益相關人

Stakeholder analysis　利益相關人分析

Strategic alignment　策略契合

System request　系統需求

System users　系統使用者

Tangible benefits　有形效益

Tangible value　有形價值

Technical feasibility　技術可行性

Technical risk analysis　技術風險分析

Trade-offs　取捨

問題

1. 為什麼要由企業人員而不是 IS 專業人員來製作系統需求？
2. 舉三個系統企業需要的例子。
3. 審查委員會的目的是什麼？通常誰在這個委員會？
4. 無形價值與有形價值有什麼不一樣？每種價值各舉三個例子。
5. 列出二個無形效益。說明這些利益如何被量化。
6. 列舉系統的二種有形效益和兩種作業成本。你將如何決定應分配給每一個項目的價值？
7. 描述三種可行性分析的技術。
8. 系統需求和可行性分析的目的是什麼？他們是如何的在專案遴選程序中被使用？
9. 描述兩個很重要而必須列入系統需求的特殊議題。
10. 經濟可行性有哪些評估步驟？描述每個步驟。
11. 描述一個有風險專案的技術可行性條件。描述一個不被視為有風險的專案。
12. 決定專案規模的因素有哪些？
13. 什麼是利益相關人分析？討論三個與大多數專案相關的利益相關人。
14. 什麼是專案的損益平衡點？它是怎樣計算？
15. 解釋成本效益分析的淨現值和投資報酬率。如何使用這些計算值？

練習題

A. 從一份資訊科技的雜誌 (如，《電腦世界》) 找出一篇關於公司實施新電腦系統的新聞文章。描述該組織從新系統可能實現的有形價值與無形價值。

B. 假設你要買一部新電腦。試著建立一個成本效益分析，說明你從這次購買可得到的投資報酬率。電腦相關網站 (如 Dell 電腦與 Compaq 電腦) 應該有眞正的有形成本，可以放到你的分析中。預測未來 3 年的數字，並提供最後合計的淨現值。

C. 汽車代理商已經明白，使用網路賣車可以創造利潤。假設你爲一家當地的汽車代理商工作，且這家代理商是如 CarMax 的大型汽車連鎖店的一部分。試建立一個系統需求，你可以用來開發網站銷售系統。記得列出與專案相關的特殊議題。

D. 重讀「輪到你 2-1」 (確認有形價値與無形價値)。從這個專案的利益相關人分析中，擬定一份應該考慮的利益相關人清單。

E. 訪談一位在大公司工作的人，並請其描述新開發專案的批准過程。他們如何看待該過程？有哪些問題？有哪些效益？

F. 請考慮 Amazon 的網站。公司的管理階層決定擴充網路系統，使其包括書本以外的產品 (如葡萄酒、禮品等)。當此觀念首次提出時，你將如何評估這個事業的可行性？你認爲實現這個觀念的專案，風險有多高？爲什麼？

迷你案例

1. Seisakusho 公司經營 20 輛卡車的車隊和人員，提供東京附近住宅用戶多種的維修服務。目前，服務團隊回應維修請求平均需時約 6 小時。每輛卡車與人員平均每週有 10 通的服務呼叫，平均每次服務呼叫所賺得的收入金額是¥20,000。每輛卡車每年服務 50 個星期。由於調度和行車路線上的困難，每輛卡車和人員典型的閒置時間是一周。

   要安排卡車和人員使之更有效率並提高生產力，Seisakusho 管理階層正評估安裝路線和調度等軟體套件。所帶來的好處包括減少服務請求的回應時間，並因此有更高效率的服務團隊。然而，管理階層對於如何量化這些效益感到困難。

   一種方法是估計有了新系統後，服務的回應時間會降低多少，然後可以將之用來預測每星期服務電話增加的次數。例如，如果系統可以讓平均服務回應時間下降到 4 個小時，那麼每一輛車每星期平均有 15 通服務電話──每週增加了 5 通電話。每一輛車每週額外增加 5 通呼叫，而每通電話平均收入是¥20,000，故每車每星期收入增加爲¥100,000 (5 × ¥20,000)。20 輛卡車服務的 50 個星期中，每年的平均年收入將增加¥100,000,000 (¥ 100,000 × 20 × 50)。

Seisakusho 管理階層不確定新系統是否能使回應時間下降到平均 4 個小時。因此，它彙整了以下新系統可能產生之結果的數據。

新的回應時間	# 呼叫/卡車/週	可能性
3 小時	18	30%
4 小時	15	50%
5 小時	12	20%

鑑於這些數字，準備一個試算表模型，用以計算預期這個新系統帶來的年收入值。

2. Amberssen Speciality 公司是一家在多倫多地區擁有 12 家連鎖店的零售商店，出售各種進口禮品、美食巧克力、奶酪和葡萄酒。Amberssen 有 3 名 IS 工作人員，他們建置了一個簡單而有效的資訊系統，收銀機網路節點位在商店，而中央會計系統則位在公司總部。Harry Hilman (Amberssen IS 小組的組長)，剛剛收到下述來自 Bill Amberssen (行銷總監，Amberssen 創始人的兒子) 的備忘錄。

Harry──現在是 Amberssen Specialty 在網際網路上推出自己的時候了。我們的許多競爭對手已經在那兒了，銷售產品給客戶而不需負擔零售店面的費用，我們也應該在那兒。我預測若在網路上銷售我們的產品，每年的營業額將會增加一倍或兩倍，我想在 11 月初的黃金時間準備好這個系統，用於節日禮品的銷售旺季。Bill

思考這份備忘錄數天後，Harry 安排了一次與 Bill 之間的會議，以便他能夠弄清楚 Bill 對這個事業的願景。使用標準的系統需求的內容當作引導，準備一份 Harry 需要回答有關這個專案之問題的清單。

CHAPTER 3

專案管理

本章描述專案管理的重要步驟，管理工作起源於規劃階段，並且於整個 SDLC 期間持續進行。首先，專案經理估算專案的規模大小並確認要執行的任務。接著，安排專案人事，然後讓幾個活動就定位，以協助專案活動的協調。這些步驟將產出專案管理的交付成果，包括工作計畫、人事計畫與標準清單。

學習目標

- 熟悉估計的方法。
- 能夠擬定專案工作計畫。
- 了解專案小組為何使用時間定量。
- 熟悉如何安排專案的人事。
- 了解電腦輔助軟體工程、標準與文件說明如何改善專案的效率。
- 了解如何降低一個專案的風險。

本章大綱

導論

確認專案的規模

　功能點數分析法

擬定與管理工作計畫

　確認任務

　專案工作計畫

　甘特圖

　PERT 圖

　細部修正估計值

　範圍管理

　時間定量

　漸進型工作劃分結構與反覆性工作計畫

專案人事

　人員編制計畫

　激勵

　處理衝突

協調專案活動

　CASE 工具

　標準

　說明文件

　管理風險

應用概念於 CD Selections 公司

　專案人事

　協調專案活動

摘要

導論

想一想人生有幾件重要的大事，像是舉辦一場大型派對，如結婚喜宴或畢業舞會。預先確認及執行所有必要的工作，像是發邀請函與選擇菜單，總要花上好幾個月時間，而且時間與金錢都要仔細分配。緊接著，記錄決定、處理問題及作出改變。規劃舞會的人──其唯一工作就是協調──的名氣愈大，象徵著這項任務愈加艱難。最後，舞會的成功與否跟規劃投注心力的多寡有著很大的關係。系統開發專案可能比起日常生活所碰到的專案來得困難多了──通常，愈多人參與 (如組織)，成本就愈高，而且要做的事愈多。因此，就資訊系統專案而言，也存在著「派對策劃師 (party planner)」，他們就叫做**專案經理**。

專案管理 (project management) 是在有限時間內，以最小的成本來規劃與控制系統的開發過程，使之具有所要求之功能。[1] 專案經理 (project manager) 的主要職責是管理並協調數以百計的任務與角色。現今，專案管理是一個眞正的行業，而且分析師得先花上好幾年時間投身專案工作，才能扛下專案的管理工作。1999 年的《電腦世界》調查顯示，103 家受調公司中有半數以上聲稱，他們現在把正式的專案管理訓練交付予 IT 專案小組。坊間也有各種**專案管理軟體**，如 Microsoft Project、Plan View 與 PMOffice，這些都可以支援專案管理的活動。

雖然訓練與軟體有助於專案經理的工作，但是專案發起人與企業經理所設定的不合理需求，往往使得專案管理變得困難重重。通常，當假期逼近時、或有機會以低價贏得專案標書、或是有金錢補助時，都會迫使專案經理在系統還遙不可及的交付之前作出承諾。這些過於樂觀的時程被認爲是專案要面對的最大問題之一，它們不會加速專案的推進，反而會造成專案的延遲。

因此，專案管理的一個成功關鍵因素 (critical success factor)，便是對需要完成之工作，做出切合實際的評估，然後據以管理專案。仔細遵循本章所提出的四個步驟，可以達成這件事：確認專案的規模、擬定及管理工作計畫、安排專案人事以及協調專案活動。專案經理最後擬定工作計畫、人事計畫與標準清單，這些東西於整個系統開發生命週期期間會被使用，並且加以細部修正。

---

[1]以下是物件導向專案之專案管理方面的好書：Grady Booch, *Object Solutions:Managing the Object-Oriented Project* (Menlo Park, CA:Addison-Wesley, 1996); Murray R. Cantor, *Object-Oriented Project Management with UML* (New York, NY:Wiley, 1998); Alistair Cockburn, *Surviving Object-Oriented Projects:A Manager's Guide* (Reading, MA:Addison-Wesley, 1998); and Walker Royce, *Software Project Management:A Unified Framework* (Reading, MA:Addison-Wesley, 1998). 此外，專案管理學會 (www.pmi.org) 和專案管理協會的資訊系統特殊興趣團體 (www.pmi - issig.org)，有專案管理資訊系統方面的寶貴資源。

確認專案的規模

專案管理科學 (或藝術) 乃是在三個重要概念之間作**取捨 (trade-off)**：系統的規模 (根據它做的事情)、專案完成時間 (專案何時完成) 以及專案成本。將這三個概念想像成彼此相互牽連且由專案經理在整個系統開發生命週期期間所控制的槓桿。當其中一個槓桿被拉著的時候，另外兩個槓桿也會受到某種程度的影響。例如，如果專案經理必須把期限調到更早，那麼唯一方案就是降低系統規模 (刪除部分功能) 或者增加成本 (增加人力或加班)。通常，專案經理將必須與專案發起人協力來更動專案的目標，例如開發一個功能較少的系統，或是延長系統的完工期限，使該專案擁有可以達成的合理目標。

因此，在專案初期，專案經理必須預估每個槓桿，然後根據組織需要逐步導入專案。**估計 (estimation)**[2] 是分配時間與工作量預測值的過程，可借助手算或估算軟體如 Costar 與 Construx──目前市面上有超過 50 套此類軟體。專案初期研擬的估計，通常先訂出一個可能範圍 (例如，設計階段將花 3 到 4 個月) 做為基礎，然後隨著專案的推動逐漸變得更為明朗 (例如，設計階段將在 3 月 22 日完成)。

用來計算這些估計所用的數字，可能有好幾個來源。它們可能取材自有著類似任務或技術之專案的方法論，或者由資深開發人員所提供。一般而言，那些數字應該很保守。一個很好的練習就是追蹤並記錄 SDLC 期間實際時間與工作量，使得數字可以一路地局部調整，而下個專案可以因此獲益。系統顧問公司的最大優點之一是，他們可以提供過去經驗給一個專案；他們的估計與方法論經過長時間的發展與磨練，通常適用於好幾百個專案。

有許多不同的方法用來估計建立一個系統所需的時間。例如，它可以使用功能點數分析法 (function point approach)、使用工作分解結構的任務分解法以及時間定量 (timeboxing) 法。這些方法會在本章後面一一說明。然而，最簡單的方法是使用在規劃階段所用掉的時間，來預測整個專案需要花費的時間。這個想法是因為，一個簡單的專案不太需要很多時間在規劃，而一個複雜的專案就需要更多的規劃時間，因此，使用在規劃階段所花費的時間來估計整個專案的時間要求是一個合理的方法。

---

[2] 進一步可以閱讀有關軟體估計的好書是 Capers Jones, *Estimating Software Costs* (New York:McGraw-Hill, 1989)

概念活用 3-A 取捨

我曾經參與一個專案，開發一個原本需要一年時程開發的系統。可是，企業上的需要卻要求系統要在 5 個月內準備好──簡直不可能！

專案的第一天，專案經理在白板上畫了一個三角形，說明他希望在專案的過程中所做的取捨。三角形的角被標示著「品質」、「時間」及「金錢」。經理解釋道，「我們的時間太少。我們的預算沒有限制。我們將不被系統開發的各種規範所拘束。所以接下來的幾個禮拜，我希望妳牢記這個三角形，盡其所能完成這個不可能的任務，在 5 個月內做完！」

五個月結束後，專案準時交付；可是，專案超出預算甚多，而且，由於最後的成品使用之後，被認爲不適合常態性的使用而被「扔棄」了。值得注意的是，企業使用者認爲專案很成功，因爲它非常吻合特定企業需要的建置目標。他們也認爲那些取捨很值得。

—Barbara Wixom

問題：

1. 如果只強調三角形的一角，風險是什麼？
2. 你會如何管理這個專案？你能想到更好的方法嗎？

	計畫	分析	設計	實作
企業應用軟體業界典型的標準	15%	20%	35%	30%
根據 SDLC 第一個階段之實際數字所做的估算：	實際	估算	估算	估算
	4 人-月	5.33 人-月	9.33 人-月	8 人-月
SDLC = 系統開發生命週期				

圖 3-1 使用規劃階段估算專案時間的方法

藉由此一方法，你拿 (或用估的) 規劃階段所花費的時間，以及使用產業標準百分比 (或來自組織本身經驗的百分比) 計算其他 SDLC 階段的估計值。產業標準指出，「典型的」企業應用系統花費 15%的工作量於規劃階段，20%於分析階段，35%於設計階段，以及 30%於實作階段。這也表示，如果一個專案花 4 個月於規劃階段，那麼專案的其餘部分可能總共要花 22.67 人-月 [(4 ÷ 0.15) － 4 ＝ 22.67]。然後，同一個產業百分比被用於估計各個階段的時間量 (圖 3-1)。.這個方法的明顯限制是，個別專案的特性難以估計，可能比「典型的」專案更簡單或困難。

◆ 功能點數分析法[3]

功能點數分析法 (functional point approach) 是使用較複雜──希望是更可靠的──三段式流程 (圖 3-2)。首先，專案經理根據所需要的程式碼行數來估計專案的規模。然後，這個規模的估計被轉換以人-月為單位的系統開發工作量。最後，這個估計的工作量，被轉換成從開始到結束的月數來估計時程。

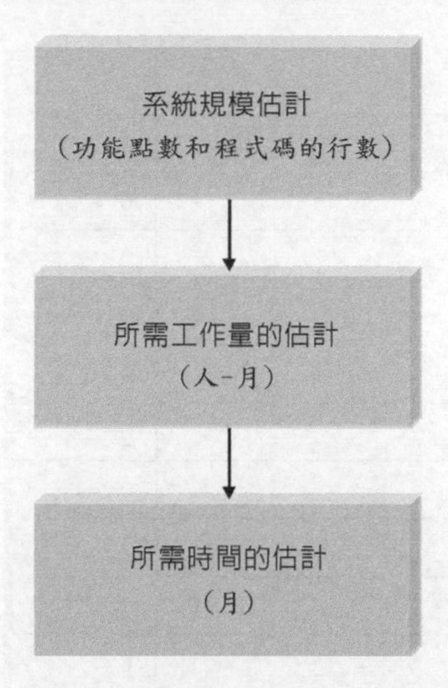

圖 3-2　使用功能點數估算專案時間的方法

步驟 1：估計專案的規模　是使用功能點數分析法估計專案的規模，此概念在 1979 年由 IBM 的 Allen Albrecht 所提出。一個**功能點數 (function point)** 是一個程式規模的衡量單位，它與系統的輸入、輸出、查詢、檔案與程式介面等的的數量與**複雜度**有關。

[3]關於功能點數的兩本好書包括 J. Brian Dreger, *Function Point Analysis* (Englewood Cliffs, NJ:Prentice Hall, 1989) and C. R. Symons, *Software Sizing and Estimating:MK II FPA* (New York:Wiley, 1991).其他關於功能點數分析的資訊，可在 www.ifpug.org 找得到。我們將在第五章將介紹功能點數的變形，即使用案例點。

系統元件

描述	總數	複雜度 低	中	高	合計
輸入	6	3×3	2×4	1×6	23
輸出	19	4×4	10×5	5×7	101
查詢	10	7×3	0×4	3×6	39
檔案	15	0×7	15×10	0×15	150
程式介面	3	1×5	0×7	2×10	25
未調整功能點數(**TUFP**)：					338

整體系統

資料通訊	3
極多組態	0
處理率	0
使用者效率	0
複雜處理	0
安裝容易	0
多點數	0
效能	0
分散式功能	2
線上資料登錄	2
線上更新	0
再利用性	0
操作容易	0
可延伸性	0
專案複雜度(**PC**)：	7

(0 = 不影響處理複雜度； 5 = 深深影響處理複雜度)

範本可得自
www.wiley.com
/college/dennis

調整專案複雜度(**APC**)：

0.65 + (0.01 x 7 =)**0.72**

調整後功能點數(**TAFP**)：

0.72 (APC) x 338 (TUFP) = 243 (**TAFP**)

圖 3-3 功能點數的估算表

為了計算專案的功能點數，元件都列在一張工作表上，以表達系統的主要組成。例如，資料登錄畫面是輸入的一種，報表是輸出的一種，以及資料庫查詢是查詢的一種 (請參閱圖 3-3)。專案經理記錄系統每個元件的數目，然後分門別類，把複雜度低、中、高的元件加以分開。如圖 3-3 所示，系統共需要開發 19 個輸出，其中 4 個屬於低度複雜、10 個屬於中度複雜，5 個則屬於非常複雜。每一行填入之後，該行的總點數由個別點數乘以複雜指標相加而得。累加每一行的總點數後，可得到專案的**未調整功能點數 (total unadjusted function points，TUFP)**。

概念活用　3-B　Nielsen 的功能點數

Nielsen Media 使用功能點數分析法 (function point analysis，FPA) 來分析升級 Nielsen Media/NetRatings 之整體抽樣管理系統 (Global Sample Management System，GSMS) 專案，這個系統記錄了全國四萬家自願參加持續評量的公司樣本。1998 年春末，Nielsen Media 根據目前的 GSMS 做了 FP 評分。(針對現有系統所用之 FPA 較為簡單且準確)。公司也請自己的人員——三位品管人員——進行 FPA，然後把結果放到 KnowledgePlan——一種生產力塑模工具。1999 年年初，七位程式設計師開始撰寫系統的程式碼，預計 10 個月後完成。當 11 月逼近時，專案增加人力，企圖趕在期限前完成。當知道顯然無法在期限前完成時，執行了一次新的 FP 計分。GSMS 增加到 900 個 FP。除了原來的 500 再加上 20%外，還有另外 300 個 FP 是肇因於默默加進來的功能與函數。

為什麼會發生呢？事情總是這樣進行：開發人員與使用者在這裡新增一個按鈕，那裡加上一個功能，漸漸地，專案比原先的大很多。但 Nielsen Media 在一開始時就訂下一個基準，由此他們可以沿路衡量增長的狀況。

最好的做法是，在專案的起始時執行 FPA 和生產力模型，並且當有了一份完整的功能需求清單時，再執行一次。接著，當需要大大修改專案的功能定義時，便進行另一次的分析。

資料來源：Bill Roberts, “Ratings Game,” CIO Magazine (October 2000)。

整體系統的複雜度大於個別元件的總合。像是專案小組熟悉商業領域及應用技術，也可能影響專案的複雜度。一個對於沒有經驗的小組或許顯得複雜的專案，對於經驗豐富的小組來說則不盡然。為了算出更切合實際的專案規模，其他系統因素——如使用者的效率、再利用性及資料通訊等，對複雜度的衝擊都要列入考量。這些考量可以合計起來，並放到一個公式，以算出**調整後的專案複雜度 (adjusted project complexity，APC)** 分數。將 TUPF 值乘以 APC 值算出以**調整後功能點數 (total adjusted function points，TAFP)** 表示的專案最終規模。這個數字讓專案經理對於專案規模的大小有合理的概念。

有時候，我們會使用簡潔的方法來計算專案的複雜度。與其計算圖 3-3 中所列的 14 個複雜度因素，專案經理可選擇性地指定一個 APC 值，其範圍從簡單系統的 0.65、正常系統的 1.00、到複雜系統的 1.35；然後用它們乘以 TUFP 計分的值。例如，如果一個簡單的系統之無調整功能點數等於 200，那麼調整後功能點數將等於 130 (200 × 0.65 ＝ 130)。然而，如果一個複雜系統之無調整功能點數等於 200，那麼其調整後功能點數將等於 270 (200 × 1.35 ＝ 270)。

在規劃階段，對系統本質還缺乏完整的認識，所以根本不可能**確切地**知道系統會有多少輸入、輸出等。專案經理必須做出有智慧的猜測。基於此理由，有人覺得專案早期使用功能點數並不實際。我們相信，功能點數是很有用的工具，可用來了解專案在 SDLC 任何時候的大小。在專案後期，一旦專案經理更加了解系統，就可以修正估計值，反應更正確的結果。

一旦你有功能點數的估計值，那麼就要把功能點數的數目轉換成建構系統所需的程式碼行數。程式碼行數的多寡視所使用的程式語言而定。圖 3-4 列出一些常見的程式語言轉換數據。

輪到你 3-1 計算系統的規模

想像一下找工作的情形，你必須發展一套系統以支援你的工作量。系統應該允許你輸入關於你面談公司的資訊、你已經排好的面談與辦公室拜訪，以及獲得公司提供的工作。該系統應該能夠產生報表，像是公司連絡人清單、面談時間表以及辦公室拜訪時間表；並且，能夠產生感謝函，可輸入到文書軟體進一步修改。你也需要系統能夠回應查詢，比如，依城市及平均獲得的工作機會，查詢面談次數。

問題：

1. 決定這個系統所需輸入、輸出、介面、檔案與查詢的數目。就每個元件來說，看看其複雜度屬於低、中或高。將這項資訊記錄在工作表上，類似圖 3-3。
2. 在工作表上將每個要素的數字乘以適當的複雜度分數，來計算每一行的總功能點數。
3. 加總未調整功能點數。

4. 假設該系統會由你以 Visual Basic (VB) 來建置。在你現有的 VB 技能的基礎下，將 TUFP 分數與 APC 分數相乘，使其估計系統開發的複雜度 (0.65 = 簡單，1 = 一般，1.35 = 複雜)，並且計算 TAFP 值。
5. 利用圖 3-4 的表格，計算 VB 程式碼的行數。將這個數字乘以 TAFP，藉以找出系統將需要的程式碼總行數。

程式語言	每個功能點數的約略程式碼行數
Access	35
ASP	69
C	148
C__	60
C#	59
COBOL	73
Excel	47
HTML	43
Java	60
Javascript	56
JSP	59
Lotus Notes	21
Smalltalk	35
SQL	39
Visual Basic	50
資料來源：QSM Function Point Programming Languages Table, http://www.qsm.com/FPGearing.html	

圖 3-4　從功能點數轉換到程式碼行數

例如，圖 3-3 的系統有 243 個調整後功能點數。如果你要使用 C 開發系統，那麼通常需要約 35,964 (148 × 243) 行程式碼。相反地，如果你使用 Visual Basic，通常需要 12,150 (50 × 243) 行程式碼列數。如果你使用套裝軟體 (如 Excel 或 Access)，將需要 11,421 (47 × 243) 行到 8,505 (35 × 243) 行之間的程式碼。套裝軟體的範圍極廣，因爲不同的套裝軟體能夠讓你做不同的事情，所以並非所有的系統都能使用某些套裝軟體來建構。有時候，你到最後寫了很多的程式碼卻只爲做一些簡單的功能，原因是套裝軟體未提供你所需要的功能。

這個數字的資料也透露了一個重要訊息。因爲程式碼行數與系統開發的工作量和時間存在著直接的關係，所以選擇開發語言，將大大地影響專案的時間與成本。

步驟 2：評估所需的工作量　一旦了解專案的大小後，下一個步驟就是估計處理其任務時所需要的工作量。**工作量 (effort)** 是系統規模與生產率 (在一定時間內，一個人可以完成的份量) 的函數。關於軟體生產率已有許多研究。最受歡迎的演算法之一是 **COCOMO**[4] **模型**，此乃由 Barry W. Boehm 所設計，將程式碼行數的估計轉換成人-月的估計。COCOMO 模型有很多不同版本，視軟體複雜度、系統大小、開發者經驗與正在開發的軟體型態 (例如，大學註冊系統等商業應用軟體；Word 等商業軟體；或者 Windows 等系統軟體) 而有所不同。就中小型的商業軟體專案 (亦即，100,000 行程式碼以及 10 位或更少的程式設計師) 而言，模型相當簡單：

工作量 (以人-月為單位) = 1.4 × 數以千行的程式碼

例如，讓我們假設一下，我們要開發一個 10,000 行程式碼的商業軟體系統通常會花上 14 個人-月來完成。如果圖 3-3 的系統以 C 開發 (相當於 35,964 行程式碼)，那將約略需要 50.35 個人-月。

步驟 3：估算所需的時間　一旦了解了工作量，專案的最佳時程就可以估計出來。歷史資料或估算軟體可用來當作輔助。或者使用下列的方程式來決定時程：

時程 (月) = 3.0 × 人-月 $^{1/3}$ 這個方程式廣泛使用於業界，雖然某些特定的數字會改變 (例如，有些估計者可能會使用 3.5 或 2.5 而非 3.0)。這個方程式指出，專案若擁有 14 人-月的工作量，則預定完成的時間應該在 7 個月左右。沿用圖 3-3 的例子，50.35 的人-月需要略多於 11 個月左右。有一點要注意，這項估計乃涵蓋分析、設計與實作階段，但不包含規劃階段。

---

[4]原始的 COCOMO 模型由 Barry W. Boehm in *Software Engineering Economics* (Englewood Cliffs, NJ:Prentice-Hall, 1981) 一書中提出。從那時開始，許多其他研究陸續完成。目前最新的 COCOMO 版本，即 COCOMA II，描述於 B.W. Boehm, C. Abts, A.W. Brown, S. Chulani, B.K. Clark, E. Horowitz, R. Madachy, D. Reifer, and B. Steece, *Software Cost Estimation with COCOMO II* (Upper Saddle River, NJ:Prentice Hall PTR, 2000). 關於更新的資訊，請參閱 http://sunset.usc.edu/csse/research/ COCOMOII/ cocomo_main.html。

輪到你 3-2 計算工作量與時程

請參考你在「輪到你 3-1」所算出的專案大小及程式碼行數。

問題：

1. 利用總行數 (每千行為單位) 乘以 1.4，以人-月為單位，算出你的專案需要投注多少工作量。
2. 利用 3.0 × 人–月 $^{1/3}$ 的公式，算出你的專案需要多少時程 (以月為單位)。
3. 根據上面所得的數據，如果你是開發人員，請問要多少時間才可完成專案？

擬定及管理工作計畫

一旦專案經理大致了解專案的大小與時程，便要擬定一個工作計畫，此為一個動態的時程表，記載並追蹤整個專案過程中所有需要完成的任務。這個工作計畫列出每項任務，連同相關的重要資訊，比如任務何時完成、誰在做事以及任何產出的交付成果 (圖 3-5)。工作計畫所需要的細節與資訊量，視專案的需要而定 (細節通常隨著專案的進行而增多)。工作計畫通常是專案管理軟體的主要元件。

工作計畫的資訊	例子
任務名稱	執行經濟可行性
開始日期	2010 年 1 月 5 日
完成日期	2010 年 1 月 19 日
任務指派人	專案發起人；Mary Smith
交付成果	成本效益分析
完成狀態	開啓中
優先次序	高
需要的資源	試算表軟體
估計時間	16 小時
實際時間	14.5 小時

圖 3-5 工作計畫的資訊

為了擬定一個工作計畫，專案經理首先要確認待完成的任務，以及估計其完成的時間。然後將這些任務寫在工作計畫，並用甘特圖 (Gantt chart) 與 PERT 圖表達。所有這些技術可幫助專案經理了解並管理專案的進度。

◆ 確認任務

系統的整體目標應該列於系統需求上，而且當系統需求完成時，專案經理有責任確認所有達到那些目標所需要完成的任務。這聽起來有點嚇人──畢竟有誰會知道一個尚未建置的系統需要什麼？

確認任務的一個方法是取得已被開發的任務清單，然後準備修改它。標準的任務清單──或方法論──可供作爲起始點。如第一章所言，一種**方法論**就是一種實作 SDLC 的具象化方法 (也就是，它是一連串的步驟與交付成果)。專案經理可以採用既有的方法論，選擇運用於目前專案之步驟與交付成果，把它們加到工作計畫中。如果既有的方法論無法於組織內取得，那麼可以購自顧問、廠商或像本教科書的書籍，作爲使用指南。利用既有的方法論是最普遍的擬定工作計畫方式，因爲大部分組織都有一套方法論用於他們的專案上。

如果專案經理較喜歡從頭開始，那麼可使用一個結構化、由上而下的方法，藉此定義高階的任務，然後再分解成數個子任務。舉例來說，圖 3-6 列出實作一個新的 IT 訓練課程所需要的高層次任務。這個過程的某些主要步驟包括確認廠商、建立及管理調查，以及蓋新教室。每個步驟接著會以階層組織式的方式，依次予以分解並編號。建立及管理調查共有 8 個子任務 (如 7.1-7.8)，而審查初步調查則有 3 個子任務 (7.2.1-7.2.3)。以這種階層性編號方式列出的任務清單，稱爲**工作劃分結構 (work breakdown structure，WBS)**，它是專案工作計畫的骨幹。任務的編號與詳細程度，視專案的複雜度與大小而定。專案愈大，更低層次任務愈需要訂得詳細，如此必要的步驟才不會被忽略。

有兩個基本方法來組織一個 WBS：依 SDLC 的開發階段或依產品。例如，如果公司決定要開發一個網站，該公司可能會根據 SDLC 來研擬一個 WBS：規劃、分析、設計與實作。此情況下，在規劃階段典型的任務便是可行性分析。將這項任務進一步分成數種不同類型的可行性分析：技術上、經濟上與組織上。這每一種分析還可再分成若干子任務。另一種做法是，公司也可能依待開發之不同產出線來組織工作計畫。例如，以網站爲例，產出可能包括 Java 網頁程式、應用伺服器、資料庫伺服器、不同組的待設計網頁、網站地圖等。這些將進一步分解成與 SDLC 階段相關連的不同任務。如前所述，圖 3-6 描述了開設 IT 訓練課程的必要任務。不管那一種方法，一旦整個架構已確立，任務便已確認並包含在工作計畫的 WBS 裡。在本章稍後，於反覆規劃中我們還會討論 WBS 以及如何使用的主題。

任務編號	任務名稱	時間(週)	依存度	狀態
1	確認業者	2		完成
2	審查訓練教材	6	1	完成
3	比較廠商	2	2	進行中
4	與廠商溝通	3	3	開放
5	發展溝通資訊	4	1	進行中
6	散播資訊	2	5	開放
7	建立及管理調查	4	6	開放
7.1	建立初步調查	1		開放
7.2	審查初步調查	1	7.1	開放
7.2.1	由 IT 訓練主任審查	1		開放
7.2.2	由專案發起人審查	1		開放
7.2.3	由學員代表審查	1		開放
7.3	初步調查之前導測試	1	7.1	開放
7.4	導入調查變更	1	7.2, 7.3	開放
7.5	建立發送名單	0.5		開放
7.6	傳送調查給發送名單	0.5	7.4, 7.5	開放
7.7	傳送追蹤訊息	0.5	7.6	開放
7.8	蒐集完成的調查	1	7.6	開放
8	分析結果並選擇業者	2	4, 7	開放
9	建置新教室	11	1	進行中
10	發展課程選項	3	8, 9	開放

圖 3-6　工作劃分結構 (WBS)

◆ 專案工作計畫

專案的工作計畫是個用來管理列在 WBS 之內的任務的機制。也是專案經理用來管理專案的主要工具。使用它，專案經理可以得知專案是否超前或延宕、對於專案所做的估算是否令人滿意，以及需要哪些變更才能在專案的最後期限之前完成。

基本上，工作計畫是一張表格，列出 WBS 的所有任務以及重要的資訊，如誰要做、工作完成時間，以及估計的與實際的完成時間之差異 (請參閱圖 3-6)。最低限度，應該包括的資訊有任務時間的長短、任務目前的狀態 (開放、完成) 以及**任務彼此間**

的相依性 (task dependencies)，亦即，一個任務得等另一個任務完成後才能執行的意思。例如，圖 3-6 顯示導入調查變更 (任務 7.4) 需要一個星期才能完成，但它必須等到調查審查 (任務 7.2) 及前導測試 (任務 7.3) 完成後才能進行。主**里程碑 (milestone)**──或者說是重要日期──也須在工作計畫提及。向審查委員會作簡報、訓練剛開始時、公司撤銷專案，以及系統雛型的截止期限，都可能是有待追蹤的里程碑。

◆ 甘特圖

甘特圖 (Gantt chart) 是一種水平長條圖，圖中呈現與專案工作計畫一樣的任務資訊，只不過以圖形的方式來表現。有時候一圖勝千文，所以，甘特圖可以比工作計畫更快及更容易表達專案的高層次的狀態。製作甘特圖很容易，可使用試算表軟體、繪圖軟體 (如 Microsoft VISIO) 或專案管理軟體完成。

首先，逐條列出各任務，然後根據專案需要的時間累加並顯示在圖頂端 (請參閱圖 3-7)。小型專案可細分爲小時或日數；中型專案則可用星期或月來表示。水平的長條棒表示每個任務的時間長度；長條棒的開始與結尾正好代表任務的開始與結束日期。當任務開始進行時，長條棒則依比例填滿，以表示目前的進度。甘特圖的長條棒如果太多，將會造成困擾，所以最好限制在 20 到 30 個任務之間。如果還有更多的任務，那麼則加以分解成子任務，並且建立該細節層次的甘特圖。

專案經理可以迅速瀏覽甘特圖，並從中得到許多資訊。除了看出任務有多長，以及進行到多遠之外，專案經理也可得知，哪些任務是循序的、哪些任務同時發生以及哪些任務重疊。從今天的日期往下畫一條垂線，他或她可以很快看出哪些任務超前或延宕。如果長條棒沒有填並且位於垂線的左邊，該任務顯然已延遲。

甘特圖可以加上一些特殊的記號。專案里程碑用菱形表示。任務之間的箭號表示任務彼此間有相依性。有時，我們會將人名放在長條棒的旁邊，表示該任務已配置了那些人力資源。

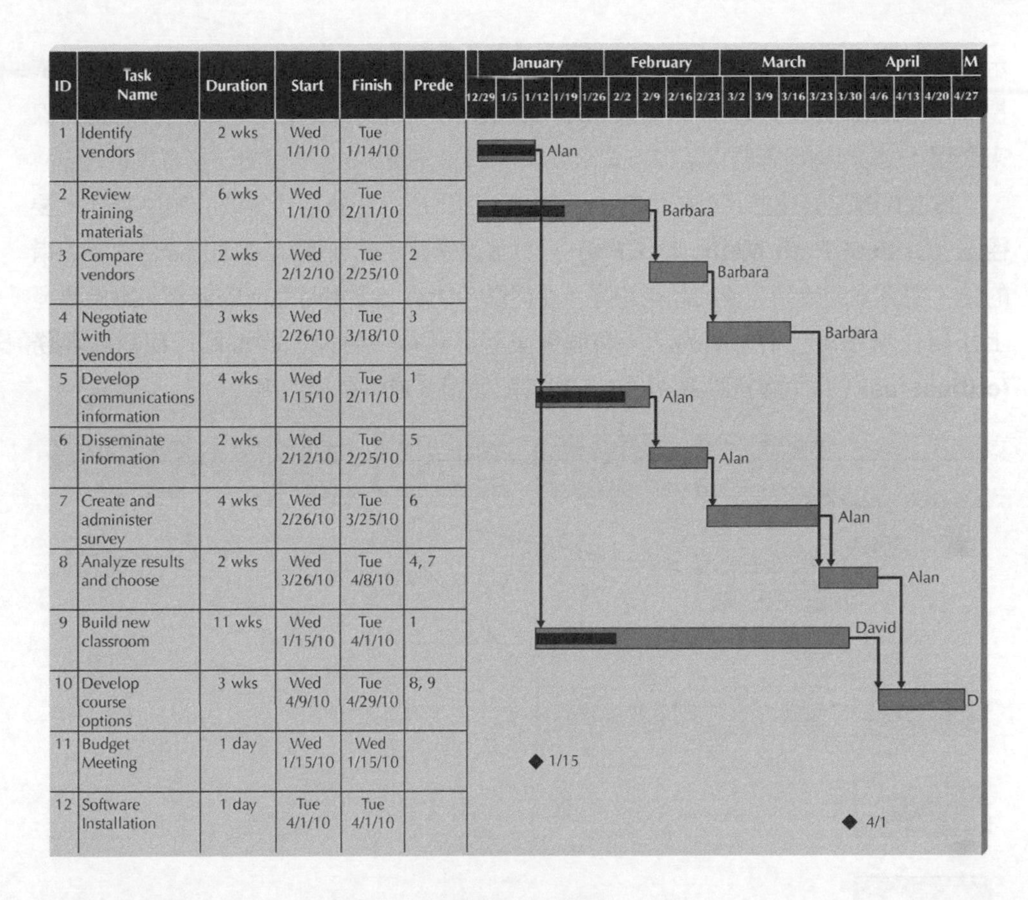

ID	Task Name	Duration	Start	Finish	Prede
1	Identify vendors	2 wks	Wed 1/1/10	Tue 1/14/10	
2	Review training materials	6 wks	Wed 1/1/10	Tue 2/11/10	
3	Compare vendors	2 wks	Wed 2/12/10	Tue 2/25/10	2
4	Negotiate with vendors	3 wks	Wed 2/26/10	Tue 3/18/10	3
5	Develop communications information	4 wks	Wed 1/15/10	Tue 2/11/10	1
6	Disseminate information	2 wks	Wed 2/12/10	Tue 2/25/10	5
7	Create and administer survey	4 wks	Wed 2/26/10	Tue 3/25/10	6
8	Analyze results and choose	2 wks	Wed 3/26/10	Tue 4/8/10	4, 7
9	Build new classroom	11 wks	Wed 1/15/10	Tue 4/1/10	1
10	Develop course options	3 wks	Wed 4/9/10	Tue 4/29/10	8, 9
11	Budget Meeting	1 day	Wed 1/15/10	Wed 1/15/10	
12	Software Installation	1 day	Tue 4/1/10	Tue 4/1/10	

圖 3-7　甘特圖

◆ Pert圖

第二種觀察專案工作計畫資訊的圖示法是 **PERT 圖 (PERT chart)**，此法乃在流程表上配置專案任務 (請參閱圖 3-8)。PERT，意指計畫評核術 (program evaluation and review technique)，它是一種網路分析技術，對於個別任務時間的估計相當不確定時，可以使用這個技術。PERT 不是單單使用一個時點的估計值來代表對某段時間的估計，而是使用了三種時間估計：樂觀的時間 (optimistic time)、最可能的時間 (most-likely time)、悲觀的時間 (pessimistic time)。然後，再將三者使用下述公式予以結合成一個加權的平均估計值：

$$\text{PERT加權平均}=\frac{\text{最樂觀的估計值}+(4*\text{最可能的估計值})+\text{悲觀的估計值}}{6}$$

PERT 圖以節點 (node) 及弧形 (arc) 繪製而成，節點表示估計的時間，而弧形表示任務的相依性。每個**節點**表示一個任務，連結兩節點的直線則表示兩個任務的相依性。部分完成的任務會在節點上畫上對角線來顯示，而完成的任務則以交叉的對角線來表現。 里程碑任務是以某種方式來強調，例如在圖 3-8，里程碑任務有黑色邊框。

PERT 圖是表達任務相依性的最佳方法，因爲所有任務均依完成的順序排列。**要徑法 (Critical Path Method，CPM)** 只是確認網路中的要徑 (critical path)。要徑指的是，從專案起始到完成的最長路徑。要徑顯示所有必須準時完成的任務。如果要徑上任何任務超出預期時間的話，整個專案勢必落後。要徑上的每個任務稱爲**要務 (critical task)**。CPM 可以跟 PERT 一起搭配使用，或者單獨使用。

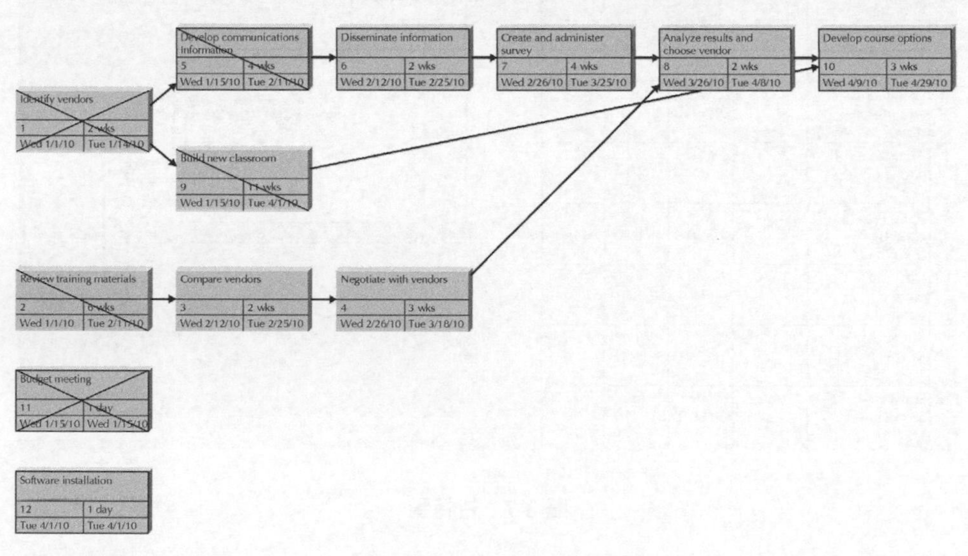

圖 3-8 Pert 圖

使用如 Microsoft Project 這類專案管理軟體的好處是，工作計畫可以一次輸入，然後軟體便可以不同的面貌顯示資訊。視你的專案管理需要而定，你可以選擇在工作計畫、甘特圖與 PERT 圖之間做切換。

◆ 細部修正估計

專案管理的估算期間所產生的估計，隨著專案的推動，將必須加以細部修正。這並非意謂著在專案開始之前所做的估計工作是很粗糙的，而是因爲在進行分析與設計階段之前，幾乎不可能精確地評估專案的時程。專案經理應該預期對於「過大的估計範圍，會隨著專案產出的定義變得愈來愈清楚時，而變得清晰可見」時感到滿意。

在許多方面，估計一個資訊系統開發專案的成本爲何、需時多久以及最終系統實際要做什麼，乃實際上遵循一個**颶風模型 (hurricane model)**。當暴風雨與颶風初次出現在大西洋或太平洋時，氣象人員會注意它們的行徑，並且根據極少的資訊 (但是擁有許多以前暴風雨的資料)，嘗試預測暴風雨何時及何處會襲擊並造成損害。當暴風雨靠近北美時，氣象人員會細部修正它們的路線且預測得更為準確。當暴風雨接近海岸時，預測變得愈來愈準確，直到它們最後抵達陸地為止。

在規劃階段，當系統首次被要求時，專案發起人與專案經理嘗試預測 SDLC 將費時多久、多少成本，以及最後將做什麼事 (也就是它的功能性)。然而，估計卻建立在對系統有限的知識基礎上。當系統移向分析之後，更多的資訊被蒐集，並且時間、成本及功能性等方面的估計也變得更精準及正確。當系統愈接近完成的階段，正確性與精準度大大提升，直到最終系統交付為止 (圖 3-9)。

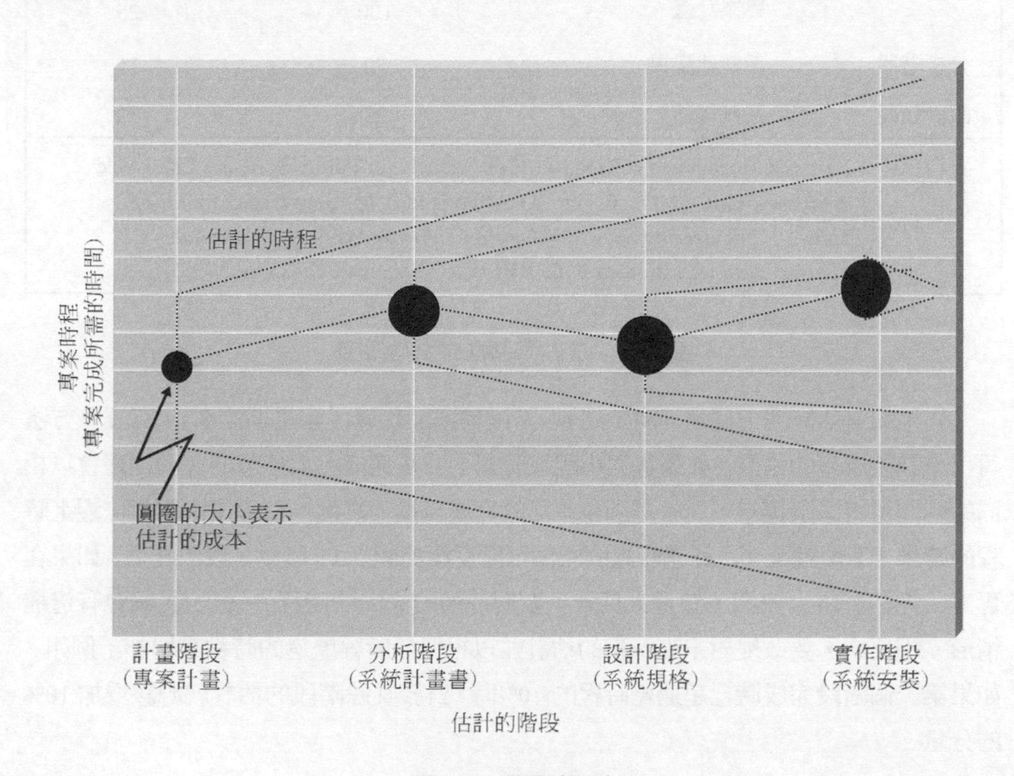

圖 3-9 颶風模型

根據軟體開發界的首席專家表示，[5] 一個良好的專案計畫 (在規劃階段結束時所準備的)，其對專案成本估算的出錯率達 100%，對時程估算的出錯率達 25%。換句話說，一個精心完成的專案計畫，估計某專案成本是$100,000，而且要花 20 個星期完成，那麼專案實際的成本將在$0 和$200,000 之間，而且將費時 15 到 25 星期。圖 3-10 呈現了專案中其他階段的典型出錯率。值得注意的是，這些出錯率只適用於良好的計畫；不用心發展的計畫，其出錯率更高。

		良好估計的典型出錯率	
階段	交付成果	成本 (%)	時程 (%)
規劃階段	系統需求	400	60
	專案計畫	100	25
分析階段	系統建議書	50	15
設計階段	系統規格	25	10

資料來源：Barry W. Boehm and colleagues, “Cost Models for Future Software Life Cycle Processes: COCOMO 2.0,” in J. D. Arthur and S. M. Henry, eds. *Annals of Software Engineering Special Volume on Software Process and Product Measurement* (Amsterdam: J. C. Baltzer AG Science Publishers, 1995)。

圖 3-10 成本與時間估計的出錯率

如果超過估計要怎麼辦 (例如，分析階段較預期超過了兩星期之久)？有許多方法可用來調整未來的估計。如果專案小組比時程早一步完成，大多數的專案經理會以相同的時間量將底限提早，而不是調整承諾的完成日期。然而，當專案小組無法趕上時程的時候，麻煩就來了。錯過時程的三個可能反應如圖 3-11 所示。我們建議，如果在專案早期估計得太樂觀，計畫人員就不要期待補償失去的時程──很少專案會有這種情形。相反的，要改變對未來時程的估計並以相似於所經歷過的時程來增加。例如，如果第一個階段完成時已超過總時程的 10%時，對於其餘階段的估計就應該增加 10%的分量。

[5] Barry W. Boehm et al., “Cost Models for Future Software Life Cycle Processes:COCOMO 2.0,” in J. D. Arthur and S. M. Henry (eds.), *Annals of Software Engineering:Special Volume on Software Process and Product Measurement* (Amsterdam:J. C. Baltzer AG Science Publishers, 1995)。

假設	行動	風險程度
如果你假定其餘的專案比延遲的部分簡單，而且也相信原先的時程估計可以達成，那麼可以彌補失去的時間。	不要改變時程。	高風險
如果你假定其餘的專案比延遲的部分簡單，而且比原先的估計單純，那麼不能彌補失去的時間，但你不會在其餘的專案上失去時間。	利用落後的時間量增加整個時程 (例如，如果你落後時程兩個星期，就將其餘時程往後移兩個星期)。如果你將專案結束時所填補的時間含括在原先的時程，就不須改變承諾的系統交付日期；你將僅用完那些填補的時間。	中度風險
如果你假定其餘的專案與延遲的部分一樣複雜 (你原先的估計太樂觀了)，那麼未來的時程都會低估延遲部分所具有同樣百分比的實際時間。	利用落後的百分比星期數，增加整個時程 (例如，如果你在應該 8 個星期完成的專案部分延後了 2 個星期才完成，你必須以 25%的幅度增加其餘的時間估計)。如果這會超過專案發起人可接受的交付日期，專案的範圍必須減少。	低風險

圖 3-11　當時程錯過時所採取的可能行動

◆ 範圍管理

你可能認為你的專案不會有時程問題，因為你在一開始便仔細估算並規劃專案。然而，時程與成本超限的最常見理由──**範疇潛變 (scope creep)**──總是在專案進行後才慢慢浮現。

在定義好並且「凍結」最初的專案範圍後，若有新的需求要加到專案，便會發生所謂的範疇潛變。有許多理由會讓這現象發生：使用者可能突然了解新系統的潛能，發現可用的新功能；開發者可能發現有趣的功能；高階主管可能決定讓這個系統支援最近在董事會上所提的新策略。

不幸的是，專案開始後，要處理這些變動的需求，變得愈來愈困難。變動的幅度變得更廣，開發的重心偏移最初的目標，多少衝擊到成本與時程。因此，專案經理在管理這種變更而使範疇潛變的現象減到最低，扮演了重要的角色。

問題關鍵在於專案一開始之際，就要儘可能確認需求並且有效地應用分析技術。例如，在專案開始時如果對到底需要什麼並不明朗，就要與使用者密集開會，並利用雛型系統，如此一來，使用者才能「體驗」那些需求，而且看得見系統如何支援他們的需要。事實上，利用開會與雛型法證明可以將典型專案的範疇潛變減少到 5%以下。

當然，無論你多麼小心，還是可能錯過一些需求，但是，幾項守則將有助於管制任務清單的增加。首先，在專案開始後，專案經理應該只允許絕對必要的需求才能加進來。甚至那時，專案小組應該仔細評量新增項目的種類，並且把評估的結果呈現給使用者看。例如，爲了製作一個新定義的報表可能需要增加 2 個人-月，這意謂著又要把專案的期限再往後延幾個星期。任何變更實作後都應該小心追蹤，以便使用稽核工具衡量那些變更所帶來的衝擊。

有時候，變更無法融入現有的系統中，即使它真的帶來助益。此時，這些新增的部分應該先記錄下來，用於系統未來擴充。專案經理可以提議在未來釋出的版本會提供新的功能，這樣就能周旋於說不的人。

◆ 時間定量

範圍管理的另一個技術稱之爲「時間定量 (timeboxing)」。截至目前爲止，我們描述的專案都是任務導向型。換句話說，我們描述的專案都有一個時程，由所需完成的工作所影響著，因此，任務與需求的數目愈大，專案要花費的時間就愈長。有些公司對於長時間的專案開發沒有耐心，於是採取一種時間導向 (time-oriented) 方法，將準時完成的優先性置於功能性的交付之上。

想想你所使用的文書處理軟體吧。80%的時間，你可能只用到 20%的功能，像是拼字檢查程式、粗體字與剪貼功能等。至於其他功能，像是合併文件與郵寄標籤等功能，雖然很好用，但是它們不是你日常工作的一部分。其他軟體應用程式也是同樣的道理；大多數使用者只使用少部分的功能。諷刺的是，大多數開發者都同意，一個系統的 75%功能可以快速地完成，但剩餘的 25%功能則需要花上大部分的時間。

爲了解決這種不協調的情形，一種稱爲時間定量的技術變得相當受歡迎，尤其是搭配快速應用開發 (RAD) 方法論時。這種技術爲一個專案設定一個固定的期限，無論如何，系統一定要在截止日期之前交付，即使必須減少功能也在所不惜。時間定量確保專案小組不會在最後一天還在到處修改程式，甚至可能無止盡的拖延，而且這個方法在一個相對快速的時限內，提供一個滿足企業需要的產品。

實施時間定量涉及好幾個步驟 (圖 3-12)。首先，根據專案的目標設定交付日期。期限不應該訂得不可能達成，因此，最好由專案小組決定實際可行的日期。接著，建立所欲交付的系統核心；你將發現，時間定量有助於迫切感的建立，並且把焦點集中於最重要的功能上。由於時程絕對固定不變，所以無法完成的功能性必須予以延緩。如果團隊事先排定功能清單的優先順序，以記錄追蹤哪些功能是使用者絕對需要的話會很有幫助。品質絕對不能妥協，無論其他限制爲何，所以很重要的是，除非需求改變，否則已分配予個活動的時程不能縮短 (例如，沒有減少功能時，就不要減少測試的時間)。最後，在時程結束時，一個高品質的系統能被交付出來；但是可能還需要進一步的反覆工作以便進行變更與強化。在這種情況，可以再一次使用時間定量法。

1. 設定系統交付的日期。
2. 排定系統重要功能之優先順序。
3. 建立系統核心 (被列爲最重要的功能)。
4. 延期時框內無法提供的功能。
5. 交付的系統含有核心功能。
6. 重複第 3 到第 5 的步驟，以進一步細部修正與增強。

圖 3-12　時間定量的步驟

概念活用　3-C　加速產品上市──借助資訊科技

Hartford Connecticut 的旅行者保險公司 (Travelers Insurance Company) 採用敏捷開發方法。保險業是非常競爭的，旅行者希望在這個領域有最短的「實施時程」。旅行者建立了一個 6 個人的開發團隊：兩名系統分析員、兩名使用者群 (如索賠服務) 的代表、專案經理以及文書作業支援人員。在敏捷方法中，使用者實際分派給專案的開發團隊。雖然乍看之下，似乎使用者只是坐在一起喝咖啡，看著開發人員想出相應的軟體解決方案，但其實不是這樣的。這是在團隊培養良好的關係，可用以即時溝通。這種互動是非常深刻和深遠的。由此產生的軟體產品交付非常迅速──具有使用者所想要的大部分特性和細節。

問題：

1. 是否可以用不同的方式來執行這件事，例如利用 JAD 或者使用者每週審查專案一次，而不是在專案開發的期間，將使用者調離他們的實際工作崗位？
2. 分析師對於這種做法需要具備什麼樣的心態？

◆ 漸進型工作劃分結構與反覆性工作計畫

因爲物件導向系統的分析與設計支援漸進性與反覆性的開發，所以用於物件導向系統的任何專案的規劃方法，也需要是漸進性與反覆性的流程。在第一章強化統一流程的討論中，開發流程依反覆、階段與工作流來組織。在很多方面，對於漸進性與反覆性之開發流程的工作計畫，也是以同樣的方式加以組織的。每次的反覆，工作流執行的任務不盡相同。在本節，我們將使用漸進型 WBS 之漸進性與反覆性流程，來描述物件導向系統開發的專案規劃。

根據 Royce，[6] 大部分傳統 WBS 的開發方法，通常有下列三個基本問題：

1. **傾向集中心力於待開發之資訊系統的設計**。如此，爲了製作 WBS 將迫使系統設計與創造該設計的相關任務提早劃分。當問題領域很清楚時，將工作計畫的結構與所要創造出的產品結合在一起很合理。但是，如果問題領域不很清楚時，分析師在徹底了解系統需求前，必須信守待開發之系統的架構。
2. **在大型專案的 SDLC 早期，他們傾向於安排太多瑣碎的層次，或對於小型的專案又傾向於安排得很粗略**。因爲 WBS 的主要目的是希望能做成本估算與時程，所以，在傳統的規劃法中，WBS 必須在 SDLC 開始時就「正確且完整地」做出來。至少可以這樣說，這是個想要達到任何程度的正確性都很困難的事。在這種情況下，難怪很多資訊系統開發專案的成本與時程估計不盡理想。
3. **因為每個專案與生俱來都不盡相同，所以很難在專案之間互相比較**。這造成跨組織間的學習效果有限。如果沒有建立 WBS 的標準方法，專案經理很難從別人的專案學到什麼。因此，這便鼓勵了「重新製造輪子 (做別人早就做過的事)」的現象，而讓專案經理很容易地重蹈覆轍。

漸進型 WBS (Evolutionary WBSs) 讓分析師透過反覆性工作計畫的發展，有機會解決這三個問題。首先，漸進型 WBS 以所有專案都採用的標準方式加以組織：依工作流、依階段，然後依任務。這麼做將漸進型 WBS 架構自產品設計的結構抽離出來。如此做有助於防止過早對新系統的架構做出決定。第二，漸進型 WBS 是以漸進性及反覆性的方式製作出來。通常，第一個漸進型 WBS 是依分析師所認知的專案層面而完成的。稍後，當分析師漸漸明白開發流程後，便會把更多細節加到 WBS。如此可以激勵對成本與時程的估計提出更切合實際的看法。第三，由於漸進型 WBS 的結構並非牽繫於任何特定的專案，因此漸進型 WBS 能夠用來比較目前的專案與先前的專案。這對於學習過去成功與失敗的經驗，將很有幫助。

---

[6] Walker Royce, *Software Project Management:A Unified Framework* (Reading, MA:Addison-Wesley, 1998)。

I. Business Modeling
a. Inception
b. Elaboration
c. Construction
d. Transition
e. Production

II. Requirements
a. Inception
b. Elaboration
c. Construction
d. Transition
e. Production

III. Analysis
a. Inception
b. Elaboration
c. Construction
d. Transition
e. Production

IV. Design
a. Inception
b. Elaboration
c. Construction
d. Transition
e. Production

V. Implementation
a. Inception
b. Elaboration
c. Construction
d. Transition
e. Production

VI. Test
a. Inception
b. Elaboration
c. Construction
d. Transition
e. Production

VII. Deployment
a. Inception
b. Elaboration
c. Construction
d. Transition
e. Production

VIII. Configuration and Change Management
a. Inception
b. Elaboration
c. Construction
d. Transition
e. Production

IX. Project Management
a. Inception
b. Elaboration
c. Construction
d. Transition
e. Production

X. Environment
a. Inception
b. Elaboration
c. Construction
d. Transition
e. Production

XI. Operations and Support
a. Inception
b. Elaboration
c. Construction
d. Transition
e. Production

XII. Infrastructure Management
a. Inception
b. Elaboration
c. Construction
d. Transition
e. Production

圖 3-13 強化統一流程之漸進型 WBS 樣版

以強化統一流程爲例，工作流是列在 WBS 的重點。其次，每個工作流可以順著強化統一流程的各個階段加以分解。接著，每個階段再依準備要完成的任務予以分解，以製作出與此階段相關的交付成果。針對每個工作流所列的任務，與每個階段期間工作流的活動層別有關 (請參閱圖 1-11)。例如，典型的初始階段之需求工作流活動是訪談利益相關人、研擬願景文件以及擬定使用案例，但是任何與初始階段之操作與支援工作流有所關聯的任務都沒有出現。對於強化統一流程之漸進型 WBS 的前兩階層樣版如圖 3-13 所示。當開發流程反覆完一次，額外的任務便要添加到 WBS 上，以反映眼前對於其餘尚待完成之任務的理解 (即 WBS 會隨資訊系統的漸進而漸進)。如此，工作計畫便以一種漸進的與反覆的步調研擬出來。[7] 根據圖 1-11 和 3-13 所做的

---

[7]關示這個方法一組好的資料來源是 Phillippe Krutchen, "Planning an Iterative Project," *The Rational Edge* (October 2002); and Eric Lopes Cordoza and D.J. de Villiers, "Project Planning Best Practices," *The Rational Edge* (August 2003)。

強化統一流程之初始階段的漸進型 WBS 樣本，如圖 3-14 所示。請注意，專案管理工作流的最後兩個任務是「製作詳述階段第一次反覆的工作計畫」和「初始階段的評估」，也就是說，這最後兩件事是規劃成長中之系統的下一次反覆進度，並審視目前反覆進度的狀況。隨著專案邁向後期階段，每個工作流程都會被添加新的任務。例如，分析工作流程將會多了製作功能分析，以及在詳述階段製作了行爲模型。這種方法可以讓工作計畫隨著開發過程的反覆和階段而演化。

	Duration	Dependency
I. Business Modeling		
a. Inception		
1. Understand current business situation	0.50 days	
2. Uncover business process problems	0.25 days	
3. Identify potential projects	0.25 days	
b. Elaboration		
c. Construction		
d. Transition		
e. Production		
II. Requirements		
a. Inception		
1. Identify appropriate requirements analysis technique	0.25 days	
2. Identify appropriate requirements gathering techniques	0.25 days	
3. Identify functional and nonfunctional requirements		II.a.1, II.a.2
A. Perform JAD sessions	3 days	
B. Perform document analysis	5 days	II.a.3.A
C. Conduct interviews		II.a.3.A
1. Interview project sponsor	0.5 days	
2. Interview inventory system contact	0.5 days	
3. Interview special order system contact	0.5 days	
4. Interview ISP contact	0.5 days	
5. Interview CD Selection Web contact	0.5 days	
6. Interview other personnel	1 day	
D. Observe retail store processes	0.5 days	II.a.3.A
4. Analyze current systems	4 days	II.a.1, II.a.2
5. Create requirements definition		II.a.3, II.a.4
A. Determine requirements to track	1 day	
B. Compile requirements as they are elicited	5 days	II.a.5.A
C. Review requirements with sponsor	2 days	II.a.5.B

圖 3-14 初始階段單次反覆的漸進型 WBS

	Duration	Dependency
b. Elaboration		
c. Construction		
d. Transition		
e. Production		
III. Analysis		
a. Inception		
1. Identify business processes	3 days	
2. Identify use cases	3 days	III.a.1
b. Elaboration		
c. Construction		
d. Transition		
e. Production		
IV. Design		
a. Inception		
1. Identify potential classes	3 days	III.a
b. Elaboration		
c. Construction		
d. Transition		
e. Production		
V. Implementation		
a. Inception		
b. Elaboration		
c. Construction		
d. Transition		
e. Production		
VI. Test		
a. Inception		
b. Elaboration		
c. Construction		
d. Transition		
e. Production		
VII. Deployment		
a. Inception		
b. Elaboration		
c. Construction		
d. Transition		
e. Production		

圖 3-14　初始階段單次反覆的漸進型 WBS (續 1)

	Duration	Dependency
VIII. Configuration and Change Management		
a. Inception		
1. Identify necessary access controls for developed artifacts	0.25 days	
2. Identify version control mechanisms for developed artifacts	0.25 days	
b. Elaboration		
c. Construction		
d. Transition		
e. Production		
IX. Project Management		
a. Inception		
1. Create workplan for the inception phase	1 day	
2. Create system request	1 day	
3. Perform feasibility analysis		IX.a.2
A. Perform technical feasibility analysis	1 day	
B. Perform economic feasibility analysis	2 days	
C. Perform organizational feasibility analysis	2 days	
4. Identify project size	0.50 days	IX.a.3
5. Identify staffing requirements	0.50 days	IX.a.4
6. Compute cost estimate	0.50 days	IX.a.5
7. Create workplan for first iteration of the elaboration phase	1 day	IX.a.1
8. Assess inception phase	1 day	I.a, II.a, III.a IV.a, V.a, VI.a VII.a, VIII.a, IX.a, X.a, XI.a XII.a
b. Elaboration		
c. Construction		
d. Transition		
e. Production		
X. Environment		
a. Inception		
1. Acquire and install CASE tool	0.25 days	
2. Acquire and install programming environment	0.25 days	
3. Acquire and install configuration and change management tools	0.25 days	
4. Acquire and install project management tools	0.25 days	

圖 3-14　初始階段單次反覆的漸進型 WBS (續 2)

	Duration	Dependency
b. Elaboration		
c. Construction		
d. Transition		
e. Production		
XI. Operations and Support		
a. Inception		
b. Elaboration		
c. Construction		
d. Transition		
e. Production		
XII. Infrastructure Management		
a. Inception		
1. Identify appropriate standards and enterprise models	0.25 days	
2. Identify reuse opportunities, such as patterns, frameworks, and libraries	0.50 days	
3. Identify similar past projects	0.25 days	
b. Elaboration		
c. Construction		
d. Transition		
e. Production		

圖 3-14　初始階段單次反覆的漸進型 WBS (續 3)

專案人事

人事編制包括專案需要多少人、員工技能如何搭配專案的需要、激勵他們達成專案目標，以及隨時將衝突減至最低。對於此部分的專案管理，其交付成果是人事編制計畫 (staffing plan) 與專案章程 (project charter)，前者描述從事專案的人員種類以及整個報告結構，後者則描述專案的目標與規則。

◆ 人事計畫

第一個步驟乃決定所需要的平均人力。這個數字是將工作量的總人-月數除以最佳時程所計算出來的。因此，想要在 10 個月內完成一個 40 人-月的專案，一個開發團隊平均需要 4 位全職的成員，當然這個人數或許會隨著不同專家進出團隊 (如企業分析師、程式設計師、技術撰寫人) 而異。

許多時候，我們傾向於加入更多的人力來縮短專案的工作時程，但是這並非明智的舉動。增加人員不見得能夠轉變成增加的生產力；人員多寡與生產力彼此之間有不成比例的關係，主要是因為人愈多愈難協調。團隊規模成長得愈快，管理就變得愈加困難。想像一下，在一個兩人的專案小組工作是多麼容易。團隊成員之間分享一條溝通線。但是，增加兩個人會把溝通線增加到六條，而且，人數愈多，溝通的複雜度愈高。圖 3-15 說明了把成員加入專案小組所帶來的衝擊。有一個方法可以減少團隊的效率損失，就是認知人數所會引起的複雜性，以及建立**回報機制**以緩和它的影響層面。一個經驗法則是，團隊規模應該保持在 8 到 10 人之間；若需要更多人手加入的話，就建立子團隊。這樣，專案經理就能在小團隊內保持有效率的溝通，然後進一步與專案上一層溝通。

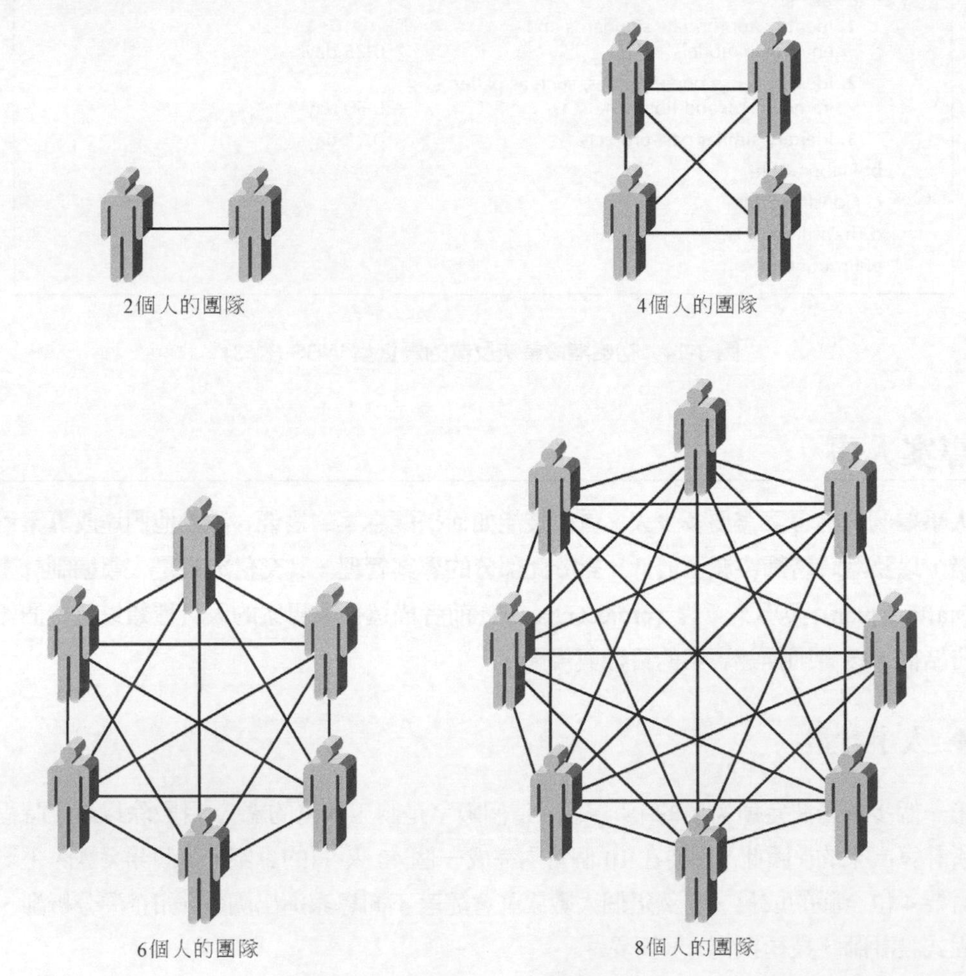

圖 3-15　團隊愈大，複雜性愈高

在專案經理了解需要多少人力之後，他/她擬定一個人事編制計畫，列出專案所需要的角色以及成員間的回報架構。通常，一個專案會有一個監督整個開發進度的專案經理，而由各種分析師組成團隊核心，一如第一章所討論過的。一名**功能領導人 (functional lead)** 通常被指派來管理一群分析師，一名**技術領導人 (technical lead)** 則監督一群程式設計師與其他技術人員的進度。

專案小組有許多種搭配的方式；圖 3-16 示範說明一種專案小組的可能配置。角色及人事結構定義之後，專案經理必須思考哪一個人要擔任哪一個角色。常常，一個人在專案小組擔任了多重的角色。當你指派工作時，請記得人須有擁有**技術上的技能 (technical skill)** 與**人際溝通的技能 (interpersonal skill)**，而且這兩個技能對專案而言同等重要。在從事技術性任務時 (例如，Java 程式設計)，以及了解在特殊專案中技術該扮演的角色 (例如，如何根據客戶的點閱率調整網頁伺服器) 等情況，技術上的技能非常有用。

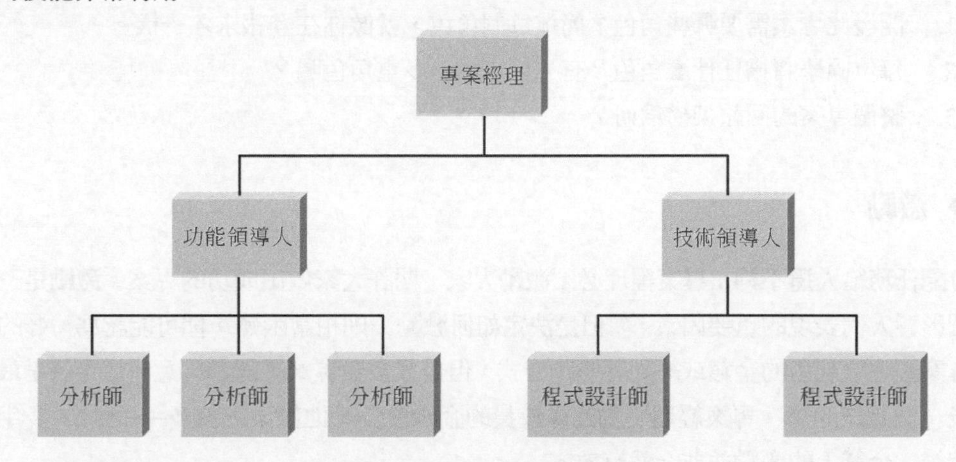

圖 3-16　可能的回報架構

另一方面，人際溝通技能則包括人與人之間的溝通能力，如何應對企業使用者、高階主管及其他專案成員。當在進行需求蒐集的活動，以及解決組織可行性的議題時，這些技能特別關鍵。每個專案都需要獨有的技能以及人際溝通的技能。例如，Web 專案可能需要網際網路的經驗或 Java 知識，然而一個高度爭議性的專案，則可能需要擅長處理政策性或易變性處境的分析師。

理想上，專案的每個成員，各司其職； 可是，有時真的找不到合適人才；可能他們在做其他的專案，或者他們不在公司內部。因此，指派專案成員這件事，其實包括了尋找合適以及可用的人才。當專案成員所擁有的技能不符合實際需要時，專案經理有幾個改善這個處境的選擇。首先、由別的專案借調，而資源可以交錯支援。就組織的觀點而言，這是最具爭議性的作法。另一個方式是尋求外援——如顧問或承包商——聘請他們從事教育訓練，讓成員可以踏出第一步。如果時間許可的話，訓練課程通常還可以包括技術上與人際關係上的指導。導師制度 (mentoring) 也可能是一個選擇；專案成員可以送到其他同類型的專案，學習別人的技能，然後套用在自己目前的工作。

輪到你 3-3 人事計畫

現在該是安排專案人事的時候了 (參考「輪到你 3-1」所述的專案)。根據專案所需要的工作量（「輪到你 3-2」)，請問這個專案需要多少人？人數算出後，請從班上選出願意與你一起參與專案的同學。

問題：

1. 開發此專案需要哪些角色？簡述每個角色，就像你在登報求才一樣。
2. 每位同學將擔任什麼角色？有人可以擔任多重角色嗎？
3. 整個專案的回報架構爲何？

◆ 激勵

分配任務給人還不夠；專案經理必須激勵大家，期許大家做出成功的專案。**激勵**是一個影響人們表現的重要因素，[8] 但是決定如何激勵，則相當困難。你可能認爲，好的專案經理會利用的金錢或紅利等獎勵方式，但是大多數專案經理都同意，這應該是最後一個該做的事。專案經理獎勵團隊成員的金額愈多，他們索求愈多——而且，多半時候，金錢上的激勵並非全然有效。

假設成員支領的薪資已經相當不錯，那麼技術人員會爲了認知、成就、工作本身、責任、進步與學習機會而產生更大的動機。[9] 如果一名專案經理覺得有送出一些獎勵以激勵大家的需要，他或她不妨試試一份比薩或免費的晚餐，甚至一封親切的信函或獎狀。這些東西常常會有意想不到的效果。圖 3-17 列出一些你應該避免的專案激勵方式。

---

[8] Barry W. Boehm, *Software Engineering Economics* (Englewood Cliffs, NJ:Prentice Hall, 1981).One of the best books on managing project teams is that by Tom DeMarco and Timothy Lister, *Peopleware:Productive Projects and Teams* (New York:Dorset House, 1987)。

[9] F.H. Hertzberg, “One More Time:How Do You Motivate Employees?”*Harvard Business Review* (January – February 1968)。

應該避免的激勵方式	理由
指定不切實際的期限	如果人們了解期限不可能完成，那麼很少人會認真工作。
忽略好的表現	如果人們覺得工作被肯定，那麼他們會加倍工作量。通常，這只需要公開讚揚就好。
建立低品質的產品	很少人會以處理一個低品質的專案為傲
每人都加薪	如果每個人都有同樣獎勵，那麼優秀的人將相信平庸也有回報，他們將非常痛恨。
無視成員意見，作出重要決策	意見加入很重要。如果專案經理必須作出影響大家權益的決策時，應該設法讓大家都參與。
不良的工作條件	專案小組需要好的工作環境，否則動機將下滑。這包括照明、書桌空間、技術、隱私及參考資源等。
資料來源：Adapted from Steve McConnell, *Rapid Development*, Redmond, WA: Microsoft Press, 1996, by Steve McConnell。	

圖 3-17　應避免的激勵方式

◆ 處理衝突

人事編制的第三件事是設法降低組織成員之間的衝突。**團體凝聚力** (成員對群組和其他成員的向心力) 對於生產力的貢獻遠甚於成員個別的能力或經驗。[10] 清楚定義專案中每人的角色，並且各司所職，是減緩潛在衝突的一個好方法。有些專案經理會發展**專案章程**，列出專案的規範與遊戲規則。例如，章程可能描述專案小組何時要工作、何時開會、何時交換意見，以及當任務完成時，如何更新工作計畫。圖 3-18 列出可用於專案開始之際，將衝突減到最低的額外技巧。

---

[10] B. Lakhanpal, "Understanding the Factors Influencing the Performance of Software Development Groups:An Exploratory Group-Level Analysis," *Information and Software Technology* 35, no. 8 (1993): 468–473.

- 清楚定義專案的計畫。
- 確定團隊了解專案對組織的重要性。
- 發展詳細的作業程序，向團隊成員傳達這些概念。
- 研擬一個專案章程。
- 預先發展可行的時程。
- 預測其他的優先事項及其對專案的衝擊。

資料來源：H. J. Thamhain and D. L. Wilemon, "Conflict Management in Project Life Cycles," *Sloan Management Review* (Spring 1975)。

圖 3-18　避免衝突的策略

概念活用　3-D　RFID——前景看好的技術？

有些動物是極其寶貴的。數百年來，馬竊賊偷馬，所以現在大多數馬匹在他們的嘴裡有紋身。同樣，純種寵物，如狗展獲獎者，也是寶貴的動物。是否有更容易識別有價值動物的方式？

無線電頻率識別 (或 RFID) 已被飛機和收費道路 (如在美國的 EZPass 和 FaneLane) 沿用多年，以及在圖書館的書籍和材料，以免未向圖書館辦理借閱便被取走。透過 RFID，一個低頻無線電發射機，當被無線電波籠罩時，會回應其中一個獨特的信號。有些動物的飼主將 RFID 晶片植入到他們的寵物身上，使他們可以被識別。該代碼是獨一無二，無法改變的。如果馬出現在 RFID 設備的涵蓋範圍之內，有可能追踪出一匹被盜的賽馬。同樣的，寵物商店或獸醫可識別一隻具有身價的寵物。

問題：

1. 如果你工作於國家消費者保護機構，你可能對寵物店提出什麼的要求，以確保待出售之動物沒有被盜走？
2. 建議的系統可能需要什麼樣的技術要求呢？
3. 可能涉及什麼樣的倫理問題？
4. 如果您的系統專案小組並沒有所要求的技術背景，你能做什麼呢？

輪到你　**3-4　專案章程**

跟幾位同學在一起，並且假裝你們都是「輪到你 3-1」中所論及的專案成員。討論什麼動機最能讓你們把事情做好。列出三個可能浮出檯面的衝突。

問題：

1. 擬出一個專案章程，列出團隊成員必須遵從的五項規則。這些規則如何有助於避免可能的團隊衝突？

協調專案的活動

正如所有專案的管理工作一樣，協調專案活動的動作在整個專案開發過程中，會不斷地進行，直到系統被交付給專案發起人及最終使用者爲止。這個步驟包括投入有效率的開發方法以及轉移風險。這些活動出現在整個 SDLC 的過程中，但也是在專案的此刻，專案經理必須把這些事情準備妥當。最終地目標是，這些活動確保專案停留在正軌，而且將失敗的機會降到最低。

◆ CASE工具

電腦輔助軟體工程 (Computer-aided software engineering，CASE) 屬於一種全自動化或部分自動化開發流程的軟體。有些 CASE 套裝軟體主要用於分析階段，以產生系統的整合圖，並儲存與系統元件相關的資訊 (通常稱爲**前端型 CASE，upper CASE**)；然而，有些軟體則屬於設計階段的工具，能夠建立圖形，並且產生資料庫表格與系統功能性的程式碼 (通常稱爲**後端型 CASE，lower CASE**)。**整合型 CASE**，或稱 I-CASE，具有前端型 CASE 和後端型 CASE 的功能性，因爲其支援出現於 SDLC 各階段的任務。根據 CASE 的複雜性與功能性，其分類很廣泛。市面上可以看到許多好的軟體 (如 Visible Analyst Workbench、Oracle Designer/2000、Rational Rose、Logic Works suite)。

使用 CASE 有很多好處。利用 CASE 工具，任務的完成及修改變得更迅速，開發的資訊可集中化，而且透過圖形可以更容易的掌握資訊。CASE 能夠潛在性地大幅降低維護成本、改良軟體品質、而且強化紀律，有些專案小組甚至使用 CASE 來評估專案變更的幅度。當然，像其他東西一樣，CASE 不應該被視爲專案開發的「銀彈」。高階的 CASE 工具是很複雜的應用軟體，需要相當的訓練與經驗，才能達到眞正的效益。通常，CASE 只充當一個美化的圖形工具，用以支援行爲塑模與結構塑模的實作。

我們的經驗已顯示，CASE 是一種支援專案圖形與技術規格之溝通與分享的有效方式──只要它是為在以往的專案曾使用過的有經驗開發人員所用的話。

一如其他的工具，CASE 的主要元件是 **CASE 資源庫 (CASE repository)**，或者稱為資訊貯存器或資料字典。CASE 資源庫儲存著圖表及其他專案資訊，像是螢幕與報表設計，而且也追蹤圖形彼此間是否契合得宜。例如，如果你把一個欄位放在一個不存在於資料模型的螢幕設計上時，大多數的 CASE 工具將會警告你。隨著專案的演進，專案成員使用 CASE 執行其任務。當你讀完本書時，我們會說明何時以及如何使用 CASE 工具，以便你可以了解 CASE 如何支援那些專案任務。

輪到你 3-5 CASE 工具分析

選擇一個 CASE 工具──可能是你上課使用的、你自己的或是你能在網路上嘗試使用的。寫出一份清單列出該 CASE 工具所能提供的功能。

問題：

1. 你將該 CASE 工具歸類為前端工具、後端工具或整合型 CASE？為什麼？

◆ 標準

專案成員必須通力合作。大多數的專案管理軟體與 CASE 工具都提供存取權限給每個人。然而，當人們一起工作時，事情總變得令人困惑。更糟的是，有的人在專案過程其間又被指派新的工作。重要的是，他們的專案知識不會隨著他們而離開，而且他們的替換人選要能夠很快上手。

確定每個人都在同一陣線的方法之一是，用相同的方法執行任務並依循同樣的步驟程序，也就是建立專案小組都要遵守的**標準 (standards)**。標準的制定範圍，從檔案的命名規則到當目標達到時必須完成的表單，以及程式設計的指導原則。專案可能建立的標準如圖 3-19 所示。當一個團隊建立了標準，然後加以遵循時，專案可能完成得更快，因為任務協調將變得比較簡潔。

在專案的各主要階段的開頭時建立起標準，然後在團隊內做好溝通，這個時候標準的效用最大。隨著團隊不斷向前推進，必要時要增加新的標準。有些標準 (例如，檔案命名規則、狀態報告等) 適用於整個 SDLC 階段，有些標準 (例如，程式設計指導原則) 則適用於某些任務。

標準類型	例子
文件說明標準	日期與專案名稱應該出現在所有文件說明的標題。
	所有邊界應該設定成 1 吋。
	所有交付成果應該增加到專案檔案夾，並且記錄於內容目錄中。
程式碼標準	模組的程式碼應該包括標題、列出程式設計師姓名、上次更新日期及程式碼的用途說明。
	迴圈、if-then-else 與 case 敘述等部分都要縮排。
	每個程式平均每隔五行加上一個註解。
程序的標準	每個星期一上午 10 點前，記錄實際任務於工作計畫中。
	每個星期五下午 3:30，在計畫更新會議中報告。
	需求文件變更須經專案經理批准。
規格需求標準	欲建立程式的名稱
	程式的用途描述
	需要完成的特別計算
	必須併入程式的商業規則
	虛擬碼
	截止日期
使用者介面的設計標準	標籤以粗體字、靠左對齊及後面接個冒號。
	螢幕的定位鍵的順序是從左上移到右下。
	所有可更新欄位須有快捷鍵。

圖 3-19　專案標準之範例

◆ 說明文件

在規劃階段，專案小組要準備妥當的最後一個技術是良好的**說明文件 (documentation)**，這包括 SDLC 各任務的詳細資訊。通常，文件說明都存放於**專案檔案夾 (project binder)**。專案檔案夾裝了所有交付成果與所有內部溝通的資料──也就是專案的歷史。

不良的專案管理是等到最後一刻才趕製說明文件，通常，這容易導致文件說明不清而沒有人能理解。事實上，許多公司在升級它們的系統以處理 Y2K 危機出現的問題，多肇因於缺少說明文件。好的專案團隊知道在細節記憶猶新時就記載系統演進的歷史。

建立說明文件的第一個步驟是，去準備一些檔案夾，將分隔頁依據專案的主要階段插入於內容中。應該有一張額外的分隔頁，其中記載內部溝通資料，如會議記錄、書面標準、商業使用者的來回信件，以及一本商業術語字典。然後，當專案往前推動時, 將每個任務的交付成果放到專案檔案夾，並加以說明，如此，專案以外的人就有能力了解它。而且，當內容新增後，目錄也要同步的更新。說明文件的編製雖然很耗時，但是這個投資最後將帶來好的回報。

概念活用 3-E 不良的命名標準

我曾經做過一個小型專案 (4 人)，那時大家都未建立電子檔命名的標準。兩個禮拜後，我被要求寫一段程式供其他已寫完的檔案引用。當我完成時，我必須回頭看其他的檔案，並作一些變更，以反映我的新工作。唯一的問題是，首席程式設計師決定用他的姓名起始字母命名那些檔案 (例如，GG1.prg、GG2.prg、GG3.prg)，而且檔案有 200 個以上。我花兩天時間打開檔案，因為我沒有辦法得知其內容為何。不用說，從那時起，團隊就建立了一套檔案名稱的代碼，提供檔案內容的相關資訊，並且保存一份日誌 (log)，記載著專案每個檔案的名稱、用途、上次修改日期以及程式設計師。

—Barbara Wixom

問題：

1. 想一想你以前寫過的程式。別人可以輕易修改嗎？為什麼？

◆ 管理風險

專案管理的最後一個局面是**風險管理 (risk management)**，也就是評估與處理有關開發專案的風險之過程。有許多事情可能會引起風險：能力不佳的人員、範疇潛變、不良的設計以及過度樂觀的估計。專案小組一定要知道潛在的風險，以便問題能事先被避免或受到控制。

概念活用　3-F　SDLC 各階段的真正名稱

Dawn Adams 是 Asymetrix 諮詢顧問公司的高階主管，為 SDLC 的各階段重新命名如下：

1. 布丁 (規劃)
2. 壓不扁的傻蛋 (分析)
3. 混凝土 (設計)
4. 碰這，你就是白痴 (實作)

Adams 也使用圖片 (如骷髏頭) 代表實作階段。好玩的標示給抽象的概念帶來一個新的深層意義。但是她的名字還有另一好處。「我有一位參與者全心地採用這些名字」，她說，「包括我的圖示在內。他會在每個階段的進行期間將圖片貼在辦公室門口，而且他發現處理來自客戶的變更請求變得更容易，客戶也能夠直接從門上看到變更增加的難度。」

資料來源：Learning Technology Shorttakes 1, no. 2 (Wednesday, August 26, 1998)。

問題：

1. 如果你的專案發起人在「碰這，你就是白痴」之階段要求你做出重要的變更，你要怎麼辦？

通常，專案小組會建立一個風險評估 (risk assessment)，也就是一份追蹤潛在風險的文件，連同專案風險可能性與衝擊的一項評估 (圖 3-20)。也包括一、兩段文字用來解釋風險處理的可能方法。有多種做法：風險可能被曝露、避免、或甚至藉由處理問題的根源而被弭除。例如，想像一下，專案小組想要使用新技術，但成員已知道存在一個風險，就是他們沒有具備所需要的技術。他們相信，學習曲線會使得任務的執行要花上更長的時間。一個克服計畫是，設法排除風險的問題根源──成員缺乏技術上的經驗──其方法乃尋找所需要的時間與資源，讓他們很快接受適當的訓練。大多數專案經理都與潛在的風險同生共死，甚至依據其程度與重要性，排定其優先處理順序。隨著時間的過去，風險清單上有些項目已排除，但有些則浮現出來。然而，頂尖的專案經理會努力搏鬥，使風險不致於影響既有的時程與成本。

風險評估

風險 1： 這個系統的開發工作可能嚴重落後，因爲專案成員還沒有 Java 程式設計的經驗。

風險的可能性： 風險的機率很高

對專案的潛在影響： 爲了完成程式設計的任務，這個風險將可能增加 50% 的時間。

處理這個風險的方法：

時間與資源分配給那些要使用 Java 的程式設計師，給他們施以教育訓練。適當的訓練將減少程式設計的學習曲線。另外，Java 以外的專長應該在早期的程式設計階段引進。這個人應該提供經驗與知識給專案小組，克服 Java 的相關議題 (Java 新手不知道的東西)。

風險 2：

圖 3-20 風險評估範例

實用技巧 避免規劃工作上常見的錯誤

誠如 Seattle 大學的 David Umphress 教授指出，看大部分組織在開發系統就好像看夢幻島 (Gilligan's Island) 影集重播一樣。在每一集的開始，總有人提出一個荒謬可笑的方法逃離該島，似乎有效一陣子，但是事情總是出錯，那些流浪的人發現他們又回到原點──被困在島上。同樣地，大部分公司在一開始都擁有看似可行的偉大構想，然後著手於新專案，不料竟犯上一個傳統錯誤，而且往往造成交付時程延誤、超出預算或兩者都有。在此，我們歸納專案規劃與管理方面的四個常見的錯誤，並且討論規避的方法：

1. 時程過度樂觀：一廂情願的想法會導致過分樂觀的時程，使得分析與設計被腰斬 (漏掉關鍵性的需求)，且施加壓力於程式設計師身上，產生不良的程式碼 (程式錯誤連連)。

解決方案：不要膨脹對時間的估計；相反的，在每個階段的結尾明確排定緩衝時間 (slack time)，以納入估計的變動性；請使用圖 3-10 所示的出錯率。

2. 時程未受到監督：如果團隊沒有定時回報進度，沒有人會知道專案是否按照時程進行。

解決方案：要求成員每週據實報告進度 (或者沒有進度)。對於回報沒有進度的人不會予以處罰，但是誤導的回報要有立即的處分。

3. 時程未及時更新：當部分時程落後時 (例如，資訊蒐集使用了前面第一項的所有緩衝時間，加上兩週)，專案小組通常會認為，只要努力一點就能彌補失去的時間。其實不然。這是一項早期的警兆，顯示整個時程的估計太樂觀了。

解決方案：立即修改時程，並且告知專案發起人有關新的結束日期，或者使用時間定量法，減少部分功能或將其移至未來的版本。

4. 為落後的專案增加人力：當一個專案錯過時程之際，多少會誘使專案經理增加人力來加速工作的推動。然而，這反而會使得專案花更久的時間，協調的問題增多了，要花一些時間解釋已做過的工作。

解決方案：修改時程、使用時間定量、放棄錯誤百出的程式碼，並且只增加能夠獨立作業的人

資料來源：改編自 Steve McConnell, Rapid Development (Redmond, WA: Microsoft Press, 1996), pp. 29–50。

應用觀念於 CD Selections 公司

Alec Adams 對於管理 CD Selections 公司的網路訂單系統 (Internet Order System) 專案，感到非常興奮，但是他也了解，專案小組將只有很短的時間去交付系統的一部分，因為公司急著想在假日購物季前上網銷售。於是，他決定，專案應該遵循 RAD 的階段式開發之方法論，並與時間定量法相結合。這樣他就可以確定，產品的某個版本會在幾個月內交到使用者手中，即使完整的系統會在稍晚的日期才交付。

作為一位專案經理，Alec 必須估計專案的規模、工作量與時程──這些工作中有些他不太喜歡，因為它們在專案的初期非常棘手。但是，他曉得，使用者至少會期待產品交付的大致日期。於是他開始嘗試使用功能點數與功能點數估計表格來估計新系統的規模，如圖 3-3 所示。為了讓客戶能使用系統的網頁部分，他想到四個主要查詢 (依演唱者、依 CD 標題、依歌名及依特定條件做搜尋)，3 個輸入畫面 (選取 CD、預訂 CD 的資訊、一個特殊的下單畫面)，4 個輸出畫面 (含一般資訊的首頁、關於 CD 的資訊、關於客戶特殊訂單的資訊、預訂狀態)，3 個檔案 (CD 資訊、庫存資訊、客戶訂單)，以及 2 個程式介面 (一個是公司特殊訂單系統，以及一個用於與其他銷售店面系統通訊資訊)。為了讓公司職員 (維護行銷資料) 使用系統的這部分，他確認了 3 個其他輸入、3 個輸出、4 個查詢、1 個檔案與 1 個程式介面。根據每一部分的複雜性，他輸入複雜性數字到工作表的上半部 (請參閱圖 3-21)。根據計算，總共有 158 個未調整功能點數 (TUFP)。

系統元件					
		複雜度			
描述	總數	低	中	高	合計
輸入	6	0*3	4*4	2*6	28
輸出	7	2*4	4*5	1*7	35
查詢	8	3*3	4*4	1*6	31
檔案	4	0*7	4*10	0*15	40
程式介面	3	0*5	2*7	1*10	24
總未調整功能點數數(TUFP)：					**158**

調整後專案調整處理複雜度(APC)：1.2

總調整後功能點數數 (TAFP)：1.2 * 158 189.6

估計之程式碼的行數：(0.75 * 190 * 60) + (0.25 * 190 * 43) = 10600 行程式碼

COCOMO 模型估計之工作量： (1.4 * 10.6) = 15 人月

估計的時程：3.0 *$15^{1/3}$ = 7.5 個月

填補後最後估計的工作量：1.34 * 7.5 = 10 個月

最後估計的人數：15/10 = 1.5

圖 3-21 網路訂單系統的功能點數

與其詳細去評估系統的複雜度，Alec 選擇使用 1.20 的調整後處理複雜度 (APC)。他推想，系統的複雜度是中等的，但是他的人員過去沒有使用網路的經驗，因此，對他們來講，系統是有點複雜。這種情況產生的總調整後功能點數數 (TAFP) 大約是 190。

把功能點數轉換成程式碼行數，是一件有挑戰性的工作。專案將同時使用 Java (大多數程式) 與 HTML (網頁畫面)。Alec 決定去假設 75%左右的功能點數是 Java，而 25%則是 HTML。使用圖 3-4，Alec 估計程式碼的行數大約是 10600 行。使用 COCOMO 公式，他發現這樣結果等同於約 15 人-月的工作量。這樣的結果也指出相當於約 7.5 個月的時程。由於開發團隊在開發這種類型的系統，只有很少的經驗，Alec 對於估計的結果並沒有十足的把喔。考慮良久之後，Alec 決定以 33%來填補估計。因此，Alec 估計，該專案將需時約 10 個月。

一旦估計已上路，Alec 便開始建立漸進型 WBS 及反覆性工作計畫，以便確認完成系統需要多少任務。他先由審視強化統一流程的階段以及工作流 (請參閱圖 1-11) 以及漸進型工作劃分結構樣版 (請參閱圖 3-14)。此時，Alec 還沒辦法建立一套完整的工作計畫。因此，他把所知道的細節都包含進去 (請參閱圖 3-22)。例如，他有信心估計出製作需求定義及找出需求所花費的時間。不過，直到他對實際需求有更進一步地認識之前，他無法知道開發功能、結構、或是行為等分析模型要花費多久的時間。在下定這個決定之前，對於到底需要多少時間都還不過是猜測而已。隨著時間經過，Alec 希望知道更多開發流程的細節，如此，工作計畫才能寫得更詳細。(請記住，開發過程和專案管理流程具有反覆性和漸進性。)

	Duration	Dependency
I. Business Modeling		
a. Inception		
1. Understand current business situation		
2. Uncover business process problems		
3. Identify potential projects		
b. Elaboration		
c. Construction		
d. Transition		
e. Production		
II. Requirements		
a. Inception		
1. Identify appropriate requirements analysis technique		
2. Identify appropriate requirements gathering techniques		
3. Identify functional and nonfunctional requirements		II.a.1, II.a.2
4. Analyze current systems		II.a.1, II.a.2
5. Create requirements definition		II.a.3, II.a.4
A. Determine requirements to track		
B. Compile requirements as they are elicited		II.a.5.A
C. Review requirements with sponsor		II.a.5.B
b. Elaboration		
c. Construction		
d. Transition		
e. Production		
III. Analysis		
a. Inception		
1. Identify business processes		
2. Identify use cases		III.a.1
b. Elaboration		

圖 3-22　CD Selections 公司初始階段的漸進型工作劃分結構

	Duration	Dependency
c. Construction		
d. Transition		
e. Production		
IV. Design		
a. Inception		
1. Identify potential classes		III.a
b. Elaboration		
c. Construction		
d. Transition		
e. Production		
V. Implementation		
a. Inception		
b. Elaboration		
c. Construction		
d. Transition		
e. Production		
VI. Test		
a. Inception		
b. Elaboration		
c. Construction		
d. Transition		
e. Production		
VII. Deployment		
a. Inception		
b. Elaboration		
c. Construction		
d. Transition		
e. Production		
VIII. Configuration and change management		
a. Inception		
1. Identify necessary access controls for developed artifacts		
2. Identify version control mechanisms for developed artifacts		
b. Elaboration		
c. Construction		
d. Transition		
e. Production		
IX. Project management		
a. Inception		
1. Create workplan for the inception phase		
2. Create system request		

圖 3-22　CD Selections 公司初始階段的漸進型工作劃分結構 (續 1)

	Duration	Dependency
3. Perform feasibility analysis		IX.a.2
A. Perform technical feasibility analysis		
B. Perform economic feasibility analysis		
C. Perform organizational feasibility analysis		
4. Identify project size		IX.a.3
5. Identify staffing requirements		IX.a.4
6. Compute cost estimate		IX.a.5
7. Create workplan for first iteration of the elaboration phase		IX.a.1
8. Assess inception phase		I.a, II.a, III.a IV.a, V.a, VI.a VII.a, VIII.a, IX.a, X.a, XI.a XII.a
b. Elaboration		
c. Construction		
d. Transition		
e. Production		
X. Environment		
a. Inception		
1. Acquire and install CASE tool		
2. Acquire and install programming environment		
3. Acquire and install configuration and change management tools		
4. Acquire and install project management tools		
b. Elaboration		
c. Construction		
d. Transition		
e. Production		
XI. Operations and Support		
a. Inception		
b. Elaboration		
c. Construction		
d. Transition		
e. Production		
XII. Infrastructure Management		
a. Inception		
1. Identify appropriate standards and enterprise models		
2. Identify reuse opportunities, such as patterns, frameworks, and libraries		
3. Identify similar past projects		
b. Elaboration		
c. Construction		
d. Transition		
e. Production		

圖 3-22 CD Selections 公司初始階段的漸進型工作劃分結構 (續 2)

◆ 專案人事

Alec 接下來要進行人事編制的任務。根據稍早的評估，想要在假期來臨之前能夠交付出系統似乎需要 2 個人 (10 個月的時間需要 15 個人-月，四捨五入之後約 2 人)。

首先，他建立一個需要各種不同角色的清單。他認為，他需要幾位分析師從事系統分析與設計的工作，以及一位基礎架構工程師來管理網路訂單系統與 CD Selections 公司現有技術環境的整合。Alec 也需要幾位程式設計的好手，負責最後的系統實作。Anne 與 Brian 是兩位分析師，有很強的技術與人際溝通技能 (不過，Anne 比較不均衡，技術超過她的人際溝通技能)，而且，Alec 相信，他有能力把這兩位人才拉到這個專案上。他不肯定他們是否有專案所需要的實際網頁經驗，但他決定仰賴業者的教育訓練或外面的顧問，希望在必要時建立那些技術。由於專案很小，所以 Alec 希望所有成員都向他報告，因為他職司專案經理。

Alec 建立的人事編制反映了這項資訊，而且他也在編制計畫中加入了獎勵結構 (圖 3-23)。滿足假期截止期限，對專案的成功與否非常重要，因此，他決定提供一天的休假給那些有功的團隊成員。他希望，這項激勵可以促進大家努力工作。Alec 也計畫當大家加班工作時，替大家買比薩和汽水。

角色	描述	分配給
專案經理	監督專案以確保目標達成並且控制在預算之內	Alec
基礎架構工程師	確保系統遵照 CD Selections 公司的標準：確保基礎架構能夠支援新系統	Anne
系統分析師	設計資訊系統──著重於配銷系統的介面	Anne
系統分析師	設計資訊系統──著重於資料模型與系統效能	Brian
程式設計師	撰寫系統的程式碼	Anne

回報架構：所有專案成員都向 Alec 報告。

特別獎勵：如果專案如期完成，所有有功人員都休假一天，不包括例假日。

圖 3-23　網路訂單系統的人事編制

當天離開之前，Alec 起草了一個專案章程，他在專案發動會議 (kick-off meeting) 中提出來供大家一起討論、修改 (也就是說，專案小組頭一次碰頭)。該章程列出了幾項規範，希望排除任何可能發生的誤會或問題 (圖 3-24)。

專案目標：網路訂單系統的專案小組將在下個購物季節來臨前，及時開發一個可用的網路系統，以便銷售 CD 給 CD Selections 公司的客戶。

網路訂單系統的開發成員將：

1. 參加每週五下午兩點的開會，報告有關自己任務的狀態。
2. 每週五下午五點前，利用實際資料更新工作計畫。
3. 發現問題，立即與 Alec 討論。
4. 互相協助、互相支援，尤其當任務有點延誤時。
5. 將重要的變更事項貼到團隊的電子布告欄上。

圖 3-24 專案章程

◆ 協調專案活動

Alec 希望網路訂單系統的專案能夠好好協調，所以他立刻採取了一些行動來支持他的責任。首先，他取得 CD Selections 公司使用的 CASE 工具，然後加以設定，以便用於分析任務 (例如，繪製功能的、結構的與行爲的模型)。團隊成員可能要提早建立圖形並定義系統元件。他準備了一些所有開發專案會用到的標準，並且在專案發動會議上做了筆記。同時，他請助理準備檔案夾存放專案一路上的交付成果。眼前，他能夠放入系統需求、可行性分析及專案計畫，而專案計畫還包括初步的工作計畫、人事編制、專案章程、標準清單與風險評估等。

摘要

◆ 專案管理

在系統開發生命週期 (SDLC) 的規劃階段，專案管理是第二項主要工作，而它包括四個步驟：確認專案的規模、擬定及管理工作計畫、人事編制與協調專案活動。確保系統可準時交付、控制在預算內以及涵蓋所要求的功能，是專案管理的重要工作。

◆ 確認專案規模

專案經理要估算專案完成時所需的時間與工作量。首先，要估計專案的規模可依賴過去經驗、產業標準或者計算功能點數，這點數是根據輸入、輸出、查詢、檔案與程式介面的數目與複雜度，而衡量程式大小的單位。其次，專案經理要計算專案所需的工作量，它是系統的規模與產出率的函數。演算法如 COCOMO 模型等可以用來計算工作量。第三，要估計專案的最佳時程。

◆ 擬定及管理工作計畫

一旦專案經理大致了解專案的大小與時程，便要擬定一個工作計畫，此為一個動態的時程表，記載並追蹤整個專案過程中所有需要完成的任務。為了擬定一個工作計畫，專案經理首先要確認工作劃分結構或待完成的任務，並且估計完成的時間。每項任務的重要資訊都要寫在工作計畫。工作計畫的資訊可用甘特圖及 PERT 圖表達。在甘特圖中，水平的長條棒表示每項任務的持續時間，當工作進行時，長條棒依工作完成比例填滿，以表示目前的進度。PERT 圖是表達任務依存性的最佳方法，因為所有任務均依完成的順序排列。從專案起始到完成的最長路徑，稱為要徑。估計資訊系統開發專案的成本為何、需時多久，以及最終系統實際要做什麼，確實要遵循一個颶風模型。這些估計將隨著專案進程而愈加準確。範疇潛變是估計結果可靠與否的一項威脅，此乃發生於專案最初的範圍定義好並且「凍結」後，新的需求陸續加進專案。如果不能在最後時程之前及時交付系統的話，可以使用時間定量。時間定量為專案設定一個固定期限，即使功能有所不足，期限到了後無論如何一定要交付出系統。漸進型 WBS 與反覆性的工作計畫，更適合於物件導向的系統開發方法論。專案經理可以於系統經過一次反覆或建置，之後提出更切合實際的估計。再者，工作計畫可以自系統的架構區隔出來，因此不同的專案可以相互比較。藉由專案間的相互比較，漸進型 WBS 使組織得以從中學習。

◆ 人事編制

人事編制包括多少人員該分派予專案、分配專案角色給團隊成員、研擬組織內的回報架構，以及依據專案的需要來搭配人員之間的技術。人事也包括如何激勵人員達成專案目標，以及減少人員之間的衝突。激勵和凝聚力兩者已被發現可以大大影響專案成員的表現。非金錢的東西，像是榮譽、成就及工作本身，最能激勵團隊成員。清楚定義成員的角色與任務，可以降低衝突。有些經理會建立專案章程，列出專案的規範與規則。

◆ 協調專案活動

協調專案活動包括準備有效的開發方法以及減緩風險，並且這些活動出現在整個 SDLC 的過程。三項有助於協調專案的活動是：電腦輔助軟體工程 (CASE)、標準與說明文件。CASE 是將開發流程全部或部分自動化的一種軟體；標準是專案小組在專案期間必須遵循的規則或準則；說明文件則包括與 SDLC 任務相關的詳細資訊。通常，文件說明都放在專案檔案夾，其中納入了所有交付成果與所有內部溝通的資料，也就是專案的歷史。風險評估用來減緩風險，因爲它可指出潛在的風險，而且也評估風險的可能性與所造成的可能衝擊。

關鍵字彙

Adjusted project complexity (APC)　調整後專案複雜度 (APC)

Complexity　複雜性

Computer-aided software　電腦輔助軟體工程 (CASE)

CASE repository　CASE 資源庫

COCOMO model　COCOMO 模型

Critical path method　要徑法

Critical task　要務

Documentation　說明文件

Effort　工作量

Estimation　估計

Evolutionary WBS　漸進型 WBS

Function point　功能點數

Function point approach　功能點數分析法

Functional lead　功能領導人

Gantt chart　甘特圖

Group cohesiveness　團隊凝聚力

Hurricane model　颶風模型

Integrated CASE　整合型 CASE

Iterative workplan　反覆性工作計畫

Interpersonal skills　人際溝通的技能

Kickoff meeting　專案發動會議

Lower CASE　後端型 CASE

Methodology　方法論

Milestone　里程碑

Motivation　激勵

Node　節點

PERT Chart　PERT 圖

Project binder　專案檔案夾

Project charter　專案章程

Project management　專案管理

Project management software　專案管理軟體

Project manager　專案經理

Reporting structure　回報架構

Risk assessment　風險評估

Risk management　風險管理

Scope creep　範疇潛變

Staffing plan　人員編制計畫

Standards　標準

Task dependency 任務相依性

Technical lead 技術領導人

Technical skills 技術上的技能

Timeboxing 時間定量

Total adjusted function points (TAFP) 總調整後功能點數 (TAFP)

Total unadjusted function points (TUFP) 總未調整功能點數 (TUFP)

Trade-offs 取捨

Upper CASE 前端型 CASE

Work breakdown structure (WBS) 工作劃分結構 (WBS)

Workplan 工作計畫

問題

1. 專案經理必須面對的取捨是什麼？
2. 為何許多專案的截止日期最後都落得不合理？對於不合理的要求，專案經理應如何反應？
3. 功能點數為何？如何使用？
4. 請描述功能點數分析法的三個步驟。
5. 請指名說出兩種可用以確認在整個專案開發期間所必須完成之任務的方法。
6. 估算專案的大小，有哪兩個基本的方法？
7. 計算專案之工作量的公式為何？
8. 比較甘特圖與 PERT 圖之異同。
9. 方法論與工作計畫的差異為何？這兩個用語有何相關？
10. 激勵團隊的最佳方法是什麼？最糟的方法又是什麼？
11. 何謂範疇潛變，以及如何管理？
12. 何謂時間定量，以及為什麼要使用它？
13. 請說明何謂颶風模型。
14. 何謂漸進型 WBS？漸進型 WBS 如何解決傳統 WBS 的問題？
15. 傳統 WBS 的問題為何？
16. 列出三個減少衝突的技巧。
17. 請描述對專案非常重要的三個技術上的技能與三個人際溝通上的技能。
18. 描述技術領導人與功能領導人的差別。他們之間有什麼雷同之處？

19. 何謂反覆性工作計畫？
20. 前端型 CASE 與後端型 CASE 的差異爲何？
21. 列出可能影響專案結果之風險的清單。
22. 專案檔案夾裝了什麼東西？專案檔案夾要如何組織？
23. 描述三種標準的類型，並且各舉出例子。
24. 有些公司會聘請顧問發展起始的專案計畫並且管理專案，但是卻使用自己的分析師與程式設計師開發系統。你認爲這些公司爲什麼這樣做？

練習題

A. 考慮你學校所使用的選課系統。試完成一個功能點數的工作表來決定這種系統的規模。你需要對應用程式的介面與複雜度等各式因素做一些假設。

B. 請造訪一個專案管理的網站，比如 Project Management Institute (www.pmi.org)。大部分這方面的網站都連結到專案管理軟體產品、白皮書及研究報告等。請檢視專案管理的相關連結，以更加認識含有本章所述內容之網站。

C. 假設學校的就業輔導處，要發展一套系統收集學生履歷表，並供學生與招募單位於網路上存取。學生應該能夠把他們的履歷表資訊輸入到一個標準範本。然後履歷資訊以履歷表的格式呈現，同時也放到資料庫上，供線上查詢用。你已經被指派負責此一專案。請擬定一個計畫，列出達成專案目標所需完成的任務。你認爲你和其他三名學生多久才能完成該專案？提供對於你所提議之時間表的支援。

D. 當置身於練習題 C 的情境。有人告訴你說，招募季節從今天起一個月後開始，屆時必須要使用新系統。你將如何解決這一情況？描述你身爲專案經理能夠做的事情，確保你的團隊不會因爲不合理的期限與責任而精疲力竭。

E. 假設你負責練習題 C 所述的專案，而且專案的人員將由你班上同學所組成。你的同學有適當的技能來實施此一專案嗎？如果不，你將如何確定適當的技能可用來完成工作？

F. 考慮問題 C 所述的系統。擬定一個工作計畫，列出達成專案目標所需完成的任務。請利用專案管理工具 (如 Microsoft Project) 或試算表軟體，繪製甘特圖及 PERT 圖。

G. 選擇一個特定的專案管理主題，如 CASE、專案管理軟體或時間定量，並到網路上搜尋相關資訊。練習題 A 的網址或任何搜尋引擎 (如 Yahoo!、AltaVista、Excite、InfoSeek) 都可以作爲你搜尋的起點。

H. 閱讀本章剛開始的「輪到你 3-1」。建立一個風險評估，列出執行專案時有關的潛在風險，以及幾種處理風險的方法。

I. 選擇兩個專業管理的套裝軟體，並利用網路或商業雜誌加以研究。描述此兩個套裝軟體的特色。如果你是專案經理，你會使用哪一個協助你的工作？爲什麼呢？

J. 假設你的教師要求你與兩位朋友共同建立網頁，介紹課程給潛在的學生，以及提供目前的課程資訊給目前的學生 (如上課進度表、指定作業、閱讀書目)。你已被指派爲領導人的角色，你必須協調你與你的同學的活動，直到專案完成爲止。描述你如何應用你在本章學到的專案管理技術於此一情境上。同時也描述你將如何建立工作計畫、安排人事以及協調所有的活動──包括你自己的與同學的活動。

K. 1997 年，Oxford Health Plans 公司有一個電腦問題，導致公司高估收入以及低估醫療成本。問題的導因是，理賠處理系統從 Pick 作業系統轉移到 Unix 系統，該系統使用 Oracle 資料庫軟體與金字塔技術 (Pyramid Technology) 公司的硬體。結果是，Oxford 的股價狂跌，修正該系統便成爲公司的首要任務。假設你負責管理這個理賠處理系統的修改工作。顯然，專案小組的心情一定不好受。你將如何激勵成員達成專案目標？

L. 選擇兩個估算的套裝軟體，並利用網路或商業雜誌加以研究。描述此兩個套裝軟體的特色。如果你是專案經理，你會使用哪一個套裝軟體協助你的工作？爲什麼？

迷你案例

1. Emily Pemberton 是一個面臨困難局面的 IS 專案經理。Emily 任職於第一信託銀行，並於近期併購了城市國家銀行。在收購之前，第一信託與城市國民是不共戴天的對手，激烈爭奪該地區的市占率。隨著激烈的收購，許多銀行單位眾多人員被裁減，包括 IS。這兩個銀行 IS 部門的主要人員會被銀行慰留，然而，會被分發到一個新的整併的 IS 部門。Emily 已經被任命爲自購併後第一個重要 IS 專案的專案經理，她面臨如何整合她的團隊中來自這兩間銀行人員的任務。他們正在進行的專案在組織內有非常高的可見度，而且專案的時間限制是有點苛刻。Emily 認爲，團隊可以成功地達成專案目標，但這成功需要該小組很快凝聚向心力並避開潛在的衝突。你會建議 Emily 採取什麼策略，以保證一個能成功運作的專案小組？

2. HCL 科技是一家在印度領導的軟體外包公司。她被她的一位美國客戶要求投標一個小型專案。該專案將需要 HCL 來編寫該客戶所使用之大型企業資源規劃 (ERP) 系統的生產排程功能。根據與該客戶所做的初步討論，HCL 研擬了這份系統要素的清單：

   輸入：1，低度複雜性；2，中度複雜性；3，高度複雜性

   輸出：4，中度複雜性

   查詢：1，低度複雜性；4，中度複雜性；4，高度複雜性

   檔案：2，中度複雜性

   程式介面：3，中度複雜性

   假設適用於本專案之調整後程式複雜度是 1.3。請計算本專案之總調整後功能點數。

CHAPTER 4

需求分析

分析師的第一個活動之一是決定新系統的企業需求。本章由提出需求定義──也就是列出新系統功能的文件──開始。然後描述如何利用企業流程自動化、企業流程改進及企業流程再造等技術來分析需求，同時也將討論如何利用面談、JAD、問卷、文件分析與觀察來蒐集需求。

學習目標

- 了解如何建立需求定義。
- 熟悉需求分析技術。
- 了解何時使用每項需求分析技術。
- 了解如何利用面談、JAD、問卷、文件分析與觀察而蒐集需求
- 了解何時使用每項需求蒐集技術。

本章大綱

導論

SDLC 是組織從現行系統 (通常稱為 **As-Is** 系統) 邁進未來新系統 (通常稱為 To-Be 系統) 的過程。規劃階段的輸出，曾於第三及四章討論過，是系統需求——此乃提供新系統的基本概念——定義專案的範圍，並且提供初步的工作計畫。分析階段則將系統需求的大致觀念進一步予以細部調整成為更詳細的需求定義 (本章)、功能模型 (第五章)、結構模型 (第六章) 以及行為模型 (第七章)，而這些資料彙總後便構成**系統建議書 (system proposal)**。系統建議書也包含改版過的專案管理交付成果，如可行性分析 (第二章) 與工作計畫 (第三章)。

系統建議書將提交審查委員會，由他們決定專案是否繼續。這項工作通常完成於系統**演練過程**，在這個會議，新系統的概念提供給使用者、經理人及主要決策者。演練的目標是適度解釋給使用者、經理人及主要決策者聽，讓大家很清楚了解，能夠找出改善之處，以及能夠決定專案是否應該繼續。如果審核通過，系統建議書便邁向設計階段，而其要素 (需求定義、功能模型、結構模型與行為模型) 則充當設計步驟的輸入。進一步的細部調整它們，並定義更多的細節說明系統將如何建立。

分析與設計之間的界線頗為模糊。這是因為分析階段所產出的交付文件，實際上是設計新系統的第一個步驟。許多對於新系統的主要設計決策，都可在分析的交付成果中找得到。事實上，分析的一個更好名稱可能是「分析與初步設計」，但是因為這個名稱較長而且大多數組織都只把這個階段稱為「分析」而已，所以我們也就從善如流了。然而，請務必記住，來自分析階段的交付成果才是設計新系統時的第一步驟。

在很多方面，需求確立步驟是整個 SDLC 的最關鍵步驟，因為在這裡，系統的要素首先會浮現。在需求確立期間，系統很容易改變，因為幾乎還沒有做任何事。當系統逐漸邁向 SDLC 的其他階段時，它將變得愈難回到需求確立步驟以及做出大變動，因為很多牽涉其中的工作要重施工。幾個研究指出，大半的系統失敗都是起因於需求問題。[1] 這就是為什麼很多物件導向方法論的反覆式作法很有效的原因——小批的需求可以被漸進地確認並實作，使得整個系統得以隨著時間而順利演進成長。在本章，我們將著重於分析的需求確立步驟。我們首先解釋何謂需求，以及需求蒐集與需求分析的整個過程。然後我們展示一套可以用於需求的分析與蒐集的技術。

---

[1]舉例來說，請見 The Scope of Software Development Project Failures (Dennis, MA:The Standish Group, 1995)。

需求確立

需求確立 (requirement determination) 的目的，乃設法將系統需求中高層次的企業需求描述，解譯為準確的需求清單，以便當作其他分析工作 (建立功能、結構與行為模型) 的輸入。這需求最後會延伸進到設計階段。

◆ 定義需求

所謂**需求 (requirement)** 不過是敘述系統必須做什麼，或者必須具備什麼特性而已。在分析期間，需求是從業務人員的觀點被寫出來，並且著重於系統「是什麼」。這些需求著重於企業的使用者需要，因此通稱為**企業需求 (business requirement)** [有時也稱為使用者需求 (user requirement)]。在設計的後期，企業需求會演進變得愈來愈偏向技術性，並且這些需求描述了系統將如何被實作出來。設計階段的需求從開發者的觀點所寫下來，通常稱為**系統需求 (system requirement)**。

在我們繼續討論之前，我們想要強調，企業需求與系統需求之間並沒有明顯的分界線──有些公司會交換使用這兩個名詞。重要的是，需求乃是系統必須做什麼的陳述，並且需求將隨著專案逐步從分析移向設計，以至於移向實作階段而不時變動。需求是自企業能力的詳細敘述演進而來的。這樣，新系統才能據以實作詳細的功能。

需求在本質上可能屬於功能性的或非功能性的。**功能性需求 (functional requirements)** 直接指出系統必須執行的流程，或它必須含有的資訊。例如，一個需求陳述系統必須能夠搜尋現有的存貨，或能夠回報實際的或預算上的開支，便是屬於功能性需求。功能性需求直接流向分析的下個階段 (功能、結構或行為模型)，因為它們定義了系統必須要有的功能。

非功能性需求 (Nonfunctional requirements) 指的是系統必須具有的行為特質，例如效能與好用與否。能夠使用網頁瀏覽器存取系統，視為非功能性需求。非功能性需求可能會影響到其他的分析工作 (功能、結構與行為模型)，但通常都是間接的；非功能性需求主要用於設計工作，如已決定之使用者介面、軟硬體及系統的基礎架構等。

圖 4-1 列出不同種類的非功能性需求與範例。注意，非功能性需求乃描述與系統有關的種種特徵：操作性、效能、安全以及文化與政策性。例如，專案小組必須知道系統是否有很高的安全性，是否需要次秒級 (sub-second) 的回應時間，或者達到多語言的用戶規模 (customer base)。

這些特徵並不描述企業流程或資訊，但對於了解最終系統的樣貌卻非常重要。非功能性需求主要會衝擊到設計階段所進行的設計決策。所以，當我們稍後討論到設計時會再回到這個主題。本章的目標是確認任何重大問題。

非功能性需求	說明	範例
操作性	系統運作的實體與技術環境	■系統應該能夠放到口袋或錢包 ■系統應該能夠整合現有的庫存系統 ■系統應該能夠在瀏覽器上工作
效能	系統的速度、容量與可靠度	■用戶與系統的互動不應該超過 2 秒鐘 ■系統每 15 分鐘應該更新存貨資訊 ■系統應該全年無休
安全	在何種情況下，誰有授權可存取系統	■只有直屬經理才可看到人事紀錄 ■客戶只能夠在營業時間看到訂單紀錄
文化與政策性	影響系統的文化、政策因素與法律需求	■系統應該能夠辨別美國與歐洲貨幣 ■根據公司的政策規定，我們只能買 Dell 的電腦 ■各國的經理人可以讓客戶使用他們單位的使用者介面 ■系統必須遵循保險業的標準

資料來源：The Atlantic Systems Guild, http://www.systemsguild.com/GuildSite/Robs/Template.html

圖 4-1　非功能性需求

最近有四個課題影響了資訊系統的需求，分別是沙賓法案 (Sarbanes-Oxley Act)、COBIT 規範、ISO 9000 規範和能力成熟度模型 (Capability Maturity Model)。視你所考慮的系統而定，這四個課題可能會衝擊到系統的功能性需求、非功能性需求或兩者兼而有之。舉例來說，沙賓法案會要求額外的功能性和非功能性的需求。這包括額外的安全性要求 (非功能性) 和管理部門現在必須提供之具體資訊需求 (功能性)。因此，在開發金融資訊系統時，資訊系統開發者應該不忘在開發團隊中聘請沙賓法案的專才。另一個例子是，客戶可能會堅持 COBIT 規範、ISO 9000 規範或已經達到了某種能力成熟度模型的水準，才會被該客戶視爲一個具有提供該系統的潛力供應商。顯然，這些類型的需求增加了非功能性方面的需求。但是，有關這方面的話題的進一步討論已經超出了本書的範圍。[2]

---

[2]有關沙賓法案的詳細討論請見 G. P. Lander, What is Sarbanes-Oxley?(New York:McGraw-Hill, 2004).基於沙賓法案的安全需求請見 D. C. Brewer, Security Controls for Sarbanes-Oxley Section 404 IT Compliance:Authorization, Authentication, and Access (Indianapolis, IN:Wiley, 2006).有關 COBIT 的詳細資訊，請參閱 www.isaca.org；有關 ISO 9000，請參閱 www.iso.org；以及對於能力成熟度模型，請參閱 www.sei.cmu.edu/cmmi/。

輪到你　4-1　確認需求

新手分析師常犯的錯誤之一是，搞不清楚功能性需求與非功能性需求。假設你收到銷售系統的需求清單如下：

對擬議中系統的需求

系統應該

1. 供網路使用者進出取用
2. 包含公司的標準企業識別標誌及配色；
3. 管制利潤資訊的取用；
4. 包含實際的與預算的成本資訊；
5. 提供管理報表；
6. 包含每日更新的銷售資訊；
7. 預定查詢的最大回應時間爲 2 秒，特定查詢的最大回應時間爲 10 分鐘；
8. 包含所有子公司的資訊；
9. 以子公司的主要語言列印子公司報表；
10. 提供銷售人員的每月績效排名。

問題：

1. 哪些需求是功能性的企業需求？請提供其他兩例。
2. 哪些需求是非功能性的企業需求？這些是屬於哪一種非功能性需求？請提供其他兩例。

最近另一個影響系統需求的課題是全球化。全球資訊供應鏈的想法帶來大量額外的非功能性需求。例如，如果一個欲開發之行動解決方案的必要運轉環境不存在，那麼能夠適應當地環境的解決方案就變得很重要。或者，在一個不具備必要的電力和通信基礎設施的地區，卻希望部署高科技的解決方案或許是不合理的。在某些情況下，我們可能需要考慮全球資訊供應鏈的某些部分，須以人工的方式予以支援，而非自動化的資訊系統。人工系統有一套完全不同的需求，而製造出不同的效能期望和額外的安全顧慮。此外，文化和政策問題也具有潛在的重要性。一個影響了使用者介面設計的簡單的例子是正確地使用的色彩 (在螢幕或紙張)。不同的文化對顏色的解釋也不同。換句話說，在一個全球性的、多元文化的企業環境，解決文化問題遠遠超出只要有一個多語言使用者介面。因此，我們必須能夠將全球性解決方案搭配當地的實際情況來調整。Friedman 稱這些問題是全球化 (glocalization)。[3] 否則，我們只是又製造了另一個資訊系統開發專案的失敗例子。

◆ 需求定義

需求定義報告──通常稱爲**需求定義 (requirement definition)**──是簡單明瞭的文字報告，以大綱格式簡單列出功能性與非功能性方面的需求。圖 4-2 顯示一個文書處理程式的需求定義範例，這個程式準備用來取代像 Microsoft Word 的軟體。

需求以大綱 (或法條) 格式列出，每項要求均很清楚。這些需求首先分成功能性與非功能性需求，然後在每個標題下，進一步依非功能性需求的種類或功能性加以分類。

概念活用 4-A 如果你對非功能性需求置之不理會有什麼後果

我曾經做過一個顧問專案，我的經理擬定了需求定義，但未列出非功能性需求。該專案根據需求定義而估價，最後賣給客戶$5,000。在我經理的想法，我們爲客戶所建置的系統，其實很簡單，是一個可在現行技術上運作的獨立式系統。分析、設計與建置，不會超過一個禮拜。

不幸的是，該客戶還有其他想法。他們希望系統能夠爲三個不同部門的人所使用，而且也希望這些人能夠同步使用系統。他們所提供的技術設備很老舊，卻希望系統能夠有效執行。由於我們在需求定義中未納入非功能性需求，專案範圍沒有好好設定，所以基本上，我們還是必須答應客戶任何的要求。

他們要求的功能，從設計到寫程式，需要花費數週才完成。終於，專案花了四個月完結，專案的最後成本達$250,000。我們的公司必須自行吸收成本 (除了約定的$5,000 外)。這是我碰過最令人洩氣的專案。

Barbara Wixom

---

[3] T. L. Friedman, *The World is Flat：A Brief History of the Twenty-First Century, Updated and Expanded Ed.* (New York：Farrar, Straus, and Giroux, 2006).對於 Friedman 觀點的批判，請參閱 R. Aronica and M. Ramdoo, *The World is FLAT?A Critical* 分析 *of Thomas L. Friedman's New York Times Bestseller* (Tampa, FL：Meghan-Kiffer Press, 2006)。

D. 非功能性需求

1. 業務需求

1.1 該系統將運行在Windows和Macintosh環境。

1.2 該系統將能夠讀取和寫入Word文件檔、RTF和HTML格式。

1.3 該系統將能夠輸入GIF、JPEG和BMP圖形文件。

2. 效能需求

2.1 預期沒有特別的效能需求。

3. 安全需求

3.1 預期沒有特殊的安全需求。

4. 文化和政策需求

4.1 預期沒有特別的文化和政策需求。

C. 功能性需求

1. 列印

1.1 使用者可以選擇列印哪些頁面。

1.2 使用者可以瀏覽預覽列印前的網頁。

1.3 使用者可以更改頁邊距、紙張大小 (例如，信函、A4) 及頁面列印方向。

2. 拼字檢查

2.1 使用者可以檢查拼寫錯誤，系統可以在由使用者選擇的兩種模式之一下工作。

2.1.1 模式1 (手動)：使用者將啓動拼字檢查器，它會移動到下一個使用者拼錯的字。

2.1.2 模式2 (自動)：當使用者打字時，拼字檢查器將標記出拼寫錯誤的字，以便使用者立即看到拼寫錯誤。

2.2 使用者可以將字添加到詞典中。

2.3 使用者可以標記拼寫錯誤，但不將它們添加到詞典中。

圖 4-2　需求定義的範本

有時候，企業需求會依照需求定義而排定優先順序。這些重要性可分成高、中、低三個等級，或者依照需解決需求之系統的版本來標示 (如版本 1、版本 2、版本 3 等等)。這種規範在使用物件導向方法論上尤其重要，因爲系統是以漸進性版本開發而逐步完成需求的。

使用需求定義最明顯的目的是，提供分析階段中其他交付項目所需的資訊，這類資訊包含功能、結構與行爲模型，以及支援設計階段的活動。不過，需求定義的最重要目的是，定義出系統的範圍。此文件向分析師描述系統必須達到的工作。當歧見發生時，該文件可用來澄清。

◆ 確立需求

對於需求定義而言，確立其需求，不僅是一件企業任務，也是一件 IT 任務。在早期的電腦時代，大家都有一個觀念，系統分析師是電腦專家，最有資格定義電腦系統應該如何操作。然而許多系統都失敗了，因爲他們未能適當解決使用者眞正的企業需要。漸漸地，大家改變觀念了，使用者才是企業方面的專家，最有資格定義電腦系統應該如何操作。不過，很多系統還是無法表現優良的效益，因爲使用者只是自動化一個無效率的現行系統而已，並未納入科技所帶來的新機會。

最好的比喻是蓋房子或公寓。我們都住在房子或公寓裡頭，而且多多少少了解我們將會看到些什麼。然而，如果有人要求我們隨意設計一下，那將有點困難，因爲我們缺乏所需的設計技術與工程技術。同樣地，單打獨鬥的建築師將可能漏失我們眞正想要的一些獨特需求。

因此，最有效率的方法是叫業務人員與分析師合作，共同決定企業需求。不過，使用者有時候並不知道他們到底要什麼，所以分析師必須協助他們發掘他們的需要。三種普遍的技術可用來協助分析師達成：**企業流程自動化 (business process automation，BPA)**、**企業流程改進 (business process improvement，BPI)** 以及**企業流程再造 (business process reengineering，BPR)**。當分析師必須引導使用者解釋系統需要什麼時，這些技術是有用的分析工具。

這三種技術都很相似。它們可幫助使用者批判系統與流程 (As-Is 系統) 的目前狀態，找出需要改變的地方，以及發展一個新系統 (To-Be 系統) 的概念。每項技術都涉及不同程度的變動；BPA 產生小量的變動；BPI 產生適度的變動；而 BPR 則影響組織的層面最大。本章稍後將會詳細介紹這些技術。

雖然 BPA、BPI 與 BPR 讓分析師幫忙使用者建立新系統的願景，但是並不足以取得企業需求的詳細資訊。因此，分析師還須使用一組的需求蒐集技術，以取得使用者的資訊。分析師有很多蒐集技術可選：**訪談**、**問卷**、**觀察**、**聯合應用開發 (joint application development，JAD)** 及**文件分析**等。利用這些技術所蒐集的資訊，透過嚴格的分析，可用來產生需求定義報告。本章最後一節將更清楚地解釋每一種需求蒐集的技術。

◆ 研擬一份需求定義

需求定義的研擬工作是個反覆性的進行過程，據此分析師利用需求蒐集技術 (如訪談、文件分析) 蒐集資訊，嚴格分析這項資訊，以確認適合企業需求的系統，並將需求增補到需求定義報告上。需求定義應該保持於最新的狀態，如此，專案小組與企業使用者才可以隨時參考，並清楚了解新系統。

爲了擬定需求定義，專案小組首先確立他們要收集的功能性與非功能性需求種類 (當然，可能隨著時間而改變)。這些種類會變成文件的主章節。其次，分析師使用各種需求蒐集技術 (如訪談、觀察) 蒐集資訊，並列出從該項資訊所確認的企業需求。最後，分析師與整個開發團隊及企業使用者合作，共同驗證、變更及完成清單，並協助排定需求的優先順序。

這個過程在分析階段中持續進行，需求定義會因確認出新需求及專案進展到 SDLC 的後期而演進。注意：需求定義的演進必須謹慎管理。專案小組不能一直增加需求定義，否則系統會無止境的成長。取而代之的做法是，專案小組必須謹慎確認需求，並評估哪些需求位於系統範圍之內。當需求反映出眞正的企業需要，但不在目前系統或目前版本的範圍時，才可放到未來需求的清單，或安排較低的優先順序。管理需求 (及系統範圍)，是專案管理工作中最困難的部分之一。

需求分析的策略

在專案小組決定哪些需求適合於某一系統時，必須對該系統與組織變更的程度有一明確的看法。**分析**的基本流程分爲三個步驟：了解現行系統、確認改進事項，以及研擬新系統的需求。

有時候，第一個步驟 (即了解現行系統) 可略過或很快的做完。這通常發生在下列時機──目前沒有系統時──如果現行系統及流程無關於新系統，或者如果專案小組使用 RAD 或敏捷開發方法論，而不在意現行系統時。傳統設計方法諸如瀑布式與平行式開發 (見第一章)，通常要花很多時間理解現行系統，並確認改進事項，然後才進一步去捕捉新系統的需求。可是，較新的 RAD、敏捷與物件導向方法論，像階段式開發、雛型法、可拋棄雛型式及極致程式設計 (見第一與第二章)，幾乎都將重點放在改進事項與新系統需求，並不太花時間在現行系統上。

三種需求分析技術──企業流程自動化、企業流程改進或企業流程再造──協助分析師帶領使用者通過這三個 (或兩個) 分析步驟，使系統的願景得以被研擬出來。需求分析技術與需求蒐集技術是攜手並進的。分析師必須使用需求蒐集技術以蒐集資訊；需求分析技術則是分類蒐集到的資訊，以及資訊最後該如何予以分析。雖然我們現在強調分析技術，然後在章末會討論需求的蒐集，但是這些活動時常是同步發生，而且彼此互補。

選擇所打算使用的分析技術，端視系統對組織的改變程度而定。BPA 用於較小的變更，即可改進流程效率；BPI 產生的流程改進，可以促成較佳的效率；BPR 則修改工作模式，讓組織脫胎換骨。

為了改變使用者，分析師必須具備很好的**批判思考能力 (critical thinking skill)**。所謂批判思考，就是認明優缺點，並重塑一個較好的觀念，批判思考也是要眞正了解問題，並開發新的企業流程所必備的技能。這些技能可全面審視需求蒐集的結果、確認企業需求以及將那些需求轉換成新系統的概念。

◆ 企業流程自動化

BPA 留下組織基本營運方式不變，但利用電腦科技局部取代部分的工作。BPA 可能使組織變得更有效率，但對組織的衝擊最小。BPA 專案花很多時間了解現行的系統，然後才確認改進及蒐集新系統的需求。「問題分析」與「問題根源分析」，是兩個常用的 BPA 技術。

問題分析　最直接的需求分析技術 (可能也是最常用的) 是**問題分析 (problem analysis)**。問題分析包括要求使用者與經理人確認現行系統的問題，以及如何在新系統中解決他們的問題。大多數使用者都很清楚他們所想要看到的改變，而且大部分人會勇於提出他們的建議。大多數改變都傾向於解決問題，而非強調機會，但是後者也是有可能的。來自問題分析的改善通常較小，而且是漸進的 (例如，提供更多地址輸入的空間；提供新報表)。

這種型態的改善通常在改進系統效率或使用容易性上非常有效。但是，那通常只提供企業價值的小小改善而已──新系統比舊系統好，但是從新系統那裡可能難以確認任何顯著的經濟效益。

問題根源分析　問題分析所產生的觀念，多半是問題的解決方案。所有解決方案都會對問題的本質有所假設，這些假定可能合或不合乎實情的。在我們的經驗中，使用者 (與大多數人) 很容易就跳到解決方案，而不通盤考慮問題的本質。有時解決方案是正確的，但是多半時候它們只是處理問題的一個**症狀 (symptom)** 而已，而不是眞正的問題或**問題根源 (root cause)** 本身。[4]

舉例而言，假設你看到燈泡在你家前門的上方燒壞了。你買一個新的燈泡，去拿樓梯，然後換上新的燈泡。一個月後，你看到燈泡在同樣的地方又壞了，因此，你又去買新的燈泡，拖曳著梯子，然後再換上燈泡。這個現象不斷重複好幾遍。此時，你有兩個選擇。你可以買一大箱的燈泡，以及漂亮的燈泡切換器綁在桿子上，這樣你就

---

[4]兩本討論尋找到問題根源的困難之處的好書是：E. M. Goldratt and J. Cox, *The Goal* (Croton-on-Hudson, NY：North River Press, 1986)； and E. M. Goldratt, *The Haystack Syndrome* (Croton-on-Hudson, NY：North River Press, 1990)。

不用每次去拖拉著梯子 (節省好幾趟買燈泡的來回，以及不用再去拿梯子了)，或者你可以修理引起燈泡燒毀的底座。買燈泡切換器是解決問題的症狀 (燒壞的燈泡)，而修理燈泡底座才是解決問題的根源。

概念活用　4-B　失敗為成功之母

在 90 年代末的淘金熱時期，連上網際網路變成一個熱門的話題。有很多公司 (其中許多已不再存在) 爲家用電腦網際網路市場製造電腦 (許多內建撥號連線和連線的合約) 。AtHome 公司作出這樣的上網設備。打開箱子、連接到電話線，並提供了初步的啓動，它「打電話回家」(使之連線到網際網路服務提供商)。

但是，網際網路設備在市場存活的日子並不長。消費者希望得到的不僅僅是網際網路，他們希望能共享文件、照片和其他內容等。基本的 AtHome 網際網路設備沒有任何儲存裝置，且只能用於連線到網際網路 (透過電話數據機) 和瀏覽網際網路。股票價格下跌，銷售下降；即使價格幾乎相當於免費贈送該設備，但消費者不再有興趣，並在 2001 年宣告結束。

當面對這樣的形勢下，一個公司該做什麼？該公司面臨的眞正挑戰──退出市場或重組。在這種情況下 AtHome──具有硬體和通訊的專門知識──改組爲一家安全公司。2001 年 9 月 11 日恐怖攻擊事件後，引發了對更好的安全性需求，AtHome 爭相製造硬體設備，安裝在網際網路連線和企業網絡之間。爲了保持其股票在紐約證券交易所上市的條件，AtHome 以 15 比 1 的比例合併股票，更換了他們的名字，象徵一個新的起點。被消費者的一時的興致燒成飛灰之餘，他們提出爭取大公司企業的目標。在長達兩年之後，該設備才開始引起注意──支付員工的薪水與銷售新的設備開始暢銷之前，幾乎已耗盡了可用資金，改組後的公司現在已被視爲入侵預防領域的領導廠商。

一個失去消費者青睞的公司，不見得總是能重建自己而成爲另一個領域的成功者。在這種情況下，失敗中存在著成功。

問題：

1. 什麼時候一家公司應該在失去了消費市場之後，重新創造自己的企業市場？
2. 一個 AtHome 公司的系統分析師，該如何與時俱進的學習改變，以適應新的環境？

在商業世界，如何確認問題的根源充滿著挑戰——但很少問題會像燈泡問題那樣單純。使用者提出的解決方案 (或系統分析師想到的)，可能會解決問題的症狀或根源，但是如果沒有進一步的分析就很難講。當你發現你買新的燈泡切換器已耗資達一百萬元時，那將是一個可怕的感覺！

問題根源分析 (root cause analysis) 因此著重於問題而非解決的方案上。分析師開始請使用者列出一連串關於現行系統的問題，然後根據重要性排定優先處理順序。分析師從要求使用者製作一份現行系統的問題清單開始，然後依重要性排出順序。每個問題可能的根源 (從最可能或最容易檢查開始) 都予以調查，直到眞正的問題根源或原因被確認爲止。如果某些可能的根源涉及到數個問題，那麼這些根源應該優先調查，因爲極有可能它們就是影響症狀問題的眞正根源。

以我們的燈泡爲例，有好幾個可能的問題根源。一個決策樹狀圖有時可以協助分析。如圖 4-3 所示，可能的問題根源有許多，所以買一個新的底座，不見得觸及眞正的問題根源。事實上，買燈泡切換器可能是實際解決問題的根源。問題根源分析的關鍵點總是存在於顯而易見之處。

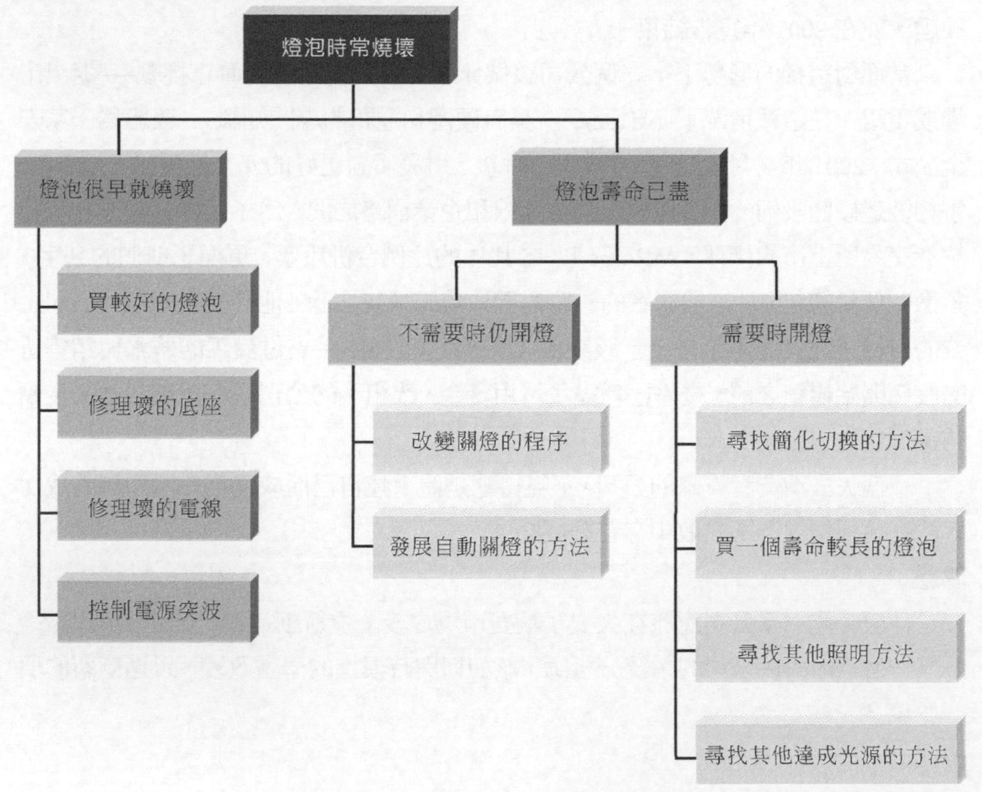

圖 4-3　燒壞燈泡例子之問題根源分析

◆ 企業流程改進

BPI 對於組織運作的方式做中等程度的變動，於此組織善用了科技所提供的新機會，或複製競爭對手的作法來運作。BPI 能夠改進效率 (亦即，把事情做對)，並且改進有效性 (亦即，做對的事情)。BPI 型的專案計畫人員也花一些時間了解現行系統，但比 BPA 型的專案人員還少；這類專案的重點主要放在改進企業流程，所以時間花在既有的事實，僅僅有助於改進分析以及新系統的需求而已。**存續期間分析 (Duration Analysis)**、**活動成本 (activity-based costing)**，以及**非正式標竿 (informal benchmarking)**，是三個常見的 BPI 活動。

存續期間分析　存續期間分析需要詳細的檢視現行系統於執行企業流程中的每一項作業所花費的時間。分析師先著手計算於常見的輸入下執行一套企業流程全部平均所耗費的時間，然後，他們紀錄企業流程每個基本步驟 (或子程序) 花費的時間。然後，將基本步驟的時間加以加總，並與整體流程的總計值互相比較。當兩者有明顯差異時──在我們經驗中，總計時間通常 10 倍，甚至 100 倍於各部分的加總──這意謂著這部分的流程需要徹底的檢查。

例如，假設分析師正在研究房屋抵押系統，而且發現，銀行批准一件抵押案，平均要花上 30 天的時間。然後，他們觀察流程中的每個基本步驟 (例如，資料輸入、信用檢查、所有權搜尋、鑑定)，發現每件抵押所花費的時間約 8 小時。這是一個很強烈的暗示，表示整個流程已被嚴重破壞了，因爲一天的工作量卻要花 30 天來完成。

由於流程的分割不恰當，所以才可能發生這類問題。在該流程結束之前，許多不同的人必須做不同的活動。以上述房屋抵押爲例，申請表可能在處理之前，就已經被擱置在許多人的桌上好長一段時間了。

概念活用　4-C　存續期間分析

一群來自美國財星 500 大企業的主管使用存續期間分析，討論他們的採購流程。使用一個巨大的魔術貼壁和少數標語牌，一名引導人將公司採購$50 升級軟體的流程舖陳出來。經過量化完成每一個步驟所花費的時間後，她接著根據參與員工之工資爲基礎來分配成本。這 15 分鐘的練習讓小組驚愕不已。他們的採購流程已經變得如此錯綜複雜，需時 18 天，無數個小時的文書工作，將近$22,000 的員工時間才能完成產品的訂購、接收並且送到申購者的桌面上。

資料來源："For Good Measure" Debby Young, CIO Magazine (March 1, 1999)。

那些多數人投入少部分輸入之流程就是**流程整合或併行 (process integration or parallelization)** 的主要對象。流程整合包括基本流程的改變，使較少的人可投身輸入，這個情形通常要改變流程，並對人員施以再訓練，使其從事範圍更廣的任務。流程併行則是改變流程，使所有單個步驟都能同時執行。例如，在前面抵押的例子中，沒有任何理由認為，信用檢查不能與鑑定及所有權檢查同時進行。

活動成本 活動成本是一種相似性的分析 (similar analysis)，用以檢視企業流程中每個主要流程或步驟的成本，而不是所花費的時間。[5] 分析師只要計算出每個基本功能步驟或流程的成本，確認最昂貴的程序流程，並且集中改善就好。

在觀念上指定成本很簡單。分析師只檢視每項輸入的勞動與原物料的直接成本。原物料成本很容易在製程中加以指定，而勞動成本通常根據員工花在輸入的時間與每小時的成本計算而得。然而，正如你在管理會計學所學過的，間接成本——像是租金與貨幣貶值等——也可以納入活動成本之內。

非正式標竿 標竿 (benchmarking) 意指藉由研究其他組織是如何的執行企業流程，以便學習如何讓你的組織做得更好。標竿對組織的助益在於，引進員工從未想過但是卻能具有潛在加值的觀念。

非正式標竿對於直接面對客戶的企業流程而言，十分常見 (換言之，那些與客戶互動的流程)。藉由非正式標竿，經理人與分析師會考慮其他組織，或以客戶的身分登門拜訪，見識企業流程如何執行。在許多情況下，被學習的企業對象可能是業界的龍頭，或只是一個相關的公司而已。例如，假設專案小組正幫一名汽車經銷商開發網站。專案發起人、主要經理人以及主要的開發人員可能要參觀競爭對手和業界其他公司 (如車廠、零件供應商) 的網站，以及看看其他產業之獲獎網站。

◆ 企業流程再造

BPR 改變基本的組織運作方式，「剷除 (obliterate)」現行企業經營的方法，並做出重大變更，以利用新觀念與新技術。BPR 型專案幾乎不耗費任何時間在現行系統上，因為這類專案重點放在企業經營的新觀念與新方法上。結果分析、技術分析及活動剔除，是三種常見的 BPR 活動。

---

[5]許多書籍撰寫有關活動成本觀念。實用的書包括 K. B. Burk and D. W. Webster, *Activity-Based Costing* (Fairfax, VA:American Management Systems, 1994); and D. T. Hicks, *Activity-Based Costing:Making It Work for Small and Mid-sized Companies* (New York:Wiley, 1998).前面提過高德拉特 (Eli Goldratt) 的兩本書 (*The Goal* and *The Haystack Syndrome*) 對於成本常有獨到的見解。

結果分析 **結果分析 (outcome analysis)** 著重於了解提供價值給客戶的基本結果。雖然這些結果聽起來很明顯，但其實不然。例如，假設你是一家保險公司，而且你的一位客戶剛剛發生車禍。從客戶的觀點來說，基本結果是什麼？傳統上，保險公司回答這個問題的方法是，假設客戶想要很快收到保險給付金。然而，對客戶而言，給付金只是一個眞正結果 (修車) 的手段：一輛修復的車。保險公司可得益於將業務流程的觀點延伸到傳統視野之外，不僅給付修車的費用，而且還允許自行修車或經授權的修車廠修車。利用這個方法，系統分析師鼓勵經理人與專案發起人假裝自己是客戶，並且仔細思考組織的產品與服務能夠讓客戶做什麼——以及可讓客戶做什麼。

技術分析 企業在過去十年由於新技術的關係，而有了許多重大的改變。**技術分析 (technology analysis)** 首先由分析師及經理人研擬一份重要且令人感興趣的技術著手。接著，這群人有系統地辨認出運用於企業流程的各種技術，並且確認企業將如何由此獲益。

例如，網際網路可能是一個有用的技術。Saturn——一家汽車製造廠——利用這個觀念而開發一個虛擬私有網路軟體，用以連接到其他供應商。除了下訂它的汽車零件，Saturn 也讓供應商可從遠端取得的它的生產時程，如此供應商就可及時出貨給 Saturn 所需要的零件。這項措施爲 Saturn 節省了很大的成本，因爲工作人員不用監督生產時程與下訂單了。

活動剔除 **活動剔除 (activity elimination)** 的意思一如其名。分析師與經理人一起確認出組織中如何剔除企業流程中的某個活動，以及如果沒有了這個活動，功能能夠運作如常，以及可能出現什麼後果。一開始，經理人可能不願意承認流程可以被簡化，但這是一個「說服力」的練習，他們必須心中有個底，活動不是不能剔除的。有時，結果很愚蠢；但是，參與者必須針對企業流程的各個活動做檢討。

例如，在前面有關核准房屋抵押的流程中，經理人與分析師開始剔除第一個活動，並將資料輸入抵押公司的電腦裡。這可能立刻導致兩個明顯的變更：(1) 排除電腦系統的使用 (可能不是好主意，但是可能是小公司而已)，以及 (2) 叫別人輸入資料 (例如，網路上的客戶)。他們接著剔除下一個活動，即信用的檢查。很愚蠢吧，不是嗎？畢竟，確定申請者有良好的信用在發行貸款時是很關鍵。其實不然。眞正的答案視信用檢查確認了幾次不良申請案而定。如果申請者全部或幾乎都有很好的信用，而且很少被拒絕，那麼信用檢查的成本也許不值得那麼大費周章。剔除這個流程，實際上可能會產生較低的成本，甚至若把壞帳的成本考慮進去的話，也不爲過。

◆ 選擇適當的策略

本章所討論的每項技術，都有其優缺點 (請參閱圖 4-4)。沒有任何一項技術天生上就比其他技術還好。不過，在實務上，大部分的專案都使用不同技術的組合。

潛在的企業價值 **潛在的企業價值 (potential business value)** 會隨著所選用的分析策略而有所不同。雖然 BPA 有改善企業的潛力，但是由 BPA 所獲得的效益多屬於策略性的，而且本質上很小。因為 BPA 不尋求改變企業流程，它只能改進流程的效率。BPI 通常提供適中的潛在效益，根據專案的範圍而異，因為它尋求在某些方面改變企業。BPI 能同時增加效率和效用。BPR 會產生很大的**潛在**效益，因為它在根本上改造企業的本質。

輪到你 4-2 IBM Credit 公司

IBM Credit 是一家 IBM 完全持股的子公司，負責 IBM 大型主機的融資貸款。雖然有些客戶會直接購買主機，或從他處取得貸款，但貸款買電腦對 IBM 而言，可以提供相當高的額外利潤。

當一位 IBM 業務代表完成一項銷售時，他或她會立刻打電話給 IBM Credit 公司，設法取得融資貸款的估價單。這通電話由一位信用部辦事員所接聽，該辦事員會把資訊記錄在申請表上。然後，該表格就送到信用部門，進一步檢核客戶的信用狀態。這項資訊再填到表格上，接著送到業務部門擬定一份契約 (有時反映客戶要求的變更)。表格與契約接著送交估價部門，該部門利用信用的資訊建立利率，並且記錄在表格上。表格與契約接著送到書記部門，由一位主管準備一份說明信，信上註明利率，最後經由聯邦快遞把信件與契約寄給客戶。

IBM Credit 內部的問題就是個大問題。取得融資貸款的估價要費時 4 到 8 天 (平均 6 天)，這期間已足以讓客戶重新考慮訂單，或尋找其他貸款來源。在準備估價期間，業務代表時常要打電話回來詢問估價進度如何，以便告知客戶何時可拿到估價。然而，IBM Credit 公司內部卻無人可回答此一問題，因為公文表格可能還在部門之間旅行呢，沒有親自跑各個部門一趟，翻出那些躲藏起來的文件，幾乎不可能找出其下落。

IBM Credit 檢視了流程，並加以改變，規定每份信貸申請都要登錄到電腦，且每個部門於完成該做的事並將之送往下一個部門前，記錄下來該申請的狀態。這樣，業務代表就可以打電話到信用部的辦公室，很快得知每項申請的狀態。IBM Credit 運用了某種管理科學的佇列理論分析，來平衡不同部門間的工作量與人力，使大家覺得工作沒有超載。他們也引進了績效標準至每個部門 (例如，價格部門在接到一項申請後，必須於一天內完成訂價決策)。

然而，處理時間卻變得更糟，即使每個部門幾乎 100%達到績效目標。經過一些調查後，經理發現，當工作人員很忙時，他們會就近去發現錯誤，然後退回原件給前一個部門修正，藉此避開他們本身的檢查。

問題：

1. 你可以使用何種技術加以改進？
2. 請選一技術並應用到此一情境。你確認了哪些改進呢？

資料來源：M. Hammer and J. Champy, Reengineering the Corporation (1993).New York, NY：Harper 企業。

	企業流程自動化	企業流程改進	企業流程再造
潛在商業價值	低度至中度	中度	高度
專案成本	低度	低度至中度	高度
分析的廣度	狹小	狹小至中度	非常寬
風險	低度至中度	低度至中度	非常高

圖 4-4　分析策略的特性

專案成本　專案成本 **(project cost)** 始終是一項重要的因素。大致上，BPA 需要的成本最少，因爲它的聚焦最小而且變更也最少。BPI 在成本開支上屬於適中，端賴專案的範圍而定。BPR 幾乎都非常昂貴，這是因爲高階主管需要花很多時間，而且企業流程重新設計的範圍很大所致。

分析的廣度　分析的廣度 **(breadth of analysis)** 乃指分析的範圍，也就是分析是否涵蓋單一企業功能之內的企業流程、跨組織的流程，或是與客戶和供應商之間有所往來的流程。BPR 採取一種寬廣的角度，通常跨越好幾個主企業流程，甚至跨越數個組織。BPI 採取的範圍較狹窄，通常只觸及一個企業流程的一部分內。BPA 通常只侷限在單一流程。

風險　最後的議題是失敗的**風險 (risk)**，可能是無力設計或建構一套系統，或是系統無法提供企業價值。BPA 與 BPI 有低度到中度的風險，因爲新系統的定義清楚又容易理解，而且在實作前也評估了潛在的影響。另一方面，BPR 型的專案，較難以預期。BPR 風險很高，除非組織與領導階層承諾鉅大的改變，否則不要輕易接手。Mike Hammer──BPR 之父──估計 70%的 BPR 型的專案是失敗的。

輪到你 4-3 分析策略

假如你是一位分析師，負責爲當地一家汽車經銷商開發新的網站，該車商希望網站能夠創新一點，並嘗試一點新鮮的東西。請問，你將建議何種分析技術？爲什麼？

概念活用 4-D 採用衛星數據網路

某大型零售商店最近花了$2400 萬於大型私人衛星通信系統。該系統提供商店和區域總部之間以先進的語音、數據和影片傳輸。當某個項目被出售後，掃描器軟體會及時更新庫存系統。因此，商店的交易立即傳送到區域和全國總部，這使庫存的記錄保持在最新的狀態。他們的主要競爭對手有一個老系統，交易紀錄於每個營業日結束時被上載。第一家公司認爲這樣的即時溝通和回饋，使他們能夠對變化的市場更迅速地作出反應，賦予他們競爭優勢。例如，如果一個初冬暴風雪，造成整個中西部的商店開始銷售高檔 (高利潤) 的吹雪機，距離最近的倉庫也能迅速準備次日的出貨，保持良好的庫存平衡，而競爭對手可能無法如此快速的調動，從而會於這種快速的庫存周轉下蒙受虧損。

問題：

1. 你認爲$2400 萬投資在一個私人衛星通信系統，是否經得起一個合理的成本效益分析的論證？請問使用一條標準的通信線路 (加密的) 是否能達到同樣的效果？
2. 這個例子中的競爭對手如何能夠縮短敵我間的資訊落差？

需求蒐集技術

分析師非常像偵探 (而企業的使用者有時就像難以捉摸的嫌疑犯)。他們知道會有一個解決方案，因此一定要找出能解出謎團的線索。不幸的是，線索總是不明顯 (而且時常遺漏)，因此，分析師必須隨時注意細節、與證人談話，而且跟隨線索，好像名探福爾摩斯一樣。最好的分析師要使用多種的資訊蒐集技術全面蒐集需求，而且確定在邁入設計之前，徹底了解現行的企業流程與新系統的需要。在後期階段，你不會希望看到最重要的需求有差錯──於 SDLC 中的此類意外將可能引起各式各樣的問題。

需求蒐集的過程是用來建立政策上對專案的支持，並且建立專案小組與那些決定使用系統與否的使用者之間的信賴與和諧關係。將某人引進這個過程，意味著專案小組視那個人爲重要資源，並且重視他或她的觀點。所有關鍵的利益相關人 (能夠影響系統或受到系統影響的人)，一定要被納入需求蒐集的流程之內。利益相關人包括經理、職員、專案人員、甚至一些客戶與供應商。如果某個關鍵的人員沒有受邀參與，那個人可能會感到被輕視，這在實作期間可能會引起問題。

需求蒐集的第二個挑戰是選擇蒐集的方法。有許多種蒐集需求的技術，從提問問題到觀察人們工作都是。在本章，我們將著重於五個常用的蒐集技術：訪談、JAD 會議 (一種特殊型態的團體會議)、文件分析、觀察與問卷。每個技術都有優缺點，很多是互補的，因此大多數專案會同時使用好幾個技術──最常見的是一起使用訪談、JAD 會議與文件分析。[6]

◆ 訪談

訪談是最常用的需求蒐集技術。畢竟，它很自然──通常，若你要知道某事，就問問某人。一般而言，訪談是一對一 (一個訪談者與一個受訪者)，但是有時因時間有限，幾個人也同時接受訪談。訪談程序的五個基本步驟是：挑選受訪者、設計訪談問題、準備訪談、引導訪談與追蹤。[7]

選擇受訪者 訪談的第一個步驟是建立**訪談時程 (interview schedule)**，列出所有要接受訪談的人，何時訪談以及目的何在 (圖 4-5)。時程可能是一個非正式的清單，用來協助安排會議時間；或者是一個未來會併入工作計畫內的正式性清單。出現在訪談時程上的人，會根據分析師需要何種資訊來挑選。專案發起人、使用者及專案小組其他成員，能夠協助分析師討論組織中誰最適宜提供有關需求最重要的資訊。這些人依照受訪的順序列於訪談時程上。

組織中不同層級的人，對於系統會有不同的見解，因此，一定要同時納入管理流程的經理人和實際做事的員工，藉此在同一議題上獲得高層次與低層次的觀點。再者，訪談主題的層次也可能隨著時間而改變。例如，在專案的開始，分析師對現行企業流程的了解有限。通常，都是從訪談一兩位高階主管開始，以得到一個策略性的觀點，然後再找中級主管，這類主管可以提供關於企業流程更寬廣的資訊以及所欲開發

---

[6] Some excellent books that address the importance of gathering requirements and various techniques include Alan M. Davis, *Software Requirements:Objects, Functions, & States, Revision* (Englewood Cliffs, NJ:Prentice Hall, 1993); Gerald Kotonya and Ian Sommerville, *Requirements Engineering* (Chichester, England:Wiley, 1998); and Dean Leffingwell and Don Widrig, *Managing Software Requirements:A Unified Approach* (Reading, MA:Addison-Wesley, 2000)。

[7]一本有關訪談的好書是 Brian James, *The Systems Analysis Interview* (Manchester, England:NCC Blackwell, 1989)。

系統的預期角色。一旦分析師深切了解大方針後，較低階的經理與員工就能填寫流程如何運作的精確細節。像系統分析的其他事情一樣，這是一個循環性的過程──從高階主管開始，然後中級主管，然後員工，再回到中級主管，等等，視整個過程需要什麼資訊而定。

受訪者的名單會加長是很常見得事，常常加長 50%到 75%之間。當人員被訪談時，更多需要的資訊以及其他可以提供資訊的人選，可能會被辨認出來。

姓名	職位	訪談目的	訪談時間
Andria McClellan	會計處處長	新會計系統之策略性願景	3 月 1 日週一 上午 8:00-10:00
Jennifer Draper	應收帳款經理	現存的應收帳款流程問題；未來目標	3 月 1 日週一 下午 2:00-3:15
Mark Goodin	應付帳款經理	現存的應付帳款問題;未來目標	3 月 1 日週一 下午 4:00-5:15
Anne Asher	資料輸入主管	應收帳款和應付帳款帳目流程	3 月 3 週三 上午 10:00-11:00
Fernando Merce	資料輸入員	應收帳款和應付帳款帳目流程	3 月 3 週三 下午 1:00-3:00

圖 4-5　訪談時程範例

概念活用　4-E　選錯人

在 1990 年，我領導一個顧問團隊替美國陸軍進行一項重要的開發專案。目標是要更換全美各地陸軍基地使用的八個現有系統。這些系統的現行流程與資料模型業已建立，我們的工作是要確認改善機會，並為每一個系統發展新流程的模型。

對於第一個系統，我們挑擇了指揮官所推薦的中級主管 (上尉與少校) 作為系統建構的專家。這些人是業務功能的第一線與第二線經理。他們是管理流程的專家，但卻不清楚流程運作的細節。於是，產生的新流程模型就變得非常一般化，沒有特殊之處。

Alan Dennis

問題：

1. 假如你負責本專案。對於其餘七個系統專案，你的訪談時程會像什麼？

設計訪談問題：　訪談問題有三類：封閉性問題、開放性問題與探究性問題。**封閉性問題 (closed-ended question)** 需要一個特定的答案。你可以把它想像成考試的選擇題或算術題目 (請參閱圖 4-6)。當分析師要找尋特定、精確的資訊時，可以使用封閉性問題 (例如，每天收到幾件信用卡的申請書)。一般來說，問題愈精確愈好。例如，不要問「你處理很多件申請嗎？」，而最好是問「你每天處理幾件申請書？」。

封閉性問題讓分析師能夠控制訪談，得到他們想要的資訊。然而，這類問題並不會揭露出答案**何以如此**的原因，也不會出現訪談者事先沒問的訊息。

開放性問題 (open-ended question) 留給受訪者想像的空間。這類問題在很多方面很像考試的問答題 (請參閱圖 4-6 的例子)。開放性問題的設計是要蒐集豐富的資訊，並給受訪者在訪談期間有更多對資訊揭露範圍的控制。有時候，受訪者所選擇討論的資訊，剛好與答案同等重要 (例如，如果受訪者在回答問題時只談到其他部門，這可能暗示著，他或她不願意承認自己的部門有問題)。

問題種類	範例
封閉性問題	• 每天收到多少電話訂單？ • 客戶如何下訂單？ • 你希望新系統提供什麼其他資訊？
開放性問題	• 你認爲現行系統怎麼樣？ • 你每天碰到的問題是什麼？ • 你如何決定要用什麼型態的行銷活動？
探究性問題	• 爲什麼？ • 你可以舉例嗎？ • 你可以詳細說明嗎？

圖 4-6　三種類型的問題

第三類型的問題是**探究性問題 (probing question)**。探究的問題循著先前討論過的問題，以便了解更多的資訊，當訪談者不清楚受訪者的回答時，這類問題常被使用。這類問題鼓勵受訪者延伸或確認前一次的回應，它們就是一個信號，代表訪談者正在傾聽而且對討論下的主題感到興趣。許多初學的分析師不願使用探究性問題，因爲他們害怕受訪者會生氣，或者他們聽不懂受訪者在說些什麼。若待之以禮，探究問題可以成爲蒐集資訊的有利工具。

大致而言，訪談者不應該問從他處就可以取得資訊的問題。例如，不要問什麼資訊是用來執行某件任務，比較簡單的方法是，給受訪者看一張表格或報表 (見本章稍後的「文件分析」)，然後問對方使用了哪些資訊。這種方法有助於受訪者把焦點集中於任務本身而且省時，因爲受訪者不用再去描述詳細的資訊。只要在表格或報表上指一下就行。

沒有說哪一種類型的問題一定比其他類型的問題更好，在訪談期間通常會搭配使用不同類型的問題。在資訊系統 (IS) 開發專案的初始階段，現行程序可能不明確，因此，訪談程序由**非結構化訪談 (unstructured interview)** 開始，也就是在訪談中，尋找一組範圍大且粗略定義的資訊。在這種情況下，訪談者大致掌握所要的資訊，但封閉性問題問得不多。這類訪談最具挑戰性，因爲訪談者必須提出開放性問題，而且隨時提出探究性的問題來剝絲抽繭地找出資訊。

隨著專案的進展，分析師漸漸了解企業流程，而且需要企業流程的具體性的資訊 (例如，客戶的信用卡如何核准)。此時，分析師進行**結構化訪談 (structured interview)**，也就是在訪談之前擬定一組特定的問題。通常，結構化訪談比非結構化訪談擁有更多的封閉性問題。

無論進行何種訪談，訪談問題一定要有組織、有邏輯的順序，這樣訪談流程才會進行順利。例如，當分析師想要蒐集關於現行企業流程的資訊時，以邏輯的順序進入流程，或從最重要的議題到最不重要的議題之順序進行，比較有用。

將訪談問題加以組織，有兩種基本方法：由上而下 (top-down) 與由下而上 (bottom-up) 的方法 (圖 4-7)。利用**由上而下**的方法，訪談者從大範圍、一般化的議題開始，然後漸漸往較具體的議題發展。利用**由下而上**的方法，訪談者從非常具體的範圍開始，然後向上往大範圍的問題發展。實務上，分析師可以混用兩種方法，從範圍大的一般議題出發，移至具體的問題，然後再回到一般的議題。

就大多數訪談而言，由上而下的方法是一個適當的策略 (當然也是最普遍的方法)。由上而下的方法使受訪者能夠習慣主題，然後再提供細節。這個方法也使訪談者能夠在進入細節之前先了解議題，因爲訪談者在一開始可能沒有足夠資訊問出非常具體的問題。或許最重要的是，由上而下的方法，使受訪者能夠在細節中打轉之前，提出一組大方向的議題，因此，訪談者較不可能漏掉重要的議題。

使用由下而上的策略，一種較好的情況就是，分析師已經蒐集許多關於議題的資訊 (不論是現行系統、改進觀念或新系統)，而且正要塡寫一些細節的空白。如果基層員工感受威脅或無法回答高階問題時，由下而上的策略可能是適當的作法。例如，「我們如何改善客戶服務？」對於一位從事客戶服務的店員來說，可能是一個範圍很大的問題，然而，一個特定的問題卻可能得到立即的回答 (例如，「我們如何加快客戶退貨的處理？」)。無論如何，所有訪談都應該先從非爭議性的問題開始，後然在訪談者與受訪者發展出和諧關係之後，再逐漸地進入較爭議性的問題。

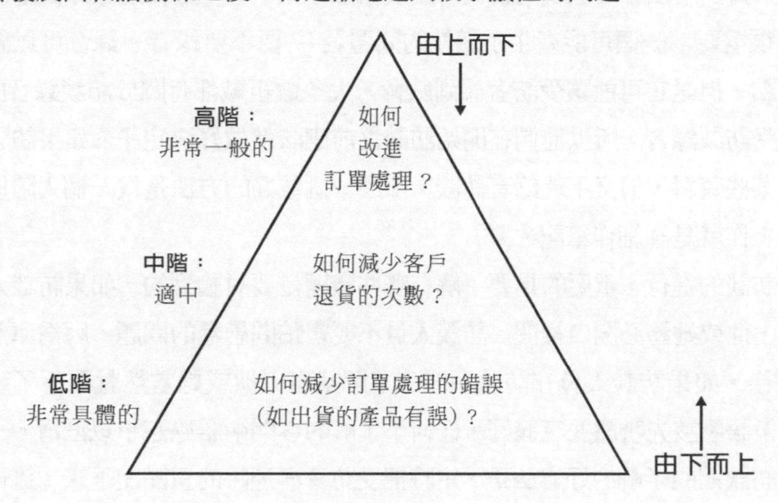

圖 4-7　由上而下與由下而上的發問策略

準備訪談　以你準備簡報的相同方式來準備訪談是很重要的。訪談者應該有一個基本的訪談計畫，列出訪談者要問的問題 (以適當的順序)、預期可能的回答以及如何追蹤這些問題，而且在相關的主題之間做適當的銜接。訪談的人應該確認有哪些部分受訪的人已經知道了，以免問到那些他或她無法回答的問題。審視訪談主題的範圍、問題與計畫，並且確定時間不夠時，哪些問題有最高的優先順序。

一般來說，準備結構化訪談需用的封閉性問題，要比準備非結構化訪談更花時間。所以，一些初學分析師偏愛非結構化訪談，覺得比較容易達成。然而，這很危險而且時常有反效果，因爲在第一次訪談中未蒐集到的資訊需要加以追蹤，以及大部分使用者不喜歡重複被問同樣的問題。

訪談的人也要讓受訪者的人有所準備。當你安排訪談時，請事先告知受訪者爲何要訪談，以及你要討論的範圍，這樣他們才有時間思考問題，並且組織自己的想法。對於訪談的人是組織的局外人，而且要訪談的如果是基層員工時，這一點尤其重要，因爲這類員工通常不會被徵詢意見，並且也會納悶爲何要訪談他。

引導訪談　當你開始訪談時，第一個目標是與受訪者建立和諧的關係，這樣他或她才會信任你，並且樂意告訴訪談人員整個實情，而不止是給你想要的答案而已。訪談人員應該表現出專業、客觀、超然獨立的態度。訪談一開始應該先說明訪談人員爲何要來，以及爲何他或她被選出來接受訪談，然後進入正式的主題。

仔細記錄受訪者提供的所有資訊，這點很重要。根據我們的經驗，最好的方法就是仔細作筆記——寫下受訪者所說的一切，即使有一點離題也沒關係。訪談人員在寫的時候，千萬不用怯於請他或她講慢一點或稍微停頓一下，因爲這正好表示受訪者的資訊對你很重要。一個可能產生爭議性的問題是——要不要錄音。錄音可以確定你不會遺漏重點，但是它可能讓受訪者感到威脅。大多數組織都有關於訪談錄音的政策，或通常接受訪談錄音，所以他們在開始訪談之前應該就做好決定了。如果訪談人員擔心錯過了某些資料，但又不能錄音訪談，那麼一個較好的方法是找一個人陪同，他或她的唯一工作就是詳細作筆記。

隨著訪談的進行，重要的是要了解有哪些議題是要討論到的。如果訪談人員不了解某件事，他或她務必開口提問。訪談人員不要害怕問愚蠢的問題，因爲渾然不知比愚蠢更糟糕。如果訪談人員在訪談期間不了解某事，他或她當然就更不了解以後的事。專門術語應該先辨識並定義好，任何不了解的專門術語應該予以澄清。一個增加訪談人員訪談期間了解的好方法是，定時把受訪者溝通時的重點記下來。這可避免誤會，並且證明你正在傾聽。

實用技巧 5-1 發展人際溝通技能

5-1 發展人際溝通技能

人際溝通技能 (interpersonal skills) 是指那些能讓你與他人培養和諧關係的技能，這些技能對於訪談十分重要。它們有助於你與其他人有效地溝通。有些人在早年就發展很好的人際溝通技能；他們似乎知道如何與人溝通、協調。其他人則沒有那麼幸運，必須靠後天努力來發展他們的技能。

像大多數技術一樣，人際溝通技能是可以學習的。下面是一些小技巧：

- 不需煩惱，快樂一點。　快樂的人散發信心，並把感情投射給他人。請嘗試訪談別人時保持微笑，然後訪談另一個人時皺著眉頭。
- 專心。　注意其他人在說話 (這比你想像中還難)。有多少次你曾經把話題岔開，而不關心正在交談中的主題。
- 覆述重點。　每次有人解釋完某個主旨或想法時，你應該把重點覆述一遍，講給說話的人聽 (例如，讓我確定一下我是不是已經懂了，主要的問題是)。這表示你認爲該資訊很重要，而且強迫你專心聽講 (你沒有辦法重覆沒有聽到的部分)。

- 說話簡潔。　當你講話，言簡意賅。訪談 (及許多生活上) 的目標是學習資訊，而不是感動他人。你說的愈多，你給別人的時間就愈少。
- 誠實爲上策。　據實回答所有問題，如果你不知道答案，就說不知道。
- 注意肢體語言 (你自己與他人)。　一個人坐著或站立的方式都會傳達很多資訊。大致上，一個對你講話有興趣的人，坐姿會往前傾，目光交會，而且時常摸自己的臉。一個傾斜離你遠遠的或把手放在椅背後的人，則顯得興趣缺缺。交叉的手臂表示防禦或不確定；坐著時把手放在面前用指尖互相碰觸的樣子，則顯現出優越感。

最後，事實務必與見解分開來看。受訪者可能說，舉例來說，「我們處理太多信用卡的申請案。」這是一個見解，運用一個探究性問題來做追問能支持該陳述的事實時就很有用 (例如，「哦？一天處理幾件？」)。這對於檢查事實很有幫助，因爲事實與受訪者意見之間的差異，可能點出改善的關鍵之處。假如受訪者抱怨錯誤率太高或不斷增加的話，但是工作日誌卻顯示錯誤正在減少。這意謂著錯誤被視爲是一個很重要的問題，在新系統應該予以重視，即使錯誤正在減少。

當訪談接近尾聲，務必給受訪者一些時間問問題，或讓他們提出認爲重要，但不是你訪談計畫部分的資訊。在大部分情形下，受訪者沒有額外的關心議題或資訊，但有時這也會引導始料未及但又重要的資訊。同樣的，問問受訪者有無其他値得接受訪談的人也是很有幫助。訪談應該準時結束 (必要時，省略一些主題或取消另一場訪談)。

輪到你　4-4　訪談練習

訪談不是那麼簡單。從班上挑選兩人，請他們到台上示範訪談。 (這也可以透過小組進行) 令其中一人爲訪談者，另一人爲受訪者。訪談者針對學校選課系統進行 5 分鐘的訪問。請蒐集現有系統以及系統如何改進的資訊。如果時間夠的話，再挑選另一組同學上台示範。

問題：

1. 描述這對訪談人員的肢體語言。
2. 他們進行何種訪談？
3. 他們問何種問題？
4. 他們做得如何？訪談還有哪些待改進之處？

訪談的最後一個步驟是，訪談人員應該扼要的說明接下來將發生的事 (請見下一節)。訪談人員不應該承諾在新系統中會提供哪些功能、或提早交付系統。但是，你要讓受訪者相信，他們的時間花得很值得，對專案很有幫助。

後續追蹤 訪談結束後，分析師要準備一份**訪談報告 (interview report)** (圖 4-8)，用來描述訪談得來的資訊。報告中包含**訪談筆記 (interview notes)**，亦即，訪談過程所蒐集的資訊，並且使用適當的格式加以摘要。一般而言，訪談報告應該在訪談的 48 小時內完成，因為你拖得愈久，愈可能忘記。

通常，訪談報告應該送給受訪者看、請求其過目，並通知分析師任何澄清或更新的部分。要讓受訪者相信你很需要他或她的指正。通常變更很少，但如果需要重大變更的話，那表示需要第二次訪談。若沒有事先徵得同意，切勿散發某人的資料。

訪談筆記批准人：Linda Estey

受訪者：Linda Estey，

人力資源部門的主任

訪談者：Barbara Wixom

訪談目的：

- 了解現行系統為人力資源部門所列印的報表。
- 確立未來系統的資訊需求。

訪談摘要：

- 所有 HR 報表的範例都附在本報告上。未用及遺漏的資訊，都有註明在報表上。
- 現行系統的兩大問題：

1. 資料太舊 (HR 部門需要兩天的資訊，目前卻要三個星期才可獲得)。
2. 資料品質不佳 (報告常常要與 HR 部門資料庫妥協)。

- 現行系統最常見的資料錯誤，包括不正確的工作層級資訊與遺漏的薪資資訊。

開放項目：

- 從 Mary Skudrna 取得目前的員工名冊 (編號 4355)。
- 與 Mary Skudrna 一起驗證用來決定休假的計算公式。
- 就資料品質問題，安排 Jim Wack 的訪談 (編號 2337)。

詳細附註：請見附件。

圖 4-8 訪談報告

◆ 聯合應用開發 (JAD)

JAD是一項資訊蒐集的技術，允許專案小組、使用者與管理階層一起合作，共同討論系統的需求。IBM在1970年代後期發展了JAD技術。通常，這是一種蒐集使用者資訊最有用的方法。[8] Capers Jones聲稱JAD能夠降低50%過度膨脹的功能，而且避免系統需求過於特殊或含糊，這兩者在SDLC的後期往往造成困擾。[9] JAD是一個結構化的流程，有10到20人一起開會，由一位精於JAD技術的**會議引導人 (facilitator)** 所主導。會議引導人設定開會議程並指導討論，但不加入討論的行列。他或她對於討論中的主題不會提供想法或意見，在會議過程始終保持中立。該會議引導人必須同時是群體互動 (group process) 技術和資訊系統 (information systems) 分析與設計技術的專家。一兩位**文書人員**幫忙引導人寫筆記、影印等等。當JAD會議進行時，文書人員通常會使用電腦與電腦輔助軟體工程 (CASE) 工具記錄資訊。

JAD小組的會議持續幾個小時、幾天或幾個星期，直到所有議題都已討論而且需要的資訊已蒐集完成。大多數的JAD會議都在一間特別準備的會議室舉行，離參與者的辦公室有一段距離，這樣他們就不會受到干擾。會議室通常安排成U字形，這樣所有參加者才能輕易看見彼此 (請參閱圖4-9)。在會議室的前面 (U的開口部分)，備有白板、簡報夾及 (或) 投影機，便於引導人在討論中使用。

JAD的一個問題是，它受制於團體中常會出現的傳統問題；有些人不願挑戰其他人 (特別是老闆) 的意見，有些人常常主導討論，並非每個人都加入討論。例如，在15人的會議裡，如果大家機會均等，那麼每個人每小時只有4分鐘講話，其餘56分鐘則必須聆聽——這不是蒐集資訊的好方法。

一種新形式的JAD稱爲**電子化JAD (electronic JAD，e-JAD)**，此法乃嘗試利用群組軟體克服這類問題。在e-JAD的會議室，每個參加者使用網路電腦上的特殊軟體，以匿名方式的將想法與意見傳給他人。這樣，所有參加者就能同時做出貢獻，而不用懼怕挑戰他人或因此而受到報復。初期研究指出，e-JAD能夠減少50%到80%JAD會議所需時間。[10]

---

[8] 有關 JAD 的進一步資料請見 J. Wood and D. Silver, *Joint Application Development* (New York:Wiley, 1989); and Alan Cline, "Joint Application Development for Requirements Collection and Management," http://www.carolla.com/wp-jad.htm.

[9] 請見 Kevin Strehlo, "Catching up with the Jones and 'Requirement' Creep," *InfoWorld* (July 29, 1996); and Kevin Strehlo, "The Makings of a Happy Customer:Specifying Project X," *InfoWorld* (November 11, 1996)。

[10] 有關 e-JAD 的進一步資料請見 A. R. Dennis, G. S. Hayes, and R. M. Daniels, "Business Process Modeling with Groupware," *Journal of Management Information Systems* 15, no. 4 (1999): 115–142.

挑選參加會議人員　基本上，挑選 JAD 參加者的方式，與挑選訪談的受訪者一樣。根據參加者可提供的資訊來挑選，以提供廣泛的不同組織層級的組合，並且提供新系統政策上的支持。所有 JAD 參加者必須同時遠離其辦公室，可能會是一個大問題。辦公室可能需要關門或由主幹人員 (skeleton staff) 代理，直到 JAD 會議結束。

理想上而言，離開工作崗位參加 JAD 會議的參加者，應該在他們所屬部門很優秀。然而，如果沒有來自上級主管的支持，JAD 會議可能會失敗，因為出席 JAD 會議的人可能是意料之外的人 (亦即，最不能幹的人)。

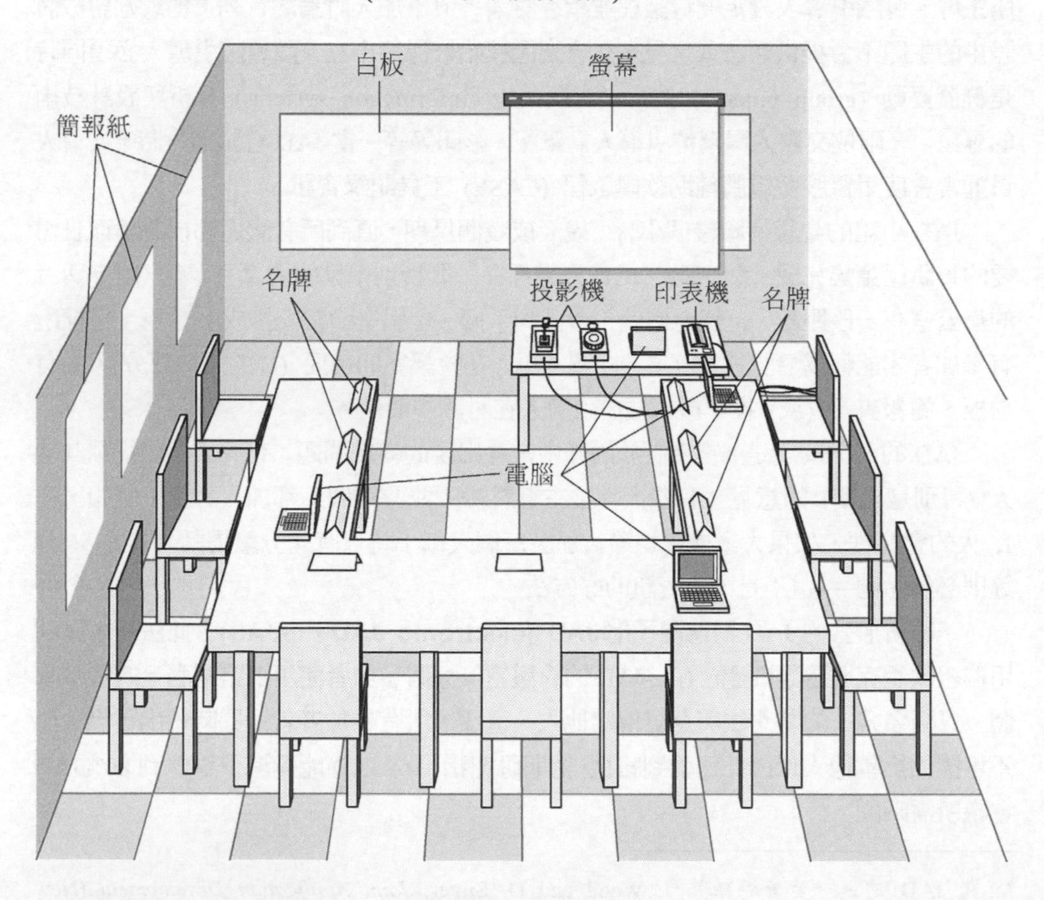

圖 4-9　JAD 會議室

JAD 引導人應該善於 JAD 或 e-JAD 技術，最好是有業務經驗的人。在許多情況下，JAD 引導人是組織外的一位顧問，因為組織平常不需要 JAD 或 e-JAD 的專家。想要自行培養及維持這種專業是十分昂貴的。

規畫 JAD 會議 JAD 會議從半天到好幾個星期都有，端賴專案的大小與範圍而定。根據我們的經驗，大多數 JAD 會議多半維持 5 到 10 天，分配在 3 個星期內。大多數 e-JAD 會議則維持 1 到 4 天，在一星期內完成。JAD 與 e-JAD 會議通常不止是進行資訊的蒐集而已，還進入到分析的階段。這樣，使用者本身就可參與分析任務並提供不同看法，比分析師單打獨鬥好太多了。

正如訪談，成功要仰賴於審慎規劃。JAD 會議的設計與組織，通常使用與訪談一樣的原則。大多數 JAD 會議都是設計來蒐集使用者的特定資訊，所以在開會前，一定要準備一系列的問題。JAD 與訪談的差異在於，所有 JAD 會議都是結構化的——它們**必須**經過審慎的規劃。一般而言，封閉性問題較少使用，因為它們不能激發出典型 JAD 暢所欲言的討論。依據我們的經驗，在 JAD 會議中要蒐集資訊時，最好採用由上而下的方法。通常情況下三十分鐘被分配給每個議程項目，並預計整個議程中會經常休息一會兒，因為參與者容易感到疲累。

籌備 JAD 會議 正如訪談，讓分析師與參加者有準備的參加 JAD 會議，是很重要的事。因為會議不止是一般的深度訪談而已，而且時常要非現場 (off-site) 操作，參加者更在意該如何準備。很重要的是參加者必須要了解是否能夠提供關於現行系統改善想法或新系統的資訊。例如，如果 JAD 會議的目標是要發展非電腦化系統的現行企業流程模型時，參加者便要隨身攜帶程序手冊與文件說明。如果目標是改善想法，那麼在開會前他們應該想一想他們將如何改進系統。

引導會議 大多數 JAD 會議遵循一個正式議程，而且大部分都有定義適當行為的**遊戲規則 (ground rules)**。一般規則包括依照時間表、尊重他人意見、接受不同意見，以及確保只有一人談話不受干擾。

JAD 引導人的角色充滿挑戰性。許多參加者對於將要討論的新系統有強烈的感覺。將參加者的感覺相互交流，引導會議往正面的方向進行，讓參加者認識及接受——但未必要同意——不同於自己的意見與情境，著實需要系統分析與設計、JAD 及人際關係等專業知識。很少系統分析師未經 JAD 的技術訓練，就能引導 JAD 會議，大部分的人都要在資深的 JAD 引導人之下學做學徒，然後才有機會主導第一次的會議。

JAD 引導人執行三個主要的功能。首先，他或她確定大家遵守議程。唯一例外是，引導人、專案領導人及專案發起人清楚發覺 JAD 會議已產生一些非預期的新資訊，這樣的資訊使得 JAD 會議 (或專案) 必須往新的方向加以討論。當參加者的討論偏離議程主題時，引導人一定要堅守立場，禮貌性地把討論引導回來，讓大家回到原來的議題。

實用技巧　JAD 會議的問題管理

我已經主持過不下 100 次的 JAD 與 e- JAD 會議，學會了一些標準的引導人技巧。下面是一些常見問題與一些處理方法：

支配：引導人應該確定沒有人支配團體的討論。對付那位支配討論的仁兄，唯一方法就是正面接觸。在休息時間，接觸那人，當面感謝他或她提供寶貴意見，以及邀請那個人幫助你確定其他的人也都加入了討論。

不發言的人：引導較少參與發言的人，深具挑戰性，因爲你要把他們帶入討論，使他們產生貢獻。最好的方法是問一個直接的事實問題，並確定他們能夠回答。而且讓他們有足夠時間思考問題。例如你可能說，「Pat，我知道你處理出貨單很久了。在出貨部門，你可能待的時間比別人還久。你可以幫我們了解當收到一份訂單後會發生什麼事情嗎？」。

側面討論：有時候參加者會私下從事側面的討論，而不專心於團體的討論。最簡單的處理方法就是走近這些人，就在他們面前繼續你的引導工作。當你離他們只有 2 呎的距離而且在眾目睽睽之下，很少人會繼續私下討論。

議題原地打轉：當有人每隔幾分鐘又回到相同的議題而且不放手時，這種像旋轉木馬的情形就發生了。解決之道是讓這個人有 5 分鐘時間漫談議題的事情，同時，你也記下重點於簡報夾或電腦檔案上。這個簡報夾或檔案接著貼在牆壁上的醒目處。當這個人又繞回到原來議題時，你中斷他或她，走向紙張那裡，問他或她該增加什麼。如果這人還是講相同的話，你很快打斷他 (或她) 的話，指出重點所在，並問問還要增加什麼。不要讓這個人重述相同的重點，只要寫下新的資訊。

強烈的協議：有些最糟糕的意見不合發生是大家真的認同了某個問題，只是因爲彼此用詞不同而不知道對方其實已經同意了。例如，他們爭辯玻璃杯是否要半空或半滿，他們都認同事實，但是不認同別人的用字。在這情況下，引導人必須負責把他們的話翻譯成大家都聽懂的語言，並找出基本規則，如此大家就明白彼此的意思。

沒排解的衝突：在某些情形，參加者不同意，也不了解該如何決定更好的替代方案。你可以把議題組織一下，藉此幫助他們。問一問大家，一個好的替代方案的準則是什麼 (例如，「假設這個主意真的改進客戶服務，那麼我們如何辨別改進的客戶服務呢？」)。一旦你有了準則，就可要求大家使用那些準則來評量替代方案。

眞實的衝突：有時侯，任何的努力都無法讓參加者認同某一個議題。解決之道是延後討論，然後繼續開會。將該議題登載爲「開放性問題」，並列於簡報夾的明顯地方。幾小時後讓大家回到該議題。通常，該議題會自動解決，而且你也不用浪費時間了。如果議題還是無法於稍後解決的話，就留給專案發起人或一些高階主管去裁定吧。

幽默：幽默是引導人最有用的工具之一，應該善加利用。最佳的 JAD 幽默總在談話中，不要蓄意講笑話，而是找機會找出能表達幽默的情境。

Alan Dennis

輪到你　4-5　JAD 練習

在你的班上，組織成 4 到 7 人一組，並且每一組選出一人當作 JAD 引導人。使用黑板、白板或簡報夾等，蒐集每一組關於如何處理事情的資訊 (例如，寫作業、做三明治、付帳單、上課等)。

問題：

1. JAD 會議進行的如何？
2. 根據你的經驗，在一個實際的組織中，對於使用 JAD 方式的贊同與和反對意見是什麼？

其次，引導人一定要協助大家了解技術名詞與行話，而且幫助參加者了解使用的特定分析技術。參加者是他們業務領域的專家，但卻不是分析技術的專家。因此，引導人一定要設法減少學習的需要，並且教導參加者如何有效提供資訊或使用分析技術。

第三，引導人將大家的輸入記錄於一個公開展示區，可能是白板、簡報夾或電腦螢幕。他或她有系統地組織大家提供的資訊，而且協助大家認識主要的議題與重要的解決方案。引導人絕對不可加入自己的意見。引導人一定要始終保持中立，幫助大家進入狀況。一旦引導人提供某個議題上的意見時，大家要忘掉他或她是中立者的身分，而要把他或她認爲是動搖大家意志，設法帶入某預定解決方案的人。

然而，這並不意謂引導人不應該幫助大家解決問題。例如，如果兩個討論項目看起來一樣，引導人不應該說，「我認爲這些相去不遠」。相反的，引導人應該要問「這些很雷同嗎？」。如果大家都決定它們確實雷同，引導人便能把這些問題結合起來，繼續開會。然而，如果大家決定不像 (不管引導人相信怎樣)，引導人就應該接受大家的決定，繼續開會。團體**永遠**是對的，引導人不應有任何意見。

JAD 後續事宜　正如訪談一樣，要準備一份 JAD **會後報告 (post-session report)**，並傳閱給出席者看。JAD 會後報告本質上相同於訪談報告，如圖 4-8 所示。由於 JAD 會議比較長，而且提供更多的資訊，所以從 JAD 開會結束到報告完成，通常要花上 1 到 2 個星期。

◆ 問卷

問卷是一組預先寫好的問題用來取得個人的資訊。問卷通常用於人數很多而且有需要他們的資訊和意見時。根據我們的經驗，問卷常用於組織之外 (如客戶或代理商)，或者企業客戶散布於許多不同地理區域之系統。大部分人一想起問卷，就會想到紙本；但現今許多問卷都可經由電子形式 (email 或 Web) 而完成。電子式問卷的傳送比起紙本的問卷更能節省大量的金錢。

挑選回答問卷的人　正如訪談與 JAD 會議，第一個步驟是挑選問卷調查的對象。然而，挑選到的每個人都可以提供有用的資訊，這種做法並不尋常。標準的方法是選取具有代表性的**樣本群**。因爲抽樣方法在大部分的統計書中都有討論，而且多數商學院也提供這類主題的課程，所以我們在這裡不加討論。選取樣本的重點是，認知每一個收到問卷的人不見得會完成它。一般說來，只有 30%到 50%的紙本與電子郵件問卷會回收。網頁形式的問卷回收率可能更低 (時常只有 5%到 30%)。

設計問卷　研擬出問題的良莠與否，對於問卷甚爲重要，較諸訪談與 JAD 會議尤爲重要，因爲對於困惑的受調者而言，問卷上的資訊無法立刻獲得澄清。問卷上的問題一定要寫得非常清楚，不能有讓人誤會的空間，因此封閉性問題最常見。問題必須使分析師能夠明確區別事實與意見。意見式的「問題」通常是受調者被要求表達他們同意或不同意的陳述 (例如，「網路問題常見嗎？」)，然而，事實的問題企求更精確的值 (例如，「網路問題發生多久了：一小時一次、一天一次或一個星期一次？」)。請參閱圖 4-10 有關問卷設計的指導原則。

- 從非脅迫性與有趣的問題開始。
- 將題目分門別類。
- 在問卷的最後，不要放重要的題目。
- 每一頁不要擠太多題目。
- 避免縮寫。
- 避免使用偏見或暗示性的題目或術語。
- 每個問題加以編號，可避免混亂。
- 預先測試問卷，找出令人困惑的問題。
- 採用匿名的問卷。

圖 4-10　優良的問卷設計

也許最明顯的問題──但在我們的經驗中有時被忽略掉的──就是清楚地了解對於問卷得來的資訊如何加以分析與利用。你必須先研究這個問題，然後再散發問卷，否則將後悔莫及。

問題要有一致性的風格，這樣，受調者才不用回答每個問題時，還要閱讀每個問題的說明。一個很好的作法是，把相關的問題放在一起，回答起來便更容易。一些專家建議，問卷應該從一些對受調者重要的問題開始，如此，問卷就可吸引他們的興趣而且引誘他們繼續回答。或許最重要的步驟是，讓一些同事審查問卷並且交給幾個人(未來接受問卷的對象)，預先測試一下。你將驚訝於發現，即使看似簡單的問題也可能被誤解。

管理問卷　管理問卷方面的主要議題在於，設法讓參加者完成問卷而且回收問卷。許多行銷研究的書籍都撰文討論過提高問卷回收率的方法。常用技巧包括詳細解說為何要實施問卷與為什麼會選上受調者；註明問卷預計回收的日期；提供回答問卷的誘因(如贈送一隻筆)；以及將來會提供問卷回收結果的摘要。系統分析師在組織內還有其他增進回收率的技巧，例如，當面給予問卷，並親自連絡那些在 1 或 2 個星期後尚未回覆的人，以及拜託受調者的主管在一次聚會 (group meeting) 中協助完成問卷。

後續追蹤　正如訪談與 JAD 一樣，在問卷期限過後，馬上處理回收的問卷並完成一份問卷報告，是非常有幫助的。這確保了分析流程按時進行，並且受調者可迅速拿到報告結果。

輪到你　4-6　問卷練習

將你的同學分成四人一組。每個人設計一份簡短問卷，用來蒐集小組成員關於處理事情 (例如，做作業、做三明治、付帳單、上課) 的次數，多久完成，覺得事情做得如何，以及改善程序的機會等資訊。

一旦大家都完成問卷後，第一位小組的成員大聲讀他或她的問卷，其他成員則把答案寫在紙上，然後交給那個人。其他成員輪流重複這個程序，直到每個人都已回答所有問卷，而且每個人都有一組問卷的答案。

問題：

1. 你所填寫的問卷與你設計的問卷有何不同？
2. 每個問卷的優點為何？
3. 如果你收到 50 份問卷，你將如何分析調查結果？
4. 你會如何修改原先所擬的問卷？

◆ 文件分析

文件分析 (document analysis) 時常被專案小組拿來了解現行系統。在理想的情況下，原開發現行系統之專案小組應該已經製作出文件，這文件由後續的專案逐步更新。在這情況下，專案小組可以從檢閱文件與查看系統本身入手。

可惜，大部分系統都未能好好寫文件，因爲專案小組一直都沒有爲他們的專案寫說明文件，而當專案結束時，他們又沒有時間回頭寫說明文件。因此，關於現行系統可能沒有很多技術說明，或者它沒有隨著系統最近的變更而最新。不過，仍然有很多有用的文件放在組織內：書面報告、備忘錄、政策說明書、使用者訓練手冊、組織圖以及表單等。

但是，這些文件只說了一部分的故事。它們代表組織使用的**正式系統 (formal system)**。許多時候，眞正的或**非正式系統 (informal system)**，不同於正式系統，而且這些差異──特別是大的差異──強烈暗示著新系統需要改變什麼。例如，從未使用的表單或報表可能應該剔除。同樣地，表單上從未填過的空格或問題也應該重新思索。請參閱圖 4-11 有關如何解釋文件的例子。

系統須要變更的最強烈現象是，使用者得要自己建立表單或新增更多的資訊到現有的系統上時。這些變更明顯地印證現有的系統有改進的空間。因此，檢閱空白及完成的表單，以辨認出兩者間的差異之處，是很有用的。同樣地，當使用者取用好幾個報告以滿足他們的資訊需求時，這便是一個需要新的資訊或新的資訊格式的明顯跡象。

概念活用 4-F Publix 的信用卡單據

在我家附近的 Publix 超級市場，收銀員總在每張信用卡單據上手寫收費總額，即使金額已印在上面。爲什麼？因爲後勤人員在核對收銀機現金與每次輪班的銷售量時，發現印在單據上的數字實在太小了。較大的手寫字將有助於辨識及加總。不過，收銀員有時還是會犯錯，寫錯往往造成諸多困擾。

Barbara Wixom

問題：

1. 信用卡單據對於現有系統，代表什麼意義？
2. 你會如何改進系統？

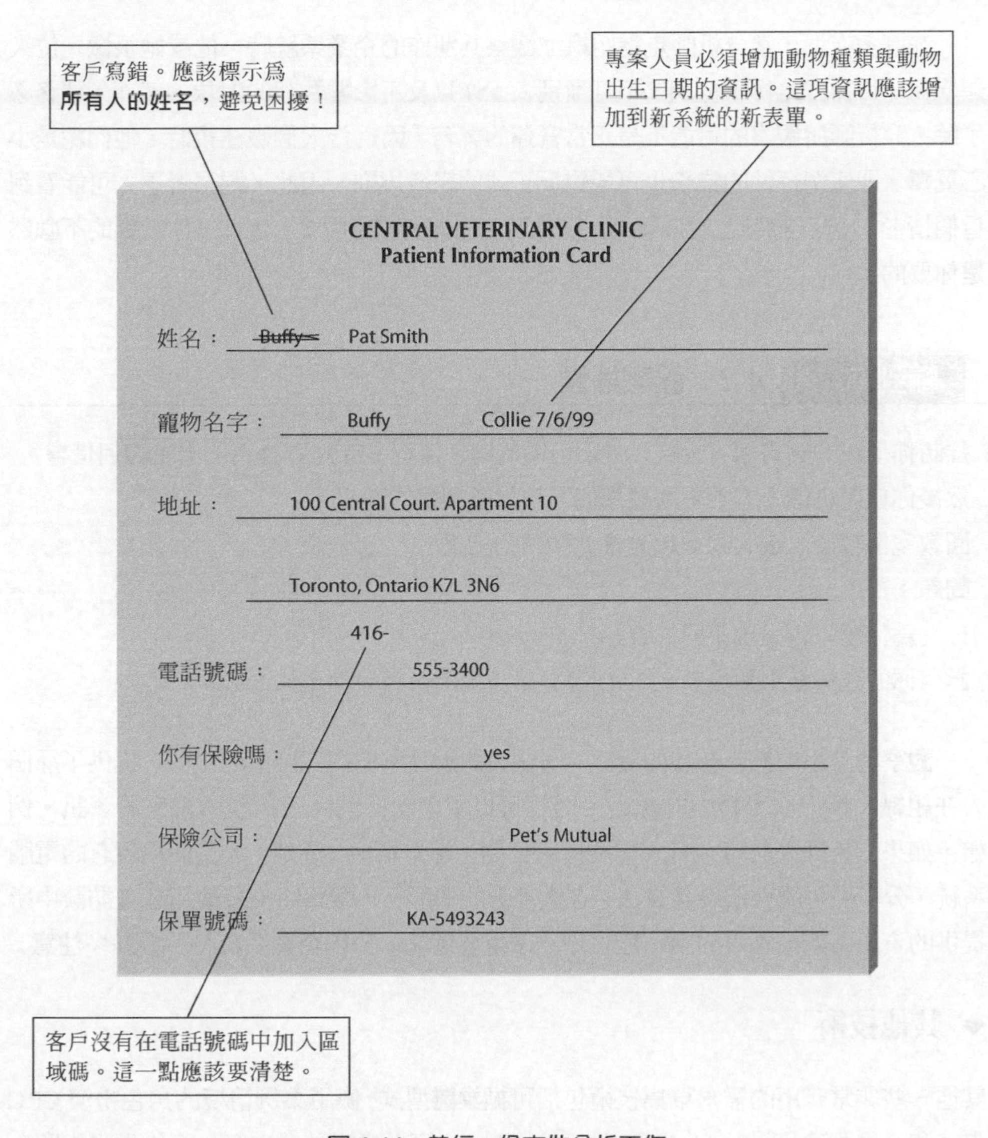

圖 4-11　執行一份文件分析工作

◆ 觀察

觀察，看著流程如何被執行的動作，是蒐集現行系統情報的有利工具，因為它讓分析師可以藉此看到某個情境的實情，而不是光聽他人在訪談或 JAD 會議中描述事情而已。一些研究顯示，許多經理人其實並不記得他們如何工作以及如何分配時間。(快，請問你上星期在每個課程上花了多少時間？)。觀察是一個核對訪談及問卷等間接來源所蒐集到的資訊的好方法。

在許多方面，當分析師走進組織並觀察其運作的企業系統時，他或她很像一位人類學家。目標就是行事低調、不打斷別人工作以及不影響觀察的對象。然而，請務必了解，分析師所觀察的可能不是正常營運的業務，因爲當人們被注視時，他們總是小心翼翼。即使例行性的業務也可能違反正式的組織規則，因此，觀察者不太可能看到這個情形。(記不記得上次有警車尾隨你時，你如何開車呢？) 因此，你看到的**不必然是**你要的。

輪到你 4-7 觀察練習

拜訪你學校的圖書館，並觀察書籍借閱的處理流程。首先看看幾個學生如何借書，然後你自己也借一本看看。請準備一篇你所觀察的簡報。

回教室上課後，跟大家一起分享你觀察的結果。

問題：

1. 爲什麼報告呈現不同的資訊？
2. 你的觀察結果與訪談或 JAD 等蒐集技術所得者有何不同？

觀察時常用來補充訪談的資訊。一個人的辦公室與內部裝潢的位置，提供了那個人在組織內權力與影響力的線索，而且可以用來支持或反駁訪談所得來的資訊。例如，如果分析師來訪時，有人電腦還未打開，卻聲稱他 (或她) 大量使用現有的電腦系統，分析師可能會懷疑其說法。在大部分的情形下，觀察將支持使用者在訪談中所提供的資訊。如果不是的話，它也是一個重要信號，分析企業系統時，要多多注意

◆ 其他技術

其他一些非常有用的需求蒐集技術包括可拋棄雛型式，使用案例情境的角色扮演 CRC 卡，和心靈概念圖法 (mind/concept mapping)。可拋棄雛型式在第一章從做過說明。從本質上講，可拋棄雛型式是做出來用以更加了解新系統某些方面的。在許多情況下，它們被用來測試一些技術方面的非功能性的需求，如客戶端工作站連接到伺服器。如果你從來沒有這樣做過，讓你覺得輕鬆一點的做法是，先開發一個非常小的樣本系統，以測試出從客戶端工作站連接到伺服器的必要的設計，而不是試圖第一次就以功能完整地的系統來連線。因此，可拋棄雛型式設計時，在設計系統的實體架構時是非常有用的 (見第十二章)。可拋棄雛型式在設計使用者介面時也非常有用 (見第十一章)。

使用案例場景的角色扮演CRC卡在製作功能 (見第五章)、結構 (見第六章) 和行爲 (見第七章) 等模型時非常有用。我們將在第六章談論這幾種方法。

概念圖是一個教育心理學技術，已應用於學校、企業、醫療保健機構，用於學習、理解和知識創造。[11] 概念圖代表概念之間有意義的關係。

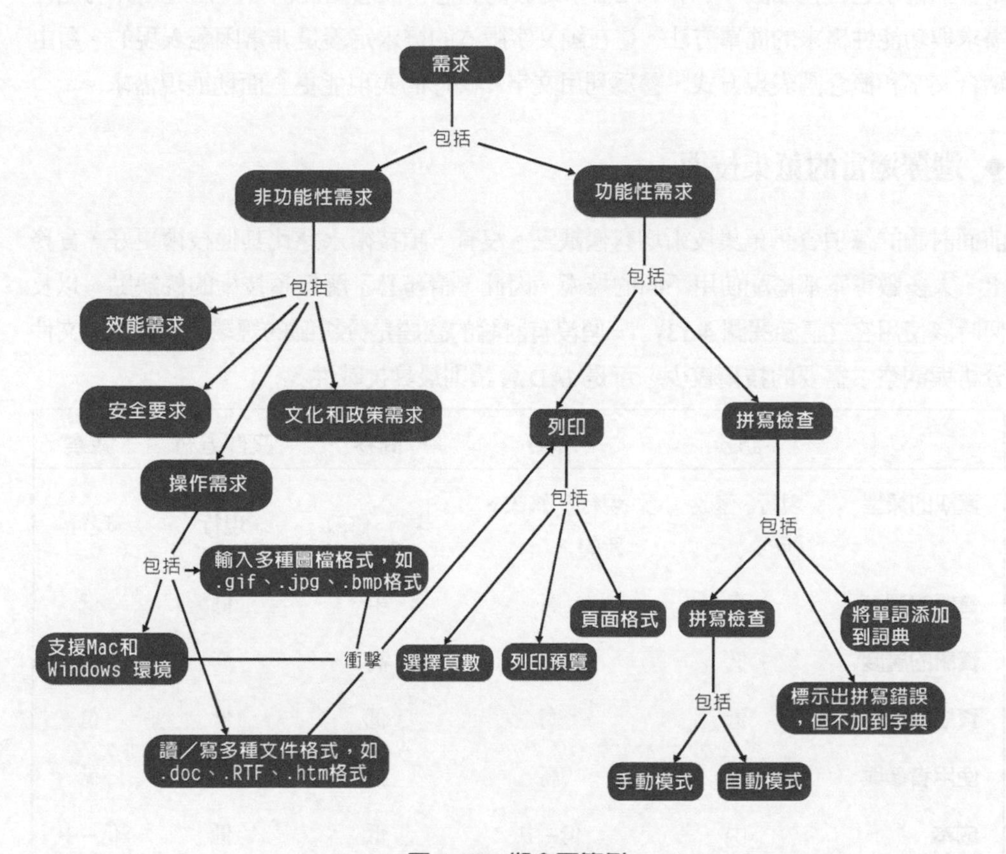

圖 4-12 概念圖範例

概念圖對於將個人的思慮聚焦於他們該專心的少數重要概念之處很有幫助。一個概念圖基本上是一個節點和弧的組成，其中節點代表個人需求，而弧代表需求之間的

[11]有關概念圖法近一不的資料，請參閱 J. D. Novak and D. B. Gowin, *Learning How to Learn* (Cambridge, UK:Cambridge University Press, 1984); and J. D. Novak, *Learning, Creating, and Using Knowledge:Concept Maps™ as Facilitative Tools in Schools and Corporations* (Mahwah, NL:Lawrence Erlbaum Associates, Publishers, 1998).同時，概念圖法的工具可從人機認知研究所 cmap.ihmc.us 獲得。

關係。每個弧是一個標有名字的關係。概念圖也已被推薦爲一個能支援物件導向系統與知識管理系統之塑模需求的可行技術。[12] 概念圖方式優於常見的以文字方式（見圖 4-2）來表現需求之處在於，概念圖並不侷限於上下階層式的表達方式。概念圖得以讓功能和非功能需求之間的關係，可以明確地被表現出來。例如，圖 4-12 所示的概念圖中，描繪了包含在如圖 4-1 所示之需求定義的訊息，概念圖提供了一個連結非功能性需求與功能性需求的簡單方法。這在純文字版本的需求定義是非常困難表現的。藉由結合文字和概念圖表現方式，善爲利用文字和圖形的表現能更全面地展現需求。

◆ 選擇適當的蒐集技術

前面討論的每項資訊蒐集技術均有優缺點。沒有一項技術永遠比其他技術更好，實務上，大多數專案都搭配使用不同的技術。因此，請務必了解每項技術的優缺點，以及何時該使用它 (請參閱圖 4-13)。一個沒有討論的議題是分析師的經驗。大體上，文件分析與觀察，需要的技術較少，可是 JAD 會議則最具挑戰性。

	訪談	JAD	問卷	文件分析	觀察
資訊的類型	現行、修改、新的	現行、修改、新的	現行、修改	現行	現行
資訊的深度	高	高	中	低	低
資訊的廣度	低	中	高	高	低
資訊的整合	低	高	低	低	低
使用者參與	中	高	低	低	低
成本	中	低–中	低	低	低–中

圖 4-13　需求蒐集技術一覽表

資訊的類型　第一個特性是資訊的類型。有些技術較適合於資訊蒐集的不同階段，不管是了解現行系統、確認改善或發展新系統。訪談與 JAD 常用於這三個階段。相反地，文件分析與觀察通常最有利於了解現行系統，不過它們提供的資訊偶爾也包含有待改進的當前問題。問卷常用來蒐集現行系統的資訊，以及改進的一般性資訊。

---

[12] See B. Henderson-Sellers, A. Simons, and H. Younessi, *The OPEN Toolbox of Techniques* (Harlow, England:Addison-Wesley, 1998)

資訊的深度　資訊的深度 (depth of information) 乃指出，技術產生的資訊要如何豐富而詳盡，以及使用範圍要有多大，才能夠不僅僅獲得事實與意見之外，也可以了解那些事實與意見爲何會存在。訪談與 JAD 會議有助於提供豐富而詳盡的資訊深度，以及有利於分析師了解背後的理由。另一方面，文件分析與觀察有利於獲得事實，但卻僅止於此。問卷能夠提供普通深度的資訊，並引出事實及意見，但通常不知其所以然。

資訊的廣度　資訊的廣度 (breadth of information) 乃指出，使用該技術可以輕易蒐集到資訊及其來源的範圍。問卷與文件分析兩者都很容易從大量的資訊來源引出範圍很廣的資訊。相反地，訪談和觀察兩者需要分析師個別參訪每個資訊來源，並且花更多的時間。JAD 會議則居中，因爲許多資訊來源都同時帶進來了。

資訊的整合　蒐集資訊的一大挑戰就是來自不同來源的資訊整合 (integration of information)。簡言之，不同的人可能提供相互矛盾的資訊。結合這項資訊並試圖化解意見或事實的歧異經常很費時，因爲這意謂著要依序接觸每個資訊來源，解釋差異，並嘗試修飾資訊。在許多情況，人們總以爲分析師是在挑戰其資訊，事實上，挑戰其資訊的人不是分析師，而是組織內其他部門的人。這增加了使用者的防禦心態，而使得要化解歧異更顯得困難重重。

所有技術多少都有整合上的問題，但是 JAD 會議特別用來改進整合，因爲所有資訊在蒐集的同時便加以整合，而非事後才做。如果有兩個人提供不一致的資訊，那麼這種矛盾立即而明顯，衝突的來源也是一樣。資訊的立即整合是 JAD 會議最獨特的效益，有別於其他技術，這就是大多數組織爲何使用 JAD 從事重大專案的原因。

使用者參與　使用者參與 (user involvement) 指的是，新系統的預定使用者必須投注心力於分析流程。普遍都同意的是，使用者在分析與設計流程中參與得愈多，系統成功的機會愈大。然而，使用者參與可能有很大的成本，並非所有使用者都願意投入寶貴的時間與精力。問卷、文件分析及觀察給使用者的負擔最少，而 JAD 會議則需要相當多的投入。

成本　成本總是的最重要考量。大致上，問卷、文件分析及觀察是低成本的技術 (雖然觀察可能相當費時)。這種低成本並不意味它們比別的技術有效或沒效。我們認爲，訪談與 JAD 會議的成本比較適中。一般而言，JAD 的初期成本比較高，因爲許多使用者要離開辦公室好長一段時間，並且有顧問的薪水要支付。然而，JAD 會議卻可大幅縮短資訊整合的時間，並在後期階段產生較低的成本。

搭配不同的技術　實務上，資訊蒐集與資訊分析經常反覆進行，並且搭配一系列不同的蒐集技術。大多數資訊蒐集計畫開始於高階主管的訪談，以便取得專案及其方針的理解。由此，範圍是否需要大的改變或小的改變，便愈加明顯。這些訪談時常還伴隨著文件與公司政策的分析，進而了解現行系統。通常，訪談緊隨在後，便於蒐集其餘關於現行系統資訊。

概念活用 4-G 校園技術與時俱進

大學與學院的技術需要能夠與時俱進。許多學校有筆記型電腦的程式，可以讓學生購買或租用一個特定型式的筆記型電腦，其中預先安裝了學生於求學期間會使用的適當軟體。同樣，校園需要更新其基礎設施，如增加頻寬 (以處理更多的影像，如 YouTube)，並提供無線通信。

Northern Wisconsin 大學校園試著跟上現有的技術。校園預算幾乎總是很緊。UNWWisconsin 主校區，以及 Ashland 和 Rhinelander 兩個衛星校園提供程式服務。兩個衛星校園的使用者經常沒有得到如同主校區學生同樣的服務水平。網際網路普遍比較慢，以及並非所有的軟體都是一樣的。例如，在主校區的學生有機會獲得彭博 (Blomberg) 系統的金融交易分析數據。校園選擇爲所有的學生建立一個網際網路入口網站，以取得同樣的軟體和系統，建立學生識別碼、學生資料和權限。

問題：

1. 需要什麼樣的技術，才能讓你的校園成爲一個以一流技術爲導向的學校？
2. 一個大學校園與一個分布於數個地點與其需用軟體之企業，有何雷同之處？

根據我們的經驗，JAD 會議是最常使用的技術，因爲 JAD 會議可以讓使用者與主要利益相關人聚在一起使用分析技術 (無論是 BPA、BPI 或 BPR)，並且分享對於未來新系統可能性的共識。有時候，這些 JAD 會議會伴隨著問卷，發送給更多的使用者或潛在使用者，看看參加 JAD 會議人員的意見是否可廣納被分享。

開發新系統的概念，通常透過高階經理的訪談而達成，其後伴隨著 JAD 會議，用以確保新系統的關鍵需要已經被徹底的了解。

系統建議書

一份系統建議書整合了在規劃與分析階段所製作之材料，而匯集成一個單一文件。該系統建議書通常包括執行摘要、系統需求、工作計畫、可行性分析、需求定義，以及描述新系統之演進中的模型。[13] 執行摘要以一個非常簡潔的形式列出所有重要的資訊。它可以被看作是一個完整的提案的摘要。其目的是讓繁忙的行政人員透過它可以

---

[13]根據使用者的不同，而可能需要更詳細的規格，例如國防部、美國航空太空總署、電機及電子學工程師學會/ANSI 和海軍研究實驗室都有非常具體的必須遵循的格式。欲了解更多這些詳細規格的細節，請參閱 A. M Davis, *Software Requirements, Revision* (Upper Saddle River, NJ:Prentice Hall, 1993); G. Kotonya and I. Sommerville, *Requirements Engineering* (Chichester, England:Wiley, 1998); and R. H. Thayer and M. Dorfman (eds.), *Software Requirements Engineering,* 2nd ed. (Los Alamitos, CA:IEEE Computer Society Press, 1997)。

快速閱讀，並確定哪些部分的建議，他們需要進一步地了解。圖 4-14 提供了一個系統建議書樣版和所描述之建議書其他部分的參考資料出處。

1. **目錄**
2. **執行摘要**

   一份建議書中有所有重要資訊的摘要，以便繁忙的行政人員可以很快的瀏覽一遍，並決定計畫的哪些部分需要更深入地閱讀。

3. **系統需求**

   修訂後的系統需求表 (參閱第二章)。

4. **工作計畫**

   原來的工作計畫，完成分析階段之後所做的修改 (參閱第三章)。

5. **可行性分析**

   修改後的可行性分析，使用分析階段的資訊 (參閱第二章)。

6. **需求定義**

   系統功能和非功能性企業需求的清單 (本章)。

7. **功能模型**

   一張活動圖，一組使用案例的描述，以及一個說明該系統需要支援之基本流程或外部功能的使用案例圖 (參閱第五章)。

8. **結構模型**

   一套 CRC 卡，描述新系統結構觀點的類別圖與物件圖 (參閱第六章)。這可能也包括目前將被取代之現行系統的結構模型。

9. **行為模型**

   一套循序圖、溝通、行爲狀態機和一個描述新系統內部行爲的 CRUD 矩陣 (參閱第 7 章)。這可能包括將被取代之現行系統的行爲模型。

附錄

這些包含其他與建議書相關、經常被用來支援所擬議的系統之材料。這可能包括一份問卷調查或訪談的結果、行業報告和統計數據等。

圖 4-14　系統規劃書樣版

應用概念於 CD Selections 公司

一旦 CD Selections 公司的審查委員會同意系統建議書及可行性分析後，專案小組就要開始進行分析活動。這些包括使用各種技術所蒐集到的需求，以及對蒐集到的需求所做的分析。CD Selections 公司延聘一位網路行銷顧問 Chris Campbell 博士。他主要在分析階段提供建議給 Alec、Margaret 及專案小組。

◆ 需求分析策略

Margaret 建議專案小組跟門市經理、行銷分析師與 IT 部門的網路專家開幾次 JAD 會議。大家透過 BPI 策略進行腦力激盪，希望利用網路系統改善現有的訂單流程。

Alec 在一個星期內就開了三次的 JAD 會議。Alec 過去的開會經驗讓他順利把 8 人的會議完成。首先，Alec 使用技術分析並建議系統可用的網路技術。JAD 會議醞釀了 CD Selections 公司如何應用每項技術於網路訂單系統專案的想法。Alec 請大家把想法分成三類：最能提供企業價值的明確想法；或許可以增加企業價值的可能想法；以及不太可能的想法。

接著，Alec 運用非正式標竿的技術，介紹幾家零售業龍頭的網站，並指出其線上提供的功能。他選擇了幾家網路銷售成功的網站，以及幾家跟 CD Selections 的新系統相近的網站。大家討論大多數零售業者的共同特色以及獨特的功能，並且他們為專案小組擬定了一份企業需求清單。

◆ 需求蒐集技術

Alec 相信有必要了解組織現有的訂單流程與系統，因為這些必須與網路訂單系統整合在一起。運用了三個已證明很有用的需求蒐集技術，來了解現有系統及流程──文件分析、訪談及觀察。

首先，專案小組蒐集現有的報表 (如訂單格式、線上訂單畫面等) 以及說明現行系統的系統文件。他們利用這種方式能夠蒐集到實體訂單流程的很多資訊。當問題發生時，他們能夠請教當初提供說明文件的人，以尋求問題的釐清。

接著，Alec 訪談了訂單與存貨系統的高級分析師，以進一步了解那些系統怎麼運作的。他問他們是否對於新系統有概念，以及任何有待解決的整合議題。Alec 也訪談了 ISP 的連絡人以及管理 CD Selections 公司現有網站的 IT 人員。他們都提供了關於公司現有網路通訊架構與網路功能的寶貴資訊。最後，Alex 花了半天的時間訪問兩個零售商店，觀察下訂與保留流程究竟是如何在實體設施中完成。

◆ 需求定義

在所有這些活動期間，專案小組蒐集資訊，並試圖從該資訊找出系統的作業需求。當專案進行時，需求被加到需求定義中，並依需求的類型予以分類。當問題發生時，他們與 Margaret、Chris 及 Alec 合作，一起確認需求是否在範圍之內。如果超出現有系統的範圍，便放在一個不同的文件，以備未來所需。

分析結束時，需求定義發給 Margaret、兩位行銷部的員工，以及幾位門市經理看。這群人接著參加爲期兩天的 JAD 會議，針對企業需求加以澄清、定案及安排重要性，同時也建立使用案例，第五章說明系統將如何使用。[14]

專案小組也花了些時間在建立結構與行爲模型 (第六章及第七章)，藉此描繪未來系統所用到的物件。行銷與 IT 部門的人員審閱專案小組受訪的文件。圖 4-15 顯示了最後需求定義的一部分，以及圖 4-16 以概念圖的形式來代表需求。

非功能性需求

1. 操作性需求

   1.1 網路銷售系統從主要資料庫取得資訊，而這個資料庫包含 CD 的基本資訊 (如標題、演唱者、ID 編號、價格、存貨量等)。網路銷售系統不會寫資料到這個主要的資料庫上。

   1.2 網路銷售系統把 CD 的新訂單存在特別的訂單系統上，未來依靠這個特殊的訂單系統完成這些特別的訂單。

   1.3 系統的新模組將管理網路銷售系統所產生的「預留 (hold)」，這個新模組的需求，將成爲系統文件的一部分，因爲這種需求對於系統很重要。

2. 效能需求

   不需要特別的效能需求

3. 安全需求

   不需要特別的安全需求

4. 文化與政策需求

   不需要特別的文化及政策需求

功能性需求

1. 維護 CD 資訊

圖 4-15 CD Selections 公司的需求定義

[14]這 JAD 會議並不是原先計畫的。因此，工作計畫 (請參閱圖 3-22) 應該被修改過了。

1.1 網路銷售系統將需要 CD 基本資訊的資料庫，這樣才可行銷全球。這個資料庫類似於各門市的 CD 資料庫 (如標題、演唱者、ID 編號、價格、存貨量等)。

1.2 網路銷售系統每天將收到配銷系統的更新通知，以便更新這個 CD 資料庫。系統可能新增、刪除或修改一些新的 CD (如價格)。

1.3 電子行銷 (electronic manager，EM) 經理 (新設的職稱) 也能夠更新資訊 (如售價)。

2. 維護 CD 行銷資訊

2.1 網路銷售系統提供一個新機會，讓 CD 行銷給既有及新增的客戶。系統將提供一個精選 CD 的行銷資料庫，幫助 Web 使用者了解更多產品的知識 (如樂評、相關網站連結、演唱者資訊及音樂片段)。當 CD 資訊含有其他資訊時，將顯示該資訊的連結。

2.2 行銷素材主要由唱片業及簡裝本所提供，有利於我們促銷 CD。行銷部門的 EM 經理將決定系統放什麼行銷素材，並負責這些素材的增刪與修改。

3. 下 CD 訂單

3.1 客戶將使用網路銷售系統尋找有興趣的 CD。有些客戶會依某演唱者搜尋特別的 CD，有些客戶則會瀏覽某些類別 (如搖滾、爵士、古典等) 的 CD。

3.2 當顧客找到所要的 CD 時，必須提供個人資訊 (如姓名、e-mail、地址、信用卡) 與訂單資訊 (如購買的 CD 以及數量)，才可結帳。

3.3 系統將利用線上信用卡授權中心驗證顧客的信用卡，以便決定接受或拒絕該筆訂單。

3.4 顧客能夠查看門市是否有 CD 存貨。他們利用郵遞區號尋找附近的門市。如果有的話，便可立即下單，然後就近到該門市提貨。

3.5 如果 CD 不在門市，顧客可以特別向該門市下單，稍後再提貨。當 CD 到貨時，顧客會收到 email 通知。CD 將保留七天 (七天後，將過期)。這個流程跟傳統門市的做法一樣。

3.6 使用者也可以透過郵購買 CD (見需求 4)。

4. 填寫郵購單

4.1 當郵購 CD 時，網路銷售系統將郵購訂單送到郵購配銷系統。

4.2 郵購配銷系統將處理 CD 寄送顧客的工作；該系統會通知網路銷售系統並寄 email 給顧客。

4.3 EM 經理可藉由週報檢查訂單狀態。

圖 4-15　CD Selections 公司的需求定義(續)

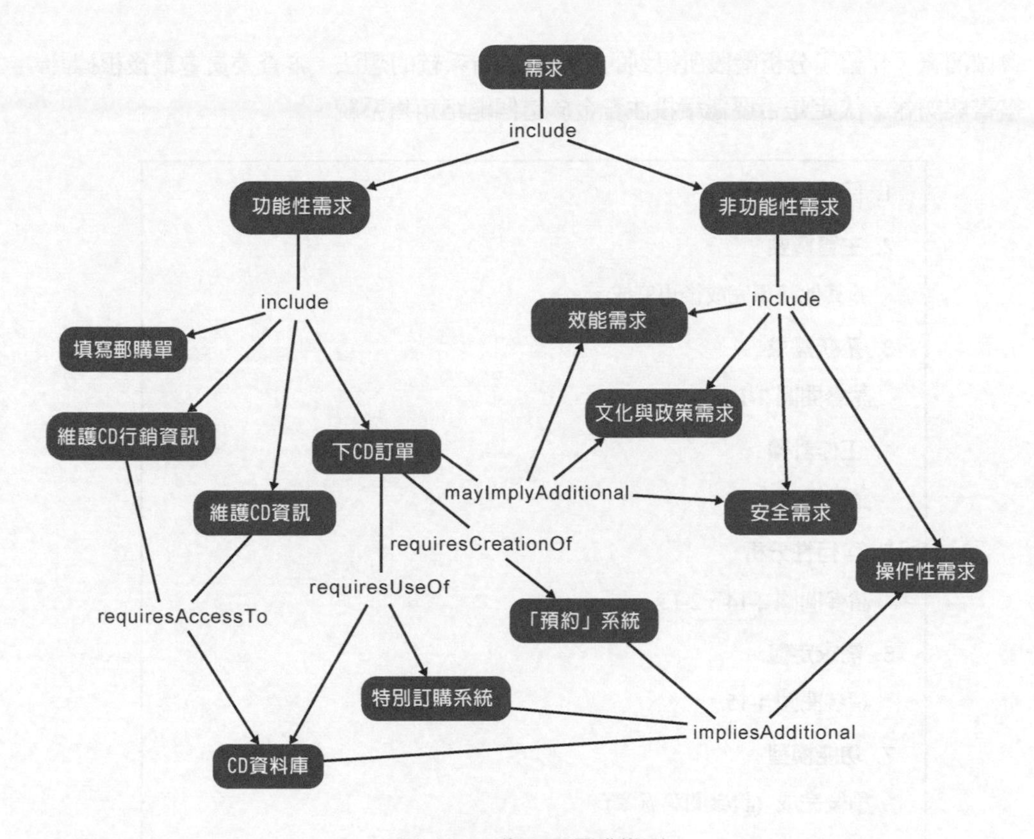

圖 4-16　概念圖需求模型

◆ 系統建議書

Alec 審查需求定義以及專案小組在分析階段所製作的其他交付文件。由於 Margaret 希望系統能在明年的耶誕假期前完成，所以 Alec 決定採用時間定量法管控專案的開發時程，他決定依照時程進度而放適當的功能 (見第三章)。他建議專案小組分三個版本開發該系統，而不是企圖一次就想開發涵蓋所有功能的完整系統。第一個版本，爲了趕在假期前就能上線作業，會實作一個基本具有其他零售業者標準的網路訂單功能。第二個版本則規劃在春夏之交完成，設計出具有 CD Selections 公司特色的幾個功能。第三個版本則增加一些進階的功能，如網路上可聆聽音樂片段、搜尋同類的 CD 及撰寫評論等。

Alec 於是修訂工作計畫，並且與 Margaret 及行銷部的幾位同仁一起審閱可行性分析，必要時還加以修改。專案的所有交付文件隨即合併成一份系統建議書，提交給審查委員會。圖 4-17 是 CD Selections 系統建議書的大綱。Margaret 與 Alec 向審查委員會做簡報，介紹了分析階段所得到的發現以及新系統的想法。審查委員會最後根據計畫書與簡報，決定是否要繼續投注資金於這個網路銷售系統。

1. **目錄**
2. **主管摘要**

   於其他諸事完成後再完成。
3. **系統需求**

   請參閱圖 2-13。
4. **工作計畫**

   請參閱圖 3-22。
5. **可行性分析**

   請參閱圖 2-14、2-15。
6. **需求定義**

   請參閱圖 4-15。
7. **功能模型**

   稍後完成 (請參閱第五章)。
8. **結構模型**

   稍後完成 (請參閱第六章)。
9. **行為模型**

   稍後完成 (請參閱第七章)。

附錄

A. 規模與工作量估算

請參閱圖 3-21。

B. 人事計畫

請參閱圖 3-23。

C. 專案章程

請參閱圖 3-24。

圖 4-17 CD Selections 公司的系統建議書大綱

摘要

◆ 需求確立

需求確立是分析的一部分，專案小組藉此將系統需求所述企業需求的高層次解釋，轉成較為準確的需求清單。需求不過是敘述系統必須做什麼，或者必須具有什麼特徵而已。企業需求描述系統的「什麼」，而系統需求則描述系統「如何」實作。一個功能性需求直接指出系統必須執行的流程或必須含有的資訊。非功能性需求則指出系統必須具有的行為特質，如效能或實用性。所有這些需求應該在系統的範圍內，而且寫到需求定義上，這個定義可用來建立其他分析文件，並且形成新系統的初步設計。

◆ 需求分析策略

基本的分析流程分為三個步驟：了解現行系統、確認改進之處，以及研擬新系統的需求。三種需求分析策略──BPA、BPI 或 BPR──協助分析師帶領使用者通過這三個 (或兩個) 分析步驟，使系統的願景得以發展出來。BPA 指保持組織基本營運方式不變，但利用電腦科技取代部分的工作。「問題分析」與「問題根源分析」，是兩個常用的 BPA 技術。BPI 指的是對於組織運作的方式做出適度的改變，以善用技術所提供的新機會，或複製競爭對手所為。存續期間分析、活動成本計算，以及非正式標竿，是三個常見的 BPI 活動。BPR 指的是從基本上改變組織的運作方式。結果分析、技術分析及活動剔除，是三種常見的 BPR 活動。

◆ 需求蒐集技術

五個技術可以用來蒐集系統的企業需求：訪談、JAD 會議 (一種特殊型態的團體會議)、問卷、文件分析與觀察。訪談需要一人或多人參與，並請他們提出問題。訪談流程有五個步驟：訪談程序的五個基本步驟是：挑選受訪者、設計訪談問題、準備訪談、引導訪談與後續追蹤。聯合應用開發允許專案小組、使用者與管理階層共同討論系統的需求。電子化 JAD 嘗試利用群組軟體克服團體開會時常見的問題。問卷通常是一組事先寫好的問題，用於取得個人的意見。問卷通常用於想要取得多數人資訊或意見的時候。文件分析要求審查文件並檢視系統本身。此一技術可提供正式與非正式系統的見解。觀察，就是觀看作業流程如何執行，乃蒐集現行系統的有利工具，因為分析師可以親自看到真實面。

◆ 系統建議書

一份系統建議書整合了在計畫與分析階段所製作之材料，而匯集成一個單一、全面的文件。系統建議書的實際格式一定程度上取決於客戶。例如，聯邦政府對於系統建議書所應該滿足的需求規定得非常具體，然而一個鄉野之地的自行車行則寧願使用更簡單的格式。

關鍵字彙

Activity elimination　活動剔除

Activity-based costing　活動成本

Analysis　分析

As-is system　現行系統

Benchmarking　標竿

Bottom-up interview　由下而上的訪談

Breadth of analysis　分析的廣度

Business process automation (BPA)　企業流程自動化 (BPA)

Business process improvement (BPI)　企業流程改進 (BPI)

Business process reengineering (BPR)　企業流程再造 (BPR)

Business requirements　企業需求

Closed-ended question　封閉性問題

Critical thinking skills　批判式思考

Document analysis　文件分析

Duration analysis　存續期間分析

Electronic JAD (e-JAD)　電子化 JAD (e-JAD)

Facilitator　引導人

Formal system　正式系統

Functional requirements　功能性需求

Ground rules　遊戲規則

Informal benchmarking　非正式標竿

Informal system　非正式系統

Interpersonal skills　人際溝通技能

Interview　訪談

Interview notes　訪談筆記

Interview report　訪談報告

Interview schedule　訪談時程

JAD (joint application development)　JAD (聯合應用開發)

Nonfunctional requirements　非功能性需求

Observation　觀察

Open-ended question　開放性問題

Outcome analysis　結果分析

Parallelization　平行化

Process Integration　程序整合

Postsession report　會後報告

Potential business value　潛在企業價值

Probing question　探究問題

Problem analysis　問題分析

Project cost　專案成本

Questionnaire　問卷

Requirement　需求

Requirements definition　需求定義

Requirements determination　需求確立
Risk　風險
Root cause　問題根源
Root-cause analysis　問題根源分析
Sample　樣本
Scribe　文書人員
Structured interview　結構式訪談
System proposal　系統建議書
System requirements　系統需求
Technology analysis　技術分析
To-be system　新系統
Top-down interview　由上而下訪談
Unstructured interview　非結構式訪談
Walkthrough　演練

問題

1. 分析流程的三個基本步驟爲何？有時是哪一步跳過或簡略的做？爲什麼？
2. 選擇一個適當的分析策略的主要因素是什麼？
3. 分析階段所製作的主要交付文件是什麼？該階段的最後交付文件，以及內容爲何？
4. 需求定義的目的是什麼？
5. 請比較 BPA、BPI 與 BPR 的企業目標。
6. 現行系統與新系統有何差異？
7. 假設時間與金錢都不是重要的考量，把額外時間花在現行系統的了解上，有助於 BPR 型的專案嗎？爲什麼是或不是？
8. 請比較問題分析與問題根源分析。在什麼條件下，你會使用問題分析？在什麼條件下，你會使用問題根源分析？
9. 比較存續期間分析與活動成本分析。
10. 試描述訪談的五大步驟。
11. 你如何區別事實與意見？兩者爲什麼有用？
12. 什麼是文件分析?
13. 解釋非結構化訪談與結構化訪談的差異。各方法你何時會使用？
14. 典型問卷的回收率是多少，以及你如何加以改進？
15. 解釋封閉性問題、開放性問題與探查問題之間的差異。各方法你何時會使用？
16. 在資訊蒐集的流程，使用觀察的主要考量是什麼？
17. 描述引導 JAD 會議的五個主要步驟。

18. 請問如何挑選訪談與 JAD 會議的參與者。
19. 進行 JAD 會議時，引導人要做的三件主要事情是什麼？
20. JAD 引導人如何不同於一個文書人員？
21. 設計問卷的問題如何不同於設計訪談或 JAD 會議的問題？
22. 何謂 e-JAD 以及公司爲何有興趣使用？
23. 解釋資訊蒐集技術的選擇因素。

練習題

A. 假設你的大學入學人數急遽的增加，卻面臨課程容許選課學生之人數受限的窘境。請進行一個技術分析，用以找出新的方法，幫助學生完成他們的學業並順利畢業。

B. 請參考亞馬遜網站 (Amazon.com)。研擬該網站的需求定義。製作一份該系統所符合之系統功能性企業需求清單。該系統有哪幾種不同的非功能性企業需求？請針對每一種各舉出例子。

C. 假設你要建置一套自動化或改進學校就業輔導處的訪談流程的新系統。試擬定新系統的需求定義。請納入功能性與非功能性的系統需求。假設你要以三個版本發行該系統。請依重要性排定這些需求的前後順序。

D. 假設你是一位分析師，負責開發一個新系統，協助高階主管作出更好的策略性決策。你會使用哪一種需求分析技術？請詳述你如何應用這些技術。

E. 假設你是一位分析師，負責開發校園書店的新系統，學生可以線上訂書，並且書可送到學生宿舍或校外地址。你將使用哪些需求蒐集技術？請詳述你如何應用這些技術。

F. 請用一般口吻描述大學選課的現行作業流程。你將使用何種 BPA 技術來辨識出待改進之處？你會跟誰一起使用 BPA 技術？哪一種需求蒐集技術有助於應用 BPA 技術？請列出一些你希望找出的改進之處的例子。

G. 請用一般口吻描述大學註冊的現行作業流程。你將使用何種 BPI 技術確認改進？你會跟誰一起使用 BPI 技術？哪一種需求蒐集技術有助於應用 BPI 技術？請列出你希望找出的改進之處的例子。

H. 請用一般口吻描述大學選課的現行作業流程。你將使用何種 BPR 技術確認改進？你會跟誰一起使用 BPR 技術？哪一種需求蒐集技術有助於應用 BPR 技術？請列出你希望找出的改進之處的例子。

I. 尋找網路上用來蒐集使用者資訊的網頁問卷。描述該調查的目的、問題的寫法，以及問題如何組織。如何加以改進？如何分析這些回收的問卷？

J. 研擬一個蒐集學校餐廳或自助餐流程資訊的問卷 (如訂餐、顧客服務)。把問卷發給 10 到 15 位學生，分析回收的問卷，並寫一份簡短報告說明結果。

K. 連絡你大學的就業輔導處，找出所有有助於學生找到全職或兼職工作的必要文件。分析這些文件，並寫出一份簡短報告。

L. 尋找一個合作夥件，彼此訪談關於你們上一次工作的任務是什麼 (全職、兼職、過去或目前)。如果沒有工作，那麼假定你的工作是一位學生。在你們訪談之前，請擬定一個簡短的訪談計畫。在你的夥件訪談你之後，請確認訪談的型態、訪談方法，以及所使用問題的類型。

M. 找一群學生，舉辦一次 60 分鐘的 JAD 會議，主題爲如何改進校友關係。首先，擬定一個簡短的 JAD 計畫，並選擇使用的技術 (最多三個)，然後發展一個議程。利用議程引導整個會議，然後寫出會後報告。

迷你案例

1. Brian Callahan 是一位 IS 專案經理，正要前去參加緊急會議，這次會議是由生產線的經理 Joe Campbell 所召開。Joe 發起的一個主要 BPI 專案，最近排除了批准的障礙，而且 Brian 協助將此專案帶進專案起始的程序。既然審查委員會已首肯，Brian 便一直從事專案的分析計畫。有天晚上，Brian 與一位在生產部門工作的朋友一起打高爾夫球，Brian 獲悉，Joe 想要把專案的時間從 Brian 原先估計的 13 個月往前調整更短。Brian 的朋友無意中聽 Joe 這麼說，「我無法明白專案小組爲什麼要花那麼多時間分析事情。他們已經安排兩個禮拜看現在的系統了！眞是浪費時間！ 我希望那個小組能趕快建構我的系統。」Brian 心裡對於這次 Joe 的會議議程略有所知。他一直在思考如何應付 Joe。你建議 Brian 該怎樣告訴 Joe？

2. Victoria 公共服務委員會 (The Victoria Public Service Council) 是一個小型組織，擁有 Australian Victoria 州之公共部門員工 1000 餘人。大多數成員的工作在全州小城鎮。該委員會成立於 1922 年，目標在於提供教育與訓練予小城鎮政府僱員

(例如，市行政官、警察局長、消防人員)。委員會還提供線上材料並每年舉辦一次會議，召集來自全國各州的成員。成員的會費是每年結算的。委員會的收支記錄由選舉產生的財務人員，Jack Archibald 擔任。Jack 在無人反對下負責每年的選舉工作，因爲沒有人願意爲了每年$4000 的小型津貼，而接手繁瑣和費時的追踪會籍工作。一些委員會成員認爲，在 Jack 離職前，委員會需要改進其系統。這個目前用來追踪資金的帳單和收據的系統已開發了許多年，但不是很好用。開發該系統的公司已經歇業，問題：成員擔心他們的發言無法很容易地被回答。通常 Jack 只是寫下問題，再回覆成員的答案。有時候，他必須以人工的方式計算，因爲該系統沒有寫好的程式來處理某些類型的查詢。例如，會籍報告沒有依城市的字母來排序成員，只有城市的名稱是按字母順序排序。你對於這種情況會建議採用什麼樣的需求分析策略？解釋你的答案。

3. Barry 最近被指派到一個專案小組，將爲 Subway 三明治的連鎖店發展一個新的門市管理系統。Barry 有多年的程式經驗，但在他的工作生涯中沒有做過很多的分析。對於他將從事的新工作有些緊張，但他自信可以處理任何交辦的任務。Barry 的首要之務之一就是拜訪一家 Subway 三明治的連鎖店，並準備一份該門市如何運作的觀察報告。Barry 原本計畫在中午左右到達該門市，但卻在市區某一個他不熟悉的地方選擇了另一家門市。由於交通擁擠與門市不好找，他直到下午 1：30 才抵達。門市經理未預期他的光臨，而且也不讓一位陌生人走進櫃台後面。Barry 只好央請他打電話給總公司的專案發起人 (門市經營部門的主任)，證實 Barry 的身分以及來訪目的。在驗明正身之後，Barry 走到櫃台後面的工作區，定位後可觀察一切的活動。工作人員在他的面前來回穿梭，做著自己的事，但偶爾有輕微的碰撞。Barry 注意到，店員似乎做事很慢而且小心翼翼，但是他猜想那可能是因爲店不是很忙的關係。起先，Barry 問每個人在做些什麼，但是門市經理最後請他不要打斷他們的工作──他正在干擾他們對客戶的服務。到 3:30，Barry 覺得有點無聊。他決定離開，心中想著趕快回辦公室，在當天 5：00 之前寫好他的報告。他相信，他的專案主管會滿意他把任務很快就完成。他一面開車，一面回想，「這份報告其實沒有什麼好說的。他們做的事情就是接訂單、做三明治、收款以及移交訂單。眞的很簡單！」。當 Barry 想到專案主管的稱讚時，他就對自己的分析技能信心倍增。門市經理在辦公室搖搖頭對他的人員說道，「他選在一個禮拜最慢日子的最慢時間來這裡。他在這裡時，也不去看我在後面房間做些什麼──結算昨天的銷售、檢查手上的庫存、補週末訂單。. . 再加上他甚至沒想到我們的開店與打烊的程序。我討厭新的門市管理系統是由那種人來設計。我最好連絡一下 Chuck (門市經營部門的主任)，告訴他今天發生了什麼事。」。試評估 Barry 這一次觀察任務的行爲。

4. Anne 被指派一項新任務，就是要調查一群銷售職員，這些人即將使用一套專爲家庭用品型錄公司所設計的新版訂單輸入系統。調查的目標是確認那些職員對於現行系統優缺點的意見。大約有 50 位職員在三個不同城市工作，因此，調查似乎是從那些職員蒐集所需資訊的理想方式。

   Anne 仔細地設計問卷，並拿給總公司幾位銷售主管預先做測試。根據他們的建議做修改後，她把紙本問卷送給每位職員，請他們在一個星期內歸還。一個星期過後，她只收到 3 份完成的問卷。再過一個星期，Anne 只收到 2 份完成的問卷。Anne 心灰意冷，然後寄送電子郵件版本的問卷給所有人，請他們利用電子郵件儘快回覆。她只收到 2 封電子郵件問卷，以及 3 封來自已完成紙本問卷的訊息，他們抱怨著同樣的問卷要回答第二次，不堪其擾。此時，Anne 只有 14%的回收率。她相信她的主管一定不高興。你有什麼建議可以改進 Anne 的問卷回收率呢？

PART TWO

分析

分析階段乃回答下列問題：**誰**將使用系統，系統將做**什麼**以及**何處**與**何時**使用系統？在這個階段，專案小組將了解系統。小組接著製作功能模型（活動圖、使用案例描述與圖)、結構模型(CRC 卡以及類別與物件圖)，以及行爲模型（循序圖、通訊圖與行爲狀態機，以及一個 CRUD 矩陣)。

CHAPTER 5

使用案例圖

功能模型 (functional model) 乃描述企業流程以及資訊系統與其置身之環境間的互動。在物件導向系統開發，有兩種模型用於描述資訊系統的功能性：活動圖與使用案例。活動圖支援企業流程與工作流的邏輯塑模。使用案例用於描述資訊系統的基本的功能。活動圖與使用案例兩者均可用於描述目前的現行系統與未來系統。本章將說明功能模型如何用作闡釋及了解需求的工具，以及如何用來了解系統的功能或外在行爲。本章也將介紹使用案例點數作爲估算專案規模的基礎。

學習目標

- 了解活動圖的規則與風格的指導原則。
- 了解使用案例以及使用案例圖的規則與風格的指導原則。
- 了解用來建立使用案例與使用案例圖的流程。
- 能夠使用活動圖、使用案例與使用案例圖建立功能模型。

本章大綱

導論

前一章討論較普遍的需求蒐集技術，比如訪談、JAD 與觀察。分析師使用這些技術可以確立需求並研擬出一份需求定義。需求定義是用來定義系統應該做什麼。在本章將討論使用這些技術所蒐集的資訊要如何組織，以及如何以活動圖與使用案例的形式呈現這些資訊。由於 UML 已經被物件管理組織 (OMG) 接受爲標準的記號，所以幾乎今天所有物件導向發展的專案，均使用活動圖與使用案例，來組織分析階段期間所獲得的需求。[1]

活動圖 (activity diagram) 用於任何的流程塑模活動。[2] 在本章，我們將討論其在企業流程塑模的意義下如何使用。**流程模型 (process model)** 描述企業系統如何運作。這些模型展現所執行的流程或活動，以及物件 (資料) 是如何在其間移動。流程模型可用來說明現行系統 (也就是 as-is 系統) 或即將開發的新系統 (也就是 to-be 系統)，不論電腦化與否。現今，有許多不同的流程塑模技術在使用。[3]

一個**使用案例 (use case)** 是一個表達企業的系統如何與其環境互動的表示方法。一個使用案例呈現了系統之使用者所從事的活動。因此，使用案例塑模經常被當作一個企業流程的外部或功能性觀點，因爲它顯示了使用者如何看待流程這件事，而不是流程與支援性系統所運轉的內在機制。像活動圖一樣，使用案例可以用來說明現行系統 (也就是 as-is 系統) 或是即將開發的新系統 (也就是 to-be 系統)。

活動圖與使用案例都是**邏輯型模型 (logical model)**——也就是它是個描述業務領域內活動的模型，而不深究那些活動是如何進行。邏輯型模型有時稱爲問題領域模型。讀一個使用案例時，原則上，你應該無法得知案例中的某個活動到底是被電腦化了還是人工式的；某一部分的資訊是取自紙本問卷還是取自網路問卷；資訊是被放在檔案櫃還是被放在資料庫上。當邏輯模型被細緻化成爲**實體模型 (physical model)**

---

[1] 其他常用於非 UML 專案的技術是任務塑模 (task modeling)—請參閱 Ian Graham, *Migrating to Object Technology* (Reading, MA:Addison-Wesley, 1995); and Ian Graham, Brian Henderson-Sellers, and Houman Younessi, *The OPEN Process Specification*, (Reading, MA:Addison-Wesley, 1997)—and scenario-based design—see John M. Carroll, *Scenario-Based Design:Envisioning Work and Technology in System Development* (New York:Wiley, 1995)。

[2] 我們實際使用活動圖來描述於第一章的簡單流程 (請參閱圖 1-1)。

[3] 另一個常用的流程塑模技術是 IDEF0。IDEF0 被廣泛地使用於美國聯邦政府機構。有關 IDEF0 進一步的資料，請見 FIPS 183:Integration Definition for Function Modeling (IDEF0), Federal Information Processing Standards Publications (Washington, DC:U.S. Department of Commerce, 1993).同時，從一個物件導向的角度來看，一個運用 UML 並強調企業流程塑模的好書是 Hans-Erik Eriksson and Magnus Penker, *Business Modeling with UML* (New York:Wiley, 2000)。

時，這些實體細節才在設計期間加以定義。實體模型用來提供最後建構系統時所需要的資訊。分析師首先應該著重於邏輯活動，然後方能集中精神於企業應該如何經營上，而不被實作細節所分心。

第一個步驟是，專案小組從使用者蒐集相關的需求 (見第四章)。接著，藉由需求蒐集，專案小組利用活動圖建立整個企業流程的模型。接著，該小組再利用所確認的活動，找出企業活動所發生的使用案例。他們接著爲每個使用案例準備**使用案例描述 (use-case description)** 與**使用案例圖 (use-case diagram)**。使用案例是使用者執行的各個活動，像是賣 CD、訂購 CD 以及從顧客收到退回的 CD 等。使用者與專案小組密切合作，以活動圖以及包含了所有開始塑造系統所需之資訊的使用案例描述來製作企業流程。一旦活動圖與使用案例描述就緒，系統分析師將其轉換成一組使用案例圖，而這些使用案例圖乃展示企業流程外在的行爲或功能觀點。接著，分析師通常會製作類別圖 (見第六章) 來製作一個企業問題領域的結構模型。

在本章，我們先描述企業流程塑模與活動圖。其次說明使用案例、其組成要素以及一套製作使用案例的指導原則。第三，我們描述使用案例圖以及如何建立它們。第四，我們以使用案例爲基礎，重新造訪估算專案規模之主題。

以活動圖塑造企業流程的模型

企業流程模型乃描述如何搭配不同的活動，支援一個企業流程。企業流程通常跨越數個功能性部門 (例如，開發一件新產品涉及許多不同活動，而這些活動聚集許多部門的人參與)。再者，從物件導向的觀點，它們切剖過數個物件。因此，許多早期的物件導向系統開發方法，傾向於忽略企業流程塑模。取而代之的是，她們著重在運用使用案例 (見本章後半部分) 與行爲模型 (見第七章) 來建立塑模流程。不過，今天我們明白，企業流程塑模本身是一個很有建設性的活動，可讓所蒐集的需求變得有意義 (見第四章)。從物件導向系統開發的觀點來看，建立企業流程模型的潛在問題是，它們傾向於強化功能分解的思維。不過，只要使用得當，這類模型便是分析師與使用者互相溝通的一個有效工具。在這一節裡，我們將介紹何運用 UML 2.0 的活動圖來建立企業流程的模型。

活動圖是用來建立企業流程的行爲模型，與物件本身並沒有關係。在很多方面，活動圖可視爲與結構化分析法搭配使用的複雜資料流程圖。[4] 不過，與資料流程圖不

---

[4]關於資料流程圖和系統分析與設計的結構化方法之介紹，請參閱 Alan Dennis, Barbara Haley Wixom, and Roberta M. Roth, *Systems Analysis & Design,* 3rd ed. (New York:Wiley, 2006).

同的是，活動圖納入了著重在平行、並行之類的活動與複雜的決策流程之塑模所用的符號。因此，活動圖可以被用來塑模一切，不論是存在許多不同使用案例的高層次的企業流程，到單一使用案例的細節，以至於單一方法的具體細節。總之，活動圖可以用來塑造任何流程的模型。[5] 在本章，我們將把活動圖的討論侷限於高層次的企業流程塑模之上。

◆ 活動圖的要素

活動圖描述一個流程中主要活動與各活動彼此間的關係。圖 5-1 顯示活動圖的語法。圖 5-2 展示一個簡單的活動圖，代表診所預約系統各部分的相互關係。[6]

動作與活動 動作 **(action)** 與活動 **(activity)** 的執行，都是爲了某種特定的企業理由。動作與活動可以表示人爲或電腦化的行爲。它們在活動圖中以圓角化的矩形表示之 (參閱圖 5-1)。另外，它們也有一個名稱，名稱是由動詞加上名詞所組成 (如「Make Appointment」或「Make Payment Arrangements」)。名稱應該簡短一點，但要包含足夠的資訊讓讀者很快理解眞正的意義。動作與活動的唯一差異是，一個活動可以進一步分解成一組活動或/及動作，但動作則代表欲模型化之整體行爲中最簡單且無法進一步分解的部分。通常，企業流程或工作流的模型塑造工作上只使用活動。再者，在大多數情況下，每個活動都會被關聯至某個使用案例。圖 5-2 的活動圖顯示診所預約系統的六個獨立但相關的活動：Get Patient Information、Create New Patient、Make Payment Arrangements、Create Appointment、Cancel Appointment 與 Change Appointment。

---

[5]技術上而言，活動圖結合了來自不同技巧的流程塑模理念，包括事件模型、狀態圖及 Petri Net。然而，UML 2.0 的活動圖與 Petri Net 則有更多的共同點。關於使用 Petri Net 建立企業工作流的模型，請參閱 Wil van der Aalst and Kees van Hee, *Workflow Management: Models, Methods, and Systems* (Cambridge, MA:MIT Press, 2002)。

[6]由於活動圖的語法真的很複雜，我們只談論最小範圍 [請參閱 John M. Carrol, The Nurnberg Funnel:Designing Minimalist Instruction for Practical Computer Skill (Cambridge, MA:MIT Press, 1990)].不過，本節取材自 Unified Modeling Language:Superstructure Version 2.0, ptc/03-08-02 (www.uml.org).其他有用的參考資料，包含 Michael Jesse Chonoles and James A. Schardt, UML 2 for Dummies (Indianapolis, IN:Wiley, 2003); Hans-Erik Eriksson, Magnus Penker, Brian Lyons, and David Fado, UML 2 Toolkit (Indianapolis, IN:Wiley, 2004); and Kendall Scott, Fast Track UML 2.0 (Berkeley, CA:Apress, 2004)。想要知道所有圖表的完成描述，請參閱 www.uml.org。

動作： ■ 是一個簡單、不可分解的行為 ■ 以名稱加以標示	Action
活動： ■ 用來表示一組動作 ■ 以名稱加以標示	Activity
物件節點： ■ 用來表示連接到一組物件流的物件 ■ 以其類別名稱加以標示	Class Name
控制流： ■ 顯示執行的順序	
物件流： ■ 顯示一個物件從一個活動流向另一個活動 (或動作) 的流程	
開始節點： ■ 描繪一組動作或活動的開始	
活動結束節點： ■ 用來停止一個活動 (或動作) 的所有控制流或物件流	
流程結束節點： ■ 用來停止一個特定的控制流或物件流	
決策節點： ■ 用來表示一個測試條件，確保控制流或物件流只順著一個路徑走 ■ 以決策準則加以標示，以便順著特定路徑走	[Decision Criteria]　[Decision Criteria]
合併節點： ■ 使用決策節點會合的決策路徑	

圖 5-1　活動圖的語法

物件節點　活動與動作通常會更動或轉換物件。**物件節點 (object node)** 在活動圖中塑造這些物件的模型。物件節點在活動圖中以矩形表示 (參閱圖 5-1)。物件的類別名稱則寫在矩形內。基本上，物件節點代表從一個活動流程到另一個活動的資訊。圖 5-2 所示的簡單預約系統顯示了 Create Appointment 與 Change Appointment 之間流程的物件節點。

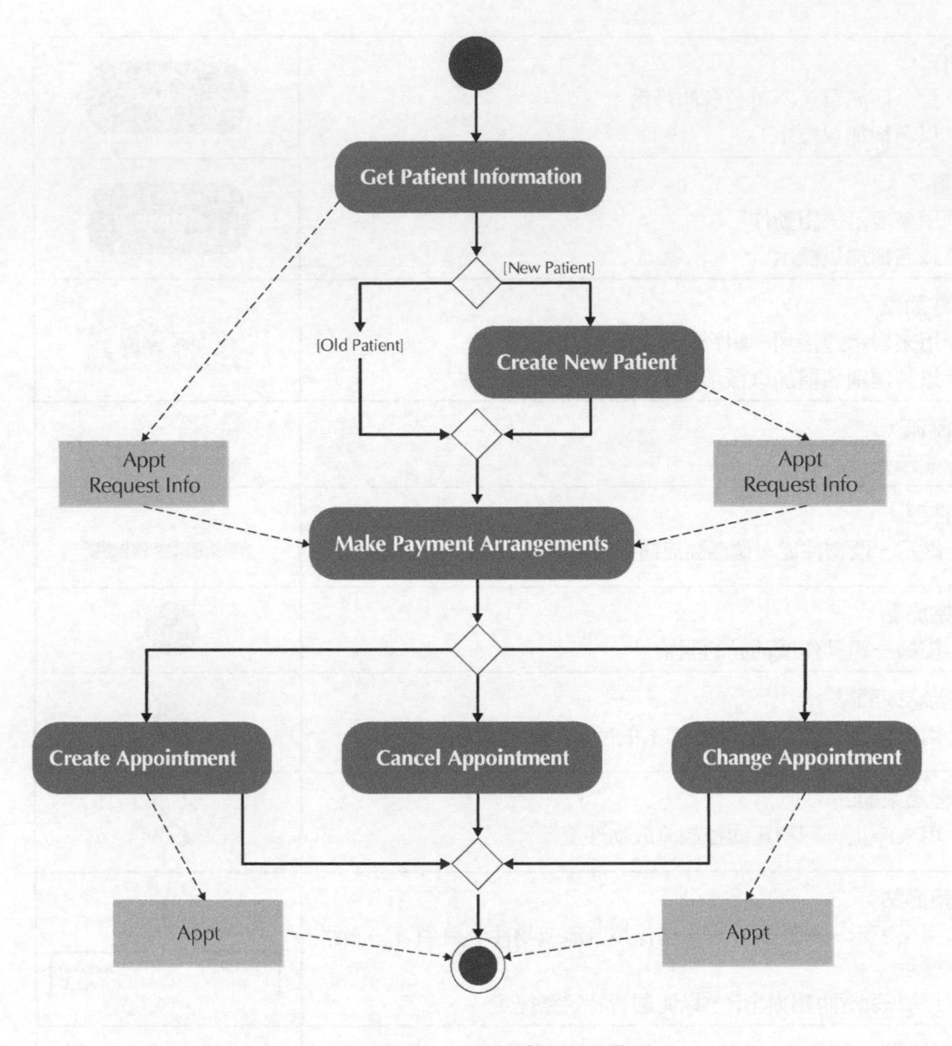

圖 5-2 預約系統的活動圖

控制流與物件流 活動圖有兩種不同的流程：控制與物件 (參閱圖 5-1)。**控制流 (control flow)** 用以塑造企業流程之執行路徑的模型。控制流以帶有箭頭的實線表示之，箭頭表示流程的方向。控制流只可以連到動作或活動。圖 5-2 描繪一組診所之預約系統的控制流。**物件流 (object flows)** 用以塑造企業流程之物件流程的模型。因為活動與動作會更動或轉換物件，物件流必須要標示出進出動作或活動的實際物件。[7] 物件流以帶有箭頭的虛線表示，顯示物件流程的方向。物件流一端必須連到動作或活動，另一端連到物件節點。圖 5-2 描繪一組診所之預約系統的控制流與物件流。

[7] 這與資料流程圖的資料流雷同。

控制節點　活動圖有七種不同的**控制節點 (control nodes)**：開始、活動結束、流程結束、決策、合併、分叉與連接 (參閱圖 5-1)。**開始節點**描繪一組動作或活動的開始。[8] 開始節點以一個實心的小圓圈表示。**活動結束節點 (final-activity node)** 用來中止被塑模的流程。每次抵達一個活動結束節點的時候，所有動作或活動會立刻結束，不管是否完成。活動結束節點以類似靶心的圓圈表示。在 UML 2.0 一個被加到活動圖的新控制節點是流程結束節點。**流程結束節點**類似於活動結束節點，只不過它會中止企業流程的某一特定執行路徑，但卻允許其他並行或平行路徑繼續執行。流程結束節點以一個圓圈裡面畫一個叉叉表示。

決策節點與合併節點可用以塑造企業流程之決策結構的模型。**決策節點 (decision node)** 用來表示實際的測試條件，該條件乃決定離開決策節點後要走訪哪一條路徑。在這種情況下，每個出口路徑必須標示門檻條件 (guard condition)。所謂**門檻條件**代表欲執行這條路徑的測試值。例如，在圖 5-2 中，Get Patient Information 活動的正下方有一個決策節點，含有兩條互斥但可執行的路徑：一條適用於舊病人或過去的病人，另一條適用於新病人。**合併節點 (merge node)** 用來會合若干基於先前決策而分岔的互斥路徑 (例如，圖 5-2 的新、舊病人路徑會合在一起)。但有時候，為明確起見，最好不要使用合併節點。例如，在圖 5-3，請問這兩個活動圖中，都代表一個訂貨流程的概要層次，左邊或右邊的那一條比較易於理解？左邊一條包含一個針對 More Items on Order 的合併節點，而在右邊的那一條則沒有。從某種意義上說，在圖中右側的決策節點肩負了雙重任務。它也可以被當作一個合併節點。就技術上而言，我們不應該省略合併節點，但是，有時雖然技術上符合 UML 的正規的圖面規則，實際上卻可能會讓圖面變得很混亂。從塑造企業流程模型的角度來看，豐富的常識可以讓模型更經用。

分叉與連接節點可用來塑造平行式或並行式處理的模型 (參閱圖 5-1)。**分叉節點 (fork node)** 用來將企業流程的行為分割成為數個平行或並行流程。與決策節點不一樣的是，路徑不是互斥的 (即兩個路徑可同時執行)。例如，在圖 5-4 中，分叉節點用來顯示兩個要被執行的並行、平行流程。在這種情況下，每個流程由兩個獨立的流程程序 (上層) 所執行。不過，連接節點的目的類似於合併節點。**連接節點 (joint node)** 只不過是把企業流程中不同的平行或並行流程，會合成一個單一的流程。

泳道　如前所述，活動圖可用來塑造企業流程的模型，而與物件如何實作沒有關係。不過，有時候有必要將活動圖分解，如此才可分派責任給真正要執行活動的物件或個

---

[8]對於那些熟悉 IBM 流程圖的人，這類似於開始節點。

人。這在塑造企業之工作流的模型時特別有用並且可以透過**泳道**的使用而達成。在圖 5-4 中，泳道隔在兩位準備學校午餐的家長之間，午餐分別由花生奶油與果凍三明治、飲料及點心所組成。在這情況中，我們使用垂直的泳道。你也可以使用從左到右 (而非由上而下) 的方向來畫活動圖。在那種畫法時，泳道的方向便是水平的。

在實際的企業工作流中，活動應該與參與企業工作流的個人角色 (如員工或顧客)，以及被建置之資訊系統完成的活動相關。這種外在角色、內部角色與系統的關聯性，在製作本章稍後介紹之使用案例圖時非常有用。

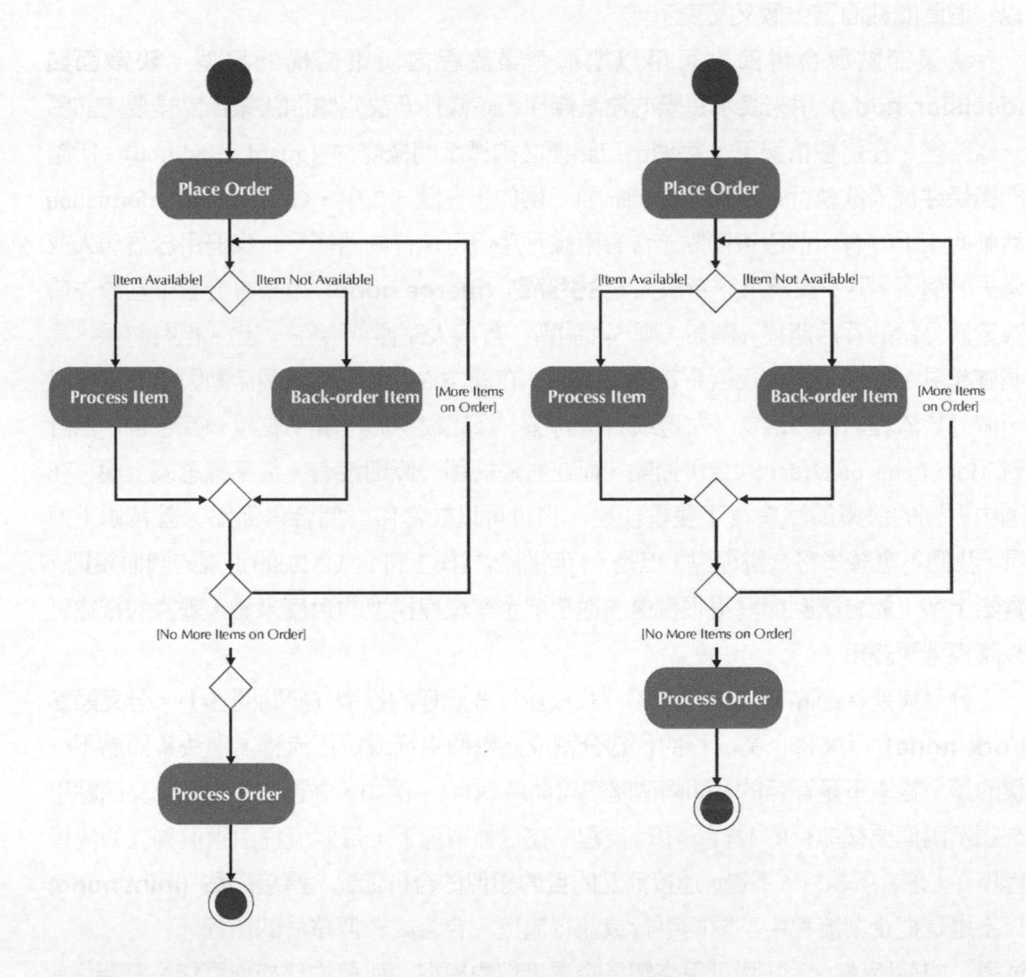

圖 5-3　兩個非常類似的活動圖

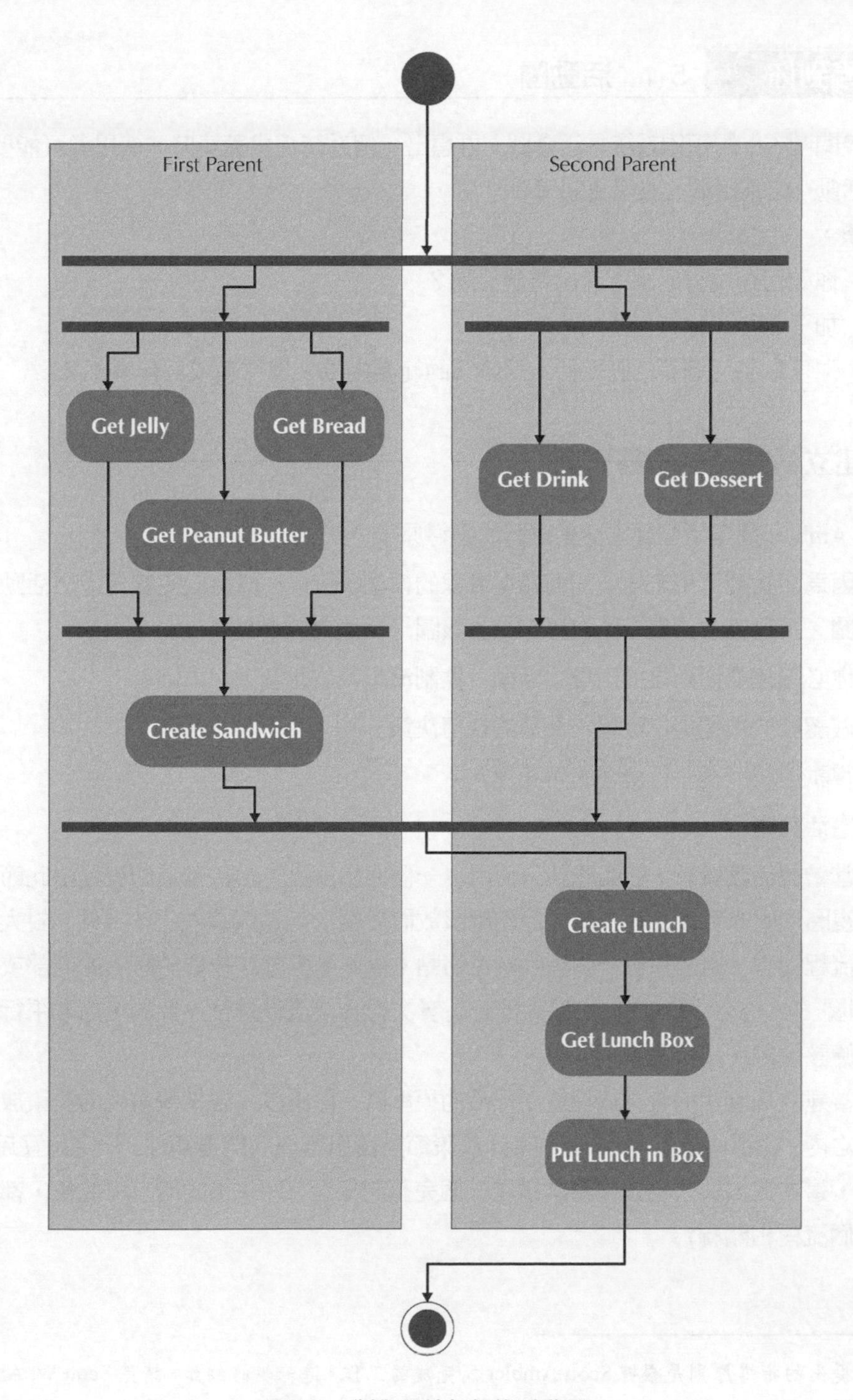

圖 5-4　製作學校午餐的活動圖

輪到你 5-1 活動圖

請參閱圖 5-2 的預約系統之活動圖。再想出一個系統需求蒐集時，使用者可能要求的活動 (如維護病人投保資訊等)。

問題：

1. 你如何在現有的圖上畫出這個活動？
2. 加了之後，你有何建議？
3. 你可以將這個新活動保持在這系統的範圍內嗎？為什麼或為什麼不？

◆ 建立活動圖的指導原則

Scott Ambler 建議下列建立活動圖時的指導原則：[9]

1. 因為活動圖可用來塑造任何類型流程的模型，所以你應該設定被塑造之活動的範圍。一旦確立了範圍，你應該給予該圖一個適當的標題。
2. 你必須確認活動之間出現的活動、控制流以及物件流。
3. 確認屬於被塑造之流程一部分的任何決策。
4. 嘗試確認流程平行處理的可能性。
5. 畫活動圖。

當繪製活動圖時，該圖應該只使用單一個開始節點，讓被塑造的流程由此節點開始。視圖形的複雜度而定，此一節點應該放置於圖形的頂端或左上。另外，對大部分企業流程而言，應該只有一個活動結束節點。這個節點應該放置於圖形的底部或右下(參閱圖 5-2、5-3 與 5-4)。由於大部分高層次的企業流程是循序性的，而非平行式，所以應該限制使用流程結束節點。

當建立高層次的企業流程或工作流的模型時，你應該只要把較重要的決策放在活動圖之內。在那些情況，請務必確定，決策節點流出路徑的門檻條件，一定是互斥的。此外，這些流出與門檻條件應該構成一個完整的集合 (即決策的所有可能值，都與其中一個流程相關聯)。

---

[9] 這裡提出的指導原則是根據 Scott Ambler 所完成的工作。進一步的細節，請見 Scott W. Ambler, *The Object Primer:The Application Developer's Guide to Object Orientation and the UML,* 2nd ed. (Cambridge, UK:Cambridge University Press/SIGS Books, 2001); and Scott W. Ambler, *The Elements of UML Style* (Cambridge, UK:Cambridge University Press, 2003)。

於塑造決策模型，只有表現流程中更重要的平行活動，才需要放進分叉與連接等節點。例如，一個圖 5-4 的替代版本可能不包括與 GetJelly、GetBread、GetPeanutButter、GetDrink 與 GetDessert 等活動有關的分叉與連接。這將大大簡化圖表。[10]

當配置活動圖時，你應該試著減少交叉線，以增加圖的可讀性。你應該根據活動執行的順序，從左到右、從上到下將活動配置到圖面上。例如，在圖 5-4，Create Sandwich 活動發生在 Create Lunch 活動之前。

泳道應該只是用來簡單化活動圖的理解。此外，泳道應該加強圖表的可讀性。例如，當使用水平的泳道時，上面的泳道應該代表參與流程中最重要的物件或個人。其餘泳道的順序則應以盡量減少流程穿越不同水道的數目為原則。同時，當於不同的個體 (泳道) 相關的活動之間有物件流的話，有必要把一個物件節點放在兩個個體 (即兩個泳道) 之間，顯示物件實際從一個個體流向另一個個體。當然，這會影響泳道在活動圖上的配置位置。

最後，任何不具有流出或流入的活動，你應該深入了解箇中原因。沒有流出的活動，稱為**黑洞活動 (black-hole activities)**。如果該活動真的是該圖上的一個終點，那麼應該有一個控制流，從它流向一個活動結束或流程結束節點。沒有任何流入的活動，稱之為**奇蹟活動 (miracle activity)**。在這種情況下，該活動缺少一個來自於開始節點或另一活動的流入。

使用案例描述

使用案例可以視為使用者「鳥瞰」系統功能時所看到的簡單性描述。[11] 使用案例圖就是功能性圖，因為它們描繪出系統的基本功能──也就是說，使用者能做什麼以及系統應該如何回應使用者的動作。[12] 製作使用案例圖需要經歷兩個步驟。首先，使用者

---

[10]事實上，我們在圖 5-3 中繪出好幾個分叉與連接節點，唯一的理由是要表現這樣做也無不可。

[11]有關使用案例塑模的詳細說明，請見 Alistair Cockburn, *Writing Effective Use Cases* (Read ing, MA:Addison-Wesley, 2001)。

[12]非功能性需求，像是可靠性需求及效能需求，通常不記錄在使用案例的文件之中，反而經常記錄在傳統的需求文件之中。請參閱 Gerald Kotonya and Ian Sommerville, *Requirements Engineering* (Chichester, England:Wiley, 1998); Benjamin L. Kovitz, *Practical Software Requirements:A Manual of Content & Style* (Greenwich, CT:Manning, 1999); Dean Leffingwell and Don Widrig, *Managing Software Requirements:A Unified Approach* (Reading, MA:Addison-Wesley, 2000); and Richard H. Thayer, M. Dorfman, and Sidney C. Bailin (eds.), *Software Requirements Engineering,* 2nd ed. (Los Alamitos, CA:IEEE Computer Society, 1997)。

與專案小組一起寫出文字爲主的使用案例描述；接著，專案小組將使用案例的描述文字轉換成正式的使用案例圖。無論是使用案例的文字描述和使用案例圖，都是根據已確定的需求和企業流程活動圖的描述。使用案例的描述包含了所有製作使用案例圖所需的資訊。雖然可以跳過使用案例的描述文字這個步驟，而直接建立使用案例圖及其他相關圖，但通常使用者如果不事先建立使用案例的描述文字，單靠使用案例圖描述企業流程會有困難。藉由創作使用案例的文字描述，用戶可以描述個別使用案例必要的細節。至於何者爲先──使用的案例的文字描述或使用案例圖，就技術上而言，並沒有多大關係。兩者都應做到能充分說明資訊系統必須滿足需求。在本文中，我們先提出創作使用案例的文字描述。[13]

使用案例是所有 UML 圖示技術的主要驅動者。使用案例高層次地表達系統需要做什麼，而且所有的 UML 圖示法均建立在這個基礎上，以不同方法，基於不同目的，呈現使用案例之功能面。使用案例是系統賴以設計及建構的基本基石。

使用案例捕捉了系統與其使用者 (亦即，終端使用者以及其他系統) 之間的典型互動情況。這些互動代表了以使用者的角度來觀看系統的外在或功能。每個使用案例只描述一個使用者與系統之間的互動功能，[14] 不過，一個使用案例可能包含了好幾個使用者與系統互動時可以採取的行徑 (例如，當在網路書店找書時，使用者可能依據主題、作者或書名搜尋)。使用案例中的每一條行徑稱之爲**場景 (scenario)**。另一種看場景的角度是，場景猶如是一個使用案例的實體化。情景被廣泛應用於行爲模型 (見第七章)。最後，確定出所有的場景之後，並試圖通過角色扮演 CRC 卡來執行 (見第六章)，你得以測試你對於正在開發之系統的了解是否越來越清晰與完整。[15]

---

[13]實際上，分析師與使用者會輪流使用文字描述與圖。你不用擔心哪個先用。哪一個適合現行專案的使用者社群，沒有定論。

[14]這是傳統結構化分析與設計方法以及物件導向方法的主要差異。如果你有使用過傳統結構化方法的經驗 (或上課過)，那麼這是一項重要改變。如果你沒有結構化方法的經驗的話，你可以跳過這個註腳。

傳統結構化方法從系統的概觀開始，然後透過分解功能的方式，建立各個流程的模型──整個系統逐漸分解成愈來愈小的部分，最後再組成完整的系統。表面上，這與使用活動圖來塑造流程之模型的方式非常類似。然而，功能分解的方式不可以與物件導向方法一起使用。取而代之的是，每個使用案例只寫出系統的一部分；並沒有使用案例用於寫出整個系統，一如第 0 層的資料流程圖寫出整個系統一樣。移除了這種概觀系統上的綜覽性的做法，物件導向方法讓系統的物件更易於被拆分開來，在設計、開發及再用性方面，可與系統的其他部分獨立出來。雖然剛開始時沒有了全系統的概觀，可能令人感到不安，但是長期而言，它是非常令人放心的方法。

[15]為了展示的目的，我們推延角色扮演的討論到第六章，演練到第八章，測試到第十三章。

當建立使用案例時，專案小組必須與使用者密切合作，蒐集使用案例的需求。這通常可透過訪談、JAD 會議與觀察而達成。蒐集一個使用案例所需的需求是一個相對簡單的程序，但需要相當的練習。一個尋找潛在使用案例的好地方是活動圖所表示的企業流程。在許多情況下，活動圖中所確認的活動會變成正被塑造之企業流程的使用案例。要記住的關鍵是，每個使用案例均與使用者在系統中的一個──且唯一的**角色**──相聯結。例如，診所的接待人員可能「扮演」多重角色──安排預約、接電話、醫療紀錄管理、歡迎病人等等。此外，多個使用者也可能扮演相同的角色。如此，使用案例應該與使用者「扮演」的角色相關聯，而不是與使用者本身相關聯

◆ 使用案例的類型

使用案例有許多不同的類型。我們建議從兩個層面著手，根據使用案例的目的與其包含的資訊量來加以分類，這兩個層面爲：(1) 「概要」相對於「細節」；以及 (2) 「必要的」相對於「實際的」。

概要性使用案例 (overview use case) 讓分析師與使用者可以認定需求的高層次的概觀。通常，它建立於在了解系統需求過程的早期，而且只說明使用案例的基本資訊，比如它的名稱、ID 號碼、主要參與者、類型與一個扼要的描述。

一旦使用者與分析師確認好高層次需求的概要，概要性使用案例便能轉換成細節性使用案例。**細節性使用案例 (detail use case)** 通常儘可能說明使用案例所需的任何資訊。

必要性使用案例 (essential use case) 只描述了解所需功能的起碼基本議題。**實際的使用案例 (real use case)** 則進一步描述一組具體的步驟。例如，牙醫診所的必要的使用案例可能會說，接待人員應該「把醫生可用時間與病人預約時間搭配一起」，而一個實際的使用案例可能會說，接待人員應該「使用 MS Exchange 查詢日曆上的時間，確定病人要求的時間是可行的」。兩者主要差異在於，必要的使用案例是與實作脫鉤的，而實際的使用案例則是系統一旦實作後，要如何使用的詳細描述。因此，實際的使用案例通常只用於細部設計、實作與測試。

◆ 使用案例文字描述的要素

使用案例的文字描述包含了所有用來建立後來圖面的資訊，但其表達的方式較不正式，這樣可讓使用者較容易了解。圖 5-5 展示一個使用案例文字描述的樣例。[16] 使用案例文字描述須具備的三個基本要素是：概觀的資訊、關係與事件的流程。

概要的資訊 概要的資訊確認使用案例，並提供使用案例的基本背景資訊。**使用案例名稱**應該是一個動詞-名詞組合而成的字詞 (例如，Make Appointment)。**使用案例的 ID 編號**則用作尋找該使用案例的獨一方法，並且讓專案小組能夠把設計的決策回溯至某一個特定的需求。如上所述，**使用案例的類型**是概要性的或細節性的，以及必要的或實際的。**主要參與者 (primary actor)** 通常是使用案例的觸發──開始執行使用案例的人或事。使用案例的主要目的，是達到主要參與者的目標。**扼要的文字描述 (brief description)** 通常是一句話，描述使用案例本身的特質。

重要性等級位於表單的右上角，可以用來排定使用案例的優先順序。物件導向開發傾向於遵循 RAD 階段式開發方法，也就是，先開發系統的一些部分，在稍後的版本再開發其他部分。重要性等級使得使用者能夠明確排定哪些功能最重要，而必須納入系統第一個版本的部分，以及哪些功能較不重要，可以等到後來的版本再行開發。

重要性等級可以模糊地予以界定，如高、中、低 (例如，圖 5-5 的使用案例 Make Appointment，我們將其重要性等級訂爲高)。也可以使用一組標準值的加權平均來做出。例如，Larman[17] 建議下列準則 (使用 0 到 5 的尺度)，來衡量每個使用案例的重要性。

- 使用案例代表一個重要的企業流程。
- 使用案例可以產生營收或降低成本。
- 用來支援使用案例的技術是新的或有風險，因此需要大量的研究。

---

[16] 迄今為止，對於使用案例該具備哪些要素，並沒有一致的標準。在這一段文字所述及的要素多是根據 Alistair Cockburn, Writing Effective Use Cases (Reading, MA:Addison-Wesley, 2001); Craig Larman, Applying UML and Patterns:An Introduction to Object-Oriented Analysis and Design and the Unified Process, 2nd ed. (Upper Saddle River, NJ:Prentice Hall, 2002); Brian Henderson-Sellers and Bhuvan Unhelkar, OPEN modeling with UML (Reading, MA:Addison-Wesley, 2000); Graham, Migrating to Object Technology; and Alan Dennis and Barbara Haley Wixom, Systems Analysis and Design, 2nd ed. (New York:Wiley, 2003).

[17] Larman, Applying UML and Patterns:An Introduction to Object-Oriented Analysis and Design.

- 使用案例中所描述的功能性是很複雜的、具有風險的及 (或) 時間上的迫切性。根據使用案例的複雜度，可以考慮將它的實作供作切割成好幾不同的個版本。
- 隨著投入的工作量，使用案例可以增加對於漸漸成熟之設計的理解。

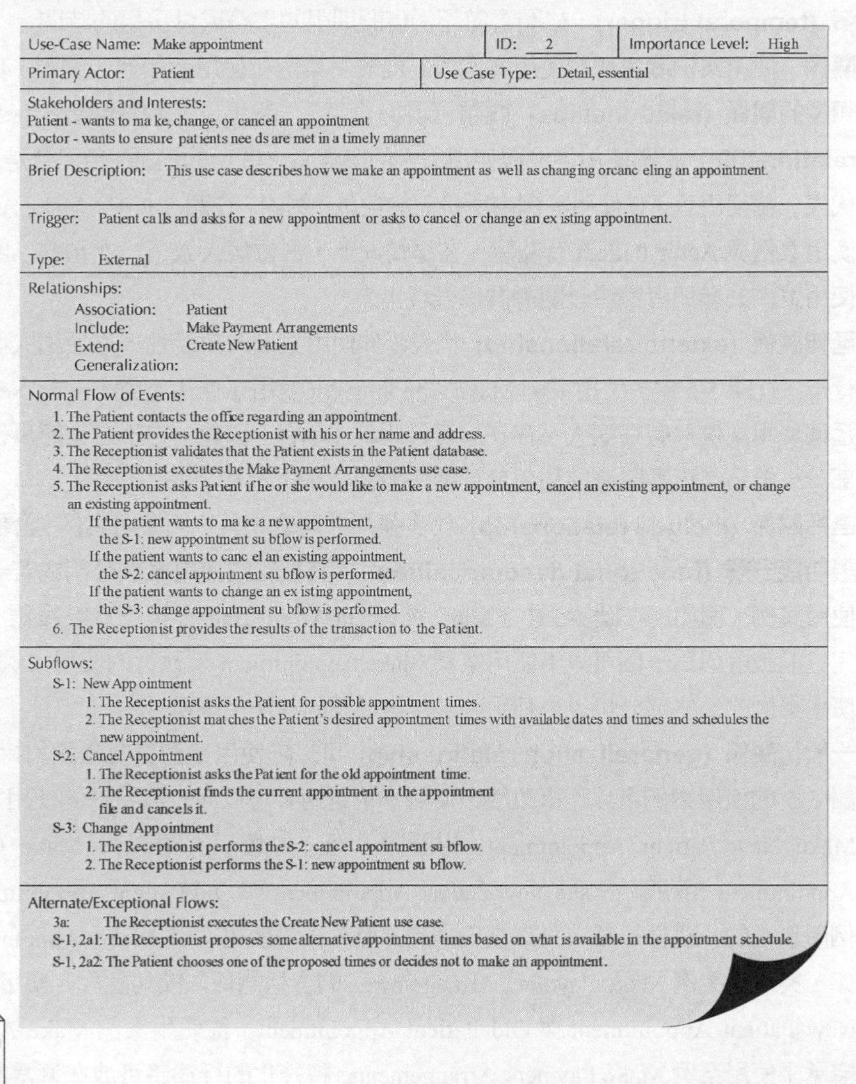

Use-Case Name: Make appointment	ID: 2	Importance Level: High
Primary Actor: Patient	Use Case Type: Detail, essential	

Stakeholders and Interests:
Patient - wants to make, change, or cancel an appointment
Doctor - wants to ensure patients needs are met in a timely manner

Brief Description: This use case describes how we make an appointment as well as changing or canceling an appointment.

Trigger: Patient calls and asks for a new appointment or asks to cancel or change an existing appointment.

Type: External

Relationships:
Association: Patient
Include: Make Payment Arrangements
Extend: Create New Patient
Generalization:

Normal Flow of Events:
1. The Patient contacts the office regarding an appointment.
2. The Patient provides the Receptionist with his or her name and address.
3. The Receptionist validates that the Patient exists in the Patient database.
4. The Receptionist executes the Make Payment Arrangements use case.
5. The Receptionist asks Patient if he or she would like to make a new appointment, cancel an existing appointment, or change an existing appointment.
   If the patient wants to make a new appointment,
   the S-1: new appointment subflow is performed.
   If the patient wants to cancel an existing appointment,
   the S-2: cancel appointment subflow is performed.
   If the patient wants to change an existing appointment,
   the S-3: change appointment subflow is performed.
6. The Receptionist provides the results of the transaction to the Patient.

Subflows:
S-1: New Appointment
1. The Receptionist asks the Patient for possible appointment times.
2. The Receptionist matches the Patient's desired appointment times with available dates and times and schedules the new appointment.

S-2: Cancel Appointment
1. The Receptionist asks the Patient for the old appointment time.
2. The Receptionist finds the current appointment in the appointment file and cancels it.

S-3: Change Appointment
1. The Receptionist performs the S-2: cancel appointment subflow.
2. The Receptionist performs the S-1: new appointment subflow.

Alternate/Exceptional Flows:
3a: The Receptionist executes the Create New Patient use case.
S-1, 2a1: The Receptionist proposes some alternative appointment times based on what is available in the appointment schedule.
S-1, 2a2: The Patient chooses one of the proposed times or decides not to make an appointment.

範本可得自
www.wiley.com
/college/dennis

圖 5-5　使用案例文字描述的範例

一個使用案例可能有許多**利益相關者**，每人都對使用案例感到興趣。因此，每個使用案例均會列出每位利益相關者，及其於使用案例中的利益 (如病人與醫生)。利益相關者的清單必須包括主要參與者 (如病人)。

每個使用案例通常有一個**觸發者 (trigger)**——也就是促使使用案例事件開始發生的人。例如，「病人打電話預約時間，要求取消或改變時間」。觸發者可能是**外來的觸發者 (external trigger)**，如下訂單的顧客或鳴笛的消防車，或者可能是**暫時觸發者 (temporal trigger)**，如圖書館超過借閱期限的書籍或付房租的時間。

關係　使用案例關係解釋使用案例與其他使用案例和使用者如何作關聯。有四種基本類型的**關係 (relationships)**：關聯、延伸、含括、一般化。一個**關聯關係 (association relationship)** 說明使用案例與使用案例的參與者之間所的溝通。參與者是 UML 用以代表一個使用者，在使用案例中所扮演的角色。例如，在圖 5-5 中，Make Appointment 使用案例與 Actor Patient 有關聯。在這情況下，一位病人做了一次預約。所有出現在使用案例的參與者都會以關聯關係表現出來。

延伸關係 (extend relationship) 代表延伸使用案例的功能性，以便納入偶爾出現的行爲。在圖 5-5 中，使用案例 Make Appointment 使用了使用案例 Create New Patient。這個使用案例只有在病人不存在於資料庫時才執行。因此，它不是常態事件流程的一部分，塑造其模型時應該利用延伸關係與替代/例外流程。

含括關係 (include relationship) 代表強制性地納入另一個使用案例。含括關係可以讓**功能分解 (functional decomposition)**——將複雜的使用案例分割成若干較簡單的使用案例。例如，在圖 5-5 中，Make Payment Arrangements 被認爲很複雜，而且足夠完整能被解構爲一個可以由使用案例 Make Appointment 來執行的使用案例。這也使得使用案例的某些部分可以再利用，各自建成不同的使用案例。

一般化關係 (generalization relationship) 可以讓使用案例具有**繼承**的特性。例如，圖 5-5 的使用案例可以稍事改變，使得一位新病人可以與一個特殊的使用案例 (稱爲 Make New Patient Appointment) 相關聯，而一位舊病人可以與 Make Old Patient Appointment 相關聯。Make New Patient Appointment 與 Old Patient Appointment 使用案例所包含的一般性行爲，可以被安排到一般化後的使用案例 Make Appointment——例如，與使用案例 Make Payment Arrangements 的含括關係。換句話說，使用案例 Make New Patient Appointment 與 Old Patient Appointment，從使用案例 Make Appointment 繼承了使用案例 Make Payment Arrangements。特殊化的行爲將可放在適當的特殊化使用案例內； 例如，使用案例 Create New Patient 的延伸關係將與特殊化的使用案例 Make New Patient Appointment 在一起。

事件的流程　最後，說明企業流程內部的個別的步驟。在這裡我們描述三個可以被寫出的不同類型步驟或**流程**：常態事件流程、子流程以及替代或例外流程：

1. **常態事件流程 (normal flow of events)** 只納入那些在使用案例中常態性執行的步驟。這些步驟以執行的先後順序列出。在圖 5-5 中，Patient 與 Receptionist 之間會彼此交談有關病人的姓名、地址與所欲執行的手術。

2. 在某些情形下，我們建議，常態事件流程應該被分解成一組**子流程 (sub-flows)**，使常態事件流程儘量保持簡單。在圖 5-5 中，我們已經辨認出了三個子流程：New Appointment、Cancel Appointment 及 Change Appointment。子流程的每一個步驟都被列出來。這些子流程乃根據代表企業活動之活動圖中的控制流程邏輯 (參閱圖 5-2)。另一方面，我們也可以使用單一個使用案例取代一個子流程，而這單一使用案例則透過含括關係 (見前文) 被加進去。不過，這種做法只有在剛建立的使用案例本身有道理的時候才有意義。例如，在圖 5-5 中，分解使用案例 Create New Appointment、Cancel Appointment 及 (或) Change Appointment 有意義嗎？如果有，那麼具體的子流程應該要以一個與該使用案例有關的呼叫取代，而且使用案例應該被加到含括關係的名單之內。

3. **替代或例外流程 (alternate or exceptional flow)** 是偶爾會出現，但不被認為是常態性的流程。這些流程必須被寫出來。舉例來說，在圖 5-5 中，我們已經認出了四個替代或例外流程。第一個是單純地說明在新的病人能夠預約之前，要先建立該病人的資料。一般來說，病人已被儲存於病患資料庫。像子流程一樣，找出替代或例外流程的主要目的是，儘可能地單純化常態事件流程。同樣地——一如子流程——可以透過延伸關係整合之使用案例來取代的替代或例外流程 (見前面的討論)。

什麼時候事件該將常態事件流程分解成子流程，或是子流程、替代或例外流程被分解為單個使用案例？或者，什麼時候事情就只該被擱著？主要的準則應該根據該使用案例需要的複雜程度。使用案例愈難了解，事件愈應該被分解出成子流程，或子流程且/或替代或例外流程應該被分解出為被目前使用案例所叫用的單一使用案例。當然這將製造出更多的使用案例。因此，使用案例圖 (見下面的討論) 將變得更加混亂。實際而言，我們必須決定哪一種做法更有意義。這將取決於問題和使用者，而有很大不同。

請記住，我們正努力表現出——以儘可能的完整和簡潔的方式——我們對正在研究中的企業務流程的理解，以便使用者可以驗證我們正在為之塑造模型的需求。因此，實在是沒有一個正確的答案。這真的取決於分析師、使用者與問題本身。

選擇性的特性　還有其他使用案例的特性可以寫出來。這些包括使用案例的複雜度、使用案例執行的預估時間、與使用案例結合的系統、主要參與者與使用案例之間的特別資料流程、任何特定的屬性、制約或與使用案例相關的操作、使用案例執行的先決條件，或者執行使用案例的任何保證。我們在這一節的開頭就提醒，使用案例並沒有一套標準的特性可資採用。在本書，我們建議，圖 5-5 所含的資訊是最起碼得要捕捉到的。

◆ 製作使用案例的指導原則

使用案例的本質是事件流程。以一種有助於後期開發階段的方式去撰寫事件流程，通常要借重經驗。圖 5-6 提供了一組已經確定有用的指導原則。[18]

1. 以主詞-動詞-直接受詞的形式 (有時是介詞-間接受詞) 撰寫每組步驟。
2. 確定誰是步驟的發起者。
3. 從獨立觀察者的觀點寫步驟。
4. 以大致相同的抽象層次撰寫每個步驟。
5. 確定使用案例有一組合理的步驟。
6. 廣泛應用 KISS 原則。
7. 在欲重複步驟之後，撰寫重複指令。

圖 5-6　撰寫有效的使用案例為文字描述的指導原則

首先，以主詞-動詞-直接受詞的形式間和選擇性使用介詞-間接受詞的形式撰寫每個步驟。這種格式稱成 **SVDPI** 句子。這種形式的句子有助於確認類別與操作 (見第六章)。例如，在圖 5-5 中，常態事件流程的第一個步驟，病人撥電話到辦公室洽詢預約方面的事情，指出了三個可能的物件種類：病人 (Patient)、診所 (Office) 與預約 (Appointment)。這個分析簡化結構性模型 (說明於第六章) 中確認類別的過程。並非所有步驟均能使用 SVDPI 句子，但是應該儘可能使用。

其次，搞清楚在每個步驟中誰 (或什麼) 是動作的發起者，以及誰是動作的接受者。一般來說，發起者應該是句子的主詞，而接受者則應該是句子的直接受詞。例如，圖 5-5 的第二個步驟，病人提供接待人員有關他或她的姓名和地址，清楚地描寫出病患是發起者，而接待人員是接受者。

第三，從一位旁觀者的觀點來寫步驟。要做到這件事，每個步驟必須先從發起者與接收者的觀點來寫。根據這兩個觀點，你就能寫出鳥瞰型的版本。例如，在圖 5-5

[18]這些指導原則是根據 Cockburn, Writing Effective Use Cases, and Graham, Migrating to Object Technology。

中，病人提供了接待人員與他或她的姓名和地址，這其中並沒有表達病人或接待人員自身的觀點。

第四，以同樣的抽象層次寫出每個步驟。每個步驟朝向完整使用案例的進展程度應該保持大致相同。對於高層次的使用案例而言，進展的幅度可能很大。然而對低層次的使用案例來說，每個步驟可能只代表了些許的進展。例如，在圖 5-5 中，每個步驟大約代表相同的完成工作量。

第五，確定使用案例包含一組合理的動作。每個使用案例應該代表某個交易；因此，每個案例應該由四個部分所組成。

1. 主要參與者送出請求 (以及可能是資料)。給系統而促使使用案例開始執行。
2. 系統確保請求 (與資料) 是有效的。
3. 系統處理請求 (與資料) 而且可能更動 其本身的內在狀態。
4. 系統將處理後的結果送給主要參與者。

例如，在圖 5-5 中，(1) 病人要求預約 (步驟 1 與 2)；(2) 接待人員確認病人資料是否已事先儲存在資料庫中 (步驟 3)；(3) 接待人員建立一個預約交易 (步驟 4 與 5)；以及 (4) 接待人員告訴病人預約的時間與日期 (步驟 6)。

第六個準則是 KISS (Keep It Simple, Stupid) 原則。如果使用案例變得太複雜及 (或) 太長，就應該分解成一組使用案例。再者，如果使用案例的常態事件流程變得太複雜，應該使用子流程。例如，在圖 5-5 中，常態事件流程的第五個步驟夠複雜了，足以分解成三個單獨的子流程。然而，如前所述，務必避免過度第分解。大多數的分解應該與類別一起完成 (見第六章)。

第七個準則處理重複性的步驟。通常，在程式語言如 Visual Basic 或 C 中，我們會在迴圈的開頭之處放置迴圈的定義與控制。然而，由於那些步驟是用簡單的英語寫成的，所以通常最好在步驟 E 之後簡單的寫「重複步驟 A 到 E 直到一些條件得到滿足。」

輪到你 5-2 使用案例

請看圖 5-2 所示預約系統的活動圖以及圖 5-5 所建立的使用案例。試根據該活動圖的一個活動或你在「輪到你 5-1」所建立的活動，建立你自己的使用案例。請利用圖 5-6 當作你的指導原則。

使用案例圖

在前一節，我們學會了什麼是使用案例，以及如何運用一套指導原則寫出有效的使用案例。在這一節，我們將學習如何將使用案例變成使用案例圖的基石，於此圖中彙總了——於一張圖中——正被塑模之系統中的所有使用案例。分析師透過使用案例圖可以高層次地進一步了解系統的功能。通常，使用案例圖在的 SDLC 中的蒐集及定義系統需求早期便已繪製，因爲它提供一個簡單、直截了當的與使用者溝通以了解系統到底將要做什麼事。秉持這樣的想法，使用案例圖可以鼓勵使用者提供書面使用案例尚未揭露的其他需求。

說明	符號
參與者： ■ 一個人或一個從系統產生效益或系統外部的系統。 ■ 以人形或矩形表示，但裡面寫<<actor>> (參與者不是人的話)。 ■ 標示著角色。 ■ 使用特殊化/超類別關聯，可以與其他參與者聯結；以一個空心的箭頭表示之。 ■ 放在主題邊界之外。	Actor/Role <<actor>> Actor/Role
使用案例： ■ 表示系統功能的主要部分。 ■ 能延伸另一個使用案例。 ■ 能含括另一個使用案例。 ■ 放置於系統邊界內。 ■ 以一個描述性的動詞-名詞片語標示。	Use Case
主題邊界： ■ 將主題名稱含括在裡面或頂端。 ■ 代表主題的範圍，如一個系統或個別的企業流程。	Subject
關聯關係： ■ 把參與者跟一起互動的使用案例連結起來。	
含括關係： ■ 代表一個使用案例的功能，含括在另一個使用案例內 ■ 箭號由基底使用案例畫向使用的使用案例。	<<include>>
延伸關係： ■ 代表使用案例的延伸，含括選擇性的行爲。 ■ 箭號從延伸使用案例畫向基底使用案例。	<<extend>>
一般化關係： ■ 代表一個特殊使用案例到更一般性的使用案例。 ■ 箭號從特殊使用案例畫向基底使用案例。	

圖 5-7　使用案例圖的語法

使用案例圖以非常簡單的方式展現了系統的主要功能，以及將與之互動的不同的使用者。圖 5-7 描述使用案例圖的基本語法規則。圖 5-8 展示一張診所預約系統的使用案例圖。我們從該圖得知，病人、醫生與管理人員將分別使用預約系統預約、記錄是否可提供服務以及產生時程資訊。

◆ 參與者

圖上標示文字的火柴棒造型代表參與者 (參閱圖 5-7)。一個**參與者 (actor)** 不是一個具體的使用者，而是使用者與系統發生互動時所同時扮演的一個角色。參與者也可以是與現行系統相互作用的另一個系統。在這種情況下，參與者都可以用一個寫有 <<actor>>與系統名稱的矩形來代表。基本上，參與者代表系統所運轉之環境的主要要素。參與者能提供輸入給系統，接受系統的輸出，或兩者都有。圖 5-8 的圖顯示了三個參與者與預約系統的互動 (一位病人、一位醫生與管理人員)。

有時候，參與者扮演一個更普遍類型之參與者的特殊化角色。例如，有時候可能新的病人與系統互動的方式，稍微不同於一般的病人。在這情況下，**特殊化的參與者** (即新的病人) 可以放在模型上，用一條有空心三角形的直線指向較一般化的參與者的一端 (即病人)。特殊化的參與者繼承較一般參與者的行為，並且以某種方式延伸 (參閱圖 5-9)。你可以想到新病人與舊病人在行為上可能有哪些不同的行為嗎？

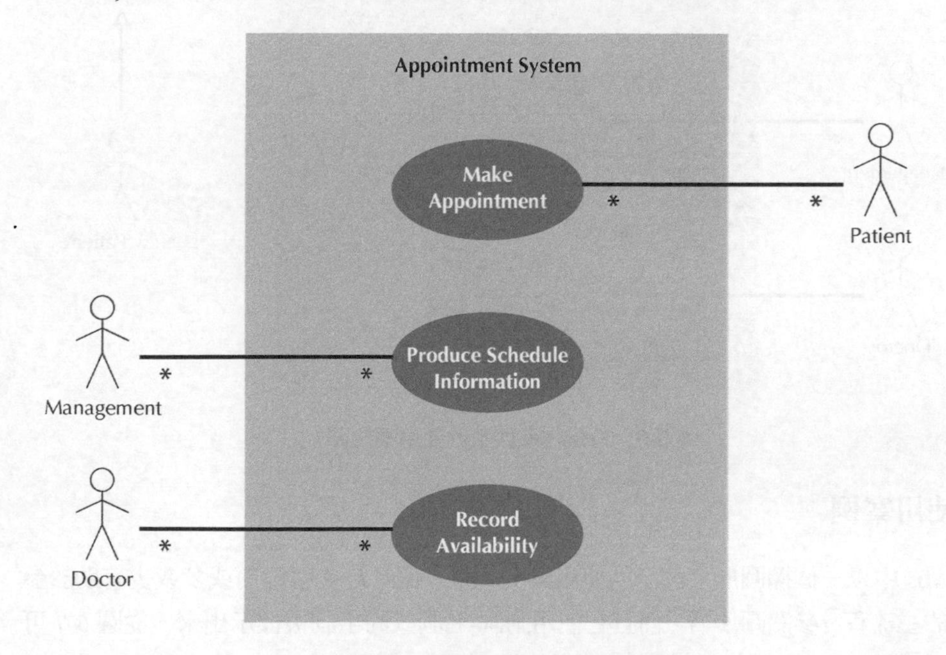

圖 5-8　預約系統的使用案例圖

◆ 關聯

使用案例透過關聯關係連結到參與者，這些關係顯示使用案例與參與者的互動 (參閱圖 5-7)。從參與者畫一條連到使用案例的直線代表著一個關聯。關聯通常代表使用案例與參與者之間的雙向溝通。如果溝通只是單向的，那麼可以使用一個實心的箭頭指出資訊的流向。例如，在圖 5-8 中，病人參與者與 Make Appointment 使用案例彼此互相溝通。因爲關聯上沒有箭頭，所以溝通是雙向的。最後，也可能表現關聯的多重性。圖 5-8 顯示，於 Patient 與使用案例 Make Appointment 之間之關聯的任何一端會出現星號 (*)。這單純地表示，一位病人 (實體的病人參與者) 可以如其所願執行多次的使用案例 Make Appointment，並且使用案例 Make Appointment 也可以由許多不同病人來執行。在大部分的情形下，這種多對多關係的類型是適當的。然而，我們也可以限制與使用案例 Make Appointment 產生關聯的病人人數。我們將在下一章詳細討論關於類別圖的多重性議題。

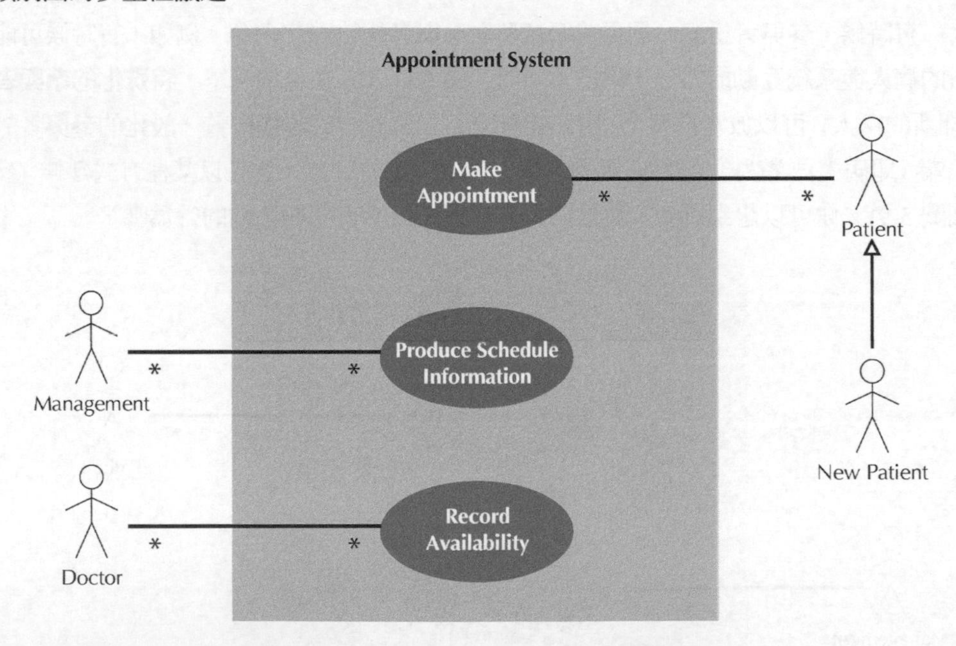

圖 5-9　特殊化參與者的使用案例圖

◆ 使用案例

在 UML 中以一個橢圓形來表示的使用案例，是一個系統會執行而或多或少有助於參與者的主流程 (參閱圖 5-7)，而且它使用動詞-名詞式的字詞被標示出來。從圖 5-7 可以知道系統有三個主要的使用案例：預約、產生時程資訊以及記錄可看病與否。

有時候，一個使用案例含括、延伸或一般化圖中的另一個使用案例的功能性。這些情況使用含括關係、延伸關係與一般化關係來展現。為了更易於了解一個使用案例圖，通常較高層次的使用案例置於較低層次的使用案例之上。舉個實例來說明或許更容易理解這些關係。讓我們假設，每次預約的時候，病人都被要求付款方式。然而，偶爾需要設定個新的付款方式。因此，我們或許想要有一個使用案例，稱為 Make Payment Arrangement，用來**延伸**使用案例 Make appointment 的功能，以納入這項額外的功能性。在圖 5-10 中，Make Payment Arrangement 與 Make appointment 之間有畫了一個標示為「extend」的空心箭頭，表示這個特殊的使用案例關係。更進一步的說，使用案例 Make Payment Arrangement 畫得比使用案例 Make Appointment 還低。

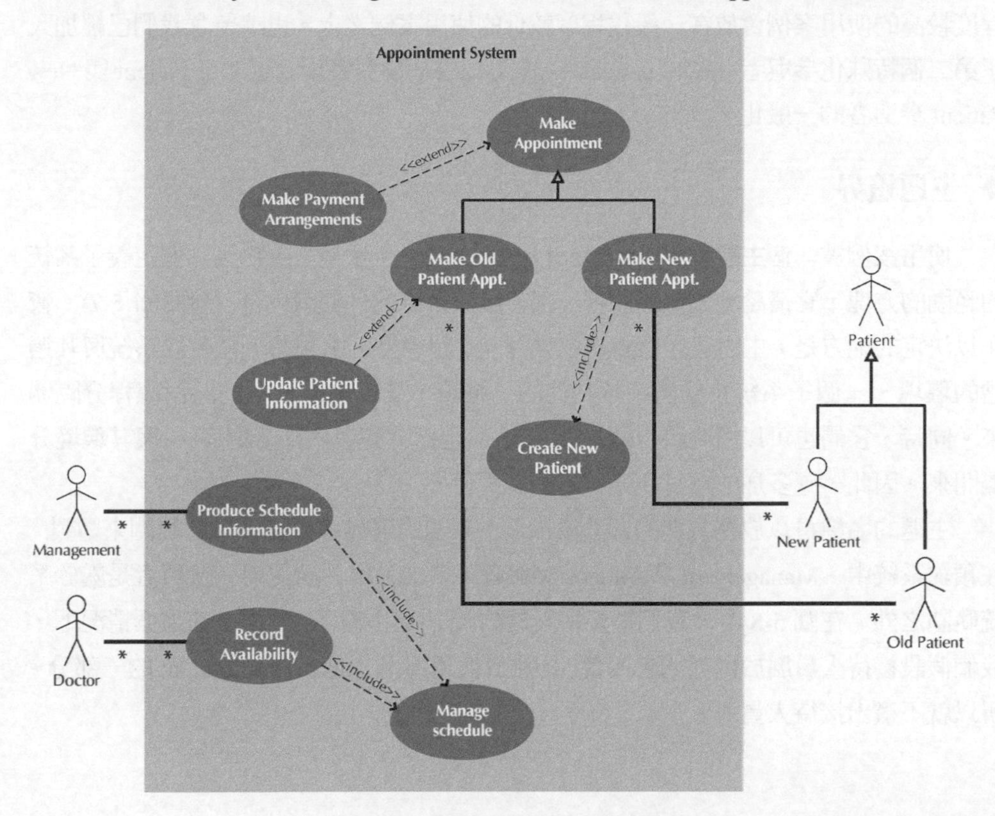

圖 5-10 延伸及含括關係

同樣地，有的時候單個使用案例包含了與其他使用案例也有的功能。例如，假設有一個稱之為 Manage Schedule 的使用案例，它執行某些維護診所預約時程的例行性作業，以及兩個使用案例 Record Availability 與 Produce Schedule Information 執行這些例行作業。圖 5-10 顯示我們如何能夠設計系統，以便 Manage Schedule 可以讓其他使用案例使用。一個標示爲「include」的空心箭頭用來代表含括關係，而且被含括的使用案例畫在含括它的使用案例的下面。

最後，有時候也有理由使用一般化關係來簡化個別的使用案例。例如，在圖 5-10 中，使用案例 Make Appointment 已經被特殊化以納入使用案例 Old patient 與 New Patient。使用案例 Make Old Patient Appt 繼承了使用案例 Make Appointment 的功能 (包括延伸之使用案例 Make Payment Arrangement 的功能)，而且搭配使用案例 Make Payment Arrangements 而拓展了其本身的功能。使用案例 Make New Patient Appt 也繼承了使用案例 Make Appointment 的功能性，並叫用能將新病人加入病人資料庫的使用案例 Create New Patient。一般化關係以一個沒有標示稱呼的空心箭號來代表，一般化程度較高的使用案例會放在一般化程度較低的使用案例之上。也請留意我們已經加入了第二個特殊化參與者──Old patient──並且 Patient 參與者現在是 Old Patient 與 New Patient 參與者的一般化。

◆ 主題邊界

使用案例被一個**主題邊界 (subject boundary)** 所環繞。，它是一個定義了系統的範圍的方塊，它清楚地繪出圖的哪一部分屬於系統的外部或內部 (參閱圖 5-7)。較難以決定的地方是，主題邊界應該畫在哪裡。主題邊界可用來將一個軟體系統與其週遭的環境、一個子系統與軟體系統其他的子系統，或軟體系統中的某個流程分隔開來。同時，它們也可以用來將一個資訊系統──包括軟體與內部參與者──與其環境分隔開來。因此，應多加注意資訊系統的範圍爲何。

主題的名稱可以放在方塊的裡面或頂端。主題的邊界會根據系統的範圍來繪製。在預約系統中，Management 與 Doctor 參與者不會被繪出。請記得，參與者是處於系統範圍之外。在圖 5-8 中，我們把接待人員納入了使用案例。然而，在這個情況下，我們假設接待人員屬於內部的參與者，即屬於使用案例 Make Appointment 的一部分。所以就不畫出接待人員。[19]

---

[19]在其他物件導向開發的非 UML 方法中，可以把外在參與者連同內部參與者表達出來。在此例中，接待人員被視為是一個內部參與者 (參閱 Graham, *Migrating to Object Technology*, and Graham, Henderson-Sellers, and Younessi, *The OPEN Process Specification*)。

製作使用案例的文字描述與使用案例圖

使用案例被用來描述系統的功能性，並且被當作參與者與系統之間對話的模型。因此，它們常用來塑造系統的環境與系統詳細需求。即使使用案例的主要目的是說明系統的功能需求，但是它們也常被拿來當作測試逐漸成形中的系統的基礎。在本節，我們將描述一種可用來支援使用案例需求蒐集與文件化的方法。

請務必記住，使用案例可用於現行的與新的行爲模型。現行使用案例側重於現行系統，而新的使用案例則側重於所想要的新系統。兩個最常見的使用案例資訊蒐集方法是：透過訪談與透過 JAD 會議 (觀察有時也用於現行的模型)。如第四章所討論過的，這些技術均有其優缺點。

辨認主要使用案例

1. 審視活動圖。
2. 找出主題邊界。
3. 確認主要參與者及其目標。
4. 確認並寫出上述主要使用案例的概要。
5. 仔細審視現行的使用案例，必要時加以修改。

延伸主要使用案例

6. 選擇一個使用案例加以延伸。
7. 開始填寫所選擇的使用案例的細節。
8. 撰寫使用案例的常態事件流程。
9. 如果常態事件流程太複雜或太長，分解成子流程。
10. 列出可能的替代或例外流程。
11. 對於每個替代或例外流程，列出參與者及 (或) 系統應該如何反應。

確認主要使用案例

12. 仔細審查所有現行的使用案例，必要時加以修改。
13. 再從頂端開始。

建立使用案例圖

1. 繪製主題邊界。
2. 將使用案例放在圖上。
3. 將參與者放在圖上。
4. 繪製關聯。

圖 5-11　撰寫有效的使用案例文字描述與使用案例圖的步驟

不管是使用訪談或 JAD 會議，最近的研究指出，蒐集使用案例的資訊，有些方法比其他方法更好。建立使用案例文字描述的最有效率過程涉及到使用 13 個步驟[20]，以及建立使用案例圖的 4 個額外步驟 (參閱圖 5-11)。這 13 個步驟會依序的執行，但是當分析師從一個使用案例移至另一個使用案例時，當然以一種反覆的方式輪流做這些步驟。

◆ 辨認主要使用案例

第一個步驟是審視活動圖。這將有助於分析師了解基本企業流程的整體概要。

第二個步驟是確認主題的邊界。這將有助於分析師確認系統的範圍。不過，當我們從事 SDLC 的過程中，系統的邊界可能會改變。

第三個步驟是確認主要參與者與其目標。涉及系統的主要參與者來自許多的利益相關者與使用者。然而，你應該記得，一個參與者是一個利益相關者或使用者所扮演的角色，而不是一個具體指明的使用者 (例如，是醫師，而不是 Jones 醫師)。這些目標代表系統必須提供給參與者足以讓系統成功的功能性。確認參與者該執行什麼樣的任務，將有助於達成這點。例如，參與者需要建立、讀取、更新或刪除 (CRUD) [21] 現行系統中的任何資訊嗎？有無任何必須讓參與者事先知道的外在的改變，或是有任何應該讓系統傳遞給參與者的資訊嗎？第二個與第三個步驟彼此交錯。隨著參與者的確認以及目標漸漸明朗化，系統的邊界將會隨之更動。

第四個步驟是確認並寫出主要使用案例的基本資訊，而不是跳到某個使用案例然後完整的描述它 (也就是說，只需概要性的使用案例)。回想先前對於使用案例之要素的描述中，概要性的使用案例只有使用案例的名稱、識別號碼、類型、主要參與者以及扼要的描述。此時製作概要性的使用案例可以避免使用者與分析師忘記關鍵性的使用案例，且協助使用者闡釋其所管領之整體企業流程。它也有助於他們了解如何描述使用案例，以及減少使用案例之間的重疊的機會。在這個時候，請務必了解並定義縮

[20]本節的方法根據下列著作：Cockburn, *Writing Effective Use Cases*; Graham, *Migrating to Object Technology*; George Marakas and Joyce Elam, “Semantic Structuring in Analyst Acquisition and Representation of Facts in Requirements Analysis,” *Information Systems Research* 9, no. 1 (1998):37–63; and Alan Dennis, Glenda Hayes, and Robert Daniels, “Business Process Modeling with Group Support Systems,” *Journal of Management Information Systems* 15, no. 4 (1999): 115–142。

[21]我們將在第七章討論 CRUD 矩陣。

寫與專門術語，以便專案小組與其他來自外面的使用者團隊能清楚地了解使用案例。再提醒一次，活動圖是這個步驟最有用的起步點。

第五個步驟是仔細檢討目前的使用案例組。或許有必要將其分割成多重的使用案例，或將其合併成單一的使用案例。同時，根據目前的使用案例組，或許可以再確認一個新的使用案例。你應該記得，確認使用案例是一個反覆的過程，使用者經常會對使用案例是什麼及其所包括的內容改變心意。此時很容易陷入細節的泥沼，因此，你必須注意，這個步驟的目標是確認主要的使用案例，並且只要製作概要性的使用案例。例如，在圖 5-10 的診所例子中，我們定義了一個使用案例──「Makes Appointment」。這個使用案例同時包括了新舊病人的使用案例，以及病人何時改變或取消預約的使用案例。我們可以把每個活動 (預約、變更預約或取消預約) 定義爲單一使用案例，但是這將會產生一組超多的「小型」使用案例。

箇中的技巧就是適當的「大小」，使得每個系統都只有三到九個使用案例。如果專案小組發現使用案例超過八個，這就代表了使用案例「太小了」，或者系統邊界「太大了」。如果超過了九個使用案例，你應該把這些使用案例組合成套件 **(package)** (也就是，使用案例的邏輯性的組合)。這樣可以使得圖更易於閱讀，而且把模型的複雜度保持在合理的程度。在這時候，很容易分類使用案例並組合這些小的使用案例成爲較大的使用案例，或改變系統的邊界。[22]

◆ 延伸主要使用案例

第六個步驟就是選擇其中一個主要使用案例加以延伸。藉助使用案例的重要性等級，可以達到這點。例如，在圖 5-5 中，使用案例 Make appointments 重要性等級屬於高。因此，它該是儘早延伸的使用案例之一。你也可以使用 Larman [23] 建議的準則，排定前述使用案例的優先順序。

第七個步驟是開始塡寫使用案例樣版上的細節。例如，列出所有在使用案例中被確認的利益相關者及其利益、使用案例的重要性等級、簡短地描述使用案例、提供使用案例之發動資料，以及留意使用案例所處的關係。

第八個步驟是塡寫用來描述每個使用案例常態事件流程之步驟。與使用者或其他外部參與者採取的動作不同的是，這些步驟側重於企業流程該做什麼才能完成使用案

---

[22] 對於那些熟悉結構化分析與設計的人來說，套件頗類似於資料流程圖中所使用的階層化 (leveling) 及平衡 (balancing) 過程。套件將於第八章討論。

[23] Larman, Applying UML and Patterns:An Introduction to Object-Oriented Analysis and Design.

例。一般而言，這些步驟應該從頭到尾，依執行的先後順序予以列出。可能的話，記得要以 SVDPI 的形式寫出步驟。在寫使用案例的時候，不要忘記前面曾談過的七條指導原則。到了這個時候的目標是描述被選取之使用案例是如何操作的。一個了解參與者如何歷經一個使用案例的最好的方式是，視覺化使用案例的執行步驟──也就是角色扮演。視覺化如何與系統互動以及思考其他系統如何運作 (非正式標竿) 的技術，是幫助分析師和使用者了解系統如何運作，以及如何編寫使用案例的重要技術。這兩種技術 (視覺化和非正式標竿) 是常見的做法。重要的是要記住，在使用案例發展的這個時候，我們只需要關心該使用案例典型的成功執行情況。如果我們還試圖考慮所有活動後續的可能組合，那麼我們永遠也寫不出任何東西。在這個時候，我們僅要找出三至七個主要步驟。因此，只要專注於執行使用案例所代表的典型過程。

第九個步驟是確保常態事件流程中所列出的步驟不太複雜或太長。每個步驟應該差不多長度。例如，如果我們要寫準備餐點的步驟的話，像「從抽屜取出叉子」與「把叉子放在桌上」的步驟，比起「準備混合型蛋糕」要「小的」多了。如果你最後寫的步驟超過七個或者步驟的差異太大，你應該回頭檢討每個步驟，可能的話，重寫那些步驟。

產生使用案例的步驟有一個好方法，就是讓使用者自己實地看看使用案例的執行並且寫下步驟，好像他們正在爲一本食譜寫烹調法一樣。在大部分的情形下，使用者都能夠很快地定義在現行模型中他們該做什麼。定義新的使用案例的步驟可能需要多一點訓練。根據我們的經驗，步驟的描述會隨著使用者進行使用案例而有很大的改變。我們的忠告是使用可以輕易地修改字的黑板或白板 (或紙筆) 來擬出所有步驟的清單，然後才將該清單寫到使用案例的表單上。只有在所有步驟都定義清楚之後，你才應該寫在使用案例表單上。

第十個步驟著重於確認替代或例外流程。替代或例外流程是代表選擇性 (optional) 或例外行爲 (exceptional) 出現時會執行的流程。這些流程不常發生，或者發生於常態流程失敗的時候。它們應該被標示出來，以表示它所關聯的常態事件流程爲何。例如，在圖 5-5 中，替代/例外流程在步驟 3 失敗時才會執行 (也就是說，Patient 不存在於 Patient 資料庫)。

第十一個步驟只是單純地撰寫任何的替代或例外流程的描述。換句話說，如果替代或例外流程會被執行，描述參與者或系統應該產生的回應。像常態流程與子流程一樣，替代/例外流程應該儘可能以 SVDPI 形式撰寫。

◆ 確認主要的使用案例[24]

第十二個步驟是仔細審查目前所有的使用案例，並且確認使用案例寫得正確，這意味著與使用者共同檢討使用案例，確保每個步驟都正確。審查應該尋找這樣的可能性，即藉由將使用案例分解成一組較小的使用案例、與其他使用案例合併、找出使用案例的語意與語法共同點以及確認新的使用案例等等，從而使其簡化。這個也是要開始研究如何加入使用案例之間的含括、延伸或一般化關係的時機。確定使用案例最有力的方法是要求使用者進行角色扮演，或者說是利用使用案例中所述的步驟來執行流程。分析師將遞給使用者幾張紙，上面標示出使用案例的主要輸入，然後叫使用者依照所寫過的步驟，像食譜一樣，確定那些步驟使用的輸入眞的能產生爲該使用案例所定義的輸出。

第十三、也是最後的步驟，就是**反覆的**進行所有步驟。使用者通常對於使用案例及其內涵會改變心意。這個很容易陷入細節的泥淖，故你必須牢記，你的目標是只著重在主要的使用案例。因此，你應該持續地反覆做，直到你覺得你已經記錄足夠的使用案例，並且可以開始確認結構模型的候選類別 (見第六章)。當候選類別被確認後，很有可能額外的使用案例會浮現。請記住，物件導向系統的開發是反覆性且漸進性的。所以，在系統開發的這個階段，你不用擔心各個可能的使用案例的確認問題。

◆ 建立使用案例圖

基本上，一旦你已詳細說明使用案例，建立使用案例圖將非常直接。實際的使用案例圖鼓勵使用資訊隱藏。畫在使用案例圖上的資訊只包括系統邊界、使用案例本身、參與者及這些元素之間的關聯。使用案例圖的主要優點是提供使用者一個有關細部使用案例的概要。然而，你必須記得，任何時候使用案例改變，就可能衝擊到使用案例圖。

建立使用案例圖有四個主要步驟。首先，使用案例圖由主題邊界開始。這構成了系統的界限，把參與者 (也就是，外部使用者的角色) 與使用案例 (也就是，系統的功能性) 分開來。

其次，將使用案例畫到圖上。這些使用案例直接取自於細部使用案例的文字描述。此時，特殊的使用案例關聯 (含括、延伸或一般化) 也加到模型中。在進行圖的配置時要特別小心。使用案例沒有所謂的正式順序，因此，放置的地方以容易閱讀及減少交叉爲主。有時要重繪多次，將使用案例放在不同地方，好讓圖容易被閱讀。再

---

[24]這個過程牽涉到角色扮演，於第六章會討論到，於第八章討論演練，於第十三章討論測試。

者，為易懂起見，模型不應該超過三到九個使用案例，儘量保持圖面簡單。這些使用案例包括了那些已經被分解出來者，以及目前透過含括、延伸或一般化等關係，而與其他的使用案例具有關聯性的使用案例。

輪到你　5-3　使用案例圖

請參考圖 5-10 的使用案例圖。考慮如果加上一個使用案例，用以維護病人的保險資訊。對於這個使用案例的細節予以假設，然後將它加到圖 5-10 中現有使用案例圖。

第三，將參與者放置在圖上。參與者直接取自於細部使用案例描述的主要參與者組成。如同使用案例的放置方式一樣，為了減少圖面上的交叉線，參與者應該放在與他們有關聯的使用案例之旁。

第四個步驟，也是最後一個步驟，是畫一條線連接參與者及與之互動的使用案例。圖並沒有暗示任何順序，而且你一路上所新增的項目，也不必依特別順序放置。

以使用案例的點數來估計專案的規模及工作量[25]

回顧第三章，我們分別使用了功能點數與 COCOMO 方法，來估計系統開發專案的規模與工作量。不過，這些方法的發展或驗證都不是特意地針對物件導向系統。因此，即使這些估計方法很普遍，但應用在物件導向系統上卻值得商榷。既然你已知道使用案例，我們就介紹一個根據它們的使用所發展出來的規模與工作量的估計技術。這個技術稱為使用案例點數，由 Objectory AB 的 Gustav Karner 所發展出來。[26] **使用案例點數 (Use-case points)** 與功能點數發展時所根據者是一樣的。不過，它們已經針對使用案例與物件導向的特點而仔細的修改過了。

想要透過使用案例點數來估計規模與工作量，首先你必須至少製作了一組必要的使用案例以及使用案例圖。否則，所需的資訊將無法取得。一旦使用案例與使用案例圖建立完成後，你必須將參與者與使用案例分類為簡單的、一般的或複雜的。

---

[25]本節取材自下列有關使用案例點數說明的書籍：Raul R. Reed, Jr., *Developing Applications with Java and UML* (Reading, MA:Addison-Wesley, 2002); Geri Schneider and Jason P. Winters, *Applying Use Cases:A Practical Guide* (Reading, MA:Addison-Wesley, 1998); and Kirsten Ribu, "Estimating Object-Oriented Software Projects with Use Cases" (master's thesis, University of Oslo, 2001)。

[26] Objectory AB 在 1995 年被 Rational 公司收購了。Rational 現在則屬於 IBM。

簡單型參與者 (simple actor) 指的是另一個不同的系統，現行的系統必須透過一組定義完整的**應用程式介面 (application program interface，API)** 與之溝通。**一般型參與者 (average actor)** 指的是另一個不同的系統，現行的系統透過標準通訊協定 (如 TCP/IP、FTP 或 HTTP) 或能用標準 SQL 存取之外部資料庫與之互動。**複雜型參與者 (complex actor)** 通常指的是透過某種類型的 GUI，而與系統發生互動的終端使用者。一旦分類出所有的參與者，就應輸入合宜的數字到使用案例點數-估算工作表的無調整參與者加權表格 (參閱圖 5-12)。例如，回頭看看使用案例 Make Appointment (參閱圖 5-5) 與預約系統的使用案例圖 (參閱圖 5-10)，我們發現其中有四個人類參與者與系統有互動，得到它的**無調整參與者加權總點數 (Unadjusted Actor Weight Total，UAW)** 爲 12。這是將加權因子乘以每種類型的參與者人數，再加總後得到的結果。在這種情況下簡單型參與者有 0 個，一般型參與者有 0 個，而複雜型參與者有 4 個。

視使用案例必須處理的交易數目多寡，使用案例可以歸類爲**簡單型使用案例** (1-3)、**一般型使用案例** (4-7) 或**複雜型使用案例** (>7)。原先在構想使用案例點數估計法的時候，Karner 便建議應該不用考慮含括與延伸的使用案例的部分。不過，現今的做法卻是建議使用所有的使用案例，而不管它們在被估算時屬於什麼樣的類型。例如，圖 5-5 所示的使用案例 Make Appointment，必須面對的一組活動有：建立預約、取消現有的預約、更改現有的預約、建立新病人以及付款方式等。在這個例子，因爲使用案例 Make Appointment 必須處理五個不同的交易動作，所以被歸類爲一般型使用案例 (參閱圖 5-12 的無調整使用案例加權表)。根據使用案例 Appointment System 圖 (參閱圖 5-10)，我們有 3 個簡單型使用案例 (Produce Schedule、Make Old Patient Appointment 及 Record Availability)，4 個一般型使用案例 (Make Appointment、Make New Patient Information、Manage Schedule 及 Make Payment Arrangements)，以及 1 個複雜型使用案例 (Update Patient Information)。乘以適當的加權因子並加總所得的結果，得到**無調整使用案例加權總點數 (Unadjusted Use Case Weight Total，UUCW)** 爲 70。

無調整使用案例點數 (Unadjusted Use Case Points，UUCP) 的值是 UAW (12) 與 UUCW (70) 之和。因此，UUCP 相當於 82。

於功能點數分析的精神下，以使用案例點數爲依據的估算，也有一組因子用來調整使用案例的點數。在這種情況，有兩組因子：**技術複雜度因子 (technical complexity factor，TCF)** 及**環境因子 (environmental factor，EF)**。技術因子有 13 個，而環境因子有 8 個。這些因子的目的，乃是將專案視爲一體地來分別估算複雜度以及成員的經驗水準。顯然地，這類型的因子可能會衝擊開發系統之團隊的工作量。每個因子都賦予了一個指定的值，從 0 到 5；0 表示該因子與系統無關，而 5 則表示該因子對於系統的成功與否影響至鉅。被指定的值接著乘以其個別的權重。這些加權後的值接著加總，產生一個**技術因子值 (technical factor value，TFactor)** 與一個**環境因子值 (environmental factor value，EFactor)**。

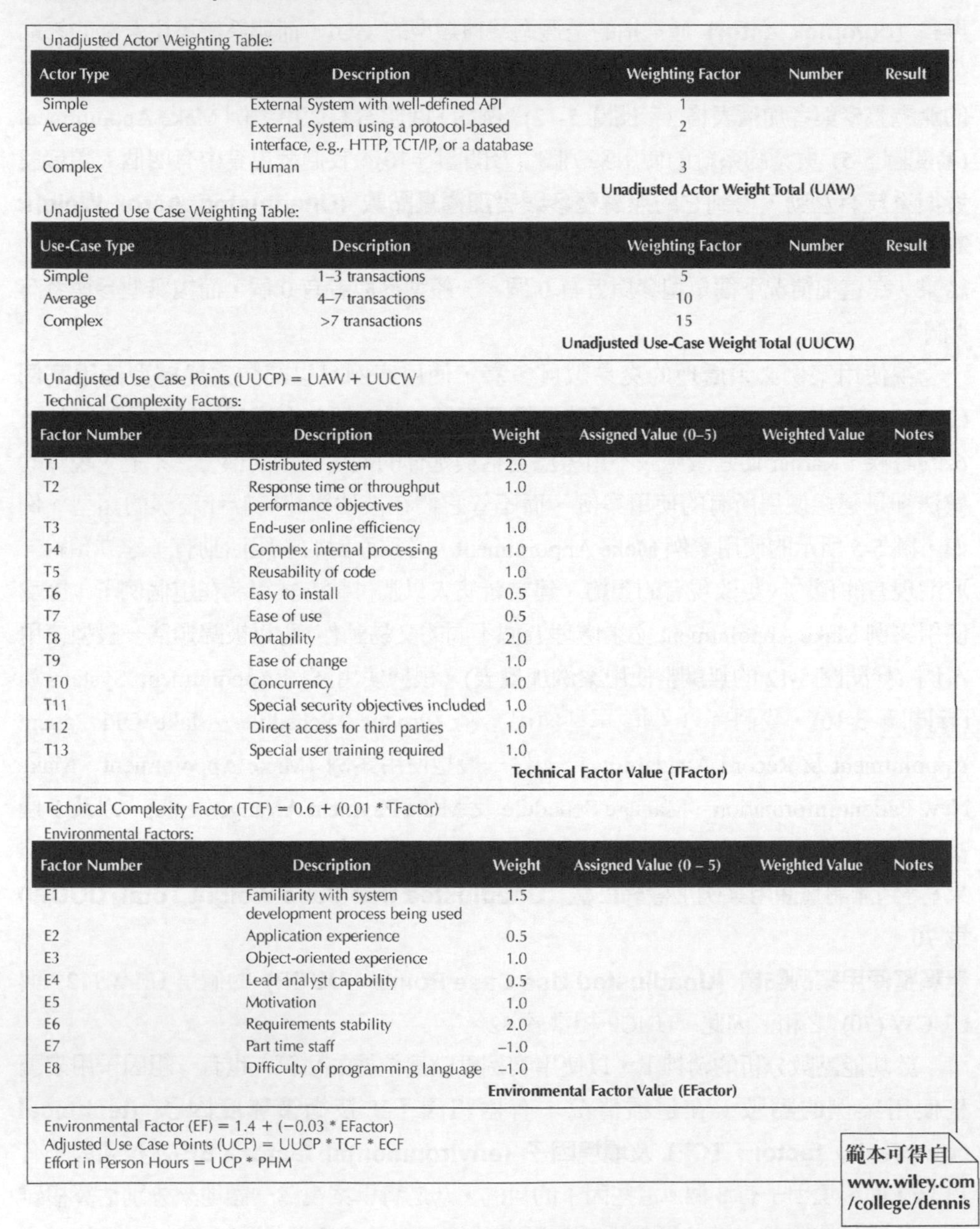

Unadjusted Actor Weighting Table:

Actor Type	Description	Weighting Factor	Number	Result
Simple	External System with well-defined API	1		
Average	External System using a protocol-based interface, e.g., HTTP, TCT/IP, or a database	2		
Complex	Human	3		
		Unadjusted Actor Weight Total (UAW)		

Unadjusted Use Case Weighting Table:

Use-Case Type	Description	Weighting Factor	Number	Result
Simple	1–3 transactions	5		
Average	4–7 transactions	10		
Complex	>7 transactions	15		
		Unadjusted Use-Case Weight Total (UUCW)		

Unadjusted Use Case Points (UUCP) = UAW + UUCW

Technical Complexity Factors:

Factor Number	Description	Weight	Assigned Value (0–5)	Weighted Value	Notes
T1	Distributed system	2.0			
T2	Response time or throughput performance objectives	1.0			
T3	End-user online efficiency	1.0			
T4	Complex internal processing	1.0			
T5	Reusability of code	1.0			
T6	Easy to install	0.5			
T7	Ease of use	0.5			
T8	Portability	2.0			
T9	Ease of change	1.0			
T10	Concurrency	1.0			
T11	Special security objectives included	1.0			
T12	Direct access for third parties	1.0			
T13	Special user training required	1.0			
		Technical Factor Value (TFactor)			

Technical Complexity Factor (TCF) = 0.6 + (0.01 * TFactor)

Environmental Factors:

Factor Number	Description	Weight	Assigned Value (0 – 5)	Weighted Value	Notes
E1	Familiarity with system development process being used	1.5			
E2	Application experience	0.5			
E3	Object-oriented experience	1.0			
E4	Lead analyst capability	0.5			
E5	Motivation	1.0			
E6	Requirements stability	2.0			
E7	Part time staff	–1.0			
E8	Difficulty of programming language	–1.0			
		Environmental Factor Value (EFactor)			

Environmental Factor (EF) = 1.4 + (−0.03 * EFactor)
Adjusted Use Case Points (UCP) = UUCP * TCF * ECF
Effort in Person Hours = UCP * PHM

範本可得自
www.wiley.com /college/dennis

圖 5-12　使用案例點數-估算工作表

技術因子包括：

- 系統是否將成為一個分散式系統。
- 回應時間的重要性。
- 終端使用者使用系統的效率等級。
- 系統內部流程的複雜度。
- 程式碼再用的重要性。
- 安裝過程是否容易。
- 使用系統便利性的重要性。
- 系統移植到另一個平台的重要性
- 系統維護是否很重要。
- 系統是否必須平行及並行處理。
- 所需要特殊的安全性等級
- 協力廠商的系統出入層級
- 是否需要訓練特殊使用者 (參閱圖 5-12)

環境因子包括：

- 開發人員對於正在使用之開發流程的熟悉程度。
- 所開發過的應用程式
- 物件導向經驗的程度
- 首席分析師的能力等級。
- 開發團隊交付系統的動機程度。
- 需求的穩定度。
- 兼職人員是否必須納入開發團隊內
- 所使用之程式語言的難易度 (參閱圖 5-12)。

繼續預約的例子，技術因子的值為：T1 (0)、T2 (5)、T3 (3)、T4 (1)、T5 (1)、T6 (2)、T7 (4)、T8 (0)、T9 (2)、T10 (0)、T11 (0)、T12 (0) 和 T13 (0)。將圖 5-12 中加權後的值加總得到 Tfactor 的值等於 15。將此值放到使用案例點數工作表的技術複雜度因子 (TCF) 方程式，得到預約系統的 TCF 值為 0.75。

環境因子的值為 E1 (4)、E2 (4)、E3 (4)、E4 (5)、E5 (5)、E6 (5)、E7 (0) 和 E8 (3)，得到 Efactor 的值是 25.5。與 TFactor 雷同，EFactor 的值就是加權之值的總和。將此值放到使用案例點數工作表的環境因子 (EF) 方程式，得出預約系統的 EF 值為

0.635。同時把 TCF 與 EF 值，連同稍早算出的 UUCP 值，放到工作表中的使用案例點數調整方程式，得到**調整後使用案例點數 (Adjusted Use Case Point，UCP)** 爲 33.3375。

既然我們已透過調整後使用案例點數估算系統的規模，我們接著便要估計建置系統所需要的**工作量**。在 Karner 的原著裡，他建議只要使用案例點數乘以 20，就可估計建置系統所需的人力時數。可是，根據使用案例點數的額外使用經驗，已建立了一個用以計算**人時乘數 (person hour multiplier，PHM)** 的決策規則，就是使用 20 或 28，根據賦予個別環境因子的值而定。決策規則是：

If the sum of (number of Efactors E1 through E6 assigned value < 3) and
(number of Efactors E7 and E8 assigned value > 3)

≤ 2

PHM = 20

Else If the sum of (number of Efactors E1 through E6 assigned value < 3) and
(number of Efactors E7 and E8 assigned value > 3)

= 3 or 4

PHM = 28

Else

Rethink project; it has too high of a risk for failure

根據這些規則，因爲 EFactors E1 至 E6 的值都小於 3，而且只有 EFactors E8 大於 3，EFactors 的總和等於 1。因此這個預約系統應該使用的 PHM 值爲 20。這樣所估計的人力總時數爲 666.75 小時 (20 × 33.3375)。填好的工作表如圖 5-13 所示。

使用案例點數勝於傳統估計法的主要優點是，前者乃基於物件導向系統開發及使用案例的基礎上，而不是建立在傳統系統開發的方法上。然而，採用使用案例點數的風險是，比起第三章所述的傳統估計法而言，這個方法的使用歷史還不夠久遠。因此，所建議的簡單型、一般型及複雜型參與者與使用案例的分類方式，以及簡單型、一般型及複雜型參與者與使用案件的加權因子，以及與簡單型、一般型及複雜型有關之技術複雜度與環境因子等的值都可能在未來會被修改。不過，此時，所建議的值似乎還是最可行的。

Unadjusted Actor Weighting Table:

Actor Type	Description	Weighting Factor	Number	Result
Simple	External system with well-defined API	1	0	0
Average	External system using a protocol-based interface, e.g., HTTP, TCT/IP, or a database	2	0	0
Complex	Human	3	4	12
		Unadjusted Actor Weight Total (UAW)		12

Unadjusted Use-Case Weighting Table:

Use Case Type	Description	Weighting Factor	Number	Result
Simple	1–3 transactions	5	3	15
Average	4–7 transactions	10	4	40
Complex	>7 transactions	15	1	15
		Unadjusted Use Case Weight Total (UUCW)		70

Unadjusted use-case points (UUCP) = UAW + UUCW　82 = 12 + 70

Technical Complexity Factors:

Factor Number	Description	Weight	Assigned Value (0–5)	Weighted Value	Notes
T1	Distributed system	2	0	0	
T2	Response time or throughput performance objectives	1	5	5	
T3	End-user online efficiency	1	3	3	
T4	Complex internal processing	1	1	1	
T5	Reusability of code	1	1	1	
T6	Easy to install	0.5	2	1	
T7	Ease of use	0.5	4	2	
T8	Portability	2	0	0	
T9	Ease of change	1	2	2	
T10	Concurrency	1	0	0	
T11	Special security objectives included	1	0	0	
T12	Direct access for third parties	1	0	0	
T13	Special user training required	1	0	0	
			Technical Factor Value (TFactor)	15	

Technical complexity factor (TCF) = 0.6 + (0.01 * TFactor)　0.75 = 0.6 + (0.01 * 15)

Environmental Factors:

Factor Number	Description	Weight	Assigned Value (0 – 5)	Weighted Value	Notes
E1	Familiarity with system development process being used	1.5	4	6	
E2	Application experience	0.5	4	2	
E3	Object-oriented experience	1	4	4	
E4	Lead analyst capability	0.5	5	2.5	
E5	Motivation	1	5	5	
E6	Requirements stability	2	5	10	
E7	Part-time staff	–1	0	0	
E8	Difficulty of programming language	–1	4	–4.0	
			Environmental Factor Value (EFactor)	25.5	

Environmental factor (EF) = 1.4 + (–0.03 * EFactor)　0.635 = 1.4 + (–0.03 * 25.5)
Adjusted use case points (UCP) = UUCP * TCF * ECF　33.3375 = 70 * 0.75 * 0.635
Effort in person-hours = UCP * PHM　666.75 = 20 * 33.3375

圖 5-13　估算預約系統的使用案例點數

輪到你 5-4 估算使用案例的點數

考慮你在「輪到你 5-2」所製作的使用案例。請利用圖 5-12 的工作表，估計該使用案例的專案規模與工作量。

輪到你 5-5 校園住宿

爲校園住宿服務組所掌管的住屋系統製作一組更高層次流程的使用案例。校園住宿服務協助學生尋找公寓。公寓業主填寫有關於出租房屋的出租資料表格 (例如，地點、臥室數量、每月租金)，然後再輸入到資料庫中。學生可以透過網路搜尋這個資料庫，找到滿足他們所需要公寓 (例如，兩臥房的公寓租金$400 或更少，距校園半英里之內)。然後，他們直接聯繫公寓業主看出租公寓以及可能租下它。當公寓業主的公寓順利出租後，他們會致電服務組，將之自出租名單中刪除。

輪到你 5-6 畫一張使用案例圖

在「輪到你 5-5」，你確認出了幫助學生尋找公寓之校園住宿服務的使用案例。. 根據這些使用案例，製作一張使用案例圖。

輪到你 5-7 估算使用案例點數

考慮於「輪到你 5-5」中的使用案例。使用圖 5-12 中的工作表，請爲你的使用案例估算專案的規模和工作量。

應用概念於 CD Selections 公司

在前幾章已研擬出來 CD Selections 公司之網路銷售系統基本的功能與非功能需求。細心地回頭看看這些需求 (參閱圖 2-13、2-14、2-15、3-22 與 4-15)。

◆ 企業流程塑模與活動圖

根據網路銷售系統的功能需求，Alec 與他的團隊決定，至少有 4 個高層次的活動必須被提出：Place CD Orders、Maintain CD Information、Maintain CD Marketing Information

與 Fill Mail Orders。Alec 決定以活動圖來塑造整個企業流程之執行流程的模型，當做朝向開發功能需求之功能模型的第一個步驟。仔細看過 Place CD Orders 需求後，小組確認了一個決策與兩個額外的活動：Place InStore Hold 與 Place Special Order。這些活動是根據圖 4-15 第 3.5 點所述的需求。此外，小組也發覺，需求中好像有三個不同的並行執行路徑。第一條路徑與訂單有關，第二條路徑強調行銷資訊的維護，第三條路徑則著重於 CD 資訊的維護。根據這些新的發現，Alec 及小組製作了如圖 5-14 所示的網路銷售系統活動圖。

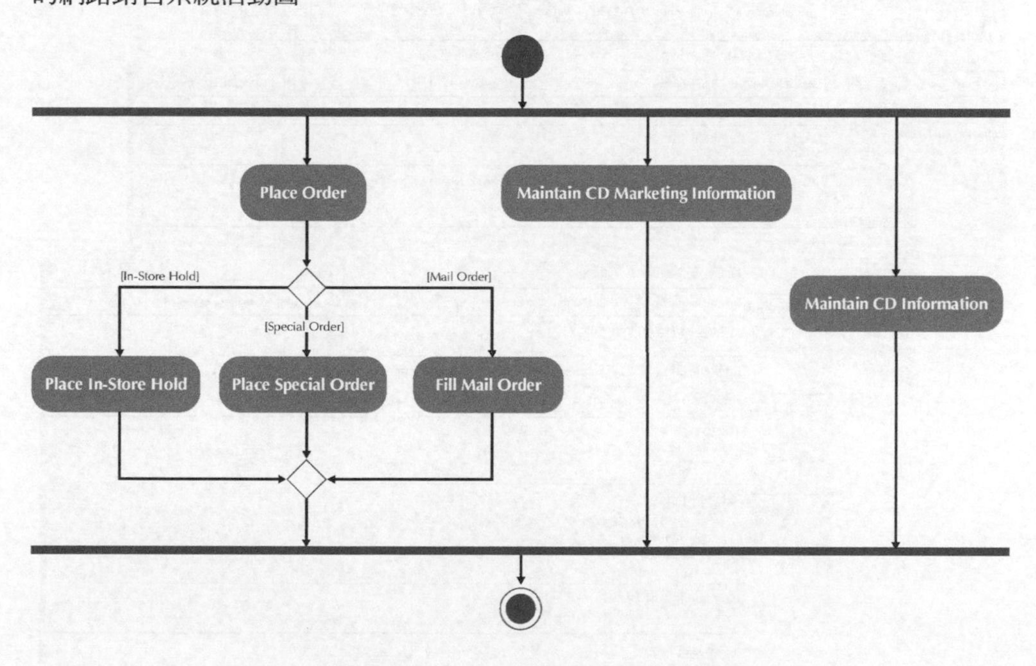

圖 5-14　CD Selections 公司新的網路銷售系統活動圖

◆ 辨認主要使用案例

撰寫使用案例的前四個步驟是：檢查活動圖、找出主題邊界、列出主要參與者及其目標、以及依照這些結果辨認並撰寫主要使用案例的概要。這些使用案例將構成使用案例圖的基礎。在你繼續閱讀之前，請花一分鐘時間重讀圖 4-15 的需求描述與活動圖 (參閱圖 5-14)，以確認三到九個主要使用案例。

首先，似乎主題邊界應該繪製的方式是，任何非屬於 CD Selections 網路銷售系統的部分 (如代理商與顧客)，都應該被確認爲主要參與者。因此，他們被視爲是系統範圍以外的東西。其他被確認出的潛在參與者是配銷系統與電子行銷經理 (EM)。

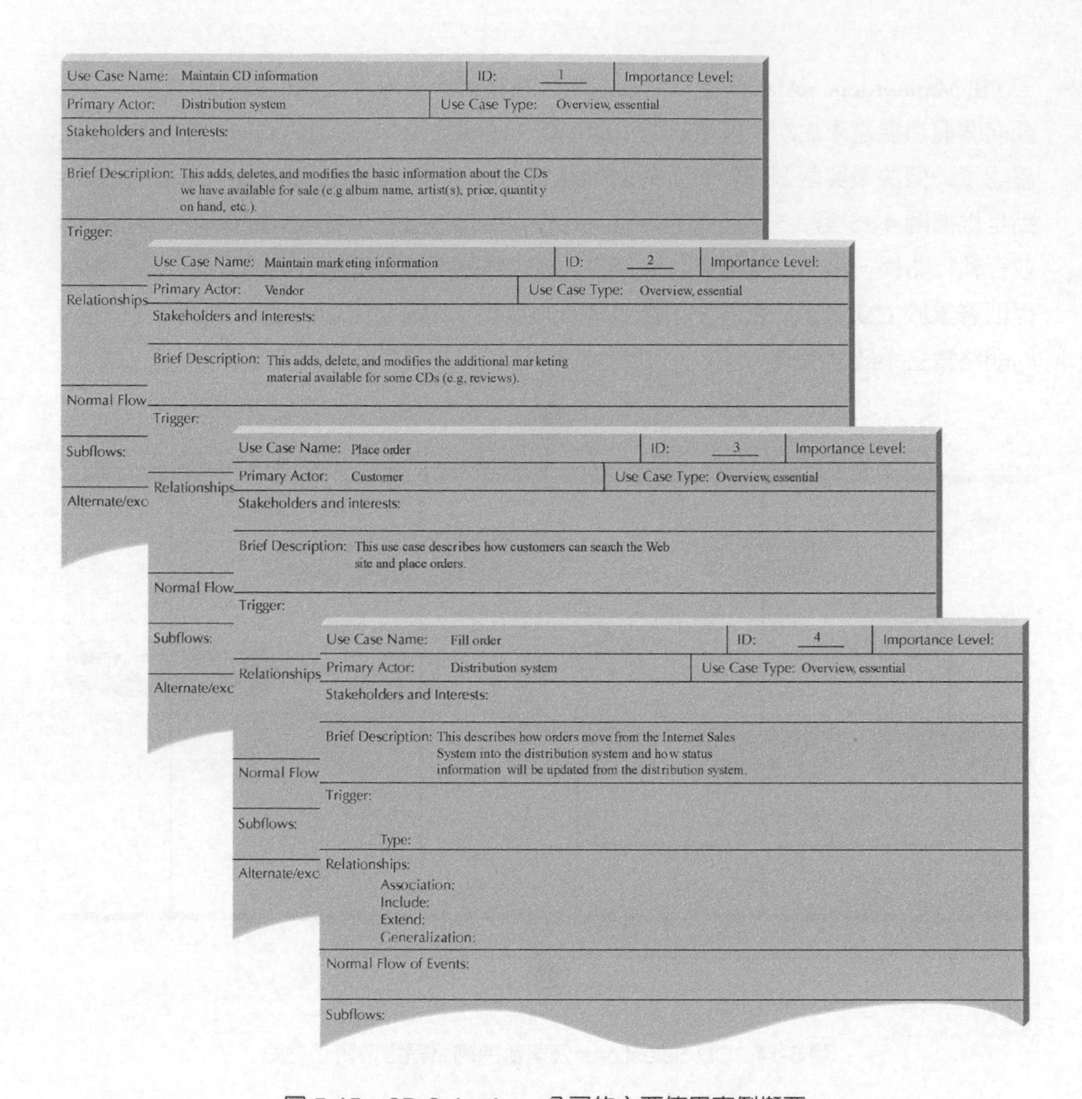
Use Case Name: Maintain CD information
ID: 1
Importance Level:
Primary Actor: Distribution system
Use Case Type: Overview, essential
Stakeholders and Interests:
Brief Description: This adds, deletes, and modifies the basic information about the CDs we have available for sale (e.g album name, artist(s), price, quantity on hand, etc.).
Trigger:
Relationships
Normal Flow
Subflows:
Alternate/exc

Use Case Name: Maintain marketing information
ID: 2
Importance Level:
Primary Actor: Vendor
Use Case Type: Overview, essential
Stakeholders and Interests:
Brief Description: This adds, delete, and modifies the additional marketing material available for some CDs (e.g. reviews).
Trigger:
Relationships
Normal Flow
Subflows:
Alternate/exc

Use Case Name: Place order
ID: 3
Importance Level:
Primary Actor: Customer
Use Case Type: Overview, essential
Stakeholders and interests:
Brief Description: This use case describes how customers can search the Web site and place orders.
Trigger:
Relationships
Normal Flow
Subflows:
Alternate/exc

Use Case Name: Fill order
ID: 4
Importance Level:
Primary Actor: Distribution system
Use Case Type: Overview, essential
Stakeholders and Interests:
Brief Description: This describes how orders move from the Internet Sales System into the distribution system and how status information will be updated from the distribution system.
Trigger:
Type:
Relationships:
Association:
Include:
Extend:
Generalization:
Normal Flow of Events:
Subflows:

圖 5-15　CD Selections 公司的主要使用案例概要

細看圖 4-15 之後，似乎配銷系統以及 CD Selections 的店面應該放在網路銷售系統的範圍之外。因此，它們應該被認為是主要的參與者。以 EM 經理為例，EM 經理似乎應該被認為是網路銷售系統的一部分，因此不應該被視為主要參與者。切記，主要參與者只是指那些被看成系統範圍外在的參與者。至於決定 EM 經理、目前的 CD Selections 店面，或是配銷系統該在系統的裡面或外面，則因人而異。從顧客的眼光，配銷系統可能被認為是在整體系統的裡面，而有人可能會主張 EM 經理是網路銷售系統的一個主要使用者。

在這個過程的這個節骨眼，必須作個決定然後才繼續前進。在撰寫使用案例的過程中，隨時都有充分機會來看待這個決定，到底被確認的使用案例是否有充要條件，用以描述 CD Selections 網路銷售系統的需求。如你所見，根據上面的考慮，找出系統邊界以及列出主要參與者這兩個步驟，彼此嚴重地糾纏在一起。

根據功能需求與活動圖，Alec 與他的團隊辨認出四個概要主要使用案例：Maintain CD Information、Maintain CD Marketing Information、Place Order 與 Fill Order。你可能已經想到，新 CD 加到資料庫、從資料庫刪除舊 CD 以及更改 CD 資訊，是三個獨立的使用案例——事實也是如此。除了這三個之外，我們也需要有尋找 CD 資訊與列印 CD 報表的使用案例。然而，此刻我們的目標是要對於網路銷售系統發展一組必要的使用案例。很明顯可以看出行銷內容也具有相同的樣式。我們有相同的新增、更改、刪除、尋找及列印 CD 行銷內容的流程。這五個活動是任何時候你有資訊需要儲存於資料庫時的標準程序。

CD Selections 公司的專案小組辨認這四個相同的主要使用案例。此時，專案小組要開始為這四個使用案例撰寫概要性的使用案例。記住，一個概要性的使用案例只有五個資訊：使用案例名稱、ID 號碼、主要參與者、類型及簡短的描述。此時，我們已辨認出主要參與者並且將其與四個使用案例關聯起來。再者，因為我們才剛開始開發流程，所以全部四個使用案例的類型屬於概要性且必要的。由於 ID 號碼僅僅作為識別用途 (也就是，它們的作用有如資料庫的鍵值) 之用，所以其值可以順序的指定。除此之外，每個使用案例只剩下兩項資訊待撰寫。使用案例名稱應該是一個具有動作意義的動詞-名詞的字詞 (例如，Make Appointment}。

在 CD Selections 公司的網路銷售系統中，Maintain CD Information、Maintain Marketing Information、Place Order 及 Fill Order 似乎捕捉了每個使用案例的精髓。最後，寫下簡短的文字，用以描述使用案例的目的或者主要參與者採用使用案例的目標。描述的範圍可以從一個句子到一篇短文不等。該構想是設法捕捉使用案例中的主要的議題，並且使之明白易懂。 (參閱圖 5-15)。

第五個步驟是仔細回顧目前所有的使用案例。花一些時間檢討使用案例，並確定你了解它們。根據這四個使用案例的文字描述，似乎遺漏了一個顯而易見的使用案例：Maintain Order。專案小組當初沒有在使用案例 Place Order 的扼要描述中納入語言，似乎專案小組覺得維護訂單與下訂單並不是同一件事，應該要有它自己的使用案例來描述它。再者，顧客會覺得下訂單和維護訂單視為同樣的使用案例，似乎不太合理。這種型態的互動與漸進的過程會持續下去，直到專案小組覺得他們已確認出了網路銷售系統的主要使用案例。

◆ 延伸主要的使用案例

第六個步驟是，選擇其中一個主要使用案例並予以延伸。為協助專案小組作出這項選擇，他們逐一檢視每個主要使用案例的觸發者與利益相關者及其利益。

第一個使用案例──Maintain CD information──由配銷系統所觸發，將新資訊散發給 CD 資料庫使用。除了配銷系統之外，另一個利益相關者也被辨認出來：EM 經理。第二個使用案例──Maintain CD Marketing Information──也有類似的結構。從廠商處收到行銷資料會觸發它。再一次，似乎專案小組覺得 EM 經理是受有利益的利益相關者。第三個使用案例──Places Order──更令人感到有趣。由顧客的動作所觸發。再一次，EM 經理是個受有利益的利益相關者。這個使用案例有更多的輸入。第四個使用案例──Fill Order──是根據在活動圖所確認的決策邏輯。但是，經過進一步思考，團隊決定將這個使用案例換為三個不同的使用案例，各用於各個填寫訂單的方法：Place Special Order、Place In-Store Hold 以及 Fill Mail Order。前兩項是由顧客的動作所控制。但是，使用案例 Fill Mail Order 有一個暫時性的觸發者：網路銷售系統每小時下載訂單到配銷系統。最後一個使用案例──Maintain Order──由顧客的動作所觸發。然而，細看之下，這個使用案例似乎也與其他維護相關之使用案例有共同之處：Maintain CD information 與 Maintain CD Marketing Information。就像其他使用案例一樣，EM 經理有利益相關。

根據專案小組對於主要使用案例的審視，他們決定，Place Order 使用案例最具利益性。下一個，也是第七個步驟是開始填寫所選定之使用案例的細節。此刻，專案小組擁有資料可供填寫利益相關者和相關的利益、觸發者與關聯關係。(**註**：記住，關聯關係只是主要參與者與使用案例之間的交互溝通的連結。) 在這個使用案例中，關聯關係是涉及顧客者。

專案小組接著必須蒐集所需的資訊，用以詳細定義使用案例 Place Order。明確地說，他們必須開始撰寫常態事件流程，也就是說，它們應該執行第八個步驟來撰寫有效的使用案例 (參閱圖 5-11)。這項工作可以根據第四章談到的早期分析結果，以及透過與專案發起人與主要行銷部門經理及最終會操作此一系統的工作人員的系列 JAD 會議來達成。

此時的目標是描述被選出的使用案例 (Place Order) 是如何的操作。Alec 與小組決定將網路下訂 CD 的動作具像化，並思考其他電子商務網站是如何的作業──即角色扮演。當他實際地角色扮演使用案例 Place Order，他們了解到當顧客連上網站之後，他或她可能開始搜尋──或許某個特定的 CD、或許某個特定類別的音樂──但是不論哪一種情況，他們都會寫下一些搜尋用的資訊，網站隨即列出一連串符合查詢條件的 CD 清單，以及一些 CD 的基本資訊 (例如，演唱者、標題與價格)。如果有一張 CD

很吸引他們，他們可能會想找更多的資訊，像是曲目、封套說明及樂評等等。一旦他們找到喜愛的 CD，他們會把它加入他們的訂單，並且也許繼續找尋更多的 CD。一旦完成──或許即刻──他們就要結帳，這時系統會呈現 CD 的訂購資訊，以及要求輸入郵寄地址及信用卡資訊等。

當小組撰寫使用案例的常態事件的流程時，他們會留意是否遵詢了稍早說明過的七個指導原則。Alec 知道了第一個步驟應該給顧客看首頁或是一張表單，以填寫搜尋專輯的資料。雖然從技術上來說這個步驟是正確的，但是比起隨後的步驟來說，這個步驟通常顯得很枝微末節。[27] 這就好像說，第一個步驟是遞一張紙給顧客。此時，小組意在找出三到七個主要步驟而已。根據角色扮演和運用稍早的原則 (參閱圖 5-6)，該小組成功地擬出了一組步驟 (參閱圖 5-16)。

Use Case Name: Place Order	ID: 3	Importance level: High
Primary Actor: Customer	Use case type: Detail, Essential	
Stakeholders and Interests: Customer - wants to search Web site to purchase CD EM manager - wants to maximize customer satisfaction		
Brief Description: This use case describes how customers can search the Web site and place orders.		
Trigger: Customer visits Web site and places order Type: External		
Relationships: Association: Customer Include: Maintain order Extend: Generalization:		
Normal Flow of Events: 1. The Customer submits a search request to the system. 2. The System provides the Customer a list of recommended CDs. 3. The Customer chooses one of the CDs to find out additional information. 4. The System provides the Customer with basic information and reviews on the CD. 5. The Customer adds the CD to his or her shopping cart. 6. The Customer decides how to "fill" the order. 7. The Customer iterates over 3 through 5 until done shopping. 8. The Customer executes the Maintain Order use case. 9. The Customer logs in to check out. 10. The System validates the Customer's credit card information. 11. The System sends an order confirmation to the Customer. 12. The Customer leaves the Web site.		
Subflows:		
Alternate/exceptional Flows:		

圖 5-16　步驟 8 後的使用案例 Place Order

[27] 因為它是如此細微，它違反了第四項原則（參閱圖 5-6）。

系統執行的第一個主要步驟是回應顧客的搜尋查詢，這可能包括搜尋一個特定的演唱者或專輯等。或者，可能是顧客想要看庫存中的所有古典或其他類型中的 CD。或者，也可能要求看看特價或促銷中的 CD 清單。無論如何，系統會找出所有符合要求的 CD 並列出作爲回應。使用者看到這個回應，也許決定多找一些 CD 資訊。他或她在上面點選一下，系統將會提供額外的資訊。也許還想看到更多的行銷資料。使用者接著挑選一張或更多 CD 來購買，決定如何運送，並或許繼續新的搜尋。這些步驟對應於圖 5-16 中的事件 1 到事件 6。

使用者稍後可能會放棄或變更訂購的數量，或改變原來所選的 CD。這似乎類似於一個以前曾經確認過的某個使用案例：Maintain Order。因此，我們只要重新使用該使用案例來處理這些細節。到了某個階段，使用者會查看已經挑選的 CD，並提供自己的資訊 (如姓名、郵寄地址、信用卡)，然後完成結帳的動作。系統將計算總支付金額並且利用信用卡授權中心查證信用卡資訊。交易到達這個階段，系統送出一個訂單確認的訊息，然後顧客通常就會離開網站了。圖 5-16 顯示在這個階段的使用案例。注意事件的常態流程已經加到表單中，但是其他則仍未改變。

撰寫使用案例的第九個步驟 (參閱圖 5-11) 是嘗試簡化現行的常態事件流程。目前，我們有 12 個事件，稍微高了些。因此，我們必須看看是否有任何步驟可以合併、刪除或重新排列，以及是否有哪些步驟可以省略。根據這樣的審視，他們決定建立一個能夠處理結帳流程的個別使用案例 (事件 9、10 與 11)：Checkout。我們也看到，事件 5 和 6 可以視爲使用案例 Maintain Order 的一部分。因此，我們刪除事件 5 和 6，並且拿事件 8 予以取代。此時，我們有八個事件。就這個使用案例的目的而言，這似乎是一個合理的數字。

撰寫使用案例的下兩個步驟是處理替代或例外流程。(**註**：如果你記得的話，常態事件流程只捕捉成功交易的事件。)對於使用案例 Place Order，開發小組定義成功爲一個已下訂的新訂單。在我們目前的使用案例中，專案小組已經辨認出兩組常態流程之例外的事件。首先，事件 3 假定推薦的 CD 清單可以被顧客接受。然而，正如小組的一位成員指出，那是個不切實際的假設。因此，兩個例外流程已經被確認並寫出 (如圖 5-17 的 3a-1 與 3a-2)，以便處理這個特定的情境。其次，顧客可能想要不經過結帳的程序直接取消整個訂單。在這種情況下，便建立了例外流程 7a [28]。

---

[28] 另一種方式是強迫顧客通過使用案例 Maintain Order 或是 Checkout。然而，專案小組的行銷代表會關注顧客的不滿。因此，專案小組將之納入使用案例 Place Order。

◆ 辨認主要使用案例

一旦所有使用案例都已經被定義了，在 JAD 會議的最後一個步驟是確定它們是正確的。專案小組請使用者做使用案例的角色扮演。發現了一些小問題並輕易地予以修正。然而，卻發現一個大問題：如何建立一個新的顧客？這個問題很容易透過建立一個新的使用案例來修正：Create New Customer。然後把它當作是使用案例 Checkout 的延伸。圖 5-18 顯示修改過後的使用案例。到了這個階段，使用案例的研擬流程可以再重頭來一次，或者我們可以開始製作使用案例圖。

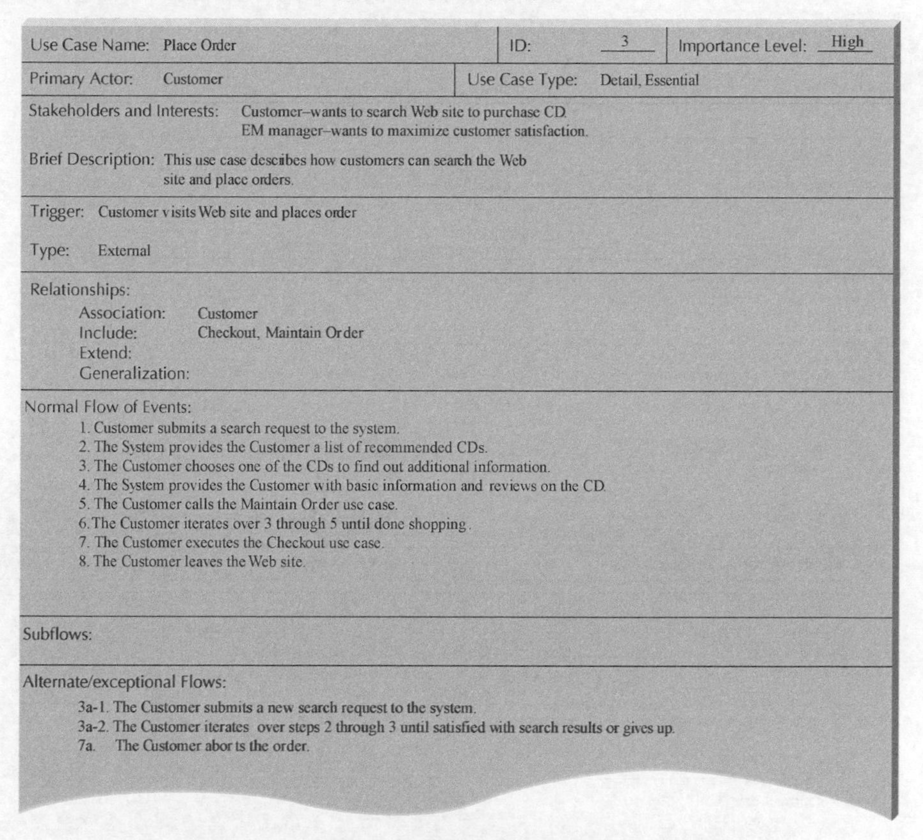

Use Case Name: Place Order | ID: 3 | Importance Level: High

Primary Actor: Customer | Use Case Type: Detail, Essential

Stakeholders and Interests: Customer–wants to search Web site to purchase CD.
EM manager–wants to maximize customer satisfaction.

Brief Description: This use case descibes how customers can search the Web site and place orders.

Trigger: Customer visits Web site and places order

Type: External

Relationships:
Association: Customer
Include: Checkout, Maintain Order
Extend:
Generalization:

Normal Flow of Events:
1. Customer submits a search request to the system.
2. The System provides the Customer a list of recommended CDs.
3. The Customer chooses one of the CDs to find out additional information.
4. The System provides the Customer with basic information and reviews on the CD.
5. The Customer calls the Maintain Order use case.
6. The Customer iterates over 3 through 5 until done shopping.
7. The Customer executes the Checkout use case.
8. The Customer leaves the Web site.

Subflows:

Alternate/exceptional Flows:
3a-1. The Customer submits a new search request to the system.
3a-2. The Customer iterates over steps 2 through 3 until satisfied with search results or gives up.
7a. The Customer aborts the order.

圖 5-17　步驟 11 之後的使用案例 Places Order

輪到你　5-8　CD Selections 公司的網路銷售系統

完成圖 5-18 其餘的概要性使用案例的細部文字描述。請記得當你重覆使用案例時，發現新的功能性並非不可能。因此，一旦你完成了，務必重新審視它們。更有甚者，一旦你完成了使用案例的細節性的文字描述，你或許也需要修改包含於圖 5-14 中的活動圖。

Use Case Name: Maintain CD Information | ID: 1 | Importance Level:

Primary Actor: Distribution System | Use Case Type: Detail, Essential

Stakeholders and Interests:

Brief Description: This adds, deletes, and modifies the basic information about the CDs we have available for sale (e.g, album name, artist(s), price, quantity on hand, etc.).

Trigger: Downloads from the Distribution System

Type: External

Relationships:
Association: Distribution System
Include:

Use Case Name: Maintain Marketing Information | ID: 2 | Importance Level: High

Primary Actor: Vendor | Use Case Type: Detail, Essential

Stakeholders and Interests: Vendor–wants to ensure marketing information is as current as possible.
EM Manager–wants marketing information to be correct to maximize sales.

Brief Description: This adds, deletes, and modifies the marketing material available for some CDs (e.g, reviews).

Trigger: Materials arrive from vendors, distributors, wholesalers, record companies, and articles from trade magazines

Type: External

Relationships:
Association: Vendor
Include:

Use Case Name: Place Order | ID: 3 | Importance Level: High

Primary Actor: Customer | Use Case Type: Detail, Essential

Stakeholders and Interests: Customer–wants to search Web site to purchase CD.
EM Manager–wants to maximize Customer satisfaction.

Brief Description: This use case describes how customers can search the Web site and place orders.

Trigger: Customer visits Web site and places order.

Type: External

Relationships:
Association: Customer
Include: Checkout, Maintain Order
Extend:
Generalization :

圖 5-18 修改過後的 CD Selections 公司主要使用案例

Use Case Name: Maintain Order | ID: 5 | Importance Level: High

Primary Actor: Customer | Use Case Type: Detail, Essential

Stakeholders and Interests: Customer–wants to modify order.
EM Manager–wants to ensure high customer satisfaction.

Brief Description: This use case describes how a Customer can cancel or modify an open or existing order.

Trigger: Customer visits Web site and requests to modify a current order.

Type: External

Relationships:
Association:
Include:

Use Case Name: Checkout | ID: 6 | Importance Level: High

Primary Actor: Customer | Use Case Type: Detail, Essential

Stakeholders and Interests: Customer–wants to finalize the order.
Credit Card Center–wants to provide effective and efficient service to CD Selections.
EM Manager–wants to maximize order closings.

Brief Description: This use case describes how the customer completes an order including credit card authorization.

Trigger: Customer signals the system they want to finalize their order.

Type: External

Relationships:
Association: Credit Card Center
Include: Maintain Order

Use Case Name: Create New Customer | ID: 7 | Importance Level: High

Primary Actor: Customer | Use Case Type: Detail, Essential

Stakeholders and Interests: Customer–wants to be able to purchase CDs from CD Selections.
EM Manager–wants to increase CD Selections Customer base.

Brief Description: This use case describes how a customer is added to the Customer database.

Trigger: An unknown Customer attempts to checkout.

Type: External

Relationships:
Association:
Include:
Extend: Customer
Generalization :

圖 5-18　修改過後的 CD Selections 公司主要使用案例 (續 1)

Use Case Name: Place Special Order | ID: 8 | Importance Level: High

Primary Actor: Customer | Use Case Type: Detail, Essential

Stakeholders and Interests: Customer–wants to be able to place a special order of CDs for in store pick up.
EM manager–wants to increase sales associated with the Internet Sales system.
Bricks and Mortar Store Manager–wants to increase sales associated with the store.

Brief Description: This use case describes how a Customer places a special order using the Internet Sales system.

Trigger: Customer selects CD on order for a special order at bricks and mortar store.

Type: External

Relationships:
Association: Bricks and mortar store
Include:

Use Case Name: Place InStore Hold | ID: 9 | Importance Level: High

Primary Actor: Customer | Use Case Type: Detail, Essential

Stakeholders and Interests: Customer–wants to be able to place an in store hold a CD for In Store pick up.
EM manager–wants to increase sales associated with the Internet Sales system.
Bricks and Mortar Store Manager–wants to increase sales associated with the store.

Brief Description: This use case describes how a Customer places an in store hold using the Internet Sales system.

Trigger: Customer selects CD on order for an in store hold to be picked up at bricks and mortar store.

Type: External

Relationships:
Association: Bricks and mortar store
Include:

Use Case Name: Fill Mail Order | ID: 10 | Importance Level: High

Primary Actor: Customer | Use Case Type: Detail, Essential

Stakeholders and Interests: Mail Order Distribution System–wants to complete order processing in a timely manner.
Customer–wants to receiveorder in a timely manner.
EM Manager–wants to maximize order throughput.

Brief Description: This describes how mail orders move from the Internet Sales system into the distribution system and how status information will be updated from the distribution system.

Trigger: Every hour the Distribution System will initiate a trading of information with the Internet Sales system.

Type: Temporal

Relationships:
Association: Distribution System
Include:
Extend: Maintain Order
Generalization :

圖 5-18 修改過後的 CD Selections 公司主要使用案例 (續 2)

◆ 建立使用案例圖

因為使用案例圖只是一個細節性使用案例的畫面式概述，小組發現，從細節性使用案例描述來製作使用案例圖是很容易的。(**註**：請記得一個使用案例圖只顯示主題邊界、使用案例本身、參與者以及這些構成元件間的不同關聯。) 小組遵循圖 5-11 所提供的四個繪製使用案例圖的四個主要步驟。

首先，在使用案例圖上，放一個方框代表系統，並且在方框的裡面或頂端放置系統的名稱。其次，他們在方框中添加了使用案例。第三，他們將參與者放在與其有所關聯之使用案例的旁邊。第四，他們畫出參與者與其使用案例之間的關聯。圖 5-19 畫出了小組所製作出來的使用案例圖。

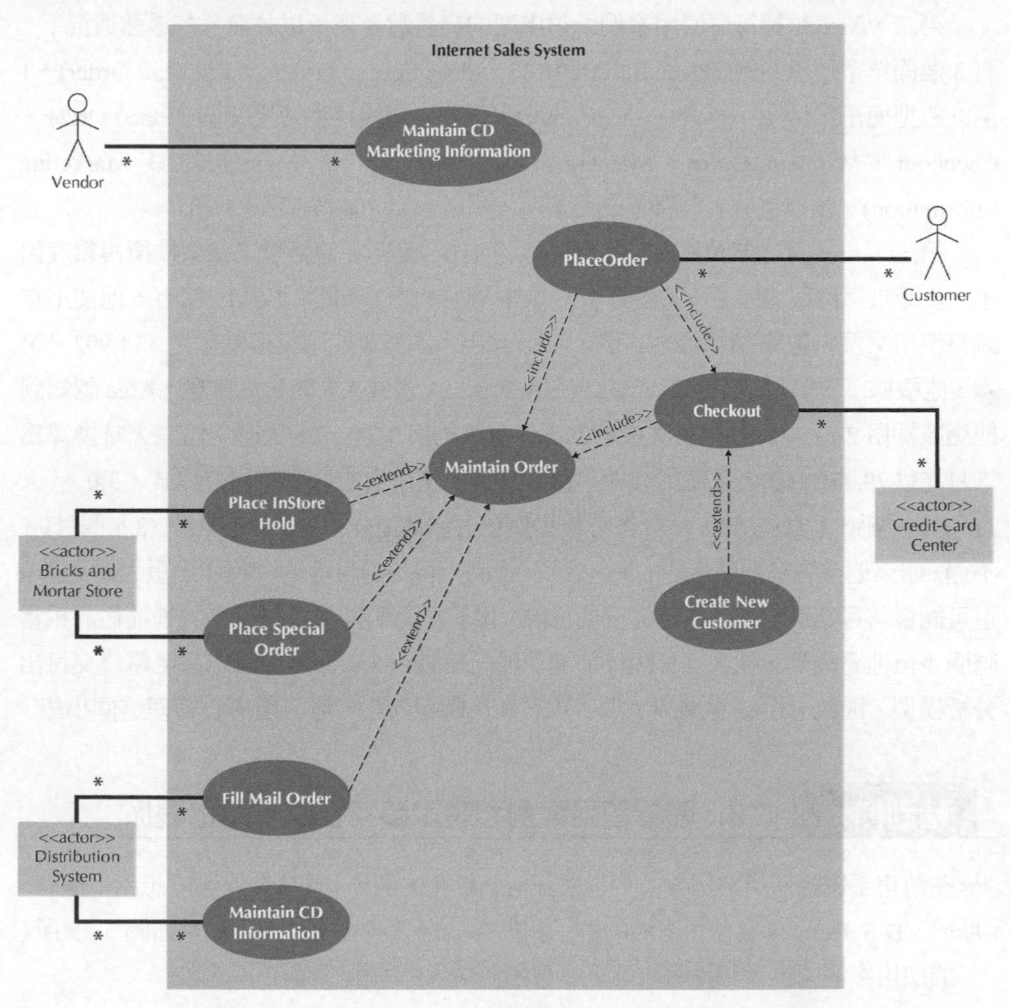

圖 5-19　CD Selections 新的網路銷售系統的使用案例圖

◆ 以使用案例的點數估算專案規模及工作量

既然系統開發工作的功能建模層面已完成，Alec 與他的小組決定必須精算欲建置之系統的規模與工作量。根據所完成的使用案例 (參閱圖 5-18) 與使用案例圖 (參閱圖 5-19)，並且使用使用案例點數樣版 (參閱圖 5-13)。Alec 現在可使用該使用案例做爲估算的基礎，而不是使用他先前已完成的功能點數估算值 (見圖 3-21)。

首先，Alec 必須將每個參與者及使用案例予以分類爲簡單型、一般型或複雜型。以參與者爲例，Bricks and Mortar 店與配銷系統有定義完整的 API。所以，這兩者歸類爲簡單型參與者。信用卡中心視爲一般型參與者，而廠商與顧客參與者則歸類爲複雜型。如此，得到無調整參與者加權總分爲 10 (參閱圖 5-20)。

第二，Alec 根據每個使用案例所須處理的交易數量來予以分類。在這種情況下，有 3 個簡單型使用案例 (Place InStore Hold、Place Special Order 及 Fill Mail Order)、1 個一般型使用案例 (Create New Customer)，以及 5 個複雜型使用案例 (Place Order、Checkout、Maintain Order、Maintain CD Information 及 Maintain CD Marketing Information)。根據這些，無調整使用案例加權總分爲 100 (參閱圖 5-20)。

第三，Alec 算出無調整使用案例點數是 110。第四，他衡量了每個技術複雜度因子，及衡量每個環境因子，並且算出了 TCF 與 EF 值 (參閱圖 5-20)。第五，他使用無調整使用案例點數與 TCF 及 EF 值，Alec 算出了調整後使用案例點數是 134.992。第六，他根據了決策規則來判斷究竟要使用 20 或 28 當做人力時數的乘數，Alec 認知到他應該採用 28。Alec 估算專案後續的工作量大約爲 3,779.776 人時。將該人時換算爲人月 (3,779.776/160)，並使用在稍早估算工作所使用過的估算時程方程式，3.0 × 人月 $^{1/3}$ (參閱圖 3-21)。Alec 估計該時程仍然會短於他原先估計的 10 個月 (8.6 個月)。不過，如果他沒有墊補該估計，他意識到，他將不得不對目前的時程作出重大的更動。這可能會將專案置於無法按時完成的危險。儘管他認爲自己目前所作的墊補估計相當聰明，但他意識到，他的 2.5 個月墊補期現已縮減到 1.4 個月，而他甚至還沒交付出分析模型。因此，Alec 意識到，爲了防止任何時程延誤，他必須小心管理這個小組。

輪到你　5-9　確認使用案例和特定參與者的一般化關係

網路銷售系統的使用案例圖並不包括任何一般化的關係。看看你能不能想出一個有助於 CD Selections 之使用案例的例子和另外一個參與者的例子，加到如圖 5-19 所示的使用案例圖中。請說明開發工作會如何納入你的例子而從中受益。

Unadjusted Actor Weighting Table:

Actor Type	Description	Weighting Factor	Number	Result
Simple	External System with well-defined API	1	2	2
Average	External System using a protocol-based interface, e.g., HTTP, TCT/IP, or a database	2	1	2
Complex	Human	3	2	6
			Unadjusted Actor Weight Total (UAW)	**10**

Unadjusted Use Case Weighting Table:

Use Case Type	Description	Weighting Factor	Number	Result
Simple	1–3 transactions	5	3	15
Average	4–7 transactions	10	1	10
Complex	>7 transactions	15	5	75
			Unadjusted Use Case Weight Total (UUCW)	**100**

Unadjusted use case points (UUCP) = UAW + UUCW　110 = 10 + 100

Technical Complexity Factors:

Factor Number	Description	Weight	Assigned Value (0–5)	Weighted Value	Notes
T1	Distributed system	2.0	5	10.0	
T2	Response time or throughput performance objectives	1.0	5	5.0	
T3	End-user online efficiency	1.0	5	5.0	
T4	Complex internal processing	1.0	4	4.0	
T5	Reusability of code	1.0	3	3.0	
T6	Easy to install	0.5	3	1.5	
T7	Ease of use	0.5	5	2.5	
T8	Portability	2.0	4	8.0	
T9	Ease of change	1.0	3	3.0	
T10	Concurrency	1.0	3	3.0	
T11	Special security objectives included	1.0	5	5.0	
T12	Direct access for third parties	1.0	5	5.0	
T13	Special User training required	1.0	3	3.0	
			Technical Factor Value (TFactor)	**58.0**	

Technical complexity factor (TCF) = 0.6 + (0.01 × TFactor)　1.18 = 0.6 + (0.01 × 58)

Environmental Factors:

Factor Number	Description	Weight	Assigned Value (0 – 5)	Weighted Value	Notes
E1	Familiarity with system development process being used	1.5	1	1.5	
E2	Application experience	0.5	2	1.0	
E3	Object-oriented experience	1.0	0	0.0	
E4	Lead analyst capability	0.5	3	1.5	
E5	Motivation	1.0	4	4.0	
E6	Requirements stability	2.0	4	8.0	
E7	Part time staff	–1.0	0	0.0	
E8	Difficulty of programming language	–1.0	4	–4.0	
			Environmental Factor Value (EFactor)	**12.0**	

Environmental factor (EF) = 1.4 + (–0.03 * EFactor)　1.04 = 1.4 + (–.03 × 12)
Adjusted use case points (UCP) = UUCP * TCF * ECF　134.992 = 110 × 1.18 × 1.04
Person hours multiplier (PHM)　PHM = 28
Person hours = UPC × PHM　3,779.776 = 134.992 × 28

圖 5-20　網路銷售系統的使用案例點數估算

摘要

◆ 以活動圖塑造企業流程的模型

即使從物件導向的系統開發觀點來看，塑造企業流程的模型已被證明深具價值。但其中一個主要風險就是，太過於把系統開發流程集中於功能分解的方向。不過，如果使用得當，也能夠加強物件導向系統的開發工作。UML 2.0 使用活動圖支援流程的模型塑造。活動圖由活動或動作、物件、控制流程、物件流程與七個不同控制節點 (初始、活動結束、流程結束、決策、合併、分叉與連接等) 所組成。此外，泳道可用來加強圖面的可讀性。活動圖十分有助於分析師辨認資訊系統中互相關聯的使用案例。

◆ 使用案例的文字描述

使用案例是寫出物件導向系統的需求之主要方法。它們代表一個正在開發之系統的功能性觀點。它們分為概要性使用案例與細節性使用案例兩種。概要性使用案例由使用案例名稱、ID 號碼、主要參與者、型態及簡短的描述所組成。細節性使用案例延伸了概要性使用案例而加入利益相關者及其利益的確認與為文字描述、觸發者及其類型、使用案例參與的關係 (關聯、延伸、一般化及含括)、常態事件流程、子流程以及任何別於常態事件流程的替代或例外流程。撰寫有效的使用案例有 7 個指導原則 (參閱圖 5-6) 與 13 個步驟 (參閱圖 5-11)。這 13 個步驟能夠合併成 3 個步驟組合：確認主要使用案例 (步驟 1 到 5)、延伸主要使用案例 (步驟 6 到 11)，以及確定主要使用案例 (步驟 12 到 13)。

◆ 使用案例圖

簡單地說，使用案例圖是包含於系統中使用案例組的圖解型概觀。它們展現系統的主要功能以及與系統互動的參與者。圖面包括了參與者與使用案例，前者代表從系統獲得利益的人或事，後者代表系統的功能性。參與者與使用案例以主題邊界相互分隔，而且用代表關聯的線加以連結。有時，參與者是更一般化之參與者的具體版本。同樣地，使用案例可以延伸或使用其他的使用案例。製作使用案例圖是個四個步驟的過程 (參閱圖 5-8)，於此分析師繪出主題邊界、把使用案例加到圖上、確認參與者以及最後添加適當的關聯以連接使用案例與參與者。這個過程很簡單，因為使用案例的書面描述已先製作出來了。

◆ 以使用案例的點數調整專案規模及工作量的估算

使用案例點數是一個相當新的專案規模及工作量估算的方法，其概念基本上類似於功能點數分析法。使用案例點數有兩個與使用案例分析有關聯的重要結構：參與者與使用案例。像功能點數一樣，使用案例點數也有一組因子，用以調整原始的點數值：技術複雜度因子與環境因子。技術複雜度因子探討專案的複雜度，而環境因子則應付開發人力經驗方面的問題。根據使用案例點數，可以算出工作量的估計值。

關鍵字彙

Action　動作

Activity　活動

Activity diagram　活動圖

Actor　參與者

Adjusted use-case points (UCP)　調整後使用案例點數 (UCP)

Alternate flows　替代流程

Application program interface (API)　應用程式介面 (API)

Association relationship　關聯關係

Average actors　一般型參與者

Average use case　一般型使用案例

Black-hole activities　黑洞活動

Brief description　簡短的描述

Complex actors　複雜型參與者

Complex use case　複雜型使用案例

Control flow　控制流程

Control node　控制節點

Decision node　決策節點

Detail use case　細節性使用案例

Effort　工作量

Environmental factor (EF)　環境因子 (EF)

Environmental factor value (EFactor)　環境因子值 (EFactor)

Essential use case　必要的使用案例

Estimation　估算

Exceptional flows　例外流程

Extend relationship　延伸關係

External trigger　外在的觸發者

Final-activity node　活動結束節點

Final-flow node　流程結束節點

Flow of events　事件流程

Fork node　分叉節點

Functional decomposition　功能分解

Generalization relationship　一般化關係

Guard condition　門檻條件

Importance level　重要性等級

Include relationship　含括關係

Inheritance　繼承

Initial node　開始節點

Iterate　反覆

Join node　連接節點

Logical model　邏輯模型

Merge node　合併節點

Miracle activity　奇蹟活動

Normal flow of events　常態事件流程

Object flow　物件流程

Object node　物件節點

Overview use cases　概要性使用案例

Packages　套件

Person-hours multiplier (PHM)　人力時數乘數 (PHM)

Physical model　實體模型

Primary actor　主要參與者

Process models　流程模型

Real use case　實際的使用案例

Relationships　關係

Role　角色

Scenario　情境

Simple actors　簡單型參與者

Simple use case　簡單型使用案例

Specialized actor　具體的參與者

Stakeholders　利益相關者

Subflows　子流程

Subject boundary　主題邊界

SVDPI　主詞-動詞-直接受詞-介詞-間接受詞

Swim lanes　泳道

Technical complexity factor (TCF)　技術複雜度因子 (TCF)

Technical factor value (TFactor)　技術複雜度因子值 (TFactor)

Temporal trigger　暫時觸發者

Trigger　觸發者

Unadjusted actor weight total (UAW)　無調整參與者加權總點數 (UAW)

Unadjusted use-case points (UUCP)　無調整使用案例點數 (UUCP)

Unadjusted use-case weight total (UUCW)　無調整使用案例加權總點數 (UUCW)

Use case　使用案例

Use-case description　使用案例的文字描述

Use-case diagram　使用案例圖

Use-case ID number　使用案例的 ID 號碼

Use-case name　使用案例名稱

Use-case points　使用案例點數

Use-case type　使用案例類型

問題

1. 活動圖的目的爲何？
2. 活動與動作的差異爲何？
3. 爲什麼塑造企業流程的模型很重要？
4. 控制節點有哪些不同種類？
5. 何謂物件節點？
6. 控制流與物件流的差異爲何？

7. 分叉節點的目的爲何？
8. 什麼是 CRUD?爲什麼這個很有用？
9. 使用案例圖與功能模型如何相關？
10. 每個關聯必須至少連到一個________與一個________。爲什麼？
11. 解釋下列術語。使用外行人的話，就像你正在對使用者說明一樣：(a) 參與者；(b) 使用案例；(c) 主題邊界；(d) 關係。
12. 下列何者可能是使用案例圖上的參與者？爲什麼？

    Mary Smith 小姐
    供應商
    顧客
    網際網路用戶
    John Seals 先生
    數據輸入員
    資料庫管理員
13. 設計使用案例的指導原則是什麼？舉出兩個在使用案例圖上的延伸關聯之例子。舉出含括關聯的兩個例子。
14. 必要的使用案例與實際的使用案例有何不同？
15. 細節性使用案例如何不同於概要性使用案例？
16. 我們根據使用案例使用什麼流程來估算系統開發。
17. 使用案例點數是什麼？有何用途？
18. 細節性使用案例的主要要素是什麼？
19. 概要性使用案例的主要要素是什麼？
20. 你如何製作使用案例？
21. 製作使用案例圖的啓發式原則是什麼？
22. 爲什麼製作使用案例時反覆很重要？
23. 使用案例的觀點是什麼？爲什麼很重要？
24. 爲什麼我們在企業流程中努力保持約三到九個主要使用案例？

練習題

A. 建立一組從病人觀點買眼鏡的細節性使用案例描述，但不用去確認每個使用案例內的事件流程。第一個步驟是看眼科醫師，他或她會給你處方。一旦你有了處方，你就去眼鏡行選擇鏡框並且下訂眼鏡。一旦眼鏡做好了，你就回到眼鏡行矯正度數以及支付眼鏡的費用。

B. 繪製一張練習題 A 的買眼鏡流程的使用案例圖。

C. 查看物件管理組織 (Object Management Group)。寫一封簡短的備忘錄，說明它是什麼，它的目的，其對 UML 和物件導向系統開發方法的影響。(提示：一個不錯的資料來源是 www.omg.org。)

D. 查看美商 Rational Software 公司的網站 (www.306.ibm.com/software/rational/) 以及其關於 UML 的資源。撰寫一段新聞簡報，描述 UML 的現狀 (例如，目前版本以及何時將發表、未來改進等)。

E. 請為下列牙醫診所系統建立一組細節性使用案例描述，但不用去管每個使用案例內的事件流程。每當新病人第一次來看病時，他們填寫一張病人資料表，寫上姓名、地址、電話號碼及簡短病歷等，這些資料被儲存到病人資料檔中。當病人打電話預約或改變既有的預約，接待人員就檢查預約檔案，找出可就診的時間。一旦找到適合就診的時間，預約就被排定。如果病人是一位新的病人，病人檔案中的項目就不完全；等到病人赴約時，完整的資訊會被蒐集。因為預約時常很早就事先排定，所以接待人員在病人預約看病的前兩個星期，寄一張卡片提醒他們。

F. 繪製一張練習題 E 的牙醫診所系統的使用案例圖。

G. 針對練習題 G 的牙醫診所系統，確認常態事件流程、子流程以及使用案例內的替代例外流程，來完成明細的使用案例描述。

H. 為下述系統製作一張活動圖與一組細節性使用案例的文字描述。一家不動產公司 (AREI, A Real Estate Inc.) 在賣房子。想要賣房子的人與 AREI 簽約，並提供關於自己房子的資訊。這項資訊被儲存在 AREI 所維護的資料庫中，並且其中部分資訊被送到所有不動產代理商都會使用的全市多重登錄服務。AREI 與兩種潛在買主合作。有些買主對特定的房子感到興趣。在這情況下，AREI 從資料庫中列印資訊，不動產代理商使用這項資訊幫助買主看房子 (此程序超過了被塑模之系統的範圍)。其他買主則尋求 AREI 對於買房子的建議。在這情況下，買主填完了一個買主資訊表格，然後被輸入到買主資料庫中，而 AREI 不動產代理商則使用該資訊，在 AREI 資料庫與多重登錄服務中尋找適合的房子。這些搜尋的結果被列印出來，並且用來幫助不動產代理商展示房子給買主看。

I. 繪製一張練習題 H 的不動產系統的使用案例圖。

J. 為一個線上大學註冊系統，製作一張活動圖與一組細節性使用案例的文字描述。系統應該讓每個學術單位的職員檢查他們所提供的課程、新增及移除課程，以及改變相關的課程資訊 (例如，容許的最多學生數)。系統應該允許學生檢查目前可選的課程、加退選課程以及他們已登記的課程。職員應該能夠列印關於課程與選修學生的各種報表。系統應該確保學生不能選太多的課程，並且未付學費的學生不准註冊 (假定費用檔案由大學的出納組所維護，但註冊系統只能讀取，不能變更)。

K. 繪製一張練習題 J 之線上大學註冊系統的使用案例圖。

L. 為下述系統製作一張活動圖與一組細節性使用案例的文字描述。一家錄影帶視聽公司 (A Video Store，AVS) 經營一系列相當標準的錄影帶店。錄影帶上架之前，必須先編目然後輸入到錄影帶資料庫。每個客戶必須有一張合法的 AVS 消費卡，以便可以租用錄影帶。錄影帶一次可以租三天。每次客戶租錄影帶時，系統必須確認他們沒有任何的錄影帶已逾租期。如果有的話，逾期錄影帶一定要歸還，而且支付逾期的費用，否則不能再租錄影帶。同樣地，如果客戶已經歸還逾期的錄影帶，但是沒有支付逾期的費用，費用一定要先支付，然後才可租新的錄影帶。每天早上，門市經理會印出逾期錄影帶的報表。如果錄影帶已經逾期兩天或更久，經理會打電話提醒客戶歸還錄影帶。如果歸還的錄影帶有毀損情況，經理將從資料庫中移除，並可能要求客戶賠償。

M. 繪製一張練習題 L 之錄影帶系統的使用案例圖。

N. 為一個健康俱樂部會員管理系統，建立一組細節性使用案例的文字描述。當會員參加健康俱樂部時，他們要根據參加時間的長短支付會費。大部分的會籍是一年，但是也有兩個月的會籍。全年度，健康俱樂部提供一般會員價的折扣優惠 (例如，情人節兩個會員使用一個價格)。相同會籍期限卻支付不同會費的情形很常見。在會籍期滿前一個月，俱樂部會寄出提醒信給會員，詢問他們是否願意續約。有些會員如果續約時會被要求要付比當初更多的費用比例，會變得很生氣，因此俱樂部要追蹤已付過的價格，以便當會員續約時用特別價取代一般價格。系統必須追蹤這些新價格，以便所有會員的更新都可以正確處理。健康俱樂部行業的問題之一是，會員的流動率很高。雖然有些會員仍然活躍多年，但約一半的會員不想續約。這是一個大問題，因爲健康俱樂部花了很多廣告費吸引新成員。經理希望系統能夠每次追蹤一個會員加入俱樂部的時間。系統接著能夠確認重要的使用者並產生報表，如此經理才能要求他們儘早更新他們的會籍，或許提供一些優惠。同樣地，系統應該確認超過一個月沒有光臨俱樂部的會員，這樣，經理才能打電話給他們，設法吸引他們再度光臨。

O. 繪製一張練習題 N 之系統的使用案例圖。

P. 爲下述系統製作一張活動圖與一組細節性使用案例的文字描述。Picnics R Us (PRU) 是一家供應餐飲的五人小公司。在一個典型的夏日週末，PRU 會提供 15 次的野餐，每次約 20 到 50 人不等。過去一年，生意成長迅速，老闆想要安裝一個新的電腦系統，以便管理訂單及購買流程。PRU 有 10 組標準菜單。當潛在客戶打電話來時，接待人員負責描述菜單給他們聽。如果客戶決定訂購一次野餐，接待人員便在契約上記錄客戶資訊 (例如，姓名、地址、電話號碼等) 以及野餐的相關資訊 (例如，地點、日期、時間、哪一組標準菜單、總價)。客戶接著收到一份傳眞的契約副本，必須簽名連同訂金 (利用信用卡或支票) 一起回覆，此時才算正式訂購野餐。當野餐被送達時，再收尾款。有時，客戶想要特別的安排 (如生日蛋糕)。這時，接待人員記下資訊並且把它傳給決定成本的老闆；接待人員接著回電該客戶，告知價格資訊。有時，客戶會接受價格；有時，客戶會要求一些改變，必須送回給老闆重新估價。每個星期，老闆檢查該週末排定的野餐，而且訂購所需的補給品 (例如，碟子) 及食物 (例如，麵包、雞肉)。老闆也想使用系統做點行銷。系統應該能夠追蹤客戶如何得知 PRU 以及確認重複上門的客戶，如此，PRU 就能郵寄一些特價訊息給他們。老闆也想要追蹤，哪些野餐是 PRU 曾送出契約，但客戶卻未簽約並下訂者。

Q. 繪製一張練習題 P 之系統的使用案例圖。

R. 爲一個大學圖書館借書系統，建立一組細節性使用案例的文字描述 (不用擔心圖書編目及其他)。系統將記錄圖書館所擁有的書籍，而且記錄誰借閱了什麼書。在人們借書之前，他們必須出示一張有效的識別卡，識別卡必須接受註冊組維護的資料庫 (針對學生)、人事室所維護的教職員資料庫 (針對教職員)，以及圖書館自己維護的來賓資料庫 (來賓身分的持卡人) 等資料庫來核驗。系統也必須檢查確認借閱人有沒有任何的過期書或未付的罰款。每星期一，圖書館列印並郵寄明信片給那些擁有過期書的人。如果一本書過期超過兩個星期，會被施以罰款而且館員將打電話提醒借閱人或請其還書。有時，書本遺失或有任何毀損情形。管理人必須能夠從資料庫移除，有時還要能對借閱人施以罰款。

S. 繪製一張練習題 R 之系統的使用案例圖。

T. 爲下述系統製作一張活動圖與一組細節性使用案例的文字描述。Of-the–Month Club (OTMC) 是一家創新的年輕公司，專門把會籍賣給對某產品有興趣的人。人們一年付會費一次，而且每個月收到一種郵寄的產品。例如，OTMC 有一個當月咖啡俱樂部，每個月送會員 1 磅的特別咖啡。OTMC 目前有六個會員產品 (咖啡、葡萄酒、啤酒、雪茄、花及電腦遊戲)，每個產品的價錢都不同。客戶通常僅屬於其中一個，但也有可能屬於兩個或更多。當人們加入 OTMC 時，電話接線生會記錄姓名、郵寄地址、電話號碼、電子郵件帳號、信用卡資訊、起始日期與會籍服務 (如咖啡)。有些客戶會請求加倍或三倍數量的會員產品 (例如，2 磅咖啡，3 罐啤酒)。電腦遊戲的會籍的操作方式有點不同於其他者。在這情況下，會員也必須選擇遊戲的型態 (動作、賽車、幻想科幻、教育等等) 以及年齡層級。OTMC 正計畫大大擴張提供會員產品的數量 (例如，電視遊樂器、電影、玩具、乾酪、水果與蔬菜)，因此，系統需要納入這個未來的延伸功能。OTMC 也正計畫提供 3 月期與 6 月期的會籍。

U. 繪製一張練習題 T 之系統的使用案例圖。

V. 考慮你的學校選課所使用的應用軟體。請完成一個使用案例點數工作表，以估計此系統建置的工作量。你必須對於該應用軟體的介面及影響其複雜度的不同因素作一些假設。

W. 針對練習 E、H、J、L、N、P、R 及 T，完成一個使用案例點數工作表，以估計建置這樣的應用軟體的工作量。

迷你案例

1. Kunsan Hanvit Inc 是一家位於韓國群山的客製生產小公司。當 Chung- Hee Ko──業主──第一次把電腦帶來商務辦公的時候，該公司非常小而簡單。他能夠利用廉價的 PC 版會計系統，處理公司的基本的資訊處理需求。隨著時間的推移，該公司的增長工作變得更加複雜。該公司的商業合同與它客製產品生產的是一樣複雜。簡單的會計軟體已不再能追踪許多公司複雜的客戶合約。

Ko 先生有 4 名員工非常熟悉公司複雜的記錄保存需求。他最近曾與他的員工說他的計畫，也就是延請資訊系統 (IS) 顧問公司評估 Kunsan Hanvit 的 IS 需求，並提出電腦系統升級的建議。員工對於新的系統的前景感到興奮，因為目前的系統造成許多不便。然而，他們擔心的是哪一個顧問將執行的這個專案。假設你是顧問團隊的一名系統分析員，並被指派到 Kunsan Hanvit 公司的專案。在第一次與員工的會議上，你希望確認他們明白你的團隊將要執行的工作，以及他們將如何參與這項工作.

a. 請清楚地解釋──不需使用技術性用語──專案分析的目標。
b. 請清楚地解釋──不需使用技術性用語──專案小組將如何運用使用案例以及使用案例圖。請解釋這些模型是什麼，在系統中它們代表什麼，以及專案小組如何使用它們。

2. Professional and Scientific Staff Management (PSSM) 是一家獨特型態的短期人力派遣代理公司。今天，許多組織都以短期、臨時性的方式雇請高科技的專業人士，協助進行一些特殊的專案，或者提供一個需要的技術。PSSM 與她的公司客戶簽訂契約，以一定的成本提供某特定工作類別的短暫人力。例如，PSSM 與一家石油探勘公司簽約，同意提供至少有碩士學歷的地質學家，週薪為$5,000。PSSM 與許多不同類型的公司簽約，而且能夠配置幾乎任何類型的專業人士或科技人才，從電腦程式設計師到地質學家到天文物理學家都有。

   當一家 PSSM 的客戶公司決定臨時聘請一位專業人士或科技人才時，它會根據先前與 PSSM 簽訂的契約提出一個人事需求表。當 PSSM 的契約經理收到人事需求表時，人事需求表上所參照的契約號碼則輸入到契約資料庫內。利用資料庫內的資訊，契約經理審查契約的規範與條件，確定人事需求表是否有效。如果契約沒有期滿、專業或科技人才的類型列在當初的契約中，以及所需的費用在議價範圍內，人事需求表則表示有效。如果人事需求表無效，那麼契約經理便寄回人事需求表給客戶，並附上一封信，說明人事需求表無法處理的原因，並且該封信的副本被歸檔。如果人事需求表有效，那麼契約經理就將人事需求表輸入人事需求表的資料庫中，並列為有待處理的人事需求表。人事需求表接著送到 PSSM 就業部門。

在就業部門，從人才資料庫中比對人事需求表上的人才型態、經驗及資格。如果找到合格的人才，就在人才資料庫中註明為「保留」。如果找不到合格人才或人才不是立即可得，就業部門便建立一份備忘錄，解釋人事需求表無法達成的原因，並且把它做成人事需求表的附件。所有人事需求表接著送到安排部門。

安排部門接著聯絡入選的短期人才，並徵求就業的意願。在所有就業細節均已妥善處理而且同意之後，該人才在人才資料庫中標示為「已就業」。人事需求表的副本與就業費用帳單則寄給客戶。最後，人事需求表、「無法填寫」的備忘錄 (如果有的話)，以及就業費用帳單的副本送到契約經理。如果人事需求表填好了，契約經理就關閉人事需求表資料庫中還開啓中的人事需求表。如果人事需求表無法填好，客戶就被通知。人事需求表、就業費用帳單以及「無法填寫」的備忘錄接著歸檔於契約部門。

a. 為上述企業流程，繪製一個活動圖。

b. 針對活動圖所辨認的每個主要活動，擬定一使用案例。

c. 為上述系統，繪製一個使用案例圖。

CHAPTER 6

類別圖

一個結構性或概念性的模型，乃描述支援組織內企業流程的資料結構。在分析階段期間，結構模型呈現資料的邏輯組織，而不指出資料如何儲存、建立或操作的方法，因此，分析師能著重於企業本身，而不會被技術細節所分心。稍後，在設計階段期間，結構模型被加以更新，以確實反映資料如何儲存於資料庫與檔案中。本章將描述**類別-責任-合作 (class-responsibility-collaboration，CRC) 卡**、**類別圖 (class diagrams)** 與**物件圖 (object diagrams)**，用以建立結構模型。

學習目標

- 了解建立 CRC 卡、類別圖及物件圖之規則與樣式的指導原則。
- 了解用來建立 CRC 卡、類別圖與物件圖的流程。
- 能夠建立 CRC 卡、類別圖與物件圖。
- 了解結構模型與使用案例模型之間的關係。

本章大綱

導論

在分析階段期間，分析師製作使用案例模型，以代表企業系統如何運作。同時，分析師必須了解由企業系統所使用及製作的資訊 (例如，客戶資訊、訂單資訊)。在本章，我們將討論使用案例中所塑造之行爲模型底下的資料是如何組織及呈現的。

一個**結構模型 (structural model)** 是代表企業系統所使用及製作的資料之形式方法。它說明了人、地方或相關事物，而且顯示彼此的關係。結構模型使用一個反覆性的流程來繪製，此時模型會隨著時間而變得更詳細，而且更不抽象。在分析階段，分析師繪製一個**概念模型 (conceptual model)**，顯示資料的邏輯性組織，而不指出資料如何儲存、建立或操作。由於這個模型沒有任何實作上或技術上的細節，所以分析師更容易把焦點放在如何將模型搭配到系統的眞正企業需求。

在設計階段，分析師將概念上的結構模型轉換成設計模型，以顯現資料如何組織於資料庫與檔案中。此時，分析師檢查模型的資料多餘與否，而且研究如何使資料容易取得的方法。設計模型的特性將在有關設計的章節中詳加討論。

在本章，我們著重於如何使用 CRC 卡與類別圖，製作資料的概念結構模型。使用這些技術，我們能夠顯示一個企業系統的所有資料物件。我們首先描述結構模型及其要素。然後，我們把重心集中在 CRC 卡、類別圖及物件圖上。最後，我們討論如何使用 CRC 卡與類別圖製作結構模型，以及結構模型如何關聯到第五章你所學過的使用案例文字描述與使用案例圖。

結構模型

每當系統分析師遇到一個新問題有待解決時，一定要知道其底層的問題領域。分析師的目標是發現包含在問題領域裡的關鍵資料，並且製作資料的結構模型。物件導向塑模 (object-oriented modeling) 有助於分析師減少底層問題領域與演進中的結構模型之間的「語意差異 (semantic gap)」。然而，眞實世界與軟體世界畢竟大異其趣。眞實世界通常很散亂，而軟體世界一定要很整齊並且合乎邏輯。因此，結構模型與問題領域之間的精確對應，是不可能的事。事實上，那也不是所想要的。

結構模型的主要目的之一是，建立一個分析師與使用者之間共同使用的語彙。結構模型代表包含在問題領域內的事物、想法或概念——也就是，物件。結構模型也可以用來表達事物、想法或概念之間的關係。建立了問題領域的結構模型時，分析師製作必要的語彙，讓分析師與使用者彼此能有效的溝通。

要記住一件重要事情，就是處於開發的這個階段，結構模型並不代表物件導向程式語言中的軟體元件或類別，即使結構模型的確包含分析類別、屬性、操作以及分析類別之間存在的關係。這些原始的類別稍後會被細部修改爲程式層次的物件。不過，此時的結構模型應該代表的是每種類別的責任，以及各類別之間的合作方式。通常，結構模型使用 CRC 卡、類別圖與——在某些情形下——物件圖來描述。然而，在說明 CRC 卡、類別圖與物件圖之前，我們要先討論結構模型的基本要素：類別、屬性、操作與關係。[1]

◆ 類別、屬性、操作與關係

一個**類別 (class)** 是一個在問題領域中，用來建立某些具體實體——或**物件 (objects)**——的一般性樣版。同一個類別的所有物件在結構上與行爲上都是相同的，但其屬性所儲存的可以是不同的資料。在分析階段期間，有兩種不同的一般型類別引人注意：具體的與抽象的。一般來說，當分析師描述問題領域時，他們指的是具體類別；也就是說，**具體類別 (concrete class)** 是用來製作物件的。**抽象類別 (abstract class)** 並非實際的存在於眞實世界，它們只是有用的抽象概念。例如，從員工類別與顧客類別，我們可以辨認出這兩個類別的一般性關係，並將之命名爲新的抽象類別爲人。我們可能不會在系統本身中眞正的產生人類別的實體，取而代之的是僅僅製作與使用員工與顧客[2]。我們將在本章稍後更詳細地說明何謂一般性關係。

類別的第二個分類是一個類別代表眞實世界事物的類型：有領域類別、使用者介面類別、資料結構類別、檔案結構類別、操作環境類別、文件類別以及各種類型的多媒體類別。在逐漸成形之系統還在開發階段的當頭，我們只對領域類別感興趣。在稍後的設計與實作階段，其他類型的類別將變得更爲迫切而重要。

一個分析類別的**屬性 (attribute)** 代表了某些存在於被探究之問題應用領域內之描述類別的資訊。一個屬性包含了分析師或使用者覺得系統應該儲存的資訊。例如，一個員工類別可能的重要屬性是員工姓名，而一個比較不重要的屬性是頭髮顏色。兩者都是在形容一位員工，但是頭髮顏色可能對於大部分企業應用來說不是那麼有用。

---

[1]對於物件導向系統之基本特徵較完整的描述，請參閱附錄。

[2]因為抽象類別基本上並非必要且沒有實體，所以有人提出，不如在這開發階段期間之逐漸成形之系統描述中不要納入它們 (參閱 J. Evermann and Y. Wand, "Towards Ontologically Based Semantics for UML Constructs," in H. S. Junii, S. Jajodia, and A. Solvberg (eds.)*ER 2001, Lecture Notes in Computer Science 2224* (Berlin:Springer-Verlag, 2001):354–367。但是，由於抽象類別，從來都在開發階段時就被列入，所以我們也納入它們。

只有那些對工作重要的屬性才應該包含在類別中。最後，只應該採用原始或基元型（也就是，整數、字串、雙精準數、日期、時間、布林等等）之類的屬性。大多數的複雜或複合的屬性，事實上是用來表達類別與類別間的關係。因此，它們應該被做成關係的模型而不是屬性。

分析類別的行爲被定義成**操作 (operation)** 或服務。在稍後的階段，操作會被轉換成**方法 (methods)**。然而，因爲方法牽涉到實作，所以在開發的這個時候，我們使用操作一詞描述類別實體的反應動作。像屬性一樣，只有與所探究問題的領域有關的操作才會被列入考慮。例如，類別常見的動作有建立實體、刪除實體、存取個別屬性值、設定個別屬性值、存取個別關係值以及移除個別關係值等等。不過，在系統逐漸成形的這個時候，分析師應該避免被這些基本型態的操作混淆了類別的定義，只要專注於與問題領域有關的操作就好了。

◆ 關係

存在許多不同類型的關係可加以定義，但所有的這些關係可以區分爲三種基本的資料抽象化機制：一般化關係 (generalization relationship)、組合關係 (aggregation relationship) 與關聯關係 (association relationship)。這些資料抽象化機制有助於分析師把重心集中在重要的面向，而忽略不重要的面向。像屬性一樣，分析師應該小心地只納入重要的關係。

一般化關係 一般化抽象化使分析師能夠製作繼承其他類別之屬性與操作的類別。分析師製作一個**超類別 (superclass)** 用以納入好幾個**子類別 (subclass)** 都會使用到的屬性與操作。子類別可以繼承其超類別的屬性與操作，而且也可擁有其獨有的屬性與操作。例如，藉著抽出顧客類別與員工類別兩者都有的屬性與操作，這兩者能夠而被一般化爲一個新的超類別──人。這樣，分析師便能減少重複的類別定義，共同的元素只定義一次，然後於子類別中重複運用。一般化是以 **a-kind-of** 關係來代表，所以我們可以說，員工是 a-kind-of 人類。

分析師也能使用一般化的反向做法──即特殊化，藉著讓新的子類別從現有的類別衍生，以顯現額外的類別。例如，一個員工類別可以予以特殊化後，成爲秘書類別與工程師類別。此外，類別間的一般化關係可以結合起來，構成一般化的階層架構。根據前面的例子，秘書類別與工程師類別可能是員工類別的子類別，而員工類別則又是人類別的子類別。這關係便可解讀成，祕書與工程師是「a-kind-of (的一種) 員工類」，而顧客與員工是「a-kind-of (的一種) 人類」。

一般化資料抽象化是一個非常有力的機制，鼓勵分析師把相類似的部分結合到上層的超類別，而得以專注在每個類別所獨有的特性。不過，為了確保子類別的語意得以被維護，分析師應該運用**可替代性原則 (principle of substitutability)**。也就是說，任何使用超類別之處，都應該能以子類別取代 (例如，任何我們使用員工超類別之處，我們也能在邏輯上使用它的秘書子類別)。專注於一般化關係之 a-kind-of 的詮釋，可替代性原則就能適用。

組合關係 於資料塑模、知識表達法與語言學的文獻中，都曾經提過許多不同類型的組合或組成關係。例如，a-part-of (邏輯的或實體的)、a-member-of (如集合成員關係)、contained-in、related-to 及 associated-with。然而，一般而言，所有的組合關係都是指把部分 (parts) 關聯到全部 (whole)，或把部分關聯到組合 (assembly)。以我們的目的來說，我們使用 a-part-of 或 has-parts 語意關係來代表組合性的抽象化。例如，門是汽車的一部分；員工是一個部門的一部分；或者部門是一個組織的一部分。像一般化關係一樣，組合關係也可以結合起來，變成組合的階層架構。例如，活塞是引擎的一部分，而引擎是汽車的一部分。組合關係在本質上是雙向的。組合的反面是**分解 (decomposition)**。分析師可以使用分解的方式，來顯現一個類別該被個別地塑模之處。例如，如果一扇門與一具引擎是一輛汽車的一部分 (a-part-of)，那麼一輛汽車就擁有 (has-parts) 門與引擎。分析師可以在各種不同部分之間來回地看，以便發現新的部分。例如，分析師可能問，「一輛汽車還有哪些其他部分？」，或者「一扇門可能屬於哪些其他的組合？」

關聯關係 還有其他型態的關係無法完全列入一般化 (a-kind-of) 或組合 (a-part-of) 的架構。技術上來說，這些關係通常是組合關係的弱型式。例如，一位病人排定一個預約。有人會認為，一位病人是一個預約的一部分 (a-part-of)。然而，這種關係跟門與車之間，甚至工人與工會之間的模型關係，仍存有語意上的明顯差異。因此，這種關係只被視為是類別之實體間的**關聯 (association)**。

CRC 卡

CRC 卡被用來說明一個類別的責任與合作。我們使用擴充型式的 CRC 卡，以捕捉所有與類別有關的資訊。[3] 在我們解釋的責任和合作的意義之後，我們會描述 CRC 卡的組成元素。

---

[3] 我們的 CRC 卡是根據 D. Bellin and S. S. Simone, *The CRC Card Book* (Reading, MA:Addison-Wesley, 1997); I. Graham, *Migrating to Object Technology* (Wokingham, England:Addison-Wesley, 1995); and B. Henderson-Sellers and B. Unhelkar, *OPEN modeling with UML* (Harlow, England:Addison-Wesley, 2000)。

◆ 責任和合作

一個類別的**責任 (responsibilities)** 分成兩種不同的型態：知 (knowing) 與做 (doing)。**知的責任 (knowing responsibilities)** 是指那些事情是類別的實體能知道的。類別的實體通常知道其屬性的值及它的關係。**做的責任 (doing responsibilities)** 是指哪些事情是類別之實體能做的。在這情況下，一個類別的實體能夠執行它的操作，或者它能夠請求第二個實體──就它所知道的──以代表第一個實體執行其中的一個操作。

結構模型說明為了支援使用案例所塑造企業流程之模型所需的物件。大多數使用案例包括一組類別，而不止是一個類別而已。這些類別構成一種**合作 (collaboration)**。合作允許分析師從用戶、伺服器及合約 (contracts) 的角度來想事情。[4] 一個**用戶 (client)** 物件是一個類別的實體，其能發送請求給另一個類別的實體，執行某個操作。一個**伺服器 (server)** 物件是個從用戶物件收到請求的實體。一個**契約 (contract)** 則正規化了用戶與伺服器之間的互動關係。例如，一位病人和一位醫生約定一次預約。這時便建立了一種義務關係，病人和醫生必須在約定的時間出現。否則，像不論病人就診與否都寄送帳單予病人的情況，要予以解決。同時，契約應該清楚記載契約的利益為何，例如病人的診斷方式與支付醫生的醫療收費等。第九章將對於契約及其使用範例，提供更為詳細的解釋。

分析師能夠使用類別之責任與用戶–伺服–契約型合作概念，協助辨識與使用案例有關的類別、以及屬性、操作、關係。使用 CRC 卡擬定結構模型，最簡單的方法之一是透過擬人化 (anthropomorphism)──假裝類別具有人性的特徵。這可由分析師及(或) 使用者的角色扮演來完成，並且假裝他們是所考慮之類別的一個實體。他們接著可以自己發問，或是由開發小組的其他成員來發問。例如

你是誰，或你是什麼？

你知道哪些事？

你能做些什麼？

然後，使用問題的回答，將細節加到成形中的 CRC 卡。

---

[4]進一步的資料，請見 K. Beck and W. Cunningham, “A Laboratory for Teaching Object-Oriented Thinking,” *Proceedings of OOPSLA, SIGPLAN Notices,* 24, no. 10 (1989):1–6; B. Henderson-Sellers and B. Unhelkar, *OPEN Modeling with UML* (Harlow, England:Addison-Wesley, 2000); C. Larman, *Applying UML and Patterns:An Introduction to Object-Oriented Analysis and Design* (Englewood Cliffs, NJ:Prentice Hall, 1998); B. Meyer, *Object-Oriented Software Construction* (Englewood Cliffs, NJ:Prentice Hall, 1994); and R. Wirfs-Brock, B. Wilkerson, and L. Wiener, *Designing Object-Oriented Software* (Englewood Cliffs, NJ, Prentice Hall, 1990)。

◆ CRC卡的要素

一組 CRC 卡包含了所有用來架構所探究之問題的邏輯結構模型所需要的資訊。圖 6-1 顯示一張 CRC 卡的範例。每張卡捕捉且描述一個類別必要的要素。卡的正面記錄著類別的名稱、識別碼、類型、描述、相關之使用案例、責任與合作者的清單。類別的名稱應該是一個名詞 (但不是專有名詞，像特定的人或事)。就像使用案例一樣，在開發階段的後期，很重要的是能夠把設計的決定回溯到特定的需求。搭配相關的使用案例清單，類別的識別號碼可以用來達到這個目的。而描述只是一個簡短的陳述，可以當作類別的文字定義。類別的責任通常是類別必須具備的操作，也就是說，做的責任。

Front:

Class Name: Patient	**ID:** 3	**Type:** Concrete, Domain
Description: An individual that needs to receive or has received medical attention		**Associated Use Cases:** 2

Responsibilities	**Collaborators**
Make appointment	Appointment
Calculate last visit	
Change status	
Provide medical history	Medical history

Back:

Attributes:

Amount (double)

Insurance carrier (text)

Relationships:

Generalization (a-kind-of):	Person
Aggregation (has-parts):	Medical History
Other Associations:	Appointment

圖 6-1　CRC 卡的範例

CRC 卡的背面包含類別的屬性與關係。類別的屬性代表這個類別之實體必須滿足之知的責任。一般來說，每個屬性的資料類型與屬性名稱會並列在一起；例如，屬性金額是雙精準數字，而保險人屬性則是文字。通常在這個時刻有三種關係會被捕捉：一般化、組合及其他關聯。從圖 6-1 中，我們可以看到，病人是 a-kind-of 人以及病人與預約相互關聯。

再一次強調，CRC 卡用來登錄一個類別的必要特性。不過，卡片一旦寫好，分析師便能利用卡片以及於角色扮演下的擬人化方式，摹仿使用案例中的不同情境，以顯現疏漏掉的特性 (見第五章)。這種方式可以用來當做一個檢視正漸漸成形的系統表現方式之清晰性與完整性的基礎。[5]

類別圖

類別圖 (class diagram) 是一個**靜態性的模型**，標示出有哪些類別，以及漸漸成形之系統中，有哪些類別之間的關係是不會變動的。類別圖描繪出類別──具有行為和狀態──之間的關係。下列幾節我們將先展現類別圖的要素，然後再討論類別圖的繪製方法。

◆ 類別圖的要素

圖 6-2 所示的類別圖被製作來反映第五章所描述的預約系統中，各個使用案例所需用到的類別與關係。

類別 類別圖的基本組成是類別 (class)，用以儲存並操作系統的資訊 (參閱圖 6-3)。在分析期間，類別指的是人、地方、事件以及系統用以捕捉資訊的東西。稍後，在設計與實作期間，類別可能指的是與實作相關的產物，如窗戶、表單以及用來建構系統的其他物件。每個類別用長方形表現，長方形的內部分成三個部分，類別名稱在上半部、屬性在中間、操作在下半部。你應該能夠看得出圖 6-2 中的類別：Person、Medical Staff、Doctor、Patient、Medical History、Appointment、Bill、Diagnosis、Health Problem 及 Symptom。一個類別的屬性與它的值定義了從該類別衍生出來之物件的狀態，而其行為由操作來表現。

屬性 (attribute) 是類別的特性，也就是我們想要留住的資訊 (參閱圖 6-3)。注意，圖 6-2 中的 Person 類別擁有 lastname、firstname、address、phone 與 birthdate 等屬性。有時候，你可能想要儲存**衍生的屬性 (derived attribute)**，這是種可以經由計算或推

---

[5]為了展現的目的，我們將延後在第八章描述演練、核查和驗證，測試於第十三章。

導而得的屬性；這些特別的屬性在其屬性名稱前面加上一個斜線 (/)。注意，Person 類別包含一個衍生的屬性，稱為「/age」，此可由目前日期減掉病人生日而得。在圖上也標示出了屬性的**能見度 (visibility)**。能見度與加諸於屬性之資訊隱藏的程度有關。屬性的能見度可以是 (public (+)、protected (#) 或 private (-)。被列為 **public (公開性的)** 的屬性意指它的值對任何其他物件都不隱匿起來。因此，其他物件可以修改它的值。被列為 **protected (保護性的)** 的屬性意指它的值僅對於其嫡出的子類別公開，而對所有其他的類別則保持隱匿。被列為 **private (私密性的)** 的屬性意指它的值對任何其他類別都隱匿起來。屬性的預設能見度通常是 private。

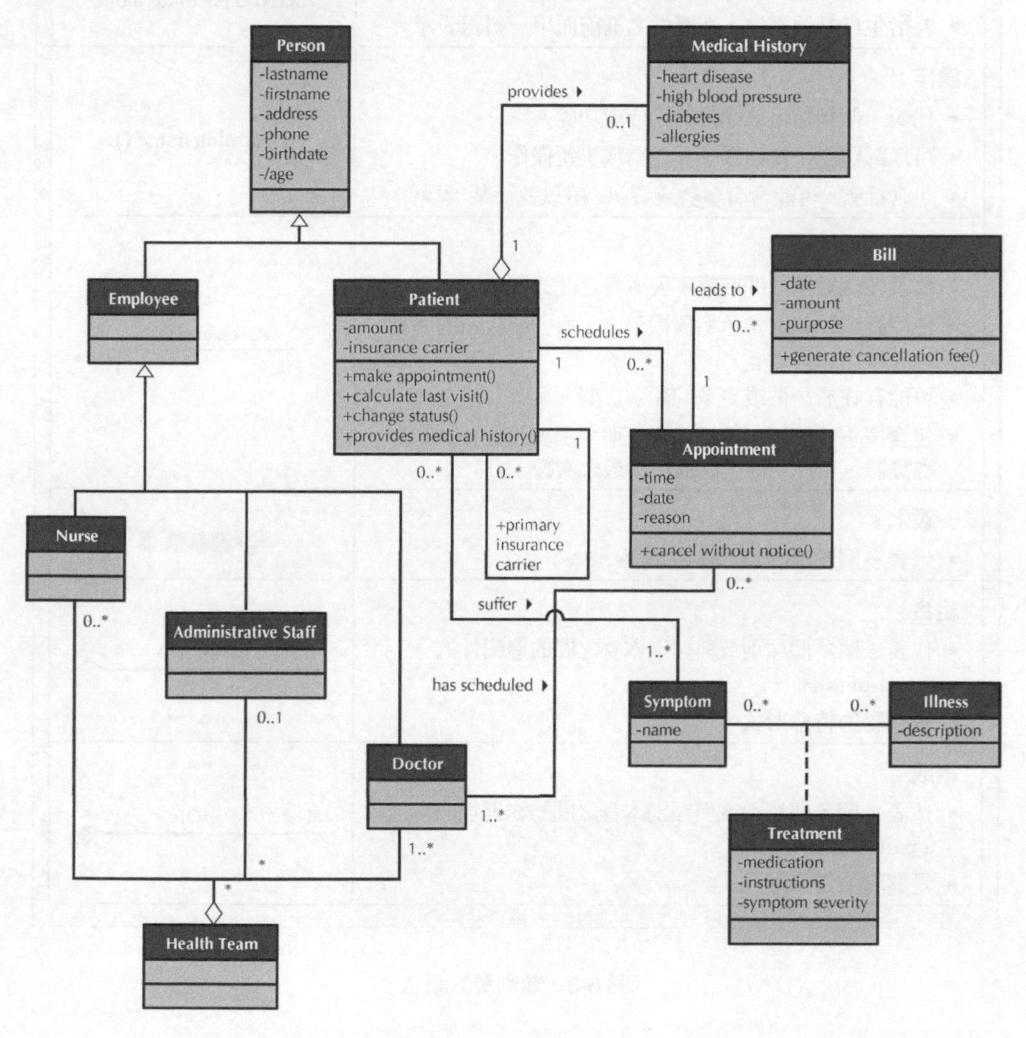

圖 6-2　類別圖的範例

類別： • 代表一種人、地方或系統將須捕捉及儲存資訊的事物。 • 有一個名稱，位於上面，粗體字而且居中。 • 有一系列的屬性，位於中間。 • 有一系列的操作，位於下面。 • 不明白地顯示出哪些可供所有類別取用的操作。	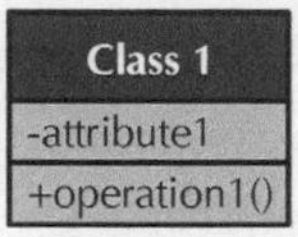 Class 1 -attribute1 +operation1()
屬性： • 代表描述物件狀態的特性。 • 能衍生自其他屬性，在屬性名稱前面用一斜線表示。	Attribute name /derived attribute name
操作： • 代表一個類別可以執行的動作或功能。 • 可以歸類爲一個建構子、查詢或更新操作。 • 包含括號，可能含有參數或資訊，用以執行某項操作。	Operation name ()
關聯： • 代表多個類別之間或類別與本身之間的關係。 • 使用動詞片語或角色名稱標示之，取一個較好的名稱代表關係。 • 可能存在於一個或更多的類別之間。 • 包含多重性符號，用以代表一個類別實體與相關的類別實體，可能相關連的最小與最大次數。	 AssociatedWith 0..* 1
一般化： • 代表多個類別的 a-kind-of 關係。	
組合： • 代表一個多個類別或與類別本身之間的邏輯性的 a-part-of 關係。 • 是關聯的特殊形式。	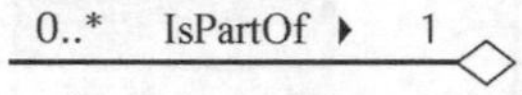 0..* IsPartOf ▸ 1
組成： • 代表一個多個類別或與類別本身之間的物理性的 a-part-of 關係。 • 是關聯的特殊形式。	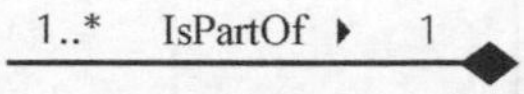 1..* IsPartOf ▸ 1

圖 6-3　類別圖的語法

操作 (operation) 是一個類別能夠執行的動作或功能 (參閱圖 6-3)。所有類別都用得到的功能 (例如，創造新的實體、傳回某個特定屬性的值、設定某個特定屬性的值或刪除某個實體等)，並沒有一一地畫在長方形內。取而代之的做法是，只有類別本身獨有的操作才被畫出來，例如，在圖 6-2 中，Appointment 類別的操作「cancel without notice」以及 Bill 類別的操作「generate cancellation fee」。注意，這兩個操作的後面都有括號，裡面含有操作所需的參數。如果操作沒有需用的參數，仍要標示出括號，只是裡面是空的。正如屬性一樣，操作的能見度可以指定爲 public、protected 或 private。操作的預設能見度通常是 public。

一個類別可以具備的操作有三種：建構子、查詢與更新。**建構子操作 (constructor operation)** 用來創造類別的新實體。例如，patient 類別可能有一個名爲 insert () 的操作，當某個病人被輸入到系統時，此操作會創造一個新的病人實體。如剛剛所提到的，如果一個操作可以被所有類別所取用 (例如，創造一個新實體)，那麼就不會明白地標示在類別圖上，因此，通常在類別圖上看不到建構子這個操作。

查詢操作 (query operation) 是用來取得物件狀態的資訊，並將該項資訊交付給其他物件運用，但不會以任何方式改變物件。舉例來說，操作「calculate last visit ()」會判斷病人上次就診的時間，它所產生的物件可被系統取用，但它不會對它的資訊做任何變更。如果一個查詢方法只是索取類別屬性的資訊 (例如，病人姓名、地址或電話)，那麼它不會出現在圖上，因爲我們已假定所有物件都具備了產生其屬性值的操作。

更新操作 (update operation) 會改變物件的某些或所有屬性的值，這會改變物件的狀態。請考慮下列情形：使用一個操作「change status ()」，將病人的狀態從 new 改成 current；使用「schedule appointment (appointment)」，將病人與某個特定的預約時間關聯起來。

關係　類別圖的主要目的在於顯示各個類別彼此之間的關係或關聯。在圖上描繪這些關係的方式是，在類別與類別之間使用直線繪出來 (參閱圖 6-3)。當好幾個類別共同享用一個關係時 (或一個類別與其本身共享一個關係時)，就畫一條線並在其上寫出關係的名稱，或是類別在該關係中所扮演的角色。例如，在圖 6-2 中，每當病人預約時，病人 (patient) 與預約 (appointment) 這兩個類別便有了關聯。因此，一條標示著「schedules」的直線便連接病人與預約，來表達這兩個類別是如何地彼此關聯。同時，在關係的名稱旁邊有一個實心的小三角形。三角形代表與關係名稱關聯的方向。在圖 6-2 中，關係「schedules」上有個三角形，表出這個關係應該被解讀的方式是「patient schedules appointment」。三角形的加入其實只是增加圖的可讀性而已。圖 6-4 中示範了三個額外的例子。Invoice 是 AssociatedWith 一個 Purchase Order (反之亦然)、Pilot Flies 一架 Aircraft、以及 Spare Tire IsLocatedIn 一個 Trunk。

有時候，一個類別跟自己本身有關。例如，病人可能是其他病人的主要保險人 (例如，他們的配偶、孩子)。在圖 6-2 中，注意到一條線連接類別 Patient 與它本身，稱為「primary insurance carrier」，描述了類別在這個關係中所扮演的角色。注意，加號「+」被放在標示之文字的前面，用來表達它是一個角色，而非關係的名稱。當標示一個關聯的時候，請使用一個能清楚表達模型意義之關係名稱或是角色名稱 (但不是兩個都用)。

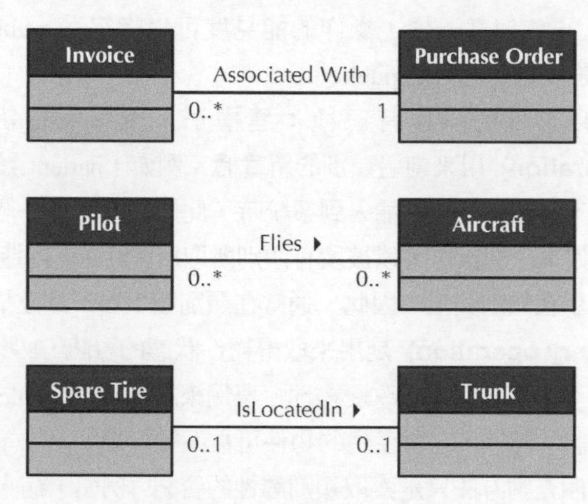

圖 6-4　關聯的範例

關係也具有**多重性 (multiplicity)**，說明一個物件的實體如何與數個其他實體相關聯。被放在關係線上的數字註明了這個關係所能關聯的最少與最多的實體個數，其書寫格式為最小數目..最大數目 (參閱圖 6-5)。數字指出從關係線末端之類別與另一端數字的關係。例如，在圖 6-2 中，關係「patient schedules appointment」的「appointment」端有個「0..*」。這意思是說，一位病人可以關聯至零個到多個預約。在相同關係的 patient 端有個「1」，代表著預約必須與一個且唯一 (1) 病人有關聯。在圖 6-4 中，我們看到一個發票類別的實體必須 AssociatedWith 一個採購訂單類別的實體，以及一個採購訂單類別的實體可以 AssociatedWith 零個或多個發票類別的實體；一個飛行員類別的實體駕駛零架或多架飛機類別的實體，和一個飛機類別的實體可以被零個或多個飛行員類別的實體駕駛；最後，我們看到備胎類別的一個實體 IsLocatedIn 零個或一個車箱類別的實體，而一個車箱類別的實體可以包含零個或一個備用輪胎類別的實體。

唯有一個	1	Department —— 1 Boss	一個部門唯有一名主管
零或多個	0..*	Employee —— 0..* Child	一名員工有零或多個子女
一或多個	1..*	Boss —— 1..* Employee	一名主管帶領一或多名員工
零或一個	0..1	Employee —— 0..1 Spouse	一名員工可以有零或一個配偶
特殊範圍	2..4	Employee —— 2..4 Vacation	一名員工每年可以休假二次至四次
多個不同的範圍	1..3,5	Employee —— 1..3,5 Committee	一名員工是一至三或五個委員會的成員

圖 6-5　多重性

有時候，關係本身即擁有某些個關聯的特性，尤其當它的類別擁有多對多的關係時。在這些情況下，構成了**關聯類別 (association class)**，它擁有自己的屬性與操作。它以長方形顯示，用一條虛線附在一個關聯路徑上，而且長方形的名稱對應於關聯的名稱。想像一下捕捉疾病與症狀之資訊的情況。一種疾病 (例如，流行性感冒) 可能與許多症狀 (例如，喉嚨痛、發燒) 關聯，而一個症狀 (例如，喉嚨痛) 可能與許多疾病 (例如，感冒、鏈球菌、普通感冒) 關聯。圖 6-2 顯示一個關聯類別是如何的捕捉治療方式會隨不同組合而異的資訊。例如，鏈球菌所引起的喉嚨痛需要抗生素治療；而流行性感冒或普通感冒所引起的喉嚨痛，可能就需要喉糖錠或多喝開水的治療。另一種決定什麼時候該使用關聯類別的方法是，當屬性屬於兩個涉及該關聯之類別的交集的時候。我們可以直觀地把關聯類別想像成是文氏圖 (Venn diagram)。例如，在圖 6-6 中，級 (Grade) 的觀念其實是學生和課程類別的交集，因為級只存在於這兩個概念的交集。圖 6-6 所示的另一個例子是一個工作可以被視為人和公司之間的交集。大多數情況下，類別的關係是建立在正常的關聯，但是，你會經常看到兩種特殊的關聯情況出現：一般化與組合關聯

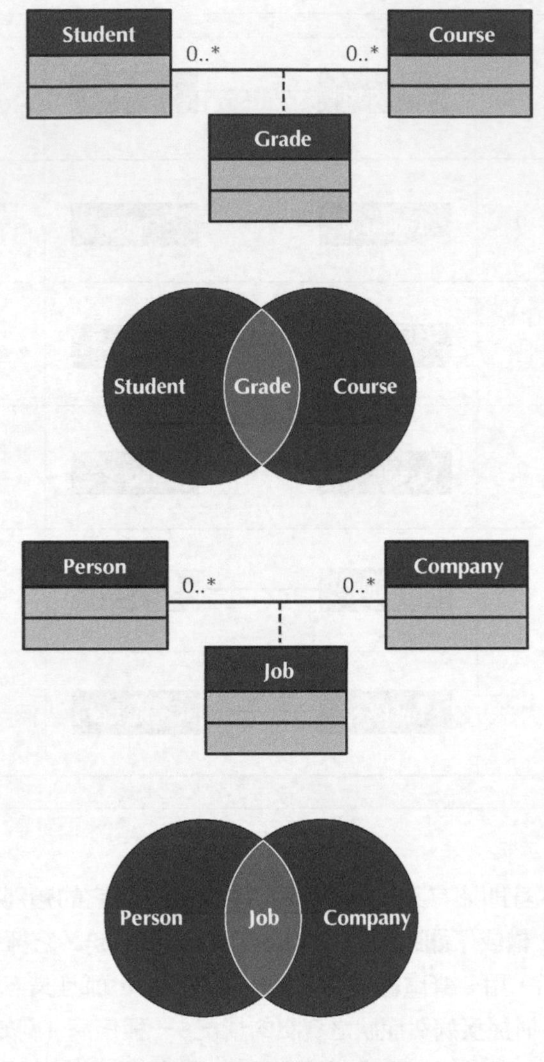

圖 6-6 關聯類別的範例

一般化與組合　一般化關聯 (generalization association) 表示一個類別 (子類別) 繼承自另一個類別 (超類別)，意謂著超類別的屬性與操作能被子類別衍生的物件所援用。一般化的路徑以一條實線從子類別畫到超類別，並加上一個指向超類別的空心箭頭來表現。例如，圖 6-2 中，醫生、護士及行政人員都是員工的一種，而那些員工與病人都屬於人的一種。記得，當你必須使用像「a-kind-of」的字眼來描述某個關係時，一般性關係便展現了。一些額外的例子如圖 6-7 所示。例如，紅衣鳳頭鳥是一種鳥，而鳥是一種動物：普通科醫生是一種醫師，而醫師是一種人；一輛卡車是一種地面型載具，而地面型載具是一種載具。

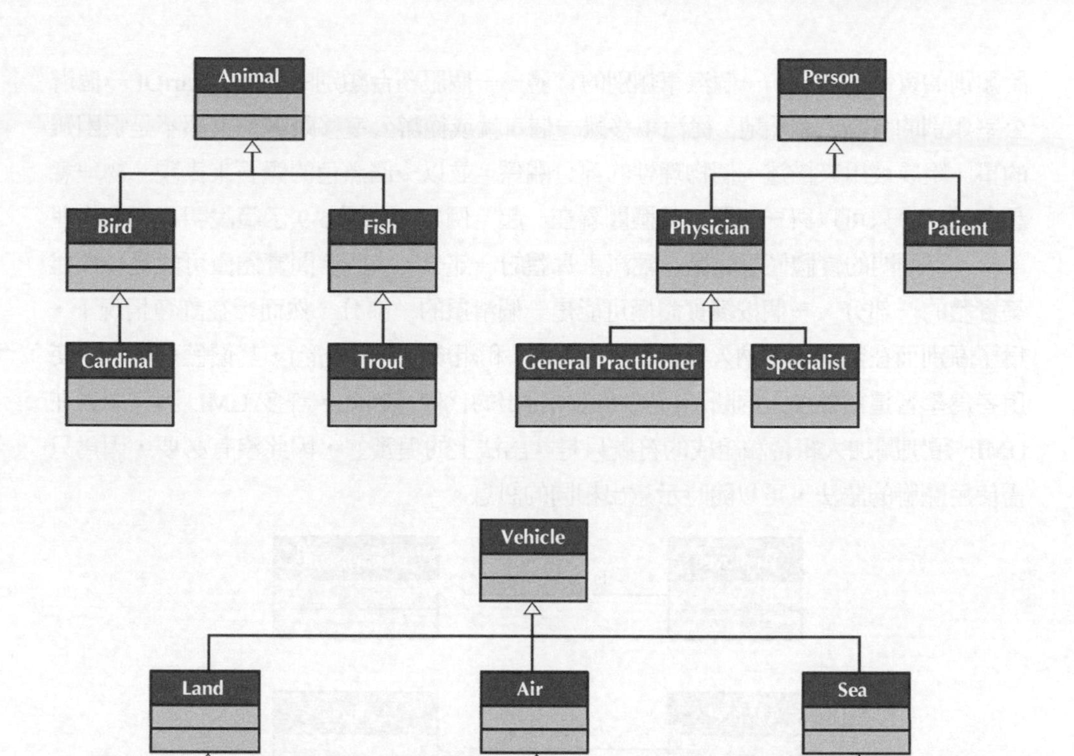

圖 6-7　一般化的例子

組合關聯 (aggregation association) 於某種類別實際上是由其他類別所組成時使用。例如，考慮診所決定建立一個由醫生、護士與行政人員所組成的健康醫療團隊 (health care team)。當病人進入診所時，他們被指定到一個平常照顧他們需要的健康醫療團隊。圖 6-2 顯示這樣的關係如何註明在類別圖上。靠近類別的地方放一個菱形，表示該組合 (健康醫療團隊)，而從箭頭畫直線連到構成的類別 (醫生、護士與行政人員)。一般而言，當你必須使用像「is a part of (是…一部分)」或「is made up of (由…組成)」的字眼來描述關係時，便知道出現了這樣的關聯。然而，從 **UML** 的角度來看，有兩種類型的組合性關聯：組合和組成 (參閱圖 6-3)。組合是用來描述邏輯上的部分關係，在 UML 類別圖上是以一個空心或白色鑽石繪出。例如，在圖 6-8 中，顯示了三個邏輯組合。邏輯意謂著某部分能被關聯至數個整體，或是該部分並不十分困難地就能被移離整體。例如，員工類別的實體 IsPartOf 至少一個部門類別之實體，一個輪胎類別的實體 IsPartOf 一個汽車類別的實體，一個服務台類別的實體 IsPartOf 一個辦公室類別的實體。顯然地，從汽車移離一個車輪或從辦公室移離辦公桌都不是很困難的事。組成被用來描述一個物理性的部分關係，並以一個黑色的鑽石來表現。物理意謂著該部分只可以與一個單一整體關聯在一起。例如，在圖 6-9 示範說明了三個物理部分：一個門的實體僅可能是一輛汽車實體的一部分，一個房間實體僅可能是一棟建築實體的一部分，一個按鍵實體僅可能是一個滑鼠的一部分。然而，在許多情況下，爲了區別而在類別圖中納入組合 (白色鑽形) 和組成 (黑色鑽形)，其價值可能低於使用者爲學習這額外加入的圖形符號所必須付出的代價。因此，許多 UML 專家認爲在 UML 類別圖加入組合和組成的符號只是「語法上的糖蜜」，因此沒有必要，因爲只需使用關聯的語法，可以隨時示意出相同的訊息。

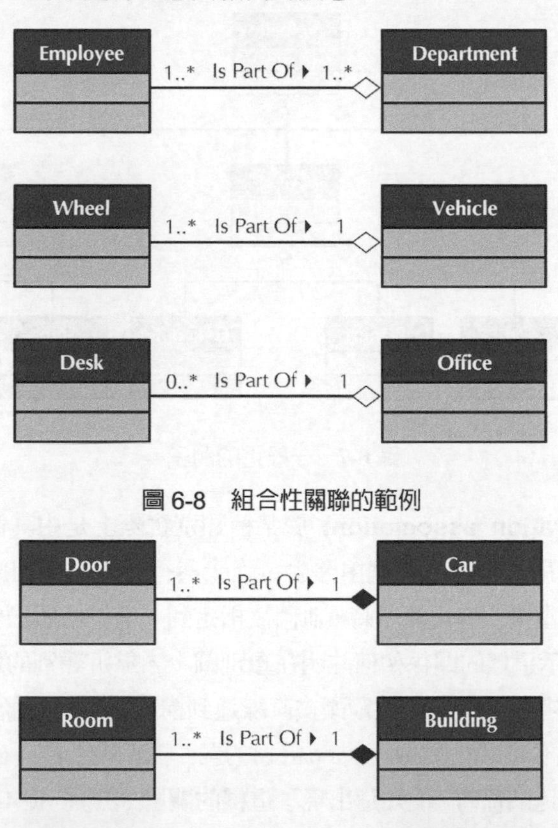

圖 6-8　組合性關聯的範例

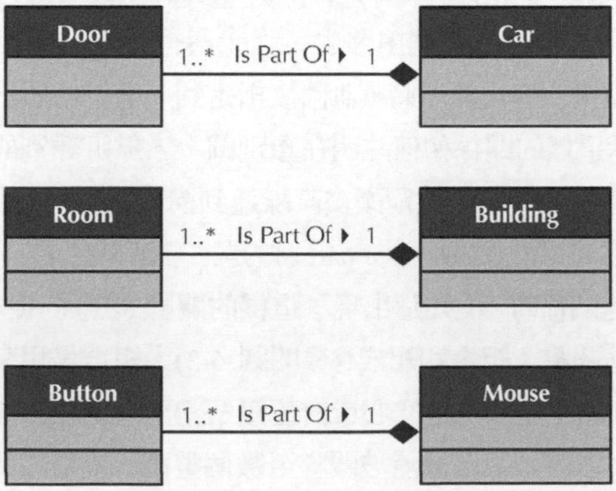

圖 6-9　組成性關聯的範例

◆ 簡化類別圖

當類別圖畫滿了眞實系統的所有類別與關係時，這個類別圖可能變得非常難以解釋，也就是說，非常複雜。當發生這種事時，有時要簡化圖。簡化類別圖的第一種方法是只顯示具體的類別。[6] 然而，視連接到抽象類別之關聯的數目的多寡而定——因而被繼承下來到具體類別——這個特別的建議可能會使圖更難以理解。

第二個簡化類別圖的方法是使用**觀點 (view)** 機制。觀點原先是從關聯式資料庫管理系統中所發展出來的方法，只是資料庫資訊的一個子集 (subset)。在這樣的情況，觀點將會是類別圖的一個有用子集合，例如，使用案例觀點只顯示與某個特定的使用案例有關的類別及關係。第二種觀點可能只顯示某個特定類型的關係：組合、關聯或一般化。第三種觀點是限制每個類別所能顯示的資訊，例如，只顯示類別的名稱、名稱與屬性，或名稱與操作。這些觀點機制可以結合起來，進一步簡化類別圖。

第三種簡化類別圖的方法是使用**套件 (package)** (也就是，類別的邏輯群組)。爲了使圖易於閱讀並且把模型保持在合理的複雜度，你可以將類別集合起來變成套件。套件是一種普遍的架構，可應用於 UML 模型的任何要素。在第五章，我們已介紹過使用它們來簡化使用案例圖。至於類別圖的情況，我們可以很容易地將類別根據類別所共享的關係來分組。[7]

◆ 物件圖

雖然類別圖用來說明類別的結構，但是有時候，第二種型態的**靜態結構圖 (static structure diagram)**——稱爲物件圖——也很有用。一個物件圖本質上是一個類別圖全部或部分實體化的結果。實體化意謂著創造一個類別的實體，其具有一組適當的屬性值。

當我們想要顯露類別的細節時，物件圖就非常有用。一般而言，由具體的物件 (實體) 的角度要比從抽象化物件 (類別) 來思考更容易些。例如，圖 6-10 複製並實體化了圖 6-2 中的一部分圖。圖形的上半部就是整個類別圖一小部分觀點的複製。下半部則是類別子集合實體化的物件圖。藉由審查實際涉及的實體，John Doe、Appt1 及 Dr. Smith，我們可以發現額外有關的屬性、關係及 (或) 操作，或者可能是錯置的屬性、關係及 (或) 操作。例如，一個 appointment 有一個 reason 屬性。細察之下，reason 屬

---

[6] 見註解 2。

[7] 對於那些熟悉結構化分析與設計的人來說，套件頗類似於資料流程圖中所使用的階層化 (leveling) 及平衡 (balancing) 過程。套件將於第八章討論。

性可能已經被做成 Symptom 類別的關聯。目前，Symptom 類別與 Patient 類別關聯。在檢視物件圖之後，發現這似乎有所出入。因此，我們應該修正類別圖，以反映我們對於問題的新的認知。

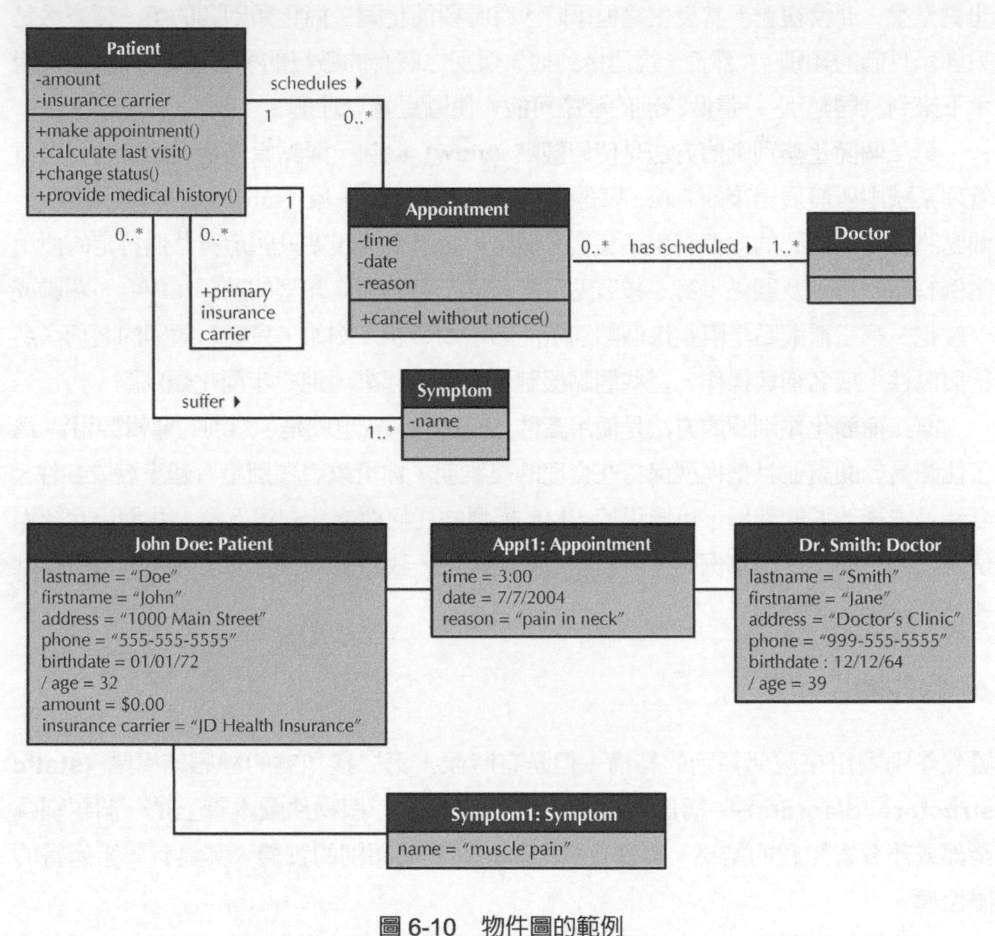

圖 6-10 物件圖的範例

製作 CRC 卡與類別圖

製作結構模型是一個反覆性的流程，分析師藉此可做成模型的梗概，然後隨著時間不斷加以細緻化。結構模型可能變得相當複雜──事實上，有些系統的類別圖包含了數以百計的類別。在本節裡，我們將帶領你製作結構模型過程並反覆一次，但是我們會預期該模型可能會隨著我們與使用者的溝通而產生戲劇性的改變，並微調我們對系統的理解。首先，我們提出一組方法，用以確認並細部修整一組候選物件，以及根據這些方法提供一組步驟，而這些步驟可用來製作一個初始且概略的結構模型。

◆ 物件的辨認

許多不同方法已經提出來幫助分析師辨認結構模型的一組候選物件。三個最常見的方法是本文分析、共同物件清單及樣式。多數的分析師會搭配使用這三個不同的技術，以確保不會忽略重要的物件與物件屬性、操作與關係。

本文分析 本文分析 **(textual analysis)** 是分析使用案例之描述文字。分析師從檢視使用案例的文字描述與使用案例圖著手。對描述的文字加以檢視，以辨認潛在的物件、屬性、操作與關係。使用案例中的名詞 (noun) 隱含可能的類別，而動詞 (verb) 則隱含可能的操作。圖 6-11 摘述了我們發現很有用的指導原則。對於使用案例描述的本文分析，過去一直被批評為太簡單，但是由於它的主要目的是製作一個起頭概略的結構模型，因此簡單反而變成一個主要的優點。

- 一個普通名詞或非專有名詞隱含著一個類別。
- 一個專有名詞或直接指涉 (direct reference) 隱含著一個類別的實例。
- 一個集合名詞隱含著一個類別，而其物件由另一個類別的實例所組成。
- 一個形容詞隱含著物件的一個屬性。
- 一個 doing 動詞隱含著一個操作。
- 一個 being 隱含著一個物件與其類別之間的分類關係。
- 一個 having 動詞隱含著組合或關聯關係。
- 一個及物動詞隱含著一個操作。
- 一個不及物動詞隱含著一個例外。
- 一個述語或描述性動詞片語隱含著一個操作。
- 一個副詞隱含著一個關係的屬性或一個操作。

資料來源：這些指導原則是根據 Russell J. Abbott, "Program Design by Informal English Descriptions," Com-munications of the ACM 26, no. 11 (1983): 882–894; Peter P-S Chen, "English Sentence Structure and Entity-Relationship Diagrams," Information Sciences:An International Journal29, no. 2–3 (1983): 127–149; andGraham, Migrating to Object Technology.

圖 6-11 本文分析的指導原則

共同物件清單 顧名思義，**共同物件清單 (common object list)** 只是系統的企業領域中，共同之物件的清單。除了觀察特別的使用案例之外，分析師還應該從使用案例對企業進行個別思考。某些種類的物件已經被發現有助分析師建立這份清單，例如實際存在的或有形的東西、偶發事件、角色與互動。[8] 分析師首先應該在企業領域中找

---

[8]舉例來說，請見 C. Larman, Applying UML and Patterns:An Introduction to Object-Oriented Analysis and Design (Englewood Cliffs, NJ:Prentice Hall, 1998); and S. Shlaer and S. J. Mellor, Object-Oriented Systems Analysis:Modeling the World in Data (Englewood Cliffs, NJ:Yourdon Press, 1988)。

尋實際存在的或有形的東西。這些東西可能是書本、書桌、椅子與辦公設備。一般而言，這些類型的物件最容易確認。**偶發事件 (incidents)** 是指發生於企業領域的事件，像是開會、飛行、表演或意外等等。檢視這些使用案例可以很快地辨認出人們在此問題領域所「扮演」的角色，如醫生、護士、病人或接待人員。一般而言，**互動 (interaction)** 指的是企業領域中的一個交易，例如銷售交易。其他可以辨認出的物件種類包括處所、容器、組織、企業記錄、型錄與政策等。在很少數的情況，流程本身需要儲存有關它們的資訊。在這些情況，除了一個使用案例之外，流程可能還需要一個物件。

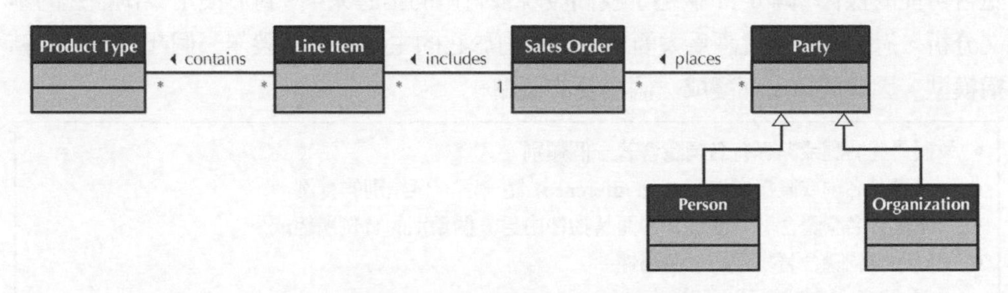

圖 6-12　銷售訂單合約樣式

樣式　使用樣式的想法，在物件導向系統的開發世界中相當新穎。[9] 樣式的定義存在許多種。從我們的角度來說，一個**樣式(pattern)** 只不過是一群實用的合作類別，用來解決常見的問題。由於樣式提供了解決常見問題的方案，所以它們可以再使用。

一位建築師──Christopher Alexander──啓發了在物件導向系統的開發中使用樣式的大部分工作。根據他與其同事的說法，[10] 可以串聯常見的樣式來構成非常複雜的建築物，而不需要透過全新的概念與設計來完成。同樣地，我們可以將常見的物件導向樣式組合起來，而形成優雅的物件導向資訊系統。例如，許多企業交易都具有相同

[9]有許多書籍專門討論這一主題，舉例來說，請見 Peter Coad, David North, and Mark Mayfield, *Object Models:Strategies, Patterns, & Applications,* 2nd ed. (Englewood Cliffs, NJ:Prentice Hall, 1997); Hans-Erik Eriksson and Magnus Penker, *Business Modeling with UML:Business Patterns at Work* (New York:Wiley, 2000); Martin Fowler, *Analysis Patterns:Reusable Object Models* (Reading, MA:Addison-Wesley, 1997); Erich Gamma, Richard Helm, Ralph Johnson, and John Vlissides, *Design Patterns:Elements of Reusable Object-Oriented Software* (Reading, MA:Addison-Wesley, 1995); David C. Hay, *Data Model Patterns:Conventions of Thought* (New York:Dorset House, 1996)。

[10] Christopher Alexander, Sara Ishikawa, Murray Silverstein, Max Jacobson, Ingrid Fiksdahl-King, and Shlomo Angel, *A Pattern Language* (New York:Oxford University Press, 1977)。

型式的物件與互動。幾乎所有交易都需要交易類別、交易生產線項目類別、項目類別、處所類別以及參加者類別。簡單地再利用這些現成的類別樣式，就能比起從一張白紙開始更迅速且更完整地定義出系統。

已有許多不同類型的樣式被提出，從高層次的企業導向樣式到低層次的設計樣式都有。舉例來說，圖 6-12 中畫了一個非常有用的樣式。Sales Order Contract (銷售訂單合約) 樣式 [11]。圖 6-13 列出了一些已經有開發出樣式的常見商業領域及其來源。如果你正在開發其中一個商業領域的資訊系統，那麼該領域已開展的樣式會是一個非常有用的起點，可以用來辨認所需要的類別及其屬性、操作與關係。

商業領域	樣式來源
會計	3, 4
參與者–角色	2
組合–部分	1
容器–內容	1
契約	2, 4
文件	2, 4
就業	2, 4
財務衍生契約	3
地理位置	2, 4
群組–成員	1
互動	1
物料需求規劃	4
組織與工會	2, 3
計畫	1, 4
製程	4
貿易	3
交易	1, 4

1. Peter Coad, David North, and Mark Mayfield, Object Models:Strate-gies,Patterns,and Applications,2nd ed. (Englewood Cliffs, NJ: PrenticeHall, 1997).

2. Hans-Erik Eriksson and Magnus Penker, Business Modeling with UML:Business Patterns at Work,(New York: Wiley, 2000).

3. Martin Fowler, Analysis Patterns:Reusable Object Models(Reading,MA: Addison-Wesley, 1997).4. David C. Hay, Data Model Patterns:Conventions of Thought(New York,NY, Dorset House, 1996).

圖 6-13 有用的樣式

[11] 道種樣式是根據銷售訂單合約模型介紹於 David C. Hay, *Data Model Patterns:Conventions of Thought* (New York:Dorset House, 1996)。

◆ 製作CRC卡與類別圖

我們必須記住，雖然 CRC 卡與類別圖可用來描述演進中系統的現行和新結構模型，但是它們常用在新模型。有許多辨認一組候選的物件與製作 CRC 卡以及類別圖的不同方法。今天，大多數的物件辨認方式都始於針對問題所辨認得出的使用案例 (見第五章)。在本節，我們將說明一個用來建立問題之結構模型的七個步驟 (參閱圖 6-14)。

1. 藉由執行使用案例上的本文分析而建立 CRC 卡。
2. 藉由使用共同物件清單的方法，對於額外的候選類別、屬性、操作與關係進行腦力激盪。
3. 使用 CRC 卡進行每個使用案例的角色扮演。
4. 根據 CRC 卡建立類別圖。
5. 審查遺漏及 (或) 不必要的類別、屬性、操作與關係的結構模型。
6. 納入有用的樣式。
7. 審查結構模型。

圖 6-14　物件確認與結構模型的步驟

步驟一：製作 CRC 卡。　第一個步驟是執行使用案例的本文分析來製作 CRC 卡。然而，由於以 CRC 卡做角色扮演非常容易，我們選擇先製作出 CRC 卡，稍後將資訊從 CRC 卡轉換到類別圖。因此，我們推薦的第一個步驟是製作 CRC 卡。這可以對使用案例描述執行本文分析來達成。如果你記得的話，常態事件流程、子流程與替代例外流程都是以名為「主詞–動詞–直接受詞–介系詞–間接受詞 (SVDPI)」的特殊形式來撰寫，並成為使用案例的一部分。將使用案例事件以這種形式撰寫，較容易使用圖 6-11 的指導原則來辨認物件。檢視主要參與者、利益相關人及利益，以及每個使用案例的簡短描述，可以讓我們辨認出額外的候選物件。再者，回頭去檢視最初的需求，以搜尋當初沒有放在使用案例文字中的資訊也很有用。在 CRC 卡上登錄對每個候選物件所找到的資訊。

步驟二：檢視共同物件的清單　第二個步驟是使用共同物件清單進行腦力激盪，找出其他的候選物件、屬性、操作及關係。與問題相關的有形東西是什麼？人在問題領域中扮演的角色是什麼？於問題領域有哪些偶發事件與互動會出現？如你所見，從使用案例開始，很多問題已經有部分的答案了。例如，主要參與者與利益相關人是人在問題領域中所扮演的角色。然而，也有可能發現以前未曾想過的其他角色。顯然這會讓使用案例與使用案例模型必須加以修正甚至擴充。像前面的步驟一樣，一定要把所有發現的情報都登錄在 CRC 卡上。這其中包括針對先前已被確認之候選物件的新發現，以及任何有關新辨認出之候選物件的資訊。

步驟三：使用 CRC 卡做角色扮演。 第三個步驟是使用 CRC 卡進行每個使用案例的角色扮演。[12] 每張 CRC 卡應該指定給一個人，由其執行 CRC 卡上類別的操作。當表演者扮演他們的角色時，系統便很容易被分解。出現這種情形時，額外的物件、屬性、操作或關係會被辨認出來。再一次強調，像前面的步驟一樣，每當發現新的情報時，便要製作新的 CRC 卡，或修正舊的 CRC 卡。

步驟四：製作類別圖。第四個步驟是根據 CRC 卡來製作類別圖。這相當於從使用案例製作使用案例圖。CRC 卡上的資訊只是被轉換到類別圖而已。責任被轉換爲操作，屬性被畫成爲屬性，關係則被畫成一般、組合或關聯關係。然而，類別圖也要求屬性與操作的能見度事先要知道。一般的經驗是，屬性能見度是 private，而操作能見度是 public。因此，除非分析師有很好的理由改變這些屬性預設的能見度，不然應該接受這些預設值。最後，分析師應該看看模型中是否有額外用到組合或一般化關係的機會。這些類型的關係可以簡化個別類別的描述。正如先前的步驟所述，CRC 卡一定要登錄任何所做的變更。

步驟五：審查類別圖 第五個步驟是審查結構模型，找出遺漏及 (或) 不必要的類別、屬性、操作與關係。在這個步驟之前，流程的焦點都集中於如何將資訊增加到正成形中的模型。到了這個時候，焦點應該開始從增加資訊移轉到挑戰加入那些資訊的理由。

步驟六：納入樣式 第六個步驟是將有用的樣式納入正進化中的結構模型。一個有用的樣式可以讓分析師更完整的描述所要探究之問題的底層部分。觀察所有可用的樣式 (圖 6-13)，然後將樣式內的類別與正成形中之類別圖中的類別相互比較。在確認有用的樣式之後，分析師將確認好的樣式納入類別圖，並且修改受到影響的 CRC 卡。這包括了新增與移除類別、屬性、操作及 (或) 關係。

步驟七：審查模型 第七個且最後一個步驟是審查結構模型，包括 CRC 卡與類別圖。這個動作最好在正式的審查會議中完成，此時分析師可使用演練的方式，將模型呈現給開發者與使用者看。分析師演練整個模型，試著解釋模型的每個部分，以及各個類別放入該模型的來龍去脈。解釋的工作包括屬性、操作以及與類別關聯的關係之使用正當性。最後，每個類別應該可以至少回溯連結到某個使用案例；否則，結構模型中

---

[12]關於角色扮演的進一步資訊，請參閱 D. Bellin and S. Suchman Simone, *The CRC Card Book* (Reading, MA:Addison-Wesley, 1997); G. Kotonya and I. Sommerville, *Requirements Engineering* (Chichester, England:Wiley, 1998), and D. Leffingwell and D. Widrig, *Managing Software Requirements:A Unified Approach* (Reading, MA:Addison-Wesley, 2000)。

納入該類別的目的會不明。審查小組最好也納入那些製作模型但不屬於開發小組的人，因爲這些人對於模型總能帶來新鮮的觀點，並發現有哪些漏失的物件。[13]

輪到你 6-1 預約系統

以圖 6-1 爲樣版，使用圖 6-2 中其餘已確認的類別完成 CRC 卡。

輪到你 6-2 校園住宿

於「輪到你 5-2」，你從幫助學生尋找公寓的校外租屋服務建立了一組使用案例。請使用相同的使用案例，建立一個結構模型 (CRC 卡與類別圖)。看看是否你能夠替模型找到至少一個衍生的屬性、組合關係、一般化關係及關聯關係。

概念活用 6-A 健康和醫療保險提供者—實作 EIM 系統

一家大型直接健康保險醫療服務提供者需要一個企業資訊管理 (EIM) 系統，管理企業內部的資訊並能有效地利用這些數據於重要的跨功能性決策。此外，客戶需要解決的問題涉及資料冗餘、不一致和非必要的開支。客戶端所面臨的資訊挑戰，例如：該公司的資料存放在數個不同的來源，且專門設計用來供特定的部門使用，且管制取用。

此外，各部門自行定義了各式各樣的資料並且由公司內部的數個部門所管理。

來源：

http://www.deloitte.com/dtt/case_study/0,1005,sid%253D26562%02526cid%253D132760,00.html

問題：

1. 該公司應該評估其當前的資訊管理嗎？
2. 結構模型如何有助於該公司了解他們當前的資訊管理？
   你會建議哪一種解決方案？

[13] 我們將在第八章描述演練、核查和驗證，測試於第十三章。

應用概念於 CD Selections 公司

前一章描述過 CD Selections 公司的網路銷售系統 (參閱圖 5-14 到 5-20)。在本節，我們將使用其中一個確認過的使用案例，來說明結構塑模的流程：Place Order (參閱圖 5-17)。雖然我們只使用一個使用案例說明我們的結構模型，但是你應該牢記，製作一個完整的結構模型，應該使用到所有的使用案例。

◆ 步驟一：製作CRC卡

第一個步驟是執行使用案例上的本文分析來製作 CRC 卡。首先，Alec 選擇了 Place Order 使用案例 (參閱圖 5-17)。他與他的小組接著使用本文分析的規則 (參閱圖 6-11)，用以辨認候選的類別、屬性、操作及關係。使用這些規則於常態事件流程後，他們確認出 Customer、Search Request、CD、List 及 Review 爲候選的類別。他們發現了三種不同類型的搜尋請求：Title Search、Artist Search 及 Category Search。將本文分析規則應用到 Brief Description 後，發現了一個額外的候選類別：Order。檢視這個使用案例所包含的動詞之後，他們發現，一個 Customer 訂下一個 Order，以及一個 Customer 提出一個 Search Request。

爲求徹底起見，Alec 和他的小組也檢視當初用來製作使用案例的原始需求。原始的需求，如圖 4-15 所示。在回顧這段資訊後，他們確認出 Customer 類別的屬性 (name、address、e-mail 與 credit card) 及 Order 類別的屬性 (CDs to purchase 與 quantity)，並且發現其他的候選類別：CD Categories 及 Credit Card Clearance Center。此外，他們也了解到 Category Search 類別使用 CD Categories 類別。最後，他們也確認了 CD Categories 的三個子類別：Rock、Jazz 及 Classical。此刻，Alec 的目標是儘可能地完整。因此，他明瞭，雖然他們已經確認了許多候選類別、屬性，操作及關係，但不可能是最後結構模型的全部。

◆ 步驟二：檢查共同物件的清單

Alec 和他的小組的第二個步驟是，對其他的候選類別、屬性、操作與關係進行腦力激盪。他要求成員們花一點時間思考，還可以儲存哪些 CD 資訊。他們想到的資訊包括一組屬性名稱，像是標題、演唱者、現貨、價格及類別。

他接著要求他們再花時間想想，應該如何保存有關訂單與訂單責任的資訊。他們確認出的責任是一組操作，包括計算稅率 (calculate tax)、計算延長價格 (calculate extension price)、計算運費 (calculate shipping) 以及計算總價 (calculate total)。現在，

Order 的屬性 (CDs to purchase 及 quantity) 暗示著，一個客戶應該可以購買數張相同的 CD，而且允許相同的訂單可訂購不同的 CD。然而，目前的結構模型並不允許這種情形。因此，他們製作了一個和 Order 與 CD 這兩個類別相關聯的新類別：Order Line Item。這個新類別只有一個屬性 quantity，但有兩個關係：一個是與 Order 的關係，另一個是與 CD 的關係。

當他們檢視 Customer 類別時，他們決定 name 與 address 屬性必須加以擴充；name 應該變成 last name、first name 及 middle initial；而 address 應該變成 street address、city、state、country 及 zip code。更新過的 Customer 類別與 Order 類別 CRC 卡，分別如圖 6-15 與 6-16 所示。

Front:

Class Name: Customer	**ID:** 1	**Type:** Concrete, Domain
Description: An individual that may or has purchased merchandise from the CD Selections Internet sales system		**Associated Use Cases:** 3

Responsibilities	**Collaborators**

Back:

Attributes:

First name	State
Middle initial	Country
Last name	Zip code
Street address	E-mail
City	Credit card

Relationships:

Generalization (a-kind-of):

Aggregation (has-parts):

Other Associations: Order; Search Request

圖 6-15 Customer 類別的 CRC 卡

Front:

Class Name: Order	**ID:** 2	**Type:** Concrete, Domain
Description: An order that has been placed by a customer which includes the individual items purchased by the customer		**Associated Use Cases:** 3

Responsibilities	**Collaborators**
Calculate tax	
Calculate shipping	
Calculate total	

Back:

Attributes:

Tax

Shipping

Total

Relationships:

Generalization (a-kind-of):

Aggregation (has-parts):

Other Associations: Order Item; Customer

圖 6-16　Order 類別的 CRC 卡

◆ 步驟三：角色扮演CRC卡

第三個步驟是對於 CRC 卡所記錄的類別進行角色扮演。這個步驟的目的在於，驗證正成形中的結構模型的目前狀態。Alec 把 CRC 卡交給他的小組不同成員。利用 CRC 卡，他們開始執行不同的使用案例 (參閱圖 5-18)，一次執行一個，藉此看看目前的結構模型是否可以支持每個使用案例，或者使用案例是否會引起系統當機。每當系統當機時，代表有某個東西遺漏：一個類別、一個屬性、一個關係或一個操作。他們接著把那個遺漏的資訊加到結構模型中，然後再試著執行使用案例一次。

輪到你 6-3 CD Selections 公司的網路銷售系統

請對於其餘確認出的類別，完成 CRC 卡。

首先，他們確定，客戶已請求系統搜尋所有與某特定演唱者相關聯的 CD。根據目前的 CRC 卡，Alec 的小組覺得系統將能夠產生一個正確的 CD 清單。他們接著嘗試詢問系統關於 CD 的種種樂評。在這個練習當中，系統當機了。CRC 卡並沒有包含與 CD 類別關聯的 Review 類別。因此，當然沒有方法取得被請求的資訊。這項觀察又引發了另一個問題。是否應該要有其他的行銷資訊給客戶使用，比如，演唱者資訊或音樂片段？

接著，他們明白，代理商資訊應該是一個與 CD 關聯的單獨類別，而不是 CD 的附加屬性。此乃廠商本身也有額外的資訊與操作所致。假如小組塑造廠商資訊爲 CD 的一個屬性，那麼那些額外的資訊與操作將會被遺漏掉。他們持續進行著角色扮演，直到對結構模型支持每個使用案例的能力感到滿意爲止。

◆ 步驟四：製作類別圖

第四個步驟是從 CRC 卡製作類別圖。圖 6-17 顯示了正成形中的結構模型目前的狀態，這是根據使用案例 Place Order 所製作的類別圖。

◆ 第五步：檢視類別圖

第五個步驟是檢視任何被遺漏及 (或) 不必要的類別、屬性、操作及關係。此時，專案小組挑戰模型中所有可能沒有用處的元件 (類別、屬性、關係或操作)。如果有元件沒有正當性，就將它從模型中移除。細心地檢視結構模型目前的狀態之後，他們能夠挑戰類別圖中超過三分之一的類別 (參閱圖 6-17)。CD 類別及其子類別，似乎不是眞的很必要。這些類別沒有屬性或操作。因此，CD 類別的想法被塑造成 CD 的一個屬性。CD 類別的屬性先前在腦力激盪期間已發現。而且，進一步檢視 Search Request 類別及其子類別之後，大家一致確定，這些子類別其實不過是 Search Request 類別的一組操作而已。這是一個流程分解潛入塑模過程的例子。從物件導向的觀點來看，我們務必審慎，不讓這種情況發生。可是，在前面幾個塑模流程步驟，Alec 想要儘可能將所有資訊包含在模型之中。他覺得把這種已經潛入的資訊從模型中予以移除比較有利，雖然我們可以碰碰運氣不去捕捉解決問題所需的資訊。

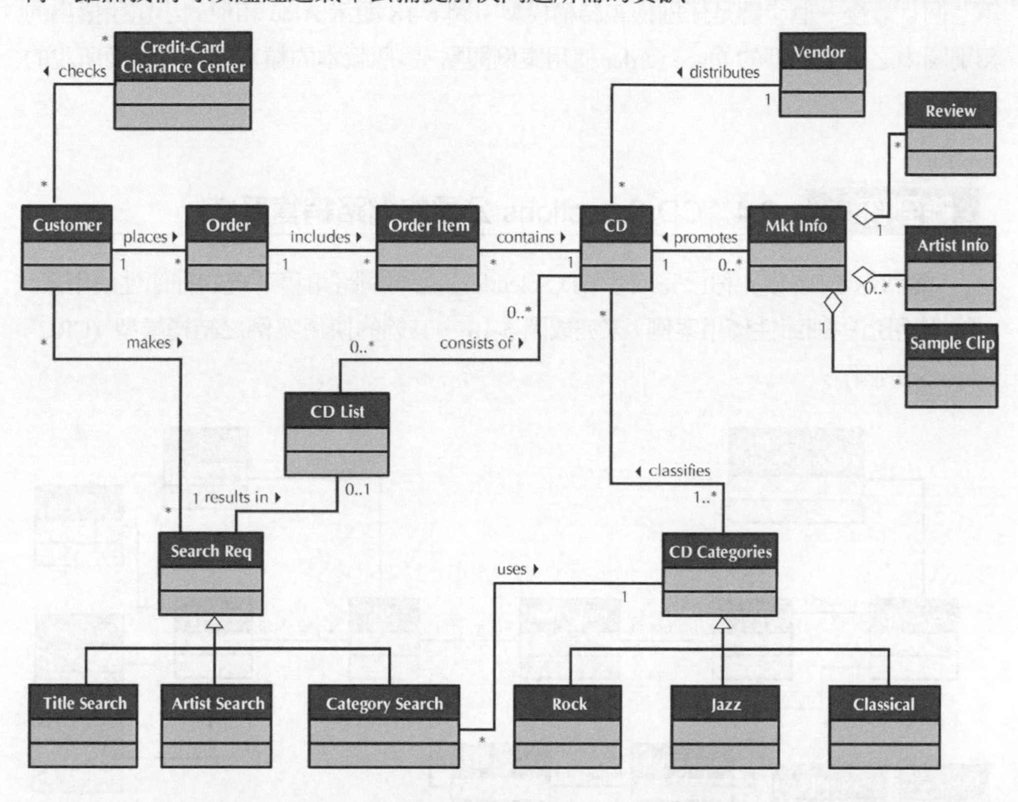

圖 6-17　CD Selections 公司網路銷售系統的初步類別圖 (Place Order 使用案例觀點)

◆ 步驟六：納入樣式

第六個步驟是將任何有用的樣式納入結構模型。一些可能有用的樣式包括圖 6-13 所列的 Contact 樣式。審查這些樣式 (參閱圖 6-12) 之後，Alec 和他的小組發現了額外的類別。Individual 與 Organizational。此外，Peter Coad 已經認出了 12 個交易樣式，有利於 Alec 和他的團隊進一步調查。[14]

---

[14]請見 Peter Coad, David North, and Mark Mayfield *Object Models:Strategies, Patterns, and Applications,* 2nd ed. (Englewood Cliffs, NJ:Prentice Hall, 1997)。

◆ 步驟七：檢視模型

第七個且最後一個步驟是仔細檢視結構模型。圖 6-18 顯示 Alec 和他的小組所擬出的類別圖中之結構模型的 Place Order 使用案例觀點。這個版本的類別圖納入前面所說的所有修正。

輪到你　6.4　CD Selections 公司的網路銷售系統

在「輪到你 5-8」中，你已完成了 CD Selections 公司網路銷售系統的細節性使用案例。使用這些細節性使用案例，來完成圖 5-18 中其餘的使用案例之結構模型 (CRC 卡與類別圖)。

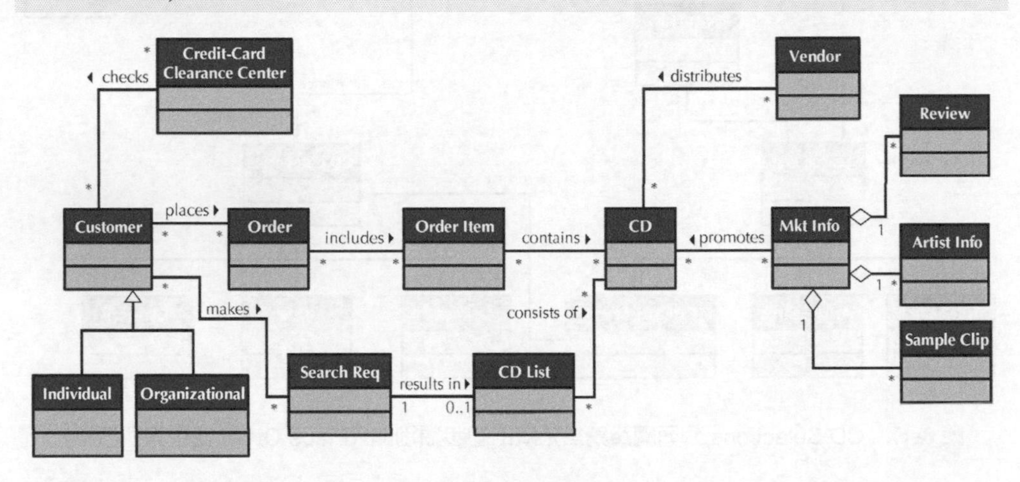

圖 6-18　CD Selections 公司網路銷售系統的類別圖 (Place Order 使用案例觀點)

摘要

◆ 結構模型

結構模型描述了物件導向系統基層的資料結構。使用案例之模型提供了正成形中的系統的一個外在性功能觀點 (也就是說，系統做了什麼)；而結構模型則提供了正成形中的系統的一個內在性靜態觀點 (也就是說，物件在系統中如何組織)。系統開發到這一步，結構模型只是一個代表基層之問題領域的邏輯模型。結構模型的主要目的之一是可以讓使用者與開發者，針對所探究之問題建立一個共同理解與有效溝通的語彙。結構模型由類別、屬性、操作與關係所組成。通常描述結構模型所用到的三個基本關係是：組合、一般化與關聯。結構模型通常由 CRC 卡、類別圖──有時候還配合物件圖──來表現。

◆ CRC卡

CRC 卡可用以塑造類別、它們的責任及它們的合作的模型。責任有兩種不同的類型：知與做。知的責任多與類別之實體的屬性有關，而做的責任多與類別之實體的操作有關。合作支援某些概念如用戶、伺服與物件間的合約等概念。CRC 卡捕捉類別之實體的所有基本要素。卡的正面登錄了類別的名稱、ID、類型、描述、相關使用案例的清單、責任以及合作者；卡的背面則包含屬性與關係。

◆ 類別圖

類別圖是一種 CRC 卡所包含之資訊的圖解性描述。它顯示類別以及各類別彼此間的關係。類別圖也展現一些並不存在於 CRC 卡上的額外資訊，包括：屬性與操作的能見度以及關係的多重性。而且，有時候關係的本身也擁有資訊。在這種情況，便需要創造一個關聯類別。圖內的每個關係 (組合、一般化與關聯) 均各有特別的弧線。

實際世界的系統可能擁有多達百種的類別，使得類別圖變得極度複雜。為了將圖簡化，可以使用觀點機制。一個觀點限制了圖上能被描述的資訊數量。某些有用的觀點是：隱藏類別的所有資訊，除了名稱與關係以外；也只顯示與特定使用案例有關的類別；並限定只能出現一個特定的關係類型 (組合、一般化或關聯)。

想要了解某種類別額外的資訊時，展現類別之具體的實體而非類別本身會比較有用。物件圖用來展現類別圖的全部或部分的實體。

◆ 製作CRC卡與類別圖

結構模型的製作是一個反覆的過程。這過程有七個步驟。包括使用案例的本文分析、使用共同物件清單來腦力激盪思考其他物件、使用 CRC 卡進行每個使用案例的角色扮演、製作類別圖以及納入有用的樣式。

關鍵字彙

A-kind-of　一種

A-part-of　一部分

Abstract class　抽象類別

Aggregation association　組合關聯

Assemblies　組合

Association　關聯

Association class　關聯類別

Attribute　屬性

Class　類別

Class diagram　類別圖

Client　用戶

Collaboration　合作

Common object list　共同物件清單

Conceptual model　概念性模型

Concrete class　具體類別

Constructor operation　建構子操作

Contract　契約

Class-Responsibility-Collaboration (CRC)　類別–責任–合作 (CRC)

CRC cards　CRC 卡

Decomposition　分解

Derived attribute　衍生的屬性

Doing responsibility　做的責任

Generalization association　一般化關聯

Has-parts　擁有部分

Incidents　偶發事件

Instance　實體

Interactions　互動

Knowing responsibility　知的責任

Method　方法

Multiplicity　多重性

Object　物件

Object diagram　物件圖

Operation　操作

Package　套件

Parts　部分

Pattern　樣式

Private　私密的

Protected　保護的

Public　公開的

Query operation　查詢操作

Responsibility　責任

Roles　角色

Server　伺服器

Static model　靜態模型

Static structure diagram　靜態結構圖

Structural model　結構模型

Subclass　子類別

Substitutability　可取代性

Superclass　超類別

SVDPI　主詞–動詞–直接受詞–介系詞–間接受詞 (SVDPI)

Tangible things　有形的東西

Textual analysis　本文分析

UML　統一塑模語言 (UML)

Update operation　更新操作

View　觀點

Visibility　能見度

Wholes　全部

問題

1. 舉出三個可能存在於類別圖之衍生屬性的例子。在類別圖中它們是如何被註記的？
2. 試舉出組合、一般化與關聯關係的兩個例子。每種型態的關聯如何描繪於類別圖上？
3. 試互相比較下列幾組術語：

   物件、類別，實體

   性質、方法、屬性

   超類別、子類別

   具體類別、抽象類別
4. 試向一位業務人員描述兩個類別之間的關係多重性。5. 何謂關聯類別？
6. 關聯類別用在類別圖上的目的是什麼？試舉出一個關聯類別的例子，這個關聯類別或許可以從捕捉學生及其選讀的課程中找到。7. 有哪些不同類型的能見度？如何在類別圖上表示？
8. 在類別圖上，你如何指定一個關係的閱讀方向？
9. 為什麼假設對於結構模型是很重要的？
10. 試繪製下列企業規則所描述的關係。每個關係要包括多重性。

    一位病人必須只指定給一位醫生，而且一位醫生可以有一個或許多病人。

    一位職員有一個電話分機，而且一個唯一的分機被指定給一位職員。

    一家電影院至少放映一部電影，而且在鎮上一部電影至多可以在四家其他電影院放映。

    一部電影可以有一位明星 (star)、兩位合演明星 (costars) 或 10 人以上合演。一位明星必須至少在一部電影內。
11. 辨認下列操作為建構子、查詢或是更新。哪些操作不必顯示於類別的長方形中？

    Calculate employee raise (raise percent)

    Calculate sick days ()

    Increment number of employee vacation days ()

    Locate employee name ()

    Place request for vacation (vacation day)

Find employee address ()

Insert employee ()

Change employee address ()

Insert spouse ()

練習題

A. 請畫出下列類別的類別圖。考慮表示一個病人帳務系統的實體。請爲之加入適當的屬性。

Patient (age, name, hobbies, blood type, occupation, insurance carrier, address, phone)

Insurance carrier (name, number of patients on plan, address, contact name, phone)

Doctor (specialty, provider identification number, golf handicap, age, phone, name)

B. 根據你爲練習 A 所繪製的類別圖，製作一個物件圖。

C. 繪製下列關係：

1. 一位病人必須只指定給一位醫生，而且一位醫生可以有多位病人。
2. 一位職員有一個電話分機，而且一個唯一的分機被指定給一位職員。
3. 一家電影院放映許多不同電影，相同電影可以在鎭上不同電影院放映。

D. 繪製下列類別的類別圖：

Movie (title, producer, length, director, genre)

Ticket (price, adult or child, showtime, movie)

Patron (name, adult or child, age)

E. 根據練習 D 所繪製的類別圖，製作一個物件圖。

F. 針對下列情境，繪製一個類別圖：

1. 每當新病人初次來到時，就填寫一張病人的個人資料表，問問他們的姓名、地址、電話號碼、保險人，這些資料將存放在病人檔案內。病人只能簽署一個保險人，但醫生必須當場看到他們簽字。每次病人看病，保險理賠就送到保險公司，由其支付。理賠包含的資訊包括病人看病的日期、目的及成本。一位病人同一天可以提出兩個理賠。
2. 喬治亞州有意設計一個追蹤其研究人員的系統。這些有趣的資訊包括：研究人員的姓名、頭銜、職稱；大學名稱、地點、課程；以及研究興趣。研究人員跟一個機構有關聯，而且每個研究人員有好幾個研究興趣。

3. 一家百貨公司有一個新婚登記的活動。這項登記保存的資訊包括客戶 (通常爲新娘)、公司擁有的產品，以及每個客戶所登記的產品。客戶通常登記很多的產品，而且很多客戶會登記同樣的產品。

4. 代理 Jim Smith 賣 Ford、Honda 及 Toyota 的汽車。這家代理商保存其所銷售之每輛汽車廠商的資訊，以便能和他們快速聯絡。代理商也保存每輛汽車的型號資訊。保存的資訊包括標價、經銷價、型號及系列名稱 (例如，Honda Civic LX)。代理商也保存所有與銷售有關的資訊 (舉例來說，它會記錄買主的姓名、所購買的汽車以及購買的價位)。爲了未來聯絡買主，也保存著聯絡人資訊 (例如，地址、電話號碼)。

G. 根據你爲練習 F 所繪製的類別圖，製作一個物件圖。

H. 檢視你爲練習 F 製作的類別圖。根據下列新的假設，模型將如何改變 (如果有的話)？

1. 兩位病人有同樣的姓 (last name) 與名 (first name)。
2. 研究人員與一個以上的機構相關聯。
3. 百貨公司想掌握購買項目的資訊。
4. 許多買主陸續跟他買很多車，因爲 Jim 是名好代理商。

I. 請參觀一個允許客戶線上訂購產品的網站 (例如，Amazon.com)。製作一個結構模型 (CRC 卡與類別圖)，使網站必須使用這個模型來支援其企業流程。加入類別，使其顯示所需的資訊。務必也加入屬性與操作，使其代表使用及製作的資訊型態。最後，假設這些類別的相關性，繪出關係。

J. 爲第五章的練習 A，製作一個結構模型 (CRC 卡與類別圖)。

K. 爲第五章的練習 E，製作一個結構模型。

L. 爲第五章的練習 H，製作一個結構模型。

M. 爲第五章的練習 J，製作一個結構模型。

N. 爲第五章的練習 L，製作一個結構模型。

O. 爲第五章的練習 N，製作一個結構模型。

P. 爲第五章的練習 P，製作一個結構模型。

Q. 爲第五章的練習 R，製作一個結構模型。

R. 爲第五章的練習 T，製作一個結構模型。

迷你案例

1. Holiday Travel Vehicles 公司銷售新款的休旅車與露營車。當新車抵達該公司時，就製作一筆新的車輛記錄。新車記錄包括車輛編號、名稱、型號、年分、製造商和基本費用。

   當一位客戶到該公司時，他/她與業務人員議價。當協議好後，由業務人員填好發票。發票的摘要內容包括完整的客戶資訊、購入車的資訊 (如果有的話)、購入車優惠價，以及所購車輛的相關資訊。如果客戶要求經銷商安裝配備，這些配備也將列在發票上。發票也加總了最後的協議好的價格，加上適用的稅率與執照費用。這項交易最後由客戶在銷售發票上簽名作結。

a. 請辨認上述腳本所描述的類別 (你應該發現六個)。製作每個類別的 CRC 卡。

   當客戶第一次向 Holiday Travel Vehicles 公司購車時，他們被賦予一個 Customer ID。客戶的姓名、地址及電話號碼將同時記錄下來。購入車由序號、品牌、型號及年份加以描述。經銷商安裝的配備由配備碼、文字描述及價格加以描述。

b. 針對每個類別，擬出一些屬性。將這些屬性放到 CRC 卡上。

   每張發票只列出一位客戶。有買車的客人才稱爲客戶。久而久之，一個客戶可能向 Holiday Travel Vehicles 公司購買多輛車子。

   每張發票一定只由一位業務人員填寫。一位新進的業務員可能賣不出一輛車子，但是資深的業務員可能已經賣了好多車。

   每張發票只列出一種新車。如果庫存中的新車尚未賣出，將不用發票。一旦該車賣出，將只用一張發票。

   一個客戶可能決定不增加配備，或可能選擇增加若干配備。配備可能沒有列在發票上，或者可能列在許多發票上。

   一個客戶頂多以新車價格換車。交換車可能再賣給另一位客戶，他稍後再以另一輛 Holiday Travel Vehicle 公司的車換車。

c. 根據上述實行的企業規則以及 CRC 卡，試繪製一個類別圖，並且寫出適當多重性的關係。請記得更新 CRC 卡。

2. 你是一家 IS 顧問公司的專案經理，一直爲新加坡進口商有限公司的總經理 Hock Hai Tan 工作。新加坡進口商公司仲介西方公司和中國低成本的供應商。它擁有豐富的中國工業知識，可以提供低成本製造服務予小型至中型規模——且對中國企業所知不多但想在中國做生意——的西方企業。新加坡進口商在中國設有 10 個辦事處，以認識潛在的供應商並監看往來之企業的績效。

你的小組正投身一個專案，該專案最終的目的是將所有新加坡進口商的辦事處連線爲一個單一的網路系統。該小組已研擬出一份現行系統的使用案例圖。這個模型已被仔細檢查過。上週，該小組邀請幾個系統用戶來角色扮演各種使用案例，以改進使用者的滿意度。現在，你有信心現行的系統已經完整的呈現在使用案例圖。

Mr. Tan 參與使用案例的角色扮演，並對你的團隊所開發出之模型的細緻程度感到非常高興，他明確向你表示，他急於看到你的團隊開始投入新系統的使用案例。他懷疑你的團隊必須先浪費時間在塑造現行系統的模型，但又不能不承認你的團隊似乎在經歷過這個階段才了解了整個業務。

不過根據你所依循的開發方法，指出開發團隊現在應該把注意力轉移到研擬現行系統的結構模型。當你向 Mr. Tan 提出這一點，他看上去有點困惑和煩惱。「你要花費更多的時間看現行的系統？我還以爲你已經完成這方面的工作！爲什麼這是必要的？我想看到一些會在未來發生作用之事情的進展！」

你會如何回應 Mr. Tan？爲什麼我們要塑造結構的模型？擬出現行系統的結構模型對現行的系統有什麼好處呢？使用案例和使用案例圖如何有助於我們擬出結構模型？

CHAPTER 7

互動圖

行爲模型被用來描述支援組織內企業流程之資訊系統內部動態性的一面。在分析階段，行爲模型描述了流程內部的邏輯爲何，但並沒有說明那些流程是如何實作的。稍後，在設計與實作的階段，將完整說明物件內部操作的設計細節。在本章，我們將描述三個用於塑造行爲之模型的 UML2.0 圖：**循序圖 (sequence diagrams)**、**通訊圖 (communication diagrams)** 與**行為狀態機 (behavioral state machines)**。

學習目標

- 了解循序圖、通訊圖與行爲狀態機的規則與風格的指導原則。
- 了解製作循序圖、通訊圖與行爲狀態機的程序。
- 能夠製作循序圖、通訊圖與行爲狀態機。
- 了解行爲模型、結構模型與使用案例模型之間的關係。

本章大綱

導論

前兩章討論過使用功能與結構模型。系統分析師利用功能模型來描述資訊系統的外在性的行爲觀點；另一方面他們也利用結構模型來描述資訊系統靜態性的觀點。在本章，我們將討論分析師如何使用**行為模型 (behavioral model)**，表現出資訊系統內在性的行爲或動態性的觀點。

行爲模型有兩種類型。首先，有用來表現某個使用案例模型所展示之企業流程底層細節的行爲模型。在 UML 中，互動圖 (循序與通訊) 被用於這種類型的行爲模型。其次，有用來表現底層資料所出現的變動之行爲模型。UML 對此使用行爲狀態機。

在分析階段，分析師使用行爲模型，捕捉對於底層企業流程動態面貌的基本理解。傳統上，行爲模型主要使用於設計階段，而分析師細部修改行爲模型以納入實作的細節 (參閱第八章)。目前，我們的焦點放在**什麼**是正進化中之系統的動態觀點，而不是**如何**實作出系統的動態面貌。

本章集中心力在建立企業流程底層的行爲模型。使用互動圖 (循序圖、通訊圖) 與行爲狀態機，有可能讓我們獲得正進化中之企業資訊系統的完整動態面貌。我們先說明行爲模型及其元件。然後描述每張圖是如何被製作出來的，以及如何與第五章及第六章所介紹過的功能與結構模型關聯在一起。

行爲模型

當分析師試圖了解一個問題的底層應用領域時，他或她必須同時考慮到問題的結構面與行爲面。不像其他的資訊系統開發方法，物件導向方法嘗試以一種全盤性的角度來看待底層的應用領域。藉由將問題領域視爲一組由彼此相互合作的一群物件所支援的**使用案例**，物件導向方法可以讓分析師縮減眞實世界之物件與問題領域之物件導向模型間的語意性隔閡。然而，正如前一章所指出，眞實的世界經常很散亂，因之，要求軟體能夠塑造出完美的應用領域模型幾乎是不可行的。這是因爲軟體只能置身於井然有序而且合乎邏輯的世界。

行爲模型的主要目的之一是顯示問題領域底層之物件會如何的一起作業，以構成一個可以支援各使用案例的**協同合作 (collaboration)**。結構模型表達了物件以及它們之間的關係，而行爲模型則描繪出一個使用案例所描述之企業流程的內部觀點。該流程可以透過互動 (循序與合作) 圖的使用，來表現物件協力支援某個使用案例件時彼此間所發生的互動。也可透過行爲狀態機的使用，顯示出構成系統的該群使用案例對物件有什麼影響。

　　建立行爲模型是一種反覆的過程，不僅反覆於個別的行爲模型 [例如，互動 (循序與通訊) 圖以及行爲狀態機]，而且也反覆於功能 (參閱第五章) 與結構模型 (參閱第六章)。當行爲模型被製作好時，功能與結構模型隨之變動並非不常見。在下面三節，我們將說明互動圖與行爲狀態機，以及什麼時候該使用它們。

互動圖

類別圖與互動圖的主要差異之處──除了一個用來描述結構，而另一個用來描述行爲的明顯差異外──在於類別圖之塑模的焦點在類別階層，而互動圖則專注於物件階層。本節將複習物件、操作與訊息，且我們會論及兩種不同的圖 (循序圖與通訊圖)，用以模擬資訊系統內物件之間發生的互動。

◆ 物件、操作與訊息

一個物件是一個**類別 (class)** 的實體，也就是說，一個實際的人、地方、事件或我們想要捕捉資訊的東西。如果我們要爲診所建立一個預約系統，其中類別可能包括醫生、病人與預約。具體的病人，像是 Jim Maloney、Mary Wilson 及 Theresa Marks，都被視爲是物件──也就是病人類別的**實體**。

　　每個物件均含有描述該物件資訊的**屬性 (attributes)**，像是病人姓名、生日、地址與電話號碼等。每個物件也有**行為 (behavior)**。在系統正進化的這個時候，行爲是由**操作 (operation)** 來描述。一個操作指的就是物件能夠執行的一個動作。例如，一個預約物件可能排定一個新的預約、刪除一個預約，以及找出下次可行的預約。在進化中系統開發過程的後期，行爲將被實作成一個方法。

　　每個物件也能收發訊息。**訊息 (message)** 是送至物件的資訊，藉以通知物件可以執行其中某個行爲。本質上，一個訊息是從一個物件呼叫另一個物件的函數或程序。例如，如果一位初診的病人到診所時，系統將送出一個新增訊息給應用程式。該病人物件將接受指令 (即訊息)，並做出該做的事，將新病人新增到系統中。

◆ 循序圖

循序圖是兩種互動圖之一。它們展現一個使用案例之中有哪些物件參與，以及一個使用案例於使用期間，其間物件互相傳遞的訊息。循序圖是一個**動態模型 (dynamic model)**，它明白地顯示出在一個定義好的互動下，各物件傳遞訊息的順序。由於循序圖強調一組物件之間活動發生的時間前後順序，因此有助於了解即時的規格與複雜的使用案例。

循序圖可以是一個顯示某個使用案例之所有可能場景的**通用的循序圖 (generic sequence diagram)**，[1] 可是每位分析師通常都會擬出一組**實體的循序圖 (instance sequence diagram)**，且每張圖都描述使用案例內的單一個場景。如果你有興趣了解某個場景控制流程的時間前後，你應該使用循序圖來描述這項資訊。這些圖廣泛地使用於分析與設計時期。不過，設計圖是非常依賴於實作的，常需納入資料庫物件或特定的使用者介面元件作爲類別。

循序圖的要素 圖 7-1 呈現一個實體的循序圖，描繪出用於使用案例 Make Appointment 的物件與訊息，它描述了診所的預約系統會如何建立一個新的、取消或重新安排一個預約。在這個具體的實體，Make Appointment 流程被表現出來。

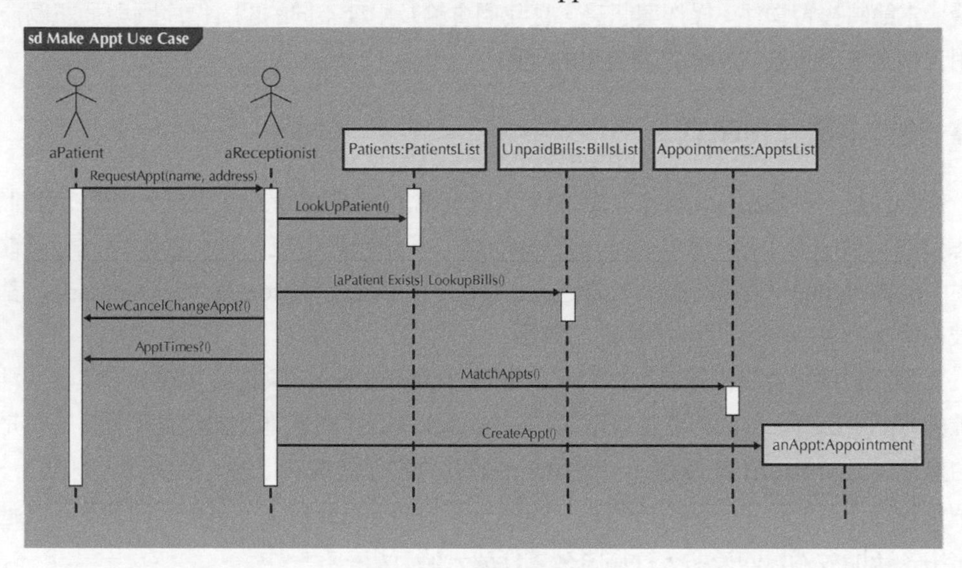

圖 7-1 循序圖的範例

參與互動順序的**參與者 (actor)** 與**物件 (object)** 被放在圖的頂端，並分別以使用案例圖的參與者符號，以及物件圖的物件符號 (參閱圖 7-2) 加以表示。注意，圖 7-1 的**參與者**與物件是 aPatient、aReceptionist、Patient、UnpaidBills、Appointment 及 anAppt。[2] 它們沒有一定的放置順序，不過，最好以某種合於邏輯的方法組織它們，例如，它們互動的前後順序。對於每個物件，類別名稱放在所賦予之物件名稱之後 (例如，Patients：PatientList 指的是 Patients 是 PatientList 類別的實體而包含許多個 Patient 物件)。

---

[1]注意，一個場景是使用案例中的單一條的執行路徑。

[2]在某些版本的循序圖，物件符號被用來當作參與者的代理人(surrogate)。不過，為了明確起見，我們反而建議使用參與者符號來代替參與者。

每個參與者與物件下方有一條垂直向下的虛線，代表參與者/物件的**生命線 (lifeline)** (參閱圖 7-1)。[3] 有時候，一個物件會製作出一個**暫存物件 (temporary object)**；在這情況下，X 符號會被放在生命線的末端，表示該物件已經被摧毀 (未顯示出來)。例如，考慮一下網路電子商務應用軟體的購物車物件。購物車用來暫時捕捉一個訂單的訂購項目，但是一旦訂單被確認，購物車便不再需要了。在這情況下，X 便放在購物車物件被摧毀的地方。當物件於循序圖使用之後仍持續存在於系統時，其生命線會延續到圖的底部 (這正是圖 7-1 所有物件的情況)。

一條細長的方塊稱爲**執行事件 (execution occurrence)**，放置於生命線的上方，顯示類別在哪一段時間收發訊息 (參閱圖 7-2)。一個訊息是物件間的通訊，傳達期待發生之活動的資訊。有許多不同類型的訊息，可以同時被繪在一張循序圖上。然而，在以循序圖來塑造使用案例之模型時，通常會使用到兩種類型的訊息：操作呼叫和回傳。在類別之間傳遞的**操作呼叫訊息 (Operation call message)**，使用連接兩個物件的實線箭頭來顯示訊息傳遞的路徑。訊息所需的參數放在訊息名稱旁邊的括號內。訊息的順序是頁面由上而下，因此，位在圖上較高的訊息代表較早發生的順序，相對的位在較低的訊息則稍後才發生。**回傳訊息**則用虛線來表現，線的末端有個箭頭來顯示訊息的傳送的方向。要回傳的訊息則用以標示箭頭。然而，因爲增加回傳訊息後很容易把整個圖弄得很亂。因此，除非回傳訊息對於增加圖面的資訊深具意義，不然該省略掉爲佳。舉例來說，圖 7-1 中，沒有任何回傳訊息。[4] 圖 7-1 中，LookUpPatient () 是一個從參與者 aReceptionist 送到物件 Patients 的訊息，而這個物件 Patients 儲存了目前所有的病人，用以判斷該參與者 aPatient 是否爲目前的病人。

有時候，訊息只有在某一個**條件 (condition)** 被滿足的時候才送出去。在那種狀況下，條件被放在一組中括號── [ ] ──的中間 {例如，[aPatient Exists] LookupBills () }。條件放在訊息名稱的前面。不過，當使用一個循序圖塑造一個具體場景的模型時，條件通常不會出現於任何循序圖上。取而代之的是，條件只能透過不同循序圖的存在與否來隱含。有時候訊息會重複。這可由訊息名稱前面的星號 (*) 表示 (例如，*Request CD)。物件能夠送訊息給本身。這稱爲**自委託 (self-delegation)**。

有時候，一個物件會創造另一個物件。這可以從訊息直接送到某個物件而非其生命線來顯現。在圖 7-1 中，參與者 aReceptionist 創造一個物件 anAppt。

---

[3]技術上而言，UML 2.0 的生命線實際上指的是物件 (參與者) 與該物件底下所畫下的虛線。不過，我們較喜歡使用舊的術語，因為它對於真正要表達的東西很有描述性。

[4]然而，某些 CASE 工具需要顯示回傳訊息。顯然，在使用這些工具的時候，你須在圖面上加上回傳訊息。

術語與定義	符號
參與者： ■ 是一個人或系統能從系統獲益且置身於系統之外 ■ 透過訊息的收發，參與某個協力合作 ■ 放在圖表的頂端 ■ 以一個火柴棒人形，或若是非人類的物件，則以一個標示著<<actor>>的長方形來代表 (另一種做法)	 anActor <<actor>> Actor/Role
物件： ■ 透過訊息的收發，參與某個協力合作 ■ 放在圖表的頂端	anObject : aClass
生命線： ■ 代表物件在一個序列期間的生命 ■ 在類別不再互動的地方包含一個 X 符號	
執行事件： ■ 是一個細長的方塊，放在生命線的頂端 ■ 標示出物件何時收發訊息	
訊息： ■ 把訊息從一個物件傳達到另一個物件 ■ 一個操作呼叫以其傳送之訊息及實線箭頭標示出來，然而一個回傳則是以其回傳的值及虛線箭頭標示出來。	aMessage() Return Value
門檻條件： ■ 代表訊息被允許傳送前必須被滿足的某項測試。	[aGuardCondition]: aMessage()
物件消滅： ■ X 放在物件生命線的盡頭，表示物件已不存在	X
框架： ■ 表示循序圖的範圍	Context

圖 7-2 循序圖的語法

圖 7-3 描繪了另外兩個特定實體的循序圖例子。第一個是與繪在圖 5-4 之活動圖所描述的使用案例 Make Lunch 有關。第二個與繪在圖 5-3 之活動圖的使用案例 Place Order 有關。在這兩個例子中，這兩張圖代表的都只是單一個場景。請注意，在 Make Lunch 循序圖中有一個訊息從參與者發送到其自身 [CreateSandwich ()]。根據所要被塑造之場景的複雜程度而定，這個特別的訊息可能被移除了。顯然地，準備午餐和下訂單這兩個流程是有些複雜的。但是，從學習的角度來看，你應該能夠看出循序圖和活動圖兩者間的相互關係。

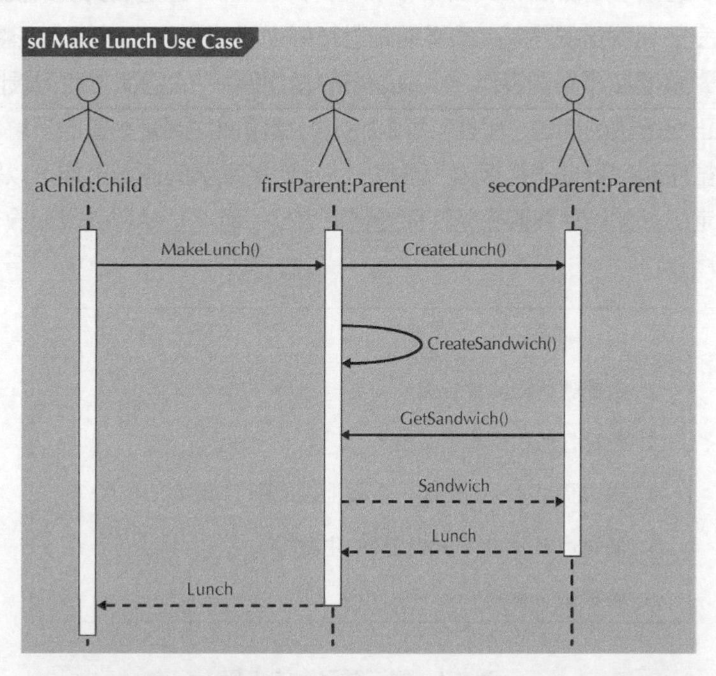

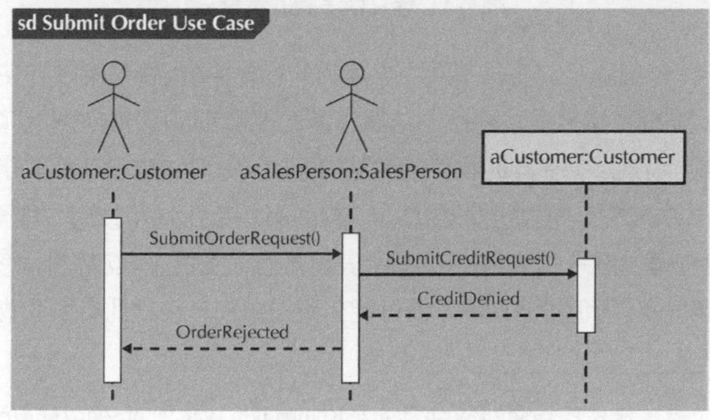

圖 7-3　額外的特定實體循序圖範例

建立循序圖 本節將說明建立循序圖的六步驟程序[5] (參閱圖 7-4)。程序的第一個步驟是確定循序圖的範圍。該圖的範圍可能是個系統、使用案例，或是使用案例的某個場景等。圖的範圍以一個環繞著圖且有標示的**框 (frame)** 來表示 (參閱圖 7-1、7-2 和 7-3)。常見的是，它的範圍是一個使用案例的場景。圖 7-1 描繪了圖 5-5 之使用案例 Make Appointment，對現有的病人安排新的看診預約之場景的特定實體循序圖。對於每一個使用案例 Make Appointment 的可能場景，分別製作一張特定的實體循序圖。從表面上看來，這似乎是份相當多餘而無用的工作。然而，在這個表現系統的時候，我們仍然試著完整理解這個問題。爲這個針對每個場景都製作一張特定實體循序圖——而不只是針對整個使用案例製作一張最通用的循序圖——的過程，能夠讓開發人員更完整的理解正待解決的問題。而且，每張特定的實體循序圖是相當簡單解讀的，然而一個通用的循序圖卻可以非常複雜。因此，特定使用案例的測試工作可以經由驗證和檢查一套特定的實體循序圖的完整性而變得更容易，而不是試著驗證和檢查單張複雜的通用的循序圖。[6]

1. 設定範圍。
2. 確認哪些物件會參與。
3. 設定每個物件的生命線。
4. 根據訊息發送的順序，在圖上從上到下布置訊息。
5. 把執行事件加到每個物件的生命線。
6. 驗證循序圖。

圖 7-4 建立循序圖的步驟

第二個步驟是確認參與正被塑造中之序列的物件——也就是說，在使用案例的某個場景有所互動的物件。這些物件在結構模型的開發期間已被確認過了 (參閱第六章)。這些是於此場景之循序圖的物件所植基的類別。一個確認與某個使用案例相關之所有情景的有用方法是，角色扮演 CRC 卡 (參閱第六章)。這可以用一種全面的方式，幫助你辨識出有哪一個——正由使用案例所表現，而爲支持企業流程所必須的操作——被遺漏了。同時，在角色扮演期間，很可能有新的類別，也因此有新的物件會被發現

[5]本節所描述的方法，修改自 Grady Booch, James Rumbaugh, Ivar Jacobson, *The Unified Modeling Language User Guide* (Reading, MA:Addison-Wesley, 1999)。

[6]在第十三章會有更多有關測試方面的討論。我們也會在第八章討論演練和檢查。

[7] 不要過於擔心所有的物件是否都被正確無誤的確認出來了；請記得，塑造行爲模型的過程是需要多次反覆的。一般情況下，在塑造行爲之模型的過程中，該循序圖會被修改很多次。

第三個步驟是設定每個物件的生命線。爲完成這點，你必須在每個類別底下繪製一條垂直的虛線，代表類別在互動順序期間的存活期間。物件已不存在者，應在該物件下方之生命線端點放一個 X 符號。

第四個步驟是把訊息加進圖內。這可以藉由畫個箭頭來代表從物件到物件之間傳遞的訊息，同時箭頭指向訊息傳遞的方向。箭號應該依序地從第一個訊息 (在頂端) 到最後一個訊息 (底端) 來放置，以顯示傳送時間的先後。任何隨同訊息傳遞的參數應該放在訊息名稱旁邊的括號內。如果一個訊息預期會是因回應某個訊息而回傳，那麼該回傳的訊息不會明白地畫在圖面上。

第五個步驟是把執行事件放在每個物件的生命線上，其方法是在生命線的頂端畫一個細長的方塊，代表類別何時收發訊息。

第六個也是最後一個步驟是驗證循序圖。這個步驟的目的是保證循序圖完全地代表底層的流程。其達成方法是確保圖描述了程序中的所有步驟。[8]

輪到你　7-1　繪製循序圖

在「輪到你 5-2」 中，你被要求製作一組使用案例，以及一個協助學生找房子之校園租屋服務中心使用案例圖。在「輪到你 6-2」中，你被要求針對那些使用案例製作一套結構模型 (CRC 卡與類別圖)。試從使用案例圖中選取一個使用案例，並且製作一張特定的實體循序圖，用以表達使用案例之不同場景中類別的互動情形。

◆ 通訊圖

通訊圖──像循序圖一樣──本質上提供了物件導向系統動態面的觀點。因此，它們可以顯示一群物件的成員是如何協力合作，以實作一個使用案例或使用案例的情景。此外，他們可用於塑造一群協力之物件間的所有互動，即一項合作 (參閱第六章 CRC 卡)。在這種情況下，一張通訊圖可以描繪不同的物件間，如何地依賴另一個物件。[9] 通

[7]這顯然會使你回頭並修改結構模型 (參閱第六章)。

[8]我們將在第八章詳細地描述驗證。

[9]我們會在第八和九章回到相依性這個概念。

訊圖本質上是一個物件圖，圖上顯示的是訊息的傳遞關係，而不是組合或一般化的關係。通訊圖非常適合顯示流程的樣式 (即發生在一組協力合作類別之活動的樣式)。

通訊圖相當於循序圖，但是前者強調在一組物件間訊息的流向，而後者則著重於訊息傳遞時間前後順序。因此，要了解一組協力物件之間的控制的流向，你應該使用通訊圖。至於訊息的時間前後順序，則應該使用循序圖。在某些情況，兩者都可以使用，以便更完整地了解系統的動態活動。

通訊圖的要素　圖 7-5 是使用案例 Make Appointment 的通訊圖。正如圖 7-1 的循序圖一樣，Create Appointment 流程也被描繪出來了。

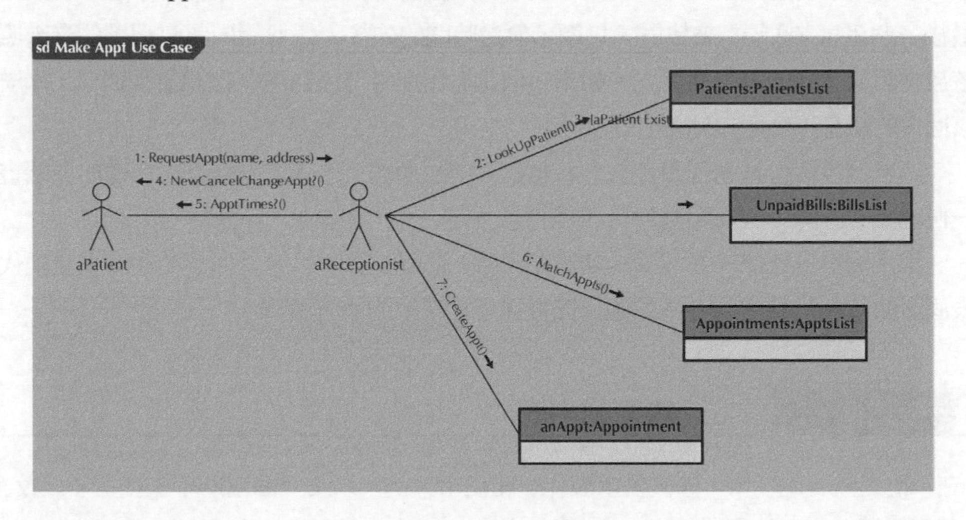

圖 7-5　通訊圖的範例

協力執行使用案例之參與者與物件被同時放在通訊圖上，藉以凸顯兩者之間訊息傳遞情形。注意，圖 7-5 中的參與者與物件跟出現於圖 7-1 者一樣，包含：aPatient、aReceptionist、Patients、UnpaidBills、Appointments 及 anAppt。[10] 再一次，像循序圖一樣，對於每個物件，其所給定之類別的名稱會出現在物件名稱之後。(例如，Patients:PatientsList)。(通訊圖語法請參閱圖 7-6)。與循序圖不同的是，通訊圖並沒有方法能用來明確的顯示被刪除或創造出來的物件。一般均假定，當「刪除」、「消滅」或「移除」等訊息被送到一個物件時，它將自我消失，而一個「創造」或「新的」訊息則會導致一個新的物件形成。這兩個互動圖的另一差異是，通訊圖從不顯示回傳的訊息，可是循序圖可能選擇性地顯示這類的訊息。

---

[10]在某些版本的通訊圖，物件符號被用來當作參與者的代理人。不過，為了明確起見，我們再次建議使用參與者符號來代替參與者。

術語與定義	符號
參與者： ■ 是一個人或系統可從系統獲益且置身於系統之外。 ■ 透過收發訊息的方式，參與某個協力合作。 ■ 以一個火柴棒人形，或若是非人類的物件，則以一個標示著 <<actor>> 的長方形來代表 (另一種做法)。	anActor <<actor>> Actor/Role
物件： ■ 藉由收發訊息，參與一個序列。 ■ 放在圖的頂端。	anObject:aClass
關聯： ■ 顯示參與者與 (或) 物件之間的關聯。 ■ 用來傳送訊息。	
訊息： ■ 把訊息從一個物件傳到另一個物件。 ■ 用箭頭表示傳遞方向。 ■ 以序號表示傳遞的先後順序。	SeqNumber: aMessage →
門檻條件： ■ 代表訊息被傳送時必須先要被滿足的一項測試。	SeqNumber: [aGuardCondition]: aMessage →
框架： ■ 指出通訊圖的範圍。	Context

圖 7-6　通訊圖的語法

關聯 (association) 以一條連接參與者與物件的無向性直線來表示。例如，參與者 aPatient 與 aReceptionist 參與者之間顯示一個關聯。訊息則用關聯的標示文字來表現。標示文字與訊息送出的方向之箭頭排在一起。例如，在圖 7-5 中，參與者 aPatient 送出一則 RequestAppt () 訊息給參與者 aReceptionist，而參與者 aReceptionist 則送 NewCancelChangeAppt? () 與 ApptTimes? () 訊息給參與者 aPatient。訊息發送的順序會被賦予一個序號。在圖 7-5 中，RequestAppt () 訊息是第一則發送的訊息，而 NewCancelChangeAppt? () 和 ApptTimes? () 訊息分別是發送的第四則和第五則訊息。

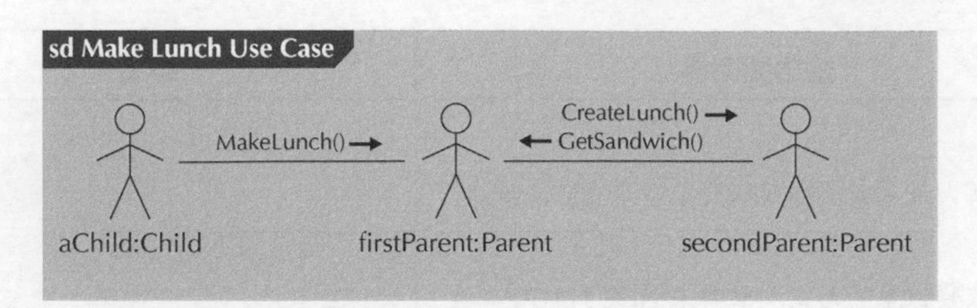

圖 7-7　額外的通訊圖範例

像循序圖一樣，通訊圖可以表現有條件的訊息。例如，在圖 7-5 中，LookupBills () 訊息只有在 [aPatient exists] 條件滿足時才送出去。如果訊息重複地被送出，在序號的後面放一個星號 (*)。最後，一個繞回到物件的關聯顯示是一種自委託。訊息是以關聯的標示文字來表現。

當一張通訊圖放滿了各式各樣的物件時，可能會變得非常複雜而難以理解。當這種情況發生時，就有必要予以簡化。簡化通訊圖的方法之一是──一如使用案例圖 (參閱第五章) 及類別圖 (參閱第六章)──就是透過**套件 (package)** 的使用 (即，一群類別的邏輯性組合)。以通訊圖爲例，它的物件會根據其發送的訊息以及自其他物件收到的訊息來分類。[11]

圖 7-7 提供了兩個額外的通訊圖例子。這些圖都是等同於圖 7-3 中的循序圖。然而，當比較這些圖中的通訊圖與循序圖時，你看到有相當多的資訊遺失了。例如，CreateSandwich () 訊息就無處可尋。然而，通訊圖主要目的是顯示不同的參與者和類別如何互動，而這正是所被包含的資訊。

建立通訊圖 [12] 切記一張通訊圖基本上是一個用以顯示訊息傳遞的關係，而不是組合或一般化的關聯之物件圖。在本節，我們將描述用於建立通訊圖的五個步驟 (參閱圖

---

[11]對於那些熟悉結構化分析與設計的人來說，套件頗類似於資料流程圖中所使用的階層化 (leveling) 及平衡 (balancing) 過程。套件與套件圖將於第八章討論。

[12]本節所描述的方法取材自 Booch, Rumbaugh, and Jacobson, *The Unified Modeling Language User Guide*。

7-8)。該流程的第一個步驟是決定通訊圖的範圍。像循序圖一樣，圖的範圍可能是一個系統、一個使用案例、一個使用案例的某個場景。此圖的範圍用一個畫在圖的四周之有標示的框架來表現 (參閱圖 7-5、7-6 與 7-7)。

1. 設定場景。
2. 確認有哪些物件 (參與者) 以及參與協力合作之物件間的關聯。
3. 布置通訊圖。
4. 加入訊息。
5. 驗證通訊圖。

圖 7-8　建立通訊圖的步驟

第二個步驟是確認出有哪些物件 (參與者)，以及這些物件與協力合作之物件 (參與者) 的關聯。記住，參與合作的物件就是開發結構模型期間所確認出的類別之實體 (參閱第六章)。如同製作循序圖的過程，可能會出現意料之外的物件和因此而產生之類別會被發現。再一次強調，這是很正常的，因為底層的開發過程是反覆而漸進的。因此，除了通訊圖被修改之外，循序圖和結構模型也可能需要進行修改。進而，也可能會發現意料之外的功能需求，因此功能模型也需要修改 (參閱第五章)。

第三個步驟是布置物件 (參與者) 以及它們在通訊圖上的關聯，布置的方法是根據它們與其他合作之物件的關聯放在一起。藉著專注於物件 (參與者) 之間的關聯，並將橫跨數個物件之間的關聯數目降到最低，我們因此能夠大幅增加圖的可讀性。

第四個步驟是把訊息加到物件之間的關聯上。我們的作法是把訊息的名稱加到物件間的關聯連結上，以及用一個箭頭來顯示訊息傳送的方向。進而每個訊息均搭配一個序號，藉以描繪出各訊息的時間先後順序。[13]

第五也是最後一個步驟是驗證通訊圖。這個步驟的目的是保證通訊圖忠實地描繪出底層的流程。這可以由確保流程中所有的步驟都被描繪於圖上來達成。[14]

輪到你　7-2　繪製通訊圖

在「輪到你 7-1」中，你被要求針對校園租屋服務中心之使用案例建立一套特定的實體循序圖。請針對相同的場景，繪製一張通訊圖。公司

[13]然而，請記住，循序圖乃以由上而下的方法描繪各訊息的時間順序。因此，如果你的焦點是在訊息的時間順序上，那麼我們建議你也使用循序圖。

[14]我們將在第八章中描述驗證。

行爲狀態機

類別圖 (class diagram) 中的某些類別代表一組相當動態的物件，因爲它們在有生期間會經歷各種不同的狀態。例如，一位病人根據其與診所間的狀態，隨著時間從「新的」變成「目前的」、「以前的」等等。一個行爲狀態機 (behavior state machine) 是一個動態模型，用以顯示一個物件於其有生期間所經歷的不同狀態、對事件的反應，以及它的回應與動作。通常，行爲狀態機並非用於所有物件，而只是進一步用來定義複雜的物件，協助簡化演算法的設計。行爲狀態機顯示物件的不同狀態，以及哪些事件會促使物件從一個狀態轉換到另一個狀態。與互動圖相較之下，行爲狀態機應該被用來幫助了解一個類別的動態面貌以及它的實體如何隨時間而演進[15]，而無意深究某個特別的使用案例場景是如何透過一組類別來執行的。

在本節，我們將描述狀態、事件、轉移、動作與活動，以及如何使用行爲狀態機來塑造複雜之物件所歷經的狀態之變化的模型。一如互動圖的製作，當我們爲某個物件製作一個行爲狀態機時，有可能我們會發現有額外的事件，需要納入到你的功能模型 (參閱第五章)；有額外的操作需要納入到結構模型 (參閱第六章)，所以我們的互動圖可能不得不再次進行修改。再一次地，因爲物件導向的開發工作是反覆與漸增的，持續修改這個正進化中之系統的模型 (功能、結構和行爲) 是可以預料的。

◆ 狀態、事件、轉移、動作與活動

一個物件的**狀態 (state)** 由它屬性的值以及在某個時間點與其它物件的關係所定義。例如，一位病人可能有「新的」、「目前的」或「以前的」等狀態。一個物件的屬性或性質影響其所處的狀態。然而，並非所有的屬性或屬性之改變都是重要的。例如，考慮病人的地址。那些屬性對於病人狀態的改變，並不會造成多大差異。然而，如果狀態是與病人的地理位置有關的話 (例如，市區內病人的治療可能不同於外縣市病人)，改變病人的地址可能會影響狀態的改變。

一個**事件 (event)** 是發生於某個時間點且改變物件的值，從而改變物件狀態的一件事。它可能是某個被指定的條件已成立了、收到對物件某個方法的呼叫，或者經過一段設定的時間。物件當時的狀態完全決定了它該回應什麼。

轉移 (transition) 是一個關係，用以表現物件從某個狀態移轉到另一個狀態。有些轉移會有一個門檻條件。所謂**門檻條件 (guard condition)** 是一個眞僞判斷式子，式子允許條件成立時讓轉移發生。一個物件通常會根據某事件觸發之動作的結果，將狀

---

[15]有些作者把這視為塑造物件之生命週期的模型。

態移轉到另一個狀態。一個動作是最基本的構成、無法再分解，而且不能中斷的程序。從實務觀點來看，動作不耗費任何時間，而且它們與一個轉移關聯在一起。相反的，一個活動 **(activity)** 不是最基本的構成，它是可分解與可中斷的程序。活動的完成要花一段長的時間，它們可以由某個動作所啓動及結束，而且它們與狀態關聯在一起。

◆ 行爲狀態機的要素

圖 7-9 所示的例子是代表醫院環境下的病人類別的行爲狀態機。從這張圖我們可以得知，病人進入 (enter) 醫院、辦理登記 (check in) 後正式入院 (admit)。如果醫生發現病人很健康，那麼病人便被釋放 (release)，而且在兩個星期過後便不再稱爲病人。如果病人被發現不健康，那麼病人就持續被觀察，直到診斷改變爲止。

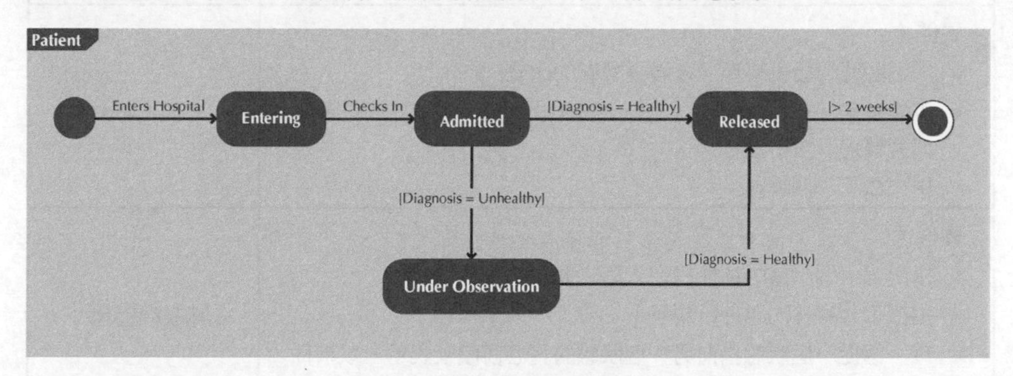

圖 7-9 行為狀態機的範例

一個狀態是一組在某個特定的時間點上用以描述物件的值，而且也代表物件生命期間的某個點，於此是否滿足某一條件、是否執行某個動作或等待某件事發生 (參閱圖 7-10)。圖 7-9 所示的狀態包括 entering、admitted、released 及 under observation。一個狀態由一個**狀態符號 (state symbol)** 所描述，這個符號是一個圓角化的長方形，中間寫有描述性的標示文字，藉以傳達某個特定的狀態。不過，有兩個例外。**起始狀態 (initial state)** 使用一個小的實心圓表示，而物件的**結束狀態 (final state)** 則使用一個由圓圈所圍住的小實心圓來表示。這兩個例外描繪出物件何時開始以及何時消失。

箭號可以用來連接狀態符號，代表狀態之間的轉移。每個箭號均寫出事件的名稱，以及任何可能套用的參數或條件。例如，這兩個轉移，從 admitted 到 released 和 under observation，均存在門檻條件。正如於其他行爲圖，在很多情況下用框架明確地標示出行爲狀態機的範圍是非常有用的。

術語與定義	符號
狀態： ■ 以一個圓角化的長方形來表示 ■ 有一個代表物件狀態的名稱	aState
起始狀態： ■ 以一個小的實心圓來表示 ■ 代表物件開始存在的時間點	
結束狀態： ■ 以一個小的實心圓，外面繞了一個小圈圈 (靶心) 來表示 ■ 代表活動的完成	
事件： ■ 一個顯著的發生事件，會觸發狀態的改變 ■ 可能是某個指定條件成立、一個物件收到另一個物件的信號，或者經過一段時間 ■ 用來標示一個轉移	anEvent
轉移： ■ 指出第一個狀態的物件將進入第二個狀態 ■ 由標示著轉移的事件所觸發 ■ 以一個從一個狀態指向另一個狀態的實心箭頭來表示，以事件名稱標示之	
框架： ■ 表示行爲狀態機的範圍	Context

圖 7-10　行為狀態機的語法

圖 7-11 顯示兩個額外的行爲狀態機例子。第一個是關聯於圖 7-3 和 7-7 使用案例 Make Lunch 之場景的午餐物件。在這個例子，顯然有更多關於午餐物件的訊息已被捕獲。舉例來說，圖 7-3 和 7-7 的場景並不包括正在取用的午餐，或正在吃的午餐等資訊。這意味著有更多的使用案例和 (或) 使用案例場景，必須納入處理午餐流程的系統。第二個行爲狀態機處理的是訂單的生命週期。該訂單物件與圖 7-3 和 7-7 中描述的提交訂單的使用案例場景相關聯。正如午餐的例子，有相當多的額外信息包含在這個行爲狀態機中。因此，對於一個處理訂單流程的系統，想要完整地代表與一個訂單物件有關的所有處理動作，就需要不少額外的循序圖和通訊圖。很明顯的，因爲行爲狀態機可以揭露額外的處理需求，這些需求在塡寫正成形之系統的完整描述時，是非常有用的。

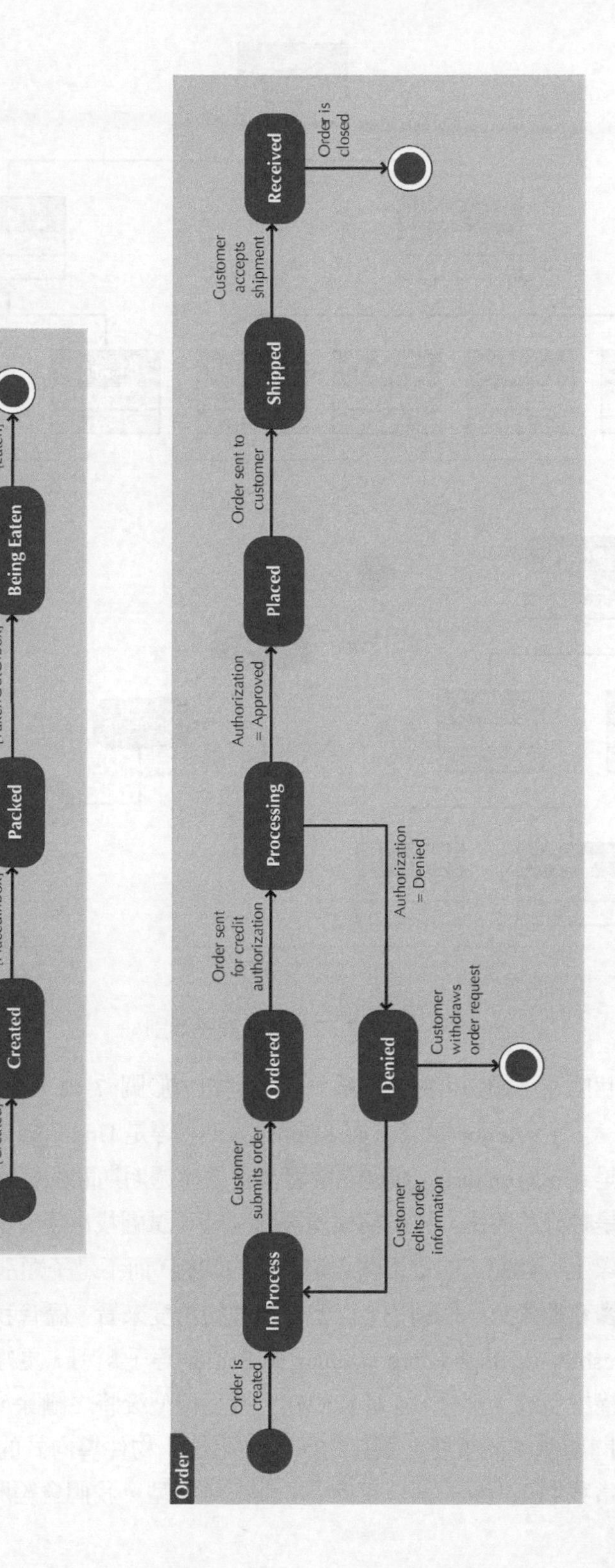

圖 7-11　額外的範例：行為狀態機圖

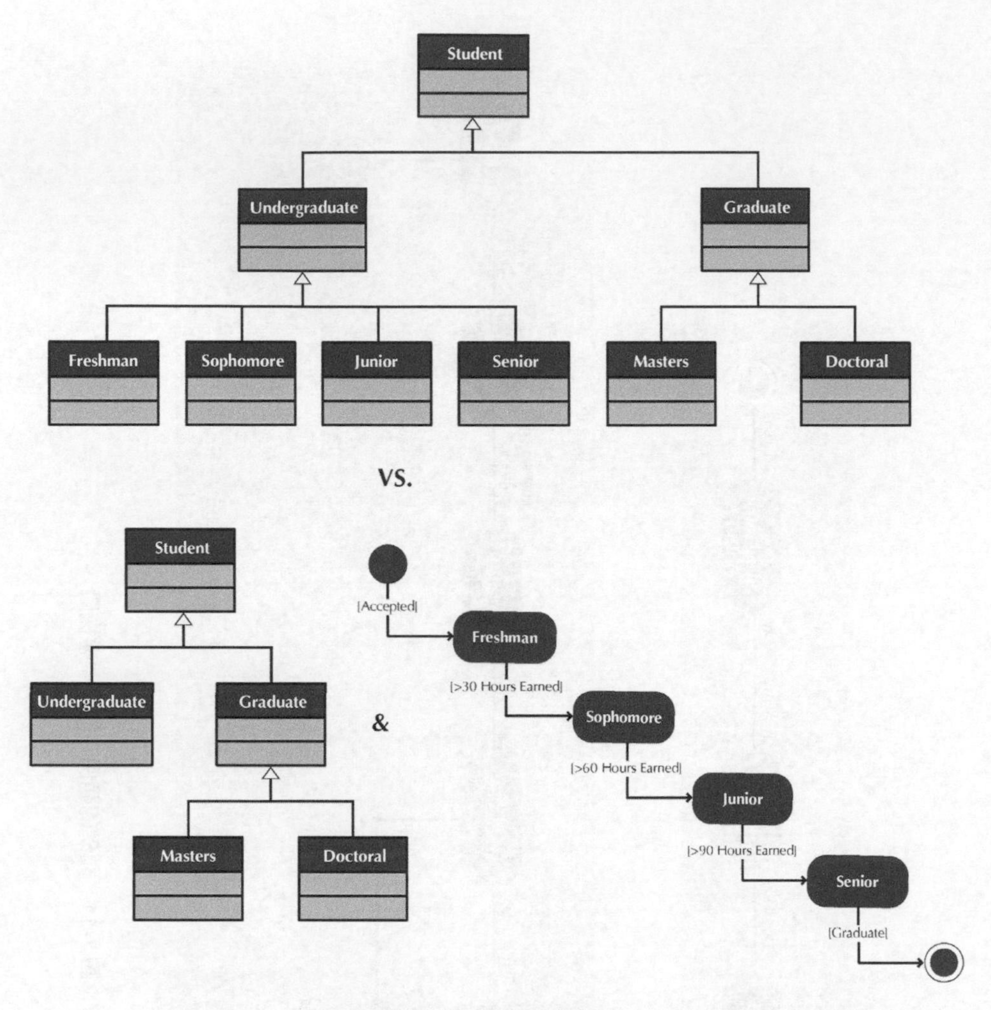

圖 7-12　狀態與子類別

有時，狀態和子類別可能被混爲一談。例如，於圖 7-12 中，Freshman (大一)、Sophomore (大二)、Junior (大三) 與 Senior (大四) 等是 Undergrate 類別的子類別，還是它們僅僅是 Undergraduate 類別之實體在其生命週期期間所經歷的狀態？在這種情況下，後者是較好的答案。於結構模型被建立時，試圖找出所有潛在的類別 (參閱第六章)，你實際上可能認出的是相關之超類別的狀態，而不是子類別。這是功能、結構、行爲模型緊密交纏的另一個例子。從塑造模型的角度來看，儘管我們不得不從結構模型中刪除 Freshman、Sophomore、Junior 與 Senior 等子類別，更好的做法則是捕捉該訊息作爲結構模型的一部分，並於我們建立行爲模型後將之刪除，而非忽略它並且冒著遺漏關於問題領域的重要之訊息的風險。記住，物件導向式的開發是反覆和漸進的。因此，當我們正邁向一個「正確的」問題域模型，我們會經歷很多錯誤。

◆ 建立一個行爲狀態機

行爲狀態機用來描繪類別圖中的某一個類別。通常，那些類別非常地動態而且複雜，有必要好好了解它們的狀態如何隨著時間變動，以及觸發該變動的事件。你應該檢視你的類別圖，以確認哪些類別需要經歷一連串複雜的狀態改變，並且爲其中的每個類別各繪製一張圖。在本節中，我們將描述製作行爲狀態機的五個步驟 (參閱圖 7-13)[16]。像其他行爲模型一樣，製作過程的第一個步驟是決定行爲狀態機的範圍，它顯示如標有文字的圖框。行爲狀態機的範圍通常是一個類別。不過，它也可能是一組類別、一個子系統或整個系統。

1. 設定範圍。
2. 確認物件的起始、結束及穩定狀態。
3. 確定物件經歷之各穩定狀態的順序。
4. 確認事件、動作以及與轉移有關的門檻條件。
5. 驗證行爲狀態機。

圖 7-13　製作行為狀態機的步驟

第二個步驟是辨認一個物件在其生命期所會擁有的各種不同狀態。這包括透過確認物件的起始與結束狀態，而畫出物件存活的邊界。我們也必須辨認物件的穩定狀態。執行這件事所需要的資訊，可以獲得自閱讀使用案例的文字描述、與使用者談話、以及仰賴你在第四章所習得的需求蒐集技術。一個簡單辨認物件狀態的方法是撰寫出物件經歷每個步驟時所發生的事情，從初始到結束，類似於你在使用案例文字描述中常態事件流程是如何寫出的那節文字。

第三個步驟是決定物件在其生命存續期間要歷經之狀態的前後順序。使用這個順序，我們可以把狀態自左而右地放在行爲狀態機上。

第四個步驟是辨認事件、動作以及與物件狀態轉移有關的門檻條件。事件是引起一個物件從一個狀態轉移到下一個狀態的**觸發 (trigger)** 來源。換句話說，一個事件引發某個動作開始執行，從而以一個顯著的方式改變了物件屬性的值。該動作通常是存在物件之內的操作。而且，門檻條件可以被塑造成一組測試條件，這些條件必須被

[16]本節所描述的方法取材自 Booch, Rumbaugh, and Jacobson, *The Unified Modeling Language User Guide*。

滿足之後才會有轉移的發生在製作過程的此時，在彼此相關之狀態間畫出轉移，並且以事件、動作或門檻條件標示之。

第五個步驟是驗證行爲狀態機，其方法是確定每個狀態都可以達到，而且除了結束狀態之外，所有其他的狀態都是可以離開的。很明顯地，如果有一個已被辨認出狀態不能達到，那麼不是一個轉移不見了、就是該狀態被錯誤辨認。進而，從物件生命週期的觀點來看，只有結束狀態才能是盡頭。[17]

輪到你 7-3 繪製一張行為狀態機

你一直致力於一個協助學生找房子的校園租屋服務系統。這個系統的可能動態性類別是 apartment 類別。試繪製一個行爲狀態機，用以顯示一個 apartment 類別在其生命期間所歷經的各種不同狀態。你能夠想到有哪些類別也是行爲狀態機的好對象嗎？

CRUD 分析

辨認潛在合作關係的一個有用技術是 **CRUD 分析 (CRUD Analysis)**[18]。CRUD 分析使用一個 **CRUD 矩陣 (CRUD Matrix)**，其中，物件之間的各個互動均以一個字母來代表其類型：C 代表示創造 (Create)、R 代表讀取或參照 (Read 或 Reference)、U 代表更新 (Update)，以及 D 代表刪除 (Delete)。在物件導向方法，使用的是一個類別/參與者對類別/參與者的矩陣[19]。矩陣的每一格代表類別之實體間的互動。例如，在圖 7-1 中，參與者 Receptionist 的實體創造了 Appointment 類別的一個實體。因此，假定我們使用橫列：直欄 (Row:Column) 的順序，字母 C 會被置於格

[17]我們將在第八章中描述驗證。

[18] CRUD 分析通常跟結構化分析與設計 [參閱 Alan Dennis, Barbara Haley Wixom and Roberta M. Roth, *Systems Analysis Design,* 3nd ed. (New York:Wiley, 2006)] 以及資訊工程 [參閱 James Martin, *Information Engineering, Book II Planning and Analysis* (Englewood Cliffs, NJ:Prentice Hall, 1990)]。在我們的例子，我們只是採用它到物件導向系統開發。關於協力合作的細節將描述於第八章。

[19]另一有用但對 CRUD 矩陣說得更詳細的書是 a Class/Actor:Operation-by-Class/Actor:Operation matrix. 就審查和驗證的目的而言，矩陣越詳細越有用。不過，就我們討論的程度而彥 Class/Actor-by-Class/Actor 矩陣已足數所需。

aReceptionist:Appointment。同時，在圖 7-1 中，參與者 Receptionist 的實體參照了 Appointment 的一個實體。在這情況下，一個「R」便放在格 aReceptionist:Appointments。圖 7-14 展示了一個根據使用案例 Make Appointment 所製作的 CRUD 矩陣。

	Receptionist	PatientList	Patient	UnpaidBills	Appointments	Appointment
Receptionist		RU	CRUD	R	RU	CRUD
PatientList			R			
Patient						
UnpaidBills						
Appointments						R
Appointment						

圖 7-14 用於使用案例 Make Appointment 的 CRUD 矩陣

與互動圖及行爲狀態機不同的是，一個 CRUD 矩陣最大的用處是「全系統性的表示」。一旦完成整個系統的 CRUD 矩陣，就可以快速掃描整個矩陣，來確定每個類別都是可以被實體化的。更進一步，可以針對各個類別來驗證每個類型的互動。例如，如果一個類別只代表暫存物件，那麼矩陣中的某一直欄應該有個 D。否則，類別的實體將不會被刪除。因爲一個資料倉儲包含了歷史資料，所以物件應該被儲存在直欄上標有 U 或 D 者。因此，CRUD 分析可以被用來當作一種局部驗證物件導向系統中物件之間互動的方式。最後，一群類別之間的互動愈多，愈可能它們應該被糾集於一個協力合作之中。然而，在系統開發的這個時候，互動的次數與類型只是猜測出來的。因此，使用這項技術將類別糾集在一起來辨認協力合作關係時應該格外謹慎。

CRUD 的分析還可以用來辨識複雜的物件。一個與某類別有關之直欄中，越多 (C) reate、(U) pdate 或 (D) elete，很有可能該類別會有一個複雜的生命週期。因此，這些物件就是以行爲狀態機來塑造模型的好對象。

輪到你 7-4 CRUD 分析

你一直致力於一個協助學生尋找房子的校外租屋服務系統。以目前已完成者爲基礎，執行一個 CRUD 的分析，以確定哪些類別最協力合作並執行一些正進化中之系統的驗證工作。

應用概念於 CD Selections 公司

因爲 Alec 和小組現在已經完成了網際網路銷售系統的功能和結構模型，他決定是開始建立行爲模型的時候了。Alec 了解，行爲模型在某些方面可以幫助他們更完整地了解正在解決之問題。因此，Alec 和他的小組製作了循序圖、通訊圖、行爲狀態機和 CRUD 矩陣。正如在第六章，該小組製作了正進化中之系統的描述文字中，所有使用案例和類別的行爲模型。然而，在接下來的章節中，我們只瀏覽與使用案例 Place Order 和 Order 類別相關的模型。這幾節採取與該章同樣的組織方式：循序圖、通訊圖、行爲狀態機與 CRUD 矩陣。

◆ 循序圖

首先 Alec 決定採取圖 7-4 中所列的建立循序圖步驟。因此，Alec 首先需要確定循序圖的範圍。他決定使用第五章所製作出的使用案例 Place Order，並展示於圖 5-17 (細節請參照原使用案例) 之場景[20]。圖 7-15 列出了常態性的事件流程，其中包含這個循序圖所描述的場景。

第二個步驟是辨認出有哪些物件會參與所要塑造之場景。與使用案例 Place Order 相關的類別顯示如圖 6-18。例如，使用案例 Place Order 所使用的類別包括 Customer、CD、Marketing Information、Credit Card Clearance Center、Order、Order Item、Vendor、Search Request、CD List、Review、Artist Information、Sample Clip、Individual 與 Organizational 等等。

常態事件流程：

1. 客戶向系統提出搜尋請求。
2. 系統提供客戶一個推薦 CD 的清單。
3. 客戶選擇其中一張 CD，找出額外的資訊。
4. 系統提供客戶基本的資訊與 CD 樂評。
5. 客戶呼叫使用案例 Maintain Order。
6. 客戶反覆 3 到 5 次，直到購物完成。
7. 客戶執行使用案例 Checkout。
8. 客戶離開網站。

圖 7-15　使用案例 Place Order 的常態事件流程

---

[20]記住，如前所述，一個場景是一個使用案例的可執行路徑。

在 **CRC 卡**的角色扮演期間，有一位分析師被指派到 CD Selections 公司的網路系統開發小組，她詢問是否應該加入 Shopping Cart 類別。她說，她看過很多網站都有購物車，並以之用來建立訂單。不過，Shopping Cart 類別的實體只保存到下單完成或購物車被清空。鑑於這個明顯的疏忽，使用案例 Place Order 與類別圖都要修改。另一位分析師 Brian 指出，CD 本身將須與某種可搜尋儲存體關聯在一起。否則，客戶不可能找到其感到興趣的 CD。然而，Alec 決定 CD List 類別，對於可搜尋儲存體以及搜尋請求所產生的暫時性實體來說，已足敷所需。Alec 對小組指出這是物件導向開發的典型過程。開發小組對需求越了解，模型 (使用案例、結構及行爲) 便演進得越好。Alec 提醒他們，應銘記的是，物件導向開發的過程是漸進的而且會反覆數次於所有模型。因此，他們越理解問題，該小組越有可能更動已經完成之功能和結構模型。

根據團隊目前對使用案例 Place Order 了解的程度，他們決定需要 Search Request、CD List、CD、Marketing Material、Customer、Review、Artist Information、Sample Clip 與 Shopping Cart 等類別的實體來描述這個場景。此外，他們意識到參與者 Customer 與這場景有互動。要完成這一步，小組在循序圖由左到右橫跨整個圖面繪上物件。

第三個步驟是設定每個物件的生命線。爲達成這點，他們在每個物件 (aSR、aCDL、CDs、aCD、MI、aR、AI、SC 及 anOrder) 與參與者 (aCustomer) 的底下畫了一條垂直的虛線。此外，在 aCDL 與 aSC 生命線的底部放 X，因爲這些物件在這個流程的盡頭便消失不見。

第四個步驟是把訊息加到圖上。透過審視圖 7-15 中的步驟，小組能夠決定出訊息應該被加到循序圖的方式。圖 7-16 顯示他們製作出的圖。請注意爲什麼他們沒有加入回應「create SR」及「add CD」而回傳給 Customer 的訊息。在這些情況，小組假設 aCustomer 會分別地收到所要求之 CD 以及所插入之 CD 等回應訊息。

第五個步驟是把執行事件加到每個物件與參與者的生命線上。達成的方法是在生命線的頂端畫一個細長方塊，用以表現物件 (參與者) 在什麼時候收發訊息 [例如，在圖 7-16 中，aCustomer 在整個過程中都是活躍的，可是 aSR 只有在過程的開始 (圖的頂端) 時才活躍。]

最後，CD Selections 公司的開發小組確認此圖正確且完整地表現了所要塑造之使用案例 Place Order 的場景得以驗證該圖。圖 7-16 描繪了他們所完成的循序圖。

輪到你　7-5　CD Selections 公司網路銷售系統

在「輪到你 5-8」，你爲 CD Selections 公司的網路銷售系統完成了詳細的使用案例。在「輪到你 6-4」，你完成了結構模型。根據已完成的功能和結構模型，製作圖 5-18 中所有使用案例的其餘場景的循序圖。

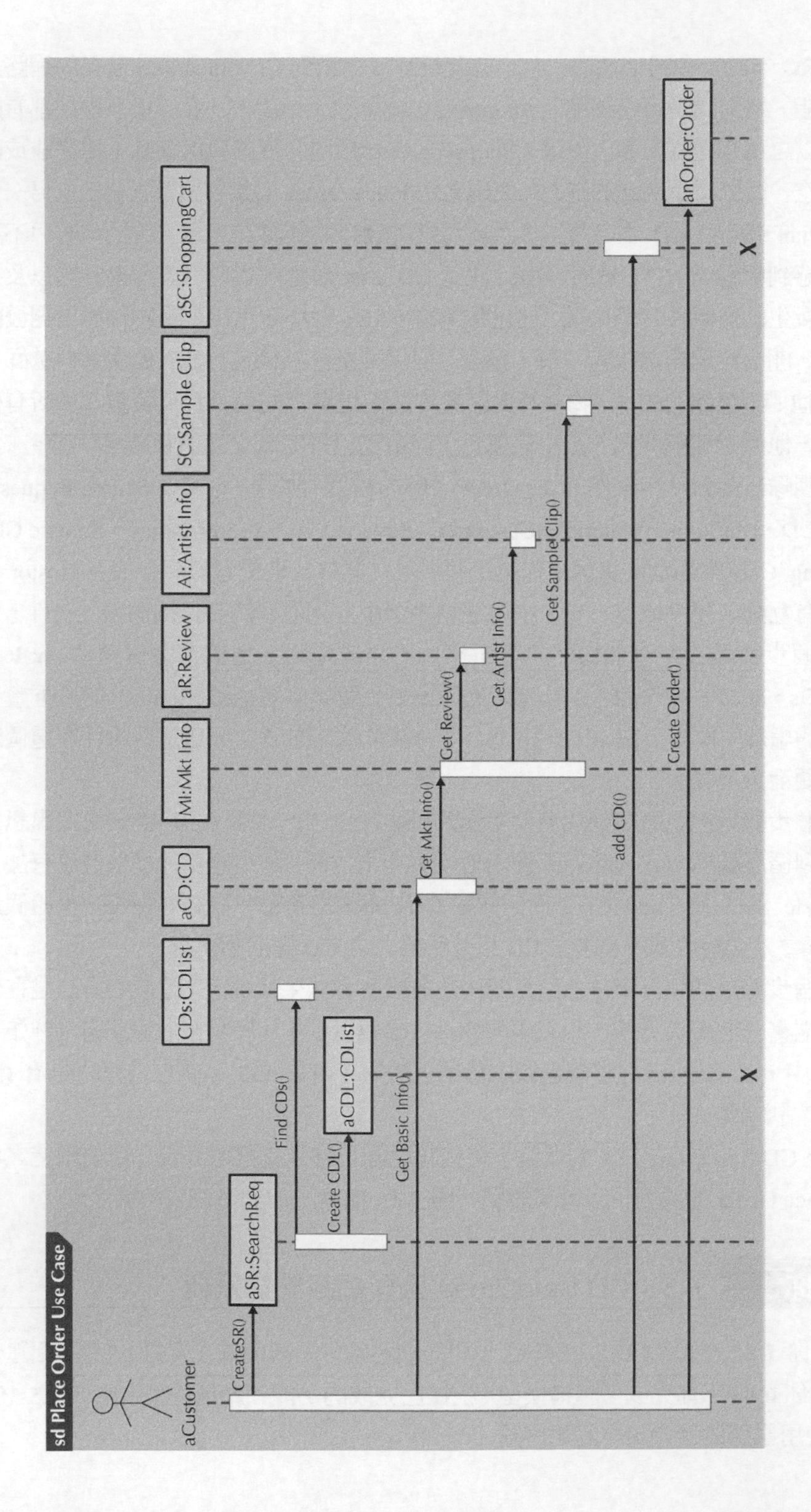

圖 7-16 使用案例 Place Order 的循序圖

◆ 通訊圖

分析人員之一 Brian 向小組指出，循序圖和通訊圖基本上塑造同樣的事情。因此，他覺得小組不值得花時間來同時做出這兩張圖。因為他們已經完成了循序圖，他真的不想做通訊圖。不過，即使他們畫得是非常相似的圖，Alec 決定，這仍然值得小組花時間來製作兩張圖。他認為，有可能不同格式的圖可能會發現額外的要求。因此，該小組還是製作出一張通訊圖。

Alec 選擇按照圖 7-8 中所說的「如何建立通訊圖」的步驟來製作通訊圖。一如製作循序圖，第一步是要在這個過程中畫定通訊圖的範圍。Alec 選擇了與小組先前運用使用案例 Place Order 來製作循序圖 (參閱圖 7-16) 的相同情況著手。

經由執行第二個步驟，CD Selections 小組再次確定了物件以及將物件連結在一起的關聯。因為他們使用了如前所述之循序圖同樣的場景，Search Request、CD List、CD、Marketing Material、Customer、Review、Artist Information、Sample Clip 與 Shopping Cart 類別的實體應該要被納入。此外，由於參與者 Customer 與場景有所互動，它也應被納進來。進而，該小組確定了物件之間的關聯 (如 CD 實體與 Mkt Info 之實體的關聯，而後者都與 Review、Artist Info 和 Sample Clip 的實體都有關聯)。

在第三個步驟，小組根據物件與其他協力合作的物件間的關聯，將它們一一放到圖上。這樣做是為了提高可讀性，也就是，圖的易了解性 (參閱圖 7-17)。

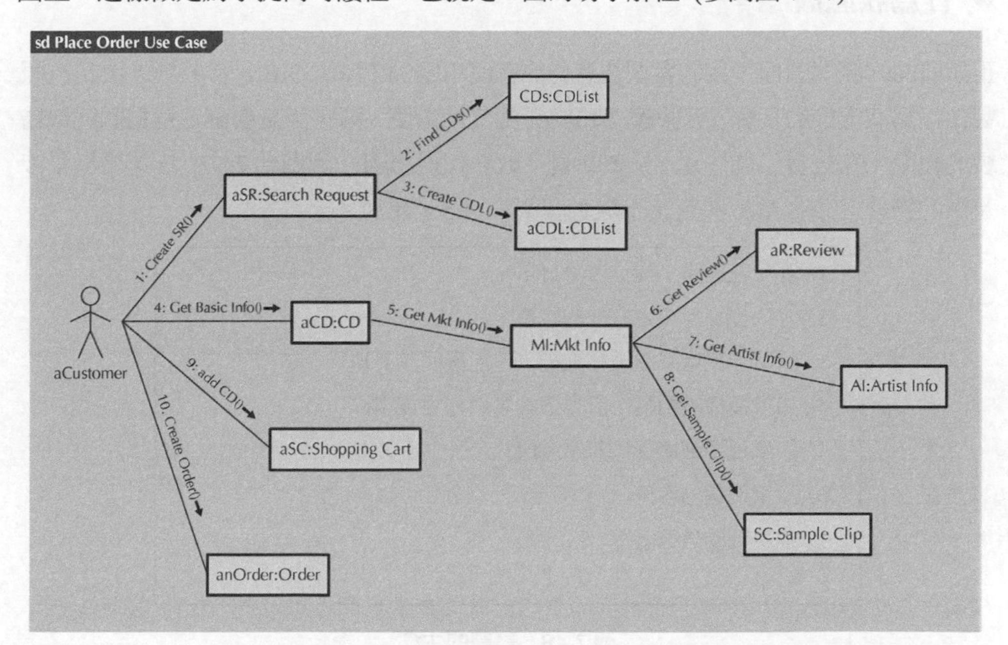

圖 7-17　使用案例 Place Order 的通訊圖

在第四個步驟，CD Selections 小組將訊息加到物件之間的關聯上。例如，在圖 7-17 中，Create SR () 訊息是送出的第一則訊息，而 FindCDs () 訊息是送出的第二則訊息。參與者 aCustomer 發送 Create SR () 訊息給 aSR 物件，而 aSR 物件發送 FindCDs () 訊息給 CD 物件。

最後，CD Selections 小組執行第五個也是最後一個步驟：驗證圖面。他們藉由圖是否能準確與完整地表現使用案例 Place Order 之場景來驗證。參閱圖 7-17 有關使用案例 Place Order 的這個特別場景所完成的通訊圖。進而，他們比較先前製作好的循序圖 (參閱圖 7-16) 與通訊圖 (參閱圖 7-17)，以確保這兩張圖是同等的。兩張圖唯一的區別是，於循序圖中容易描繪訊息的時間順序，於通訊圖中則表現物件是如何的互動。

輪到你　7-6　CD Selections 公司的網際網路銷售系統

在「輪到你 5-8」，你爲 CD Selections 公司的網際網路銷售系統，完成了細節性的使用案例。在「輪到你 6-4」，你完成了結構模型。根據已完成的功能和結構模型，製作圖 5-18 中所有使用案例的其餘場景的通訊圖。一定要將這些圖與「輪到你 7-5」中所製作的循序圖作比較。

◆ 行爲狀態機

正如前面的範例圖面，我們會把注意力放在使用案例 Place Order 上。Alec 決定按照製作行爲狀態機的步驟 (參閱圖 7-13)。正如先前的圖，第一步是要確定行爲狀態機繪製的範圍。在查看了循序圖 (見參閱圖 7-16) 和通訊圖 (參閱圖 7-17) 描述之場景涉及到的物件之後，Alec 決定該小組應側重於 Order 類別。

1. 客戶在網路上建立一筆訂單
2. 客戶提交他或她完成的訂單
3. 信用卡授權必須被核准後，才能接受該訂單
4. 如果授權被拒絕，訂單退請客戶變更或刪除
5. 如果授權被接受，訂單就成立
6. 訂單寄送給客戶
7. 客戶接受該筆訂單
8. 訂單完結

圖 7-18　訂單的生命

輪到你　7-7　CD Selections 公司的網際網路銷售系統

在「輪到你 7-5 和 7-6」，你完成了 CD Selections 公司網際網路銷售系統之所有使用案例場景的循序圖和通訊圖。根據這些場景所製作的圖和於「輪到你 6-4」所製作的結構模型，請針對類別圖中各個具體類別製作一套行爲狀態機。

第二個步驟是辨認一個訂單在其生命期間所擁有的的不同狀態。爲了能夠找出訂單的初始、結束及穩定等狀態，Alec 與開發小組訪談了一位客戶方面定期處理訂單的代表。根據這個訪談，該小組揭露了一張訂單，從訂單的觀點，從初始到結束的生命 (參閱圖 7-18)。

第三個步驟是決定訂單物件在其生命期間將經歷的狀態順序。根據於圖 7-18 所描繪的訂單生命週期，該小組將訂單的狀態確認好後並放進行爲狀態機。

接著，小組確認好了事件、動作以及與訂單狀態之間轉移有關的門檻條件。例如，事件「Order is created」將訂單從「initial」狀態轉移到「In process」狀態 (參閱圖 7-19)。在「Processing」狀態期間，被要求信用卡授權。門檻條件「Authorization = Approved」防止訂單從「Processing」狀態移到「Placed」狀態，除非信用卡的授權已獲核准。而且，門檻條件「Authorization = Denied」避免訂單從「Processing」狀態轉移到「Denied」狀態，除非信用卡授權已獲拒絕。因此，在這兩個門檻條件之間，訂單處於處理中 (processing) 的狀態，直到信用卡授權被核准或拒絕。

該小組最後藉由確定每個狀態都屬於可達到的，且──除了結束狀態之外──所有狀態均可以離開來驗證訂單的行爲狀態機。進而，該小組確認訂單的所有狀態與轉移均已被塑造完成。在這個時間點，小組中的一位分析師 Brian 提議好幾個類型的訂單可於行爲狀態機中予以描述。具體的說，他認爲訂單有兩種：被拒絕的訂單與被接受的訂單。根據這個發現，他建議爲每個訂單的子類型建立兩個新的類別。然而，在大家進一步檢視之後，一致決定把這些類別加到類別圖並且修改所有其他圖面，卻反映出這項變更並無助對問題的了解。因此，決定不增加這些類別。不過，有許多例子是，塑造一個物件在其生命期間可能歷經的狀態，事實上，可能會發掘出其他有用的子類別。圖 7-19 展示了 CD Selections 小組爲訂單物件所建立的行爲狀態機。[21]

---

[21] 如果開發小組已經仔細閱讀過本書，他們就會發現，他們可以重複使用如圖 7-11 的訂單行為狀態機。

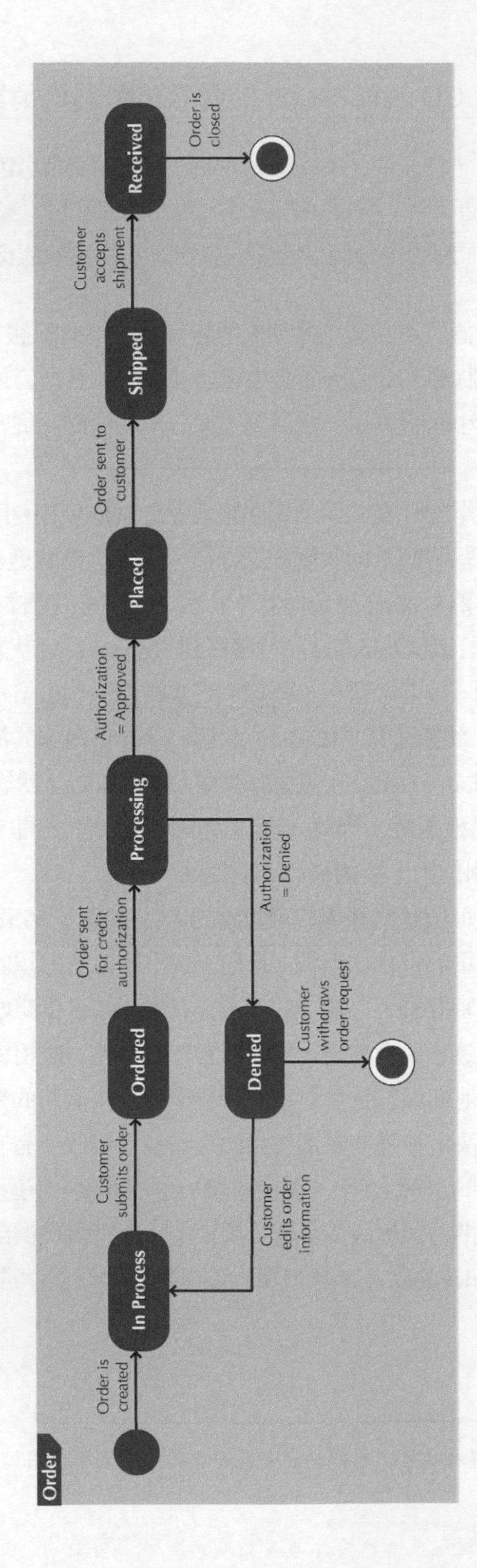

圖 7-19 使用案例 Place Order 的行為狀態機

◆ CRUD矩陣

試著將功能、結構和行爲模型繫在一起，Alec 決定製作一個 CRUD 的矩陣。要做到這一點，Alec 指派 Anne 製作這個矩陣的任務。正如前面的例子，這個例子中我們僅限定於使用案例 Place Order。

首先，Anne 製作了一個類別對類別的矩陣。她然後於矩陣的每一格放進 (C) reate、(R) ead、(U) pdate 或是 (D) elete，代表類別的實體之間的互動。例如，在圖 7-16 和 7-17，一個 SearchReq 的實體創造了一個 CDList 的實體。此外，在圖 7-16 和 7-17，一個 CD 的實體參照了一個 MktInfo 的實體。在這種情況下，一個 R 被放進格 CD:MktInfo。圖 7-20 顯示了 Anne 根據使用案例 Place Order 所製作的 CRUD 矩陣。

	Customer	SearchReq	CDList	CD	Mkt Info	Review	Artist Info	Sample Clip	Shopping Cart	Order
Customer		RU							U	C
SearchReq			CR							
CDList										
CD					R					
Mkt Info						U	U	U		
Review										
Artist Info										
Sample Clip										
Shopping Cart										
Order										

圖 7-20　使用案例 Place Order 的 CRUD 矩陣

輪到你　7-8　CD Selections 公司的網路銷售系統

在「輪到你 7-5、7-6 和 7-7」，根據 CD Selections 公司的網路銷售系統的細節性使用案例（「輪到你 5-8」）和結構模型（「輪到你 6-4」），你已完成了循序圖、通訊圖和行爲狀態機。根據這些結果，完成由 Anne 起了頭的 CRUD 矩陣 (參閱圖 7 - 20)。

摘要

◆ 行爲模型

行爲模型描述了與資訊系統有關之使用案例所描述企業流程的內在邏輯。它們提供了於資訊系統內部之物件是如何的協力合作，以支持代表了底層企業流程之使用案例的細部觀點。行爲模型——一如功能和結構模型——是個反覆和漸進的過程。根據這個流程，很有可能功能和結構這兩個模型必須隨之更動。

◆ 互動圖

互動圖是用來描述物件如何協力合作來支持使用案例。有兩種不同類型的互動圖：循序和通訊。這兩張圖提供了一個動態性的模型，描繪與某個使用案例有關之物件間的互動情況。這兩個圖的主要區別是：循序圖著重在物件訊息發送時間的前後順序，而互動圖則強調物件協力合作以支持使用案例的本質。一張通訊圖本質上是一張物件圖(參閱第六章)，圖上描繪出訊息發送的關係，而不是結構性的關係。

◆ 行爲狀態機

行爲狀態機顯示某個類別在其生命期間回應事件、及其回應與動作時所歷經過的各種不同狀態。狀態是在某個特定的時間點用以描述物件的一組值；它代表了物件之生命中滿足了某個條件、執行某項動作或正等待某事發生的一個點。一個事件是在某一個時間點上所發生的事情，並會更改物件的值，從而更改物件的狀態。當物件從一個狀態轉移到另一個狀態時，它們歷經轉移。

在繪製行爲狀態機時，像其他行爲圖一樣，第一件事就是設定圖的範圍：系統、子系統、一組類別或某個類別。然後，圓角化的長方形放在模型上來代表所要容納不同狀態的範圍。接著，長方形之間畫上箭號，用以表示轉移，並且在箭號上面標示事件的名稱，用以說明引起轉移發生的事件。通常，行爲狀態機用來描寫複雜類別的動態樣貌。

◆ CRUD分析

CRUD 分析是個辨認類別之間潛在的協力合作情況，以及查核和驗證系統的非常有用方法。它可以讓分析師以一個非常簡明的格式 (CRUD 矩陣)，看到系統中不同類型的物件有哪些類型的互動 (創造、讀取/參考、更新或刪除)。CRUD 分析還能夠用來支援辨識更複雜的物件，有助於行爲狀態機使用來做狀態之塑造工作。

關鍵字彙

Action　動作
Activity　活動
Actor　參與者
Association　關聯
Attributes　屬性
Behavior　行爲
Behavior models　行爲模型
Behavioral state machines　行爲狀態機
Class　類別
Class diagram　類別圖
Collaboration　合作
Communication diagram　通訊圖
Condition　條件
CRC cards　CRC 卡
CRUD analysis　CRUD 分析
CRUD matrix　CRUD 矩陣
Dynamic model　動態模型
Event　事件
Execution occurrence　執行事件
Final state　結束狀態
Frame　框架
Generic sequence diagram　通用循序圖
Guard condition　門檻條件
Initial state　起始狀態
Instance　實體
Instance sequence diagram　實體循序圖
Lifeline　生命線
Message　訊息
Method　方法
Object　物件
Operation　操作
Operation call message　操作呼叫訊息
Packages　套件
Return message　回傳訊息
Scenario　場景
Self-delegation　自委託
Sequence diagram　循序圖
State　狀態
State symbol　狀態符號
Temporary object　暫存物件
Transition　轉移
Trigger　觸發
Use case　使用案例

問題

1. 行爲塑模如何與結構塑模關聯在一起？
2. 爲什麼在建立行爲模型的時候反覆是很重要的？
3. 描述循序圖的主要的建構元件？在模型上它們是如何被表現的？
4. 使用案例如何與循序圖關聯在一起？通訊圖呢？
5. 請描述建立循序圖的步驟。

6. 你如何在循序圖上顯示一個暫存物件是不再存在了？
7. 生命線一定沿著循序圖的整個頁面畫到底嗎？試解釋之。
8. 比較下列幾組術語：
   狀態；行為
   類別；物件
   動作；活動
   使用案例；場景
   方法；訊息
9. 描述建立通訊圖的步驟。
10. 描述通訊圖的主要建構元件，以及它們於模型上是如何表現的。
11. 你如何在通訊圖上顯示訊息的順序？
12. 你如何在通訊圖上顯示一則訊息傳遞的方向？
13. 什麼是 CRUD 分析和它有何用處？
14. 建立行為狀態機的步驟為何？
15. 描述最適合用行為狀態機來表達的類別類型。舉出兩個適合用行為狀態機來表現之類別的例子。
16. 什麼類型的事件可能引起行為狀態機上的狀態轉移？
17. 在行為狀態機上，狀態一定使用圓角化的長方形來描繪嗎？試解釋之。
18. 如何於行為狀態機上表現門檻條件？
19. 辨認含有下列各元件的模型：
   參與者
   關聯
   類別
   延伸關聯
   結束狀態
   門檻條件
   起始狀態
   連結
   訊息
   多重性

物件
狀態
轉移
更新操作

練習題

A. 考慮寄封快捷信給一位國際筆友。試著從信的觀點描述從你一開始寫信，到你的朋友展讀你的來信，其間這封信所歷經的過程。繪製一個行爲狀態機，描述該封信歷經的所有狀態。

B 針對下列錄影帶系統的每個場景的描述文字來建立一個循序圖。一家錄影帶公司 (AVS) 經營好幾家標準化的錄影帶門市。

1. 每個客戶必須有一張有效的 AVS 消費卡才能租用錄影帶。客戶每次租期爲三天。每次客戶租用錄影帶時，系統必須確定客戶沒有任何過期的錄影帶。如果有的話，過期的錄影帶一定要先歸還，而且客戶要支付過期的費用，之後才能租用其他錄影帶。
2. 如果客戶歸還過期的錄影帶但未支付過期的費用，那麼該費用一定在租用新的錄影帶之前先支付。如果該客戶屬於高級會員，那麼前兩個過期的費用可以免除，而且客戶可以租錄影帶。
3. 每天早上，門市經理列印過期錄影帶的報表；如果錄影帶過期兩天或更長的時間，經理會打電話告知客戶，提醒他們儘快歸還錄影帶。

C. 製作一張習題 B 之錄影帶系統的通訊圖。

D. 爲習題 B 之錄影帶系統的目前的狀態執行 CRUD 分析。

E. 繪製一個行爲狀態機，用以描述錄影帶從上架到租用及歸還所歷經的各種不同狀態。

F. 爲下面健身俱樂部會員系統的每個場景的描述文字製作一張循序圖。

1. 當會員參加健康俱樂部時，他們要支付一定期間的費用。在會員資格期滿的前一個月，俱樂部想要寄出提醒函，告知他們趕快更新會員資格。大約有一半的會員不更新會員資格。這些會員會收到追蹤調查，填寫關於他們爲何決定不更新會員資格的原因，以便俱樂部可以知道如何增加會員的向心力。如果會員因爲成本的關係而不更新資格，就提供特別優惠給該位客戶。通常，因爲這項優惠措施，25%的會員會回流。

2. 每次會員進入俱樂部時，服務生掃瞄他或她的會員卡，以確定此人是否爲有效的會員。如果不是有效的會員，系統會顯示更新會員資格所需的總費用。客戶將可利用此機會付款，繼續使用俱樂部，而且系統會記下帳戶已重新啓用，如此，當下一回的更新通知又要散發時，就可以特別留意該位客戶。

G. 針對練習 F 所描述健康俱樂部會員系統的每個場景，各建立一張通訊圖。

H. 爲習題 F 之健身俱樂部會員系統的目前狀態執行 CRUD 分析。

I. Picnics R Us (PRU) 是一家小型的野餐公司，有五位員工。在典型的夏日週末，PRU 會提供 15 道野餐，每道野餐大約 20 到 50 人不等。過去一年來生意興隆，老闆想要安裝一個新的電腦系統，管理下訂單與購買流程。PRU 有 10 個標準的菜單。每當客人打電話來時，接待員會對他們描述菜單。如果客人決定訂購，接待員記錄客戶資訊 (例如，姓名、地址、電話號碼等) 以及關於野餐的資訊 (例如，地點、日期、時間、哪一種標準菜單、總價) 於契約上。然後客戶會收到一份契約的傳眞副本，接著須簽字並且連同頭款 (通常爲信用卡付費或支票) 寄回公司，這樣才算正式預完成。當野餐送達時，再收尾款。有時候，客戶想要特別的東西 (例如，生日蛋糕)。在這情況下，接待員告知老闆，由其決定成本；接待員接著回電客戶關於價格的資訊。有時候，客戶會接受價格；有時候，客戶會再要求一些改變，此時必須再回頭找老闆請問新的估價。每星期，老闆會檢視該週末的排定餐點，並且訂購補給品 (例如，碟子) 及需要的食物 (例如，麵包、雞肉)。老闆想要使用新系統做點行銷。系統應該能夠追蹤客戶如何得知 PRU，以及確認重複的客戶，如此 PRU 便能郵寄特別的優惠給他們。老闆也想要追蹤 PRU 已送出契約，但客戶未簽名，而實際上已預約了野餐。

1. 製作 PRU 系統的活動圖。
2. 辨認 PRU 系統的使用案例。
3. 建立 PRU 系統的使用案例圖。
4. 建立 PRU 系統的類別圖。
5. 選擇一個使用案例，並建立一個循序圖。
6. 針對問題 5 所選擇的使用案例，建立一個通訊圖。
7. 建立一個行爲狀態機，用以描述問題 2 的類別圖的其中一個類別。
8. 爲系統表示目前的狀態執行一個 CRUD 分析。

J. 繪製一個描述差旅授權審批程序之各種狀態的行爲狀態機。一張差旅授權表格爲大多數公司所採用，供准駁員工旅行費用之用。通常情況下，員工塡寫空白的表格，送交他或她的老闆簽名。如果金額不大 (<$300)，那麼老闆簽署該表格之後並轉到應付帳款而進入會計系統。該系統印出一張金額正確的支票送交到員工的手上，支票兌現後，表格隨同已兌現的支票一起被歸檔。如果支票沒有兌現，在 90 天之內，支票就算到期。當出差支票的金額很大 (> $300)，那麼老闆簽署表格之後，附上一段出差目的的文字說明送到財務總監，首席財務官簽署該表格，並將其歸入應付帳款。當然，無論是老闆和財務總監都可以拒絕簽署旅費支出表格，如果他們覺得這些費用是不合理的。在這種情況下，員工可以改變表格，以加入更多的解釋或決定支付該費用。

K. 考慮你的學校或當地圖書館，以及從圖書館的觀點看書籍的借閱、登記新的借閱人和寄出過期通知等相關流程。試描述三個代表這三項功能的使用案例。

1. 建立圖書館系統的使用案例圖。
2. 建立圖書館系統的類別圖。
3. 選擇一個使用案例，並建立一個循序圖。
4. 製作一張問題 3 所選擇之使用案例的通訊圖。
5 建立一個行為狀態機，用以描述問題 2 的類別圖其中一個類別

L. Of-the-Month Club (OTMC) 是一家創新的年輕公司，專門賣會員產品給那些對某些產品有興趣的人。參加的人要付一年的會費，每個月會收到一項郵寄的產品。例如，OTMC 有當月咖啡俱樂部，每個月會寄一磅的特別咖啡予會員。COTMC 目前有六項會員產品 (咖啡、葡萄酒、啤酒、雪茄、花與電腦遊戲)，每項成本均不同。客戶通常僅屬於其中一種，但是有些人屬於兩種或更多種。當人們加入 OTMC 時，電話接線生會記錄其姓名、郵寄地址、電話號碼、電子郵件帳號、信用卡資訊、起始日期以及會員服務 (例如，咖啡)。有些客戶會要求雙倍或三倍的會員服務 (例如，2 磅咖啡，3 罐啤酒)。電腦遊戲會員資格的運作模式與其餘產品的不太一樣。在這種情況，會員也必須挑選遊戲類型 (動作、賽車、幻想科幻、教育及其他) 以及年齡層。OTMC 正計劃大大擴張可以提供的產品 (例如，電視遊樂器、電影、玩具、乾酪、水果、蔬菜)，因此，系統必須能夠容納這些未來的擴充。OTMC 也正計畫提供三個月與六個月的短期會員資格。

1. 製作 OTMC 系統的活動圖。
2. 確認 OTMC 系統的使用案例。
3. 製作 OTMC 的使用案例圖。
4. 製作 OTMC 的類別圖。

5 選擇一個使用案例，並且建立一個循序圖。

6. 針對問題 5 中所選擇的使用案例，建立一個通訊圖。

7. 建立一個行爲狀態機，用以描述問題 2 的類別圖上的其中一個類別。

8. 爲系統之代表目前的狀態執行 CRUD 分析。

M. 考慮處理你的大學之學生的入學系統。系統的主要功能應該能夠追蹤一位學生從請求資訊到入學過程，直到該名學生正式入學或被拒絕。寫出一個使用案例文字描述，用以描述使用案例 Admit Student。

1. 製作這個使用案例的使用案例圖。假設身分爲校友的學生之處理方式有別於其他學生。同時，你的系統可以使用一個通用的使用案例「Update Student Information」。
2. 製作一個問題 2 所選擇之使用案例的類別、一張入學申請表包括該表格的內容、SAT 資訊及推薦人。可以寫入校友學生的其他資訊，像是他們父母在哪一年畢業、聯絡資訊以及大學主修科目。
3. 選擇一個使用案例並且建立一個循序圖。假設系統在人們送出入學申請表之前，使用一個暫存的學生物件以保存他們的資訊。在表格送進來後，這些人才被視爲「學生」。
4. 製作一張問題 3 所選擇之使用案例的通訊圖。
5. 建立一個行爲狀態機，用以描述一個人怎樣歷經入學申請的過程。
6. 針對系統表示目前的狀態執行 CRUD 分析。

迷你案例

1. 參考你爲第六章的迷你案例 2 之 PSSM (Professional and Scientific Staff Management) 所準備的使用案例與使用案例圖。PSSM 很滿意你的工作，所以希望你繼續做下去。尤其是，他們想要建立行爲模型，這樣他們才可更詳細了解使用者與系統間所發生的互動。

   a. 針對每個使用案例，建立循序圖與通訊圖。

   b. 根據該循序圖與通訊圖，爲每個被確認出的類別製作 CRC 卡以及一張類別圖。

   c. 針對系統表示目前的狀態執行一個 CRUD 分析。

2. 參考你爲第六章的迷你案例 1 之 Holiday Travel Vehicles 公司所建立的結構模型。

a. 選擇其中一個較複雜的類別，並建立它的行為狀態機。
b. 根據你建立的結構模型，進行 CRC 卡的角色扮演，以發展一組使用案例來描述典型的銷售流程。
c. 製作一張這個使用案例的循序圖與通訊圖。
d. 針對系統表示目前的狀態執行一個 CRUD 分析。

PART THREE

設計

在分析模型專注在進化中之系統的功能性需求同時，設計模型工作加入非功能性需求。也就是說，設計模型工作專注於系統將**如何**運作。首先，專案小組查核與驗證分析模型 (功能、結構及行爲)。接著，一組分解過及分割好的分析模型被創造出來。類別與方法設計使用類別規格(使用 CRC 卡與類別圖)、合約及方法規格來示範說明。其次，資料管理層則著重於設計實際資料庫或檔案結構作爲物件永續的格式，以及一組類別用於將類別規格對應到所選擇之物件永續格式。同時間，專案小組使用場景、視窗導覽圖面、實際的使用案例、介面標準與使用者介面樣版來產生使用者介面層。實體架構層的設計則使用部署圖及軟硬體規格來製作。這些交付成果代表準備交給程式小組實作的系統規格。

第八章 ■
系統設計

分解/分割功能模型
分解/分割結構模型
分解/分割行為模型
套件圖
選擇矩陣

第九章 ■
類別與方法設計

類別規格
合約
方法規格

第十章 ■
資料庫設計

物件永續設計
資料存取與操作類別設計

第十一章 ■
使用者介面設計

使用者介面設計

第十二章 ■
架構

部署圖
硬體/軟體規格

CHAPTER 8

系統設計

物件導向系統開發使用那些在分析期間所蒐集的需求，來製作新系統的藍圖。一個成功的物件導向設計建立在前些個階段所學習到的事情之上，並藉由製作「該完成哪些事情」的清楚而準確的計畫，來引導一個平順的實作。本章說明如何從分析開始轉移到設計，並且提供三種朝向新系統設計的方法。

學習目標

- 了解分析模型的查核與驗證。
- 了解如何從分析轉移到設計。
- 了解如何使用分解、分割與層。
- 能夠建立套件圖。
- 熟悉定製、套裝軟體及外包設計等選擇方案。
- 夠建立一個選擇矩陣。

本章大綱

導論

分析的目的是發掘出企業需要的是什麼。設計的目的則是決定該如何建立這個系統。**設計**期間出現的主要活動是，將一組分析表示演進為設計表示。在整個設計階段，專案小組就目前的環境與組織內現有的系統來仔細考量新系統。系統該如何的主要考量是環境性因素，像是整合現有系統、轉移舊系統的資料，以及提升公司內部的技術等。雖然規劃與分析階段都在研擬一個可能的系統，設計的目標是建立一個系統藍圖，以便讓將來的實作有所依據。檢視幾個設計策略對於設計初始之際而言，是很重要的工作，並決定哪個策略會被採用來建構系統。系統可以從頭開始建構、購買及自行修改，或者外包給其他廠商，專案小組必須探討每一個方式的可行性。這項決定影響了設計期間有哪些任務是應該完成的。同時，如何將每個類別與方法一一對應到系統的構件，以及如何儲存它們等等的細節性設計也必須要完成。像 CRC 卡、類別圖、合約規格、方法規格及資料庫設計等技術，提供了最後的設計細節以供實作階段之用，同時它們確保程式設計師有足夠的資料可以有效率地建立適用的系統。這些主題將於第九章與第十章討論。設計也包括設計使用者介面、系統輸入與系統輸出等攸關使用者與系統互動方式的活動。第十一章詳細說明這三個活動，連同故事板化與雛型化等技術，這些活動有助於專案小組設計一個符合使用者需要以及使用滿意的系統。最後，做出實體架構的決定，包括需要購買哪些軟硬體以支援新系統，以及如何組織系統的作業流程等等。例如，系統組織的方式可以是將作業集中於一地、分散或兩者兼具的，而每個解決方案都提供獨特的效益與挑戰給專案小組。因為全球化議題與安全性會影響實作計畫的擬定，它們必須連同系統的技術架構一併考量進來。實體架構、安全性與全球化議題將在第十二章中描述。設計的許多步驟是彼此高度關聯的，如同分析步驟一樣，分析師經常在這些步驟之間往返。例如，介面設計步驟中的雛型法經常會發掘出系統所必需的資訊。另一方面，針對某個組織所設計之集中處理的系統，如果專案小組決定改為所有的作業要分散處理，可能需要相當可觀的的軟硬體投資。在本章，我們先回顧將分析模型演進為設計模型所需要的過程。但是，在我們推進到設計階段之前，我們真的需要先確定手邊的分析模型是嚴絲合縫的。因此，我們接著討論一個查核與驗證分析模型的方法。然後，我們描述那些用來將分析模型演進到設計模型的高層次構件。接著，我們引進套件與套件圖的使用，做為表現演進模型時用到的高層次構件的手段。最後，我們檢視三個開發系統的基本方法：自己做、購買或外包。

實用技巧　避免常見的設計錯誤

在第二及第三章，我們討論過好幾個常見的錯誤以及如何避免它們。在此，我們摘述設計階段的四個常見錯誤，並討論避免它們的方法。

1. **縮減設計時間**：如果時間很短，常常令人不禁想要減少那些被認爲「沒有生產力」之活動的時間，例如設計，如此才可很快地跳到「有生產力」的程式設計。這種做法的後果是遺漏許多重要的細節，造成以後若要進行彌補，可能要花上更高的時間成本 (通常至少十倍以上)。

   解決方案：如果時間很急迫，那麼使用時間定量法來排除一些功能性，或將其移至未來的版本中。

2. **功能膨脹**：即使你很成功的避免功能過度膨脹，但是約有 25%的系統需求仍會改變。而，改變──或大或小──都會大大的增加時間及成本。

   解決方案：確定所有變更均很重要，而且使用者知道其對成本與時間所造成的衝擊。請試著將建議的變更移到未來的版本。

3. **銀彈症候群**：分析師有時相信一些設計工具可以用來解決所有問題，而且大大減少時間與成本的行銷訴求。沒有一種工具或技術可以減少整體時間或成本達 25%以上 (儘管某些工具能縮減這樣分量的步驟)。

   解決方案：如果有一個設計工具號稱功能好到令人難以置信，請拒絕使用。.

4. **專案中途更換開發工具**：有時分析師在設計階段會改用好像比較好的工具，希望藉此節省時間或成本。通常，任何因此獲得的效益都會被學習新工具的需要而抵銷。這個道理即使在些許的升級現用工具也適用。

   解決方案：除非有強烈需要新工具的某個特定功能，而且明確地增加時程以涵蓋學習所需的時間，否則不要輕易改換或升級。

取材自 Steve McConnell, Rapid Development (Redmond, WA:Microsoft Press, 1966)。

查核與驗證分析模型[1]

在將我們的分析表示演進到設計表示之前，我們需要查核與驗證目前這組分析模型，以確認他們精確地表達眼前所考量中的問題領域。這包括測試每個模型與各模型之間的精確度，例如，我們必須確保該活動圖和使用案例的文字描述、使用案例圖描述指

[1]本節所討論的內容取材自 E. Yourdon, *Modern Structured Analysis* (Englewood Cliffs, NJ:Prentice Hall, 1989).查核與驗證是測試的一種類型。我們也將在第十三章說明測試。

的都是同一個功能需求；例如，行爲狀態機的狀態轉移都應與類別圖內的操作有關聯。在我們說明所要考量之具體測試之前，我們先說明演練，一種查核與驗證演進中之模型的辦法。[2] 之後，我們描述一組可用於**查核 (verification)** 與**驗證 (validation)** 分析模型的規則。

◆ 以演練來查核與驗證

演練 (walkthrough) 基本上是一種由成員檢視產品的方式。在分析模型的情況，演練是對分析過程所製作出之不同的模型和圖的一種審視。這項審視通常是由來自分析團隊、設計團隊和使用者所組成的一群人所完成。分析演練的目的是徹底的測試分析模型滿足功能需求的精確程度，並確保該模型是一致的。也就是說，分析演練揭發了正在演進中之規格所存在的**錯誤 (errors)** 或**缺陷 (faults)**。然而，演練並不會更正任何錯誤——它只是辨認出它們。更正錯誤是分析團隊完成演練之後所要完成的事。

演練是非常強調互動的。隨著演練人員「逐步」演練各個表現手法，演練小組的組員應該提出與表現手法方面有關的問題。例如，如果演練人員正在演練一張類別圖，另一名小組的成員可以問爲什麼某些屬性、操作或關聯，都沒有被包括在內。向一些新的觀賞者簡單地展現表現手法的實際過程，有助於找出顯而易見的錯誤和遺漏。在許多情況，表示法之製作者可能見樹不見林。[3] 其實，很多時候表示法的演練動作會讓演練人員親眼看到他或她自己的錯誤。基於心理上的原因，聆聽表示法有助於分析師更完整地看到該表示法。[4] 因此，表示法的製作者應定期對自己大聲唸出表示法來演練自己的分析模型，而不必在意這樣的動作讓他們看起來會如何。有些特定的角色可供演練小組不同的成員來扮演。首先是**演練人員 (presenter)** 的角色。這應該是由接受審查之表示法的主要負責人員來扮演。這個人向演練小組展示該表示法。第二個角色是**紀錄人 (recorder)**，或**抄寫人 (scribe)**。記錄人應該是分析小組的一個成員。這個人仔細地寫下會議紀錄，其中記錄在演練期間發生的所有重要情事。特別是，所有找出的錯誤必須被記錄下來，以便分析小組可以解決這些問題。另一個重要

---

[2]即使許多現代的 CASE 工具能夠自動查核與驗證分析模型，我們覺得最重要的是系統分析師須理解執行查核和驗證的原則。此外，有些工具支援 UML 作圖如 VISIO，只能稱得上是作圖工具軟體。儘管如此，分析師仍被期望能正確地描繪出所有的圖面。

[3]事實上，姑且不論是否為戲謔之詞，在許多情況下，開發人員的眼睛比木板洞眼還低，連樹都看不見，遑論見到森林。

[4]這是與「使用不同的感覺」有關。因為我們的感官中觸覺是最敏感的，「接觸到」表示法會是最好的。不過，並不清楚一個人該如何接觸一個使用案例或者一種類別。

的角色是要有個人提出維護表示法的問題。Yourdon 稱這個人爲**維護達人 (maintenance oracle)**。[5] 由於強調物件導向開發的再利用性，這個角色變得十分關鍵。最後，一定要有人負責聯繫、安排和指揮演練會議。想要讓演練獲得成功，演練小組的成員必須有充分的準備。因此，所有要審查的材料，在實際開會前必須分配足夠的時間給小組成員，以審查這些材料。此外，小組成員應該事先對表示法寫下看法，以便在演練會議上所有相關的問題都可以談論到。否則，這個演練會是既沒有效率又沒有效果的。實際開會期間，當演練人員演練表示法時，成員們應該指出任何潛在的錯誤或誤解。在許多情況下，錯誤和誤解是由無效的假設所造成的，這些假設若沒有經過演練就不會被發現。演練的潛在危險出現在「管理階層認定被揭露之表示法的錯誤，正反映了分析師能力有所欠缺」的時候。這一點必須不惜一切代價避免。否則，演練是提高表示法之精確性的根本目的將受挫。根據組織的不同，將管理階層隔離於演練過程之外或許是必要的。如果沒有，演練的過程可能會被拆解成宛如火爆的美國職業棒球賽，讓一些小組成員藉著羞辱演練人員來出鋒頭。至少可以這麼說──這顯然是適得其反的做法。

◆ 功能模型的查核與驗證

在本書中，我們提出了三個不同的功能模型表示法：活動圖、使用案例的文字描述、使用案例圖 (參閱第五章)。在本節中，我們描述一套規則，以確保這些三個表示法都是彼此一致的。首先，在比對活動圖與使用案例的文字描述時，至少有一個被記錄於每個活動或動作之使用案例文字描述的常態事件流程、子流程、或替代/特殊流程的事件被納入活動圖內，且每個事件必須與某個活動或動作有所關聯。例如，在圖 5-2 中，有個標示 Get Patient Information 的活動，似乎應該與圖 5-5 所示之使用案例文字描述的常態事件流程中的前兩個事件有關聯。其次，活動圖中所有被描繪成物件節點的物件，必須在使用案例文字描述的常態事件流程、子流程，或替代/特殊流程的某個事件中提到。例如，在圖 5-2 的活動圖描繪了一個 Appt 物件，而使用案例的文字描述指的是一個新的預約與變更既有的預約。第三，在使用案例文字描述中的事件，其前後順序應該與活動圖中活動發生的前後順序一致。例如於圖 5-2 和 5-5 中，與活動 Get Patient Information 有關的事件 (事件 1 和 2)，應該出現在與活動 Make Payment Arrangements 有關的事件 (事件 4) 之前。第四，在比較一個使用案例文字描述與使用案例圖的時候，每個使用案例必須有一個且只有一個使用案例文字描述，反之亦然。例如，圖 5-5 描繪出使用案例 Make Appointment 的使用案例文字描述。然而，圖 5-8，5-9 和 5-10

---

[5]請參閱 Yourdon, Modern Structured Analysis 的附錄 D。

所示的使用案例圖，不全然符合圖 5-5 所述的使用案例文字描述。因此，不是使用案例的文字描述需要被分解成多個使用案例文字描述，就是使用案例圖需要予以修改。審視兩個表示法之後，決定建立一個新的使用案例圖 (參閱圖 8-1)，其符合圖 5-5 所述之使用案例的文字描述。不過，兩種表示法之間仍有不一致之處：該使用案例圖上有畫出使用案例，但沒有使用案例文字描述與之搭配。爲了示範說明起見，我們略去了這些額外的描述。因此，我們可以有把握地認爲它們會通過與使用案例 Make Appointment 同樣的測試程序。

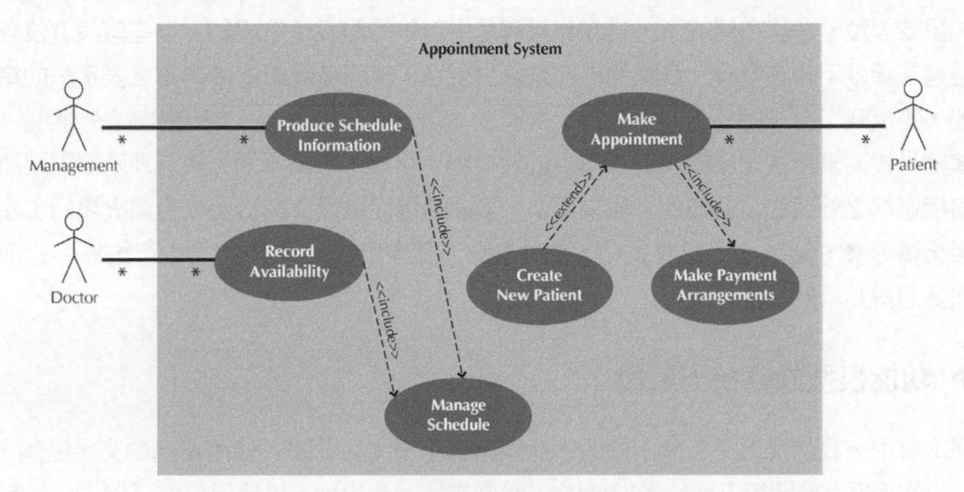

圖 8-1　調整後的預約系統使用案例圖

第五，所有列在使用案例文字描述的參與者，必須畫到使用案例圖上。此外，每一個都必須有一個關聯連結，將之連接到使用案例，而且必須與使用案例文字描述之關聯關係一同列出來。例如，參與者 Patient 被列在使用案例 Make Appointment 之使用案例文字描述 (參閱圖 5-5) 之中，它與 Make Appointment 之使用案例文字描述中的關聯一起列出，而被連結到使用案例圖中的使用案例 (參閱圖 8-1)。第六，在某些組織中，我們也應納入那些出現在使用案例文字描述中的利益相關人，當做是使用案例圖的參與者。例如，使用案例 Make Appointment 和參與者 Doctor 之間可能有一個關聯 (參閱圖 5-5 和 8-1)。但是，在這種情況下，決定不納入這個關聯，因爲 Doctor 從來沒有參與使用案例 Make Appointment。[6] 第七，所有其他列在使用案例文字描述

[6]另一種可能性是包括參與者 Receptionist。不過，我們以前已經決定 Receptionist 實際上是預約系統的一部分，而並非僅僅是系統的使用者。如果 UML 支援內部參與者的想法，或者參與者對參與者的關聯，這暗示關聯能很容易地透過讓參與者 Patient 直接與參與者 Receptionist 溝通而變得明確，不管參與者 Receptionist 是否是系統的一部分。請參閱第五章的註 19。

的關係 (包括延伸和一般化)，必須描繪於一張使用案例圖。例如，在圖 5-5 中，有一個關聯關係與使用案例 Make Payment Arrangements 列在一起，而於圖 8-1 中我們看到它出現在該兩個使用案例之間。最後，有許多與圖有關的需求必須特別留意。例如，於一張活動圖中，一個決策節點只能用一個控制流連接到活動或動作節點，對於每一個決策節點應該有一個與之匹配的合併節點 (參閱第五章)。每種類型的節點和流有不同的限制。然而，針對所有 UML 圖面的完整限制介紹，已經超出了本書的範圍。[7] 於圖 8-2 中之概念圖描繪出功能模型之間的關聯。

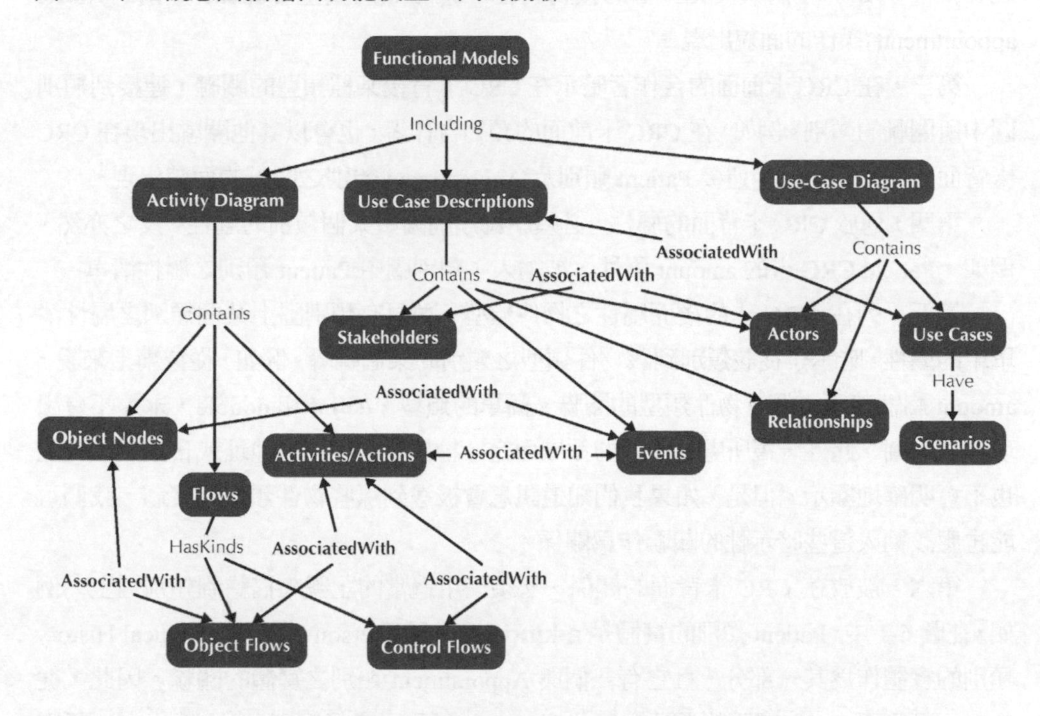

圖 8-2　功能模型之間的相互關係

◆ 結構模型的查核與驗證

在第六章中，我們提出了塑造結構之模型的三種表示法：CRC 卡、類別圖、物件圖。因爲物件圖只不過是某部分類別圖的實體化，因此我們將只討論 CRC 卡和類別圖。正如上一節有關功能模型的說明，這一節提供了一套規則，用來測試結構模型的一致性。爲了舉例起見，我們使用在第五、六和七章所討論過的預約問題。一個病人類別

[7] 有關這種類型限制的好書是 S.W. Ambler, *The Elements of UML 2.0 Style* (Cambridge, UK:Cambridge University Press, 2005)。

之 CRC 卡的例子如圖 6-1 所示，以及相關的類別圖描繪如圖 6-2。首先，每個 CRC 卡必須被關聯至類別圖中的某個類別，反之亦然。例如，Patient CRC 卡與類別圖的 Patient 類別 (參閱圖 6-1 和 6-2) 關聯在一起。不過，在第六章我們只描繪了 Patient 類別的 CRC 卡。很明顯的，需要有一張 CRC 卡與類別圖的每一個類別都有關聯，以求結構模型的一致性。

其次，被列在 CRC 卡前面的責任必須被納入而爲類別圖上某個類別的操作，反之亦然。例如，在病人 CRC 卡的預約責任，也於類別圖上 Patient 類別的 make appointment()操作的面貌出現。

第三，在 CRC 卡前面的合作者暗示在 CRC 卡背後某種類型的關聯，連接到類別圖中所關聯的類別。例如，在 CRC 卡前面的預約合作者，也會以其他關聯出現在 CRC 卡背面，與以類別圖中連接 Patient 類別及 Appointment 類別之關聯的面貌出現。

第四，列於 CRC 卡背面的屬性，必須納爲類別圖中某個類別的屬性，反之亦然。例如，Patient CRC 卡的 amount 屬性，被納入了類別圖中 Patient 類別之屬性清單。

第五，列在 CRC 卡的後面屬性之物件類型，並具有類別圖上某個類別之屬性清單中的屬性，暗示了從該類別到該物件類型之類別的某個關聯。例如，從技術上來說，amount 屬性暗示一個雙物件類型的關聯。簡單的類型，如 int 和 double，永遠不會出現在類別圖。此外，視所處的問題的領域而定，物件類型如人、地址或日期等，可能也不會明確地顯示。但是，如果我們知道訊息會被送到那些物件類型的實體，我們可能也應該納入這些暗示性的關聯作爲關係。

第六，被放在 CRC 卡背面的關係，必須使用適當的記號來描繪到類別圖上。例如，在圖 6-1 中，Patient 類別的實體是 **a-kind-of (一種)** Person，它具有 Medical History 類別的實體作爲其一部分，且它有一個與 Appointment 類別之實體的關聯。因此，從 Patient 類別至 Person 類別的關聯，應代表 Person 類別是它子類別──包括 Patient 類別──的一般化，從 Patient 類別至 Medical History 類別之關聯是組合(聚合)型關聯 (空心菱形)，而 Patient 類別的實體與 Appointment 類別之實體間的關聯是一個簡單的關聯。

第七，一個關聯類別──例如圖 6-2 的 Treatment 類別──只有連接之類別的交集在確實有某些獨特的特徵 (屬性、操作或關係) 時，才需要建立。如果沒有任何獨特的特徵存在，那麼該關聯類別應該被刪除，而只顯示出連接兩個類別間的關聯。

第八，有時候包含於類別圖中的某個子類別，其實只不過是個不同狀態，是超類別的實體在其生命期間將經歷者。例如，在我們討論第七章的時候，Freshman、Sophomore、Junior 與 Senior 等子類別其實只是 Undergraduate 類別之實體會經歷的狀態 (參閱圖 7-12)。在這種情況下，從類別圖移除這些子類別可以提高圖的精確度。

最後，一如於功能模型中，也有一些表示法的特定規則必須遵守。例如，一個類別不能是其本身的子類別。因此，Paticnt CRC 卡的背面就不能將 Patient 以一般化關係將之列出來，也不能讓 Patient 類別連個一般化的關係朝向它自己。再說一次，各表示法的詳細限制說明已經超出本書的範圍。[8] 圖 8-3 描繪了結構模型之間的關聯。

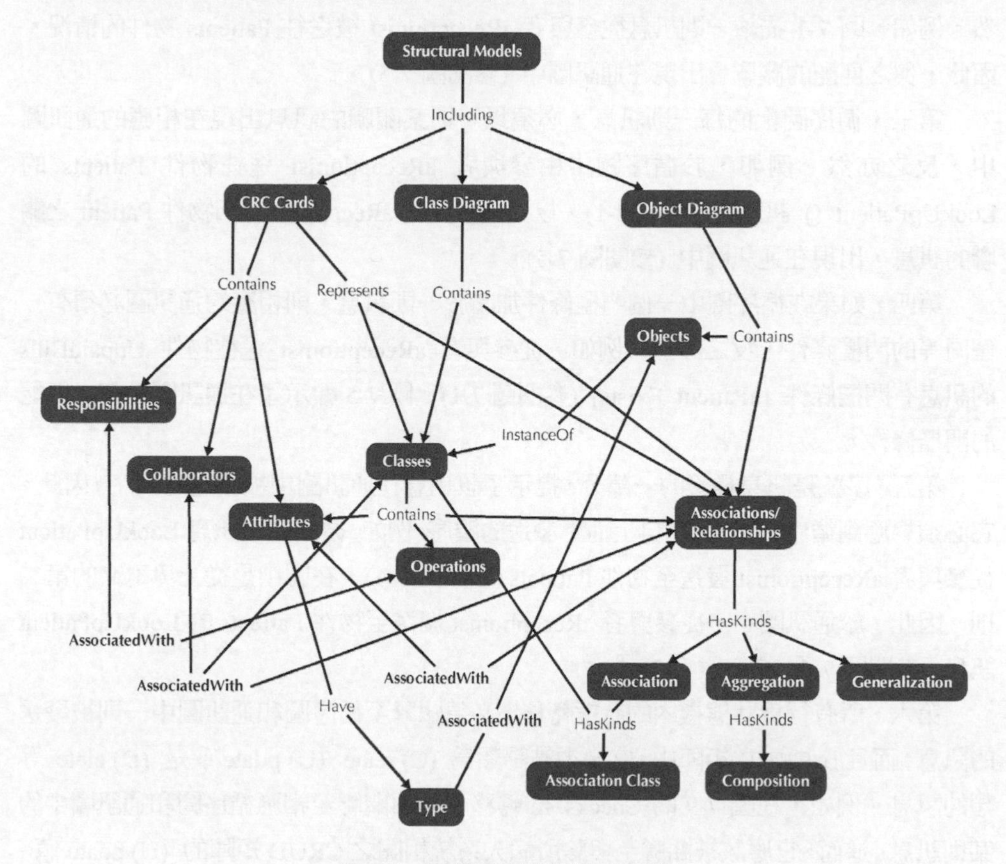

圖 8-3　結構模型間的相互關係

◆ 行爲模型的查核與驗證

在第七章，我們描述了三個可以用來代表行爲模型的不同的圖：循序圖、通訊圖、行爲狀態機。循序圖和通訊圖塑造在系統內一起工作，以支持企業流程之類別的實體之間相互作用的模型；而行爲狀態機描述一個物件在其生命期期間所經歷的狀態變化。我們再次使用第五、六、七章描述過的預約系統，並專注在圖 7-1、7-5、7-9 和 7-14，來描述一組可用於確保行爲模型內部一致的規則。

---

[8]參閱註 7。

首先，每一個存在於循序圖內的參與者和物件，也必須是通訊圖上的參與者和物件，反之亦然。例如，在圖 7-1 和 7-5，參與者 aReceptionist 和物件 Patient 都同時出現在這兩張圖上。

第二，如果一個訊息出現在循序圖，則在通訊圖內必須有個相應的關聯，反之亦然。例如，圖 7-1 描繪一則訊息從參與者 aReceptionist 被送往 Patients 物件的情況。因此，與之匹配的關聯會出現在通訊圖中 (參閱圖 7-5)。

第三，循序圖上的每一則訊息，必須以一則某關聯的訊息出現在相應的通訊圖中，反之亦然。例如，於循序圖中由參與者 aReceptionist 送往物件 Patients 的 LookUpPatient () 訊息 (參閱圖 7-1)，以一則參與者 aReceptionist 和物件 Patient 之關聯的訊息，出現在通訊圖中 (參閱圖 7-5)。

第四，如果在循序圖中一個門檻條件加諸於一則訊息，則相應的通訊圖必須有一個同等的門檻條件，反之亦然。例如，從參與者 aReceptionist 送往物件 UnpaidBills 的訊息有門檻條件 [aPatient Exists] (參閱圖 7-1)。圖 7-5 顯示了在通訊圖中與之匹配的門檻條件。

第五，序號是訊息標籤的一部分，提示了該訊息在通訊圖中被發送的順序。因此，它必須對應到循序圖中，訊息自上而下發送的順序。例如，循序圖上訊息 LookUpPatient 從參與者 aReceptionist 發送至物件 Patients (參閱圖 7-1)，在圖中是從上算下來的第二則。因此，於通訊圖中，從參與者 aReceptionist 發送至物件 Patients 的 LookUpPatient 訊息 (參閱圖 7-5) 標有數字 2。[9]

第六，所有行爲狀態機內的狀態轉移，必須關聯至循序圖和通訊圖中一則被發送的訊息；而且於 CRUD 矩陣中，它必須被歸類爲 (C) reate、(U) pdate 或是 (D) elete 等類的訊息。例如，在圖 7-9 的 Checks In 轉移，必須關聯至相應循序圖和通訊圖中的某則訊息。進而，它應該被關聯至與診所病人系統相關之 CRUD 矩陣的 (U) pdate 值。

第七，所有 CRUD 矩陣中的值，暗示了有一則訊息從某個參與者或物件，被送到另一個參與者或物件。如果該值是 (C) reate、(U) pdate 或 (D) elete，則在代表接收類別之實體的行爲狀態機，必須有與之相關的轉移。例如，在圖 7-14 中 Receptionist 行和 Appointments 欄的 R 和 U 值，暗示參與者 Receptionist 的實體會讀取和更新 Appointments 類別的實體。因此，循序圖和通訊圖中，應該有相應於預約程序的讀取和更新訊息。審視圖 7-1 和 7-5，我們看到有一則從參與者 aReceptionist 送到 Appointments 物件的訊息——MatchAppts ()。然而，根據這個審視，目前還不清楚

---

[9]有使用更錯綜複雜的編號模式。不過，對我們來說，簡單的順序數字已足夠了。

MatchAppts () 訊息是代表讀取、更新或兩者兼而有之。因此，有必要進一步分析。[10] 進而，因爲有一個 (U) pdate 訊息牽涉於其中，描繪 Appointments 物件生命週期的行爲狀態機必定有一個轉移。

最後，還有許多表示法的特定規則已被提出。但是，正如於其他模型，這些規則超出了本節關於查核和驗證的討論範圍。[11] 圖 8-4 描繪了行爲模型間的關聯。

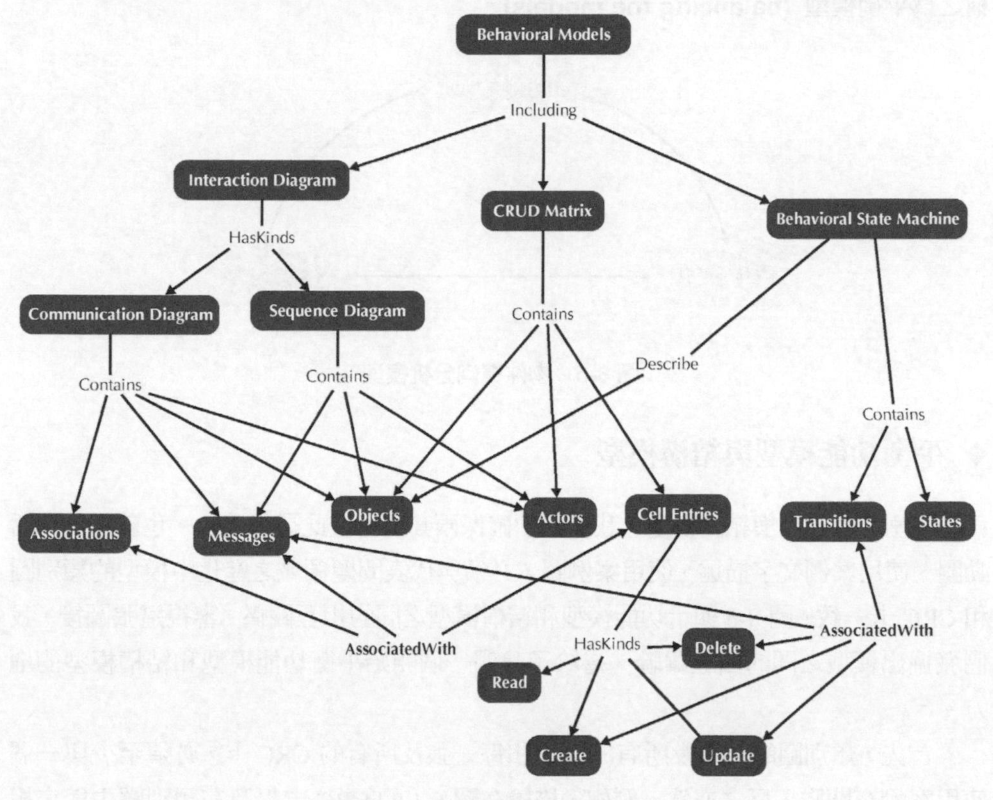

圖 8-4　行為模型間的相互關係

◆ 平衡分析模型

在前面的章節中，我們把重點放在查核和驗證各個模型：功能性的、結構性的和行爲性的。然而，正如我們曾多次說明過的，物件導向系統的開發過程是反覆與漸進的。

---

[10] 我們已經延緩操作/方法的説明到第九章。因此，用以理解所需之特定訊息的詳細資料還沒被創造出來。不過，在許多場合，所創造的訊息已經足數用於驗證行為狀態機和 CRUD 矩陣的轉移情況。

[11] 請參閱註 7。

圖 8-5 描繪出物件導向的分析模型是高度相互關聯的事實。下一步，我們將重心放在如何確保所採用之不同模型是彼此協調一致的。例如，功能模型和結構模型彼此是吻合的嗎？功能模型和行爲模型又如何呢？最後，結構模型和行爲模型是值得信賴的嗎？在本節中，我們說明一套查核和驗證所分析之模型的杆閡之處的有用規則。根據每個實際模型的特定構造，不同的相互關係間是彼此關聯的。這個確保一致性的過程稱之爲**平衡模型 (balancing the models)**。

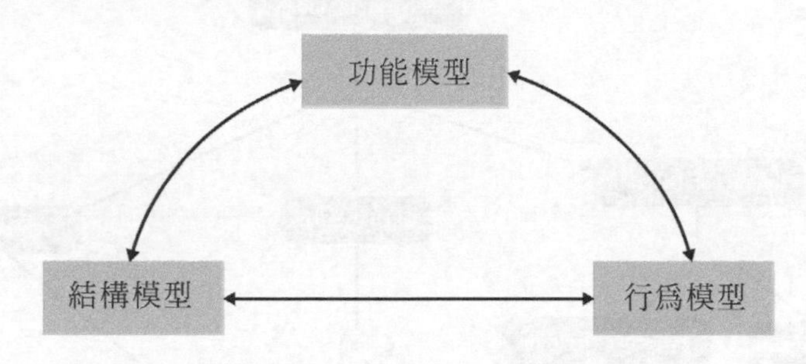

圖 8-5　物件導向分析模型

◆ 平衡功能模型與結構模型

爲了平衡功能模型與結構模型，我們必須確保兩套模型彼此是一致的。也就是說，活動圖、使用案例文字描述、使用案例圖，必須與代表問題領域之進化中模型的類別圖和 CRC 卡一致。圖 8-6 顯示功能模型和結構模型之間的相互關係。審視這張圖後，我們發掘出模型之間的四組關聯。這給了我們一個開始平衡功能模型和結構模型的地方。[12]

首先，類別圖的每個及所有的類別和每一張及所有的 CRC 卡，必須至少與一個使用案例有關聯，反之亦然。例如，描繪在圖 6-1 的 CRC 卡以及在類別圖中與它相關的類別 (參閱圖 6-2)，是與圖 5-5 描述的使用案例文字描述 Make Appointment 相關聯的。

其次，活動圖內的每個活動或行動 (參閱圖 5-2) 和在使用案例文字描述中的每個事件 (參閱圖 5-5)，應與 CRC 卡之一或多項責任以及類別圖某個類別的一或多個操作有關聯，反之亦然。例如，在範例活動圖的 Get Patient Information 活動 (參閱圖 5-2) 和使用案例文字描述的前兩個事件 (參閱圖 5-5)，與 CRC 卡的預約責任 (參閱圖 6-1) 和類別圖中類別 Patient 之 makeAppointment() 操作關聯在一起 (參閱圖 6-2)。

[12] 角色扮演 CRC 卡片 (參閱第六章) 於驗證功能與結構模型之間的相互關係上也非常有用。

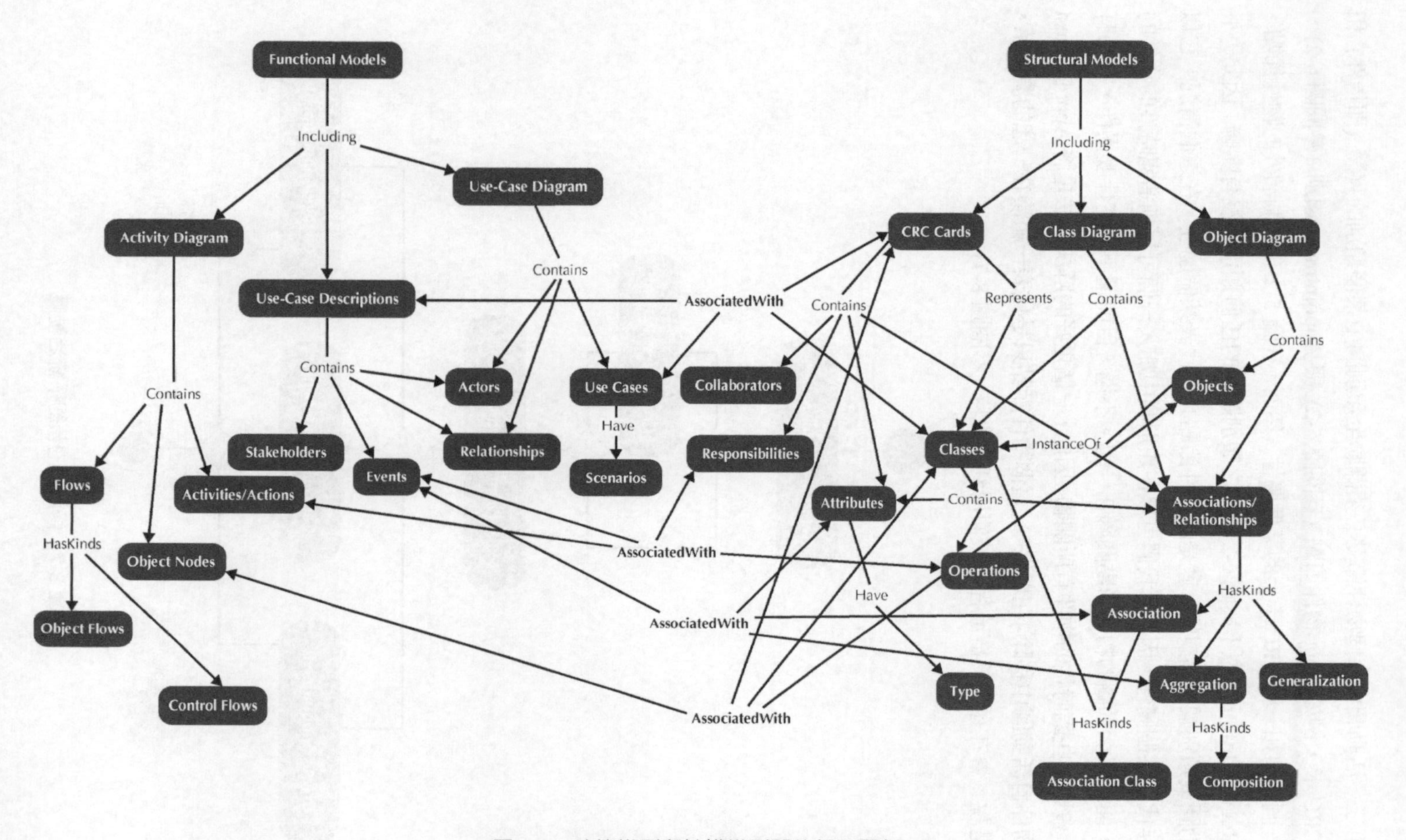

圖 8-6　功能模型與結構模型間的相互關係

第三，活動圖中每個物件節點必須關聯至類別圖中某個類別的實體 (即物件) 和一張 CRC 卡，例如 Appt 物件節點 (參閱圖 5-2) 與 Appointment 類別 (參閱圖 6-2)，或是一個類別和一張 CRC 卡上的某個屬性。然而，在圖 5-2 有一個額外的物件節點，Appt Request Info，它似乎與圖 6-2 描繪之類別圖中的任何類別都沒有關聯。因此，不是活動圖或類別圖是錯誤的，就是該物件節點必然代表某個屬性。在這個情況，它似乎並非代表某個屬性。因此，我們可以在類別圖中加入一個可以創造臨時性的物件的類別，使之與活動圖的物件節點關聯在一起。不過，目前還不清楚什麼操作，如果有的話，會與這些臨時性的物件有所關聯。因此，一個更好的解決辦法是將 Appt Request Info 物件自活動圖中移除。在現實中，這個物件節點只是代表一組湊在一起的屬性值，也就是說，會在預約系統流程中被使用到的資料 (參閱圖 8-7)。

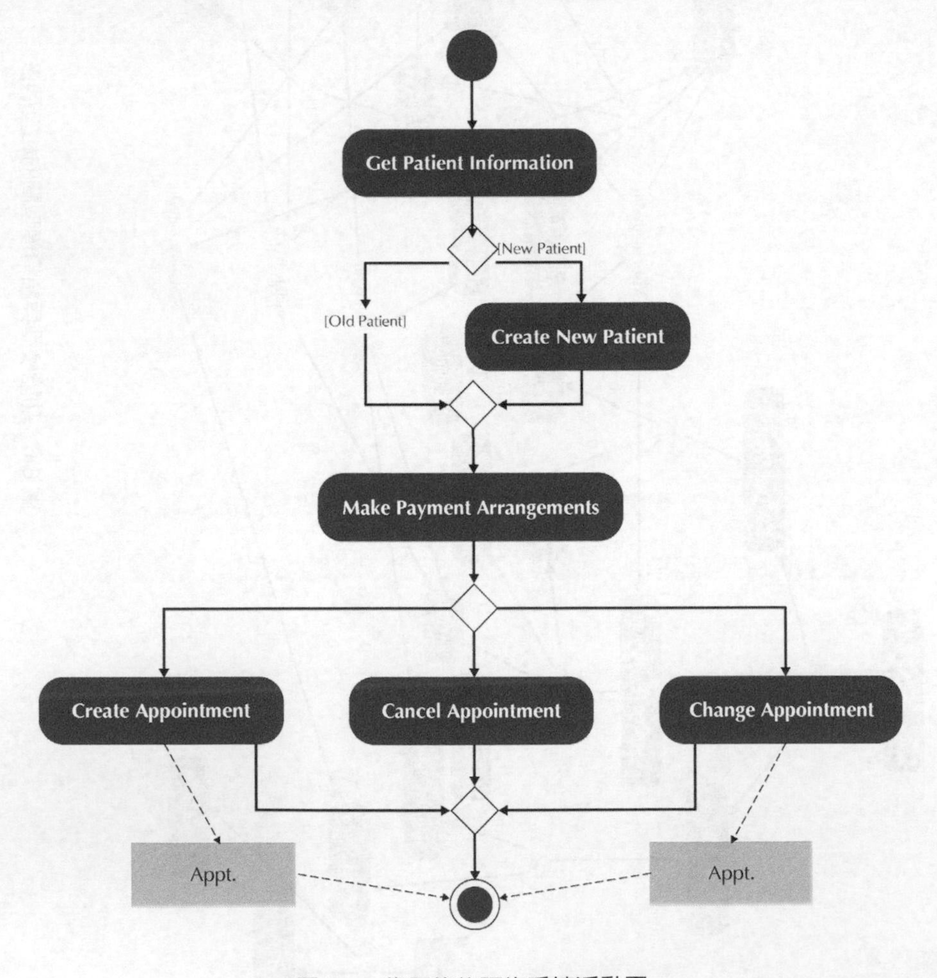

圖 8-7　修訂後的預約系統活動圖

第四，所有於 CRC 卡內的屬性和關聯/組合關係 (且連接到類別圖上的某個類別)，應當與使用案例文字描述中某個事件的主題或是物件有所關聯。例如，在圖 5-5 中，第二個事件說：Patient 提供其姓名和地址予 Receptionist。審視圖 6-1 中的 CRC 卡和圖 6-2 中的類別圖，我們看到 Patient 是 Person 類別的子類別，也因此繼承了所有定義於 Person 類別的屬性、關聯和操作，其中姓名和地址屬性已定義好了。

平衡功能模型和行為模型　至於在平衡功能模型和結構模型方面，我們必須確保這兩套模型之間的一致性。在這種情況，活動圖、使用案例文字描述、使用案例圖，必須與循序圖、通訊圖、行為狀態機、CRUD 矩陣相吻合。圖 8-8 描繪出功能模型和行為模型之間的相互關係。根據這些相互關係的基礎上，我們看到有四個地方是我們必須關切的。[13]

首先，循序圖和通訊圖必須與使用案例圖中的使用案例和使用案例文字描述有所關聯。例如，圖 7-1 的循序圖和圖 7-5 的通訊圖，與出現在圖 5-5 中的使用案例文字描述以及圖 8-1 的使用案例圖之使用案例 Make Appointment 的場景相關的。

第二，於循序圖、通訊圖和/或 CRUD 矩陣中的參與者，必須與使用案例圖的參與者或被使用案例文字描述所參照者有所關聯，反之亦然。例如，於圖 7-1 之循序圖、圖 7-5 之通訊圖和圖 7-14 之 CRUD 矩陣的參與者 aPatient，出現在圖 8-1 之使用案例圖以及圖 5-5 的使用案例文字描述。然而，aReceptionist 不會出現在使用案例圖，但被 Make Appointment 使用案例文字描述中的事件所參照。在這種情況下，參與者 aReceptionist 顯然屬於內部型的參與者，這樣的參與者無法被 UML 的使用案例圖所描繪出來。

第三，通訊圖和循序圖的訊息、行為狀態機的狀態轉移以及 CRUD 矩陣之值，必須與活動圖之活動和動作以及被列在使用案例文字描述之事件有所關聯的，反之亦然。例如，循序圖和通訊圖 (參閱圖 7-1 和 7-5) 中的訊息 CreateAppt ()，與 CreateAppointment 活動 (參閱圖 8-7) 以及 S–1 有關：使用案例文字描述上的 New Appointment 子流程 (參閱圖 5-5)。進而，CRUD 矩陣之 Receptionist Appointment 格的 C 值也是與這些訊息、活動和子流程相關聯的。

第四，在活動圖中所有以一個物件節點來表示之複雜物件，必須有一個能呈現該物件生命週期的行為狀態機，反之亦然。正如在第七章所說過的，複雜的物件往往在它們的生命期間，是非常活躍並歷經各種不同的狀態。然而，Appointment 物件節點 (參閱圖 8-7) 似乎代表了相當簡單的物件。它似乎只有被創造、被更改和被取消。因此，在這種情況下，沒有必要提供一個行為狀態機。

---

[13]進行 CRUD 分析 (參閱第七章) 也對審視功能模型和行為模型之交集非常有用。

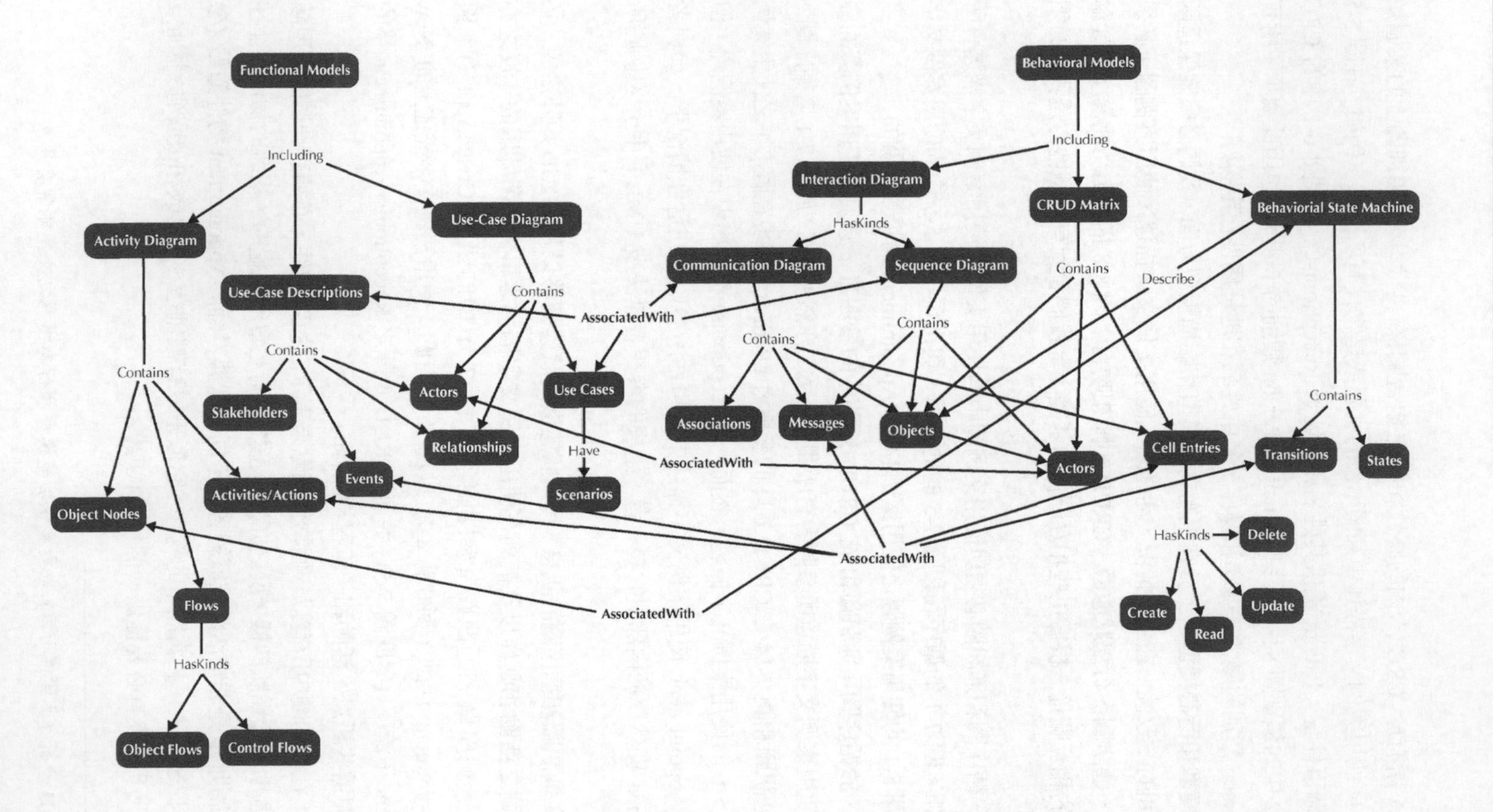

圖 8-8 功能模型和行為模型的相互關係

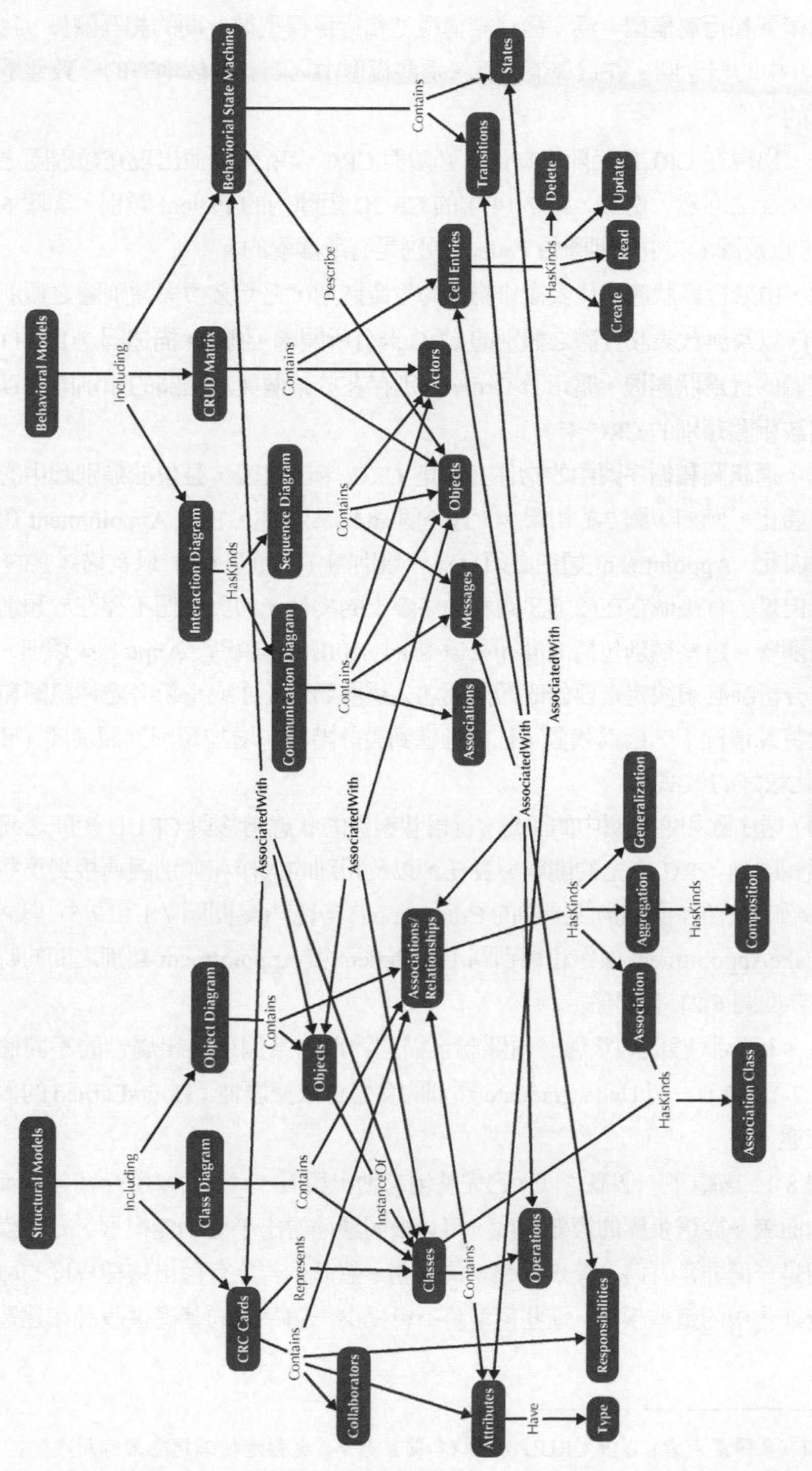

圖 8-9 結構模型和行為模型的相互關係

平衡結構模型和行為模型　爲了釐清結構模型和行爲模型彼此間的相互關係，我們利用如圖 8-9 中的概念圖。在這種情況下，這些模型中之間有五個地方的一致性是我們必須確保的。[14]

首先，出現在 CRUD 矩陣的物件，必須與 CRC 卡所代表並出現在類別圖之類別有所關聯，反之亦然。例如，圖 7-14 中的 CRUD 矩陣內的 Patient 類別，與圖 6-1 中的 CRC 卡以及圖 6-2 中類別圖的 Patient 類別是有所關聯的。

其次，由於行爲狀態機代表複雜物件的生命週期，它們必須與類別圖之類別的實體 (物件)，以及與代表該實體之類別的 CRC 卡有所關聯。例如，描述圖 7-11 中 Order 類別之實體的行爲狀態機，暗示著 Order 類別存在於某個與之相關的類別圖，以及存在一個與該相關類別的 CRC 卡。

第三，通訊圖和循序圖中的物件必須是 CRC 卡所代表，且位於類別圖中的某個類別的實體化。例如，圖 7-1 和圖 7-5 有一個 anAppt 物件，它是 Appointment 類別的實體化。因此，Appointment 類別必須存在於類別圖 (參閱圖 6-2) 以及描述它的 CRC 卡之中。但是，有幾個存在於通訊圖和循序圖上的物件，卻與幾個不存在於類別圖之類別有所關聯。這些類別包括 PatientsList 類別、BillsList 類別、ApptsList 類別。在這個時候，分析師必須決定是要修改類別圖加入這些類別，亦或重新考慮通訊圖和循序圖。在此特殊情況下，因爲我們正往前推進到設計階段，增加類別到類別圖 (參閱圖 8-10) 是比較好的做法。

第四，循序圖和通訊圖中的訊息、行爲狀態機的狀態轉移與 CRUD 矩陣之元素的值，必須關聯到 CRC 卡上的關聯與責任，以及類別的操作和類別圖連接到那些類別的關聯。例如，在循序圖和通訊圖中的 CreateAppt() 訊息 (參閱圖 7-1 和 7-5) 與 Patient 類別之 makeAppointment 操作和類別圖上的 Patient 與 Appointment 類別之間的時間預約關聯 (參閱圖 6-2) 有關係。

第五，行爲狀態機的狀態必須關聯至描述物件的某個或某組屬性的不同值。例如，在圖 7-12 中，一個 Undergraduate 類別的實體會依據屬性：HoursEarned 的值而有不同的狀態。

摘要　圖 8-11 描繪了一個概念圖，它完整地勾勒出第五、六、七章所介紹之各圖間相互關係的面貌。從這張圖的複雜程度，可以很明顯地看出平衡功能模型、結構模型和行爲模型是一個非常耗時、繁瑣而艱鉅的任務。然而，若沒有付出這種程度的關注在代表系統進化中的這些模型，這些模型將不會提供一個堅實的基礎供設計和建造系統之用。

---

[14] 角色扮演 (參閱第六章) 以及 CRUD 分析 (參閱第七章) 也對這件工作非常有用。

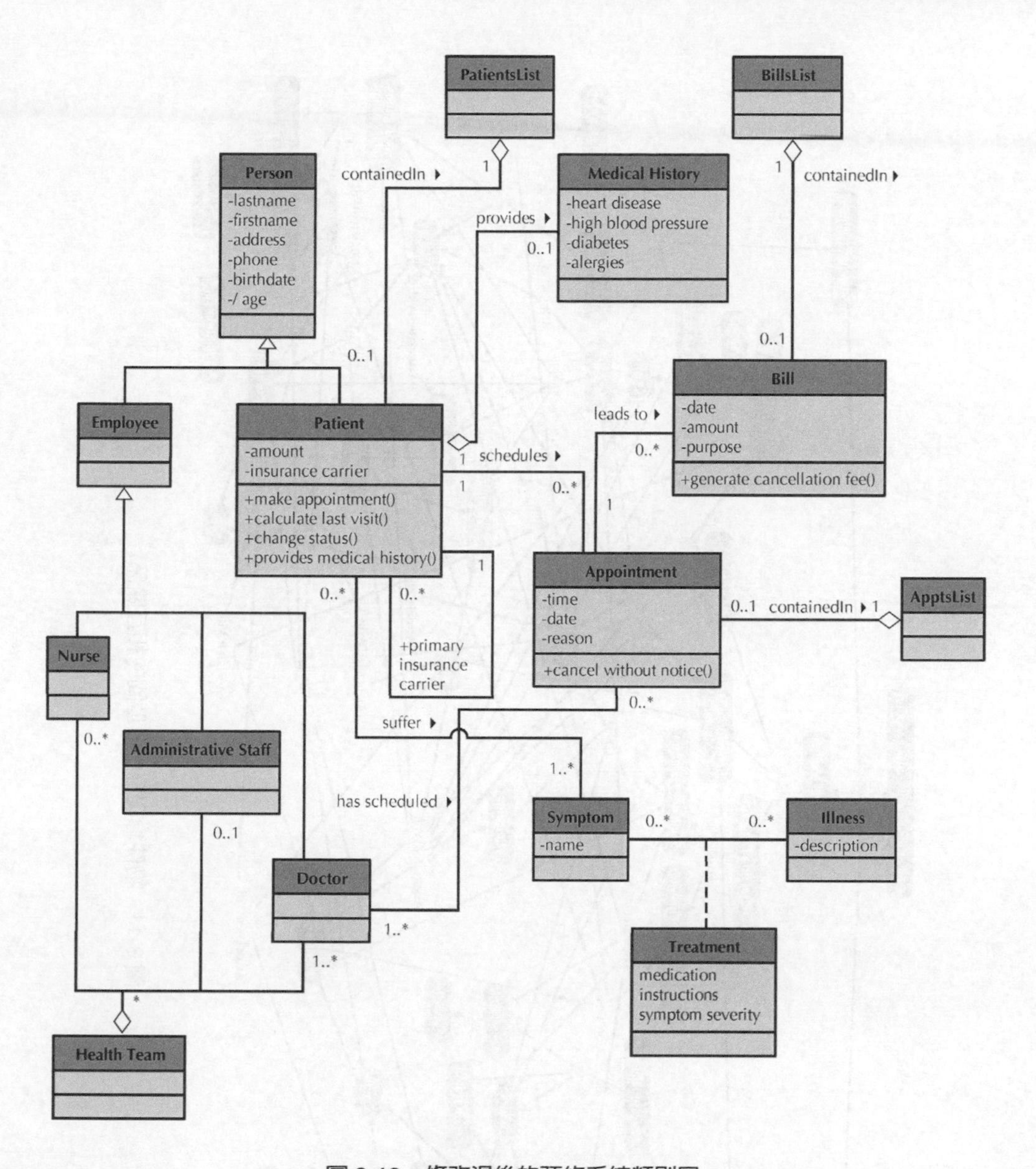

圖 8-10 修改過後的預約系統類別圖

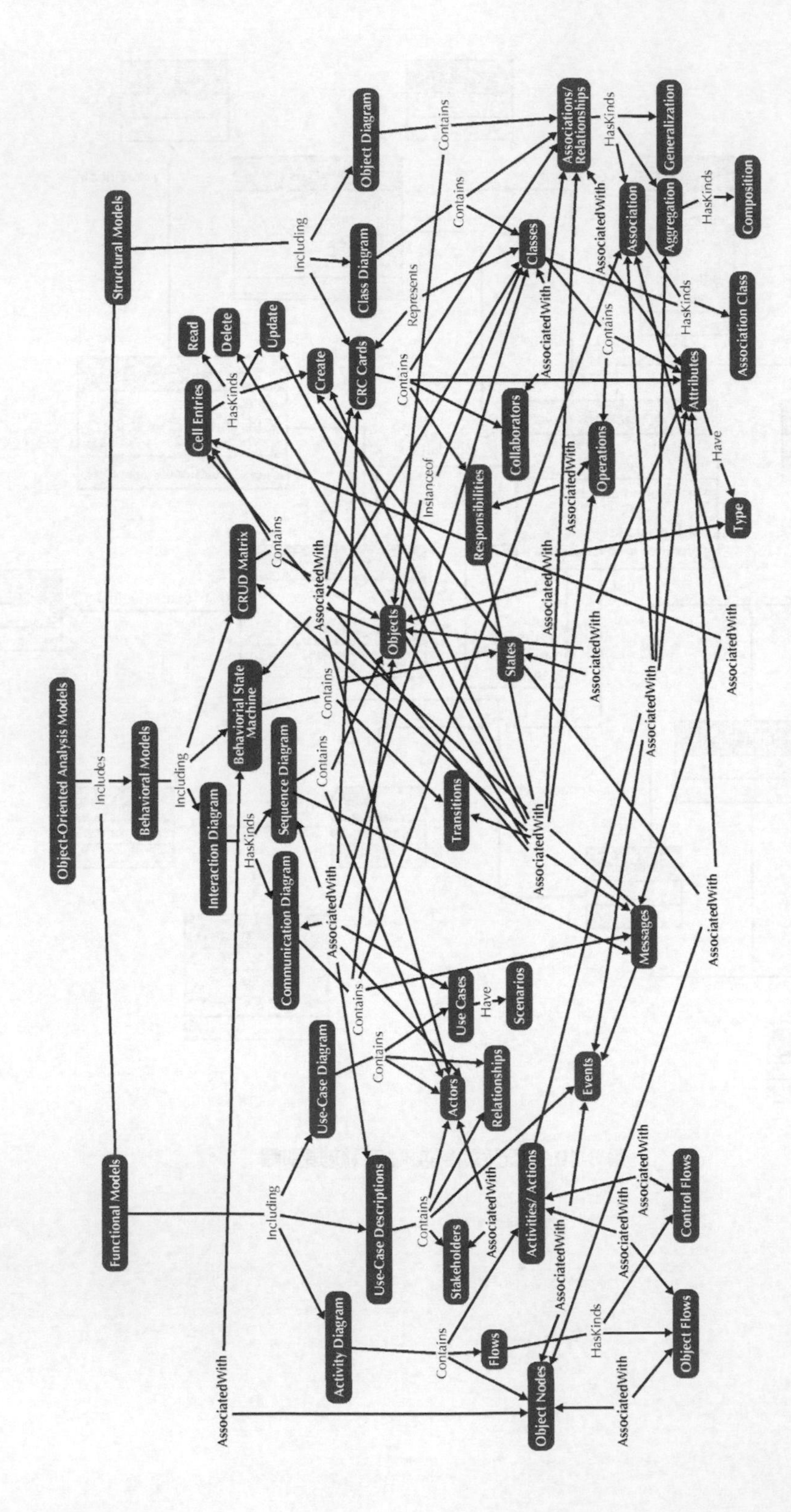

圖 8-11 物件導向分析模型間的相互關係

從分析模型進化到設計模型

現在，我們已經成功地查核和驗證我們的分析模型，我們開始需要將它們進化成合用的設計模型。分析模型的目的是將底層的企業問題領域，表達成一組能協力合作的物件。換句話說，分析活動定義了功能性的需求。爲達此目的，分析活動應該略去非功能性的需求，像是效能與系統環境之類的議題 (例如，分散式或集中式處理、使用者介面議題以及資料庫議題)。對比之下，設計模型主要的目的是以一種負擔得起且維護容易的態度之下，提高能成功交付一個實作出功能需求之系統的可能性。因此，在系統設計中，我們同時談論功能性和非功能性的需求。

從物件導向的觀點來看，系統設計模型只是單純因加入了系統環境細節而細部修整了系統分析模型 (或解決方案領域)，並調整已包含於分析模型的問題領域資訊。當進化分析模型到設計模型時，首先應該仔細審查使用案例與目前這組類別 (它們的方法與屬性，以及其間的關係)。是否所有類別都是不可或缺的？是否有任何類別被遺漏了？類別是否有完整的定義？是否有任何屬性或方法被遺漏了？類別有任何不必要的屬性與方法嗎？目前進化之系統的表示法是否爲最佳的？顯然，如果我們已經查核並驗證過分析模型，相當多的部分已經發生了。然而，物件導向系統的開發過程是反覆與漸進的。因此，我們必須重新檢討分析模型。然而這一次，我們開始透過設計的鏡頭，注視問題領域的模型。因此，我們將對問題領域模型予以修改，用以提高進化之系統的效率和有效性。

在下列各節，我們將介紹分解 (factoring)、分割 (partition) 與合作 (collaboration) 以及層 (layer)，作爲進化問題領域導向的分析模型到最佳的解決方案領域導向的設計模型。從強化統一流程的角度 (參閱圖 1-11)，我們正從分析工作流移向設計工作流。再者，我們正進一步走向詳述階段，而有一部分進入建構階段。

◆ 分解

分解 (factoring) 是將一個**模組 (module)** 抽離出來，使其本身變成一個獨立模組的過程。新的模組可能是一個新的**類別**或一個新的**方法**。例如，當審視一組類別時可能會發現，它們有著一組相似的屬性與方法。因此，可以將那些相似之處抽離出來，而變成另一個單獨的類別。視新的類別與現有類別之間是否應該有超類別的關係，新的類別可以與現有類別透過**一般化 (a-kind-of)** 或**組合 (has-parts)** 關係關聯起來。例如，使用前幾章的預約系統例子 (參閱圖 6-2)，假如 Employee 類別尚未被辨認出來，我們就可以在這個階段辨認它，方法是從 Nurse、Administrative Staff 及 Doctor 類別抽離出它們之間雷同的方法與屬性。在這情況下，我們可以使用一般化 (a-kind-of) 關係，將新類別 (Employee) 與現有類別關聯起來。顯然，我們還可以透過延伸的方式創造 Person 類別，如果它先前還沒有被辨認出來。

抽象化 (abstraction) 與**細緻化 (refinement)** 是兩個與分解有密切相關的動作。抽象化處理的是從一套觀念中，創造出一個更高層次觀念。辨認出 Employee 類別便是從一組較低層次的類別，抽象化成一個較高層次類別的例子。在某些情況，抽象化程序會辨認出**抽象類別 (abstract class)**，然而在其他情形，這過程會辨認出額外的**具體類別 (concrete class)**。[15] 細緻化的程序剛好是抽象化程序的相反。在前幾章的預約系統中 (參閱圖 6-2)，我們可以辨認出 Administrative Staff 類別額外的子類別，像是 receptionist、secretary 及 bookkeeper。當然，只有在新舊類別之間的差異很明顯時，我們才會加入新的類別。否則，更一般的類別──Administrative Staff──實已足夠。

◆ 分割與協力合作

因為分解、細緻化與抽象化等都有可能發生於進化中的系統，規模龐大的系統表示資料可能超乎使用者與開發者的負荷。在系統進化到這個時候，把表示資料切割為成一群**分割 (partition)** 是有意義的。一個分割可以說是一個子系統於物件導向下的用語。[16] 所謂子系統，乃是從一個較大的系統分解成若干個次要系統 (例如，一個會計資訊系統的功能可分解為應付帳款系統、應收帳款系統、薪資系統等等。)。從物件導向的觀點來看，分割的依據是來自物件間的活動範本上 (所送的訊息)。於本章稍後，我們將描述一個塑造分割與協力合作的簡單方法：套件和套件圖。

找尋潛在分割可能性的好地方是 UML 通訊圖塑造的**協力合作 (collaboration)** (參閱第七章)。如果你還記得，一個辨認協力合作的有用方法是針對每個使用案例建立一個通訊圖。然而，因為一個類別可能同時支援好幾個使用案例，所以一個類別可能參與好幾個以使用案例為主的協力合作。在那些類別支援好幾個使用案例的情況，協力合作應該合併在一起。此外，類別圖應予以重新審視，以看看數個不同類別之間

---

[15]關於抽象和具體類別之間的差異，請參閱第六章。

[16]一些作者稱分割為子系統 [例如，請參閱 R. Wirfs-Brock, B. Wilkerson, and L. Weiner, *Designing Object-Oriented Software* (Englewood Cliffs, NJ:Prentice Hall, 1990)], 然而其他人則指為層 [例如., 請參閱 see I. Graham, *Migrating to Object Technology* (Reading, MA:Addison-Wesley, 1994)]。不過，我們選擇使用分割這個名詞 [C. Larman, *Applying UML and Patterns:An Introduction to Object-Oriented Analysis and Design* (Englewood Cliffs, NJ:Prentice Hall, 1998)] 以降低傳統系統開發方式與 Rational 的統一流程方法之層的混淆程度。

是如何的彼此相關。例如，如果一個類別的屬性具有複雜的物件類型，如人、地址、部門等，且這些物件類型並沒有在類別圖中被塑造成一個關聯，我們需要辨認出這些隱性的關聯。因此，合併類別圖與通訊圖來製作出另一張圖面，就非常適合用於顯示類別之間耦合程度的高低。[17] 類別之間耦合越緊密，越有可能這些類別要集中在一個合作或分割。最後，藉由觀察 CRUD 矩陣，我們可以使用 CRUD 分析 (參閱第七章)，以辨認出哪些潛在的類別適於合併爲協力合作。

根據合併後之協力合作的複雜程度高低，或可將協力合作分解爲若干的分割。在這情況下，除了物件間有協力合作之外，分割之間也可以有協力合作。一般的經驗法則是，物件之間傳送的訊息愈多，物件愈可能屬於相同的分割。傳送的訊息愈少，這兩個物件愈不可能屬於同一個分割。

另一個辨認可否分割的有用方法是，以用戶端、伺服端及合約來塑造物件之間的各個協力合作方式。其中，**用戶端 (client)** 是一個**類別**的實體，這實體會將一個**訊息**傳送給另一個類別之實體，用以執行某個**方法 (method)**；**伺服端 (server)** 是一個接受訊息之類別的實體；而**合約 (contract)** 是一種規格，用以正式化用戶端與伺服端物件之間的互動 (參閱第六、九章)。這種方式，讓開發者透過觀察物件間已明定的合約來建立可能的分割。在這情況下，物件間的合約愈多，則這些物件愈有可能屬於同一個分割。物件間的合約愈少，這兩個類別愈不可能屬於同一個分割。

記住，辨認協力合作和分割的主要目是──確定哪些類別應該放在一起設計。

輪到你　8-1　校園租屋

在前三章，你一直致力於校園租屋服務的系統。於第五章，你被要求製作一組使用案例 (「輪到你 5-5」) 以及製作一個使用案例圖 (「輪到你 5-6」)。在第六章，針對同樣情況你又製作了一個結構模型 (CRC 卡與類別圖) (「輪到你 6-2」)。在第七章中，針對於第五章裡已確認過的使用案例之一，製作了一張循序圖 (「輪到你 7-1」) 與一張通訊圖 (「輪到你 7-2」)。最後，於第七章中你也爲 Apartment 類別製作了一個行爲狀態機 (「輪到你 7-3」)。

根據繪於這些圖面的既有功能、結構及行爲模型，運用抽象化及細緻化流程，以辨認出其他有用的抽象類別及具體類別。

[17]我們將會在第九章描述耦合的概念。

◆ 層

我們的系統開發到目前爲止，只著重於問題領域，而完全忽略了系統環境 (實體架構、使用者介面、資料存取與管理)。爲了成功地將系統的分析模型進化到設計模型，我們一定要加入系統的環境資訊。一個有用而且不使開發者負擔過重的方法是使用**層 (layers)**。一個層代表了進化中之系統的軟體架構中的某個要素。我們已經專心討論過此軟體架構的其中一層：問題領域層。系統環境 (例如，資料管理、使用者介面、實體架構) 的每個不同要素都應該有一個層。一如分割和協力合作，層也可以使用套件和套件圖描繪出來 (參閱下文)。

將系統架構的不同要素分開成不同層之觀念，可以追溯到 **Smalltalk** 的 MVC 架構。[18]當 Smalltalk 問世時，[19] 作者們便決定將應用邏輯與使用者介面的邏輯分開來。如此，便可以很容易地發展若干不同使用者介面，但卻使用同樣的應用邏輯。爲了達成這點，他們便建立了**模型-觀點-控制器 (MVC)** 架構，其中 **Model** 實作應用邏輯 (問題領域)，而 **View** 與 **Controller** 則實作使用者介面的邏輯。View 處理輸出部分，而 Controller 處理輸入部分。由於圖形使用者介面首先於 Smalltalk 語言發展出來，所以 MVC 架構幾乎成爲現在所有發展之圖形使用者介面的基礎 (包括 Mac 介面、Windows 系列，以及各種不同以 Unix 爲主的圖形使用者介面環境)。

層	範例	相關章節
基礎	日期、列舉	8、9
問題領域	Employee、Consumer	5、6、7、8、9
資料管理	DataInputStream、FileInputStream	9、10
人機互動	按鈕、面板	9、11
實體架構	ServerSocket、URLConnection	9、12

圖 8-12 層與樣本類別

---

[18]請參閱 S. Lewis, The Art and Science of Smalltalk:An Introduction to Object-Oriented Programming Using Visual- Works (Englewood Cliffs, NJ:Prentice Hall, 1995)。

[19] Smalltalk 最初是由 Xerox PARC 的軟體研發小組於 1970 年代所發明。它將許多新的觀念引進到程式語言的領域，例如，物件導向、視窗使用者介面、再用性的類別庫以及開發環境的觀念等。在很多方面，Smalltalk 是所有以物件為主 (object-based) 或物件導向 (object-oriented) 語言 (如 Visual Basic、C++及 Java) 之父 (或母)。

根據 Smalltalk 的 MVC 創新的架構，有許多不同的軟體層陸續被提出。[20] 根據這些提議，我們建議軟體架構應該奠基在下列幾層：基礎、問題領域、資料管理、人機互動與實體架構 (參閱圖 8-12)。每一層都限制了哪些類型的類別才能存在該層；例如，只有使用者介面類別才可以存在人機互動層上。接著，我們將簡短的介紹各層。

基礎　從許多方面來說，**基礎層 (foundation layer)** 是非常無趣的層。它所包含的類別為任何物件導向應用程式所必需者。它包括了代表基本資料型態的類別 (如，整數、實數、字元及字串)；也代表了基本資料結構的類別，有時稱為容器類別 (如，串列、樹、圖形、集合、堆疊及佇列)；以及代表有用的抽象的類別，有時稱為工具類別 (如，資料、時間與金錢)。今天，這一層所看到的類別通常與物件導向開發環境包括在一起。

問題領域　**問題領域層 (problem domain layer)** 是我們當前所關注的焦點。在系統開發的這個階段，我們須更詳細的說明這些類別，以便未來以一個有效果且有效率的方法予以實作。在設計類別的時候許多議題都需要處理，不管類別出現於哪一層。例如，議題可能涉及分解、內聚力與耦合力、共生性、封裝、繼承與多型的正確使用、限制，合約規格以及細部方法之設計。這些議題將留待第九章討論。

資料管理　**資料管理層 (data management layer)** 討論儲存於系統之物件的永續性的問題。出現在這一層之類別的類型，處理的是物件如何地被儲存與擷取。存在於這一層的類別可以讓問題領域的類別無關於所用的儲存裝置，因此可增加進化中系統的可攜性。與這一層有關的議題還包括儲存格式 (如，關聯式、物件關聯式以及物件

---

[20] 舉例來說，Problem Domain, Human Interaction, Task Management, and Data Management (P. Coad and E. Yourdon, *Object-Oriented Design* [Englewood Cliffs, NJ:Yourdon Press, 1991)]; Domain, Application, and Interface (I. Graham, *Migrating to Object Technology* [Reading, MA:Addison-Wesley, 1994)]; Domain, Service, and Presentation [C. Larman, *Applying UML and Patterns:An Introduction to Object-Oriented Analysis and Design* (Englewood Cliffs, NJ:Prentice Hall, 1998)]; Business, View, and Access [A. Bahrami, *Object-Oriented Systems Development using the Unified Modeling Language* (New York:McGraw-Hill, 1999)]; Application-Specific, Application-General, Middleware, System-Software [I. Jacobson, G. Booch, and J. Rumbaugh, *The Unified Software Development Process* (Reading, MA:Addison-Wesley, 1999)]; and Foundation, Architecture, Business, and Application [M. Page-Jones, *Fundamentals of Object-Oriented Design in UML* (Reading, MA:Addison-Wesley, 2000)]。

資料庫) 與儲存最佳化 (如，叢集與索引法) 的選擇。想要完整地描述所有關於資料管理層的議題，將超出本書的範圍。[21] 不過，我們將在第十章呈現基本原則。

人機互動　人機互動層 (human-computer interaction layer) 所包含的類別與來自 Smalltalk 的 View 與 Controller 觀念有關。這一層的主要目的是將特定的使用者介面的實作與問題領域的類別隔離開來。這將增加系統的可攜性。這一層看到的類別多為用來呈現命令按鈕、視窗、文字欄位、捲動軸、勾選框、下拉式清單的類別，以及許多其他呈現使用者介面要素的類別。

在為一個應用程式設計使用者介面時，必須論及許多議題。例如，不同使用者介面之間的一致性有多重要、使用者經驗的程度怎麼樣、使用者將如何導覽整個系統、輔助說明與線上手冊怎麼樣、應該包括哪些輸入元素 (例如，文字欄、單選按鈕、勾選框、滑桿、下拉式清單等等)、應該包括哪些輸出元素 (例如，本文、表格、圖形等等)？一如資料管理層，想要完整描述關於人機互動的所有議題，會超出本書的範圍。[22] 不過，從使用者的觀點來看，使用者介面就是系統。因此，我們將在第十一章討論使用者介面設計的基本議題。

實體架構　實體架構層 (physical architecture layer) 探討軟體如何於特定的電腦與網路上執行。因此，這一層納入處理軟體與電腦作業系統及網路通訊的類別。例如，如果有一個類別專門處理如何與電腦不同連接埠互動，那麼它將是這一層的一部分。這一層也包括與所謂中介軟體應用程式互動的類別，像是處理分散式物件的 OMG 之 **CORBA**，以及 Microsoft 的 DCOM 與.NET 等等。

與基礎層不同的是，在選擇適用於這一層的一群類別之前，有許多設計議題得先論述。這些設計議題包括電腦或網路架構 (如，各式的主從式架構) 的選擇、網路的實際設計、軟硬體規格、全球化國際化議題 (如，多國語言需求) 以及安全議題。一如資料管理與人機互動層，想要完整描述與系統架構有關的議題，將超出本書的範圍。不過，我們在第十二章將討論基本的議題。

---

[21]有許多優良的資料庫設計書籍都跟這一層有關；例如，請參閱 F. R. McFadden, J. A. Hoffer, Mary B. Prescott, *Modern Database Management,* 4th ed. (Reading, MA:Addison-Wesley, 1998); M. Blaha and W. Premerlani, *Object-Oriented Modeling and Design for Database Applications* (Englewood Cliffs, NJ:Prentice Hall, 1998); and R. J. Muller, *Database Design for Smarties:Using UML for Data Modeling* (San Francisco:Morgan Kaufmann, 1999)。

[22]最好的使用者介面設計書籍之一是 B. Schheiderman, Designing the User Interface:Strategies for Effective Human Computer Interaction, 3rd ed. (Reading, MA:Addison-Wesley, 1998)。

套件與套件圖

在 UML 中，合作、分割與層可以由一個更高層次的機制來表示：套件。[23] 一個**套件 (package)** 是一個通用的構件，可運用到 UML 模型中的任何元件。在第五章，我們已介紹過套件的觀念，將它當作一個可以將使用案例分門別類，使得使用案例圖更易於閱讀，並且將模型保持在合理複雜度的方法。在第六、七章，我們也分別對類別圖與通訊圖做過同樣的事。在這一節，我們將說明**套件圖**：一張只由套件組成的圖。一張套件圖之效果一如類別圖，僅顯示套件而已。

套件所用的符號類似於一個標籤化的文件夾 (參閱圖 8-13)。視套件使用於何處，套件可能參與不同類型的關係。例如，在類別圖中，套件代表了一群類別； 因此，組合與關聯關係是有可能的。

於一張套件圖中，畫出一種新關係—**相依性關係 (dependency relationship)**—會非常有幫助。相依性關係以一條虛線描繪出來 (參閱圖 8-13)。相依關係代表兩個套件之間存在著一種修正相依性 (modification dependency)。也就是說，一個套件的改變可能引起另一個套件必須跟著改變。圖 8-14 描繪不同的層 (基礎、問題領域、資料管理、人機互動、實體架構) 之間的相依性。例如，如果問題領域層出現變動，很可能會引起人機互動層、實體架構層、與資料管理層跟著發生變動。請注意，這些層「指向」問題領域層，因此，它們也依賴於該層。不過，反之卻不爲眞。[24]

套件： ■ 是 UML 元件的邏輯性組合 ■ 將若干相關的元件組成單一更高層次的要素，以簡化 UML 圖。	 Package
相依性關係： ■ 代表套件之間的相依性，也就是說，如果一個套件被改變，相依的套件也必須隨之修改。 ■ 有個箭號從依賴的套件畫到被依賴的套件。	

圖 8-13 套件圖的語法

[23]本處討論的材料取材自下述書籍的第七章 M. Fowler with K. Scott, *UML Distilled:A Brief Guide to the Standard Object Modeling Language,* 3rd ed. (Reading, MA:Addison-Wesley, 2004)。

[24]層之相依關係有個有用的副作用是，專案經理能將團隊切割為數個子團隊：每個子團隊負責一層。這是可能的，因為每個設計層都倚賴問題領域層，該層是分析的焦點。於設計中，團隊能平行地於不同的層作業從而增加一些生產力。

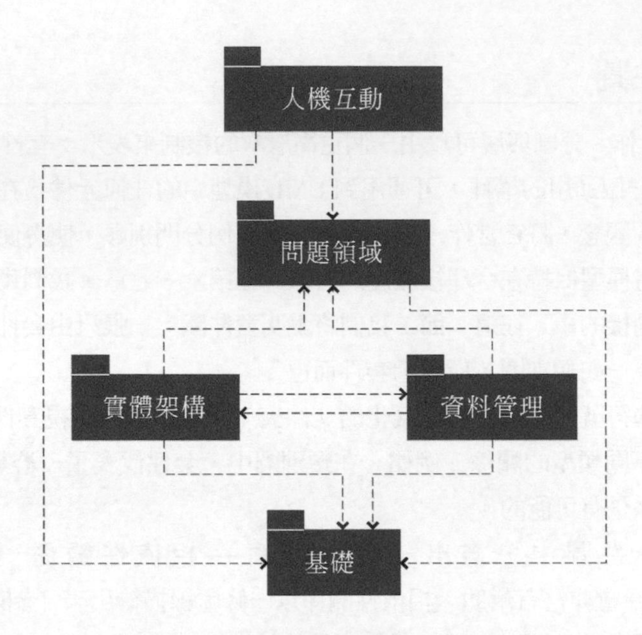

圖 8-14　各層間的套件圖相依性關係

在類別的層次，類別間的相依性可能有許多原因。例如，改變某個方法的協定(protocol)，將會造成自這個類別衍生的所有物件之介面上發生改變。因此，若某類別所擁有之物件與該修改過之類別的實體有訊息往來的話，就有可能必須跟著修改。捕捉出類別與套件之間的相依性關係，有助於組織維護物件導向資訊系統。

如前所述，在協力合作、分割及層在 UML 中被塑造成套件。進而，協力合作會被分解成一組分割，且通常被放在一層。此外，分割也可由其他分割所組成。同時，也可能在讓類別於分割之內，而此分割又在另一個分割之內，該分割被放一個層上。在 UML 中，所有的這些組合均使用套件來表現。請記住套件只是一個通用的、組合用的構件，可以透過組合的方式來簡化 UML 模型。[25]

一個簡單的套件圖，以前幾章的預約系統為基礎，如圖 8-15 所示。這張圖只繪出了整個系統的一小部分。在這個例子中，我們看見 Patient UI、Patient-DAM-及 Patient Table 類別依存於 Patient 類別。再者，Patient-DAM 類別依存於 Patient Table 類別。同樣的情形也可見於那些處理實際預約的類別。透過中間的 Data Access and Management 類別 (Patient-DAM 與 DAM-Appt 類別) 的使用，將 Problem Domain 類別 (如，Patient 與 Appt 類別) 與實際的物件永續類別 (如，Patient Table 與 Appt Table 類別) 分開，

[25]就傳統方法而言，如結構化分析與設計，套件所要達到的目的，類似於資料流程圖繪製技巧中所使用的分層及平衡流程。

我們將 Problem Domain 類別與實際的儲存媒體隔離。[26] 這大幅簡化了維護工作，而且增加 Problem Domain 類別的再用性。當然，於真實系統的完整描述中，還會有更多的相依性。

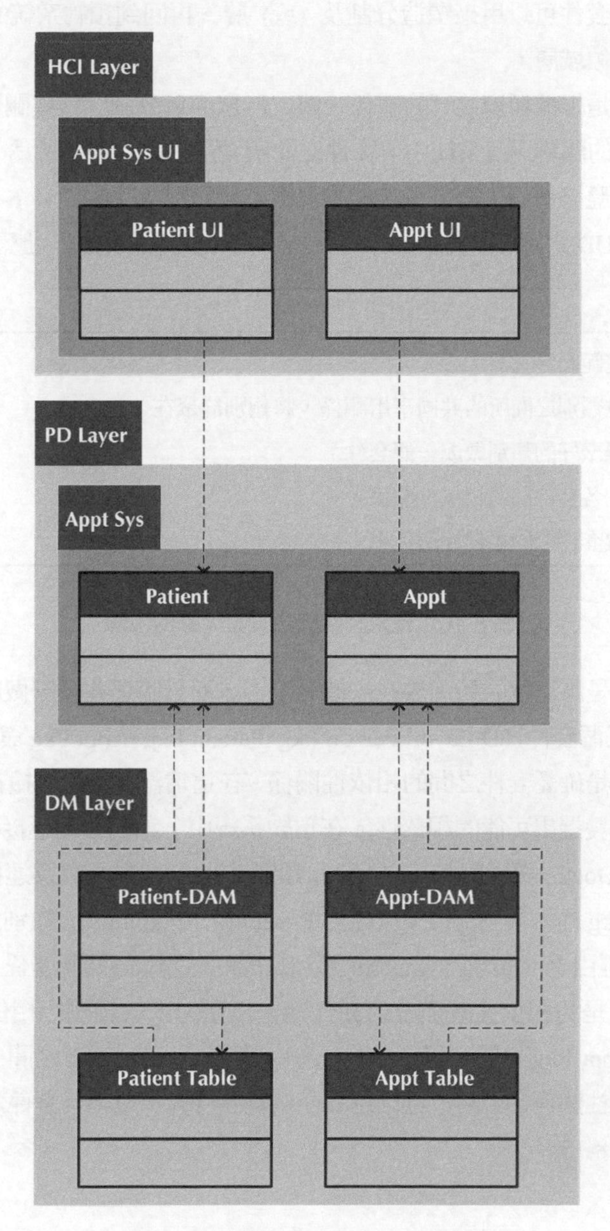

圖 8-15　預約系統套件圖的一部分

[26] 這些議題將於第十章做更詳細的討論。

◆ 確認套件與製作套件圖

在本節，我們將描述製作套件圖的五個步驟 (參閱圖 8-16)。第一個步驟是設定套件圖的範圍。切記，套件可以用來塑造分割及 (或) 層。再回到預約系統的例子，讓我們設定範圍爲問題領域層。

第二個步驟是根據類別共享的關係，將之群聚成爲分割。這些關係包括一般化、組合、各式各樣的關聯以及系統中，物件之間所發生的訊息傳遞。爲了辨認出預約系統的套件，我們應該看看不同的分析模型 [例如，類別圖 (參閱圖 6-2)、通訊圖 (參閱圖 7-5)]、CRUD 矩陣 (參閱圖 7-14)。位於一般化層級的類別，應該存放在單一個分割中。

1. 設定範圍。
2. 根據類別之間所的共同享用關係，將類別群聚在一起。
3. 將群聚好的類別做成一個套件。
4. 確認各套件間的相依性關係。
5. 放置套件間的相依性關係。

圖 8-16　確認套件與建立套件圖的步驟

第三個步驟是將群聚的類別放在一個分割中，而且將這些分割做成套件的模型。圖 8-17 呈現了五個套件：PD Layer、Person Pkg、Patient Pkg、Appt Pkg 與 Treatment Pkg。

第四個步驟是確認套件之間的相依性關係。在這情況下，我們檢視那些跨越套件邊界的關係，以發掘出可能的相依性。在預約系統中，我們看到連接 Person Pkg 與 Appt Pkg (經由 Doctor 類別與 Appointment 類別之間的關聯)，以及連接 Patient Pkg，包含在 Person Pkg 內，與 Appt Pkg (經由 Patient 與 Appointment 類別之間的關聯) 與 Treatment Pkg (經由 Patient 與 Symptom 類別之間的關聯) 的關聯關係。

第五個步驟是將相依性關係放到套件圖。以預約系統爲例，相依性關係存在於 Person Pkg 與 Appt Pkg 之間，以及 Person Pkg 與 Treatment Pkg 之間。爲了增加對不同套件之間相依性關係的了解，可以建立一個純套件圖，只顯示套件之間的相依性關係就好 (參閱圖 8-18)。

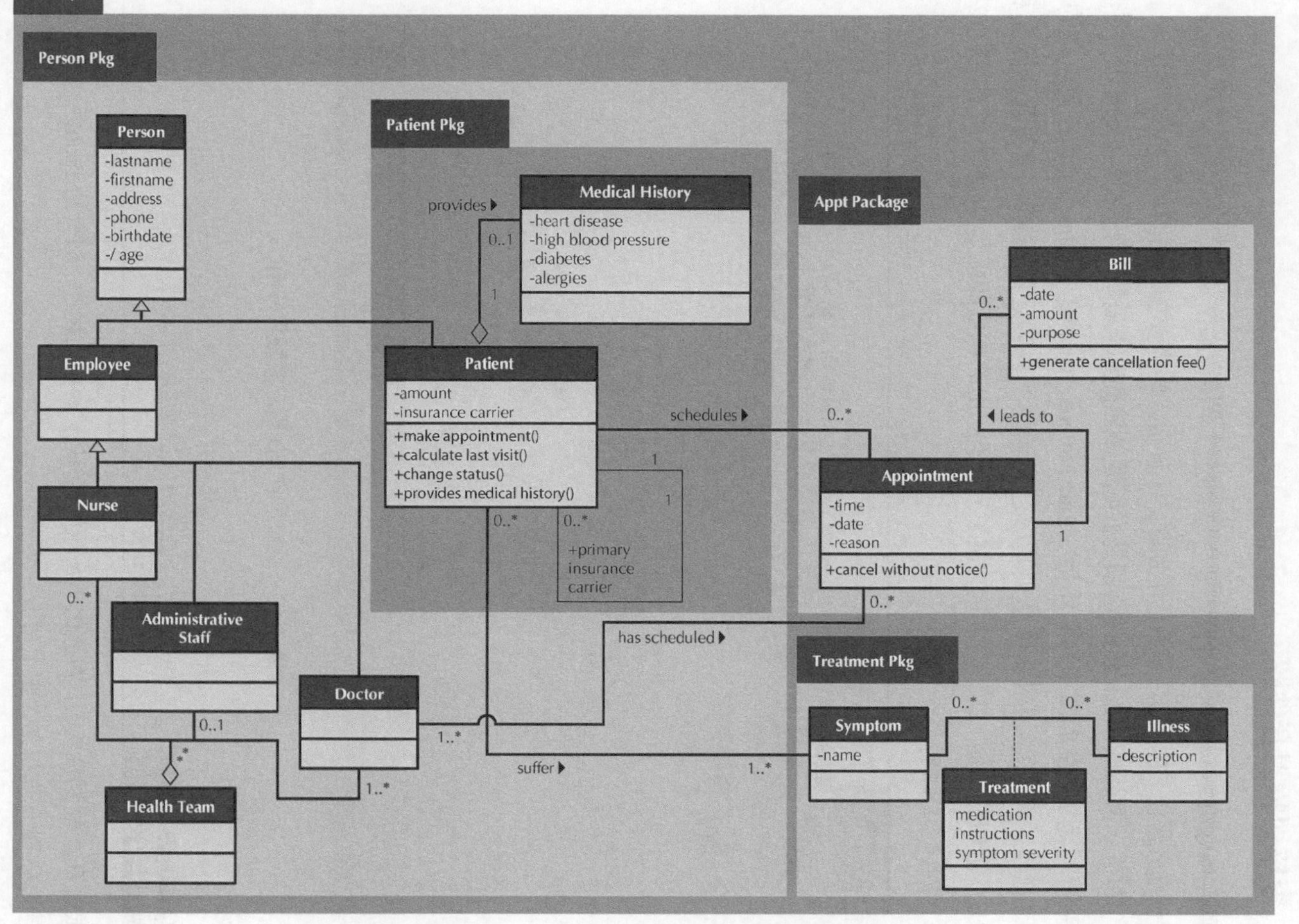

圖 8-17　預約系統 PD 層之套件圖

◆ 查核與驗證套件圖

就像所有前述的模型，套件圖需要查核和驗證。在這種情況下，套件圖主要是從類別圖，通訊圖和 CRUD 矩陣等推導出的。只有兩方面需要加以檢討。

首先，被辨認出來的套件必須是從問題領域觀點來看時具有意義者。例如，在預約系統的範圍，圖 8-18 中的套件 (Person、Patient、Appt 與 Treatment) 似乎是合理的。

第二，所有的相依關係必須基於通訊圖的訊息發送的關係、類別圖的關聯和 CRUD 矩陣的格值。在預約系統的例子，所辨認出的相依關係是合理的 (參閱圖 6-2、7-5、7-14 和 8-18)。

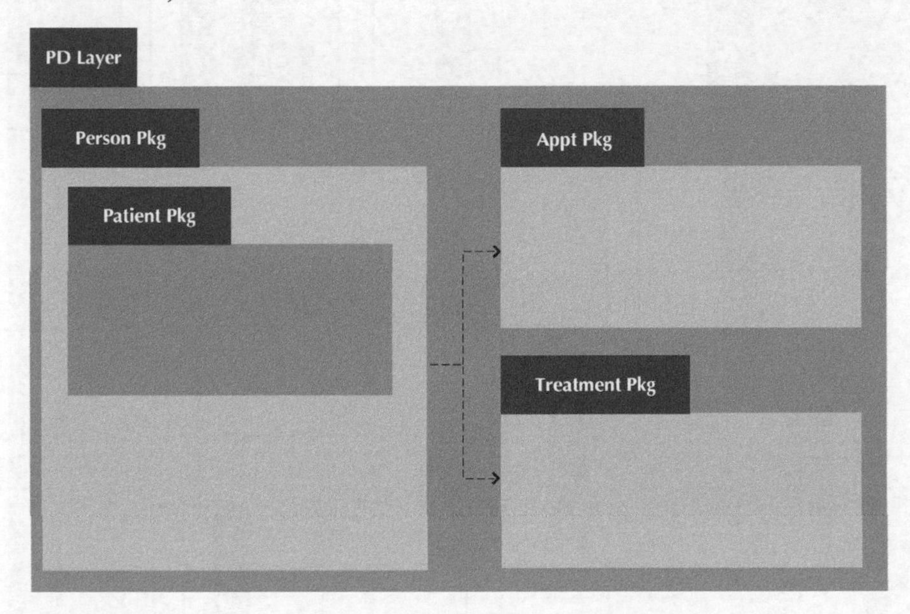

圖 8-18　預約系統 PD 層之概觀套件圖

輪到你　8-2　校園租屋

根據在「輪到你 8-1」對進化中系統的分解結果，辨認出一組針對 Problem Domain 層的分割，並在套件圖中塑造它們。

設計的策略

截至目前爲止，我們已經假定系統將由專案小組來建構及實作，然而，實際上有三個建立新系統的方法：公司內部開發、購買現成的套裝軟體接著客製化，以及仰賴外面的代理商、開發商或資訊服務供應商來建立系統。每項選擇均有優缺點，而且適用於不同的情境。下列幾節將依序說明每一種設計選項，然後提出你可以使用的準則，作爲選擇專案到底適合何種方法之參考。

◆ 定製開發

許多專案小組都以爲，**定製開發 (custom development)**，或著說是從頭建立一個新系統，是建立系統的最佳方法。至少，開發小組可以完全掌控系統的面貌與功能。進而，定製開發還可以讓開發人員以靈活和創造性的方式解決他們的企業問題。除此之外，定製的應用程式更容易修改，以納入那些可以利用現有技術來支持如是策略的元件。

公司內部定製建立一套系統，其實也在其內部建立技術能力與功能性的知識。當開發者與企業使用者一起合作時，他們對企業的理解將愈加豐富，使得資訊系統可以與企業的策略和需要同步成長。同一批開發人員將可以攀爬技術的學習曲線，使得未來應用類似技術的專案能更得心應手。

然而，定製應用軟體的開發，需要長時間的投入。許多公司都有一組開發人馬，已經有許多積壓著等待開發的系統需求等著他們，因此他們實在沒有多餘時間做其他的專案。同時，各種不同的技能──技術上、人際關係上、功能上、專案管理以及做模型建立──都必須各就各位，才能確保專案順利推動。IS 專業人士，尤其是高度專業的人才，更是很難尋覓，而且也不易留住人才。

從頭開始建立一個系統所面臨的風險，可能相當高，而且也不保證專案會成功。開發人員可能工作到一半就被拉去做別的專案，技術上的障礙可能引起意想不到的延遲，以及企業使用者可能對於愈來愈拖延的時間表感到不耐煩。

概念活用　8-A　建置一個定製的系統──在某些協助下

幾年前，我曾經在一家大型財務機構做過，那家機構當時遭受嚴重的財務損失。後來換了一位新的執行長 (CEO)，改變組織的策略爲更加「以客戶爲中心」。這個新方向相當創新，而且大家一致認爲定製的系統──包括資料倉儲──必須建置來支援新的策略。問題是，公司內部並沒有定製專案的技術經驗。

該公司現在實施非常成功的資料倉儲，這歸功於該公司願意使用外面的技術，而且注重專案管理。爲了彌補公司內部的技能，公司聘請了八組外面的顧問，包括硬體業者、系統整合公司及企業策略專家，參與了資料倉儲的建置專案，並且將關鍵技術移轉給內部員工。一位公司內的專案經理全職負責資料倉儲實作的協調工作。她的主要目標是訂立明確的期待、界定職責以及在團隊成員之間充當溝通的橋樑。

這家公司證明了要成功地完成定製開發工作並非不可能，即使公司內部一開始的時候並沒有適當的技能。然而這類的專案並不容易圓滿達成──必須仰賴一位才能出眾的專案經理，才能夠推動專案，並且將技術順利轉移給適當的人。

—Barbara Wixom

問題：

1. 建立一個定製系統而沒有適當的專業技術的話，其風險是什麼？
2. 爲什麼公司要從組織內挑選一位專案經理？
3. 從外面聘請一位專業經理人來協調專案，是不是比較好？

◆ 套裝軟體

許多企業需要都不是獨特的。重新研發並沒有任何意義，因此許多組織就購買已經寫好的軟體的**套裝軟體 (packaged software)**，而不用自己開發解決方案。事實上，市面上已有成千上百的商用軟體用以滿足各方的需求。想想你自己對文書處理程式的需要──你曾經想過自己寫文書處理軟體嗎？市面上有那麼多好用而且便宜的套裝軟體，如果還要自己寫，那未免太愚笨了吧。

同樣地，大多數的公司也都需要套裝軟體來滿足他們的需要，像是薪資帳冊或應收帳款系統。購買已經製作、測試及驗證好的程式會更有效率，而且比起定製的系統而言，一個套裝系統可以在短時間內就買得到而且成功安裝。此外，套裝系統融入了軟體開發代理商的專業與經驗。

套裝軟體的範圍可以從再利用性的元件 (如 ActiveX 與 Javabeans) 到小型的單一功能工具 (如，購物車程式)，以至於無所不包的系統，像是**企業資源規劃軟體 (enterprise resource planning，ERP)**，可用來安裝以自動化整個企業業務。採用 ERP 系統是一個過程，許多大型組織花了好幾百萬美金安裝了某些公司如 SAP、Peoplesoft、Oracle 及 Baan 所開發的套裝軟體，並據以改變他們的企業。安裝 ERP 軟體要比安裝小型的套裝軟體困難得多，因為 ERP 帶來的效益較難認知，而且所牽涉的問題更加嚴重。

購買套裝系統有一個問題，公司一定得接受系統所提供的功能，而且很少情形是恰到好處。如果套裝系統的範圍很大，那麼它的運用可能意謂著公司要在業務流程上，做大幅度的改變。由著技術去駕馭企業，可能是一條危險的路。

大部分的套裝應用軟體容許**客製化 (customization)**，換言之──調整系統參數，以改變某些功能運作的方式。例如，套裝軟體可能有一個接受你的公司之資訊或公司標誌的方法，然後將其顯示於輸入螢幕上。或者，會計的套裝軟體可以提供若干處理現金流量或清點存貨控制的不同方式，如此才可以支援不同組織的會計需要。如果客製化的分量不夠，以及套裝軟體所提供的一些功能無法完全依公司需要而運作，那麼專案小組便要找出**暫時性的解決方案**。

暫時性的解決方案 (workaround) 是一個客製化的增益程式，與套裝軟體有著一些接合之處，用以處理特殊的需要。製作一個套裝軟體缺少之必要功能，可以是一個好方法。但是，基於幾個理由，讓暫時性的解決方案應該是最後的手段。首先，它們並非由供應套裝軟體的代理商所支援，因此，當主系統進行昇級時，昇級反而使暫時性的解決方案失去效用。而且，如果問題再出現，代理商可能會把暫時性的解決方案當做代罪羔羊，拒絕提供任何技術支援。

雖然選擇套裝軟體系統比定製開發簡單，但是遵循一個正式的方法論也可能受益無窮，一如定製應用軟體之所以被建立一樣。

系統整合 (system integration) 乃指將套裝軟體、舊有系統以及寫來整合這些系統的新軟體結合在一起，建構新系統的過程。許多顧問公司專攻系統整合，因此，常見的做法是公司先選購好套裝軟體，然後把不同套裝軟體的整合工作外包給一家顧問公司。(有關外包的話題，將於下一節討論)。

系統整合的主要挑戰是，如何將不同的套裝軟體與舊有系統所產生的資料整合起來。整合的工作通常是得到一個套裝軟體或系統產生的資料，然後將之另行格式化，使其可用於另一個套裝軟體或系統。專案小組首先要審視不同套裝軟體或系統所產生的以及所需要的資料，並確認哪些轉移工作──把資料從套裝軟體或系統送至另一個套裝軟體或系統──是必須要具備的。在許多情況，這牽涉到「瞞騙」不同的套裝軟體或系統，使其以爲資料是由其所預期之套裝軟體或系統之既有程式模組所產生，而不是整合中的新套裝軟體/系統所產生的。

第三個方法是透過**物件包裝器 (object wrapper)** 的使用。[27] 一個物件包裝器本質上是一個「包裝」舊有系統的物件，使得一個物件導向系統能夠把訊息送給舊有系

---

[27] Ian Graham, *Object-Oriented Methods:Principles & Practice*, 3rd ed. (Reading, MA:Addison-Wesley, 2001)。

統。物件包裝器能夠有效地創造出與舊有系統溝通的應用程式介面 (API)。製作物件包裝器，可以保障公司在舊有系統上的投資。

概念活用 8-B 長期性蒐集資料

製藥公司一般是受到嚴格監管的公司。一個新的藥物上市常需要好幾年的時間，包括研發階段時間、高度監控的測試作業、最後獲得美國食品和藥物管理局 (FDA) 批准等等。一旦進入市場，其他公司會試圖生產仿冒藥，似乎與有廠牌之藥物相容。

有時一種獲得批准的藥物，於它的壽命期數年之後，發現副作用高於預期。例如，一種藥物，能有效降低膽固醇也可能會導致白內障增長之副作用的機會增加，這不是在初始測試和送審期間能被發現的，數據自各方面臨床試驗與市場蒐集而來，但某些關係很難找出。

問題：

1. 是否有一個特定的系統性方法，能夠從成山的數據中收集和分析該數據？
2. 如果你正在建置一個策略規劃系統來追蹤藥品從提案、研發、測試至進入市場，你的做法爲何呢？
3. 要建置這樣一個系統，需要什麼樣的需求呢？

◆ 外包

最不需要公司內部資源的設計選擇是**外包 (outsourcing)**——聘請外面的代理商、開發商或服務供應商來建立系統。外包近幾年來已經變得相當普遍。有人估計，多達 50% 且擁有$500 萬以上預算的公司，現在都採行外包或正在評估這個方案。

根據維基百科，「外包涉及轉移或分享某個業務功能的管理控制和/或決策予外部的供應商，其中涉及了某種程度的雙向性的訊息交流、協調與外包商和客戶之間的信任。」從 IT 的角度來看，IT 外包可以包括的事情，如 (1) 聘請顧問解決特定的問題，(2) 聘用合約程式人員來實作一個解決方案，(3) 委託一家公司來管理公司的 IT 部門和資產，或 (4) 將整個 IT 功能外包給一家獨立的公司。今天，藉由使用應用服務供應商 (ASP) 和網路服務技術，可以對軟體採用「使用付費 (pay-as-you-go)」的方式。[28] 必然地，IT 外包涉及聘請第三者來執行一些傳統在組織內部進行的 IT 功能。

---

[28]以經濟角度解釋何以有這種效果，請參閱 H. Baetjer, *Software as Capital:An Economic Perspective on Software Engineering* (Los Alamitos, CA:IEEE Computer Society Press, 1997)。

請別人開發你的系統，可能有很大的好處。他們有豐富的技術經驗，擁有更多的資源，像是資深的程式設計師等。許多公司採行外包都希望降低成本，可是有的公司卻把外包當做是增加企業價值的機會。

不管理由是什麼，外包可能是新系統的最佳選擇方案。然而，它並不是沒有代價的。如果你決定把新系統的工作假手於他人，那麼你可能要妥協於機密性的資訊或開發的主導權。公司內部的專業人士無法從專案的學習而受益，那些專業反而轉移到組織以外的地方。最後，可以想見是，寶貴的技術在合約結束那一刻便走出公司大門了。進而，當海外外包被列入考量時，我們也必須認識到有語言上的問題、時區的差異和文化差異 (例如，爲某個國家所理解的、可接受的企業做法，卻可能不被另一個國家所接受)。所有這些問題，如果不妥善處理，則可能弊多於外包或海外外包所能夠得到的好處。

不過，如果一家公司決定外包後，大多數的風險可以被強調出來，其中有兩個特別重要。首先，徹底評量專案的需求——你不應該外包你不了解的東西給別人做。如果你已進行嚴密的規劃與分析，那麼你應該很清楚你的需要。其次，仔細選擇代理商、開發商或服務商，看看他們是否擁有你的系統所需要的同類型技術。

可以擬定三種合約來好好控制外包合約。**時間與安排合約 (time and arrangements contract)** 很有彈性，因爲你同意支付用來完成工作所需的時間與開銷。當然，這項協議可能會造成一筆大的帳單，超乎當初的估計。這種合約最適於當你與外包廠商都不清楚完成整個工作需要花多少成本的時候。

對於**固定價款合約 (fixed-price contract)**，你只需要支付合約所記載的金額就好，因爲如果外包廠商超出彼此原先議定的價錢，他們必須自行吸收成本。外包廠商事先對於定義需求將會更加小心翼翼，因爲事後幾乎沒有變更的彈性。

愈來愈受歡迎的合約是**加值型合約 (value-added contract)**，於此，外包廠商收取系統完成後所得利益的某個百分比。於這個情況下，公司幾乎沒有什麼風險，但是一旦系統到位可以預期分享這份財富。

擬定公平合理的合約是一門藝術，你必須很小心地平衡用字遣詞與彈性。需求經常會隨時間而改變。因此，你不會想要合約太過於特定、僵硬，以致於失去變更的彈性。想一想 WWW 技術的改變是多麼快吧。想要預見一個專案在長時間的過程中會如何的演進是件困難的事。如果需求變更或是如果關係不如雙方所預期的發揮作用，那麼短期合約將有助於留給大家重新評估的空間。在所有情況下，與外包廠商的關係應該被視爲一種夥伴關係，雙方公開交流而且互蒙其利。

管理外包關係也是一個全職的工作。因此，需要有人全職做這件事情，而此人的層級應該合乎工作的規模 (數百萬美元的外包專案應該由一位高階主管處理)。在處理雙方關係的過程中，應該追蹤進度並且衡量是否達到預定的目標。如果一家公司的確青睞於外包的設計策略，務必取得適合的資料。關於這方面的主題，許多書籍都已經提供詳細的資訊。[29] 圖 8-19 概述了一些外包的指導原則。

外包指導原則

- 保持你與外包廠商之間的溝通熱線。
- 在簽約之前，需求務必定義完成並穩定下來。
- 將外包關係視為夥伴關係。
- 慎選代理商、開發商或服務商。
- 指派專人負責管理雙方關係。
- 不了解的東西不要外包出去。
- 強調彈性需求、長期關係及短期合約。

圖 8-19　外包指導原則

概念活用　8-C　EDS 加值型合約

加值型合約相當罕見——而且非常戲劇性。它們出現在當廠商收到某個百分比的新系統產生的營業收益時，它減少了預先支出的費用 (up-front fee)，有時減為零。芝加哥市與 EDS (一家大型顧問及系統整合公司) 在三年前針對該城市每年收到 360 萬張違規停車罰單，同意重新改造處理流程，也因此這項歷史性的交易就這樣簽署了。那時，由於法院的阻礙以及行政上的問題，市政府只收到所有已發出罰單的 25%左右。未收罰款達$6000 萬。

[29] 關於外包的更詳細資料，我們推薦 M. Lacity and R. Hirschheim, *Information Systems Outsourcing:Myths, Metaphors, and Realities* (New York, NY:Wiley, 1993); L. Willcocks and G. Fitzgerald, *A Business Guide to Outsourcing Information Technology* (London:Business Intelligence, 1994); E. Carmel, *Offshoring Information Technology:Sourcing and Outsourcing to a Global Workforce* (Cambridge, UK:Cambridge University Press, 2005); J. K Halvey and B. M. Melby, *Information Technology Outsourcing Transactions:Process, Strategies, and Contracts,* 2nd Ed. (Hoboken, NJ:Wiley, 2005); and T. L. Friedman, *The World is Flat:A Brief History of the Twenty-First Century, Updated and Expanded Edition* (New York:Farrar, Straus, and Giroux, 2006)。

總部設在達拉斯的 EDS 估計投資了$2500 萬在顧問費與新系統上，藉以換取未收罰款的 26%的權利金、新罰單的基本處理費以及軟體權利。至今，根據分析師說，ESD 已在這交易上拿到超過$5000 萬。這項交易每一季都被砲轟，成為組織在風險-酬勞-分享的交易中讓步太多的例子。不過，市政府官員反擊說，市政府已經從先前未收罰款中大約拿到$4500 萬，而且回收率升到 65%，並沒有花上很多預付的投資額。

資料來源：Jeff Moad."Outsourcing?Go out on the limb together." pp.58–61, Vol. 41, No. 2. *Datamation*, February 1, 1995。

問題：1. 你認為芝加哥市在這項安排中獲得一個好的交易嗎？為什麼？

◆ 選擇設計策略

我們討論過的每個設計策略均有其優缺點，沒有任何一個策略比其他策略還好。因此，有必要去了解每個策略的優缺點以及何時該使用哪一種。圖 8-20 摘述了每個策略的特性。

	使用定製開發的時機	使用套裝系統的時機	使用外包的時機
企業需要	企業需要是獨特的	企業需要是一般的	企業需要不是企業的核心
公司內部的經驗	擁有公司內部功能上與技術上的經驗	擁有公司內部功能上的經驗	未擁有公司內部功能上或技術上的經驗
專案技能	想要建立公司內部技能	技能屬於非策略性	外包決策屬於策略性
專案管理	專案有一位高度技能的專案經理，以及一個驗證過的方法論	專案有一位專案經理，負責協調廠商的績效	專案在組織內有一位高度技能的專案經理，其層級應搭配外包交易的範圍
時限	時限有彈性	時限很短	時限很短或有彈性

圖 8-20　選擇一個設計策略

企業需要　如果系統的企業需要很普遍，而且其技術解決方案可在市場上找得到，那麼定製一套應用系統，就顯得毫無意義。套裝系統是共同企業需要的很好選擇方案。當企業需要很獨特或有特殊需求時，就需要尋找一個定製的選擇方案。通常，如果企業的需要對公司而言不是很重要的話，那麼外包將是最佳的選擇——由外面的人去負責應用系統的開發吧。

公司內部經驗　如果公司內部經驗已足敷所有系統功能上及技術上的需要，那麼定製應用軟體比這些技能完全不存在的情況下容易得多。對於沒有建立系統所需的技術能力的公司而言，套裝系統將是較好的選擇方案。例如，沒有網路電子商務技術的專案小組可能想要購買網路商業套裝軟體，然後不用做太多的改變就可安裝。外包是把公司欠缺的外面經驗帶進內部的最佳途徑，所以有技術能力的人應該負責系統建置的溝通事宜。

專案技能　專案期間所應用的技能不是技術性的 (如，Java、SQL) 就是功能性的 (如，電子商務)，而且端視技能對於公司策略的重要性，可以利用不同的選擇設計方案。例如，如果某些與網路銷售及網路電子商務開發有關的功能及技術專業對組織而言至關重要，因爲它預期長時間下來，網路在其銷售上扮演相當重要的角色，那麼對該公司而言，使用自己人開發網路電子商務應用，能使得該技術能被加以發展並改進就不是多此一舉。另一方面，有些技能像是網路安全，可能超出員工的專業或不是公司的策略──那只是一個操作上需要處理的議題。在這情況下，套裝系統或外包應該被考慮，如此一來，公司內的員工才可集中注意力於其他重要的企業應用與技能。

專案管理　定製應用軟體需要優良的專案管理以及一套驗證過的方法論。有許多事情──包括資金籌措、員工倦勤以及過度要求的企業使用者──都可能使專案窒礙難行。因此，如果確信了底層的協調與控管機制都已就緒，專案小組應該選擇開發定製應用軟體。套裝與外包的其他方案也需要管理。不過，它們較能免於受到內部障礙的干擾，因爲外面廠商有他們自己的目標與優先權 (例如，外面的承包商可能比公司內的人，更容易拉下臉回絕使用者)。後者的選擇方案通常有他們自己一套方法論，可能有益於那些沒有適當方法論使用的公司。

時限　當時間變得重要時，專案小組或許應該開始找尋一個已建置好且測試過的系統。如此，公司將清楚明白該套裝軟體將花多久時間才可就緒以及最後結果爲何。定製應用軟體的時限難以確定，尤其當你想到有那麼多的專案最後大多是錯過了重要的完成期限。如果一家公司一定要選擇定製開發的選擇方案，而且時限又很短促，那麼請考慮使用如時間定量一樣的技術來管理這個問題。使用外包來孵育系統所需要的時間長短，與系統及外包廠商的資源有關。如果服務提供商有現成的服務可以支援公司的需要，那麼一個企業的需要可以很快地被實現。否則，外包解決方案可能像定製軟體開發一樣要花很久的時間。

輪到你　8-3　選擇設計的策略

假設你的大學有興趣建立一個支援網路選課的新選課系統。請問大學在決定是否將系統投資於定製、套裝或外包的解決方案時，應該考慮什麼？

開發實際的設計

一旦專案小組清楚了解每個設計策略如何的適合於專案需要時，他們就必須確實了解**如何**實施這些策略。例如，如果選擇定製系統的解決方案，那麼要使用什麼工具與技術呢？有哪些廠商所做的套裝軟體可以解決專案需要？如果應用軟體要外包，有哪些資訊服務商可以建置這個系統？這項資訊取自那些工作於 IS 部門的人及企業使用者的建議。或者，專案小組可以接觸其他有類似需要的公司，調查他們已經在使用的系統類型。廠商與顧問公司通常都樂意以小冊子、產品示範與資訊研討會等形式，提供各種不同的工具與解決方案。然而，公司應記得從供應商和顧問所收到的資料驗證它。畢竟，他們正試圖促成這項銷售。因此，他們可能誇稱了他們工具的能力，只把焦點放在該工具的優點的一面，而對該工具的缺點不置一辭。

很有可能專案小組在衡量幾個系統建構方法之後，會確認出幾個方式。例如，專案小組可能找到三家所做的套裝系統，可以符合專案需要的廠商。或者，小組可能會辯論是否要使用 Java 當做開發工具、Oracle 作為資料庫管理系統，或者將開發工作外包給諸如 Accenture、American Management Systems 等顧問公司。每個選擇方案都有正反面，必須詳加考量，而且最後只能選擇一個解決方案。

◆ 選擇矩陣

選擇矩陣 (alternative matrix) 可以用來組織設計選擇方案的正反意見，最後由此選取一個最佳方案。這個矩陣採用與第二章討論過的可行性分析一樣的步驟來建立。唯一不同之處在於，選擇矩陣把好幾個可行性分析結合成一個矩陣，以便可以更容易比較各種選擇方案。選擇矩陣是個格子，其內儲存了每個系統候選者之技術、預算與組織上的可行性、採用每一種解決方案的正反意見，以及其他對此比較有幫助的資訊有時候，矩陣的不同部分會適當的加權處理，以便反映某些準則對於最後決策是很重要。

欲建立選擇矩陣，請畫一個方格，其中，選擇方案放在頂部，而不同的準則沿著邊邊畫 (例如，可行性、正反面意見與其他準則)。接著，在方格中填入每個選擇方案的詳細描述。因為這清楚地提出了正在審查的選擇方案以及每個選擇方案的比較特性，所以變成了很有用的討論文件。

假設你的公司正在考量採用一個財務套裝系統，像是 Oracle E-Business 或 Microsoft Dynamics GP，但是公司內部沒有足夠的專業能力來製作一個翔實的選擇矩陣。這個情況相當普遍──專案的選擇方案經常不爲專案小組所熟悉，所以需要尋求外面的奧援，以提供關於選擇方案準則的資訊。

一個有用的工具是**建議需求書 (Request for Proposal，RFP)**。RFP 是一份文件，從代理商、開發商或服務商徵求計畫書，藉以提供選擇的解決方案。基本上，RFP 解釋你嘗試要建構的系統以及選用系統的準則。代理商接著會回應說明他們成爲解決方案的一份子具有何意義。他們會說明時間、成本，以及他們的產品或服務將如何應付專案的需要。

撰寫 RFP 沒有正規的方法，但是其內容應該包括基本資訊，像是描述所需要的系統、任何特殊的技術需要或環境、評估準則，如何回應的指示說明以及所需的時程。RFP 可能會變成一份非常大的文件 (數以百頁)，那是因爲公司會盡其所能填入必要的細節，以便那些提供 RFP 者能針對所提出的解決方案做詳細答覆。因此，RFP 一般用於大型專案而非小型專案，因爲它們會花上許多時間，而且代理商、開發商與服務商也要花費更多時間與工作量，才能做出高品質的答覆。

一個較不花工夫的工具是**資訊需求書 (Request for Information，RFI)**，與 RFP 有著相同格式。RFI 較短，而且含有較不深入的公司需要，回應者只需要說明其所能提供之基本服務的一般性資訊。

最後的步驟，當然，是決定要設計及實施哪個方案。在所有不同選擇方案的議題都了解清楚後，應該由企業使用者與專業技術人員共同參與決策。一旦決策確立，設計階段就可以依據所選的選擇方案繼續下去。

輪到你 8-4 選擇矩陣

假設你被指派爲你的班級選擇一個 CASE 工具用於學期作業。請利用網路或其他參考資源，選擇三個 CASE 工具 (例如，ArgoUML、IBM Rational Rose 或 Visual Paradigm)。試建立一個選擇矩陣，用以比較這三種軟體產品，最後做出一個選擇決策。

應用概念於 CD Selections 公司

在前面架構的 CD Selections 公司案例，已描述過 CD Selections 公司的網路銷售系統：

- 在第四章，已得到系統的功能需求與非功能需求 (參閱圖 4-15)；
- 在第五章，得到了功能模型 (參閱圖 5-14 到 5-19)。
- 於第六章，得到了結構模型 (參閱圖 6-15 到 6-18)。
- 於第七章，針對使用案例 Place Order 與類別 Order 開發了行為模型 (參閱圖 7-15 至圖 7-19)。

在本節的情況，我們看到 Alec 和他的團隊是如何準備由分析階段，或問題領域，邁向設計階段，或解決方案。接著，我們將看到為了準備好這個過渡工作，Alec 和他的團隊首先製作一個套件圖來分割問題領域層。接下來，他們經過查核和驗證所有的分析模型之後，最後，他們選擇一個設計策略來發展實際的設計。正如前面所建立的例子，我們只處理使用案例 Place Order。但是，物件導向系統的開發是整體性的。因此，為求完整，Alec 和公司必須完成前面與該案例有關的所有「輪到你」。

◆ 套件與套件圖

CD Selections 網路銷售系統開發到這個地步，Alec 想明確地分割這個正進化中的系統。要做到這一點，Alec 決定使用套件，同時來表現每一層的層和分割。一旦他作出這個決定，他選擇遵循圖 8-9 的確認套件和製作套件圖的步驟。因為，在開發的這個時候，小組一直只注重在分析模型，Alec 決定該小組應集中精神於辨認出之 Problem Domain 層的潛在分割。

第二個步驟，將類別群聚在一起，此可由檢視不同類別間的關係來達成 (參閱圖 6-18、7-17 與 7-20)。透過這個審查程序，該小組看到有一般化、組合、各式各樣的關聯及訊息傳遞關係。他們也看到 CRUD 矩陣的值。因為他們了解於一般化階層的類別一定要保持在一起，所以他們把 Customer、Individual 與 Organization 等類別聚在一起，使其成為一個分割。Brian 指出最好也把那些參與組合關係的類別都保存在一起。根據組合關係，他們把 Mkt Info、Review、Artist Info 與 Sample Clip 等類別聚在一個分割內。根據 CD 與 Mkt Info 類別之間的關聯關係以及活動的訊息傳遞範本；Anne 建議這些類別應該放在相同的分割中。進而，因為 Vendor 類別只與 CD 類別有關，所以 Alec 決定把它放在同一個分割。最後，開發小組決定把 Order 與 Order Item 類別放在一起，而 Search Req 與 CD List 類別放在一起，而且在它們自己的分割內。

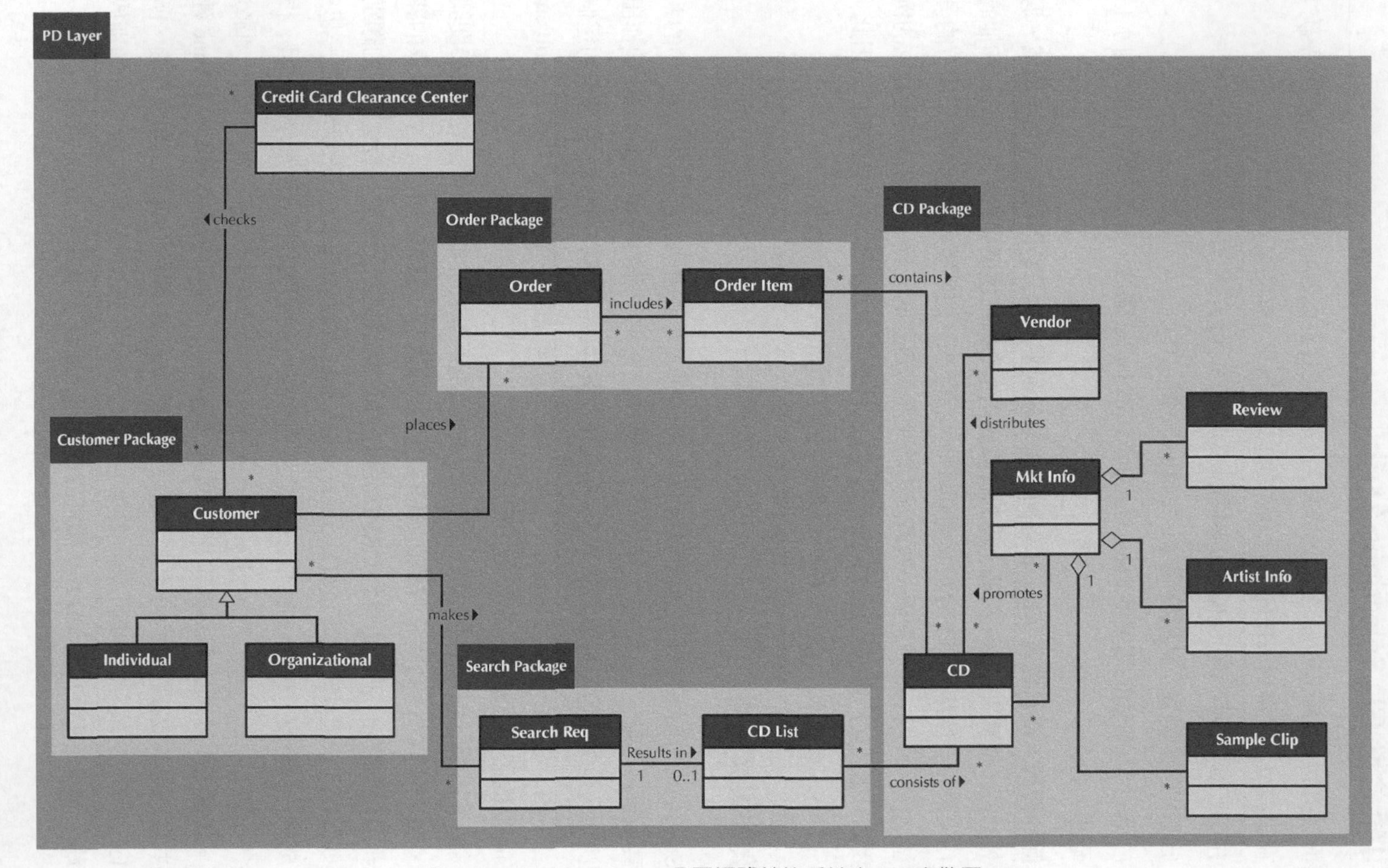

圖 8-21 CD Selections 公司網路銷售系統之 PD 套件圖

第三個步驟是將每個分割塑造成套件。圖 8-21 顯示各類別所在的套件。注意，Credit Card Clearance Center 目前已沒有被放到任何套件之內。

接著，Alec 很快地辨認出不同的套件之間有四個相依性關係。Customer Package 與 Order Package 之間，Customer Package 與 Search Package 之間、Order Package 與 CD Package 之間，以及 Search Package 與 CD Package 之間。他也辨認出 Credit Card Clearance Center 類別與 Customer Package 之間的關聯。根據這些關聯，五個相依性關係被辨認出來了。

第五個且最後一個步驟是將相依性關係放在套件圖上。再一次強調，爲了加強了解不同套件之間的相依性關係，Alec 決定建立一個純粹的套件圖，且只描繪出最高層次的套件 (在此情況下是 Credit Card Clearance Center 類別) 及相依性關係 (參閱圖 8-22)。

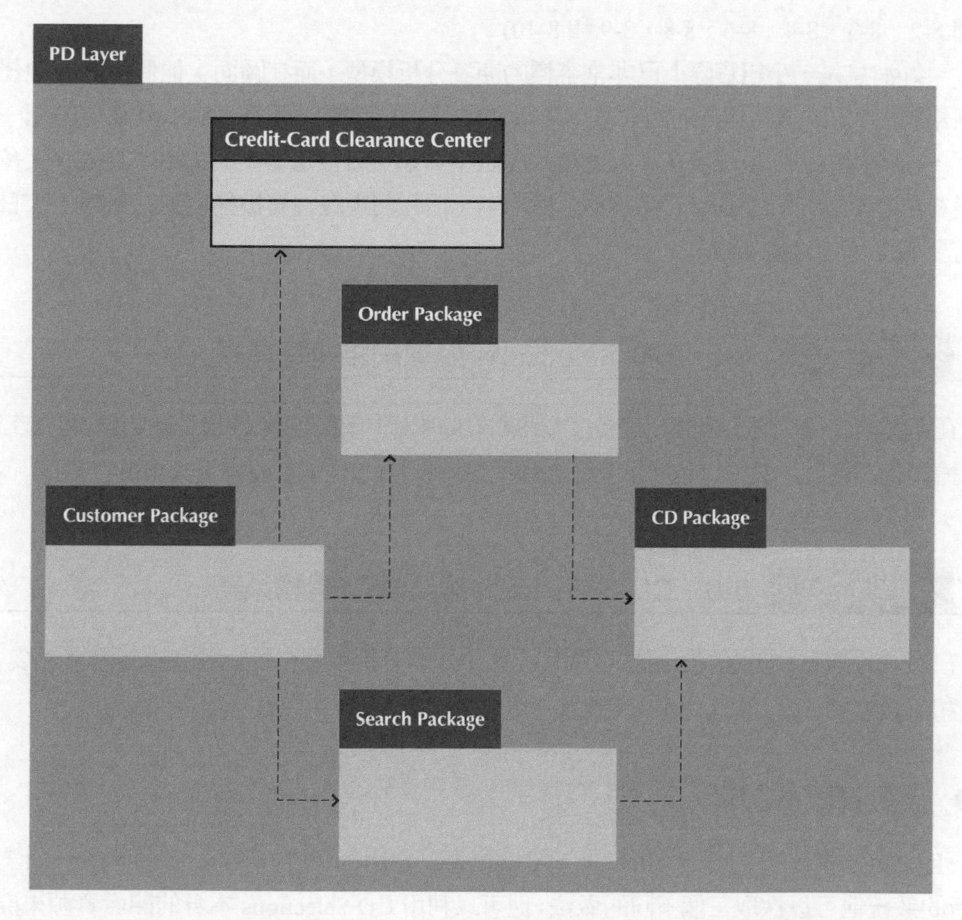

圖 8-22　CD Selections 公司網路銷售系統之 PD 層套件圖概觀

◆ 查核與驗證分析模型

在完成分割 Problem Domain 層之後，小組對於他們所完成的事覺得非常好。不過，根據他對接下來會發生什麼事的了解，Alec 想要確定分析模型──功能、結構、行為──的分割是有道理的，所以他決定，所有迄今完成的成果都需要查核和驗證一遍。至少可以說，小組並非所有的人對此都感到興奮。事實上，Brian 指出，該小組在開發工作一路上已查核和驗證過一切了。因此，他認為這只會浪費時間。但是，Alec 佔了上風。他解釋說，在過去的專案，那時他們並沒有保證 Problem Domain 層品質，小組已經遇到重大的問題。這些問題包括系統沒有解決所要解決的問題，成本超支嚴重，並且系統沒有準時交付。因為這個開發小組對他們打算使用的技術相對缺乏經驗，Alec 告訴小組，工作計畫中沒有足夠的緩衝空間來周旋與分析模型有關的問題。他建議，小組以該模型來演練，他們要確保圖面之間所有的關係都經過完整地測試 (參閱圖 8-2、8-3、8-4、8-6、8-8、8-9 和 8-10)。

好消息是，小組實際上已非常審慎的開發分析模型，而在圖面上他們沒有發現任何錯誤。Brian 重拾他先前的「我早告訴過你了」的姿態。不過，Alec 就讓他得意一下，但提醒小組，最好現在完成查核和驗證步驟以免日後遺憾。他指出，其他層大多是相依於 Problem Domain 層 (參閱圖 8-14)，而任何現在沒有被捕捉到的錯誤，來日若要彌補可能會很昂貴。

輪到你　8-5　CD Selections 公司網路銷售系統

在前面的「輪到你」，你已完成 CD Selections 公司網際網路銷售系統的功能、結構和行為模型。根據這些結果，以 Alec 已製作的為基礎，來製作更完整的套件圖。

輪到你　8-6　CD Selections 公司網路銷售系統

在這個時間點，你應該回頭看看所有已製作好的分析模型，並使用演練流程來查核和驗證它們。

◆ 開發實際的設計

一旦小組已查核和驗證了分析模型，Alec 必須決定出一個設計策略。在他看來，針對新的系統他可以採取三個不同的做法：他可以利用 CD Selections 本身的開發資源來開發整個系統；他可以購買一個商用的網路銷售套裝軟體程式 (或一套不同的套裝軟體並將之整合)；或者他可以聘請顧問公司或資訊服務提供廠商來創造該系統。立即地，Alec 排除了第三個選擇。建置網際網路應用軟體，特別是銷售系統，對於 CD Selections 公司的經營策略非常重要。透過外包網路銷售系統的方式，CD Selections 公司將無法在公司內發展網際網路應用軟體開發的技能和業務技能。

取而代之的是，Alec 決定利用該公司標準的網頁開發工具來定製開發專案，將是 CD Selections 公司的最佳選擇。這樣，公司在內部才可發展關鍵性的技術與企業技術，而且專案小組對於最後的產品擁有很大的彈性及控管能力。而且，Alec 希望新的網路銷售系統能夠直接與現有的配銷系統有溝通的介面，而且也很有可能套裝軟體的解決方案無法整合到 CD Selections 公司的環境。

專案的一部分可以使用套裝軟體來處理：應用軟體中的購物車部分。Alec 明白，市面上已有爲數眾多寫好並且可透過網路上來處理客戶訂單交易的程式 (價格不貴)。這些程式可以讓客戶從訂購表單上選擇項目，輸入信用卡及帳單的資訊，以及完成訂單交易的動作。Alec 相信，專案小組應該至少考量到其中一些套裝軟體選擇方案，如此就不用花那麼多時間在基本網路工作的處理，而可把更多的時間放在創新的行銷手法以及配銷系統的定製介面工作上。

	選擇方案一： Shop-With-Me	選擇方案二： WebShop	選擇方案三： Shop-N-Go
技術可行性	• 使用 C 開發；公司沒有 C 經驗	• 使用 C 及 Java 開發；想要發展公司自身的 Java 技能	• 使用 Java 開發；想要發展公司自身的 Java 技能
	• 訂單使用 e-mail 檔案送至公司	• 彈性的匯出功能：將訂單資訊傳遞給其他系統	• 訂單被儲存成許多的檔案格式
經濟可行性	• $150 頭款費用	• $700 預繳費用，沒有年費	• $200/年
組織可行性	• 程式被其他零售音樂公司用過	• 程式被其他零售音樂公司用過	• 嶄新的應用；迄今很少公司有 Shop-N-Go 的經驗
其他效益	• 使用非常簡單	• IS 部門的 Tom 使用這種程式的經驗有限，但有正面的經驗	
		• 易於定製	
其他限制			• 介面不易定製

圖 8-23　購物車程式的選擇矩陣

爲了更加了解市售的購物車程式以及採用它們對專案帶來的效益，Alec 建立了一個比較三種不同的購物車程式的選擇矩陣 (參閱圖 8-23)。雖然三個選擇方案都有正面的優點，但 Alec 看到選擇方案 B (Web-Shop) 爲最佳的解決方案，用來處理新系統的購物車功能。WebShop 是用 Java 寫的，這也是 CD Selections 公司選擇爲標準的網路開發語言工具者；WebShop 的費用很合理，沒有隱藏或循環成本；而且公司內部有個人對該程式有正面的使用體驗。Alec 記下要購買 WebShop 作爲網路銷售系統的購物車程式。

摘要

設計工作包含許多步驟，用以引導專案小組如何正確地將系統建構出來。在分析期間中所確認出來的需求以及製作出來的模型，被用來當做設計活動的主要輸入。在物件導向設計中，主要的活動是將分析模型進化爲設計模型，其方法是把已經內含於分析模型中的問題領域資訊加以最佳化，然後加入系統的環境的細節。

◆ 查核與驗證分析模型

在將系統環境的詳細資料實際加入分析模型之前，各種模型表示法需要先經過查核和驗證。一個用來測試表示法精確度的非常有用方法是實施演練，開發人員以演練表示法的方式向分析小組的成員、設計團隊的成員和客戶的代表展示不同的模型。該演練必須驗證每一個模型，以確保該模型內的不同表示法都是彼此一致的，例如，用於功能模型、活動圖、使用案例文字描述、使用案例圖者都必須相互一致。此外，不同的模型 (功能，結構和行爲) 必須是一致。最後，在演練時必須注意不要詆毀或抨擊演練人員。

◆ 將分析模型進化爲設計模型

當分析模型進化到設計模型時，你首先應該謹慎審視分析模型：使用案例、使用案例圖、CRC 卡、類別與物件圖、循序圖、通訊圖以及行爲狀態機應該最先被審查。在審查時，分解、細緻化與抽象化等過程可以用來美化目前的模型。在這個美化的過程，很有可能分析模型會變得過於複雜。如果出現這種情形，那麼模型便應該根據類別間互動性 (訊息傳送) 及關係 (一般化、組合與關聯) 而予以分割。一個類別與另一個類別的共同之處愈多，亦即，共享的關係愈多，它們就愈可能存在於同一個分割之上。

第二件要進化分析模型須做的事情，就是把系統環境 (實體架構、使用者介面、資料存取與管理) 的資訊加到已存在模型中的問題領域資訊。爲了達成這件事並控制模型的複雜度，層被派用上場。一個層代表著系統軟體架構的某個要素。我們推薦使用五種不同的層：基礎、實體架構、人機互動、資料管理與問題領域等。每一層只支持某些類型的類別 (如，資料庫操作類別只允許在資料存取和管理層上)。

◆ 套件與套件圖

套件是一個通用的 UML 構件，用以代表協力合作、分割與層。主要目的是以合乎邏輯的方式把其他 UML 構件歸類在一起 (例如，由開發人員與使用者來歸類使用案例與類別，以簡化並增加 UML 圖的理解性)。也有圖面內只有套件卻也甚爲有用的例子。一個套件圖包含套件與相依性關係。一個相依性關係代表兩個套件間存在修正相依的可能性；也就是說，一個套件的修改會引起相依套件的改變。

確認套件並製作一張套件圖是使用五步驟流程來完成的：這五個步驟是設定範圍、聚集相似的類別、將聚集好的類別放到一個套件內、確認套件間的相依性關係，以及將相依性關係放在套件圖上。

◆ 設計策略

在設計階段，專案小組也須考慮三個建置新系統的方法，包括公司內部自行開發定製應用軟體、購買套裝系統接著定製，以及仰賴外面的代理商、開發商或資訊系統供應商來建立及 (或) 支援該系統。

定製開發使得開發者在解決企業問題上更有彈性及創意，而且在組織內也培養了技術上與功能上的知識。但是，許多公司的開發人員已窮於應付被積壓許多的系統需求，根本無暇從頭開發一個新專案。更有效率的做法是購買現成的、已測試過及驗證過的程式——套裝系統——比起定製解決方案來說，可以在很短時間內購買及安裝。暫時性的解決方案可以用來滿足套裝應用軟體所沒有提供之需要。

第三個設計策略是把專案外包出去，然後付錢給外面的代理商、開發商或資訊服務供應商來建立系統。這或許是獲得新系統的一個好的解決方案，然而，它畢竟不是沒有代價的。如果公司決定將新系統的開發工作假手於他人，組織要妥協於機密性的資訊或是失去對未來開發的主控權。

每個設計策略均有其優缺點，沒有任何一個策略在本質上比其他策略更好。因此，考量企業需要的獨特性、公司內部的開發經驗，以及專案技能對於公司的重要性等議題就變得非常重要。同時，優良的專案管理以及可供開發應用軟體的時間，也在方案選擇的過程中扮演著不可輕忽的角色。

◆ 開發實際的設計

最後，終究要對於系統的具體類型作出最後的決定。選擇矩陣有助於完成這項決定，其方法是對於幾個候選的解決方案提出可行性資訊，讓彼此可以互相比較。建議需求書與資訊需求書是兩個蒐集正確選擇方案之資訊的方法。

關鍵字彙

A-kind-of　一種

Abstract classes　抽象類別

Abstraction　抽象化

Aggregation　組合/聚合

Alternative matrix　選擇矩陣

Balancing the models　平衡模型

Class　類別

Client　使用者/客戶/用戶端

Collaboration　協力合作

Concrete classes　具體類別

Contract　合約

Controller　控制器

CORBA　CORBA

Custom development　定製開發

Customization　客製化

Data management layer　資料管理層

Dependency relationship　相依性關係

Design phase　設計階段

Enterprise Resource Systems (ERP)　企業資源規劃 (ERP)

Errors　錯誤

Factoring　分解

Faults　缺陷

Fixed-price contract　固定價款合約

Foundation layer　基礎層

Generalization　一般化

Has-parts　有......的部分

Human–computer interaction layer　人機互動層

Layer　層

Maintenance oracle　維護達人

Message　訊息

Method　方法

Model　模型

Model-View-Controller (MVC)　模型-觀點-控制器 (MVC)

Module　模組

Object wrapper　物件包裝器

Outsourcing　外包

Package　套件

Package diagram　套件圖

Packaged software　套裝軟體

Partition　分割

Physical architecture layer　實體架構層

Presenter　演練人員

Problem domain layer　問題領域層

Recorder　紀錄人

Refinement　細緻化

Request for Information (RFI)　資訊需求書 (RFI)

Request for Proposals (RFP)　建議需求書 (RFP)

Scribe　抄寫人

Server　伺服器

Smalltalk　(一種物件導向程式語言)

Systems integration　系統整合

Test　測試

Time-and-arrangements contract　時間與安排合約

Validation　驗證

Value-added contract　加值型合約

Verification　查核

View　觀點

Walkthrough　演練

Workaround　暫時性的解決方案

問題

1. 有哪些功能模型、結構模型和行爲模型的內部關係中需要被測試？
2. 分析模型與設計模型的主要差異是什麼？
3. 平衡模型的意義是什麼?
4. 有哪些功能、結構和行爲模型之間的相互關係需要被測試？
5. 什麼是套件？套件與分割及層的關係是什麼？
6. 確認套件以及製作套件圖的五個步驟是什麼？
7. 套件圖中有哪些需要接受查核與驗證？
8. 什麼是分割？分割與協力合作之間的關係是什麼？
9. 分解指的是什麼？它與抽象化及細緻化有什麼關係？
10. 什麼是層？請說出層的定義。
11. 什麼是相依性關係？你如何辨認出它們？
12. 什麼是演練？它如何查核與驗證有什麼關係？
13. 在演練時有哪些不同的角色參與？這些角色的目的是什麼？

14. 什麼情況最適合於採用定製開發的設計策略？
15. 使用套裝軟體來建立一個新系統會面臨哪些問題？這些問題該如何處理？
16. 時間與安排合約、固定價款合約與加值合約之間的差異爲何？
17. 選擇矩陣與可行性分析之間有什麼關係？
18. 什麼時候可以將外包視爲一個好的設計策略？何時不適用？
19. 什麼是 RFP？其與 RFI 有什麼不一樣？

練習題

A. 針對描述於第五和第六章練習題 E、F、G 之牙科診所之問題領域層的功能和結構模型，執行查核和驗證演練。

B. 針對你爲第五章練習題 E、F、G 所建立的功能模型，以及你爲第六章的練習題 K 所建立的結構模型，繪製一張牙科診所系統的問題領域層之套件圖。請務必查核與驗證該圖。

C. 針對描述於第五章練習題 H、I 與第六章的練習題 L 房地產系統之問題領域層的功能和結構模型，執行查核和驗證演練。

D. 根據你於第五章練習題 H、I 所製作的功能模型、於第六章練習題 L 所製作的結構模型，繪製一張房地產系統問題領域層之套件圖。請務必查核與驗證該圖。

E. 針對描述於第五章練習題 L、M，第六章的練習題 N，與第七章的練習題 B、C、D 之影視出租店系統之問題領域層的功能、結構和行爲模型，執行查核和驗證演練。

F. 根據你於第五章練習題 L、M 所製作的功能模型、於第六章練習題 N 所製作的結構模型，與第七章練習題 B、C、D 所製作的行爲模型，繪製一張影視出租店系統的問題領域層的套件圖。請務必查核與驗證該圖。

G. 針對描述於第五章練習題 N 和 O、第六章練習題 O，與第七章的練習題 F、G、H 之健康俱樂部會員系統之問題領域層的功能模型、結構模型與行爲模型，執行查核和驗證演練。

H. 根據你於第五章練習題 N 和 O 所製作的功能模型、於第六章練習題 O 所製作的結構模型，與第七章的練習題 F、G、H 所製作的行爲模型，繪製一張健康俱樂部會員系統的問題領域層之套件圖。請務必查核與驗證該圖。

I.　針對描述於第五章練習題 P 和 Q、第六章練習題 P，與第七章的練習題 I 之餐點供應系統的問題領域層的功能模型、結構模型與行爲模型，執行查核和驗證演練。

J.　根據你於第五章練習題 P 和 Q 所製作的功能模型、於第六章練習題 P 所製作的結構模型，與第七章的練習題 I 所製作的行爲模型，繪製一張餐點供應系統問題領域層之套件圖。請務必查核與驗證該圖。

K.　針對描述於第五章練習題 T 和 U、第六章練習題 R，與第七章的練習題 L 之每月一書俱樂部之問題領域層的功能模型、結構模型與行爲模型，執行查核和驗證演練。

L.　根據你於第五章練習題 T 和 U 所製作的功能模型、於第六章練習題 R 所製作的結構模型，與第七章的練習題 L 所製作的行爲模型，繪製一張每月一書俱樂部的問題領域層之套件圖。請務必查核與驗證該圖。

M.　針對描述於第五章練習題 R 和 S、第六章練習題 Q，與第七章的練習題 K 之大學圖書館系統的問題領域層的功能模型、結構模型與行爲模型，執行查核和驗證演練。

N.　根據你於第五章練習題 R 和 S 所製作的功能模型、於第六章練習題 Q 所製作的結構模型，與第七章的練習題 K 所製作的行爲模型，繪製一張大學圖書館系統的問題領域層之套件圖。請務必查核與驗證該圖。

O.　對於建置下列系統，你推薦哪一種設計策略？爲什麼？

a.　練習題 A & B
b.　練習題 C & D
c.　練習題 E & F
d.　練習題 G & H
e.　練習題 I & J
f.　練習題 K & L
g.　練習題 M & N

P.　假設你與朋友想在暑假期間開始一個幫人家油漆房子的小事業。你需要買一個套裝軟體處理財務交易方面的問題。試建立一個選擇矩陣，比較三個不同的套裝系統 (如，Quicken、MS Money 及 Quickbooks)。哪一個選擇方案會是最好的選擇？

Q.　假設你正在帶領一個爲你的大學做一套新的選課系統的專案。你正在思考到底要採用選課套裝應用軟體，還是把工作外包給外面的顧問公司做。試建立一份建議需求書，讓有興趣的代理商及顧問公司都躍躍欲試。

迷你案例

1. 參考在第五章之迷你案例 2 及在第七章之迷你案例 1 中，為專業和科研人員管理 (PSSM) 所製作的分析模型。

   a. 將套件加到你的使用案例圖以簡化它。

   b. 使用通訊圖來辨認你的類別圖中的邏輯性分割。在圖中加入套件來代表分割。

2. 參考你在第六章的迷你案例 1 與第七章的迷你案例 2 中，為假日旅遊租車公司所建立的分析模型。

   a. 把套件加到你的使用案例圖中以簡化它。

   b. 使用通訊圖來辨認你的類別圖中的邏輯性分割。把套件加到圖上來代表該分割。

3. 參考在第六章新加坡進口商公司。在完成所有的分析模型 (包括現行與未來的模型)，總經理終於明白了為什麼在埋首開發新的系統之前，先要徹底了解現行系統的重要性。但是，你現在告訴他，新模型只是設計工作之問題領域的部分。至少可以這樣說，他現在很困惑。在向他解釋採用分層方法來開發系統的優點之後，他說，「我不關心再用性或維修性。我只希望該系統能盡快實作出來。你的 IS 人總是試圖對客戶弄虛作假的。只要讓系統完成！」

   你會如何回應該總經理？你會一頭栽進並開始進行他所堅持的實作嗎？你接著會做什麼？

4. Ting Ting Lim 是 Davies 國際——一家英國跨國家人力資源顧問公司——之香港辦事處的總經理。該公司在英國創始於 1920 年初，其後於世界各處之英國殖民地逐步開設辦事處。它的資訊系統基本上在其英國總部開發。在過去的十年中，英國海外的業務出現了顯著的增長，香港辦事處是該公司目前最大的辦公室。設在其他國家的辦公室，如印度和新加坡也大幅增長。

   Lim 女士正向 Davies 國際反映五年前購買之客戶管理軟體系統，當時，該公司剛剛經歷了爆炸性的成長，而結合自動和手動的程序來管理客戶的帳戶已變得相當的笨拙。Lim 女士是調查與選購現在所使用之套裝軟體的委員。她是在一個研討會時知道這個軟體。最初，它在公司運作得相當不錯。一些辦公流程必須改變以搭配這個套裝軟體，但該辦事處工作人員已預期到這一點，並為之準備。

自那時起，香港辦事處的業務持續增長，不僅客戶的規模不斷擴大，而且也在香港併購幾個與就業服務有關的小企業而擴展到中國大陸。在走向多元化的人力資源管理服務，該公司的技術支援人員也擴大了。Lim 女士特別自豪香港辦事處的 IS 部門已建立了多年。藉著與本地大學的緊密關係、一個具有吸引力的津貼方案以及良好的工作環境，IS 部門是人才濟濟，創新型人才，再加上源源不斷的大學實習生讓該部門活力泉湧。其 IS 團隊率先使用網際網路提供服務到一個全新的 Pankajet 段，此舉已被證明是成功的，而廣爲 Davies 國際海外之辦事處所採用。

很清楚的是，客戶管理軟體需要一個大的改變，Lim 女士已經開始籌措這樣一個專案的預算。這個軟體是 Davies 國際運作的核心，而 Lim 女士希望這次能確保系統的品質。她知道，他們現在所用系統的供應商，其產品線已做了一些改版和補充。還有其他提供類似產品的軟體供應商。Lim 女士也正在思索是否要委由香港辦事處的 IS 部門來開發定製應用軟體。

a. 請列出有哪些議題可以用來支持 Lim 女士應該自行開發應用軟體。
b. 請列出有哪些議題可以用來支持 Lim 女士應該購買套裝軟體。
c. 在系統開發專案的範圍之內，什麼時候應作出「自己做或是購買」的決定？Lim 女士應如何進行？解釋你的答案。

CHAPTER 9

類別與方法的設計

設計階段的最重要步驟，就是設計個別的類別與其方法。物件導向系統可能相當複雜，因此，分析師必須為程式設計師建立一套說明指示與指導原則，詳細地描述系統必須做什麼。本章提供一組用來設計類別與方法的準則、活動及技術。它們被一起用來確保物件導向設計互相溝通系統的需要該如何編寫出來。

學習目標

- 熟悉耦合力、內聚力與共生性。
- 能夠指明、重組與最佳化物件設計。
- 能夠辨認預先定義的類別、程式庫、架構與元件等的再用性。
- 能夠指明限制與合約。
- 能夠建立一個方法規格。

本章大綱

導論

警告：本內容可能對你的精神穩定有害。其實不是的，但是現在我們既然吸引了你的注意，你必須意識到這個內容性質上相當具技術性，它在今天「平的」世界是極其的重要。今天，與分析和設計的地方相較之下，大部分實際的實作會在另一個不同的地理位置執行與進行。因此，我們必須保證設計是依循某種「正確的」方式被被規定。我們必須確認在設計規格中，其意義不可以含糊不清──或者至少，程度達到最小。

在現在平的世界，開發人員之間對話的共同語言很可能是 UML 和一些物件導向的語言，例如 Java，而並非英語。英語總是／總會是含糊的。此外，我們指的是哪個版本的英語？由於 Oscar Wilde 和 George Bernard 分別指出，美國和英國被相同的語言所分離。一個簡單但有關的例子是：十億有多少個零。在美國英語中有 9 個，但在英國英語中有 12 個。很明顯，這在某個人建立財務資訊系統時，可能會造成問題。

實際上而言，類別與方法設計是設計階段所有工作實際完成之處。無論你著重在哪一層，那些用來建立系統物件的類別，必須被設計出來。有些人認爲，藉由可再用的類別庫與隨手可購得的元件，那種低階或細節性的設計將浪費許多時間。他們反而建議我們應該直接跳到「眞正的」工作：撰寫系統的程式碼。然而，如果過去的經驗曾經給我們任何啓發的話，那就是低層次或細節性的設計是非常重要的，儘管使用了程式庫與元件。細部設計依然有其重要性，乃基於三個理由。首先，相當多的實際程式碼可以由今天的 CASE 工具上從細部設計上產生。其次，即使類別和元件事先就存在了，它們也需要被理解、組織並且兜攏在一起。第三，對於專案小組來說，撰寫一些程式碼並且產生類別用以支援系統的應用邏輯是司空見慣的事。

直接跳進來寫程式碼，後果將不堪設想。例如，即使層的使用能簡化各個類別，但是它們也可能增加層與層之間互動的複雜度。因此，如果類別未加細心設計，製作出的系統可能毫無效率。更糟的是類別的實體 (如物件) 將無法彼此溝通，當然，最後造成系統無法正常運作。

再者，在一個物件導向的系統中，變更可能發生於不同的抽象化層次。這些層次包括變數、方法、類別/物件、套件[1]、程式庫，以及 (或) 應用程式/系統之層次 (參閱圖 9-1)。在某個層次所發生的變更可能會衝擊其他的層次 (例如，一個類別的改變，可能影響分割／套件的層次，而後者的層次，可能影響系統層次與程式庫層次，隨後又可能回頭影響類別層次的改變。)最後，改變可能同時在不同的層次發生。

---

[1]一個套件是一群協力合作的物件。其他名稱包括叢集 (cluster)、分割 (partition)、主題 (subject) 與子系統 (subsystem)。

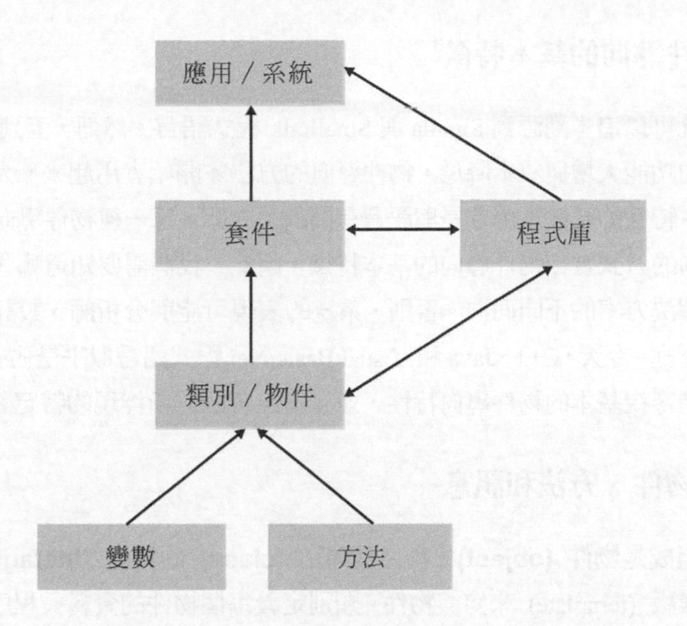

資料來源：取材自 Source: Adapted from David P. Tegarden, Steven D. Sheetz, and David E. Monarchi, "A Software Complexity Model

圖 9-1　物件導向系統的抽象化層次

好消息是，各個類別與方法之細部設計是相當直接的，而且問題領域層之物件間的互動，已在分析階段詳細設計過 (參閱第五至七章)。就其他層來說 (系統架構、人機互動與資料管理)，它們高度依存於問題領域層 (參閱圖 8-7)。因此，如果我們正確地設計問題領域類別，那麼其他層的類別設計也將水到渠成 (相對而言)。

如前所述，根據我們的經驗，許多專案小組都急於趕快撰寫類別的程式碼，而沒有事先加以設計。部分原因可能肇因於物件導向系統分析與設計，是演進自物件導向程式設計。到現在爲止，還普遍缺乏一套公認的指導原則，指導大家如何設計與開發有效的物件導向系統。然而，隨著 UML 被大家接受爲標準物件的表示法時，許多以物件方法論的著作爲基礎的標準化方法便開始問世。[2]

在本章，一開始我們先回顧物件導向的基本特徵。接著，我們呈現一組有用的設計準則與活動，適用於類別與方法設計的任何一層。最後，我們提出了一套對設計方法有用的技術：合約和方法規格。

---

[2]例如，OPEN [I. Graham, B. Henderson-Seller, and H. Yanoussi, *The Open Process Specification* (Reading,MA:Addison-Wesley, 1997)], RUP [P. Kruchten, *The Rational Unified Process:An Introduction*, 2nd ed. (Reading,MA:Addison-Wesley, 2000)],以及強化統一流程 (參閱第一章)。

◆ 回顧物件導向的基本特徵[3]

物件導向系統可以追本溯源到 Simula 與 Smalltalk 程式語言。然而，直到 1980 年代，隨著處理器的功能大增與成本降低，物件導向的方法才開始實用起來。大多數關於物件導向之基本特性的具體細節都是與語言有關的；亦即，每一種物件導向的程式語言傾向於以不同的方式實作物件導向的基本特徵。因此，我們需要知道哪些程式語言將要用來實作解決方案的不同面向。否則，系統的表現可能與分析師、設計者和客戶所期望的大相逕庭。今天，C++、Java 和 Visual Basic.Net 程式語言似乎是佔有主要地位。在本節，我們審視基本的物件導向特性，並且指出各語言所浮現的特定議題。

◆ 類別、物件、方法和訊息

系統的基本組成是**物件 (object)**。物件是**類別 (class)** 的**實體 (instance)**，我們使用類別當作樣版 (template) 來定義物件。類別定義每個物件的資料與程序。每個物件均有**屬性 (attribute)** 用以描述關於物件的資料。物件有**狀態 (state)**，是由某一個時間點它的屬性值以及它與其他物件的關係所定義。而且，每個物件均有**方法 (methods)**，用來指出該物件能夠執行什麼程序。從我們的角度來看，方法用來實作指定物件之**行為 (behavior)** 的**操作** (參閱第六章) 爲了使一個物件執行一個方法 (例如，刪除本身)，必須有個**訊息 (message)** 送給該物件。訊息本質上是從一個物件到另一個物件的函數或程序呼叫。

◆ 封裝與資訊隱藏

封裝 (encapsulation) 是將程序與資料組合在一起，並放進單一物件的機制。**資訊隱藏 (information hiding)** 意謂著想要取得有關於某個物件之資訊，只能自該物件的外部取得，資訊隱藏和該方法與屬性的**能見度 (visibility)** 有關 (參閱第六章)。物件到底如何儲存資料或執行方法則並非所問，只要物件的功能正確就好。使用物件所需要的東西，就是一組方法以及觸動這些方法所需送達的訊息。物件互通聲息的唯一方式應該是只有透過物件的方法。事實上我們能用送出訊息的方式呼叫方法來使用物件，是再用性的關鍵；因爲這個方式保護了物件內部的工作構造，避免被外面系統竄改，同時當物件被修改時，系統免於受到影響。

---

[3]有關基本特徵的介紹，請參閱附錄 1.

◆ 多型與動態連結

多型 (polymorphism) 指的是能夠變身爲好幾種形式的能力。藉由支援多型，物件導向系統能夠送出相同的訊息給一組物件，然後由不同類別的物件自行解讀。而且當使用其他物件的時候，根據封裝與資訊隱藏，一個物件不必操心某事是**如何**完成的。它只要送一個訊息給一個物件就好，該物件會自己決定如何解讀這個訊息。達成的方法是使用動態連結。

動態連結 (dynamic binding) 指的是物件導向系統之物件的資料型態，推遲至執行期才連結的能力。例如，想像一下你有一群員工類型，其中包含了兼職人員與全職人員之實體 (參閱圖 9-2)。這些員工類型均實作「計算薪資」的方法。一個物件可以送出訊息給這群員工的各個實體，以計算該實體的薪資。根據實體是兼職人員或全職人員，不同的計算方法會被執行。具體的方法則在執行期被選定。這項能力，使得個別的類別更易於了解。然而，對於多型與動態連結的支援程度，則各程式語言不一。大部分的物件導向程式語言，均支援方法的動態連結，而有些語言則支援屬性的動態連結。因此，請務必知道你所使用的物件導向程式語言是屬於哪一種。

然而，多型可能是一把雙面刃的劍。使用動態連結時，在執行期間之前，無從知道哪個物件將被要求執行它的方法。實際上，系統下的決定是程式碼無法明言的。[4] 此外，所有這些決定均在執行期間做的，所以有可能向物件發送一個它所不了解的訊息 (也就是說，該物件沒有一個相對應的方法)。這在執行期間可能會引起錯誤，如果不妥善處理，系統將可能當機。[5]

最後，如果方法的語意上不一致，開發人員就沒辦法判斷所有相同名稱的方法，是否會執行同一個通用的操作。例如，想像你有一群各種類型的人，其中包括了員工和使用者的實體 (參閱圖 9-3)。這兩種人都有自己計算薪資的方法。一個物件送出訊息給那群人中的每一個實體，以執行各該實體的計算薪資方法。以員工實體爲例，計算薪資方法會計算公司積欠該員工的金額；然而與一個客戶實體的計算薪資方法，則會計算該客戶積欠公司的金額。取決於實體是員工還是客戶，與該方法關聯的意思就不同。從而，每個方法的語意必須個別判斷。這大大增加了解每個物件的困難度。當使用多型時，控制對物件導向系統之了解的困難度的關鍵在於，所有擁有相同名稱的方法，均實作同一個通用型操作 (也就是說，它們語意上是一致的)。

---

[4]從實際觀點而言，存在著一個隱含的條件陳述。.系統根據物件的類型來選擇執行的方法，且參數會以變數的型式傳送給該方法。

[5]於 Java，這些錯誤稱為例外，系統將之「丟出」並且必須「捕捉」。換句話說，那些程式人員必須正確地設計那些丟出並且捕捉，否則 Java 的虛擬編譯器將中止。再次，每一種程式語言會以獨特的方式來面對這些狀況。

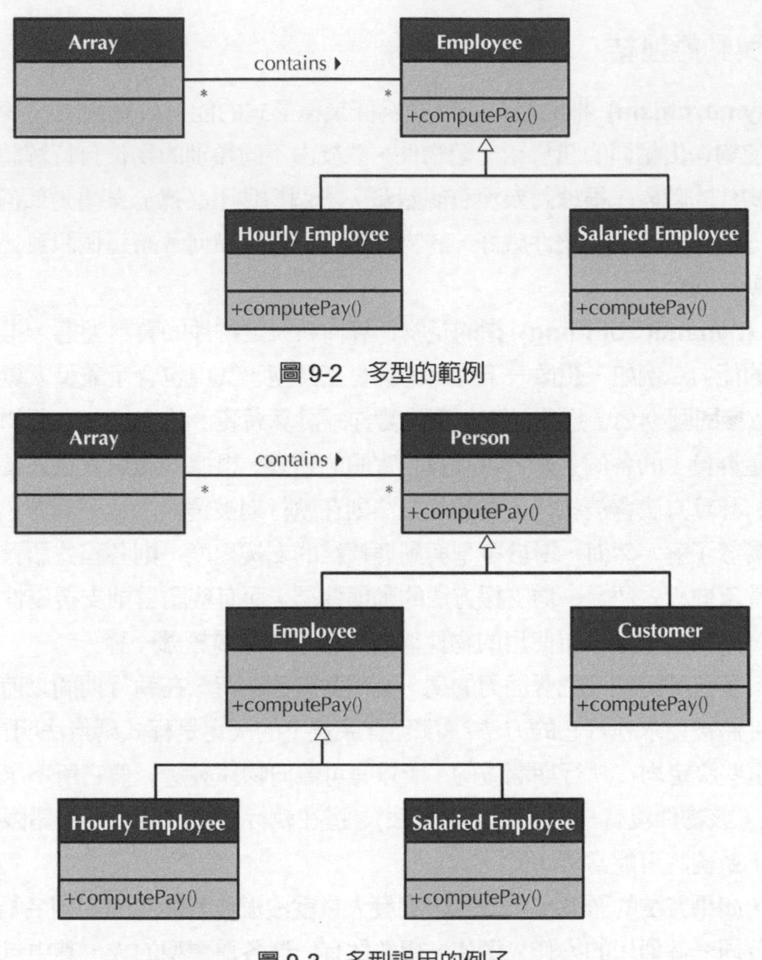

圖 9-2 多型的範例

圖 9-3 多型誤用的例子

◆ 繼承

繼承 (inheritance) 可以讓開發人員根據先前定義好的類別，遞增性的定義新的類別。雖然我們可以一一定義每個類別，但是更簡單的做法是先定義一個一般的父類別，其中納入了子類別所需要的資料與方法，然後讓這些子類別繼承父類別的性質。子類別從上層的父類別繼承了適當的屬性與方法。繼承使得類別的定義更爲簡單。

物件導向系統中有許多不同類型的繼承機制。[6] 最常見的繼承機制有不同形式的單一繼承與多重繼承。**單一繼承 (single inheritance)** 允許一個子類別只有一個單一

---

[6]請參閱，例如，M. Lenzerini, D. Nardi, and M. Simi, Inheritance Hierarchies in Knowledge Representation and Programming Languages (New York:Wiley, 1991)。

的父類別。目前，所有的物件導向方法論、資料庫及程式語言，都允許經由單一繼承而擴充父類別的定義。

有些物件導向方法論、資料庫與程式語言，允許子類別重新定義其父類別的一些 (或所有) 屬性及 (或) 方法。**重新定義 (redefinition)** 的功能，可能將導致**繼承衝突 (inheritance conflict)** [也就是說，子類別的屬性 (或方法) 名稱與父類別的屬性 (或方法) 有一模一樣的名稱]。例如，在圖 9-4 中，Doctor 是 Employee 的子類別。兩者都有名爲 ComputePay () 的方法。如此便造成了繼承衝突。此外，當父類別的定義被修改時，它的所有子類別也跟著被影響。這也可能於父類別中的一個 (或更多) 子類別引起額外的繼承衝突。例如，在圖 9-4 中，Employee 可能被修改而納入額外的方法，UpdateSchedule ()。這在 Employee 與 Doctor 之間又增加另一個繼承衝突。因此，開發人員必須要警覺，修改的影響不僅及於父類別，而且也會波及繼承該修改的所有子類別。

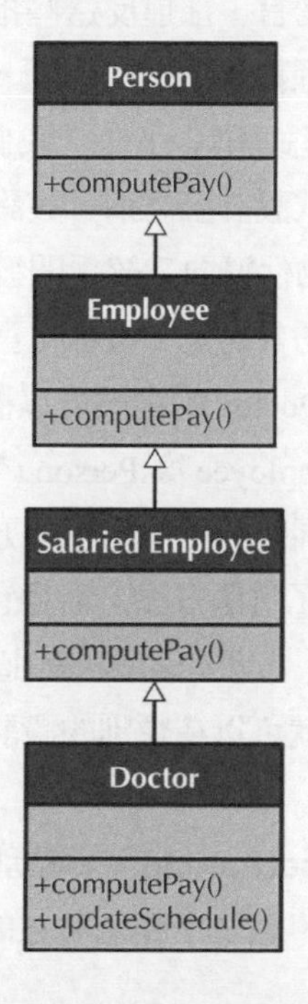

圖 9-4　重新定義與繼承衝突的例子

最後，透過重新定義的能力，程式設計師可以在子類別中放個小程式模組 (stub)[7]，使之重新定義其被繼承之方法的定義，從而隨意地截斷了方法的繼承。如果

[7]在這種情況，一個小程式模組單純的只是一個某個方法的最小定義，用以防止句法出現錯誤。

截斷方法才能正確定義子類別的話，那麼很有可能該子類別被分類錯了；也就是說，它繼承自錯誤的父類別。

正如你所看到的，從設計的觀點而言，繼承衝突與重新定義，都會使最後的設計與實作的解釋，產生各種問題。[8] 然而，大多數的繼承衝突仍起因於，在繼承階層中沒有好好將子類別分門別類 (違反了一般化 a-kind-of 語意)，或是實際的繼承機制違反了封裝原則 (也就是說，子類別能夠直接取用父類別的屬性或方法)。為了處理這些議題，Jim Rumbaugh 與他的同事共同提出下列的指導原則。[9]

- 不要重新定義查詢操作。
- 如果要重新定義被繼承的方法，那麼方法應該只侷限在被繼承方法的語意上。
- 被繼承方法的基本語意絕不應該被更改。
- 被繼承方法的簽名 (引數名單) 絕不應該被更改。

不過，許多現有的物件導向程式語言，都違反這些指導原則。談到實作，不同的物件導向程式語言，均以不同方式處理繼承衝突的問題。所以，在系統開發的這個階段，請務必知道，你要使用什麼樣的程式語言。而且，我們必須確定設計能如願的被實作。否則，在將它交給位在遠地的程式設計師之前，該設計必須予以修改。當考慮繼承與多型及動態連結的交互作用時，物件導向系統為開發人員提供許多功能強大但又危險的工具。視使用的物件導向程式語言而定，這項交互作用可以讓相同的物件在不同時間與不同類別發生關聯。例如，Doctor 的實體可以被看成是 Employee 或任何是它的直接與間接父類別，如 SalariedEmployee 與 Person (參閱圖 9-4)。因此，不論支援靜態連結或動態連結，相同物件在不同時間可能對相同方法進行不同的實作。或者，如果只有 SalariedEmployee 類別定義了這個方法，而且它目前被視為 Employee 類別的實體，這個實體可能引起執行錯誤。[10] 正如前述，知道你使用的物件導向程式語言是什麼很重要，如此一來，這些議題就可以在類別的設計時期——而不是實作時期——被解決。

藉由**多重繼承 (multiple inheritance)**，子類別可能繼承自一個以上的父類別。此時，各種繼承衝突會不斷累增。除了子類別與它的父類別 (一或多個) 之間可能發

---

[8]進一步的資料，請參閱 Ronald J. Brachman, "I Lied about the Trees Or, Defaults and Definitions in Knowledge Representation," *AI Magazine* 5, no. 3 (Fall 1985): 80–93.

[9] J. Rumbaugh, M. Blaha, W. Premerlani, F. Eddy, and W. Lorensen, *Object-Oriented Modeling and Design* (Englewood Cliffs, NJ:Prentice Hall, 1991)。

[10]使用 C++的程式新手常出現這樣的現象。

生繼承衝突之外，現在還有可能在兩 (或更多) 個父類別之間發生衝突。於後者的情況，可能出現三種不同類型的額外繼承衝突。

- 兩個被繼承的屬性 (或方法) 有相同名稱與相同語意。
- 兩個被繼承的屬性 (或方法) 有不同名稱，但有相同語意 (亦即，它們是**同義詞**)。
- 兩個被繼承的屬性 (或方法) 有相同名稱，但有不同語意 [亦即，它們是**異名詞 (heteronyms)**、**同形詞 (homographs)**，或**同音詞 (homonyms)**]。這也違反了多型的正當使用。

例如，在圖 9-5 中，Robot-Employee 是 Employee 和 Robot 的子類別。在這情況下，Employee 與 Robot 因爲有相同屬性名稱而發生衝突。Robot-Employee 應該繼承哪一個才好呢？因爲名稱一樣──就語意上而言──所以那眞的很重要嗎？如果它們有相同的語意，就有可能 Employee 與 Robot 於 classification 與 type 屬性上出現語意衝突。實務上，避免此一情況的唯一方法是，讓開發人員在子類別的設計期間就捕捉它。最後，如果 runningTime 屬性有不同的語意時，又該怎麼辦呢？以 Employee 物件爲例，runningTime 屬性儲存 employee 跑一哩所用的時間，而 Robot 物件的 runningTime 屬性則儲存平均檢查時間。Robot-Employee 應該兩個屬性都繼承嗎？這得視機器人員工是否會跑步而定。有了這些潛在的額外衝突類型，使用多重繼承會有降低──而不是提高──物件導向系統易懂性的風險， 因此，使用多重繼承，不可不愼！

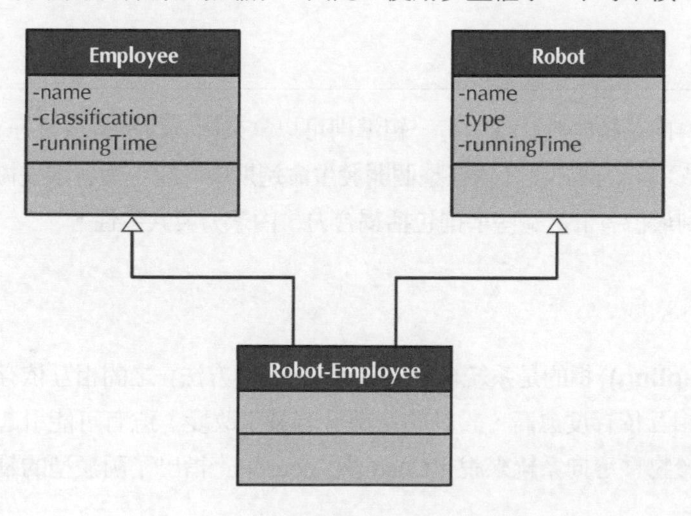

圖 9-5　具有多重繼承時額外的繼承衝突

概念活用 9-A 繼承的濫用

Meilir Page-Jones 經由顧問公司的幫忙，發現許多繼承濫用的情形。在一些情況下，這些濫用情形可能會導致冗長激烈的爭辯、可怕的實作，甚至導致開發小組的解散。在所有情況，錯誤均在於不施行一般化 (a-kind-of) 的語意原則。一種情況是，繼承階層被倒轉了：BoardMember 是 Manager 的父類別，而 Manager 是 Employee 的父類別。然而，眞實情況是，一位員工 (Employee) 不是 a-kind-of (一種) Manager，而一位 Manager 也不是 a-kind-of (一種) BoardMember。事實上，反過來說則是對的。然而，如果你想到組織圖的話，你就會知道，BoardMember 高於 Manager，而 Manager 高於 Employee。在另一個例子中，客戶的公司試著使用繼承來塑造會員資格的模型 (例如，Student 是俱樂部的會員)。然而，俱樂部已經有一個包含學生成員的屬性了。在其他例子中，繼承被用來實作一個關聯關係與組合關係。

資料來源：Meilir Page-Jones, *Fundamentals of Object-Oriented Design in UML* (Reading, MA:Addison-Wesley, 2000)。

問題：

1. 身爲一位分析師，你如何避免這些繼承濫用的情形？

設計準則

在考慮物件導向系統的設計時，有一組準則可以拿來衡量設計是否良好。根據 Coad 與 Yourdon[11]：「一個好設計是在整個開發生命週期中，能平衡各項妥協，使得系統的總成本降到最低者」。這些準則包括耦合力、內聚力與共生性。

◆ 耦合力

耦合力 (coupling) 指的是系統模組 (類別、物件與方法) 之間相互依存或是彼此關聯的程度。相互依存度愈高，設計的某部分若發生改變，愈有可能引起其他部分跟著改變。對於物件導向系統來說，Coad 與 Yourdon[12]指出了兩類型的耦合力：互動與繼承。

---

[11] Peter Coad and Edward Yourdon, *Object-Oriented Design* (Englewood Cliffs, NJ:Yourdon Press, 1991), p. 128。

[12] Ibid.

互動耦合力 (interaction coupling) 指的是訊息傳遞下，方法與物件之間的耦合程度。Lieberherr 與 Holland 提出 **Demeter 定律**當作最小化各類型耦合力的指導原則。[13] 根本上，該定律把能夠接受某一給定之物件訊息的物件數目減到最少。該定律指出，一個物件應該只送訊息給下述之一：

- 本身 (例如，在圖 9-6a 中，Object1 可以發送 Message1 給它自己。換言之，一個與 Object1 相關聯的方法可以使用其他與 Object1 相關聯的方法。[14])。
- 某個包含在物件屬性中，或其父類別之一的物件 (例如，在圖 9-6b，PO1 應該能夠同時使用 Customer 和 Date 屬性發送訊息。)
- 一個物件被當作參數傳遞給方法 [例如，在圖 9-6c，aPatient 實體發送訊息 RequestAppt (姓名、地址) 給 aReceptionist 實體，它被允許朝向內含於姓名和地址參數之實體發送訊息。]
- 一個由方法所建立的物件 (例如，在圖 9-6c，與 aReceptionist 實體關聯的 RequestAppt 方法製作了一個 Appointment 類別的實體。因此，RequestAppt 方法可以發送訊息予 anAppt。)
- 一個儲存在全域變數的物件。[15]

這每一種情況，都會增加互動耦合力。例如，如果呼叫端的方法傳遞屬性給被呼叫端的方法，或是呼叫端的方法依賴於被呼叫端的方法所傳回的值，都會增加物件之間的耦合力。

互動耦合力有六種類型：每種類型都落在好壞區的不同區間。其範圍從直接耦合力到內容耦合力。圖 9-7 呈現不同類型的互動耦合力。大致來說，互動耦合力應該降到最低。一個可能例外是，非問題領域類別必須與其對應的問題領域類別發生耦合。例如，一個報表物件 (在問題領域層上) 若要顯示員工物件 (在人機互動層上) 的內容，將依賴員工物件。在這情況，為求最佳化之目的，報表類別甚至可能在內容上或無法控制地耦合至員工類別。不過，問題領域類別不應該與非問題領域類別發生耦合。

---

[13] Karl J. Lieberherr and Ian M. Holland, "Assuring Good Style for Object-Oriented Programs," *IEEE Software*, 6, no. 5 (September, 1989):38–48; and Karl J. Lieberherr, *Adaptive Object-Oriented Software:The Demeter Method with Propagation Patterns* (Boston, MA:PWS Publishing, 1996)。

[14] 顯然地，這正說明了所期待的是什麼。

[15] 從設計的角度來看，全域變數應該避免使用。大多數純正的物件導向的程式語言，並不明確地支援全域變數。因此，我們不進一步介紹它們。

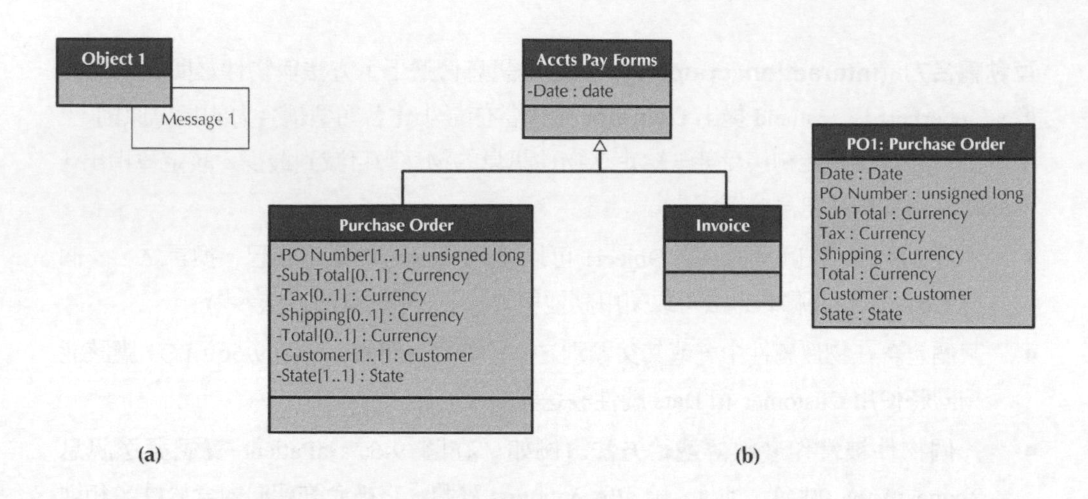

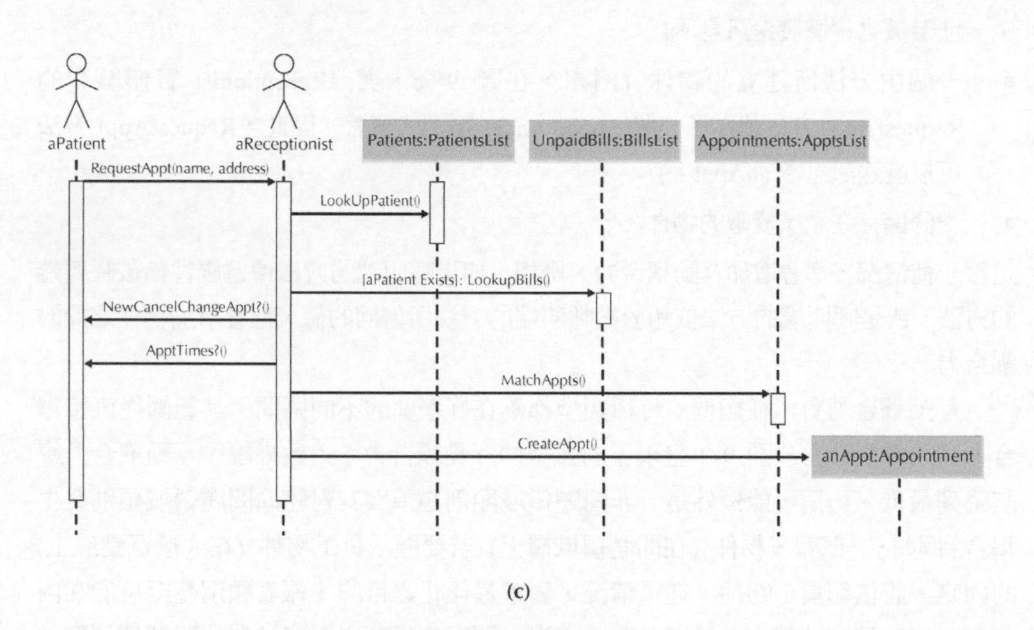

圖 9-6　互動耦合力的例子

繼承耦合力 (inheritance coupling)，顧名思義，乃處理繼承階層中類別彼此緊密耦合程度。大部分作者會輕描淡寫，說這種耦合力是有必要的。可是，根據先前對於繼承所提出的議題──繼承衝突、重新定義功能及動態連結──高度的繼承耦合不見得是一件好事。例如，於圖 9-8 中，定義於子類別的 Method2() 應該被允許呼叫定義於父類別的 Method1() 嗎？或是，定義於子類別的 Method2() 應該參照定義於其父類別中的 Attribute1 嗎？或者，更令人困惑的是，假設父類別是一個抽象類別，Method1() 可以呼叫定義於子類別的 Method2() 或使用 Attribute2 嗎？顯然，前兩個例子有一些直觀的意義。再怎麼說，使用父類別的屬性是繼承它的主要目的。另一方面，第三個例子多少有點違反常理。然而，由於物件導向程式語言支援動態連結、多型和繼承的方式不一，這些例子是可能的。

如 Snyder 所指出，大多數繼承的問題都圍繞在物件導向程式語言違反封裝與資訊隱藏原則的能力上。[16] 所以，這裡再說一遍，使用哪一種物件導向程式語言，是挺要緊的事。從設計觀點來看，開發人員在違反封裝與資訊隱藏原則，以及增加子類別與其父類別之間的耦合力上，應該取得最佳平衡。最佳解決之道是，確保繼承只用來支援一般化/特殊 (a-kind-of) 的語意 (參閱第六章)。所有其他用途應該避免才對。

程度	型態	描述
好	沒有直接的耦合力	方法彼此不相關聯；亦即，它們不會彼此互相呼叫。
↓	資料	呼叫端的方法傳遞一個變數給被呼叫端的方法。如果變數是合成的 (即一個物件)，整個物件被呼叫的方法用來執行其功能。
	戳記	呼叫端的方法傳遞一個合成變數 (即一個物件) 給被呼叫的方法，但是被呼叫端的方法只使用該物件的一部分來執行其功能。
	控制	呼叫端的方法傳遞一個控制變數，且變數的值被用來控制被呼叫端方法的執行與否。
	共用或全域	方法參考到個別物件以外的「全域資料區」。
壞	內容或病理	一個物件的方法參考到另一個物件的內部 (隱藏的部分)。這違反了封裝與資訊隱藏的原則。然而，C++可以透過「朋友 (friend)」的使用，允許這種情形發生。

資料來源：這些類型取材自 Page-Jones, *The Practical Guide to Structured Systems Design,* 2nd ed, Englewood Cliffs, NJ: Yardon Press, 1988; and Glenford Myers, *Composite/Structured Design.* New York: Van Nostrand Reinhold, 1978。

圖 9-7　互動耦合力的種類

---

[16] Alan Snyder, "Encapsulation and Inheritance in Object-Oriented Programming Languages," in N. Meyrowitz, ed., *OOPSLA '86 Conference Proceedings, ACM SigPlan Notices*, 21, no. 11 (November 1986); and Alan Snyder, "Inheritance and the Development of Encapsulated Software Components," in B. Shriver and P. Wegner, eds., *Research Directions in Object-Oriented Programming* (Cambridge, MA:MIT Press, 1987)。

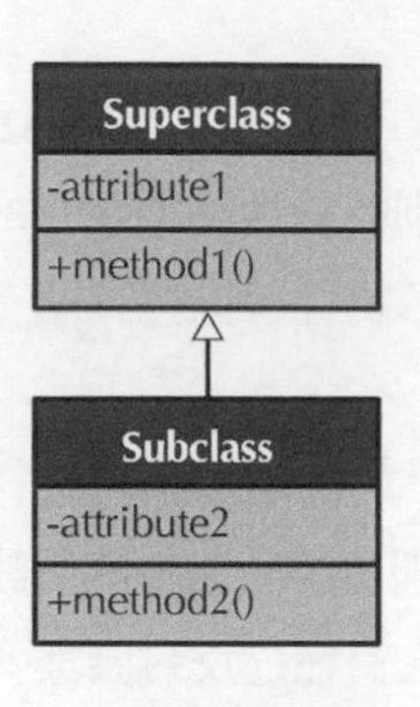

圖 9-8　繼承耦合的例子

◆ 內聚力

內聚力 (cohesion) 指的是一個模組 (類別、物件或方法) 在系統內是如何的專心一意。一個類別或物件應該只代表一件事情，而且一個方法應該只解決一件單一的工作。對於物件導向系統，三種一般類型的內聚力：方法、類別及一般化/特殊化，已經由 Coad 與 Yourdon 所確認。[17]

方法內聚力 (method cohesion) 處理各個方法裡面的內聚力 (如，一個方法是如何的專心一致)。方法應該做一件事，而且只做一件事。一個實際執行多個功能的方法，比起只執行單一功能的方法要更加複雜。方法內聚力有七種類型已被確認 (參閱圖 9-9)。其涵蓋的範圍從功能內聚力 (好) 到偶發內聚力 (壞) 都有。大致來說，方法內聚力應該最大化。

類別內聚力 (class cohesion) 是指類別的屬性與方法之間內聚的程度，也就是說，一個類別是如何的專心一致。一個類別應該只代表一件事，例如，一位員工、一個部門或一個訂單。所有包含在一個類別內的屬性與方法，對於代表該事物而言，都應該是不可或缺的。例如，員工類別包含的屬性，應該要有社會保險號碼、姓、名、中間名起首字母、地址與津貼，但是它不應該含有門、引擎或頭巾等屬性。再著，不應該存在任何使用不到的屬性或方法。換句話說，一個類別應該只須具備能完整地定義現有的問題實體所需的屬性與方法。在這情況下，我們有**理想的類別內聚力 (ideal class cohesion)**。Glenford Meyers 建議內聚的類別[18] 應該：

- 它應該包含數個在類別以外可視及的方法 (也就是說，只有單一個方法的類別用處不大)。

---

[17] Coad and Yourdon, Object-Oriented Design。

[18] 我們已經將他的資訊強度模組準則從結構設計援用到物件導向設計。[請參閱 Glenford J. Myers, *Composite/Structured Design* (New York, NY:Van Nostrand Reinhold, 1978)]。

- 每個可視及的方法只執行單一功能 (也就是說，它有功能內聚力)。
- 所有的方法只會參用屬性或是其他被定義於類別或是其中一個父類別之內的方法 (也就是說，如果某個方法打算送一則訊息給另一個物件，他方的物件必須是本地物件之屬性值之一)。[19]
- 方法之間不應該有任何控制流程性的耦合。

層次	型態	描述
好	功能的	一個方法執行一個與問題相關的任務 (例如，計算目前的 GPA)。
↓	循序的	方法結合兩個功能，其中第一個功能的輸出被用來當作第二個功能的輸入 (例如，格式化及驗證目前的 GPA)。
	通訊型	方法結合兩個使用相同屬性的功能 (例如，計算目前與累加的 GPA)。
	程序的	方法支援數個關聯不強的功能。例如，方法可以計算學生 GPA、列印學生記錄、計算累加的 GPA，以及列印累加的 GPA。
	暫時的或古典的	方法支援若干在時間上相關聯的功能 (例如，初始化所有的屬性)。
	邏輯的	方法支援若干相關功能，但是根據傳給方法的控制變數，選擇特定的功能。例如，被呼叫端的方法可以開啓一個支票帳戶、開啓活儲帳戶或計算貸款，這完全視呼叫端方法所送出的訊息而定。
壞	偶發的	方法的目的無法加以定義，或是方法執行許多彼此無關的功能。例如，方法可能更新顧客記錄、計算貸款支付金額、印出例外報表以及分析競爭對手的價格結構。

資料來源：這些類型取材自 Page-Jones，*The Practical Guide to Structured Systems and Myers*，*Composite/Structured Design.*

圖 9-9　方法內聚力的種類

---

[19] 這限制了訊息只能傳給 Demeter 定律所支援之第一、第二與第四個條件。例如，在圖 9-6c，aReceptionist 必須要有與含有 Patient、Unpaid Bills 和 Appointment 等類別之物件有關聯的屬性。而且，一旦 anAppt 被創造之後，當它的值準備送出額外的訊息時，aReceptionist 必須有一個屬性來搭配 anAppt。

層次	型態	描述
好	理想的	類別沒有混合型的內聚力。
↓	混合型-角色	類別有一個或多個屬性，將類別的物件關聯到同層 (例如，問題領域層) 的其他物件，但是屬性與類別的基本語意無關。
↓	混合型-領域	類別有一個或多個屬性，將類別的物件關聯到不同層的其他物件。因此，它們無關於類別所表達事物的基本語意。在這些情況，牴觸的屬性位於另一個其他層的類別。例如，位於問題領域類別的 port 屬性，應該存在於與問題領域類別相關的系統架構。
更壞	混合型-實體	類別代表兩種不同類型的物件。類別應該被分解爲兩個不同的類別。通常不同的實體只使用到完整類別定義的一部分而已。
資料來源：Page-Jones，*Fundamentals of Object-Oriented Design in UML.*		

圖 9-10　類別內聚力的種類

Page-Jones[20] 已確認出三種類型的類別內聚力：混合型-實體、混合型-領域以及混合型-角色 (參閱圖 9-10)。個別的類別可能擁有三種類型的混合類型。

一般化／特殊化內聚力 (Generalization/specialization cohesion) 論述繼承階層的敏感性問題。繼承階層中的類別是如何關聯在一起的？類別是經由一般化／特殊化 (a-kind-of) 的語意發生關係嗎？或是，它們是透過某種關聯、組合，或是單純爲了再用性目的而創造的成員型態的關係而發生關係嗎？回想所有先前在繼承的使用所提出的議題。例如，在圖 9-11，子類別 ClassRooms 和 Staff 繼承自父類別 Department。顯而易見，ClassRooms 和 Staff 類別的實體不是一種 Department。不過，在早期物件設計的程式設計，如此使用繼承是十分普遍的。當程式人員看見一些相同的性質被一組類別分享時，程式人員會建立一個用以定義這些共通點的人造抽象化。於再用的意義下，這曾經是非常有用，但是事實顯示這造成了很多維修上的噩夢。在這個情況，ClassRooms 和 Staff 類別之實體與 Department 的實體有關聯或是其構成的一部分 (a-part-of)。今天我們知道高度內聚的繼承層級只應該支援一般化和特殊化 (a-kind-of) 的語意以及可置換性的原則。

---

[20] 請參閱 Meilir Page-Jones, *Fundamentals of Object-Oriented Design in UML* (Reading, MA:Addison-Wesley, 2000)。

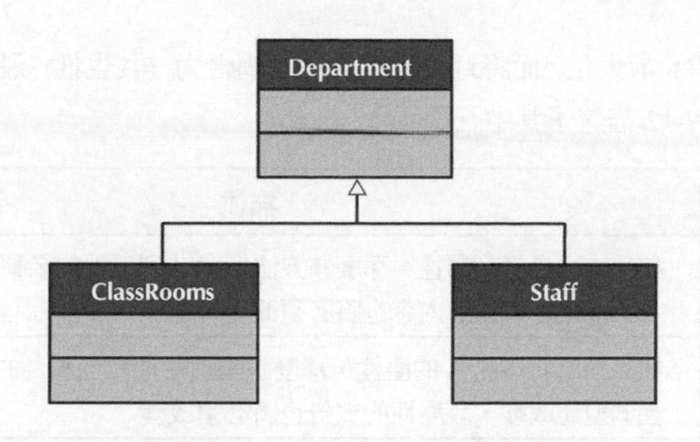

圖 9-11　一般化/特殊化與繼承濫用

◆ 共生性

共生性 (connascence)[21] 將內聚力與耦合力的構想予以一般化，並結合封裝的論述。為了達成這點，有三種等級的封裝已被確認。等級 0 的封裝，指的是一行程式碼所能達到的封裝分量；等級 1 的封裝，指的是將數行程式碼合而為一個方法所得到的封裝層次；等級 2 的封裝，則是透過建立具有方法與屬性之類別來達成。方法內聚力與互動耦合力著重的主要是有關等級 1 的封裝。類別內聚力、一般化/特殊化內聚力及繼承耦合力，著重於等級 2 的封裝。共生性、內聚力與耦合力的一般化，著重於等級 1 與等級 2 的封裝問題。

但是共生性到底是什麼？照字面上，共生性的意思是一起出生。從物件導向的設計觀點來看，其眞正意思是，兩個模組 (類別或方法) 彼此糾纏在一起，如果你改變其中一個，另一個也可能需要改變。表面上，這非常類似於耦合力，應該可以減到最低才對。然而，當你將之與封裝等級結合的時候，事情就沒有那麼簡單。在這情況下，你會想要 (1) 排除系統中不必要的共生性，而將整體的共生性最小化；(2) 將橫跨於任何封裝邊界的共生性最小化，像是方法邊界及類別邊界；以及 (3) 將任何封裝邊界內的共生性最大化。

根據這些原則，子類別不應該直接存取父類別任何隱藏著的屬性或方法 (也就是說，子類別對於其父類別的所有物，不應該有任何特殊的權利)。如果子類別可以直接存取其父類別隱藏的屬性及方法 (這常見於大部分的物件導向程式語言)，而且父類別作了修改，那麼，由於子類別與其父類別之間的共生性使然，子類別也可能需要修改。換句話說，子類別取用某些跨越封裝邊界的東西。實際上來說，你應該把封裝邊界內

---

[21] 請參閱 Meilir Page-Jones, "Comparing Techniques by Means of Encapsulation and Connascence," *Communications of the ACM* 35, no. 9 (September 1992): 147–151.

的內聚力 (共生性) 最大化，而將封裝邊界之間的耦合力 (共生性) 最小化。共生性有許多的種類。圖 9-12 描述了其中五個。[22]

型態	描述
名稱	如果方法參考到屬性，那麼該方法便連結到屬性的名稱。如果屬性的名稱改變，方法的內容也將必須改變。
型態或類別	如果類別有型態 A 的屬性，那麼該類別便連結到屬性的型態。如果屬性的型態改變，該屬性的宣告也將必須改變。
習慣用法	類別有一個屬性，其值的範圍具有語意上的涵義 (例如，帳號的範圍從 1000 到 1999)。如果範圍改變了，那麼每個使用該屬性的方法也將需要修改。
演算法	類別的兩個不同方法依賴於相同演算法來正確執行 (例如，把一個元素插入於陣列中，以及在相同陣列中找出一個元素)。如果演算法改變，那麼 insert 與 find 等方法也須改變。
位置	於一個方法中程式碼的順序，或者傳給方法的引數前後順序，對於方法是否正確執行，將很重要。如果任何一方有誤，至少，方法的運作將不正確。

資料來源：Page-Jones，"Comparing Techniques by Means of Encapsulation and Connascence" and Page-Jones，*Fundamentals of Object-Oriented Design in UML.*

圖 9-12　共生性的種類

物件設計活動

類別與方法的設計活動，其實是前面所提及的分析與進化活動 (參閱第五章到第八章) 的延伸。在這情況下，我們延伸對分割、層與類別的描述。實際上而言，延伸出的描述是在類別與方法之細部設計期間所製作出來的。用於設計類別與方法之活動，包括現有模型的添加規格、再用性機會的確認、設計之重組以及設計最佳化，以及最後，將問題領域的類別映射到實作語言。當然，對於某一層上的類別作出變更，可能導致其他與之耦合的類別也跟著修改。本節將說明物件設計活動。

[22] 根據這些準則，使用保護性能見度，如 Java 和 C++所支援者，如果無法避免就應該盡量減少。此外，在 C++所謂的朋友 (friend) 定義也應該盡量減少或避免。因為這些語言功能，提供予程式人員的任何方便，所因而製造出來的相依程度會抵銷了潛在的設計、易懂性和維修問題。因此，使用這些功能時必須非常謹慎，必須充分記錄在案。

◆ 附加規格

在系統開發的此時，有必要審視目前所有的結構與行為模型。首先，我們應該確認在問題領域層的類別是解決底層問題所充分與必要的類別。為了完成這點，我們必須確認各個類別沒有遺漏的屬性或方法，而且也沒有多餘或不用的屬性或方法。另外，是否有任何遺漏或額外的類別？如果在分析階段我們已把事情做得很好的話，那些模型將不需要增加任何屬性或方法，就算有也很少。而且，我們也不太可能有多餘的屬性、方法或類別，要從模型中刪除。但是，我們仍然需要保證我們已經分解、抽象化，並實作了進化中的模型，並建立了相關的分割和合作 (參閱第八章)。我們以前曾經說過，但我們不厭其煩的強調，不斷地審視進化中的系統是非常重要的。請記住，事前的審慎勝於事後的懊悔。

其次，對於每個類別中屬性與方法的能見度 (被隱藏的或可見的)，我們必須作出最後的決定。視所使用的物件導向程式語言而定，這應該可以事先決定。[例如，在 Smalltalk 中，屬性是隱藏的，而方法是可見的。其他的語言使程式人員可以設定每個屬性或方法的能見度。例如，在 C++和 Java，你可以設置能見度為私有的 (隱藏)、公開的 (可見) 或受保護的 (子類別可見到，但其他類別則見不到)][23] 預設情況下，大多數物件導向分析和設計方式多承襲 Smalltalk 的做法。

第三，我們必須決定每個類別的各個方法的簽名。方法的**簽名 (signature)** 由三個部分所組成：方法的名稱、傳遞給方法的參數或引數，以及方法將回傳到呼叫端方法之值的型態。方法的簽名與該方法的**合約 (contract)** 有關。[24]

第四，我們必須定義任何保留予物件的限制，例如，物件的屬性之值僅限存在於某個範圍內。三種不同的限制：事前條件、事後條件與不變式[25]──以合約 (稍後描述) 與加諸於 CRC 卡及類別圖之斷言等型式來捕捉。我們也必須決定限制違反時，該如何處理的情形。系統應該直接的終止嗎？系統應該自動地取消引起違反之更改嗎？系統應該讓最終用戶決定更正違反的方式嗎？ 換句話說，設計者必須設計出哪些是系統打算處理的錯誤。最好不要把這些問題留給程式設計師去解決。一項限制的違反，在程式語言像是 C++與 Java 中被稱之為**例外 (exception)**。

雖然我們是以置身於問題領域層的方式來描述這些活動，但是這些活動也一體適用於其他層：資料管理 (第十章)、人機互動 (第十一章)，以及實體架構 (第十二章)。

---

[23]可以透過套件 (package) 與朋友 (friend) 來控制能見度 (參閱註 21).

[24]合約於第六章介紹過，在本章稍後會予以詳細的描述。

[25]在本章稍後會詳細描述限制。

◆ 辨認再用性的機會

先前，透過**樣式 (pattern)** 的使用，我們看看在分析階段的模型能否再派上用場 (參閱第六章)。在設計階段，除了使用分析樣式，也存在使用設計樣式、架構、程式庫及元件的機會。再用的機會是逐層而異的。例如，某個類別庫在問題領域層上可能沒有什麼幫助，但是某個適當的類別庫在基礎層上卻可能幫上大忙。在本節，我們將描述設計樣式、架構、程式庫與元件的使用。

像分析樣式一樣，設計樣式不過是有效地把協同合作的物件加以分類，然後對常見問題提出一個解決方案。分析樣式與設計樣式的主要差異在於，設計樣式可以用來解決「特定領域中的常見設計問題」，[26] 而分析樣式則有助於寫出問題領域的表示法。例如，Whole-Part 是個有用的樣式 (參閱圖 9-13a)。Whole-Part 樣式明顯然地支援 UML 中的 Aggregation 與 Composition 關係。另一有用的設計樣式為 Command Processor 樣式 (參閱圖 9-13b)。Command Processor 樣式的主要目的乃強迫設計者將面對物件的介面 (Command) 與其幕後的實際執行作業 (Supplier) 加以分離。最後，有些設計樣式則支援不同實體架構 (參閱第十二章)。例如，Forwarder-Receiver 樣式 (參閱圖 9-13c) 支援點對點 (peer-to-peer) 架構。在 C++或 Java 提供了很多設計樣式。

架構 (framework) 是由一組已實作好的類別所組成，而可以用來當作應用程式的基礎。例如，有可用於 CORBA 與 DCOM 的架構，於此系統架構層部分的實作可以作為基礎。大多數架構允許你建立子類別，以便繼承架構中的其他類別。也有物件永續架構可以購得並用來增加永續性 (persistence) 到問題領域類別上，這對資料管理層很有幫助。當然，當你繼承自架構中的類別時，你正在建立一個相依性，也就是說，建立一個從子類別到父類別的繼承耦合力。因此，如果你使用架構，而廠商對該架構作了變更的話，當你升級到新版本的架構的時候，你至少需要對系統再編譯一次。

---

[26] Erich Gamma, Richard Helm, Ralph Johnson, and John Vlissides, *Design Patterns:Elements of Reusable Object- Oriented Software* (Reading, MA:Addison-Wesley, 1995)。

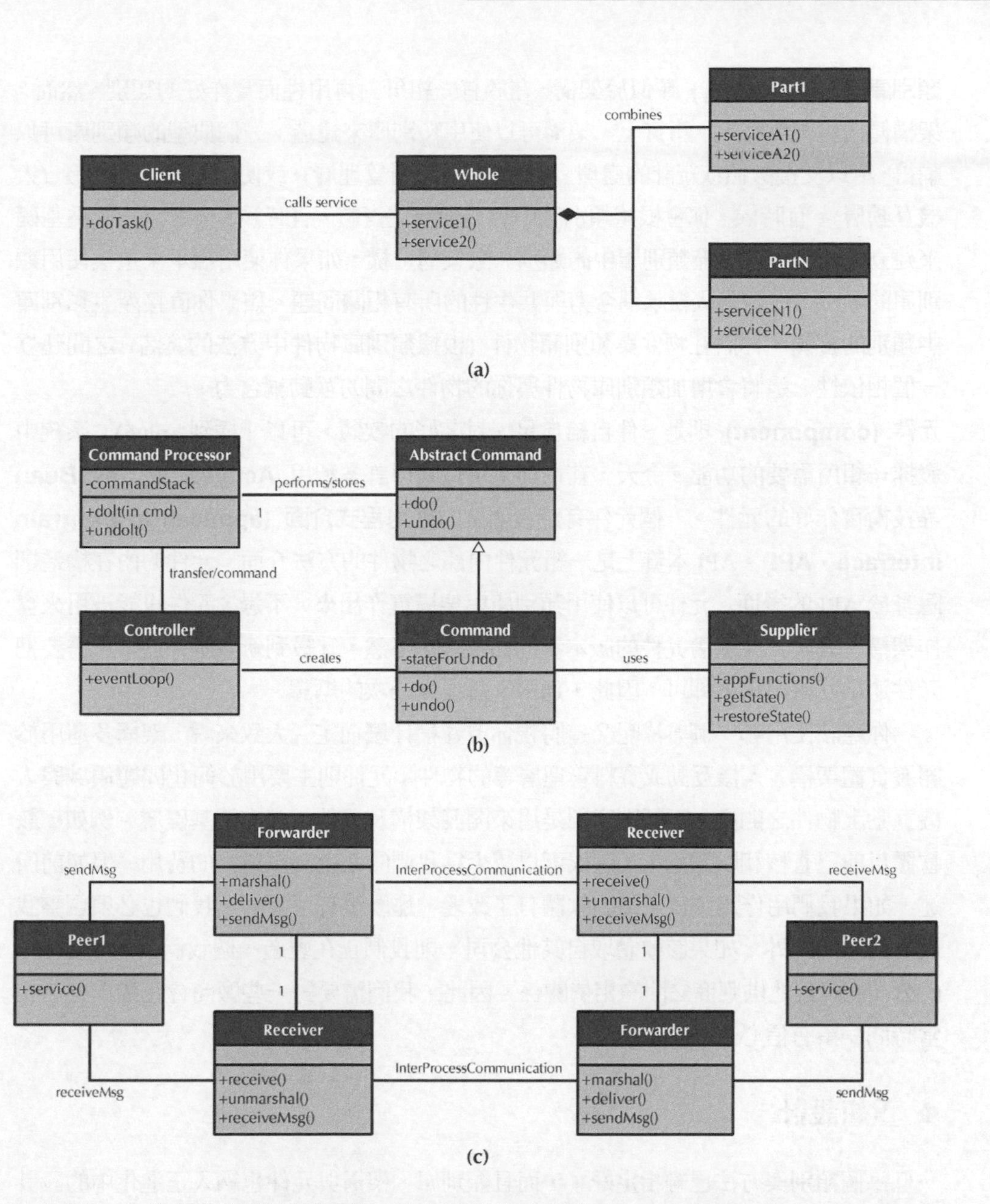

資料來源：這些以及更多的設計樣式，可以在下述書中找到：Frank Buschmann, Regine Meunier, Hans Rohnert, Peter Sommerlad, and Michael Stal, Pattern-Oriented Software Architecture: A System of Patterns (Chichester, UK: Wiley, 1996)。

圖 9-13　設計樣式的例子

類別庫 (class library) 類似於架構，在於有一組針對再用性而實作好的類別。然而，架構傾向更領域特定。事實上，架構可以使用類別庫來建造。一個典型的類別庫可以購得，用以支援數值或統計的處理、檔案管理 (資料管理層)，或使用者介面的開發 (人機互動層)。有時候，你會根據類別庫中的類別建立實體，有時候，你會以它們為基礎來建立子類別，以擴充類別庫中的類別。像架構一樣，如果你使用繼承來重複使用類別庫的類別，你將陷入繼承耦合力與共生性的所有相關問題。如果你直接產生類別庫中類別的實體，你將在物件與類別庫物件 (根據類別庫物件中方法的簽名) 之間建立一個相依性。這將會增加類別庫物件與你的物件之間的互動耦合力。

元件 (component) 則是一件自給自足、封裝好的軟體，可以「插到 (plug)」系統中發揮一組所需要的功能。今天，在市面上可以購得許多利用 **ActiveX** 或 **JavaBean** 等技術實作好的元件。一個元件有定義明確的**應用程式介面 (application program interface，API)**。API 本質上是一組元件內部之物件的方法介面。元件的內在構造則隱身於 API 的後面。元件可以使用類別庫與架構實作出來。不過，元件也能被用來實作架構。除非 API 隨著元件的版本不同而改變，不然，升級到新版本，通常只需要把元件連結回應用程式即可。因此，通常不需要再一次的編譯。

你應該使用哪一個方法呢？這將視你要建構什麼而定。大致來說，架構多運用於開發實體架構、人機互動或資料管理層等的物件；元件則主要用於簡化問題領域與人機互動上物件之開發；而類別庫則是用來開發架構及元件，並支援基礎層。例如，該軟體以前已查核和驗證過了，這樣可以減少為我們的系統測試所需的費用。但如前所述，如果我們用作為系統基礎的軟體有了改變，那麼很有可能的，我們也必須調整我們的系統。此外，如果該軟體取自其他公司，則我們正在製造一個我們公司 (或客戶的公司) 與其他供應商之間的相依關係。因此，我們需要對一些廠商會在業界存活相當時間一事有信心。

◆ 重組設計

一旦每個類別與方法已經指定好了，而且類別庫、架構與元件也納入正進化中的設計時，你應該使用分解來重組你的設計。**分解 (Factoring)** (第八章) 是一種過程，於此過程中某些方法或類別的某些面向會被抽離出來，並放到一個新的方法或類別上，藉此簡化整體的設計。例如，在審視某個特別的層的一組類別時，你可能發現，有一小部分的它們有著相似的定義。在那種情況下，把相似的地方分解出來，然後建立一個新類別，也許很有用。根據內聚力、耦合力與共生性的相關議題，新類別可以透過繼承 (一般化) 或透過組合或關聯關係，而保持與舊有類別關係。

輪到你 9-1 校園租屋

在前面幾章，你一直在進行校園租屋服務的系統。根據目前你已開發出的功能、結構及行爲等模型，有沒有任何系統開發方面的再用性機會？請到網路上搜尋於開發該系統的可能有用的樣式、類別庫及元件。

另一個重組進化中之設計的程序是**正規化 (normalization)**。正規化將於第十章與關聯式資料庫有關的部分時說明。然而，正規化有時也用來指出設計中可能遺漏的類別。同時與正規化有關的是將實際的關聯與組合關係實作爲屬性的需求。幾乎沒有任何物件導向程式語言區分的出屬性、關聯及組合關係有何不同。因此，所有的關聯與組合關係，必須先轉換成類別中的屬性。例如，在圖 9-14a，Customer 和 State 類別與 Order 類別有關聯。因此，我們需要加入屬性到 Order 類別，以便能夠參照 Customer 和 State 類別此外，Product-Order 關聯類別必須轉換成一個類別 (參閱圖 9-14b)。

最後，所有繼承關係應該接受挑戰，以保證他們只支援一個一般化／特殊化 (a-kind-of) 的語意。否則，所有前面提及的繼承耦合力、類別內聚力，以及一般化／特殊化內聚力等問題，仍會發生。

◆ 設計最佳化[27]

到現在爲止，我們都專注於開發一個可以被了解的設計。縱使有了類別、樣式、合作、分割與層的設計，以及類別庫、架構與元件的設計，易懂性才是我們的關注焦點。不過，增加設計的易懂性，通常會產生無效率的設計。相反地，著重於效率的議題，將使得設計更難理解。一個良好的實際設計，必須在其間取得最佳平衡，然後建立一個可接受的系統。在本節，我們將描述一組簡單的最佳化方法，用來建立一個更有效率的設計。[28]

---

[27] 本節的內容是根據 James Rumbaugh, Michael Blaha, William Premerlani, Frederick Eddy, and William Lorensen, *Object-Oriented Modeling and Design* (Englewood Cliffs, NJ:Prentice Hall, 1991); and Bernd Brugge and Allen H. Dutoit, *Object-Oriented Software Engineering:Conquering Complex and Changing Systems* (Englewood Cliffs, NJ:Prentice Hall, 2000)。

[28] 於此處所描述的最佳化只是一項建議。在任何場合，實作一個或多個這些最優化方式的決定，真的取決於系統和系統將所在之環境的問題領域，即，資料存取和管理層 (參閱第十章)、人機互動層 (參閱第十一章) ,以及實體架構層 (參閱第十二章)。

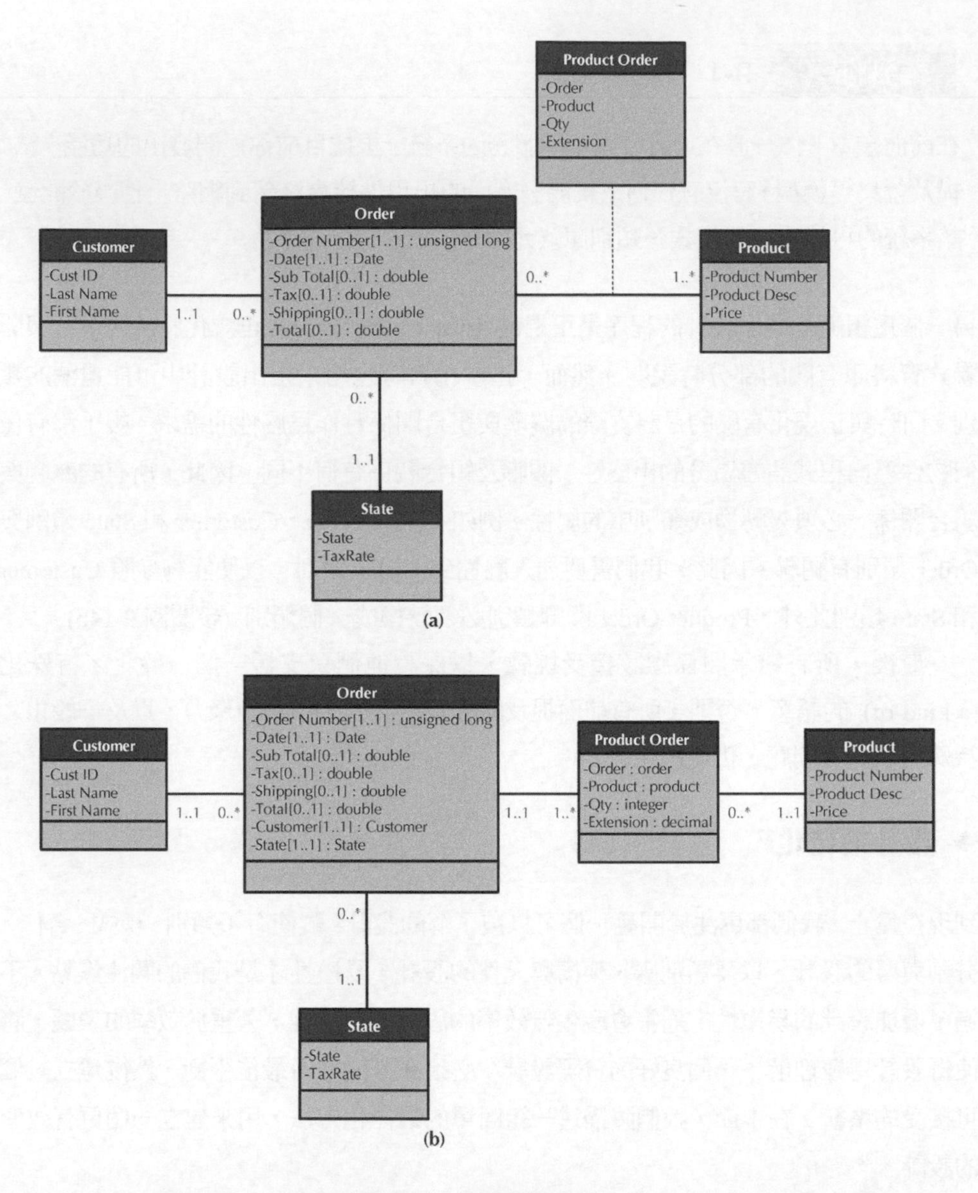

圖 9-14　轉換關聯為屬性

第一個要考慮的最佳化方式，是審視物件間的存取路徑。在某些情形，訊息從一個物件傳到另一個物件可能要走訪一條很長的路徑；也就是說，它要經過許多物件。如果路徑很長，而且訊息時常被傳送，那麼應該多加一條路徑。增加一個屬性到呼叫端的物件，使其儲存一條直接連接到路徑末端物件的連線，就能夠達成這一點。

第二個最佳化是審視每個類別的各個屬性。哪些方法使用屬性，以及哪些物件使用方法，應該加以決定出來。如果使用屬性之方法只是讀取 (read) 及更新 (update) 等方法，而且只有一個類別的實體會傳送訊息去讀取及更新屬性，那麼該屬性可能應該隸屬於呼叫端的類別，而不是被呼叫端的類別。將該屬性移至呼叫端類別，將能夠加速系統的效能。

第三個最佳化是審視每個方法的直接與間接的扇出數目。**扇出 (fan-out)** 指的是一個方法傳送訊息的數目。直接扇出指的是方法本身所傳送訊息的數目；而間接扇出則是指在一個訊息樹下，由其他方法所呼叫的方法所傳送訊息的數目。如果在一個系統中，一個方法的扇出相對於其他方法來得高，那麼這個方法應該將之最佳化。一種方式是考慮將索引加入到屬性中，用來發送訊息予位在訊息樹上的物件。

第四個最佳化方式是觀察一個常用方法中指令的執行順序。在某些情形，重新排列一些指令使其更具效率是有可能的。例如，如果事先已經知道，根據系統中的物件，一個搜尋程式可以在搜尋另一個屬性之前，先搜尋某個屬性來縮減搜尋範圍，那麼這個搜尋演算法可以強迫它依照預先定義的順序進行搜尋來達到最佳化。

第五個最佳化乃建立一個**衍生屬性 (derived attribute)** [或稱**作用值 (active value)**] [例如，建立一個總計 (total) 的屬性，使其儲存計算的值以避免重新計算]。這也稱為計算結果的快取 (caching)。其達成方法是，為包含於計算中的屬性增加一個**觸發器 (trigger)** (也就是說，那些衍生屬性所依賴的屬性。只有當其中一個參與計算之屬性改變時，才需要重新計算。另一個方法是，直接記明衍生屬性是用在重新計算並且延遲該重新計算的動作，直到該衍生屬性被存取的時候。最後的這個方法乃是儘可能的延遲重新計算動作。以這種方式，重新計算不會發生，除非它必須發生。否則，每當衍生屬性需要被存取的時候，都須執行計算一次。

第六個應該考慮的最佳化方式處理的是那些參與一對一關聯的物件，它們兩者必須為對方之存在而存在。在這樣的情況，為追求效率，分解兩個定義好的類別成為單一的類別是有意義的。

輪到你 9-2 校園租屋

假設你是前面幾章所述校園租屋系統的專案主持人，而且你也在「輪到你 9-1」中做了修改。可是，當你檢討目前模型時，卻發現，即使這些模型非常完整地描述問題領域層，但是模型變得愈來愈不可駕馭。身為專案主持人，你也必須保證該設計很有效率。請列出一些討論點，向你的開發小組解釋埋首撰寫程式之前，先讓設計最佳化的重要性。請務必針對每個可用於目前校園租屋系統模型最佳化技術各提供一個例子。

不過，當儲存「更臃腫」物件到資料庫時，這個最佳化可能需要重新考慮。視物件所使用的永續類型 (參閱第十章)，將二個類別分開實際上可能更有效率。或者，更有意義的做法是兩個在問題領域上合併的類別，但是在資料存取管理層上保持分開的。

◆ 把問題領域層對應到實作語言[29]

到系統開發的這個時刻，大家會假設，模型中的類別與方法，將可直接由物件導向程式語言來實作。但是，現在最重要的是將目前的設計，對應到所使用之程式語言的能力。例如，如果你的設計中使用了多重繼承，但你使用的程式語言卻只支援單一繼承的話，多重繼承必須由設計中被分解出來。或者，如果實作必須由不支援繼承的物件語言來完成的話，[30] 或非物件型的語言 (如 C 或 Pascal) 完成，那麼我們就必須把問題領域的物件，對應到一個能於所選取的實作環境來實作的程式構件。在本節，我們將描述一些能做出所需之對應的規則。

使用單一繼承語言實作問題領域類別 實作問題領域物件的唯一問題是得分解多重繼承──換言之，使用的不是只有一個父類別。例如，如果你想於 Java、Smalltalk 或 Visual Basic 來實作解決方案的話，你必須分解出任何的多重繼承。最容易的方法是使用下列的規則：

規則 1a： 將多出的繼承關係轉換成關聯關係。從子類別到父類別之關聯的多重性必須是 1..1。如果多出的父類別是具體性的，也就是說，它們本身可以被實體化，那麼從父類別到子類別的多重性為 0..1，否則

---

[29]本節所展示的對應規則是根據 Coad and Yourdon, *Object-Oriented Design* 一書的內容。

[30]在這個情況，我們討論的是有關於實作繼承，而不是所謂的介面繼承。Visual Basic 與 Java 支援的介面繼承只支援繼承需求，用以實作某些方法，而不是任何實作。Java 與 Visual Basic.Net 也支援單一繼承，如本書所述，可是 Visual Basic 6 只支援介面繼承。

為 1..1。進一步的，一個互斥或 (XOR) 的限制條件必須被加到該關聯間。最後，你必須增加適當方法，以保證所有的資訊是仍然可被原始的類別取用。

或是

規則 1b： 將多出的父類別的屬性與方法，複製到所有子類別上，使繼承階層扁平化，並且從設計中移除多出的父類別。[31]

圖 9-15 說明上述規則的應用。圖 9-15a 描繪一個多重繼承的簡單例子，其中 Class1 繼承自 SuperClass1 與 SuperClass2 兩者，而 Class2 則繼承自 SuperClass2 與 SuperClass3 兩者。讓我們假設 SuperClass2 是具體性的類別，然後將規則 1a 套用到 a 部分上。我們得到 b 部分，其中我們已增加 Class1 與 SuperClass2 之間以及 Class2 與 SuperClass2 之間的關聯。再者，多重性也被正確地加入，而且 XOR 限制也施加上去。如果我們把規則 1b 應用到 a 部分，我們將得到 c 部分的圖，其中所有 SuperClass2 的屬性已複製到 Class1 與 Class2。以後者為例，你可能必須處理繼承衝突的影響 (參閱本章前段文字)。

規則 1a 的優點是，分析期間所有被確認過的問題領域類別都可以保留下來。這樣可以有最大的問題領域層之設計的維護彈性。可是，規則 1a 會增加系統所需的訊息傳遞量，而且也增加 XOR 限制的處理需求，從而降低整體設計的效率。因此，我們的建議就是，當處理「多出的」具體性父類別時，最好只應用規則 1a 就好，因為這些父類別獨立存在於問題領域。當這些父類別屬於抽象性的類別時，便使用規則 1b，因為這些父類別並不獨立存在於子類別之外。

使用物件型語言實作問題領域物件　如果我們使用**物件型語言 (object-based language)** (也就是該語言支援物件的製作，但不支援實作繼承) 來實作我們的解決方案時，我們必須從問題領域的類別設計中，把所有繼承的使用都分解出來。例如，如果我們使用 Visual Basic 6 或更早的版本實作我們的設計時，我們必須移除該設計中所有使用到繼承的部分。將上述規則套用到所有父類別，將使你能夠重組你的設計而毋需用到任何繼承。

圖 9-16 示範說明如何應用上述規則。圖 9-16a 顯示一個描繪於圖 9-15 中之簡單的多重繼承例子，其中 Class1 繼承 SuperClass1 與 SuperClass2 兩者，而 Class2 則繼承 SuperClass2 與 SuperClass3 兩者。讓我們假設這些父類別屬於具體性的類別，然後將規則 1a 套用到 a 部分上。我們會得到 a 部分的圖，其中我們已增加了關聯、多重性及

---

[31] 把這項修正記載於設計中，也是一個好主意，這樣一來就很容易維護。

XOR 限制。如果我們把規則 1b 應用到 a 部分，並且假設父類別屬於抽象性的，我們將得到 c 部分的圖，其中所有父類別的屬性已被複製到 Class1 與 Class2。以後者爲例，你可能必須處理繼承衝突的影響 (參閱本章稍前)。

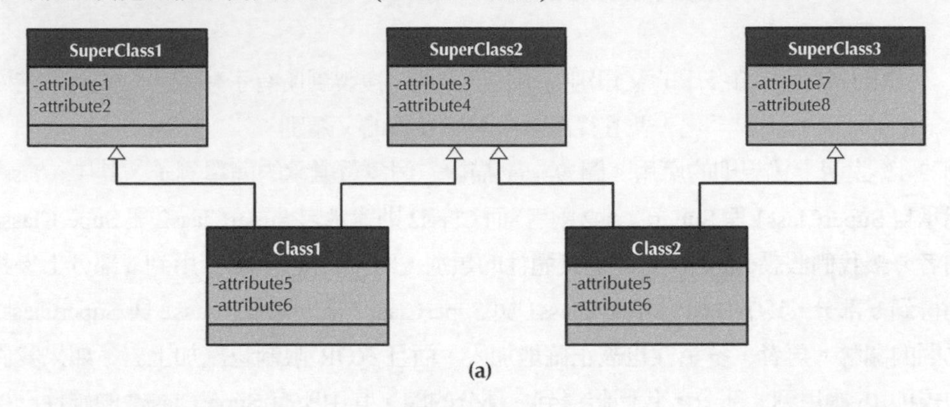

(a)

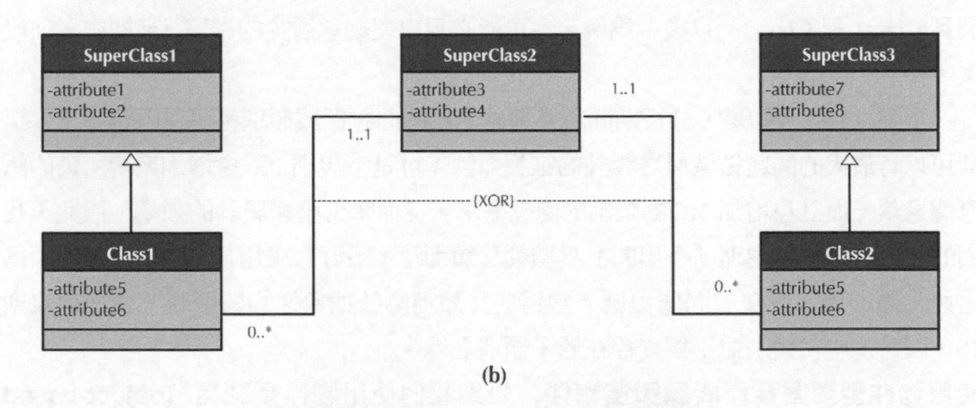

(b)

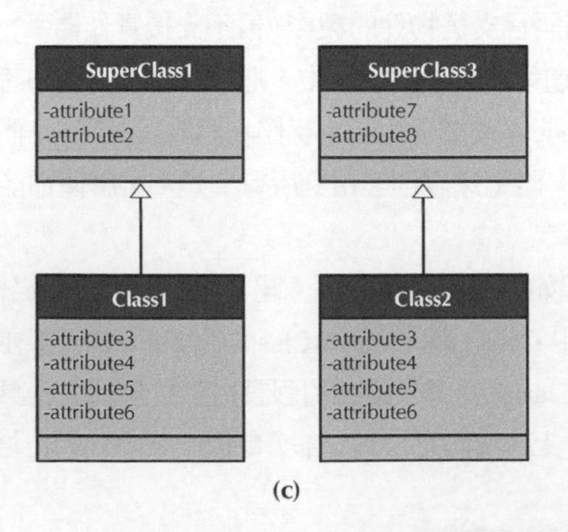

(c)

圖 9-15　在單一繼承語言中消弭多重繼承的影響

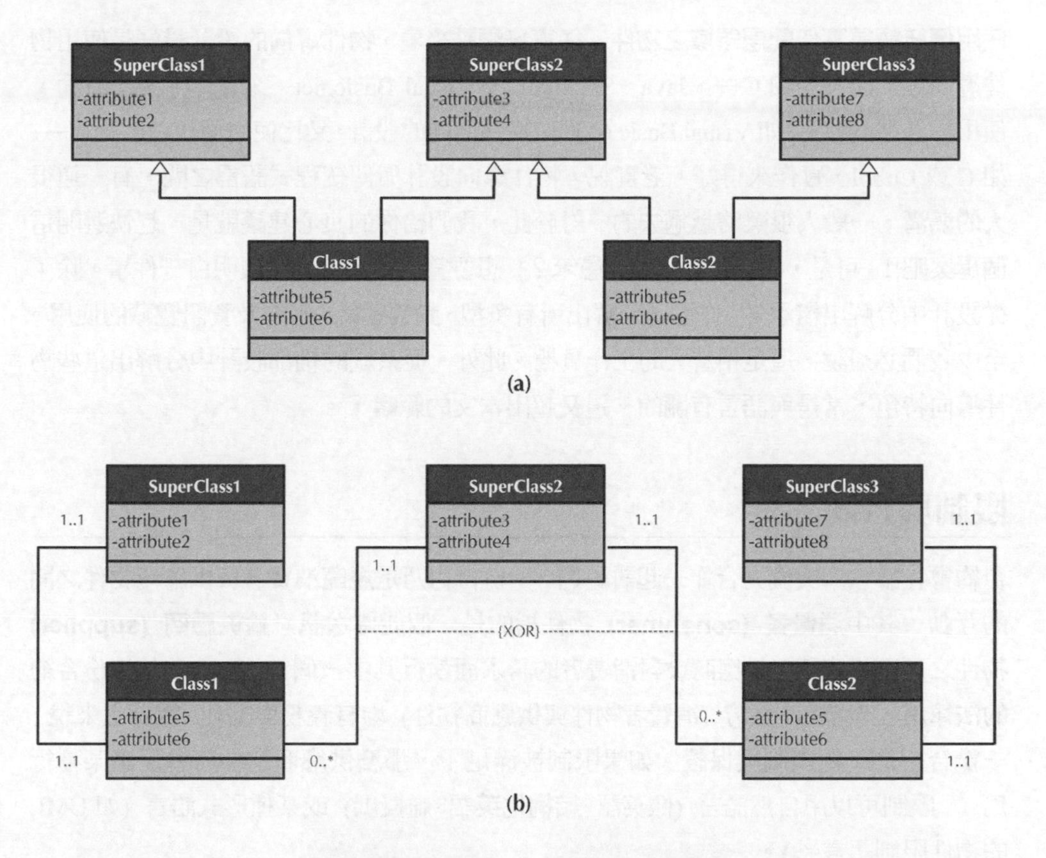

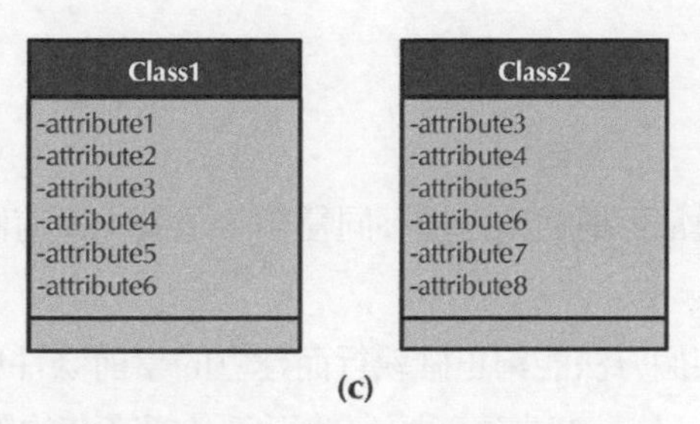

圖 9-16　在物件型語言中消弭多重繼承的影響

輪到你　9-3　牙醫診所的預約系統

在前幾章裡，我們一直使用牙醫診所的預約系統作為例子。假定現在你知道系統必須使用不支援實施繼承的 Visual Basic 6 來實作，因此，請運用上面的規則重新繪製類別圖，消弭設計中需要使用繼承的部分。

使用傳統語言實作問題領域之物件　從實務觀點來看，物件導向的設計最好是使用物件導向程式語言，如 C++、Java、Smalltalk 或 Visual Basic.net，來實作。另一方面，使用物件型語言——如 Visual Basic 6，實作物件導向的設計，又比使用傳統程式語言——如 C 或 Cobol，實作來得好。老實說，物件導向設計與傳統程式語言之間，有一道很大的鴻溝，一般人很難跨越過去的。對於此，我們給你的良心建議就是，趕快避開這個專案吧！ 可是，如果你夠勇敢 (愚笨？) 想要嘗試的話，你必須明白一件事，除了從設計中分解出繼承外，你還得分解出所有多型、動態連結、封裝及資訊隱藏的使用。至少我們必須說，這是相當大的工作負擔。此外，從系統的細部設計中分解出這些物件導向特色，常是與語言有關的。這又超出本文的範疇了。

限制與合約

合約曾在第六章與協力合作一起討論過。一份合約乃是規範消費者與供應商物件之間的互動，其中**消費者 (consumer)** 物件指的是一個能傳送訊息給**供應商 (supplier)** 物件之類別的實體，供應商會對消費者的請求而執行其中一個方法。合約依一份合約的法律用語來塑造，雙方 (消費者物件與供應商物件) 均有義務與權利。實務上來說，一份合約是一組限制與保證。如果限制被滿足了，那麼供應商物件將會保證某種行爲。[32] 限制可以用自然語言 (像英語、**結構化英語**、虛擬碼) 或某種形式語言 (如 UML 的物件限制語言[33])。

◆ 限制的種類

在物件導向的設計，通常可捕捉到三種不同種類的限制：事前條件、事後條件及不變式。

合約主要是爲使某個方法能夠正確執行而建立的事前條件與事後條件。**事前條件 (pre-condition)** 是爲了使一個方法能順利執行所必須符合的限制。例如，傳遞給方法的參數必須有效，方法才能執行；否則，一個例外應該被提出。**事後條件 (post-condition)** 是在方法執行後或方法執行的效果回復後，必須被滿足的限制。例

[32]於設計中使用合約的想法衍生自 “Design by Contract” technique developed by Bertrand Meyer. 請參閱 Bertrand Meyer, *Object-Oriented Software Construction* (Englewood Cliffs, NJ:Prentice Hall, 1988)。

[33]請參閱 Jos Warmer and Anneke Kleppe, *The Object Constraint Language:Precise Modeling with UML* (Reading, MA:Addison-Wesley, 1999)。

如，方法不能夠讓物件的任何屬性變得無效。在這個情況，應該提出一個例外，而且方法執行的效應應該予以回復。

事前條件與事後條件塑造作用於每個方法的限制，而**不變式 (invariant)** 則塑造對一個類別之所有實體必然為真的限制。不變式的例子包括屬性的領域或型態、屬性的多重性以及屬性的有效值。這包括塑造關聯與組合關係的屬性。例如，如果有需要一個關聯關係，就應該建立一個不變式，使得它有一個讓實體存在的有效值。不變式通常附加於類別。因此，我們可以將一組斷言 (assertion) 加諸於不變式，來把不變式附加到 CRC 卡或類別圖。

在圖 9-17 中，CRC 卡的背面限制了 Order 的屬性必須為特定的型態。例如，Order Number 一定是 unsigned long，而 Customer 一定是 Customer 類別的一個實體。此外，額外的不變式被加到其中的四個屬性。例如，Cust ID 不僅是 unsigned long，而且也是唯一的值 [也就是說，多重性是 (1..1)]，而且它的值必須與 Customer 實體之 GetCustID () 訊息的結果相同。也顯示了一個為實體存在之限制，一個 Customer 類別的實體、一個 State 類別的實體，以及至少有一個 Product 類別的實體必須與 State 類別相關聯 (請參閱 CRC 卡的關係一節)。圖 9-18 描繪與類別圖上同一組的限制。然而，如果所有不變式均放在類別圖上，圖面將變得非常難懂。因此，我們建議擴充 CRC 卡以記載不變式，而不是把所有的不變式都加到類別圖上。

Front:

Class Name: Order	**ID:** 2	**Type:** Concrete, Domain
Description: An Individual that needs to receive or has received medical attention		**Associated Use Cases:** 3

Responsibilities	**Collaborators**
Calculate subtotal	
Calculate tax	
Calculate shipping	
Calculate total	

(a)

圖 9-17　CRC 卡上的不變式 (a)

Back:

Attributes:

Order Number	(1..1)	(unsigned long)	
Date	(1..1)	(Date)	
Sub Total	(0..1)	(double)	
Tax	(0..1)	(double)	{Sub Total = sum (Product Order. GetExtension())}
Shipping	(0..1)	(double)	
Total	(0..1)	(double)	
Customer	(1..1)	(Customer)	
Cust ID	(1..1)	(unsigned long)	{Cust ID = Customer. GetCustID()}
State	(1..1)	(State)	
StateName	(1..1)	(String)	{State Name = State. GetState()}

Relationships:

Generalization (a-kind-of):

Aggregation (has-parts):

Other Associations: Product {1..*} Customer {1..1} State {1..1}

(b)

圖 9-17　CRC 卡上的不變式 (b)

輪到你　9-4　不變式

使用圖 9-17 的 CRC 卡及圖 9-18 的類別圖作爲指引，將 Customer 類別、State 類別、Product 類別與 Product-Order 關聯的不變式，增加到它們各自的 CRC 卡與類別圖。

問題：

1. 一旦所有不變式都被加進去了，解讀類別圖會變得有相當容易嗎？
2. 請觀察圖 6-2 的類別圖以及圖 8-21 的套件圖。如果不變式都加到圖面上，這些圖面看起來將像什麼？你建議怎麼做才能避免此一情況？

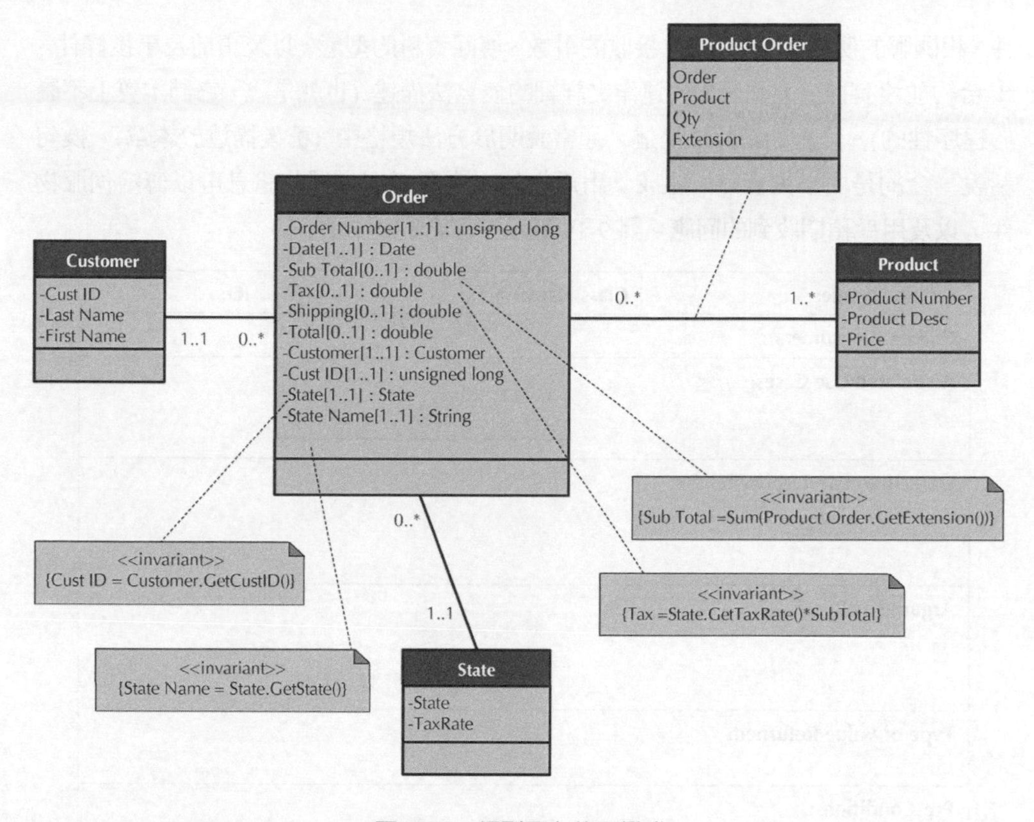

圖 9-18　類別圖上的不變式

輪到你　9-5　校園租屋

在「輪到你 6-2」中，你已建立一組 CRC 卡與一個類別圖。試將不變式加到該類別圖以及該組 CRC 卡上。

◆ 合約的要素

合約登載於物件之間傳遞的訊息。技術上來說，每個物件接收或發送的每則訊息都應該建立一個合約，換言之，每次互動都有一個合約。然而，如果這麼做的話，將會出現相當多的重覆。實務上，每個能從其他物件接受訊息的方法，我們都為之製作一份合約 (也就是每個可見方法有一份合約)。

合約應該包含所有讓程式設計師了解方法應該做什麼的必要資訊。也就是說，它們在本質上是具有宣告性的。這項資訊包括方法名稱、類別名稱、ID 號碼、消費者物件、相關聯的使用案例、描述、接收的引數、傳回資料的型態，以及事前及事後條件。[34] 合約並沒有提供方法是如何運作之詳細的演算法描述 (也就是說，它們本質上不屬於程序性的)。詳細的演算法描述，通常說明於方法規格中 (稍後描述於本章)。換句話說，合約是由下列資訊所組成：用戶物件的開發者知道哪些訊息可以傳給伺服物件，以及用戶預期收到的回應。圖 9-19 顯示一個合約格式範例。

Method Name:	**Class Name:**	**ID:**
Clients (Consumers):		
Associated Use Cases:		
Description of Responsibilities:		
Arguments Received:		
Type of Value Returned:		
Pre-Conditions:		
Post-Conditions:		

圖 9-19　合約表格的範例

既然每個合約都和某個特定的方法與類別有關，那麼合約就必須記載下來。合約的 ID 號碼用來提供每個合約的唯一識別記號。Clients (Customers) 要素是一份列出傳送訊息給這個特定方法的類別與方法的清單。這份清單是審視與供應商類別關聯之循

---

[34] 目前，並沒有關於合約的標準格式。圖 9-19 中的合約根據下述書籍的內容：Ian Graham, *Migrating to Object Technology* (Reading, MA:Addison-Wesley, 1995); Craig Larman, *Applying UML and Patterns:An Introduction to Object-Oriented Analysis and Design* (Englewood Cliffs, NJ:Prentice Hall, 1998); Meyer, *Object-Oriented Software Construction;* and R. Wirfs-Brock, B. Wilkerson, and L. Wiener, *Designing Object-Oriented Software* (Englewood Cliffs, NJ:Prentice Hall, 1990)。

序圖而決定出來的。Associated Use Case 要素則是一份使用案例清單，於此這個方法被用來實現該使用案例的實作。這裡所列出的使用案例可以經由審視供應商類別的 CRC 卡與關聯的循序圖中找出。

Description of Responsibilities 以非正式的方式描述方法應該執行什麼，而不是如何做。arguments received 是傳到該方法之參數的資料型態，而 value returned 是該方法回傳給消費者之值的資料型態。連同方法名稱，它們共同地構成了該方法的簽名。事前條件與事後條件的要素，就是方法的事前條件與事後條件被記載的地方。注意，事前及事後條件可用自然語言、結構化英語、虛擬碼或某種形式語言撰寫而成。你使用哪一種，並不重要。不過，這些條件寫得愈精確，程式設計師愈不會誤解。因此，我們建議你使用虛擬碼或某個形式語言，像是 UML 的物件限制語言。[35]

輪到你　9-6　合約

使用圖 9-17 的 CRC 卡、圖 9-18 的類別圖及圖 9-19 的合約表格範例作為指引，針對 Calculate Subtotal、Calculate tax、Calculate shipping 及 Calculate total 等方法製作合約。

方法規格

一旦分析師已勾勒出系統須如何組合的大輪廓，就要詳細地描述每個類別與方法，以便程式設計師能夠接管並開始寫程式碼。於 CRC 卡、類別圖及合約上的方法，可使用方法規格 **(method specification)** 加以描述。方法規格是書面的文件，包含著關於如何實際寫碼的明確指示。通常，專案小組成員會針對每個方法寫出一則規格，然後把這些規格交給程式設計師，由其負責在專案的實作期間寫出程式碼。規格必須非常清楚、易懂，否則程式設計師會為了理解含糊或不完整的指示，而拖慢整個工作進度。

方法規格並沒有正式的語法，因此，每個組織均使用自己的格式，通常使用如圖 9-20 所示的表格。方法規格表通常包含四個要素，傳達程式設計師用來撰寫適當程式碼的資訊：一般性的資訊、事件、訊息之傳遞與演算法規格。

[35] 請參閱 Warmer and Kleppe, The Object Constraint Language:Precise Modeling with UML。

Method Name:	Class Name:	ID:
Contract ID:	Programmer:	Date Due:
Programming Language: ❑ Visual Basic ❑ Smalltalk ❑ C++ ❑ Java		
Triggers/Events:		
Arguments Received: Data Type:	Notes:	
Messages Sent & Arguments Passed: ClassName.MethodName:	Data Type:	Notes:
Arguments Returned: Data Type:	Notes:	
Algorithm Specification:		
Misc. Notes:		

圖 9-20　方法規格表

◆ 一般性資訊

圖 9-20 表格的頂端記載一般性的資訊，像是方法的名稱、方法所屬類別的名稱、識別碼、識別與方法實作相關的合約之合約識別碼 (用以辨別與這個方法實作的合約)、指派的程式設計師、截止日期以及所要使用的程式語言。這項資訊有助於管理程式設計的工作量。

◆ 事件

表格的第二部分用來列出觸發方法的一些事件。一個**事件 (event)** 指的是發生或出現某件事情。按滑鼠產生一個滑鼠事件、按一個鍵盤的鍵產生一個按鍵事件；事實上，幾乎使用者做的每一件事，都會產生一個事件。

過去，程式設計師使用的程序性程式語言 (如 COBOL,C)，其中包含了實作順序──由電腦系統所決定，已定義好的指令──使用者不被允許偏離該順序。現今許多程式都採取**事件驅動 (event-driven)** (如 Visual Basic、Smalltalk、C++或 Java 等語言所撰寫的程式)，而且事件驅動程式所包含的方法，乃針對使用者、系統或另一個方法所引發的事件而執行的。在初始化之後，系統將等候某一事件的發生。當事件發生了，便帶動執行一個方法，執行適當的工作，然後系統再一次等待。

我們已經發現，當許多程式人員在使用事件驅動語言撰寫程式的時候，仍然使用方法規格，而且他們會把事件的部分放在表格上，藉以捕捉出方法被叫用的時機。其他程式設計師則已改用其他設計工具來捕捉事件驅動程式指令，像是在第七章所描述的行爲狀態機。

◆ 訊息傳遞

方法規格的下一節則是描述出現於序列圖與合作圖上之訊息，是如何的往來於各個方法之間傳遞。程式設計師需要了解有哪些參數進出某個方法以及由其所回傳者，因爲這些參數最後將轉譯爲實際方法的屬性與資料結構。

◆ 演算法規格

演算法規格可以用結構化英語、某種形式的虛擬碼，或某種形式語言撰寫而成。[36] 結構化英語只是形式上寫下有關某個程序的步驟之描述。

---

[36] 對我們來說，結構化英語或者虛擬碼便已足敷所需。但是，有些具有 Catalysis、Fusion 與 Syntropy 方法學的作品就納入了正式語言，例如 VDM 和 Z，於制定物件導向系統。

由於它是朝向方法實作的第一步，所以，外表看起來很像一個簡單的程式語言。
結構化英語使用短句清楚地描述哪些工作要執行於哪些資料。
結構化英語沒有正式的標準，所以有許多版本；每個組織都有自己的結構化英語版本。

圖 9-21 顯示一些常用的結構化英語陳述例子。Action 陳述是執行某動作的簡單陳述。If 陳述控制不同條件下所執行的動作，For 陳述 (或 While 陳述) 執行一些動作，直到某條件被滿足爲止。最後，Case 陳述則是 If 陳述的複雜形式，可提供數個互斥的條件分枝。

虛擬碼 (pseudocode) 是一種包含許多邏輯結構的語言，包括循序性陳述、條件性陳述以及疊代。與結構化英語不同的地方在於，虛擬碼所包含的細節是與程式設計有關，像初始化指令或連結動作，而且它更詳實，使得程式設計師只要往來對照虛擬碼指令即可寫出模組。大致說來，虛擬碼更像眞正的程式碼，而且使用的對象是程式設計師 (相對於分析師)。它的格式沒有像它所傳達的資訊那樣重要。圖 9-22 顯示一個很短的虛擬碼範例，此一模組負責取得 CD 的資訊。

常見的陳述	範例
Action 陳述	Profits = Revenues – Expenses Generate Inventory-Report
If 陳述	IF Customer Not in the Customer Object Store THEN Add Customer record to Customer Object Store ELSE Add Current-Sale to Customer's Total-Sales Update Customer record in Customer Object Store

For 陳述	FOR all Customers in Customer Object Store DO
	    Generate a new line in the Customer-Report
	    Add Customer's Total-Sales to Report-Total

Case 陳述	CASE
	    IF Income < 10,000: Marginal-tax-rate = 10 percent
	    IF Income < 20,000: Marginal-tax-rate = 20 percent
	    IF Income < 30,000: Marginal-tax-rate = 31 percent
	    IF Income < 40,000: Marginal-tax-rate = 35 percent
	    ELSE Marginal-Tax-Rate = 38 percent
	ENDCASE

圖 9-21　結構化英語

撰寫好的虛擬碼並不容易。想像你寫一本說明書，讓別人看過之後不用再尋求澄清或作出錯誤的假設。舉例而言，你曾經告訴一個朋友你家的方向，結果他還是迷路？對你而言，你家的方向可能很清楚了，但是那是因為你個人的假設。對你來說，「第一個左轉」真正的意思可能是「在第一紅綠燈處左轉」。但別人可能會解釋為「在第一個路口左轉，不管有沒有紅綠燈」。因此，寫虛擬碼的時候，要特別留意細節與可讀性。

如果某個方法的演算法很複雜，一個有助的演算法規格是 UML 的**活動圖** (參閱第五章)。回想一下，活動圖可以用來制定任何類型的流程。很明顯的，演算法的規格是一個流程。然而，由於物件導向的性質，流程往往是跨足了數個物件的小小方法。因此，要求使用活動圖來制定方法的演算法，事實上，就暗示了設計上有些問題。例如，該方法應該進一步地被分解，或者某些類別可能漏失了。

方法規格的最後部分，則保留一些空間，作為與程式設計師溝通之用，像是計算、特殊企業規則、呼叫副程式或程式庫，以及其他相關議題。這也可以根據分析師在制定規格的過程中所找到的問題，用來指出會對其他設計文件造成的任何變更或改進。[37]

```
(Get_CD_Info module)
   Accept (CD.Title) {Required}
   Accept (CD.Artist) {Required}
   Accept (CD.Category) {Required}
   Accept (CD.Length)
Return
```

圖 9-22 虛擬碼

輪到你 9-7 方法規格

使用圖 9-17 的 CRC 卡、圖 9-18 的類別圖，以及「輪到你 9-6」所完成的合約為引導，製作 Calculate subtotal、Calculate tax、Calculate shipping 及 Calculate total 等方法的方法規格。

---

[37] 請記得開發流程本質上是漸進的和反覆的。因此，變動可能溯回到開發過程中的任何一點 (例如， 到使用案例的文字描述、使用案例圖、CRC 卡、類別圖、物件圖、循序圖、通訊圖、行為狀態機以及套件圖)。

應用概念於 CD Selections 公司

Alec 和他的開發小組審視問題領域層的類別圖和套件圖，開始細部性的物件設計過程 (參閱圖 6-18、8-14 以及 8-15)。Alec 明確表示開發小組應該留意內聚力、耦合力與共生力的設計準則，並且檢查那些具有這些狀況的模型。而且，他堅持說他們會看看是否有任何額外規格的需要、可能再用的機會以及設計上進一步的架構改動。Alec 指派檢討全部的結果，並且尋找可能任何最佳化被實作的可能性。最後，因爲將以 Java 實作，他要也保證設計可在單一繼承型的程式語言裡實作。

審視之後，他們發現，類別圖上有相當多的多對多 (*..*) 關聯關係。Alec 質疑這是否正確地表達了眞實的情境。Brian 坦承當他們做成類別圖的時候，就已決定把大部分的關聯塑造成一個多對多的多重性，而認爲等到他們稍後擁有較精確的資訊時，還來得及加以修正。Alec 也質疑這個問題爲什麼沒有在查核與驗證步驟被發掘出來。不過，他對這點沒有給予任何責難。取而代之的是，因爲 Brian 是組員中最熟悉塑造結構模型的人，並且是負責資料管理層 (參閱第十章) 的分析員，Alec 指派他評估在模型裡各個關聯的多重性，並且重組與優化進化中的問題領域模型。

圖 9-23 顯示更新後的類別圖。如你所見，Brian 同時加入了關聯之多重性的高低值。他如此做用意在抹除任何關聯意義上的含糊不清之處。因爲在 CD 類別和 Mkt Info 類別之間有一對一的關係，Brian 考慮把它們合併成單一類別。不過，他決定它們的差異程度足以讓它們分開。他會如此推斷是假設並非所有的客戶都希望看到與每種 CD 相關的所有 Mkt Info。

由於 Brian 已經花了相當的時間在 CD 套件的類別上，所以 Alec 指派他這項工作。CD 套件的類別有 CD、Vendor、Mkt Info、Review、Artist Info 以及 Sample Clip。因爲必須從一個更技術性的角度來檢視所有的類別和套件，Alec 決定他自己處理 Customer 與 Order 套件 (參閱圖 8-14 和 8-15)。不過，因爲 Search 套件變得非常技術性，他把它分派給 Anne。

接下來，Brian 把不變式、事前條件與事後條件增加到那些類別及其方法上。例如，圖 9-24 描繪了供 CD 類別之用的 CRC 卡的背面。他決定只增加不變式的資訊到 CRC 卡，而不是類別圖，藉以儘可能讓類別圖簡單易懂。

請留意多出的這組多重性、領域和參考完整性不變式已加到屬性和關係。在這個過程中，他意識到並非所有的 CD 都有與之相關的上市訊息。因此，他修改 CD 類別與上市訊息類別之間的多重性。

而且，他需要爲每一種方法加上合約。圖 9-25 描繪用於與 Mkt Info 類別關聯之 GetReview () 方法的合約。注意到這種方法要成功必須有一前提──Review 屬性不是空值。

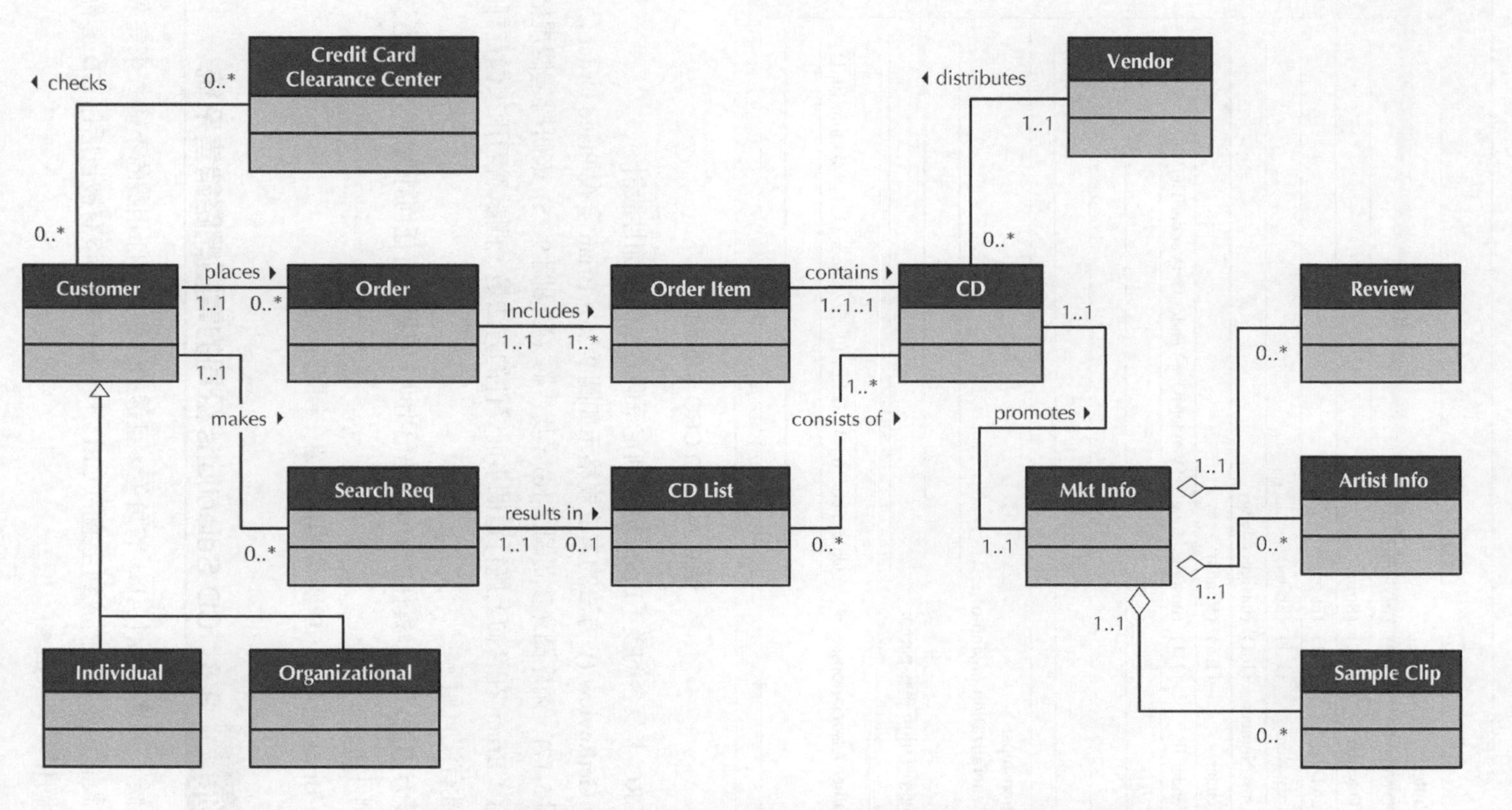

圖 9-23　修改過的 CD Selections 公司網路銷售系統的類別圖 (Place Order 使用案例觀點)

Back:

Attributes:

CD Number	(1..1)	(unsigned long)	
CD Name	(1..1)	(String)	
Pub Date	(1..1)	(Date)	
Artist Name	(1..1)	(String)	
Artist Number	(1..1)	(unsigned long)	
Vendor	(1..1)	(Vendor)	
Vendor ID	(1..1)	(unsigned long)	{Vendor ID = Vendor.GetVendorID()}

Relationships:

Generalization (a-kind-of):

Aggregation (has-parts):

Other Associations: Order Item {0..*} CD List {0..*} Vendor {1..1} Mkt Info {0..1}

圖 9-24　CD CRC 卡的背面

完成 CRC 卡及合約後，Brian 繼續制定每個方法的細節性設計。

例如，GetReview () 方法的方法規格示如圖 9-26。Brian 審視 Place Order 使用案例 (參閱圖 5-17)、循序圖 (參閱圖 7-16)，及合約 (參閱圖 9-25) 來研擬這個規格。

請留意，Brian 在合約上施行這個事前條件的方法是，測試看看用來儲存評論之 Review 屬性有沒有值。

由於該方法是以 Java 實作的，所以他已指明，如果沒有任何評論的話，就應該「丟出」一個例外。

最後，Brian 更新了 CD 套件的類別圖 (參閱圖 9-27)。

輪到你　9-8　CD Selections 公司的電腦網路銷售系統

在這個時候，你應該扮演 Alec 的角色，且透過確認出全部相關的不變式來完成問題領域的設計，並將它們放到合適的 CRC 卡，製作所有沒有被包括在 CD 套件裡的必要合約和方法規格。

Method Name: GetReview()	**Class Name:**	**ID:**
Clients (Consumers): CD Detailed Report		
Associated Use Cases: Places Order		
Description of Responsibilities: Return review objects for the Detailed Report Screen to display		
Arguments Received:		
Type of Value Returned: List of Review objects		
Preconditions: Review attribute not Null		
Postconditions:		

圖 9-25　Get Review 方法合約

摘要

◆ 回顧物件導向系統的基本特徵

類別是物件能夠被實體化所依據的樣版。一個物件是我們想要捕捉其相關的資訊的一個人、一個地方或一件事情。每個物件都有屬性與方法。透過物件傳送訊息來觸動方法。封裝與資訊隱藏可以讓一個物件將其內部的程序與資料隱藏起來，而不讓其他物件看得到。多型與動態連結則可以讓不同類型的物件，對同一則訊息作不同的解讀。然而，如果多型的使用不遵守語意一致性的原則的話，會讓物件的設計變得難以理解。類別可用階層的方式來安排，其中子類別繼承了父類別的屬性與方法，藉以減少重複開發。不過，使用重新定義的能力或多重繼承，設計之中可能因此潛藏繼承衝突的問題。

Method Name: GetReview()	Class Name: Mkt Info	ID: 453
Contract ID: 89	Programmer: John Smith	Date Due: 7/7/06

Programming Language:

❑ Visual Basic　❑ Smalltalk　❑ C++　☑ Java

Triggers/Events:

Detail Button on Basic Report is pressed

Arguments Received:

Data Type:	Notes:

Messages Sent & Arguments Passed:

ClassName.MethodName:	Data Type:	Notes:

Argument Returned:

Data Type:	Notes:
List	List of Review objects

Algorithm Specification:

IF Review Not Null
　　Return Review
Else
　　Throw Null Exception

Misc. Notes:

圖 9-26　製作 GetReview 的方法規格

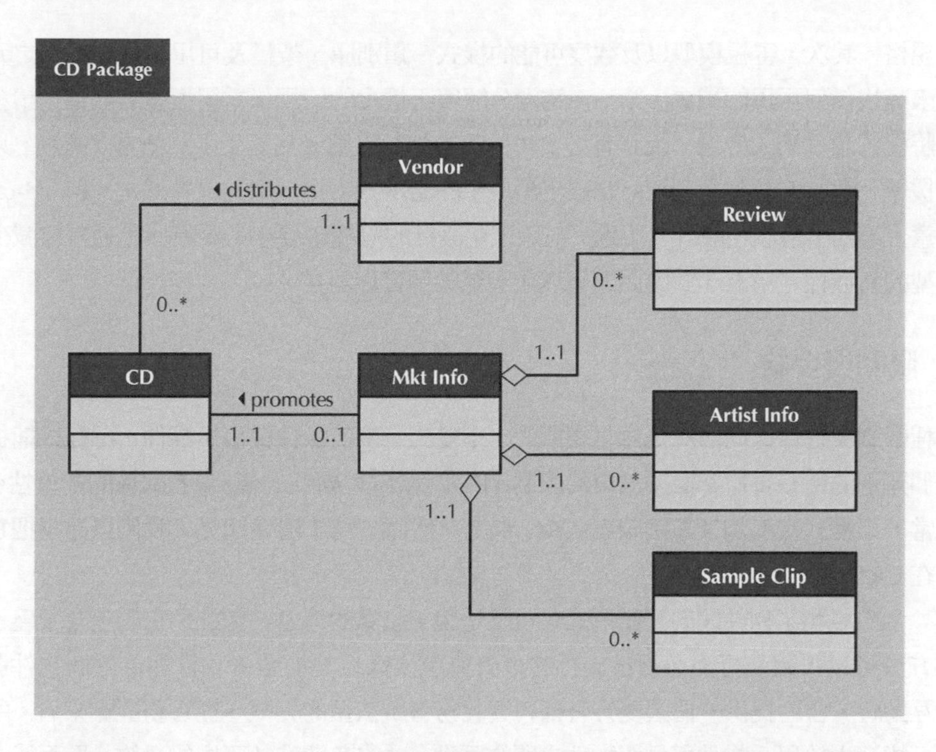

圖 9-27　CD Selections 公司網路銷售系統之 PD 層上修改後的 CD 套件圖

◆ 設計準則

耦合力、內聚力與共生性，是評估物件導向系統設計的一套準則。兩種耦合力──互動與繼承，以及三種的內聚力──方法、類別及一般化／特殊化已經介紹過了。在物件導向系統中，互動耦合力處理的是物件之間的溝通，而繼承耦合力則處理使用繼承之內在相依性。方法內聚力處理的是方法應如何專心一意的問題。一個方法做的事情愈少，其內聚力就愈強。類別內聚力針對類別做同樣的事。一個類別應該只是代表了一件而且只有一件事情。一般化／特殊化內聚力處理的是繼承階級的良窳與否。好的繼承階層只支援一般化與特殊化 (a-kind-of) 語意。共生性一般化了耦合力與內聚力，然後將之以不同等級的封裝予以組合起來。一般的經驗法則是，在封裝邊界之內的內聚力 (共生性) 要最大化，而在封裝邊界之間耦合力 (共生性) 要最小化。

◆ 物件設計活動

物件設計的基本活動有五個。首先，仔細審查模型，決定屬性與方法的能見度適當與否、設定每個方法的簽名以及確認任何與類別或類別方法相關聯的限制可能找出額外的規格。其次，審視模型以及觀察可能的樣式、類別庫、架構及可用來強化系統之元件來尋找任何再用的機會。第三，透過分解與正規化的使用，重組模型的結構。請務必將程式語言列入考慮。或許有必要將目前的設計對應至功能受限的語言 (例如，只支援單一繼承的語言。) 另外，請確定模型中的繼承只支援一般化／特殊化 (a-kind-of) 語意。第四，最佳化設計。不過，在最佳化設計的過程中要小心。最佳化通常會減少模型的易懂性。第五，對應問題領域類別至某個實作語言。

◆ 限制與合約

三種限制與物件導向設計是息息相關的：不變式、事前條件與事後條件。不變式捕捉某個類別的所有實體都必須爲眞的限制 (例如，領域與屬性的值，或者關係的多重性。) 通常，不變式被附加在類別圖與 CRC 卡上。然而，爲了清楚起見，我們只建議把它放在 CRC 卡上。

合約規範了物件間的互動形式，也就是說，訊息的傳遞。因此，它們包含了爲了讓方法可以正確執行而必須被施行的事前與事後條件當消費者物件與供應商物件發生互動時，合約提供一個讓雙方有權利與義務有所依循的方式。從實務觀點來看，所有可能發生於用戶物件與伺服物件之間的互動，並沒有塑造於不同的合約。取而代之的是，使用到供應商物件的每一個可見方法時，單獨地將之擬具一個合約。

◆ 方法規格

方法規格是一份書面的文件，用來提供有關方法是如何運作的明確說明。如果沒有明確清楚的方法規格，就必須由程式設計師，而非設計者做出關鍵的設計決策。即使方法規格沒有標準的格式，通常要捕捉四種資訊。首先，是一般性的資訊，如方法的名稱、類別名稱、合約識別碼、指派的程式設計師、截止日期以及所使用的程式語言。第二，由於 GUI 與事件驅動的系統日益普及，事件也因此要被捕捉起來。第三，對於方法的簽名、接收的資料、傳給其他方法的資料以及方法回傳的資料要予以記錄起來。最後，提供一個清楚的演算法規格。演算法通常使用結構化英語、虛擬碼或某種形式語言寫成。

關鍵字彙

Active value　作用值

ActiveX　微軟的 ActiveX 技術

Activity diagram　活動圖

API (application program interface)　API (應用程式介面)

Attribute　屬性

Behavior　行爲

Class　類別

Class cohesion　類別內聚力

Class library　類別庫

Client　用戶端

Cohesion　內聚力

Component　元件

Connascence　共生性

Constraint　限制

Consumer　消費者

Contract　合約

Coupling　耦合力

Derived attribute　衍生屬性

Design pattern　設計樣式

Dynamic binding　動態連結

Encapsulation　封裝

Event　事件

Event driven　事件驅動

Exceptions　例外

Factoring　分解

Fan-out　扇出

Framework　架構

Generalization/specialization cohesion　一般化特殊化內聚力

Heteronyms　異名詞

Homographs　同形詞

Homonyms　同音詞

Ideal class cohesion　理想的類別內聚力

Information hiding　資訊隱藏

Inheritance　繼承

Inheritance conflict　繼承衝突

Inheritance coupling　繼承耦合力

Instance　實體

Interaction coupling　互動耦合力

Invariant　不變式

JavaBean　JavaBean (一種元件軟體發展技術)

Law of Demeter　Demeter 定律

Message　訊息

Method　方法

Method cohesion　方法內聚力

Method specification　方法規格

Multiple inheritance　多重繼承

Normalization　正規化

Object　物件

Object-based language　物件基礎的

Operations　操作

Patterns　樣式

Polymorphism　多型

Postcondition　事後條件

Precondition　事前條件

Pseudocode　虛擬碼

Redefinition　重新定義

Server　伺服端

Signature　簽名

Single inheritance　單一繼承

State　狀態

Structured English　結構化的英語

Supplier　供應商

Synonyms　同義詞

Trigger　觸發

Visibility　能見度

問題

1. 物件導向系統的基本特徵是什麼？
2. 知道哪一種物件導向程式語言要用來實作系統，有多麼重要？
3. 什麼是 Demeter 定律？
4. 互動耦合力有哪六種？舉出「好」互動耦合力的一個例子，以及「壞」互動耦合力的一個例子。
5. 最佳化物件系統有哪些不同的方法？
6. 系統最佳化的常見缺點是什麼？
7. 類別內聚力有哪四種？各舉出一例。
8. 方法內聚力有哪七種？請舉出一個「好」方法內聚力的一個例子，以及一個「壞」方法內聚力的一個例子。
9. 共生性有哪五種？各舉出一例。
10. 在設計某特定類別時，有哪些額外規格可能是必要的？
11. 繼承衝突是什麼？繼承衝突是如何影響著設計？
12. 列出避免繼承衝突的指導原則。
13. 定義多型。舉出使用多型的「好」例子，以及使用多型的「壞」例子。
14. 你如何制定某個方法的演算法？ 請針對時薪制員工類別的計算薪資方法，舉出演算法規格的一例。
15. 方法是如何的被制定？請針對時薪制員工類別的計算薪資方法，舉出方法規格的一例。
16. 為什麼方法的取消是件壞事？
17. 什麼是不變式？一個類別的不變式在設計中是如何被塑造的？試針對時薪制員工類別，舉出不變式的一例。

18. 分解與正規化如何被運用於物件系統的設計？
19. 列出避免繼承衝突的指導原則。
20. 限制是什麼？限制的三種不同類型是什麼？
21. 什麼是樣式、架構、類別庫與元件？它們如何用來加強進化中的系統設計？22. 例外是什麼？
23. 動態連結是什麼？
24. 合約的目的是什麼？如何使用？
25. 對於時薪制員工類別，建立計算薪資方法的合約。

練習題

A. 針對第五章 (N,O)、第六章 (O)、第七章 (G、H)、第八章 (G、H) 的健康俱樂部練習題，選擇其中一個類別，並且爲屬性與關係建立一組不變式，把它們加到該類別的 CRC 卡。

B. 在你爲練習 A 所選擇的類別中，選擇其中一個方法，並爲其建立一個合約與一個方法規格。使用結構化英語來撰寫演算法規格。

C. 針對第五章 (P、Q)、第六章 (P)、第七章 (I)、第八章 (I、J) 的 Picnics R Us 練習題，選擇其中一個類別，並且爲屬性與關係建立一組不變式，把它們加到該類別的 CRC 卡。

D. 在你爲練習 C 所選擇的類別中，選擇其中一個方法，並爲其建立一個合約與一個方法規格。使用結構化英語來撰寫演算法規格。

E. 針對第五章 (T、U)、第六章 (R)、第七章 (L)、第八章 (K、L) 的每月一書練習題，選擇其中一個類別，並且爲屬性與關係建立一組不變式，把它們加到該類別的 CRC 卡。

F. 在你爲練習 E 所選擇的類別中，選擇其中一個方法，並爲其建立一個合約與一個方法規格。使用結構化英語來撰寫演算法規格。

G. 針對第五章 (R、S)、第六章 (Q)、第七章 (K)、第八章 (M、N) 的圖書館練習，選擇其中一個類別，並且爲屬性與關係建立一組不變式，把它們加到該類別的 CRC 卡。

H. 在你為練習 G 所選擇的類別中，選擇其中一個方法，並為其建立一個合約與一個方法規格。使用結構化英語來撰寫演算法規格。

I. 描述下列兩個類別圖在意義上的不同。哪一個模型「比較好」？為什麼？

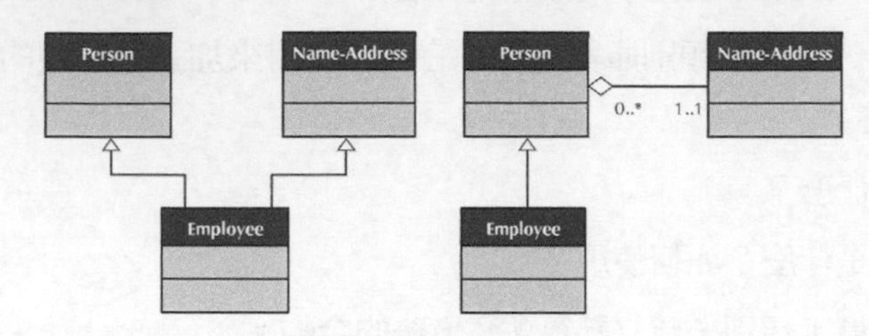

J. 從內聚力、耦合力及共生性的觀點，下列類別圖是「好的」模型嗎？為什麼？

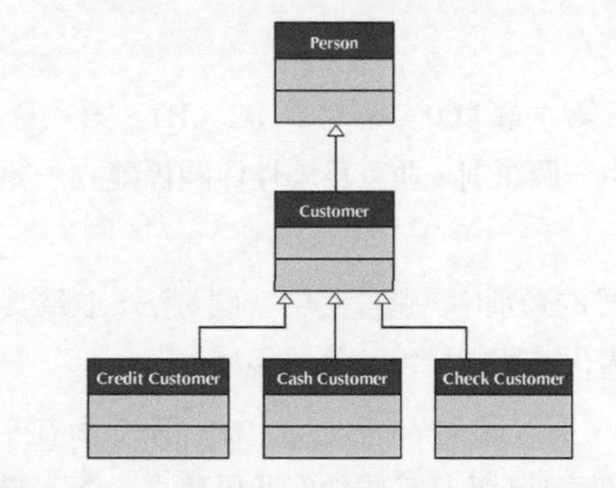

K. 從內聚力、耦合力及共生性的觀點，下列類別圖是「好的」模型嗎？為什麼？

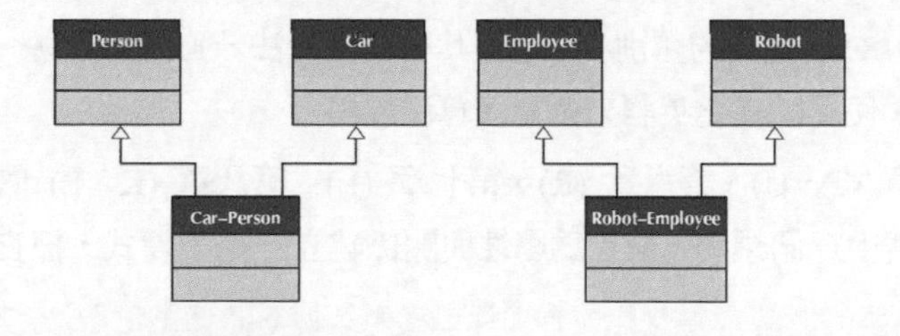

L. 試為練習 K 的類別圖之兩個繼承結構，創造一組繼承衝突。

迷你案例

1. 你處理假日旅遊租車公司的問題已有一段時日了。在嘗試解決此一情況之前，你應該回頭看看、恢復一下你對原來問題的記憶。請回頭參考你於第六章的迷你案例 1 與第七章的迷你案例 2。

在假日旅遊租車公司的新系統中，系統使用者要遵循兩階段的程序，才能記錄車輛賣出的完整資訊。當 RV 或露營車初次從車廠運抵公司時，庫存部門的助理在電腦系統中建立一筆新的車輛記錄。此時所輸入的資料包括車輛的基本資訊，像是車廠、名稱、型號、年分、基準成本 (base cost)，以及運費等。當車輛賣出時，該筆新的車輛記錄便被更新，以反映車輛的最後銷售條件以及經銷商安裝的選項。這項資訊在業務人員塡完銷售發票時，輸進系統之中。

當助理準備結束一筆新的車輛記錄時，他將選擇系統的功能表選項，叫做「Finalize New Vehicle Record」。這個程序所涉及的工作包括如下。

當使用者從系統功能表選擇「Finalize New Vehicle Record」時，使用者馬上被要求輸入新車的序號。這個序號用來擷取新車的記錄。如果該記錄找不到，序號可能是無效的。車輛的序號接著用來取得經銷商安裝的選項記錄 (應客戶要求所做的安裝)。可能有零個或更多選項。選項記錄上所指定的選項成本，被加總起來。然後，經銷商成本使用車輛的基準成本、運費及選項總成本而算出。所完成的新記錄，則傳回給呼叫端的模組。

a. 使用這項額外的資訊更新結構模型 (CRC 卡與類別圖)。
b. 針對結構模型的每個類別之屬性與關係建立一組不變式，並且把它們加到 CRC 卡上。
c. 選擇結構模型的其中一個類別。對於該類別的每個方法，建立一個合約。儘可能完整一點。
d. 對於你在問題 c 所選的類別每個方法，建立一個方法規格。請使用結構化英語撰寫演算法規格。

2. 你是一家總部設在印度的專業 IS 外包公司的專案團隊領導者。Bob Smith 是你的公司和一家大型美國公司之間一項聯合開發專案的專案經理。Bob 一直待在軟體行業達 30 年，並一向對他自己於開發軟體的專業知識感到自豪。他熟悉 1980 與 1990 年間的結構分析和設計、以及資訊工程。他也非常熟悉快速開發應用軟體的優勢。但有一天，當你和 Bob 都在談論物件導向方法的優點，他感到困惑。他認爲，多型和繼承等特點是物件導向系統的優勢。但是，當你解釋繼承衝突、重新定義之能力，不同的實作方法需要語意一致性等等問題後，他準備放棄。你接著解釋合約在維護系統上的重要性。交談到這個時候，他完全地俯首認輸。當他走開時，你聽到他這樣說：「很難教老狗新把戲，我想這是眞的。」

不想讓這個好客戶感到沮喪，你決定爲 Bob 寫一個開發物件導向系統的簡短教學手冊。爲該手冊製作一個詳細的課程大綱，使用好的設計準則，例如耦合力和內聚力。

CHAPTER 10

資料庫設計

專案小組設計系統的資料管理層使用到了四個步驟：選定儲存格式、把問題領域類別對應到所選定的格式、儲存最佳化使其有效率地執行、設計所需的資料存取與操作類別。本章首先描述不同的儲存物件方法，以及選擇物件永續格式時，幾個應該考量的重要特性。其次，本章針對最重要的物件永續格式，描述從問題領域類別對應到物件永續格式的對應過程。第三，由於今日最受歡迎的儲存格式是關聯式資料庫，所以本章將從儲存與存取的觀點，強調關聯式資料庫的最佳化。第四，本章介紹了非功能性需求對資料管理層的影響。最後，本章將描述如何設計資料存取與操作類別。

學習目標

- 熟悉幾個物件永續格式。
- 能夠將問題領域物件對應到不同的物件永續格式。
- 能夠將正規化步驟應用於關聯式資料庫。
- 能夠最佳化關聯式資料庫，供物件儲存與存取。
- 熟悉關聯式資料庫的索引。
- 能夠估計關聯式資料庫的大小。
- 了解非功能性需求對資料管理層的影響。
- 能夠設計資料存取與操作類別

本章大綱

導論

如曾在第八章解釋過的，任何應用程式的工作可被分割成一組層。本章著重於**資料管理層 (data management layer)**，此層包括的資料存取與操作邏輯，以及儲存的實際設計。資料管理層的資料儲存元件，負責管理資料如何由程式儲存及處理。本章描述專案小組如何使用一個四步驟的方法，在資料管理層上設計物件的儲存 **[物件永續 (object persistence)]**：選定儲存的格式、將問題領域物件對應到物件永續格式、最佳化物件永續格式，與設計所需的資料存取與操作類別，以處理系統與資料庫之間的通訊。

應用程式如果不支援資料的話，將沒有什麼用處。應用程式如果無法支援影像或聲音的多媒體，有什麼用途？如果能夠以更少的時間手動找到資訊，爲什麼還需要那麼麻煩登入系統去搜尋資訊呢？設計包括四個物件永續設計步驟，用以降低系統變得無效率、回應時間太長，以及使用者無法找到所需資訊的機會──所有的這些都足以影響專案成功與否。

本章第一部分將描述各式各樣的儲存格式，並解釋如何爲你的應用程式選定適當的儲存格式。從實務觀點來看，有四個基本類型的格式可用來儲存應用系統的物件：檔案 (循序的與隨機的)、物件導向資料庫、物件-關聯式資料庫，或關聯式資料庫。[1]

一旦選定支援系統的物件永續格式，問題領域物件必須推動實際物件儲存的設計。然後物件儲存的處理效率需要被設計得最佳化，這是本章的下一節的焦點。終端使用者最常抱怨的地方是最後的系統都太慢了。爲了避免這樣的抱怨，專案小組在設計階段一定要找時間確認檔案或資料庫的效能要儘可能的快速。同時，專案小組務必將應用程式所需的儲存空間減到最少，設法把硬體成本降下來。最大化物件存取以及最小化儲存空間等目標是彼此矛盾的，而設計物件永續的效率需要在兩者之間取得最佳平衡。

---

[1] 有其他的檔案類型，如關聯、索引循序和複索引循序，以及資料庫，例如階層式、網路式和多維式。不過，這些格式通常不用於物件永續。

最後，我們必須設計一組資料存取與操作類別，以確保問題領域的類別不會倚賴儲存格式。資料存取與操作類別乃負責系統與資料庫之間的通訊。如此，問題領域將可與物件儲存脫鉤，才可以更改物件儲存而不至於影響問題領域類別。

物件永續格式

有四種物件永續格式：檔案 (循序與隨機)、物件導向資料庫、物件-關聯式資料庫以及關聯式資料庫。**檔案 (files)** 是資料的電子清單，而且已被最佳化以執行一個特定的交易。例如，圖 10-1 顯示一個包含客戶訂單資訊的客戶訂單檔，以它被使用的形式，如此一來，資訊便能很快被系統所存取與處理。

Order Number	Date	Cust ID	Last Name	First Name	Amount	Tax	Total	Prior Customer	Payment Type
234	11/23/00	2242	DeBerry	Ann	$ 90.00	$5.85	$ 95.85	Y	MC
235	11/23/00	9500	Chin	April	$ 12.00	$0.60	$ 12.60	Y	VISA
236	11/23/00	1556	Fracken	Chris	$ 50.00	$2.50	$ 52.50	N	VISA
237	11/23/00	2242	DeBerry	Ann	$ 75.00	$4.88	$ 79.88	Y	AMEX
238	11/23/00	2242	DeBerry	Ann	$ 60.00	$3.90	$ 63.90	Y	MC
239	11/23/00	1035	Black	John	$ 90.00	$4.50	$ 94.50	Y	AMEX
240	11/23/00	9501	Kaplan	Bruce	$ 50.00	$2.50	$ 52.50	N	VISA
241	11/23/00	1123	Williams	Mary	$120.00	$9.60	$129.60	N	MC
242	11/24/00	9500	Chin	April	$ 60.00	$3.00	$ 63.00	Y	VISA
243	11/24/00	4254	Bailey	Ryan	$ 90.00	$4.50	$ 94.50	Y	VISA
244	11/24/00	9500	Chin	April	$ 24.00	$1.20	$ 25.20	Y	VISA
245	11/24/00	2242	DeBerry	Ann	$ 12.00	$0.78	$ 12.78	Y	AMEX
246	11/24/00	4254	Bailey	Ryan	$ 20.00	$1.00	$ 21.00	Y	MC
247	11/24/00	2241	Jones	Chris	$ 50.00	$2.50	$ 52.50	N	VISA
248	11/24/00	4254	Bailey	Ryan	$ 12.00	$0.60	$ 12.60	Y	AMEX
249	11/24/00	5927	Lee	Diane	$ 50.00	$2.50	$ 52.50	N	AMEX
250	11/24/00	2242	DeBerry	Ann	$ 12.00	$0.78	$ 12.78	Y	MC
251	11/24/00	9500	Chin	April	$ 15.00	$0.75	$ 15.75	Y	MC
252	11/24/00	2242	DeBerry	Ann	$132.00	$8.58	$140.58	Y	MC
253	11/24/00	2242	DeBerry	Ann	$ 72.00	$4.68	$ 76.68	Y	AMEX

圖 10-1　客戶訂單檔

資料庫 (database) 是一群資料組，每一組都以某種方式關聯到另一組 (例如，透過共同欄位)。資料的邏輯分組包括像是客戶資料、訂單資訊與產品資訊等等。**資料庫管理系統 (DBMS)** 是個創造與操作這些資料庫的軟體 (參閱圖 10-2 的關聯式資料庫例子)。**終端使用者 DBMS**，如 Microsoft Access，支援小型資料庫，用來強化個人的生產力，然而**企業級 DBMS**，像 DB2、Jasmine 及 Oracle 等，能夠管理大量的資料以及支援整個企業運作的應用程式。對於新手使用者來說，終端使用者 DBMS 比起企業級 DBMS 來得便宜且容易使用，但是前者的功能或特色不足以支援關鍵性任務或大規模的系統。

下面幾節將描述循序與隨機存取檔、關聯式資料庫、物件-關聯式資料庫，以及能夠用來處理系統的物件永續需求之物件導向資料庫。最後，我們將描述一組特性，讓不同格式可以根據這些特性互相比較。

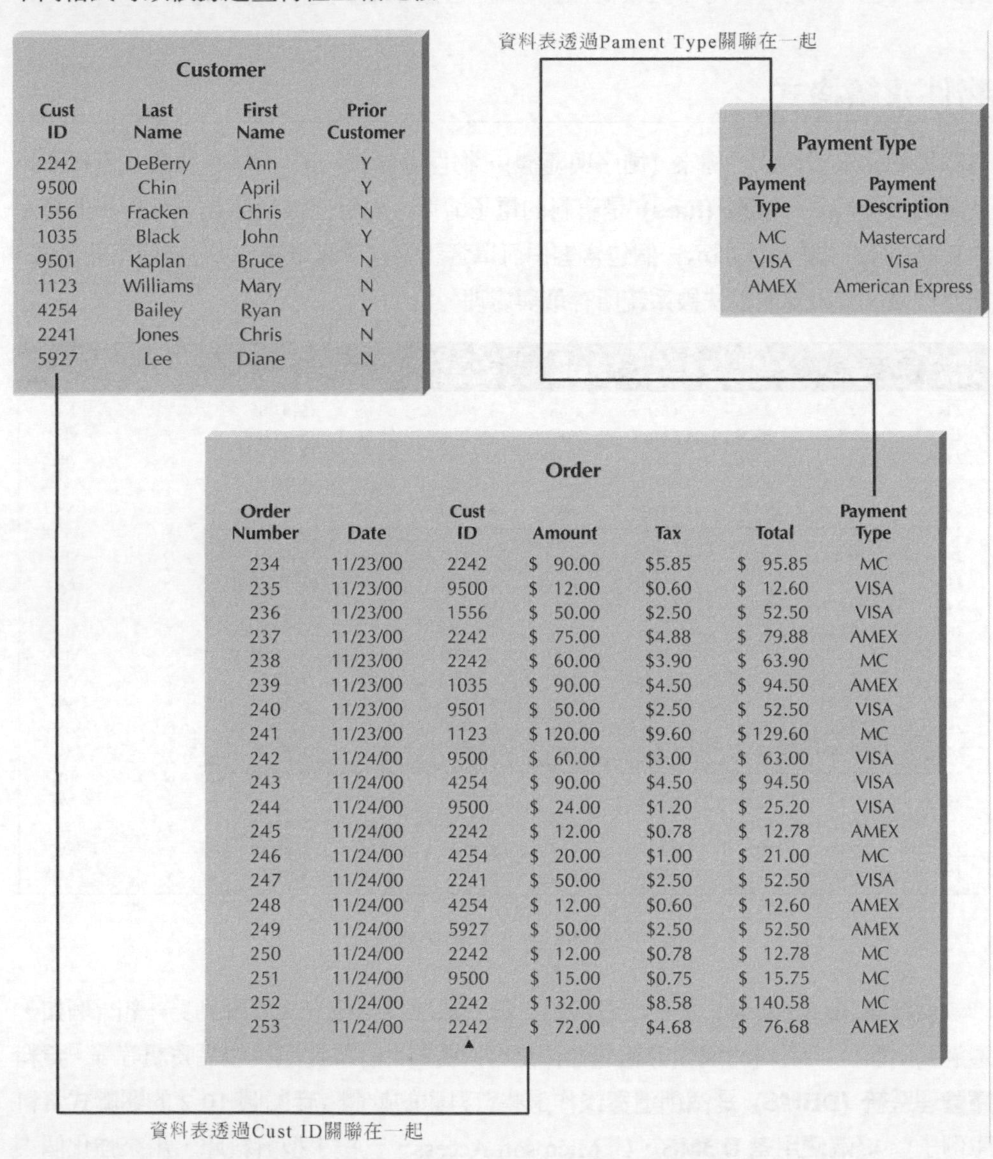

Customer

Cust ID	Last Name	First Name	Prior Customer
2242	DeBerry	Ann	Y
9500	Chin	April	Y
1556	Fracken	Chris	N
1035	Black	John	Y
9501	Kaplan	Bruce	N
1123	Williams	Mary	N
4254	Bailey	Ryan	Y
2241	Jones	Chris	N
5927	Lee	Diane	N

Payment Type

Payment Type	Payment Description
MC	Mastercard
VISA	Visa
AMEX	American Express

Order

Order Number	Date	Cust ID	Amount	Tax	Total	Payment Type
234	11/23/00	2242	$ 90.00	$5.85	$ 95.85	MC
235	11/23/00	9500	$ 12.00	$0.60	$ 12.60	VISA
236	11/23/00	1556	$ 50.00	$2.50	$ 52.50	VISA
237	11/23/00	2242	$ 75.00	$4.88	$ 79.88	AMEX
238	11/23/00	2242	$ 60.00	$3.90	$ 63.90	MC
239	11/23/00	1035	$ 90.00	$4.50	$ 94.50	AMEX
240	11/23/00	9501	$ 50.00	$2.50	$ 52.50	VISA
241	11/23/00	1123	$ 120.00	$9.60	$ 129.60	MC
242	11/24/00	9500	$ 60.00	$3.00	$ 63.00	VISA
243	11/24/00	4254	$ 90.00	$4.50	$ 94.50	VISA
244	11/24/00	9500	$ 24.00	$1.20	$ 25.20	VISA
245	11/24/00	2242	$ 12.00	$0.78	$ 12.78	AMEX
246	11/24/00	4254	$ 20.00	$1.00	$ 21.00	MC
247	11/24/00	2241	$ 50.00	$2.50	$ 52.50	VISA
248	11/24/00	4254	$ 12.00	$0.60	$ 12.60	AMEX
249	11/24/00	5927	$ 50.00	$2.50	$ 52.50	AMEX
250	11/24/00	2242	$ 12.00	$0.78	$ 12.78	MC
251	11/24/00	9500	$ 15.00	$0.75	$ 15.75	MC
252	11/24/00	2242	$ 132.00	$8.58	$ 140.58	MC
253	11/24/00	2242	$ 72.00	$4.68	$ 76.68	AMEX

圖 10-2　客戶訂單資料庫

◆ 循序與隨機存取檔

從實務觀點來看，大部分物件導向程式語言都支援循序與隨機存取檔，使其成為語言的一部分。[2] 在本節，我們將描述什麼是循序存取與隨機存取檔。[3] 我們也將描述循序存取與隨機存取檔如何用來支援應用程式。例如，這類檔案可用來支援主檔、查詢檔、交易檔、稽核檔與歷史檔。

循序存取檔 (sequential access file) 只允許循著一定的順序操作檔案 (例如，讀、寫、搜尋)。循序存取檔對於循序操作很有效率，像是報表產生器。然而，對於隨機操作，像是尋找或更新某一個特定的物件，它們就很沒有效率。平均而言，在找到特定物件之前，循序存取檔中有 50%的內容必須被搜尋。它們又分為兩種情形：有序性與無序性。

基本上，一個**無序性循序存取檔 (unordered sequential access file)** 是一個儲存在磁碟上的資訊電子清單。無序性的檔案連續地組織在磁碟上；也就是說，檔案的順序是依照物件被寫到檔案的前後順序。通常，新的物件只是單純地被加到檔案的尾端。

有序性循序存取檔 (ordered sequential access file) 以一個特定的排列順序來存放資料 (例如，依客戶的編號從小到大排出來)。然而，要保存這樣有特定排序好的檔案，總會造成額外的空間負擔。檔案設計者可以在每次增加或刪除資料時，建立一個新檔來記錄檔案的排序，或者使用**指標 (pointer)**，它是個關聯之記錄的位置資訊。指標被放在每筆記錄的尾端，並且「指向」串列或集合的下一筆記錄。在這種情況下，底層的資料／檔案結構是一個**鏈結串列 (linked list)**。[4]

隨機存取檔 (random access file) 只允許隨機檔或直接檔的操作。這種檔案最適於隨機操作，像是尋找及更新某個特定的物件。隨機存取檔在尋找及更新操作上，比起其他類型的檔案，通常有更快的回應時間。不過，由於它們不支援循序處理，所

---

[2] 例如，請參閱 java.io package 內的 FileInputStream、FileOutputStream 與 RandomAccessFile 等類別。

[3] 關於檔案設計議題的更完整討論，請參閱 Owen Hanson, *Design of Computer Data Files* (Rockville, MD:Computer Science Press, 1982)。

[4] 關於不同資料結構的更多資訊，請參考 Ellis Horowitz and Sartaj Sahni, *Fundamentals of Data Structures* (Rockville, MD:Computer Science Press, 1982) and Michael T. Goodrich and Roberto Tamassia, *Data Structures and Algorithms in Java* (New York:Wiley, 1998)。

以應用程式 (如，報表產生器) 是非常沒有效率的。實作隨機存取檔的各種不同方法，超過了本書討論的範圍。[5]

有時候，有同時以循序與隨機方式處理檔案的需要。一個進行這件事的簡單方法是，使用一個存有一串鍵值 (用來排序用的欄位) 的循序檔，以及一個用來存放實際物件的隨機存取檔。這會將循序檔增刪動作的成本降到最低，同時也可以讓隨機檔被循序處理，只要把鍵值傳給隨機檔以循序取出各個物件。如果只使用隨機存取檔，也可容許快速的隨機處理，由此最佳化檔案處理的總體成本。然而，如果檔案必須同時以隨機與循序方式處理，開發者應該改為使用資料庫 (關聯性、物件-關聯式或物件導向)。

有許多不同的應用檔案型態，如主檔、查詢檔、交易檔、稽核檔與歷史檔。**主檔 (master files)** 儲存對於企業──更具體地說，對應用程式──重要的核心資訊，像是訂單資訊或客戶郵寄資訊。這些檔案會保存一段很長的時間，如新系統有新訂單或新客戶時，新的記錄被附加於檔案尾端。如果現有記錄需要更改，就必須撰寫程式以更新舊的資訊。

查詢檔 (look-up files) 包含靜態的資料，像是郵遞區號的清單，或美國各州的州名。通常，這個清單作為驗證之用。例如，如果客戶的郵寄地址輸進主檔時，州名要拿來跟查詢檔裡面的州名清單作比較，確定輸入的值是否正確。

交易檔 (transaction file) 保存更新主檔需用的資訊。交易檔在新增變更之後可能毀掉，或者繼續保存，下次可能用得到。舉例而言，客戶地址的變更，暫時儲存在交易檔中，然後利用一個程式將新的資訊更新到客戶地址的主檔。

輪到你 10-1 學生入學系統

假設你正為你的大學的教務處建構一個網路化的系統，這個系統可接受學生的電子入學申請。系統的所有資料都要儲存在不同的檔案上。

問題：

1. 試針對上述系統使用下列每一檔案型態的情形：如主檔、查詢檔、交易檔、稽核檔及歷史檔，各舉一例。每個檔案將包含何種資訊，以及檔案要如何使用？

---

[5] 關於這些不同類型檔案的資料與檔案架構，可進一步參考 Mary E. S. Loomis, *Data Management and File Structures,* 2nd ed. (Englewood Cliffs, NJ:Prentice Hall, 1989); and Michael J. Folk and Bill Zoeellick, *File Structures:A Conceptual Toolkit* (Reading, MA:Addison-Wesley, 1987)。

就管制目的而言，公司可能會想要保存關於資料如何隨著時間而改變的資訊。例如，當人力資源部門的辦事員在人力資源系統中改變員工薪水時，系統應該記錄誰對薪水、日期及其他資料做了變更。**稽核檔 (audit file)** 用來記錄更改「之前」及「之後」的資料影像。

有時候，檔案會變得龐大而難以駕馭，其中很多資訊不再被使用。**歷史檔 (history file)** (或稱為典藏檔) 乃儲存不再被系統使用者使用的過去交易 (例如，舊客戶、舊訂單)。通常，檔案以離線方式儲存，然而視需要也可存取。其他檔案，像是主檔，也可稍加簡化，只包括作用中或最新的資訊即可。

◆ 關聯式資料庫

在今日的應用發展上，關聯式資料庫是最受歡迎的資料庫。一個關聯式資料庫是建立在一群資料表的集合，每個資料表有一個主鍵 (primary key)──一個欄位或欄位的值在該資料表中的每行中是唯一的。把一個資料表的主鍵放到另一個的資料表上當做**外來鍵 (foreign key)**，這兩個資料表彼此便關聯起來 (參閱圖 10-3)。大多數的**關聯式資料庫管理系統 (RDBMS)** 都支援**參照完整性 (referential integrity)**，也就是說，透過主鍵與外來鍵連結資料表的值應該有效且為正確、同步的。例如，如果訂單輸入人員使用圖 10-3 的資料表時，試著新增客戶編號 1111 的訂單 254，那麼，他或她就已犯了一個錯誤，因為於 Customer 資料表中並沒有這樣編號的客戶。如果 RDBMS 支援參照完整性，那麼就會檢查 Customer 資料表的客戶編號；發現編號 1111 無效；然後傳回一個錯誤給輸入人員。輸入人員接著回到最初的訂單表單，再檢查客戶資訊。如果 RDBMS 允許輸入人員加入資訊錯誤的訂單，你能想像可能出現的問題嗎？沒有辦法追查訂單 254 的客戶名字。

資料表有一組欄以及數目不定之儲存資料的列。**結構化查詢語言 (Structured query language，SQL)** 是存取資料庫資料表的標準語言，而且操作範圍涵蓋於整個資料表，而不是資料表中個別的幾列。因此，一個以 SQL 撰寫的查詢，乃同時間運用於一個資料表的所有列，這種情形不同於多數程式語言是一列一列地操作資料。當查詢需要用到一個以上的資料表的資料時，資料表首先必須根據主鍵與外來鍵的關係**結合 (joined)** 起來，就好像它們是一個大型資料表一樣。RDBMS 軟體的例子包括 Microsoft Access、Oracle、DB2 與 Microsoft SQL Server。

為了使用關聯式資料庫管理系統儲存物件，物件必須先加以轉換，以便它們能被儲存於資料表中。從設計的觀點來看，這意味著要把一個 UML 的類別圖對應到一個關聯式資料庫綱要。本章稍後將描述必要的對應。

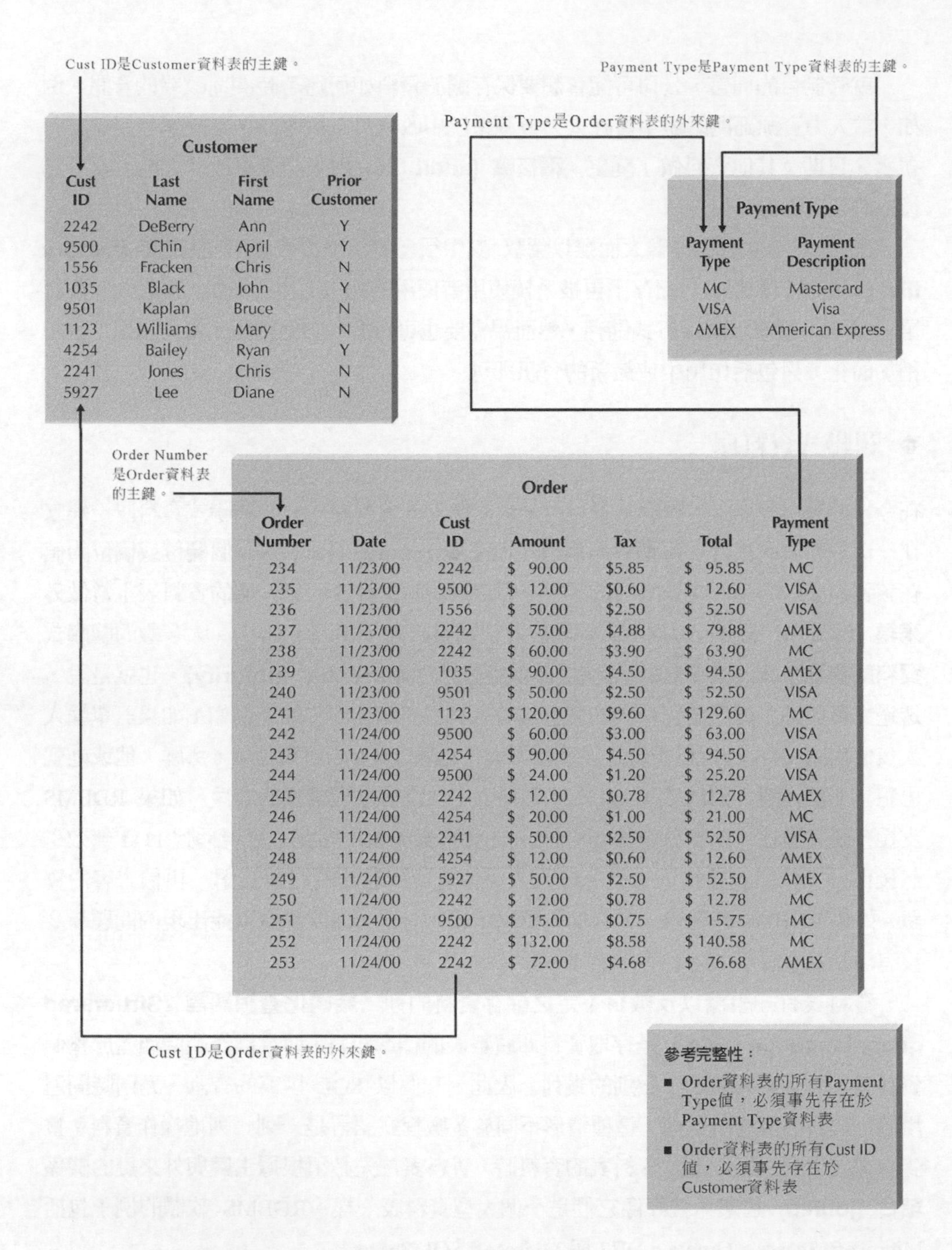

Customer

Cust ID	Last Name	First Name	Prior Customer
2242	DeBerry	Ann	Y
9500	Chin	April	Y
1556	Fracken	Chris	N
1035	Black	John	Y
9501	Kaplan	Bruce	N
1123	Williams	Mary	N
4254	Bailey	Ryan	Y
2241	Jones	Chris	N
5927	Lee	Diane	N

Payment Type

Payment Type	Payment Description
MC	Mastercard
VISA	Visa
AMEX	American Express

Order

Order Number	Date	Cust ID	Amount	Tax	Total	Payment Type
234	11/23/00	2242	$ 90.00	$5.85	$ 95.85	MC
235	11/23/00	9500	$ 12.00	$0.60	$ 12.60	VISA
236	11/23/00	1556	$ 50.00	$2.50	$ 52.50	VISA
237	11/23/00	2242	$ 75.00	$4.88	$ 79.88	AMEX
238	11/23/00	2242	$ 60.00	$3.90	$ 63.90	MC
239	11/23/00	1035	$ 90.00	$4.50	$ 94.50	AMEX
240	11/23/00	9501	$ 50.00	$2.50	$ 52.50	VISA
241	11/23/00	1123	$ 120.00	$9.60	$ 129.60	MC
242	11/24/00	9500	$ 60.00	$3.00	$ 63.00	VISA
243	11/24/00	4254	$ 90.00	$4.50	$ 94.50	VISA
244	11/24/00	9500	$ 24.00	$1.20	$ 25.20	VISA
245	11/24/00	2242	$ 12.00	$0.78	$ 12.78	AMEX
246	11/24/00	4254	$ 20.00	$1.00	$ 21.00	MC
247	11/24/00	2241	$ 50.00	$2.50	$ 52.50	VISA
248	11/24/00	4254	$ 12.00	$0.60	$ 12.60	AMEX
249	11/24/00	5927	$ 50.00	$2.50	$ 52.50	AMEX
250	11/24/00	2242	$ 12.00	$0.78	$ 12.78	MC
251	11/24/00	9500	$ 15.00	$0.75	$ 15.75	MC
252	11/24/00	2242	$ 132.00	$8.58	$ 140.58	MC
253	11/24/00	2242	$ 72.00	$4.68	$ 76.68	AMEX

圖 10-3 關聯式資料庫

◆ 物件-關聯式資料庫

物件-關聯式資料庫管理系統 (Object-relational database management systems，ORDBMS) 是一種關聯式資料庫管理系統的擴充，用以處理在關聯資料表結構物件的儲存。這通常可由使用者自定的型態達成。例如，資料表的屬性可能有個影像的資料型態。這是一個複雜的資料型態之例。在純粹的 RDBMS 中，屬性限於簡單的 (simple) 或基元 (atomic) 的資料型態，像是整數、浮點數或字元等。

ORDBMS，因它們只是 RDBMS 的延伸，也對於企業期望於 RDBMS 典型的資料管理操作有很好的支援，包括易用的查詢語言 (SQL)、授權、並行控制與復原功能。然而，SQL 是專門用來處理簡單的資料型態，但現在也已經可擴充至處理複雜的物件資料。目前，業者利用不同方式處理這個議題。例如，DB2、Informix 與 Oracle 都提供某種程度支援物件的擴充。

市面上許多 ORDBMS 仍然不支援許多出現於物件導向設計的物件導向功能 (如，繼承)。支援繼承的問題之一是，各語言支援的程度不一。例如，Smalltalk 支援繼承的方法不同於 C++的方法，而 C++的方法也不同於 Java 的方法。因此，業者目前必須支援許多不同版本的繼承，每個物件導向語言都有一個版本，或選擇特定的版本，強迫開發人員將他們的物件導向設計 (與實作) 對應到他們的方法上。因此，像 RDBMS 一樣，從 UML 類別圖對應到物件-關聯式資料庫綱要是無可避免的。本章稍後將描述必要的對應。

◆ 物件導向資料庫

最後要描述的資料庫管理系統類型是**物件導向資料庫管理系統 (OODBMS)**。目前已有兩個主要方法，可用來支援 OODBMS 使用社群的物件永續要求：把永續擴充加到一個物件導向程式語言，以及建立一個獨立的資料庫管理系統。以 OODBMS 爲例，物件資料管理組織 (Object Data Management Group，ODMG) 已經完成定義 [物件定義語言 (Object Definition Language，ODL)]、操控 [物件操控語言 (Object Manipulating Language，OML)] 與查詢 [物件查詢語言 (Object Query Language，OQL)] 之標準化的工作。[6]

藉由 OODBMS，物件集合與一個延伸區塊相關聯。**延伸區塊 (extent)** 只是一群與某個特別類別有關聯的實體而已 (也就是說，它相當於 RDBMS 中的資料表)。技術上而

---

[6] 更多的資料請參閱 www.odmg.org。

言，一個類別的每個實體，會有一個由 OODBMS 所賦予的唯一識別符號：**Object ID**。然而，從實務觀點來看，具有語意的主鍵仍然是一個好主意 (雖然從 OODBMS 的觀點來看，這並非必要)。參照完整性仍然非常重要。於 OODBMS 中，從使用者觀點來看，它看起來有如物件被包在另一個物件裡面。不過，OODBMS 是透過 Object ID 的使用來實際掌握這些關係；因此，外來鍵就沒有必要。[7]

OODBMS 支援某種形式的繼承。然而，如前面所討論的，繼承通常具有語言依賴性。現在，大部分的 OODBMS 都與某個特定的**物件導向程式語言 (OOPL)** 或一組 OOPL 緊密的結合在一起。大多數 OODBMS 原先支援 Smalltalk 或 C++。現在，許多企業的 OODBMS 產品均支援 C++、Java 與 Smalltalk。

OODBMS 也支援**重複群組 [repeating grouping (欄)]** 或**多值屬性 (multi-valued attribute)** 的觀念。這些都是透過**屬性集 (attribute set)** 與**關係集 (relationship set)** 的使用而達到。RDBMS 並沒有明確的容許多值屬性或重複群組。這被視為違反了關聯式資料庫的第一正規化形式 (於本章稍後討論)。有些 ORDBMS 的確支援重複群組與多值屬性。

直到最近，OODBMS 才被拿來支援多媒體應用程式，或者涉及複雜資料 (如圖形、影像與聲音) 的系統。應用領域，像是電腦輔助設計與製造 (CAD/CAM)、財務服務、地理資訊系統、健康醫療、電傳視訊與交通運輸等，是接納 OODBMS 的主力。它們也慢慢變成支援電子商務、線上型錄與大型網路多媒體應用上受歡迎的技術。純粹的 OODBMS 例子，包括 Gemstone、Jasmine、O2、Objectivity、ObjectStore、POET 與 Versant。

雖然市面上有純粹的 OODBMS，但是大多數組織目前都投資於 **ORDBMS** 技術。OODBMS 的市場預計將會成長，但是 ORDBMS 與 RDBMS 的存在卻削弱它。造成這種情況的一個理由是，在 RDBMS 的領域有更多有經驗的開發人員與工具。此外，關聯式資料庫的使用者發現，使用 OODBMS 的學習曲線實在太陡峭。

選定物件永續格式

已經提及的各個檔案與資料庫儲存格式，均有其優缺點，本質上，沒有一個格式比其他格式還要好。事實上，專案小組有時候會同時選擇好幾種格式 (例如，一種格式使

---

[7] 視儲存及更新需求而定，除了使用 Object ID 外，通常使用外來鍵也是一個好主意。Object ID 沒有語意。因此，如果要重建物件間的關係，Object ID 難以驗證。不過，外來鍵在 DBMS 之外應該還有某種意義。

用關聯式資料庫、另一種格式使用檔案，而第三種格式使用物件導向資料庫)。因此，了解每個格式的優缺點以及何時該使用哪一個，將很重要。圖 10-4 摘要說明每種格式的特性以及使用時機。

	循序與隨機存取檔	關聯式 DBMS	物件關聯式 DBMS	物件導向 DBMS
主要優點	通常是物件導向程式語言的一部分	資料庫市場的領導者	建立在成熟的技術上 (例如，SQL)	能夠處理複雜的資料
	檔案可以針對快速效能而設計	能夠處理多樣的資料需要	能夠處理複雜的資料	直接支援物件導向
	適合於短期的資料儲存			
主要缺點	重複的資料	無法處理複雜的資料	有限度的支援物件導向	技術仍正成長
	資料必須使用程式更新 (即沒有操作或查詢語言)	不支援物件導向	資料表與物件之間的阻抗不相稱	技術不好找
	沒有權限控制	資料表與物件之間的阻抗不相稱		
支援的資料型態	簡單與複雜的	簡單的	簡單與複雜的	簡單與複雜的
應用系統的類型	交易處理	交易處理與決策支援	交易處理與決策支援	交易處理與決策支援
現有的儲存格式	依組織	依組織	依組織	依組織
未來需要	前景不看好	前景看好	前景看好	前景看好

圖 10-4　物件永續格式的比較

主要優缺點　檔案的主要優點如包括 OOPL 一定程度的支援循序與隨機存取檔，檔案可以設計得很有效率，是暫時性或短期儲存很好的替代方案。然而，所有檔案操作必須透過 OOPL 完成。檔案並沒有任何權限控制的機制，除了作業系統所提供的基本控制外。最後，在大部分的情況下，如果檔案被用作永久儲存，極有可能產生重複的資料。這可能引起許多更新異常情形。

RDBMS 擁有驗證過的商業技術。它們是 DBMS 市場的主力。此外，它們能應付非常多樣的資料需要。不過，它們卻無法處理複雜的資料型態，像是影像等。因此，所有物件必須轉換成一種可以儲存於由基元或簡單資料所組成之資料表的形式。它們不支援物件導向。缺乏支援會造成 OOPL 內的物件與資料表內的資料之間出現**阻抗不相稱 (impedance mismatch)**。所謂阻抗不相稱指的是，開發人員與 DBMS 兩者所完成的工作量與物件，轉換至資料表所可能發生的資訊損失。

因為 ORDBMS 通常是 RDBMS 的延伸，所以它們承繼了 RDBMS 的強項。它們建立在成熟技術之上，像是 SQL，而且不像它們的前身，它們能夠處理複雜的資料型態。不過，它們只有有限度的支援物件導向。支援程度也是各家業者互異。因此，ORDBMS 也蒙受阻抗不相稱的問題。

OODBMS 支援複雜的資料型態，並且有直接支援物件導向的優勢。因此，並沒有像先前 DBMS 的會蒙受阻抗不相稱之問題。即使 ODMG 的標準已經發布到 3.0 版，但是 OODBMS 社群仍然持續成長中。因此，這項技術對某些公司來說仍然深具風險。OODBMS 的其他主要問題是缺乏技術熟練的人才，而且 RDBMS 使用社群仍然覺得學習曲線太陡峭了。

支援的資料型態　第一個議題是儲存到系統的資料型態。大多數的應用程式需要儲存簡單的資料型態，像是文字、日期與數字，而且所有檔案與 DBMS 都有能力處理這樣的資料。然而，儲存簡單資料的最佳選擇，通常是 RDBMS，因為它的技術已臻成熟，而且也不斷改進，以更有效的處理簡單的資料。

漸漸地，應用程式也納入了複雜的資料，像是視訊、影像或聲音。ORDBMS 或 OODBMS 最適合處理這類資料。把複雜的資料存成物件，比起其他儲存格式，其處理上快很多。

應用系統的種類　可以被開發的應用系統種類甚多。**交易處理系統 (transaction processing system)** 用來接受並處理許多同時的請求 (例如，訂單輸入、配銷、薪資)。在交易處理系統中，資料不斷被很多使用者更新，而且向系統詢問的查詢通常都是預先定義好或是針對少部分記錄 (例如，「列出今天缺貨後補的訂單。」或是「編號為#1234 的客戶在 2001 年 5 月 12 日訂了什麼產品？」)。

有些應用系統則用於決策支援，像是決策支援系統 (decision support systems，DSS)、管理資訊系統 (management information systems，MIS)、高階主管資訊系統 (executive information systems，EIS) 及專家系統 (expert systems，ES)。這些支援決策的系統，都是用來支援那些需要檢視大量唯讀歷史資料的使用者。他們問的問題通常是很即興臨時的，而且它們同時間包含了數百或數千筆記錄 (例如，「列出位於西部地區，至少三次買過價值$500 的產品的所有客戶。」或「什麼產品在夏天銷售量上升卻未被列入夏季商品？」)。

交易處理與決策支援系統，有非常不同的資料儲存需要。交易處理系統的資料儲存格式需要爲適用於大量資料更新，以及可以迅速擷取預先定義好的問題。檔案、關聯式資料庫、物件-關聯式資料庫及物件導向資料庫，均能支援這類需求。相對的，支援決策的系統通常只是閱讀資料而已 (不是更新)，而且是以即興臨時的方式。用於這些系統的最佳選擇通常是 RDBMS，因爲這些格式可以特別地針對不清楚且不容易更動資料之需要來設定。

現有的儲存格式　儲存格式應該主要根據資料種類與欲開發之應用系統來選擇。然而，專案小組在下設計決策時，應該考慮組織內現有的儲存格式。在這個方式下，他們能夠更了解現存的技術以及當採用該儲存格式時學習曲線會有多陡峭。例如，一家熟悉 RDBMS 的公司，對於採用關聯式資料庫的專案將沒有什麼問題，但是一個 OODBMS 就可能需要可觀的開發人員教育訓練。以後者的處境來說，專案小組可能要規劃更長的時間在整合公司的關聯式系統及物件導向資料庫，或者可能考慮移往 ORDBMS 的解決方案。

未來需要　專案小組不僅應該考量公司內的儲存技術，而且也應該注意當前的趨勢以及其他組織正在使用的技術。大量採用某種特定的儲存格式意味著，技術與產品足以支援該格式。因此，選擇該格式是安全的。例如，當我們要實作系統時，尋找 RDBMS 的專家可能比尋找 OODBMS 方面的幫助來得容易，而且成本較不昂貴。

其他準則　其他應該考量的準則，包括成本、授權議題、並行控制、使用容易與否、安全與權限控制、版本管理、儲存管理、鎖定管理、查詢管理、語言繫結以及 API。我們也應該考量效能的議題，像是複雜物件的快取管理、插入、刪除、擷取以及更新。最後，對物件導向的支援程度 (如物件、單一繼承、多重繼承、多型、封裝及資訊隱藏、方法、多值屬性以及重複群組) 也是至關重要的。

輪到你　10-2　捐款追蹤系統

一所大型公立大學每年會有約 10,000 位的畢業生，推展辦公室決定建構一個網路化的系統，希望能夠從眾多的畢業校友中獲得並追蹤捐款。終極目標是，推展辦公室人員們希望使用該系統的資訊，期望更加了解校友捐款的型態，以便校方能夠改進捐款率。

問題：

1. 這是什麼種類的系統？它有一個以上的特徵嗎？
2. 這個系統將使用哪些不同種類的資料？
3. 依據你的答案，你會建議這個系統該使用哪一種資料儲存格式？

對應問題領域物件到物件永續格式[8]

如前所述，對物件永續的支援，有許多不同格式可供選擇。每種不同格式都可能有一些轉換的需求。不管所選用的物件永續格式為何，我們建議在這個時間點把主鍵與外來鍵加到問題領域層來支援它們。不過，這確實隱含了需要一些額外的處理。當把關係加到物件的時候，開發人員必須設定外來鍵的值。在某些情況下，這樣的額外空間代價可能太大。在這個情況，這項建議應該不予以考慮。在本節後續的內容，我們會描述如何將問題領域的類別，對應到不同的物件永續格式。從實務觀點來看，檔案格式多僅用來暫時儲存之用。因此，我們不準備進一步討論它們。

我們也建議，資料管理的功能細節，像是擷取及更新物件儲存體之資料，應該只存在於資料管理層中的類別。如此將可確保資料管理類別會倚賴於**問題領域的類別(Problem Domain classes)**，而非其他方式。再者，這也可以讓問題領域類別的設計被獨立於任何特定的物件永續環境之外，從而增加它們的可攜性與再用性。像我們先前所建議的，這個建議也意謂著需要額外的處理手續。不過，所獲得的可攜性增加與潛在的再用性，應該足以彌償額外需要的處理手續。

◆ 對應問題領域物件到OODBMS格式

如果我們使用 OODBMS 支援物件永續，那麼問題領域物件與 OODBMS 間的對應通常非常直截了當。作為一個起點，我們建議每個具體問題領域類別應該在

[8] 本節所呈現的規則取材自 Ali Bahrami, Object-Oriented Systems Development using the Unified Modeling Language (New York:McGraw-Hill, 1999); Michael Blaha and William Premerlani, Object-Oriented Modeling and Design for Database Applications (Upper Saddle River, NJ:Prentice Hall, 1998); Akmal B. Chaudri and Roberto Zicari, Succeeding with Object Databases:A Practical Look at Today's Implementations with Java and XML (New York:Wiley, 2001); Peter Coad and Edward Yourdon, Object-Oriented Design (Upper Saddle River, NJ:Yourdon Press, 1991); and Paul R. Read, Jr., Developing Applications with Java and UML (Boston:Addison-Wesley, 2002)。

OODBMS 中有一個對應的物件永續類別。此外，有一個資料存取與管理 (DAM) 類別，含有管理物件永續類別與問題領域層之間的互動所需的功能。例如，拿前幾章的預約系統爲例，Patient 類別與一個 OODBMS 類別相關聯 (參閱圖 10-5)。Patient 類別本質上從分析階段開始即保持不變。Patient-OODBMS 類別將是一個依賴於 Patient 類別的新類別，而 Patient-DAM 類別將是一個同時依賴於 Patient 類別和 Patient-OODBMS 類別的新類別。Patient-DAM 類別必須能夠讀寫 OODBMS。否則，它將無法儲存與擷取 Patient 類別的實體。即使這樣會增加系統額外空間，但是卻可以讓問題領域的類別獨立於所使用的 OODBMS 之外。因此，如果稍後採用其他的 OODBMS 或物件永續格式，那麼將只有 DAM 類別必須要修改。這個方法增加問題領域類別的可攜性和潛在的再用性。

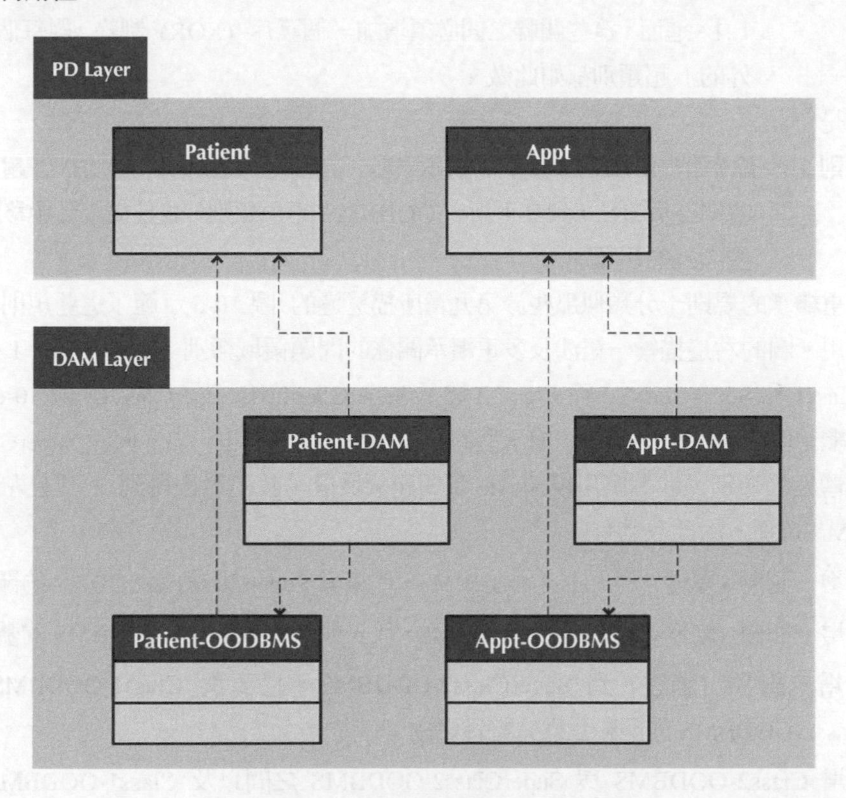

圖 10-5　預約系統之問題領域與 DAM 層

即使我們使用 OODBMS 實作了 DAM 層，但是視 OODBMS 對繼承的支援程度，以及於問題領域類別所使用的繼承程度而定，可能還需要一個從問題領域層到 OODBMS 類別的對應。如果於問題領域使用了不被 OODBMS 所支援的多重繼承，那麼該多重繼承必須要從 OODBMS 類別中被分解出來。就每個多重繼承的情形而言(也就是說，有一個以上的超類別)，下列規則可以在設計 OODBMS 的類別時，被用來分解出多重繼承。

規則 1a：新增一個 (群) 欄到 OODBMS 類別，代表一個 (群) 子類別，其內將會放進儲存於 OODBMS 類別中，代表該「額外」超類別之實體的 Object ID。這類似於 RDBMS 外來鍵的概念。這個從子類別到「超類別」之新關聯的多重性應該是 1..1。新增一個 (群) 欄到 OODBMS 類別，代表一個 (群) 超類別，其內將會放進儲存於 OODBMS 類別中，代表該子類別之實體的 Object ID。如果超類別屬於具體性的，即，它們本身可以被實體化，那麼從該超類別到子類別的多重性是 0..*，否則，是 1..1。進而，這些關聯之間必須增加一個互斥 (XOR) 制約。對每個「額外的」超類別都如此做。

或是

規則 1b：扁平化 OODBMS 類別的繼承階層，方法是複製額外 OODBMS 超類別的屬性與方法，到其下所有 OODBMS 的子類別，並且從設計中移除那些額外的超類別。[9]

這些多重繼承的規則十分類似那些於第九章所描述過的。圖 10-6 示範了這些規則是如何的應用。圖的右邊描繪一組涉及多重繼承關係的問題領域類別，其中 Class 1 繼承 SuperClass1 和 SuperClass2，而 Class 2 繼承 SuperClass2 和 SuperClass3。圖 10-6a 描繪多重繼承關係如何對應到單一繼承型的 OODBMS (應用規則 1a)。假設 SuperClass2 屬於具體性的類別，我們應用規則 1a 到問題領域層，我們最後得到 a 部分左側的 OODBMS 類別，於此我們有：

- 新增一個欄 (屬性) 到 Class1-OODBMS，代表與 SuperClass2-OODBMS 的關聯；
- 新增一個欄 (屬性) 到 Class2-OODBMS，代表與 SuperClass2-OODBMS 的關聯；
- 新增一對欄 (屬性) 到 SuperClass2-OODBMS，代表與 Class1-OODBMS 與 Class2-OODBMS 的關聯且為完整性之故；
- 新增 Class2-OODBMS 與 SuperClass2-OODBMS 之間以及 Class1-OODBMS 與 SuperClass2-OODBMS 之間的關聯，具有正確的多重性及明確顯示出一個 XOR 制約。

[9] 把這項修正記載於設計中是個好主意，使得未來的時候，設計中所做的修改就很容易被維護。

我們也顯示了 OODBMS 類別與問題領域類別之間的相依關係。進而，我們也透過呈現 Class1-OODBMS 與 SuperClass2-OODBMS 之間以及 Class2-OODBMS 與 SuperClass2-OODBMS 之間的關聯與繼承關係之間的相依關係，來說明這些關聯是建立於問題領域類別中，原來被分解出的繼承關係的事實。

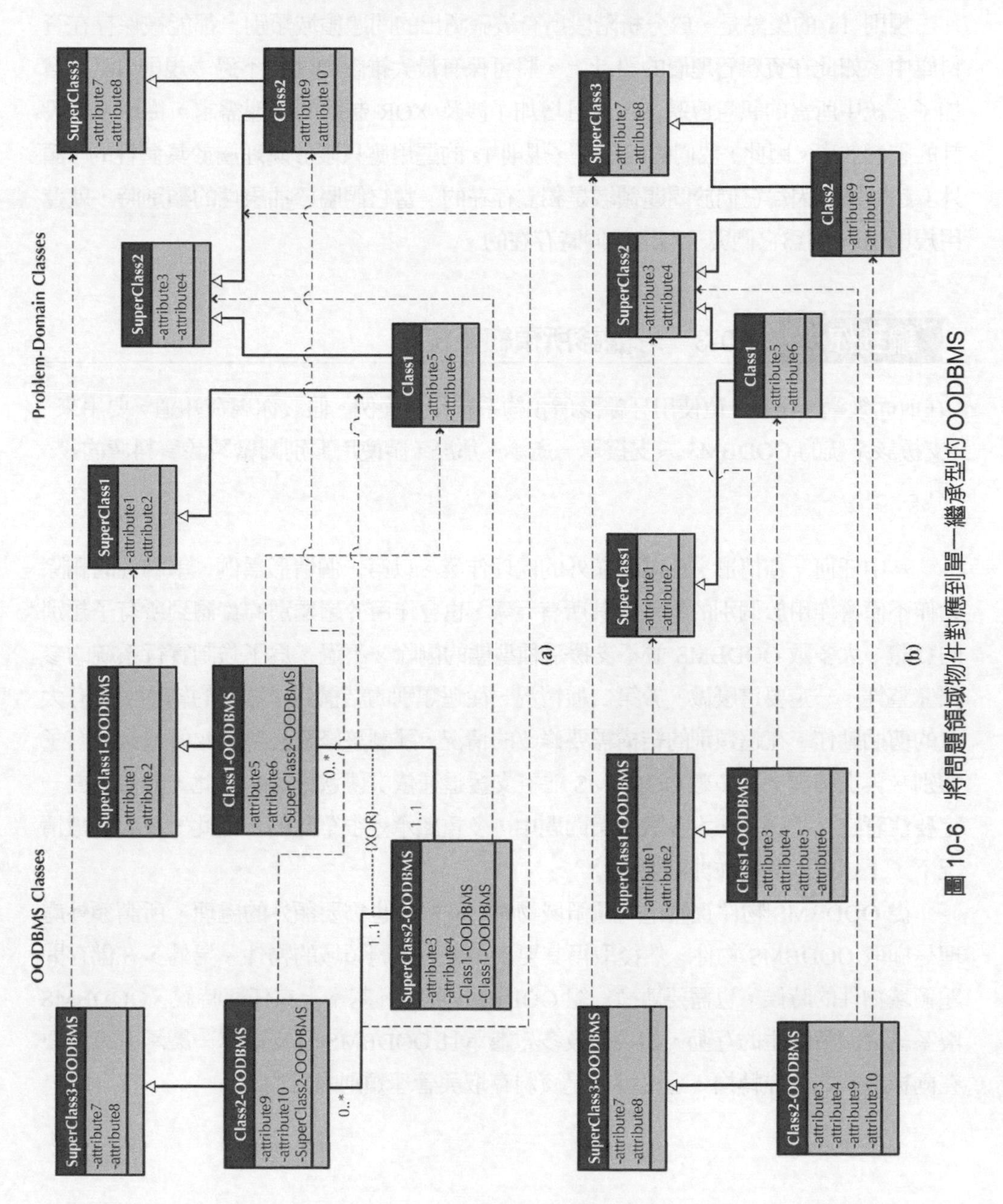

圖 10-6　將問題領域物件對應到單一繼承型的 OODBMS

另一方面，如果我們運用規則 1b 將問題領域類別對應到單一繼承型的 OODBMS，那麼我們會得到圖 10-6b 的對應，其中所有 SuperClass2 的屬性，已經被複製到 Class1-OODBMS 與 Class2-OODBMS 類別。於後者的情況，你或許必須應付繼承衝突所帶來的影響 (參閱第九章)。

規則 1a 的優點是，於分析階段所有被確認出的問題領域類別，都能被保存在資料庫中。如此在資料管理層的設計上，將可保有最大維護彈性。不過，規則 1a 卻增加了系統中所需的訊息傳遞量，並且增加了涉及 XOR 制約的處理需求，從而降低設計的整體效率。因此，我們的建議是，規則 1a 的運用應只限於處理屬於具體性的「額外」超類別，因爲它們於問題領域是獨立存在的。當它們屬於抽象性的類別時，就運用規則 1b，因爲它們與子類別是同時存在的。

輪到你 10-3 牙醫診所預約系統

在前面幾章，我們一直使用牙醫診所預約系統作爲範例。假設你現在知道，要用來支援該系統的 OODBMS 只支援單一繼承。那麼，請使用類別圖繪製該資料庫的設計。

其中任何一種情形，都需要額外的處理作業。以第一個情形爲例，串聯性的刪除動作不僅會作用於個別的物件到其所有元素，也會作用於超類別的實體到所有子類別的實體。大多數 OODBMS 並不支援這種型態的刪除。不過，爲了強制實行系統的參照完整性，一定要這麼做。於第二種情況，從超類別的結構到子類別的結構，會有大量的剪貼動作。在超類別的結構需要修改的情況，那麼該修改必須依次傳遞到所有子類別。再次強調，大多數 OODBMS 並不支援這種依次傳遞修改。因此，開發人員一定要注意它。不過，在大多數企業問題中，多重繼承是很罕見的。因此，在大多數情況下，上述規則其實並非必要。

從 OODBMS 物件實體化問題領域物件的時候，也需要額外的處理。所謂額外處理是擷取 OODBMS 物件，然後取得其要素來建立問題領域的物件。另外，在儲存問題領域物件的時候，也需要轉換一組 OODBMS 物件。基本上在任何時候，OODBMS 與系統之間所發生的互動，如果涉及多重繼承且 OODBMS 只支援單一繼承，就需要在兩種格式之間作轉換。這種轉換是資料存取與管理類別的目的。

◆ 對應問題領域物件到ORDBMS格式

如果我們使用 ORDBMS 支援物件永續，那麼，從問題領域物件到資料管理物件的對應，將複雜得多了。視對物件導向的支持程度而定，需要不同的對應規則。就我們的目的來說，我們假定 ORDBMS 支援 Object ID、多值屬性及預儲程序。不過，我們也假定 ORDBMS 並不提供任何繼承的支援。根據這些假設，圖 10-7 列出了一組規則，能被用來設計問題領域物件對應到 ORDBMS 型資料存取與管理層之資料表。

首先，所有具體性的問題領域類別一定要被對應到 ORDBMS 的資料表。例如，在圖 10-8 中，Patient 類別已經被對應到 Patient ORDBMS 資料表。注意，Person 類別也已被對應到 ORDBMS 的資料表。即使 Person 類別屬於抽象性的，這個對應也已做出，因爲在完整的類別圖 (參閱圖 7-2) 中，Person 類別有好幾個直屬的子類別 (Employee 與 Patient)。

其次，單值屬性應該對應到 ORDBMS 資料表的欄。再說一次，參考圖 10-8，我們可以看到 Patient 類別的 amount 屬性，已經被放進 Patent Table 類別。

第三，視支援預儲程序的程度高低，方法與衍生屬性應該對應到預儲程序或程式模組。

第四，單值的 (一對一) 組合與關聯關係，應該對應到一個能儲存 Object ID 的欄。關係的首尾兩端都應該如此做。

第五，多值屬性應該被對應到能儲存一組值的欄。例如在圖 10-8 中，Patient 類別的 insurance carrier 屬性可能包含多個值，因爲一位病人可能投保一家以上的保險業者。因此，在 Patient 資料表中，多重性已被加進 insurance carrier 屬性以反應此事實。

第六個對應規則探討問題領域物件之重複的屬性組。在這個情況下，重複的屬性組應該被用來建立 ORDBMS 內的新資料表。此外，這可能暗示於問題領域層遺漏了某個類別。一般來說，當一組屬性重複成組時，它意謂著是個新的類別。最後，你應該建立一個從原資料表到新資料表之間的一對多關聯。

第七個規則支援對應多值 (多對多) 的組合與關聯關係到能夠儲存一組 Object ID 的欄。基本上，這是第四條規則與第五條規則的組合。如同第四條規則，關係的首尾兩側都應該作這樣的處理。例如，在圖 10-8 中，Symptom 資料表有一個多值的屬性 (Patients)，能夠包含數個 Patient 物件的 Object ID，且 Patient 資料表也有一個多值屬性 (Symptoms)，能夠包含數個 Symptom 物件的 Object ID。

規則 1：將所有具體性問題領域類別對應到 ORDBMS 資料表。同時，如果一個抽象問題領域類別有好幾個直屬子類別，將該抽象類別對應到 ORDBMS 資料表。

規則 2：將單值的屬性對應到 ORDBMS 資料表的欄位。

規則 3：將方法與衍生屬性對應到預儲程序或是程式模組上。

規則 4：將單值的組合與關聯關係對應到一個能夠儲存 Object ID 的欄位。關係的首尾兩側都要這麼做。

規則 5：將多值的屬性對應到一個可儲存多值的欄位。

規則 6：將屬性重複組對應到新的資料表，然後從原始資料表到新資料表建立一對多的關聯。

規則 7：將多值的組合與關聯關係對應到一個能夠儲存 Object ID 的欄位。關係的兩邊都要這麼做。

規則 8：對於混合型態的組合與關聯關係 (一對多或多對一)，在關係單值側 (1..1 或 0..1) 增加一個能夠儲存 Object ID 的欄位。這個新欄位所含的值將是來自多值一邊的類別之實體的 Object ID。在多值側 (1..* 或 0..*)，增加一個能儲存一個單一 Object ID 的欄位，而且此欄位儲存單值側的類別實體的值。

就一般化/繼承的關係而言

規則 9a：增加一欄位到代表子類別的資料表上，該資料表會包含一個儲存於超類別資料表之實體的 Object ID。這類似於 RDMBS 的外來鍵的概念。這個「超類別」與子類別之關聯的多重性應該是 1..1。加入一個欄位到代表超類別的資料表，該欄位會含有一個儲存於代表子類別之資料表中實體的 Object ID。如果該超類別屬於具體性的，也就是說，它們自身可以被實體化，那麼這個「超類別」與子類別之關聯的多重性應該是 0..*，否則就是 1..1。進而，關聯之間必須附加上互斥或 (XOR) 的制約。每個超類別都要這麼做。

或

規則 9b：扁平化繼承階層，做法是將超類別的屬性與方法，複製到其下的所有子類別，並移除該超類別。[10]

[10] 同樣地，把這項修正記載於設計中，也是一個好主意，這樣以後就很容易維護。

圖 10-7　將問題領域物件對應到 ORDBMS 綱要

第八個規則結合了規則四與規則七的用意。在這個情況下，這條規則對應一對多與多對一的關係。在該關係單值的這一邊 (1..1 或 0..1)，應該增加一個欄位，用以儲存一組來自於該關係的多值那一邊之資料表的 Object ID。在多值那一邊，資料表應該增加一欄，使其能夠儲存來自於關係之單值這一邊的資料表所儲存之實體的 Object

ID。例如，在圖 10-8 中，Patient 資料表有一個多值屬性 (Appts)，能夠包含數個 Appt 物件的 Object ID，而 Appt 資料表則有一個單值的屬性 (Patient)，能夠包含 Patient 資料表物件的 Object ID。

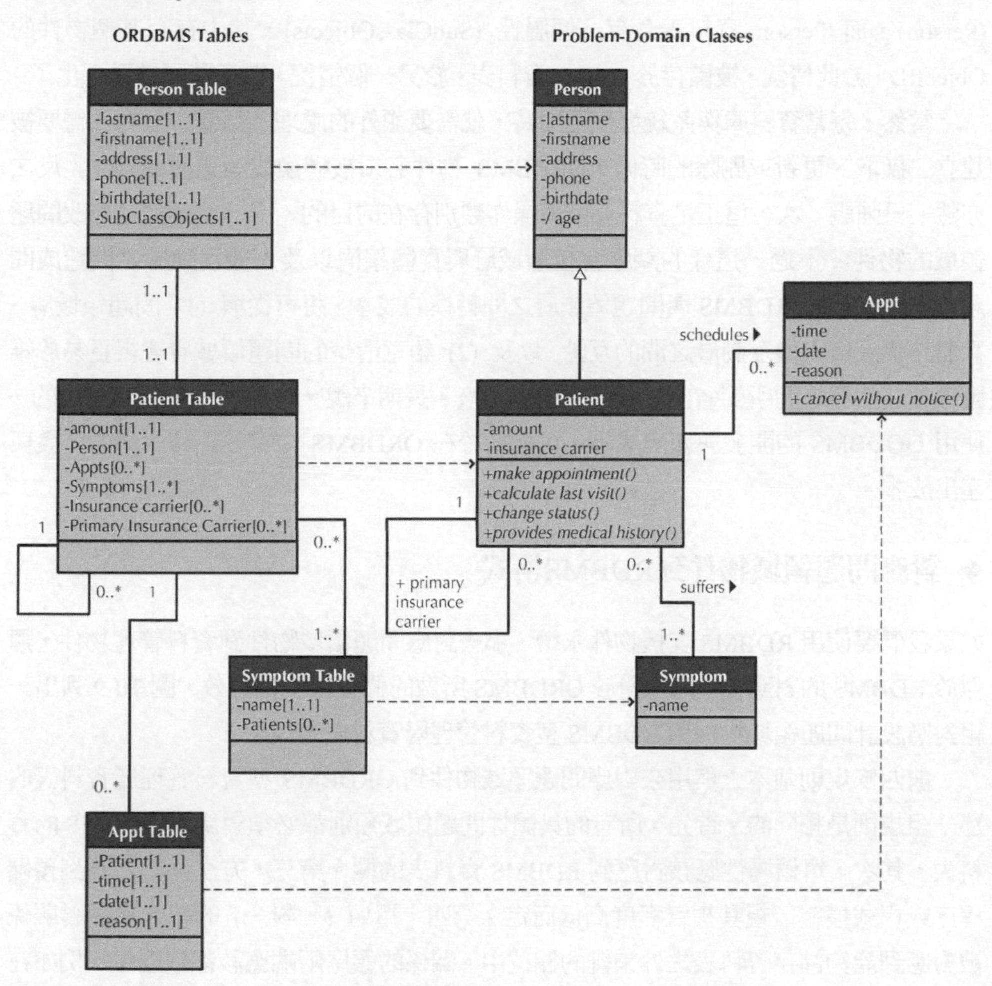

圖 10-8　對應問題領域物件到 ORDBMS 綱要的範例

輪到你　10-4　牙醫診所預約系統

在「輪到你 10-3」中，我們已假設資料庫只能使用支援單一繼承的 OODBMS 來實作。在這種情況下，假設你現在知道要用不支援任何繼承的 ORDBMS。可是，它倒是支援 Object ID、多值屬性及預儲程序。請使用一張類別圖，繪製該資料庫的設計。

第九個也是最後一個規則處理的是不支援一般化及繼承的情形。這種情況有兩個不同處理方法。這些方法幾乎與前面 OODBMS 物件永續格式所說過的規則一般無二。例如，在圖 10-8 中，Patient 資料表包含一個儲存 Person 物件之 Object ID 的屬性 (Person)，而 Person 資料表含有一個屬性 (SunClassObjects)，其中存有某個物件的 ObjectID，於此情況，被儲存於 Patient 資料表。於另一個情況，繼承階層被扁平化了。

當然，每當資料庫與系統發生互動時，就需要額外的處理。每當一個物件需要被建立、擷取、更新或刪除的時候，ORDBMS 物件必須被轉換成問題領域物件，反之亦然。再強調一次，這正是資料存取與操作類別存在的目的。另一個選擇是修改問題領域的物件。不過，這樣的調整會在領域層與實體架構以及人機互動層之間造成問題。一般而言，ORDBMS 與問題領域層之間轉換的成本，將可從與 (1) 問題領域層、實體架構層與人機互動層之間的互動，以及 (2) 語意清楚的問題領域層變得更易於維護等相關開發時間所節省出的時間而彌補回來。長期來說，由於轉換是無可避免的，使用 OODBMS 的開發與產出成本，可能低於在 ORDBMS 中實作物件永續的開發與產出成本。

◆ 對應問題領域物件到RDBMS格式

如果我們要使用 RDBMS 支援物件永續，那麼對應問題領域物件到資料管理物件，類似於 RDBMS 的對應。不過，對於 ORDBMS 所做的假設就不再有效。圖 10-9 列出一組對應設計問題領域物件到 RDBMS 型資料管理層資料表的規則。

前四條規則基本上與用來對應問題領域物件到 ORDBMS 型資料管理層資料表的那一組規則是相同的。首先，所有的具體性問題領域類別都必須對應到 RDBMS 的資料表。其次，單值屬性應該對應到 RDBMS 資料表的欄。第三，方法應該對應到預儲程序或程式模組，視其複雜程度高低而定。第四，單值 (一對一) 的組合與關聯關係被對應到能夠儲存資料表之外來鍵的欄位中。關係的頭尾兩端應該都這麼做。例如在圖 10-10，我們需要在 RDBMS 加入 Person、Patient、Symptom 和 Appt 等類別。

第五條規則探討問題領域物件的多值屬性與屬性重複組。在這些情況，該屬性應該被用來建立 RDBMS 的新資料表。再著，如同在 ORDBMS 的對應，重複的屬性組意味問題領域層漏失了某種類別。因此，可能需要一個新的問題領域類別。最後，你應該建立一個從原資料表到新資料表的一對多或零對多的關聯。例如，在圖 10-10 中，我們需要針對保險公司建立一個新的資料表，因為一個病人有可能有多個保險公司。

規則 1：將所有具體性問題領域類別對應到 RDBMS 資料表。同時，如果抽象問題領域類別有數個直屬的子類別，將抽象類別對應到 RDBMS 資料表。

規則 2：將單一值的屬性對應到資料表的欄。

規則 3：將方法對應到預儲程序或程式模組上。

規則 4：將單一值的聚合與關聯關係對應到一個能夠儲存相關資料表鍵值的欄。關係的兩邊都要這麼做。

規則 5：將多值屬性與重複群組對應到新的資料表，然後建立一個從最初資料表到新資料表的一對多關連。

規則 6：將多值的聚合與關聯關係對應到一個新的關聯性資料表，且這個資料表將兩個最初的資料表關聯起來。將兩個最初資料表的主鍵，複製到新的關聯性資料表上，亦即，增加外來鍵到該資料表上。

規則 7：就混合型態的組合與關聯關係來說(一對多或多對一)，將主鍵從關係的單一值一邊 (1..1 或 0..1)，複製到關係的多值一邊 (1..* 或 0..*) 的資料表的新欄，且儲存相關資料表的鍵值；換言之，增加一個外來鍵到關係的多值一邊的資料表。

就一般化／繼承的關係而言

規則 8a：確保子類別實體的主鍵與超類別的主鍵是相同的。這個從子類別到「超類別」的新多重關聯應該是 1..1。如果超類別是具體性的，也就是說，它們可以自我實體化，那麼從超類別到子類的多重度是 0..*，否則，它是 1..1。此外，或斥（XOR）制約必須被加進關聯之間。每個超類別都要這麼做。

或

規則 8b：扁平化繼承階層，做法是將超類別的屬性與方法，複製到其下的所有子類別，並移除該超類別。[11]

[11] 同樣地，把這項修正記載於設計中，也是一個好主意，這樣以後就很容易維護。

圖 10-9　問題領域物件對應到 RDBMS 綱要

第六條規則支援對應多值 (多對多) 組合與關聯關係到把兩個原資料表關聯起來的新資料表。在這情況，新資料表應該包含一個可連回原資料表的外來鍵。例如，在圖 10-10 中，我們需要建立一個代表 Patient 與 Symptom 問題領域類別之 suffer 關聯的新資料表。

第七條規則探討一對多與多對一的關係。藉由這些型態的關係，多值的一邊 (0..* 或 1..*) 應該對應到一個可以儲存用以回溯單值的一邊 (0..1 或 1..1) 之外來鍵的資料表的欄。也有可能我們已經照顧到這個情況，因爲先前我們建議過問題領域類別的要加入主鍵與外來鍵屬性。在圖 10-10 的情況，我們已經將 Patient 類別的主鍵加到 Appt 類別當作一個外來鍵 (參閱 personNumber)。不過，於與 Patient 類別有關聯之自反關係 primary insurance carrier 情況，我們需要增加一個新屬性 (primaryInsuranceCarrier) 來儲存該關係。

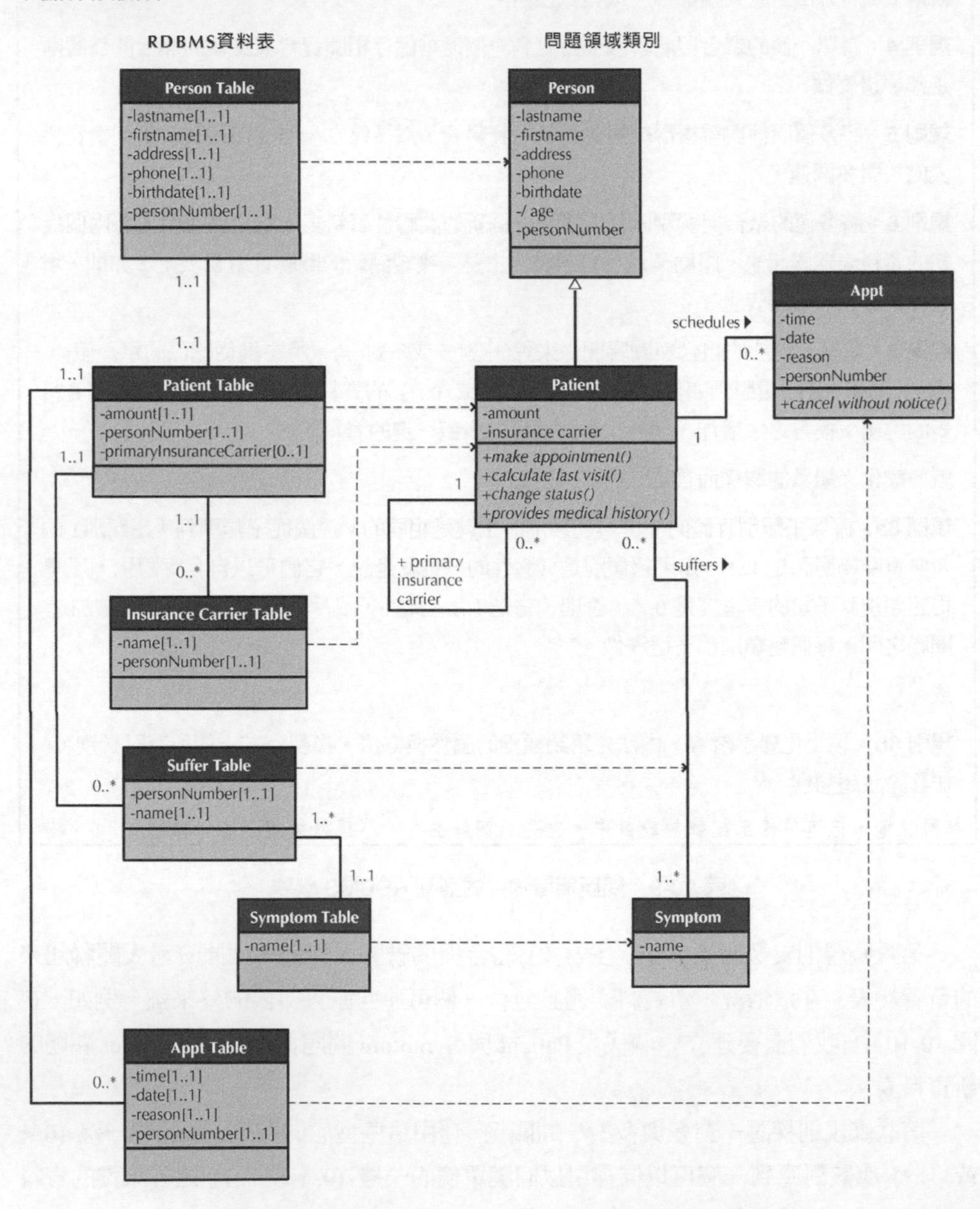

圖 10-10　對應問題領域物件至 RDBMS 綱要的例子

第八條也是最後一條規則是處理不支援一般化與繼承的情形。如同於 ORDBMS 的情況，也有兩個不同的方法。這些方法幾乎與前面對 OODBMS 與 ORDBMS (規則 9) 物件永續格式所描述的規則一般無二。第一個方法是為每個代表子類別的資料表加入一個欄來代表該子類別之具體性超類別。本質上，如此做確保了子類別的主鍵與超類別的主鍵是一致的。如果我們先前已經加入主鍵和外來鍵至問題領域的物件，一如我們所建議者，那麼我們不必再做任何事情了。資料表的主鍵會被用來將儲存於資料表中問題領域物件的各部分重新結合起來。相反地，繼承階層可以被扁平化而規則 (規則 1-7) 重又被運用。

輪到你　10-5　牙醫診所預約系統

在「輪到你 10-3」中，我們已假設資料庫使用只能支援單一繼承的 OODBMS 來設計。而在「輪到你 10-4」中，你已經做好了一份資料庫的設計，其中假設該資料庫使用不支援任何繼承，但支援 Object ID、多值屬性及預儲程序的 ORDBMS 來實作。在這種情況下，你應該假設系統是用 RDBMS 來支援。請使用類別圖繪製該資料庫的設計。

如同 ORDBMS 的方法，任何時候資料庫與系統間發生互動時，都需要額外的處理。每次一個物件需要被建立、擷取、更新或刪除的時候，就必須使用問題領域層與資料管理層之間的對應，以便往來轉換兩個不同格式。此時，便需要大量的額外的處理。不過，從實務觀點來看，由於 RDBMS 是市場上最受歡迎的格式。因此，比起其他方法，你更有可能會使用 RDBMS 作為物件儲存之用。因此，在本章的其餘部分，我們將著重於如何最佳化 RDBMS 格式，供物件永續之用。

最佳化 RDBMS 的物件儲存

一旦物件永續格式被選定，第二個步驟便是最佳化物件永續以提升處理效率。最佳化的方法將依你選定的格式不同而不同；不過，基本概念仍然一樣。一旦你了解如何最佳化一個特定型態的物件永續，你將多少知道如何處理其他格式的最佳化問題。本節將著重於如何最佳化最受歡迎的儲存格式：關聯式資料庫。

使關聯式資料庫達到最佳化，有兩個主要面向：儲存效率與存取速度。不幸的是，這兩個目標常常是互相矛盾的，因為存取速度的最佳設計，相對於其他不要求速度的設計而言，可能會佔用了大量的儲存空間。本節描述如何使用一種稱為正規化的程序來最佳化物件永續，以求取儲存效率。下一節將提出用以加速系統的效能設計的技術，像是去正規化與索引。終極目標是，專案小組將要進行一系列的取捨評估，一直到上述兩個最佳化面向可達到理想平衡。最後，專案小組一定要估計資料儲存的大小，並確保伺服器有足夠的空間可用。

◆ 儲存效率最佳化

就儲存空間的觀點來看，在關聯式資料庫中，最有效率的資料表沒有重複的資料以及空值 (null) 要最少，此乃這些資料的存在等同於空間的浪費。例如，於圖 10-11 中的資料表，每次客戶下訂單時，都會重複客戶的資訊，像是姓名與州名，而且在產品相關的欄上含有許多空值。每當客戶下的訂單中項目少於三個 (訂單的最大項目數) 時，就會出現空值。

除了浪費空間之外，重複性與空值也會增加錯誤的可能，並且增加資料完整性發生問題的可能性。如果客戶 1035 從 Maryland 搬到 Georgia 會怎麼樣呢？於圖 10-11 中的情況，必須撰寫一個程式，確保該客戶的所有資料均被更新以顯示「GA」爲新的住所。如果有些記錄被忽略了，那麼資料表就存在更新異常的情形，有些記錄包含正確改過的州名，有些記錄則仍包含舊的資訊。

空值常會威脅資料的完整性，因爲它們難以判讀。Order 資料表的 product 欄如果是空白的，可能意謂著 (1) 客戶不想要訂單有一個或兩個以上的產品，(2) 操作人員忘了輸入訂單上的所有三個產品，或是 (3) 客戶取消訂單的某些部分，而且產品被操作員刪除掉。不可能確認空值的眞正意思是什麼。

基於這兩個理由──儲存空間的浪費以及資料完整性的威脅──專案小組應該移除資料表的重複值與空值。在設計階段，類別圖可用來檢視 RDBM 資料表 (例如，參閱圖 10-10)，並且使其最佳化使儲存更有效率。如果你依照第六章所提塑造模型的指示與原則，你將可以毫無困難地建立一個高度最佳化的設計，因爲一個嚴實的邏輯資料模型並不會包含重複值與空值。

不過，有時候，專案小組必須從一個設計不良的模型開始，或者從檔案或非關聯性格式的模型著手。在這些情況下，專案小組應該遵循一系列檢查模型之儲存效率的步驟。這些步驟即構成了所謂的正規化程序。[12]

---

[12] 正規化也可以於問題領域層執行。不過，在問題領域層上使用正規化流程，應該只限於找出遺漏的類別。否則，與問題領域層語意無關的最佳化，可能不知不覺地潛入問題領域層。

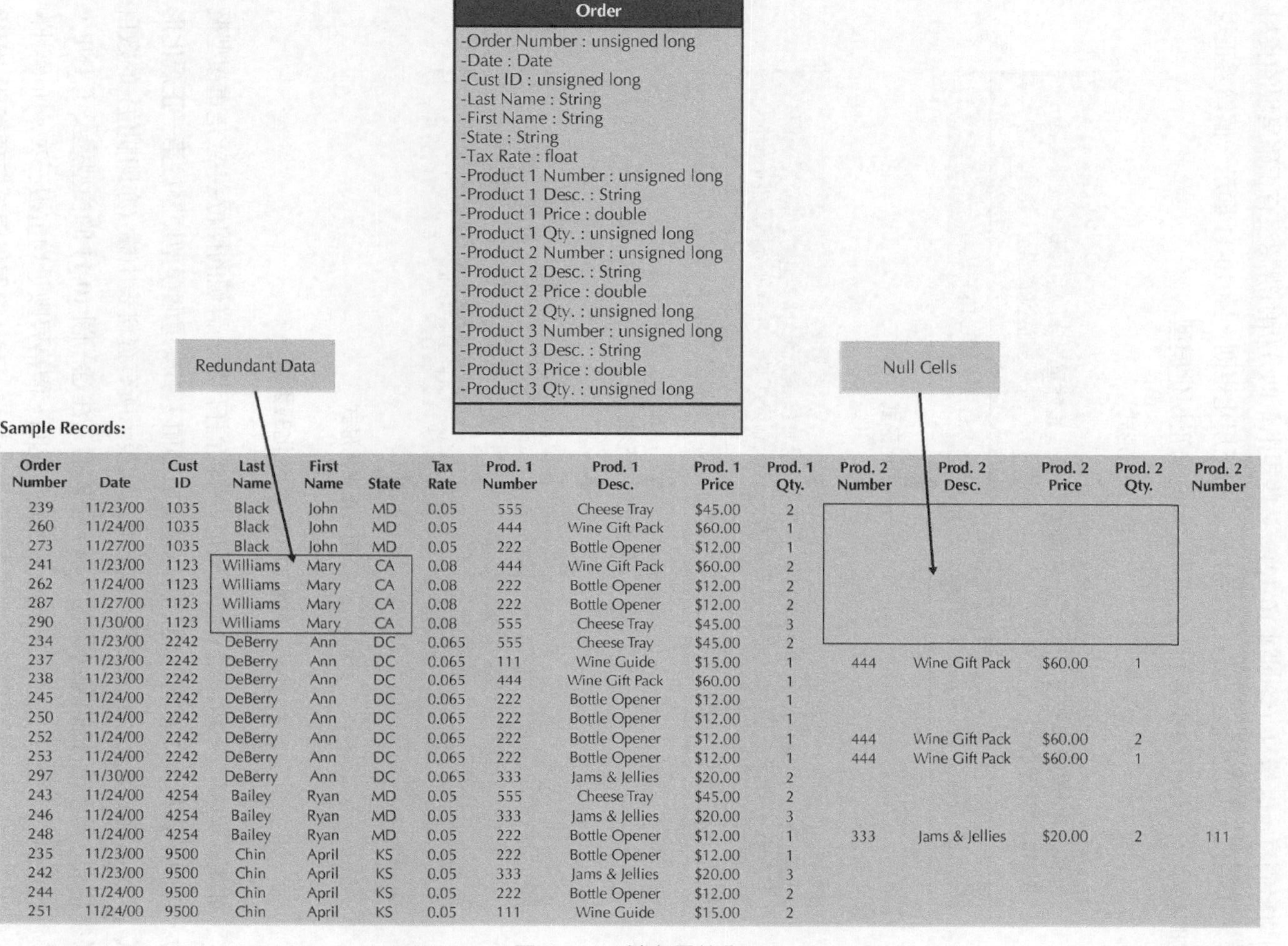

Sample Records:

Order Number	Date	Cust ID	Last Name	First Name	State	Tax Rate	Prod. 1 Number	Prod. 1 Desc.	Prod. 1 Price	Prod. 1 Qty.	Prod. 2 Number	Prod. 2 Desc.	Prod. 2 Price	Prod. 2 Qty.	Prod. 2 Number
239	11/23/00	1035	Black	John	MD	0.05	555	Cheese Tray	$45.00	2					
260	11/24/00	1035	Black	John	MD	0.05	444	Wine Gift Pack	$60.00	1					
273	11/27/00	1035	Black	John	MD	0.05	222	Bottle Opener	$12.00	1					
241	11/23/00	1123	Williams	Mary	CA	0.08	444	Wine Gift Pack	$60.00	2					
262	11/24/00	1123	Williams	Mary	CA	0.08	222	Bottle Opener	$12.00	2					
287	11/27/00	1123	Williams	Mary	CA	0.08	222	Bottle Opener	$12.00	2					
290	11/30/00	1123	Williams	Mary	CA	0.08	555	Cheese Tray	$45.00	3					
234	11/23/00	2242	DeBerry	Ann	DC	0.065	555	Cheese Tray	$45.00	2					
237	11/23/00	2242	DeBerry	Ann	DC	0.065	111	Wine Guide	$15.00	1	444	Wine Gift Pack	$60.00	1	
238	11/23/00	2242	DeBerry	Ann	DC	0.065	444	Wine Gift Pack	$60.00	1					
245	11/24/00	2242	DeBerry	Ann	DC	0.065	222	Bottle Opener	$12.00	1					
250	11/24/00	2242	DeBerry	Ann	DC	0.065	222	Bottle Opener	$12.00	1					
252	11/24/00	2242	DeBerry	Ann	DC	0.065	222	Bottle Opener	$12.00	1	444	Wine Gift Pack	$60.00	2	
253	11/24/00	2242	DeBerry	Ann	DC	0.065	222	Bottle Opener	$12.00	1	444	Wine Gift Pack	$60.00	1	
297	11/30/00	2242	DeBerry	Ann	DC	0.065	333	Jams & Jellies	$20.00	2					
243	11/24/00	4254	Bailey	Ryan	MD	0.05	555	Cheese Tray	$45.00	2					
246	11/24/00	4254	Bailey	Ryan	MD	0.05	333	Jams & Jellies	$20.00	3					
248	11/24/00	4254	Bailey	Ryan	MD	0.05	222	Bottle Opener	$12.00	1	333	Jams & Jellies	$20.00	2	111
235	11/23/00	9500	Chin	April	KS	0.05	222	Bottle Opener	$12.00	1					
242	11/23/00	9500	Chin	April	KS	0.05	333	Jams & Jellies	$20.00	3					
244	11/24/00	9500	Chin	April	KS	0.05	222	Bottle Opener	$12.00	2					
251	11/24/00	9500	Chin	April	KS	0.05	111	Wine Guide	$15.00	2					

圖 10-11　儲存最佳化

所謂**正規化 (normalization)**，乃應用一系列規則於 RDBMS 的資料表上，用來判斷它們有多麼嚴實 (參閱圖 10-12)。這些規則幫助分析師辨認沒有正確呈現的資料表。在這裡，我們描述三個在實務上常用的正規化規則。圖 10-11 顯示一個爲零正規化的模型，這是一個運用正規化規則之前的未正規化模型。

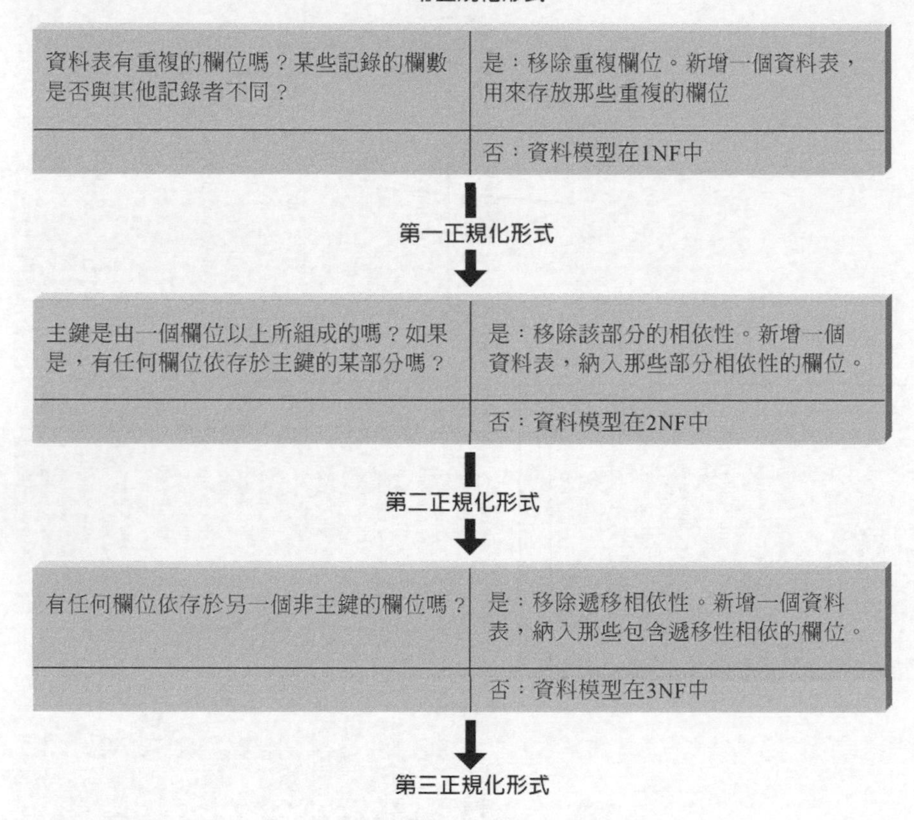

圖 10-12　正規化的步驟

如果一個模型不會出現多值型欄位──即允許存放一群值的欄位──或是重複型欄位，它們是資料表中重複的欄位用以捕捉數個值，那麼這個模型便屬於**第一正規化形式 (first normal form，1NF)**。1NF 的規則表示所有資料表中欄 (亦即欄位) 的數目必須相同，而且所有的欄必須包含單一個的值。注意，圖 10-11 的模型違反了 1NF，因爲它造成資料表中每個訂單的產品號碼、說明、價格與數量均重複三次。所得到的資料表中有許多與產品相關的欄位均是空值的記錄，而且訂單僅限於三項產品，因爲沒有空間儲存更多的資訊。

一個更有效率的設計是 (且符合 1NF)，建立不同的資料表來保存那些重複的資訊；為了達成這點，我們在模型上另外建立了一個資料表，用來捕捉產品訂單的資訊。一個零對多的關係便會存在於兩個資料表之間。如圖 10-13 所示，新的設計將泯除 Order 資料表中的空值，而且不再限制訂單的產品數量。

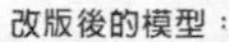

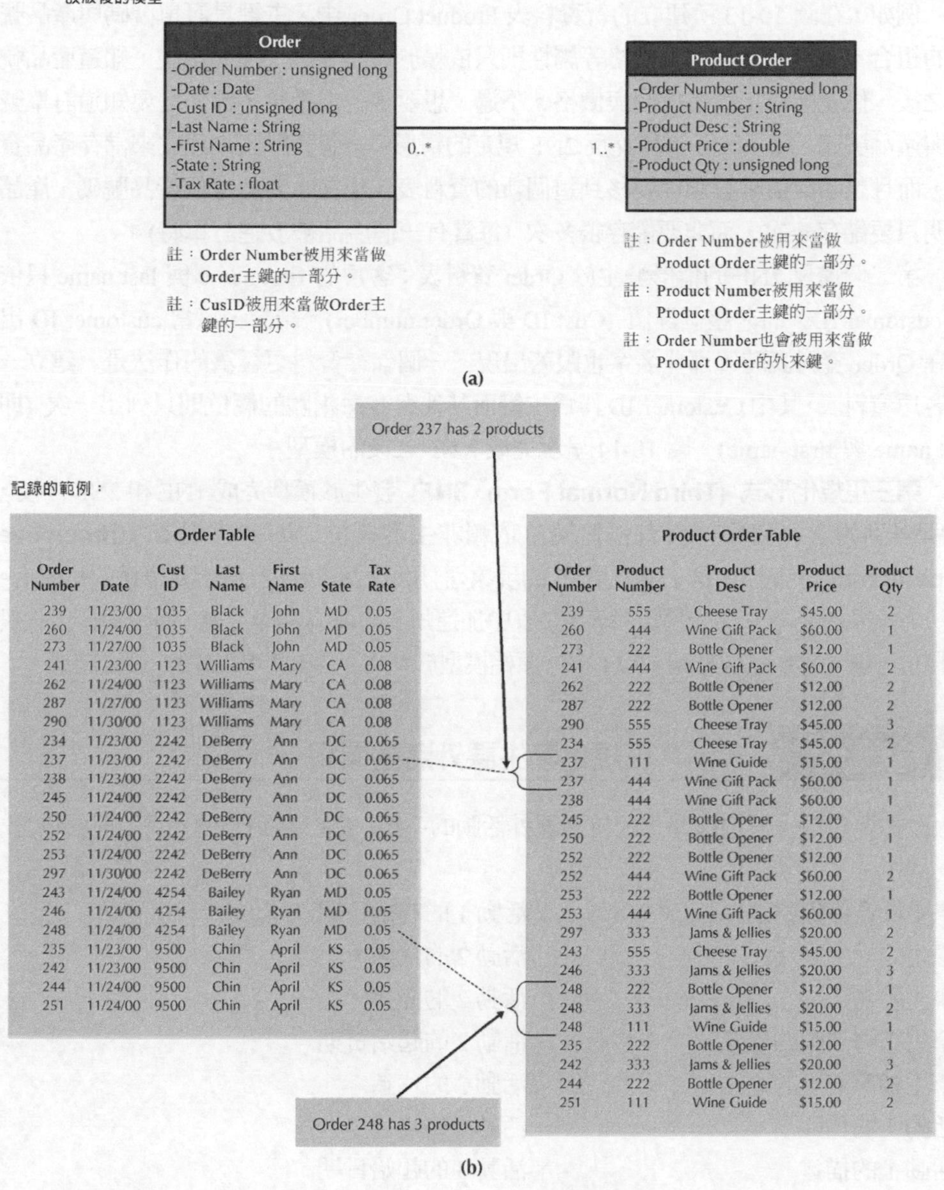

Order Table

Order Number	Date	Cust ID	Last Name	First Name	State	Tax Rate
239	11/23/00	1035	Black	John	MD	0.05
260	11/24/00	1035	Black	John	MD	0.05
273	11/27/00	1035	Black	John	MD	0.05
241	11/23/00	1123	Williams	Mary	CA	0.08
262	11/24/00	1123	Williams	Mary	CA	0.08
287	11/27/00	1123	Williams	Mary	CA	0.08
290	11/30/00	1123	Williams	Mary	CA	0.08
234	11/23/00	2242	DeBerry	Ann	DC	0.065
237	11/23/00	2242	DeBerry	Ann	DC	0.065
238	11/23/00	2242	DeBerry	Ann	DC	0.065
245	11/24/00	2242	DeBerry	Ann	DC	0.065
250	11/24/00	2242	DeBerry	Ann	DC	0.065
252	11/24/00	2242	DeBerry	Ann	DC	0.065
253	11/24/00	2242	DeBerry	Ann	DC	0.065
297	11/30/00	2242	DeBerry	Ann	DC	0.065
243	11/24/00	4254	Bailey	Ryan	MD	0.05
246	11/24/00	4254	Bailey	Ryan	MD	0.05
248	11/24/00	4254	Bailey	Ryan	MD	0.05
235	11/23/00	9500	Chin	April	KS	0.05
242	11/23/00	9500	Chin	April	KS	0.05
244	11/24/00	9500	Chin	April	KS	0.05
251	11/24/00	9500	Chin	April	KS	0.05

Product Order Table

Order Number	Product Number	Product Desc	Product Price	Product Qty
239	555	Cheese Tray	$45.00	2
260	444	Wine Gift Pack	$60.00	1
273	222	Bottle Opener	$12.00	1
241	444	Wine Gift Pack	$60.00	2
262	222	Bottle Opener	$12.00	2
287	222	Bottle Opener	$12.00	2
290	555	Cheese Tray	$45.00	3
234	555	Cheese Tray	$45.00	2
237	111	Wine Guide	$15.00	1
237	444	Wine Gift Pack	$60.00	1
238	444	Wine Gift Pack	$60.00	1
245	222	Bottle Opener	$12.00	1
250	222	Bottle Opener	$12.00	1
252	222	Bottle Opener	$12.00	1
252	444	Wine Gift Pack	$60.00	2
253	222	Bottle Opener	$12.00	1
253	444	Wine Gift Pack	$60.00	1
297	333	Jams & Jellies	$20.00	2
243	555	Cheese Tray	$45.00	2
246	333	Jams & Jellies	$20.00	3
248	222	Bottle Opener	$12.00	1
248	333	Jams & Jellies	$20.00	2
248	111	Wine Guide	$15.00	1
235	222	Bottle Opener	$12.00	1
242	333	Jams & Jellies	$20.00	3
244	222	Bottle Opener	$12.00	2
251	111	Wine Guide	$15.00	2

圖 10-13　1NF：移除重複的欄位

第二正規化形式 (second normal form，2NF) 首先要求資料模型屬於 1NF，其次，該資料模型引領出來的資料表中會包含依賴於一個**完整**主鍵 (**whole** primary key) 的欄位。這意指每筆記錄的主鍵值能夠決定出該筆記錄中其他欄位的值。有時欄位只依賴主鍵的某一部分 [亦即，**部分相依 (partial dependency)**]，而這些欄位屬於另一個資料表。

例如，在圖 10-13 所建立的新資料表 Product Order 中，主鍵是訂單號碼與產品號碼的組合，但是產品說明與價格等屬性則只依賴於產品號碼。換句話說，知道產品號碼之後，你就能找出產品說明與價格。不過，想要辨認出數量，卻先需要知道訂單號碼與產品號碼。爲了改正這種違反 2NF 規定的情形，一個資料表被建立來儲存產品資訊，而且說明與價格等屬性要移到這個新的資料表。現在，對於每個產品號碼，產品說明只要儲存一次，而非要儲存很多次 (每當有一個產品被放進訂單時)。

第二個違反 2NF 的情形發生於 Order 資料表：客戶的 first name 與 last name 只依賴 customer ID，而非整個鍵值 (Cust ID 與 Order number)。結果，每當 customer ID 出現在 Order 資料表時，那些名字也跟著出現。一個儲存資料更經濟的作法是，建立一個客戶資料表，其中 Customer ID 作爲主鍵而其他與客戶相關的欄位則只列出一次 (即 last name 與 first name)。圖 10-14 呈現完成 2 NF 之後的模型。

第三正規化形式 (Third Normal Form，3NF) 發生於模型完成 1NF 和 2NF 之後，於所得到的資料表中，沒有任何欄位依賴非主鍵欄位 [即**遞移相依 (transistive dependency)**]。圖 10-14 有違反 3NF 的現象：訂單的稅率視該訂單所要寄送的州而定。解決方案牽涉到建立另一個資料表，該表中加進州名的縮寫當作主鍵，而稅率作爲一般的欄位。圖 10-15 呈現於圖 10-11 中，原始模型於運用正規化步驟之後的最後結果。

輪到你 10-6 正規化學生課外活動檔案

假設你要建構一個追蹤學生的校園課外活動的系統。你已拿到一個檔案，裡面包含下列欄位：

學生社會保險號碼
學生的姓
學生的名
學生指導老師的姓名
學生指導老師的電話
活動 1 的代碼
活動 1 的描述
活動 1 的起始日期
活動 2 的代碼
活動 2 的描述
活動 2 的起始日期
活動 3 的代碼
活動 3 的描述
活動 3 的起始日期

請試著正規化這個檔案。顯示該邏輯性資料模型在每個步驟如何的改變。

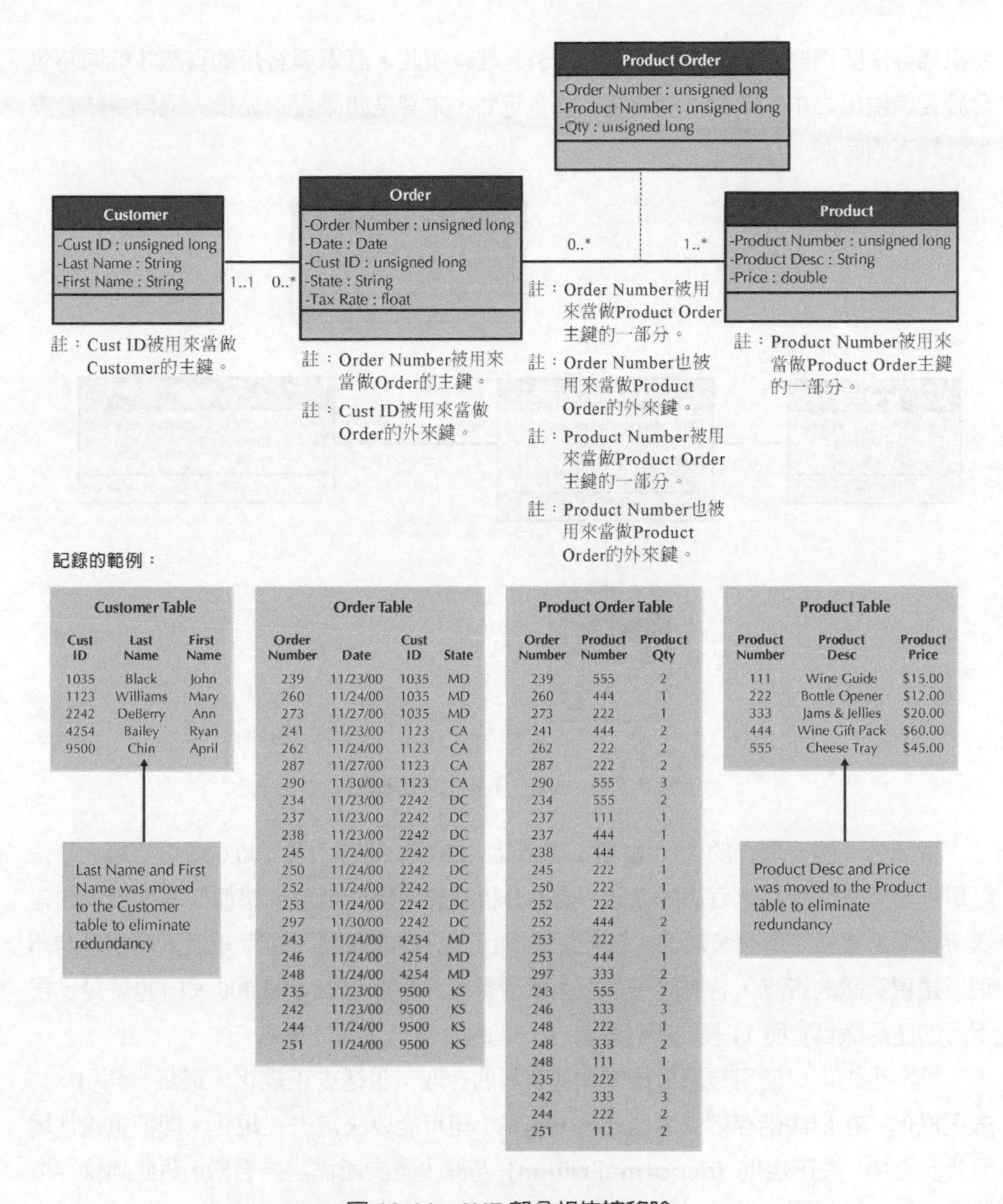

Customer Table

Cust ID	Last Name	First Name
1035	Black	John
1123	Williams	Mary
2242	DeBerry	Ann
4254	Bailey	Ryan
9500	Chin	April

Order Table

Order Number	Date	Cust ID	State
239	11/23/00	1035	MD
260	11/24/00	1035	MD
273	11/27/00	1035	MD
241	11/23/00	1123	CA
262	11/24/00	1123	CA
287	11/27/00	1123	CA
290	11/30/00	1123	CA
234	11/23/00	2242	DC
237	11/23/00	2242	DC
238	11/23/00	2242	DC
245	11/24/00	2242	DC
250	11/24/00	2242	DC
252	11/24/00	2242	DC
253	11/24/00	2242	DC
297	11/30/00	2242	DC
243	11/24/00	4254	MD
246	11/24/00	4254	MD
248	11/24/00	4254	MD
235	11/23/00	9500	KS
242	11/23/00	9500	KS
244	11/24/00	9500	KS
251	11/24/00	9500	KS

Product Order Table

Order Number	Product Number	Product Qty
239	555	2
260	444	1
273	222	1
241	444	2
262	222	2
287	222	2
290	555	3
234	555	2
237	111	1
237	444	1
238	444	1
245	222	1
250	222	1
252	222	1
252	444	2
253	222	1
253	444	1
297	333	2
243	555	2
246	333	3
248	222	1
248	333	2
248	111	1
235	222	1
242	333	3
244	222	2
251	111	2

Product Table

Product Number	Product Desc	Product Price
111	Wine Guide	$15.00
222	Bottle Opener	$12.00
333	Jams & Jellies	$20.00
444	Wine Gift Pack	$60.00
555	Cheese Tray	$45.00

圖 10-14　2NF 部分相依被移除

◆ 資料存取速度最佳化

在你完成最佳化物件儲存效率的設計之後，最後得到的結果是，資料散布在許多的資料表上。當來自數個資料表的資料需要存取或查詢時，這些資料表必須先結合起來。例如，在使用者能夠印出下訂單的客戶姓名之前，首先，Customer 與 Order 資料表需要根據客戶號碼結合起來 (參閱圖 10-15)。唯有如此，訂單與客戶的資訊才能同時包含於查詢輸出之中。結合可能會花上許多時間，尤其是如果資料表很大或需要結合許多資料表的時候。

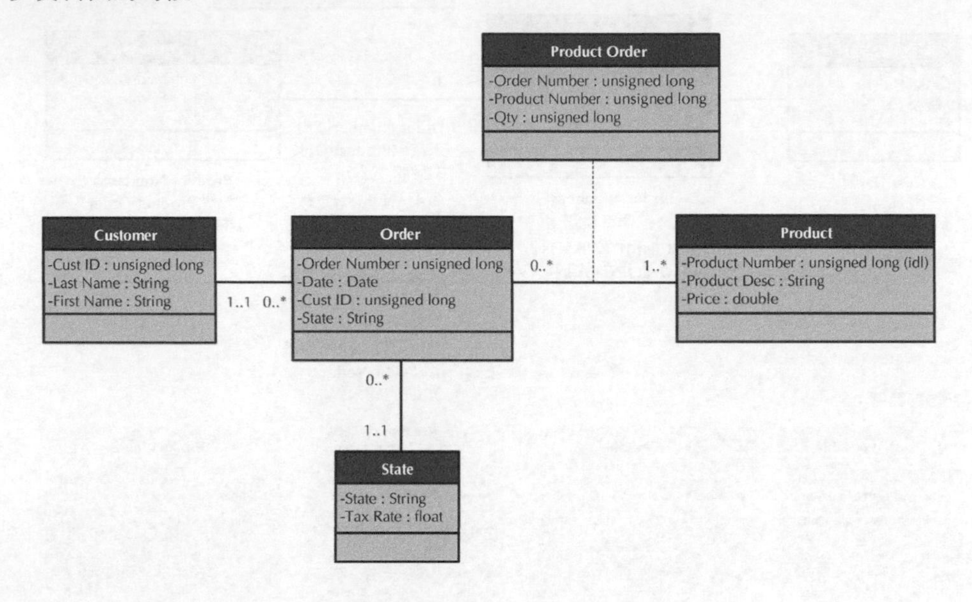

圖 10-15　3NF 正規化後的欄位

請考量一個要儲存約 10,000 項不同產品、25,000 個客戶及 100,000 份訂單，每份訂單平均有三樣產品之資訊的系統。如果分析師想要研究是否音樂偏好有地域上的差異時，就需要結合所有資料表，以便能看到所有訂過的產品，同時知道下單客戶的州別。這項資訊的查詢，會得到一個巨大的資料表，裡面包含 300,000 列 (也就是，已下訂的產品數目) 與 11 欄 (所有結合在一起的資料表之欄位總數)。

專案小組可以使用幾個技術來加速資料的存取，包括去正規化、叢集、索引。

去正規化　在物件儲存經過最佳化後，專案小組可能要決定去正規化，即把重複性增回設計之中。**去正規化 (denormalization)** 乃減少查詢所需之結合數，藉此加快存取速度。圖 10-16 顯示客戶訂單的去正規化模型。客戶的姓被加回到 Order 資料表，因爲專案小組在分析階段得知，訂單的查詢通常需要客戶的 last name 欄位。與其把 Order 資料表重複地與 Customer 資料表結合在一起，系統現在只需要存取 Order 資料表就行，因爲這張資料表其實已包含所有相關資訊了。

由前節所述的理由，去正規化應該少用，但是這是在查詢很頻繁且更新甚少的情況下，理想的作法。有三種情況你可能要仰賴去正規化而減少結合並改進效能。首先，去正規化適用於查詢表的情況，這類的資料表儲存了說明的值 (例如，產品說明資料表或是付款方式資料表)。由於代碼的說明甚少更改，所以把說明以及各自的代碼放在主要資料表上，可能很有效率，如此一來，我們就可以不需要每次查詢時都要結合查詢表 (參閱圖 10-17a)。

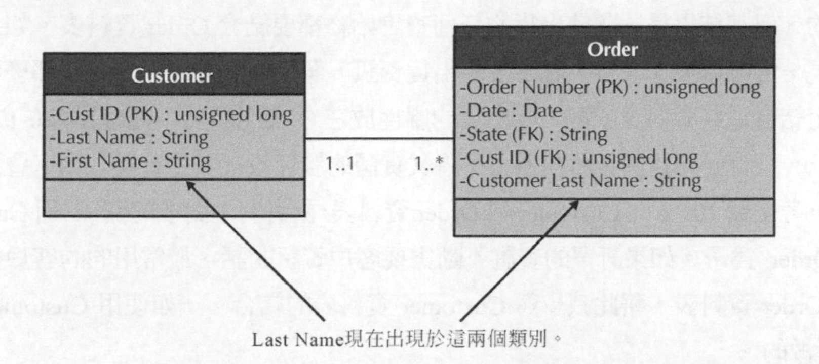

圖 10-16　去正規化後的實體資料模型

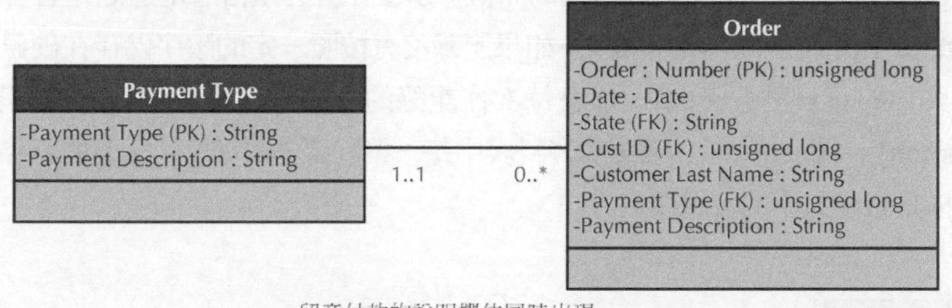

(a) 查詢表

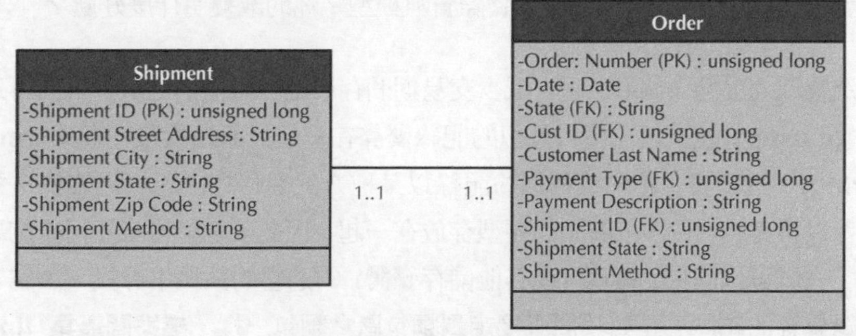

(b) 一對一關係

圖 10-17　去正規化情形 (FK=外來鍵; PK=主鍵)

第二，一對一關係是去正規化的最佳候選物件。雖然邏輯上兩個資料表應該是要分開的，但是從實務觀點來看，來自這兩個資料表的資訊可能經常一起被存取。想想一份訂單及其出貨資訊。邏輯上來說，將出貨的相關屬性放到一個單獨的資料表是很有道理的，但其結果是，關於出貨的任何查詢始終都要結合 Order 資料表。如果專案小組發現，當訂單被存取時，需要某些出貨資訊，像是州別及運送方式，那麼他們可能會決定結合這些資料表或把一些出貨的屬性放在 Order 資料表 (參閱圖 10-17b)。

第三，有時候在實體資料模型上，將父實體的屬性放在其子實體之內，會更有效率。例如，考慮圖 10-16 的 Customer 與 Order 資料表，兩者有一對多的關係，而 Customer 爲父，Order 爲子。如果訂單的查詢不斷需要客戶資訊的話，最常用的的客戶欄位就可放在 Order 資料表，藉此減少與 Customer 資料表的結合，一如使用 Customer Last Name 所做的。

叢集(群集)　存取速度也受到資料擷取的方式所影響。想想我們去雜貨店買東西。如果你要買很多商品，但是不清楚店內的布置，那麼你就必須沿著走道走走看看，確認你不會漏買了清單上的東西。同樣地，如果記錄沒有按照一定的順序儲存在硬碟上 (或是順序與你的資料需要無關)，那麼每次作記錄的查詢時，都會做一次**資料表掃描 (table scan)**──即 DBMS 必須接觸資料表中每一筆記錄，才可找到所要的結果集。資料表掃描是最無效率的資料擷取方法。

輪到你　10-7　學生活動檔的去正規化

請考量你爲「輪到你 10-3」所建立的邏輯資料模型。檢視模型並描述可能去正規化的機會。你將如何改變這個檔案的實際資料模型？你的改變有什麼好處？

改進存取速度的一個方法是，減少交易期間存取儲存媒體的次數。我們可以將記錄**叢集 (cluster)** 在一起，使得類似的記錄緊靠在一起。藉由**檔案內叢集 (intrafile clustering)**，資料表中相同或相似的記錄以某種方式儲存在一起，比如依主鍵的順序，或者以雜貨店爲例，依商品的類型存放在一起。因此，無論何時任何查詢要找尋記錄時，它就可以直接到硬碟 (或其他儲存媒體) 的適當的區域中尋找，因爲它事先知道記錄儲存的順序，正如我們直接走到麵包區拿麵包一樣。**檔案間叢集 (interfile clustering)** 結合多個資料表中，常常一起被存取的記錄。例如，如果客戶資訊經常與相關的訂單資訊一起存取的話，那麼這兩個資料表的記錄可以採取保留客戶訂單的關係來實體性地予以儲存。回到雜貨店的例子，檔案間叢集的情形可能是，把花生醬、果凍與麵包放在相同的走道，放在一起的原因，不是它們的產品類型很相似，而是它們可以很快一起購買。當然，每張資料表只能採用一種叢集策略，因爲記錄實體上只能以一種方式來排列。

索引　索引是你所熟悉的省時方法。書後都列有索引，供你參考並直接引導你到關鍵字所出現的頁面。想一想，如果沒有索引的話，你將會花多久時間找到「關聯式資料庫」在本書所出現的次數。資料儲存體的**索引 (index)**，相當於一本教科書後面的索引；索引是一個小型的資料表，含有資料表中一欄或多欄的值，以及這些值在資料表中的位置。你不用逐頁翻遍整本書，只要直接移到適當的頁面上，找到你要的資訊就好。索引是改進資料庫效能最重要的方法之一。每當你有效能上的問題時，第一個要看的地方是索引。

查詢可以使用索引找出那些符合查詢條件的記錄，而且一個資料表的索引數目是不限的。圖 10-18 顯示了一個依照付款類型排列之記錄的索引。一個要尋找使用 American Express (美國運通卡) 的所有客戶的查詢，可使用這個索引，找出含有以 American Express 作爲付款方式的記錄，而不須掃描整個 Order 資料表。

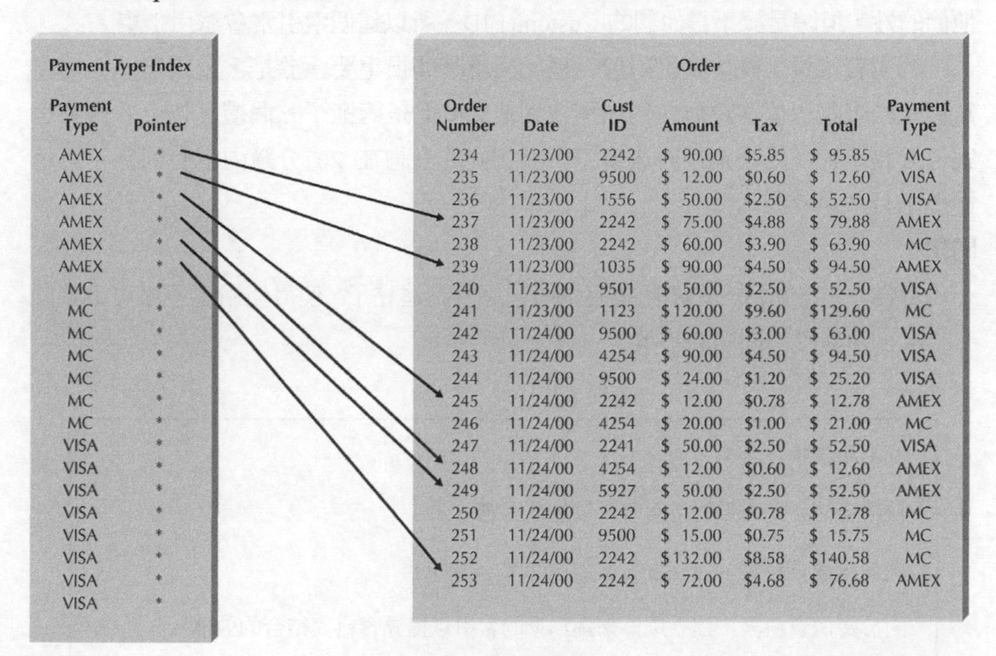

Payment Type Index

Payment Type	Pointer
AMEX	*
AMEX	*
AMEX	*
AMEX	*
AMEX	*
AMEX	*
MC	*
MC	*
MC	*
MC	*
MC	*
MC	*
MC	*
VISA	*
VISA	*
VISA	*
VISA	*
VISA	*
VISA	*
VISA	*
VISA	*

Order

Order Number	Date	Cust ID	Amount	Tax	Total	Payment Type
234	11/23/00	2242	$ 90.00	$5.85	$ 95.85	MC
235	11/23/00	9500	$ 12.00	$0.60	$ 12.60	VISA
236	11/23/00	1556	$ 50.00	$2.50	$ 52.50	VISA
237	11/23/00	2242	$ 75.00	$4.88	$ 79.88	AMEX
238	11/23/00	2242	$ 60.00	$3.90	$ 63.90	MC
239	11/23/00	1035	$ 90.00	$4.50	$ 94.50	AMEX
240	11/23/00	9501	$ 50.00	$2.50	$ 52.50	VISA
241	11/23/00	1123	$120.00	$9.60	$129.60	MC
242	11/24/00	9500	$ 60.00	$3.00	$ 63.00	VISA
243	11/24/00	4254	$ 90.00	$4.50	$ 94.50	VISA
244	11/24/00	9500	$ 24.00	$1.20	$ 25.20	VISA
245	11/24/00	2242	$ 12.00	$0.78	$ 12.78	AMEX
246	11/24/00	4254	$ 20.00	$1.00	$ 21.00	MC
247	11/24/00	2241	$ 50.00	$2.50	$ 52.50	VISA
248	11/24/00	4254	$ 12.00	$0.60	$ 12.60	AMEX
249	11/24/00	5927	$ 50.00	$2.50	$ 52.50	AMEX
250	11/24/00	2242	$ 12.00	$0.78	$ 12.78	MC
251	11/24/00	9500	$ 15.00	$0.75	$ 15.75	MC
252	11/24/00	2242	$132.00	$8.58	$140.58	MC
253	11/24/00	2242	$ 72.00	$4.68	$ 76.68	AMEX

圖 10-18　付款類型的索引

專案小組若把索引放在主記憶體內，將可使索引執行得更快。從記憶體擷取資訊，要比從其他的儲存媒體，如硬碟，快上許多——請你想一下，從你的大腦記憶體中獲得一個電話號碼比較快？還是在翻查電話簿比較快？同理，當資料庫在記憶體有一個索引時，便能很快很快地找到記錄。

當然，索引需要額外的空間，因此佔用儲存媒體的空間。此外，索引需隨著資料表中記錄之增刪或更改而配合更動。因此，查詢雖然讓資料存取更快速，但是也拖慢了更新的程序。一般而言，對於交易系統或需要大量更新的系統而言，你應該少用索引，但是對於決策支援系統的設計，你應該慷慨地使用索引才對 (參閱圖 10-19)。

概念活用 10-A 郵購索引

一家位於 Virginia 的郵購公司，每年大約要寄出 2,500 萬份型錄，使用的 Customer 資料表中有 1,000 萬個人名。雖然 Customer 資料表的主鍵是 Customer ID，但這個資料表也包含一個客戶姓 (last name) 的索引。大部分打電話下訂單的人當然知道他們的姓，但總是記不得他們的 Customer ID，所以這個索引常會派用上場。

公司有位員工說，索引對於合理的回應時間很重要。於是，公司寫了一個非常複雜的查詢，依客戶居住的州別找到他們，但是總拖了三個禮拜以上才得到答案。於是，客戶的州別被設成索引，而相同的查詢在 20 分鐘內就有回應：足足快上 1,512 倍。

問題：

1. 身爲一位分析師，你如何確定索引已適當的建立了，使得使用者不必等上幾個星期才能獲得問題的答案？

交易系統少用索引。

決策支援系統儘量使用索引，以加快回應時間。

對於每個資料表，建立以主鍵爲準的唯一索引。

對於每個資料表，建立以外來鍵爲準的索引以提昇資料表結合的效能。

對於時常用於分組、排序或條件的欄位，爲之建立索引。

圖 10-19 建立索引的指導原則

◆ 估計資料儲存的規模

即使你已經去正規化你的實體資料模型、叢集記錄而且也建立了適當的索引，但是，如果資料庫伺服器無法處理資料量的話，系統的績效將奇差無比。因此，規劃良好效能的最後一個方法是應用**容積 (volumetrics)**，指的是估計硬體將需要支援的資料量。你可以將你的估計納入資料庫伺服器硬體規格中，確定資料庫硬體足以應付專案所需。資料庫的規模是根據資料表中的**原始資料 (raw data)** 以及 DBMS 的**額外空間 (overhead)** 需求為基準。為了估計資料庫的規模，你必須好好了解你資料的原始大小以及預期它未來的成長率。

原始資料指的是儲存在資料庫資料表內的所有資料，而且是以由下而上的方法計算而得的。首先，寫下資料表中每個欄 (欄位) 估計的平均寬度，然後加總求得一個記錄總大小值 (參閱圖 10-20)。例如，如果寬度可變的 Last Name 欄位被指定 20 個字元的寬度，那麼你可輸入 13，當作該欄位的平均寬度。在圖 10-20 中，估計出的記錄大小是 49。

Field	Average Size
Order Number	8
Date	7
Cust ID	4
Last Name	13
First Name	9
State	2
Amount	4
Tax Rate	2
Record Size	49
Overhead	30%
Total Record Size	63.7
Initial Table Size	50,000
Initial Table Volume	3,185,000
Growth Rate/Month	1,000
Table Volume @ 3 years	5,478,200

圖 10-20　計算容積

其次，以每筆記錄的百分比來計算資料表所需的額外空間。額外空間包括 DBMS 用來支援管理與索引等功能所需要的空間。它應該根據過去經驗、業者之建議或軟體內建並用來計算容積的參數。例如，你的 DBMS 廠商可能建議，你應該配置 30%的原始資料大小，作為儲存空間的額外空間，產生了 63.7 的總記錄大小，如圖 10-20 所示的例子。

最後，記下載入到資料表的原始記錄之數目，以及每月預計的成長空間。這項資訊應該在分析階段蒐集。根據圖 10-20，第一個資料表所需的原始空間爲 3,185,000，而未來的規模可以根據成長數字而預測。每個資料表重複這些步驟，直到算出整個資料庫的總大小。

許多 CASE 工具可以根據你如何設定物件永續，而它們自動算出容積的估計值。最後，資料庫的大小必須供專案小組分享，以便他們能預先準備適當的技術支援系統的資料，並且早在潛在的效能問題影響到系統的成功之前予以解決。

概念活用 10-B 來自虛擬化的投資收益──一個難以判斷的因素

很多公司正經歷伺服器虛擬化。這是將數台虛擬的伺服器，架到同一台實體伺服器的概念。回報可能是非常顯著的： 更少的伺服器、較少的電力需求、產生較少的熱量、需用較少的空調、較少的基礎設施和管理費；增加靈活性；更少的實體佔用(即，更小的伺服器空間)，更快的伺服器維修等等。這是有代價 (當然)──例如，虛擬化軟體授權、將虛擬伺服器架設到實體伺服器所需的勞務，以及更新資料表與存取的花費。但是，判斷投資收益可能是一項挑戰。某些公司在伺服器虛擬化上賠錢，但是大多數說他們已經由虛擬化獲得正向的投資收益，但是這項結果還沒有被量化。

問題：

1. 一家公司如何決定伺服器虛擬化的投資收益？
2. 伺服器虛擬化會影響儲存資料所需的空間？爲什麼？
3. 系統分析人員會涉及這類的工程嗎？爲什麼？

非功能性的需求和資料管理層設計[13]

回想一下，非功能性的需求，是指該系統必須具備的行爲特性。這些特性與效能、安全性、易用性、執行環境和可靠性等問題有關。在本書，我們將非功能性需求分爲四大類：業務、效能、安全、文化和政策要求。我們描述每一個特性與 DAM 層的關係。

DAM 層的**操作性需求 (operational requirements)**，包括處理支援物件永續性之技術議題。不過，選擇的**硬體和作業系統**可能會限制技術的選擇和可供使用之物件

[13] 由於絕大多數非功能性的要求，會影響實體架構層，我們將在第十二章提供更多的細節。

永續的格式。例如，如果系統是部署在一個運作於 Mac 作業系統的 Macintosh 網絡，物件永續的選擇性是相當有限的，例如，FileMaker。這反過來說，會決定了要使用前面介紹過的哪一套對應規則。另一個操作需求是可以使用 XML 匯入和匯出資料的能力。同樣，這可能限制可考慮的物件儲存。

影響資料存取和管理層的主要**效能需求 (performance requirements)** 是速度和容量。正如前面所述，根據所預期的——以及，隨後實際的——物件儲存的使用樣式、不同的索引方式和可能需要的快取方式。當考慮透過網路上散布物件的時候，會有速度的顧慮，導致物件被複製到網路上不同的節點。因此，多份相同的物件可以被儲存在網路上不同的位置。這就出現前面描述過，因正規化而帶來的更新異常問題。此外，視所估計的大小和系統的成長而定，可能需要考慮不同的 DBMS。另外一個可能衝擊 DAM 層設計需求，與所儲存的物件之可用性有關。根據一天內時間的不同來限制不同物件的可用性是有意義的。例如，允許某一類的使用者只能從上午的 8 時至 12 時取用某一組物件，而第二組使用者只能從下午 1 時至 5 時取用它們。透過 DBMS，這些類型的限制都可以被設定。

安全需求 (security requirement) 主要處理的是存取控制、加密和備份。透過現代的 DBMS，可以設定不同類型的存取方式 (例如，讀取、更新或刪除) 只有那些已被授權的用戶 (或某類型的用戶) 才得以存取。此外，**存取控制 (access control)** 可以設定來確保只有具有「管理員」權限的使用者，才被允許修改物件儲存的綱要或存取控制。在這一層的加密需求處理的是物件是否應該存儲在一個加密的格式。雖然加密過的物件比未加密的物件安全，但是加密和解密的過程會拖慢系統。視所使用的實體結構而定，加密的成本可能是微不足道的。例如，如果我們計畫在透過網路傳送物件之前予以加密，則以加密格式儲存它們就沒有額外的成本。備份需求處理的是確保物件會被定期複製並儲存，以免物件儲存損壞或無法使用。有了一份定期製作之備份副本後，並儲存最後一次備份後所做的更新，確保了該更新不會漏失，且物件儲存可以藉由執行更新的副本 (而非備份的副本) 來製作新的現用副本而得到重建。

可能衝擊 DAM 層的**政策和文化需求 (political and cultural requirements)** 處理的是資料該如何儲存等格式方面的細節。例如，日期應該以什麼格式來儲存？或者，有多少字元應分配給 Employee 物件的姓氏欄位？有可能是企業 IT 對不同的硬體和軟體平台的偏見。如果是這樣，正如前面提到的，這可能限制了物件可以儲存的類型。

設計資料存取與操作類別

發展資料管理層的最後步驟，就是設計**資料存取與操作類別 (data access and manipulation class)**，此層充當物件永續與問題領域物件之間的轉譯者。所以，它們應該至少能夠讀寫物件永續與問題領域物件。如前在第八章所述及者，物件永續類別是衍生自具體性的問題領域類別，而資料存取與操作類別則同時依存於物件永續與問題領域類別。

視應用而定，一個簡單而可遵循的規則是，每個具體性的問題領域類別，至少應該有一個資料存取與操作類別。在某些情況下，合理的做法是建立與人機互動類別有關聯的資料存取與操作類別 (參閱第十一章)。可是，這樣會製造了一個資料管理層與人機互動層的相依。在系統的設計中增加了這多出的複雜度，通常是不值得鼓勵的。

讓我們回到預約系統例子之 ORDBMS 解決方案 (參閱圖 10-8)。我們看到了四個問題領域類別與四個 ORDBMS 資料表。如果遵循前述的規則，DAM 類別是非常簡單的。這些類別只須支援具體性的問題領域類別與 ORDBMS 資料表之間的一對一轉譯 (參閱圖 10-21)。由於 Person 問題領域類別屬於抽象性類別，所以只需要三個資料存取與操作類別：Patient-DAM、Symptom-DAM 與 Appt-DAM。不過，建立 Patient 問題領域類別的實體過程卻很麻煩。Patient-DAM 類別可能必須能夠從所有四個 ORDBMS 資料表擷取資料。為完成此，Patient-DAM 類別從 Patient 資料表擷取資料。透過使用存在於 Person、Appts 與 Symptoms 屬性的 Object ID，建立 Patient 實體所需的其餘資料可以很容易地從 Patient-DAM 類別那兒取得。

在使用 RDBMS 提供永續儲存的情況，資料存取與操作類別通常會變得更加複雜。例如，預約系統的例子中，還有四個問題領域類別，但由於 RDBMS 的限制，我們必須支援六張 RDBMS 資料表 (參閱圖 10-10)。用於 Appt 問題領域類別的資料存取與操作類別以及 Appt RDBMS 資料表，與那些用來支援 ORDBMS 解決方案的沒什麼不同 (參閱圖 10-21 與 10-22)。不過，由於 Patient 與 Symptom 問題領域類別的多值屬性與關係之故，對應至 RDBMS 資料表會更為複雜。因此，資料存取與操作類別 (Patient-DAM 與 Symptom-DAM) 與 RDBMS 資料表 (Patient 資料表、Insurance Carrier 資料表、Suffer 資料表與 Symptom 資料表) 的相依大為增加。再者，因為 Patient 問題領域類別與其他三個問題領域類別相關聯，所以，為了建立 Patient 類別的實體而必須實際取得所有的資料，可能涉及從六個 RDBMS 資料表結合所得者。為了完成這件事，Patient-DAM 類別首先必須從 Patient 資料表、Insurance Carrier 資料表、Suffer 資料表及 Appt 資料表擷取資訊。由於 Patient 資料表與 Person 資料表的主鍵一樣，所以 Patient-DAM 類別可以直接從 Person 資料表取得資料，或者使用這兩個資料表的 personNumber 屬性而把資料結合起來，這個屬性同時當做主鍵及外來鍵。最後，使用

Suffer 資料表內含的資料，Symptom 資料表的資料也可以被擷取出來。顯然，從物件導向的問題領域類別那兒取得愈多，我們要做的工作也就愈多。不過，於 ORDBMS 的情況，請注意不會對問題領域類別做任何修改。因此，資料存取與操作類別再度避免資料管理功能性溜進問題領域類別。

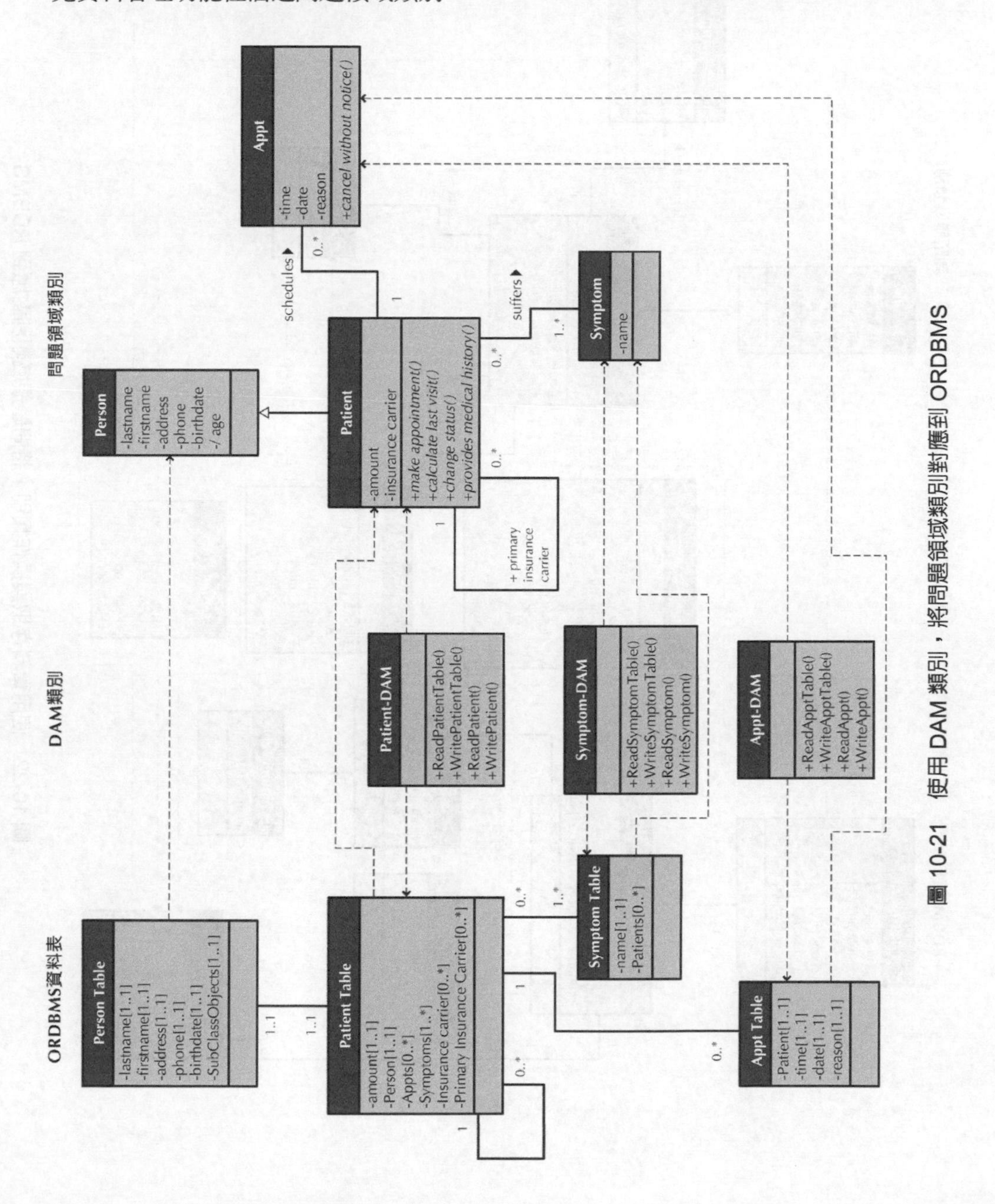

圖 10-21　使用 DAM 類別，將問題領域類別對應到 ORDBMS

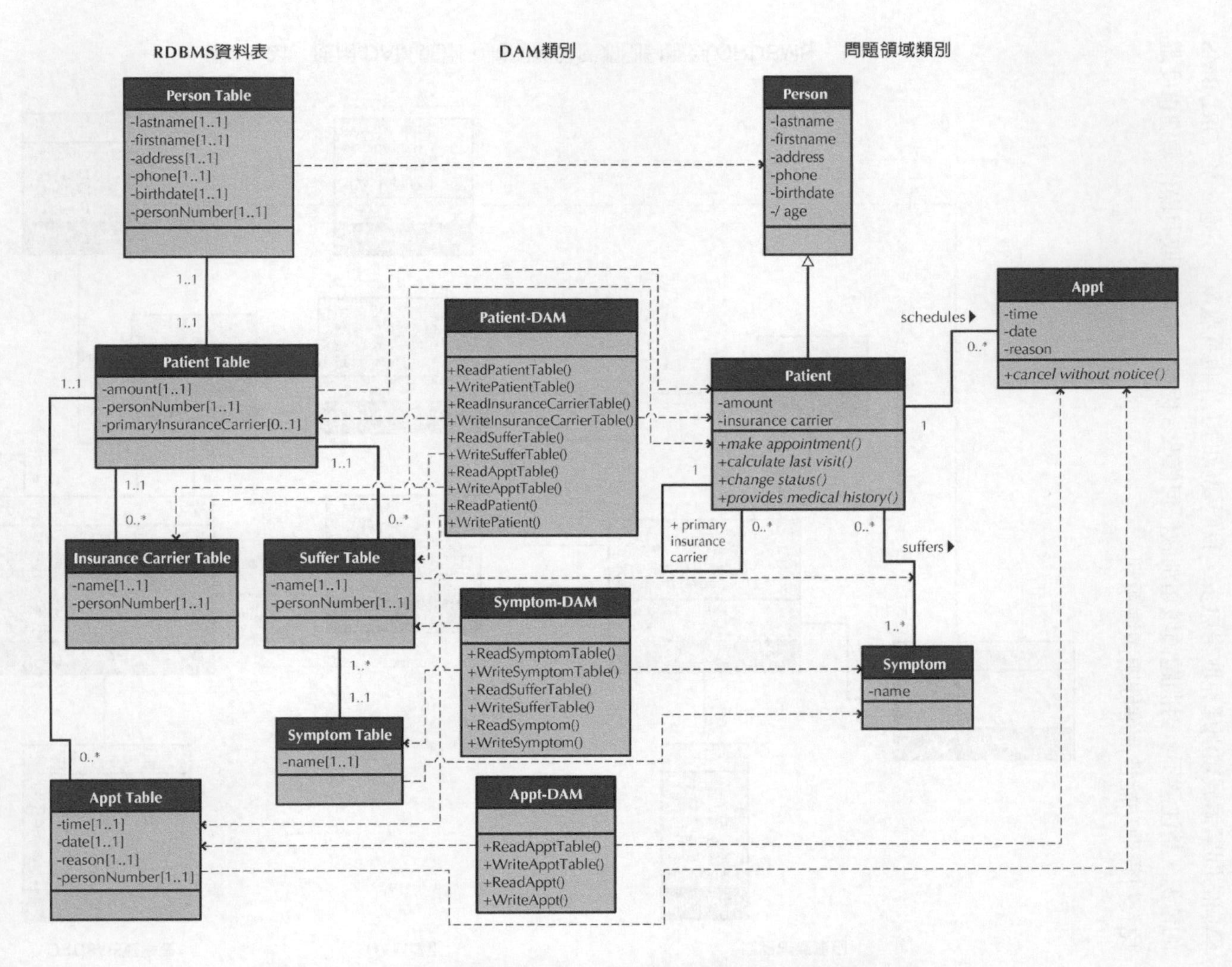

圖 10-22　使用資料存取與操作類別，將問題領域類別對應到 RDBMS

應用概念於 CD Selections 公司

Alec 與 Margaret 碰面以更新所取得的進展。她要 Alec 認知 CD Selections 公司網路銷售系統，需要同時有效地向客戶展現 CD 資訊與獲取訂單資料。Alec 知道這些目標與新應用軟體之資料管理層的設計良窳有關。他爲了進一步認識設計資料管理層，他首先詢問負責這項工作的 Brian。其次，Alec 確保 Brian 遵循了以下四個步驟：

- 選擇物件永續形式。
- 對應問題領域層類別到所選用的格式。
- 爲處理效率最佳化所選擇的格式。
- 設計資料存取和操作類別

Brian 向 Alec 保證，在設計資料管理層的過程中，他會掌握這些原則。根據對需求的快速回顧，Brian 要求加入兩名資料庫專家協助他設計資料管理層：John 和 Susan。稍事估量之後，Alec 決定補充小組人員的額外花費是值得的。

◆ 選定物件永續格式

Brian 做的第一件事是召集專案小開會討論兩個與選擇物件永續格式有關的議題：哪些物件該放進系統中，以及該如何使用這些物件。他們在白板上列出他們的構想 (圖 10-23)。專案小組同意系統中許多資料都是網路使用者交換有關於客戶與訂單資料的文字與數字。關聯式資料庫能夠有效地處理這樣的資料，此技術在 CD Selections 會受到廣泛的接納，因爲關聯式技術在公司內部應用廣泛。

資料	型態	使用	建議格式
客戶資訊	簡單 (大部分爲文字)	交易	關聯性
訂單資訊	簡單 (文字與數字)	交易	關聯性
行銷資訊	簡單及複雜 (系統終會包含的聲音、視訊等等)	交易	附加物件？
與配銷系統交換的資訊	簡單文字，爲了匯入配銷系統而製作特殊格式	交易	交易檔
暫時性資訊	可能須暫時保存資訊的網路元件 (例如，在實際下訂單之前，購物車將暫存訂單資訊)	交易	交易檔

圖 10-23　網路銷售系統的資料型態

然而，他們了解，關聯式技術尚不適合用來處理複雜的資料，像是影像、聲音與最後行銷用的視訊等。Alec 請 Brian 研究看看，關聯式資料庫能否提供物件增益產品(也就是說，讓 RDBMS 變成 ORDBMS)。專案小組或許可以投資於 RDBMS 基礎，然後升級為同產品的 ORDBMS 版本。然而，同時間，Alec 決定使用一個隨機檔案儲存範例。這樣，他們仍然可以提供所設想的系統，同時保有合理的技術需求。

專案小組也注意到必須設計兩個交易檔，用來應付配銷系統的介面以及網路購物車程式。網路銷售系統將使用一個交易檔，內含該系統所需的資料，定時地將訂單資訊下載給配銷系統。此外，小組也必須設計檔案來儲存網路伺服器上，客戶逛網站時留下的暫時性訂單資訊。這個檔案所包含的欄位，最後將會轉到一個訂單物件。

Alec 明白，其他資料需求過一段時間後也可能浮現，但是他有信心重要的資料議題均被確認出來了 (例如，像處理複雜資料的能力) 且資料管理層的設計將建立在適當的儲存技術之上。

◆ 將問題領域物件對應到物件永續格式

根據使用 RDBMS 及隨機檔儲存問題領域物件的決定，Alec 請 Brian 製作一份物件永續的設計。首先，Brian 審視網路銷售系統現有的類別圖與套件圖 (參閱圖 8-21、8-22、9-23 與 9-27)。專心於圖 9-23 與 9-27，Brian 開始運用適當的對應規則 (參閱圖 10-9)。根據規則 1，Brian 辨認出有 12 個問題領域類別可用來儲存物件；因此，Brian 建立了 11 張資料表及一個檔案來代表這些物件。這些包括 Credit Card Clearance Center 資料表、Customer 資料表、Individual 資料表、Organizational 資料表、Order 資料表、Order Item 資料表、CD 資料表、Vendor 資料表、Mkt Info 資料表、Review 資料表、Artist Info 資料表及 Sample Clip 檔案。他也對每個資料表及該檔案建立了一組暫時性的主鍵。基於 Search Package (參閱圖 8-21、8-22 及 9-23)、Search Req 及 CD List 中的物件都是暫時性的事實，Brian 決定在設計的這個時候沒有實際上的需要去討論它們。

使用規則 4，Brian 確認 CD 資料表和 MKT Info 資料表，兩者都需要儲存對方的主鍵作為其資料表的外來鍵。進一步思考之後，Brian 推論，因為一個行銷資訊的實體只會與單一個 CD 實體有關聯，且反之亦然，所以他或許可以合併這兩張資料表。不過，專案小組稍早已決定要保持它們是分開的，所以他決定只使用 CD 資料表的主鍵當作 Mkt Info 資料表的主鍵。

正當檢查每張資料表的現用的一組屬性時，John 提出開發過程漏掉了 CD 含有一組音軌的構想。因此，他們增加了一個多值屬性，tracks，到 CD 問題領域類別身上。不過，Brian 隨後指出，當他們應用規則 5 到 CD 類別時，他們真的必須將 tracks 屬性分解爲獨立一張資料表。此外，當 Brian、John 與 Susan 進一步討論音軌屬性時，決定把它也納入當做一個問題領域類別。

接著，資料管理層的小組應用了規則 6 到正進化中的物件永續設計。在此時，Susan 指出 Customer 與 Credit Card Clearance Center 問題領域類別之間的 checks 關係，是一種多值的關聯。因此，它在關聯式資料庫中需要有個自己的資料表。爲了不被 Susan 搶走鋒頭，John 也立即指出規則 7 可套用到八個關聯：Customer places Order、Order includes Order Item、Order Item contains CD、Vendor distributes CD、Mkt Info promotes CD、CD contains Tracks，以及與 Mkt Info 類別的三個組合關聯 (Review、Artist Info 與 Sample Clip)。因此，有些主鍵必須要被複製到相關的資料表上當作外來鍵 (例如，Customer 資料表的主鍵必須被複製到 Order 資料表)。你能夠辨識出其他主鍵嗎？

最後，由於 RDBMS 不支援繼承，Susan 提議繼承問題的解決方案。她指出，當運用規則 8a 到 Customer 超類別與 Individual 及 Organizational 子類別時，Customer 資料表的主鍵也必須被複製到那些代表子類別的資料表。此外，她又指出，這兩個子類別之間存有互斥 (XOR) 條件。

根據資料管理層小組的所有建議以及努力，Brian 能夠爲網路銷售系統製作出一套物件永續設計 (參閱圖 10-24)。

◆ 物件永續最佳化與估計其規模

在完成物件永續化設計之後，Brian 要求與開發小組開會來演練該設計。[14] 演練結束後，Alec 要 Brian 留下來討論資料管理層模型。現在，小組對於該使用哪一種物件永續格式類型心中已有譜，他們已準備好進入第三個步驟：性能效率的最佳化設計。由於 Brian 是負責資料管理層的分析師，Alec 想與他討論該模型的儲存效率是否已被最佳化。他也需要在小組討論存取速度的問題之前，先完成這個工作。

Brian 向 Alec 保証，目前物件永續模型已是 3NF。他對此有自信是因爲專案小組遵循塑造原則而做出了一個嚴實的模型。

Brian 接著詢問稍早會議中所確認出的兩個交易檔之格式。Alec 建議他正規化這些檔案，以便更加了解在匯入的過程中，會涉及哪些不同的資料表。圖 10-25 顯示配銷系統之匯入檔剛開始時的樣子，以及在 Brian 運用各個正規化規則時所採取的步驟。

---

[14]看來，Brian 終於知道查核和驗證的重要性。

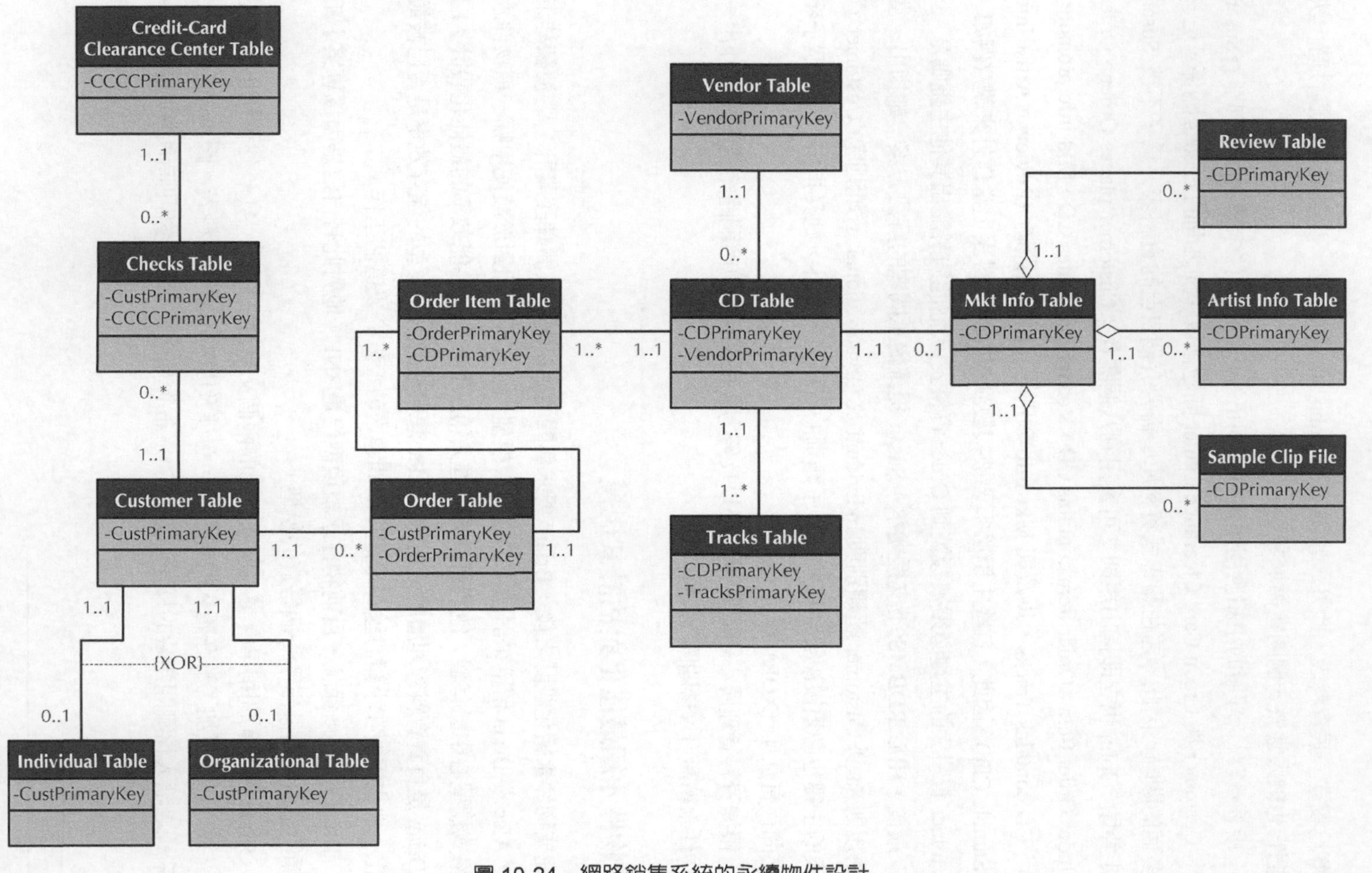

圖 10-24 網路銷售系統的永續物件設計

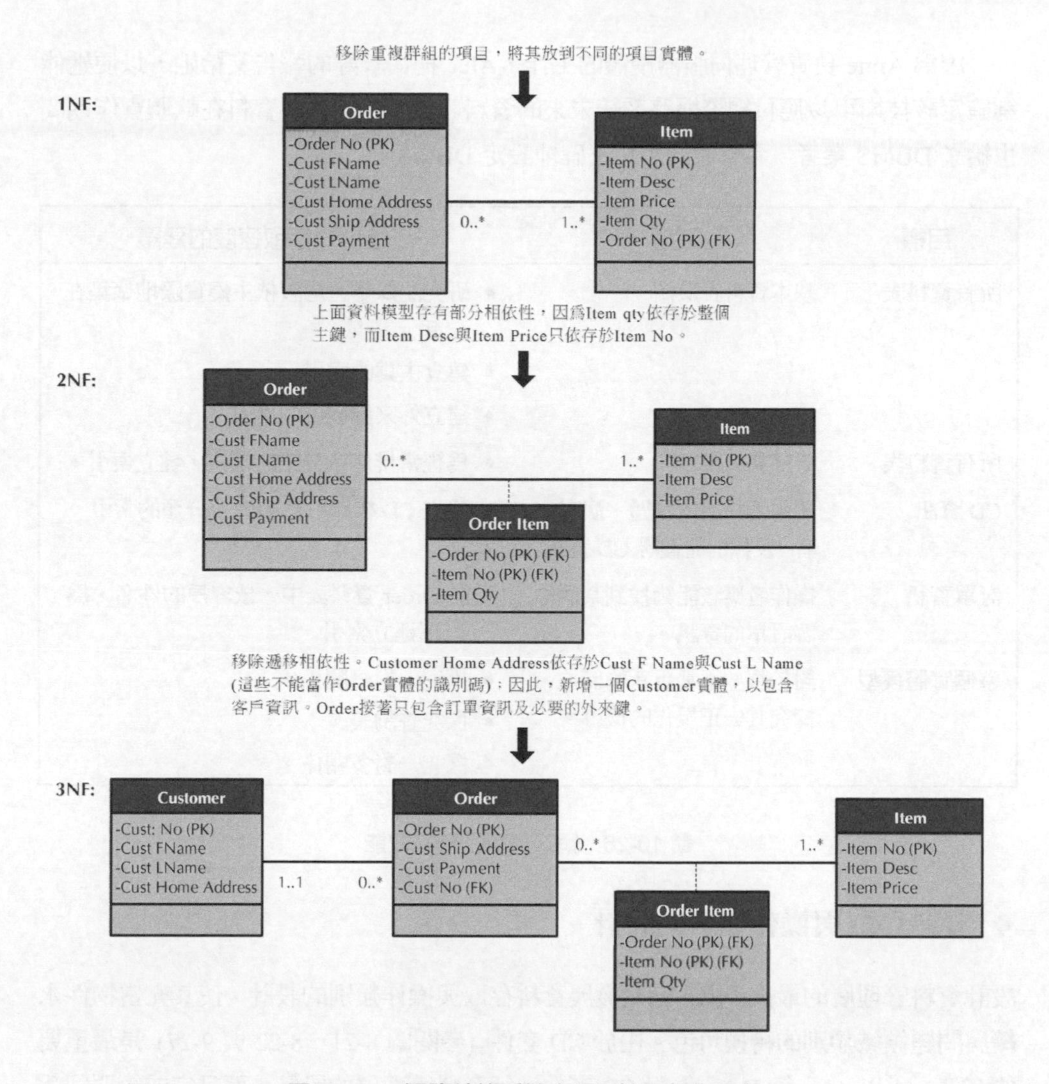

圖 10-25　網路銷售系統之匯入檔正規化程序

資料管理層設計的最後步驟是，最佳化設計以達到理想的存取速度。Alec 與資料管理層設計的分析師開會，並且談論有關用來加速存取的可用技術。大家一起列出網路銷售系統需要支援的所有資料，並且討論如何使用所有的資料。根據這些討論，他們研擬出如何辨認將使用的特定技術的策略 (參閱圖 10-26)。

最後，叢集策略、索引及去正規化決策，被應用在實際的資料模型，並且從 CASE 工具產出一份容積報告，用來估計資料庫的起始與預期的規模。這份報告指出，系統的第一版未來一年內預期將需要約 450MB 的初始儲存容量。第二版將包括音樂的試聽檔案，所以需要額外的儲存空間，但是目前暫時不需要這麼多的儲存空間。

因爲 Anne 負責管理伺服器硬體的工作，Alec 把估計好的報告交給她，以便她能夠確定該技術可以應付網際網路系統未來的資料容積。那些估計資料在軟體實作期間也給了 DBMS 業者，希望他們可以正確地設定 DBMS。

目標	說明	改進資料存取速度的建議
所有資料表	基本資料表操作	• 研究記錄是否應該依主鍵實際地聚集在一起。 • 建立主鍵的索引。 • 建立外來鍵欄位的索引。
所有資料表	排序與分組	• 爲經常排序或分組的欄位，建立索引。
CD 資訊	使用者將須依標題、演唱者、及類別而搜尋 CD 資訊。	• 建立 CD 標題、演唱者及分類的索引。
訂單資訊	操作者應該能夠找到某個顧客訂單的資訊。	• 於 Order 資料表中，依客戶的姓名，爲訂單建立索引。
整個實體模型	對於那些不常更新的欄位，探究其去正規化的機會。	• 探究一對一關係。 • 探究查詢表。 • 探究一對多關係。

圖 10-26　網路銷售系統的效能

◆ 資料存取與操作類別的設計

設計資料管理層的最後步驟，就是發展資料存取與操作類別的設計，使其充當物件永續與問題領域類別的轉換角色。由於 CD 套件 (參閱圖 8-21、8-22 與 9-27) 是最重要的套件，所以 Alec 請 Brian 針對 CD 套件進行資料管理層的設計，而且完成後要回報給他。看過 CD 套件具體性的問題領域類別後，Brian 明白他必須要有 7 個資料存取與操作類別；每個具體性的問題領域類別都要有一個。這些類別完全依賴於相關的問題領域類別。接著，Brian 把資料存取與操作類別對應到儲存物件的 RDBMS 資料表與隨機檔上。在這種情況，有六張 RDBMS 資料表及一個隨機檔。再說一次，資料存取與操作類別依賴於物件永續格式。圖 10-27 描繪了網路銷售系統 CD 套件之資料管理層以及問題領域層。

輪到你　10-8　CD Selections 公司的網路銷售系統

在這個時間點，你應該扮演 Brian 和他資料管理層的設計小組，並完成資料管理層的設計。作爲一個起點，你應該使用 10-24 和 10-27 的圖。(提示：想要尋找一些額外的幫助，你應該看看圖 10-22。)

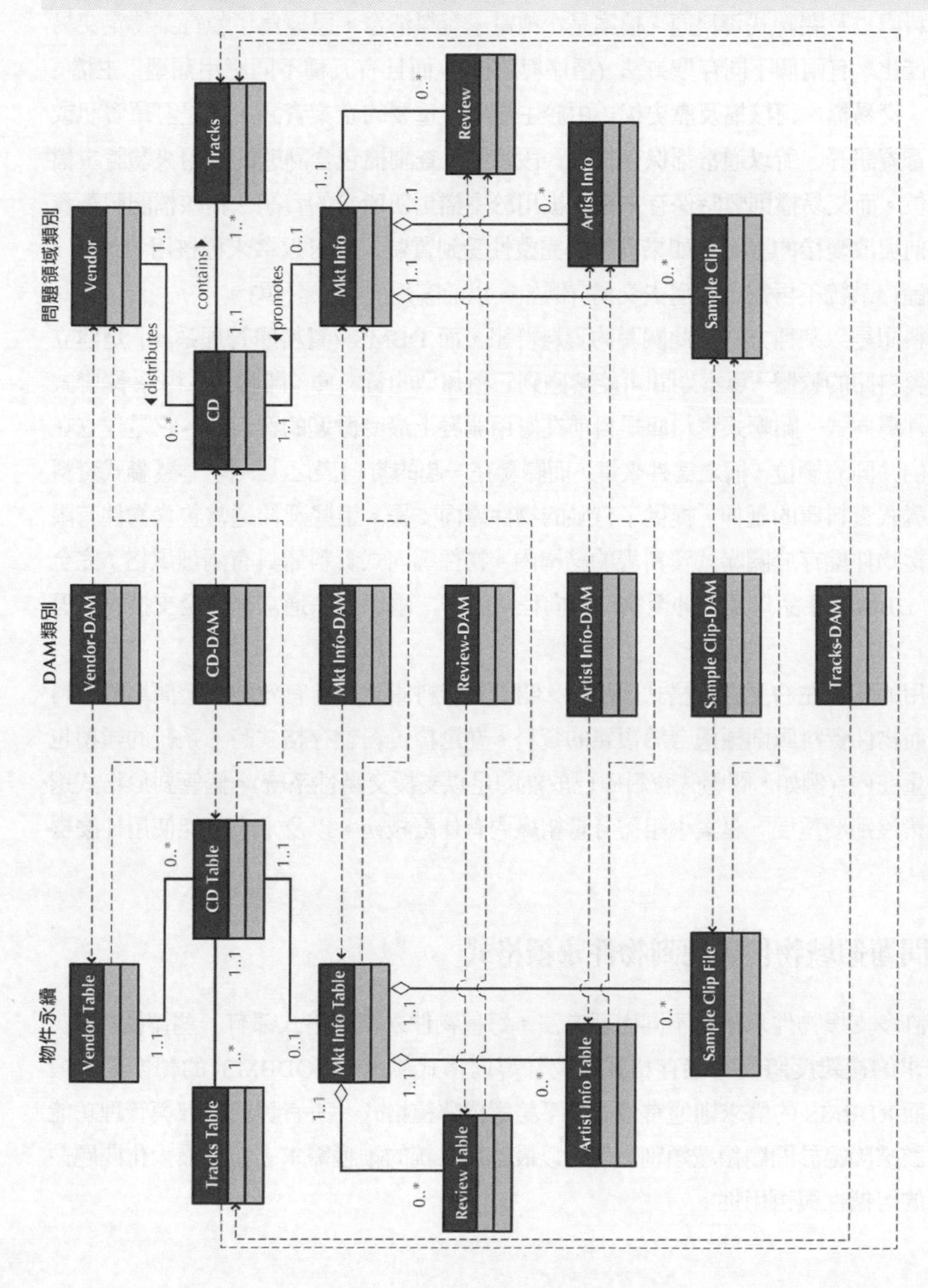

圖 10-27　網路銷售系統的 CD 套件之資料管理層與問題領域層的設計

摘要

◆ 物件永續格式

物件永續格式有四種基本類型：檔案 (循序與隨機存取)、物件導向資料庫、物件-關聯式資料庫以及關聯式資料庫。檔案是一種電子資料清單，已經為了執行某特定交易而被最佳化。有兩個不同存取方法 (循序與隨機)，而且有五種不同應用類型：主檔、查詢檔、交易檔、稽核檔及歷史檔。由於主檔儲存重要的企業資訊，像是訂單資訊或客戶郵寄資訊等，所以通常都保存很長一段時間。查詢檔包含靜態的值用來驗證主檔內的欄位，而交易檔則暫時保存未來將被用於主檔更新所需的資訊。稽核檔記載著資料改變前與改變後的影像，如果資料的完整性受到質疑，就可以拿來稽核用。最後，歷史檔儲存系統不再需要的過去交易 (例如，以前客戶、過去訂單)。

資料庫是以某種方式彼此關聯的資料群組，而 DBMS (資料庫管理系統) 是建立及操作資料庫的軟體。專案期間可能會碰到三種類型的資料庫：關聯式、物件-關聯式以及物件導向式。關聯式資料庫是目前在應用開發上最受歡迎的資料庫。它是建立在一群經由共同的欄位，稱之為外來鍵，而關聯在一起的資料表之上。物件-關聯式資料庫是關聯式資料庫的延伸，提供了有限的物件導向支援。這些延伸通常包含物件有限度的支援物件儲存於關聯式資料表的結構內。物件導向式資料庫具有兩種風格：完全成熟的 DBMS 產品以及延伸至物件導向程式語言。兩個方法通常都完全支援物件導向。

應用的資料左右了儲存格式的決策。關聯式資料庫能非常有效地支援簡單的資料型態，而物件資料庫則極適合於複雜的資料。在選擇資料儲存格式時，系統的類型也應該考量在內 (例如，關聯式資料庫已成熟的足以支援交易性系統)。儘管對於格式選擇的決策沒那麼重要，專案小組需考量組織內有什麼技術，以及未來可能使用什麼樣的技術。

◆ 將問題領域物件對應到物件永續格式

有許多支援物件永續的不同處理方法。每種物件永續的格式都有一些轉換需求。轉換需求的複雜度將使得儲存格式離物件導向格式愈遠。OODBMS 的轉換需求最低，然而 RDBMS 的需求則通常最高。不論選擇哪種格式，所有資料存取與管理功能性都應該被隔絕於問題領域類別之外，以最小化系統的維護需求，而且最大化問題領域類別的可攜性與再用性。

◆ 最佳化RDBMS型物件儲存

關聯式資料庫的最佳化，有兩個主要面向：儲存效率以及存取速度。就資料儲存來說，最有效率的關聯式資料庫是那些沒有多餘重複的資料，以及甚少的空值者。正規化是將一系列規則應用於資料管理層，藉以判斷該層的嚴實程度。如果沒有出現「於資料表內會重複出現以捕捉數個值的重複的欄位」，那麼模型便完成第一正規化形式 (1NF)。第二正規化形式 (2NF) 要求所有資料表均完成 1NF，而且產生之欄位的值均依賴於完整主鍵。第三正規化形式 (3NF) 出現於模型已完成 1NF 與 2NF，而且所得到的資料表欄位都沒有依存於非主鍵的欄位 (即遞移相依)。若任何一個規則被違反，便應該另外建立資料表，移除現有資料表中重複的欄位或不適當的相依。

一旦你資料管理層的設計已針對儲存效率最佳化後，資料可能會被散布在許多資料表之中。為改進速度，專案小組可能決定去正規化──把重複性加回設計之中。去正規化減少查詢執行時所需的結合次數，藉此加速資料的存取。去正規化最適合於資料時常存取並且甚少更新的情形。三個塑造模型的情境是去正規化的最佳候補者：查詢表、分享一對一關係的實體，以及分享一對多關係的實體。在所有這三種情況，來自一個實體的若干屬性可以移動或複製於另一個實體，藉以減少資料庫存取時所必須發生的結合。

當相似的記錄一起存放於儲存媒體上，以加速擷取之際，叢集便已發生。在檔案內叢集，資料表的類似記錄以某種方式 (如以循序方式) 儲存在一起。檔案間叢集則是結合了那些經常結伴存取之資料表 (一個以上) 的記錄。索引也可以用來改進系統的存取速度。一個索引相當於一個小型資料表，含有一欄或多欄的值，而且可以從中找到這些值。與其執行一遍的資料表掃描 (最沒有效率的資料擷取方法)，索引可以直接指向符合查詢條件的記錄。

最後，若購買適當的硬體，也能改良系統的速度。分析師可以使用容積估計資料庫的目前與未來的規模，然後與負責採購及設定資料庫硬體組態的人分享這些數字。

◆ 非功能性需求和資料管理層設計

非功能性的需求會影響設計的資料存取和管理層。作業性的需求可能會限制不同的物件永續性格式的運用。效能需求可能導致各種索引和快取的方法會被考慮。此外，效能需求可能造成必須考慮去正規化。安全需求可能會促使在設計中加入不同型式的存取控制，而使用不同的加密演算法，可使未經授權的使用者更難以使用資料。最後，政治和文化問題會影響某些屬性和物件的設計。

◆ 設計資料存取與操作類別

物件永續的設計一旦完成，問題領域類別與物件永續之間的轉譯層應該建立出來。轉譯層透過資料存取與操作類別來實作。於此方式下，任何對物件永續格式所做的修改，都只會及於資料存取與操作類別。問題領域類別完全不會受到該修改的影響。

關鍵字彙

Access control　存取控制

Attribute sets　屬性集合

Audit file　稽核檔

Cluster　叢集/群集

Data access and manipulation classes　資料存取與操作類別

Data management layer　資料管理層

Database　資料庫

Database management system (DBMS)　資料庫管理系統 (DBMS)

Decision support systems (DSS)　決策支援系統 (DSS)

Denormalization　去正規化

End user DBMS　終端使用者 DBMS

Enterprise DBMS　企業級 DBMS

Executive information systems (EIS)　高階主管資訊系統 (EIS)

Expert system (ES)　專家系統 (ES)

Extent　延伸區塊

File　檔案

First normal form (1NF)　第一正規化形式 (1NF)

Foreign key　外來鍵

Hardware and operating system　硬體與作業系統

History file　歷史檔

Impedance mismatch　阻抗不相稱

Index　索引

Interfile clustering　檔案間叢集

Intrafile clustering　檔案內叢集

Join　結合

Linked list　鏈結串列

Lookup file　查詢檔

Management information system (MIS)　管理資訊系統 (MIS)

Master file　主檔

Multivalued attributes (fields)　多值屬性 (欄位)

Normalization　正規化

Object ID　Object ID

Object-oriented database management system (OODBMS)　物件導向資料庫管理系統

Object-oriented programming language (OOPL)　物件導向程式語言 (OOPL)

Object persistence　物件永續

Object-relational database management system (ORDBMS)　物件-關聯式資料庫管理系統

Operational requirements　操作性需求

Ordered sequential access file　有序性循序存取檔

Overhead　額外空間

Partial dependency　部分相依

Performance requirements　效能需求

Pointer　指標

Political and cultural requirements　政策性與文化性需求

Primary key　主鍵

Problem-domain classes　問題領域類別

Random access files　隨機存取檔

Raw data　原始資料

Referential integrity　參照完整性

Relational database management system RDBMS　關聯資料庫管理系統

Relationship sets　關係集合

Repeating groups (fields)　重複群組 (欄位)

Second normal form (2NF)　第二正規化形式 (2NF)

Security requirements　安全需求

Sequential access files　循序存取檔

Structured query language (SQL)　結構化查詢語言 (SQL)

Table scan　資料表掃描

Third normal form (3NF)　第三正規化形式 (3NF)

Transaction file　交易檔

Transaction-processing system　交易處理系統

Transitive dependency　遞移相依

Unordered sequential access file　無序性循序存取檔

Update anomaly　更新異常

Volumetrics　容積

問題

1. 檔案與資料庫彼此如何不同？
2. 請說出五個檔案類型，並說明每種類型的主要目的。
3. 循序檔與隨機存取檔之間的差異爲何？
4. 目前哪一種資料庫最受歡迎？請舉出三個建立在這項資料庫技術的產品例子。
5. 終端使用者資料庫與企業級資料庫之間的差異爲何？試各別舉出一例。
6. 在決定新系統的儲存格式時，爲什麼應該先考慮組織內現有的儲存格式？
7. 描述物件永續設計的四個步驟。
8. 決定系統採用物件永續格式之類型的因素是什麼？爲什麼這些因素如此重要？
9. 在設計階段，爲什麼了解資料庫初始與預期的規模很重要？

10. 當估計資料庫的規模時，應該考量哪些事情。
11. 何謂參照完整性？於 RDBMS 中，如何實作？
12. 列出 ORDBMS 與 RDBMS 之間的差異。
13. 於 ORDBMS 中實作物件永續時，你必須討論哪些類型的議題？
14. 於 RDBMS 中實作物件永續時，你必須討論哪些類型的議題？
15. 正規化的目的是什麼？
16. 一個模型如何才算是符合第三正規化形式？
17. 試描述三種可能爲去正規化的很好候補者之情境。
18. ORDBMS 優於 OODBMS 的地方是什麼？
19. 列出 ORDBMS 與 OODBMS 之間的一些差異。
20. 試描述幾個可以改進資料庫效能的技術。
21. 最佳化關聯式資料庫時的兩個面向是什麼？
22. OODBMS 優於 RDBMS 的地方是什麼？
23. OODBMS 優於 ORDBMS 的地方是什麼？
24. 資料存取與操作類別的主要目的爲何？
25. 爲什麼資料存取和操作類別應該依賴與之關聯的問題領域類別，反過來卻不是？
26. 哪些非功能性的要求會影響到資料管理層的設計？
27. 哪些是決定使用完全正規化資料庫與去正規化資料庫的主要議題？
28. 舉出於關聯式資料庫中，可用來詮釋空值的三個方式。爲什麼這很麻煩？
29. 檔案內叢集和檔案間叢集的差別爲何？它們有什麼用處？
30. 何謂索引以及它如何能改進系統的效能？

練習題

A. 使用網路，檢視下面其中一個產品。該軟體的主要特色與功能是什麼？哪些公司的 DBMS 已經被採用了，其目的是什麼？根據你所找到的資訊，該產品有哪三個優缺點？

   1. 關聯式 DBMS
   2. 物件-關聯式 DBMS
   3. 物件導向式 DBMS

B. 使用網路或其他資源，找出一個可以被歸類爲終端使用者資料庫，以及一個可以被歸類爲企業級資料庫的產品。這些產品是如何被描述及行銷的？這些產品支援何種應用與使用者？在什麼情況下，公司會選擇終端使用者資料庫，而非企業級資料庫？

C. 造訪一個企業網站 (如 Amazon.com)。如果檔案被用來儲存支援應用程式所需的資料，請問需要何種類型的檔案？需要何種存取類型？它們包含什麼資料？

D. 你已經拿到一個檔案，裡面包含下列與 CD 資訊有關的欄位。請使用正規化的步驟，建立一個代表第三正規化形式檔案之模型。欄位包括：

樂團名稱	CD 標題 2
樂團的音樂家	CD 標題 3
樂團成立日期	CD 1 長度
樂團的經紀人	CD 2 長度
CD 標題 1	CD 3 長度

假設：

- 樂團中的音樂家，其中包含了樂團中的成員名單。
- 由於樂團可能有一張以上的 CD，所以需要同時使用樂團名稱與 CD 標題，以唯一地辨識出某張特定的 CD。

E. Jim Smith 的汽車代理商銷售 Ford、Honda 及 Toyota。該經銷商保存了與公司有往來的每個車廠的資訊，以便他們能夠很輕易的與之聯絡。該經銷商也保存了從每一家車廠進貨的車型資料。他們保存包括定價、代理商付錢買車的價格、型號名稱及車系 (如，Honda Civic LX) 等資訊。他們也保存所有銷售的資訊 (舉例來說，他們記錄買主姓名、買的汽車、當初買車的價錢)。爲了將來進一步連絡買主，也保存連絡資訊 (如，地址、電話號碼)。請爲此一情境建立一個類別圖。將正規化規則應用於該類別圖來核驗該圖的處理效率。

F. 描述你將如何去正規化你在習題 E 製作的模型。根據你所建議的修改，繪製新的類別圖。你的建議對效能會有何影響？

G. 檢查於你於習題 F 所製作的模型。針對這個模型研擬一個叢集和索引的策略。說明你的策略會如何地提高資料庫的效能。

H. 計算你於習題 F 之資料庫的規模。提供該資料庫初始以及一年期間之規模的估計。假設經銷商每年向 20,000 名客戶銷售每家汽車製造商之 10 種車型。該系統將建立最初一年的資料。

I. 針對在第五章 (N、O)、第六章 (O)、第七章 (G、H)、第八章 (G、H)、第九章 (A) 等健康俱樂部的習題：

1. 將正規化規則應用於該類別圖來驗證該圖的處理效率。
2. 針對這個模型研擬一個叢集和索引的策略。說明你的策略會如何地提高資料庫的效能。

J. 針對在第五章 (P、Q)、第六章 (P)、第七章 (I)、第八章 (I、J)、第九章 (C) 等 Picnics R Us 的習題：

1. 將正規化規則應用於該類別圖來驗證該圖的處理效率。
2. 針對這個模型研擬一個叢集和索引的策略。說明你的策略會如何地提高資料庫的效能。

K. 針對在第五章 (T、U)、第六章 (R)、第七章 (L)、第八章 (K、L)、第九章 (E) 等每月一書俱樂部的習題：

1. 將正規化規則應用於該類別圖來驗證該圖的處理效率。
2. 針對這個模型研擬一個叢集和索引的策略。說明你的策略會如何地提高資料庫的效能。

L. 針對在第五章 (R、S)、第六章 (Q)、第七章 (K)、第八章 (M、N)、第九章 (G) 等圖書館的習題：

1. 將正規化規則應用於該類別圖來驗證該圖的處理效率。
2. 針對這個模型研擬一個叢集和索引的策略。說明你的策略會如何地提高資料庫的效能。

迷你案例

1. 參照第五、七、八章之專業與科學人士管理 (PSSM) 的迷你專案。

   a. 將正規化規則應用於該類別圖來驗證該圖的處理效率。

   b. 針對這個模型研擬一個叢集和索引的策略。說明你的策略會如何地提高資料庫的效能。

2. 假日旅遊租車公司開發中的新系統，新的關聯資料庫中有七個資料表將被實作。這些資料表是：New Vehicle、Trade-in Vehicle、Sales Invoice、Customer、Salesperson、Installed Option 與 Option。預期這些資料表之記錄的平均大小和每張資料表的初始記錄數目如下。

資料表名稱	記錄的平均大小	原始資料表大小 (記錄)
New Vehicle	65 characters	10,000
Trade-in Vehicle	48 characters	7,500
Sales Invoice	76 characters	16,000
Customer	61 characters	13,000
Salesperson	34 characters	100
Installed Option	16 characters	25,000
Option	28 characters	500

請執行假日旅遊租車公司之系統的容積分析。假定被用於實作該系統的 DBMS 需要 35%的額外空間且將之加到到估計之中。另外，假定公司每年的成長率為 10%。系統開發小組想要確定在未來三年內可以獲得適當的硬體。

3. 在 Hoffmann Baer 的系統開發小組，正在為一家小型瑞士紡織公司開發一種新的客戶訂單輸入系統。在這個設計新系統過程中，該小組已確認出了以下的類別和它的屬性：

Inventory Order
Order Number (PK)
Order Date
Customer Name
Street Address
City
Canton-State
Postal Code
Country
Customer Type
Sales District Number
1 to 22 occurrences of:
  Item Name
  Quantity Ordered
  Item In
  Quantity Shipped
  Item Out
  Quantity Received

a. 請說出使某個類別完成第一正規形式 (1NF) 所要運用的規則。修改上述的類別圖，使它成為 1NF。
b. 請說出使某個類別完成第二正規形式 (2NF) 所要運用的規則。使用所描述的

類別與屬性 (必要的話) 來製作一張類別圖，使它成爲 2NF。

c. 請說出使某個類別完成第三正規形式 (3NF) 所要應用的規則。修改該類別圖，使之成爲 3NF。

d. 在規劃這個資料庫的實體設計時，你是否能找出任何專案小組可能會選擇去正規化類別圖的情況？經過正常化的動作之後，爲什麼還會有如此的想法？

CHAPTER 11
使用者介面設計

使用者介面是系統與使用者互動的部分。它包括螢幕顯示裝置提供導覽系統之用、螢幕和表單供抓取資料，以及系統產生的報表 (在紙上、螢幕上或經由一些其他媒體)。本章介紹介面設計的基本原則和程序，而且討論如何設計介面的結構和標準、導覽設計、輸入和輸出設計。本章也描述非功能性需求對設計人機互動層的影響。

學習目標

- 了解一些基本使用者介面設計原則。
- 了解使用者介面設計的程序。
- 了解如何設計使用者介面的架構。
- 了解如何設計使用者介面的標準。
- 了解導覽設計普遍使用的原則和技術。
- 了解輸入設計普遍使用的原則和技術。
- 了解輸出設計普遍使用的原則和技術。
- 能夠設計使用者介面。
- 了解非功能性需求對人機互動層上的影響。

本章大綱

導論

介面設計是定義系統如何與外部實體互動的程序 (舉例來說，客戶、供應者、其他的系統)。在本章中我們把重心集中在**使用者介面 (user interface)** 的設計，但重要的是，也請記得有與其他的系統交換訊息的**系統介面 (system interface)**。系統介面常被設計爲系統整合工作的一部分。它們大體上被定義爲實體架構和資料管理層的一部分。

人機介面層定義使用者與系統互動，以及讓系統接受與產生之輸入、輸出的本質。使用者介面包括三個基本部分。第一個是**導覽機制 (navigation mechanism)**，即使用者把指令給系統並告訴它該做什麼的方式 (舉例來說，按鈕、功能表)。其次是**輸入機制 (input mechanism)**，是系統取得訊息的方式 (舉例來說，用於新增客戶的表單)。第三個是**輸出機制 (output mechanism)**，是系統提供予使用者或其他系統訊息的方式 (舉例來說，報表、網頁)。這些機制概念上也都不同，但是它們彼此緊密地糾結在一起。所有電腦顯示裝置都有導覽機制，而且大多數包含輸入和輸出機制。因此，導覽設計、輸入與輸出設計是緊密地耦合在一起。

首先，本章介紹一些基本使用者介面設計原則。其次，它提供人機互動層設計流程的概觀。第三，本章提供在介面設計使用之導覽、輸入和輸出元件的概觀。本章著重於網頁介面和使用視窗、功能表、圖像和滑鼠的**圖形使用者介面 (Graphic User Interface，GUI)** 的設計 (例如，Windows、Macintosh)。[1] 雖然文字型介面通常出現

---

[1] 許多人都把 GUI 介面的起因歸功於 Apple 或 Microsoft 公司。某些人知道，Microsoft 拷貝自 Apple，而 Apple 則「借用」Xerox PARC 研究中心在 1970 年代所開發的一個系統的觀念。鮮少人知道，Xerox 系統是根據 Standford 的 Doug Englebart 所開發的一個系統而來的。該系統在 1968 年首先展示於 Western Computer Conference。

在大型主機和 Unix 系統、GUI 使用介面或將是我們最常使用的介面類型，可能的例外是列印出來的報告。[2]

使用者介面設計的原則

在許多方面，使用者介面設計是一種藝術。其目標無疑是讓介面賞心悅目、易於使用，同時又可減少使用者所需花費的工夫，進而很快完成他們的工作。

我們發現，經驗老道的設計者面臨的最大問題是，如何有效利用空間。簡言之，通常有太多的資訊要放在一個螢幕、報表或表單上，到底該如何安排呢？分析師必須平衡簡單性與賞心悅目的需要，盡量避免資訊跨越很多頁面或螢幕，而降低了簡單性。在本節，我們將討論一些基本的介面設計原則，這些原則一體適用於導覽設計、輸入與輸出設計[3] (參閱圖 11-1)。

原則	描述
配置	介面應該是螢幕上的一系列區域，使用上有一致性，但具有不同目的──例如，頂部是指令與導覽，中間是輸入或輸出的資訊，底部是狀態資訊。
內容意識	使用者應該知道他們身處於系統的何處以及何種資訊將被顯示。
美學	透過空白字元、顏色與字型的謹慎使用，介面應該能夠發揮功能並吸引使用者。通常，使用適當的空白可使介面賞心悅目，但是佔用太多空白則會使重要資訊擺不進去，這兩者的取捨需加以考慮。
使用者經驗	雖然容易使用與容易學習經常導致類似的設計決策，但是有時還是要在兩者之間選其一。新手或不常使用的人偏愛容易學習，而老手則偏愛容易使用。
一致性	介面設計的一致性讓使用者能夠在執行一個功能之前預知即將發生的事情。在容易學習、容易使用以及美學上，一致性是最重要的要素之一。
使用者付出最少	介面應該使用簡單。大多數設計者的規劃是從開始功能表到使用者執行工作，所需的滑鼠按鍵的次數不超過三次。

圖 11-1　使用者介面設計的原則

[2] GUI 設計的一本好書是 Susan Fowler, *GUI Design Handbook* (New York:McGraw-Hill, 1998)。

[3] 介面設計的一本好書是 Susan Weinschenk, Pamela Jamar, and Sarah Yeo, *GUI Design Essentials* (New York:Wiley, 1997)。

◆ 配置

設計的第一個要素是**螢幕**、**表單**或**報表**的基本**配置**。大部分個人電腦的軟體，都是遵循標準的 Windows 或 Macintosh 螢幕設計原則而設計的。螢幕分爲三個區塊。頂部是導覽區，使用者由此下達指令來導覽系統。底部是狀態區，顯示使用者正在做什麼的訊息。中間──也是最大的區塊──則是用來顯示報表與呈現表單供資料輸入之用。

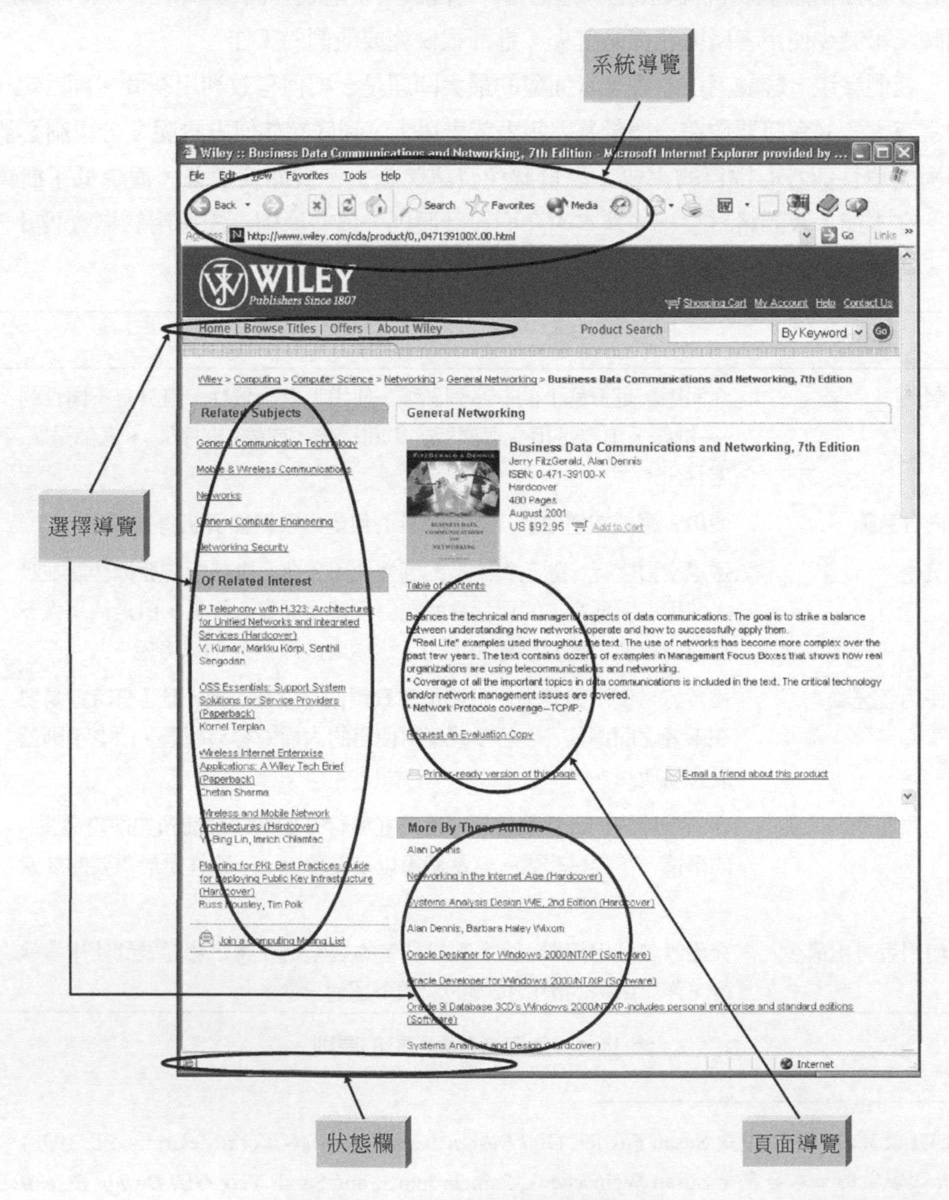

圖 11-2 具有多重導覽區域的配置

許多情況下 (尤指網頁)，使用多重的配置區。圖 11-2 所示的螢幕有五個導覽區，每個區域均提供不同的系統導覽功能。頂部提供標準的 Internet Explorer 導覽與用來變更整體系統內容的指令控制。巡覽於左邊的導覽區不同的節區時，右邊的內容會隨之改變。網頁上下的其他兩個導覽區域則提供其他巡覽節區的方法。頁面中間的內容則顯示結果 (例如，某一本書上的資料報告) 以及提供其他書頁的額外導覽。

導覽所用的多重配置區域也適用於輸入和輸出。在報表和表單上的資料區域時常被劃分爲子區域，每個子區域都被不同類型的訊息所使用。這些區域在外形上幾乎總是矩形的，雖然有時受限於空間而需要使用不規則的形狀。儘管如此，在螢幕的邊界寬度應該是一致的。報表或表單內的每一個區域被設計用來支援不同的訊息。例如，在一個訂單表單 (或訂單報表)，其中一部分可用於客戶資訊 (如，姓名、地址)，一部分用於訂單的一般資訊 (例如，日期、付款資訊)，以及一部分用於訂單的詳細資料 (例如，每個項目有多少單位，而每個價格是多少)。每個區域是各自獨立的，如此出現於某個區域的訊息不會流入其他區域。

這些區域及其內的資訊應該有一種自然的直覺性流程，以最小化使用者從一個區域移到下一個區域的力氣。西化的國家 (例如，美國、加拿大、墨西哥) 的人習慣從上到下，從左到右閱讀；相關的資訊因此應該依照此一順序放置 (例如，地址，後面跟隨著城市、州/省，然後再放郵遞區號/郵政代碼)。有時，次序是按時間前後排列的，或從一般到特定，或從最常用到最不常用。無論發生任何事情，在區域被放置到表單或報表時，分析師應該要清楚的了解，怎樣的安排才能使被使用的表單或報表看起來有意義。節區與節區之間的資料流程方向也應該保持一致，不管是水平或垂直 (參閱圖 11-3)。理想上，各個區域的大小、形狀與位置，在用於輸入資訊的表單 (紙本上或螢幕上) 以及呈現資訊的報表都要保持一致。

◆ 內容意識

內容意識 (content awareness) 指的是，介面能夠讓使用者知道其所含的資訊，而不用讓使用者太傷腦筋。介面的所有部分，無論是導覽、輸入或輸出，應該儘可能提供內容意識，這對於需要很快使用或不定期使用的表單或報表來說，尤其重要 (如，網站)。

內容意識適用於一般介面。所有介面應該要有標題 (例如，放在螢幕邊框)。功能表應該顯示我們置身何處，如果可能的話，顯示自何處來到這兒。例如，在圖 11-2 中，上方導覽區下方的一行字顯示使用者從 Wiley 網站首頁經 Computer Science、Networking、General Networking 等三個節區，然後來到本書。

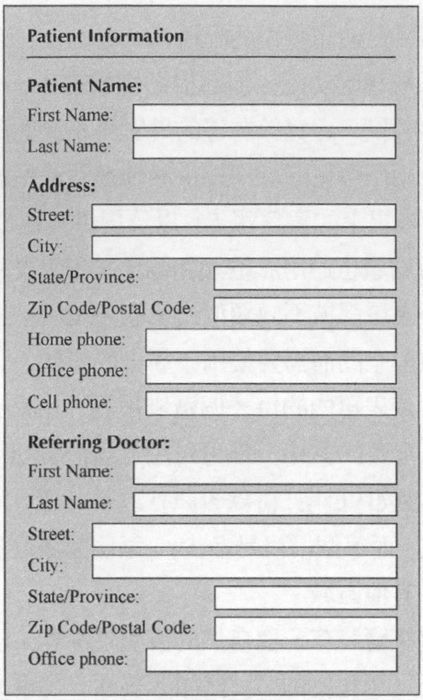

Patient Information

Patient Name:

First Name:

Last Name:

Address:

Street:

City:

State/Province:

Zip Code/Postal Code:

Home phone:

Office phone:

Cell phone:

Referring Doctor:

First Name:

Last Name:

Street:

City:

State/Province:

Zip Code/Postal Code:

Office phone:

(a) 垂直流程

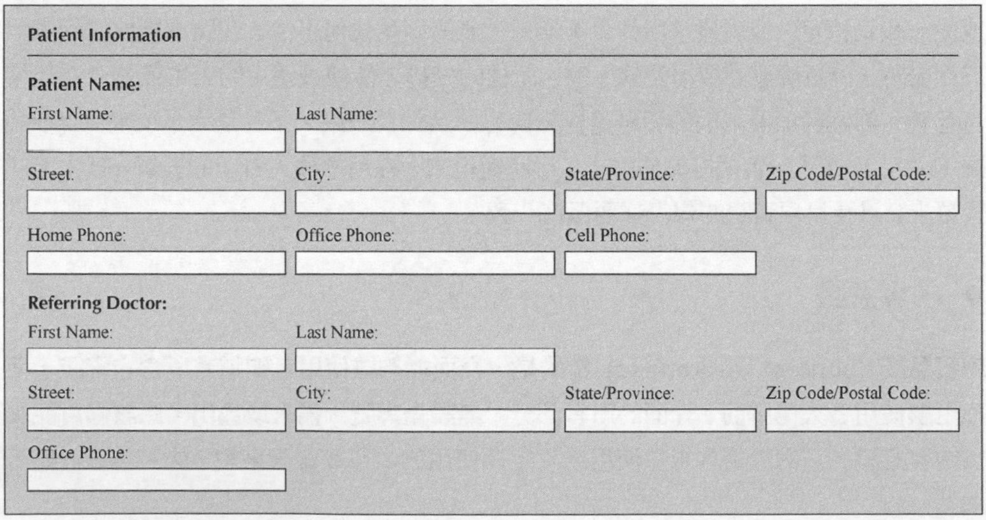

Patient Information

Patient Name:

First Name: Last Name:

Street: City: State/Province: Zip Code/Postal Code:

Home Phone: Office Phone: Cell Phone:

Referring Doctor:

First Name: Last Name:

Street: City: State/Province: Zip Code/Postal Code:

Office Phone:

(b) 水平流程

圖 11-3 介面節區的流程

內容意識也適用於表單與報表內的區域。所有區域應該很清楚且定義得很好 (如果空間許可的話，加上標題)，使得使用者不易對任何區域的資訊感到困惑。這樣，使用者就可以很快地從表單或報表上找到他們所要的資訊。有時，會使用線條、顏色或表頭標示出區域 (例如，圖 11-2 的節區域)，可是在其他的情況下，區域可能只是隱而不見的 (例如，圖 11-2 底部的頁面控制項)。

內容意識也適用於每個區域內的**欄位 (field)**。欄位是輸入或輸出資料的一個元件。用於辨識介面欄位的**欄位標籤 (field label)** 應該簡短、明確──這兩個目標常相互矛盾。欄位內的資訊格式不應該有任何的不確定性，不管是用於輸入或顯示。例如，10/5/07 的日期將與你身在美國 (October 5, 2007) 或身在加拿大 (May 10, 2003) 而有不同的解讀。存有不確定性或多種解讀之可能性的任何欄位應該提供明確的解釋。

內容意識也適用於表單或報表所包含的資訊。一般而言，所有表單與報表應該包含一個準備日期 (也就是，列印日期或完成日期)。同樣的，所有印出來的表單與軟體應該提供版本編號，使得使用者、分析師與程式設計師能夠辨識出過時的內容。

圖 11-4 呈現 Georgia 大學的一張表單。這張表單示範了以一個明確的框框將欄位邏輯分組爲數個區域 (左上)，以及一個沒有框框的隱形區域 (左下)。地址區域內的地址欄位則循清楚、自然的順序。欄位標籤儘可能的簡短 (參閱左上)，但也長得足夠容納所需的資訊，以避免錯誤的解讀 (參閱左下)。

◆ 美學

美學 (aesthetics) 指的是如何設計賞心悅目的介面。介面不一定要成爲「藝術作品」，但一定要有功能且吸引人。於多數情況下，少即是多，意思是簡約的設計就是最好設計。

表單與報表的空間通常非常寶貴，而且人們傾向把所有可能的資訊都壓縮在同一個頁面或螢幕上。不幸地，這會讓表單或者報告令人感覺不愉快，使用者不會想要使用它。大體上，所有的表格和報表都需要蓄意保留少量空白 **(white space)**。

當你看到圖 11-4 的時候，你的第一個反應是什麼？根據職員說，在 Georgia 大學，這張表單最令人不舒服。它的**密度**太高了；太多資訊擠壓到很小的空間，而且太少留白。雖說使用一頁 (不是兩頁) 來節省紙張或許很有效率，但是對許多使用者來說，卻沒有效用。

大致來說，新手或不常使用的人，不論在螢幕上或紙本上，偏好使用低密度的介面，通常爲少於 50%的密度 (也就是，少於 50%的介面被資訊所佔據)。較有經驗的使用者則偏愛較高的密度，有時達到 90%的密度，此乃他們知道資訊位於何處，以及高密度可以減少在介面上的實際移動量。我們猜測，圖 11-4 的表單應該是設計給人事室的資深職員所使用的，他們每天都在用，而不是給那些學術部門的書記人員用的，這些人其實一年用不到幾次。

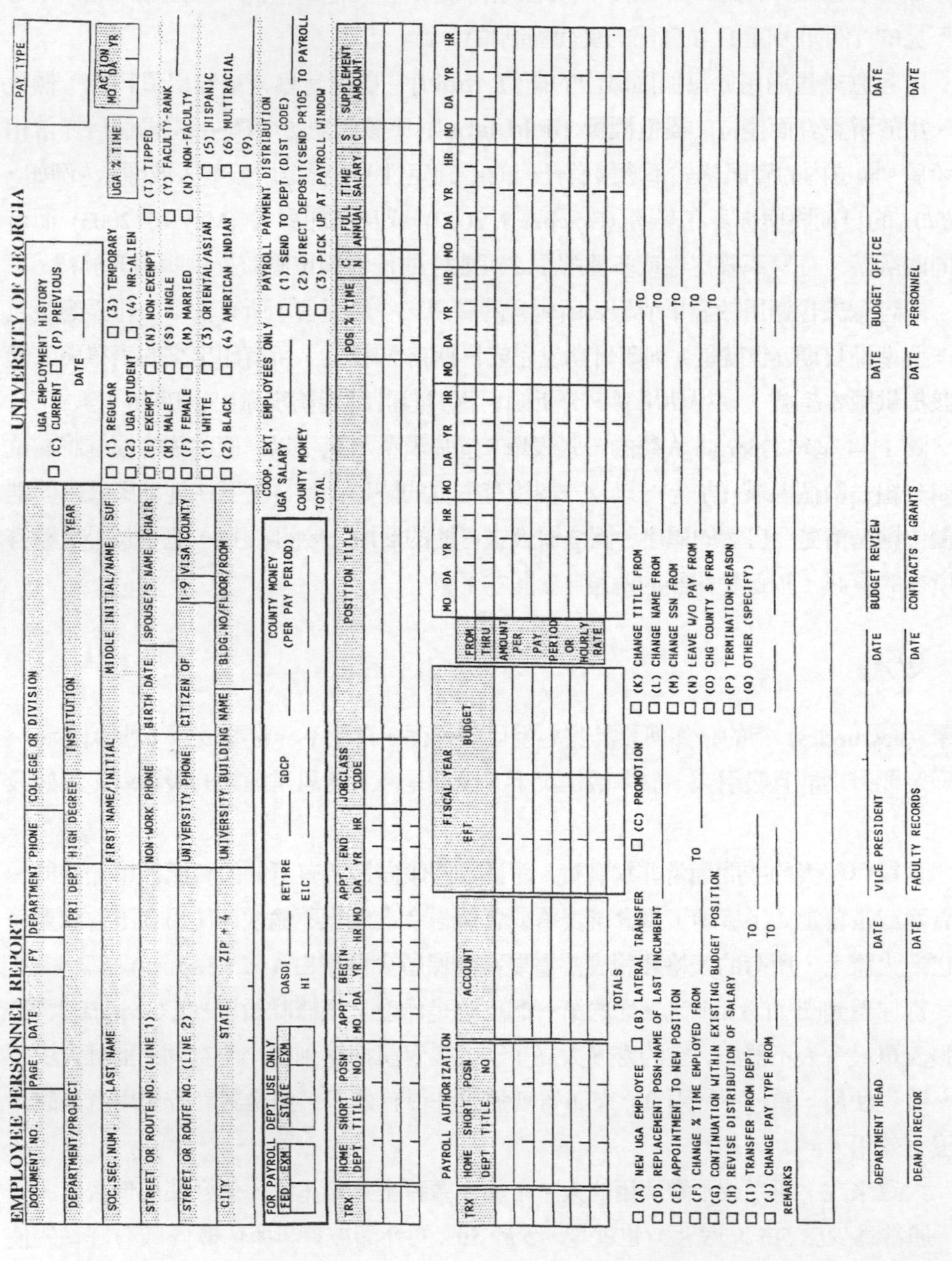

EMPLOYEE PERSONNEL REPORT

UNIVERSITY OF GEORGIA

PAY TYPE

DOCUMENT NO. | PAGE | DATE | FY | DEPARTMENT PHONE | COLLEGE OR DIVISION

DEPARTMENT/PROJECT | PRI DEPT | HIGH DEGREE | INSTITUTION | YEAR

SOC.SEC.NUM. | LAST NAME | FIRST NAME/INITIAL | MIDDLE INITIAL/NAME | SUF

STREET OR ROUTE NO. (LINE 1) | NON-WORK PHONE | BIRTH DATE | SPOUSE'S NAME | CHAIR

STREET OR ROUTE NO. (LINE 2) | UNIVERSITY PHONE | CITIZEN OF | I-9 | VISA | COUNTY

CITY | STATE | ZIP + 4 | UNIVERSITY BUILDING NAME | BLDG.NO/FLOOR/ROOM

UGA EMPLOYMENT HISTORY
☐ (C) CURRENT ☐ (P) PREVIOUS
DATE

☐ (1) REGULAR ☐ (3) TEMPORARY
☐ (2) UGA STUDENT ☐ (4) NR-ALIEN
UGA % TIME
ACTION MO DA YR
☐ (E) EXEMPT ☐ (N) NON-EXEMPT ☐ (T) TIPPED
☐ (M) MALE ☐ (S) SINGLE ☐ (Y) FACULTY-RANK
☐ (F) FEMALE ☐ (M) MARRIED ☐ (N) NON-FACULTY
☐ (1) WHITE ☐ (3) ORIENTAL/ASIAN ☐ (5) HISPANIC
☐ (2) BLACK ☐ (4) AMERICAN INDIAN ☐ (6) MULTIRACIAL
☐ (9)

FOR PAYROLL DEPT USE ONLY
FED EXM | STATE EXM
OASDI ____ RETIRE ____ GDCP ____
HI ____ EIC ____
COUNTY MONEY (PER PAY PERIOD)

COOP. EXT. EMPLOYEES ONLY
UGA SALARY
COUNTY MONEY
TOTAL

PAYROLL PAYMENT DISTRIBUTION
☐ (1) SEND TO DEPT (DIST CODE)
☐ (2) DIRECT DEPOSIT(SEND PR105 TO PAYROLL
☐ (3) PICK UP AT PAYROLL WINDOW

TRX	HOME DEPT	SHORT TITLE	POSN NO.	APPT. BEGIN MO DA YR HR	APPT. END MO DA YR HR	JOBCLASS CODE	POSITION TITLE	POS % TIME	C N	FULL TIME ANNUAL SALARY	S C	SUPPLEMENT AMOUNT

PAYROLL AUTHORIZATION

TRX	HOME DEPT	SHORT TITLE	POSN NO	ACCOUNT	FISCAL YEAR EFT	FISCAL YEAR BUDGET		MO DA YR HR	MO DA YR HR	MO DA YR HR	MO DA YR HR	MO DA YR HR
							FROM					
							THRU					
							AMOUNT PER PAY PERIOD OR HOURLY RATE					
				TOTALS								

☐ (A) NEW UGA EMPLOYEE ☐ (B) LATERAL TRANSFER ☐ (C) PROMOTION
☐ (D) REPLACEMENT POSN-NAME OF LAST INCUMBENT
☐ (E) APPOINTMENT TO NEW POSITION
☐ (F) CHANGE % TIME EMPLOYED FROM ____ TO ____
☐ (G) CONTINUATION WITHIN EXISTING BUDGET POSITION
☐ (H) REVISE DISTRIBUTION OF SALARY
☐ (I) TRANSFER FROM DEPT ____ TO ____
☐ (J) CHANGE PAY TYPE FROM ____ TO ____
☐ (K) CHANGE TITLE FROM ____ TO ____
☐ (L) CHANGE NAME FROM ____ TO ____
☐ (M) CHANGE SSN FROM ____ TO ____
☐ (N) LEAVE W/O PAY FROM ____ TO ____
☐ (O) CHG COUNTY $ FROM ____ TO ____
☐ (P) TERMINATION-REASON
☐ (Q) OTHER (SPECIFY)

REMARKS

DEPARTMENT HEAD DATE | VICE PRESIDENT DATE | BUDGET REVIEW DATE | BUDGET OFFICE DATE

DEAN/DIRECTOR DATE | FACULTY RECORDS DATE | CONTRACTS & GRANTS DATE | PERSONNEL DATE

圖 11-4 表單範例

文字的設計也同等重要。通常，文字應該使用相同的字型與大小。字型大小不應該小於 8 點，但是 10 點最常被使用，特別是如果介面是要給較年長的人閱讀時。改變字型與大小將會改變所呈現資訊的型態 (例如，表頭、狀態指示)。一般而言，斜體字 (italics) 與底線 (underlining) 使文字難以閱讀，所以應該儘量避免。

Serif 字型 (也就是，那些有 serif 或 tail 的字母，如 Times Roman) 最適合於報表閱讀，特別是小的字母。Sans serif 字型 (也就是，那些沒有 serif 的字型，如 Helvetica 或 Arial)，常使用於章節標題，最適合於電腦螢幕上的閱讀，而且常用於列印報表表頭。請不要全部使用大寫字母，除了標題可能例外。

顏色與字型樣式應該謹慎並儘量少用，除非有特別的目的(大約 10%的男人有色盲，因此，不當使用顏色將削弱他們閱讀資訊的能力)。快速游走網頁一遍，將可展現不當使用顏色與字型樣式所引起的問題。請務必記住，我們的目標是讀起來賞心悅目，而不是藝術創作；顏色與字型樣式應該用來加強訊息之用，而不是反客爲主而淹沒了訊息本身。顏色最好用來分隔及做項目分類，像是區別表頭與一般文字，或強調重要的資訊。因此，最好使用高反差的顏色 (例如，黑與白)。大致上，白底黑字最易閱讀，而紅底藍字則最難閱讀。(大多數專家都贊同，網頁的背景樣式應該避免使用。) 顏色可能會影響情緒：紅色激發強烈的情緒 (例如，忿怒)，而藍色則引發低沉的情緒 (例如，困倦)。

◆ 使用者經驗

使用者經驗 (user experience) 本質上可被區分爲兩個等級：有經驗的人以及沒有經驗的人。介面應該爲這兩種人而設計。新手使用者通常很關心是否**容易學習**——他們能多快學會新系統。專家級使用者則通常關心是否**容易使用**——一旦他們已學會如何使用系統，他們能夠多快使用它。這兩種情形經常是互補的，很容易導致類似的設計決策，但有時需要取捨。舉例而言，新手比較希望功能表能夠顯示所有可用的系統功能，這些設計可提高學習的容易性。另一方面，專家使用者有時喜歡較少的功能表，即使這些功能表提供了最常用的功能。

系統的最後目的是要給許多人每天使用，所以有可能培養出許多專家使用者 (如，訂單輸入系統)。雖然介面應該試著均衡容易使用與容易學習這兩種情形，但是這類型的系統應該多強調容易使用，而非容易學習。使用者應該能夠只要按下幾個按鍵或不多的功能表選取次數，就能夠很快地取用常用的功能。

對於許多其他系統 (例如，決策支援系統) 而言，大多數的人仍然是偶一爲之的使用者。在這情況下，重點就應該強調在容易學習上，而不是容易使用。

容易使用與容易學習經常是攜手相連的，但有時又不是。研究顯示，專家使用者與新手使用者可能有不同的需求與行為模式。例如，新手幾乎不看螢幕下面顯示狀態資訊的區域，而專家則會參考狀態列，獲得重要的資訊。大多數系統應該朝著支援經常使用者的方向來設計，不過，那些不常用的系統或以新使用者或偶一為之的使用者為目標而設計的系統，則屬例外 (如，網頁)。同樣地，對於那些含有不常用功能的系統而言，應該具備一個高度直覺化的介面，或者介面應該含有明確使用的指引。

快速取用常用與熟知的功能，以及引導使用不熟悉的新功能，這兩件事情如何平衡，常給介面設計者帶來很大的挑戰，這項平衡工作通常需要優雅的解決方案。例如，Microsoft Office 透過 Office 小幫手 (亦稱為迴紋針酷哥) 以及「這是什麼？(show-me)」功能 (用來說明功能表與按鈕的特定功能) 解決這個問題。這些功能其實一直隱身在背後，直到新手用到時才會出現 (甚至經驗豐富的使用者也會用到)。

◆ 一致性

設計上的**一致性 (consistency)** 或許是讓系統易於使用的最重要因素，使用者可藉此預知隨後將發生什麼事。當介面保持一致時，使用者便能透過只與系統的一部分互動，然後就知道該如何與其餘部分互動。一致性通常指電腦系統內的介面，同一系統的所有部分都有相同的工作方式。然而，理想上而言，系統也應該與組織內其他電腦系統以及所用的商業軟體 (例如，Windows) 保持一致。例如，許多使用者熟悉網頁，因此，使用像網頁一樣的介面能夠減少使用者的學習時間。這樣一來，使用者便能重複利用網頁知識，大大減少新系統的學習曲線。許多軟體開發工具藉由提供標準的介面物件來支援一致的系統介面 [例如，清單方塊 (list box)、下拉式功能表 (pull-down menus) 與單選按鈕 (radio button)]。

輪到你 11-1 網頁評論

參觀你大學的網站首頁，並瀏覽一些網頁。評估一下它們符合六項設計原則的程度。

一致性發生於許多不同層次。**導覽控制項 (navigation controls)** 的一致性傳達了系統的動作應該如何進行。例如，如果使用相同的圖示或指令來更改一個項目，可以清楚地傳達於整個系統中變更是如何進行的。術語一致性也很重要。這指的是表單與報表上的元素要使用同樣的字 (例如，不要在一個地方使用「顧客」，另一個地方使用「客戶」)。我們也相信，報表與表單設計的一致性很重要，即使最近一項研究指出，太過於一致也可能引起問題。[4] 當報表與表單很相似時 (除了標題些微不同)，使用者有時會誤用到錯的表單、輸入不正確的資料，或者錯誤解讀裡頭的資訊。設計的用意是使報表與表單相似，但如果賦予一些獨特的元素 (如標題的顏色、大小等)，將讓使用者能夠迅速的發現出兩者間的差異。

◆ 使用者付出最少

最後，介面應該朝使用者付出減到最少而設計。這意謂著從系統的一個部分移至另一個部分，應該使用最少的滑鼠或鍵盤按鍵。大多數的介面設計者都遵循**點選三次規則 (three clicks rule)**：使用者應該從開始或系統的主功能表於三次的滑鼠點選或三次的按鍵動作下，到達他們所想要的資訊或動作。

使用者介面設計程序

使用者介面設計有五個步驟，而且這個過程是反覆性的——分析師通常來回於各步驟之間，而不是循著一定的順序從步驟一進行到步驟五 (參閱圖 11-5)。首先，分析師檢視分析階段中所擬出的**使用案例 (use case)** (參閱第五章) 與**循序圖 (sequence diagram)** (參閱第七章)。然後，他們訪談使用者以便研擬描述使用者常會用到之動作樣式的**使用場景 (use scenario)**，讓介面可以令使用者快速而平順地執行這些場景。接著，分析師研擬**視窗導覽圖 (window navigation diagram，WND)**，用來定義介面的基本結構。這些圖顯示系統中的所有介面 (例如，螢幕、表單與報表) 以及它們如何連結的。第三，分析師設計**介面標準 (interface standards)**，此為建立系統介面的基本設計要素。第四，分析師為系統的每個介面——像是導覽控制項——建立一個**介面設計雛型 (interface design prototype)** (包括從**必要使用案例**轉換到**實際使用案例**)、輸入畫面、輸出畫面、表單 (包括預先印好的報表紙) 與報表。最後，各介面要接受**介面評估 (interface evaluation)**，介面評估將決定這些介面是否令人滿意以及如何改進。

介面評估幾乎都可以辨識出改善的空間，因此介面設計程序式循環的過程，直到新的改善被確認為止。實務上，大多數分析師在介面設計期間與使用者密切互動，所以，使用者隨著系統的演進，有許多機會看見新出來的介面，而不是等到最後介面設

[4] John Satzinger and Lorne Olfman，"User Interface Consistency Across End-User Application:The Effects of Mental Models," *Journal of Management Information Systems* (Spring 1998): 167–193.

計程序結束時，要花費許多力氣一次評估整體的介面。趁早發現變動，這對各方 (包括分析師和使用者) 都好。例如，如果介面結構或標準需要改善的話，最好在大部分使用標準的螢幕畫面設計出來之前，就先確認變更。[5]

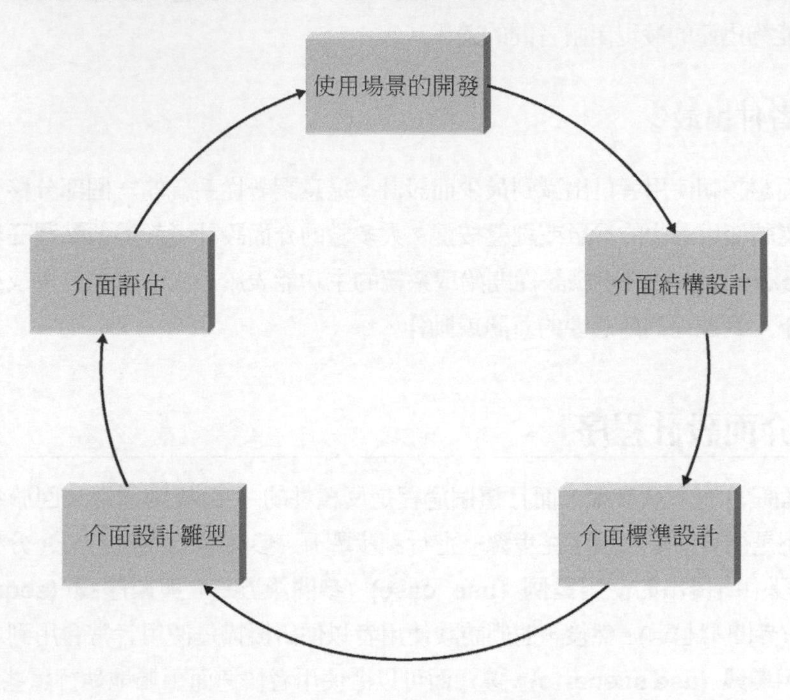

圖 11-5　使用者介面設計程序

◆ 使用場景的開發

使用場景是使用者用爲完成他們工作某部分所執行的步驟概要。使用場景是一條穿越了必要的使用案例的路徑。例如，圖 8-1 呈現預約系統的使用案例圖。這張圖顯示了使用案例 Create New Patient 有別於使用案例 Make Payment Arrangement。我們分別塑造這兩個使用案例的模型，因爲它們代表包含於使用案例 Make Appoinment 內的兩個不同流程。

使用案例圖被設計用來塑造系統所有可能用法──它的完整功能性，或是在一種非常高層次的抽象化下，經過使用案例的所有可能路徑。在一個使用場景中，一名病人向接待人員提出與醫師預約的請求。接待人員會查找病人資料，並看看病人是否有

[5] 關於評估使用案例的的好書是 Deborah Hix and H. Rex Hartson, Developing User Interfaces, Ensuring Usability Through Product & Process (New York:Wiley, 1993)。

任何需支付帳單。接待人員接著就會問病人他或她是否要新增一個預約、取消現在的預約或改變現在的預約。如果病人想新增一個新的預約，接待人員詢問病人有哪些時間方便來看診，並將之與可能可用的時間互相比對。接待人員最後建立了一個新的預約 (參閱圖 7-1 和 7-5)。

在另一個使用的場景中，一位病人想要取消一個預約。在這情況，接待人員查找病人的資料，並看看病人是否有任何需支付的帳單。接待人員接著詢問病人想要取消的預約時間。最後，接待人員刪除該預約。

使用場景以簡單的敘述描述呈現，這描述與分析階段所發展出的必要使用案例緊密相關 (參閱第五章)。圖 11-6 顯示兩個我們剛描述的使用場景。使用使用案例於介面設計時的關鍵點是，**不要**在同一個使用案例內，記載所有可能的使用場景。目標是記載兩或三個最常見的使用場景，這樣，介面能被設計得讓最常見的用法能輕鬆而簡單地被執行。

1. 病人要求預約 (1)，並提供自己的姓名和地址予接待人員 (2)。
2. 接待人員查找病人 (3)，並確定病人是否有任何未付的帳單 (4)。
3. 接待人員接著詢問病人是否他或她將要建立一個新的預約、更改預約或刪除預約 (5)。
4. 接待人員要求病人提供可預約之時間清單 (S－1，1)。
5. 接待人員比對病人的可預約時間清單與醫生的看診時間，並排定預約時間 (S-1，2)。
6. 接待人員告知病人其預約的時間 (6)。

1. 病人要求預約 (1)，並提供自己的姓名和地址予接待人員 (2)。
2. 接待人員查找病人 (3)，並確定病人是否有任何未付的帳單 (4)。
3. 接待人員接著詢問病人是否他或她將要建立一個新的預約、更改預約或刪除預約 (5)。
4. 接待人員詢問病人欲取消的預約時間 (S-2，1)。
5. 接待人員找出並刪除預約 (S- 2，2)。
6. 接待人員告訴病人，他們的預約時間已被取消 (6)。

括號內的數字表示基本使用案例的特定事件

圖 11-6　使用場景

輪到你　11-2　擬定網頁使用場景

參觀你的大學網站首頁，並瀏覽其中一些網頁。試擬定兩個使用場景。

輪到你 11-3 擬定 ATM 使用場景

假設你負責爲當地銀行重新設計 ATM 的介面。試擬出兩個使用場景。

◆ 介面結構設計

介面結構定義了介面的基本元件以及這些元件如何一起工作，以提供功能性給使用者。WND[6] 被用來展示爲系統所使用的所有相關的螢幕、表單與報表，以及使用者如何從一個元件移到另一個元件。大多數系統都有幾個 WND，各系統的主要部分都會有一個。

WND 與行爲狀態機 (參閱第七章) 非常類似，在於兩者都用來塑造狀態的改變。行爲狀態機通常用來塑造物件的**狀態**改變情形，而 WND 則用來塑造使用者介面的狀態改變情形。在 WND 中, 每一個使用者介面的可能狀態都表示成一個方塊。再者，一個方塊通常對應於一個使用者介面元件，像是**視窗**、表單、**按鈕**或報表。以圖 11-7 爲例，有 5 個不同的狀態 : Client Menu、Find Client Form、Add Client Form、Client List 與 Client Information Report 等。

轉移 (transition) 被塑造成一個單箭頭或雙箭頭。單箭頭表示不需要返回到呼叫的狀態，而雙箭頭表示需要返回到呼叫的狀態。例如，在圖 11-7 中，從 Client Menu 狀態轉移到 Find Client Form 狀態，不需要返回到呼叫狀態。箭頭標示著使用者介面從一個狀態轉移到另一個狀態的動作。以圖 11-7 爲例，想要從 Client Menu 狀態轉移到 Find Client Form 狀態，使用者必需按選 Client Menu 上的 Find Client 鍵。

最後要描述 WND 的項目是**模版 (stereotype)**。模版是以一個兩邊以「<< >>」符號環繞的文字項目來表現。它代表圖上框中的使用者介面元件的類型。例如，Client Menu 是一個視窗，而 Find Client Form 是一個表單。

介面的基本結構遵循企業流程本身的基本結構，如使用案例與行爲模型中所定義者。分析師從必要的使用案例開始，然後研擬系統的基本控制流程，亦即控制權如何從一個物件移到另一個物件。分析師接著檢視場景的使用，看看 WND 如何有效支援它們。常見的是，使用場景確認出的穿越 WND 路徑，比應有的路徑複雜得多了。分析師接著重做 WND 以簡化介面支援使用場景的能力，有時是對功能表的結構作大幅度的變更，有時是增加一些捷徑。

---

[6] 視窗導覽圖實際上是從行為狀態機與物件圖修改而來的 [參閱 Meilir Page-Jones, *Fundamentals of Object-Oriented Design in UML* (New York:Dorset House, 2000)]。

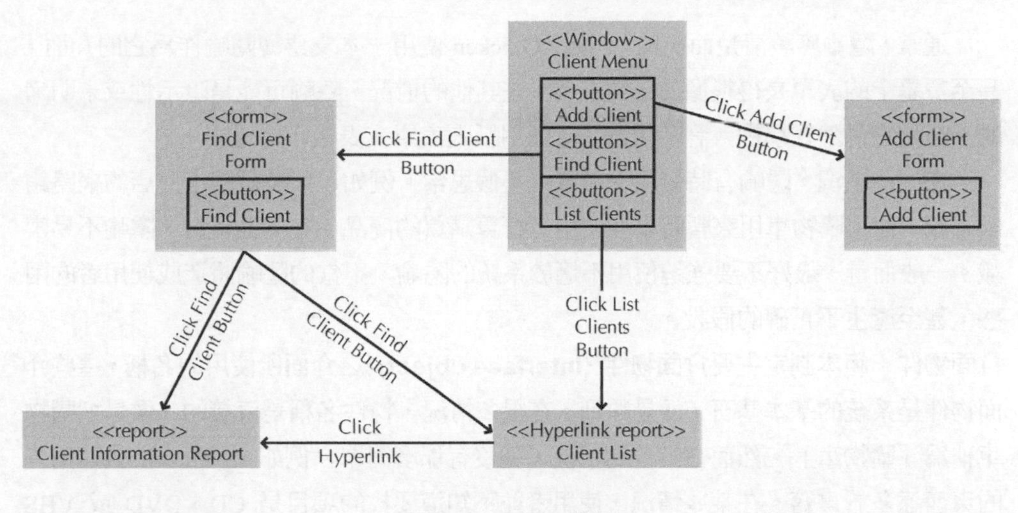

圖 11-7 WND 範例

輪到你 11.4 介面結構設計

假設你負責替當地銀行重新設計 ATM 的介面。試使用 WND 發展一個介面結構設計，用以顯示使用者如何巡覽於各個螢幕畫面之間。

◆ 介面標準設計

介面標準 (interface standards) 是基本的設計要素，常見於系統內的個別螢幕畫面、表單與報表。視應用而定，系統的不同部分可能有不同組的介面標準 (例如，一個用於網頁畫面、一個用於報表、一個用於輸入表單)。例如，由資料操作員所使用的某部分系統，可能借鑑公司其他的資料輸入應用，然而用來顯示來自同一個系統的資訊 Web 介面，可能謹遵某種標準化的 Web 格式。同樣地，每個介面不見得都包含了標準的所有要素 (例如，報表螢幕可能就沒有「編輯」功能)，而且可能包含標準以外的其他特色，標準可以拿來當作確保所設計出來的介面能夠保持一致的試金石。以下各節討論一些介面標準應該要考慮的主要領域：隱喻 (metaphor)、物件 (object)、動作 (action)、圖示 (icon) 與範本 (template)。

介面隱喻　首先，分析師必須研擬出基本的介面隱喻，用以定義介面將會如何工作。介面隱喻是一個來自真實世界，用來塑造電腦系統的概念。隱喻幫助使用者了解系統，而且讓使用者預測介面可能提供的功能，甚至不必實際使用到系統。有時候系統會有一個隱喻，然而在其他情況系統的不同部分有好幾個隱喻。

通常，隱喻應該清楚而明確。例如，Quicken 使用一本支票簿隱喻作爲它的介面，甚至螢幕上的表單長得很像眞正的支票。在其他的情況，隱喻可能是暗示性或未明講的，但是它仍然在那裡。許多視窗系統使用紙張表單或表格作爲隱喻。

在某些情況，隱喻有時候明顯得讓人不假思索。例如，大多數線上商店的網路銷售系統，使用購物車用來暫時儲存使用者打算購買的商品。在其他情況，隱喻不易辨識。一般而言，最好不要強迫使用不適於系統的隱喻，不當的隱喻將造成使用者的困惑，甚至產生不正確的假設。

介面物件　範本制定主要**介面物件 (interface object)** 之介面所使用的名稱，這些介面物件是系統的基本基石，像是類別。在很多情況，物件名稱是直接的，像是把購物車稱爲「購物車」。然而在其他的情況，就沒有那麼簡單。例如，Amazon 公司銷售的東西遠多於書籍。在某些情況，使用者並不知道要找的項目是 CD、DVD 或 VHS 錄音帶？在這種情況下，使用者可以使用全部搜索項目：Amazon.com。若使用者知道他或她想要買的項目類型，使用者可以指定具體的搜索項目類型來限縮搜索範圍，如書、CD、DVD 或錄影帶。顯然地，物件名稱應該清楚易解，且有助於提升介面隱喻。

一般來說，使用者與分析師如果在名稱上意見不合時，不管是物件或動作 (參閱下文)，使用者應該贏。「易於理解」的名稱總是勝過「精確」或「準確」的名稱。

介面動作　範本也制定導覽與指令語言的風格 (例如，功能表) 以及文法 (例如，物件-動作順序；參閱本章稍後的導覽設計一節)。導覽設計中最常用的**介面動作 (interface action)** (例如，「buy」相對於「purchase」，或「modify」相對於「change」) 會被賦予名稱。

介面圖示　介面的物件與動作，以及它們的狀態 (例如，「刪除」或「透支」)，可以由**介面圖示 (interface icon)** 表達。圖示是出現於指令按鈕以及報表與表單上的小圖形，用來彰顯重要的資訊。圖示的設計很有挑戰性，因爲你要設計一張小於郵票一半大小的簡單圖形，還要傳達出複雜的意義。最簡單且最好的方法就是採用別人設計好的圖示 (例如，空白頁表示「開新檔案」，磁片表示「儲存檔案」)。這個好處可加快圖示的開發，而且因爲使用者在其他軟體已看過，所以早已清楚了解。

指令是一種難以用圖示來表達的動作，因爲它們是動態而不是靜態的。許多圖示因爲用得很廣泛而變得耳熟能詳，但有的圖示並非如想像中那麼容易理解。圖示的使用有時引起的困惑比情報還多。[例如，你知道 Microsoft Word 中的掃把圖形 (筆刷？) 代表格式複製嗎？]圖示的意義會隨著使用而變得更爲清楚，但是有時一張圖仍比不上一個字，當心存疑惑時，請使用字，而非圖。

介面範本 **介面範本 (interface template)** 定義資訊系統中，所有畫面以及紙張表單與報表的一般性外觀。範本設計，例如，制定螢幕的基本配置 (例如，導覽區、狀態區與表單/報表將放在何處) 以及將要套用的配色。它定義在螢幕上視窗是否可以互相取代，或重疊在一起。範本定義了常用介面動作的標準配置與順序 (例如，「檔案 編輯 檢視」，而不是「檔案 檢視 編輯」)。簡言之，範本集合了其他主要介面設計要素：隱喻、物件、動作與圖示。

輪到你 11-5 介面標準的開發

假設你負責為當地銀行重新設計 ATM 的介面。試擬定一個包括隱喻、物件、動作、圖示及範本的介面標準。

◆ 介面設計雛型化

介面設計雛型 (interface design prototype) 是電腦螢幕畫面、表單或報表的「擬眞 (mock-up)」或模擬。為系統的每個介面都準備一個雛型，讓使用者與程式設計師看到系統將如何執行。在「舊時代」，介面設計雛型通常畫在紙上，用來顯示螢幕的每個部分將顯示什麼。紙本式的表單今天還在使用，但是越來越多的介面設計雛型則依賴電腦工具代勞。四個最常用的介面設計雛型化的方法是故事腳本 (storyboard)、視窗配置圖 (windows layout diagram)、HTML 雛型 (HTML prototype) 與語言雛型 (language prototype)。

故事腳本 從最簡單來說，一個介面設計雛型是一個紙本式的**故事腳本 (storyboard)**。故事腳本顯示手繪的圖形，畫出螢幕的長相以及動作如何從一個畫面到另一個畫面，就好像卡通的故事腳本一樣，動作如何從一個場景移到另一個場景 (參閱圖 11-8)。由於只需要一張紙 (通常是簡報夾) 與一隻筆，所以故事腳本是最簡單不過的技術了。

視窗配置圖 從故事腳本稍微前進一步是**視窗配置圖 (window layout diagram)**。從我們的角度，一個視窗配置圖是一個與使用者逐漸看到的眞實使用者介面更神似的故事腳本。通常，它使用軟體工具像是 Visio 的視窗使用者介面範本來製作。使用這類型的工具，設計者能很快地在展開使用者介面的設計畫面上拖曳並放置使用者介面元件。舉例來說，在圖 11-9 呈現了一個用於故事腳本而等同於 Add a Client 視窗之圖面。此外，藉由結合視窗配置圖和視窗導覽圖，設計者能有效地與一群使用者合作來設計系統的外觀，而不必實際地先實作出任何東西。

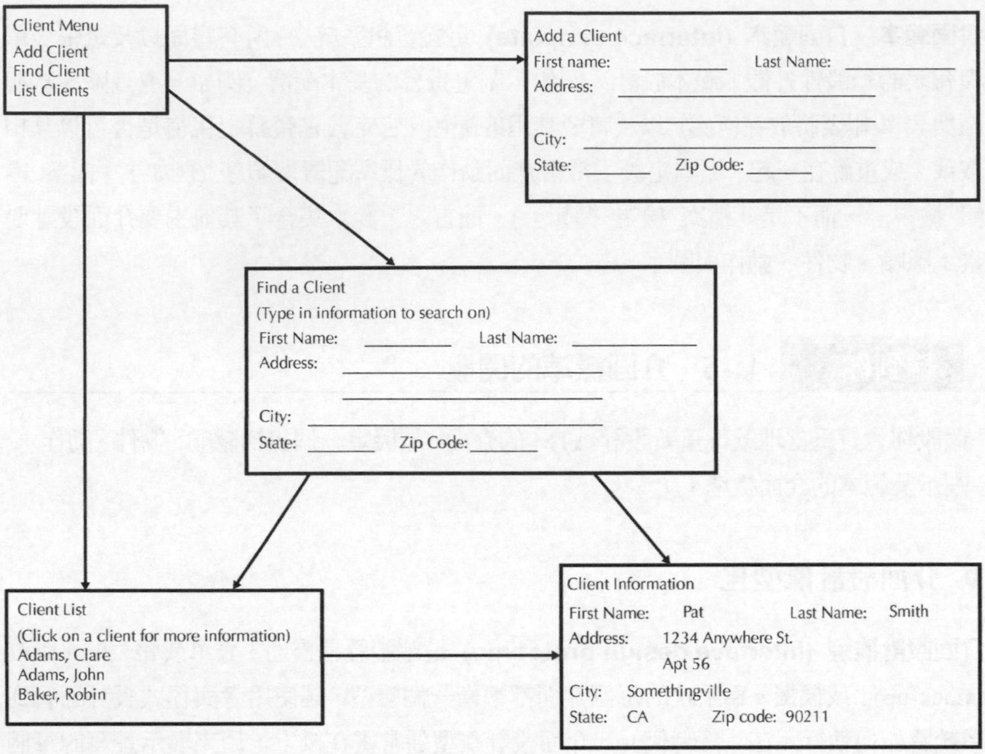

Client Menu
Add Client
Find Client
List Clients

Add a Client
First name: ______ Last Name: ______
Address: ______
City: ______
State: ______ Zip Code: ______

Find a Client
(Type in information to search on)
First Name: ______ Last Name: ______
Address: ______
City: ______
State: ______ Zip Code: ______

Client List
(Click on a client for more information)
Adams, Clare
Adams, John
Baker, Robin

Client Information
First Name: Pat Last Name: Smith
Address: 1234 Anywhere St.
Apt 56
City: Somethingville
State: CA Zip code: 90211

圖 11-8　故事腳本的範例

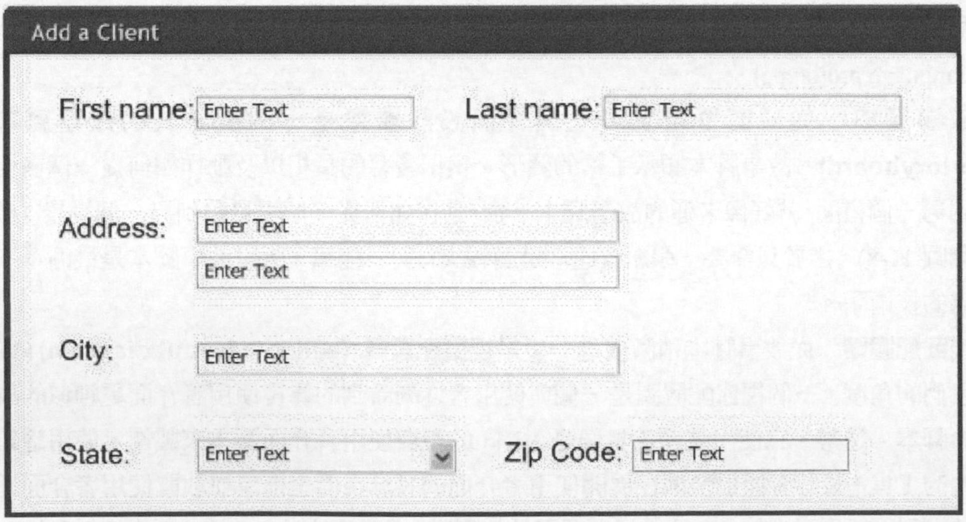

Add a Client
First name: Enter Text
Last name: Enter Text
Address: Enter Text
Enter Text
City: Enter Text
State: Enter Text
Zip Code: Enter Text

圖 11-9　視窗配置圖的範例

HTML 雛型　今日使用介面設計雛型，最常見的型態之一是 **HTML 雛型 (HTML prototype)**。顧名思義，HTML 雛型是利用網頁的 HTML 語言建構而成。設計者使用 HTML 建立一系列的網頁，用以顯示系統的基礎部分。使用者可以利用點擊按鍵或輸入虛構的資料到表單而與網頁發生互動 (但是由於網頁後面沒有「系統」，所以資料不會被處理)。由於網頁彼此連結，所以當使用者點擊按鈕時，系統中被請求的部分馬上會出現。HTML 雛型優於故事腳本，此乃使用者能夠與系統互動，並且提供一個清楚的概念，知道如何巡覽於不同螢幕畫面之間。然而，HTML 也有其限制──HTML 所顯示的網頁畫面無法完全像系統的眞正畫面 (除非眞正的系統也是用 HTML 寫成的網頁系統)。

語言雛型　**語言雛型 (language prototype)** 是一種使用實際使用於建構系統的程式語言或工具所建構出來的介面設計雛型。語言雛型設計得如同 HTML 雛型 (兩者都允許使用者在畫面之間移動，但不做眞正的處理)。例如，於 Visual Basic 中，可以製作及檢視畫面而不用眞的把程式碼加到畫面上。語言雛型的製作要比故事腳本或 HTML 雛型還花時間，但是卻具有**正確地**顯示螢幕畫面長相的優點。使用者不必去猜測螢幕畫面上各個元件的形狀或位置。

概念活用　11-A　DSS 應用系統的介面設計雛型

當我還在擔任顧問的時候，我參與過幾個決策支援系統 (DSS) 的開發。在某個專案，一名未來的使用者感到失望，因爲他不能想像 DSS 長得像什麼以及如何使用。他是一位關鍵的使用者，但是由於他很失望，專案小組一直很難跟他溝通。小組使用了 SQL Windows (當時最受歡迎的開發工具之一)，建立一個語言雛型，用來示範未來系統的長相、功能表系統及螢幕畫面 (有欄位，但不會執行計算)。

小組很驚訝於這位使用者的反應。他很欣賞 DSS 的視覺化環境，很快地就提出幾項設計與系統流程的建議，並且指出分析階段期間所忽略的一些重要資訊。最後，這位使用者變成系統最熱心的支持者之一，專案小組深信，這個雛型最後可以變成很好的產品。

—Barbara Wixom

問題：

1. 你爲什麼認爲小組會使用語言雛型，而非故事腳本或 HTML 雛型？
2. 其中的決策是否有哪些取捨？

選擇適當的技術　專案通常將不同的介面設計雛型技術的組合，用在系統的不同部分上。故事腳本是最快且最便宜的方法，但是提供的細節最少。視窗配置圖提供更多的使用者經驗感受，同時開發費用並不昂貴。HTML 雛型適合用來測試基本的設計與巡覽 (參閱下文) 使用者介面。語言雛型最慢、最貴，但提供的細節最多。因此，故事腳本會被用在某部分系統的介面──已爲人所熟知，且其他更昂貴的雛型被視爲不需要──的時候。不過，於大多數的情況，除了故事腳本之外，增加額外的開發視窗配置圖費或許是值得的。HTML 雛型與語言雛型則使用於系統關鍵性但不太爲人所熟知的部分。

◆ 介面評估[7]

介面評估的目的在於了解如何在系統完成之前，改進介面的設計。大部分的介面設計師有意或無意地設計一個滿足他們的個人喜好，但卻可能或可能不符合使用者喜好的介面。因此關鍵的訊息是，盡可能讓更多的人評估介面，且使用者越多越好。大多數專家建議，至少要 10 個潛在使用者參與評估過程。

許多組織都把介面評估放在系統開發生命週期的最後一個步驟。理想上，介面評估應該在系統設計的同時就要執行──在建構之前──以便確認並矯正任何主要的設計問題，免得未來要花上程式設計的時間與成本在一個不良的設計上。使用者看到第一個介面設計雛型之後，還要進行一兩次主要的變更是尋常的事，這是因爲使用者看到了那些被專案小組忽略的問題所致。

正如介面設計雛型法，介面評估也有多種型式，每個型式都需要不同的成本與不同的細節。四個常見的方法是啓發性評估 (heuristic evaluation)、演練評估 (walkthrough evaluation)、互動評估 (interactive evaluation) 與可用性測試 (formal usability testing)。正如介面設計雛型法一樣，系統的不同部分可能要使用不同的技術來評估。

啓發性評估　啓發性評估 (heuristic evaluation) 藉由比較一組介面設計的啓發性方法或原則來檢視介面。專案小組研擬一套介面設計原則的檢查清單──從本章開頭的清單以及本章稍後的導覽、輸入與輸出設計的原則清單。專案小組至少要有三位成員分別看過介面設計雛型，檢視每個介面，並確保檢查清單上的每個設計原則均符合。每個人分別看過雛型之後，一起討論他們的評估，並且確認所需要的具體改善。

---

[7] 查核和驗證的方法，大致的情況，已在第八章說明過。此外，進化中的系統進一步的測試方法將第十三章中介紹。在本節中，我們描述的方法特別針對人機互動層。

演練評估　一個介面設計的**演練評估 (walkthrough evaluation)**，是一個由專案小組與最後將操作系統的使用者進行的會議。專案小組將雛型呈現給使用者看，讓他們演練介面的各個部分。專案小組展示故事腳本或實際示範 HTML 或語言雛型，然後解釋如何使用介面。使用者確認每一個被展示的介面是否需要改善。

互動評估　藉由**互動評估 (interactive evaluation)**，使用者本身單獨與專案小組成員進行實際的 HTML 或語言雛型操作(互動評估不能用於故事腳本或視窗導覽圖)。當使用者操作雛型時 (通常走過使用場景、使用本章稍後所描述的實際使用案例，或只是隨意瀏覽系統)，會告訴小組成員，喜歡什麼以及不喜歡什麼，還有需要哪些額外的資訊或功能。使用者與雛型互動的時候，小組成員記下使用者不太清楚、犯下錯誤或誤解介面元件意義的情形。如果有好幾個使用者參與評估後，共同發現不清楚、錯誤或誤解的地方，那麼這是一個介面需要改善的明顯徵兆。

可用性測試　**可用性測試 (Formal usability testing)** 是常用於商業軟體產品以及由大型組織所開發，而會廣泛於組織內使用的軟體。顧名思義，它是一種非常正式──幾乎科學化的──只會用於語言雛型 (以及等候安裝或出貨的完成系統) 的程序。[8] 像互動評估一樣，可用性測試是一個人獨自進行，此時使用者直接使用軟體工作。通常，這個程序會在一個裝設錄影機與特殊軟體的特別實驗室內進行，使用者的每個按鍵動作與滑鼠操作都會被錄影起來，屆時可以重播，看看他們到底做了什麼。

使用者賦予一組特定的任務 (通常是使用場景) 要完成，在初步說明後，專案小組便不准與使用者發生互動或提供協助。使用者必須在沒有任何協助之下使用軟體工作，如果使用者搞不清楚系統時，可能會使他們很爲難。此時務必讓他們了解，我們的目標是測試介面，而不是他們的能力，而如果他們無法完成工作，那麼介面──而非使用者──便無法通過測試。

輪到你　11-6　雛型化與評估

假設你負責爲當地銀行重新設計 ATM 的介面。你會建議何種雛型化的類型與介面評估法？爲什麼？

可用性測試是非常昂貴的，因爲每個人次之測試所搜集到的龐大電腦日誌檔與錄

---

[8]可用性測試的一本好書是 Jakob Nielsen, and Robert Mack (eds.), *Usability Inspection Methods* (New York:Wiley, 1994)。也請參閱 www.useit.com/papers。

影帶，可能要花上一到兩天的時間分析。每人次的測試通常持續一到兩個小時。大部分的可用性測試會找 5 到 10 人，少於 5 人將使結果太過於依賴那些參加的特定使用者，超過 10 人則顯得過於昂貴 (除非你在一家大型軟體公司上班)。

導覽設計

介面的導覽元件讓使用者輸入命令，以導覽整個系統，以及執行輸入與檢視內容的動作。導覽元件也會呈現訊息給使用者，告知其動作是否成功還是失敗。導覽系統的目標是儘可能讓系統簡單使用。一個好的導覽元件，使用者不會真的注意到。它所提供的功能，一如使用者所預期，使用者很少會想到它。

◆ 基本原則

使用電腦系統最困難的事情之一，就是如何學會操縱導覽控制項，使系統可以照著你的意思去做。分析師通常必須假定，使用者沒讀過手冊、沒參加過訓練，而且沒有外部的援助可資利用。所有控制項應該清楚易懂，而且放在螢幕上的直覺位置。理想上而言，控制項應該預期使用者將做什麼，並且簡化其動作。舉例而言，許多安裝程式都有「典型安裝 (typical installation)」一項，使用者只要一直按「下一步」就行。

避免錯誤　設計導覽控制項的第一原則在於避免使用者犯錯。一個錯誤將造成時間上的代價，並且令人感到挫敗。更糟的是，一連串的錯誤可能讓使用者放棄系統。適當地加上指令與動作的標示，以及限制選擇項目，將可減少錯誤。太多選擇項目會使人迷惑，特別是當這些選擇項目很類似且很難在小小的螢幕空間上描述時。當功能表有許多類似的選擇項目時，請考慮建立第二層的功能表，或者一系列基本指令選項。

切勿顯示無法使用的指令。例如，許多視窗應用程式都有一些不能使用的淡灰化按鈕；當它們顯示在下拉式功能表時，其字型是淡色、無法選取的。這表示它們是可用的，只是在目前的操作環境下無法使用。它也將所有的功能表項目保持在相同的位置。

當使用者準備執行一項關鍵性的功能，而且很難或根本無法復原時 (如刪除一個檔案)，請務必讓使用者確認動作 (而且確定沒有選錯)。通常，使用者必須回應一個確認訊息，這個確認訊息解釋使用者在請求什麼，並且詢問使用者確認動作是否正確。

簡化錯誤復原　不論系統設計者怎麼努力，使用者還是會犯錯。系統應該儘可能容易改正這些錯誤。理想上而言，系統要有 Undo (復原) 按鈕，讓錯誤可以很快回正；然而，撰寫這樣的軟體可能非常複雜。

使用一致的語法順序　最基本的策略之一是**語法順序 (grammar order)**。大多數指令均要求使用者指定一個物件 (如，檔案、記錄、文字)，以及該物件上所要執行的動作 (如，列印、刪除)。介面可能要求使用者先選擇物件，然後選擇動作 [**物件-動作順序 (object-action order)**]，或者先選擇動作，然後選擇物件 [**動作-物件順序 (action-object order)**]。大多數視窗應用程式都使用物件-動作的語法順序 (例如，想一下你的文書處理程式如何複製一段文字)。

語法順序應該在系統中保持一致，不管在資料元素或整個功能表的層級上。對於那一個方法比較好，專家或許有不同見解，但是因為大多數使用者很熟悉物件-動作順序，所以大部分系統今天仍朝此方法在設計。

◆ 導覽控制項的類型

控制使用者介面，有兩個傳統的硬體裝置：鍵盤與指標裝置，像是滑鼠、軌跡球或觸控式螢幕。近幾年來，語音辨識系統問世，但尚未普及。定義使用者的指令，有三個基本軟體方法：語言、功能表與直接操控。

語言　透過**指令語言 (command language)**，使用者使用專為電腦系統發展的特殊語言而輸入指令 (例如，UNIX 與 SQL 均使用指令語言)。指令語言有時提供的彈性比其他方法還大，那是因為使用者可以用語言開發人員未事先定義的方式來組合語言要素。然而，使用者因此也有較大的負擔，因為使用者要熟記指令的語法、輸入指令，而非選擇定義完整、數目有限的選擇項目。現在的系統已經很少使用指令語言，唯一例外是那些具有極多指令的系統，很難把它們完全組合到一個功能表上，而且也不切實際 (如，資料庫的 SQL 查詢)。

自然語言 (natural language) 介面被設計用來了解使用者自己的語言 (如英語、法語、西班牙語)。這些介面嘗試解讀使用者的意思，而且通常會回應使用者一系列的解讀，供其選擇。自然語言的使用一例是微軟的 Office 小幫手，使用者可詢問任意形式的問題以尋求協助。

功能表　今日最常見的導覽系統是**功能表 (menu)**。功能表呈現給使用者一系列的選擇項目，每一個均可被選取。功能表比語言更容易學習，此乃功能表以一種有組織結構的方式呈現數目有限的指令給使用者之緣故。利用指標裝置點選一個項目，或按下一個對應於功能表選項的按鍵 (如，功能鍵)，不用花費什麼工夫。因此，功能表通常更勝於語言。

功能表的設計需要謹慎為之，因為在主要功能表背後的子功能表是隱藏的，直到使用者點選才會出現。功能表最好是寬而淺 (也就是說，每個功能表包含許多項目，但是這些項目只有一或兩層功能表)，而不要窄而深 (也就是說，每個功能表包含一些項目，但是每個項目卻導致三層或更多的功能表)。一個寬而淺的功能表一開始呈現給使用者大部分的資訊，以便他們能看到許多選項，而且只需要很少次的點選或按鍵就可執行一個動作。一個窄而深的功能表讓使用者像在玩捉迷藏，總是在尋找隱藏在功能表項目背後的東西，而且需要多次的點選或按鍵才能執行一個動作。

研究指出，在理想的世界，任何功能表不應該包含八個項目以上，而且執行一個動作，從功能表開始，不應該超過兩次的滑鼠點選或按鍵 (或從主要功能表開始算起三次)。[9] 不過，分析師在設計複雜系統時，有時必須打破這個原則。在這情況下，功能表項目通常分組在一起，並且用一條水平線隔開 (參閱圖 11-10)。功能表項目經常有**熱鍵 (快捷鍵) (hot key)** 的設計，允許有經驗的使用者快速叫用指令，取代功能表項目的選取 (例如，Word 的「Ctrl-F」叫用「Find」指令，或「Alt-F」用來「開啓檔案功能表」)。

功能表應該把相似的選項放在一起，以便使用者能夠直覺地猜測每個功能表包含什麼。大多數設計者建議，應該根據介面物件 (如，客戶、採購訂單、庫存)，而非介面動作 (如，開新檔案、更新、格式)，將功能表項目加以分類，這樣的話，關於一個物件的所有動作都在一個功能表上，另一個物件的所有動作則在不同的功能表上，其餘類推。不過，這種情形卻高度依存於特定的介面。如圖 11-10 所示，Microsoft Word 在相同的功能表上，利用介面物件 (如檔案、表格、視窗) 以及介面動作 (如編輯、插入、格式) 將相關功能表選項放在一起。一些常見的功能表包括**功能表列 (menu bar)**、**下拉式功能表 (drop-down menu)**、**快顯功能表 (pop-up menu)**、**頁籤功能表 (tab menu)**、**工具列 (toolbar)** 與**影像地圖 (image map)** (參閱圖 11-11)。

直接操控　藉由**直接操控 (direct manipulation)**，使用者直接操作於介面物件而輸入指令。例如，如果使用者想要在 Microsoft PowerPoint 中改變物件的大小，可以點選該物件，然後移動物件的邊框。或者在檔案總管中，把檔案名稱從一個資料夾拖曳到另一個資料夾，而移動檔案。直接操控可能很簡單，但是卻有兩個問題。首先，熟悉語言介面或功能表介面的使用者，並不怎麼欣賞它。其次，並非所有指令都是直覺的 [你如何在檔案總管中複製 (非移動) 檔案呢？在 Macintosh 上，爲什麼把在硬碟上的檔案夾移至垃圾桶會刪除它，但是如果檔案是在磁片上的話，磁片卻會退出呢？]

---

[9] Kent L. Norman, *The Psychology of Menu Selection* (Norwood NJ.:Ablex Publishing Corp., 1991)。

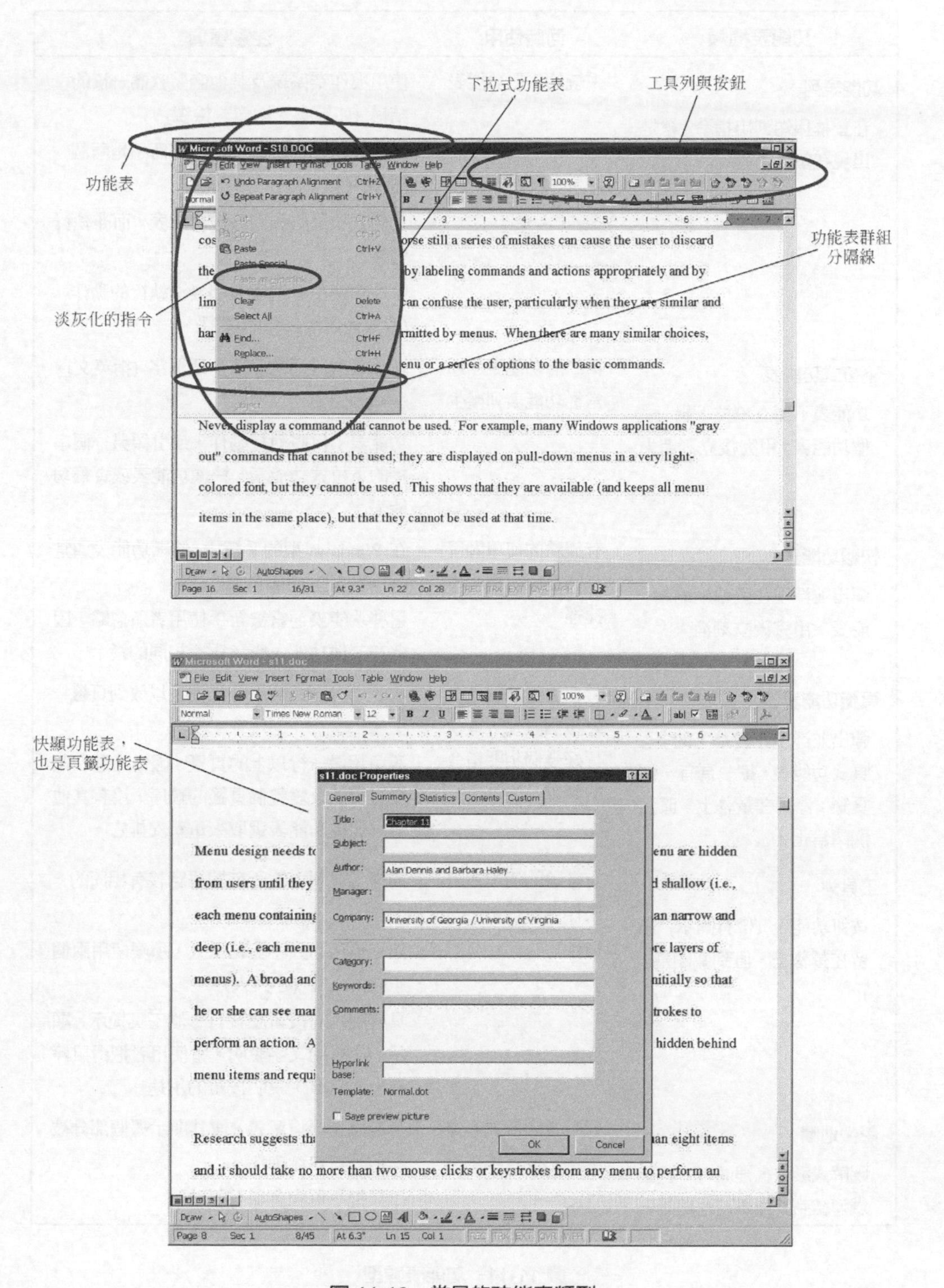

圖 11-10　常見的功能表類型

功能表種類	何時使用	注意事項
功能表列 在螢幕頂端列出指令；總是出現在螢幕上	系統的主要功能表	使用與作業系統及其他套裝軟體一樣的結構 (如檔案、編輯、檢視)。 功能表項目都使用一個單字而不是兩個(指英文)。 功能表項目引領出其他功能表，而非執行動作。 不要讓使用者選取他們無法執行的動作(改成使用淡灰化的選項)。
下拉式功能表 功能表下面立刻拉下另一個功能表；用完後立刻消失	第二層功能表，通常從功能表列產生	功能表項目通常使用多個單字 (指英文)。 避免縮寫。 功能表項目將執行動作，或引領另一個串接的下拉式功能表、快顯功能表或頁籤功能表。
快顯功能表 彈出並浮現在螢幕上的功能表；用完後立刻消失	有經驗的使用者用來作爲執行指令的捷徑	在 Windows 型的系統中，快顯功能表通常(並非一定) 由按右鍵叫用。 這些功能表通常被新手使用者所忽略，因此在其他功能表應該重覆相同的指令。
頁籤功能表 彈出並浮現在螢幕上的多頁式功能表，每一頁有一個頁籤；停留在螢幕上，直到關閉爲止。	當使用者必須更改好幾個設定，或執行好幾個相關指令的時候	功能項目應該簡短，長度足以放到頁籤上。 避免超過一行以上的頁籤，因爲點選一個頁籤可能改變整個頁籤的順序，沒有其他情況能從功能表選取來重新安排它。
工具列 按鈕功能表 (帶有圖示)；停留在螢幕上，直到關閉爲止。	有經驗的使用者用來作爲執行指令的捷徑	同樣工具列上的所有按鈕應該有相同的大小。 如果標籤的大小變化很大，那麼使用兩個不同的尺寸 (小與大)。 具有圖示的按鈕應該有一個工具提示，顯示一小段的文字說明，當使用者把滑鼠停在上面之際，說明按鈕的用途。
影像地圖 圖解式影像，裡面有一些區域連結到動作或其他功能表	只有當圖解式影像能爲功能增加意義時	影像應該傳達意義，使其顯示哪個部分被點選時會執行動作。 工具提示可能會很有幫助。

圖 11-11　功能表類型

◆ 訊息

訊息是系統回應使用者，並且告知互動狀態的方式。訊息有許多不同種類，像是**錯誤訊息 (error message)**、**確認訊息 (confirmation message)**、**認可訊息 (acknowledgement)**、**延遲訊息 (delay message)** 與**說明訊息 (help message)** (參閱圖 11-12)。一般而言，訊息應該清楚、簡潔而且完整，但是這些目標有時會衝突。所有訊息應該語法正確，沒有專門術語與縮寫 (除非是使用者的專門術語與縮寫)。否定句容易造成困惑，所以應該避免 (例如，最好使用「你想要離開嗎？」取代「你確定你不要繼續嗎？」)。你也應該避免幽默，同樣的訊息出現太多次，易使人厭煩。

訊息種類	何時使用	注意事項
錯誤訊息 告知使用者說他或她已經做了系統無法回應的事	當使用者做了未被允許或不可能的事	務必解釋理由並且建議改正的動作。 習慣上，錯誤訊息伴隨著一聲嗶響，但是很多應用程式現在已省略或允許使用者移除這個功能。
確認訊息 要求使用者確認他們眞的想要做他們已經選取的動作	當使用者選取一個危險的動作時，像是刪除檔案	務必解釋原因並且建議可能的動作。 除了「確定 (OK)」與「取消 (cancel)」之外，通常還包括數個其他選擇。
認可訊息 告知使用者，系統已完成某一件事情	很少或從不。使用者對於還要按鍵回應會很快感到不耐煩	認可訊息通常包括在內，因爲新手通常希望知道由此再度確認動作已執行了。 最好方法是提供認可訊息而不需要有使用者點選的不同的訊息。例如，如果使用者正在檢視清單的項目，並新增一個項目時，那麼，螢幕上更新後的清單列出新增的項目的就已足夠代表認可。
延遲訊息 告知使用者，電腦系統正在運作中	當動作花費的時間超過七秒以上	應該允許使用者中途取消操作。 應該提示延遲可能持續多久。
說明訊息 提供系統及其元件的額外資訊	在所有系統中	說明資訊以目錄及/或關鍵字搜尋方式加以組織。 前後文相關說明提供予使用者正在做的事相關的資訊。 說明訊息與線上說明，將在第十三章討論。

圖 11-12　訊息的類型

輪到你　11-7　設計一個導覽系統

請設計一個導覽系統，讓使用者輸入客戶、產品及訂單的資訊。就這三個輸入項目，使用者能夠更改、刪除、尋找一筆特定的記錄，並且列出所有記錄。

訊息應該要求使用者認可它們 (例如，透過按鍵點選)，而非出現幾秒後就消失無蹤。例外的情形是，通知使用者處理作業會延遲的訊息，此類訊息於延遲解除後應該會消失。一般來說，訊息都是文字，但是有時候標準的圖示會被派上用場。舉例來說，當系統處於忙碌的狀態時，Windows 會顯示一個「沙漏 (hourglass)」圖示。

所有訊息應該好好設計，但是錯誤訊息與說明訊息需要特別處理。訊息 (尤指錯誤訊息) 應該儘可能清楚明確地解釋問題 (使用者做錯什麼) 與改正動作，以便使用者得知接下來該怎麼辦。在錯誤很複雜的情況，錯誤訊息應該顯示使用者輸入什麼，暗示錯誤的可能原因，以及建議可能的使用者反應。當有任何疑問時，提供比使用者所需更多的資訊，或讓使用者可以得到額外的資訊。訊息應該提供一個訊息編號。訊息編號並非爲使用者而設計，它可以讓技術支援中心與客戶服務專線更簡單地確認問題，進而幫助使用者。

◆ 導覽設計文件說明

系統的導覽設計可以透過 WND 與實際使用案例而完成。實際使用案例起源於必要的使用案例 (參閱第五章)、使用場景與 WND。切記，必要的使用案例只是描述最少的基本議題，用以了解所需功能。實際使用案例則描述一組特定步驟，供使用者執行來利用系統的特定部分。因此，實際使用案例需視實作而定；換言之，它們是詳細的描述，用以說明系統一旦實作，應該如何使用。

爲了將一個必要的使用案例演進到一個實際使用案例，必須做兩項改變。首先，使用案例的型態一定要從「基本」變成「實際」。其次，所有事件必須根據實際使用者介面來制定。因此，常態事件流程、子流程以及替代/例外流程一定要修改。與圖 11-8 所給的故事腳本相關的使用者介面雛型之實際使用案例，其常態事件流程、子流程及替代/例外流程顯示如圖 11-13。例如，常態事件流程第二步說明「系統提供 Sales Rep 予系統 Main Menu」，這可以讓 Sales Rep 與系統的 Maintain Client List 方面互動。

Use-Case Name: Maintain Client List　　ID: 12　　Importance Level: High

Primary Actor: Sales Rep　　Use-Case Type: Detail, Real

Stakeholders and Interests: Sales Rep - wants to add, find or list clients

Brief Description: This use case describes how sales representatives can search and maintain the client list.

Trigger: Patient calls and asks for a new appointment or asks to cancel or change an existing appointment.

Type: External

Relationships:
Association: Sales Rep
Include:
Extend:
Generalization:

Normal Flow of Events:
1. The Sales Rep starts up the system.
2. The System provides the Sales Rep with the Main Menu for the System.
3. The System asks Sales Rep if he or she would like to Add a client, Find an existing Client, or to List all existing clients.
   If the Sales Rep wants to add a client, they click on the Add Client Link and execute S-1: New Client.
   If the Sales Rep wants to find a client, they click on the Find Client Link and execute S-2: Find Client.
   If the Sales Rep wants to list all clients, they click on the List Client Link and execute S-3: List Clients.
4. The System returns the Sales Rep to the Main Menu of the System.

Subflows:
S-1: New Client
1. The System asks the Sales Rep for relevant information.
2. The Sales Rep types in the relevant information into the Form
3. The Sales Rep submits the information to the System.

S-2: Find Client
1. The System asks the Sales Rep for the search information.
2. The Sales Rep types in the search information into the Form
3. The Sales Rep submits the information to the System.
4. If the System finds a single Client that meets the search information.
   the System produces a Client Information report and returns the Sales Rep to the Main Menu of the System
   Else If the System finds a list of Clients that meet the search information. the System executes S-3: List Clients.

S-3: List Clients
1. If this Subflow is executed from Step 3
   The System creates a List of All clients
   Else
   The System creates a List of clients that matched the S-2: Find Client search criteria.
2. The Sales Rep selects a client.
3. The System produces a Client Information report.

Alternate/Exceptional Flows:
S-2 4a.　The System produces an Error Message.

圖 11-13　實際使用案例的例子

概念活用 11-B 複雜的電力系統

跨平台與跨公司的系統整合變得越來越複雜。2008 年來自佛羅里達州的一件案例研究中，一個電力公司的即時系統在輸電網中偵測到一個小問題，並且關閉整個系統—200 萬個人因此陷入黑暗。系統專家指責那個偵測到微幅的電力變動，但卻有能力立刻關閉整個系統的變電廠軟體系統。雖然有一個如此迅速的反應是重要的 [像是車諾比 (Chernobyl)、烏克蘭 (Ukraine)、和三哩島 (Three Mile Island) 的核子災變]，但這是一個如此反應卻不値得的例子。

問題：

1. 因爲軟體控制變電站的操作，系統分析員該如何將這件事當作一個系統專案來處理？
2. 有哪些是系統分析人員思考即時系統時，需要的特殊的考量？

輸入設計

輸入幫助資料進入電腦系統內，不管是高度結構化資料，像是訂單資訊 (例如，項目編號、數量、成本) 或非結構化資訊 (例如，意見)。輸入設計意謂著設計被用來輸入資料的螢幕畫面，以及設計任何讓使用者寫入或鍵入資料的表單 (例如，上班紀錄卡、費用報銷單)。

◆ 基本原則

輸入機制的目標是輕鬆容易地取得系統需用的正確資訊。輸入設計的基本原則乃要反映輸入的本質 (批次或線上) 並且簡化其收集的方法。

線上處理與批次處理　把資料輸入電腦系統，一般有兩種作法：線上處理 (online processing) 與批次處理 (batch processing)。藉由**線上處理 (on-line processing)** [有時稱爲**交易處理 (transaction processing)**]，每個輸入項目 (例如，客戶訂單、採購單) 幾乎與引發輸入的事件或交易同一個時間輸入系統。例如，當你從圖書館借出一本書、在商店買一樣東西，或預訂飛機機票時，電腦系統會利用線上處理即時將交易記錄到適當的資料庫中。線上處理最常運用於當強調企業流程的**即時資訊 (real-time information)** 時。例如，當你預訂了一張機票時，那個機位就不會給別人使用。

藉由**批次處理 (batch processing)**，某個時段內所收集的輸入全部放在一起，然後以整批的方式一次放到系統。某些企業流程自然地以批次性的方式產生訊息。例如，對於大部分時薪的計算，都是先把上班紀錄卡整理在一起，然後一次處理，這就是批次處理。批次處理也適用於不需要即時資訊的交易處理系統。例如，大多數商店會把銷售資訊送給地區辦事處，便於訂購新的貨品。這項資訊可以在商店獲得的時候，同時送出去，如此，地區辦事處的人就可於一兩秒內得知產品已售出。如果商店不需要這項即時的資料，他們可收集白天的銷售資料，然後在晚上時傳送給地區辦事處。這種批次處理簡化了資料通訊過程且經常能節省通訊成本，不過那也意謂著，庫存資訊要等到晚上處理後才會正確。

捕捉來源處的資料　或許輸入設計的最重要原則是，捕捉位於最初來源處 (或儘可能接近) 的電子格式之資料。在早期的計算機時代，電腦系統代替了傳統的紙上作業。隨著這些企業流程已自動化，許多原始的表單還仍保留著，不是沒有人想取代它們，就是這樣做的成本太大。取而代之的做法是，企業流程仍繼續保留這些人工表單，並且成批地拿到電腦中心，供**資料輸入員 (data-entry operator)** 輸進電腦系統。

許多企業流程今天仍然照這種方式運作。例如，大部分組織利用手寫方式塡寫費用報銷單，然後送到會計部門，等候批准，接著整批輸進系統中。這個方法反映三個問題：首先，重覆工作很多，所以成本昂貴 (表單要寫兩次：一次手寫、一次鍵盤輸入)[10]。其次，由於紙本表單要實際於部門之間傳遞，大幅增加處理時間。第三，因爲資訊的輸入與處理分開進行，所以增加了成本與錯誤率；有人可能看錯手寫筆跡，資料可能輸錯，或與原來的輸入有所出入，使得後來的資訊無效。

今日，大多數交易處理系統都是朝著捕捉來源處的資料而設計。**來源資料自動化 (source data automation)** 指的是，使用特殊硬體裝置自動捕捉資料，而毋需人爲輸入。目前店家最常使用的**條碼掃瞄器 (bar code reader)**，能夠自動掃描產品並直接輸入資料於電腦系統。沒有中間的格式──像是紙本表單──被使用。類似的技術還包括用來閱讀印刷數字與文字 (如，支票) 的**光學字符辨識 (optical character recognition)**，用以讀取磁帶上編碼的資訊 (如，信用卡) 的**磁帶機 (magnetic stripe reader)**，以及包含微處理器、記憶晶片及電池 (很像信用卡大小的計算機) 的**智慧卡 (smart card)**。除了減少資料輸入的時間與成本外，這些系統還能減少錯誤，因爲它們比較不可能捕捉錯誤的資料。現今，手提式電腦與掃描器，甚至可在行動環境下拿來捕捉最原始的資料 (例如，航空快遞、汽車出租服務)。

---

[10] 或者以 Georgia 大學為例，共有三次：第一次用手寫報帳單；第二次在新的表單上打字，這樣比較「正式」，因為會計部門不接受手寫的表單；第三次則輸入到會計系統上。

這些自動化系統無法收集很多的資訊，因此，次佳的選擇是，利用訓練有素的使用者從來源處立即補捉資料。許多航空與旅館訂位、貸款申請及型錄訂單等資料，當客戶提供問題的答案給操作人員時，就被直接的記錄到電腦系統內。有些系統會完全排除操作人員而允許使用者輸入他們自己的資料。例如，一些大學 (例如，麻省理工學院) 不再接受紙本表格的入學申請，所有的申請都由學生自己輸入到電子表單。

用於捕捉資料的表單 (螢幕、紙本) 應該支援資料的來源。也就是說，表單上資訊的順序應該符合資料來源的自然流程，並且資料輸入表單應該與原先資料捕捉的紙本表單一致。

按鍵減到最少 另一項重要原則是將按鍵減到最少。打字花錢又費時，無論是由客戶、使用者或訓練有素的資料輸入員來操作。系統不應該問其他方式也可取得到的資訊 (例如，取自資料庫或四則運算)。同樣地，系統不應該要求使用者鍵入從清單可選取的資訊；選取動作可減少錯誤並加快輸入。

輪到你 11-8 就業輔導

假設你正在設計大學就業輔導系統的新介面，且系統可以接受學生履歷表，並且以標準格式呈現給雇主。試描述你如何將輸入設計的基本原則納入你的介面設計。記得包括線上輸入 (相對於整批資料輸入) 的使用、資訊的捕捉，以及減少按鍵的方案。

在許多情況下，某些欄位具有經常重複出現的值。這些常見的值應該當作該欄位的**預設值 (default value)**，這樣使用者就可簡單地接受該值而不用重打。預設值的範例是現行日期、客戶的區域代碼，以及客戶的帳單地址。大多數系統允許改變預設值，隨時處理資料輸入的例外情形。

◆ 輸入的類型

每個待輸入的項目均連結到表單上的一個欄位。每個欄位也有一個欄位標籤可以在欄位的旁邊、上面或下面，告知使用者該欄位應放什麼資訊。通常，欄位標籤與資料要素的名稱相似，但是不一定要使用同一個字。在某些情形下，一個欄位將會於輸入方塊之上顯示一個範本，用以提示使用者應該如何打進資料。有許多不同的輸入類型，就好像欄位有許多不同類型一樣 (參閱圖 11-14)。

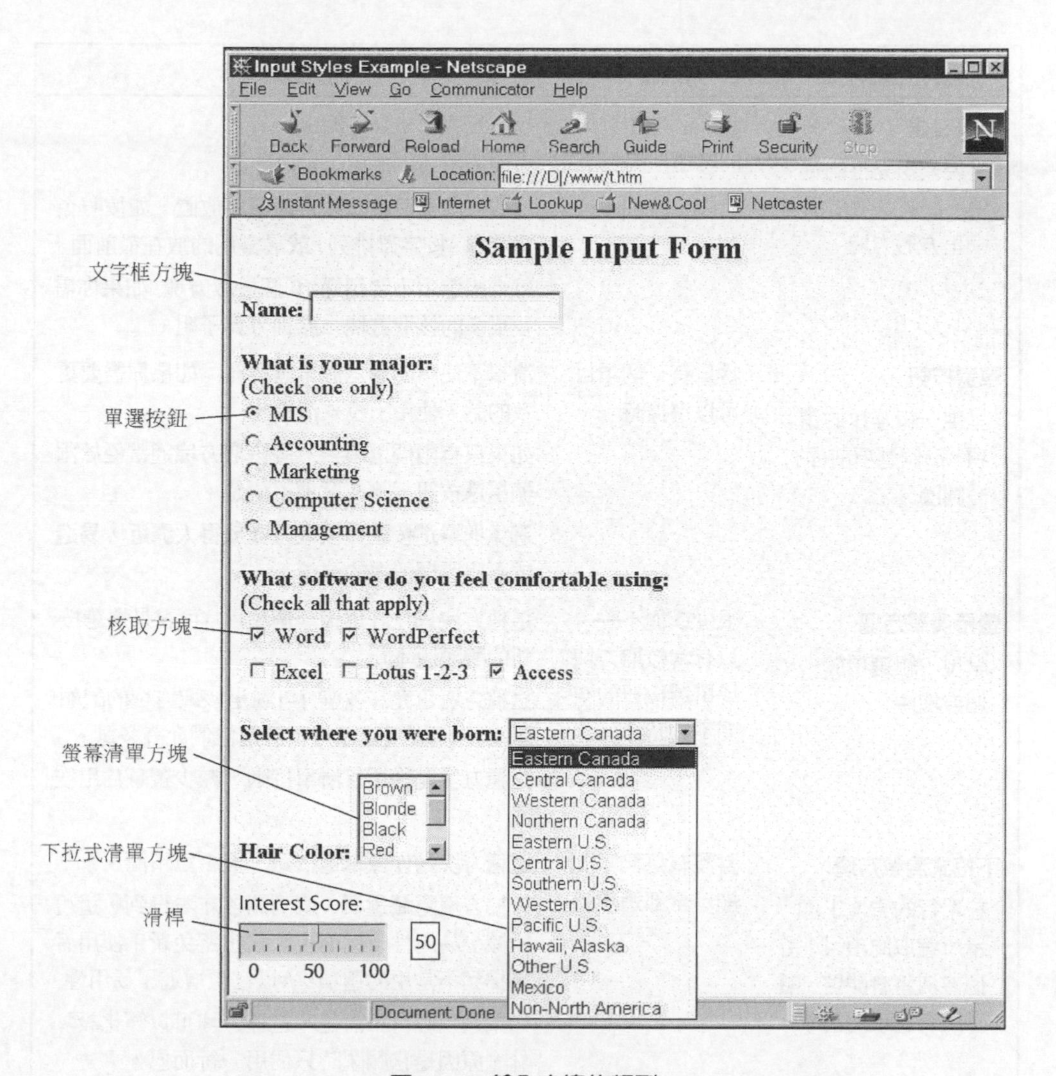

圖 11-14 輸入方塊的類型

文字　顧名思義，**文字方塊 (text box)** 是用來輸入文字。文字方塊的長度可以是定義成固定的，或者可以捲動並接受幾乎無限制的文字。在任何一種情況，文字方塊可能包含單行或多行的文字資訊。若我們能夠使用選取方塊，我們就絕不使用文字方塊。

文字方塊應該有個欄位標籤放在輸入區的**左邊**，它們的大小則由方塊所清楚地分隔出來 (或著，在非 GUI 的介面上是使用底線)。如果有許多文字方塊，那麼它們的欄位標籤與輸入方塊的左邊應該對齊。文字方塊應該允許標準的 GUI 功能──像是剪下、複製與貼上──作用其上。

輸入方塊種類	何時使用	注意事項
核取方塊 呈現一組完整的選項，每個選項前面有一正方形方塊	當幾個選項可以同時選取時	核取方塊不是互斥的。 方塊的標籤不使用否定的字眼。 核取方塊標籤應該按合理順序放置，如按照企業流程、按字母排列，或最常用的放在最前面。 每一組選項不要超過 10 個核取方塊。如果你需要更多的核取方塊，應細分爲子組。
單選按鈕 呈現一組互斥的選項，每個選項前面有一圓圈。	當只有一個項目可以選擇時	清單不使用超過六個單選按鈕；如果你需要更多的話，使用下拉式清單。 如果只有兩個選項，一個核取方塊通常優於兩個單選按鈕，除非選項不清楚。 避免把單選按鈕與核取方塊放得太靠近，易造成兩組選擇清單的混淆。
螢幕清單方塊 呈現一組選項於一個方塊中	很少或從不——只有當核取方塊或單選按鈕的空間不夠時	這種方塊只允許選擇一個項目 (可說是單選按鈕的醜陋版本)。 這種方塊也允許多選 (可說是核取方塊的醜陋版本)，但使用者通常不清楚他們允許多選。 這種方塊允許項目清單捲動，減少螢幕佔用空間。
下拉式清單方塊 在單行的方塊上顯示所選取的項目，這個方塊將會開啓，顯示所有選項的清單。	當沒有足夠空間顯示全部選項時	這種方塊動作像單選按鈕，但更爲精簡。 這種方塊隱藏選項，直到開啓才看得到，這可能減少易用性；然而，因它也避免新手使用者選擇到不常用的選項，所以它也增進了易用性。 如果選項數目不清楚，這種方塊可以簡化設計，原因是它關閉時只佔用一行而已。
組合下拉式清單方塊 一種特殊的下拉式清單，允許使用者鍵入資料及捲動清單	作爲有經驗的使用者的捷徑	這種方塊動作像下拉式清單，但對於有經驗使用者在選擇一長串的清單時，速度更快。
滑桿 圖解式刻度，有一個滑動指標用來選擇一個數字	從連續的刻度中輸入約略的數值	滑桿讓使用者較難選出一個精確的數字。 有些滑桿也包括一個數字方塊，使用者可用來輸入一特定的數字。

圖 11-15　選取方塊的類型

數字　**數字方塊 (number box)** 用來輸入數字。有些軟體會自動格式化所輸入的數字，因此，3452478 將變成$34,524.78。日期是一種特殊格式的數字，有時有自己本身的數字方塊。如果你能夠使用選取方塊，就不要使用數字方塊。

選取方塊　**選取方塊 (selection box)** 讓使用者能夠從預先定義的清單中選取一個值。清單的項目應該以有意義的順序安排，像是依照字母順序或以常用的順序排列。預設的選取值應該謹慎選擇。選取方塊一開始可設定爲「未選取」。或者更好的做法是，從最常使用的項目開始。

六種常見的選取方塊是：**核取方塊 (check box)**、**單選按鈕 (radio button)**、**螢幕清單方塊 (on-screen list box)**、**下拉式清單方塊 (drop-down list box)**、**組合下拉式清單方塊 (combo box)** 以及**滑桿 (slider)** (參閱圖 11-15)。選擇文字選取方塊的考量，通常最後回到螢幕的空間以及使用者可選擇的個數。如果螢幕空間有限，而且只有一項可選，那麼下拉式清單方塊將是最好的選擇，因爲並非所有清單項目必須顯示在螢幕上。如果螢幕空間有限，但是使用者可選多個項目，那麼便可使用螢幕上清單方塊，用以顯示一些項目。核取方塊 (用於多重選擇) 和單選按鈕 (單一選擇) 兩者都需要讓所有的清單項目持續被顯示出來，因此需要較多的螢幕空間，但是由於所有的可選擇項目都列出來了，所以對新手使用者來說，反而比較簡單。

◆ 輸入驗證

所有放到系統的資料都必須加以驗證，以確保其準確性。輸入**驗證 (validation)** [也稱爲**編輯檢查 (edit checks)**] 有許多形式。理想上，電腦系統不應該接受任何沒有通過驗證檢查的資料，無效的資料應該避免進入系統。然而，這樣的檢查可能很困難，無效的資料隨時會不經意地透過資料輸入員或使用者的輸入而悄悄溜進系統。此時，就要靠系統來檢查無效的資料，進而修改或通知某人來解決資訊的問題。

驗證檢查有六個不同種類：**完整性檢查 (completeness check)**、**格式檢查 (format check)**、**範圍檢查 (range check)**、**檢查碼檢查 (check digit check)**、**一致性檢查 (consistency check)**，以及**資料庫檢查 (database check)** (參閱圖 11-16)。每個系統至少應該在所有輸入資料的地方使用其中一種檢查。

輪到你　11-9　就業輔導

請考量一張網頁表單，在這張表單上，學生可將學生資訊及履歷表資訊，輸入到你大學的就業輔導應用系統。首先，草擬這張表單的外觀，然後確認要包括的欄位。你會使用何種正確性檢查來確保正確的資料被輸進系統？

驗證種類	何時使用	注意事項
完整性檢查 確保所需資料均已輸入	在表單處理之前必須輸入幾個欄位的時候	如果所需資訊不見，表單會以未處理時的狀態回到使用者
格式檢查 確保資料有正確型態 (如，數字) 及正確格式(如，月、日、年)	當欄位是數值型或包含編碼資料時	理想上，數字欄位不該允許使用者鍵入文字型資料，但如果這做不到的話，輸入的資料則必須予以檢查，確定它是數值。 有些欄位使用特殊代碼或格式 (例如，牌照號碼有三個字母與三個數字) 必須加以檢查。
範圍檢查 確保數字資料在最小值與最大值之間	如果可能的話，要針對所有數字資料。	範圍檢查只允許介於正確值之間的數字。 這種系統也可用來篩選「合理性」的資料──例如，剔除 1880 年之前的生日，因爲人類通常活不到超過 100 歲 (最可能爲 1980 年)。
檢查碼檢查 檢查碼被加到數字代碼	當使用數字代碼時	檢查碼是附加到代碼的數字，促使系統可以很快驗證正確性。例如，美國社會安全號碼 (SSN) 與加拿大社會保險號碼 (SIN) 只在九個位數中分配八個號碼，第九個號碼──檢查碼──是利用數學公式從前面八個號碼計算而得的。 當識別號碼被輸進電腦系統時, 系統使用公式並且把計算結果與檢查碼作比較。如果數字不符合，便發生錯誤。
一致性檢查 確定資料的組合是有效的	當資料有關聯時	資料欄位經常是關聯的。例如，某人的生日應該在他或她的結婚年度之前。 雖然系統不可能知道哪一筆資料不正確，但是它能報告錯誤給使用者知道，供其改正之用。
資料庫檢查 比較資料庫 (或檔案) 裡的資料，確定其正確性	當資料可供檢查時	資料拿來與資料庫 (或檔案) 內的資訊做比對，確定其是否正確。例如，在接受識別號碼之前，詢問資料庫確定該數字是否有效。 由於資料庫檢查比其他種類的檢查更加昂貴 (它們需要系統做更多的事)，所以大多數系統會先執行其他檢查，然後在通過所有先前檢查之後再執行資料庫檢查。

圖 11-16　輸入驗證的種類

輸出設計

輸出是系統產生的報告，無論在螢幕上、報表上或其他媒體上，像是網頁等。輸出也許是任何系統最看得見的部分，因爲使用資訊系統的一個主要理由是取用其所產生的資訊。

◆ 基本原則

輸出機制的目標是呈現資訊給使用者看，以便他們不用太費力就能夠正確地了解它們。輸出設計的基本原則反映出輸出是如何的被使用，以及讓使用者瞭解它們更簡單的方法。

了解報表的使用　設計報表的第一項原則是，了解報表會被如何使用。報表可用於許多不同用途。在一些情形中──但並非經常──由於所有資料都是必要的，所以報表是逐頁閱讀。在大部分情形下，報表是用來確認特定的項目，或是被用來尋找資訊的參考，所以報表上項目排列的順序以及分組十分重要。這對於電子式的報表或網頁式報表尤其重要。打算從頭到尾閱讀的網頁式報表應該呈現於一個長長的可捲動頁面上，然而那些主要被用來尋找特定資訊的報表應該被分解成若干頁，且每頁都有個別的連結。報表的頁碼與報表的準備日期對於參照報表也很重要。

報表的使用頻率在設計及散布上也扮演重要的角色。**即時報表 (real-time report)** 提供即時正確的資料 (如，股市交易)。**批次報表 (batch report)** 則提供歷史性的資訊，可能是數月、數天或數小時的資料，而且也時常提供額外的資訊 (如，總計、摘要、歷史平均值)。

本質上，即時報表並非優於批次報表。唯一的優點在於資訊的時間價值。如果報表的資訊在時間上是急切的 (例如，股價、飛航管制資訊)，那麼即時報表就有其價值。由於產生即時報表的成本很昂貴，所以，除非它們提供明確的企業價值，否則不值得投資那些額外的成本。

管理資訊負載　大多數經理人都會得到太多的資訊，而非太少資訊 (即，經理人必須處理的**資訊負載**實在太大了)。良好報表的目標在於提供所需要的資訊，用以支援相關的工作。這不是意謂著，報表必須提供主題有關的所有**可用**資訊──只有那些使用者爲了執行他們的工作所決定需要的。在一些情況下，這可能造成對相同的使用者在相同的主題下產生好幾個不同報表。這並不是個不好的設計。

就西方國家使用者來說，最重要的資訊應該放在螢幕或報表的左上角。資訊應該提供有用而無需修改的格式。使用者不應該還需要重新排序報表的資訊，或標出重要的資訊，以更容易的在成堆的資料中找出它，或執行額外的數學計算。

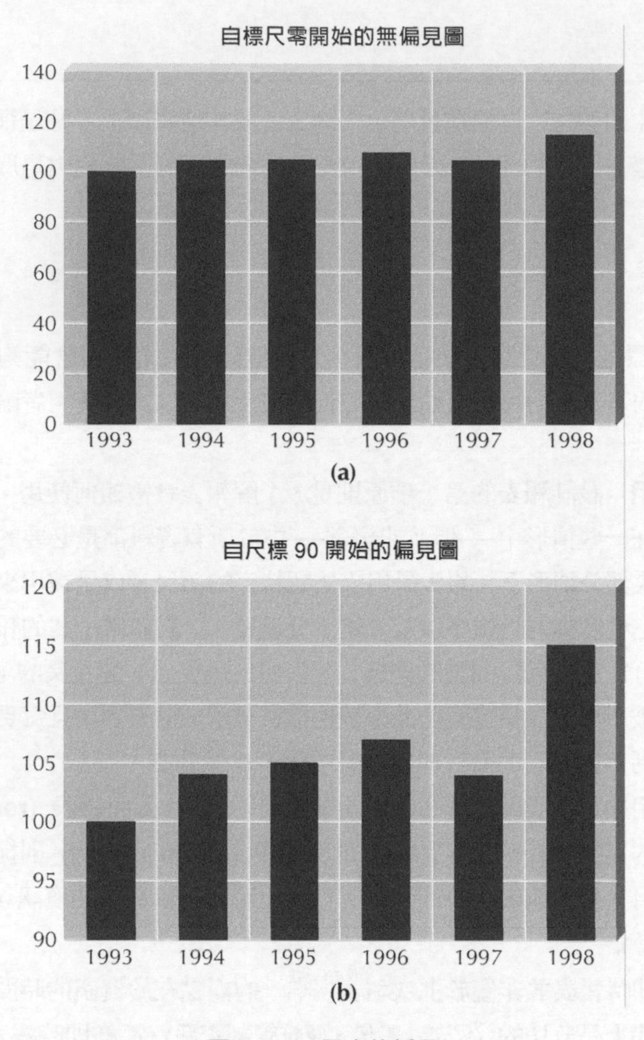

圖 11-17　圖中的偏見

減少偏見　沒有分析師想要設計一個存有偏見的報表。偏見的問題其實很微妙、敏感；分析師有可能在無意中引進來。例如，資料清單的排序方式可能會引進**偏見 (bias)**，因爲第一個出現在清單中的項目，比起後來出現在清單的項目更吸引人的目光。資料通常依字母前後順序排序，所以那些以 **A** 字母開頭的項目較爲顯著。資料可以按照年代順序排列 (或相反的順序)，把更多的重心放在較舊的 (或最近的) 項目上。資料可以依照數值排序，強調較高或較低的數值。例如，考慮一張依州別的月銷售報表。報表應該依州名的字母列出、依照銷售量以遞減順序列出，還是以其他方式列出 (如，地理區域)？這個問題並沒有簡單的答案，除了說呈現的順序應該匹配所使用的資訊。

圖形畫面與報表可能呈現特別具挑戰性的設計議題。[11]圖面上軸的刻度特別容易導致偏見。對大多數圖來說，刻度應該從零開始；否則數值之間的比較可能會被誤導。例如，圖 11-17 是不是顯示從 1993 年以來銷售量大爲增加？兩張圖表的數字一樣，但是呈現出來的視覺影像就相當不同。乍看圖 11-17a 之下會認爲只有小小的改變，然而看圖 11-17b 之後卻可能覺得有顯著的增幅。事實上，銷售量在五年間已增加 15%，或者說每年增加 3%。圖 11-17a 呈現最正確的圖；圖 11-17b 則有偏見，因爲刻度開始於很低的值 (接近最低值)，誤導人們以爲有很大的變化 (也就是說，從 1993 年的「兩行」近乎倍增到 1998 年的「五行」)。圖 11-17b 是由 Microsoft Excel 產生的預設圖。

輪到你 11-10 找出偏見

閱讀最近的報紙或受歡迎的新聞雜誌，像是《時代雜誌 (Time)》、《新聞週刊 (Newsweek)》或《商業週刊 (BusinessWeek)》，找出四張圖表。多少張有偏見？如果有，爲什麼？

◆ 輸出的類型

報表有許多不同種類，包括明細表 (detail report)、彙總表 (summary report)、例外報表 (exception report)、迴轉文件 (turnaround document) 與圖 (graph) (參閱圖 11-18)。要將報表加以歸類很具有挑戰性，因爲報表都有一些不同的特性。例如，有些明細表也產生摘要性的加總數據，因而使它們也變成彙總表。

◆ 媒體

許多不同類型的媒體可用來產生報表。今日使用的兩個主要媒體是紙張與電子型式。其中紙張較爲傳統幾乎跟人類的組織一樣長久，紙張型報表或類似的媒體 (如，紙草、石頭) 一直存在。紙是永恆的、易於使用，而且在大多數情況可以取得。它也具有高度可攜性，至少對於簡短報表而言是如此。

---

[11] 有關圖形畫面設計的一些好書，包括 Edward R. Tufte, published by Graphics Press in Cheshire, Connecticut:*The Visual Display of Quantitative Information, Envisioning Information*, and *Visual Explanations*.另一本好書是 William Cleveland, *Visualizing Data*, (Summit, NJ:Hobart Press, 1993)。

紙張也有一些顯著的弱點。它沒有彈性。一旦印出，就不能分類或重新格式化來呈現不同角度的資訊。同樣地，如果報表上的資訊改變，整個報表就要重印。紙張報表比較貴，不易複製，而且需要相當的補充品 (紙、墨水) 與儲藏空間。紙張報表也難以迅速移動於長距離的地方 (例如，從 Toronto 的總公司到 Bermuda 的分公司)。

許多組織因此轉向電子型式的報表，其中報表被「印出」，但是以電子格式儲存在檔案伺服器或網頁伺服器上，供使用者存取。通常，這些報表使用比紙張報表還多的預定格式，而且製造與儲存不同格式的成本很小。電子報表也可隨時依需要而產生，而且使用者更容易搜尋某些字。此外，電子報表可以提供一種方法，支持特別設定的報表 (ad hoc report)，即使用者在報表產生的當時，才訂定報表的內容。一些使用者仍然會自己使用印表機印出電子型式的報表，但是長距離的電子傳遞方式相較於它們僅有紙張型式時，更容易讓更多使用者取用該報表，所降低的成本通常已經抵銷了當場列印的成本。

報表種類	何時使用	注意事項
明細表 列出所有要求項目的詳細資訊	當使用者需要項目的完整資訊時	這種報表通常回應一個符合某條件的查詢而產生。 這種報表通常需要逐頁閱讀，才能深入了解其中項目。
彙總表 列出所有項目的摘要資訊	當使用者需要許多項目的簡短資訊時	這種報表通常回應一個符合某條件的查詢而產生，但是可能是一個完整的資料庫。 這種報表用來比較某些項目。 項目的排列順序很重要。
迴轉文件 輸出「回過頭來」，變成輸入	當使用者 (經常是客戶) 必須退回輸出供處理時	迴轉文件是一種特殊的報表，既是輸出，也是輸入。例如，大部分寄給客戶的帳單 (如，信用卡帳單)，提供應繳總額的資訊，並且也內含一張表格，供客戶填寫並付款寄回。
圖形 使用圖加上數字表格；或是只使用圖，取代數字表格	當使用者必須比較幾個項目之間的資料時	好的圖形有助於使用者比較數個項目，或了解其中一項如何隨時間而改變。 圖形不擅於幫助使用者認明精確的數值，如果精確度很重要的話，應該與資料表一起結合使用。 當要比較項目間的數值時，直條圖通常優於數字表或其他圖表 (但應避免使用三度空間的圖表)。 折線圖易於比較時間分布的數值，而散布圖易於發現群聚或不尋常的資料。 圓形圖呈現比例或全體中的相對佔有率。

圖 11-18　報表的類型

概念活用　11-C　找錯學生

我幫過一個大學科系發展小型的決策支援系統，希望對於申請特殊課程計畫的學生加以分析及排名。其中一些資訊是數值型的，所以可以輕易而直接地處理 (例如，平均分數、標準化測驗分數)。其他資訊則需要教師做主觀的判斷 (例如，課外活動、工作經驗)。使用者透過幾個資料分析畫面 (學生依字母順序列出)，輸入他們對於主觀資訊的評估分數。

為了讓系統「更易於使用」，報表特別設計可以列出分析的結果，並且依學生姓名而非名次排列。在安裝之前的一系列測試中，使用者選擇錯誤錄取學生的情況卻達 20%。他們誤以為列在最前面的學生是第一名，而選擇前面的學生作為錄取名單。報表既沒有標題，也沒有說明學生姓名依字母順序排列，導致使用者看錯報表。

—Alan Dennis

問題：

1. 由於使用者假定學生清單是依名次排列的，所以這個系統有偏見。假設你是一位分析師，負責減少這個應用系統的偏見情形。請問，你還可以在哪裡找到系統的偏見？你將如何排除？

概念活用　11-D　削減用紙，節省金錢

我曾經跟一家財星 500 大的公司合作過，公司的全球總部設在 18 層樓高的辦公大樓。公司足足用了兩層樓面放置「當期的」的報表紙 (一間獨立的倉庫則位於外地，專門用於「檔案歸檔」，如課稅文件等)。想像一下，總公司每年得花多少成本在那些放置報表的辦公室空間上。現在想像一下，職員將如何取得一份報表，以及你如何能夠很快地了解電子報表背後隱藏的驅動力，即使大部分使用者最後還是直接印出來了事。在一年的時間內，我把它換改電子報表 (與實際報表量一樣多)，如今報表紙的儲藏空間已經縮小到一個小小的儲藏室。

—Alan Dennis

問題：

1. 何種報表最適合於電子格式？
2. 何種報表比較不適合於做成電子報表？

非功能性需求與人機互動層設計[12]

人機互動層受到非功能性需求的影響很大。在本章的前文中，我們處理議題，像是使用者介面配置、內容意識、美學、使用者經驗與一致性。這些需求與系統的功能需求沒有任何關係。然而，如果它們被忽略，系統會被證明是無法使用的。像資料管理層，有四個非功能性需求的類型在設計人機互動層方面非常重要：操作、效能、安全和文化/政策的需求。

操作需求，如硬體和軟體平台的選擇、人機互動層設計的影響。舉例來說，某些事簡單如在一個滑鼠上的按鍵數目 (一、二、三，或更多) 改變使用者將經驗的互動。其他操作能夠影響人機交互層設計的非功能性需求，包括系統整合和可攜性。在這些情況，可能需要網路的解決方案，這會影響設計，不是所有使用者介面有效率地的功能在網路上一樣地有效率及 (或) 有效用的被實作出來。這導致出現額外的使用者介面設計工作。

經過這段時間，效能需求對於這一層已經變得不是問題了。然而，速度上的需求仍然是最重要的。當他們正在等候系統回應的時候，大多數的使用者不介意是按返回鍵，或者點一下滑鼠且休息一下喝杯咖啡。同樣地，效率的議題仍然要被強調。視所使用的使用者介面工具而定，可能需要不同的使用者介面元件。此外，人機互動層和其他層之間的互動一定要考慮到。例如，如果系統回應很慢，於問題領域層中納入更有效率的資料結構，包括資料管理層中的資料表中加入索引，且/或需要跨越實體架構層複製物件。

安全性需求對人機互動層的影響，主要處理的是所實施的存取控制，以保護物件免於未授權的存取。這些控制的大部分將透過資料庫管理層的 DBMS 與實體結構層的作業系統來執行。然而，人機互動層設計一定要包括適當的登入控制和加密的可能性。

文化和政策需求能影響人機互動層的設計，包括多語言的需求和不確定的標準。多語言的需求包括簡單的關心，如分配予欄位的字元數目。舉例來說，顯示同等的訊息時，西班牙語要比英語多花 20 至 30%的字元。此外，還有許多不同的字母。同時，翻譯某則訊息從一個語言到另一個語言仍然不是非常自動的過程式。[13] 不確定的標準需求包括以適當的格式顯示日期 (MM/DD/YYYY 和 DD/MM/YYYY)。另一個值得關

---

[12] 由於絕大多數非功能性需求都會影響到實體架構層，我們將在第十二章提供更多的細節。

[13] 例如，輸入文字「I would like my steak cooked rare into babel fish」(http://babelfish.yahoo.com/) 並將之翻譯為俄文，接著再譯回英文。你會得到「I wanted would be my rare welded [steykom] done」不完全是最有用的翻譯。

心的是使用者介面的配置。因爲英語是從左向右且向下讀的，我們傾向於以相似的方法設計使用者介面的配置。但是並非所有的語言都以這樣的順序來閱讀。最後，顏色的使用可能很棘手。不同的文化對不同的顏色有著不同的詮釋意義。舉例來說，黑色和白色的寓意，視觀賞該使用者介面的文化而定。在許多西方的文化，黑暗示壞而白暗示好。然而，在某些東方文化，反面解釋才是對的。欲使一個系統能眞正在全球性的環境下使用，使用者介面一定要是可根據當地的文化需求來定製。

應用觀念於 CD Selections 公司

在 CD Selections 公司網際網路銷售系統案例中，有三個不同的高層次使用案例 (參閱圖 5-19)：Maintain CD Information、Place Order 與 Maintain CD Marketing Information。也有六個與使用案例 Place Order 相關的額外使用案例，Maintain Order、Checkout、Create New Customer、Place InStore Hold、Place Special Order 與 Fill Mail Order。爲了讓目前例子不至於過於複雜，現在我們只把重心集中在 PlaceOrder、Maintain Order 與 Checkout 等使用案例。

◆ 使用場景的開發

介面設計程序的第一個步驟是，擬定網路銷售系統的主要使用場景。因爲 Alec 指派自己來設計人機介面層，他開始先檢視必要的使用案例 (參閱圖 5-18)，並且思考使用者的類型以及他們會如何與系統互動。當作個起頭，Alec 確認出了兩個使用場景：browsing Shopper 及 hurry-up Shopper (參閱圖 11-6)。[14] Alec 也想到一般網站的幾個其他使用場景，但是他剔除了它們，因爲那些跟網路銷售的部分無關。同樣地，他也想到幾個沒有銷售功用的使用場景 (例如，歌迷找尋他們最喜愛的歌星與專輯等資訊) 也一併被省略了。

◆ 介面結構設計

接著，Alec 建立網路系統的 WND。他從 Place Order、Maintain Order 與 Checkout 等幾個必要的使用案例著手，確定所有爲該系統所定義之功能性都已被加進 WND 之

[14] 當然，或許有必要根據這些客戶群修改原來的必要使用案例。再者，結構與行為模型可能有必要修改。注意，物件導向系統分析與設計是反覆的與漸增的，因此，額外的需求任何時候都可能被發現。

中。圖 11-19 呈現網路銷售系統的網路部分之 WND。系統的開始是一個首頁，包含了銷售系統的主要功能表。根據必要的使用案例，Alec 確認了四項基本操作，他覺得可以放在主要功能表上：搜尋 CD 目錄、依音樂類別搜尋、回頭查看購物車的內容，以及實際下單。每項操作都可以做成首頁上的超連結。

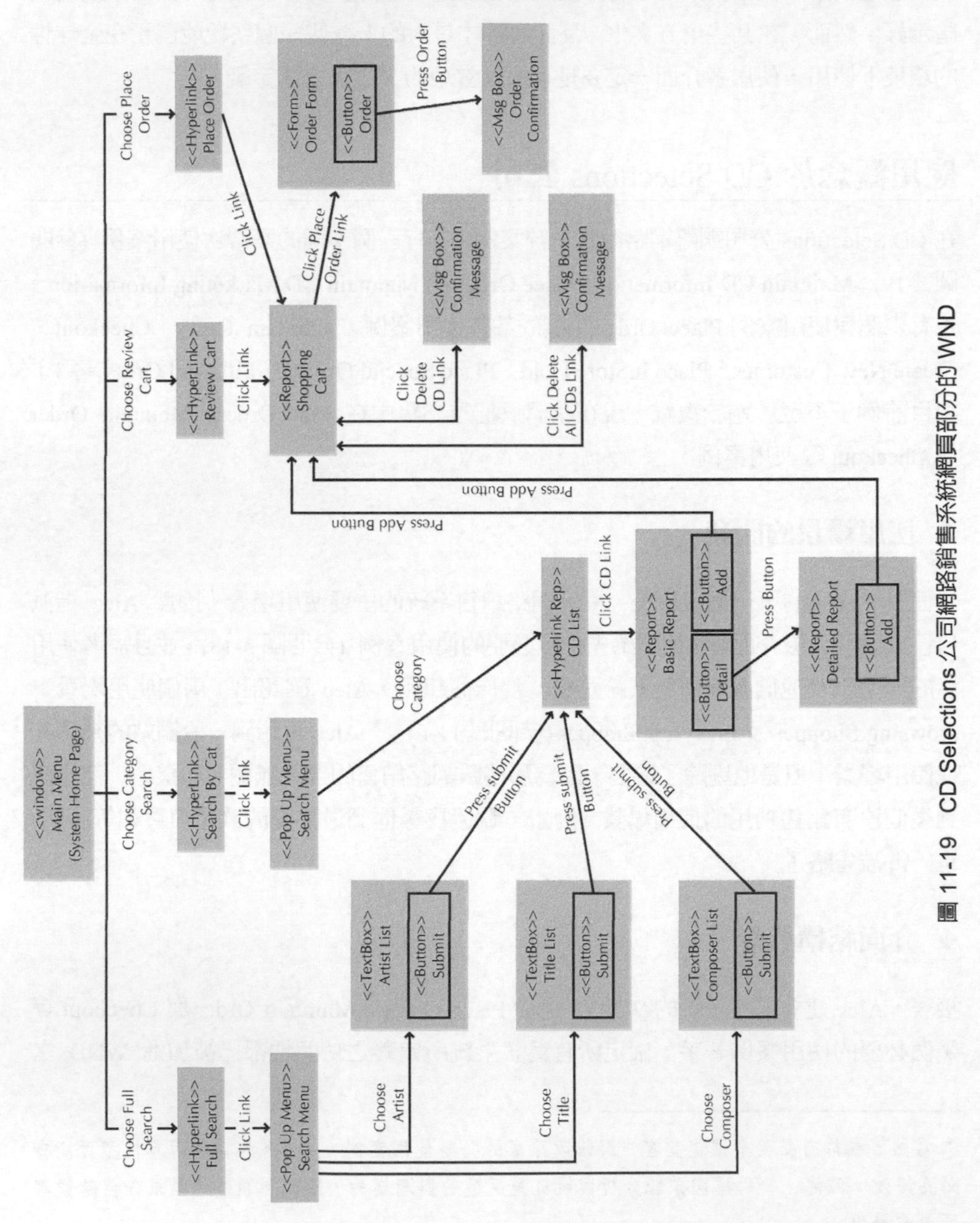

圖 11-19　CD Selections 公司網路銷售系統網頁部分的 WND

Alec 決定把整個搜尋部分作成快顯式搜尋功能表，允許客戶根據演唱者、歌名或作曲家選擇搜尋 CD 目錄。他進一步決定需要設計一個文字方塊，可以讓使用者輸入演唱者、歌名或作曲家的名稱，根據所請求的搜尋類型而定。最後，他選擇使用一個按鈕，將請求送給系統。在按下 Submit (送出) 鍵後，系統產生一份報表，由每張 CD 個別資訊的相關超連結所組成。一份包含 CD 基本資訊的報告，在按下與該 CD 相關的超連結之後產生。在這個基本報表上，Alec 增加了幾個按鈕用以選擇找尋 CD 的其他資訊，以及把 CD 加入購物車。如果按下 Detail (明細) 鍵會產生一份該 CD 行銷資訊的明細報表。最後，Alec 決定在這份報表上加上一個按鈕，以便將 CD 加到購物車。

第二個在首頁上被支援的基本操作是允許使用者依音樂類別搜尋 CD 目錄。像先前的操作一樣，Alec 選擇使用快顯式搜尋功能表來製作類別搜尋。在這情況下，客戶一旦選擇了分類別，系統將會產生一份含有指向每個 CD 個別資訊的超連結的報表。自此以後，導覽方式便同於先前的搜尋了。

第三個被支援的操作是回頭查看購物車的內容。在這情況，Alec 決定塑造購物車為一份含有三種類型超連結的報表；一種超連結是從購物車移除單張 CD，另一種超連結是從購物車移除所有 CD，最後一種超連結則是下訂單。如果使用者的操作被確認的話，移除超連結將從購物車移除單張 CD (或所有 CD)。下訂單的連結引導客戶到一張訂購單上。一旦客戶填完訂購單，必須按下訂單按鈕。系統接著回應一個訂單確認的訊息。

第四個在首頁上被支援的操作是，允許客戶直接下訂單。審視之後，Alec 決定下訂單與回顧購物車的操作是一樣的。因此，他決定強迫使用者以同樣的程序下訂單及回頭看購物車內容的操作。

Alec 也預見使用框架，使用者將可以很快從任何畫面回到首頁。記載下這些會帶給 WND 太多行的文字，因此，Alec 只在 WND 放了一個備註。

改版後的 WND Alec 接著檢查使用場景，看看初期 WND 如何讓不同使用者看待系統。他從使用場景 Browsing Shopping 開始，然後在 WND 中一路跟隨它，想像著每個畫面的長相以及假裝在系統中巡覽。他發現 WND 工作的很好，但是他也注意到一些與購物車有關的小問題。首先，他決定允許使用者從購物車中取得 CD 相關資訊是很合理的事。因此，他將使用者介面元件的模版從 Report 改成 HyperLink Rep，並且把 Shopping Cart 的超連結加到不同搜尋請求所建立的 Basic Report。其次，他注意到 Shopping Cart 使用超連結以連到 Removal 與 Place Order 的程序。然而，在 WND 的所有其他元件，他使用按鈕來塑造等效的概念。因此，他決定改變購物車元件，將這些連線製作成按鈕。當然，這也強迫他必須修正轉移。

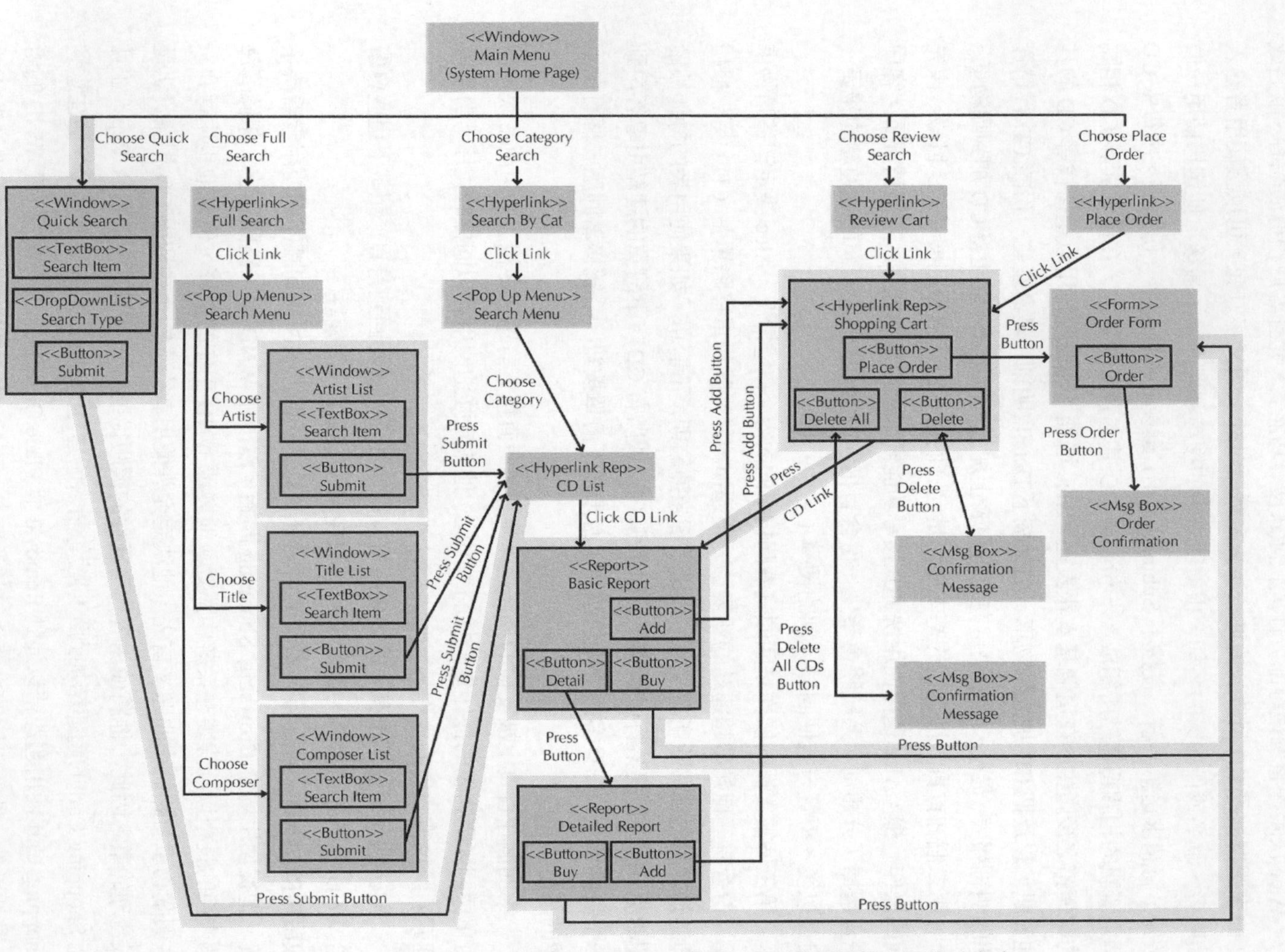

圖 11-20 CD Selections 公司網路銷售系統的網頁部分 (醒目提示表示修改之處)

Alec 接著研究使用場景 Hurry-Up Shopping。在這個例子，WND 表現得不是那麼好。從首頁移走、移到搜尋網頁、移到匹配之 CD 清單，移到含有 CD 價格及其他資訊網頁，需要三次的滑鼠點選動作。這符合三次點選規則，但對一些匆忙的使用者而言，這可能還嫌多。Alec 決定在首頁上加上快速搜尋選項，讓使用者輸入一則搜尋條件，然後利用一次的點選動作，就能把使用者帶到符合該條件的一張 CD 或 CD 清單 (如果很多張 CD 的話)。這對於迫不及待的使用者而言，他們可以在一兩次的點選動作內，找到有興趣的 CD。

一旦 CD 顯示於畫面上，使用場景 Hurry-up Shopper 會建議使用者立刻購買 CD、進行新的搜尋或離開網站並到別的網站。這指出了兩項重要的變更。首先，必須有一個簡單的方法到下訂單的畫面。如 WND 所呈現 (參閱圖 11-19)，使用者必須增加項目到購物車，然後點選 HTML 框架上的連結，到達下訂單的畫面。儘管使用者會察覺到框架裡的下訂單連結的能力會留待到介面評估階段，但是，Alec 揣測，根據過去的經驗，很多使用者不會看到。因此，他決定在 Basic Screen 畫面與 Detailed Report 畫面加上一個按鈕，稱之為 Buy (參閱圖 11-20)。

其次，Hurry-up Shopper 可能想要尋找另一張 CD，而不是買 CD，因此，Alec 決定把首頁上的快速搜尋此一項目包括在框架上。這將使在系統中任何地方可以立即搜索。這意味著所有主頁上的功能現在被帶到了框架上。Alec 更新了 WND 底部的備註文字，藉以反映這項變更。

最後，審查 WND 之後，Alec 重新塑造 Artist List、Title List 與 Composer List 成視窗的模版，而不是文字方塊的模版。然後把 Search Item 文字方塊加到每個元件。圖 11-20 呈現改版後的使用案例 Place Order 網頁部分的 WND。所有的變更之處都特別標示出來。

◆ 介面標準設計

一旦 WND 完成，Alec 就繼續研擬系統的介面標準。介面隱喻是很直接了當的。CD Selections 音樂門市。主要的介面物件與動作也是一樣直接了當的，如同使用 CD Selections 公司的標誌圖示 (參閱圖 11-21)。

◆ 介面範本設計

對於介面範本，Alec 選擇了乾淨俐落的設計：有著摩登的背景樣式，而 CD Selections 公司的標誌放在左上角。範本有兩個導覽區：頂端有一個功能表，用於導覽整個網站

(例如，整個網站首頁、門市位置)，以及左側邊有一個功能表用於導覽網路銷售系統。左邊的功能表包含了高層次操作 (參閱圖 11-19 的 WND) 與「快速搜尋」選項的連結。螢幕的中央則被用來顯示適當的操作被選取之後的表單與報表 (參閱圖 11-22)。

此時，Alec 決定，在把時間投資於製作介面設計的雛型之前，尋求關於介面結構與標準的快速回饋。因此，他和專案發起人 Margaret Mooney、顧問 Chris Campbell 開會，討論有關即將浮現的設計。此時改變將比事後改變雛型來得容易。Margaret 與 Chris 有一些建議，所以會後，Alec 也作了一些變更，然後邁向設計雛型的步驟。

介面隱喻：CD Selections 公司的音樂門市

介面物件：

- **CD**：所有音樂品項，不論是 CD、錄音帶或是 DVD，除非區分它們是很重要的。
- **演唱者**：錄製 CD 的個人或團體
- **名稱**：CD 的標題 (title) 或名稱 (name)
- **作曲家**：編寫 CD 音樂的個人或團體 (主要用在古典音樂上)
- **音樂類別**：音樂的類型；目前的分類包括搖滾、爵士、古典、鄉村、另類音樂、原聲帶、饒舌歌、民謠、福音
- **CD 清單**：符合指定條件的 CD 清單
- **購物車**：暫時存放所選擇 CD 的地方，直到下訂單爲止

介面動作：

- **搜尋**：顯示符合指定條件的 CD 清單
- **瀏覽**：依某種條件排序的 CD 清單
- **購買**：授權特殊訂單或予以保留

介面圖示：

- **CD Selections 公司標誌**：將使用於各個螢幕畫面

圖 11-21　CD Selections 公司的介面標準

◆ 介面設計雛型化

Alec 決定發展系統的 HTML 雛型。網路銷售系統是 CD Selections 公司的新領域，也是新的企業經營模式的策略性投資，因此，確定沒有忽略任何重要議題，是一件非常重要的事情。HTML 雛型將能夠提供最詳細的資訊，並且促進介面的互動評估。

在設計雛型方面，Alec 從首頁的畫面著手，然後逐漸做其他畫面。這個過程是非常反覆的，而且他一邊工作一邊改變畫面的設計。一旦它完成第一個雛型的設計，他將它放到 CD Selections 公司的內部網路上，徵求公司內幾位具有網頁經驗朋友的寶貴意見。他根據收到的意見再加以修正。圖 11-23 展現一些雛型的畫面。

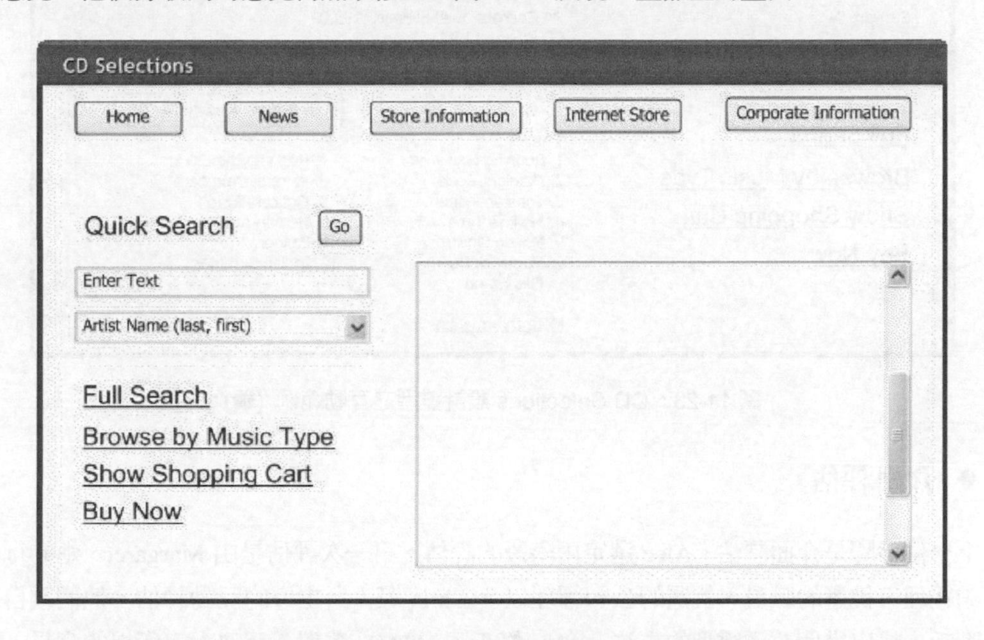

圖 11-22　網路銷售系統的網頁部分的範本

圖 11-23　CD Selections 設計雛型之互動範例

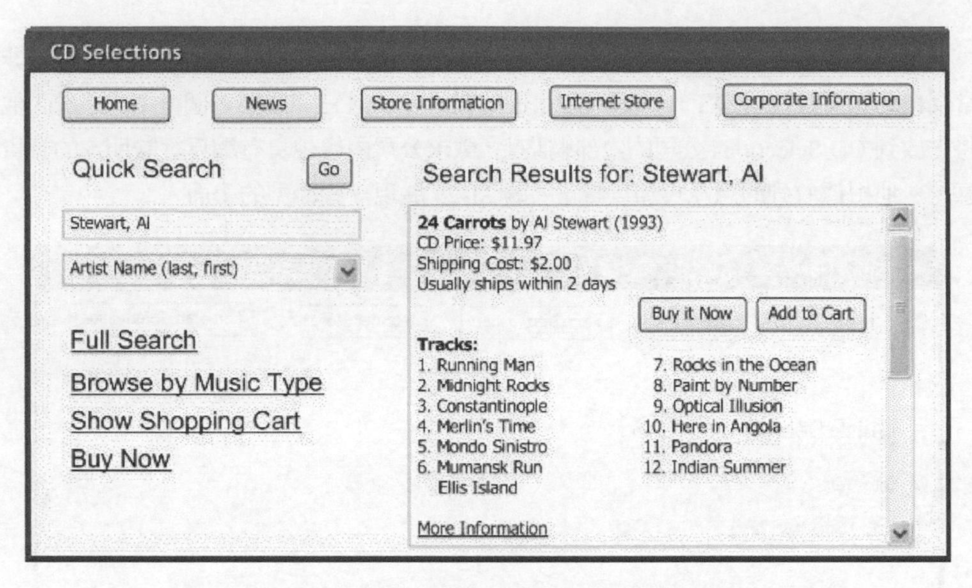

圖 11-23　CD Selections 設計雛型之互動範例 (續)

◆ 介面評估

下一個步驟是介面評估。Alec 選定兩階段的評估。第一次評估是由 Margaret、她的行銷經理、挑選的職員、挑選的公司經理以及 Chris 等人所主導的互動評估。他們親自動手，找出幾個改進雛型的方法。Alec 修正了 HTML 雛型，反映大家所提的意見，並且請 Margaret 與 Chris 再看一次。

第二次評估是另一次的互動評估，這次是由兩個焦點小組 (潛在客戶所組成) 來進行，一組很少有網際網路的經驗，另一組則有豐富的網際網路經驗。他們再度確認出一些細微的改變。Alec 也再度修正 HTML 雛型，而且請 Margaret 與 Chris 再看一次。如果他們滿意了，介面設計就算完成。

◆ 導覽設計文件說明

Alec 完成的最後步驟是，如何透過實際使用案例加以記載導覽設計。為了完成這點，Alec 收集了必要使用案例 (參閱圖 5-18)、使用場景 (參閱圖 11-6)、視窗導覽圖 (參閱圖 11-20)，以及使用者介面雛型 (參閱圖 11-22 與 11-23)。首先，他把必要的使用案例內容複製到實際使用案例。他把類型從「明細，基本」改為「明細，實際」，而且主要參與者特別改成「瀏覽的使用者」，而非只是「使用者」而已。其次，他具體的寫出一組步驟與回應，用以描述瀏覽的使用者與系統之間的互動。圖 11-24 呈現實際使用案例中常態事件流程與子流程這兩節的部分步驟。最後，他重複 Hurry-Up Customer 的步驟。

Use-Case Name: Place Order　　ID: 15　　Importance Level: High

Primary Actor: The Browsing Customer　　Use-Case Type: Detail, Real

Stakeholders and Interests:　Customer　Wants to search web site to purchase CD
EM Manager　Wants to maximize customer satisfaction.

Brief Description: This use case describes how customers can search the web site and place orders.

Trigger: customer visits web site
Type: External

Relationships:
Association: Customer
Include: Checkout, Maintain Order
Extend:
Generalization:

Normal Flow of Events:
1. The Customer visits the Web site.
2. The System displays the Home Page
If the Customer wants to do a Full Search, execute S-1: Full Search
If the Customer wants to Browse by Music Type, execute S-2: Browse by Music Type
If the Customer wants to see any Special Deals, execute S-3: Special Deals
If the Customer wants to see the contents of the Shopping Cart, execute S-4: Shopping Cart
If the Customer wants to Buy Now, execute S-5: Buy Now
3. The Customer leaves the site.

Subflows:
S-1: Full Search
1. The Customer clicks the Full Search hyperlink
2. The System displays the search type pop-up menu
If the Customer chooses an Artist search, execute S-1a: Artist List
If the Customer chooses an Title search, execute S-1a: Title List
If the Customer chooses an Composer search, execute S-1a: Composer List
S-1a: Artist List
1. The System displays the Artist List window in the Center Area of the Home Page.
2. The Customer enters the Artist Name into the Search Item text box.
3. The Customer presses the Submit button.
4. The System executes S-2a: CD List.
S-2a: CD List
1. The System displays the CD List hyperlink report.
2. The Customer chooses a CD to review by clicking the CD link.
3. The System executes S-2b: Display Basic Report
4. Iterate over steps 2 and 3.

Alternate/Exceptional Flows:

圖 11-24　Browsing Customer 實際使用案例 (只顯示部分清單)

輪到你 11-11 CD Selections 公司的網路銷售系統

在這個時間點，你應該扮演 Alec 的角色，並完成人機互動層的設計。這包括增加使用場景、更新 WND、更新使用者介面範本的設計、更新使用者介面的雛型，並添加任何額外的實際使用案例。

摘要

◆ 使用者介面設計原則

使用者介面設計的第一個要素是，螢幕、表單或報表的配置，通常使用長方形來描述這個配置，頂部區域爲導覽、中央區域爲輸入與輸出、底部區域爲狀態行。設計應該幫助使用者了解內容與環境，不管是瀏覽於系統的不同部分之間，或任何表單或報表之內。所有介面應該賞心悅目 (不是藝術作品)，並且需要包括適當的空白、謹慎使用顏色，以及字型要保持一致。大部分的介面應該朝支援新手/第一次使用者與有經驗的使用者而設計。設計上的一致性 (系統內或者跨系統之間)，對於導覽控制項、術語與表單及報表的配置很重要。最後，所有介面應該嘗試減少使用者的操作工夫，例如，從主要功能表開始，只要利用三次的點選，就可執行一項動作。

◆ 使用者介面設計程序

首先，分析師發展使用場景，用以描述使用者執行動作的常見模式。其次，他們以必要使用案例爲基礎，透過 WND 而設計介面結構。然後 WND 以使用場景來測試，確定使用者是不是能夠很快且平順地執行這些場景。第三，分析師根據介面隱喻、物件、動作及圖示來定義介面標準。這些要素是透過對系統每個主要部分的基本介面範本的設計而繪在一起。第四，各個介面被雛型化，不管是透過簡單的故事腳本，或 HTML 雛型，或使用系統本身的開發語言 (如，Visual Basic)。最後，介面評估可以使用啓發性評估、演練評估、互動評估或可用性測試而完成。這項評估幾乎總是能辨識出改善之處，因此，介面要重新設計並且進一步評估。

◆ 導覽設計

導覽設計的基本目標是，儘可能讓系統易於使用，並且避免使用者犯錯，簡化錯誤復原，以及使用一致的語法順序 (通常是物件-動作的順序)。於導覽中指令語言、自然語言與直接操作被使用到，但是最常用的方法是功能表 (功能表列、下拉式功能表、快顯功能表、頁籤功能表、按鈕與工具列，以及影像地圖)。錯誤訊息、確認訊息、認可訊息、延遲訊息及說明訊息是常見的訊息類型。一旦導覽的設計獲得認可，便以 WND 及實際使用案例的形式記載下來。

◆ 輸入設計

輸入機制的目標是，輕鬆簡單地捕捉系統需用的正確資訊，通常透過線上或批次處理、捕捉來源處的資料，及減少按鍵而達成。輸入設計包括輸入螢幕的設計及資料在輸進系統前用來收集資料的所有預印表單。輸入的類型有很多，像是文字欄、核取方塊、單選按鈕、螢幕清單方塊、下拉式清單方塊及滑桿。大多數輸入的驗證可以搭配完整性檢查、格式檢查、範圍檢查、檢查碼檢查、一致性檢查與資料庫檢查等來完成。

◆ 輸出設計

輸出機制的目標是呈現資訊給使用者看，使得他們用最少的工夫正確地理解它，通常藉著了解報表如何使用以及如何設計報表，設法減少資訊負載與偏見而達到此一目標。輸出設計意指螢幕以及其他媒體的報表，像是紙張及網頁等。報表有許多種，像是明細表、彙總表、例外報表、迴轉文件與圖形。

◆ 非功能性需求與人機互動層

非功能性需求能影響人機互動層的用途。因為使用者/用戶端將系統看成是人機互動層，而不會注意到這一層之非功能性需求的設計良窳會導致整個系統開發工作失敗。這些需求包括操作、效能、安全以及文化與政策的議題，而它們與資料管理和實體結構層的設計是糾結在一起的。然而，一定要特別注意著重於系統這一層之設計能有效使用的文化和政策需求，像使用者介面的配置和多語言的能力。

關鍵字彙

Acknowledgment message　認可訊息

Action-object order　動作-物件順序

Aesthetics　美學

Bar-code reader　條碼掃瞄器

Batch processing　批次處理

Batch report　批次報表

Bias　偏見

Button　按鈕

Check box　核取方塊
Check digit check　檢查碼檢查
Combo box　組合下拉式清單方塊
Command language　指令語言
Completeness check　完整性檢查
Confirmation message　確認訊息
Consistency　一致性
Consistency check　一致性檢查
Content awareness　內容意識
Database check　資料庫檢查
Data-entry operator　資料輸入員
Default value　預設值
Delay message　延遲訊息
Density　密度
Detail report　明細報表
Direct manipulation　直接操作
Drop-down list box　下拉式清單方塊
Drop-down menu　下拉式功能表
Ease of learning　易於學習
Ease of use　易於使用
Edit check　編輯檢查
Error message　錯誤訊息
Essential use case　必要的使用案例
Exception report　例外報表
Field　欄位
Field label　欄位標籤
Form　表單
Format check　格式檢查
Grammar order　語法順序
Graph　圖形
Graphical user interface (GUI)　圖形使用者介面
Help message　說明訊息
Heuristic evaluation　啓發性評估
Hot key　熱鍵 (快捷鍵)
HTML prototype　HTML 雛型
Image map　影像地圖
Information load　資訊負載
Input mechanism　輸入機制
Interactive evaluation　互動評估
Interface action　介面動作
Interface design prototype　介面設計雛型
Interface evaluation　介面評估
Interface icon　介面圖示
Interface metaphor　介面隱喻
Interface object　介面物件
Interface standards　介面標準
Interface template　介面範本
Language prototype　語言雛型
Layout　配置
Magnetic stripe readers　磁帶機
Menu　功能表
Menu bar　功能表列
Natural language　自然語言
Navigation controls　導覽控制項
Navigation mechanism　導覽機制
Number box　數字方塊
Object-action order　物件-動作順序
Online processing　線上處理
On-screen list box　螢幕清單方塊

Optical character recognition　光學字符辨識
Output mechanism　輸出機制
Pop-up menu　快顯功能表
Radio button　單選按鈕
Range check　範圍檢查
Real-time information　即時資訊
Real-time report　即時報表
Real use case　實際使用案例
Report　報表
Screen　螢幕
Selection box　選取方塊
Sequence diagrams　循序圖
Slider　滑桿
Smart card　智慧卡
Source data automation　來源資料自動化
State　狀態
Stereotype　模版
Storyboard　故事腳本
Summary report　彙總表
System interface　系統介面
Tab menu　頁籤功能表
Text box　文字方塊
Three-clicks rule　三次點選規則
Toolbar　工具列
Transaction processing　交易處理
Transition　轉移
Turnaround document　迴轉文件
Usability testing　可用性測試
Use case　使用案例
Use scenario　使用場景
User experience　使用者經驗
User interface　使用者介面
Validation　驗證
Walkthrough evaluation　演練評估
White space　留白
Window　視窗
Windows layout diagram　視窗配置圖
Window navigation diagram (WND)　視窗導覽圖 (WND)

問題

1. 一個系統該如何設計予有經驗的使用者與第一次的使用者使用？
2. 描述五種輸入類型。
3. 爲什麼輸入驗證很重要？
4. 請描述五種輸入驗證方法的類型。
5. 你認爲新手分析師在輸入的設計所做出的三個常見錯誤爲何？
6. 比較而且對比核取方塊和單選按鈕。你何時將會使用某一個而非另一個？
7. 請解釋輸入設計的三項原則。

8. 你如何能避免錯誤？
9. 解釋使用者介面設計的三項重要原則。
10. 描述使用者介面設計的基本程序。
11. 為什麼我們雛型化使用者介面的設計？
12. 比較介面設計雛型的三個類型。
13. 解釋輸出設計的三項原則。
14. 描述五個輸出類型。
15. 比較批次處理和線上處理。描述一個會使用批次處理的應用和一個會使用線上處理的應用。
16. 為什麼捕捉來源資料是重要的？
17. 描述四個能用於來源資料自動化的裝置。
18. 你何時會使用電子型報表而非紙張型報表，反過來說呢？
19. 你想什麼是新手分析師在輸出設計中常常發生的三個錯誤？
20. 在圖 11-4 中你會如何改善表單?
21. 什麼是留白，而為什麼它是重要的？
22. 描述四個導覽控制項的類型。
23. 描述基本導覽設計的三項原則。
24. 解釋物件-行動順序與行動-物件順序之間的不同。
25. 比較四個功能表類型。
26. 為什麼功能表是最被普遍使用的導覽控制項？
27. 在什麼環境之下，你會使用一個影像地圖，而非一個簡單的清單功能表？
28. 在什麼情況之下你會使用一個下拉式清單，而非一個頁籤功能表？
29. 描述五種訊息類型。
30. 設計錯誤訊息的關鍵因素是什麼？
31. 上下文說明輔助是什麼？你的文書處理軟體有上下文說明輔助嗎？
32. 為什麼內容意識很重要？
33. 你想什麼是新手分析師在導覽設計時常常發生的三個錯誤？
34. 影響人機互動層設計的一些非功能性需求是什麼？

35. 多數使用者介面的三個基本組成是什麼？
36. 介面的不同部分如何使之一致？
37. 爲什麼設計的一致性是很重要？爲什麼過度的一致性會引起問題？
38. 什麼是使用案例，而且爲什麼它們是重要的？
39. 必要的使用案例和實際的使用案例有何不同？
40. 使用場景與實際的使用案例之間的關係是什麼？
42. 爲什麼介面標準是重要的？
43. 解釋介面隱喻、介面物件、介面動作、介面圖示和介面範本的目的和內容。
44. 比較四個介面評估的類型。
45. 爲什麼在系統被建置之前執行介面評估是重要的？
46. 在什麼條件下會使用啓發性評估？

練習題

A. Ask Jeeves (http：// www.askjeeves.com) 是一個使用自然語言的網路搜尋引擎。請你自己實驗一下，並且拿它跟其他使用關鍵字的搜尋引擎做個比較。

B. 使用相反於你原先設計的語法順序，繪製「輪到你 11-7」的 WND (如果你還未做，就繪製每個語法順序的 WND)。哪一個最好？爲什麼？

C. 在「輪到你 11-7」中，你可能使用了功能表。請使用指令語言再設計一次。

D. 根據第五章練習 O 之健身俱樂部問題的使用案例圖：
   1. 開發兩個使用場景。
   2. 開發介面標準 (省略介面範本)。
   3. 繪製一張 WND。
   4. 設計一個故事腳本。

E. 根據習題 D 中你的解答：
   1. 設計一個介面範本。
   2. 製作一個視窗配置圖。
   3. 開發一個 HTML 雛型。
   4. 開發一個實際使用案例。

F. 根據第五章之習題 Q 的 Picnics R Us 之使用案例圖：

1. 開發兩個使用場景。
2. 開發介面標準 (省略介面範本)。
3. 繪製一張 WND。
4. 設計一個故事腳本

G. 根據你於習題 F 的解決方案：

1. 設計一個介面範本。
2. 製作一個視窗配置圖。
3. 開發一個 HTML 雛型。
4. 開發一個實際使用案例。

H. 根據第五章之鍊習題 S 的大學圖書館借閱系統的使用案例圖：

1. 開發兩個使用場景。
2. 開發介面標準(省略介面範本)。
3. 繪製一張 WND。
4. 設計一個故事腳本

I. 根據你於習題 H 的解決方案：

1. 設計一個介面範本。
2. 製作一個視窗配置圖。
3. 開發一個 HTML 雛型。
4. 開發一個實際使用案例。

J. 根據於第五章練習題 U 之每月一書俱樂部的使用案例圖：

1. 開發兩個使用場景。
2. 開發介面標準 (省略介面範本)。
3. 繪製一張 WND。
4. 設計一個故事腳本

K. 根據你於習題 J 的解決方案：

1. 設計一個介面範本。
2. 製作一個視窗配置圖。
3. 開發一個 HTML 雛型。
4. 開發一個實際使用案例。

L. 試爲一家商品專賣店 (如，書、音樂、衣服) 的網站繪製一張 WND 圖。

M. 試爲一家商品專賣店 (如,書、音樂、衣服) 的網站,描述介面標準的主要元件 (隱喻、物件、動作、圖示與範本)。

N. 試爲一家商品專賣店 (如，書、音樂、衣服) 的網站，開發兩個使用場景。

迷你案例

1. 參考第五、七、八、十章的專業與科技人員管理 (PSSM) 的迷你案例。
   a. 開發兩個使用場景、介面標準 (省略介面範本)。繪製一張 WND 圖與一個故事腳本
   b. 根據你在 a 部分的答案，設計一個介面範本、開發一個 HTML 雛型，並開發一個實際使用案例。

2. Tots to Teens 是一家型錄郵購公司，專賣兒童衣服。一個專案正在進行，以開發一套新的訂單輸入系統。舊系統有一個建立在 COBOL 的基礎上，以文字爲主的使用者介面。新系統將提供圖形使用者介面的特色，以便趕上今天大家使用的 PC 產品。公司希望這個新的介面將有助於降低訂單處理人員的流動率。很多新進的登錄人員發現，舊系統難以學習，而且要使用很多的神秘代碼才能與系統溝通。

   今天安排了一次使用者介面的演練評估，讓使用者對新系統的介面能夠先睹爲快。專案小組小心地從訂單輸入部門中，找來了幾位主要使用者。特別是，Norma 對於訂單輸入系統有好幾年的經驗，所以被邀請在內。雖然 Norma 並不是該部門的正式領導人，但是她的意見會影響大部分的同事。Norma 聲稱，她不怕新的觀念且已聽說過了新系統。由於她的經驗與好記性，Norma 很有效率地使用以文字爲主的舊系統，並且輕鬆愉快完成任何複雜的交易。當她聽到新介面的「圖示」與「按鈕」等東西時，Norma 嗤之以鼻。

   Cindy 對於訂單輸入部門也有影響力，所以也被邀請參加演練的行列。Cindy 在該部門上班只有一年，但是她成功地安排同事小孩生病時的照料服務，因此很快也變得很出名。生了病的子女是部門人員缺席的頭號因素，而且許多工作人員請不起假。整個情況需要改善，Cindy 不再保持沉默，她一直聲援新系統。
   a. 根據本章所提的設計原則，描述使用者介面的功能，且這些功能對於像 Norma 這樣的有經驗使用者很重要。
   b. 根據本章所提的設計原則，描述使用者介面的功能，且這些功能對於像 Cindy 這樣的新手使用者很重要。

3. 系統開發的專案成員都出去吃午餐了，大家聊天時總會聊到工作。專案小組一直在從事使用者介面的開發設計，而且到目前爲止，工作進行得尙稱順利。下個禮拜，小組應該就可以完成介面雛型。這個專案使用故事腳本與語言雛型的組合。故事腳本描述整體的結構與系統的流程，但小組也發展實際畫面的語言雛型，他們覺得，看到實際的螢幕畫面對於使用者來說，將很有價值。

    Robin (專案小組中最年輕的成員)：我昨晚看到一篇文章說，有一個很棒的方法可以用來評估一個使用者介面設計。它叫做可用性測試，而且所有主要軟體商都做過。我認爲，我們應該用來評估我們的介面設計。

    Dayita (系統分析師)：我也聽說過，但代價不是很高嗎？

    Pankaj (專案經理)：我想很高，我不確定這樣的付出對於專案而言是否値得。

    Robin：但是我們眞的需要知道介面是否行得通。我想，這個可用性測試的技術可以幫我們證明我們的設計很好。

    Man Yee (系統分析師)：它會的，Robin，但是也有其他方法可行啊。我想，我們可以跟我們的使用者做一次徹底的複查，在會議上把介面呈現給他們看。我們可以秀出每個介面的畫面，然後看看他們的反應。想要得到使用者的回應，這可能是最有效的方式。

    Dayita：的確，但是我更希望看到使用者坐下來，並看看他們如何使用系統工作。看看他們在做什麼，看看他們哪裡不清楚，聽聽他們的意見與回饋，我總能學得更多。

    Manuel (系統分析師)：我們似乎把太多工作放在介面設計上，其實我們眞正需要的是做一個回顧。我們可以列出我們最關心的設計原則，看看我們自己是否一致遵守。你知道，我們希望能進行實作。

    Pankaj：這些都是不錯的想法。我們似乎都有不同觀點去評估介面設計。好吧，大家就努力找出最適合我們專案的技術吧。

    試擬定一組指導原則，協助像上面的專案小組選擇最適當的介面評估技術。

4. 假日旅遊租車公司目前使用一個以文字爲主的系統，其功能表的結構如下所示。試利用圖形使用者介面開發並設計系統功能的新介面雛型。同時，也爲這個新介面發展一組實際使用案例。假定新系統必須包括與前述功能表一樣的功能。加入任何使用者與你的介面互動時，所可能產生的訊息 (錯誤、確認、狀態等)。此外，準備一份寫好的摘要，簡述你的介面如何採行了良好的介面設計原則，如本書所提及的。

```
假日旅遊租車公司
主功能表
1 銷售發票
2 車輛庫存
3 報表
4 銷售人員
請鍵入選單代碼：____
```

```
假日旅遊租車公司
銷售發票功能表
1 建立銷售發票
2 更改銷售發票
3 取消銷售發票
請鍵入選單代碼：____
```

```
假日旅遊租車公司
車輛庫存功能表
1 建立車輛庫存記錄
2 更改車輛庫存記錄
3 刪除車輛庫存記錄
請鍵入選單代碼：____
```

```
假日旅遊租車公司
報表功能表
1 佣金報表
2 休旅車銷售表
3 露營車銷售表
4 經銷商選項報表
請鍵入選單代碼：____
```

假日旅遊租車公司
銷售人員維護功能表
1 新增銷售人員記錄
2 更改銷售人員記錄
3 刪除銷售人員記錄
請鍵入選單代碼：____

5. 假日旅遊租車公司的新系統正在開發中，其中一個設計要項就是，當購買交易完成之際，銷售人員將直接把銷售發票輸進電腦系統中。在現行的系統，銷售人員必須填寫一張表格 (如第 XXX 頁所示)。

   試設計輸入螢幕的雛型，容許銷售人員輸入銷售發票的所有必要資訊。下列資訊也許有助於你的設計處理。假定假日旅遊租車公司賣的休旅車與露營車，來自四家不同製造商。每家製造商對於休旅車與露營車均有固定的名稱與型號。為了你的雛型設計，請使用這個格式：

   Mfg-A Name-1 Model-X
   Mfg-A Name-1 Model-Y
   Mfg-A Name-1 Model-Z
   Mfg-B Name-1 Model-X
   Mfg-B Name-1 Model-Y
   Mfg-B Name-2 Model-X
   Mfg-B Name-2 Model-Y
   Mfg-B Name-2 Model-Z
   Mfg-C Name-1 Model-X
   Mfg-C Name-1 Model-Y
   Mfg-C Name-1 Model-Z
   Mfg-C Name-2 Model-X
   Mfg-C Name-3 Model-X
   Mfg-D Name-1 Model-X
   Mfg-D Name-2 Model-X
   Mfg-D Name-2 Model-Y

另外，也假定有 10 種不同的經銷商配備，可以應客戶要求而安裝。公司目前有 10 位銷售人員。

Holiday Travel Vehicles
Sales Invoice

Invoice #: ________
Invoice Date: ______

Customer Name: ____________________
Address: ____________________
City: ____________________
State: ____________________
Zip: ____________________
Phone: ____________________

New RV/TRAILER
(circle one)
Name: ____________________
Model: ____________________
Serial #: ____________ Year: ______
Manufacturer: ____________________

Trade-in RV/TRAILER
(circle one)
Name: ____________________
Model: ____________________
Year: ____________________
Manufacturer: ____________________

Options:

Code	Description	Price
______	____________________	______
______	____________________	______
______	____________________	______
______	____________________	______

Vehicle Base Cost: ____________
Trade-in Allowance: ____________
Total Options: ____________
Tax: ____________
License Fee: ____________
Final Cost: ____________

____
(Salesperson Name)

____
(Customer Signature)

CHAPTER 12

架構

資訊系統設計的一個重要元件就是實體架構層的設計，它描述系統的軟體、硬體與網路環境。**實體架構層設計 (physical architecture layer design)** 主要起源於非功能性需求，像是操作、效能、安全、文化與政策等需求。實體架構層設計的交付成果包括基礎架構設計與軟硬體規格。

學習目標

- 了解不同的實體架構元件。
- 了解 server-based、client-based 和 client–server 實體架構。
- 熟悉分散式物件運算。
- 能夠使用部署圖建立網路模型。
- 了解操作、效能、安全、文化與政策需求如何影響實體架構層的設計。
- 熟悉如何建立硬體和軟體規格。

本章大綱

導論

實體架構層要素

- 架構元件
- Server-Based 架構
- Client-Based 架構
- 主從式架構
- 主從式層
- 分散式物件運算
- 選擇實體架構

基礎架構設計

- 部署圖
- 網路模型

非功能性需求與實體架構層設計

- 操作需求
- 效能需求
- 安全性需求
- 文化與政策需求
- 概要

硬體和軟體規格

應用概念於 CD Selections 公司

摘要

導論

今日的環境，大部分資訊系統都分散在兩台或更多的電腦上。例如，一個 Web-based 的系統執行於桌上型電腦的瀏覽器，但卻透過網際網路與網頁伺服器 (可能還有其他電腦) 發生互動。一個完全在公司內部網路運作的系統，可能有個 Visual Basic 程式安裝於某台電腦，但與位於網路他處的資料庫伺服器發生互動。因此，設計的一個重要步驟就是實體架構層的設計、規劃系統如何分散至各台電腦，以及每台電腦該使用何種軟硬體 (如，Windows、Linux)。

大部分系統都使用組織內現有的軟硬體，所以現行的架構與軟硬體經常會限制了選擇。其他因素，像業界標準、軟體授權以及產品與供應商的關係等因素，也可能主宰了專案小組必須設計何種架構與軟硬體。不過，現在很多組織都有若干基礎架構可供選擇，或者公開尋找先導計畫 (pilot project)，以測試新的架構及軟硬體，這讓專案小組可以依據其他重要因素來選取一個架構。

設計實體架構層可能相當的困難；因此，很多組織聘請專家或指派經驗豐富的分析師從事此項任務。[1] 在本章，我們將檢視實體架構層設計的關鍵因素，但請務必記住，做好這件事情並不容易。於分析階段所發展的非功能性需求 (參閱第五章)，在實體架構層設計上扮演著關鍵性的角色。這些需求將須要再度檢視及改進，以便成為更詳細的需求，它們影響了系統的架構。在本章，我們首先解釋設計師如何思考應用架構，並且描述三個主要架構：server-based、client-based 與 client–server (主從式)。接著，我們將把眼光放到 UML 的部署圖，將它看成塑造實體架構層模型的方法。然後，我們檢視分析階段所產生的一般非功能性需求，如何化為更體的需求以及它們對實體架構層的設計帶來的意涵。最後，我們考慮這些需求與架構如何能被用來研擬那些用來詳細定義支援被開發之資訊系統所需之硬體與其他軟體 (如，資料庫系統) 的規格。

實體架構層要素

設計實體架構層的目標是，決定出應用軟體的哪些部分要放到哪些硬體上。在本節，我們首先討論主要的架構要素，以了解軟體如何劃分成若干不同的部分。然後，我們扼要討論軟體能被所放置之硬體的主要類型。雖然軟體元件放在硬體元件上的方法是

[1]關於實體架構層設計的更多資訊，請參閱 Stephen D. Burd, *Systems Architecture,* 4th ed. (Boston:Course Technology, 2003); Irv Englander, *The Architecture of Computer Hardware and Systems Software:An Information Technology Approach,* 3rd ed. (New York:Wiley, 2003); and William Stallings, *Computer Organization & Architecture:Designing for Performance* (Upper Saddle River, NJ:Prentice Hall, 2003)。

不計其數的，但今天有三種應用架構是最廣爲採用的：**server-based 架構 (server-based architectures)**、**client-based 架構 (client-based architectures)** 以及 **client–server (主從式) 架構 (client–server architectures)**。其中最常用的架構爲 client–server (主從式) 架構，所以我們將著重此一部分。

◆ 架構的元件

任何系統的主要**架構元件 (architectural components)** 是軟體與硬體。正開發中之系統的主要軟體元件必須先加以確認，然後被分配到系統要運作的不同硬體元件上。這些元件的每一個都可以用許多不同的方式來組合。

所有軟體系統都可分成四個基本功能。第一功能是**資料儲存 (data storage)** (指資料管理層上的物件永續性－－參閱第十章)。大部分的應用程式需要資料能被存取，不論該資料是如文書處理程式所建立的備忘錄般的小檔案，或是可儲存公司整個會計資料的大型資料庫。這些是那些被記載於結構模型 (CRC 卡與類別圖) 中的資料。第二個功能是**資料存取邏輯 (data access logic)** (與資料管理層上的資料存取與管理類別有關──參閱第十章)，存取資料所需要的處理，通常意指以 **SQL (structured query language)** 做資料庫查詢。第三個功能是**應用邏輯 (application logic)**，(位於問題領域層──參閱第五至九章)，依據應用的方式而定，它可以很簡單或很複雜。這是記載於功能模型 (活動圖與使用案例) 與行爲模型 (循序、通訊與行爲狀態機) 的邏輯。第四個功能則是**展示邏輯 (presentation logic)** (位於人機互動層──參閱第十一章)，向使用者展現資料以及接受使用者的命令 (使用者介面)。這四個功能 (資料儲存、資料存取邏輯、應用邏輯及展示邏輯) 是建構任何應用的基本元件。系統的三個主要硬體元件是**用戶端電腦 (client computers)**、**伺服器 (servers)** 以及連接兩者的**網路 (network)**。用戶端電腦是供使用者使用的輸入輸出設備，通常指桌上型或筆記型電腦，但是也可能是手持式裝置、手機、特殊用途終端機等等。伺服器通常是較大型的電腦，用來儲存可以讓具有權限之使用者存取的軟硬體。伺服器有多種型式：**大型主機** (非常大型且功能強大的電腦，通常價值好幾百萬美元)、**迷你電腦** (價值好幾十萬美元的大電腦)，以及**微電腦** (個人電腦，價值$50,000 或更多)。連接電腦的網路速度不一，從慢速的無線手機連線或電話撥接網路，到中速的訊框傳輸 (frame relay) 網路，以及快速常態連線的寬頻連線，如纜線數據機、DSL 或 T1 專線，以至於高速的 Ethernet、T3 或 ATM 電路等等。[2]

---

[2]有關網路的進一步資料，請參閱 Alan Dennis, *Networking in the Internet Age* (New York:Wiley, 2002)。

◆ server-based架構

最初的運算架構是 server-based 架構。伺服器 (通常是一部中心大型主機) 執行所有四種應用功能。用戶端 (通常為終端機) 讓使用者從伺服器電腦收發訊息。使用者只要敲鍵就好,並把訊息送到伺服器去處理,然後從伺服器收到該顯示什麼內容的指令 (圖 12-1)。

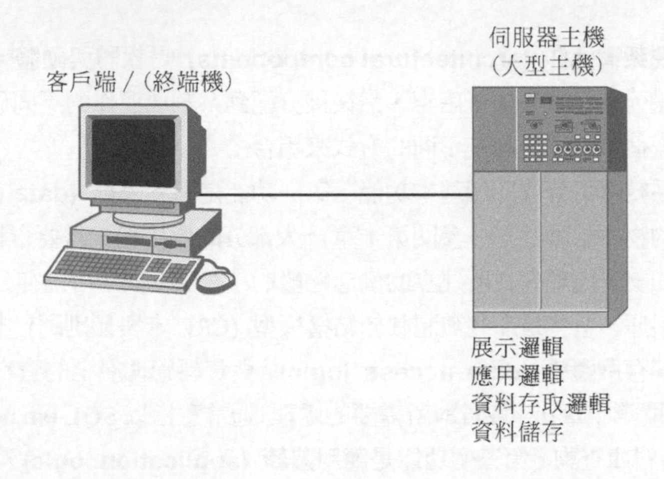

圖 12-1 server-based 架構

這個架構非常簡單，經常運作得很好。應用軟體的開發與儲存都集中在同一部電腦，所有資料都放在相同電腦上。只有一個控制點而已，因為所有訊息都流經這一部中心伺服器。Server-based 網路的基本問題是，伺服器必須處理所有的訊息。隨著對於應用程式的需求日益增高，許多伺服器電腦變得超載，而無法有效率的處理所有使用者的要求。回應時間變得愈來愈慢，網路主管被要求花更多錢來升級他們的伺服器電腦。不幸的是，升級的增幅甚大且成本通常很貴；很難只升級「一點點」。

◆ Client-based架構

對於 client-based 架構,用戶端是指區域網路上的個人電腦,而伺服器電腦則是同一個網路上的某台伺服器。用戶端電腦上的應用軟體負責展示邏輯、應用邏輯與資料存取邏輯；伺服器則只是儲存資料而已 (參閱圖 12-2)。

這個簡單架構也通常運作得很好。然而，隨著對網路應用的要求越來越多，網路線路也變得超載了。Client-based 網路的基本問題是，伺服器上的所有資料必須傳到用戶端才可處理。例如，假設使用者想要列出所有參加公司壽險的員工名單。資料庫內所有的資料一定要從資料庫所在伺服器傳給每個用戶端，以看看每筆記錄是否合於使用者要求。這可能會同時使網路與用戶端電腦的處理能力超載。

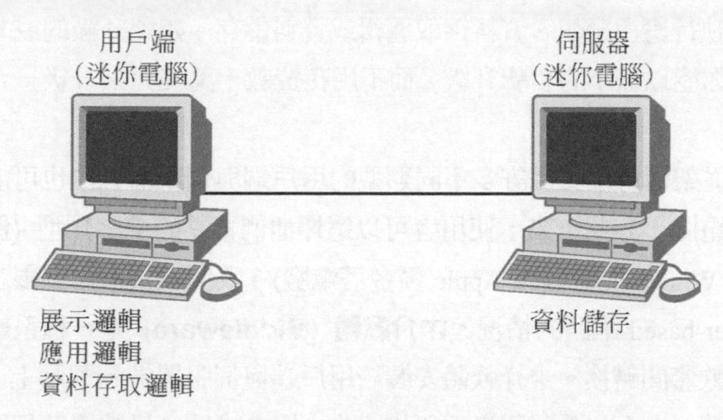

圖 12-2　client-based 架構

◆ Client–server (主從式) 架構

現在大多數組織正走向主從架構，此乃嘗試讓用戶端與伺服器雙方都執行一些應用功能，藉以平衡兩者之間的處理。在這些架構中，用戶端負責展示邏輯，伺服器負責資料存取邏輯與資料儲存。應用邏輯可能位於用戶端或伺服器，或者分別位於兩者之間 (參閱圖 12-3)。在圖 12-3 中，如果用戶端包含大量的應用邏輯，那麼可以視爲一個**厚實 (或肥胖) 型用戶端 [thick (or fat) client]**。最近的趨勢則是使用**精簡型用戶端 (thin client)** 建立主從架構，因爲在支援精簡型用戶端的應用方面，比較沒有工作負荷而且其維護較少。例如，許多網路型系統都是以網頁瀏覽器負責展示的部分，只有少部分的應用邏輯使用像 Java 程式語言，而網頁伺服器則有應用邏輯、資料存取邏輯及與資料儲存。

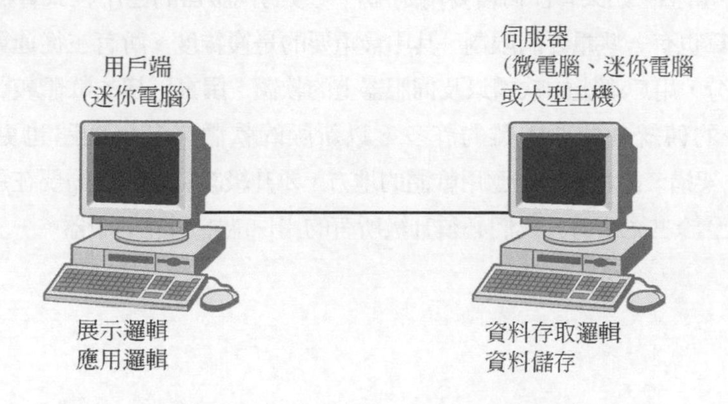

圖 12-3　client–server (主從式) 架構

主從架構有四個重要的效益。首推**可延展性 (scalable)**。那意謂著很容易增減伺服器的儲存及處理能力。如果一個伺服器變得超載，你只要增加另一個伺服器，使得許多台伺服器執行應用邏輯、資料存取邏輯或資料儲存。如此升級的成本增加的程度更平緩，而且你能以較小的步驟升級，而不用花費數十萬美元來升級一台大型主機伺服器。

其次，主從架構可以支援許多不同類型的用戶端與伺服器。你也可能使用不同的作業軟體連接電腦，如此一來，使用者可以選擇他們喜愛的電腦類型 (例如，於同一個網路上併用 Windows 電腦和 Apple 麥金塔電腦)。我們通常不會侷限在一家廠商，這不同於 server-based 網路的情況。**中介軟體 (Middleware)** 是一種系統軟體，用以在不同業者的軟體間轉換。中介軟體安裝於用戶端與伺服器端的電腦上。用戶端軟體與中介軟體溝通，中介軟體將訊息重新格式化，使之成為可以被協助伺服器軟體的中介軟體所了解的標準語言。我們在分散式物件運算一節中，描述兩種中介軟體的方式。

第三，對於使用網際網路標準的精簡型主從架構而言，展示邏輯、應用邏輯與資料存取邏輯可以很簡單明瞭地區分出來，並且彼此各自獨立設計。例如，展示邏輯可用 HTML 或 XML 加以設計，以制定網頁會如何呈現在螢幕上 (如，顏色、字型、項目的順序、特定的字眼、命令按鈕、選擇清單的類型等等；請參閱第十一章)。使用簡單的程式敘述，把部分的介面連到特定的應用邏輯模組，以執行不同的功能。這些定義介面的 HTML 或 XML 檔案可以隨時變更，而不會影響到應用邏輯。同樣地，也可以變更應用邏輯而不改變展示邏輯或儲存於資料庫並用 SQL 指令存取的資料。

最後，因為沒有單一個伺服器電腦支援所有的應用，所以網路通常更加的可靠。不存在可能出現於 server-based 運算的中心點失效，會導致整個網路停擺的現象。如果在主從環境中有任何一台伺服器失敗，那麼能夠使用所有其他的伺服器讓網路繼續運作 (但是，當然，如果有任何需要用到那台失效的伺服器的應用程式會無法工作)。

主從運算也有一些重要的限制，其中最重要的是複雜度。所有主從運算的應用軟體有兩個部分，用戶端上的軟體以及伺服器上的軟體。撰寫這樣的軟體較諸撰寫集眾功能於一身的傳統軟體要困難的許多。以新版的軟體來升級網路也更複雜。於 server-based 架構，會有個儲存應用軟體的地方，要升級該軟體，只需要在那兒將它更換就行了。至於主從架構，我們必須升級所有的用戶端電腦與伺服器。

對於 server-based 與主從的爭辯多半集中在成本。在 1980 年代，伺服器型網路最大的訴求是它們具有規模經濟。大型主機的製造商宣稱，在一部大型主機上提供計算服務，比起在一群較小的電腦上還要便宜。然而，個人電腦的革命改變了這樣的思考。從 1980 年代來，個人電腦的成本不斷下降，可是效能卻不斷增加。今天，以同等的運算能力來看，個人電腦硬體比大型主機硬體要便宜 1000 倍之多。

以這樣的成本差距，很容易看出爲什麼會有一股採用以微電腦爲主的主從運算的浪潮。這些拿成本來做比較的問題在於，他們忽略了**整體擁有成本 (total cost of ownership)**，包括那些顯而易見的軟硬體成本之外的因素。例如，許多成本比較都低估了主從網路應用軟體所增加的複雜度。大多數專家相信，開發及維護主從應用軟體的成本，要比 server-based 多上四到五倍。

◆ 主從層

有許多方式可以將用戶端與伺服器之間的應用邏輯分割開來。圖 12-3 是的例子是最常見的方法之一。在這情況下，伺服器負責資料，而用戶端則負責應用與展示。這稱爲**兩層式架構 (two-tiered architecture)**，因爲這種情形只使用了兩組電腦，用戶端電腦與伺服器。

一個**三層式架構 (three-tiered architecture)** 使用三組電腦. (參閱圖 12-4) 在這情況，在用戶端電腦上的軟體負責展示邏輯，一個應用伺服器 (或者伺服器) 負責應用邏輯，而且一個單獨的資料庫伺服器 (或者伺服器) 負責資料存取邏輯和資料儲存。

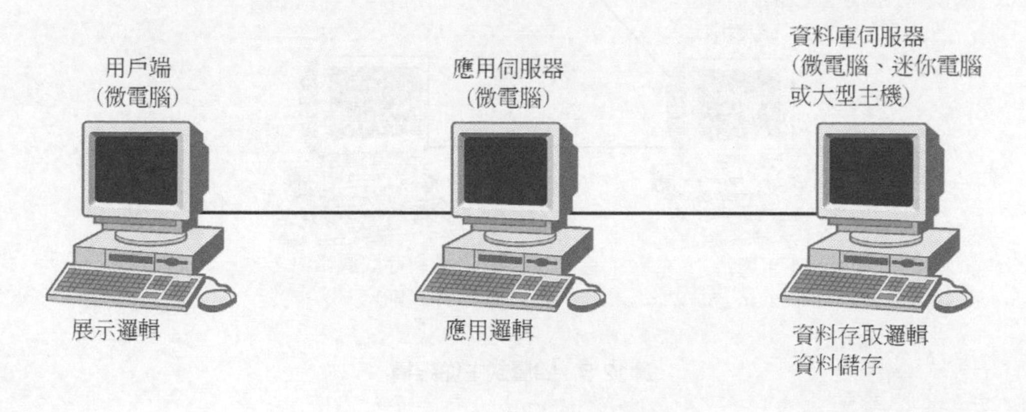

圖 12-4　三層式主從架構

n 層式架構 (n-tiered architecture) 使用三組以上電腦。在這情況，用戶端負責展示，資料庫伺服器負責資料存取邏輯和資料儲存，而應用邏輯分散予二或更多不同組的伺服器。圖 12-5 呈現一個名為 Consensus @nyWARE® 軟體，其為 n 層架構的例子。[3] Consensus @nyWARE® 有四個主元件。第一個是用戶端上的網頁瀏覽器，使用者用來取用系統並輸入指令 (展示邏輯)。第二個元件是回應使用者請求的網頁伺服器，它提供 (HTML) 網頁與圖形 (應用邏輯)，或者將請求送給在另一台應用伺服器上執行各式功能的第三個元件 (一組由 C 語言所寫出的 28 個程式)。第四個元件是存放所有資料的資料庫伺服器 (資料存取邏輯與資料儲存)。這四個元件都是分開的，使得將不同元件散布在不同伺服器上，並且將應用邏輯分割於兩個不同伺服器之間變得很容易。

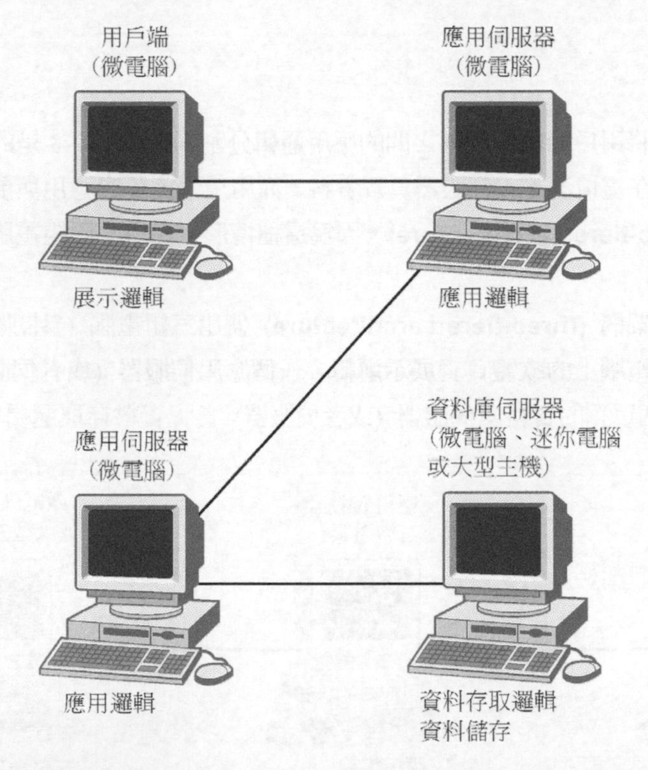

圖 12-5　四層式主從架構

比起兩層式架構 (或是三層對比於兩層)，n 層主從架構的主要優點在於，它把處理工作自其本身抽離出來，以平衡不同伺服器的負載；它更具延展性。在圖 12-5 中，

[3] Consensus @nyWARE®是由 Alan Dennis 在 Georgia 大學時首先開發出來的。

我們有三個獨立的伺服器，是一個提供比只有一個伺服器的兩層架構還更多的處理能力。如果我們發現應用伺服器的負擔過重，我們只要用一個功能較強的伺服器取代就好，或是放到更多的應用伺服器之上。相反地，如果我們發現資料庫伺服器未充分利用，我們可以把來自另一個應用程式的資料儲存在它那裡。

比起兩層架構 (或是三層對比於兩層)，n 層主從架構的主要缺點有兩個。首先，這種配置大大的加重網路的負擔。如果你比較圖 12-3、12-4、12-5，你將看到 n 層模型在伺服器之間需要更多的通訊；由於產生更多的網路流量，所以，你需要一個更高容量的網路。其次，在 n 層架構比兩層架構更不好設計及測試，因為為了完成一次使用者的作業，需要更多的裝置彼此通訊。

概念活用　12-A　Monster 人力銀行的主從架構

每年春季，全美最大的人力銀行網站之一 Monster.com，平均每月有超過 300 萬人次造訪，網路流量很大。Aaron Braham 是網站經營的副執行長，他認為畢業季節快到，大學生開始在找工作。

Monster.com 公司所使用的三層式主從架構，擁有 150 部網頁伺服器以及 30 部資料庫伺服器，這些機器都放在 Indianapolis 的主要網站上。該公司計畫擴大網站，預計下一年度增加到 400 台機器，並且在 Massachusetts 的 Maynard 再增加一個新的網站，放很多伺服器，以備春季蜂擁而至的網路流量。主要網站有一個負載平衡的設備，視當時網路的流量程度，可將網頁請求轉送到不同伺服器上。

Braham 說，最大挑戰是 90%的流量都不是簡單的網頁請求，而是搜尋請求 (如在 New Mexico 有哪些網路工作等)，這需要更多的處理與資料庫存取。Monster.com 登載超過 35 萬筆工作職缺以及 300 萬封的履歷表，分散在許多資料庫伺服器上。每個職缺與履歷表的拷貝也都放在好幾個資料庫伺服器上，以便加強存取速度及提供備援的功能 (萬一當機的話)。所以，保持資料庫伺服器的同步，讓它們包含正確的資料，確實是一大挑戰。

問題：

1. 影響 Monster.com 應用架構的兩三個主要非功能性需求是什麼？
2. 你認為 Monster.com 可考慮何種替代方案？

資料來源："Resume Influx Tests Mettle of Job Sites' Scalability," *Internet Week* (May 29, 2000)。

◆ 分散式物件運算

從物件導向角度，**分散式物件運算 (distributed objects computing，DOC)** 是主從計算的下一個版本。DOC 代表一個在用戶端電腦和伺服器之間的軟體層；因此，它稱之爲中介軟體。中介軟體支援在分散式計算環境中的物件互動。此外，中介軟體對待實體的實際網路架構的方式是透明的。這可以讓開發者集中在應用程式的開發，而且不用理睬特定的分散式環境之特質。

從實際的角度來看，DOC 讓開發者只要專注於應用程式的使用者、物件和方法，而不是哪一台伺服器裝了哪一組物件。用戶端物件只需請求「網路」找出並執行伺服器物件的方法。這基本上允許伺服器物件的實際位置與用戶端物件的角度互不相干。因此，因爲伺服器不再被直接地於用戶端身上定址，伺服器可以在不必更新用戶端網路程式碼的情況下，予以加入或拆除。只有中介軟體必須知道伺服器物件的新位址。這相當程度的減輕了主從環境的維護工作量。然而，因爲中介軟體在用戶端和伺服器之間增加了額外的一層，它會降低應用程式的效率。

現在，有三種支援 DOC 的方法在競爭：物件管理組織 (Object Management Group，OMG)、昇陽公司和微軟公司。OMG 經由它的**通用物件請求代理架構 (Common Object Request Broker Architecture，CORBA)** 標準支援 DOC。昇陽公司支援 DOC 的方式是透過它的 **Enterprise JavaBeans (EJB)** 和它的 **Java 2 Enterprise Edition (J2EE)**。目前，OMG 和昇陽公司支援的方法似乎正融合爲一。即使微軟公司參與 OMG，微軟公司有它自己的支援 DOC 的競爭方式：**.net**。在此時，三者都是支援 DOC 的競爭者；不清楚的是哪一種方式將會在市場上勝出。

◆ 選擇實體架構

大多數系統都利用組織內的現有基礎架構，所以目前的基礎架構通常會侷限了架構的選擇。例如，如果新系統要以組織內的大型主機爲主，那麼 server-based 的架構可能是最好的選項。其他像是業界標準、現有授權同意書以及產品/代理商關係的因素，也可能主宰專案小組需要設計什麼樣的架構。然而，許多組織現在都有各式各樣的的基礎架構，或者正公開尋求先導專案，以測試新的運算架構與基礎架構，讓專案小組可以根據其他重要因素選定一個架構。

每個運算架構都有其優缺點，而且沒有一個架構在本質上比其他架構更好。因此，了解每個運算架構的優缺點與何時該使用它們，是很重要的事情。圖 12-6 摘述了每個架構的重要特性。

	Server-Based	Client-Based	主從
基礎架構的成本	Very high	Medium	Low
開發成本	Medium	Low	High
開發簡易性	Low	High	Low-medium
介面能力	Low	High	High
控管與安全性	High	Low	Medium
可延展性	Low	Medium	High

圖 12-6　運算架構的特性

基礎架構費用　採用主從架構的最大驅動力是基礎架構的成本 (支援應用系統的硬體、軟體與網路)。簡言之，於同樣的運算能力下，個人電腦比大型主機便宜 1,000 倍以上。今日桌上型個人電腦比起過去的大型主機來說，擁有更多的處理能力、記憶體與硬碟空間，而且個人電腦的成本只是大型主機成本的一小部分而已。

因此，主從架構的成本，比起需要依賴大型主機的 server-based 架構要來得低。主從架構的費用通常也比 client-based 架構來得低，因爲它們帶給網路的負擔較少，因此不太需要較多的網路頻寬。

開發費用　當考慮主從架構的經濟效益時，系統開發成本是一項重要的因素。開發主從運算需用的應用軟體極爲複雜，而且大多數專家深信，開發與維護主從運算的應用軟體，要比 server-based 的成本貴上四到五倍。在 client-based 架構下開發應用軟體，通常更便宜，這是因爲有許多 GUI 化的開發工具 (如 Visual Basic、Access) 可用於那些可與資料庫伺服器連線的獨立電腦。

成本的差距也可能隨著更多公司獲得主從應用的經驗而改變；新的主從軟體產品被開發出來而且很精緻；主從的標準也日漸成熟。不過，由於主從軟體本質上的複雜性，以及需要協調軟體在不同電腦間的互動，成本差距還是可能存在。

開發簡易性　今日，大部分的組織都積壓著一大堆的大型主機應用程式，這些系統雖已核准但一直找不到適當的人來做。這樣的積壓代表著開發 server-based 系統的難度。大型主機系統的工具通常不是那麼有親和力，而且需要高度特殊的技能 (如，COBOL/CICS)——對於剛踏出校園的畢業生來說，通常沒有這方面的能耐，而且也不感興趣。相反地，client-based 或主從架構能仰賴具有**圖形使用者介面 (graphical user interface，GUI)** 的開發工具，使用容易而且很直覺。爲這些架構開發應用程式可以很迅速且沒有痛苦。可惜的是，主從應用程式的開發需要考慮好幾層硬體 (如，資料庫伺服器、網頁伺服器、工作站) 才能彼此有效溝通，所以可能變得很複雜。專案小組常常會低估建立安全有效的主從應用程式所必須投入的努力。

介面功能 通常，server-based 應用程式包含純文字、字元型的介面。例如，考慮一下航空公司的訂位系統，如 SABRE，如果操作者沒有受過指令與上百個代碼的訓練，實在很難使用這樣的系統。今天，大多數使用者都期待 GUI 或網頁介面，因為他們只需使用滑鼠與圖形物件 (例如，按鈕、下拉式清單、圖示等) 就可輕易操作。GUI 與網頁開發工具通常用來支援 client-based 或主從應用程式；server-based 的環境甚少支援這類型的應用。

控管與安全性 server-based 架構本來是用來控管與保護資料，由於所有資料都放在同一位置，所以管理起來更加容易。相反地，主從運算需要許多元件間的高度協調，安全漏洞或控管問題便可能層出不窮。此外，用於主從運算的軟硬體，從安全角度來看仍未臻成熟。當一個組織需要一個絕對安全的系統時 (例如，國防部的程式)，專案小組可能在高度安全與控管導向的大型主機上，採用 server-based 的方案會覺得比較安心。

可延展性 可延展性乃指一種增加或減少運算基礎架構之容量，以配合改變容量之需要的能力。最具延展性的架構是主從運算架構，因為當作業需要變更時，可以新增 (或移除) 伺服器到運算架構。此外，用於主從環境的硬體類型 (例如，迷你電腦)，通常能以一個最緊密配合應用之成長的腳步來升級。相較之下，server-based 架構主要在於大型主機硬體進行大幅度且昂貴變更的需要，而 client-based 架構則有應用程式無法成長的上限，因為頻繁的使用與增加的資料，將大幅增加網路的流量至於效能無法接受的程度。

輪到你　12-1 課程註冊系統

考慮你的大學所使用的選課系統。他們使用什麼樣的運算架構？如果今天必須開發一個新系統，你會使用目前的運算架構還是改成別的架構？試描述你決定時的考慮準則。

基礎架構設計

在人多數的情形，一個系統是對於一個已有可用的硬體、軟體與通訊基礎架構的組織來建置的。因此，專案小組通常更關心如何改變及加強現有的基礎架構，以支援分析階段所確認出來的需求，而非從頭設計及建立一個基礎架構。此外，基礎架構元件的協調非常複雜，需要高度專業人士的參與。至於專案小組，最好把運算基礎架構的變更工作，留給基礎架構分析師來做。在本節，我們將概述基礎架構設計的要素，希望讓你了解其基本內涵。我們將描述 UML 的部署圖與網路模型。

◆ 部署圖

部署圖 (deployment diagram) 用來表達資訊系統實體架構中，各硬體元件間的關係。例如，當使用廣域網路來設計一個分散式資訊系統時，部署圖可用來顯示網路不同節點間的通訊關係。它們也可用來表達軟體元件，以及它們如何被部署於資訊系統的實體架構或基礎架構。在這種情況下，部署圖乃表達軟體執行的環境。

部署圖的要素包含節點 (node)、工件與通訊路徑 (communication path) (參閱圖 12-7)。但還有其他要素也可以被放進此圖。以我們的例子來說，我們只放進三個主要元素以及描繪出被部署於節點之工件的要素。

一個**節點 (node)** 代表了任何必須被放進實體基礎架構層設計模型的硬體。例如，節點通常包含用戶端電腦、伺服器、不同的網路或各網路設備。通常，節點會標出名稱，可能還有一個飾詞。飾詞是以一個被雙括號「<< >>」環繞的文字項目來代表。飾詞代表圖上所表示之節點的類型。例如，常見的飾詞包括裝置、行動裝置、資料庫伺服器、網頁伺服器與應用伺服器。最後，有時候節點的表記法應該加以擴充，以好好的傳達實體架構層的設計理念。圖 12-8 包含一組可取代標準的記號來使用的網路節點表記法。

工件代表部署在實體架構上的資訊系統某部分 (參閱圖 12-7)。通常，工件代表一個軟體元件、一個子系統、資料庫表格、整個資料庫或一層 (資料管理層、人機互動層或問題領域層)。工件像節點一樣可標示出名稱及飾詞。工件的飾詞名稱可以是原始檔、資料庫表格及執行檔。

通訊路徑 (communication path) 代表實體架構的節點間的通訊連結 (參閱圖 12-7)。通訊路徑根據其所代表的通訊連結的類型 (如 LAN、Internet、serial、parallel 或 USB) 或該連結所支援的通訊協定 (TCP/IP) 來銘記。

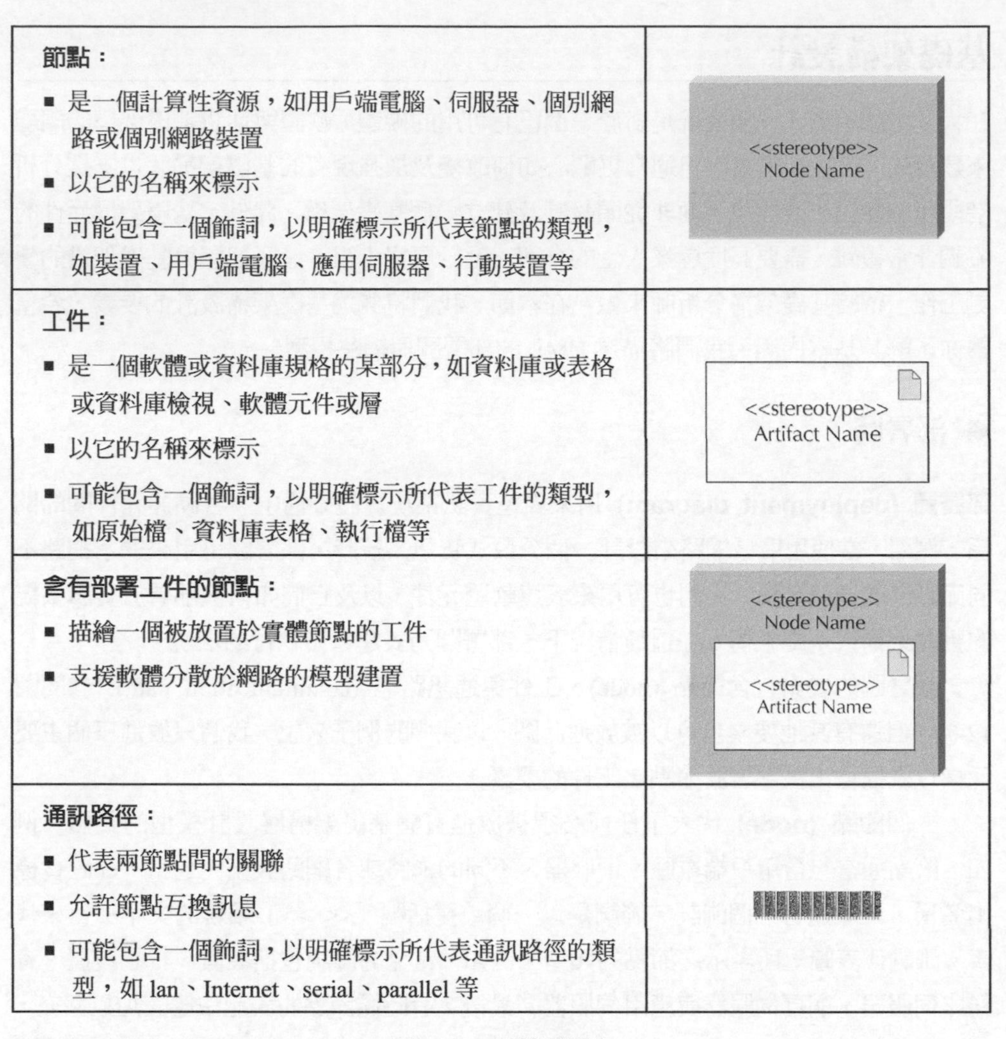

節點： ■ 是一個計算性資源，如用戶端電腦、伺服器、個別網路或個別網路裝置 ■ 以它的名稱來標示 ■ 可能包含一個飾詞，以明確標示所代表節點的類型，如裝置、用戶端電腦、應用伺服器、行動裝置等	<<stereotype>> Node Name
工件： ■ 是一個軟體或資料庫規格的某部分，如資料庫或表格或資料庫檢視、軟體元件或層 ■ 以它的名稱來標示 ■ 可能包含一個飾詞，以明確標示所代表工件的類型，如原始檔、資料庫表格、執行檔等	<<stereotype>> Artifact Name
含有部署工件的節點： ■ 描繪一個被放置於實體節點的工件 ■ 支援軟體分散於網路的模型建置	<<stereotype>> Node Name <<stereotype>> Artifact Name
通訊路徑： ■ 代表兩節點間的關聯 ■ 允許節點互換訊息 ■ 可能包含一個飾詞，以明確標示所代表通訊路徑的類型，如 lan、Internet、serial、parallel 等	

圖 12-7 開發圖語法

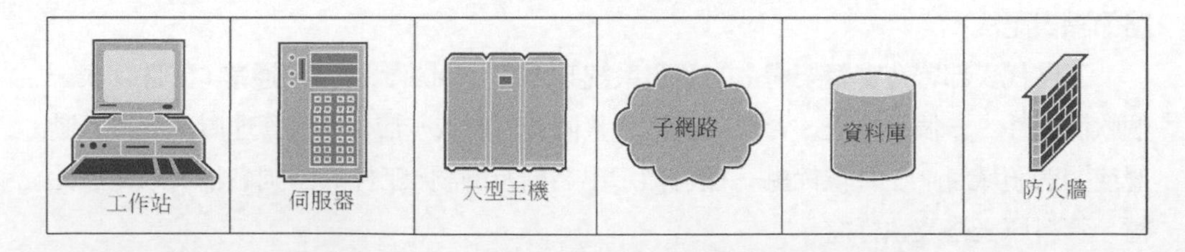

圖 12-8 開發圖表的擴充節點語法

圖 12-9 描繪三個不同版本的部署圖。版本 (a) 只使用基本的標準表記法。版本 (b) 引進了部署工件到節點的概念 (參閱圖 12-7)。在此例中，工件代表前幾章所描述過的預約系統的不同層。最後，版本 (c) 使用了擴充的表記法表達相同的架構。如你所看

到的，所有三個版本都有優缺點。當比較版本 (a) 與版本 (b) 時，使用者只要稍加努力，就可從版本 (b) 收集到更多資訊。可是，當比較版本 (a) 與版本 (c) 時，擴充的節點表記法使得使用者能夠快速的理解架構的硬體需求。最後，當比較版本 (b) 與 (c) 時，版本 (b) 明確地支援軟體的發布，但強迫使用者依賴飾詞來了解所需的硬體，而版本 (c) 則完全省略了軟體發布的資訊。我們建議你使用那些最能夠向使用社群描繪出實體架構的符號組合。

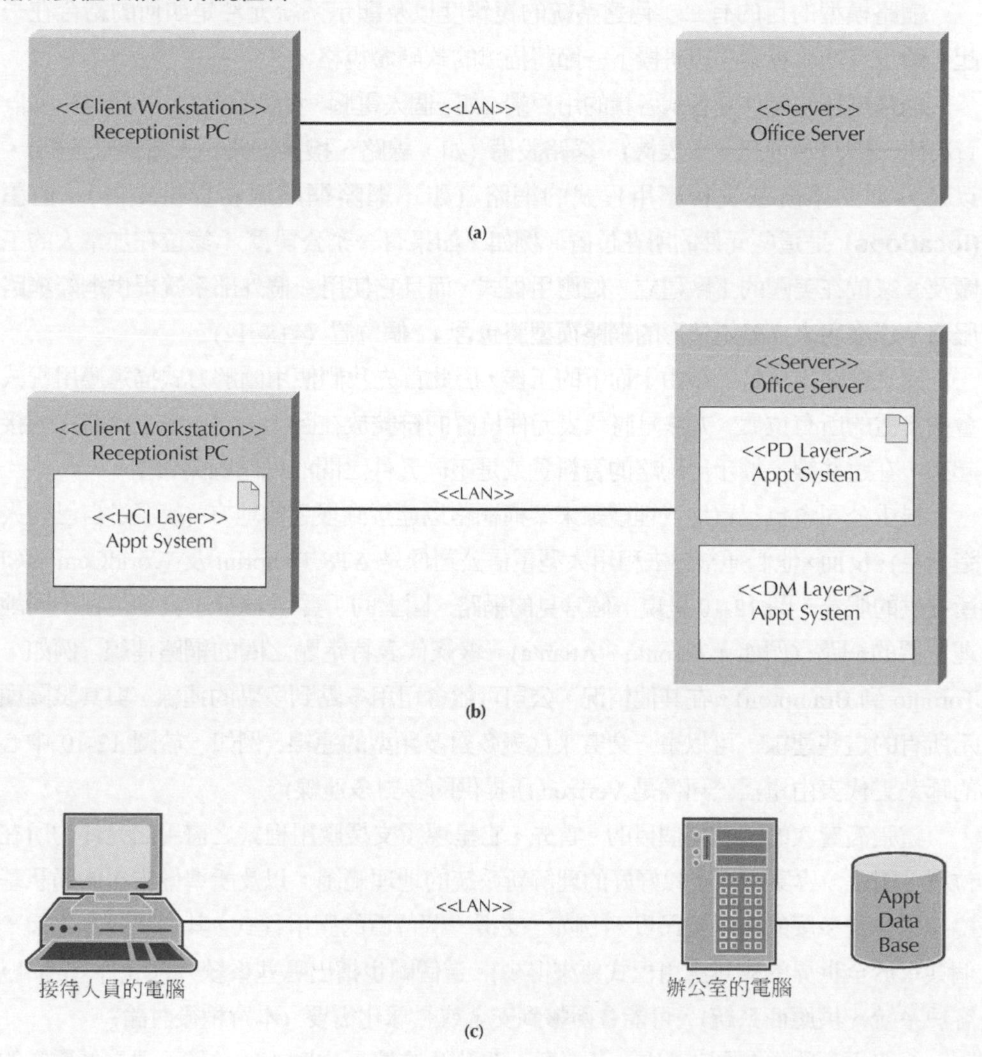

圖 12-9　三個預約系統部署圖版本

◆ 網路模型

網路模型 (network model) 是顯示組織之資訊系統的主要元件 (如，伺服器、通訊線路、網路) 及它們的所在位置圖。畫出網路模型的方法不只一個，根據我們的經驗，分析師使用簡報軟體 (如，微軟的 PowerPoint) 或圖表工具 (如，Visio) 創造他們自己的標準與符號。本書中，我們使用 UML 的部署圖。

網路模型的目的有二：傳達系統的複雜度以及顯示系統元件是如何的結合在一起。圖也有助於專案小組研擬下一節將描述的軟硬體規格。

網路模型的元件是各式各樣的用戶端 (如，個人電腦、資訊服務站)、伺服器 (如，資料庫、網路、通訊、印表機)、網路設備 (如，線路、撥接網路、人造衛星連結)，以及外部的系統或支援應用程式的網路 (如，網際網路服務提供廠商)。**位置 (locations)** 是這些元件的所在位置。例如，如果有一家公司為 4 家位在加拿大的工廠及 8 家位在美國的工廠建立一個應用程式，而且它使用一個外部系統提供網際網路服務，那麼用來描繪這情形的網路模型將包含 12 個位置 (4+8=12)。

建立網路模型是一項由上而下的工作，因此首先我們使用圖解方式描述應用程式會被安置的所有位置。方法是將代表元件位置的符號放在圖上，然後畫上線將之連接起來，在這些線上標示出約略的資料量或是不同元件之間的網路線路類型。

很少公司會自己買地或埋纜線來架構網路以連接到很遠的地方 (或發送自己的人造衛星)。反而，他們通常會去租用大型電信公司像是 AT&T、Sprint 及 WorldCom/MCI 所提供的服務。圖 12-10 呈現一個常見的網路。圖上的「雲 (cloud)」表示位在不同地理位置的網路 (例如，Toronto、Atlanta)。線條代表特定點之間的網路連線 (例如，Toronto 到 Brampton)。在其他情況，公司可能會租用多點到多點的連線，與其試圖顯示所有的這些連線，可以畫一朵雲來代表多對多類型的連線 (例如，於圖 12-10 中心的那朵雲代表由電信公司像是 Verizon 所提供的多對多連線)。

這張高層次的圖有幾個目的。首先，它呈現了支援應用程式之需用之元件的所在位置，因此，專案小組可以好好的理解新系統的地理範圍，以及所準備支援的通訊基礎架構會是多麼的複雜及昂貴。(例如，支援一個位置的應用程式，其通訊成本比起一個共享於全世界的複雜應用程式要來得少)。這個圖也指出哪些系統外部元件 (例如，客戶系統、供應商系統)，可能會衝擊到安全或全球化需要 (本章稍後討論)。

網路模型的第二個步驟是，對於每一個出現在高層次圖上的位置，建立低層次的網路圖。首先，在模型上硬體會以一種展現該硬體於新系統會被如何放置的方式畫出來。通常使用符號的樣子類似於所使用的硬體，會很有幫助。網路模型中展示細節數量的多寡取決於專案的需要。某些低層次的網路模型中，每個硬體元件的下方附有文字說明，詳細描述所建議之硬體設定資料與處理需要，其他的只根據圖面的不同部分而放進使用者的數目。

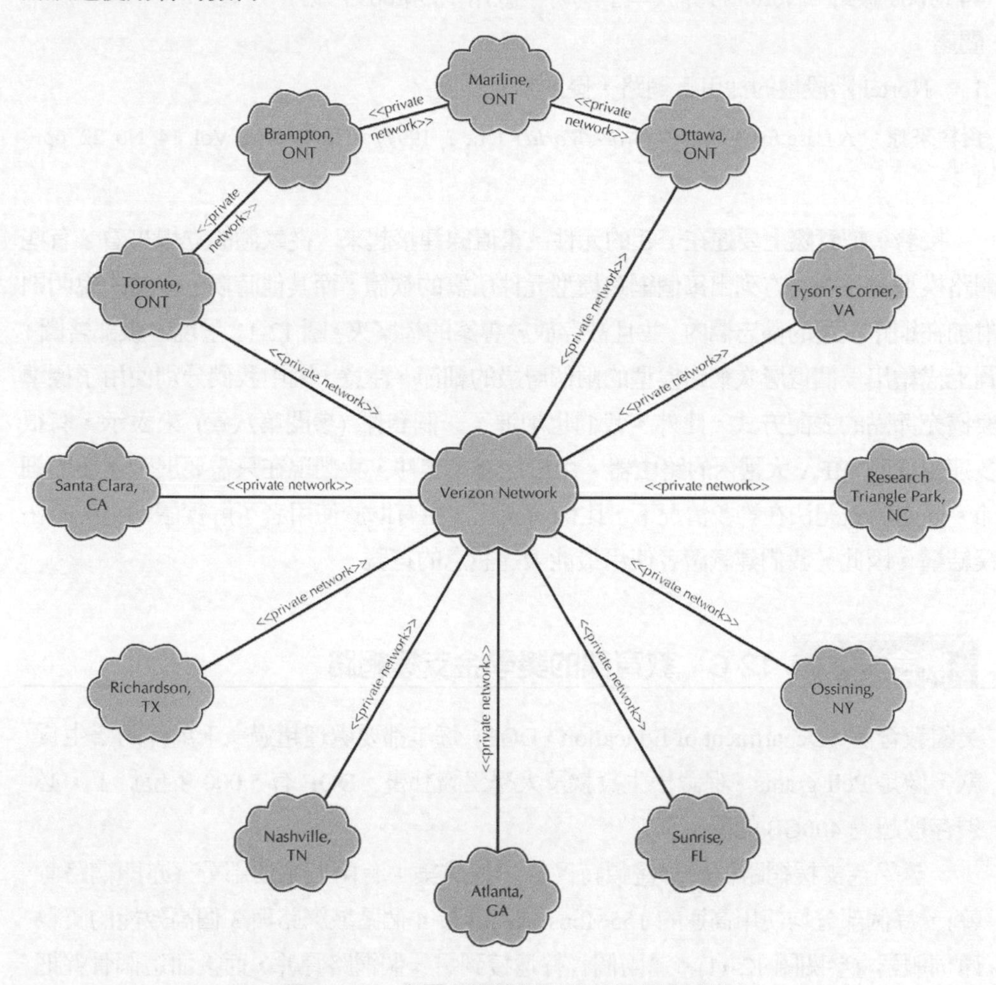

圖 12-10　高層次網路模型的部署圖表達法

概念活用　12-B　Nortel 的網路

Nortel 是加拿大一家大型的網路交換機製造商，最近使用自己的設備實作了一個網路。在實作之前，Nortel 曾經用過一組 100 個以上的電路，但證明越來越貴而且不好管理。Nortel 開始辨認哪些 20%的地點，需要整個網路流量的 80%。這些地點首先移至新的網路。當轉換器完成時，會有超過 100 個地點被連接。

新網路有兩個主要部分 (參閱圖 12-7)。最大的部分使用由 WorldCom/MCI 所提供的公用網路。Nortel 也在 Ontario 經營一個私有網路。這兩個網路部分均使用 44 Mbps 線路。Nortel 打算成本下降時，改用 155Mbps 線路。

問題：

1. Nortel 階段性的採用新網路，優缺點是什麼？

資料來源："A Case for ATM," *Network World* (June 2, 1997)。Tim Greene, Vol. 14, No. 22, pp. 1-2。

接著，把實際上要連在一起的元件，畫直線連接起來。從軟體的立場來看，有些網路模型會在圖右方列出每個網路模型元件所需的軟體，而其他時候，軟體的說明則附加在網路模型的備忘欄內，並且被存放於專案的檔案夾。圖 12-11 呈現一張部署圖，圖上描繪出一個低層次網路模型的兩個層級的細節。注意，圖中我們分別使用了標準與擴充節點的表記方式。此外，我們也加進了一個套件 (參閱第八章) 來表示，有很多連線連到 MFA 大樓內的路由器。由於加進了套件，我們現在只需要展示必要的細節。擴充的表記法在許多情況下，比標準表記法更有助於使用者了解實體網路層的拓樸結構。因此，我們建議讀者使用最能表達訊息的符號。

概念活用 12-C 教育部的獎學金支援網路

美國教育部 (Department of Education，DOE) 每年都要處理超過一千萬件的學生貸款，像是 Pell grants、保證學生貸款及大學工讀計畫。DOE 有 5,000 多位員工，必須存取超過 400GB 的學生資料。

獎學金支援網路位於華盛頓特區的一棟建築，有兩個主要部分 (亦即網路骨幹)，每個部分均使用高速的 155Mbps 線路連接 4 個區域網路與 3 個高效能的資料庫伺服器 (參閱圖 12-11)。這兩個骨幹連接到另一個網路骨幹，而後面這個骨幹把使用 100Mbps 線路的獎學金支援網路，連接到 DOE 在華盛頓地區有類似網路的其他五棟建築。這兩個骨幹也透過低速的 1.5Mbps 線路，連接到全美十個地區性的 DOE 辦公室以及其他美國政府單位。

資料來源：*Network Computing* (May 15, 1996).Maureen Zaprylok, Financial Aid:Department of Education's EdNet, p. 84。

問題：

1. 為什麼這個網路每個部分的資料傳輸速率都不同？

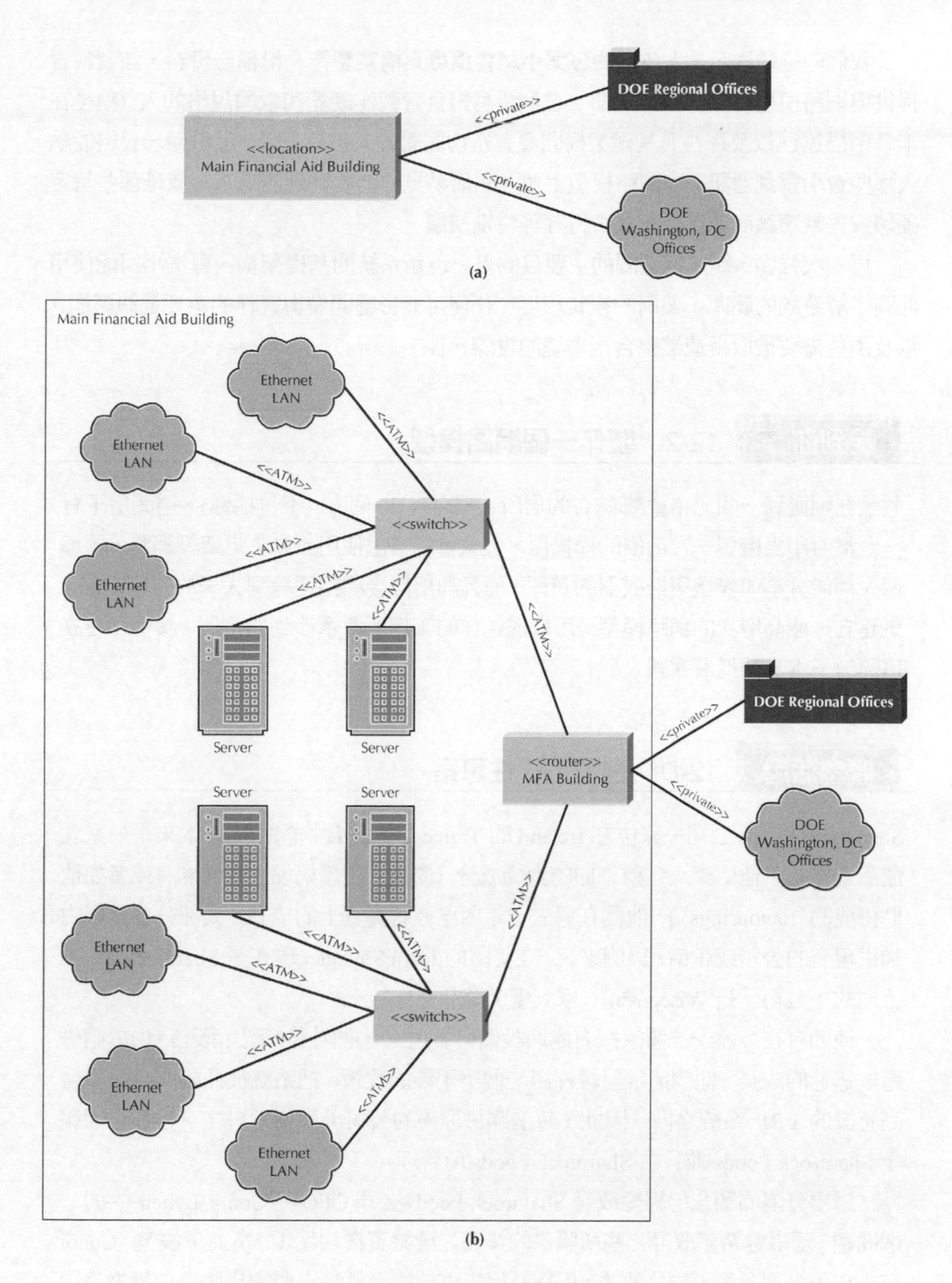

圖 12-11 一個低層次網路模型的部署圖表達法

我們的經驗顯示，大多數的專案小組會爲專案檔案製作一份備忘資料，該資料會提供與網路模型有關的額外細節。這個訊息對負責製作硬體和軟體規格的人 (稍後在本章中描述)，以及那些與基礎架構開發有密切關聯的人很有幫助。這份備忘資料能納入那些會衝擊到通訊、由網路模型上並非顯而易見的軟體與硬體需求、或是那些特定硬體或是軟體廠商或產品應該取得等等特別議題。

再一次強調，網路模型圖的主要目的是呈現新系統的基礎架構。專案小組能使用此圖了解系統的範圍、架構的複雜程度、任何可能影響開發與實作的重要通訊議題，以及那些需要被取得或被整合至環境的實際元件。

輪到你 12-2 製作一個網路模型

假設你剛搬到一間兄弟會/姊妹會的居所，裡面有 20 個人 (不包括你)。這間房子有一台雷射印表機與一台低價的掃描器，大家可以自由使用。你決定架設網路，讓每個人都能分享印表機與掃描器的資源，而且利用撥接網路連線到大學的校園網路。試建立一個高層次的網路模型，用以描述你的工作所會牽涉到的位置。接著，建立這間房子本身的低層次圖。

概念活用 12-D 管理全球性專案

Shamrock Foods 公司一家位在 Ireland 的 Tralee 之大型食物配銷商。本來是一家乳酪品合作社，他們深入各種不同的食物成分 [乾奶、固體奶酪、調味料 (或者如他們拼成的 flavourings)]。他們在過去十年內已經有實質上的成長，大部分都是經由購併現有的公司或設備。舉例來說，在美國的 Iowa Soybean 現在是 Shamrock Foods 公司的子公司，是 Wisconsin 一家大型乳酪品合作社。

他們有在多達十二國家擁有處理設備與多達三十個國家有配銷販售。由於購併造成迅速的成長，他們通常已經採用一個不干涉的政策，把系統彼此隔開且不整合到企業的 ERP 系統之內。因此，每個購併取得的公司仍然相當自主，雖然它回報予 Shamrock Foods 並且由 Shamrock Foods 所管理。

這項分隔的觀念已經變成是 Shamrock Foods 公司 CFO──Conor Lynch──的一個問題。董事會希望取得一些所購併的業務之彙總資料，用以分析並下決策。Conor 有來自子公司各種不同的報表，但是必須先由他的職員將它們的貨幣單位轉換爲同一種基本貨幣 (通常是歐元或美元)。

問題：

1. 跨國公司或多域業務何時該合併資料系統？
2. 合併資料系統會伴隨花費──被查詢的公司有她們自己的會計系統──搭配了各式各樣的硬體和軟體系統。Conor 應該使用什麼理由來辯說推動合併的、統一的 ERP 系統？
3. Conor 有時必須處理不完整的和不相容的資料。庫存系統可能是先進先出 (FIFO)，但有些子公司卻是後出，或是其他子公司用的是另一個會計方法。跨國的 CFO 如何處理不完整和不相容的資料？

非功能性需求與實體架構層設計[4]

實體架構層的設計指出，所需用之軟體與硬體的整體架構與配置方式。前面曾討論過的每一種架構都有其優缺點。大多數組織會基於成本的考量而嘗試移轉到主從架構，所以如果沒有非得選用另一個架構的不得已理由時，成本通常會有利於主從。

實體架構層的設計起始於非功能性需求。第一個步驟是細部調整非功能性需求，使之成爲更詳盡的需求，將之用來協助選擇所欲採用的架構 [server-based、client-based 或主從]，以及每個設備要搭配哪一種軟體元件。在主從 架構中，我們也必須決定是否使用兩層、三層或多層架構。然後，非功能性需求與架構設計被用來擬訂軟體與硬體的規格。

於架構的設計上有四種非功能性需求是非常重要的：操作需求、效能需求、安全性需求以及文化政策需求。我們將依次說明每個需求，然後解釋這些需求是如何的影響實體架構層的設計。

◆ 操作需求

操作需求 (Operational requirements) 制定系統必須在哪一種作業環境下執行，以及這些環境會如何的隨時間而改變。這通常指的是作業系統、系統軟體以及系統必須與之互動的資訊系統，但如果環境對應用程式而言也很重要的話，有時還得加入實際環境 (例如，應用程式位於吵雜的工廠，聽不到警訊)。圖 12-12 摘要列出四個關鍵的的操作性需求，並爲每一種需求舉出一些範例。

---

[4]非功能性的需求也曾在第四、十、十一章被討論過。

需求種類	定義	範例
技術環境需求	企業需求所要求的特殊硬體、軟體及網路需求	• 系統將使用 Internet Explorer 運作於 Web 環境。 • 所有辦公室都有不斷線的網路連線，以便即時更新資料庫。 • 對於透過手持小螢幕 PDA 連上網際網路的客戶，將另外提供不同的系統版本。
系統整合需求	系統將與其他系統搭配的程度	• 系統必須能夠匯出匯入 Excel 活頁簿。 • 系統將讀寫存貨系統的主要存貨資料庫。
可攜性需求	系統必須在其他環境操作的程度	• 系統必須能夠與不同作業系統工作 (如，Linux 及 Windows Vista)。 • 系統可能需要運作於手持式裝置，如 Palm。
維護性需求	系統應該能夠適應的可預期的企業變動	• 六個月預告期間系統能夠支援一家以上工廠的運轉。 • 系統的新版本將每隔六個月發行一次

圖 12-12　操作需求

技術環境需求　**技術環境需求 (Technical environment requirements)** 指出在什麼樣的軟體與硬體系統下，系統才會正常的運作。這些需求通常著重於作業系統軟體 (如，Windows、Linux)、資料庫系統軟體 (如，Oracle) 及其他系統軟體 (如，Internet Explorer)。有些時候，特定的硬體需求也會對系統加諸重大的限制，例如，必須使用小螢幕的 PDA 與手機時。

系統整合需求　**系統整合需求 (System integration requirements)** 指的是系統必須跟其他資訊系統，可能是公司內部或公司外部的一起運作。這些需求通常要制定出系統與其他系統間交換資料的介面。

可攜性需求　資訊系統不會停滯不前。企業需要會改變，操作技術也會改變，所以，支援它們的資訊系統也要跟著改變。**可攜性需求 (Portability requirements)** 定義技術作業環境回如何的隨時間改變，以及系統必須如何回應 (如系統目前可能執行於 Windows XP，而未來它可能要被部署在 Linux 上)。可攜性需求也指的是企業需求潛在的可能改變，這會驅使技術環境改變。例如，在未來使用者可能希望能夠從他們的手機進出網站。

概念活用　12-E　市區寬頻

Seattle 的官員終於可以開始進行計算，並敲定一個已考量很久但進度緩慢的建置全市寬頻網路建議書的細節。在市議會對這樣的網路系統作出評斷之前，他們還需要製作一個案例。從 2004 年以後，這個構想已經被市議會、一個任務小組和市長的資訊技術辦公室拿來研究。去年估計建立並連結所有的 Seattle 到一個光纖寬頻網路需要花費五億美元，該城市現在正在邀請私人公司執行該項工作──也許加上納稅人的協助。

市長要求市議會釋出$185 000，他說，他的辦公室將用之邀請資訊技術公司投標這個腫大且定義不全的工作。

問題：

1. 公共設施的補貼和取用中，有多少錢（如有）是來自納稅人所繳納的？
2. 在決定一個全市的無線網路的事之前，該城市是否應該從一個小規模的前導專案開始，一如在 Wi-Fi 一事上的做法？
3. 這麼一個網路是否是一個可行又合乎成本效益的構想？

維護性需求　**維護性需求 (Maintainability requirement)** 指出可預期的企業需求改變。並非所有改變都可預期，但有些則可。例如，假設一家公司只有一間工廠，但預期年後會蓋第二間工廠。所有資訊系統必須要被撰寫，使得個別地追蹤每一間工廠是件容易的事，不管是人事上、預算上或存貨系統。維護性需求試圖預測未來的需求，以便今日所設計的系統，在那些未來需求發生時，很容易維護。維護性需求也可能定義系統的更新週期，如新版本釋出的頻率。

◆ 效能需求

效能需求 (performance requirements) 著重於效能議題，如，回應時間、容量與可靠度。圖 12-13 摘要列出三個主要的效能需求領域，並舉出一些範例。

速度需求　**速度需求 (speed requirements)** 正如字面上的意思。就是系統應該跑多快。首先，這是系統的**回應時間 (response time)**：系統要花多久時間才回應使用者的需求？雖然大家比較喜歡短的回應時間，系統可立即回應每個使用者需求，但這是不太實際的想法。我們可以設計一個這樣的系統，但成本將非常高昂。大部分使用者了解，系統的某些部分可以回應的很快，但其他部分則否。那些在使用者自己電腦執行的動作一定幾乎是立刻回應 (如，打字、滑鼠拖曳)，但其他需要透過網路通訊的動作，則可能有較長的回應時間 (如，一個網頁請求)。一般而言，對於需要經由網路來通訊的，回應時間少於七秒被視爲是可接受的。

需求種類	定義	範例
速度需求	系統必須執行其功能的時間	• 對於網路上的任何交易，回應時間須少於 7 秒。 • 庫存資料庫必須即時更新。 • 每隔 30 分鐘，訂單將傳送到工廠。
容量需求	使用者的總人數及尖峰時段的人數，以及預期的資料量。	• 尖峰時段最多有 100-200 的同時使用者。 • 典型的一筆交易需要傳送 10K 的資料。 • 系統將儲存約 5,000 位客戶的資料，總容量約 2M。
可用性與可靠度需求	系統可被使用者使用的程度，以及容錯的程度	• 系統應該全年無休，例行性維護工作除外。 • 例行性的維護每月不能超過 6 小時。 • 系統有 99%的上線時間。

圖 12-13　效能需求

速度需求的第二個面向是，於系統的某一部分交易發生後，需要經過多久之後，才會反映在系統的其他部分？例如，訂單下訂後，其所含的商品需要多久的時間，才會對其他人顯示已售出的訊息？如果庫存沒有及時更新，那麼其他人可能下同樣的訂單，稍後卻發現該商品已無庫存。或者，訂單下訂之後，它多久才會被送到倉庫去取貨並出貨？在這種情形下，一些的時間延遲或許影響甚微。

容量需求　容量需求 (capacity requirements) 嘗試預測系統將支援多少使用者，包括總人數與同時上線人數。容量需求於了解資料庫的大小、所需之運算處理能力等等都非常重要。最重要的需求通常是同步使用者的尖峰人數，因爲這會直接衝擊到所用電腦的運算處理能力。

比較簡單的做法是，預測公司內部原設計用來之支援組織自己員工之系統的使用人數，會比預測網際網路的使用者人數來得容易。氣象網站**如何**估計同時間上網查詢天氣狀況的最多人數呢？這件工作與其說是科學，不如用藝術來形容還貼切些，常常小組會提供一個範圍的估計值，若所用的範圍太大就意味著估計值難期精確。

可用性與可靠度需求　可用性與可靠度需求 (Availability and reliability requirements) 強調系統可供使用者使用的程度。雖然有些系統當初的設計只著眼於 40 小時的工作週，但有些系統則設計上是針對世界各地的使用者。對這樣的系統而言，專案成員必須考慮應用程式如何全年無休地操作、支援與維護，達到所謂 **24/7** 的服務要求 (即一天 24 小時，一禮拜 7 天)。這個 24/7 的要求意味著，使用者隨時需要協助或碰到問題，一天 8 小時的客服勢必無法滿足客戶的服務需求。另外，考慮系統需要何種可靠度，也很重要。需要高度可靠度的系統 (如，醫療設備或電話交換機)，比起其他系統 (如，人事系統或網頁產品型錄) 來得更需要規劃與測試。

當系統的使用者遍及寰宇時，預測系統的尖峰或離峰使用量變得更困難。通常，應用程式會利用週末或深夜備份資料。在全球化的思維下，這樣的維護活動需要重新審酌。網頁介面的開發特別加強了 24/7 全年無休的支援需要；預設上，網頁隨時隨地可供任何人存取。舉例來說，為美國戶外裝備與衣物的零售商 Orvis 開發網頁應用程式的軟體開發團隊驚訝地發現，第一份訂單竟然來自日本

◆ 安全性需求[5]

安全性是保護資訊系統免於破壞或資料遺失的能力，不管導因是蓄意行為 (如，駭客、恐怖攻擊) 或隨機事件 (如，磁碟失效、龍捲風)。安全性是作業小組的主要職責——這些人員負責安裝與操作安全性控制，如防火牆、入侵防禦系統以及例行性的備份及復原操作。儘管如此，新系統的開發人員必須確保系統的**安全性需求 (security requirement)** 要產生合理的預防措施來防止問題；系統開發人員也對資訊系統本身的安全性有責任。

在今日的網際網路世界，安全性是一個與日俱增的問題。過去，最大的安全威脅來自於組織內部本身。自從 1980 年代早期以後，FBI 第一次開始持續統計電腦犯罪，且安全公司也進行電腦犯罪的調查，發現組織員工犯下大多數的電腦犯罪紀錄。多年來，有 80%的未授權侵入、偷竊及陰謀破壞都是自己人所做，其餘的 20%才是組織外的駭客所為。

2001 年，整個情況變了。視你所讀過什麼樣的調查報告而定，外面駭客所進行的破壞行為已增到所有事件的 50%到 70%，意味著組織的最大風險現在已來自外面了。雖然這樣的偏移可能導因於較好的內部安全性，以及與員工有較好的溝通來防止安全性的問題，但是最大的原因還是外面的駭客太活躍了。

---

[5] 進一步的資料，請參閱 Brett C. Tjaden, *Fundamentals of Secure Computer Systems* (Wilsonville, OR:Franklin, Beedle, and Associates, 2004); for security controls associated with the Sarbanes-Oxley act, see Dennis C. Brewer, *Security Controls for Sarbanes-Oxley Section 404 IT Compliance:Authorization, Authentication, and Access* (Indianapolis, IN:Wiley, 2006)。

擬定安全性需求通常起始於系統與其資料的價值評估。這有助於點出哪些是極為重要系統，使得作業人員對風險更加警覺。系統內的安全性通常著重於規定什麼人能夠存取什麼樣的資料、確認加密與認證的需要，以及確保應用程式以防止病毒的散播(參閱圖 12-14)。

系統價值 對任何組織而言，最重要的電腦資產不是設備，而是組織的資料。例如，假設有人破壞一部價值達$1,000 萬的大電腦。那麼可能就買一部新的大電腦取而代之。雖然很昂貴，但問題將在幾個禮拜後便解決。現在，假設有人破壞了你的大學的所有學生紀錄，導致沒有人知道誰修了什麼課或課業成績。其成本遠遠超過了取代一部$1,000 萬的電腦。單單法律訴訟就要超過$1,000 萬，而且重新輸入紙本紀錄的人事成本恐怕很高，且當然地會花上好幾個禮拜。

需求種類	定義	範例
系統價值估計	評估系統及其資料的企業價值	• 系統不是攸關成敗的，但是系統一旦當機，每小時的營收將損失$50,000。 • 系統所有資料一旦遺失，估計成本為$2000 萬。
存取控制需求	限制誰可存取什麼資料	• 只有部門經理才可變更自己部門內的存貨項目。 • 電話接線生可以讀取及建立客戶檔案中的項目，但無法變更或刪除。
加密與認證需求	定義什麼資料將加密於何處，以及使用者存取是否需要認證	• 從使用者電腦到網站的資料要加密，以保護訂單資料。 • 從公司外面登錄公司內的電腦，需要先認證。
病毒控制需求	控制病毒散播的需求	• 所有上傳的檔案必須檢查有無病毒，然後才可存到系統上。

圖 12-14 安全性需求

在某些情況下，資訊系統本身的價值，也遠超過設備成本。例如，對於虛擬的網路銀行而言，網站就是一個**任務關鍵系統 (mission critical system)**。如果網站當機，那麼整個銀行將不能服務客戶進行業務。所謂任務關鍵系統的應用，就是關係到組織生存的資訊系統。這種應用不能失效，如果真的失效了，那麼所有網路人員務必放下手中的事全力搶救。任務關鍵系統的應用必須加以清楚的確認，使得它們的重要性不至於被低估。

甚至暫時性的服務停擺都有可觀的成本。公司主要網站、LAN 或支援電話行銷作業的骨幹如果暫時中斷，其損失成本往往以百萬美元計。例如，Amazon.com 每小時有超過$1,000 萬的營收，所以，如果他們的網站停擺一小時或即使更少，那麼其營業額的損失將以百萬計。較少電子商務或電話行銷的公司有較低的成本，但是最近調查報告指出，因主要客戶沒有資訊系統可供使用，而使之每小時損失$$100,000 到 $200,000 的情形並非少見。

概念活用 12-F 停電造成百萬美元的損失

Lithonia Lighting 公司坐落於 Atlanta 的外圍，是全世界最大的燈具製造廠商，每年有超過十億美元的銷售額。有天下午，總公司的變壓器突然爆炸，整個辦公室亂七八糟，包括公司的資料中心也沒有電。資料中心的備用電源系統立刻接替，設法保持資料中心的重要部分仍能運作。然而，仍不能提供所有系統的電源，因此，支援所有北美地區的代理商、經銷商及直銷商的系統不得不關閉。

變壓器很快地被換掉，公司隨即恢復供電。然而，銷售系統三小時的停頓，造成了$100 萬銷售額的損失。可惜的是，突斷所造成的成本高於失效元件的成本幾百倍或幾千倍，並非不常見。

問題：

1. 這些損失如何避免？

存取控制需求　系統所儲存的資料有些是機密性的；有些資料需要特殊控制某些人才被允許變更或刪除。例如，人事記錄應該只能夠被人事部門與員工主管讀取；而只能夠由人事部門所變更。**存取控制需求 (access control requirements)** 指出什麼樣的人可以接觸什麼樣的資料，以及有何類型的存取是被允許的：是否某個人可以建立、讀取、更新及 (或) 刪除資料。這需求將抑制被授權的使用者能夠從事未授權的動作的機會。

加密與認證需求　防止未經授權存取資料的最佳方法之一是**加密 (encryption)**，這是利用數學演算法 (或公式) 隱藏資訊的手段。加密可用來保護儲存於資料庫內的資料，或是從資料庫經由網路傳遞予另一台電腦的資料。基本上加密有兩種不同的類型：對稱與非對稱。在**對稱加密演算法 (symmetric encryption algorithm)** [如，資料加密標準 (DES) 或高等加密標準 (AES)] 用來加密訊息的密鑰與解密用的密鑰是**相同的**，此意味著保護該密鑰很重要，而且與該系統分享資料的每個人或組織都要有另一把密鑰 (否則，大家都可讀到資料)。

在**非對稱加密演算法 (asymmetric encryption algorithm)** [如，**公鑰加密 (public key encryption)**]，用來加密資料的密鑰 [稱為**公鑰 (public key)**] 與用來解密的密鑰 [稱為**私鑰 (private key)**] 是不同的。即使大家知道了公鑰，但是一旦資料已加密，如果沒有私鑰，就不能解密。公鑰加密大大減少了密鑰的管理問題。每個使用者都有自己的公鑰，用來加密訊息。這些公鑰通常會公布出來 (如列在像電話簿的目錄上)──這也是它們之所以稱為公鑰的原因。相對之下，私鑰則受到保護 (這也是稱為私鑰的原因)。

公鑰加密也允許**認證 (authentication)** (或數位簽章)。當使用者傳送一個訊息給另一個使用者時，從法律層面看，很難證明誰真正傳送訊息。於許多通訊法律認證很重要，如銀行轉帳、匯率兌換與股票買賣等，這通常都需要法律認證。公鑰加密演算法是可逆的，意思是其中一支密鑰所加密過的文字，都可由另一支密鑰所解密。正常情況下，我們使用公鑰加密，使用私鑰解密。可是，反過來做也可以。可以用私鑰加密，用公鑰解密。由於私鑰是私密的，所以只有真正的使用者才可用它來解密訊息。因此，很多金融交易上數位簽章或認證序列都被用來當作法律簽章。這個簽章通常是簽署方的名稱加上其他有關該訊息的獨特資訊 (如，日期、時間或金額)。這個簽章及其他資訊，由使用私鑰的傳送方所加密。接受方使用傳送方的公鑰解密簽署的部分，並比較其結果與名字及該訊息其他部分的關鍵內容，確保符合。

這個方法的唯一問題就是，如何肯定使用正確私鑰傳送文件的人或組織才是真正的人或組織。任何人都可在網路上傳送公鑰，所以實在無從得知誰真正用了它。例如，A 組織以外的人可能宣稱他們是 A 組織的人，而事實上他們是騙徒。

這就是網際網路上公開金鑰基礎建設 (public key infrastructure，PKI) 變得如此重要的原因。[6] PKI 是一組專門在網際網路上讓公鑰加密發揮作用的硬體、軟體、組織與政策。PKI 起始於**憑證機構 (certificate authority，CA)**，這是一家受到信任的的公司，負責使用認證方法驗證人或組織的身分 (如，VeriSign)。想要使用 CA 的人，要向 CA 註冊，而且要提供一些身分證明。認證有好幾個層次，從電子郵件地址的簡單確認，到完整的警察式身分背景的檢查加上個人約談。CA 公司會發出一個數位認證作為申請者的公鑰，被 CA 的私鑰加密以為身分的證明。除了認證資訊之外，這個認證也附加到使用者的電子郵件或網路交易上。接受方接著藉由 CA 的公鑰加以解密這份證明，同時也聯絡 CA 以確保使用者的認證對於 CA 還有效。

---

[6] 有關 PKI 的進一步資料，請參閱 www.ietf.org/html.charters/pkix-charter.html。

加密與認證需求指的是，什麼樣的資料需要什麼樣的加密與憑證需求。例如，敏感性的資料如客戶的信用卡號碼是否用加密形式儲存在資料庫上，或者，從公司的網站經由網際網路承接的訂單是否加密過了呢？使用者除了密碼外，還需要使用一個數位認證嗎？

病毒控制需求　**病毒控制需求 (Virus control requirements)** 乃解決最常見的安全問題：**電腦病毒**。最近研究指出，每年幾乎 90%的組織曾遭受病毒的感染。病毒引發令人不想要的事件──有些無傷害性 (如，垃圾訊息等)，有些則很嚴重 (如，破壞資料等)。任何時候允許資料由使用者上傳或匯入時，便有病毒感染的潛在危機。很多公司要求，允許使用者上傳或匯入的系統，都要先檢查檔案是否有病毒，然後才可儲存在資料庫上。

概念活用　12-G　防護校園環境

Quinnipiac 大學是一所位在 Connecticut 之 Hamden 的一所四年制大學，大約有 7,400 位學生。這所大學有學生宿舍，資訊人員必須支援學院的功能──但是也必須是學生的網際網路服務提供者 (ISP)。資訊人員能打造許多學院網際網路的使用，但是住在學生宿舍的學生可能引起破壞。學生 (和教職員) 不經意地讓校園開放予各種不同的攻擊，像是病毒、惡意軟體、蠕蟲、木馬程式和經過各式各樣網站所蒙受的其他攻擊。一個特別的嘗試攻擊的時間出現在學期結束放假的一月下旬，那個時候學生會回到校園，而且將已被來自家庭網路之病毒感染的膝上型電腦連上校園網路。這些病毒試著傳染整個校園。Quinnipiac 大學在 2006 年 8 月由 Tipping Point Technology 安裝了一套闖入預防系統 (Intrusion Prevention System，IPS)。每天，這個 IPS 發現並且丟掉數以千計被污染的訊息和封包。但是，眞正的考驗出現在 2007 年學生從學期假期回到校園的一月下旬時候。在前一年，病毒和間諜軟體事實上讓校園網路當機了三天。但是在 2007 年 1 月，沒有停機，而網路以全速維持正常的作業。Brian Kelly，Quinnipiac 大學的資安主管說，「沒有 IPS 解決方案，這個校園還會在惡意封包的槍林彈雨之下掙扎，而且可能已經當機了。藉由 IPS 系統，我們能夠全速運作而沒有任何問題。」

問題：

1. 在一個忙碌的大學校園內，網際網路中斷三天的有形與無形的費用是什麼？
2. IPS 對校園、對終端使用者 (舉例來說，全體教員、職員和學生) 能帶來什麼好處？

◆ 文化與政策需求

文化與政策需求 (cultural and political requirement) 對於系統要用在特定國家時非常重要。在現今全球商業網路的環境，組織不斷地擴大自己的系統，以讓全世界的使用者都可存取。雖然這在商業上的意義很重大，但對於應用開發的衝擊不應低估。另一個系統架構設計的重要部分則是了解該系統的全球文化與政策需求 (參閱圖 12-15)。

需求種類	定義	範例
多國語言需求	系統運作所需的語言	• 系統以英文、法文或西班牙文操作。
客製化需求	指出系統哪些地方可由當地使用者變更	• 區域經理人必須能夠定義產品資料庫的新欄位，以捕捉特定國家的資訊。 • 區域經理人必須能夠變更客戶資料庫的電話欄位格式。
清楚非講明的規範	明確說明各個國家的假設	• 所有日期欄位必須遵守 month-day-year 格式。 • 所有重量欄位必須明確的以公斤爲單位。
法律需	限制系統需求的法律與規定	• 用戶的個人資訊不能從歐盟國家傳到美國。 • 洩漏錄影帶租用人的身分，將觸犯美國法律，所以只有區域經理人可以查看客戶的錄影帶租用記錄。

圖 12-15　文化與政策需求

多國語言需求　使用於區域與使用於全球之應用軟體的第一個也是最明顯的差異是語言。全球性應用軟體通常有**多國語言需求 (multilingual requirement)**，此意味著這些需求必須支援講不同語言且使用非英文字母 (如，有重音節、俄語系統、日文等) 的使用者。設計全球性系統的最大挑戰之一是，如何將原始語言翻譯成一個新的語言。字通常有相近的意義，在它們被翻譯時可能傳達微妙不同的意義，所以聘用有經驗的翻譯人員翻譯技術用語是很重要的。

其他挑戰則常是螢幕空間。一般而言，英文訊息比起它們對應的法文或西班牙文來說，少 20%到 30%的字母。設計全球性的系統，需要配置較純英語版本者更大的螢幕空間。

有些系統被設計用來可以轉瞬間處理多國語言，如此不同國家的使用者可同時使用不同的語言；也就是說，同樣的系統同時支援好幾個不同的語言 (同時多國語言系統)。其他系統含有以各個語言所寫成的不同組成部分，且必須在某個特定的語言能夠使用之前重新安裝，也就是說，各種語言是由該系統的不同版本所提供，所以任何一個安裝將只會使用一個語言 (即，個別的多語言系統)。任何一種方式都有效，但這種功能性必須在實作階段之前就設計好。

概念活用　12-H　開發多國語言系統

我曾經有過機會開發兩個多國語言系統。第一個系統是特殊用途的決策支援系統，用以協助造紙廠排定訂單，名稱叫 BCW-Trim。這個系統被安裝在好幾十家位於加拿大與美國的紙廠，而且可在英文或法文的環境下工作。所有訊息都被儲存在單獨的檔案上 (一組是英文，一組是法文)，而且程式利用變數將其初值設定為英文或法文的文字。當系統經過編譯而產生法文或英文版本時，同時會包括適當的語言檔案。

第二個系統是一個群組系統，稱為 GroupSystems，為此，我設計了幾個模組。系統已被譯成好幾種不同語言，包括法語、西班牙語、葡萄牙語、德語、芬蘭語及克羅埃西亞語等。這個系統藉由儲存訊息於簡單的文字檔，讓使用者能夠任意切換語言。由於每次個別安裝均能任意改變訊息，所以這項設計更具有彈性。如果不用這個方法，不太可能保證版本的開發可以支援不常用的語言 (如，克羅埃西亞語)。

—Alan Dennis

問題：

1. 你如何決定怎麼支援那些不是說英文的使用者？
2. 如果你的應用程式有那些不是講英文的使用者的話，你會建立多國語言的功能嗎？考慮一下現在的網站。

客製化需求　全球性應用軟體而言，專案小組必須考量**客製化需求 (customization requirements)**：應用軟體有多少部分要由核心小組控制，以及應用軟體有多少部分由當地的人員所管理。例如，有些公司允許一些國家的子公司增刪一些功能，以客製化應用系統。這個決定通常是在彈性與控制間的權衡，因為客製化經常使得專案小組難以建立及維護應用軟體。這也意味著，訓練可能隨著組織的不同而不同，而且客製化在工作人員輪調時也常會造成難題。

未講明的規範　許多國家都有未流傳國際的**未講明的規範 (unstated norm)**。很重要的是應用軟體設計者要明言他們所做的假設，因爲它們可能導致混淆。在美國，輸入日期的未講明的規範是 MM/DD/YYYY 的格式；然而，在加拿大及大部分歐洲國家，隱含的格式是 DD/MM/YYYY。另一個例子就是姓名的順序；姓到底放在前面還是後面呢？答案將視當地習慣而定。當你設計全球化系統時，絕對有必要認明那些未講明的規範並說清楚一點，這樣，不同國家的使用者才不致於感到困擾。貨幣則是系統設計中另一個常被忽略的項目，全球性應用軟體必須敘明被輸入與輸出之報表所用的幣別是什麼。

法律需求　**法律需求 (Legal requirements)** 是那些因應當地國家的法律與規定的需求。系統開發人員有時不會想到法律問題，然而漠視當地法律將造成一些風險，而且毫無招架之力。例如，在 1997 年，法國法院控告喬治亞理工觸犯該國語言法律。喬治亞理工在法國有個小校區，每年夏天提供課程予美國學生。校園網站主要以英文爲主，因爲所有課程都以英文授課，這違反了所有位在法國的網站伺服器都須以法文爲主要語言的規定。正視法律問題，可減少不必要的麻煩。

◆ 概要

在很多情況下，受到企業需求所驅動的技術環境需求，可能只是定義實體架構層而已。在這個情況，選擇很簡單：企業需求凌駕一切。例如，企業需求可能指明系統必須使用客戶的網頁瀏覽器來作業。在這種情況下，系統架構可能應該是精簡型主從架構。這樣的企業需求最可能用來支援外在的客戶。內部的系統也會設下一些企業需求，但通常不是那麼嚴格。

若技術環境需求不要求選擇一個特定架構時，那其他非功能性需求將變得很重要。即使在企業需求主宰架構下，經由及改良其餘非功能性需求來運作仍然很重要，因爲它們在設計與實作的後期很重要。圖 12-16 摘述需求與所建議的架構之間的關係。

操作需求　系統整合需求可能會導致該選某個架構而非另一個架構的情形，需視該系統所要整合之系統的架構與設計而定。例如，如果系統必須要與一個桌上型系統 (如，Excel) 整合的話，這建議了精簡型或厚實型的主從架構，但是，如果它必須與 server-based 系統整合的話，那麼便可能指 server-based 架構了。具有強烈可攜性需求的系統，通常適合於精簡型的主從架構，因爲撰寫網頁標準 (如 HTML 或 XML) 較容易將系統延伸到別的系統平台，而不用試著針對於 server-based、client-based，或厚實型的不同平台撰寫與重新撰寫展現邏輯。有強烈維護性需求的系統，則可能不適合 client-based 或厚實型主從架構，因爲需要將軟體重新安裝於電腦上。

需求	Server-Based	Client-Based	精簡 Client-server（主從式）	厚實 Client-server（主從式）
操作需求				
系統整合需求	✓		✓	✓
可攜性需求			✓	
維護性需求	✓		✓	
效能需求				
速度需求			✓	✓
容量需求			✓	✓
可用性/可靠度需求	✓		✓	✓
安全性需求				
高系統價值	✓		✓	
存取控制需求	✓			
加密/認證需求			✓	✓
病毒控制需求	✓			
文化/政治需求				
多國語言需求			✓	
客製化需求			✓	
清楚未講明規範			✓	
法律需求	✓		✓	✓

圖 12-16 非功能性需求與它們對架構設計的意涵

效能需求 一般而言，有高度效能需求的資訊系統最適合於主從架構。主從架構是更具有延展性，意思是它們可隨時改變容量需要，而因此組織能夠更適當的調整硬體的速度需求。在每一層具有多台伺服器的主從架構應該更為可靠與更高的可用性。如果其中一個伺服器當機，使用請求只要轉移到其他伺服器，而使用者可能絲毫察覺不出來 (即使速度變慢了)。然而，實務上，可靠度與可用性得視硬體與作業系統而定。通常，Windows 系統的可靠度與可用性，比起 Linux 或是大型主機還差。

安全性需求　一般而言，server-based 架構比較安全，因爲所有軟體都放同一處，而且大型主機的作業系統比微電腦的作業系統安全。基於此一理由，較可能在大型主機找到價值高昂系統的蹤影，即使大型主機只是被用來當作主從架構的一台伺服器。在今日的網際路路主宰的世界，針對網際網路之主從架構的認證與加密工具，較諸於那些用於大型主機之 server-based 架構更爲先進。病毒是所有架構的潛在問題，因爲很容易散布到桌上型電腦。如果 server-based 系統能夠減少桌上型系統所需功能的話，那麼她們可能更爲安全。

文化與政策需求　隨著文化與政策需求變得愈來愈重要，將展示邏輯與應用邏輯及資料加以分離的能力，也變得更形重要。這樣的分離更可以發展不同語言的展示邏輯，但同時又保持應用邏輯與資料不變。同時，也使得針對不同使用者客製化展示邏輯，以及更改它使之更切合文化的規範變得更容易。於展示邏輯可以存取應用程式與資料的限度之內，它也可以製作不同版本，視不同國度的法律規定來啓用或停用不同的功能。這種分離能力在精簡型的主從架構中最易達到，所以很多有文化與政策需求的系統，通常使用精簡型的主從架構。正如系統整合需求一樣，法律層面的衝擊將視需求的性質而定，但大致上，client-based 系統比較沒有彈性。

輪到你　12-3　學校選課系統

考慮一下你所就讀大學的選課系統。首先，如果系統今天要開發，那麼請研擬一組非功能性需求。試考慮操作需求、效能需求、安全性需求以及文化與政策需求。然後，擬定一個架構設計，以滿足這些需求。

輪到你　12-4　全球性 e-Learning 系統

很多跨國組織都提供全球網路的 e-Learning 課程給他們的員工。首先，請發展這樣系統的一組非功能性需求。試考慮操作需求、效能需求、安全性需求以及文化與政策需求。然後，擬定一個架構設計，以滿足這些需求。

硬體和軟體規格

設計階段是開始取得未來系統所需之軟硬體的時機。在許多情況下，新系統將運作於組織內現有的設備。不過，有時候還是需要購買新的設備 (通常是伺服器)。**硬體與軟體規格 (hardware and software specification)** 是一份用來描述支援應用程式的軟硬體文件。軟硬體的實際取得應該留給組織內採購部門，或其他處理資產取得的部門來做； 不過，專案小組可以使用軟硬體規格向適當的人傳達專案的需要。製作這份文件有幾個步驟。圖 12-17 顯示一個軟硬體規格的範例。

	標準用戶端	標準網頁伺服器	標準應用伺服器	標準資料庫伺服器
作業系統	• Windows • Internet Explorer	• Linux	• Linux	• Linux
特殊軟體	• Adobe Acrobat Reader • Real Audio	• Apache	• Java	• Oracle
硬體	• 40G 硬碟 • Pentium • 17 吋螢幕	• 80G 硬碟 • Pentium	• 80G 硬碟 • Pentium	• 200G 硬碟 • RAID • Quad Pentium
網路	• 不斷線 (寬頻爲佳) • 撥接 56K (可能有些效能損失)	• Dual 100 Mbps Ethernet	• Dual 100 Mbps Ethernet	• Dual 100 Mbps Ethernet

圖 12-17 硬體與軟體規格的例子

1. **功能與特色** 需要何種功能及特色 (如：螢幕大小、軟體特色)
2. **效能** 軟硬體跑得多快 (如：處理器、資料庫每秒讀寫幾次)
3. **舊資料庫與系統** 軟硬體是否能與舊系統互動 (如：能否寫入這個資料庫)
4. **硬體與 OS 策略** 未來遷移計畫爲何 (如：目標是使用同一家廠商的設備)
5. **擁有成本** 採購以外的成本爲何 (如：增加的授權成本、年度維護成本、訓練成本、薪資成本)
6. **政策偏好** 人是抗拒改變的慣性動物，所以變化應減到最低
7. **廠商聲譽** 有的廠商有較好的聲譽或前景，所提供的軟硬體服務當然比較好

圖 12-18 硬體與軟體選擇的因素

首先，我們必須定義將要會執行於每個元件的軟體。這通常從作業系統 (如，Windows、Linux) 開始，然後包含用戶端與伺服器端的任何特殊用途之軟體 (如，Oracle 資料庫)。這份文件應該考慮任何額外的成本，例如，技術訓練、維護、產品保證期與授權契約 (如每份軟體的使用授權)。再說一次，所列出的種種需要也會被其他設計活動所採納的決策所影響。

其次，我們必須建立一份用以支援未來系統的硬體清單。低階的網路模型提供了一個記錄專案的硬體需要的好起點，因為圖上每個元件都對應於這份清單中的一個項目。一般來說，該清單可能包括資料庫伺服器、網路伺服器、周邊設備 (如，印表機、掃描器)、備份裝置、儲存元件以及其他必要的硬體元件。此時，你也應該注意每個項目的數量。

第三，你必須儘可能詳述每件硬體的起碼需求。通常，專案小組必須告知需求如運算作業容量、儲存空間與其他應該包括在內的特殊功能的需求。很多組織都有現成的軟硬體標準清單，所以，很多時候，這個步驟只要從其中選取幾項就好。不過，在其他時候，小組是運作於新的領域，而不受限於既有的標準清單。在這樣情況下，專案小組必須告知需求如運算作業容量、儲存空間與其他應該包括在內的特殊功能的需求。

這個步驟隨著經驗愈多而變得更容易；不過，有一些提示可以幫你正確描述硬體的需要 (參閱圖 12-18)。例如，考慮組織內的硬體標準或是那些代理商建議的標準。試請教有經驗的系統開發者或其他有類似系統的公司。最後，考慮一下影響硬體效能的因素，例如，使用者對於回應時間的期待、資料容量、軟體記憶體需求、存取系統的使用者人數、外部連線的數目以及成長預測等。

輪到你　12-5　大學選課系統

請針對你在輪到你 12-3 所述的大學選課系統，擬定一份軟硬體規格。

輪到你　12-6　全球 e-Learning 系統

請針對你在「輪到你」所述的全球 e-Learning 系統，擬定一份軟硬體規格。

輪到你　12-7　製作一份硬體和軟體規格

你已決定購買電腦、印表機與便宜的掃描器，支援自己的學術研究。試針對這些硬體組件，擬定一份軟硬體規格，以描述你的軟硬體需要。

應用概念於 CD Selections 公司

Alec 明白，支援新的應用的硬體、軟體及網路，必須整合到 CD Selections 公司現有的基礎架構之內。因此，他邀請 Anne 從檢討分析階段中所擬出的高層次非功能性需求開始 (參閱圖 4-15)，並且開一次 JAD 的會議以及一系列與行銷部門經理以及三位門市經理的訪談，藉以詳細改進非功能性需求。圖 12-19 顯示部分的結果。很清楚的，對於一個以網頁爲主的架構需要一個精簡型的主從架構用於網路銷售。

CD Selections 公司有一個正式的架構小組負責管理 CD Selections 架構與它的硬體與軟體架構。因此，Anne 安排了專案小組及架構小組一起來開會。在開會中，她得知 CD Selections 公司過去幾年仍然走向主從架構這個目標，儘管有中央大型主機仍然存在，並充當許多 server-based 應用的主要伺服器。

他們討論到網路銷售系統，一致同意應該使用三層式的精簡主從架構。他們都相信，在這個時候，很難正確的知道這個網站將會有多大的流量以及這個系統需要多少電力，但是一個架構將可以讓 CD Selections 公司輕易地延展系統如所需。

會議的尾聲，大家都同意三層式架構是網路銷售系統中網際網路部分的最佳規劃 (也就是，圖 5-17 與 5-19 的 Place Order 流程)。客戶將使用他們執行網頁瀏覽器的個人電腦當作用戶端。一個資料庫伺服器將儲存網路系統的資料庫，而應用伺服器將有網頁伺服軟體及應用軟體來運轉該系統。

一個獨立的兩層式系統將維護 CD 與市場行銷資訊 (也就是，圖 5-19 的使用案例 Maintain CD Information 與 Maintain CD Marketing Information)。這個系統將有一個應用軟體給網路銷售部門的人員使用，使之與資料庫伺服器直接連線，並且讓這些人員更新資訊。資料庫伺服器將有一個獨立的程式，可以讓它與大型主機上的 CD Selections 公司配銷系統互換資料。此外，門市系統目前使用兩層式主從架構來建立，所以負責門市的系統部分要秉守該架構。

1. 操作需求	
技術環境	1.1 系統將使用 Internet Explorer 與 real audio 執行於網頁環境
	1.2 客戶的電腦只需安裝 Internet Explorer 與 RA。
系統整合	1.3 網路銷售系統將從主要 CD 資訊資料庫讀取資料，後者包含 CD 的基本資訊 (如，標題、演唱者、識別號碼、價格、庫存量等)。網路訂單系統不會把資料寫到主要的 CD 資料庫上。
	1.4 網路銷售系統將傳送特殊訂單系統的新訂單，並且靠這個特殊訂單系統完成所產生的特殊訂單。
	1.5 網路銷售系統將讀寫主要庫存資料庫。
	1.6 門市系統加入一個新模組，以管理網路銷售系統所產生的「保留」。這個新模組的需求將被記載於網路銷售系統的 一部分，因為這些是網路銷售系統能夠運轉的不可或缺的需求。
	1.7 撰寫一個新模組處理郵寄訂單銷售。這個新模組的需求將成為網路銷售系統的文件的一部分，因為這些需求有助於網路銷售系統運作。
可攜性	1.8 系統將必須與目前 Web 標準同步，尤其是音樂檔案格式。
維護性	1.9 不需要特殊的維護性需求
2. 效能需求	
速度	2.1 回應時間必須少於 7 秒。
	2.2 庫存資料庫必須即時更新。
	2.3 門市保留 (in-store hold) 必須在 5 分鐘內送出。
容量	2.4 尖峰時刻，最多有 20-50 人同時上線。
	2.5 系統支援串流語音，最多同時供 40 人聆聽。
	2.6 系統每日將傳送 5K 的資料給每個門市。
	2.7 每一門市的門市保留資料庫將需要 10-20K 的磁碟空間。
可用性與可靠度	2.8 系統全天候運作
	2.9 系統必須有 99%的正常運行時間效能。
3. 安全性需求	
系統加值	3.1 不需要特殊的系統加值需求。
存取控制	3.2 只有門市經理能夠取消 In-Store Hold。
加密/認證	3.3 不需要特殊的加密/認證需求。
病毒控制	3.4 不需要特殊的病毒控制需求。
4. 文化與政策需求	
多國語言	4.1 不需要特殊的多國語言需求。
客製化	4.2 不需要特殊的客製化需求。
未講明規範	4.3 不需要特殊的未講明規範。
法律	4.4 不需要特殊的法律需求。

圖 12-19 CD Selections 公司網路銷售系統選取的非功能性需求

輪到你　12-8　CD Selections 公司網際網路銷售系統

在這個時間點，你應該扮演 Anne 的角色，而且完成實體架構層的設計。這會包括任何支援 Maintain CD Information 和 Maintain CD Marketing Information 使用案例而額外需要的硬體與軟體。

接著，Alec 建立了一個網路模型，用以展示網路銷售系統的主要元件 (參閱圖 12-20)。網路銷售系統位於一個公司主網路分出來的網路段，其間有一個分開主網路與網際網路的防火牆，但仍然獲准存取網頁伺服器與資料庫伺服器。網路銷售系統有兩個部分。一個防火牆用來連結網頁/應用伺服器到網際網路，而另一個防火牆進一步保護網路銷售部門的用戶端電腦與資料庫伺服器，免於網際網路的存取。為了改善回應時間，網頁/應用伺服器與資料庫伺服器之間需要直接連線，如此便可很快地交換大量資料。根據這些決定，她也製作了一張呈現問題領域、人機互動與資料管理層如何部署於實體架構層的部署圖 (參閱圖 12-21)。

既然網頁介面可以及於散布不同地方的小組，開發小組了解到要規劃個 24/7 的系統支援。因此，Anne 排定一個與 CD Selections 公司運轉小組晤面的會議，討論他們如何在正常上班以外的時間支援網路銷售系統。

在檢視網路模型後，架構小組與專案小組決定，專案需要購取的元件是一台資料庫伺服器、一台網頁伺服器，以及五台新的用戶端電腦供維護 CD 行銷資料的行銷部門使用。他們擬定了一個這些元件的軟硬體規格，然後交給採購部門開始採購流程。

摘要

設計階段的一個重要元件是實體架構的設計，此包括新系統的硬體、軟體與通訊基礎架構以及如何提供安全與全球化支援的方式。實體架構層的設計被描述於一份含有網路模型與軟硬體規格的交付文件。

◆ 實體架構層的元件

所有軟體系統可分成四個基本功能：資料儲存、資料存取邏輯、應用邏輯與展示邏輯。有三個把這些功能放在不同電腦的基本運算架構。在 server-based 架構，伺服器幾乎執行所有的工作。在 client-based 架構，用戶端電腦負責展示邏輯、應用邏輯及資料存取邏輯，其中資料存在檔案伺服器上。在主從架構，用戶端負責展示邏輯，而伺服器端則負責資料存取邏輯及資料儲存。在精簡主從架構，伺服器執行應用邏輯，而在厚實主從架構中，應用邏輯則於伺服器與用戶端電腦之間共同分擔。在兩層式的主從架構中，有兩組電腦：一組用戶端電腦以及一組伺服器。在三層式的主從架構中，有三組電腦：一組用戶端電腦、一組應用伺服器，以及一組資料庫伺服器。從物件導向觀點來看，主從運算的未來趨勢是分散式物件運算 (DOC)。目前，有兩個競爭中的 DOC 方法：OMG 的 CORBA 以及微軟的.net。

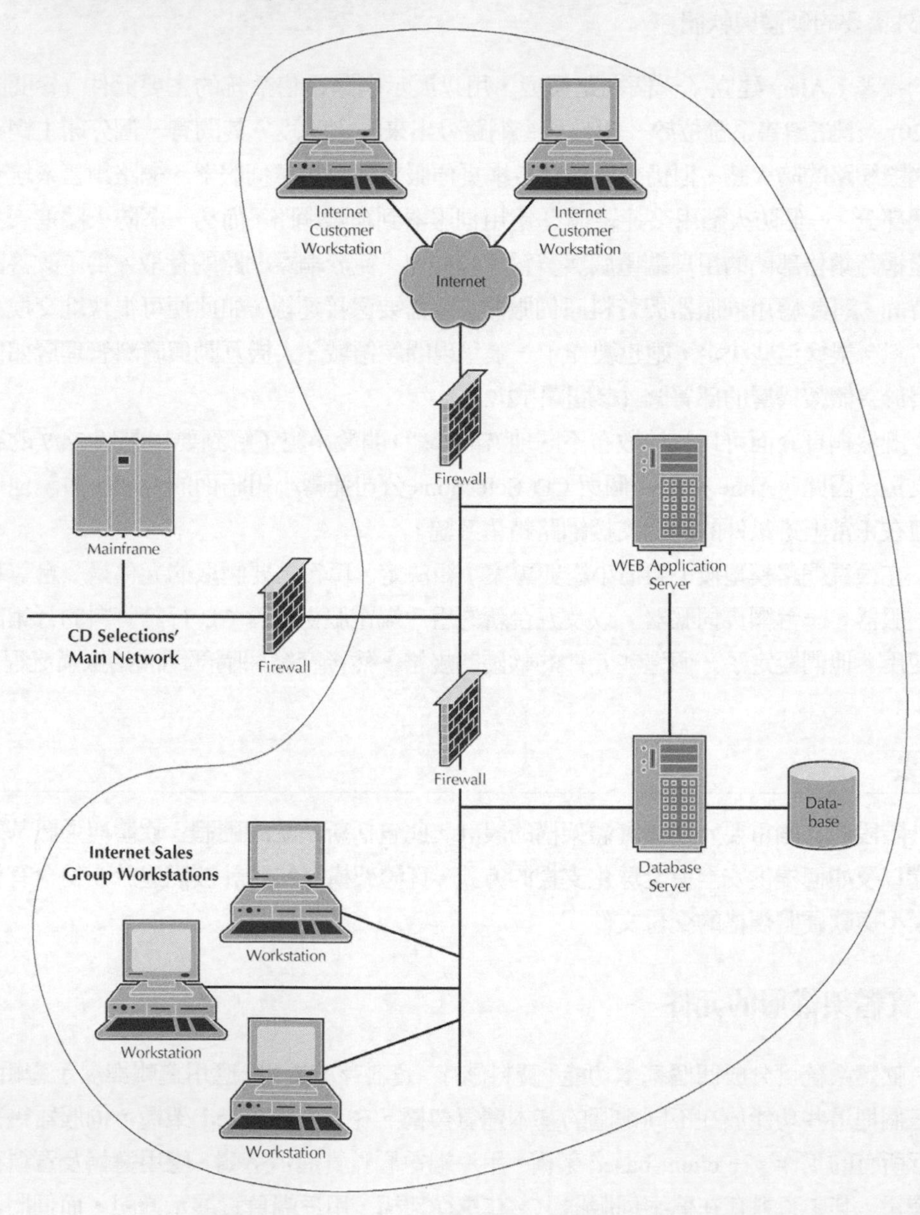

圖 12-20 CD Selections 網路銷售系統的網路模型部署圖

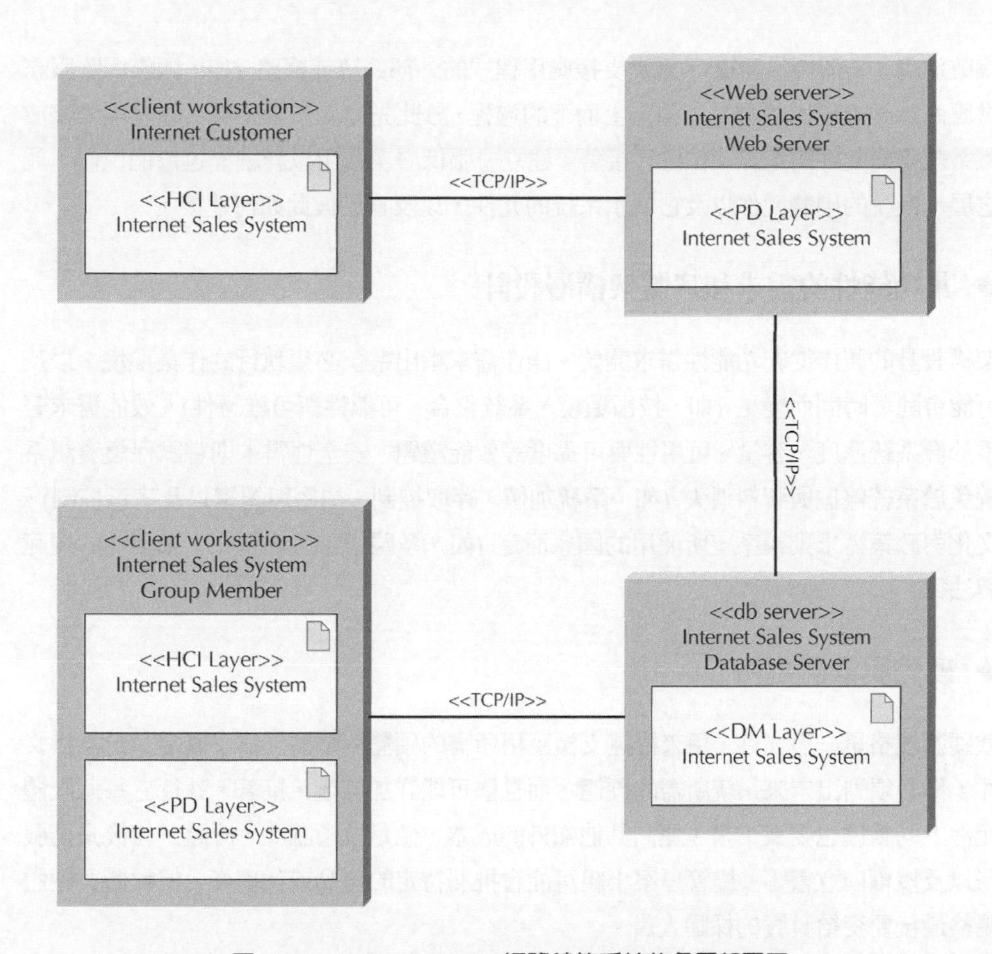

圖 12-21　CD Selections 網路銷售系統的各層部署圖

每個運算架構各有其優缺點，而且沒有一個架構在本質上比其他還好。專案小組的選擇應該取決於幾項準則，包括開發成本、開發簡易性、GUI 應用的需要、網路容量、集中式管控與安全性，以及延展性。專案小組也應該考慮目前組織內的現有架構以及專案所需之特殊軟體需求。

◆ 基礎架構設計

部署圖用來描繪實體架構層的設計。此類圖由節點、工件與通訊路徑所構成。此外，這種圖可以用圖示加以擴充，以表達不同類型的節點。

網路模型是一張圖，用來展示資訊系統的技術元件 (如，伺服器、個人電腦、網路) 及其在組織內的地理位置。網路模型的元件包括各種不同的用戶端 (如，個人電腦、資訊服務站)、伺服器 (如，資料庫、網路、通訊、印表機)、網路設備 (如，電線、撥號連線、人造衛星連線)，以及支援應用程式的外部系統或網路 (如，網際網路服務供應商)。建立網路模型是一種自上而下的過程，於此先建立一張高層次圖呈現未來放置系統不同元件的地點或位置。接著，建立一張低層次圖用以詳細描述每個位置，並它展示系統的硬體元件以及它展示系統的元件，以及它們彼此如何連接。

◆ 非功能性的需求和實體架構層設計

架構設計的製作從非功能性需求開始。操作需求指出系統必須執行的作業環境，以及可能會隨著時間而變更 (即，技術環境、系統整合、可攜性與可維護性)。效能需求著重於像系統速度、容量、可用性與可靠度等效能議題。安全性需求則嘗試保護資訊系統免於系統停擺與資料遺失 (如，系統加值、存取控制、加密與認證以及病毒控制)。文化與政策需求則視系統所使用的國家而定 (如，多國語言、客製化、未講明的規範與法律)。

◆ 硬體與軟體規格

軟硬體規格是一份文件，用來描述支援應用所需的硬體與軟體。為了擬定一份規格文件，你必須列出未來系統所需的硬體，而且儘可能詳加描述。接著，執行於每個硬體元件上的軟體也要寫下來，連同其他額外的成本，像是技術訓練、維護、售後長期服務以及授權同意書等。儘管專案小組可能會推薦特定的產品或代理商，但軟體與硬體規格最後要交給負責的採購人員。

關鍵字彙

.net　.net

Access control requirements　存取控制需求

Application logic　應用邏輯

Architectural component　架構元件

工件　工件

Asymmetric encryption algorithm　非對稱加密演算法

Authentication　認證

Availability and reliability requirements　可用性與可靠度需求

Capacity requirements　容量需求

Certificate of authority (CA)　憑證管理中心

Client-based architecture　client-based 架構

Client computer　用戶端電腦

Client–server architecture　主從架構

Common Object Request Broker Architecture (CORBA)　通用物件請求代理架構

Communication path　通訊路徑

Cultural and political requirements　文化與政策需求

Customization requirements　客製化需求

Data access logic　資料存取邏輯

Data storage　資料儲存

Deployment diagrams　部署圖

Distributed objects computing (DOC)　分散式物件運算

Encryption　加密

Enterprise JavaBeans (EJB)　Enterprise JavaBeans

Fat client　厚實（或肥胖）型用戶端

Graphical user interface (GUI)　圖形使用者介面

Hardware and software specification　硬體和軟體規格

Invertible　不可逆轉

Java 2 Enterprise Edition (J2EE)　Java 2 Enterprise Edition

Legal requirements　法律需求

Locations　位置

Mainframe　大型主機

Maintainability requirements　維護性需求

Microcomputer　微電腦

Middleware　中介軟體

Minicomputer　迷你電腦

Mission critical system　任務關鍵系統

Multilingual requirements　多國語言需求

Network　網路

Network model　網路模型

Node　節點

N-tiered architecture　n 層式架構

Operational requirements　操作需求

Performance requirements　效能需求

Physical architecture layer design　實體架構層設計

Portability requirements　可攜性需求

Presentation logic　展示邏輯

Private key　私鑰

Public key　公鑰

Public key encryption　公鑰加密

Response time　回應時間

Scalable　可延展的

Security requirements　安全性需求

Server　伺服器

Server-based architecture　server-based 架構

Speed requirements　速度需求

SQL (Structured query language)　結構化查詢語言

Symmetric encryption algorithm　對稱加密演算法

System integration requirements　系統整合需求

Technical environment requirements　技術環境需求

Thick client　厚實型用戶端

Thin client　精簡型用戶端

Three-tiered architecture　三層式架構

Total cost of ownership　整體擁有成本

Two-tiered architecture　兩層式架構

Unstated norms　未講明的規範

Virus　病毒

Virus control requirements　病毒控制需求

問題

1. 什麼是分散式物件運算？
2. 支援分散式物件運算的三個競爭方法是什麼？
3. 誰是購買專案硬體和軟體的最後定奪者？
4. 哪些額外的硬體與軟體成本需放進軟硬體規格中？
5. 你想什麼是新手分析師在架構設計和軟硬體規格常常犯的三個錯誤？
6. 在影響實體架構設計與軟硬體規格方面，有些非功能性需求比其他的還重要嗎？
7. 任何實體架構的三個主要的硬體元件是什麼？
8. 當設計新系統的實體架構層的時候，專案小組爲什麼應該考慮組織現有的實體架構？
9. 描述主要的非功能性的需求和它們對實體架構層設計的影響。
10. 爲何詳細的定義非功能性需求很有用，即使技術環境需求指明某一特定的架構？
11. 任何資訊系統的四個基本功能是什麼？
12. 你認爲一個系統中最重要的安全性議題是什麼？
13. 高層次網路模型和低層次網路模型之間的不同之處是什麼？
14. 網路模型傳達什麼意義給專案小組？
15. 比較運算架構的適用性之同時，哪六個準則可拿來使用？
16. 定義什麼是可延展性。它爲什麼對系統開發者很重要？
17. 指出二個伺服器的例子。
18. client-based 架構計算的最大問題是什麼？
19. server-based 架構計算的最大問題是什麼？
20. 說明兩層、三層和 *n*-層式架構的不同之處。
21. 試比較 server-based 架構、client-based 架構和主從架構之異同。
22. 描述精簡主從架構的主要優點與侷限。
23. 描述厚實主從架構的主要優點與侷限。

練習題

A. 請利用網路找出使用大型主機、迷你電腦及微電腦等設備的例子。根據價格來看，比較這些設備速度、可用記憶體及磁碟容量。當考慮到設備的效能時，你是否發現價格上的大差異？

B. 想想你的大學目前所使用的就業服務系統。假設你負責要更換新系統。描述你如何利用本章提供的準則選定新系統的運算架構。在你能夠仔細地比較各種替代方案前，你需要先找到什麼資訊？

C. 你已經被指派為 L.L. Bean 公司欲開發之網路化訂單輸入系統，找出最佳的主從運算架構。於備忘意見中，寫下有關該架購需要哪些元件的想法。

D. 請在網路上找出一家客戶產品的公司，並且閱讀該公司的描述 (同時可獲得公司的地理位置)。假裝該公司準備要建立一個支援網路上零售業務的新的應用軟體。試建立一個高階網路模型，並描述這個應用程式所需元件的分布位置。

E. 請利用網路 (或電腦雜誌，像是《*Computerworld*》的過期本) 找出一個執行於主從環境的系統。根據你的閱讀，為什麼認為該公司會選擇那個運算環境？

F. 請利用網路 (或電腦雜誌，像是《*Computerworld*》的過期本) 找出一個執行於 server-based 環境的系統。根據你的閱讀，為什麼認為該公司會選擇那個運算環境？

G. 你被選來決定你的公司是否要投資於 CORBA 或是.net 技術，來支援分散式物件運算。試寫一份簡短備忘文件，向指導委員會描述兩個方法的優缺點。(註：你可能要參考與這兩個與這些技術有關的網站)。

H. 假設你大學的教務處有一個網頁化應用軟體，學生可在線上申請入學。最近，愈來愈多的國際學生也想申請入學。你會建議應用軟體要包括哪些東西，才可確保具有全球性的支援？

I. 你的大學想要蓋一棟容納若干電腦實驗室的大樓，試製作其低層次的網路圖。選擇一個應用程式 (如，選課、入學)，並且只包括與申請有關的元件。

J. 一家總部設在德州 Dallas 的能源公司，準備開發一套系統，追蹤其在北美地區煉油廠的效率表現。每個星期，這 10 間煉油廠——遠至 Alaska 的 Valdez，近至 Texas 的 San Antonio——透過衛星將效能資料上傳給 Dallas 的公司主機。每個地點的製造經理均使用個人電腦撥接到 ISP，然後透過網頁存取報告。試建立一個高階層次網路模型，並描述這個應用程式所需元件的分布位置。

K. 假設你的母親是不動產代理人，而且她已經決定使用筆記型電腦自動化日常的工作。考慮她可能需要的軟硬體需要，並且製作一個描寫它們的硬體與軟體規格。

此規格應該被研擬來協助你母親，自己購買軟體與硬體。

L. 根據於第五章 (N、O)、第六章 (O)、第七章 (G、H)、第八章 (G、H)、第九章 (A)、第十章 (I) 和第十一章 (D、E) 的健康俱樂部練習題，提供一個實體架構設計並以一張部署圖來描繪它。

M. 根據於第五章 (P、Q)、第六章 (P)、第七章 (I)、第八章 (I、J)、第九章 (C)、第十章 (J) 和第十一章 (F、G) 的 Picnic R Us 練習題，提供一個實體架構設計，並以一張部署圖描繪它。

N. 根據於第五章 (T、U)、第六章 (R)、第七章 (L)、第八章 (K、L)、第九章 (E)、第十章 (K) 和第十一章 (J、K) 的每月一書俱樂部練習題，提供一個實體架構設計，並以一張部署圖描繪它。

O. 根據於第五章 (R、S)、第六章 (Q)、第七章 (K)、第八章 (M、N)、第九章 (G)、第十章 (L) 和第十一章 (H、I) 之圖書館的練習題，提供一個實體架構設計，並以一張部署圖描繪它。

迷你案例

1. 參考第五、七、八、十、十一章中提及的專業與科學人事管理 (PSSM) 迷你案例。針對那些問題所研擬出的解決方案，提供一個實體架構設計，並以一張部署圖描繪它。

2. 參考第六、七、八、十、十一章中提及的假日旅遊租車公司迷你專案。針對那些問題所研擬出的解決方案，提供一個實體架構設計，並以一張部署圖描繪它。

3. Clara Silva 是一個正在爲零售連鎖店開發零售店管理系統之專案小組的一名新成員。公司總部位在 Rio 的 Janeiro，而且在 Brazil 各處的零售連鎖店有 33 個據點，包括在某些城市中有數家店面。

   新的系統將是一網路化、主從架構。店面將與四個區域伺服器連線，這些伺服器依次與企業總部連線。區域伺服器也彼此連線。每家零售商店都相似地配置有 6-20 個收銀機，和 10-20 台連線至伺服器的個人電腦 (根據儲存的大小)。Silva 小姐已被指派開發一個記載這個系統的地理分布結構的網路模型的任務。她從沒有面對過如此龐大的系統，而且不確定該從哪裡開始。

   a. 爲 Silva 小姐準備一套說明，可以讓她據以開發這個網路模型。
   b. 使用部署圖，爲這個組織繪製一張網路模型。

c. 為 Silva 小姐準備一套說明，可以讓她據以開發硬體與軟體規格。

4. 在 Birdie Masters 高爾夫球學校的系統開發專案小組，正在忙著定義系統的實體架構設計。專案的主要焦點是網路化學校分校的營運系統，允許每個分校容易記錄及擷取所有分校的交易資料。另一個系統要素，則是使用網際網路讓目前與未來學生能夠查看 Birdie Masters 各地分校所提供的課程，在任何一間分校排課與註冊某個課程，以及維護學生的進度檔——學生球技進步程度的機密分析。

   專案小組一直在考慮哪些全球化議題應該納入系統架構設計。學校正在考慮拓展目前風靡高爾夫球運動的日本市場的計畫。第一所日本分校暫時打算在系統目標完成日期後開放六個月。因此，與國際分校的相關議題在設計的這個階段是很重要的。

   假定你要準備一份放在專案裝訂夾的摘要備忘錄，描述關於全球化議題的事情，使之融入設計。試準備這份備忘文件，討論 Birdie Masters 的新系統必須面對的全球性議題。

第十三章
開發

PART FOUR

實作

在架構期間，實際的系統被建置起來。建置一個成功的資訊系統需要一系列的活動：程式設計、測試與撰寫系統文件。在今天的全球化經濟中，文化的議題也在管理這些活動方面扮演了重要的角色。安裝資訊系統需要從現有系統轉換到新系統。這個轉換的過程可能相當複雜，舉例來說，使用者、開發團隊以及這兩個群體之間的文化差異可能會非常具挑戰性。最後，轉換不僅事涉關掉舊系統及啓用新系統，而且也需要一套大量的訓練課程。最後，操作這個系統可能會發掘出額外的需求而須由開發小組關注。

第十四章
安裝

CHAPTER 13

開發

本章討論成功建置資訊系統所需要的活動：程式設計、測試及系統文件。程式設計費時且代價高昂，但是，除非在不尋常的情況下，這對於系統分析師而言是最簡單不過了，因爲知之甚深之故。基於此一理由，系統分析師著重於測試 (證明系統的運作一如所設計者) 以及說明文件的製作。

學習目標

- 熟悉系統建構的程序。
- 了解不同類型的測試和何時該使用它們。
- 了解該如何編寫說明文件。

本章大綱

導論

管理程式設計

- 指派程式設計師
- 協調活動
- 管理時程
- 文化議題

設計測試

- 測試與物件導向
- 測試計畫
- 單元測試
- 整合測試
- 系統測試
- 驗收測試

編寫說明文件

- 說明文件類型
- 設計說明文件結構
- 撰寫說明文件主題
- 確認導覽術語

應用概念於 CD Selections 公司

- 管理程式設計
- 測試
- 編寫使用者文件

摘要

導論

當人們初學資訊系統的開發時，通常會立刻聯想到程式的撰寫。就時間與成本的觀點而言，程式設計可能是任何系統開發專案的最大部分。不過，它也是被理解最完整的部分，因此──少數情況下──程式的撰寫在系統開發時各方面所帶來的問題最少。當專案失敗的時候，通常不是因為程式設計師不會寫程式，而是分析、設計、安裝及 (或) 專案管理做得很差之故。在本章，我們把重心放在軟體的建構與測試以及說明文件上。

建構 (construction) 是系統所有部分的開發，包括軟體本身、說明文件與新的操作程序。回顧圖 1-11，我們看到強化統一流程的建構階段，主要處理的是實作、測試、配置及變更管理工作流程。實作顯然面對的是程式設計。程式設計時常被視為系統發展的焦點。畢竟，系統開發是在寫程式。那也是我們為什麼要進行分析與設計的理由。而它是有趣的。許多初學的程式設計師都認為，測試與撰寫說明文件很麻煩。測試與撰寫說明文件不是那麼有趣，所以，比起寫程式的創意活動而言，測試與撰寫說明文件實在不怎麼吸引人。

然而，程式設計與測試，非常類似於寫作與編輯。專業作家 (或正在寫一份學期報告的學生) 不會在寫出草稿之後就停筆。重讀、編輯及更改草稿，使其變成一份好的報告，此乃優質寫作的準繩。同樣地，徹底測試是專業軟體開發的準繩。大多數組織一開始投注在測試上 (以及隨後的改版及再測試) 的時間與金錢，比起程式設計多很多。

理由就是經濟的因素：軟體錯誤[1] 引起的系統當機時間與失效的代價極為高昂。許多大型組織估計，重要應用程式的當機成本，**每小時**約略在$50,000 到$200,000 之間。[2] 一個嚴重錯誤所造成的一小時當機，其損失成本超過了一個程式設計師的年所得──而且，有多少錯誤是可以在一小時內修正呢？測試，因此，是一種形式上的保險。系統被安裝後，組織多半願意花更多時間與金錢，避免重大錯誤的發生。

---

[1] 當我 (Alan Dennis) 還在讀大學的時候，有幸聽到 Grace Hopper 上將的演講，說她如何發現電腦「臭蟲 (bug)」。當時，她使用海軍早期的電腦，突然間電腦失靈了。電腦一直無法正確啓動，所以她開始尋找壞掉的真空管。她發現有一隻飛蛾跑到一個真空管裡面，隨後在工作日誌上記載說，一隻蟲引起電腦當機。從那時起，每次電腦當機大家都戲稱，把責任歸咎於這隻蟲 (相對於程式師的錯誤)。

[2] 請參閱 Billie Shea，“Quality Patrol:Eye on the Enterprise,” *Application Development Trends* (November 5, 1998): 31–38。

所以，程式通常在通過測試之後才算是完成。基於這個理由，程式設計與測試緊密地糾葛，而且因為程式設計是程式設計師 (不是分析師) 的主要工作，測試 (不是程式設計) 通常變成系統分析小組在系統建構階段的焦點。

配置與變更管理工作流程，追蹤進化中系統的狀態。進化中的資訊系統包含一組工件，舉例來說其中有，圖、原始程式碼和可執行程式等等。在開發過程，這些工件會被修改。工件開發所涉及的工作量與費用是很可觀的。同樣地，工件本身應該當作貴重的資產來處理──存取控制一定要予以實施，以保護工件避免被竊取或破壞。此外，因為工件定期地──即使不是持續不斷地──被修改，應建立起來好的版本控制機制。工件的**可追蹤性 (traceability)** 回溯各個開發過的工件，像是資料管理層的設計、類別圖、套件圖和使用案例圖，及特定的需求也是非常重要的。沒有這個可回溯性，當需求改變時，我們將不知道該修改系統的哪一個部分。

概念活用　13-A　一隻蟲(一個程式錯誤)的代價

我第一份程式設計的工作在 1977 年，當時要把一組應用系統從 COBOL 版本轉換成另一個 COBOL 版本，供愛德華王子島 (Prince Edward Island，PEI) 的政府使用。測試的方法是，先在舊系統上執行一組測試資料，然後在新系統上執行同樣的資料，確定兩者的執行結果是否相符。如果符合了，就把後面三個月的生產資料拿到兩個系統上執行，以便確定它們也相符合。

事情進行得很順利，直到我開始轉換汽油稅系統時，情況有了蹊蹺。此系統用來保存所有經由授權可購買汽油，但不用付稅者的記錄。測試資料執行得很順利，但是使用生產資料的結果卻是很奇特。雖然新舊系統相符，但報表只列出 50 筆記錄，而沒列出好幾千筆記錄。

系統將現有汽油稅記錄的檔案拷貝至一個新檔，並且對新檔做了變更。舊檔接著備份到磁帶機上。由於程式有一個錯誤，導致如果檔案沒有變更的話，一個新檔會被建立起來，但是沒有記錄拷貝過去。

我檢查了磁帶機的備份，發現一個地方保存著完整的資料，而且還排定在我發現問題那天的三天後要進行覆寫，幸好我及時發現。不然的話，政府在三天後將會遺失所有的汽油稅記錄。

— *Aean Dennis*

問題：

1. 假如這個錯誤未能被捕捉到的話，請問代價有多高？

本章，我們討論建構的三個部分：管理程式設計、測試與撰寫說明文件。由於程式設計是程式設計師的主要工作，而不是系統分析師的工作，況且本書不是一本程式設計的書，所以我們花在程式設計的討論比測試與撰寫說明文件要來得少。此外，我們在這章中不太深入探究配置和變更管理 (參閱第十四章)[3]。

管理程式設計

一般來說，系統分析師不寫程式；程式設計師寫程式。因此，在程式設計的期間，系統分析師的主要工作就是...等候。然而，專案經理通常會忙於安排程式設計的工作：指派程式設計師、協調活動以及管理程式設計的時程。[4]

◆ 指派程式設計師

程式設計的第一個步驟就是，把模組指派給程式設計師去做。如第九章所討論，每個模組 (類別、物件或方法) 應該儘可能與其他模組分開而獨立。專案經理首先要把相關的類別分門別類，以便讓每位程式設計師能夠處理相關類別就好。這些分類後的類別接著分派給程式設計師。最佳的起始點就是觀察套件圖。

概念活用 13-B 找出最有能力的人

定量分析提供作出決策時所需的資料。一些職棒大聯盟隊伍已經使用 Sabermetrics (類似於資料分析的標尺) 來定量分析運動員的薪水與其價值。舉例來說，一名 250 支安打且擅長盜壘的球員的年薪 500 萬元，與一名擁有 250 支安打但速度較慢的年薪 1,500 萬元球員相較，誰比較有價值？洋基隊的 Alex Rodriguez 的價值，是否超過明尼蘇達雙城隊的 Joe Maurer？亞利桑那響尾蛇隊的 Randy Johnson，是否比芝加哥小熊隊的 Ryan Dempster 更有價值？比賽的各方面的統計資料都被蒐集和分析：打擊、防守、受傷、領導力、可訓練性、年齡 (與預期貢獻的棒球生命) 以及更多。

---

[3] 一本有關配置與變更管理的好參考書籍是 Jessica Keyes, *Software Configuration Management* (Boca Raton, FL:Auerbach, 2004)。

[4] 有關管理程式設計的最佳書籍 (即使它是在 30 年前出版的) 是 Frederick P. Brooks, Jr. *The Mythical Man-Month*, 20th Anniversary Edition (Reading, MA:Addison-Wesley, 1995)。

現在帶進商務市場的那一項觀念。量化的標尺是否可以用於 IT 人員？是否一名於一年期間管理 6 個大型專案的分析師，其價值超過一年管理 12 個小型專案的分析師？是否一名以有效管理團隊見長的專案領導人的價值，超過常常與他或她的團隊有意見不一的專案領導人？是否一名可以在一個星期內寫 1,000 行 Java 程式碼的開發人員，其價值高於或低於一名能在一個星期內寫 500 行 Visual Basic 程式碼的開發人員？當我們在討論有形和無形的利益時，筆者建議，將無形的效益具體化成金額。

問題：

1. 你如何使用定量性的標尺，評斷系統分析師的工作量？
2. 對雇用人員實施統計分析工作，可能的費用有哪些？
3. 對雇用人員實施統計分析工作，可能需要的資料有哪些？
4. 這個系統在人員的招募與企業人才評估方面，足以取代傳統的人力資源部門嗎？

系統開發的一個規則就是，愈多的程式設計師參與一個專案，建構系統的時間就愈長。隨著程式設計團隊的規模擴大，協調的需要性也呈現指數等級增加，而協調的時間愈多，程式設計師勢必花在程式設計的時間愈少。最佳的規模就是儘量組成最小的團隊。當專案複雜到需要較大的團隊時，最好的策略就是，設法把專案分割成若干功能獨立的較小部分。

◆ 協調活動

協調可透過高科技和低科技手段完成。最簡單的方法是每週的專案會議，討論過去一個禮拜以來的系統曾做的任何變更——或者任何出現的議題。定期開會，即使很簡短，也可讓大家彼此交換心得與意見，或在它們變成問題之前，討論相關議題，。

另一個改進協調的重要方法是建立及遵循一套標準，標準的範圍從檔案的命名規則、到目標完成時必須填寫的表單、到程式設計原則 (參閱第三章)。當團隊定下標準接著遵循它們的時候，專案就可以更快完成，因爲協調工作比較不複雜了。

分析師也一定要將機制準備就緒，以便使程式設計的工作能有條不紊。許多專案小組設置程式設計師可以工作的三個區域：開發區域、測試區域與生產區域。這些區域可能在伺服器硬碟的不同目錄、不同的伺服器，或不同的實體位置，但是重點是，檔案、資料及程式都是根據完成狀態而被分開。開始的時候，程式設計師在開發區內存取及建立檔案，然後當程式設計師「完成」的時候，便將其拷貝到測試區。如果程式未通過測試，便送回開發區。一旦所有程式及其他檔案都經過測試，準備支援新系統的時候，就把它們複製到生產區──最終系統會被放置的地方。

根據檔案與程式的完成程度，將它們分別放在不同的地方，將有助於管理**變更控制 (change control)**，也就是協調系統在建構過程中的變更情形。另一個變更控制的技術就是，利用**程式日誌 (program log)** 記錄哪一個程式設計師改變了哪些類別及套件。日誌其實只是一張表格，其上記錄著哪個程式設計師「簽出 (sign out)」哪些類別及套件以進行更新，以及當它們被完成的時候來「簽入 (sign in)」。程式設計區以及程式日誌，都有助於分析師了解誰做了哪些事，並且確定系統目前的進度。沒有了這些技術，檔案可能不經適當的測試就被直接放到生產區 (例如，兩個程式設計師可能同一時間，處理同一個類別或套件。)

如果建構的過程中使用了 CASE 工具，那麼非常有助於變更控制，因為許多 CASE 工具可以用來追蹤程式的狀態，並於程式設計師工作時能有效地管理。在大部分情形下，保持有條不紊在概念上並不複雜。只是需要用心與紀律來追蹤枝微末節的細節。

◆ 管理時程

規劃階段剛開始時所估計的時程，以及分析與設計階段修正後所估計的時程，隨著專案的進展也需要做些許的修整，因為要擬出一套精確估算的專案時程幾乎是不可能的事。如我們在第三章所討論過的，一套良好的時間估計，在你到達建構步驟時，通常會有 10%的錯誤率。非常重要的事情是，所做的時程估計要隨系統建構的進度，做適時的修改。如果一個程式模組要花上比預期還長的時間來開發，那麼審慎的回應是把預計完成日期往後順延相同的時間量。

概念活用 13-C 完成程序

身為一個偉大的分析師，你已經計畫、分析與設計了好的解決方案。現在你需要實作。你認為作為實作一部分的訓練只是浪費經費嗎？

在客服中心的工作壓力是很常見的。電算服務的使用者打電話請求進入被鎖住的帳號，或者當技術未如預期發揮作用時請求協助，而他們常因此感到非常窘迫。客服中心的員工可能會疲累不堪，且這可能造成更多的病假、更低的生產力，以及更高的流動率。Max Productivity 公司是一家協助高工作壓力人的訓練公司。他們的培訓計畫幫助員工如何放鬆，如何擺脫棘手的用戶，以及如何創造「雙贏」的局面。他們聲稱能夠降低人員的流動率達 50%、增加生產力 20%，與減少工作壓力、忿怒和情緒低落達 75%。

問題：

1. 你會如何挑戰 Max Productivity 公司於驗證其所聲稱的降低流動率、增加生產力與降低工作壓力和忿怒？
2. 對於聘請 Max Productivity 公司為你的客服中心員工提供訓練課程一事，你會如何執行成本效益分析？

概念活用 13-1 避免傳統的實作錯誤

在前幾章，我們討論過傳統錯誤以及該如何避免它們。在這裡，我們歸結出實作階段的四個常見的錯誤。[5]

1. 研究導向型開發 (Research-oriented development)：使用最先進的技術，需要探索新技術的研究導向型開發，因為「最先進的」工具與技術不易了解、說明文件不足、功能也未必如所宣稱的好。

解決方案：如果你要使用最新穎的技術，你必須大幅地增加專案的時間及成本估計，即使 (某些專家會說特別是如果) 這些技術宣稱可以減少時間與工作量。

2. 使用低成本人員：你所得到的即為你所付出的。低成本的顧問或員工，生產力明顯比不上最優秀的人員。一些研究指出，優秀的程式設計師所產生的軟體，速度比最不具生產力的程式設計師快上六到八倍 (不過，成本卻只有多 50%到 100%)。

解決方案：如果成本是一個關鍵的議題，那麼指派最好、最貴的人員；千萬不要只為了節省成本而指派低層次的人員。

3. 缺乏程式碼控制：在大型的專案，程式設計師對原始程式碼的變動需要彼此協調 (如此，兩個程式設計師才不會同時更改相同的程式，而覆寫了另一個人所修改的程式)。儘管以人工的方式似乎有效 (例如，當你在撰寫一個程式的時候，寫電子郵件通知他人不要動該程式。) 但是錯誤仍難避免。

解決方案：使用一個要求程式設計師「簽出」程式，並禁止他人同時間處理同一個程式的原始碼程式庫。

4. 不當的測試：在實作時專案失敗的頭號理由是：因人設事的測試──程式設計師與分析師測試系統時，不使用正式的測試計畫。

解決方案：請務必分配足夠的時間供正式測試之用。

---

[5] 取材自 Steve McConnell, *Rapid Development*, (Redmond, WA:Microsoft Press, 1996)。

時程問題的常見原因之一是，功能過度膨脹。在系統設計告一段落後，若有新的需求要增加到專案上時，功能過度膨脹的情形便發生。功能過度膨脹的代價可能很高，因爲系統開發晚期所做的變更，可能導致已完成大半的系統設計部分 (甚至寫過的程式) 需要重做。於建構期間任何提出的變更，必須經由專案經理同意，而且只有在快速地做過成本效益分析之後，才應該考慮採用。

另一個普遍的原因是進度一天一天的落後而沒人察覺。一個套件這兒晚一天，另一個套件那兒晚一天。很快地，這些延遲不斷累積，終至令人警覺進度早已落後。再提醒一次，管理程式設計工作的關鍵在於，隨時觀察這些細微的進度損耗，並且適時更新工作時程。

通常，專案經理會建立一個風險評量，藉以追蹤潛藏的風險，連同其可能性與潛在影響的評估。當建構步驟告一段落時，風險清單將變動，有些項目會移除，而有些項目會浮現。不過，優秀的專案經理將努力避開風險，使其不致於影響到專案的時程與成本。

◆ 文化的議題

資訊系統開發組織面對的主要議題之一是資訊系統開發之海外實作方面。由不同國家和組織文化所引起的衝突，現在正逐漸變成一個令人關注焦點。一個說明學生學習上的文化差異的簡單例子是「剽竊」的想法。究竟「剽竊」眞正意味著什麼？不同的文化有著非常不同的觀點。在某些文化，最高敬意的形式之一，只是單單的引述一個專家的話。然而，在這些相同的文化，卻沒有引述專家的需要。「引述專家」本身的行爲就是一個表達敬意的行爲。在某些情況下，實際上透過使用引號和腳註來引述專家之語，可能被視爲一種對專家和讀者的侮辱，因爲對讀者來說，很明顯的作者並沒想要讀者認出專家的引述。這樣的預期是源於讀者本身的無知或是專家籍籍無名。不管哪一種方法，使用引號和腳註，作者將會侮辱到某人。然而在美國，反過來做反而是對的。如果一位作者不適當地使用引號和腳註來彰顯引述 (或者釋義) 來源的話，那麼該作者就犯了剽竊罪。[6] 顯然地，在現今全球世界中，剽竊不是一個簡單的議題。

---

[6] 一本關於剽竊的輕薄好書是 Richard A. Posner, *The Little Book of Plagiarism* (New York:Pantheon Books, 2007)。

概念活用 13-D 管理延遲的專案：何時該說何時？

系統專案向以延遲和預算超支而聞名。什麼時候管理階層應該中止一個已知時程會比預期晚或成本會比預期來得高的專案？考慮這種情況。

Valley Enterprises 選擇在 Arizona 的 Phoenix 服務區域推行網路電話 (VoIP) 服務。該公司在 Phoenix 地區擁有 15 個地點，所有區域網路都與保全的 Wi - Fi 連接。它們目前所用的電話系統是在 1950 年代設計與建置的，那時運作於三個地點。當他們擴張到別的區域，他們通常採用標準的通訊解決方案，而很少想到容量的問題。數年以來，當他們增加了新的建築物和設備的時候，他們增加了電話服務。執行長 Doug Wilson 在一個貿易展聽到 VoIP，並為某個標案與 TMR 通訊顧問公司簽約。TMR 花了一個星期和 Valley Enterprises 的資訊長蒐集資料，並在 2007 年尾遞交$50,000 的標單。專案預定在 2008 年 3 月啟動，並在 2009 年 1 月之前完成。該標單被接受了。

TMR 在 2008 年 3 月開始執行專案。在 2008 年 7 月下旬中，TMR 被 Arizona Scottsdale 的 Advanced Communications 公司買下。這個合併最初延遲專案約一個月多。在 2008 年 9 月初，來自 TMR 的一些相同人員，連同來自 Advanced Communications 的新專案經理，回到該專案。

在 2009 年 3 月，該專案已花費$150,000，但卻只有八個地點完成了 VoIP。Advanced Communications 堅持區域網路已過時，而且如果沒有將頻寬、路由器和其他的通訊設備大幅地升級，將無法負荷擴增的流量。

問題：

1. 該是結束這個專案的時候了嗎？為什麼？
2. 在 2008 年 12 月之前，TMR 和 Valley Enterprises 間應該要出現何種協商？
3. 當專案剛開始出現延遲的時候，Valley Enterprises 的專案經理或專案協調者應該做什麼動作？

另一個關於學生學習之文化上的差異簡單例子，是學生一起完成家庭作業的想法。即使我們都知道研究顯示，學生在一起會學得更好，但在美國，我們將交回一模一樣作業的學生視同騙子。[7] 而在其他文化，個人的表現沒有群體表現來得重要。因此，會期待幫助同學了解作業並在班上表現得更好。顯然地，這是另一個文化差異的

---

[7] 在這個情況，Roger Schank 的近作非常發人深省。舉例來說，請參閱 Roger C. Schank, *MakingMinds Less Well Educated Than Our Own* (Mahwah, NJ:Lawrence Erlbaum Associates, 2004)。

實例。從專案管理的角度來看，資訊系統開發小組的成員，可能來自各地多種不同的文化。至少可以這樣說，這爲開發成功的資訊系統在管理上，添加了新的波折。好幾年以來，在美國，專案經理必須會帶領背景互異的個人一起工作。但是，總有個共同的交談與書寫的語言，英語，和所謂的「文化熔爐 (melting pot)」想法，讓小組成員之間保有一定的共通性。[8] 然而，在今天的「平的世界 (flat world)」中，不再有任何共通的文化或共通的口語以及書寫的文字。今天共同的語言是 UML、Java 語言、SQL 和 Visual Basic，但不是英語。而且，當網際網路變得更普遍之後，唯一的共通文化可能是網頁。

設計測試[9]

於物件導向系統中，總有想要將測試減到最少的念頭。畢竟，透過樣式、架構、類別庫與元件的使用，系統很多部分早已測試過。因此，我們不應該再進行那麼多的測試。這說法是對的嗎？錯！測試對於物件導向系統來說，比起過去的系統開發更加的重要。建立在封裝 (與資訊隱藏)、多型 (與動態繫結)、繼承與再用性，徹底的測試變得更加地困難，而且也更爲重要。此外，再加上資訊系統開發的全球性本質，測試變得更加重要。因此，測試一定要有系統的進行，而且將結果記載下來讓專案小組知道，哪些東西已測過，哪些東西尚未測試。

測試的目的不是要證明系統毫無錯誤。的確，要證明系統是完美無瑕是不可能的事，尤其對物件導向系統而言。這就好像理論的測試一樣。你無法證明一個理論。如果測試未能找出某個理論的問題，你對該理論的信心大增。然而，如果測試成功地找

---

[8]在美國不同地區長大的人 (例如，New York City、Nashville、Minneapolis、Denver 和 Los Angeloes)，在非常現實的意義上來說，文化底蘊並不相同，網際網路和有線電視的普及，在美國創造了一個比世界許多其他地方還多的分享文化。

[9]本節的內容是取材自 Imran Bashir and Amrit L. Goel, Testing Object-Oriented Software:Life Cycle Solutions (New York:Springer Verlag, 1999); Bernd Bruegge and Allen H. Dutoit, Object-Oriented Software Engineering:Conquering Complex and Changing Systems (Upper Saddle River, NJ:Prentice Hall, 2000); Philippe Kruchten, The Rational Unified Process:An Introduction, 2nd ed. (Boston, MA:Addison-Wesley, 2000); and John D. McGregor and David A. Sykes, A Practical Guide to Testing Object-Oriented Software (Boston, MA:Addison-Wesley, 2001)。有關物件導向系統測試的進一步資料，請參閱 Robert V. Binder, Testing Object-Oriented Systems:Models, Patterns, and Tools (Reading, MA:Addison-Wesley, 1999); and Shel Sieget, Object-Oriented Software Testing:A Hierarchical Approach (New York:Wiley, 1996)。

果測試未能找出某個理論的問題，你對該理論的信心大增。然而，如果測試成功地找到問題了，理論便被推翻了。這跟軟體測試很類似，軟體測試只用來顯示錯誤的存在而已。因此，測試的目的是竭盡所能揭露錯誤。[10]

測試區分爲四個一般階段：單元測試 (unit test)、整合測試 (integration test)、系統測試 (system test)、驗收測試 (acceptance test)。雖然每種應用系統均不一樣，但大部分的錯誤都可以發現於整合測試及系統測試期間 (參閱圖 13-1)。

在下面的每一節，我們將描述這四個階段。不過，在做這件事之前，我們將先描述物件導向的特性對測試的影響，以及成功的測試計畫所必須要的規劃與管理活動。

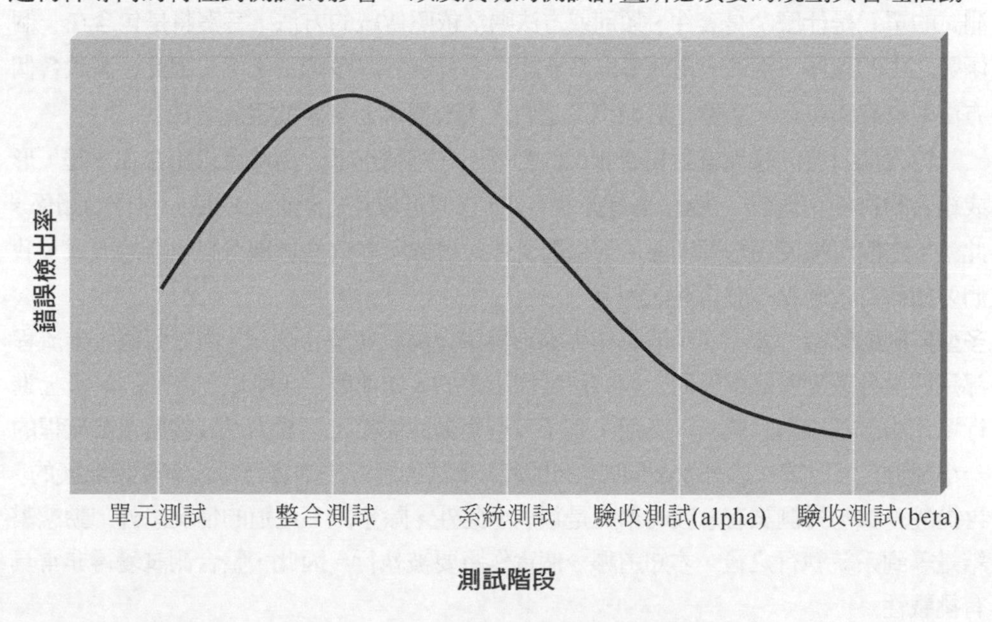

圖 13-1　不同測試階段的錯誤檢出率

◆ 測試和物件導向

大多數的測試技術均用來支援非物件導向的開發。物件導向開發至今仍非常新穎。因此，大部分的測試方法必須改編到物件導向系統。影響測試最深遠的物件導向系統之特性是封裝 (與資訊隱藏)、多型 (與動態繫結)、繼承，以及樣式、類別庫、架構與元件的使用。另外，典型物件導向於開發流程中所產出的產品，也大幅增加測試在物件導向開發中的重要性。

---

[10] 試著找出存在於軟體中的每一個錯誤是不符合成本效益的。除了簡單的例子之外，事實上，這是不可能達成的。有太多的組合情況需要檢查。

體 (即物件)。此外，它們支援將一切處理細節隱藏在一個看得見的介面的背後。雖然這可以讓系統以一個有效果及有效率的方式來進行調整及維護，但是卻使得測試系統變得問題重重。你需要做些什麼事，才足以建立起「系統能夠滿足使用者需要」一事的信心呢？你必須測試代表企業流程的使用案例。然而，企業流程分散到一組協力合作的類別，並且存在於哪些類別的方法之中。唯一知道企業流程對於系統有什麼影響的方法是：觀察系統中所發生的狀態改變。但是在物件導向的系統中，類別的實體把資料隱藏在類別邊界之後。那麼，有可能看得出企業流程的影響嗎？

封裝與資訊隱藏所引發的第二個議題是，如何定義單元測試中的「單元」？所要測試的單元是什麼？是套件、類別或方法嗎？依照傳統的方法，答案將是包含在一個函數之中的程序。然而，物件導向系統的程序分散於許多類別之中，因此，測試各個方法毫無意義可言。答案在於類別。這將大大改變單元測試的實施方法。

第三個引發的議題是對整合測試的影響。在這情況下，物件可以組合在一起，形成組合的物件；例如，一輛汽車有許多零件，它們可放在一起而形成協力合作的關係。此外，它們可被使用於類別庫、架構與元件。根據所有這些類別可以組合的方式，我們要如何有效地執行整合測試呢？

多型與動態繫結　多型與動態繫結大幅影響單元測試與整合測試。由於各個企業流程都是經由分散到數個物件的數個方法實作出來的，如前所述，所以在方法的層級上進行單元測試是沒有意義的。然而，有了多型與動態繫結，同樣方法 (整體企業流程的一小部分) 可以實作於許多不同物件。因此，測試各個方法的實作是沒有任何意義的。再提醒一次，對測試有意義的單元是類別。此外，除了微不足道的情況以外，動態繫結是等到系統執行之後，才知道哪一個實作將要被執行。因此，整合測試變得非常具有挑戰性。

繼承　當我們在考慮繼承所引發的相關議題時 (參閱第九章)，對於繼承會影響到物件導向系統的測試，應該不會感到訝異。透過繼承的使用，錯誤會從超類別擴散到所有直接或間接的子類別。不過，得施行於超類別的測試，也一樣得施行於其所有子類別上。像往常一樣，繼承是一把雙刃的劍。最後，即使我們以前已提過許多次，但是繼承應該只支援一種一般化與特殊化的語意。注意，使用繼承時，可取代性的原則很重要 (參閱第六章)。所有這些議題均會影響單元測試與整合測試。

再用性　表面上，再用性應該減低所需測試的工作量才對。然而，每當一個類別被用在不同環境時，該類別一定要再測試一遍。因此，任何時候使用類別庫、架構或元件時，單元測試與整合測試將很重要。以元件爲例，欲測試的單元就是元件本身。記得一個元件是一個定義明確，但是隱藏了實作的細節的 API (應用程式介面)。

物件導向開發流程與產品　幾乎所有教科書 (包括本書在內) 中，測試總是被放在系統開發的末尾才拿來討論。這似乎暗示測試只是程式設計結束才會發生的事。然而，每個及所有從物件導向開發流程出來的產品[11] 一定得經過測試。舉例而言，透過使用案例的測試，更容易肯定需求已經被正確地捕捉及塑造出來。此外，在分析階段捕捉這種錯誤，比起在實作階段而言，其代價更低。顯然地，這個說法對測試協力合作也成立。當我們已經把一個協力合作變成一組層與分割時，我們可能已經花了很多時間——時間就是金錢——在實作錯誤的東西上。所以，在分析階段就藉由 CRC 卡的角色扮演來測試協力合作關係，實際上可以節省大量時間與金錢。

測試必須在系統開發各階段中進行，而不止是在最後階段而已。然而，對於非執行的表達方式，如使用案例與 CRC 卡，所能採用的測試類型，便不同於那些以物件導向語言之程式碼所寫出者。測試非執行表達方式的主要方法，是該表達方式的某種形式的檢查或演練。[12] 根據使用案例而對 CRC 卡進行角色扮演，是演練類型的一個例子。

◆ 測試計畫

測試從**測試計畫 (test plan)** 的擬定開始，這個計畫乃定義一系列要進行的測試。由於測試發生於物件導向系統的開發過程，所以在系統開發的一開始，就應該擬定一個測試計畫，而且隨著系統的演進要不斷加以更新。測試計畫應該要論及系統開發期間所建立的所有產品。例如，測試應該製作得可用來測試 CRC 卡的完整性。圖 13-2 顯示一個類別的典型測試表單。例如，圖 13-3 顯示一個用於類別的不變式測試規格的部分清單。每個測試均有具體的目標，並且描述一組非常具體的**測試案例 (test case)** 以供檢視。於以不變式爲主的測試情況，不變式的描述是給定的，屬性的原始值、引發屬性值改變的事件、所觀察到的眞實結果、預期的結果以及是否通過或失敗等等，都會被顯示出來。**測試規格 (test specification)** 針對每一種類別必須滿足限制而製作。此外，類似的類型的規格也適用於整合測試、系統測試與驗收測試。

---

[11] 例如，使用案例描述、使用案例圖、CRC 卡、類別圖、物件圖、循序圖、合作圖、行為狀態機、套件圖、使用案例、視窗導覽圖、實際的使用案例、合約、規格與原始碼。

[12] 請參閱 Michael Fagan, "Design and Code Inspections to Reduce Errors in Program Development," *IBM Systems Journal*, 15, no. 3 (1976); and Daniel P. Freedman and Gerald M. Weinberg, *Handbook of Walkthrough, Inspections, and Technical Reviews:Evaluating Programs, Projects, and Products,* 3rd ed. (New York:Dorset House Publishing, 1990)。同時，第八章描述了分析模型之查核和驗證的詳細演練流程。

Class Test Plan		Page ____ of ____
Class Name:	Version Number:	CRC Card ID:
Tester:	Date Designed:	Date Conducted:
Class Objective:		
Associated Contract IDs: ____ Associated Use Case IDs: ____ Associated Superclass(es): ____		
Testing Objectives:		
Walkthrough Test Requirements:		
Invariant-Based Test Requirements:		
State-Based Test Requirements:		
Contract-Based Test Requirements:		

圖 13-2　類別的測試計畫

並非所有類別可能在同時間完成，所以，程式設計師通常會替未完成的類別撰寫**小程式模組 (stub)**，使與之搭配的類別可以接受測試。一個小程式模組是一個類別的佔位，通常它會顯示簡單的測試訊息於螢幕上，或在當它被選取時會傳一個事先**寫死 (hardcoded)** 的值[13]。例如，請考慮第六章所討論的一個應用系統，該系統提供建立、更改、刪除、尋找及列印等功能予某些物件，像是 CD、病人或員工。視最後設計而定，這些不同功能可能結束於不同層上的不同物件。因此，為了測試於問題領域層上

[13]寫死的意思是寫進程式裡面。舉例來說，設想你正在寫一個程式單元來計算貸款的淨現值。該小程式模組可能總是顯示 (或者回返叫用它的模組) 100，而不管輸入值為何。

與類別有關的功能性，有必要對其他層上的每個類別撰寫一個小程式模組，使之能與問題領域層發生互動。這些小程式模組包含的介面少得適足以測試問題領域層。例如，它們所包含的方法，有的可以接收問題領域層物件所送來的訊息，有的可以把訊息送還給問題領域層的物件。通常，這些方法會在螢幕上顯示一個訊息，通知測試者說，該方法已成功執行 (例如，刪除資料庫的方法已成功執行)。這樣的話，在其他層上的類別被完成之前，問題領域類別可以先通過類別測試。

Class Invariant Test Specification		Page ____ of ____
Class Name:	Version Number:	CRC Card ID:
Tester:	Date Designed:	Date Conducted:
Testing Objectives:		

Test Cases:

Invariant Description	Original Attribute Value	Event	New Attribute Value	Expected Result	Result P/F
Attribute Name:					
1) ________	________	________	________	________	________
2) ________	________	________	________	________	________
3) ________	________	________	________	________	________
Attribute Name:					
1) ________	________	________	________	________	________
2) ________	________	________	________	________	________
3) ________	________	________	________	________	________
Attribute Name:					
1) ________	________	________	________	________	________
2) ________	________	________	________	________	________
3) ________	________	________	________	________	________

圖 13-3　類別不變式的測試規格

◆ 單元測試

單元測試 (unit test) 著重於單一的單元──即類別。單元測試有兩種方法：黑箱與白箱 (參閱圖 13-4)。**黑箱測試 (black-box testing)** 最常見，因為每個類別就代表一個封裝的物件。黑箱測試由 CRC 卡、行為狀態機以及一個與類別相關的合約所驅動，而不是經由程式設計師之解讀。在這情況下，測試計畫直接根據類別規格而擬定：規格中的每個項目變成一項測試，而且對於該項目研擬了好幾個測試案例。**白箱測試 (white-box testing)** 是建立在與每個類別所關聯的方法規格。不過，在物件導向開發中白箱測試的影響有限。這是因爲類別中各個方法的程式都不大。因此，大部分都是透過黑箱測試來測試類別，以確保類別的正確性。

類別測試應該建立在 CRC 卡的不變式、每個類別相關的行爲狀態機，以及每個方法合約內的事前與事後條件。假定所有制約已經捕捉於 CRC 卡和合約上，那麼各個測試案例便可以輕易地擬定。例如，假設某個訂單類別的 CRC 卡有一個訂單數量必須是在 10 和 100 之間的不變式。測試者會研擬一系列的測試案例，確認該數量在被系統接受之前是經過驗證的。要測試每一種輸入與情境的可能組合是不可能的；事實上有太多的可能組合。在此例中，測試至少需要三個測試案例：一個含有有效值 (如，15)、一個含有過低的無效值 (如，7)，以及一個含有過高的無效值 (如，110)。大多數的測試也包括一個非數值的測試案例，確保資料型態也被檢查 (如，ABCD)。在一個眞正良好的測試中，測試案例可能包含無意義但有效的數據 (如，21.4)。

使用行爲狀態機是確認類別測試的有用方法。任何擁有與之相關聯的行爲狀態機之類別，可能擁有一個複雜的生命週期。因此，我們可以建立一系列的測試，確保每個狀態均可達到。

測試也可針對每個與類別有關的合約來擬定。於合約的情況，每個事前及事後條件均需要一組測試。此外，如果類別是另一個類別的子類別，那麼所有與超類別有關的測試必須再執行一次。另外，制約間的互動、不變式，以及子類別與超類別的事前與事後條件，也必須處理。

最後，爲了良好的物件導向設計，欲完全測試一個類別，還可能對於正受測之類別增加一些特別的測試方法。例如，不變式該如何測試？眞正能測試它們的唯一辦法是：使用於類別外可看得見的方法來操作該類別的屬性值。然而，把這些方法增加到類別中，要做兩件事。首先，它們加到測試需求，因爲它們本身也必須經過測試。其次，如果它們沒有從系統的部署版本中移除，系統將會變得較沒效率，而且資訊隱藏的優點也會喪失。顯然地，測試類別是很複雜的。所以，我們在設計用於類別的測試時，務必小心爲要。

階段	測試種類	測試計畫來源	何時使用	注意事項
單元測試	**黑箱測試** 視類別為黑箱	CRC 卡 類別圖 合約	用於正式的單元測試	• 測試者專注於類別是否符合規格中所載明的需求。
	白箱測試 探查類別內部，以測試其主要元件	方法規格	當複雜度很高時	• 藉由探查類別來檢討程式碼本身，測試者可能會發現錯誤或某個假設對於將類別視為黑箱的某人不是立即明顯可見的。
整合測試	**使用者介面測試** 測試者測試每個介面功能	介面設計	用於正式的整合測試	• 以由上而下或由下而上的方式，移經介面上的每個功能表項目來完成測試。
	使用案例測試 測試者測試每個使用案例	使用案例	當使用者介面很重要時	• 移經每個使用案例，確保其工作正常來完成測試。 • 通常與使用者介面測試合併，因為它並不測試所有的介面。
	互動測試 以按部就班方式測試每個程序	類別圖 循序圖 合作圖	當系統進行資料處理時	• 開始時整個系統當成一個小程式模組。每個類別逐次被加進去，而類別的結果與用來測試資料的正確結果做比對；當一個類別通過時，下一個類別被加進來，測試又重新執行。每個套件都這麼做。一旦所有的套件已通過測試，那麼整合所有的套件重複這個測試。
	系統介面測試 測試與其他系統的資料交換	使用案例圖	當系統交換資料時	• 由於系統間的資料轉移常是自動的，而且不是直接由使用者監控，所以務必設計測試，以確保它們被正確地完成。
系統測試	**需求測試** 測試原始的企業需求是否符合	系統設計、單元測試及整合測試	用於正式的系統測試	• 確定整合測試的結果所做的變更不會產生新的錯誤。 • 測試者通常假裝無知的使用者並進行不合適的動作，看看系統是否免疫於無效的動作(例如，新增空白記錄)。
	可用性測試 測試系統是否便於使用	介面設計與使用案例	當使用者介面很重要時	• 在使用者操作及良好介面設計方面有豐富經驗的分析師，完成此項任務。 • 有時使用第十一章所討論的標準可用性測試程序。
	安全測試 測試災難復原與未授權存取	基礎架構設計	當系統很重要時	• 安全測試是一項複雜的任務，通常由專案的整體架構工程師所負責。 • 在極端的情況，可能僱用一家專業公司
	效能測試 檢視高負擔下的執行能力	系統建議書 基礎架構設計	當系統很重要時	• 大量的交易被產生且交給系統 • 通常使用特殊目的的軟體完成。
	說明文件測試 測試說明文件的準確性	說明輔助系統、程序、指導手冊	用於正式的系統測試	• 分析師隨機檢查或檢查說明文件每頁上的每個項目，確保說明項目與例子運作正常。
驗收測試	**Alpha 測試** 由使用者主導，確定其接受系統	系統測試	用於正式的驗收測試	• 通常重複先前的測試，但是由使用者本身主導，確保他們可以接受系統。
	Beta 測試 使用真正的資料，不是測試資料	系統需求	當系統很重要時	• 使用者密切監視系統的錯誤或可以改進的地方。

圖 13-4　測試的類型

Class Case Test Plan		Page ____ of ____
Use Case Name:	Version Number:	Use Case ID:
Tester:	Date Designed:	Date Conducted:
Use Case Objective:		
Associated Class IDs: ____ Associated Use Case IDs: ____		
Testing Objectives:		
Scenario-Based Test Requirements:		

圖 13-5　使用案例測試計畫

◆ 整合測試

整合測試 (integration test) 評估一組類別是否可以一起運作而無誤。它們確保系統不同部分之間的介面與連結能正常地運作。此時，類別已經通過各個單元測試，因此，現在的焦點是放在類別之間的控制流程，以及它們之間交換的資料之上。整合測試依循與單元測試一樣的一般程序：測試者擬定一個有一系列測試的測試計畫，依序進行測試。整合測試通常由一組程式設計師及 (或) 系統分析師所完成。

從物件導向系統的觀點，整合測試可能很難。單一類別可能存在於許多不同的組合，因爲物件可以被組合而形成新的物件、類別庫、架構、元件與套件。最佳的整合出發點要從哪裡開始呢？通常，答案是由支援最高優先等級的使用案例的一組類別、一個協力合作開始 (參閱第五章)。另外，動態繫結使得設計整合測試以確保各種方法的組合都接受過測試是很重要的。

整合測試有四種方式：**使用者介面測試 (user interface testing)**[14]、**使用案例測試 (use-case testing)**、**互動測試 (interaction testing)** 與**系統介面測試 (system interface testing)** (參閱圖 13-4)。大多數的專案都使用這四種方法。不過，與單元測

[14]我們在第十一章說明了一些不同類型的使用者介面測試。

試相同的是，整合測試必須謹慎地規劃。例如，圖 13-5 呈現了一張典型可用於計畫使用案例測試的表單。因為每個使用案例會由一組類別所支援──類別測試計畫──和不變式的測試規格 (參閱圖 13-2 和 13-3) 可重複的用於記載每次執行過的使用案例測試的細節。在使用案例測試的情況，只有類別方面以及與特定使用案例有關之類別不變式會被包括在這些使用案例前後相依之類別的測試計畫和不變式測試規格。在許多方面，使用案例測試可以被看作是一個更積極的角色扮演練習 (參閱第五章)。在系統開發的此時，我們已經完成了系統的規格，且我們也已經完成了單元測試。此外，我們也已完整地制訂出每一層的合約和方法。因此，我們可以更積極地測試，不論使用案例完全地被支援與否。

輪到你　13-1　ATM 測試計畫

假設你是銀行的專案經理，負責開發 ATM 的軟體。試針對 ATM 的使用者介面元件，擬定一個單元測試的計畫。

整合測試與物件導向系統的主要問題之一是由繼承與動態繫結互動所引起的困難。這個特定的問題已經稱為**溜溜球問題 (yo-yo problem)**。溜溜球問題發生於分析師或者設計者一定要反覆往來查看繼承圖，看看有哪些方法被執行過，以了解控制流向。在大部分的情形下，這是由相當深的繼承圖所引起；也就是說，在繼承圖中子類別之上有許多超類別。當出現繼承衝突且使用多重繼承的時候，溜溜球問題使得物件導向系統的測試變成一場夢魘 (參閱第九章)。

◆ 系統測試

系統測試 (system test) 通常由系統分析師所主導，用以確保所有類別一起運作無誤。系統測試類似於整合測試，但在範圍上更為廣泛。整合測試專注於類別是否一起工作無誤，而系統測試則是檢視系統如何符合企業需求，以及系統在高負荷下所呈現的可用性、安全與效能 (參閱圖 13-4)。系統測試也測試系統的說明文件。

◆ 驗收測試

驗收測試 (acceptance testing) 主要由使用者加上專案小組的支援而完成。其目標乃確認系統是完整的、符合系統被開發之企業需求的初衷，以及可被使用者所接受。驗收測試有兩個階段：**alpha 測試 (alpha testing)**，使用者使用杜撰的資料來測試系統；以及 **beta 測試 (beta testing)**，使用者開始使用眞正資料測試系統，但隨時提供發現的錯誤給開發人員 (參閱圖 13-4)。

編寫說明文件

像測試一樣，編寫系統的說明文件必須在整個系統開發過程中進行。有兩種本質上完全不同的說明文件類型：系統文件與使用者文件。**系統文件 (System documentation)** 旨在幫助程式設計師與系統分析師了解應用軟體，並且讓他們在系統安裝之後能夠建置或維護它。系統文件大體上是系統分析與設計過程的一個副產品，隨著系統的開發進度而撰寫。每個步驟與階段所產生的文件，有助於理解系統如何建構或應該如何建立，而這些文件保存在專案裝訂夾。在許多物件導向開發的環境中，多少可以自動產生類別及方法的詳細說明文件。例如，於 Java，如果程式設計師想要使用 javadoc 風格的註解，可以使用 javadoc 公用程式自動產生類別及其方法的 HTML 說明網頁。[15] 由於大多數程式設計師對於說明文件不怎麼熱衷，所以任何使說明文件更容易建立的方法，都大受歡迎。

使用者文件 (user documentation)，像是使用手冊、訓練手冊與線上說明系統等，乃用來幫助使用者操作系統。雖然大部分專案小組希望使用者接受訓練，並且在操作系統之前先閱讀一下使用手冊，但可惜的是，事實並非如此。現今常見的情形是──尤指個人電腦的商業套裝軟體──使用者在使用軟體之前未經訓練或閱讀使用者手冊。本節，我們把焦點放在使用者文件。[16]

使用者文件的製作，通常留到專案的尾聲才開始受到矚目，這是一項危險的策略。撰寫良好的說明文件，時間比想像的還久，它不止是寫好幾頁文字而已。製作文件需要設計文件 (紙上或線上)、撰寫內容本文、編輯及測試。製作優良品質的文件，如果是指紙張文件，每一頁大約需要花 3 個小時 (單行間距)；如果是指線上說明，每一個畫面需要 2 個小時。因此，一組「簡單的」文件，如包含 10 頁的使用手冊以及 20 個輔助說明的畫面，就需要花上 70 個小時。當然，較低品質的文件可以更快產生。

製作及測試使用者文件所需的時間，應該列入專案計畫之內。大多數組織都會等到介面設計與程式規格一旦完成，便開始著手說明文件的製作。通常說明文件初稿工作常排在單元測試結束完成之後。這將減少說明文件因軟體改變而需要修改的機會(但沒有消除)，以及在驗收測試之前，仍可保留足夠的時間供說明文件作測試及修改。

---

[15]對於使用 Java 的人而言，javadoc 是昇陽公司如何製作 JDK 文件的工具。

[16]有關編寫說明文件的進一步資料，請參閱 Thomas T. Barker, *Writing Software Documentation* (Boston:Allyn and Bacon, 1998)。

雖然紙本手冊還是很重要，但是線上說明已經變得愈來愈重要了。紙本手冊比較容易使用，因爲對使用者比較熟悉，尤其對那些不太懂電腦的人來說，更是如此，線上說明需要使用者學習一套指令。紙本說明也容易用手前後翻閱，可以讓人了解內容組織與主題，也可以不需要在開機狀態下閱讀使用。

線上說明有四個主要優點，勢將成爲新世代的主要形式。首先，搜尋資訊將更爲簡單 (只要搜尋的索引做得好)，因爲使用者只要輸入各式各樣的關鍵字，便能即時查詢到相關的資訊，不用在紙本的文件上翻閱索引或目錄。其次，同樣的資訊可以呈現好幾遍，而且使用不同的格式，如此，使用者便能夠以最經濟的方式找尋並閱讀資訊 (這種重複性對於紙本說明也是可行，但成本與用紙量將相當驚人，不太實用)。第三，線上說明爲使用者開啓了許多與文件互動的方法，這在靜態的紙本文件中是不可能的。例如，使用鏈結或「工具提示 (tool tip)」(如，快顯文字，參閱第十一章)，可以解釋不熟悉的術語，並且使用者可以撰寫「秀我 (show-me)」副程式，於螢幕上正確地展示哪一個按鈕該被點選以及該輸入的文字。最後，線上說明文件在散播方面顯然比紙本說明文件來得便宜。

◆ 說明文件的類型

使用者文件有三種基本不同型式：參考文件、程序手冊、指導手冊。**參考文件 (reference document)** (也稱爲說明輔助系統) 使用於使用者必須學習如何執行一個特定的功能之時 (例如，更新一個欄位、新增一筆記錄)。常常人們在嘗試執行項功能而失敗時會閱讀參考資訊；撰寫參考文件需要特別用心，因爲使用者開始想到要閱讀參考文件時，心情應是迫不及待或很沮喪的時候。**程序手冊 (procedures manual)** 描述如何執行企業任務 (例如，列印月報表、接受客戶訂單)。程序手冊的每個項目，通常引導使用者完成一項需要好幾個功能或步驟的任務。因此，每一項通常都比參考文件中的一個項目來得長。

指導手冊 (tutorial) 顯然是教導人們如何使用系統的主要元件 (例如，系統操作的基本介紹)。指導手冊的每一項，通常比程序手冊的項目還要長，而且是依循序漸進的閱讀方式而設計 (而參考文件與程序手冊的項目則以個別被閱讀的方式來設計)。

不管使用者文件的類型爲何，其製作的整體流程與介面的開發相似 (參閱第十一章)。開發者首先設計文件的基本架構，然後在這個架構底下發展各個元件。

◆ 設計說明文件的架構

在本節，我們專注於線上說明文件的製作，因為我們相信，它將成為使用者文件的最常見形式。在大部分的線上說明中，不論是參考文件、程序手冊或指導手冊，所使用的基本架構是製作一組**說明文件的導覽控制項 (documentation navigation controls)**，用來引導使用者閱讀**說明主題 (documentation topics)**。文件主題是使用者想要閱讀的內容，而導覽控制項則是使用者找尋及存取特定主題的方式。

設計文件的結構，從確認不同的主題與所需的導覽控制項開始。圖 13-6 呈現線上參考文件的常見結構 (如，說明輔助系統)。文件主題大致上有三個來源。第一且最明顯的主題來源，是使用者介面的指令與功能表。如果使用者想要了解某一個指令或功能表如何使用，這主題將非常管用。

不過，使用者通常不知道要尋找什麼指令，或者不知道他們處於系統功能表結構中的哪個地方。取而代之的是，使用者有他們所希望從事的任務，他們不是從指令的觀點在思考事情，而是用企業任務的角度在想事情。因此，第二個且時常有用的主題，則著重於如何執行某些任務──通常指使用場景、WND 以及使用者介面設計的實際的使用案例 (參閱第十一章)。這些主題讓使用者按步就班 (通常按下幾個按鍵或滑鼠按鈕) 執行某一件工作。

第三個主題是重要術語的定義。這些術語通常是系統的使用案例與類別，但它們有時也包括指令。

主題的導覽控制項有五種基本類型，但並非所有系統均使用這五種 (參閱圖 13-6)。第一種是以一種邏輯的形式來組織資訊的目錄，彷彿使用者從頭到尾閱讀參考文件一樣。索引則根據重要的關鍵字提供主題的存取，好像書末的索引可以幫你找到主題一樣。本文搜尋能夠在各個主題中搜尋使用者輸入的文字，或者其他內建較長的對應詞組。不像索引，本文搜尋對於詞組不提供組織的形式 (除了依字母順序之外)。有些系統能夠使用智慧型代理人 (例如，Microsoft Office 小幫手，亦稱為迴紋針酷哥) 來協助搜尋。第五也是最後的主題導覽控制項是主題之間像網頁一樣的連結，可以讓使用者點選並於主題間往來移動。

程序手冊與指導手冊很相似，但通常在結構上較為簡單。程序手冊的主題通常來自於使用場景、視窗導覽圖，以及介面設計期間所發展的眞正使用案例；同時也來自於使用者必須執行的其他基本任務。指導手冊的主題，通常依照系統的主要部分及使用者的經驗程度而加以組織。大多數的指導手冊都是從基本、最常用的指令開始，然後再深入描述複雜且不常用的指令。

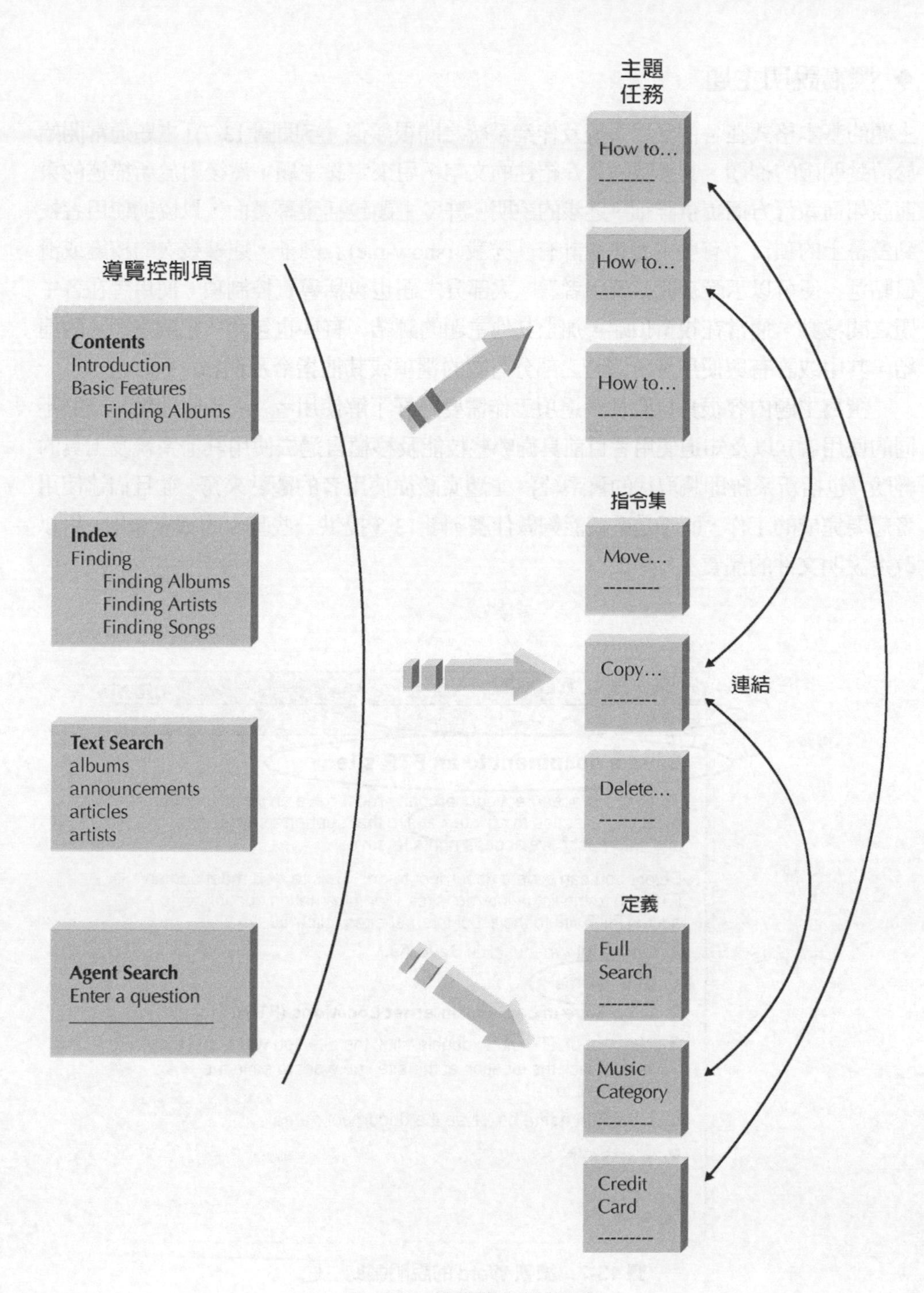

圖 13-6　組織線上參考文件

◆ 撰寫說明主題

主題的基本格式在各個應用系統及作業系統之間很類似 (參閱圖 13-7)。主題通常開始於清楚明確的標題，其後跟隨著介紹性的文字，用來定義主題，然後對於所描述的東西該如何執行方面提供詳細、逐步的說明。許多主題包括螢幕畫面，以協助使用者找到螢幕上的項目；有些主題也設計有「秀我 (show-me)」例子，連續幾次的按鍵或滑鼠點選，便可以示範功能給使用者看。大部分主題也包括導覽控制項，使用者在各主題之間移動，通常在視窗頂端，加上其他主題的鏈結。有些也包含「相關主題」的連結，其中或許有與使用者所閱讀之部分有關的選項或其他指令及任務。

撰寫主題內容很具挑戰性。這項工作需要好好了解使用者 (或正確地說，一群不同的使用者)，以及知道使用者目前具備哪些技能及移植自過去使用其他系統及工具的經驗 (包括新系統即將取代的舊系統)。主題應該從使用者的觀點來寫，並且描述使用者想要完成的工作，而不是系統能夠做什麼。圖 13-8 提供一些基本的指導原則，用以改進說明文件的品質。[17]

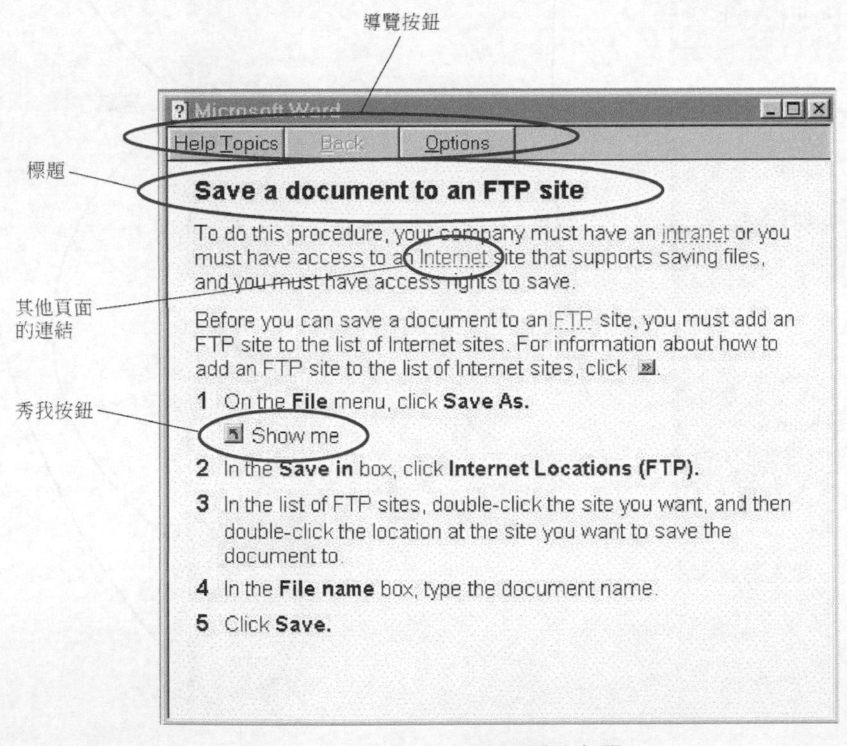

圖 13-7 微軟 Word 的說明輔助主題

---

[17]有關寫作藝術的最好一本書之一是 William Strunk and E. B. White, *Elements of Style*, 4th ed. (Needham Heights, MA:Allyn & Bacon, 2000)。

指導原則	(指導原則) 之前	(指導原則) 之後
使用主動語氣：主動語氣將主詞擺在句前，動詞擺在句中，受詞擺在句尾，可以產生更主動及易於閱讀的本文。	尋找專輯可利用專輯名稱、演唱者姓名或排序的歌名而達成。	你可以利用專輯名稱、演唱者姓名或排序的歌名而找到一張專輯。
不使用 be 動詞 (e-prime)：省略 be 動詞的各種形式，可以創造更主動的寫作風格。	你欲複製的文字必須先被選取，然後才按下 copy 按鈕。	選取你欲複製的文字，然後按下 copy 按鈕。
使用一致的術語：始終使用同樣術語指出同樣項目，切勿在同義詞之間切換 (例如，改變、修改、更新)。	選取你欲複製的文字。按下 copy 按鈕會把被標示的文字複製到新的位置。	選取你欲複製的文字。按下 copy 按鈕會把被選取的文字複製到新的位置。
使用簡單的語言：儘可能使用簡單的語言傳達正確的意義。這不意謂著你應該降低文章的難度，而是避免刻意膨脹文章的複雜度。避免分開主詞與動詞，而且少用單字 (當你碰到一段複雜的文字時，嘗試刪掉一些字，你將驚訝於很少的字也可傳達相同的意義)。	喬治亞州立學術及醫療系統 (GSAMS) 在喬治亞州是一個合作學習的遠距教學網路。目前負責整個喬治亞系統超過 300 個互動影音電傳會議教室的技術及整個營運的組織，是位於亞特蘭大的行政服務部門(DOAS)。	位於亞特蘭大的行政服務部門(DOAS)，負責管理喬治亞州立學術及醫療系統 (GSAMS)，一個涵蓋喬治亞州超過 300 間電傳會議教室的遠距教學網路。
使用友善的語言：由於文件說明是以一種很正式的筆調撰寫，所以內文冷漠而沒生氣。記住，你是寫給人看的，而不是寫給電腦看。	空白磁片將由營運部門提供給你。一般建議，你要對於所有重要的資料製作備份，資料才不致於遺失。	你應該針對重要的資料製作備份。如果你需要更多磁片，請連絡營運部門。
使用平行文法結構：平行文法結構指出清單項目的相似性，有助於讀者了解內容。	開啓檔案 儲存一份文件 如何刪除檔案	開啓檔案 儲存檔案 刪除檔案
正確地使用步驟：當描述按部就班的流程時，新手時常會散布動作與動作的結果。注意，步驟一定是動作。	1. 按下客戶按鈕。 2. 客戶對話方塊將出現。 3. 鍵入客戶 ID 然後按下送出鈕，消費記錄將會出現。	1. 按客戶按鈕。 2. 當客戶對話方塊出現時，鍵入客戶 ID。 3. 按下送出鈕，以檢視該客戶的消費記錄。
使用短的段落：文件的讀者通常會很快地掃描本文，以找出他們想要的資訊。因此，長段落中的文字時常會被忽略掉。分開幾個小的段落，有助於讀者更快找到資訊。		

資料來源：Adapted from T. T. Barker, *Writing Software Documentation*, Boston: Allyn & Bacon, 1998。

圖 13-8　製作文件主題的指導原則

◆ 確認導覽術語

當你撰寫說明主題的時候，你也要開始確認用來協助使用者尋找主題的術語。內容目錄通常最直接，因爲它是從說明主題的邏輯結構發展而來的，可能是參考主題、程序主題或指導手冊的主題。索引與搜尋引擎的項目，更加需要審愼規劃，此乃其發展於系統的主要部分與使用者的商業功能之故。每當你要撰寫一個主題時，你也必須列出哪些用來尋找主題的術語。索引與搜尋引擎的術語，來自於四個不同的來源。

輪到你 13-2 ATM 的說明文件

假設你是一位專案經理，負責開發銀行自動櫃員機的軟體。試製作一個線上說明系統。

第一個來源是使用者介面的指令集，像是開啓檔案、修改客戶資料以及列印訂單等。所有指令包含兩部分 (動作與物件)。製作這兩個部分的索引有其必要，因爲使用者可能使用任何一個部分搜尋資訊。舉例來說，如果使用者要尋找關於儲存檔案的更多資訊，可以使用「儲存」或「檔案」的字眼來搜尋。

第二個來源是系統的主要概念，通常指使用案例與類別。例如，以預約系統爲例，這可能包括預約、症狀或病人。

第三個來源是使用者執行的企業任務，像是訂購替代品或預約。通常這些會被包含在指令集裡，但有時需要好幾個指令，並且使用不常出現在系統中的術語。這些術語的最佳來源是，介面設計期間所研擬好的使用場景及實際使用案例 (參閱第十一章)。

第四個，通常也是備受爭議的來源是，上述三種項目的同義詞。對於系統已定義好的術語，使用者有時並不領情。他們可能試圖尋找的訊息是如何「中止或退出」，而不是「離開」；或如何「抹除」，而不是「刪除」。在索引中使用同義詞，可能會增加說明系統的複雜性與大小，但是對使用者來說，卻可大幅改善系統的可用性。

應用概念於 CD Selections 公司

◆ 管理程式的撰寫

爲了讓專案不致延誤，Anne 要求允許她指派三位 CD Selections 的程式設計師來開發網路銷售系統的三個主要部分。第一個是網頁介面，包含用戶端 (瀏覽器) 與伺服端。

其次是主從管理系統 (管理 CD 資訊與行銷內容的資料庫)。第三個是網路銷售系統與公司現有配銷系統以及信用卡授權中心之間的介面。程式設計進行得很順利，儘管其間發生一些小問題，但仍然照計畫進行。

◆ 測試

正當 Anne 與程式設計師努力工作之際，Alec 開始擬定測試計畫及使用者文件說明。上述三個元件的測試計畫很類似，但對於網頁介面元件來說，測試工作稍微密集一些 (參閱圖 13-9)。單元測試會使用黑箱測試，其根據是 CRC 卡、類別圖與所有元件之合約。圖 13-10 呈現網頁介面元件 Order 類別的部分類別不變式的測試規格。

測試階段	網頁介面	系統管理	系統介面
單元測試	黑箱測試	黑箱測試	黑箱測試
整合測試	使用者介面測試； 使用案例測試	使用者介面測試； 使用案例測試	系統介面測試
系統測試	需求測試； 安全測試； 效能測試； 可用性測試	需求測試； 安全測試；	需求測試； 安全測試； 效能測試
驗收測試	Alpha 測試；Beta 測試	Alpha 測試；Beta 測試	Alpha 測試；Beta 測試

圖 13-9　CD Selections 的測試計畫

網頁介面與系統管理元件的整合測試，會是隨時承受所有來自使用者介面與使用案例的測試，以確保介面能夠適當地運作。系統介面元件將承受系統介面的測試，以便確保系統能夠正常地執行計算，而且能夠與 CD Selections 公司的其他系統及信用卡授權中心交換資料。

系統測試定義上是整個系統的測試──所有元件要一起測試。然而，並非系統的所有部分都要接受相同程度的測試。需求測試會對系統的所有部分都進行，以確定所有需求都達到。由於安全性是一個關鍵的議題，所以系統各方面的安全性都要加以測試。安全性測試會由 CD Selections 公司的基礎架構小組擬定，一旦系統通過那些測試，將聘請外面的安全顧問公司嘗試入侵系統。

對於使用者接觸的系統部分 (網頁介面以及系統連接信用卡授權中心及庫存系統的介面) 而言，效能是一個重要的議題。但是對於員工 (非客戶) 使用的管理元件來說，效能則顯得沒有那麼重要。客戶直接面對的元件，必須經過嚴格的效能測試，藉以看看在它們無法提供兩秒以內的回應時間時，可以處理多少筆交易 (不論是搜尋或購買)。Alec 也擬定一個升級計畫，以便對系統的要求增加時，有一個清楚的計畫，說明系統何時及如何增加處理能力。

Class Invariant Test Specification		**Page** 5 **of** 15
Class Name: Order	**Version Number:** 3	**CRC Card ID:** 15
Tester: Susan Doe	**Date Designed:** 9/9	**Date Conducted:**
Testing Objectives: Ensure that the information entered by the customer on the place order form is valid.		

Test Cases:

Invariant Description	Original Attribute Value	Event	New Attribute Value	Expected Result	Result P/F
Attribute Name: CD Number					
1) (1..1)	Null	CreateOrder	Null	F	
2) (unsigned long)	Null	CreateOrder	ABC	F	
3) (unsigned long)	Null	CreateOrder	123	P	
Attribute Name: CD Name					
1) (1..1)	Null	CreateOrder	Null	F	
2) (String)	Null	CreateOrder	ABC	P	
3) (String)	Null	CreateOrder	123	P	
Attribute Name: Artist Name					
1) (1..1)	Null	CreateOrder	Null	F	
2) (String)	Null	CreateOrder	ABC	P	
3) (String)	Null	CreateOrder	123	P	

圖 13-10　Order 類別不變式的部分測試規格

最後，對於網頁介面的部分，也要進行正式的可用性測試，請六位可能的使用者 (包括新手與專家級的網路使用者) 幫忙測試。

驗收測試有兩個階段，Alpha 與 Beta。Alpha 測試在訓練 CD Selections 公司的員工期間完成。網路銷售經理會與 Alec 合作，共同擬定一系列的測試與訓練題目，來訓練網路銷售小組的人如何使用系統。他們接著把眞正的 CD 資料放到系統中，並且開始增加行銷內容。這些相同的員工與其他 CD Selections 同仁也會佯裝自己是客戶，一起測試網頁介面。

Beta 測試則是拿到線上做「活生生的」測試，但是它的存在只有 CD Selections 公司內部的人才曉得。為了激勵大家測試網站 (而非購買公司的產品)，所有未來透過網站購買產品的人，可以享受三倍的員工折扣優惠。網站在每個頁面上也設有一個明顯的按鈕，讓員工隨時把寶貴意見 e-mail 給專案小組，同時公司也公布，歡迎大家向專案小組回報問題、建議及鼓勵一個月過後，假定測試工作進行順利，Beta 測試將會完成，而網路銷售網站將會連到主網站上並正式面世。

◆ 編寫使用者文件

當 Anne 和 Alec 正忙著程式設計的工作時，Brian 開始製作所有需要的說明文件。網頁介面與管理元件需要製作三種類型的說明文件 (參考文件、程序手冊與指導手冊)。由於 CD Selections 公司內使用系統管理元件的人屬於少數，Brian 建議只製作參考文件 (一個線上說明系統)。在與 Alec 以及 Anne 討論之後，該小組覺得一次密集的教育訓練，以及一個月的 Beta 測試就已足夠，無需指導手冊與正式的程序手冊。同樣地，他們也覺得，訂購 CD 的程序與網頁介面本身其實再簡單不過了，網站不需要一份指導手冊——一個輔助說明系統就已足夠了 (而一個程序手冊也沒有意義)。

Brian 決定，網頁介面與系統管理元件的參考文件，將包含使用者任務、指令及定義等等說明主題。他也決定，文件元件將包含四種類型的導覽控制項：目錄、索引、尋找及定義連結。他覺得系統還沒有複雜到需要搜尋代理人的幫忙。

在與開發小組討論這些決定之後，Brian 把參考文件的開發委交給專案小組的技術撰寫人去做。圖 13-11 呈現技術撰寫人所寫出的一些說明主題的例子。任務與指令直接取自於介面設計。根據撰寫人了解哪些術語可能會令使用者感到困惑的經驗，定義的清單於任務與指令被擬定之後就被擬出來。

任務	指令	術語
尋找專輯	尋找	專輯
把專輯加到我的購物車	瀏覽	演唱者
下訂單	快速搜尋	音樂型態
如何購買	完全搜尋	特別交易
我的購物車有什麼？		車
		購物車

圖 13-11 CD Selections 公司的說明主題的例子

一旦擬出主題清單後，技術撰寫人便要開始寫下主題本身以及存取的導覽控制項。圖 13-12 顯示一個取自於任務清單的主題的例子：如何下訂單。這個主題提供何謂下訂單的簡短描述，然後引領使用者一步一步完成工作。主題也列出導覽控制項，根據目錄項目、索引項目及搜尋項目尋找主題。主題本身有哪些字連結到其他主題，也要列出來 (如購物車)。

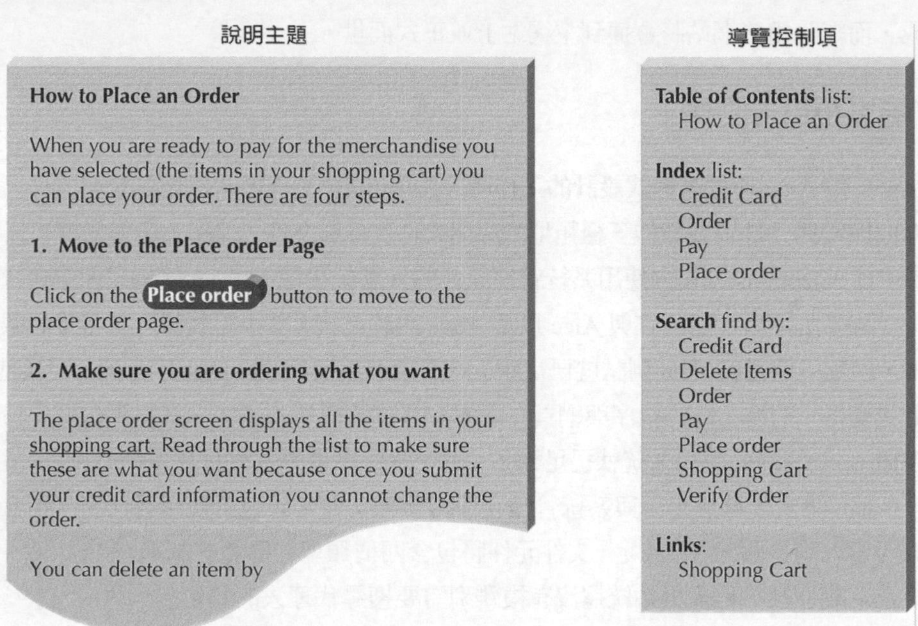

圖 13-12　CD Selections 公司說明文件主題的例子

摘要

◆ 管理程式設計

程式設計由程式設計師完成，所以在此一階段系統分析師的職責較少。不過，專案經理則非常忙碌。首要任務就是指派程式設計師完成專案，理想上人數愈少愈好，因為協調的問題將隨著程式設計團隊的人數而增加。協調可以透過定期開會而改進，確保標準被遵循、實作變更的控制以及有效使用 CASE 工具。專案經理的主要功能之一就是管理時程，並因應延遲而適時調整。延遲的兩個因素是：功能過度膨脹以及細微的疏失在不知不覺中逐漸累積。程式的撰寫由程式設計師完成，所以在此一階段系統分析師的職責較少。

◆ 設計測試

測試必須謹愼規劃，因爲系統安裝之後，光是修正一個重大錯誤的成本，就很容易超過程式設計師的年薪。一個測試計畫包含好幾個用以檢查系統不同部分的測試。一個測試指定好幾個將由測試者檢視的測試案例。一個單元測試檢視系統中的一個類別；測試案例來自於類別規格或類別程式碼本身。一個整合測試檢視幾個類別如何一起工作；測試案例來自於介面設計、使用案例、使用案例圖、循序圖與合作圖。一個系統測試檢視整體的系統，比起單元及整合測試還要廣泛；測試案例來自於系統設計、基礎架構設計以及單元與整合測試。驗收測試由使用者完成，藉以確定系統是否可被接受；此測試著眼於系統測試計畫 (Alpha 測試) 以及使用者會執行的實際工作 (Beta 測試)。

◆ 編寫說明文件

文件，不論是使用者文件或系統文件，正逐漸從紙本文件改成線上文件。使用者文件有三種型式：參考文件使用於使用者需要學習如何執行一個特定功能的時候 (例如，一個線上說明系統)，程序手冊描述如何進行企業任務，而指導手冊則教人如何使用系統。文件導覽控制項 (例如，目錄、索引、尋找、智慧性代理人或連結) 讓使用者能夠找到說明主題 (例如，如何執行一個功能、如何使用一個介面指令、名詞解釋)。

關鍵字彙

Acceptance test　驗收測試

Alpha test　Alpha 測試

Beta test　Beta 測試

Black-box testing　黑箱測試

Change control　變更控制

Change management　變更管理

Construction　建構

Documentation navigation control　說明文件的導覽控制項

Documentation topic　說明文件主題

Hardcoded　寫死的值

Integration test　整合測試

Interaction testing　互動測試

Procedures manual　程序手冊

Program log　程式日誌

Reference document　參考文件

Requirements testing　需求測試

Security testing　安全測試

Stub　小程式模組

System documentation　系統說明文件

System interface testing　系統介面測試

System test　系統測試

Test case　測試案例

Test plan　測試計畫

Test specification 測試規格

Traceability 可追蹤性

Tutorial 指導手冊

Unit test 單元測試

Usability testing 可用性測試

Use-case testing 使用案例測試

User documentation 使用者文件

User interface testing 使用者介面測試

White-box testing 白箱測試

Yo-yo problem 溜溜球問題

問題

1. 在今天，資訊系統開發中常使用到的語言是什麼？
2. 在《*The Mythical Man-Month*》一書中，作者 Frederick Brooks 認為，對於一個延遲的專案，增加更多的程式設計師，只會使專案更為延後。為什麼？
3. 系統分析師在程式設計期間的主要角色是什麼？
4. 比較參考文件、程序手冊和指導手冊。
5. 線上說明文件的主要缺點是什麼？
6. 為什麼線上說明文件變得更重要？
7. 說明主題的常見來源是什麼？哪一個最重要？為什麼？
8. 文件導覽控制項的五個類型是什麼？
9. 常見的文件導覽控制項來源是什麼？哪一個最重要？為什麼？
10. 不同國家或組織的文化對資訊系統開發專案的管理有何影響？
11. 測試的目的是什麼？
12. 比較測試、測試計畫和測試案例等名詞。
13. 單元測試的主要目標是什麼？
14. 如何擬出單元測試的測試案例？
15. 系統測試的主要目標是什麼？
16. 如何擬出系統測試的測試案例？
17. 整合測試的主要目標是什麼？
18. 如何擬出整合測試的測試案例？
19. 比較黑箱測試和白箱測試。
20. 類別測試的不同類型是什麼？
21. 什麼是小程式模組？且於測試時它有什麼作用？

22. 請描述溜溜球問題。爲什麼它會使整合測試變得很困難？
23. 驗收測試的主要目標是什麼？
24. 如何擬出驗收測試的測試案例？
25. 比較 Alpha 測試和 Beta 測試。
26. 描述物件導向如何影響測試。
27. 比較使用者文件和系統文件。

練習題

A. 如果你大學的註冊系統沒有一個很好的線上說明系統，請爲其中一個使用者介面的畫面撰寫線上說明。

B. 比較兩個不同網站讓你執行某一功能的線上說明 (例如，旅遊訂房、書籍訂購)。

C. 檢視並準備一份關於 Windows 內建的小算盤程式 (或其他 Mac 或 Unix 上類似的程式) 的線上說明報告。(你可能驚訝於看到那麼小的程式竟然有那麼多的輔助說明。)

D. 爲你在第九章練習 C 的 Picnics R Us 所選擇的類別，製作一個不變式的測試規格。

E. 針對我們在前一章之 Picnics R Us 練習題的使用案例，製作一個使用案例測試計畫，其中包括具體的類別計畫和不變式測試。

F. 爲第九章每月一書俱樂部中的練習 E 中 (OTMC) 所選擇的類別，製作一個不變式的測試規格。

G. 針對我們在前一章之每月一書俱樂部 (BOMC) 練習題的使用案例，製作一個使用案例測試計畫，其中包括具體的類別計畫和不變式測試。

H. 爲你在第九章練習 A 的健康俱樂部所選擇的類別，製作一個不變式的測試規格。

I. 針對我們在前一章之健身俱樂部練習題的使用案例，製作一個使用案例測試計畫，其中包括具體的類別計畫和不變式測試。

J. 爲你在第九章練習 G 的圖書館所選擇的類別，製作一個不變式的測試規格。

K. 針對我們在前一章之圖書館練習題的使用案例，製作一個使用案例測試計畫，其中包括具體的類別計畫和不變式測試。

L. 剽竊和合作性學習的不同觀點被描寫今日不同文化之間差異的例子。請使用網路，找出其他可能影響資訊系統開發小組成功與否的差異。

迷你案例

1. Rajan Srikant 是印度一家大型委外公司新的系統開發專案的專案經理。這專案是 Rajan 第一次承接的專案，他已經成功地領導他的小組到程式設計的階段。專案不總是一帆風順，Rajan 自己已犯一些錯誤，但是他通常對他小組的進展和系統的品質感到滿意。現在程式設計已經開始，Rajan 希望在狂熱工作的步伐下休息一陣子。

   在程式設計階段之前，Rajan 發現在專案早期所做的時間估計太樂觀。然而，他堅持要達成專案的截止日期，以期他的第一個專案是成功的。預期到有時限，Rajan 讓人力資源部門安排了二個新的大學畢業生和二個大學實習生擔任程式設計人員。他當然更喜歡招募更多富有經驗的人員，但是他有責任讓已經吃緊的專案預算不致失控。

   Rajan 將程式設計任務排在一起，並在大約二個星期以前開始程式上的工作。近來，他已經收到來自程式設計小組組長不好的回應。當整合時，已經發現來自不同程式設計人員之模組的一些程式錯誤。某些程式設計人員已經對其他人修改其撰寫的程式，而不事先知會他們感到不悅。

   a. 在這種情況下，你能找到什麼樣的問題？你會給予專案經理什麼建議？
   b. Rajan 能夠在預算之內準時達成他所要的目標嗎？

2. 系統分析師正在為假日旅遊租車公司系統的使用者介面擬定測試計畫。當銷售人員把一張銷售發票輸入到系統中時，能夠在文字方塊中輸入選項代碼，或從下拉式清單中選擇一個選項代碼。組合下拉式清單被用來實作這項功能，因為一般的感覺是，銷售人員將很快地熟悉最常見的選項代碼，較喜歡自己輸入資料，以加快輸入流程。

   現在該是進行驗證資料輸入之選項代碼欄位的時候。如果顧客未要求車子的經銷商安裝選項的話，銷售人員應該輸入「none」；該欄位不應該空白。有效的選項代碼是四個字母，而且應該與一個有效的代碼清單相匹配。請擬定一個資料輸入過程測試選項代碼的測試計畫。

CHAPTER 14

安裝

本章討論安裝資訊系統所需要的活動以及如何成功地轉換一個組織去使用它。也討論建置後的活動，像是系統支援、系統維護與專案評量等。從技術的觀點來看，安裝系統並使之可用是相當簡單的。然而，圍繞在安裝的訓練與組織性方面的議題，卻更複雜且具挑戰性，因為他們面對的對象是人，而不是電腦。

學習目標

- 熟悉系統的安裝程序。
- 了解不同類型的轉換策略和何時該使用它們。
- 了解數個管理變更的技術。
- 熟悉建置後 (postinstallation) 的程序。

本章大綱

導論

文化議題與資訊技術

轉換

轉換形式

轉換處所

轉換模組

選擇適當的轉換策略

變更管理

了解何以抗拒變更

修訂管理政策

評估成本與效益

激勵採用

促成採用：訓練

建置後的活動

系統支援

系統維護

專案評量

應用概念於 CD Selections 公司

轉換

變更管理

建置後的活動

摘要

導論

務必牢記，沒有任何事情比建立一個新系統更難以規劃、更令人質疑其成功性，以及更不利於管理。倡議者面臨來自所有維護舊制度既得利益者的敵意，而從新制度獲得好處的人卻只是冷淡的捍衛者。

—Machiavelli, *The Prince*, 1513

雖然這段文字寫於五百年前，但 Machiavelli 的觀點在今日看來仍然是一針見血。管理新系統面對的變更──不論是否電腦化──是任何組織最艱鉅的任務之一。由於涉及的挑戰，當程式設計師們仍然繼續開發軟體的同時，多數組織便開始研擬他們的轉換與變更管理規劃。把轉換與變更管理的規劃工作留到最後一刻是注定會失敗的。

管理組織變更的最早模型之一，是由 Kurt Lewin 所發展出來的。[1] Lewin 主張，變更是個三階段的過程：解凍、轉移、再凍結 (圖 14-1)。首先，專案小組一定要**解凍 (unfreeze)** 既有的習性與規範 (也就是現行系統)，如此變更才行得通。系統開發到此時的大部分工作，都是在奠定解凍的基礎。使用者已知道新系統正開發中，有人已經參與現行系統的分析 (也知道它的問題)，有人則已經協助設計新系統 (也多少感受到新系統所帶來的潛在效益)。這些活動均有助於解凍目前的習性與規範。

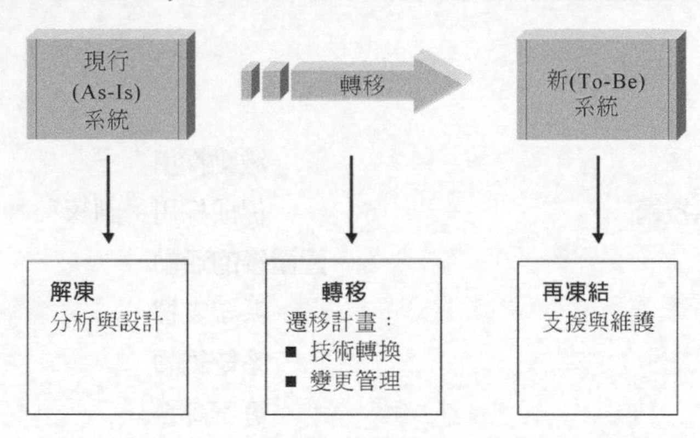

圖 14-1 實行變更

第二個步驟是透過一個**遷移計畫 (migration plan)**，幫助組織轉移到新的系統。遷移計畫有兩個主要的要素。一個是技術上的，它包括新系統會如何地安裝，以及現行系統的資料如何轉移到新系統；這些都是本章的「轉換」一節所要討論的。第二個

[1] Kurt Lewin, "Frontiers in Group Dynamics," *Human Relations*, 1, no. 5 (1947):5–41; and Kurt Lewin, "Group Decision and Social Change," in E. E. Maccoby, T. M. Newcomb, and E. L. Hartley (eds.), *Readings in Social Psychology* (New York:Holt, Rinehart & Winston, 1958), pp. 197–211。

要素則是組織上的，包括協助使用者了解變更，並且激勵他們採用它；這會於本章的「變更管理」一節討論。

第三個步驟是**再凍結 (refreeze)** 新系統，使執行工作流程成爲一種習慣性的方式──確保新系統成功地變爲執行它所支援之企業功能的標準方法。這個再凍結程序是將於本章最後一節討論之──**建置後 (postimplementation)** 活動的主要目標。經由不斷支援新系統，以及立即開始爲下一個版本確認改進事宜，組織協助堅實化新系統成爲業務運作的新習慣。建置後的活動包括「系統支援」，意指提供客服櫃檯與電話語音服務給遇到問題的使用者；「系統維護」，意指用來修正錯誤並改進安裝後的系統；以及「專案評量」，意指評估專案以確認哪些部分做得很好，哪些部分有待改進，供下個專案作爲參考。

變更管理 (Change management) 是三個要素之中最具挑戰性的，因爲它面對的是人，不是技術；而且那也是專案小組最無法控制的部分。變更管理意指要贏得潛在使用者的心與意，並且使他們相信新系統眞能夠帶來價值。

維護是安裝過程中成本最高的一環，維護系統的成本通常大大的超過初期開發成本。組織把專案總預算的 60%到 80%花在維護上，並非不尋常。雖然乍聽之下挺嚇人，但是想一想你現在使用的軟體。你使用的套裝軟體中有多少是第一版？大部分套裝軟體都是在第二版或第三版後，才眞的變得實用並廣受採用。軟體的維護與改進應該是不斷進行的，不論它屬於市面上可購得之軟體，或公司內部開發的軟體。如果你知道沒有新的版本在開發，你會購買該軟體嗎？當然，商業軟體不同於公司內部自製的軟體，但其基本道理應該一樣。

專案評量可能是系統開發中最不常做的一環，然而它或許對 IS 部門是最具有長期價值的。專案評量使專案成員退一步來思考他們做對了哪些事，以及其他可改善的空間。在個人成長與各個團隊成員的發展方面，它是一個重要的要素，因爲它鼓勵他們從成功與失敗中學習。它也可以使系統開發的新構想或新方法重新被組織、檢視並與其他專案小組分享，以期改進它們的效能。

在本章中，我們描述如何透過舊系統轉移到新系統的程序來部署新系統 (也就是，轉換)。然後，我們描述與管理適應新企業流程所需之變更有關的議題。最後，我們描述與系統上線後有關的議題 (如，建置後的活動)。然而，在我們提出這些議題之前，我們先描述文化的議題是如何影響到新系統的部署。

文化議題與資訊技術[2]

當於組織中出現失敗的時候，文化議題常常被認爲是至少該被部分責難的事情之一。文化的議題已經在組織和國家的層次上研究過。在前面幾章中，我們曾討論過文化議題對於設計人機互動和實際結構層 (參閱第十一、十二章) 以及程式人員管理的影響。在本章中，我們說明這些議題會如何影響一個支援全球性資訊供應鏈之資訊系統的部署成功與否。文化議題包括的事情，像是權力的距離、不確定性的避免、個人主義對群體主義、男性化對女性化，以及長期對短期的取向。[3]

第一個面向，**權力的距離 (power distance)**，強調權力議題在文化中是如何被處理的。例如，如果上級組織對於某個重要議題有錯誤的認知，其下屬是否得指出這個錯誤？在某些文化中，答案是：絕對不可以。因此，這個面向對資訊系統開發和部署的成功與否，會產生重要的影響。舉例來說，它可能會影響到創造該系統之眞實需求的判斷。如果上級不了解眞正要被解決的問題爲何，那麼蒐集正確需求的唯一方法是當他們共同工作的時候，確保下屬不會受到負面的影響。否則，將幾乎不可能創造出能解決使用者問題之系統。

第二個面向，**不確定性的避免 (uncertainty avoidance)**，是根據文化上是否注重領導規矩，文化中個人是否擅於處理壓力，和雇用穩定性之重要性而定。視文化而定，這個面向可與權力距離面向有所關聯。舉例來說，如果文化上要求一個受雇者事事聽令於他或她的上司，則會影響權力距離面向，從而影響到員工看待他或她的受雇穩定性的態度。另一個例子，使用詳細的程序手冊，於作決策時相當多的不確定性就能被避免。從 IT 角度來看，這會影響到一個組織非正式結構的重要性。事實上，如果文化眞的試著排除任何決策時的不確定性 (或許有一些)，若眞的有，非正式的組織結構會出現。然而，非正式組織已被埋的過深的反面說法也可能是眞的。

第三個面向，**個人主義 (individualism)** 對**群體主義 (collectivism)**，是根據該文化對個人或群體的重視程度而定。個人與群體之間的關係對資訊系統的成功與否是很重要的。在西方，個人主義是受到獎賞的。然而在東方，一般相信把重心集中在群

[2]一本有關文化議題與資訊系統的好書是 Dorothy E. Leidner and Timothy Kayworth, “A Review of Culture in Information Systems Research:Toward a Theory of Information Technology Culture Conflict,” *MIS Quarterly* 30, no. 2 (2006): 357–399。

[3]請參閱 Geert Hofstede, Culture’s Consequences:Comparing Values, Behaviors, Institutions and Organizations Across Nations, 2nd ed. (Thousand Oaks, CA:Sage, 2001)。

體的最佳表現上，個人才稱得上成功。換句話說，群體才是最重要。視文化取向而定，資訊系統轉移上線後是否成功，與資訊系統是強調個人還是群體的利益有關。

第四個面向，**男性化 (masculinity)** 對**女性化 (femininity)**，從資訊系統的角度來看，提出性別差異該如何論述的議題。有些差異可能會衝擊資訊系統的效用，包括男性的工作動機是建立在升遷、收入與訓練；然而女性的工作動機則與友好的氣氛、物質條件和合作有關。[4] 視文化如何看待這個面向，或許需要運用不同的動機來提高資訊系統被成功部署的可能性。

第五個面向，**長期對短期取向 (long-versus short-term orientation)**，處理的是文化該如何審視過去和未來。在東方，長期性的考量是受到高度重視的，然而在西方，短期利潤和目前的股價才是唯一重要的事。根據這個面向，先前提起的所有政策上的因素在這裡就變得非常重要。例如，如果本地文化習慣以短期的成效來評斷成功，那麼被部署用來支援組織某一部門的任何新的資訊系統，從短期看，可以賦予該部門優於其他部門的競爭優勢。如果短期的績效是評斷部門成功與否的唯一量尺，那麼其他部門會不樂見到該資訊系統能成功地部署。然而，如果是以長期的績效爲標準，那麼其他部門可能相信而願意支持新的資訊系統，因爲他們不久就會有新的支援性資訊系統。

顯然地，當檢討這些面向的時候，它們彼此之間是互相牽引的。從 IT 的角度來看，最重要該記得的事情是，我們必須小心別透過我們的眼睛觀看當地的使用者；在全球經濟裡，欲成功地部署資訊系統，我們必須將當地的文化納入考慮。

轉換[5]

轉換 (conversion) 是新系統取代舊系統的技術過程。使用者從使用現行企業流程與電腦程式移到新的企業流程與電腦程式。遷移計畫說明活動由何人及何時來執行，並且同時涵蓋技術面向 (像是安裝軟硬體及將資料從現行系統轉換成新系統) 與組織面向 (像是教育訓練以及激勵使用者擁抱新系統)。轉換指的是遷移計畫的技術面向。

在系統運作開始之前，轉換計畫有三個主要步驟：安裝硬體、安裝軟體以及轉換資料 (圖 14-2)。這些步驟或許可以同時進行，但是通常不論在任何一處，它們都必須按照順序完成。

---

[4]請參閱註 3。

[5]本節的內容與強化統一流程的過渡階段和部署工作流有關（參閱圖 1-11）。

轉換計畫的第一個步驟是購買並安裝任何所需的硬體。在許多情況，並不需要新的硬體，但有時候專案需要新的硬體像是伺服器、用戶端電腦、印表機與網路設備。很重要的是，要與供應所需軟硬體的廠商密切合作，確保其出貨可以配合轉換時程，如此一來，當設備需要時便可獲得。沒有什麼比廠商無法運交所需的設備更容易使轉換計畫受阻。

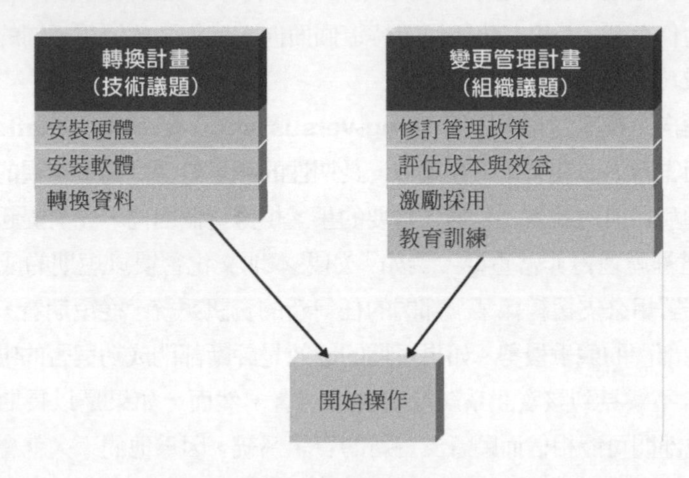

圖 14-2　遷移計畫的要素

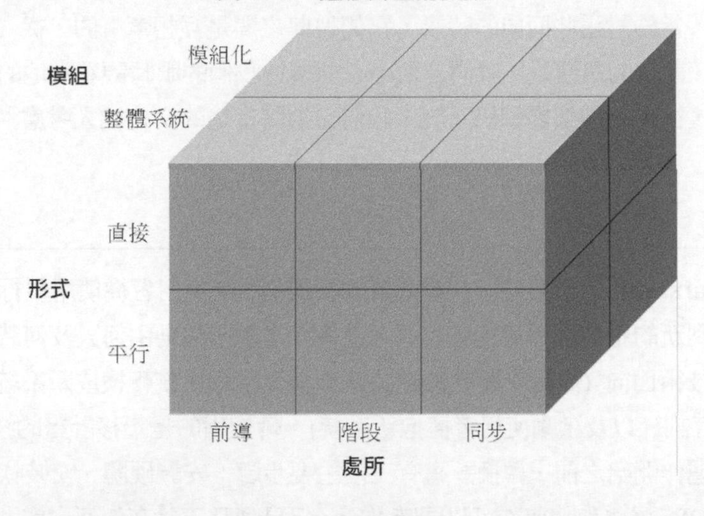

圖 14-3　轉換的策略

硬體一旦安裝、測試並證明可操作之後，第二個步驟便是安裝軟體。這包括開發中的新系統，有時候，也包括其他要使系統可以運轉所必要的軟體。在此時，系統通常會再測試一遍來確保該系統能如計畫運轉。

第三個步驟是將資料從現行系統轉換至新的系統。在遷移計畫中，資料轉換是技術複雜度最高的步驟。通常必須撰寫不同的程式，將資料從現行系統轉換成新系統所要求的格式，然後再儲存於新系統的檔案及資料庫中。這個過程的複雜之處在於，新系統的檔案與資料庫不完全與現行系統的檔案與資料庫匹配 (例如，新系統可能在一個資料庫中使用好幾個資料表儲存顧客的資料，而同樣的資料卻是被儲存於現行系統的一個檔案而已)。資料轉換的工作一定需要正式的測試計畫 (參閱第十三章)。

轉換可以從三個面向來思考：以什麼形式進行轉換──**轉換形式 (conversion style)**、在何時轉換到什麼處所或工作群組──**轉換處所 (conversion location)**，以及在何時什麼模組該被轉換──**轉換模組 (conversion modules)**。圖 14-3 顯示這三個面向的潛在關係。

◆ 轉換形式

轉換形式是使用者在新舊系統之間轉換的方法。轉換形式有兩個基本上非常不同的方法：直接轉換與平行轉換。

直接轉換　**直接轉換 (direct conversion)** [有時稱為突然戒斷 (cold turkey)、大爆炸 (big bang) 或突然接手 (abrupt cutover)]，藉由此法，新系統馬上取代舊系統。新系統被啓動，舊系統隨即關掉。當你升級商業軟體 (如，Microsoft Word) 的版本時，也許就是用這個方法；你只是開始使用新的版本，並停用舊的版本而已。

直接轉換最簡單也最直截了當。可是，風險也最高，因為新系統在測試期間所遺漏的問題，可能會嚴重打亂整個組織。

平行轉換　藉由**平行轉換 (parallel conversion)**，新系統與舊系統並行運作；兩個系統同時被使用。例如，新的會計資訊系統被安裝後，組織如果同時將資料輸進新的與舊的系統，然後仔細比較兩個系統的輸出結果，以確定新系統是否執行正確。經過一些時日 (通常一到兩個月) 的並行操作及密集比較之後，組織便把舊系統關閉，繼續使用新的系統。

這個方法更可能捕捉到新系統的任何重大錯誤，而且也可避免組織蒙受重大損失。如果於新系統發現問題，系統便關閉及修正，然後再一次開始轉換過程。這個方法的問題是，同時操作兩個系統，做著同樣的事情，會增加系統的開銷。

◆ 轉換處所

轉換處所指的是，組織中哪些部門在什麼時間點該進行轉換。通常，組織的部門實際上位於不同辦公室 (例如，Toronto、Atlanta、Los Angeles)。在其他情形，處所指的是位於同一家公司，但有隔間的不同部門單位 (例如，訂單處理、出貨、採購部門)。選擇不同組織處所進行轉換的方法，至少有三個基本不同的方式：前導性轉換、階段性轉換與同步性轉換。

前導性轉換　藉由**前導性轉換 (pilot conversion)**，一個或更多處所，或者一個處所內的若干單位/工作群組將被選出以進行轉換，成爲前導測試的一部分。參與前導測試的處所將歷經轉換的過程 (使用直接或平行轉換)。如果系統通過前導測試，便接著安裝在其餘處所 (再使用直接或平行轉換)。

前導性轉換具有在系統被廣泛地部署於組織之前，提供額外測試層次的優點，如此一來，系統如果出了問題，只會影響前導處所。然而，這種類型的轉換在系統被安裝於所有組織處所之前，顯然需要更多的時間。而且，它也意謂著不同的組織部門正使用不同版本的系統與企業流程，這可能會讓他們在交換資料上碰到困難。

階段性轉換　藉由**階段性轉換 (phased conversion)**，系統按部就班的安裝在不同的處所上。第一組處所被轉換後，然後第二組，然後第三組等等，直到所有處所都轉換完爲止。有時候，不同組之間有刻意的時間延遲 (至少第一組與第二組之間)，使得在組織在不受太大的影響下，可以偵知系統的問題。在其他的情形，各組連續轉換，使得當轉換一組於一個處所完成之後，專案小組移到下一組並持續轉換。

階段性轉換的優缺點與前導性轉換一樣。除此之外，它意謂著實際進行轉換時所需要的人數 (加上相關的教育訓練)，比起所有處所同時轉換時還來得少。

同步性轉換　**同步性轉換 (simultaneous conversion)**，顧名思義，意謂著所有處所均在同一時間進行轉換。新系統被安裝於所有處所，並隨時就緒，在預定的時間，所有使用者開始使用新系統。同步性轉換經常與直接轉換一起使用，但是也可以與平行轉換一起使用。

概念活用　14-A　太多的紙張 (第一部分)

South Dakota 的勞工補償部門正埋沒在紙張檔案裡。作爲一個負責監督員工他們在工作中受傷是否受到公平對待的州立機構，該機構有大量的文件資料和檔案櫃。如果一個人 (或公司) 要求檢視某個傷害申請，接到電話的秘書就必須留話、找到文件檔案、審視其狀態，並回電。文件被儲存在巨大的檔案櫃並輸入年度與案件數 (例如，2008 年第 415 名傷者，其文件編號是 08-415)。但是，大多數人並不記得它們的檔案號碼，只會提供名字、地址和受傷的日期。辦事人員會查看筆記本該日期附近的姓氏，然後找到該文件的編號來檢索文件夾。有些文件夾很小──可能是某個輕微割傷或輕微傷害並很快地受到照顧，而勞工也已回到工作崗位。其他文件夾則非常龐大，其中有好幾名醫生的損傷驗傷醫療報告 (如，手臂截肢)。一個數位解決方案已被提議，於該方案中，醫療報告會透過有安全措施的網站來提交。醫學報告都將以電子形式提交，無論其是 pdf 文件或是傳真的數位文件。該解決方案也使得接到電話的辦事人員可以用傷患的姓名來查詢資料庫，並在數秒之間獲得相關的資訊。

問題：

1. 該數位解決方案將改變工傷理賠申請的歸檔作業程序，以及與已申請理賠而想要看看該理賠申請的人 (或者公司) 的互動方式，以及該理賠申請的進度。從工作流程的角度來分析，這代表了什麼意義？
2. 於許多方面，這是個企業流程再造的解決方案。該提議揚棄舊的流程而以一個完全電子化版本取代。在資料蒐集階段，系統分析師可能會做哪些事？

同步性轉換消除了不同組織單位使用不同系統與流程的問題。不過，那也意謂著組織必須提供充分的人力，並且在所有處所進行轉換並施行教育訓練。

◆ 轉換模組

雖然我們很自然地會假設系統通常是整體一起安裝，但是實情並非如此。

整體系統轉換　**整體系統轉換 (whole-system conversion)**，整個系統一次就安裝起來，最為普遍。這種方式簡單也最容易為人所理解。不過，如果系統很龐大而且 (或是) 極其複雜 (例如，像是企業資源管理系統，如 SAP 或 PeopleSoft)，那麼整個系統對於使用者來說，要一次轉換就學會可能太難。

模組轉換　系統中的**模組 (modules)**[6] 是獨立而分開的，組織有時會選擇一次轉換一個模組而成新的系統──也就是，使用模組轉換。在開發系統時，模組轉換需要特別留意 (通常會增加額外成本)。每個模組不是必須撰寫得能與新舊系統同時工作，就是要使用物件包裝器 (參閱第八章) 用來在新系統下封裝舊系統。當模組緊密整合在一起的時候，這是一件深具挑戰性的工作，因此很少有人這麼做。但是，當模組之間的關聯並不緊密的時候，這就變得比較容易。例如，考慮從一個 Microsoft Office 舊版軟體轉換到新的版本為例。從舊版的 Word 換到新版的 Word 相對的比較簡單容易，此時並不需要同時將舊版的 Excel 換到新版的 Excel。

---

[6]在這個情況，一個模組常常是一個元件或是套件，也就是說，一群彼此協力合作的類別。

模組轉換將減少開始使用新系統時的教育訓練。使用者只需要訓練使用被建置之新模組部分就好。不過，模組轉換所花費的時間確實比較長，而且其步驟也比整體系統的過程還多。

特徵	轉換形式		轉換處所			轉換模組	
	直接轉換	平行轉換	前導性轉換	階段性轉換	同步轉換	整體系統轉換	模組轉換
風險	高	低	低	中	高	高	中
成本	低	高	中	中	高	中	高
時間	短	長	中	長	短	短	長

圖 14-4　轉換策略的特徵

◆ 選擇適當的轉換策略

圖 14-3 所示的每個面向是各自獨立的，所以轉換策略可以延展得適用於圖中的任何一個方框。不同的方框也可以混合，配對成一個**轉換策略 (conversion strategy)**。例如，一個常見的方法是，先在若干測試處所使用平行轉換，然後開始整體系統的前導性轉換。一旦系統在這些處所通過前導測試之後，接著在其餘處所使用直接接手的階段性轉換方式。選定轉換策略時有三個重要因素需要考慮：**風險**、**成本**與所需的**時間** (圖 14-4)。

風險　系統通過一連串嚴謹的單元、系統、整合及驗收等測試之後，理當不會出錯才對……或許。因爲人會出錯，所以人所做出來的事情也不可能完美。即使經過所有的這些測試之後，仍然可能有一些未被發掘的錯誤。在系統上線而錯誤可能肇事之前，轉換過程將提供最後一個捕捉該錯誤的步驟。

平行轉換比直接轉換的風險低，因爲前者有更多機會測得未發現到的錯誤。同理，前導性轉換比階段性轉換或同步性轉換的風險低，因爲錯誤如果眞的發生在前導性轉換的測試處所時，那裡的工作人員早已有心理準備，得知他們可能會遇到麻煩。因爲潛在性錯誤所影響的人較少，所以風險較少。同理，一次同時轉換好幾個模組降低錯誤的可能率，因爲錯誤在整體系統比起在任何一個給定的模組的出現率來得高。

風險有多重要得視所實作的系統而定──系統中仍未測出的錯誤的可能性，以及那些未測出之錯誤的潛在成本。如果系統的確承受密集的方法性測試的話，包括 Alpha 與 Beta 測試，那麼錯誤未被發現的發生率，將比起那些測試較不嚴謹的情形還低。然而，在分析過程中仍然可能有已造成的錯誤，所以雖然或許沒有軟體上的錯誤，但是軟體還是可能沒能適當地解決企業上的需要。

評估一個錯誤的成本是很具挑戰性的，但是大多數分析師與資深經理人均能對一個錯誤的相對成本作出合理的猜測。舉例而言，自動化股市交易程式或讓人活命的心肺機，其錯誤成本比起遊戲軟體或文書處理程式要來得高很多。因此，如果系統沒有如要求的經過全面測試，而且 (或者) 錯誤成本很高時，風險就很可能是轉換過程中的重要因素。如果系統已徹底的測試過了，而且 (或者) 錯誤的成本不那麼高時，那麼，於轉換決策中風險便沒那麼重要了。

成本　如所預期的，不同的轉換策略有不同的成本考量。這些成本可能包括人員薪資 (例如，使用者、訓練者、系統管理員、組織外的顧問)、差旅費、營運費用、通訊成本以及硬體租用費等。平行轉換比直接接手的成本更高，因爲前者需要兩個系統 (新舊系統) 同時運作。工作人員必須從事兩倍於平常的工作，因爲他們必須同時把資料輸入到新舊系統上。平行轉換也需要兩個系統的結果做完全的交叉比對，用以確認兩者沒有任何差異，這需要額外的時間與成本。

前導性轉換與階段性轉換的成本相去不遠。同步性轉換具有更高的成本，因爲需要更多人支援所有的測試處所，並且同時從舊系統切換到新系統。由於需要更多的程式設計，所以模組轉換比整體系統轉換的代價更高。舊系統必須加以更新，以期與新系統中所挑選出的模組一起合作，而新系統中的模組必須被設計得能與新舊系統中所挑選的模組一起工作。

時間　最後一個因素是舊系統轉換爲新系統所需的時間。因爲直接轉換是立即的，所以最快。平行轉換所花費的時間較長，因爲新系統的全部優點要等到舊系統關掉後才看得到。同步性轉換也很快，因爲所有處所在同一時間被轉換。階段性轉換通常比前導性轉換花更長的時間，通常 (但並非一定) 前導測試一旦完成，所有其餘處所均同步地被轉換。階段性轉換的進行像波浪一樣，經常需要好幾個月的時間才能轉換完所有的處所。同樣地，模組轉換比整體系統轉換更久，因爲模組是一個接一個導入的。

輪到你　14-1　擬定一個轉換計畫

假設你正在大學主導一個從使用某個文書處理程式轉換到另一個文書處理程式的轉換計畫。試擬定一個轉換計畫 (只有技術上的議題而已)。你也被要求針對大學的新網頁版本的選課系統，擬定一個轉換計畫。與你爲文書處理程式所擬定的轉換計畫相較之下，第二個轉換計畫有何相同與不同之處？

概念活用 14-B 美國陸軍設施支援

1960、1970 及 1980 年代，美國陸軍自動化了許多設施 (用老百姓的話來說，就是陸軍基地)。在超過 100 個基地中，每個基地的自動化均屬於當地的業務。雖然有些基地已經一起開發軟體 (或借用其他基地開發的軟體)，但是每個基地的軟體通常執行不同的功能，或以不同方式執行相同的功能。1989 年，陸軍決定把軟體標準化，希望大家可以一起使用軟體。而這也將大幅降低軟體的維護成本，並且當軍人輪調時，也可減少教育訓練。

軟體開發花了四年時間。系統相當複雜，專案經理很關心一個高風險存在，就是並非所有基地的需求都已被正確的捕捉出來。成本與時間比較不重要，因爲專案已經執行了四年，而成本爲一億美元。

因此，專案經理使用平行轉換，選擇了模組化的前導性轉換。該經理挑選了七個基地，每個基地各代表不同類型的軍隊設施 (例如，訓練基地、兵工廠、補給站)，接著開始進行轉換。一切進行得很順利，但卻找到幾項新功能，當初分析、設計及建構期間一直被忽略掉的。事後追加這些功能，並且重新進行前導測試。最後，其他的軍事基地採用階段式的直接轉換全系統方式來安裝。

—*Alan Dennis*

問題：

1. 你認爲該轉換策略適當嗎？
2. 不管你同意與否，還可以使用哪些其他的轉換策略？

變更管理[7]

就系統開發專案而言，變更管理是協助人們在沒有壓力下採用並適應新系統，以及伴隨而來的工作流程之過程。任何重要的組織變更有三個關鍵的角色。第一個是變更**發起人 (sponsor)**——想要變更的人。這個人是首先提出新系統需求的企業發起人 (參

[7]本節的內容與強化統一流程的過渡和生產階段以及部署和變更管理工作流有關 (參閱圖 1-11)。針對變更管理，介紹的書籍很多。其中最受歡迎的幾本如下：Patrick Connor and Linda Lake, *Managing Organizational Change,* 2nd ed. (Westport, CT:Praeger, 1994); Douglas Smith, *Taking Charge of Change* (Reading, MA:Addison-Wesley, 1996); Daryl Conner, *Managing at the Speed of Change* (New York:Villard Books, 1992); and Mary Lynn Manns and Linda Rising, *Fearless Change:Patterns for Introducing New Ideas* (Boston, MA:Addison-Wesley, 2005)。

閱第二章)。通常，發起人是組織內某一單位的高階主管，想要接受及採用新系統。發起人務必在變更管理中保持主動積極的角色，因爲由發起人──而不是由專案小組或 IS 部門──來推動具有更大的正當性。發起人對於那些採用系統的人擁有直接的管理權限。

第二個角色是**變更推動者 (change agent)**──領導變更的人。變更推動者肩負實際規劃與實作變更的重任，通常不屬於業務單位的人，因此對於潛在採用者並沒有直接的管理權限。因爲變更推動者是局外人，其組織文化不同於業務單位，所以其可信度比起發起人與業務單位的人來得低。畢竟，系統一旦安裝之後，變更推動者通常便離開了，無法持續發揮影響力。

第三個角色是**潛在採用者 (potential adopter)**，或者說是變更的目標──實際上必須接受改變的人。新系統乃爲這些人而設計，他們最後將選擇要不要使用系統。

在早期的計算年代，許多專案小組都以爲，當舊系統在技術面上轉換到新系統時，他們的工作便結束了。此時的工作哲學是「建置好時，他們就會來」。不幸的是，那只發生在電影情節罷了。抗拒變更常見於大多數組織。因此，變更管理計畫是整體安裝計畫的重要一環，這個計畫要能夠將變更管理程序中的主要步驟接合起來。成功的變更使人們想要採用變更，而且能夠採用變更。變更管理計畫有四個基本步驟：修訂管理政策、評估潛在採用者的成本與效益模型、激勵採用，以及讓人員透過教育訓練而採用 (參閱圖 14-2)。不過，我們討論變更管理計畫之前，一定要先了解人們爲什麼會抗拒變更。

了解何以抗拒變更[8]　人們通常會抗拒變更──即使變更是爲求更好──基於非常理性的因素。對於組織有利的事情，對工作人員來說未必一樣有利。例如，一位處理訂單的辦事員，以前處理紙本式的出貨訂單，現在則要使用電腦處理同樣的資訊。不需用打字機打上出貨標籤，辦事員現在只要按下電腦的列印鈕，便可自動印出出貨標籤。辦事員現在每天可以處理更多的訂單，對組織而言，這是一個利多的效益。然而，辦事員可能不是眞的在乎多少產品要出貨。他或是她的薪資不會改變；問題只是辦事員喜愛使用電腦還是打字機。學會使用新系統與工作流程──即使變更之處不大──需要比繼續使用原有的系統與工作流程更多的工作量。

那麼，人們爲什麼要接受改變 (變更) 呢？簡單來說，每項變更均有相關的成本與效益。如果接受變更的效益大於變更的成本，那麼人們就要改變。而且變更的效益有時候是避免你不接受變更時將經歷的痛苦 (例如，如果你不改變，你將被解雇，因此，接受變更的效益之一是，你仍然保有工作)。

---

[8]本節的內容獲益自亞歷桑那大學管理資訊研究中心的研究科學家 Robert Briggs 博士。

一般來說，當人們面臨改變的機會時，他們會進行一個成本效益分析 (有意識的或潛意識的)，然後決定擁抱並接納變更的程度。他們確認系統的成本與效益，並且確定變更是否值得。然而，情況並非那麼單純，因爲大多數的成本與效益都是不確定的。是否存在某些效益或成本實際上會不會發生，仍有不確定性；所以，新系統的成本與效益將必須與他們有關聯之資料的確定性來加權 (圖 14-5)。不幸的是，大部分的人很容易高估成本的可能性，而低估了效益的可能性。

也有成本以及──有時──利益與實際的**轉移過程 (transition process)** 本身有關。例如，假設你在找一間更好的房子或公寓。即使你很喜歡它，你也可能決定不搬家，因爲搬家的成本大於新居所帶來的效益。同樣地，採用新的電腦系統可能需要你學習新技能，這對有些人而言可能是一個成本，但對有些人來說可能是一個效益，如果他們覺得那些技能能夠帶來系統使用本身以外的效益的話。再強調一次，任何來自轉移過程的成本與效益，一定要與它們實際會發生的成本來加權 (參閱圖 14-5)。

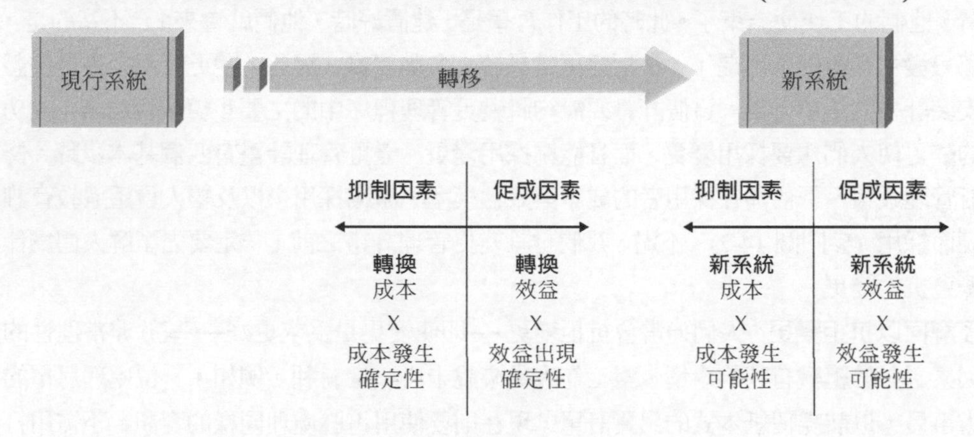

圖 14-5　變更的成本與效益分析

將這兩組成本與效益 (以及它們的相對確定性) 擺在一起，會影響到專案小組在安裝組織內新系統時所遇到的抗拒變更或接受變更。變更管理的第一個步驟就是，了解哪些因素會抑制變更──亦即，影響成本及效益的認知 (perception) 以及新系統將產生成本及效益的確定性。請務必了解**真實成本 (real costs)** 與**真實效益 (real benefits)**，其重要性遠低於**認知成本 (perceived costs)** 與**認知效益 (perceived benefits)**。人們所「相信的」眞的事才會去做，而不是去做眞的事。因此，任何對如何激勵變更的了解，必須從期望改變的人們的觀點來發展，而不是從那些領導變更的人的觀點來思考。

概念活用　14-C　了解何以抗拒 DSS

在我開發的前面幾套商業軟體中，其中有一套是決策支援系統，用以協助造紙廠處理訂單排程的事宜。該系統用來協助排訂單的人，讓他們決定何時排定哪些特別的訂單，以減少紙張的浪費。這是一個非常具有挑戰性的問題──是如此的具有挑戰性，事實上，要眞正把事情做好，通常要學個一、兩年。

軟體經過多家紙廠的測試，進行好多年，並且總能有效減少浪費的數量，通常減少 25%左右，但有時候輪到新人做事時更能省下 75%。雖然最後我們把軟體賣給當初參加測試的紙廠，可是還是經常碰到抗拒使用的情形 (除非該軟體是新用於工作上，且該軟體眞能大幅地節省支出)。那時我假設，拒用系統與減少的浪費量有關：減少的浪費量愈少，抗拒愈大，因爲回收分析顯示，付錢買軟體總要等上更久的時間。

—Alan Dennis

問題：

1. 對於不同紙廠所碰到的不同抗拒程度，另一種可能的解釋是什麼？
2. 如何解決這個問題？

◆ 修訂管理政策

變更管理計畫的首要步驟是，將當初被設計用於現行系統的管理政策，改成被設計用來支援新系統的新管理政策。**管理政策 (management policy)** 提供目標、定義工作流程應該如何進行，以及決定組織如何獎勵成員。如果管理政策不支持的話，電腦系統將很難成功被接納。許多新的電腦系統會給企業流程帶來變更，並且促成新的工作方式。除非爲那些流程提供規則與獎勵的管理辦法被修訂以反映系統所承諾的新機會，否則那些潛在採用者將不會輕言使用它。

管理有三個基本工具用來架構組織內的工作流程。[9] 第一個是**標準作業程序 (standard operating procedures，SOP)**，此爲工作如何執行的例行性動作。SOP 分爲正式及非正式兩種。正式 SOP 定義正當的行爲。非正式 SOP 是有關流程實際是

---

[9]本節的內容是根據 Anthony Giddons, *The Constitution of Society:Outline of the Theory of Structure* (Berkeley:University of California Press, 1984)。Giddons 理論曾被改過，用在了解資訊系統上，對於此，有一篇很好的摘要文章，請參閱 Wanda Orlikowski and Dan Robey:"Information Technology and the Structuring of Organizations," *Information Systems Research* 2, no. 2 (1991): 143–169。

如何地被執行所發展多時的規範。管理必須確保正式的 SOP 修訂得能匹配新系統。非正式 SOP 接著演化並調整，以彌補正式 SOP 所欠缺的細節。

管理政策的第二個面向乃是定義人們如何對事件賦予意義。「是成功的」或「做得很好」到底意謂什麼？政策定義出**評量 (measurement)** 與**獎勵 (reward)**，有助於基層人員了解意義。評量明確地定義了意義，因爲它們對關於何者對於組織是重要的，提供了清楚而具體的證據。獎勵則增強了評量，因爲「什麼被評量，什麼就會做好」(一個過度使用但準確的說法)。評量必須仔細設計，以激發所要達到的行爲。IBM 信用部門的例子 (「輪到你 4-2」) 說明了有瑕疵的評量將會驅使不當的行爲 (當信用部門的分析師太忙而無法處理信用貸款申請時，他們將會尋找莫須有的錯誤，然後原件退回)。

管理政策的第三個面向是**資源分配 (resource allocation)**。經理人能夠藉由資源分配，對行爲產生明確立即的影響。他們可以將經費與人員從一個專案轉到另一個專案，建立一個支援新系統的基礎架構，以及投資於訓練上。每項活動均有直接而象徵性的效果。直接的效果是資源的重分配。象徵性的效果則顯示管理階層對此抱持認眞的態度。當潛在採用者看到資源持續地支援它，管理階層長期支持新系統的允諾就會有較少的不確定性。

輪到你 14-2 標準作業程序

針對你現在正在使用這本書的課程，確認及解釋三個標準作業程序 (SOP)。請討論這些程序是正式或非正式的。

◆ 評估成本與效益

研擬變更管理計畫的下一個步驟是，與現行系統做比較，並擬出兩個由新系統 (及轉移到此) 所提供的成本及效益清單。第一份清單是從組織觀點來擬定，它應該很容易的從可行性研究以及專案期間所調整過的企業案例來開展 (參閱第二章)。這些組織的成本與效益應該廣爲流傳，讓新系統的使用者明瞭，新系統爲何對於組織具有創新的價值。

第二個成本與效益清單乃從期待改變的不同潛在採用者或者變更中的利益相關者之觀點來擬定的。例如，一組潛在採用者可能是第一線人員，另一組可能是第一線主管，而另一組可能是中級主管。每一個潛在採用者／利益相關者對於變更可能有不同組合的成本與效益──組織各處的成本與效益可能大為不同。在有些情況下，工會可能是促成或拒絕變更的主要利益相關者。

許多系統分析師自然地以為，第一線人員的成本與效益最可能偏離組織，所以最可能抗拒變更。不過，他們通常默默忍受現行系統的問題。當問題發生時，他們往往首當其衝。中級主管和第一線主管最有可能擁有南轅北轍的成本與效益，因此，抗拒變更，因為新的電腦系統時常會改變他們所擁有的權力。例如，新的電腦系統可能會改進組織對於工作流程的控制 (對組織而言，是一個效益)，但是卻減少中級主管的決策權力 (對中級主管而言，是一個明顯的成本)。

一個對每組潛在使用者／利益相關者的成本與效益分析，有助於指出哪些人可能會支持變更以及哪些人可能會抗拒變更。此刻所面臨的挑戰，即是試著平衡抗拒變更者的成本與效益，以期他們轉為支持變更 (或者至少不會主動抵抗)。這項分析可能揭露一些潛在而會阻擋系統成功被採用的嚴重問題。或有必要重新檢視管理政策並做出有意義的改變，以確保成本與效益的平衡，得以激勵重要的潛在使用者，進而採用系統。

圖 14-6 扼要說明一些對成功變更很重要的因素。第一個且最重要的理由是個人難以抗拒的變更理由。所有變更都是由個人而非組織所完成的。如果主要的利益相關者有了難以抗拒的變更理由，那麼變更將很容易。加薪、減少不愉快，以及升遷與──視個人而定──個人發展機會等因素，都足以成為重要的誘因。然而，如果變更使得現有技術變得毫無價值，那麼人們便可能抗拒改變，因為他們之前已投注許多時間與精力獲取那些技能，如今任何削弱那些技能的事情，都可能被認為削弱個人的價值 (因為重要的技能帶來尊敬與權力)。

對於需要變更的組織，也要有一個難以抗拒的理由；否則，人們會懷疑變更的重要性，不把它當一回事。或許最難以變更的組織，就是過去一直很成功的組織，因為員工相信過去做的，現在還可以繼續做下去。相較之下，在一個瀕於破產邊緣的組織，大家比較容易相信，變更有其迫切性。在增進變更的成功率方面，來自可靠企業發起人及高階主管的承諾與支持，也很重要。

當轉移對於個人付出的成本很低時，變更的成功率大增。需要大量不同的新技術或營運及工作習慣上的干擾，都可能產生阻力。變更推動者擁有來自企業發起人的支援，其所擬定的遷移計畫，在增加轉移成本的確定性方面，也是重要的因素。

	因素	例子	效果	採取動作
新系統的效益	無法抗拒的個人變更理由	加薪、減少不愉快面向、升遷機會、現有技能仍保有價值	如果新系統提供清楚的個人效益，人們比較可能接受變更。	從利益相關者的觀點執行成本效益分析，必要時作改變，以及主動提升效益。
效益確定性	無法抗拒的組織變更理由	破產風險、收購、政府法規	如果採用者不了解組織爲何實施變更，他們就比較不相信變更會發生。	從組織的觀點執行成本效益分析，而且從事資訊系統的宣導活動，向大家解釋結果。
	高層主管示範性的支持	主動參與、演說中經常提及	如果高層主管未積極支持變更，那麼大家比較不相信變更會發生。	鼓勵高層主管參與資訊活動。
	企業發起人的參與和承諾	主動參與、時常拜訪使用者與專案小組、主動辯護	如果企業發起人未積極支持變更，那麼大家比較不相信變更會發生。	鼓勵企業發起人參與資訊活動，而且在變更管理計畫中扮演一個積極角色。
	可信的高層主管及企業發起人	主管與發起人說話算數，不淪爲開空頭支票的人	如果企業發起人與高層主管在採用者的眼中具有可信度，那麼宣稱的效益將確定比較高。	確定企業發起人及 (或) 高層主管擁有可信度，如此將產生推波助瀾的作用；如果沒有可信度可言，那麼其參與的效果很小。
轉移成本	低的個人變更成本	需要較少的新技術	變更的成本並非由所有利益相關者同樣承擔；對某些人，成本可能較高。	從利益相關者的觀點進行成本效益分析，做必要的變更，以及積極提出低成本。
成本確定性	變更的清楚計畫	變更的清楚日期與說明，清楚的期待	如果有一個清楚的遷移計畫，可能降低轉移的認知成本。	宣導遷移計畫。
	可信的變更推動者	先前變更的經驗，說到做到	如果變更推動者在採用者的眼中具有可信度，那麼宣稱的成本確定會比較高。	如果變更推動者不可信，那麼變更的推動會很困難。
	發起人清楚地命令變更推動者	當雙方不和時，公開支持變更推動者	如果變更推動者有來自企業發起人的清楚指示，那麼宣稱的成本確定比較高。	企業發起人一定要公開支持變更推動者。

圖 14-6 成功變更的主要因素

◆ 激勵採用

在激勵變更中最重要的因素是提出清楚且令人信服之需要變更的證據。簡單的說，預期接納變更的每一個人，一定要相信來自新系統的效益一定會高於變更的成本。

激勵採用有兩個基本策略：資訊上與政策上。兩種策略時常同時並用。就**資訊策略 (informational strategy)** 而言，其目標是說服潛在採用者，變更乃往好的方向走。當目標採用者的成本效益組合是效益大於成本，那麼這個策略將行得通。換句話說，眞的需要提出讓潛在採用者歡迎變更的清楚理由。

使用這個方法，專案小組提供那些移往新系統之清楚且令人信服的成本效益證據。專案小組寫下備忘錄並擬定簡報，概述從組織的觀點與潛在採用者之目標群組的觀點來看接納該系統的成本與效益。這項資訊廣為流傳於目標群組之中，極像宣傳或公關活動。必須強調效益並增加潛在採用者心目中「這些效益確實可以達到」的確定性。在我們的經驗中，止痛藥總是比維他命還好賣；也就是說，讓潛在採用者相信新系統將排除一個重大的問題 (或其他痛苦來源)，比起新系統可以提供新效益 (例如，增加銷售)，要來得容易些。因此，如果把資訊活動強調在問題的減少或排除，而不是專注於新機會的提供，將更有可能奏效。

另一個激勵變更的策略是**政策策略 (political strategy)**。就一個政策策略來說，組織的力量，而不是資訊，可拿來激勵變更。這個方法時常用於目標採用者成本效益評估組合是成本高於效益的時候。換句話說，雖然變更可能有利於組織，但是潛在採用者沒有理由歡迎該項變更。

政策策略通常超出專案小組的控制之外。它需要組織內對目標群有權力的人去影響該目標群，使其接受改變。這可以用強制手段來完成 (例如，使用這個系統或是捲鋪蓋走人)，或者採取妥協的方法，讓目標群在其他方面得到利益 (例如，採用系統後，將增加許多教育訓練的機會)。如果將薪資與採用新系統所想要的行為連結起來，管理政策在政策策略上扮演一個關鍵的角色。

一般而言，對於任何有眞正組織效益的變更而言，約 20%到 30%的潛在採用者將是**待命採用者 (ready adopter)**。他們知道效益，很快採用系統，然後成為系統的擁護者。另外 20%到 30%是**抗拒採用者 (resistant adopter)**。他們就是拒絕接受變更且他們拼命抗拒它，不是因為新系統對個人來說，成本大於效益，就是轉移過程本身需要高成本，以致於新系統的效益沒能超過變更的成本。其餘的 40%到 60%是**勉強採用者 (reluctant adopter)**。他們對新系統不感興趣並隨波支持或抗拒系統，就看專案如何進展以及同事對系統的反應而定。圖 14-7 說明了那些與變更管理流程有關的參與者。

變更管理的目標是積極支援並鼓勵待命採用者，協助他們把勉強採用者拉過來。對於抗拒採用者，通常能使得上力的地方並不多，因爲他們的成本效益評估可能偏離了組織很遠。除非採取簡單步驟再度平衡他們的成本與效益，或者組織選擇採用一個強烈的政策訴求，不然的話，最好不要理會這一群少數，而把心力集中在大多數的待命及勉強採用者。

發起人	變更推動者	潛在採用者
發起人希望變更出現。	變更推動者帶領變更。	潛在採用者是必須變更的人。
		20-30%是待命採用者。
		20-30%是抗拒採用者。
		40-60%是勉強採用者。

圖 14-7　變更管理程序的參與者

◆ 促成採用：訓練

潛在採用者可能想要接受變更，可是除非他們能夠採用它，否則他們不會接受。借助細緻的**訓練**所提供採用變更所需的技能，採用得以促成。訓練可能是任何變更管理計畫中最不言自明的部分。如果組織內的人員不接受訓練，那麼又如何期待他們採用新系統呢？然而我們發現，訓練是整個過程中最常被忽略的一環。許多組織與專案經理片面期待潛在採用者會覺得系統很好學。因爲系統被假定得很簡單，理所當然地，潛在採用者應該可以不費吹灰之力學會才對。不幸的是，這種假設通常過於樂觀。

每個新系統需要新的技能，不是因爲基本工作流程已改變 (有時很劇烈如 BPR；參閱第四章)，就是因爲用來支援工作流程的電腦系統不一樣了。企業流程的變更愈激烈，確保組織擁有所需的新技能以操作新的企業流程以及支援新的資訊系統就更重要。一般來說，有三個方法可以取得這些新技能。其中之一是聘請新人，彌補現有人員技能之不足。另一個方法是將工作外包給擁有技能的組織。當所需要的新技能可能迥異於現職人員的那組技能時，這兩個方法都有爭議性，而且只有在 BPR 的情況下才會加以考慮。大部分情況下，組織會選擇第三個方案：訓練現有人員從事新的企業流程與新系統。每項訓練計畫必須考慮訓練什麼以及如何施行訓練。

訓練什麼　你應該提供什麼訓練給系統使用者？顯然是：如何使用系統。訓練應該涵蓋新系統的所有功能，如此使用者才了解每個功能模組在做什麼，對不對？

錯。企業系統的訓練應該著重在幫助使用者完成工作，而不是該如何使用系統。系統只是一個達到目的的手段而已，不是目的本身。要著重於執行工作 (即，企業流程)，而非使用系統，這有兩層重要的意涵。首先，訓練必須著重於系統的相關活動，以及系統本身。訓練必須幫助使用者了解電腦如何融入他們的工作範圍。系統的使用必須同時顧及人工企業流程及那些已被電腦化者，而且也必須涵蓋新電腦系統伴隨而來的新管理政策。

概念活用　14-D　太多的紙張 (第二部分)

South Dakota 勞工補償部門的某些職員 (參閱「概念活用 14-A」)，擔心數位解決方案可能無法正常作業。萬一在電腦上他們找不到某個電子文件呢？萬一硬碟撞毀或文件被意外地刪掉了呢？萬一他們無法取得電子文件呢？

問題：

1. 以組織的可行性和採用來說，分析師該做什麼才能使這些職員願意採用新的技術？

其次，訓練應該專注於使用者需要做什麼，而不是系統能做什麼。這是很微妙──但非常重要的──區別。大多數系統所提供的功能，遠比使用者所需要的還多 (你上次寫 Microsoft Word 的巨集是什麼時候？)。與其嘗試教導使用者知道系統的所有功能，訓練反而應該集中在使用者平常所從事的活動上，並且確定使用者是那些活動領域的專家。當使用者花 80%的時間在 20%的功能上 (而不是嘗試涵蓋所有功能)，使用者對於使用系統的能力變得更有信心。訓練應該提及其他罕用的功能，讓使用者知道它們的存在，等到需要時，將知道如何學習。

設計訓練教材之指導的來源之一是使用案例。使用案例勾勒出使用者進行的一般性活動，因而有助於了解企業流程，且很有可能是最重要的系統功能。

如何訓練　施行訓練有多種方式。最常見的方法是**課堂訓練 (classroom training)**，許多使用者共聚一堂，同時接受相同講師的訓練。這個優點是，由一位講師同時訓練多位使用者，在使用者之間建立共同的經驗。

一對一的訓練 (one-on-one training) 也是可行，訓練者與使用者密切合作。顯然這個成本比較高，但是訓練者可以設計訓練程式，以符合個別使用者的需要，並且更能確定使用者真的了解教材。這個方法通常使用於使用者是重要人物時，或使用者很少的情形。

另一個愈來愈普遍的方法是，使用某種形式的**電腦輔助訓練 (computer-based training，CBT)**，透過電腦，訓練程式可以在 CD 或網路上播放。CBT 程式包括文字幻燈片、語音、視訊、甚至動畫。CBT 的研發成本通常比較高，但由於不需要講師本人提供訓練，所以傳遞的成本較低。

圖 14-8 列出四個在選擇訓練方法上所要考慮的重要因素。研發成本、傳遞成本、影響、與範圍。開發 CBT 的成本通常比起一對一訓練或課堂訓練要來得高，但是其傳遞的成本卻比較便宜。一對一的訓練對使用者的影響最大，因為它可以因材施教，而 CBT 的影響卻最小。儘管如此，CBT 有最大的影響力──一個在最短時間內、達最遠的地方、訓練最多的人的能力──它比課堂及一對一訓練的方式更容易散播，因為不需要任何講師。

	一對一訓練	課堂訓練	電腦輔助訓練 (CBT)
開發成本	中低	中	高
傳遞成本	高	中	低
影響	高	中高	中低
範圍	低	中	高

圖 14-8 選擇一個訓練方法

輪到你 14-3 研擬訓練計畫

假設你正在公司領導文書處理程式的轉換工作。試擬定一份教育訓練的主題大綱。也擬定訓練傳承的計畫。

圖 14-8 提出適用於大多數組織的清楚模式。如果要訓練的使用者很少，一對一訓練最為有效。如果要訓練的人很多，那麼許多組織可轉向 CBT。我們相信，CBT 的使用未來將大為流行。很多時候，大型組織都會混用這三個方法。不論使用哪一個方法，重要的是讓使用者有一份容易取用的教材，它可以在訓練結束的一段長時間之後還能作為參考 (通常是一本速查指南及一套使用手冊，不管為紙本或電子形式)。

建置後的活動[10]

建置後的活動目標是把新系統的使用加以**制度化 (institutionalize)**——也就是使企業流程的執行變成常規、大家可接受的例行方法。在成功轉移到新系統時，建置後活動嘗試再凍結組織。儘管專案小組的工作在實作之後會自然鬆懈下來，但是企業發起人，以及有時是專案經理，則會積極參與再凍結的工作。這兩個人——理想上還有其他的利益相關者——會積極推廣新系統的使用，並監看其使用情形。他們通常針對系統提供穩定的資訊流，並鼓勵使用者和他們一起討論議題。

在本節，我們檢視三個主要的建置後的活動：**系統支援** (提供系統使用的協助)、**系統維護** (持續細部修整及改良系統)，以及**專案評量** (分析專案，了解哪些活動做得很好——以及應該重複——哪些活動在未來專案需要改進)。

◆ 系統支援

一旦專案小組安裝系統並進行變更管理活動後，系統便正式轉交給**運轉小組 (operations group)**。這個小組負責系統的運轉，而專案小組則負責系統的開發。運轉小組的成員通常密切參與安裝的活動，因爲他們必須確保系統能夠實際運作。系統安裝之後，專案小組便離開，但運轉小組仍然在。

提供系統支援意謂著幫助使用者使用系統。通常，這意謂著提供問題的解答，以及幫助使用者了解如何執行某一樣功能；這種型式的支援，可以視爲是**隨需訓練 (on-demand training)**。

線上支援 (online support) 是最常見的隨需型式訓練。這包括系統內建的文件說明與輔助說明畫面，以及提供**常見問題集 (frequently asked questions，FAQ)** 的網站。很顯然的，大部分系統的目標是提供足夠的線上支援，讓使用者不需直接連絡客服人員，因爲提供線上支援比起找人回答問題，其成本要便宜許多。

大部分組織會提供一個**技術支援中心 (help desk)**，讓使用者與能夠回答問題的人談話 (通常透過電話，但有時是親自過來) 的地方。技術支援中心支援所有系統，不只是單一特定系統而已，因此電話求援的範圍涵蓋軟、硬體各方面。技術支援中心由**第一線支援人員 (level-1 support)** 運作，他們擁有廣泛的電腦技能，並且能夠回應各種問題請求，從網路與硬體問題，到商業軟體與公司內部開發的軟體問題，都可以應付自如。

---

[10]在本節所介紹的內容與強化統一流程的生產階段和運轉及支援工作流有關 (參閱圖 1-11)。

範本可得自
www.wiley.com
/college/dennis

- 報告的時間與日期
- 收到報告的支援人員的姓名、電子郵件帳號與電話號碼
- 問題報告人的姓名、電子郵件帳號與電話號碼
- 引發問題的軟體及 (或) 硬體
- 問題的處所
- 問題描述
- 採取動作
- 處置方法 (修正問題或轉交給系統維護小組)

圖 14-9 問題回報的要素

大多數技術支援中心的目標是，在使用者第一次打電話過來時，由第一線人員解決 80%的求助電話。如果第一線人員無法解決問題，一份**問題回報 (problem report)** 便被完成 (圖 14-9) 了 (通常使用一台專門用來追蹤問題報告的電腦系統)，然後傳遞給**第二線支援人員 (level 2 support)**。

第二線支援人員非常懂得應用系統，並且能夠提出專業的建議。對一個新系統來說，這些人通常在實作階段被選定，然後隨著系統的測試，逐漸熟悉整個系統。有時，第二線支援人員在變更管理過程中參加教育訓練，更了解系統、新的企業流程以及使用者本身。

第二線支援人員與使用者共同合作，一起解決問題。大多數的問題可以由第二線支援人員成功地解決。不過，有時候，特別是在系統安裝後的前幾個月，問題會是軟體方面須加以修正的錯誤。在這情況下，問題報告變成了**變更需求 (change request)**，必須交給系統維護小組 (參閱下一節)。

概念活用 14-E 太多的紙張 (第三部分)

此外，South Dakota 勞工補償部門於推行數位解決方案來處理勞工的理賠 (參閱「概念活用 14-A、14-D」) 有法律上的疑慮。一個疑慮是，過去的紙張方法有員工實體的簽名，簽署後可以表明他們已接受治療，或由醫生簽署已執行的醫療工作。

疑問：

1. 如果只有數位簽名或電子或紙質文件的副本而非實體文件，會引起什麼樣的法律問題？

◆ 系統維護

系統維護是個將系統細部調整的過程，藉以確保系統持續地滿足企業的需要。系統維護所花費的金錢與工作量，實質上遠甚於系統剛開始的開發，理由很簡單，因爲系統會不斷隨著使用而改變及演進。許多入門的系統分析師與程式設計師都會先從事專案的維護；通常在他們習得一些經驗之後，才會被指定新的開發專案。

每個系統由 IS 部門的專案經理所「擁有」(圖 14-10)。這個人負責協調該系統的維護工作。每當系統被確認有變更的必要時，應該準備一份變更需求書，轉交到專案經理的手上。變更需求是**系統需求 (system request)** 的「縮小」版本，如第一、二章所討論的。它描述變更需求，並解釋爲什麼變更是很重要的。

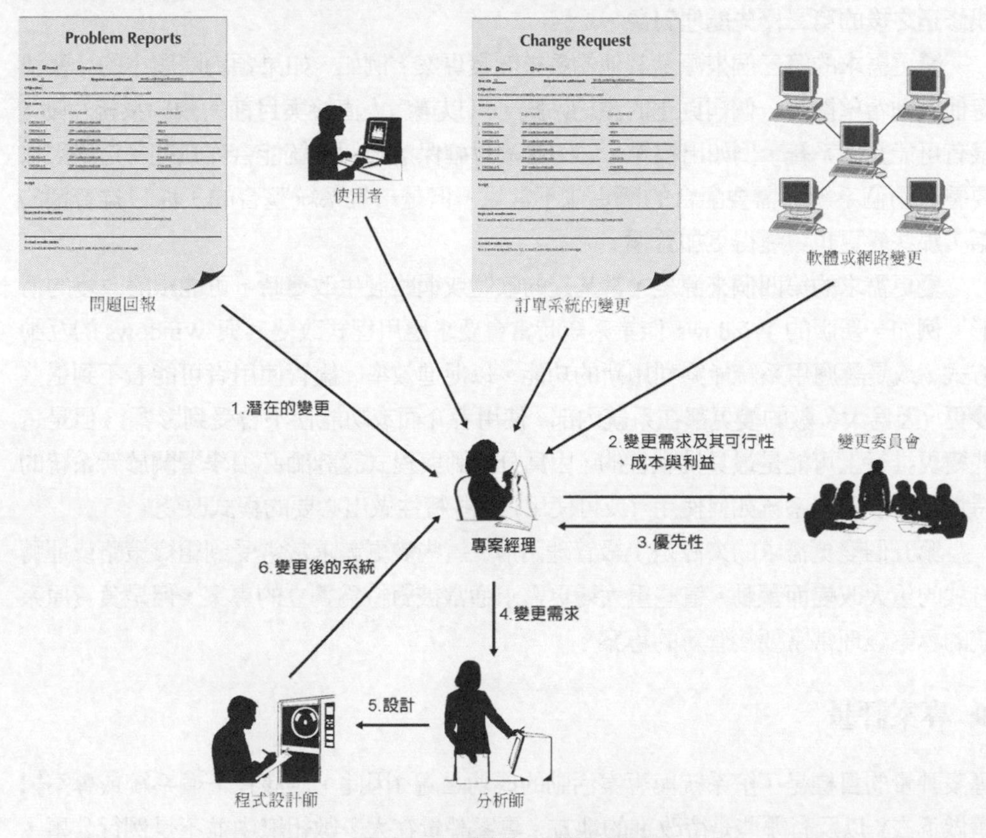

圖 14-10 處理一個變更需求

變更可大可小。需要可觀工作量的變更需求通常以系統需求的方式來處理：它們遵循本書所說明過的專案相同流程，從第二章的專案起始開始，然後到本章的安裝。較小的變更通常遵循這個流程的較小版本。有個初始的可行性及成本效益的評估，而且變更需求優先處理。然後，系統分析師 (或程式設計師／分析師) 進行分析，這可能還包括訪談使用者在內，以及準備一份初步的設計，然後開始程式設計的工作。在整個系統由舊系統轉換到新系統之前，新的 (或修改過的) 程式接著進行密集的測試。

變更需求通常來自五個來源。最常見的來源是作業小組的問題回報，報告中指出系統中必須加以修正的錯誤。這些錯誤可能引起重大的問題，所以通常需要優先處理。即使是一個小小的錯誤，都可能困擾使用者而減少他們對系統的接受度與信心，最後引發其他重大的問題。

變更需求的第二個常見來源是，使用者建議加強系統。當使用者操作系統時，他們常常會找出系統中可以加強的地方，或指出其他可以補充的功能。這樣的改進有助於滿足使用者，而且也能確保系統將隨著企業需求的改變而改變。系統加強是排在錯誤修正之後的第二優先處理對象。

變更需求的第三個來源是其他的系統開發專案。例如，如果預約問題中的牙醫決定他或她希望擁有一個網頁化的預約系統，可以讓病人直接與目前的預約系統互動，很有可能其他系統，例如出帳單，必須修改以確保這兩個系統能合作無間。這些因為要整合兩個系統而需要配合的變更並不常見，但是一旦系統整合的工作日益普遍的話，那些變更也會變得更加普遍。

變更需求的第四個來源是，當基礎的軟體或網路發生改變時，可能跟隨改變的情形。例如，新版的 Windows 作業系統時常會要求應用程式改變其與 Windows 的互動方式，或是讓應用系統能夠利用新的功能，以促進效率。儘管使用者可能看不到這些變更 (因為大多數的變更都在系統內部，使用者介面或功能性不會受到影響)，但是這些變更推行上可能是最具挑戰性的，因為分析師與程式設計師必須學習關於新系統的特性、了解應用系統如何使用 (或可使用) 那些特性做出必要的程式改變。

第五個變更需求的來源是上級管理階層。這些變更需求常常受到組織策略或運轉方式的重大改變而驅動。這些重大變更需求通常被對待為獨立的專案，但是負責原系統的專案經理常常要接管新的專案。

◆ 專案評量

專案評量的目標是了解系統與專案活動的成功之處 (因此，應該在下個系統或專案繼續做下去) 以及有哪些是待改進的地方。專案評量在大多數組織中並不是例行公事，但軍事單位除外，軍中習慣準備事後簡報。儘管如此，評量仍然是組織學習的重要的要素，因為它幫助組織及人們了解如何改進他們的工作。對於新進成員它尤其重要，因為它有助於促進更快速的學習。專案評量有兩個主要部分──專案小組檢討與系統檢討。

概念活用　14-F　管理一個資料庫專案

我的一個資訊顧問專案與信用卡「由下而上的回饋 (bottom feeder)」 [我們姑且將之稱爲信用奇蹟 (Credit Wonder)] 有關。這家公司收購了債務無法收回而被大型銀行註銷的信用卡帳戶，信用奇蹟會以債值的 1%或 2%購買那些被註銷信用帳戶。信用奇蹟接著會致電被註銷帳戶的持卡人，並與信用卡帳戶持有人協議。

信用奇蹟想要爲這些帳戶建立一個資料庫。從法律上來說，他們擁有這些帳戶，並按照信貸法的規定可以聯絡那些欠錢的人。例如，他們只可以在特定時間打電話，而每週打電話的次數不得超過一次，只能夠與實際的帳戶持有人對話。任何收到超過原始債務 1%至 2%的金額都會被視爲是收益。在他們的資料庫，他們想要有一份曾提供之協議的歷史紀錄，與該帳戶持有人聯絡的日期以及額外的說明。

問題：

1. 系統分析師如何管理這樣的系統專案？
2. 他們需要與誰面談才能獲得系統需求？
3. 一名資料庫分析師該如何架構資料庫方面的需求？

專案小組檢討　**專案小組檢討 (project team review)** 著重於專案小組如何執行它的活動。每個專案成員準備簡短的兩三頁文件，上面回報並分析他或她的工作績效。焦點放在績效的改進上，而不是犯錯的懲罰。經由明確地指出錯誤並了解原因後，專案成員下次遇到類似的情況時能更有備而來──而較不可能重蹈覆轍。同樣地，藉由指出優良的績效表現，小組成員將能夠了解他們的反應爲什麼得宜，並且在未來的專案上繼續沿用下去。

每份由小組成員所準備的文件，由專案經理來評量，他會與小組成員開會，協助他們了解如何改進他們的績效。專案經理接著準備一份摘要文件，上面概述從專案中的關鍵學習。這份摘要確認什麼動作應該是未來專案可採用來改進績效，但要小心不指名道姓說出成員所犯下的錯誤。這份摘要於所有專案經理之間廣泛傳閱，藉以協助他們了解如何更加有效管理專案。該摘要也時常傳閱於一般未參與專案的成員，希望他們也能夠學習其他專案的經驗。

系統檢討　**系統檢討 (system review)** 的焦點在於，專案起始期間所確認的新系統之成本與效益分析，實際上從已實作的系統所達成的程度。專案小組檢討通常在系統安裝後立即進行，而主要的事件仍然停留在小組成員的心中，可是系統檢討時常在系統建置後好幾個月才進行，因爲系統在進行適當的評量之前，要經過一段的時間。

系統檢討開始於專案起始時所準備的系統需求及可行性分析。當初爲了預期企業價值 (有形及無形) 而準備的細部分析，以及經濟上的可行性分析，都要重新加以檢視，而系統安裝之後，還要準備一份新的分析。其目的在於將期望的企業價值以及系統所實現的企業價值做比較。這有助於組織評量系統是否眞的提供原本計畫提供的價值。不管系統是否提供了預期的價值，對於眞實成本與效益的深入理解，都有助於未來的專案。

實用技巧 14-1 打敗錯誤百出的軟體

如何避免所買的商業軟體發生錯誤？這裡有六個步驟：

1. 認識你的軟體：找出你每天所使用的軟體是否有已知的錯誤及修補程式，並追蹤那些提供程式更新的網站。
2. 備份資料：這句箴言應貼在螢幕前。請現在就馬上把重要的資料，複製到磁片、第二顆硬碟或網站上。我們會等著。
3. 暫時不要升級：我們很容易被誘惑去升級喜愛軟體的最新版本，但爲什麼要冒這個險呢？等幾個月看看，查看一下別人在新聞群組所發表的經驗或廠商自己的討論園地，然後再去下載。只有你必須做的時候才做。
4. 慢慢升級：如果你決定升級的話，至少在一台不同的系統上測試一個月看看，然後再安裝於辦公室或家裡的電腦。
5. 忘掉 Beta 版：安裝 Beta 版的軟體在主要的電腦上，有點像在玩俄羅斯輪盤的遊戲。如果你眞的要玩的話，請找第二部電腦吧。
6. 抱怨：你愈抱怨錯誤及要求補救的話，廠商運送瑕疵品的代價愈大。就像投票一樣，愈多人參加，結果愈好。

資料來源：“Software Bugs Run Rampant,” *PC World* 17, no. 1 (January 1999): 46。

正式的系統檢討對於專案起始也有重要的行爲意涵。因爲每一個參與專案的人都知道，專案起始期間所準備的企業價值及財務評估之陳述，將會在專案結束時加以評估，因此，他們在評估的動機上採取較爲保守的態度。沒有人想當個專案超支預算或達不到預期效益之失敗專案發起人或專案經理。

應用概念於 CD Selections 公司

安裝 CD Selections 公司的網路銷售系統比起大部分的系統都來得容易，因爲該系統是全新的，所以沒有現行系統需要被取代。同時，也沒有很多人員需要接受操作新系統的教育訓練。

◆ 轉換

轉換很平順。首先，新硬體被購買並安裝了。然後軟體被安裝在網路伺服器上，並且安裝在用戶端電腦供網路銷售小組使用。就本身而言，並沒有資料轉換的問題，不過在正常運作期間，系統開始每天從配銷系統下載資料。

Alec 決定於一個處所 (因爲只有一個處所) 進行直接轉換 (因爲沒有現行系統) 所有的系統模組。轉換 (如果我們能這樣說的話) 很順利地通過 Alpha 或 Beta 測試，而該系統技術上可以說是準備好開始運作了。

◆ 變更管理

變更管理的議題不多，因爲沒有任何在職人員需接受變更。所有新的工作人員都已聘僱好了，大部分是 CD Selections 公司內部調過來的。變更最有可能影響到的利益相關者，是那些傳統門市的經理與員工，他們可能將網路銷售系統視爲門市的一項威脅。Alec 因此研擬一個資訊活動 (透過員工通訊及內部網站發布)，其中討論變更的理由並解釋網路銷售系統是用來彌補現有門市的不足，而不是一個競爭對象。該系統的目標乃對準其他網站競爭者，像是 Amazon.com 與 CDnow。

新的管理政策連同教育訓練計畫一起被擬訂，訓練計畫涵蓋人工的作業流程及電腦化程序。Alec 決定爲網路銷售系統的人員使用課堂訓練，因爲他們的人數很少，故在教室集中上課會更爲簡單且具有更高的成本效益。

◆ 建置後的活動

系統的支援轉交給 CD Selections 公司的運轉小組，他們另外雇用了四位具有網路及網頁專長的人。維護工作幾乎隨後開始。Alec 負責這個版本的系統維護，加上下一個版本的開發。Alec 開始規劃下一個版本系統。

專案小組檢討揭露了一些學過的主要課程，大部分關於網頁程式的撰寫以及與現有 SQL 資料庫連結的問題。專案依照預算要求而完成 (參閱圖 2-15)，只不過預算花在程式設計的比預期還多。

初步的系統檢討在營運兩個月後才進行。第一個月的銷售額為$40,000，第二個月的銷售額為$60,000，表現的成績逐漸亮麗 (記得第一年的營運目標是$1,000,000)。營運費用每月平均$60,000，略高於預測的平均值，此乃起始成本與初期的行銷活動所致。然而，行銷副總裁 Margaret Mooney，也是專案發起人，卻相當歡喜。她批准了後續開發第二版的網路銷售系統專案的可行性研究。

摘要

◆ 文化議題與資訊技術

鑑於全球企業環境，今日文化問題在部署資訊系統時變得更加重要。在文化方面，需要加以考慮，包括權力的距離、不確定性的避免、個人主義與群體主義、男性化與女性化、長期與短期取向。此外，這每一項往往相互影響。從部署資訊系統的角度看，最重要的是要記住先考慮到當地的文化，然後才著手部署新系統。

◆ 轉換

轉換是新系統取代舊系統的技術過程，有三個主要步驟：安裝硬體、安裝軟體、轉換資料。轉換形式是使用者在新舊系統之間切換的方式，可以透過直接轉換 (使用者停用舊系統，立刻使用新系統) 或平行轉換 (新、舊系統同時運作，確保新系統運作正常)。轉換處所乃組織的某些單位於何時進行轉換，可能在一個處所進行前導性轉換；或分成幾個階段在某些處所進行階段性轉換；或同一個時間在所有處所進行同步性轉換。系統可以一個模組接著一個模組進行轉換，或一次整個完成。平行轉換與前導性轉換比較沒有風險，因為錯誤可以及早發現，避免造成廣大的影響，但平行轉換的代價將比較高。

◆ 變更管理

變更管理是協助人們採用並適應新系統與伴隨之工作流程的過程。人們抗拒變更的理性上理由，通常是因為他們預見新系統 (以及轉移) 的成本甚於效益。變更管理計畫的第一個步驟是改變管理政策 (像是標準作業程序)，設計新系統的評量與獎勵措施，以及分配資源以支援新系統。第二個步驟是擬定變更過程中對於組織及利益相關者的成本效益分析表，藉此指出誰可能支持或反對變更。第三個步驟是同時提供資訊及運用政策策略──運用權力吸引潛在採用者採用新系統。最後是訓練，無論是課堂、一對一或電腦輔助訓練，都是成功的採用所不可或缺的。訓練應該著重於使用者將執行的主要功能，並且幫助使用者將系統融入他們的日常工作。

◆ 建置後的活動

系統支援由運轉小組負責，爲使用者提供線上與技術支援中心的服務。系統支援分第一線及第二線支援人員，前者回覆電話，處理大部分的問題，後者則追蹤解決難題，有時產生變更需求，供錯誤修正之用。系統維護小組針對變更需求 (來自系統支援人員、使用者、其他開發專案小組及高級主管) 作出回應，藉以修正錯誤並改進系統的企業價值。專案評量的目標乃了解系統及專案活動成功的地方 (因此，應該在下一個系統或專案持續下去)，以及什麼地方需加以改進。專案小組檢討著重於專案小組執行其活動的方法，且通常得到所學到之關鍵課題的文件。系統檢討的焦點則著重於了解專案起始期間所確認的新系統之成本與效益分析，實際上被實作系統所達到的程度。

關鍵字彙

Change agent　變更推動者

Change management　變更管理

Change request　變更需求

Classroom training　課堂訓練

Collectivism　群體主義

Computer-based training (CBT)　電腦輔助訓練

Conversion　轉換

Conversion location　轉換處所

Conversion modules　轉換模組

Conversion strategy　轉換策略

Conversion style　轉換形式

Cost　成本

Direct conversion　直接轉換

Femininity　女性化

Frequently asked question (FAQ)　常見問題集

Help desk　技術支援中心

Individualism　個人主義

Informational strategy　資訊策略

Institutionalization　制度化

Level 1 support　第一線支援

Level 2 support　第二線支援

Long-term orientation　長期取向

Management policies　管理政策

Masculinity　男性化

Measurements　評量

Migration plan　遷移計畫

Modular conversion　模組轉換

Modules　模組

On-demand training 隨需訓練

One-on-one training 一對一訓練

Online support 線上支援

Operations group 運轉小組

Parallel conversion 平行轉換

Perceived benefits 認知效益

Perceived costs 認知成本

Phased conversion 階段性轉換

Pilot conversion 前導性轉換

Political strategy 政策策略

Postimplementation 建置後

Potential adopter 潛在採用者

Power distance 權力的距離

Problem report 問題回報

Project assessment 專案評量

Project team review 專案小組檢討

Ready adopters 待命採用者

Real benefits 眞實效益

Real costs 眞實成本

Refreeze 再凍結

Reluctant adopters 勉強採用者

Resistant adopters 抗拒採用者

Resource allocation 資源分配

Rewards 獎賞

Risk 風險

Short-term orientation 短期取向

Simultaneous conversion 同步性轉換

Sponsor 發起人

Standard operating procedure (SOP) 標準作業程序

System maintenance 系統維護

System request 系統需求

System review 系統檢討

System support 系統支援

Time 時間

Training 訓練

Transition process 轉移過程

Uncertainty avoidance 不確定性的避免

Unfreeze 解凍

Whole-system conversion 整體系統轉換

問題

1. 任何的變更管理計畫中，三個關鍵的角色是什麼？
2. 當推行一個新系統的時候，一定要考慮到的三個主要管理政策的要素是什麼？
3. 在管理組織的變更的三個基本步驟是什麼？
4. 解釋在任何變更管理計畫中，你可能遇到的三種採用者。
5. 一些專家主張變更管理比系統開發的任何其他部分重要。你同意與否？請解釋之。
6. 人們爲何抗拒變更？試解釋人們爲何接受或抗拒變更的基本模式。

7. 開發人員應該注意的文化議題是什麼？
8. 遷移計畫的主要要素是什麼？
9. 比較前導性轉換、階段性轉換和同步性轉換。
10. 比較直接轉換與平行轉換。
11. 比較模組轉換和整體系統轉換。
12. 試解釋練習題 9、10 及 11 的轉換形式間的取捨考量。
13. 依據我們的經驗，變更管理計畫時常不如轉換計畫受到更多的重視。你認為何以會發生這種現象？
14. 比較政策變更管理策略及資訊變更管理策略。其中一個比另一個好嗎？
15. 運轉小組在系統開發的角色是什麼？
16. 比較二個提供系統支援的主要方法。
17. 你如何決定應該在你的訓練計畫中包括哪些項目？
18. 比較三種訓練的基本方法。
19. 變更需求的主要來源是什麼？
20. 變更需求報告與問題回報報告有何不同？
21. 專案小組檢討與系統檢討有何不同？
22. 專案評量為什麼很重要？
23. 你認為什麼是新手分析師在現行系統遷移到新系統時，常犯的三個錯誤？

練習題

A. 請考慮你生命歷程中的重大變更 (例如，接受一份新職、就讀一所新校)。從變更本身到變更轉移的觀點，準備一份變更的成本效益分析。

B. 假設你是新圖書館系統的專案經理。該系統將改進學生、教職員的找書方式，允許他們透過網路找書，而非僅僅使用館內電腦終端機的文字系統而已。從變更本身到變更轉移的觀點，試準備一份針對主要利益相關者的變更所做出的成本效益分析。

C. 請準備一份計畫用來激勵採用練習題 B 的系統。

D. 請為練習題 B 的系統，準備一份訓練計畫，包括你要訓練什麼以及如何訓練等。

E. 假設你是專案領導人，負責開發將來由公司內的機票承辦員所使用的新機票訂位系統。該系統將取代現行的指令式系統，後者乃設計於 1970 年代，而且使用終端機。新系統將使用多台 PC，並配合一個網頁介面。試爲你的電話接線生擬定一個遷移計畫 (包括轉換和變更管理)。

F. 試爲那些使用於練習題 F 之機票訂位系統的獨立旅行社，擬定一個遷移計畫 (包括轉換和變更管理)。

G. 假設你是大學網路版選課系統的開發專案的專案領導人，希望取代學生們目前必須在指定時間到大禮堂排隊領取他們想選修之課程的許可牌的舊系統。試擬定一份遷移計畫 (包括技術轉換與變更管理)。

H. 假設你主導一套新 DSS 系統的安裝，以協助校方管理新生入學事宜。試擬定一個變更管理計畫 (組織方面)。

I. 假設你正在爲你的小公司安裝一套新的會計套裝軟體。你會使用何種轉換策略？試擬定一個轉換計畫 (技術方面)。

J. 假設你正在爲你的大學安裝一套新的教室預約系統，追蹤哪些課程使用哪些教室。假定每棟大樓的所有教室爲一個學院或一個科系所「擁有」，而且該學院或科系只有一個人可以分配教室。你會使用何種轉換策略？試擬定一個轉換計畫 (技術方面就好)。

K. 假設你正爲一家非常大型的跨國公司安裝一套新的薪資系統。你會使用何種轉換策略？試擬定一個轉換計畫 (技術方面)。

迷你案例

1. Nancy 是 MOTO 公司 IS 部門主管，該公司是一家人力資源公司。IS 部門的同仁約一個月前就完成新的客戶管理軟體系統。Nancy 對於同仁在這個專案上的表現非常感動，因爲公司先前並沒有自己做過類似的專案。Nancy 每週的工作之一，就是評估並優先處理公司所提出的不同變更需求。

    Nancy 的桌上現在擺著五個關於客戶系統的變更需求。其中一個需求來自於一位系統使用者，該使用者希望系統能在日報表的格式上做一些改變。另一個需求則來自另一位使用者，該使用者希望系統功能表能夠改變一些選項的順序，以確實反映那些選項的使用頻率。第三個需求來自於帳務部門。該部門使用一個帳務管理軟體處理客戶的帳款。目前，正在規劃這套軟體的主要升級，且客戶系統與帳單系統之間的介面需要加以改變，以便適應新軟體的資料結構。第四個需求似乎發生於客戶取消契約時的系統錯誤 (幸好不常發生)。最後一個需求則是來自於公司的總經理 Susan。這個需求證實了 MOTO 公司即將收購另一家新公司的謠傳。該新公司專精於有經驗的專業與科技人才的短期派遣，也代表 MOTO 公司未來營運的新領域。客戶管理軟體系統必須加以修改，以併入被併購公司之特殊客戶的安排事宜。

對於客戶/管理系統，你怎麼建議 Nancy 關於這些變更需求的優先順序？

2. Italy Milan 的 San Babila 出租車經營計程車隊。該公司在 Milan 提供了經常性的計程車服務，以及短期與長期的私家車服務各公司。隨著汽車、司機和合約數量的增加，San Babila 感覺到已無法準確的記錄它的業務活動與車隊之車輛的行車位置。該公司最近為其業務購買了新的資訊系統，並指示所有司機使用新系統。私家車司機必須在換班的開始和結束時，將身分識別證件刷過讀卡機，並輸入執勤期間汽車的特別狀況和服務過的客戶。計程車司機也必須刷身分識別證件輸入汽車的特別狀況，並使用一台隨車電腦系統，記錄每一份他們收取到的車資。在出租車內的電腦系統也將用於調度計程車，以因應客戶透過電話或公司的網站所要求的乘車服務。

San Babila 辦事處的工作人員都在急切地等待安裝的新系統。他們同意，該系統會減少問題和帳單上的錯誤，並會使他們的工作更容易執行。司機們則不太熱衷，因為不習慣使用電腦，並且被密切地監視其活動。

a. 討論有哪些可能的因素可能會妨礙司機對這個新系統的接受程度。

b. 討論如何運用一個資訊上的策略來激勵採用新系統。

c. 討論如何運用一個政策上的策略來激勵採用新系統。

中英名詞對照

A

- A-kind-of relationships　A-kind-of 關係
- A-part-of relationships　A-part-of 關係
- Abstract classes　抽象類別
  - abstraction process　抽象程序
  - structural models　結構模型
- Abstraction　抽象化
- Abstraction levels, object-oriented systems　抽象化層次、物件導向系統
- Acceptance tests　驗收測試
- Access control requirements　存取控制需求
- Acknowledgment messages　認可訊息
- Action-object order　行動–物件順序
- Actions, activity diagrams　活動、活動圖
- ActiveX technology　ActiveX 技術
- Activities　活動
  - activity diagrams　活動圖
  - behavioral state machines　行爲狀態機
- Activity-based costing　活動成本
- Activity diagrams　活動圖
  - actions and activities　動作與活動
  - algorithm specification　演算法規格
  - black-hole activities　黑箱活動
  - control flows　控制流程
  - control nodes　控制節點
  - creation guidelines　製作指導原則
  - elements of　……的要素
  - line crossings　交叉線
  - object flows　物件流程
  - object nodes　物件節點
  - purpose of　……的目的
  - Swimlanes　泳道
  - syntax for　……之語法
- Activity elimination　活動剔除
- Actors　參與者
  - sequence diagrams　循序圖
  - use-case diagrams　使用案例圖
- Adjusted project complexity (APC) scores　調整後專案複雜度(APC)分數
- Adjusted use-case points　調整後使用案例點數(UCP)
- Adopters, change management　採用者、變更管理
- Aesthetics, user interface design　美學、使用者介面設計
- Aggregation relationships　組合(聚合)關係
  - class diagrams　類別圖
  - factoring　分解
  - structural models　結構模型
- Agile development methodologies　敏捷開發方法論
- Algorithm specification　演算法規格
  - activity diagram　活動圖
  - pseudocode　虛擬碼
  - Structured English　結構化英語
- Alpha testing　Alpha 測試
- Alternate flows, use-case descriptions　替代流程、使用案例文字描述

B

C

creating 製作
derived attributes 衍生屬性
elements of ……的要素
generalization association 一般化關聯
incorporating patterns 納入樣式
model review 模型檢視
multiplicity 多重性
object diagrams 物件圖
object identification 物件辨認
operations 操作
private attributes 私密屬性
protected attributes 保護屬性
public attributes 公開屬性
query operation 查詢操作
relationships 關係
review of ……的檢討
sample 樣本
simplifying 簡化
syntax 語法
update operation 更新操作
visibility 能見度

Class invariant test specification 類別不變式測試規格
Class library 類別庫
Class test plan 類別測試計畫
Classes 類別
object-oriented systems 物件導向系統
structural model 結構模型
Classroom training 課堂訓練
Client-based architectures Client-based 架構
Client computers 用戶端電腦
Client objects, CRC cards 用戶端物件、CRC 卡
Client-server architectures Client-server (主從式) 架構
application support 應用程式支援
critical limitations 關鍵限制因素
middleware 中介軟體
scalability 可延展性
simple program statements 簡單的程式敘述
Client-server tiers 主從層
Closed-end questions, interviews 封閉式問題、訪談
Clustering, data access speeds 叢集(群集)、資料存取速度
COBIT compliance COBIT 規範
COCOMO model COCOMO 模型
Code control, lack of 程式碼控制、缺乏
Cohesion 內聚力
class cohesion 類別內聚力
generalization/specialization cohesion 一般化/特別化內聚力
ideal class cohesion 理想的類別內聚力
method cohesion 方法內聚力
Cohesiveness, group 內聚力、群組
Collaborations 合作
CRC cards CRC 卡
factoring 分解
Collectivism *vs.* individualism 群體主義與個人主義
Colors, user interface design 顏色、使用者介面設計
Combo boxes 組合下拉式清單方塊

D

Decision nodes, activity diagrams　決策節點、活動圖

Decision support systems (DSS)　決策支援系統

Decomposition, structural models　分解、結構模型

Default values　預設值

Delay messages　延遲訊息

Denormalization, data access speeds　去正規化、資料存取速度

Dependency relationship, package diagram　相依性關係、套件圖

Deployment diagrams　部署圖

Derived attributes　衍生屬性

- class diagrams　類別圖
- design optimization　設計最佳化

Design development　設計開發

- alternative matrix　選擇矩陣
- request for information　資訊需求
- request for proposals　建議需求書

Design modeling, purpose of　設計模型、……的目的

Design optimization　設計最佳化

Design prototypes　設計雛型

Design restructuring　設計重組

Design strategies　設計策略

- business need　企業需要
- custom development　定製開發
- in-house experience　公司內部經驗
- outsourcing　外包
- packaged software　套裝軟體
- project management　專案管理
- project skills　專案技能
- selection of　……的選擇
- time frame　時限

Detail reports　明細表

Detail use cases　細節性使用案例

Development ease, physical architecture layer design　容易開發、實體結構層設計

Developmental costs　開發成本

- economic feasibility　經濟可行性
- physical architecture layer design　實體結構層設計

Direct conversion　直接轉換

Distributed objects computing (DOC)　分散式物件運算

Document analysis　文件分析

Documentation, *See also* Documentation development　說明文件，也請參閱撰寫說明文件

- guidelines for crafting　製作指導原則
- navigation controls　導覽控制項
- procedures manuals　程序手冊
- project coordination　專案協調
- reference documents　參考文件
- Structure　結構
- testing　測試
- tutorials　指導手冊

Documentation development　撰寫說明文件

- documentation types　說明文件類型
- identifying navigation terms　確認導覽術語
- online documentation　線上說明文件
- structural design　結構設計

F

Help desks　技術支援中心
Help messages　說明訊息
Help topic　說明主題
Heteronyms　異名詞
Heuristic evaluation, interface design　啓發式評估、介面設計
History files　歷史檔
Homographs　同形詞
Homonyms　同音詞
Hot keys　熱鍵(快捷鍵)
HTML prototypes　HTML 雛型
Human-computer interaction layer design　人機互動層設計
　cultural/political requirements　文化／政策需求
　input design　輸入設計
　interface design principles　介面設計原則
　navigation design　導覽設計
　nonfunctional requirements　非功能性需求
　operational requirements　操作需求
　output design　輸出設計
　performance requirements　效能需求
　security requirements　安全需求
　user interface design process　使用者介面設計程序
Human-computer interaction layer purpose　人機互動層目的
Hurricane model　颶風模型

I

ID numbers, use-case　ID 號碼、使用案例
Ideal class cohesion　理想的類別內聚力
Image maps　影像地圖
Impedance mismatch　阻抗不相稱
Implementation languages, mapping problem-domain classes to　實作語言、把問題領域類別對應到……
Implementation mistakes　實作錯誤
Importance levels, use-cases　重要性等級、使用案例
In-house experience, design strategies　公司內部經驗、設計策略
Inadequate testing　不當測試
Incidents, structural models　偶發事件、結構模型
Include relationships, use-case descriptions　含括關係、使用案例的文字描述
Incremental development, object-oriented systems　漸進性開發、物件導向系統
Indexing　索引
　data access speeds　資料存取速度
　guidelines for　……的指導原則
　sources of terms　術語來源
Individuaeism vs. collectivism　個人主義與群體主義
Information hiding　訊息隱藏
　object-oriented systems　物件導向系統
　test design　測試設計
Information integration, requirements-gathering techniques　資訊整合、需求蒐集技術
Information load, managing　資訊負載、管理
Information technology, cultural issues　資訊技術、文化議題

interaction diagrams　互動圖

object-oriented systems　物件導向系統

specification　規格

Method cohesion　方法內聚力

Method specifications　方法規格

algorithm specification　演算法規格

events　事件

general information　一般性資訊

message passing　訊息傳遞

sample form　表單範例

Methodology　方法論。*See* Task identification 參閱任務確認

Methods　方法

object-oriented systems　物件導向系統

structural models　結構模型

Microcomputers　微電腦

Middleware　中介軟體

Migration plans　遷移計畫

Minicomputers　迷你電腦

Mission critical systems　任務關鍵系統

Mistake prevention, navigation design　預防錯誤、導覽設計

Model-View-Controller (MVC) architecture 模型–觀點–控制器 (MVC) 架構

Modular conversion　模組轉換

Motivation　激勵

Multilingual requirements　多國語言需求

Multiple inheritance　多重繼承

Multiple layout areas　多重配置區域

Multiplicity, class diagrams　多重性、類別圖

Multivalued attributes, object-oriented databases 多值屬性、物件導向資料庫

N

n-tiered architecture　n 層式架構

Naming standards　命名標準

Natural language, navigation design　自然語言、導覽設計

Navigation control, documentation　導覽控制項、說明文件

Navigation design　導覽設計

basic principles of　……的基本原則

command language　指令語言

control types　控制類型

documentation　說明文件

menus　功能表

messages　訊息

mistake prevention　錯誤預防

natural language　自然語言

recovery from mistakes　錯誤復原

use consistent grammar order　使用一致的語法順序

Navigation terms, identifying　導覽術語、確認

Net present value (NPV)　淨現值

Network change　網路改變

Network models　網路模型

Networks　網路

Nielsen Media　尼爾森媒體

Nodes, deployment diagrams　節點、部署圖

Nonfunctional requirements　非功能性需求。*See also* Requirements determination　也請參閱需求確立

data management layer design　資料管理層設計

human-computer interaction layer design

O

Object-oriented programming language (OOPL) 物件導向程式語言

Object-oriented software process 物件導向軟體程序

Object-oriented systems 物件導向系統

- abstraction levels 抽象化層次
- basic characteristics 基本特徵
- classes 類別
- design criteria 設計準則
- dynamic binding 動態連結
- encapsulation 封裝
- information hiding 訊息隱藏
- inheritance 繼承
- messages 訊息
- methods 方法
- objects 物件
- polymorphism 多型

Object-oriented systems analysis and design (OOSAD) 物件導向系統分析與設計

- architecture centric approach 以架構爲中心方法
- benefits of ……的利益
- iterative and incremental development 反覆與漸進的開發
- use-case driven 使用案例導向

Object-persistence formats 物件永續格式

- application system types 應用程式系統類型
- comparison of 和……比較
- data types supported 支援的資料類型
- database management systems 資料庫管理系統
- databases 資料庫
- end user data management systems 終端使用者資料管理系統
- enterprise data management systems 企業資料管理系統
- estimating data storage size 估計資料儲存的規模
- existing storage formats 現有的儲存格式
- files 檔案
- future needs 未來需要
- mapping problem-domain objects to 對應問題領域物件到……
- object-oriented databases 物件導向資料庫
- object-relational databases 物件關聯式資料庫
- optimizing data access speed 資料存取速度最佳化
- optimizing storage efficiency 儲存效率最佳化
- random access files 隨機存取檔
- relational databases 關聯式資料庫
- selection of ……的選擇
- sequential access files 循序存取檔
- strengths and weakness 優點與缺點

Object query language (OQL) 物件查詢語言

Object-relational data management systems (ORDBMS) 物件關聯式資料管理系統

- characteristics and role of ……的特性與角色
- existing storage formats 現有的儲存格式
- major strengths and weaknesses 主要優

time-and-arrangement contracts 時間與安排合約
value-added contracts 加值型合約
Overhead requirements, database size 額外空間需求、資料庫規模
Overview information, use-case descriptions 概觀的資訊、使用案例的文字描述

P

Package diagrams 套件圖
creating 製作
dependency relationships 相依性關係
syntax for ……之語法
verifying and validating 查核與驗證
Packaged software 套裝軟體
customization 客製化
design strategies 設計策略
enterprise resource planning 企業資源規劃
object wrapper 物件包裝器
systems integration 系統整合
Workaround 暫時性的解決方案
Packages 套件
communication diagrams 通訊圖
object diagrams 物件圖
Paper-based manuals 紙本手冊
Paper reports 紙張報表
Parallel conversion 平行轉換
Parallel development methodology 平行式開發方法論
Parallelization 平行化
Partial dependency 部分相依
Partitions, factoring 分割、分解
Patterns 樣式
design 設計
structural models 結構模型
Payment type index 付款類型索引
Perceived benefits, change 認知效益、變更
Perceived costs, change 認知成本、變更
Performance requirements 效能需求
data management layer design 資料管理層設計
human-computer interaction layer design 人機互動層設計
physical architecture layer design 實體結構層設計
Performance testing 效能測試
Person-hours multiplier (PHM) 人力時數乘數
PERT charts, workplans PERT 圖、工作計畫
Phased conversion 階段性轉換
Phased-development methodology 階段式開發方法論
Physical architecture layer characteristics 實體結構層特性
Physical architecture layer design 實體結構層設計
architectural components 架構元件
client-based architectures client-based 架構
client-server architectures client-server (主從式) 架構
client-server tiers 主從層
control and security 控管與安全性
cultural/political requirements 文化／

Primary actors, use-cases 主要參與者、使用案例
Primary key, relational databases 主鍵、關聯式資料庫
Private attributes, class diagrams 私密屬性、類別圖
Private key encryption 私鑰加密
Probing questions, interviews 探查問題、訪談
Problem analysis, business process automation 問題分析、企業流程自動化
Problem-domain classes 問題領域類別
Problem-domain layer 問題領域層
Problem-domain objects 問題領域物件
  implementing in a traditional language 以傳統的語言實作
  implementing in an object-based language 以物件型語言實作
  managing using DAM classes 管理使用 DAM 類別
  mapping to object-persistence formats 對應到物件永續格式
  mapping to object-relational data management systems 對應到物件關聯式資料管理系統
  mapping to relationship data management systems 對應到關係資料管理系統
  object-oriented database management systems 物件導向資料庫管理系統
Problem reports 問題回報
Procedure manuals 程序手冊
Process-centered methodology 程序爲主的方法論
Process integration 程序整合
Program logs 程式日誌
Programming 撰寫程式
  assigning programmers 指派程式設計師
  change control 變更控制
  coordinating activities 協調活動
  cultural issues 文化議題
  management of ……管理
  program log 程式日誌
  schedule management 排程管理
  scope creep 範疇潛變
Project assessment 專案評量
  project team review 專案小組檢討
  system review 系統檢討
  value of ……的價值
Project binders 專案檔案夾
Project charters 專案章程
Project classification 專案分類
Project coordination 專案協調
  CASE tools CASE 工具
  Documentation 說明文件
  managing risk 管理風險
  standards 標準
Project identification 專案確認
  business needs 企業需要
  business requirements 企業需求
  business value 企業價值
  economic feasibility 經濟可行性
  feasibility analysis 可行性分析
  Functionality 功能性
  intangible value 無形價值
  size and scope 大小與範圍
  system request 系統需求

Q

R

Raw data, database size 原始資料、資料庫規模

Ready adopters 待命採用者

Realtime information 即時資訊

Recorder role, walkthroughs 記錄者角色、演練

Reference documents 參考文件

Referential integrity 參照完整性

Refinement 細部修整

Refreezing 再凍結

Relational databases 關聯式資料庫

Relationship database management systems (RDBMS) 關聯式資料庫管理系統

- characteristics of ……的特性
- data access and manipulation classes 資料存取與處理類別
- data types supported 支援的資料類型
- estimating data storage size 估計資料儲存的規模
- existing storage formats 現有的儲存格式
- mapping problem-domain objects to 對應問題領域物件到……
- normalization 正規化
- optimizing data access speed 資料存取速度最佳化
- optimizing object storage 物件儲存最佳化
- weakness and strengths of ……的缺點與優點

Relationships 關係

- class diagrams 類別圖
- object-oriented databases 物件導向資料庫
- structural models 結構模型
- use-case descriptions 使用案例的文字描述

Reliability requirements 可靠度需求

Reluctant adopters 勉強採用者

Repeating groups (fields) 重複群組 (欄位)

Report usage, understanding 報表的用法、了解

Reporting structure 報表結構

Request for information (RFI) 資訊需求書

Request for proposals (RFP) 建議需求書

Required effort, estimating 所需工作量、估計

Requirements analysis strategies 需求分析策略

- breath of analysis 瞬間分析
- business process automation 企業流程自動化
- business process improvement 企業流程改進
- potential business value 潛在企業價值
- project cost 專案成本

Risk 風險

- selecting appropriate strategies 選擇適當的策略

Requirements determination 需求確立

- business process automation 企業流程自動化
- business process improvement 企業流程改進
- business process reengineering 企業流程再造
- business requirements 企業需求
- defining requirements 定義需求
- functional requirements 功能性需求
- nonfunctional requirements 非功能性

S

平衡

functional model interrelationships　功能模型相互間關係

generalization relationships　一般化關係

instances　實體

interrelationships among　……的相互關係

methods　方法

object identification　物件辨認

operations　操作

patterns　範本

relationships　關係

textual analysis　本文分析

useful patterns　有用的樣式

verification and validation of　……的查核與驗證

Structure diagrams　結構圖

Structured design　結構式設計

parallel development methodology　平行式開發方法論

waterfall development methodology　瀑布開發方法論

Structured English　結構化英語

Structured interviews　結構式訪談

Structured query language (SQL)　結構化查詢語言

Stubs　小程式模組

Student learning, cultural differences　學生學習、文化差異

Subclasses　子類別

behavioral state machines　行爲狀態機

structural models　結構模型

Subflows, use-case descriptions　子流程、使用案例的文字描述

Subject boundary　主題邊界

extend and include relationships　延伸與含括關係

use-case diagrams　使用案例圖

Subject-Verb-Direct object-Preposition-Indirect object (SVDPI)　主詞–動詞–直接受詞–介系詞–間接受詞

Summary reports　彙總報表

Superclass, structural models　父類別、結構模型

SVDPI sentences, use-flow descriptions　SVDPI 句子、使用流程的描述

Swimlanes, activity diagrams　泳道、活動圖

Symmetric encryption algorithms　對稱加密演算法

Synonyms　同義字

Syntax　語法

activity diagrams　活動圖

behavioral state machines　行爲狀態機

class diagrams　類別圖

communication diagrams　通訊圖

package diagrams　套件圖

sequence diagrams　循序圖

use-case diagrams　使用案例圖

System complexity, methodology selection　系統複雜度、方法論的選擇

System development projects　系統開發專案

System enhancement　系統強化

System integration requirements　系統整合需求

System interface testing　系統介面測試

System maintenance　系統維護

Training 訓練
classroom training 課堂訓練
computer-based training 電腦輔助訓練 (CBS)
Focus 焦點
method selection 方法的選擇
on-demand 隨需的
one-on-one training 一對一訓練
Transaction files 交易檔
Transaction processing 交易處理
Transition process, change resistance 轉移過程、抗拒變更
Transitions, behavioral state machines 轉移、行爲狀態機
Transitive dependency 遞移相依
Triggers 觸發者
design optimization 設計最佳化
use-case descriptions 使用案例的文字描述
Turnaround documents 迴轉文件
Tutorials 指導手冊
Two-tiered architecture 二層式架構

U

Unadjusted actor weight total 無調整參與者加權總點數
Unadjusted use-case points (UUCP) 無調整使用案例點數
Unadjusted use-case weight total (UUCW) 無調整使用案例加權總點數
Uncertainty avoidance 不確定性的避免
Unfreezing 解凍
Unified modeling language (UML) 統一塑模語言
behavior diagrams 行爲圖
objective of ……的目的
structure diagrams 結構圖
UML 2.0 diagram summary UML 2.0 圖面總覽
Unified Process 統一流程
analysis workflow 分析工作流
business modeling workflow 企業模型工作流
configuration and change management workflow 型態與變更管理工作流
construction phase 建構階段
deployment workflow 配置工作流
design workflow 設計工作流
elaboration phase 詳述階段
engineering workflows 工程性工作流
enhanced 強化的
environment workflow 環境工作流
existing workflow modifications and extensions 現有工作流的修正與擴充
extensions to 擴充到……
implementation workflow 實作工作流
inception phase 初始階段
infrastructure management workflow 基礎架構工作流
limitations of ……的限制
operations and support workflow 操作與支援工作流
phases of ……的階段
production phase 生產階段

V

Validation　驗證

- analysis modcls　分析模型
- behavioral models　行爲模型
- functional models　功能模型
- input　輸入
- package diagrams　套件圖
- structural models　結構模型
- walkthroughs　演練

Value-added contracts　加值型合約

Verification　查核

- analysis models　分析模型
- behavioral models　行爲模型
- functional models　功能模型
- package diagrams　套件圖
- structural models　結構模型
- walkthroughs　演練

View mechanisms, object diagrams　觀點機制、物件圖

Virtualization　虛擬化

Virus control requirements　病毒控制需求

Visibility, class diagrams　能見度、類別圖

Voiceover Internet Protocol (VolP)　網路電話

Volumetrics　容積

W

Walkthroughs　演練

Waterfall development methodology　瀑布開發方法論

Web-based reports　網頁型報表

Web commerce packages　網路商業套裝軟體

White-box testing　白箱測試

White space　留白

Whole-Part pattern　Whole-Part 樣式

Whole-system conversion　整體系統轉換

Wilson, Carl　Wilson、Carl

Window navigation diagrams (WND)　視窗導覽圖

Windows layout diagrams　視窗布置圖

Work breakdown structures　工作劃分結構 (WBS)

Workarounds　暫時性的解決方案

Workplans　工作計畫

- Gantt charts　甘特圖
- Hurricane model　颶風模型
- identifying tasks　辨認任務
- iterative　反覆
- PERT charts　PERT 圖
- project workplan　專案工作計畫
- refining estimates　細部修整估計
- scope management　範圍管理
- task dependencies　任務相依性
- timeboxing　時間定量
- work breakdown structure　工作劃分結構 (WBS)

Y

Yo-yo problem　溜溜球問題